ZOU XIANG HUI HUANG

ZHONG GUO RU HUA LI QING JI SHU
YAN FA YU CHUANG XIN

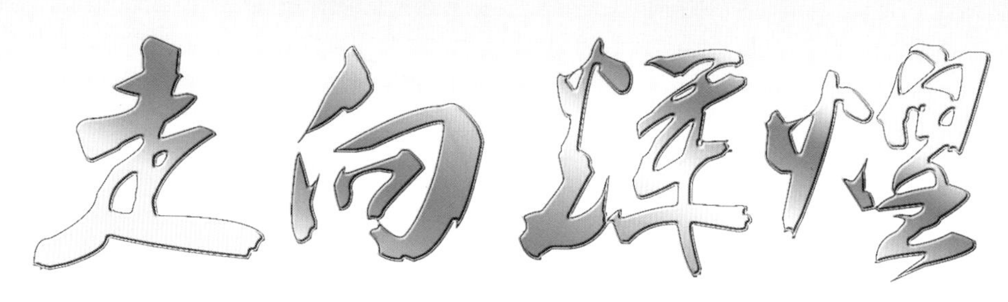

——中国乳化沥青技术研发与创新

姜云焕 著

石油工业出版社

图书在版编目（CIP）数据

走向辉煌：中国乳化沥青技术研发与创新/姜云焕编著．
北京：石油工业出版社，2011．8
ISBN 978－7－5021－8563－3

Ⅰ．走…
Ⅱ．姜…
Ⅲ．乳化沥青－技术发展－中国
Ⅳ．TE626．8

中国版本图书馆 CIP 数据核字（2011）第 135219 号

出版发行：石油工业出版社
（北京安定门外安华里 2 区 1 号　100011）
网　址：www．petropub．com．cn
发行部：（010）64523620
经　　销：全国新华书店
印　　刷：保定彩虹印刷有限公司

2014 年 1 月第 1 版　2014 年 1 月第 1 次印刷
889×1194 毫米　开本：1/16　印张：40　插页：24
字数：863 千字　印数：1—1000 册

定价：128．00 元
（如出现印装质量问题，我社发行部负责调换）

姜云焕：男，1928年9月2日生于辽宁省丹东市，1953年毕业于大连理工大学土木系。中共党员，研究员，副局级。

1953年大学毕业后，服从祖国需要，在空军修建六分部与空军工程兵六总队从事国防军用机场修建工程，完成各地大中型军用机场的修建任务。1965—1973年，在交通部一航局科研所从事港工科学工作，完成短桩黏结、移动式混凝土联动线、万吨船坞墩反力等课题研究工作；1974—1990年，在交通部公路研究院从事道路研究工作；1974—1978年，完成渣油、石灰土路面课题的研究，并获全国科学大会奖励；1979—1990年，完成阳离子乳化沥青及其路用性能研究，该项目1986年荣获国家科学技术进步二等奖，国家经委、计委、交通部将“阳离子乳化沥青筑路、养路技术”列为国家重点新技术推广项目。1990年离休。

出版的著作有《阳离子乳化沥青路面》、《改性稀浆封层施工技术》和《混凝土实用手册》，编制出版《稀浆封层施工技术》录像带，撰写和翻译了大量乳化沥青技术方面的论文，是我国乳化沥青学科的专家与带头人。

照片左起（一）

奖励大会的获奖代表合影一九八六年五月十五日于人民大会堂

照片左起（三）

照片左起（二）

照片左起（四）

1986年5月15日，第一届全国科学技术进步奖大会在人民大会堂召开。党和国家的领导人出席大会并接见代表。阳离子乳化沥青及其路用性能研究项目获国家科学技术进步二等奖，乳化沥青课题荣获国家技术进步集体与个人二等奖

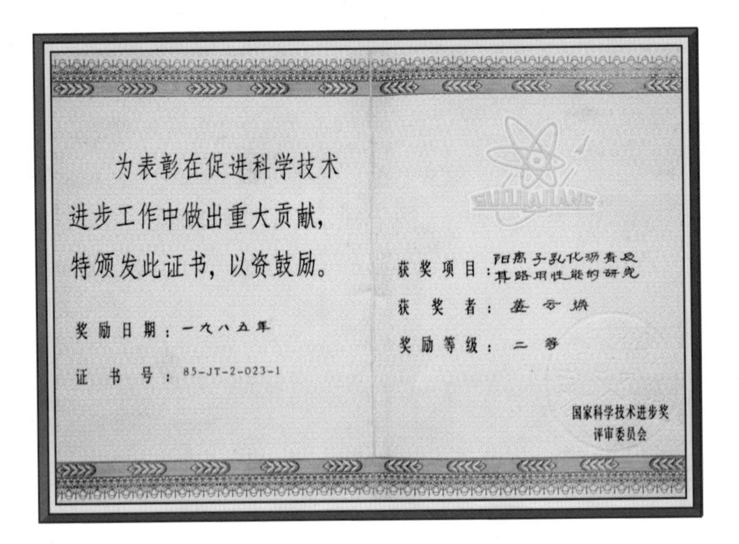

为表彰在促进科学技术进步工作中做出重大贡献，特颁发此证书，以资鼓励。

奖励日期：一九八五年

证 书 号：85-JT-2-023-1

获奖项目：阳离子乳化沥青及其路用性能的研究

获 奖 者：姜云焕

奖励等级：二等

国家科学技术进步奖评审委员会

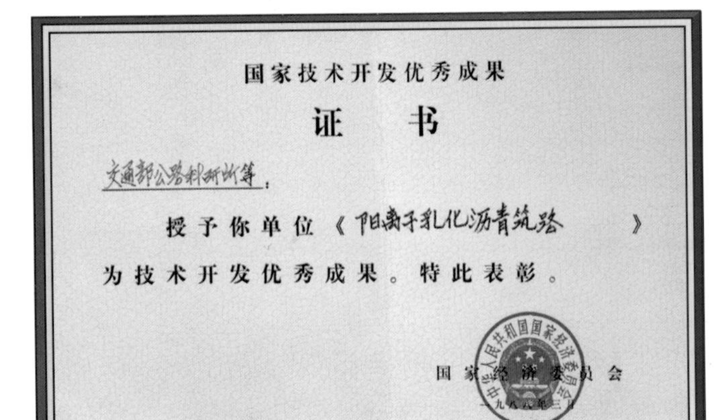

国家技术开发优秀成果

证 书

交通部公路科研所等：

授予你单位《阳离子乳化沥青筑路 》为技术开发优秀成果。特此表彰。

国家经济委员会

为表彰在促进交通科学技术进步工作中做出重大贡献，特颁发此奖状，以资鼓励。

奖 状

获奖项目：沥青稀浆封层筑养路技术的研究

获奖单位：交通部公路科学研究所等

奖励等级：三等奖

奖励日期：一九九二年八月

中华人民共和国交通部

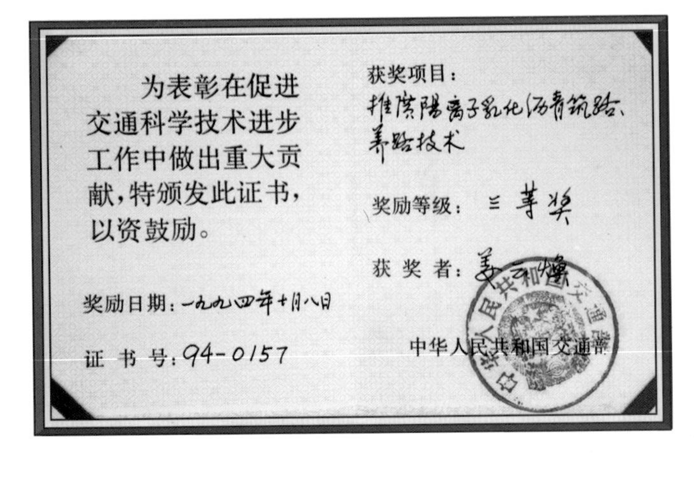

为表彰在促进交通科学技术进步工作中做出重大贡献，特颁发此证书，以资鼓励。

奖励日期：一九九四年十月八日

证 书 号：94-0157

获奖项目：推广阳离子乳化沥青筑路、养路技术

奖励等级：三等奖

获 奖 者：姜云焕

中华人民共和国交通部

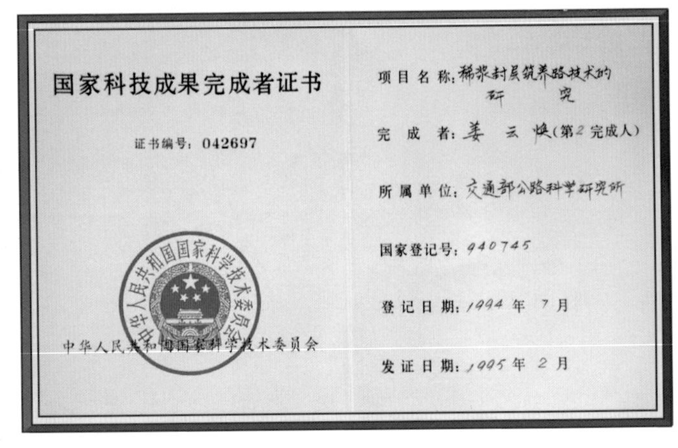

国家科技成果完成者证书

证书编号：042697

中华人民共和国国家科学技术委员会

项目名称：稀浆封层筑养路技术的研究

完 成 者：姜 云 焕（第2完成人）

所属单位：交通部公路科学研究所

国家登记号：940745

登记日期：1994 年 7 月

发证日期：1995 年 2 月

1985年8月，交通部公路所召开授奖大会，授予阳离子乳化沥青及其路用性能“优秀成果奖”

交通部公路所授奖大会

1985年，在北京昌平公路管理所作乳化沥青与稀浆封层学术报告会

1984年11月，日本高速公路访问团，访问北京，在北京工人俱乐部团长木下与菊地做学术报告

1986年，为日本乳化沥青访华代表团作学术报告

1985年，北京高速公路代表团赴日本考察，受到日本道路公团理事户谷热情接待

日本东工物产（株）是最早与中国友好贸易交往的团体。83岁的小林隆治社长热情接待北京赴日本考察团，并合影留念

1985年访日时，日本已建高速公路3800km，我国当时尚未修建高速公路。如今我国已建成高速公路8500km

1988年赴美国考察稀浆封层技术，受到国际稀浆封层协会（ISSA）与美国乳化沥青协会（AEMA）的热情接待

赴美国考察稀浆封层技术路过香港，与维昌洋行进行技术交流

交通部公路科学研究院专家姜云焕和秦皇岛市思嘉特专用汽车制造有限公司总经理 （右一）亲切会见俄罗斯第二大路桥公司阿斯法里特公司总经理施拉瓦（右三）

俄罗斯阿斯法里特公司总经理施拉瓦决定引进我国的乳化沥青与稀浆封层技术。当他知道我年龄比他大十岁时高兴地说："过去中国人曾称苏联人为老大哥，现在俄罗斯人应该称中国人为老大哥！"

1984年4月赴泰国进行乳化沥青技术交流

1989年，我国引进第一台稀浆封层机现场调试和验收

乳化沥青与稀浆封层技术将我国与国际友人间的友谊紧密联结在一起。短暂相聚，友谊长存

乳化沥青新技术研讨班

陕西省公路局乳化沥青技术推广会

中国道路工程学会乳化沥青学组1996年年会

2005年9月，交通部科学研究院第一期改性稀浆封层技术规程及冷补材料技术研讨会

2005年12月，交通部科学研究院第　期改性稀浆封层技术规程及冷补材料技术研讨会

由交通部科学研究院主办的乳化沥青与稀浆封层学习班，在全国各地先后举办十六期。由于教学内容与教学方式不断改进与提高，培训班长办不衰，深受交通公路、　养路部门和城建部门的欢迎

1958年7月，毕业于东北师范大学中文系的王玉南老师与姜云焕研究员结为伉俪。姜云焕研究员从事道路研究工作半个多世纪，王玉南老师在北京　中从事教育工作四十年

2008年金婚时分，回顾过去的半个世纪，这对相濡以沫的老人能够　从祖国的需要，在各自的岗位做出了自己的贡献

工作在北京各个岗位的兄弟姐妹七人合家欢聚一堂

经常备课至深夜

虽年岁已高，仍在为乳化沥青学科培养研究生

北京昌平沥青厂车辙试验实验室

时光飞逝，弹指五十余载：祖国江山多壮丽，疾风暴雨不畏惧。机场海港与公路，报国济世半世纪

北京昌平沥青厂京包线施工现场

北京昌平沥青厂黏韧性检测实验室

北京昌平沥青厂重视乳化沥青科学技术研究与公路现场施工试验

北京昌平沥青厂稀浆封层施工现场

江苏江阴七星助剂有限公司可提供各种类型乳化剂，研制生产的QEBW-200型成套乳化设备安装简便，温度、计量控制准确，生产效率高（10-12t/n），可用于各种路面的维修养护

序

姜云焕老先生曾供职于交通部公路科学研究所，是我在交通部公路科学研究所工作期间的老同事，是我尊敬的老专家。姜老先生虽于1989年离休，但他依然将满腔的热情倾注于我国乳化沥青事业的发展中，赢得了广大同行的尊重和爱戴。耄耋之年仍情系乳化沥青且有新著问世，可谓是“老骥伏枥，志在千里”。

姜云焕老先生从事乳化沥青及相关技术研究30余年，是我国乳化沥青学科的奠基人和带头人，这本书便是姜老先生研究成果的一个总结，可喜可贺。

乳化沥青技术广泛应用于沥青路面的铺筑和养护，因其常温施工的特点而具有良好的施工方便性，在今天所倡导的节能减排和低碳交通中也大有用武之地。

该书分技术研发、推广应用和发展前景三个部分，由姜老先生过去发表的学术论文和译著组成，主要内容涉及乳化沥青理论的探讨、乳化沥青的应用技术与施工指南、乳化沥青的质量标准及试验方法、经济效益分析，以及乳化沥青在铁道尤其是高铁修建中的应用现状和发展前景。该书具有较高的学术价值和工程应用价值，可作为广大工程技术人员之有益参考书。

一个科学研究人员，把主要精力倾注于一项技术研究，几十年如一日，孜孜不倦，精益求精，甘于寂寞，从不懈怠，这种精神就是我们常说的雷锋的钉子精神，是难能可贵的精神。一个科学研究人员，在研究工作中，结合我国的交通建设实践，立足国情，放眼世界，努力创新，这种精神就是我们倡导的创新精神。这种难能可贵的精神，是我们年轻人应该认真学习的精神。

希望今天的年轻一代交通人能够继承和发扬老一辈交通人的优良传统，为我国交通运输事业的发展和社会主义和谐社会的建设做出应有的贡献。所以，当姜老先生让我作序时，我就欣然答应了，这也是我乐于为序的缘由吧。

原交通部公路科学研究所副所长
原交通部科学研究院院长 王玉璐

2011年2月20日

前　　言

阳离子乳化沥青筑路、养路技术，自1980年初被列为交通部重点研究课题以来，至今已走过三十多年的历程。我作为该课题的组长，深深感到：最初的五年是最艰难的五年，由交通部公路所课题组联合了有关省市的道路、城建、化工、机械、材料等部门不同专业的技术人员，同心协力，密切配合，艰苦努力，终于取得了重要突破，这是参与课题研究人员集体智慧的结晶。

实践证明，这项技术改善了施工条件、延长了施工季节，具有节省材料用量、降低工程成本等优点，取得了显著的节能减排效益。因此，该技术于1985年荣获国家科学技术进步二等奖，1986年被国家经委、计委评为“七五”国家级重点推广新技术项目（国家经科［1986］402号）。据此，交通部也下发文件（交通部［87］交科技字68号）转发国家重点新技术推广“阳离子乳化沥青筑路、养路技术”的通知。

由于国家对阳离子乳化沥青技术成果及其推广应用的重视，使得该技术在全国范围迅速推广，无论是湿热的南方、还是寒冷的北方，无论是长城内外、还是长江两岸，迅速遍地开花，蓬勃发展。1988年该项目获国家经委国家技术开发优秀成果奖。

“科学技术是生产力”。科研成果只有转化为生产力才能逐步得以深化与提高。回想该技术的推广过程，从乳化沥青发展到改性乳化沥青，从稀浆封层发展到改性稀浆封层。各种原材料的选择与配制，各种生产工艺与和机械设备的研制与开发，都是随着技术的推广实践而日臻完善的。它们反过来又推动阳离子乳化沥青筑路、养路技术的更新换代，使产品的质量与产量不断提高，技术的应用范围不断扩大。

1989年，我虽已年老离退，但对乳化沥青技术依然有着强烈的责任感，有借鉴国外技术、发展民族工业的使命感。凡有机会，总愿尽份薄力：交通部科研院信息培训中心为配合推广这项新技术，举办培训班，聘我为主讲人，每年1－2期，共办了十余期。为取得良好的培训效果，我每次都认真备课，多方查阅最新国、内外资料。讲课手段也随现代科技的发展而与时俱进：从手写讲稿、手工绘制各种图表，到使用幻灯片、投影仪、录像带、电脑等先进设备，授课效果不断提高，使得培训班长办不衰。有的学员参加过一次，又来第二次、甚至第三次，参加的人数也不断增加。在此期间，也推出了由我主编的《阳离子乳化沥青路面》及《改性稀浆封层施工技术》两本书，稀浆封层技术录像带两盒，以期推动这项技术迅速发展。我虽年已耄耋，眼疾、心脑血管等多病缠身，常常感到力不从心，但为了基层企业乳化沥青技术的发展，仍不顾年迈体弱，奔走于各基层企业之间；为能确认日本乳化沥青标准的最新版本，在最短的时间内，提出可靠的依据；为保证产品和施工质量，反复操作反复实验，直到试验与施工成功为止。多年来，为将国外先进技术推荐给国内同行，至今一直坚持每年翻译最新的国外新技术资料或最新标准，并分发给周边有往来的厂家、同行。此次将我原来的研究论文和译文结集出版，也是在他们极力要求下进行的。以将我所经历的乳化沥青发展过程中的技术和经验、我所接触的最新国外技术整理出书，让国内更多的同行全面了解并推动这项技术。然而，在大好的发展形势下，仍告诫同行：我们应该居安思危，未雨绸缪，要防范不良的学术风气，严格按照科学发展观指导技术工作。

这次出版的稿件，都是在阳离子乳化沥青技术的研究与推广过程中，随形势的发展，发表和翻译的一些文章。为了出版，理应再做精细的整理与审核，以保证出版质量。但限于目前的身体状况，多少有些力不从心。笔者为此颇感内疚，并在此向读者先行致歉。

科学技术是不断发展的，乳化沥青与稀浆封层等技术也在不断进步。目前该技术不仅在筑路、养路中被广泛应用，还被应用于高速铁路的无碴轨道中。在水泥、乳化沥青砂浆（简称 CA 砂浆）的制造中也已被大量采用。据国外文献报道，这种新配比的 CA 乳化沥青砂浆，已被广泛应用在道路的养护中。至于在建筑防水、农田水利等工程中，乳化沥青更是早已被广为应用。我相信，该技术的发展今后必定前景广阔。所以我们在推广时，应不断总结经验，并关注国外发展动向，重视团结协作，让多学科、多专业的技术互相配合，扬长避短，以期赶超国际水平，为民造福，为国争光。

感谢交通部公路所（现为交通部公路科学研究院）、原乳化沥青学组领导多年来在工作上的鼓励和支持，感谢同事们多年来在工作上的积极配合。长期以来，承蒙钱全大、冯润、徐长奎、苏玉昆、李百川、虎增福等同志在乳化沥青课题工作方面的大力协助。在本书的出版过程中，张兰同志帮助收集、查找我三十多年来发表的文章，并认真进行审校和修改，为该书的出版付出了艰辛的劳动。同时，也感谢我的家人多年来对我工作一如既往的支持和鼓励。

在此，我谨向各位表达我深深的谢意！

姜云焕

2011 年 5 月

目　　录

第一部分　技术研发

第二部分　推广应用

第三部分　发展前景

第一部分　技术研发

发展阳离子乳化沥青，加速路面黑色化

姜云焕
交通部科学研究院公路研究所

一、乳化沥青的发展趋势

乳化沥青的发展已有五十多年历史。所谓乳化沥青就是将微小的沥青颗粒稳定均匀地分散于水中，成为水包油型的乳浊液，使它在常温状态下，能够成为可以铺筑路面或是建筑防水用的流动乳液，这就大大改善了施工条件。首先，在施工现场不需要将沥青加热熬制到一定高温才能使用，这就节省很多的燃料与热能。根据国外调查，铺 $1m^2$2. 5cm 厚的热沥青混凝土路面，需要 8379 千卡热能，而铺同样数量的乳化沥青混凝土路面只要 4702kcal，几乎节省一半的热能；其次，不需要在施工现场砌炉、盘灶、支锅、熬油，这就使沥青路面的施工人员避免了烟熏火烤和沥青蒸气的毒害，避免了烧伤、烫伤和火灾；另外也避免因在现场熬制沥青而造成的环境污染……由于以上这些优点，使乳化沥青长期以来在道路工程和建筑防水工程中，得到不断的发展和应用。

乳化沥青发展的前四十年（从 20 世纪 20 年代到 60 年代），主要应用的是阴离子乳化沥青，这种乳液有如前面所述的优点，但它使沥青颗粒的周围带有阴电荷，当这种乳化液与骨料接触时，由于潮湿骨料表面多带有阴电荷，必须待乳液中的水分蒸发，才能使阴离子沥青颗粒附到骨料表面（见图 4a），而且这种裹附只是单纯的黏附，因而沥青与骨料的黏结力低。如果施工中碰到低温和阴湿季节，乳液中的水分蒸发缓慢，沥青黏附时间拖长，就会影响路面早期强度，妨碍早期通车。由于阴离子乳化沥青存在以上的缺欠，致使它在前十年的发展过程中发展速度不快。随着表面化学和电化学的发展，近十多年来，在国外有了阳离子乳化沥青的发展和应用，它使乳液中的沥青微粒周围带有阳电荷，这种沥青乳液与骨料接触后，带有阳电荷的沥青颗粒与带有阴电荷的骨料相遇时，产生了电化学的离子吸附作用（见图 4b），而且即使在骨料表面潮湿有水膜的情况下，也不影响这种电化学的吸附作用，从而提高了沥青与骨料的黏结力。由于这个特点，在低温和阴湿的季节里（乳液中水分蒸发缓慢），阳离子沥青乳液与骨料相接触时，乳液中的沥青颗粒仍然可以与骨料产生离子吸附，将多余的水分迅速排出，提高了铺筑路面的早期强度，铺后可以立即开放交通。这样，由于阳离子沥青乳液提高了与骨料的黏结力，延长了施工季节，提高了路面质量，因而可以说它发挥了阴离子乳化沥青的优点，改善了它的缺欠，所以得到了迅速的发展，使乳化沥青的发展进入新阶段。目前，无论在道路的面层上或基层上，无论在低交通量的支线上或大交通量的干线上，甚至高速公路的面层上，都在大量应用。单以法国为例，在路面的表面处治工程中，石油沥青年用量为 10×10^4t，煤沥青为 6×10^4t，乳化沥青年用量则为 100×10^4t。其中 95% 以上是阳离子乳化沥青，在这些国家谈到乳化沥青就是指的阳离子乳化沥青，阴离子乳化沥青已被淘汰。除法国外，美国、日本、英国、加拿大、瑞士等国，其用量也在急速增长，从而加速了这些国家沥青路面的发展。

我国的乳化沥青发展迟缓，虽然在 20 世纪 50 年代曾进行过试验研究，但未被重视，至今没有普遍采用。阳离子乳化沥青过去在我国是一项空白，为了促进我国阳离子乳化沥青的发展，在北京大学化学系和天津师院化学系的指导下，河南省交通科学研究所、大连油化厂、大连市政公司和交通部科学研究院公路所等单位协作进行了一些试验研究工作。一年多来，在乳化剂的选择、乳化工艺制备、乳液的试验方法和检验标准等方面取得了一定的进展。通过这段实践证明：在我国发展阳离子乳化沥青不仅是必要的，而且完全是可能的。现将我们试验研究的初步成果，作简要的介绍。

二、乳化剂的选择

1. 乳化剂的作用

在选择乳化剂时，一定要熟悉乳化剂的作用过程。水和油（沥青）两者在一起本来是互不相溶的，加入少量乳化剂后，之所以能使它们相溶乳化，是由于乳化剂是由这样两个基团所组成的化合物：一端是易溶于油的亲油基，另一端是易溶于水的亲水基，用符号来表示时，阴离子乳化剂如图1a，阳子离乳化剂如图1b。由于乳化剂的这两个基团将油滴与水连接起来，降低了油水之间的界面张力，使两相之间成为易于溶合状态，再经机械的搅拌分散，油滴被分散成几微米到几十微米的微小颗粒，在小颗粒周围乳化剂按一定取向形成吸附层，如图2所示，微观沥青微粒周围吸附相同电荷离子，防止了微粒之间的凝聚，形成微粒的保护膜，保持了乳液存放的稳定性。

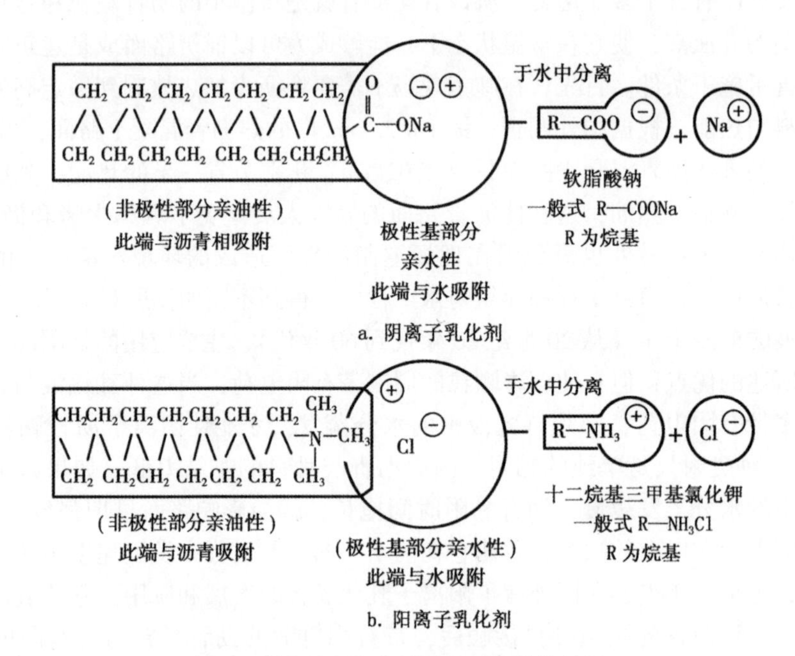

图1 阴离子和阳离子乳化剂的结构符号

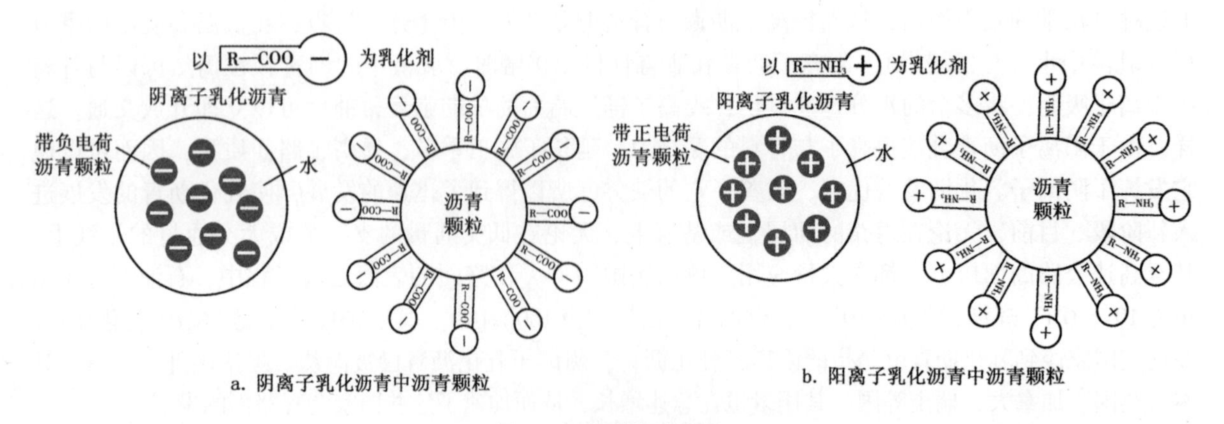

图2 沥青颗粒示意图

2. 乳化剂的分类

在上一段中已讲到乳化剂的分子按一定取向分布在沥青微粒周围，乳化剂分子的亲水基（即极性部分）带有离子电荷的，可按其离子电荷种类而分类，不带离子的称为非离子，因而乳化剂分阴离子型、阳离子型、非离子型、两性型、胶体型等种类。目前常用的乳化剂的名称如表1。

表1 常用的各类乳化剂

类别	结构式	化学品名	产地
阴离子乳化剂	R—COONa $R—SO_3Na$	羧酸盐类——肥皂等 磺酸盐类——洗衣粉等	大连、北京 北京
阳离子乳化剂	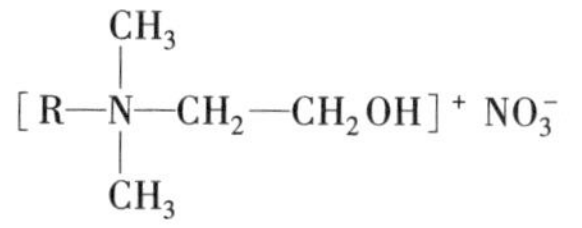 $[R—N(CH_3)_2—CH_2—CH_2OH]^+ NO_3^-$	叔铵盐类——十八叔胺二甲基硝酸季胺盐	上海
	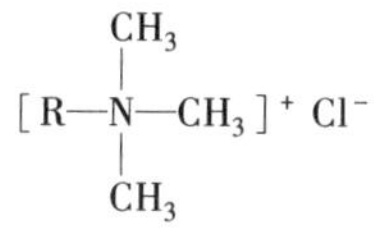 $[R—N(CH_3)_2—CH_3]^+ Cl^-$	季铵盐类——十八烷基三甲基氯化铵	天津、大连
	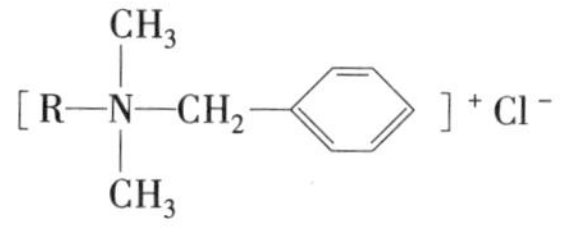 $[R—N(CH_3)_2—CH_2—C_6H_5]^+ Cl^-$	季铵盐类——十七烷基二甲基苄基氯化铵	上海
两性乳化剂	$RNH^+CH_2CH_2COO^-$ $RN^+(CH_3)_2CH_2COO^-$	氨基酸型两性乳化剂、甜菜碱型两性乳化剂	
非离子乳化剂	$R—O—(CH_2—CH_2—O)_nH$	聚氧乙烯型非离子乳化剂	天津、山西旅大
胶体乳化剂		动物胶、细黏土、膨润土	

3. 乳化剂的选择

应根据施工要求、施工条件、施工季节、材料的性质和来源等各种因素选择最适宜的乳化剂。为了发展阳离子乳化沥青，对我国能做乳化剂的阳离子表面活性剂做了调查并进行了比较试验，如表2所示。

表2 目前国内生产的阳离子乳化剂

乳化剂代号及全称	结构式	生产单位
代号：1231*或DT 全称：十二烷基三甲基溴化铵	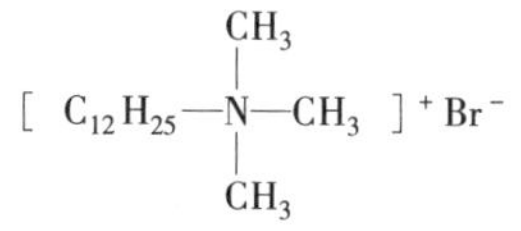 $[C_{12}H_{25}—N(CH_3)_2—CH_3]^+ Br^-$	上海合成洗涤三厂
代号：1727* 全称：十七烷基二甲基苄基氯化铵	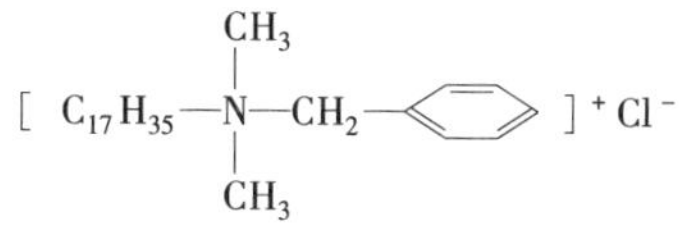 $[C_{17}H_{35}—N(CH_3)_2—CH_2—C_6H_5]^+ Cl^-$	上海第十七制药厂
代号：SN（抗静电剂） 全称：十八叔胺二甲基苄基硝酸季铵盐	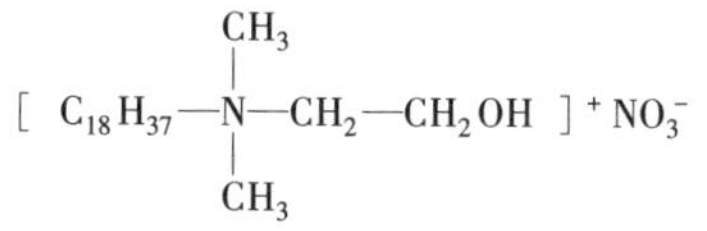 $[C_{18}H_{37}—N(CH_3)_2—CH_2—CH_2OH]^+ NO_3^-$	上海助剂厂

续表

乳化剂代号及全称	结 构 式	生产单位
代号：1227* 全称：十二烷基二甲基苄基氯化铵	$\left[C_{12}H_{25}-\underset{CH_3}{\overset{CH_3}{N}}-CH_2-C_6H_5\right]^+Cl^-$	上海合成洗涤三厂 大连油脂化学厂
代号：OT 全称：十八烷基三甲基氯化铵	$\left[C_{18}H_{37}-\underset{CH_3}{\overset{CH_3}{N}}-CH_3\right]^+Cl^-$	天津师院校办化学厂 大连油脂化学厂
代号：1631* 全称：十六烷基三甲基溴化铵	$\left[C_{16}H_{33}-\underset{CH_3}{\overset{CH_3}{N}}-CH_3\right]^+Br^-$	上海合成洗涤三厂

此外还有些碳链短的阳离子型表面活化剂，经试验比较，凡低于十六个碳的，乳化沥青的效果都不好，以碳链长的、十六个碳以上的直链的季铵盐乳化效果为好。天津师院生产的 OT（十八烷基三甲氯化铵）乳化效果好，与骨料拌和可以达到慢裂。上海的 NO1727、NO1631、SN 等也可达到乳化效果和中裂破乳。由于我国对于阳离子乳化剂的研究刚刚开始，目前发现的品种较少，但事实证明，我国可以生产出各种乳化剂，它说明我们对阳离子乳化剂沥青的研究，不仅是必需的，而且完全是可能的。当然，我们乳化剂的品种和型号与国外相比，还很不完善，今后还必须加倍努力，才能满足各种施工条件的需要。

三、乳化沥青的作用和过程

乳化沥青是一定温度条件下，将沥青分散于加有乳化剂的水溶液中，成为 0.5～10μm 微小颗粒，沥青由黑色变成为褐色的乳液，这种乳液与其他材料接触后，经过分解破乳的过程，使沥青作为黏结剂和防水剂黏附在其他材料的表面上，这种分解破乳的过程由乳液中的水分的蒸发而分解破乳、乳液与骨料表面的接触而分解破乳、乳液由于骨料表面的电化学作用分解破乳三种情况引起。

（1）水分蒸发的破乳过程，如图 3 所示分为四个阶段。从乳液的颜色、黏结性及稠度可以做出鉴别。沥青乳液的分解破乳完成后，沥青又恢复到乳化前的性能，使用沥青乳液作为建筑上的防水剂和黏结剂，就是这样的作用过程。

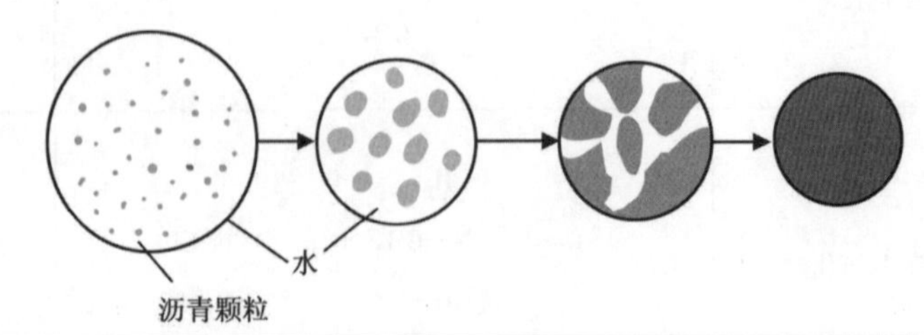

乳液类型	水包油型→浓缩→水分蒸发→分解完了
颜色	褐色→逐渐增加黑褐色→无光泽黑褐色及黑色→黑色
黏结性	无→无→稍有黏性→有充分黏结力
分解破乳所需时间	较短时间内产生薄膜→需要较长时间

图 3　乳液的分解破乳过程

（2）沥青乳液与骨料接触时，当骨料组织为多孔质材料或骨料表面粗糙和干燥时，可以使沥青乳液加速分解破乳。如果骨料表面为致密光滑，或表面为湿润时，即将延缓沥青乳液的破乳速度。就是说沥青乳液与骨料表面的黏合，依赖于乳液中水分的蒸发，水分不蒸发掉，沥青就不能裹覆到骨料表面（见图4）。阴离子乳化沥青与骨料的黏附就是这样的作用过程。

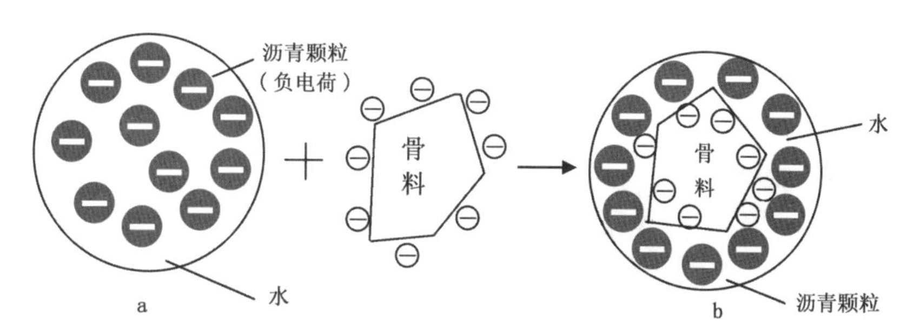

图4　阴离子乳化沥青与骨料的黏附作用示意图

（3）沥青乳液中沥青颗粒所带电荷与骨料表面所带电荷料表面所带电荷相反，乳液与骨料接触时，即使在骨料表面湿润有水的状态下，沥青乳液也可以与骨料表面产生离子的吸附作用，而且可以尽快将乳液中的多余水分排挤出来（图5）。在这种状态下，沥青与骨料表面的结合，不是单纯的黏附，而是除黏附外还有电化学的离子吸附作用。阳离子沥青乳液与带有阴电荷骨料表面的作用过程就是这样的过程。

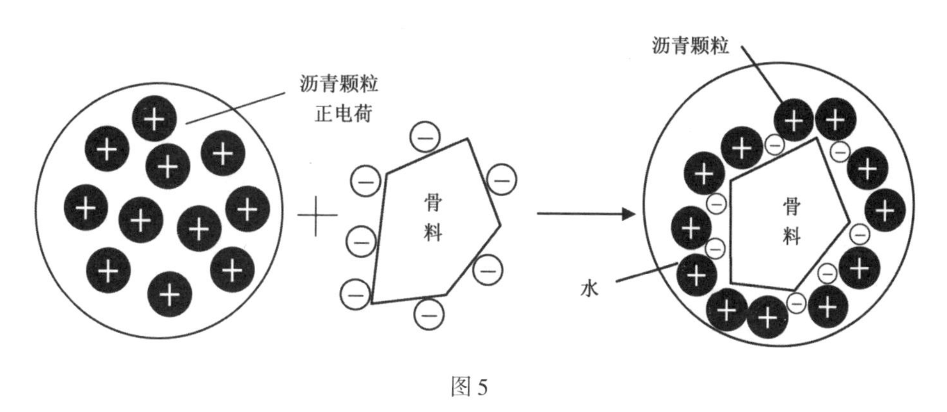

图5

用阴、阳两种不同类型的沥青乳液铺筑路面时，由于阳离子乳化沥青具有上述特点，几乎不受阴雨和低温季节的影响，不受骨料的影响，沥青颗粒很快吸附到骨料表面，提高了路面的早期强度、铺筑碾压后，可以立即开放交通（图6）。

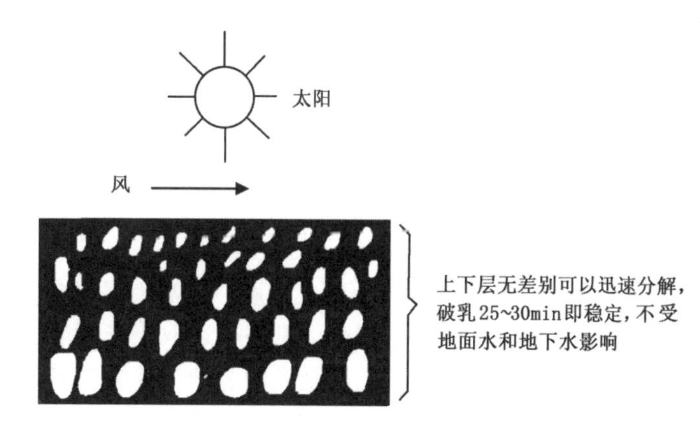

图6　阳离子沥青乳液的铺面

阴离子乳化沥青颗粒由于带有负电荷，与带有负电荷骨料相遇时，必须待水分蒸发后才能使沥青黏附到骨料表面，当铺面较厚或在阴湿季节，乳液中水分蒸发缓慢且沥青与骨料黏结强度低，不利于早期开放交通（图7）。因而使用阴离子乳化沥青做表面处治时，在正常适宜的施工季节里，规定铺筑后48h后才能通车，其原因就在这里。

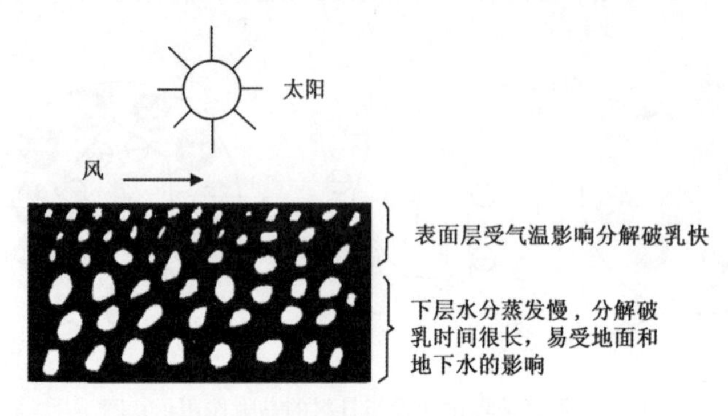

图7　阴离子乳化沥青的铺面

以上介绍了阳离子乳化沥青在铺筑路面过程中的优越性，这些特点在建筑防水工程中同样可以显示出来。

四、阳离子乳化沥青的优越性

根据国内外的实践经验，可以将阳离子乳化沥青的优越性总结如下：

（1）生产简便。阴离子乳化沥青要用多种成分外加剂(如肥皂或皂角、洗衣粉、火碱、水玻璃等)，阳离子乳化沥青只要一种或两种乳化剂，必要时再加一种稳定剂(目前只用0.5%的OT乳化剂)。

（2）可用硬水制备。阴离子乳化沥青必须用软水制备，制成的乳液也不能用硬水稀释（因硬水中有钙、镁离子)，而阳离子乳化沥青可以用硬水制备，制成的乳液也可用硬水稀释。

（3）可用多种沥青制备，不受组分影响。

（4）制造沥青乳液不需要特殊设备。生产阴离子乳液的设备，完全可以生产阳离子乳液。

（5）与所有骨料都结合得好。早期文献（20世纪60年代）认为，阴离子乳液适用于以碳酸盐为主体的石灰石（碱性石料），阳离子乳液适用于以硅酸盐为主体的花岗石（酸性石料）。实践证明，阳离子沥青乳液对于酸性骨料和碱性骨料都有良好的黏附效果。后来的文献中又做如下解释：

①阳离子沥青乳液与碱性骨料的结合，是由于阳离子乳化剂具有高振动能，与固体表面有自然吸附力，穿过骨料外围水膜与骨料紧密联系。

②阳离子乳化剂含有游离酸，它与碱性骨料起作用生成氯化钙和带负电荷的碳酸根离子，恰好与裹在沥青外围的阳离子中和，所以沥青能与骨料紧密相连，形成牢固的沥青膜。

近期，据美国道路运输研究学会文献TRB－1978年－593期报导，美国密西西比大学用ζ电位测定了世界各地37种天然石料表面的ζ电势，其中有硅酸盐为主体的酸性石料，也有以碳酸盐为主体的碱性石料，测定结果证明这些骨料的潮湿表面都有负电荷，因而阳离子沥青乳液与这些骨料表面都可产生离子的吸附作用而牢固相结合。

总之，目前关于这方面的认识并没有统一，还在不断地发展着。

（6）可以控制乳液的破乳速度。沥青乳液的分解破乳速度，影响因素很多，除了沥青乳液的浓度、质量，石料的种类及表面特性，气温、湿度等影响因素外，还取决于乳液类型和乳化剂带给沥青颗粒上所带电荷的强弱，也就是取决于乳化剂分别所制成的乳液。如表3所列的乳化剂，从上至下的破乳速度为由快而慢，可按工程的需要进行选择，支链带有环氧乙烷的化合物，认为可以延长破乳速度。

表3 基本阳离子乳化剂

乳化剂名称	化学术语	化学结构式
图敏 T Dumeen T	二胺牛脂 Tallow diamine	$R-NH-(CH_2)_3-NH_2$
爱托图敏 T/13 EthoDumeen T/13	三个分子环氧 乙烷加成的二胺牛脂	$RN(CH_2)_3-N(CH_2CH_2O)_XH-(CH_2CH_2O)_YH$；$(CH_2)CH_2O)z$
爱托图敏 T/20 EthoDumeen T/20	十个分子环氧乙烷加成的二胺牛脂	$RN(CH_2)_3-N-$；$(CH_2CH_2O)zH$；$(CH_2CH_2O)_YH$；$(CH_2CH_2O)zH$
爱托敏 5/15 Ethomeen	五个分子环氧 乙烷加成的大豆胺	$R-N$；$(CH_2CH_2O)_XH$；$(CH_2CH_2O)_YH$
雷迪考脱 E-5 RediCote E-5	液状阳离子组成物	
雷迪考脱 E-11 RediCote E-11	液状阳离子组成物	

为了控制乳液的破乳速度，延长破乳时间，我们试验研究了这样一种方法，可以将拌和的混合料表面做预处理，如果预先使骨料表面带上一部分阳离子电荷，那么骨料与阳离子乳液的分解速度即可大大减慢，与混合料拌和的工作度即可明显改善。具体的做法就是将少量的氯化钙或氯化镁或氯化铬及少量的 OP-10 溶于水中，将此水溶液与骨料拌和，也可倒入乳液一起与骨料拌和，两种做法都有明显效果。根据需要延长破乳速度的时间，可以调整所加金属盐及 OP-10 的用量。

(7) 增加乳液中沥青浓度。在乳液的稠度相同的情况下，阳离子沥青乳液可以比阴离子沥青乳液含有较多沥青。

(8) 有嵌入的黏附特性。阳离子乳液中的沥青颗粒，可以嵌入到骨料空隙，与骨料表面起电化学的吸附作用，沥青代替了原先包在骨料外面的水膜，牢固地黏附在骨料表面（图8）。这是不可逆的反应，有效地提高了黏结力。

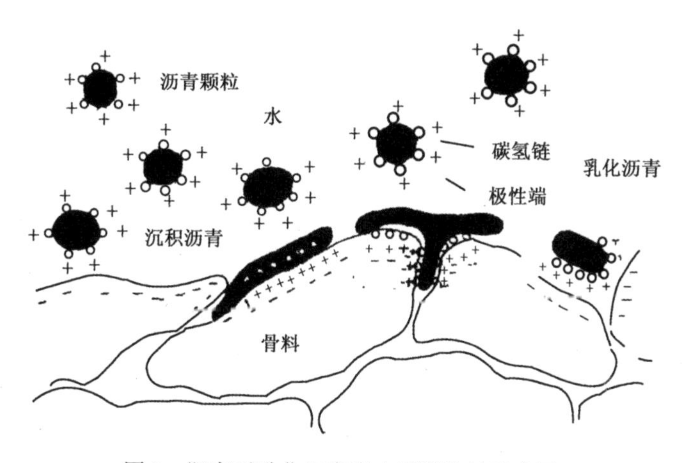

图8 阳离子乳化沥青嵌入黏附特性示意图

（9）铺筑路面后立即开放交通。阳离子沥青乳液与骨料的黏结，不依赖水分的蒸发，几乎不受气温和湿度的影响，由沥青颗粒与骨料的离子吸附作用，可以尽快将多余水分排除，很快开放交通。

（10）能在低温季节作用。由于上述原因，国外可以5℃气温下施工。1978年10月，国内旅大市政公司在白昼10℃气温下，在干线上铺了1m² 阳离子乳化沥青混凝土，铺后立即开放交通，在1000辆/日行车量情况下，至今仍保持完好（图9）。

图9 旅大市政公司在10℃气温下铺的1m² 阳离子乳化沥青路面

（11）宜于加固土壤。乳液与土壤拌和容易，分布均匀，便于就地喷洒，就地拌和，简化了施工，提高了效率，保证了加固土的质量。

（12）环保无害。因阳离子沥青乳液不易流失，所用乳化剂是无害的，所以路的两侧及地下水不受污染。

五、阳离子沥青乳液的制备

1. 沥青材料

前面已介绍了阳离子沥青乳液不受沥青的组分和针入度的影响。在国内，到目前已用胜利油田的沥青和渣油、兰炼的沥青和渣油、大庆油田的沥青等不同的油料制备了阳离子沥青乳液，配制效果良好。但这只是开端，我国沥青质量波动很大，乳化剂品种又少，今后在这方面还要做大量的工作。

2. 配合比设计

沥青或渣油（按质量比）	50%～60%
水（自来水）	50%～40%
乳化剂（占水与沥青质量）	0.3%～0.5%
稳定剂（聚乙烯醇）（必要时）	0.1%

3. 乳化设备

国内外概括起来有四种：

（1）胶体磨。胶体磨如图 10 所示。它的乳化过程是使水（包含乳化剂）与沥青强行通过转子与定子间的间隙（间隙量可以调整），在间隙间的剪切力及高速离心力（8000 转/min）的作用下，使沥青分散成微小颗粒，间隙量越小，分散颗粒越小，粒径小于 0.5μm 即称为胶体（一般乳化沥青颗粒为 3～10μm），具有这种精细乳化能力的设备称为胶体磨。

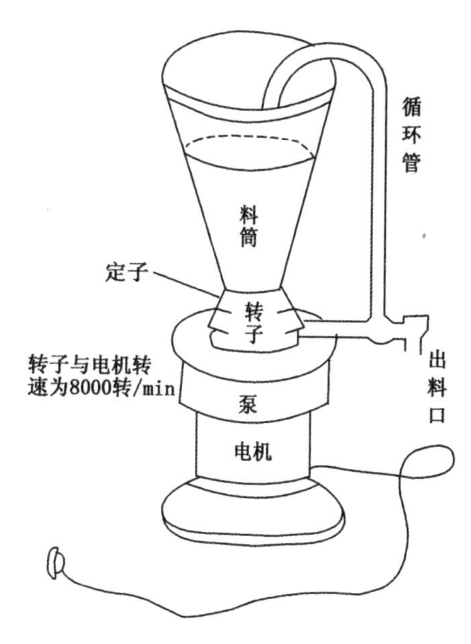

图 10　胶体磨示意图

（2）均化器（匀油机）。均化器的乳化作用原理与胶体磨相似，（图 11）。使沥青与水强行通过 50μm 间隙，在间隙间的剪切力及高速离心力（3000～10000 转/min）作用下，使沥青达到分散乳化的目的。这种设备乳化效率高、质量好，但分散颗粒不能小于 0.5μm，所以称均化器。

（3）齿轮泵加喷嘴。这是目前国内普遍应用的乳化设备。如北京油毡厂、天津油毡厂、山西省建筑科研所乳化沥青厂等单位都采用这种设备（图 12 和图 13）。它是使油（沥青）与水经过料斗进入齿轮泵，齿轮泵使油水在 8～10kg/cm² 压力下通过喷嘴达到分散乳化的目的。由于油水密度不等，要经过多次反复循环才能达到完全乳化。如北京油毡厂一罐乳液

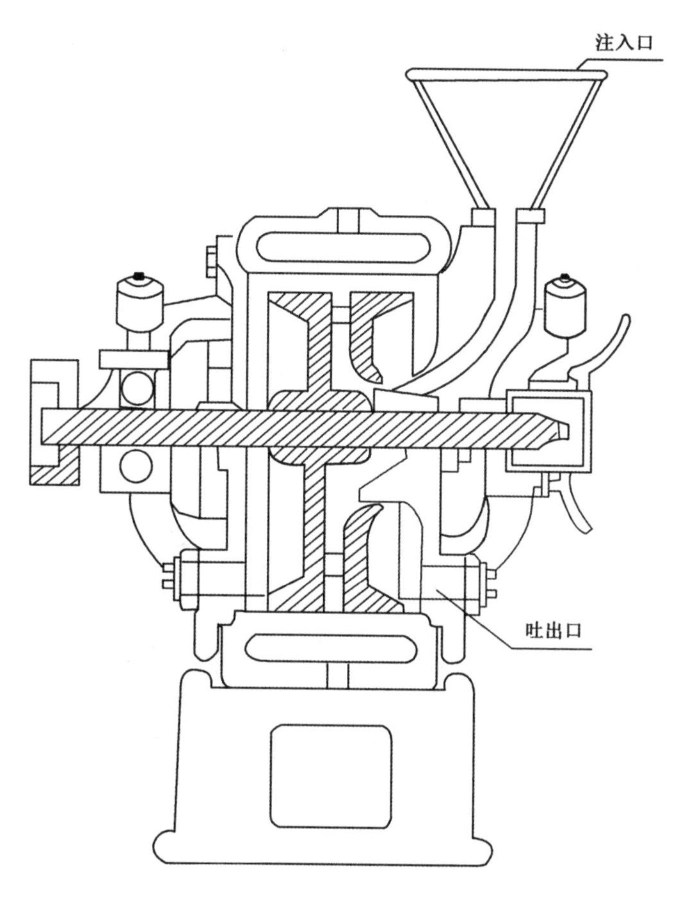

图 11　均化器剖面图

(500kg) 要循环 25min，乳化效率较低。总结以上经验，将上述设备进行改进，如图 14 所示，将油、水分盛于两个料斗，按计划的比例使沥青与水同时吸入泵中，然后在 8 ~ 10kg/cm² 压力下，使油、水经过喷嘴达到一次乳化的目的，这样可以做到边连续进料边连续乳化，提高了效率，有利于大规模生产乳液。改进后乳化粒径为 5 ~ 7μm，2kg 乳液只要 20s 就可乳化完成。

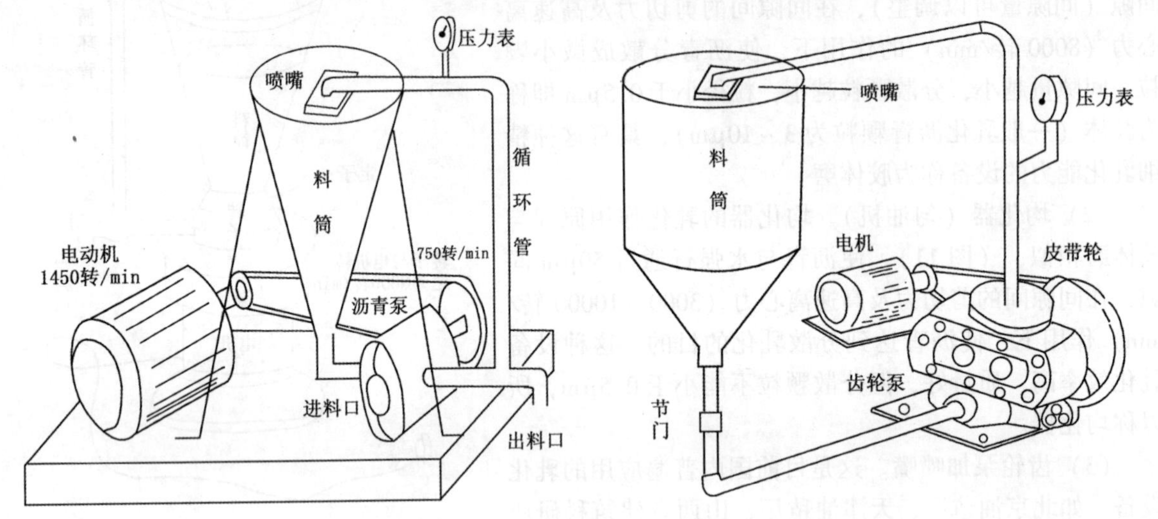

图 12　早期沥青齿轮泵示意图　　图 13　天津油毡厂和北京油毡厂沥青乳化设备示意图

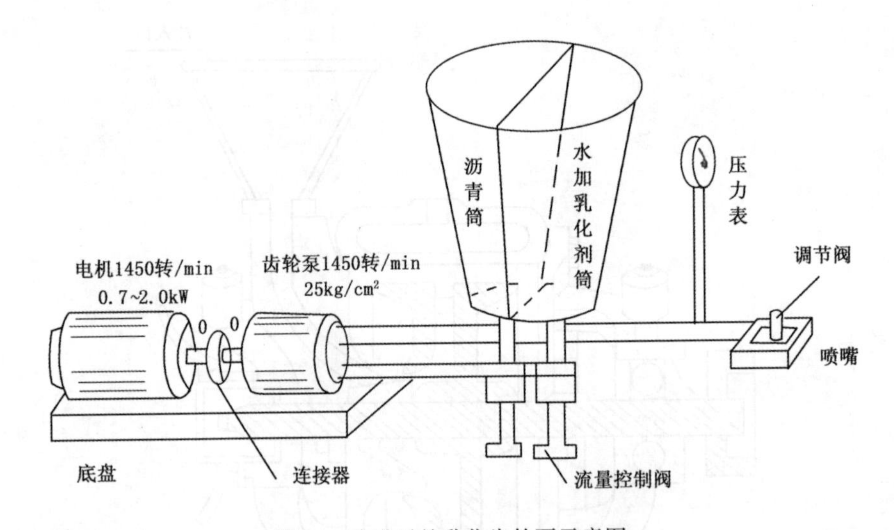

图 14　改进后的乳化齿轮泵示意图

(4) 电动搅拌器。这种设备适用于室内小型试验，搅拌器的转速以 3000 ~ 4000 转/min 为宜，搅拌棒可以是单轴的，也可以是双轴或多轴的（图 15）。搅拌叶片应以螺旋桨形式为好，叶片的布置应照顾到乳液的水平面（叶片直径适当），也应照顾乳液的垂直面（叶片上下布置适当），必要时上下布置二个或三个叶片，叶片相位应互成 90°，使容器内乳化得到充分分散和搅拌，避免有死角。

以上四种设备中，以胶体磨合均化器的乳化质量为最好，但目前国内生产数量很少，只有上海第一纺织机械厂生产 M931 型胶体磨，主要用于染料的磨细乳化，产量为 50 ~ 100L/h。用这样精细设备乳化沥青是否适宜，还没有经验。实践证明，改进后的齿轮泵加喷嘴的乳化设备是较适宜的。齿轮泵购置容易，型号齐全，流量、压力可大可小，喷嘴可多可少，加工容易，配件容易解决，只要控制好油与水的流量比例。这种设备效率高、质量好、移动方便，适合工厂及现场的需要。

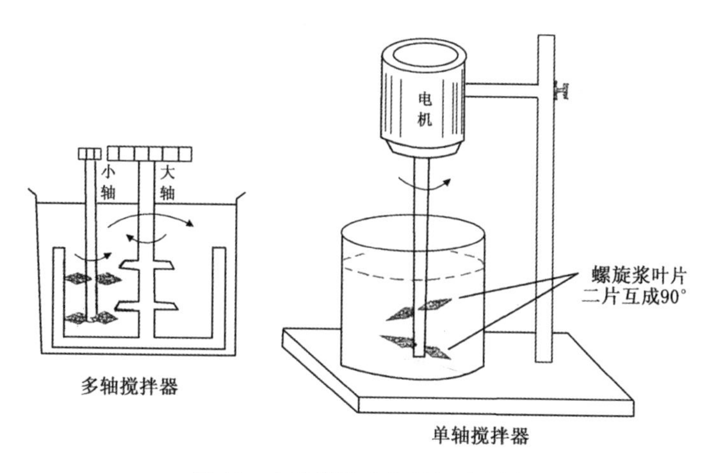

图 15　电动搅拌乳化设备示意图

4. 乳化操作过程

（1）温度。沥青、渣油的温度控制在 120℃ ±5℃，对于渣油在 95～100℃未脱水情况下也可以乳化。油温不应过高，大于 140℃常常产生大量气泡，影响乳化效果。目前水温控制在 60℃ ±5℃，但用 50℃水也可以乳化。

（2）乳化剂。首先注意乳化剂的浓度，如其中含有水时，应扣除水分称好用量，然后将乳化剂加入水中一起加热溶解。

（3）如用搅拌器乳化或分批循环乳化，向水溶液加沥青时，应缓慢加入。

（4）工厂一次乳化连续生产操作流程如图 16。

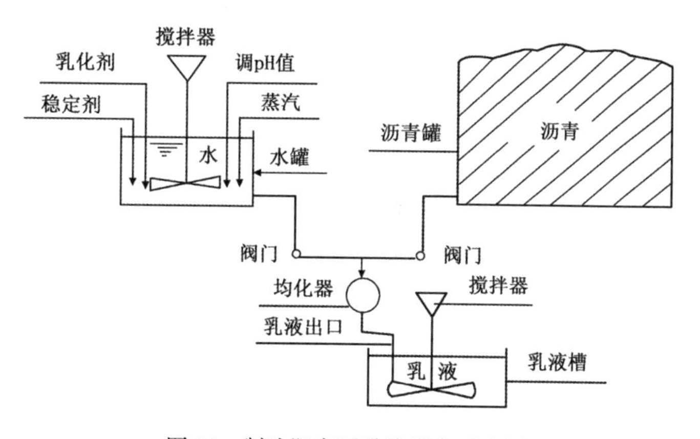

图 16　制造阳离子乳液设备示意图

六、阳离子乳化沥青的检验标准及试验方法

1. 检验标准

世界上，虽然各国检验阳离子乳化沥青的标准不一，但基本上都是根据乳液的用途和施工方法的不同分为贯入用（P）和拌和用（M）两种（表 4）。也有根据分解破乳的速度，分为快裂型、中裂型、慢裂型三种。表 5 为几种阳离子乳化沥青的检验标准及适用范围。

表 4　阳离子乳化沥青的分类表

种类	用　途	种类	用　途
PK－1	一般贯入和表面处治用（除冬季外）	MK－1	粗级配骨料拌和用
PK－2 PK－3	冬季做贯入和表面处治用 做透层油和水泥加固土养护用	MK－2	密级配骨料拌和用
PK－4	黏层油用	MK－3	拌和沥青加固土用

表5　阳离子乳化沥青的检验标准和适用范围

项目 \ 乳化沥青种类		PK－1	PK－2	PK－3	PK－4	MK－1	MK－2	MK－3
沥青颗粒的电荷		+	+	+	+	+	+	+
恩氏黏度（25℃）		2～15	2～16	2～8	2～10	3～40	3～40	3～40
筛上残留物,%		0.3以下	0.3以下	0.3以下	0.3以下	0.3以下	0.3以下	0.3以下
贮存稳定性（5日）		5以下	5以下	5以下	5以下	5以下	5以下	5以下
低温稳定度		—	合格	—	—	—	—	—
附着试验		合格	合格	合格	合格	—	—	—
粗级配骨料拌和试验		—	—	—	合格	合格	—	—
密级配骨料拌和试验		—	—	—	—	—	合格	—
水泥拌和试验		—	—	—	—	—	—	合格
蒸发残留物,%		55以上	55以上	53以上	55以上	57以上	57以上	57以上
残留物	针入度（25℃），0.1mm	100～200	150～300	100～300	100～200	80～200	60～200	60～300
	延度（15℃），cm	100以上	100以上	100以上	100以上	80以上	80以上	80以上
	四氯化碳可溶分,%	98以上	98以上	98以上	98以上	97以上	97以上	97以上

2. 试验方法

根据国外经验，结合我国实际情况，阳离子沥青乳液的试验经常检验以下内容：

(1) 沥青颗粒电荷的测定。

如图17，用6V直流电源，正、负电极连接两块电极板，两板以5cm间距放在乳液之中，经2～3min如沥青颗粒集聚在阴极板上，即证明为阳离子沥青乳液（图17a）；反之，即为阴离子沥青乳液（图17b）。

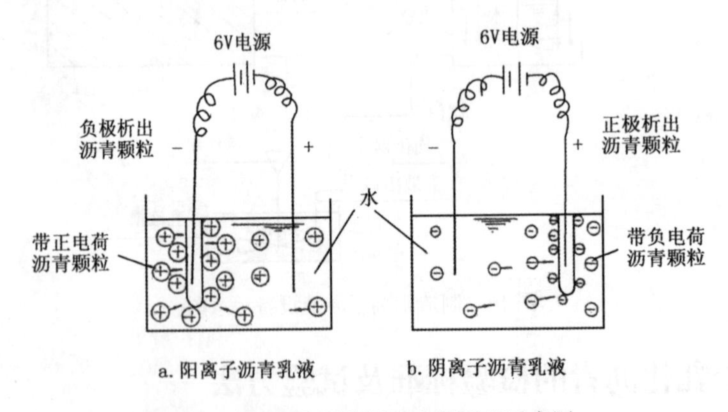

图17　检验沥青颗粒所带电荷原理示意图

(2) 乳化颗粒粒径的测定。

可用一般生物显微镜或偏光显微镜测定，放大倍数100～500倍即可，但在目镜上一定要标有刻度，从而才能测出粒径的大小。观测时，乳液应做适当的稀释，以2～3倍为好。样品制片时不要涂厚，涂完应立即观测，动作要快，时间不宜拖长。

(3) 沥青乳液稠度的测定。

为了便于在我国普遍使用，采用标准黏度计方法测定稠度，流孔直径选用3mm，乳液温度为25℃，流量为50mL。这样测出的稠度，便于与国外的恩氏黏度标准相参照。

(4) 筛上残留物试验。

用500mL乳液流过孔径为1190μm的筛孔，未过筛部分可用水冲洗，洗后烘干筛上剩余部分不大于0.3%。

(5) 贮存稳定性试验。

乳液装入 ϕ30mm×200mm 的玻璃试管中，将管口密封，静放5日后过筛，筛上剩余部分不大于5%，或静放7日乳液没有分离现象。

(6) 黏附试验。

将所用碎石(粒径为20~30mm)在水中浸泡一分钟，再放入乳液中浸泡一分钟，取出后在20~25℃下存放20~30min，之后将石样在水中摆洗3min，洗后乳液黏附石样面积不得少于三分之二。

(7) 拌和试验。

按所用骨料的种类和规格，如粗骨料、粗级配、砂或土壤等相同，与乳液进行拌和试验，拌和3min，能容易地拌和均匀即为合格。如与土壤拌和是以水泥代替土壤进行拌和。

(8) 蒸发残留物含量试验。

用200g沥青乳液加热脱水，然后求其质量。

(9) 蒸发残留物试验。

可用沥青材料试验方法中规定的针入度、延度、四氯化碳可溶分等方法，对乳液蒸发残留物进行试验。

(10) 低温稳定度试验。

在低温度条件下进行施工或贮存时，将乳液放在-5℃下30min后，再置于25℃水中浸入10min，反复循环两次无异常现象即为合格。

此外，当乳化沥青与混合料拌和时，应进行马歇尔稳定度试验。它与热沥青混合料所做的马歇尔稳定度试验方法有相同之处，也有不同之处，乳液混合料装入马氏试模中后，按规定将两端各捶击50次，然后将试模连同试样一同放入烘箱，在110℃±5℃温度下存放24h，从烘箱取出后，立即在两端再各捶击25次，再在室温中存放一昼夜后脱模，试件在60℃水中保持30min，进行马氏稳定度及流变值测定。作为基层的稳定值应不低于250kg，作为面层应低于300kg。

七、加速实现我国路面黑色化

与新中国成立前相比，我国公路交通事业的发展有了迅速增长。但与交通先进的国家相比，还是相当落后的。从表6中可以明显看出差距。

表6 我国交通与国外的比较

国别	年份	公路总里程 km	铺路面率 %	公路密度		高速公路 km
				km/km²	km/万人	
美国	1975	6175577	80.8	0.66	289.20	64，563
日本	1975	1067643	32	2.87	95.69	1，915 (1976年)
法国	1975	794690	100	1.44	150.53	3，894 (1976年)
英国	1975	343895	96.5	1.50	63.18	2，224 (1976年)
印度	1974	1232300	35	0.42	21.23	
中国	1978	900000	16	0.09	11.25	

在行车速度方面，美国平均车速为80km/h，原苏联是70km/h，我国平均车速为30km/h，如果能改善我国路面状况，将车速提高到60km/h，即相当我国增加了一倍的车辆，增加了一倍的运输能力，这对我国工农业的发展具有重大意义。我国石油工业的发展，为我国实现路面的黑色化创造

了极为有利的条件。为了实现“四化”，公路交通必须努力赶上世界先进水平。资本主义国家近十多年来，在道路工程中大力发展阳离子乳化沥青，法国一年中使用 100×10^4t 以上，日本为 150×10^4t 以上，美国为 200×10^4t，因而大大促进了这些国家路面铺装率的增长。他们将阳离子乳化沥青称为继沥青、水泥之后的第三种路面材料，其用量迅猛增长着。我们要急起直追，努力赶超，但这是十分艰巨的任务。通过我们这次的协作，目前我们已对乳化剂的选择和试制、乳化工艺设备、乳液的试验方法及检验标准等取得了一定进展，为今后铺筑试验路创造了有利条件。其中一个重要问题是乳化剂，虽已找到天津 OT 乳化效果好，但成本高、料源少，无法保证大量生产。为了克服这一困难，大连油化厂研究所以脂肪做原料，成本低、料源丰富，乳化效果也好。目前在国内有河南、吉林、甘肃、西藏、青海、四川、安徽、辽宁、黑龙江等公路部门的一些科研、设计和施工等单位，都在准备铺筑试验路，或筹备开展阳离子乳化沥青的研究工作。在群策群力、互相交流、共同提高的有利环境之下，我们一定会很快创造出适合于我国的阳离子乳化剂、乳化工艺及设备、乳液的施工方法及检验标准，使阳离子乳化沥青为我国实现路面黑色化，为实现四个现代化，做出应有的贡献。

发表于《公路》，1980 年 3 期

阳离子乳化沥青
在道路工程中的发展及研究

姜云焕

（交通部公路科学研究所）

一、概述

公路路面的铺装率，不仅表明一个国家公路发展的技术水平，而且是这个国家国民经济发展的重要标志。当前世界上经济发达的国家，一方面重视铺筑高等级公路，另一方面努力提高地方道路的铺装率，同时，积极重视已铺路面经常性的维修与养护，使其能经常保持着良好的路用性能与运输效率。在世界性的能源危机影响下，筑路工程中要求节省能源、节省资源、保护环境、减少污染的呼声越来越高，在这种形势下，如何改善热沥青路面的施工，已经引起广大筑路部门的重视。在长期修建公路的实践中，人们越来越认识到：发展阳离子乳化沥青铺筑沥青路面，是达到上述要求的可取的途径，因而引起国内外公路部门的重视。现就其国内外的发展及研究情况予以介绍。

乳化沥青的研究最早始于1900年，当人们应用它的时候，已经是1920年了，开始是用牛血或黏土作为乳化剂，至1925年开始在欧洲用肥皂——阴离子型乳化剂，1930年介绍到美国，5年后在美国推广普及，日本是在1928年试制成功沥青乳液及乳化设备——匀油机，3年后的1931年开始商品化生产，乳化沥青的发展至今已有五十多年的历史。

所谓乳化沥青，就是将热塑性的沥青在其热溶状态时，经过高速的离心、搅拌、剪切等机械作用，使其以微小的颗粒状态稳定地均匀地分散于含有乳化剂的水溶之中，使它在常温状态下成为水包油型乳液。这种沥青乳液人们简称为乳液，这种乳液可在常温状态下进行拌和及洒布等冷法施工，也可以用于建筑防水，植物养生，边坡保护等。这使沥青的使用技术大大地改善。

首先，在施工现场不需要将沥青加热到170～180℃高温再去使用，故石料不要烘干，可以节省许多燃料与热能。据美国调查，铺设$1m^2$长2.5cm厚热沥青混凝土路面需要8379kcal热能，而铺同样数量的乳化沥青混凝土路面只要4702kcal；据法国统计，使用1t热沥青需要31920kcal，使用1t乳化沥青只要6650kcal（乳化沥青厂设在炼油厂附近）；据日本核算，用沥青乳液铺筑贯入式与拌和式路面与热沥青混合料铺筑路面进行比较，各铺5cm厚，长$10000m^2$，三种路面所消耗的燃料油量，沥青乳液贯入式/热沥青混凝土$=2465L/21443L=\frac{1}{8.7}=11.5\%$，沥青乳液路上拌和式/热沥青混凝土$=3103L/21443L=\frac{1}{6.9}=14.5\%$。从上述调查数据中可以说明，乳化沥青修路可以比热沥青铺路节省热能达50%～85%。

其次，沥青乳液具有良好的工作度，可以均匀地分布在骨料表面上，并与骨料产生良好的黏附性，因而沥青用量可以节省20%～30%。还由于使用沥青乳液的施工现场不需要砌炉，支锅、盘灶、熬油等等，简化了施工程序，改善了沥青路面工人的施工条件，避免了烟熏火烤和沥青蒸气的毒害，防止了烧伤、烫伤和火灾的发生，也减少了环境的污染。以上这些优点，使乳化沥青长期以来，在道路工程与建筑防水工程中，得到不断的发展与应用。

乳化沥青在其发展的前四十年过程中，主要是阴离子乳化沥青，这种乳液有如上述优点，但它使沥青颗粒周围带有负电荷，当这种乳液与骨料表面接触时，由于湿润骨料表面带有负电荷，要使这种乳液裹覆到骨料表面时，必需待乳液中的水分完全蒸发，而且这种裹覆只是单纯的黏附，沥青与骨料之间黏附力低，如若在施工中遇上阴湿或低温季节，乳液中水分蒸发缓慢，沥青裹覆骨料的时间拖长，影响路面质量及早期强度，影响尽快通车。另一方面，近些年来，世界上的石蜡基与混合基原油的沥青的产量增多，阴离子乳化剂难以对这些沥青进行乳化。

随着胶体化学与界面化学的发展，国外阳离子乳化沥青迅速发展和应用，它最早于1936年法国开始研究，1951年开始商品化，1957年美国市场开始销售，三年后日本也有了阳离子乳化剂的商品。使用这种乳化剂，可使乳液中的沥青颗粒周围带有阳离子电荷，当这种乳液与骨料表面接触后，带有阳离子的沥青颗粒与带有阴离子的骨料表面产生阴阳离子的吸附作用，而且即使骨料表面处于湿润有水膜的情况下，也较小影响这种离子间的吸附作用。因而提高了沥青与骨料之间的黏附力，即使在低温与阴湿季节里，阳离子乳液仍可以与骨料之间产生良好的黏附效果，提高路面早期强度，铺后可以很快开放交通。由于阳离子沥青乳液比阴离子沥青乳液提高了与骨料的黏结力，提高了路面质量，延长施工季节，可以说它发挥了阴离子乳化沥青的优点，改善其缺点，因而得到了迅速的发展。从而使乳化沥青的发展进入新的阶段（图1）。

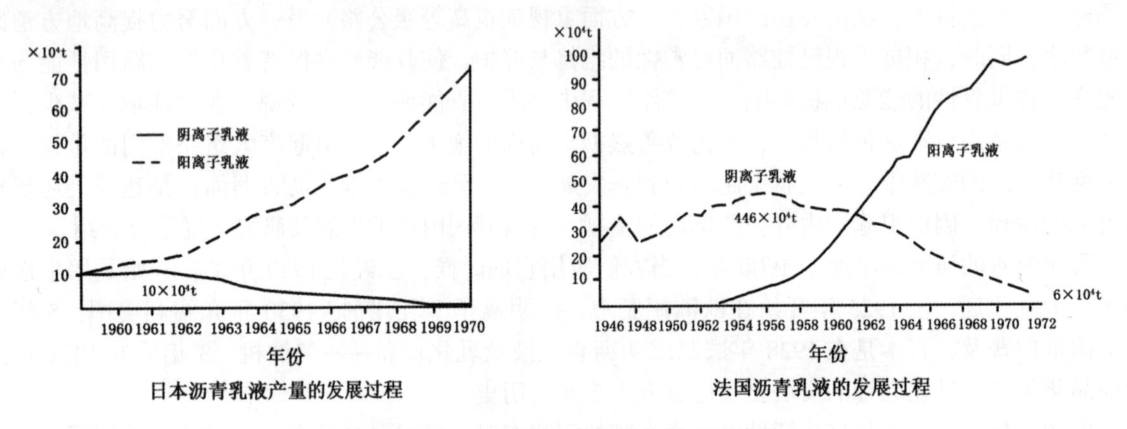

图1　日本与法国沥青乳液的发展生产过程

目前，阳离子乳化沥青无论在道路的面层或基层上，还是在低交通量的支线上或大交通量的干线上，以及飞机场的跑道上或高速公路上，都在大量应用着。以法国为例，在路面的表面处治中，每年用石油沥青为10×10^4t，煤沥青为6×10^4t，乳化沥青达110×10^4t，美国乳化沥青年用量已达290×10^4t，日本为50×10^4t，其他如英国，西班牙、加拿大、瑞士等国家都在大量地生产与应用，从而加速了这些国家沥青路面的发展，提高了路面的铺装率。

我们于1973年初在“加拿大工业展览会”上首次见到少量的“路面新材料”，经过三年的努力，最后搞清楚它就是阳离子乳化沥青，以后又与法国进行过几次座谈，知道国外的发展情况。但是，他们都公开地以技术专利进行保密，他们介绍它的目的，是为了做生意，为了赚钱，例如：一套简单的沥青乳液生产设备，自已搞只要2~3万元即可，向法国购一套要60万美元（168万人民币），日本一套简单设备要280美元（合78.4万人民币），而且要长期购买他们的乳化剂。这些说明外国资本家把乳化沥青作为他们发财的摇钱树。

1978年初以来，我国交通公路部门开始了“阳离子乳化沥青在道路中应用研究”。在该课题协作组——河南交通科研所、吉林交通科研所、大连城建局、大连脂化学厂等单位的共同努力下，先后对阳离子乳化剂的选择及试制，乳化设备的研制，乳化工艺配方的试验，乳液破乳速度的控制以及铺筑路面施工方法（包括铺筑贯入式、拌和式黑色碎石与沥青混凝土，表面处治等）逐项进行试验研究。我国的阳离子乳化沥青的研究，已经从室内的小规模试验转向室外施工生产的中间试验阶段，自1978年10月末于大连市铺筑1m^2试验路开始，至1981年9月末，已铺30000m^2以上的试验路，其中有层铺贯入、黑色碎石、沥青混凝土、表面处治等不同结构形式的路面，有用人工洒布与拌和进行施工的，也有用机械洒布、拌和与摊铺进行施工的。这些路面有的经过一年，有的经过两年，也有的经过三年的行车考验，证明路面情况良好。施工实践证明：骨料不需要干燥，如果必须在现场乳化时，沥青的加温为120～140℃即可，如将沥青场设在炼油厂及沥青库附近时，将会大量节省沥青二次或重复加温的热能。雨后，骨料表面在湿润状态下，可以照常施工，雨季对施工的影响较小；在低温情况下，如白天在10℃左右，夜晚不结冰的情况下，仍然可以施工，一年中可以延长施工季节两个月；沥青的用量上，初步证明可以节省20%；筑路工人反映使用阳离子乳液，操作容易、施工简便，很适合我国当前公路发展的需要。阳离子乳化沥青的优越性，不仅使更多的省、市的交通公路部门开展这项工作，而且也引起其他部门的重视，如铁道部门研究用阳离子乳化沥青铺筑填充道床、整体道床和路基防水；建筑工程与国防工程部门研究用乳液做屋面及洞库防水措施；水利电力部门研究用它改善水泥混凝土的抗渗性及抗裂性；冶金部门研究用它修筑矿山公路和钢材的防腐；中国科学院沙漠研究所研究用乳液进行固砂；化工部门开展研究乳化剂的试制；石油部门开展乳化机理的研究……总之，阳离子乳化沥青的研究，已经在更广的范围里引起重视。但是，我国当前发展情况与世界水平相比，差距太大，应用范围很窄，乳化剂与乳化设备的研制仅仅是开始。我国幅员辽阔，气候变化多端，特别是沥青的品种及组分复杂，这些将为我国发展乳化沥青带来一定的困难。当然，在各有关单位的共同努力下，坚信我国的阳离子乳化沥青一定能迅速发展起来。

二、乳化剂的研制

1. 国外乳化剂的发展

乳化剂是发展乳化沥青的先决条件，发展阳离子乳化沥青也应是这样，目前国外的阳离子乳化剂主要是：烷基胺类，酰胺类，咪唑啉类，环氧乙烷双胺类，胺化木质素类，季铵盐类等等。

（1）烷基胺类：

RNH_2　　$RNH(CH_2)_3NH_2$

伯胺　　烷基丙烯二胺

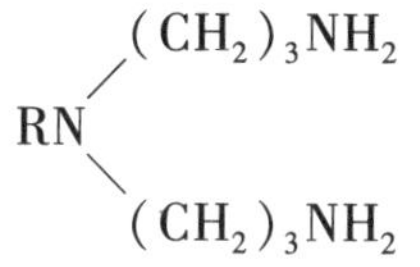

$$RN\begin{cases}(CH_2)_3NH_2\\(CH_2)_3NH_2\end{cases}$$

烷基丙烯三胺

（2）酰胺类：

$RCONH(CH_2)_2NH_2$

$RCONH(CH_2)_2NH(CH_2)_2NH_2$

（3）咪唑啉类：

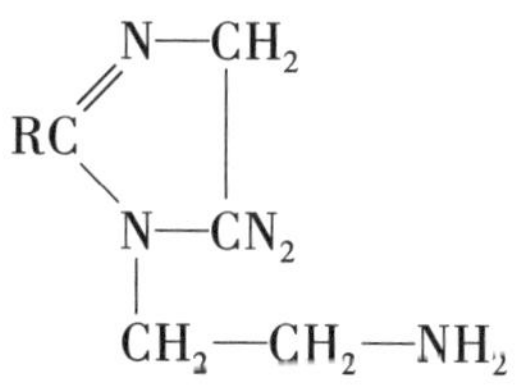

$$\begin{array}{l} \quad\;\; N{-}CH_2 \\ RC \;\;\;\;\;\; | \\ \quad\;\; N{-}CN_2 \\ \quad\;\; | \\ \quad\;\; CH_2{-}CH_2{-}NH_2 \end{array}$$

（4）环氧乙烷双胺类：

$$\begin{array}{l} (CH_2CH_2O)_pH \\ \quad | \qquad\qquad\;\; (CH_2CH_2O)_qH \\ RN(CH_2)_3N \\ \qquad\qquad\qquad (CH_2CH_2O)_rH \end{array}$$

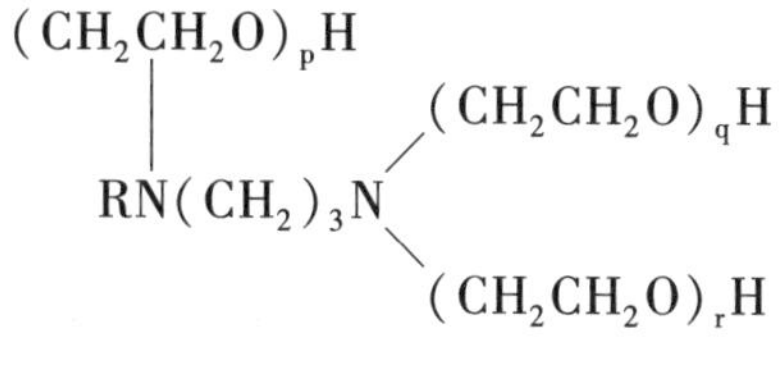

(5) 胺化木质素类：

$$\text{木质素}—CH_2N\begin{cases}CH_3\\CH_3\end{cases}$$

(6) 季铵盐类：

$$\left[R-\underset{CH_3}{\overset{CH_3}{N}}-CH_3\right]^+Cl^- \qquad \left[R-\underset{CH_3}{\overset{(CH_2CH_2O)_pH}{N}}-(CH_2CH_2O)_qH\right]^+Cl^-$$

$$\left[R-\underset{CH_3}{\overset{CH_3}{N}}-(CH_2)_3-\underset{CH_3}{\overset{CH_3}{N}}-CH_3\right]^{2+}2Cl^-$$

$$\left[R-\underset{CH_3}{\overset{(CH_2CH_2O)_pH}{N}}-(CH_2)_3-\underset{CH_3}{N}\begin{cases}(CH_2CH_2O)_qH\\(CH_2CH_2O)_rH\end{cases}\right]^{2+}2Cl^-$$

各国根据原料与乳化剂综合利用情况的不同，选择不同类型的乳化剂。目前在法国多用酰胺类乳化剂，日本、英国多用烷基丙烯二胺类，他们使用这些乳化剂多用盐酸、醋酸使其成盐后，再溶解于水予以使用。美国沥青协会介绍用季铵盐类作为乳化剂乳化效果好、乳液稳定，不用加酸调解可以溶解于水中。各国根据其具体情况不同选用不同的乳化剂，国外的乳化剂已经商品化和系列化，可以按施工方法、施工季节、工程材料与结构等的不同条件而选用。

2. 国内阳离子乳化剂的研究

我国过去从未研究应用过阳离子乳化剂，在开始阶段，只好在国内现有的阳离子表面活性剂中，经过试验选择乳化效果好的作为乳化剂，然后改进其生产工艺，提高性能，降低造价，保证供应。为此，两年多来，从天津、上海、大连、辽阳等地收集了13种乳化剂（表1），将它们在几乎相同的乳化条件下，与胜利100号沥青进行乳化试验，从这些试验结果中筛选作为乳化剂的依据（表2）。

表1　国内目前生产的阳离子乳化剂

序号	乳化剂名称	代号	浓度（%）	化学结构式	生产单位	单价（元/kg）	附注
1	十二烷基三甲基溴化铵	DT或1231	50	$[C_{12}H_{25}-N(CH_3)_2-CH_3]^+Br^-$	上海合成洗涤三厂	10	
2	十二烷基三甲基氯化铵	DT或1231	29.68	$[C_{12}H_{25}-N(CH_3)_2-CH_3]^+Cl^-$	天津师院校办工厂	8	
3	十一—十三烷基二甲基苄基氯化铵	1227	82	$[C_{12}H_{25}-N(CH_3)_2-CH_2-C_6H_5]^+Cl^-$	大连油脂化学厂	19	

续表

序号	乳化剂名称	代号	浓度（%）	化学结构式	生产单位	单价（元/kg）	附注
4	十七烷基二甲基苄基氯化铵	1727	50	$[C_{17}H_{35}-N(CH_3)_2-CH_2-C_6H_5]^+Cl^-$	上海合成洗涤三厂	5	
5	EM17 两性乳化剂	EM17	46	$[C_{17}H_{35}-N(CH_3)_2-COOCH_2]^+Cl^-$	上海合成洗涤三厂	3	
6	十八叔胺二甲基羟基硝酸季铵盐（抗静电剂）	SN		$[C_{18}H_{37}-N(CH_3)_2-CH_2-CH_2OH]^+NO_3^-$	上海助剂厂	尚无正式产品	
7	十八烷基三甲基氯化铵（天津）	OT 或 1831	40	$[C_{18}H_{37}-N(CH_3)_2-CH_3]^+Cl^-$	天津师院校办化工厂	9.80	以牛油作为原料
8	十八烷基三甲基氯化铵（大连）	OT 或 1831	35	$[C_{18}H_{37}-N(CH_3)_2-CH_3]^+Cl^-$	大连油脂化学厂		以石蜡作为原料
9	十六烷基三甲基溴化铵	1631	65	$[C_{16}H_{33}-N(CH_3)_2-CH_3]^+Cl^-$	上海合成洗涤三厂	14.0	以高级脂肪醇作为原料
10	N—烷基丙烯二胺		100	$R-NH(CH_2)_3-NH_2$	辽阳化工厂	约 20	以合成脂肪胺作为原料
11	八—十烷基三甲基氯化铵		95	$[C_9H_{19}-N(CH_3)_2-CH_3]^+Cl^-$	大连油脂化学厂		
12	十八烷基二甲基苄基季铵盐（匀染剂）	1827	60	$[C_{18}H_{37}-N(CH_3)_2-C_6H_4-CH_2]^+Cl^-$	上海合成洗涤三厂	18	
13	16、12B	1612	50	$[C_{16}H_{32}-N(CH_3)_2-C_{12}H_{25}]^+Br^-$	上海合成洗涤三厂	10	

表 2　胜利 100 号沥青乳化试验结果

序号	原材料的性质		配合比例	乳化条件		乳液的检验结果									备注
	乳化剂品种	沥青品种	油:水:乳化剂	乳化时材料温度（℃）	乳化设备	颗粒电荷	颗粒直径	筛上残留物	贮存稳定性	黏附试验	拌和试验	pH 值	黏度 C_{25}^{3}（s）	含水量（%）	
1	十二烷基三甲基溴化铵	胜利 100 号	60:40:0.5	水 90 ~ 100 油 130 ~ 140	胶体磨循环乳化 1min			未乳化							
2	十二—烷基三甲基氯化铵	胜利 100 号	60:40:0.5	水 90 ~ 100 油 130 ~ 140	胶体磨循环乳化 1min			未乳化							
3	十一—十三烷基二甲苄基氯化铵	胜利 100 号	60:40:0.5	水 90 ~ 100 油 130 ~ 140	胶体磨循环乳化 1min			未乳化							
4	十七烷基二甲基苄基氯化铵	胜利 100 号	60:40:0.5	水 90 ~ 100 油 130 ~ 140	胶体磨循环乳化 1min	+	3 ~ 5μm	合格	不合格	合格	合格	6.5	25	42	
5	EN17	胜利 100 号	60:40:0.5	水 90 ~ 100 油 130 ~ 140	胶体磨循环乳化 1min	+	乳化不完全								
6	十八叔胺二甲基羟基硝酸季铵盐	胜利渣油	60:40:0.5	水 90 ~ 100 油 110	胶体磨循环乳化 1min	+	3 ~ 5μm	合格	合格	合格	中裂	6	23	45	
7	十八烷基三甲基氯化铵（天津）	胜利 100 号	60:40:0.5	水 90 ~ 100 油 130 ~ 140	胶体磨循环乳化 1min	+	3 ~ 5μm	合格	合格	合格	中裂偏慢	6.8		38.7	质量不稳定
8	十八烷基三甲基氯化铵（大连）G—1	胜利 100 号	60:40:0.5	水 90 ~ 100 油 130 ~ 140	胶体磨循环乳化 1min	+	3 ~ 5μm	合格	合格	合格	中裂	7	22	40	
9	十六烷基三甲基溴化铵（上海）	胜利 100 号	60:40:0.5	水 70 油 110	胶体磨循环乳化 1min	+	3 ~ 5μm	合格	合格	合格	快裂	5.5	38.8	38.6	
10	N—烷基丙撑二胺（辽阳）	胜利 100 号	60:40:0.8	水 70 油 100	胶体磨循环乳化 1min	+	3 ~ 5μm	合格	不合格	合格	慢裂与骨料裹覆好	3 ~ 4	13.6	41	加聚乙烯醇可稍提高稳定性
11	八—十烷基三甲基氯化铵	胜利 100 号	60:40:0.5	水 90 ~ 100 油 130 ~ 140	胶体磨循环乳化 1min		未乳化								
12	DC 匀染剂	胜利 100 号	60:40:0.5	水 70 油 110	胶体磨循环乳化 1min	+	4 ~ 6μm	不合格	不合格	合格	快裂	6.5	11.8	50	
13	16、12B	胜利 100 号	60:40:0.5	水 70 油 120	胶体磨循环乳化 1min	+	未乳化								

从表2的试验结果中可以看出：

（1）烷烃中碳链较短的，如碳链少于14的季铵盐，乳化效果不好，不宜作为乳化剂。

（2）支链上带有苯环的，如1227、1727、1827等季铵盐类，乳化效果不好。

（3）大连油化厂用石蜡代替牛油作为原料生产的合成脂肪酸，从乳液的性能比较来看，可以达到以牛油做原料生产的OT（十八烷基三甲基氯化铵）的乳化效果，这就可使原料的成本降低50%，并且不依附于进口（牛油进口），进而使乳化剂可以保证供应，并能降低造价。

（4）13种乳化剂中，以大连OT乳化效果好，它不仅适用于胜利100号、200号沥青，而且对于石蜡基的大庆沥青与任丘沥青，也初步可以达到要求的乳化效果。从表3的混合料的稳定性试验中，也证明效果较好。

（5）辽阳试制的N—烷基丙烯二胺，从拌和试验中看出，这种乳液与石英砂裹覆均匀、破乳时间慢（属于慢裂）、拌后油砂颜色发黑，适合于用作为拌和型乳液的乳化剂，但是乳液的沥青颗粒电荷较弱，稳定性稍差，加入少量的$CaCl_2 \cdot 2H_2O$后，稳定性较好，今后应减少用量和降低造价。

经过以上的筛选试验后，大连油化厂在用合成脂肪酸做原料取得初步成功的基础上，又对其原料及合成工艺进行改进，改进了甲基化与季铵化的工艺条件，消除了污染、降低了造价、延长了催化剂的寿命，现已用这些新OT制作乳液并铺了试验路，证明效果良好。接着又试制以不同碳数的季铵盐，支链带有苄基的季铵盐及聚氧乙烯非离子型乳化剂再次进行比较试验，选择其中有代表性的样品的试验结果列于表3。

从表3可以得出如下结果：

（1）G80—中—4、G80—11—5、G80—11—7三种乳化剂效果较好，其中用精馏与粗馏伯胺制得的乳化剂（G80—11—5与G80—11—7）制成的乳液各项检验指标都合格，在拌和试验中G80—11—5为慢裂，G80—11—7为中裂。

（2）G80—11—12是由G80—11—5加水稀释的乳化剂，乳化效果较好。乳液各项指标合格。只是G80—11—5为慢裂，G80—11—12为中裂。

（3）G80—11—13是由G80—11—7中加10%酒精制成的乳化剂，乳化较好，乳液各项指标合格。两者之间无明显差别。

（4）G80—11—7（C_{16-19}），G80—11—21（C_{14-15}）、G80—11—23（C_{11-13}）等分别为不同碳数烷基季铵盐的乳化剂，其中以G80—11—7的乳化效果为好，G80—11—21与G80—11—23乳化不完全，稳定性差，颗粒电荷弱，与骨料黏附性差，不宜作为乳化剂。

（5）支链带有苄基G80—11—27、G80—11—26与未带苄基的G80—11—5、G80—11—23相比，带苄基的乳化效果不好、乳液筛上剩余不合格，稳定性差。

（6）由环氧乙烷处理的叔胺G80—11—15与醋酸成盐的G80—11—28，乳化效果不好，不宜作为乳化剂。

（7）在伯胺中加环氧乙烷的季铵盐与叔铵盐G80—11—24和G80—11—25不乳化，不能作为乳化剂。

（8）以环氧乙烷烷基脂肪酸脂的非离子型乳化剂G80—11—17、G80—11—18和G80—11—19乳化不好，不宜作为乳化剂。

国外专利中介绍的一些乳化剂，如支链上带有苯环或苄基的季铵盐，初步试验尚未能取得如期的效果，有待今后进一步研制。

3. 国外乳化剂样品的初步试验

乳化沥青技术先进国家的乳化剂，虽然在专利及文献中有过许多报道，但要想搞到实物样品是很困难的，在国际上普遍作为一种专利而保密，在相同的条件下，将加拿大、日本的阳离子乳化剂样品（表4）（加拿大的两种样品是1973年的）和国产的乳化剂与胜利100号沥青进行乳化试验，其试验结果如表5。

表3 新乳化剂的试制及试验结果

序号	乳化剂样品名称	浓度含量(%)	说明	编号	乳液检验结果								备注
					颗粒电荷	筛上剩余量	贮藏稳定性	黏附试验	拌和试验	pH值	黏度 C_{25}^3 (s)	含水量(%)	
1	C_{16-18}烷基三甲基氯化铵	35	按新工艺试制供试验路用	G80—中—4	+	合格	合格	合格	中裂	2.25	11.5	37.5	
2	C_{16-18}烷基三甲基氯化铵	35.41	伯胺精馏	G80—11—5	+	合格(0)	合格	合格	慢裂	6.7	23.2	38	
3	C_{16-18}烷基三甲基氯化铵	35.59	伯胺粗馏	G80—11—7	+	合格	合格	合格	中裂	7.9	13.2	39	
4	C_{16-18}烷基三甲基氯化铵	36.28	相当于G80—27	G80—11—8	+	合格	合格	合格	中裂	7.4	20.6	35	
5	C_{20}以上烷基三甲基氯化铵	37.79	以C_{20}以上胺做原料	G80—11—10	未乳化								
6	C_{16-19}烷基三甲基氯化铵	24.61	伯胺精馏多加水	G80—11—12	+	合格(0)	合格	合格	中裂	7.4	19.9	39	
7	C_{16-19}烷基三甲基氯化铵	35.05	加入10%酒精	G80—11—13	+	合格	合格	合格	中裂	7.8	21.5	36	
8	C_{16-19}烷基三甲基氯化铵	33.04	加环氧乙烷处理	G80—11—15	弱+	不合格	不合格	合格(差)	中裂	7.05	19.1		
9	聚氧乙烯C_{20}以上脂肪酸脂	100.00	非离子型EO=8	G80—11—17	未乳化								
10	聚氧乙烯C_{16-19}脂肪酸脂	100.00	非离子型EO=6	G80—11—18	弱+	不合格							
11	聚氧乙烯C_{16-19}脂肪酸脂	100.00	非离子型EO=3	G80—11—19	弱+	不合格							
12	C_{14-15}烷基三甲基氯化铵	38.67	原料为G4~15伯胺	G80—11—21	+	不合格	合格	合格	中偏快	7.2	13		乳化不完全
13	C_{11-13}烷基三甲基氯化铵	31.82	原料用C11~13伯胺	G80—11—23	弱+	不合格	不合格		中偏快	7.3	8.5		乳化不完全
14	聚氧乙烯C_{13-19}胺醋酸盐	80.00	伯胺+▽+醋酸	G80—11—24	未乳化								
15	C_{16-19}烷基二聚氧乙烯基甲基氯化铵	100.00	伯铵+▽+CH_3Cl	G80—11—25	弱+	不合格							
16	C_{11-13}烷基二甲基苄基氯化铵	40.00	相当于吉尔灭	G80—11—26	弱+	不合格	合格		中偏快	6.1	10		乳化不完全
17	C_{16-19}烷基二甲基苄基氯化铵	40.19	高碳吉尔灭	G80—11—27	未乳化								
18	C_{16-19}烷基二甲基醋酸盐	85.00	叔胺+醋酸中和	G80—11—28	未乳化								

表 4　国外乳化剂基本情况一览表

乳化剂名称	主要用途	外观	含量 %	主属化学成分	外加剂		单　价		用量范围
					稳定剂	酸剂	美元/公斤	人民币/公斤	
日本 ASFIER103	用于贯入型或轻制沥青乳液	淡黄色固体	100	特殊脂肪胺	$CaCl_2 \cdot 2H_2O$	HCl	2840	7952（按 1 美元 =2.8 元）	0.14 ~ 0.27
日本 ASFIER100	用于贯入型或轻制沥青乳液	淡黄色固体夏季成糊状	100	牛脂丙烯二胺	$CaCl_2 \cdot 2H_2O$	HCl	2250	6160	0.75 ~ 1
日本 ASFIER101	用于贯入型	白黄色黏团粒状	100	硬固牛脂丙烯二胺	$CaCl_2 \cdot 2H_2O$	HCl	2250	6160	0.8 ~ 1.2
日本 ASFIER500	用于拌和型	A：白色颗粒 B：白色糊状	100			HNO_3	无		
加拿大 Dument	用于贯入型	白黄色膏状	100			HCl	无		
加拿大 Redicote—1	用于贯入型	白黄色膏状	100			HCl	无		

表5　国外乳化剂与胜利100号沥青试验结果

原材料规格			配合比例	乳化条件			沥青乳液的检验结果									备注
乳化剂	沥青	稳定剂	油:水:乳化剂	油水温度（℃）	水溶液pH值	稳定剂量	颗粒电荷	颗粒直径（μm）	筛上残留1190μm	贮存稳定性	黏附试验	拌和试验	pH值	黏度C_{25}^3（s）	含水量（%）	
ASFIER103（日本）	胜利100号	$CaCl_2 \cdot 2H_2O$	55:45:0.5	油140～150 水60～65	按中和当量2加HCl（35%5.9g 测pH值<1）	按0.15%加1.5g	+（强）	约3（均匀）	合格（0）	合格	合格（好）	快裂	2.4	324	42	乳化时泡沫多，不粘壁
ASFIER103（日本）	胜利100号	$CaCl_2 \cdot 2H_2O$	55:45:0.25	油140～150 水60～65	按乳化剂的1.9倍加HCl（35%）4.5g	按0.15%加1.5g	+（强）	约3（均匀）	合格（0.09）	合格	合格（好）	快裂	2	25.1	41.5	乳化时泡沫多，不粘壁
ASFIER103（日本）	胜利100号	$CaCl_2 \cdot 2H_2O$	60:40:0.2	油140～150 水60～65	按乳化剂的1.9倍加HCl（35%）2.16g	按0.15%加0.9g	+（强）	约3	合格（0.09）	合格	合格（好）	快裂	3.1	24	39	乳化时泡沫多，不粘壁
ASFIER103（日本）	胜利100号	$CaCl_2 \cdot 2H_2O$	60:40:0.14	油140～150 水60～65	按乳化剂的1.9倍加HCl（35%）1.5g	按0.15%加0.9g	+		不合格（0.57）	合格	合格	快裂	2.95	15	40	乳化时泡沫多，不粘壁
ASFEER101（日本）	胜利100号	$CaCl_2 \cdot 2H_2O$	55:45:0.8	油140～150 水60～65	pH = 1.5 加 HCl（35%）9.1g	按0.15%加1.5g	+	2～3（均匀）	合格（0.081）	合格	合格（好）	快裂	3.7	24.6	47.5	乳化时泡沫多，不粘壁
ASFIER100	胜利100号	$CaCl_2 \cdot 2H_2O$	55:45:0.8	油140～150 水40～50	按pH = 1.5 加 HCl（35%）	按0.15%加0.9g	+	2～3（均匀）	合格（0.082）	合格	合格（好）	快裂	3	14.5	44	乳化时泡沫多，不粘壁
ASFIER500	胜利100号	$CaCl_2 \cdot 2H_2O$	57:37.4:1（500A）:5.16（500B）	油140～150 水40～50	加4g HNO_3（60%）		+	2～3	合格（0）	合格	合格（好）	慢裂	3.75	C_{25}^5 4.8	35	
Dument（加拿大）	胜利100号	$CaCl_2 \cdot 2H_2O$	60:40:0.5	油110～150 水60～65	加HCl使乳化剂溶解pH = 2.25		+		不合格（2.6%）	不合格	合格	快裂	4.7	13.1	39.5	
Redicote（加拿大）	胜利100号	$CaCl_2 \cdot 2H_2O$	60:40:0.5	油110～150 水60～65	加HCl使乳化剂完全溶解		+		不合格（2.2%）	不合格	合格（差）	中裂	4.45	13	38	
Redicote（加拿大）	胜利100号	$CaCl_2 \cdot 2H_2O$	60:40:0.5	油120～130 水70	加HCl使溶液pH = 1.5	按0.15%加0.9g	+（强）	2～3	合格（0.059%）	合格	合格	快裂	3.36	14	44	

从表5的试验结果中可看出：

（1）六种乳化剂配制乳液，气泡含量多，乳化效果好，乳液几乎不粘乳化容器。

（2）加拿大的两种乳化剂，效果比较差，乳液的贮存稳定性不合格，这也许是由于使用条件不当，也许是乳化剂存放太久（7年以上）。

（3）乳化时，pH值要求很严，按规定的中和当量调整后，乳化剂水溶液pH值在2以下，当pH值超过或小于规定要求时，乳化效果不好。

（4）贯入型喷洒的乳液，以ASFIER103为最好，乳化剂用量少（0.2%~0.18%），乳化效果及乳液性能好。ASFIER100、ASFIER101各项性能也好，但乳化剂用量多（0.8%~1.2%）

（5）用ASFIER103、ASFIER101与Redicote配制的乳液，测定其颗粒电荷时，沥青颗粒牢固地吸附到阴极板的表面上，测定黏附试验时，沥青牢固的吸附到骨料表面上，沥青黏膜较厚，水中摆洗没有剥落。

（6）由ASFIER103试验结果中看出，随着乳化剂用量增加，乳液的稳定性提高，筛上剩余量减少，黏度增加，破乳时间增长。

（7）随着中和当量的增加，乳液的黏度略有增加。

（8）用ASFIER500制成的乳液，含有很多均匀的小气泡，很久不消失，乳液的稠度很大，C_{25}^{3} =4.8s，但乳液很容易与骨料拌和均匀，黏附好，拌和后6~8h仍保持流动状态，但乳化剂用量太多，有待进一步试验研究。

从国外的六种乳化剂的试验结果中，可以看出乳化剂的用量与造价、乳液的性能、尤其沥青颗粒的电荷强度、与骨料的黏附性、乳液贮存的稳定性等指标方面，国产OT与国产乳化剂OT相比，还有不少差距，这些差距必将影响着乳液的质量与成本，通过这些对比试验，将促进我们在乳化剂的研制方面做出更大的努力，才能更好地满足施工要求。

三、乳化工艺条件及配比试验

影响沥青乳化的工艺条件很多，例如油温（沥青温度）、水温（乳化剂水溶液温度）、乳化剂的品种及用量，油水比例、pH值、稳定剂的品种及用量等因素，都影响着沥青的乳化效果。如何选择最经济、合理的工艺条件和配比，是较复杂的工作，我们通过多次正交设计，逐步解决了这些乳化条件。

（1）油温。一般在120~140℃，沥青的针入度大时，气温高时，温度用低限，相反时选用高限，渣油可以在100℃以下乳化。

（2）水温。可在60~70℃，气温高时可用低限，气温低时可用高限。油温与水温差距不要达到80℃，否则乳化时产生很多气泡，影响乳化效果。

（3）乳化剂的品种及用量。贯入型乳液若为大连OT，用量则为0.3%和0.5%为好；拌和型乳液若为辽阳烷基丙烯二胺，用量则以0.8%为好。

（4）油水比例。一般应根据工程的需要进行选择，以沥青为60%、水为40%为宜。

（5）pH值。对于季铵盐类乳化剂乳化效果有影响，对于胺类乳化剂影响更大。

（6）稳定剂。不够明显，但以后试验中证明，不同的沥青与乳化剂应选用不同种类的稳定剂，如胜利100号沥青与大连OT，选用$CaCl_2 \cdot 2H_2O$为好。胜利100号沥青与辽阳烷基丙烯二胺$CaCl_2 \cdot 2H_2O$为好。大庆渣油与沥青以及大连OT，选用硅酸钠为好。胜利100号与天津OT，选用聚乙烯醇或聚乙烯醇缩丁醛为好。

试验说明，不可能用一种乳化剂将各种型号沥青都能乳化，同样不可能用一种稳定剂将各种乳液都能起稳定的作用。

在配比选择试验中，发现复合乳化剂（两种以上的乳化剂共用）常常取得较好的乳化效果，例如：

(1) 大连 OT G80—中—4 (0.5%) 与洗衣粉 (0.1%) 复配，或则辽阳烷基丙烯二胺 (0.60%) 与洗衣粉 (0.1%) 复配，将它们与胜利 100 号沥青乳化时，都可以取得比单一乳化剂更好的乳化效果，乳液呈茶褐色，乳化完全，贮存稳定性好，各项指标都合格。

(2) 大连 OT G80—中—4 (0.75%) 与 DT (十二烷基三甲基溴化胺) 复配时，可以使 OT 无法乳化的煤焦油与杨三木沥青取得较好的乳化效果。

(3) 大连 OT (0.5%) 与 OP—10 (0.3%) 复配时，将 pH 值调至 2 时，可以使较难乳化的杨柳青 200 号 (任丘原油) 取得较好的乳化效果 (OP—10 为非离子型乳化剂，全名为烷基酚聚氧乙烯醚)。

在国内外的文献中都有报道复合乳化剂的特殊乳化功效。如同一类型乳化剂中碳链长的与碳链短的乳化剂相复合 (1831 与 1231 相加)，不同类型的乳化剂相复合 (如阳离子 OT 与阴离子洗衣粉相加、阳离子 OT 与非离子 OP—10 相加)，都可以取得单一乳化剂无法取得的良好效果。这一点在我们今后的室内实验中，应进行更多的研究工作。

在确定了乳化工艺条件及配比后，应再检验沥青乳液中蒸发残留物的物理性能，如表 6 所示，外掺剂常常引起较大的影响，例如加入聚乙烯醇作为稳定剂时，沥青的延度显著下降 (近 40%)，加入过多的无机盐也将产生类似的影响。所以在选择配比及工艺时，应注意对沥青的性能可能产生的影响。

表 6 沥青乳化后对其物理性能的影响

种类 \ 试验项目	延度 (cm)	针入度 (0.1mm)	软化点 (℃)
胜利 100 号 + OT + PVA	29.25	78.3	48
胜利 100 号 + OT (GD-1) + PVA	30.5	83	48.5
胜利 100 号 + OT (80-4) + PVA	27.75	82	48
胜利 100 号 + OT (80-5) + PVA	31.25	77.7	48
胜利 100 号	50.25	75	48.5

四、乳化设备的研制

乳化设备是发展乳化沥青的先决条件，它直接影响着乳液的生产数量、质量、乳液的成本，但是我国以前没有专门用于乳化沥青的匀油机和胶体磨，北京油毡厂、天津油毡厂、铁研院金化所和山西省建工局等单位研制了以齿轮泵加喷嘴方式作为乳化设备。这种设备原来都是分批装料，分批乳化，生产效率较低，每小时乳化一吨，耗电 20kW。交通系统在这些单位的经验基础上，进行研究与改进。改进后的设备结构简单，加工容易，造价便宜，转移方便。这种设备的关键部分在于喷嘴，吉林省交通科研所试制了旋转式喷嘴，动力 15kW，每小时乳化 3.5t，改换雾化喷嘴后，产量 6t，效率 2.5kW/t。交通部公路科研所试制的雾化喷嘴，动力 3.4kW，每小时 0.8t；河南省交通科研所研制了注塞式喷嘴，动力 3.7kW，每小时 2.5t。这些喷嘴中以注塞式喷嘴的乳化效果好，乳化效率高，每吨乳液耗电 1.6kW，而且乳化剂用量可以降低到 0.3%。这种乳化设备与大连城建局的匀油机相比，匀油机动力为 25kW，产量 7t/h，每吨乳液耗电量为 3.57kW；与大连公路处的日本进口的匀油机相比，动力为 30kW，产量为 8t/h，每吨乳液耗电量为 3.5kW。河南的乳化设备比匀油机的耗电量低 59%。这种设备基本上可以控制油水比例，现在正进行连续生产试验。

交通部公路科研所试制的雾化喷嘴，在铁道部专业设计院、柳州铁路局、吉林省交通科研所、大庆油田运输指挥部进行了较大规模的生产使用，其设备结构及喷嘴如图 2 和图 3 所示。使用中除了应防止漏水、漏油现象外，应防止喷嘴的堵塞。

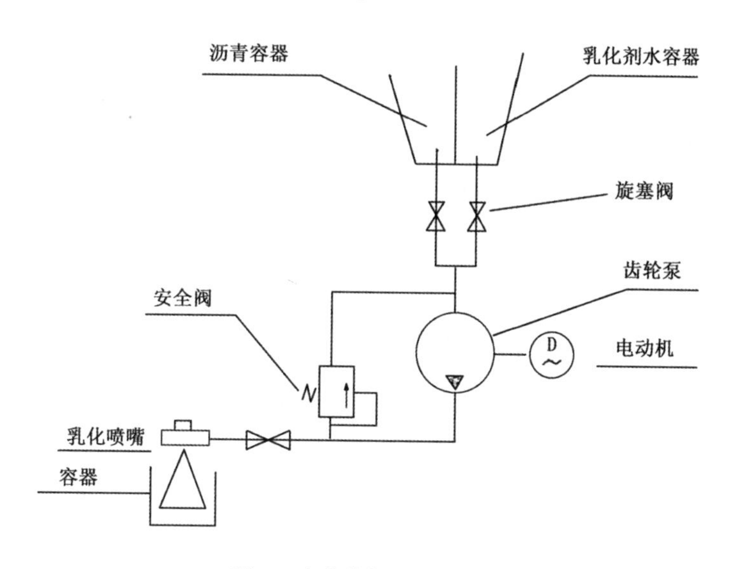

图 2　喷嘴乳化系统原理图

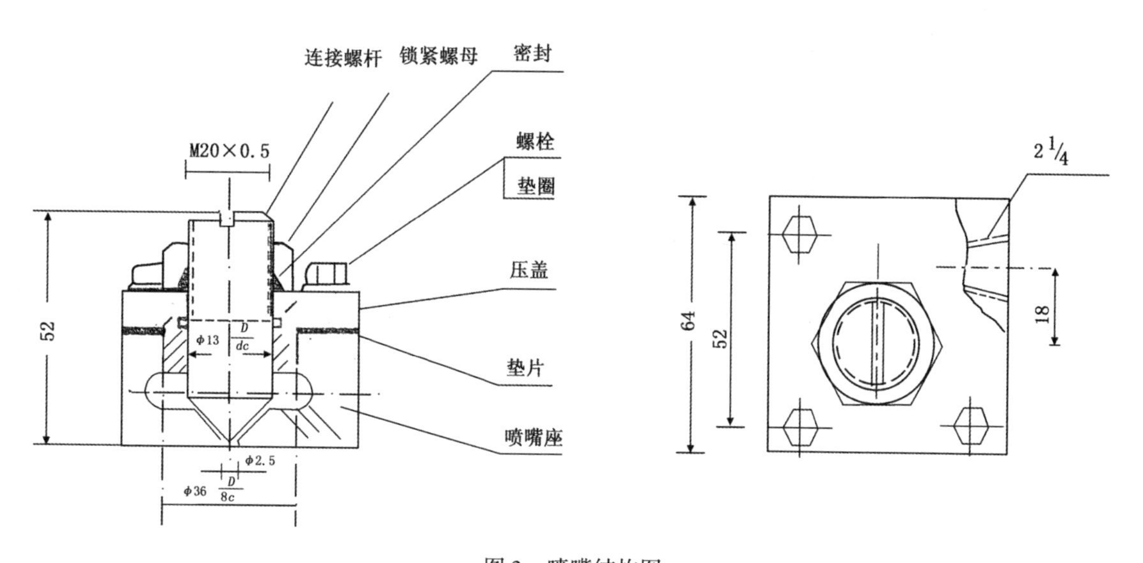

图 3　喷嘴结构图

乳化机基本解决后，乳化沥青工厂的总体布置就成为一个重要问题。乳化机是乳化沥青工厂的核心部分，但还必须备有为乳化机服务的一系列的附属设备，才能保证乳化机的生产效率与质量。目前，国内已经有的固定的乳化沥青工厂（或车间）已经有六个（大连城建局市政管理处、大连交通局公路处，北京沥青混凝土厂、北京市公路处、北京油毡厂、山西省建工局），这些车间的布置各有其优缺点，国外（图 4）可供借鉴的经验有：（1）控制和调整油水比例的设备；（2）沥青与乳化剂水溶液进入乳化机前的过滤设备；（3）容器的清理及下水的排出，设下水管路，容器底部做成倒圆锥体加节门，以便于清理；（4）节省热能，加热管布置合理，避免死角，热油畅通，余热的回收；（5）容器的备用及周转；（6）坚固、紧凑，便于检修；（7）电气部分、控制部分、应防止溅水、溅油，注意防潮。

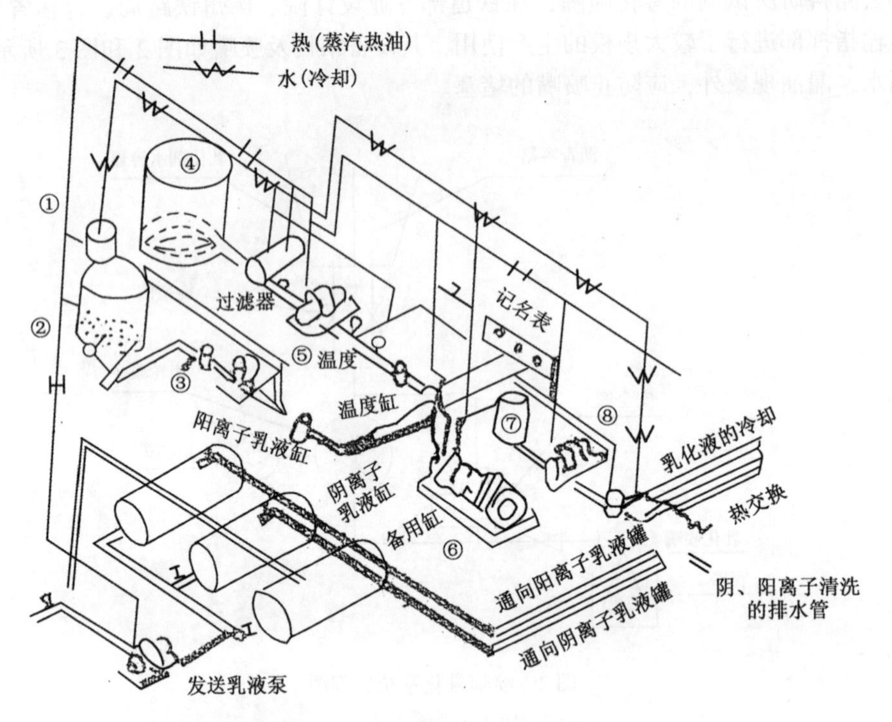

图4　乳化沥青工厂的总布置图

①浓稠乳化剂溶液；②稀释乳化剂水溶液；③乳化剂水溶液供应泵；
④沥青储存槽；⑤热沥青供应泵；⑥胶体磨；⑦缓冲罐；⑧可变速电机泵

五、阳离子沥青乳液的检验

每一个国家各有自己的沥青乳液的检验方法和标准，虽然规定的内容不完全相同，但大部分都是按乳液破液速度的快慢而分类，或者按贯入与拌和的施工方法进行分类，尽管分类的方式有所不同，但检验内容的实质几乎是一样的，只是有些要求标准不一样。根据各国的经验，制定我国的沥青乳液检验标准及试验方法，这是发展我国乳化沥青技术的当务之急。在制定阳离子乳液的检验标准及试验方法中，对以下七个问题应进行重点研究。

1. 黏度

国外对于乳液的黏度要求很严，不同的施工方法和路面结构，都有不同的黏度要求。过去由于乳黏液的黏度不当，造成路面过早破坏的教训是不少的。因此对于黏度的要求越来越高。

国外测定黏度方法，普遍采用的是以恩格拉黏度计测定结果为标准，它是在25℃条件下，让乳液从2.9mm流孔中，流出50mL或100mL的秒数值，再与流出同量蒸馏水的秒数的比值。我国目前在交通公路部门中，普遍采用的是道路标准黏度计测定沥青或渣油的黏度，而且规定是在66℃条件下，从5mm流孔中，流出50mL时所需的秒数。由于乳液的黏度低，完全采用上述方法是不适宜的。因此将其测定温度改为25℃，流孔直径为3mm，流出50mL所需秒数为黏度标准，这样的测定条件与恩格拉黏度测定条件很相接近，经过反复的对比试验，终于找出道路标准黏度计测定的黏度值，可换算成为恩格拉的黏度标准，从而可以借用外国的恩格拉的黏度标准。

经过用各种不同黏度稀释沥青，同时进行标准黏度与恩格拉黏度的对比试验后，从中找出两种试验方法的关系式，

$$C_{25}^{3}=5.9+2.47E_{t}$$

式中　C_{25}^{3}——道路标准黏度，在温度为25℃时的3mm流孔中，流量为50mL的秒数；

E_t——恩格拉黏度计在 25℃、2.9mm 流孔，流量 50mL 的秒数，与同流量蒸馏水秒数的比值。例如，$C_{25}^3 = 15.78$ 时，$E_t = 4$。

2. 乳液的沥青含量

乳液的沥青含量与黏度有着密切关系，在国外沥青乳液的检验标准中，对于沥青含量同样有着明确的规定，因为在国外的沥青乳液铺路施工中，由于乳液的沥青含量少而使黏度降低，致使有的乳液流入底层，有的流失于路的两侧，没有足够的沥青黏附在骨料的表面上，从而使路面很快造成开裂与破坏。根据这些教训，日本于 1980 年修订沥青乳液检验标准时，十分强调乳液的沥青含量与黏度标准。如用于贯入式路面的乳液，将原标准中规定的 55% 修改为 60%，原订的黏度标准为恩格拉 2 ~ 15 改为 3 ~ 15，而做透层油乳液的沥青含量由 53% 下降为 50%，黏度由恩格拉 2 ~ 8 下降为 1 ~ 6，养生用乳液的沥青含量由 55% 降为 50%，恩格拉黏度由 2 ~ 10 降为 1 ~ 6。综合以上经验，将我国贯入用乳液的沥青含量暂定为 60%，拌和用乳液暂定为 57%，透层油 50%。此外，还应结合施工时的气候条件、骨料的规格与性质等具体情况进行调整。

为了能在生产中尽快地测定出乳液的沥青含量，探索了快速测定沥青含量方法，按标准规定测定沥青含量，需用 300g 乳液样品，经过加温脱水及冷却称重，一般要 1h 左右，如用少量的 10g 样品，并在其中加入少量（5 ~ 10mL）的凝聚剂——酒精，使分散的沥青颗粒立即凝聚起来，其中水分被离析出来，将离析水倒出后，团聚状沥青中只含少量水，然后加热脱水即可大大缩短时间，一般只用 8 ~ 10min 即可做完。

3. 黏附试验

检验乳液与骨料表面黏附性是针对阳离子沥青乳液与湿润骨料表面具有黏附的特点而进行的，阴离子沥青乳液并无此项检验的规定。如先将骨料在水中浸泡 1min，然后再放入乳液中浸泡 1min，取出后，于空气中存放 20min，再于水中摆洗 3min，摆洗后检验乳液与骨料表面的黏附情况。从试验中得知，这种检验深受试验环境的温度、湿度、风力等因素的影响。因此要求试验时的室温与水温应控制在 25℃、湿度应为 45% ~ 50%、周围无风的条件下进行测试，否则试验结果常常出现反常现象。

如果试验时没有条件控制周围的温度与湿度，可以采用热水浸泡的方法检验黏附效果。即将由乳液中浸泡 1min 后的骨料（石灰石、花岗石和石英石三种），在室温下存放 24h，再在 60℃ 水中热浸 5min，然后取出试样，如骨料的黏附面积大于 2/3 即为合格。这就在试验过程中，基本上消除了空气的温度与湿度的影响。

4. 拌和试验

这项试验是为了检验乳液与骨料拌和时的均匀性，测定乳液与骨料拌和时的破乳速度，它同样受周围的温度及湿度的影响，因此也应控制在 25℃ 和 45% ~ 50% 的湿度条件下进行。同时，注意控制乳液的沥青含量应为 55%。因此，在拌和试验前，一定要测定乳液的沥青含量，如不符合规定要求，应予以调整。

5. pH 值的测定

测定 PH 值，如在室内测定应尽可能采用酸度计，因用 pH 试纸测定时，由于沥青乳液颜色太深，无论是普通试纸或精密试纸，测出的结果都不太准确，只供参考，尤其在 pH 值偏高或偏低时，试纸测出的结果误差就更大，所以应尽量使用酸度计测定。

测定乳液的 pH 值，只能代表其酸碱度，不能代表它属于哪种类型的乳液。从试验中可以看出，pH 值小于 7 的乳液，沥青颗粒所带电荷也有是属于阴离子的，pH 值大于 7 的乳液，沥青颗粒所带电荷也有属于阳离子的，所以不能仅以 pH 值作为分辨乳液离子电荷的依据。

在测定胺类乳化剂的水溶液时，酸度计不仅要测 pH 值为 2 以上的值，也应能测 2 以下的值。

6. 乳化沥青颗粒直径的测定

乳化沥青颗粒的直径是乳液贮存稳定性的重要因素之一，观测沥青颗粒直径的手段主要靠显微镜，要求在目镜中配有 5μm 左右的刻度，放大倍数一般在 500～600 倍。观测前，将乳液用 10～15 倍的蒸馏水稀释，然后做成涂片，为了防止水分蒸发而使颗粒稳定，应在涂片上加上薄膜盖片，以便于在显微镜下能进行观察和计测。观测时，动作要快，因为时间拖长，乳液可能产生破乳。乳化沥青的颗粒直径具有一定的范围，如 3～7μm，但不可能完全一致，而是在一定的范围中求其平均粒径。美国沥青协会的标准为：

小于 1μm	28%
1～5μm	57%
5～10μm	15%

这就要求观测人员在显微镜下进行测量，这是一项很困难的工作。因此，利用颗粒分析仪（上海天秤仪器厂生产，可以自动测出乳化沥青各种粒径的分布曲线（图 5），根据该曲线可以求出各种粒径颗粒的组成，进而计算出平均粒径。

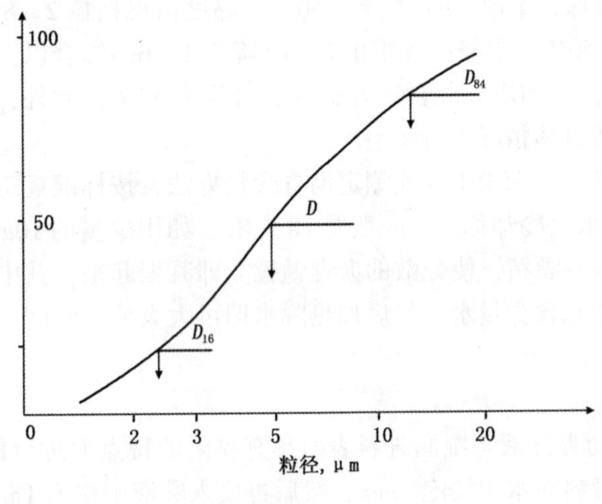

图 5　沥青乳液的颗粒级配

法国计算平均粒径的公式为

$$\delta=\frac{1}{2}\lg\frac{D_{84}}{D_{16}}$$

式中　D_{84}——颗粒曲线中占 84% 时颗粒的最大粒径；

D_{16}——颗粒曲线中占 16% 时颗粒的最大粒径。

六、阳离子乳液铺路施工中的几点经验

1. 骨料

骨料应符合要求的规格标准，不符合规格的过大或过小的骨料，都将影响路面质量。骨料本身应有足够的强度与耐磨耗性，否则在碾压或行车时，造成骨料本身的破碎，以致引起路面的破坏。骨料表面应干净，粉尘泥土的含量不得大于 1%，过脏的骨料应清洗和过筛，否则将影响沥青与骨料的裹覆，也影响乳液与骨料拌和的均匀性。骨料的外形应接近于立方体，避免使用针状、片状的骨料。主骨料与嵌缝料的规格应选择适当，表面封层的骨料不应太大，以免引起行车的噪音、轮胎的磨损和面层的透水。

2. 乳液的喷洒

使用洒布机或洒布车时，应事先清理喷洒设备，洒布车的喷嘴角度应一致，并保持重叠洒布的均匀性，喷嘴离路面高度为 25～30cm，并在洒布面上隔一定间距用厚纸板检验其洒布量，如在洒布中喷嘴发生堵塞现象时，应立即停车清理。为了防止堵塞，乳液一定要经过过滤。乳液的洒布量应使沥青能填充骨料空隙 60%～70%。交通量大的地区填充 60%，交通量小的地区填充 70%（乳液洒布请参阅《路面新材料》第六辑中的第一、二两篇文章）。

3. 乳液的洒布量

乳液的洒布量应适宜，过少不能使骨料结合成整体，过多使乳液流失，各种结构面层其乳液用量，在《路面新材料》第五辑中有介绍。影响乳液用量的因素很多，施工时的气候条件、原有路面的状态、交通量、骨料的平均粒径、骨料的形状等因素都影响乳液的用量。例如，在封层材料用量中，乳液的用量可根据表 7 及表 8 进行调整。

表7　封层材料用量中乳液的用量

碎石的粒径（mm）	碎石的撒布量（$m^3/100m^2$）	乳液的种类	乳液的洒布量（$L/100m^2$）
5～2.5	0.5	贯入型乳液	80～100
13～5	0.9	高浓度贯入型乳液	110～130

表8　调整乳液用量增减的依据

条件＼乳液的用量	上　限　制	下　限　值
气　　候	寒冷湿润	温暖干燥
路面状态	粗糙或老化	密实或冷油
交通量	小	大
骨料的平均粒径	大	小
骨料的形状		扁　　平

4. 拌和混合料的试验

拌和型阳离子乳液，特别是拌和沥青混凝土和油灰土，对拌和技术与沥青乳液的要求很高，因此，必须使乳液能有适宜的破乳速度，拌和后使乳液能均匀地分布和黏附在骨料上。为此，应着重对调整乳液的速度，以及调整后乳液拌制的混合料及油灰土等的物理性能进行试验。

拌制混合料时，影响乳液破乳速度的因素很多，总结起来有以下六点：

（1）气候的影响。气温低，湿度大，破乳慢；气温高，风速大，破乳快。

（2）骨料的影响。骨料的纹理粗糙、孔隙多、含水量小时，与乳液拌和时水分被骨料吸收，缩短了乳液的破乳时间；相反，骨料表面密实、含水量大时，与乳液拌和可以延长破乳时间。

（3）骨料的颗粒级配及成分的影响。由于细骨料和填料（矿粉）比表面积大，具有快裂倾向。骨料的成分与乳液起化学反应，如脏污骨料使乳液快裂，但硬化缓慢。

（4）乳化剂的种类及用量的影响。

（5）外部荷载压力的影响。如在压路机或车辆压力的影响下，可以排除材料中的水分。

（6）电荷的影响。乳液与骨料的电荷性质与强度是影响乳液破乳速度的主要因素。也就是说，乳化剂的性质及用量是重要的因素。

在试验中，使用我国的辽阳烷基丙烯二胺和日本的 ASFIER500 乳化沥青，具有明显的慢裂特征，乳液与骨料拌和容易，裹覆均匀。中裂的大连 OT 乳液的拌和性就差些，快裂的天津 OT 或 1631 就更差，如何使中裂乳液适合于拌和混合料的需要？曾做过多种试验。针对上述六种影响破乳速度的原因，如果采用增加骨料的含水量和乳化剂用量等措施，发现用 $CaCl_2$ 和 OP—10 溶液预处理后的骨料的表面效果为最好。因为带有阴电荷的湿骨料表面经过这样处理后，在拌和前使其带有一定数量的阳离子电荷，当阳离子乳液与骨料表面接触时，可以缓和阴离子、阳离子的急剧吸附作用，延长了乳液的破乳速度，使乳液与骨料达到拌和均匀的目的。$CaCl_2$ 的用量为 1%～1.2%，OP—10（烷基酚聚氧乙烯醚）的用量为 0.2%～0.3%。OP—10 的作用是分散，它可使 $CaCl_2$ 更好地分布到骨料表面上。这两种外加剂的用量，可以根据施工的材料情况和气候条件选定。大连用 $CaCl_2$ 为 1%、骨料为 6% 含水量，这种水溶液可以预先洒在骨料表面上，也可以加入乳液中。但有时由于气候条件或乳化剂的性质，或骨料的情况等影响，这样处理后效果不明显。但是这种预处理方法在美国、瑞士、加拿大等国家广为采用，尤其在就地拌和加固处理底基层、稳定砂砾石或土壤时应用普遍。为弄清经过这样处理的混合料对其力学性能的影响如何，将处理的与未处理的混合料进行力学性能的对比试验，试验结果如表 9 所示。

表 9 的试验结果是将常温拌和的沥青混合料按乳化沥青的稳定度试验方法进行测定，首先在用油量相同的情况下（5.4%）进行相互比较：

（1）乳化沥青混合料与热沥青混合料相比，稳定度没有下降的趋势；

表9　阳离子沥青乳液拌和混合料的马歇尔稳定度试验

试件编号	沥青用量 %	沥青乳液用量 %	乳化剂品种	骨料颗粒组成	外　掺　剂	稳定度 kg	流值 1/100cm	空隙率 %	备　　注
热1~3	5.4			中密级		490~668	30~40	12.1	加热拌和的热沥青混凝土
天1~3	5.4	9	天津产十八烷基三甲基氯化铵	中密级	水3%	570~661	30~33	8.9	先加水与骨料拌和均匀再加乳液拌匀，后加石粉，常温拌和的乳化沥青混凝土
大G_3—1~3	5.4	9	大连产十八烷基三甲基氯化铵G_3	中密级	水3%	551~670	32~40	8.9~9.5	先加水与骨料拌和均匀再加乳液拌匀，后加石粉，常温拌和的乳化沥青混凝土
大$G_3^{\#}$—1~3	5.4	9	大连产十八烷基三甲基氯化铵G_3	中密级	OP—10　0.3% $CaCl_2$　1.2% 水3%	560~630	38~40	8.9~10	先加入外掺剂水溶液与骨料拌匀，再加乳液拌匀后加石粉，拌制常温拌和的乳液沥青混凝土
大G_6—1~3	5.4	9	大连产十八烷基三甲基氯化铵G_6	中密级	水3%	570~661	30~33	8.9	先加水与骨料拌和均匀，再加乳液拌匀后加石粉拌制常温拌和的乳化沥青混凝土
大$G_6^{\#}$—1~3	5.4	9	大连产十八烷基三甲基氯化铵	中密级	OP—10　0.3% 水　3% $CaCl_2$　1.2%	569~675	21~23	10.4~10.8	先加入外掺剂水溶液与骨料拌匀后，再加乳液拌匀，后加石粉常温拌和的乳化沥青混凝土
大G—21	4.8	8	大连产十八烷基三甲基氯化铵	中密级	OP—10　0.3% 水　0.3% $CaCl_2$　1.2%	486 445~534	25~27	10~11	先加入外掺剂水溶液与骨料拌匀后，再加乳液拌匀，后加石粉常温拌和的乳化沥青混凝土
大G—25	4.8	8	大连产十八烷基三甲基氯化铵	中密级	OP—10　0.3% 水　3% $CaCl_2$　1.2%	465 340~549	22~30	9~18	先加入外掺剂水溶液与骨料拌匀后，再加乳液拌匀，后加石粉常温拌和的乳化沥青混凝土
天津—OT	4.8	8	大连产十八烷基三甲基氯化铵	中密级	OP—10　0.3% 水　3% $CaCl_2$　1.2%	359 356~421	20~30	10~18	先加入外掺剂水溶液与骨料拌匀后，再加乳液拌匀，后加石粉常温拌和的乳化沥青混凝土
G—25	4.8	8	大连产十八烷基三甲基氯化铵	中密级	水3%	449 390~480	22~30	9~18	先加水与骨料拌匀，再加乳液拌匀，后加石粉
G—21	4.8	8	大连产十八烷基三甲基氯化铵	中密级	水3%	347 285~381	28~33	11~18	先加水与骨料拌匀，再加乳液拌匀，后加石粉
G—40	4.8	8	大连产十八烷基三甲基氯化铵	中密级	水3%	302 276~353	24~28	10~11	先加水与骨料拌匀，再加乳液拌匀，后加石粉

（2）用 $CaCl_2$ + OP—10 预处理后的骨料与未处理的骨料相比，稳定度没有下降的趋势；

（3）用大连 OT 与用天津 OT 乳化的沥青乳液制作的混合料，两者的稳定性很相接近，说明可以用石蜡取代牛油作为原料制造 OT。

另外，当沥青用量为4.8%的沥青乳液（8%）拌制的混合料，稳定度可以达到300kg以上，这说明使用阳离子乳液用量，有可能降低沥青的用量。

为方便与热沥青混合料对比，表9中的骨料级配都按表10中密级沥青混凝土骨料组成。

表10　密级配沥青混凝土骨料组成

筛孔尺寸，mm	20	15	5	2.5	1.2	0.6	0.3	0.15	0.074
筛孔通过量百分比	100	93	55	30	33	21	13	9.5	7.2

5. 沥青乳液油灰土试验

使用阳离子沥青乳液加固稳定处理土壤（或砂砾土）要比使用水泥和热沥青更为方便，也更容易拌和均匀，如配用稳定拌和机（也称路面拌和机，见《路面新材料》第五辑P51），可以在路面上就地拌铺油灰土，由于在稳定拌和机上装有乳液罐和洒布器（也可以另配乳液车），可以边洒乳液边进行拌和，既能保证拌和质量，又可以大大提高施工效率，在有条件推广油灰土或油灰砂的地区，采用这种施工法可以简化施工、提高工效、节约用油、降低造价。

为了比较乳化渣油拌制的油灰土与热渣油拌制的油灰土的物理力学性能，将两种油灰土进行室内对比试验。阳离子乳化的渣油（胜利油田）黏度为110～130s；乳液的配比为：渣油60%，水40%，乳化剂用量为0.5%（大连OT）；乳化时的温度：渣油温度为90～100℃，水温为80～90℃。乳化设备为胶体磨，乳液各项指标合格。

试件规格为 ϕ5cm×5cm 圆柱体，按油灰土的配合要求，先将土与灰拌匀，装入水泥拌和机的拌盘上，边加水边拌和，拌匀后，再边加乳液边拌和，乳液加完后，再拌和3min即为拌匀。每个试件按6t压力压平时的容重为准。加水量应是灰土的最佳含水量减去含油量的1/2。各种配比的试件，在室内空气中养护7天后，测试20℃抗压强度 R_7^{20}；测试毛细管饱水24h后抗压强度 $R_{7水}^{20}$；测试50℃养护2h的抗压强度 R_7^{50}；测试耐磨耗性（用硬度磨耗机）；抗冻融试验（冬季于室外）；计算水稳性系数，热稳性系数及膨胀率，试验结果见表11。

试验结果说明：在用油量相同的情况下，用热渣油拌制的油灰土试件№1、№2、№3（用油量8%），与用乳化渣油拌制的油灰土试件№4、№5，№8，№9相比较，乳化渣油试件的强度、水稳性、热稳性都较热渣油有所提高。膨胀率与耐磨性较好（膨胀率不大于2、耐磨耗性不大于5%），从试件的外表观察，乳化渣油在灰土中分布均匀，没有油渍斑点，这些现象说明了乳化渣油拌制油灰土的可能性与优越性。当乳化渣油的用油量降至5%时，从№5和№6的试验结果中看出，各项试验结果仍可超出油灰土路面要求的技术指标（$R_7^{20}>20$，$R_{7水}^{20}>15$，$R_7^{50}>15$ 膨胀率小于2%），但是磨耗率高达19%。因此，这种配比的油灰土不宜作为面层，只能用于底层。当乳化渣油用油量为5%，石灰用量为2%时，虽然乳液仍可分布均匀，但水稳性、膨胀率和耐磨性都不合格，不宜用于路上。

表11中的 C_{444} 是仿制瑞士 consliCl$_{444}$，配方是柴油5g、水90g、OT 1.5g，OP—10 1.5g，经胶体磨乳化成白色溶液，将这种白色乳液按3%的用量溶解于水中，在向土壤或砂石中洒水时同时拌匀洒入，然后再加沥青乳液拌匀。国外的这种 C_{444}（ConsoliCl$_{444}$），实际就是为使沥青乳液能与砂石土拌和均匀延缓乳液的破乳速度，如同我们在砂石料中预先加水 $CaCl_2$ + OP—10 的作用相似，它应根据土壤性质不同，采取不同的处理措施，这种方法在国外应用普遍。

乳化沥青铺路除了以上的几点经验外，一定要做好底基层的处理，乳化沥青路面的早期强度不高，因而“薄面、强基、稳基”的原则，对于乳化沥青路面显得更为重要，只有使底基层保证有足够的强度与平整度，面层才有可能做到平整和稳定；另一方面，只有面层保证有足够的稳定性和密实性，底基层才有可能做到坚固和稳定，两者是相辅相成，互相依存的，任何一方都不可忽视。

表 11　渣油乳液与热渣油拌制油灰土的物理力学性能比较

序号	试件编号	配合比	干容重（g/cm³）	R_7^{20}	$R_{7水}^{20}$	R_7^{50}	$R_{冻}$	水稳性系数 $=\frac{R_7^{20}}{R_{7水}^{20}}$	热稳性系数 $=\frac{R_7^{50}}{R_7^{20}}$	膨胀率饱水 24h 前后	磨耗率	备注
1	河南砂土 1—8	油: 灰: 土 = 7.5:5:87.5 热渣油拌和	1.95	15.3	11.2	4.50		0.73	0.29	0.04		
2	河南亚砂土 2—8	油: 灰: 土 = 7.5:5:87:5 热渣油拌和	1.95	22.5	14.3	7.30		0.64	0.32	0.43		
3	河南亚黏土 3—8	油: 灰: 土 = 7.5:5:87:5 热渣油拌和	1.89	26.8	12.15	14.12		0.45	0.53	1.57		
4	院内亚黏土 油 8 灰 5	油: 灰: 土 = 8:5:87 含水 14%，常温拌和	1.72	30.9	30.8	22.2	32	0.99	0.72	0.06	2.65	
5	院内亚黏土 油 8 灰 C3	油: 灰: 土 = 8:5:87 含水 14%（C_{444}3%），常温拌和	1.73	30.6	30.1	24.3	32.9	0.98	0.79	0.15	3.58	
6	院内亚黏土 油 5 灰 5	油: 灰: 土 = 5:5:90 含水 14%，常温拌和	1.76	39.8	25.5	37.9	35.3	0.64	0.94	0.08	18.6	
7	院内亚黏土 油 5 灰 5C3	油: 灰: 土 = 5:5:90 含水 17%（C_{444}3%），常温拌和	1.77	41.8	23.2	40.8	40.9	0.55	0.95	1.5	19.9	
8	院内亚黏土 油 8 灰 2	油: 灰: 土 = 8:2:90 含水 18%，常温拌和	1.80	36.1	29.6	27.9	33.6	0.82	0.83	2	4.08	
9	院内亚黏土 油 8 灰 2C3	油: 灰: 土 = 8:2:90 含水 18%（C_{444}3%），常温拌和	1.83	34.6	28.0	28.0	35	0.81	0.8	0.7	3.94	
10	院内亚黏土 油 5 灰 2	油: 灰: 土 = 5:2:93 含水 19.5%，常温拌和	1.76	36.32	5.88	39.1	25.5	0.16	1.08	3.7	23.6	
11	院内亚黏土 油 5 灰 2C3	油: 灰: 土 = 5:2:98 含水 19.5%（C_{444}3%），常温拌和	1.77	39.8	8.09	32.8	24.2	0.23	0.82	4	9.58	

铺完的路面应做好压实，注意早期的养护，限制车辆从两侧行驶，限制车速不大20km/h，一周后，可以正常通车。

七、今后的任务

阳离子乳化沥青在道路中的应用，三年来已经取得一些成绩，首先是阳离子乳化剂的选择，经过反复试验证明，以石蜡作为原料可以取代进口的动植物油，新工艺的OT无论在室内和试验路中，都初步取得满意结果，这就使OT的价格有可能从现有的每吨20000元降至8000元以下（年用量1000t以上可达5000元/t）。辽阳的烷基丙烯二胺，有可能制造拌和用的是慢裂乳液。另一方面在乳化设备与乳化工艺中，已经探索出适合我国情况的乳化设备和工艺条件，齿轮泵加喷嘴的方式，简易可行，乳化效果好，乳化剂的用量可以降到小于0.5%。总此，优点很多，是很有发展前途的。

由于掌握了乳化的工艺条件，保证了乳液的质量，控度了乳液的施工条件，即使在雨后，或低温的条件下，仍可照常施工，铺筑的各种试验路面证明：乳液性能与路面状况良好，积累了铺路的施工经验，根据以上实践经验制定的我国的阳离子沥青乳液的检验标准及试验方法草案，可作为今后生产乳液的依据。

实践证明，阳离子乳化沥青对于发展我国的沥青路面事业，不仅是必需的，而且是可能的。从已铺的试验路面来看，已经初步体会它的优越性。但是，由于我国幅员辽阔，各油田的原油与沥青的品种复杂，气候变化多，施工条件差别很大，今后要在全国较大的范围推广，还须做大量的工作，尤其是下列五个方面，还需急待研究解决。

1. 乳化剂

乳化剂是发展阳离子乳化沥青的关键，目前在国内虽能找到一些阳离子乳化剂（见表1），但其中有料源与价格问题，有工艺和乳化效果问题，真正能选用的不多。大连油脂化学厂近两年来在这方面进行了大量的工作，在解决原料来源、改进工艺、减少污染、降低造价等方面取得了不少进展，但仍有些问题急需解决：

（1）质量。

提高乳化剂的质量，可以提高乳液的质量，降低乳化剂的用量，可以降低乳液的造价。目前大连生产的G80—中—2与G80—中—4OT，普遍用量为每吨乳液5kg，日本的ASFIER103每吨乳液用量为1.8~2kg，法国乳化剂每吨乳液用量为2~2.4kg，如果大连OT的用量降低50%，乳液的造价可以显著下降，从而使乳液可以在更大的范围——地方道路中推广应用。提高乳化剂的质量，可以增加沥青乳液与骨料的裹覆强度，如ASFIER103乳液，沥青颗粒所带离子电荷很强，因此与骨料黏附牢固，无论是在水中摆洗，还是在60℃水中煮沸都不脱落，这样的乳液必将提高路面的质量，而且乳液的贮存稳定性与均匀性也好。这些方面大连OT与国外的相比，还有很大的差距。

（2）造价。

国外的阳离子沥青乳液价格中，阳离子乳化剂的金额，约占沥青价格的8%~10%（国外的沥青价格较高）。我国如按8000元/t计，每吨沥青用乳化剂8kg，值64元，约占沥青价格50%；日本的ASFIER103为2840美元/t，按1美元=2.8元人民币，每吨乳液用2kg，合人民币15.9元；法国乳化剂16000法郎/t，3.33法郎=1元人民币，每吨乳液用2.4kg，合人民币12.8元，我国每吨乳液用5kg为40元，比国外的要贵出2.5~3.1倍。这说明由于乳化剂的质量与价格，影响着乳化液的价格，影响着阳离子乳化沥青的推广。因此，今后必须进一步提高质量，降低造价。其次是国外的乳化剂都是100%的含量，大连OT是35%含量，而且质量不均匀，含量波动较大，增加运输量，也提高了造价，应进一步改进。

（3）品种。

选用沥青乳液，应根据工程结构、施工季节、骨料的种类、施工方法等不同条件选用不同型号的乳液，特别是用贯入或拌和两种路面施工方法时，应选用相适宜的乳液，这些不同型号的乳液，是用不同种类的阳离子乳化剂制成的，目前我国只有一种型号的乳化剂——OT，因此应尽快试制出多种类型的乳化剂，特别是拌和型—慢裂型的乳化剂。这是目前十分迫切的需要。

2. 乳化设备

乳化设备关系到乳液的质量与成本，如有的乳化设备生产效率高、耗电量小、乳液质量好、乳化剂用量少，乳液的成本低，这种乳化设备很有发展前途。也有的乳化设备开始使用时生产效果好，使用一段时间后，经常出现漏水、漏油，压力下降，油水比例失调，影响乳液质量与生产效率。因此，要求乳化设备一定要经得起时间的考验，要经久耐用，能持久地、稳定地保持生产乳液的质量与效率，这是当前发展乳化沥青的极重要的一个环节。

3. 乳化机理

乳化剂、稳定剂与各种沥青的乳化过程，以及乳化设备的研究，应该是在乳化机理研究的基础上发展起来的。反过来，乳化剂、稳定剂与乳化设备的发展，又将促进乳化机理的发展，两者密切相关又互相促进。目前我国缺乏有关这方面的研究，因而影响着我国的乳化剂、稳定剂的应用，今后应予以加强。

4. 检验标准及方法

为了保证沥青乳液的质量，结合国内外的经验，暂定了阳离子乳化沥青的检验标准及试验方法，其目的是可以根据施工的需要，有针对性地选择乳液的种类，控制乳液的质量，初步做到有规律可循。但是在我国由于初次制定，定有不完善之处。国外的这些标准与方法几十年来做过多次的补充与修改。我国对于乳液颗粒的检验与电泳的测定，至今尚无统一规定，因此今后应长期不断地努力。

5. 阴离子沥青乳液

阴离子与阳离子沥青乳液性能的比较（表12），国外已有许多报导（详见《公路》1980年2、3期）。我们对此做过对比试验，阴离子乳化沥青外观很好，但与湿骨料的黏附性（石灰石、花岗石、石英石），都不如阳离子乳液，60℃水中浸泡5min后阴离子乳液从骨料表面几乎完全脱落，阳离子乳液完好无缺。乳液的贮存稳定性和拌和性试验结果，阴离子同样不如阳离子乳液。通过试验证明表12的情况是符合实际的。

表12　阳离子乳液与阴离子乳液的比较

性能 / 乳液的种类	路面凝固的速度	可以使用的期间	沥青与骨料的黏结	软水、硬水的影响	沥青品种的影响	乳化剂用量
阳离子型沥青乳液	速度快	一年四季可以使用	各种骨料都黏结好	硬水、软水都可使用	石蜡基、环烷基都可乳化	用量少，简单
阴离子型沥青乳液	速度慢	低温、阴雨季节不可用	只对石灰石黏结好	适用于软水	只适于环烷基沥青	用量多，复杂

阴离子乳液在我国已有二十余年的历史，大连自1956年以来就长期大量地使用，因为那里可以得到大量的工业下脚料（皂脚）作为阴离子乳化剂，货源充足，价格便宜，当地只产石灰石一种石料，比较适于使用阴离子乳液，但在大连长期只能用于层铺贯入式不能用于拌制混合料，随着交通量与荷重的增加，这种路面不能满足路面强度的需要。我们自1978年开始接触阳离子乳液以后，积极开展室内外试验研究，现在已经初步找到一套设计和拌制乳化沥青混凝土的试验方法，这种混合料用在交通量为3000辆/d的干线上，铺筑1000m^{2}以上的路面，经一年来的行车证明效果良好，1981年8月末又铺了一段，现在已经修建起专门生产阳离子乳液的车间，同时在改建一套拌制乳化沥青混凝土的生产线，准备今后在生产上大量使用。

有的单位希望搞阴离子乳化沥青，如果乳液的性能好，乳化剂价格又便宜，是可以在生产上使用的，因为我国已经有很久的生产与使用的经验，至今北京油毡厂还在经常生产和使用。但不一定作为一项重要的研究项目。

6. 发展新的施工方法

用阳离子乳液铺路，目前在国内已铺设了贯入层铺、黑色碎石、表面处治、沥青混凝土等不同形式的路面，大部分是采用手工操作，今后应逐步使用机械操作，这就更可以提高工效，降低成本，发挥出沥青乳液的优越性，特别是用乳液拌制的砂石混合料，如何适合筑路施工现场的需要，应积极地进行研究。

另外还应该发展以下三种施工方法：

（1）就地拌和法

这种施工法可以分两种，一种是将粒料或土壤，石灰或水泥，预先摊铺在路基上，用路面拌和机在路基上边走边洒水边拌和，然后用拌和机上附设的乳液罐（或另配乳液罐车），边走边洒乳液边进行拌和，一般应按需要的乳液分两次洒布，拌匀后即可进行碾压，这种施工方法发挥了沥青乳液的特点，设备简单，节省劳力，效率高，进度快，拌和质量好，近些年来，国外作为一种独立的施工方法，大量的沥青乳液用于这种方法（《路面新材料》第五辑 P52）。

另一种是就地拌和摊铺机，将级配好的砂石料装入拌和机的运输带上，边洒水边进入拌和机中，在拌和时喷洒乳液，拌好的混合料应即进行摊铺找平。这种就地拌和与摊铺的机械，几乎不受乳液破乳速度的影响，拌完的混合料可以立即摊铺，避免倒运过程破坏沥青薄膜。这种机械在日本发明后，很受重视。

（2）稀浆封层法。

适用于旧路的养护，也适用于新路面的封层表处，它能提高路面的平整度，防治开裂的旧路，还可以起到老化路面的返老还新的作用。这种施工法，用料少、工效高、造价低、效果显效，施工后可以迅速通车。因它只有 3 ~ 5mm 的薄层，增加的荷载很少，因而在桥面上广为应用。

（3）养护与修补。

在旧路的养护与修补中，由于工程量大、工作面分散，最适于使用阳离子乳液，因它造价便宜，应用广泛，低温或雨后都可以进行，操作简便，修补后与旧路结合牢固，铺后可以立即开放交通。

总此，阳离子乳化沥青在道路工程中的应用研究，在我国还刚开始，今后还有大量的问题有待进一步研究解决，只要我们刻苦钻研，努力实践，有关单位之间加强协作，互相学习，群策群力，共同提高，目前存在的一些问题一定可逐步解决。阳离子乳化沥青一定能为我国沥青路面的发展做出应有的贡献。

发表于《中南公路工程》，1986. 1

阳离子乳化沥青在养路中的应用

姜云焕

（交通部公路科学研究所）

一、概述

公路路面经常承受行车荷载与车轮磨损的作用并遭受气候的侵蚀，路面的功能必将日趋减退。为此，必须经常地进行维修与养护，才能保证路面的坚实平整，保证行车的舒适安全。从而提高运输效率、降低运输成本、延长公路的使用寿命。

我国现有的黑色路面中，有90%是用渣油铺筑的表面处治，目前这些路面普遍处于大中修状态。如何维修与养护路面，是各级公路部门十分紧迫的任务。据我国十一个省市公路部门多年来的实践证实，使用阳离子乳化沥青进行养路，具有其特殊的适宜性。因为阳离子沥青乳液在常温条件下具有良好的工作度，不需加热即可浇洒贯入，容易拌和，与骨料裹覆均匀，对于碱性骨料和酸性骨料都有良好的黏附效果，而且骨料不需烘干加热，即使处于湿润状态仍可照常进行施工，因此在阴湿或温低季节（5℃以上）仍可进行养路。目前，在全国典型地区，已铺各种养护性试验路面260000m²，有在低交通量支线上，也有在大交通量的干线上，经过2～5年行车考验，经检测普遍达到黑色路面的技术要求，因此人们认为阳离子乳化沥青是一种理想的养路用结合料。

二、黑色路面的破损与养护

沥青路面损坏主要有：路面表层破损与整体结构破损两种情况。这两种损坏现象互相影响，常常难以绝对分开，表面损坏如不及时处理，很快影响到基层与路基，路基的病害，有时很快暴露在表面，因此，对于路面的损坏，应做仔细调查，进行全面分析，准确判断产生病害的根源。

表1为黑色路面的破损分类及其产生的原因。

表1　黑色路面破损分类及其主要原因

分类	沥青路面表状	主要原因
路面表层的破损	裂缝：发裂、线状裂缝、纵向裂缝、横向裂缝、龟裂	基层施工碾压不实，或新旧接缝处理不当，面层以下含水量增高，不利季节引起路面强度下降；混合料质量差，碾压温度不当等引起裂缝；基层温度、湿度变化引起路基与基层胀缩裂缝，结合料老化，面层衰化
	松散：矿料松动，跳石 麻面：麻坑 坑槽：表面凹陷	嵌缝料粒径与沥青用量不当、初期养护不佳、低温季节施工、工序衔接不好、混合料结合不良、用油偏少、矿料潮湿、雨季施工、矿料散失、出现坑槽、麻面、基层强度不匀、不平、面层渗水、局部破损引起坑槽
	啃边　边缘碎裂破坏	未设路缘石（砖），边缘未经充分压实加固，边部行车过压而引起啃边； 路面与路肩衔接不顺，路肩积水导致啃边
	冷油，高温时面上冷油 油包，零散分布疙瘩状	用油过多或矿料不足，或低温施工用油偏大；初期养护，处治冷油用料过细，𬨎成油包
	脱皮，表层成块剥落	面层与基层之间黏结不良或中间夹有浮土，上拌下贯两层之间或罩面与原路面之间结合不好

续表

分类	沥青路面表状	主要原因
与结构有关的破损	沉陷{均匀沉陷、不均匀沉陷、局部沉陷}	基层强度不足或水稳性不良引起沉陷，过大交通量和超大型载重车辆运行引起土基压实度不够或路基隐患未处理好
	严重裂缝{反射裂缝、龟裂}	基层的胀缩裂缝反射到表层； 基础的强度不够引起表层的龟裂
	严重坑槽	土基强度不够，稳定性不良
	严重拥包{推移、波浪、滑动、隆起}	由于材料质量差，油石比不当（油多），面层高温气候下发软，行车碾成油包； 基层水稳性差，在含水量大时变软； 面层与基层黏结不良，高温时推移成油包
	弹簧翻浆{呈弹簧状或冒泥浆等}	基层结构不良、水稳性差、地下水未处理好、路基含水量增大、在聚水冻融情况下而翻浆； 中湿或潮湿地带，未处理好地下水，边沟积水滞流； 山丘的地下水潜流等引起弹簧翻浆

路面破损后，由于雨、雪、冷、热、冻、融等气候因素及行车荷载的作用，不仅会使路面的破损面积扩大，而且会迅速漫延到基层或路基，从而引起更大的病害；也常常有下层的损坏引起表面的破损。为了防止基础病害的发展，必须经常掌握路面表状的变化，分析造成损坏的原因，做到"早期发现，及时处治"，适时采取正确措施进行维修与养护。我国公路养护的技术政策是"预防为主，防治结合"，因此，既要做好预防性的养护，又要做好及时的维修。重视路况的检验，发现病害。及时采取有效的、先进的、经济的技术措施，争取做到治早、治小、治彻底。但是，由于气候的影响，例如遇上南方的雨季，北方的低温，高原的雨雪等自然条件，影响病害的及时处理（热沥青无法进行施工）。这时采用阳离子乳化沥青养路，可以弥补热沥青的不足，及时消除病害，取得良好的技术经济效果。同时，可以减轻劳动强度，减少环境污染，提高生产效率，因此深受养路工人们的欢迎。

三、用阳离子乳化沥青修补路面的几种方法

1. *表面处治*

表面处治用途很广，施工简便，效果显著。表面处治分有单层、双层及多层三种形式，可以根据路表破损的程度及路面的要求进行选用。

（1）单层表面处治。

当路面的强度符合要求，但路面出现裂缝（裂缝可由路面沥青引起，也可由基层开裂引起），可以采用单层表面处治消除裂缝。操作方法：①清扫旧路面及缝隙中的杂物，最好用空压机吹净；②当缝隙宽度大于6mm时，就用B—2型沥青乳液拌制沥青乳液砂浆，填充裂缝空隙；③当缝宽小于6mm时，可洒G—2型乳液灌充缝隙；④填满缝隙后，喷洒乳液，撒干砂或石屑，碾压后即可通车（图1）。

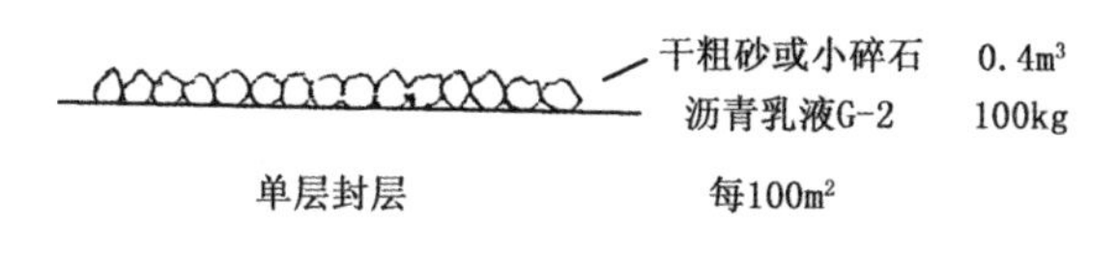

图1　单层表面处治

上述阳离子沥青乳液处治裂缝，对于老化或衰化的沥青路面，可以起到返老还新的作用，而且沥青用量节省，施工简便，价格低廉。

（2）双层表面处治及多层表面处治。

路面发生松散、麻面或跳石等现象时，可以采取双层表面处治（图2），或多层表面处治（图3），一般施工方法为：①在10℃以上时，扫净原有路面；②如有局部小面积损坏时，应先在局部做单层表面处治，然后再进行双层或多层表面处治；③每次撒布的骨料应均匀，并及时碾压整平；④每次乳液洒布均匀适量，然后及时撒布骨料。

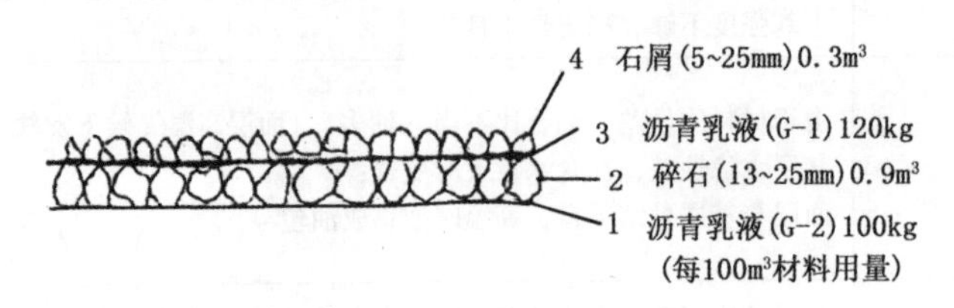

图2 双层表面处治

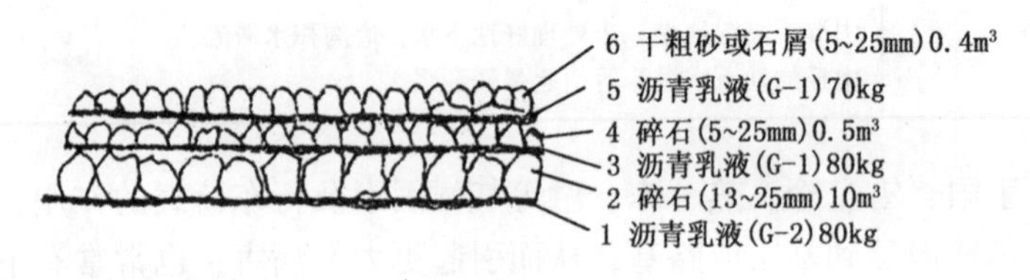

图3 多层表面处治

（3）混合料罩面

原路面较多裂缝和坑洼，采用拌和混合料（中粒式沥青混凝土），铺筑2~2cm罩面。这种表面处治可以取得较好的平整度和耐久性。

以上各种表面处治施工后，应做好早期养护，促使路面尽快完好成型。

2. 修补坑槽

修补坑槽时，应先分析产生坑槽的原因，根据产生的原因，采取相应措施：

（1）基层完好，面层坑槽。划出坑槽范围与深度，槽壁应垂直，将槽壁和槽底清理干净，并于其表面涂刷一层G—3型乳液，然后用原路面规格的骨料与B—1型乳液拌制混合料，填平坑槽，整平压（或夯）实，并略高于原路面（图4a）。

（2）坑槽发展到基层，但基层坑浅。与上述方法相同，将基层做适当处治（图4b）。

（3）坑槽发展到基层，基层坑深，应先修补基层，而后再补面层（图4c）。

修补坑槽可用轻制沥青乳液拌制的混合料，密封于塑料袋中，1~3个月都可使用，铺后不需养护，可以立即通车。

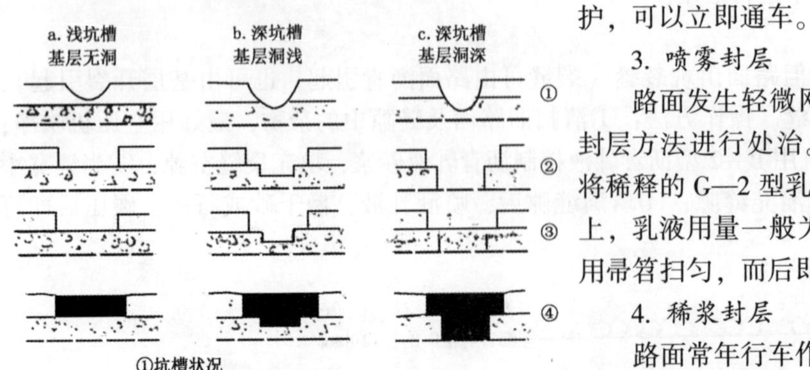

图4 坑槽的修补

3. 喷雾封层

路面发生轻微网裂和发裂时，可以采用喷雾封层方法进行处治。首先清除路面缝隙中杂质，将稀释的G—2型乳液用洒布器喷洒在裂缝的路面上，乳液用量一般为0.5kg/m²，再撒布细砂，并用帚笤扫匀，而后即可慢速通车。

4. 稀浆封层

路面常年行车作用，常使平整度、摩擦系数、透水性等指标下降，虽然尚未出现明显损坏现象，但必须提高路面的平整度、抗滑阻力、防水性及耐磨性，采用稀浆封层的方法是一种经济、有效的养护方式。一般使用慢裂型（B—2 型）乳液与规定级配矿料拌和，矿料级配见表 2。乳液用量 15%。拌制的稀浆在旧路面上铺筑 3~5mm 的封层，铺完 3~5h 后通车。

表 2　矿料级配表

筛孔尺寸，mm		通过百分率,%	
		1	2
5	(4#)	—	—
2.5	(8#)	100	70~100
1.2	(16#)	70~90	50~75
0.6	(30#)	50~70	35~55
0.3	(50#)	25~50	20~40
0.15	(100#)	10~25	10~25
0.074	(200#)	5~15	5~15

5. 防尘处理

为改善砂石路面晴天尘土飞扬和雨天泥水难行现象，减轻养路负担，采用阳离子沥青乳液进行防尘处理。这种防尘措施，应根据原砂石路面情况、交通量与投资费用、处理后要求耐用程度等具体条件进行选择，一般有如上述表面处治的三种形式，只是第一层的透层油用量应多些，乳液应选用 G—2 型。

防尘处理首先应将原路面修补平整，并应清扫干净，做好路拱，按单层、双层或多层表面处治的要求做好防尘处理。这种方法对北方地区干燥地带较为适用。

6. 垫层处理

对于基层的开裂而引起路面的反射性开裂，在旧路面上铺设垫层的方法是消除反射性裂纹的有效措施，无论是在水泥混凝土或沥青混凝土路面上（图 5），加铺单级配骨料的双层表面处治，由于它的空隙较大，对于原路面产生的变位，可以起到吸收缓和的作用。垫层的施工程序如图 6。

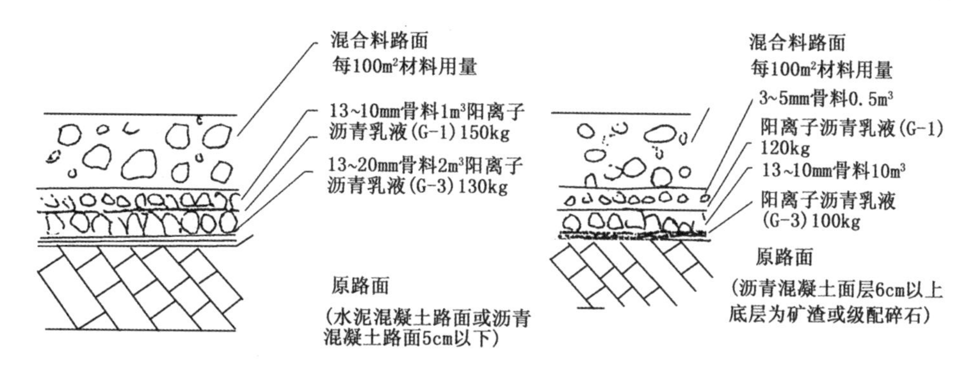

图 5　处理反射性裂缝的垫层

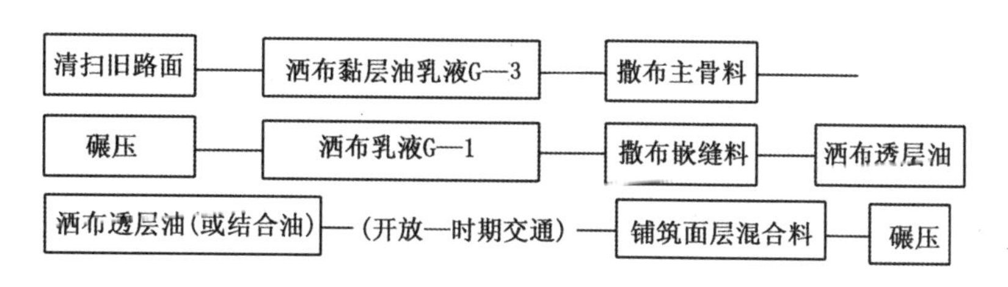

图 6　垫层的施工程序

四、结束语

发展阳离子乳化沥青于养路中的应用，并不是为了取代热沥青修路，而是为了增加一种路面新材料，它有热沥青无法达到的一些技术经济效果。使用阳离子乳化沥青养路，虽然在制造沥青乳液时增加乳化剂与乳化工艺的费用，运输过程中也增加一部分水的运费等等，但是由于它可以节省热能40%～50%，节省沥青10%～20%，延长施工季节1～2个月，提高工效30%，特别是可以及时防治路面病害的发生与扩大，因此它的经济效益、社会效益、环境效益仍然是十分显著的。另一方面，我国的阳离子沥青乳化剂的价格逐渐下降，品种不断增加，质量不断提高。这将为我国今后发展阳离子乳化沥青在养路中的应用，开创了广阔的发展前景，它必将为我国公路事业的发展做出一定的贡献。

阳离子乳化沥青修路的经济效益

姜云焕
（交通部公路科学研究所）

我国自1978年由交通部开展阳离子乳化沥青的研究。几年来，已在14个省市铺筑各种试验路面近40余万平方米，普遍取得较好效果，至今已有8个省市进行鉴定，并在本省范围大规模推广应用。阳离子乳化沥青之所以在我国能如此迅速发展，除了这种材料技术上的许多优点之外，还因有良好的经济技术效果。现就这个问题作如下简要说明。

一、节省能源

节省能源是当前国民经济发展中的重要问题，在道路的修建中，同样应予以重视。在热沥青施工中，按理论计算每吨沥青由18℃升温到180℃时所需热能为（180－18）×0.5×1000/0.8＝101250kcal/t（0.5为沥青比热，0.8为热效率系数）。产生这些热能约需20kg煤（每公斤普通煤按5000kcal计）。在公路部门修路过程中，每吨沥青实际消耗的燃料大大超过上述用量。例如甘肃兰州用煤500kg，河南郑州用煤110kg＋木柴30kg，河南信阳用木柴1000kg，湖南岳阳用柴500kg＋燃油50kg，青海西宁用煤1000kg，浙江杭州用木柴800kg，北京密云用煤200kg。据8个省市每吨沥青消耗燃煤平均达538kg。为什么消耗这么多的燃煤？就是因为在热沥青的施工过程中，由于沥青的倒运及现场的停工待料，使沥青必须多次加温和持续加温，因此消耗大量燃料。采用乳化沥青修路时，只需在其乳化时做一次加温，以后的倒运与施工过程中，不需再做重复加温和持续加温，而且这一次加温也只是将沥青加热到120～140℃，较热沥青加热温度约低50℃，节省热能31250kcal/t。

生产沥青乳液时，水（乳化剂水溶液）的加热需热能（每吨沥青按800kg水计），由18℃升温至70℃时所需热能为：

$$(70-18)\times 800\times 1/0.8=52000\text{kcal}$$

乳化机械所需电能，每吨沥青按8kW计，每kW需860kcal共需860×8＝6880kcal。综合以上热能需燃煤约为26kg。考虑各种不利因素，将每吨沥青乳化时所需热能增加4倍，即按104kg计，就目前热沥青消耗煤量538kg计，可节省400kg，因为制成后的沥青乳液可以随时使用，用多用少都不要加温，无论倒运几次或现场停工（如因阴雨天、机械故障、工料不齐等等）都不再需要重复加温与持续加温。

另一方面，在拌制混合料时，用阳离子沥青乳液拌制混合料，大宗的砂石料不需烘干与加热，每吨砂石从烘干脱水至升温170℃，所需热能65000kcal。因此用阳离子乳化沥青拌制混合料铺筑路面时，如铺长1km、宽10km、厚3cm的沥青混凝土路面时（需用沥青27t，混合料483t），从中可以节省燃煤114t，燃油3.2t。

二、节省资源

阳离子沥青乳液与骨料表面具有良好的工作度与黏附性，沥青的用量便于控制，乳液与骨料拌和，可以保证骨料之间有足够的结构沥青，使其自由沥青含量降低到适宜程度。因而这种路面夏季里很少见到推移和油包，冬季里较少见到开裂（因沥青加热的温度低，加热的时间短）。

根据已铺的各种结构路面来看，由于施工方法不同，其所节约沥青数量不同（表1）。

表1　不同结构乳化沥青路面节省沥青用量表

乳化沥青路面结构类型	热沥青路面中沥青用量	平均	乳化沥青路面			少用沥青 $(1-\frac{乳沥}{热沥})$,%
			用量	折合沥青	平均	
简易封层（<1cm）	1.2~1.4kg/m²	1.3	1~1.4kg/m²	0.6~0.84kg/m²	0.72	45
表面处治（拌和2cm）	5.0%~5.5%	5.25	7%~8%	4.2%~4.8%	4.5	14
多层表处（3cm）	4.0%~4.6kg/m²	4.3	6.2~6.4kg/m²	3.72~3.84kg/m²	3.98	13
贯入式（4cm）	4.4%~5.0kg/m²	4.7	6.5~7kg/m²	3.9~4.2kg/m²	4.05	14
沥青碎石	4.5%~5.5%	5.0	7%~8%	4.2%~4.8%	4.5	10
中粒式混凝土	5.5%~6.0%	5.75	8%~9%	4.8%~5.4%	5.1	11
细粒式混凝土	6.0%~7.0%	6.5	9%~10%	5.4%~6.0%	5.7	12
黏层油，透层油	0.8%~1.2%	1.0	0.8~1.2kg/m²	0.48~0.72kg/m²	0.6	40

由表1中所列数字表明，乳化沥青路面一般较热沥青路面节约沥青用量10%~20%。

另一方面，阳离子沥青乳液与酸性骨料和碱性骨料都有较好的黏附效果，在使用热沥青时如用酸性骨料，必须对骨料作预处理才能有良好的黏附性，从而扩大了骨料来源，充分利用当地材料，便于就地取材，降低工程造价。

三、延长施工季节，及时消除病害

在多雨的南方和寒冷的北方，漫长的雨季与低温季节使热沥青常常无法施工，致使沥青路面上的病害不能及时修补。在雨、雪、冻、融等自然因素侵蚀下，行车荷载的不断作用使沥青路面质量急剧下降，病害迅速漫延至基层和路基。据多雨地区调查，沥青路面出现坑槽，在雨季的水浸及行车作用后，可使坑槽的面积增大至7倍。据湖南株洲调查，有一段发生病害的公路，因连绵雨天无法修补，待五个月的雨季过后，已使这段8km沥青路面变成松散状态。与此相反，在岳阳一段坑槽累累濒于报废的沥青路面，由于使用阳离子沥青乳液及时进行修补与养护，使这段沥青路面的寿命已经延长了两年以上。又如河南洛阳至龙门的18km二级公路，铺后一个月即出现大量的网裂，路面的透水系数已大于100cm³/min，气候已进入冬季，气温即将冰冻，当时用热沥青已无法进行修补，用阳离子沥青做了单层表处，只用热沥青封层费用的1/6即得取满意效果，测试路面透水系数小于5cm³/min，保证路面防止冻害的发生。

延长施工季节平均可达45天，更重要的意义是对于沥青路面产生的病害可以及时修补，防止扩大和加剧，避免交通事故，提高运输效率。据湖南统计，将一个道班管辖的10km路段养护成良等路面时，行车可由18min缩短到15min，如按行车1000辆计，一天可节省6个台班，一年内可为国家增加收入两万元人民币。

阳离子沥青乳液养路施工方便，拌和洒布操作容易，节省劳力，一般可提高工效20%~30%。

综合以上情况，使用阳离子沥青乳液修路，虽然在制造沥青乳液时增加乳化剂等费用，运输中增加一部分水的运费，但是，由于它节省能源、节省资源、延长施工季节、提高工效等优点，使它的经济效益仍然是十分明显。如再考虑阳离子乳化沥青修路的社会效益与环境效益，就更能显示出其特长。

我国目前交通公路部门每年沥青用量约为80~100×10⁴t，其中约有50×10⁴t用于维修养护，如果其中的一半即25×10⁴t采用阳离子沥青乳液，每年即可节约用煤25000t，节约沥青45000t以及相当数量的燃油。单用这些沥青可铺7m宽、3cm厚沥青混凝土路面1818km。阳离子乳化沥青的优越性，不仅交通公路与城市道路部门重视，而且也引起铁道、冶金、水电、石油、化工、农业、治砂等各个领域的关注。目前我国阳离子乳化沥青的发展已经有了良好的开端，交通部、城乡环境保护部都非常重视。交通部于1984年8月发出（84）交能字1180号文中已指出推广应用阳离子乳化沥青铺路及旧沥青路冷法再生。最近国家计委通过交通部节能办公室向各省市公路部门提供无息贷款，支持各个公路部门发展阳离子乳化沥青。国家的重视、交通部“阳离子乳化沥青及其路用性能研究课题”协作组多年来积累的经验，为我国发展阳离子乳化沥青在道路中的应用，创造了广阔的发展前景。今后只要有关的交通公路部门重视它、发展它、尽快地建立起生产乳化沥青的基地，配备必要的拌和摊铺设备，化工部门提高乳化剂的质量，降低乳化剂的造价，增加乳化剂的品种，就能促使我国的阳离子乳化沥青得到尽快的发展，为我国国民经济的发展做出一定的贡献。

发表于《中南公路工程》，1985.2

乳化沥青在欧洲的发展

姜云焕
（交通部公路科学研究所）

在世界各地的公路发展中，欧洲的公路是先进的、发达的，路面的铺装率大部分已达90%～95%，公路的密度已达1.4～1.8km/km²，热沥青混合料的生产设备十分普遍，但是，这些情况不仅没有影响欧洲乳化沥青的发展，而且，欧洲应用乳化沥青很普遍，技术上也很先进。据文献记载，乳化沥青最早（20世纪20年代）发源于欧洲，当时的品种主要是阴离子乳化沥青。后来阳离子乳化沥青也发明于欧洲（1953年于法国），从而使乳化沥青的发展进入一个飞跃的历史阶段。目前，就世界范围来说，欧洲乳化沥青发展之快，用量之多，用途之广，已居于世界的前列，表1所列情况可以说明这一事实。

表1　欧洲部分国家1981年沥青乳液的生产及应用情况

国　家	沥青乳液用量 t	各国沥青乳液的主要用途				
		表面处治	稀浆封层	开级配混合料	密级配混合料	旧沥青路面再生
西班牙	400000	×	×	×	√	
法　国	1100000	×	√	√	×	√
西　德	122500	×（a）	√			
瑞　典	50000	×（a）		×		
挪　威	12000	×		×		
荷　兰	30000	×	√			
比利时	22000	×	√			
英　国	141000	×	√			

注：（a）—修补坑槽，×—大量采用，√—少量采用。

表1中数字表明，公路比较发达的法国与西班牙，沥青乳液的年用量达110×10^4t和40×10^4t，有些国家国土不大，但沥青乳液的用量仍然不少。这说明在欧洲，一方面重视高级公路的修建，另一方面重视已铺路面的维修与养护，使路面能经常保持着良好的路况，保证行车的舒适通畅，提高运输效率，同时降低油料消耗，减少车辆磨损，改善施工条件，防止环境的污染，为此，人们在不断的实践中认识到：发展乳化沥青是达到上述要求可取的途径。使用乳化沥青进行维修与养护，不需加热、施工简便、用量节省、使用方便、效果显著，因此一致认为使用沥青乳液对于沥青路面的维修与养护，有其特殊的适应性。

在欧洲，生产乳化沥青的主要厂商及其商品如表2所列。

表 2　欧洲制造沥青乳液的厂商及产品

国家	制造厂商	产品名称
西班牙	Composan. SA（19 台乳化机） Probisa（17 台乳化机） Proas（三个炼油厂，12 个乳化沥青厂）	Teleoflex
法国	SCREG Routes SCREG Routes SCREG Routes Societe Chimiquede la Route Societe Chimique la Ralte Societe Chimique cle la Ralte	Neolastic Sealgum Composeal Micmell Aetimul，Atimix Actiffex Actiprene
联邦德国	Colas Bauchemic GmbH V AT Baustofftechnik GmbH Zeller and Gmelin GmbH and co	
英国	Shell/colas Shell/colas Chell/colas	Enlphalt Shellgrip Spraygrip
荷兰	Smid & Hollander Latexfelt—Esso Valiato—VBM	
瑞典	Nynas Petroleum Skanska ABV	

表 2 中所列各国的沥青乳液用量，有 90% 以上是阳离子乳化沥青，只有英国使用的阳离子乳化沥青约占 80%。各国在养路中使用沥青乳液的方式，如表 1 所列，根据其施工方法概括有如下几种：

1. 表面处治

由表 1 中可以看出，表面处治的施工方法，在各国都大量地采用，因为用沥青乳液进行表面处治的养护措施，对于旧路面出现的开裂、网裂、衰裂、老化、麻面、松散、脱粒等各种表状的破坏，用沥青乳液进行表面处治，都可以取得良好的技术经济效果。因此在欧洲有 40% ~ 80% 的沥青乳液用于表面处治，欧洲的二级公路有 95% 以上是采用这种表面处治进行养护的，各国每年用沥青乳液做表面处治养路的面积：西班牙 $6000 \times 10^4 m^2$，联邦德国 $5000 \times 10^4 m^2$，瑞士 $8000 \times 10^4 m^2$，荷兰 $2500 \times 10^4 m^2$，英国 $2 \times 10^8 m^2$。各种表面处治的形式概括如图 1。

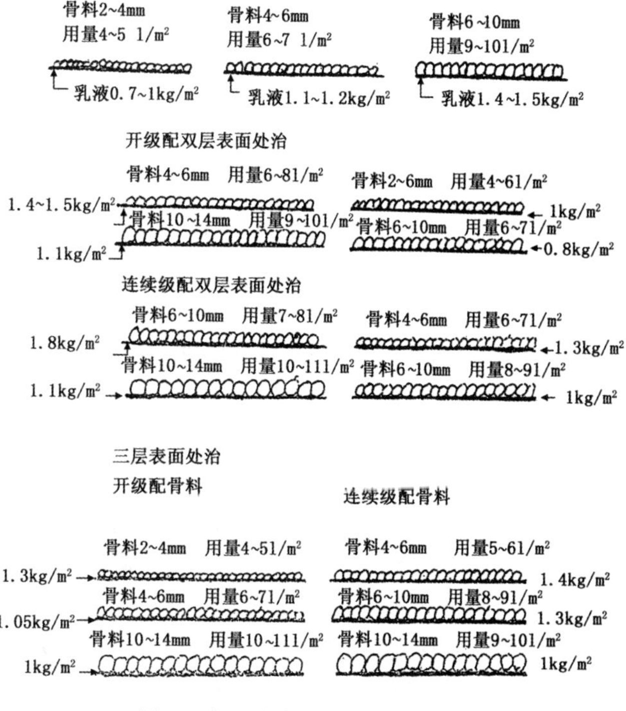

图 1　表面处治的类型及材料用量

2. 稀浆封层

稀浆封层可以提高路面耐磨性、防水性、平整度、抗滑阻力。适用于路面的高速行驶，降低行车噪音，保证行车安全，是一种经济、有效的路面养护方式，多用于市区街道、飞机场、高速公路，也用于基层表面的处理。稀浆封层用沥青乳液一般使用慢裂型乳液，但也有用超快裂型乳液。当使用普通沥青乳液，选用矿料为0～5mm；当使用改性沥青乳液时，选用矿料为0～5mm；当用于提高路面抗滑阻力时，采用改性的沥青乳液与0～6mm的矿物。稀浆封层用材料一般如表3。

表3　稀浆封层各种材料的配合比例

材料名称＼配合比例	质量配合比例			
	1		2	
	干骨料	含水料浆	干骨料	含水料浆
未筛分小碎石	—	—	100	72
粗　砂	65	49	—	—
细　砂	31	25	—	—
矿　粉	4	3	0	0
沥青乳液	—	15	0	15
水	—	8	—	13
合　计	100	100	100	100

稀浆封层每年施工面积：西班牙约为$800\times10^4m^2$、荷兰$100\times10^4m^2$、英国$500\times10^4m^2$，法国、联邦德国、瑞典等国多用于表面封层。

3. 常温再生旧沥青路面材料

法国已经大量应用，西班牙准备大量应用沥青乳液对旧沥青路面材料进行再生，因为它节省能源、施工简便，但有些国家因热沥青拌和设备十分普及，因而影响到沥青乳液常温再生的发展。

4. 透层油、黏层油

在欧洲的一些国家中，已经明文规定必须使用沥青乳液作为透层油与黏层油。

5. 修补用混合料

用沥青乳液拌制混合料，可以存放3个月，随时用于修补坑槽。这种修补用混合料密封于塑料袋中，作为商品性材料出售。

关于欧洲今后乳化沥青的发展趋势，可以就目前的应用情况预测其未来，主要有以下六点将被重视与发展：

（1）表面处治。

用沥青乳液进行各种表面处治，用途广泛、施工简便、价格低廉、节省能源、减少污染，今后必将大量采用，尤其对于市内道路和县镇道路更为适用。

（2）拌和式路面。

用乳化沥青拌制混合料，将得到发展和应用，在二级公路的路面上，将规定用乳化沥青拌制的开级配混合料，铺筑拌和式路面取代贯入式路面。

（3）高黏度的沥青乳液。

随着公路上行车交通量与载质量的增加，沥青的标号也要求提高，因此，今后要研究用针入度为40～90的沥青制备沥青乳液（现用沥青的针入度多为100～200），并要求提高乳液中的蒸发残留物含量（由60%提高到70%～75%），从而提高沥青乳液的黏度。

（4）沥青乳液的改性。

在沥青乳液中掺入聚合物或橡胶，这种乳液可以提高路面的抗滑性、防水性、耐磨性、抗老化性。这种乳液适用于高速公路或建筑防水。

（5）稳定水泥砂砾石基层。

水泥（或石灰）砂砾石底基层，普遍产生收缩性裂缝，并引起路面的反射性开裂，在这种混合料中掺入适量的沥青乳液，可使基层消除这种开裂，尤其采用灰土拌和机，将更有利于这种基层的推广，目前正在研究制定这种稳定砂砾石基层的设计与施工规程。

（6）施工机械

改进适应于沥青乳液的施工机械，如稀浆封层、常温拌制混合料、表面处治、喷洒机械等，以利于大规模施工的需要。

参考文献

[1]《あすふぁるとにァぅぞい》(74)，第10回 *Asphalt Emulsion Manufactruer's Association* 年次总会出市しフ一秋山昌已，1984.9

[2] ョーロッパにゎけル乳剂の现况——米国オレゴン州立大学教授 R. G. Hieks，1984.9

[3] Colas "Bitumen Emulsiou" Paris No Date，1981

发表于《国外公路》，1985.2

路面新材料——阳离子乳化沥青

交通部公路科学研究所　江苏省丹徒县交通局

1983年9月，交通部公路研究所、镇江市公路处、扬州钢铁厂等单位的同志，在江苏省丹徒县铺筑了阳离子乳化沥青路面2800m²。经过两个月的行车考验，路面平整坚实，路用性能好，受到当地的称赞及欢迎。

所谓阳离子乳化沥青，是将热熔状态的沥青，经过机械的搅拌、离心、剪切、研磨等工序，使其以细小微粒状态分散于含有阳离子乳化剂的水溶液之中，成为水包油型的乳状液，也称为沥青乳液。这种沥青乳液在常温状态下具有良好的工作度与流动性，不需加热即可与砂石料拌和均匀。这种乳液中的沥青微粒带有阳离子电荷，湿润的砂石料表面普遍带有阴离子电荷，两者接触后，由于正负离子电荷的吸附作用，黏结力很好，即使在阴湿或低温季节（5～10℃），也不影响这种离子的吸附作用，因之可以照常施工，铺后可以很快通车。由于阳离子乳化沥青有这些特点，在道路工程中得到迅速的应用，被称为继沥青与水泥后的第三种路面材料。

我国自1978年以来，公路部门开展了阳离子乳化沥青的研究，已有迅速进展。目前已在17个省市铺筑试验路面积近28×10^4m²（约40kg），有的在支线上，也有的在大交通量的干线上。其中有交通量3000辆/日行车情况下，经过2～3年的考验，技术效果良好。而且这些路面随着行车的碾压，其密度与强度逐渐提高。目前我国除了交通部门外，铁道、冶金等部门也在开展阳离子乳化沥青应用的研究。

一、节省热能

沥青只在乳化时加热至120～140℃，制成乳液后不需再加温可随时使用。如果利用炼油厂的热沥青或卸车、卸船时的热沥青进行乳化，可更节省热能。目前一般使用热沥青铺路，需要对沥青重复加温或持续加温，每吨沥青耗煤200～400kg，同时，每吨砂石料的烘干与加热需要7～10L燃油。由于阳离子乳化沥青可以与湿润的砂石料较好黏附，砂石料可以不需烘干加热，因此，铺筑1km长、7m宽、3cm厚的沥青混凝土路面时，可以节省燃煤2.5～3t、燃油3～3.5t。

二、节省资源

由于沥青乳液与砂石料拌和容易，裹覆均匀，可以准确控制沥青用量（油石比）。沥青用量要比热沥青铺路节省15%～20%。而且它与酸性和碱性骨料都有良好的黏附效果（热沥青不宜采用酸性骨料），因而可扩大骨料资源，便于就地取材降低造价。

三、延长施工季节

对于阴湿多雨的南方，采用传统的加热沥青修筑路面有很多困难，而寒冷季节较长的北方，能采用热沥青施工的季节很短。阳离子乳化沥青可以在阴湿与低温季节进行，在我国每年可以平均延长施工季节两个月。

四、改善施工条件

采用阳离子乳化沥青，施工现场不需支锅盘灶，不需烧油熬油，可避免对油工的烟熏火烤，防止施工中的烧伤、烫伤、火灾和沥青蒸气中毒等事故，以及减少对环境的污染。还由于改善了施工条件，减轻了劳动强度，一般可提高工作效率1~2倍。

阳离子乳化沥青还可用于对旧沥青路面材料进行再生，在日交通量为1000~3000辆的公路上已取得良好的效果，可以节省沥青用量50%，节省燃煤70%，节省石料70%，降低工程造价50%~60%，效益显著。在旧沥青路面的维修养护中，使用阳离子乳化沥青，同样具有用量少、性能好、操作方便、造价便宜的特点。因此，阳离子乳化沥青在我国沥青路面的发展及养护中，具有广阔的发展前景。

发表于《综合运输》，1984.3

关于日本乳化沥青质量标准的修订[1]

姜云焕 译

关于乳化沥青的质量标准，日本自从1941年制定临时工业标准以来，至今已有60多年的历史。1949年施行“工业标准法”制定JIS标准，乳化沥青于1957年6月制定正式JIS标准，而后，于1967年、1980年和1993年不断进行修订，至2000年已是第5次修订。

日本的乳化沥青协会于1962年又另外制定乳化沥青协会（简称为乳协）的质量标准（代号JEAAS）。这个标准是针对新开发的乳化沥青技术产品，实际生产量不是很大，在JIS中尚不能确定，又要适宜规范化的标准要求而由“乳协”独自制定的标准。

这次JIS标准修订的背景，主要是因为在蒸发残留物可溶分试验项目使用三氯乙烷做溶剂，现已指出三氯乙烷是破坏臭氧层的特定物质，因而已被禁止生产，由于这一原因，“乳协”必须对原JIS进行修订，将溶剂由三氯乙烷改用为甲苯。还有，对在道路工程中几乎已不生产使用的阴离子乳化沥青标准的删除等进行再次评议。修订方案已在日本工业标准调查会上提出，2000年3月经过审议部会议通过，已确定为2000年的修订版本。

在2000年修订JIS的同时，将阴离子乳化沥青降为“乳协”的标准，同时将近些年发展使用的改性稀浆封层使用的改性乳化沥青标准等增加在“乳协”的标准之中。

在此，将JIS与“乳协”的质量标准修订缘由予以叙述。

一、JIS标准修订的概述

这次JIS标准的修订，是因为乳化沥青蒸发残留物可溶分试验项目所用溶剂的改变、阴离子乳化沥青由JIS降到“乳协”标准，以及删去延度试验项目等三个原因。于1999年由“乳协”组成方案修订的团体，其中有代表生产方面、消费方面、中立和学术权威等各方面委员组成JIS标准修订方案委员会，并对原案进行审议。

修订的内容如下所述：

（1）当对乳化沥青进行蒸发残留物的可溶分试验时，过去使用的溶剂为三氯乙烷，它是破坏臭氧层的特定物质，因此被禁止生产，改用甲苯作为溶剂。就此问题以“乳协”的技术委员会为中心并得到协会成员各厂家协助，将三氯乙烷与甲苯做对比试验，对其精确性与再现性进行验证。最后确认可以用甲苯取代三氯乙烷为溶剂。

（2）蒸发残留物的延度试验项目。

①这里所示的各种乳化沥青，其蒸发残留物延度，在实际工作中没有明确的意义。

---

[1] 日本是亚洲开发应用乳化沥青技术最早、最多的国家之一，有些技术和经验值得我国借鉴。日本乳化沥青的技术标准JIS K 2208，自1957年制定以来，至2000年已补充修订八次。日本乳化沥青协会标准（JEAAS）至2006年也已修订八次。

日本重视乳化沥青的技术进步，在日本随着阳离子乳化沥青生产和使用日趋增多，阴离子乳化沥青已无厂家生产；另一方面，非离子乳化沥青迅速增多使用。因此，1994年修订JIS K 2208时，仍保留阳离子乳化沥青，取消阴离子乳化沥青（已被淘汰），同时加入了非离子乳化沥青。日本与时俱进采取果断措施，是符合乳化沥青技术进步发展规律的。——译注

②延度试验项目是 JIS 在 1956 年制定的，当时针对原油是从世界各地购入，延度可以作相应的比较，现在各个产油国几乎都有规定，删除延度指标也不会有问题。

③根据对外国乳化沥青质量标准的调查结果表明，只有少数国家采用延度指标。

根据以上理由予以删除。如果有的乳化沥青必须做延度试验，则将此项目列入“乳协”标准。

（3）阴离子乳化沥青，随着在道路上已不生产与使用，在 JIS 中予以删除。

如有必要进行阴离子型乳化沥青生产，可以在“乳协”的标准中予以保留。

修订后的乳化沥青 JIS 质量标准与分类代号请参见表 1，质量与性能参见表 2。

表 1　修订后的乳化沥青质量标准与分类代号

分类			代号	用途
阳离子乳化沥青	喷洒贯入用	1 号	PK－1	温暖季节喷洒贯入及表面处治用
		2 号	PK－2	寒冷季节喷洒贯入及表面处治用
		3 号	PK－3	透层油及水泥稳定层的养护用
		4 号	PK－4	黏层油用
	拌和用	1 号	MK－1	拌和粗级配骨料用
		2 号	MK－2	拌和细级配骨料用
		3 号	MK－3	拌和砂、石、土用
非离子乳化沥青	拌和用	1 号	MN－1	水泥与乳化沥青稳定处理用

注：P—喷洒贯入用乳化沥青（Penetrating Emulsion）；M—拌和用乳化沥青（Mixing Emulsion）；K—阳离子乳化沥青（Kationic Emulsion）；N—非离子乳化沥青（Nonisionic Emulsion）。

表 2　日本乳化沥青的质量与性能（JIS）

项目		分类及代号							
		阳离子乳化沥青							非离子乳化沥青
		PK－1	PK－2	PK－3	PK－4	MK－1	MK－2	MK－3	MN－1
恩格拉黏度（25℃）		3～15		1～6		3～40			2～30
筛上剩余量（1.18mm），质量%		0.3 以下							0.3 以下
黏附性		2/3 以上				—			—
粗级配骨料的拌和性		—				拌和均匀	—		—
细级配骨料和拌和性		—					拌和均匀	—	—
砂石土骨料的拌和性，%		—						5 以下	—
水泥拌和性，%		—							1.0 以下
沥青微粒电荷		阳（+）							—
蒸发残留物含量，质量%		60 以上		50 以上		57 以上			57 以上
蒸发残留物	针入度（25℃），0.1mm	100 以上	150 以上	100 以上	60 以上	60 以上	60 以上	60 以上	60 以上
		200 以下	300 以下	300 以下	200 以下	200 以下	300 以下	300 以下	300 以下
	甲苯可溶分，%	98 以上				97 以上			97 以上
贮存稳定性（24h），质量%		1 以下							1 以下
冻融稳定性		—	没有粗大颗粒与结块	—					—

注：当恩格拉黏度为 15 以下按 JIS K 2208 的 6.3，15 以上时按 6.4 求出的黏度，再换算成恩格拉黏度。

二、关于乳化沥青协会标准内容的修订

日本乳化沥青协会的标准，与上述JIS标准有所区别，它主要针对各厂家生产的数量不是很大的特殊乳化沥青，“乳协”按各会员厂家的要求，制定“乳协”标准（JEAAS）。

“乳协”最初制定乳化沥青的标准，是1963年制定的阳离子乳化沥青与掺入抗剥落剂的乳化沥青，其中前者于1980年已纳入JIS标准，1969年“乳协”又追加稀释乳化沥青与高浓度渗透用乳化沥青两种，1971年又增加掺橡胶乳化沥青的标准。这种掺橡胶乳化沥青用于黏层油，已在《排水路面技术指南》中予以介绍。其后于1984年修订JIS标准时，将非离子乳化沥青MN－1（水泥乳化沥青稳定拌和处理用）列入JIS标准之中。同时，修订“乳协”标准时，追加了高渗透性乳化沥青。“乳协”如此不断地向JIS标准提供项目的同时，也给新标准备有位置，这种情况如同各个部门制订的操作规定，也为正确应用乳化沥青技术发挥着重要的作用。

“乳协”这次修订协会标准时，纳入JIS修订时删除的阴离子乳化沥青的标准，同时，将新的改性稀浆封层乳化沥青的标准也加入协会标准之中。

“乳协”制订的乳化沥青种类与代号参见表3，产品质量与性能见表4和表5。

表3 “乳协”对特殊乳化沥青的分类与代号

<table>
<tr><th colspan="3">种类</th><th>代号</th><th>用途</th></tr>
<tr><td colspan="3">高渗透性乳化沥青</td><td>PK－P</td><td>透层油用</td></tr>
<tr><td colspan="3">高浓度乳化沥青</td><td>PK－H</td><td>喷洒贯入与表面处治用</td></tr>
<tr><td colspan="3" rowspan="4">掺橡胶乳化沥青</td><td>PKR－T－1</td><td>温暖季节黏层油用</td></tr>
<tr><td>PRK－T－2</td><td>寒冷季节黏层油用</td></tr>
<tr><td>PKR－S－1</td><td>温暖季节表面处治用</td></tr>
<tr><td>PKR－S－2</td><td>寒冷季节表面处治用</td></tr>
<tr><td colspan="3">稀释乳化沥青</td><td>MK－C</td><td>维修养护用常温混合料</td></tr>
<tr><td rowspan="7">阴离子
乳化沥青</td><td rowspan="4">喷洒贯入用</td><td>1号</td><td>PA－1</td><td>温暖季节贯入与表面处治用</td></tr>
<tr><td>2号</td><td>PA－2</td><td>寒冷季节贯入与表面处治用</td></tr>
<tr><td>3号</td><td>PA－3</td><td>透层油与水泥稳定养护用</td></tr>
<tr><td>4号</td><td>PA－4</td><td>黏层油用</td></tr>
<tr><td rowspan="3">拌和用</td><td>1号</td><td>MA－1</td><td>粗级配骨料拌和用</td></tr>
<tr><td>2号</td><td>MA－2</td><td>细级配骨料拌和用</td></tr>
<tr><td>3号</td><td>MA－3</td><td>砂、石、土拌和用</td></tr>
<tr><td colspan="3">改性稀浆封层用乳化沥青</td><td>MS－1</td><td>改性稀浆封层用</td></tr>
</table>

表4 “乳协”制订的特殊乳化沥青产品质量与性能的标准

项目			分类与代号						
			PK－P	PK－H	PKR－T		PKR－S		MK－C
					1	2	1	2	
恩格拉黏度（25℃）			1～6	—	1～10		3～30		—
赛波尔特黏度，s	50℃		—	20～500	—				—
	25℃		—	—	—				30～500
筛上剩余量（1.18mm 筛孔），质量%			0.3 以下	0.3 以下	0.3 以下				0.3 以下
黏附性			2/3 以上	2/3 以下	2/3 以上				—
渗透性			300 以下	—	—				—
细级配骨料拌和性			—	—	—				—
沥青微粒离子电荷			阳（+）	阳（+）	阳（+）		阳（+）		阳（+）
蒸发残留物含量，质量%			—	—	50 以上		57 以上		—
蒸发残留物	针入度（25℃），0.1mm		—	—	60 以上 100 以下	100 以上 150 以下	100 以上 200 以下	200 以下 300 以下	—
	软化点，℃		—	—	48.0 以上	42.0 以上	42 以上	36 以上	—
	延度	（7℃），cm	—	—	100 以上	—			—
		（5℃），cm	—	—	—	100 以上			—
	黏韧性	（25℃），N·m（kgf·cm）	—	—	2.9 （30 以上）	—			—
		（15℃），N·m（kgf·cm）	—	—	—	3.9（40）以上		2.9（30）以上	—
	韧性	（25℃），N·m（kgf·cm）	—	—	1.5 （15）以上	—			—
		（15℃），N·m（kgf·cm）	—	—	—	2.0（20）以上		1.5（15）以上	—
	灰分，质量%		—	—	1.0 以下				—
馏出油分（至 360℃）			15 以下	5 以下	—				3～20
蒸馏残留量（至 360℃）			40 以上	65 以上	—				50 以上
蒸馏残留物	针入度（15℃），0.1mm		100 以上 300 以下	80 以上 300 以下	—				—
	延度	（15℃），cm	100 以上	100 以上	—				—
		（10℃），cm	—	—	—				80 以上
	浮动时间（60℃），s		—	—	—				20－170
贮存稳定性（24h），质量%			2 以下	—	1 以下				1 以下
冻融稳定性（－5℃）			—	—		无粗颗粒与结块		无粗颗粒与结块	—

表5 其他各种乳化沥青产品的质量与性能（“乳协”标准）

项目		分类与代号							
		PA－1	PA－2	PA－3	PA－4	MA－1	MA－2	MA－3	MS－1
恩格拉黏度（25℃）		3～15		1～6		3～40			3～60
筛上剩余量（1.18mm），质量%		0.3 以下							0.3 以下
骨料覆盖度（40℃，5min）		2/3 以上				—			—
粗级配骨料拌和性		—				拌和均匀			
细级配骨料拌和性		—					拌和均匀	—	—
砂石土拌和性		—						2 以下	—
沥青微粒离子电荷		阴（－）							阳（＋）
蒸发残留量，质量%		60 以上		50 以上		57 以上			60 以上
针发残留物性能	针入度（25℃）0.1mm	100 以上 200 以下	100 以上 300 以下	100 以上 300 以下	60 以上 150 以下	60 以上 200 以下	60 以上 200 以下	60 以上 300 以下	40 以上
	延度（15℃），cm	—				—			30 以上
	甲苯可溶分，质量%	98 以上				97 以上			—
	软化点，℃	—							50 以上
	黏韧性（25℃） N·m（kgf. cm）	—							3.0 以上 （30 以上）
	韧性（25℃） N·m（kgf. cm）	—							2.5 以上 （25 以上）
贮存稳定性（25h），质量%		1 以下							1 以下
冻融稳定性（－5℃）		—	无粗大颗粒与结块	—					—

注：当恩格拉黏度在 15 以下时，按 JIS K 2208 的 6.3 项，当大于 15 时按 JIS K 2208 的 6.4 项换算出黏度值。

三、结束语

JIS 乳化沥青标准的修订，这次已是第 5 次。已经改变了从前 JIS 增加乳化沥青种类的倾向，这次的修订是从环保方面规范溶剂的生产制造，以及删除阴离子乳化沥青等，从中深感时代的巨大变化。然而在 JIS 补充完后，还要针对厂家的需要补充有关的“乳协”标准，增加多样化乳化沥青不同用途的需要。在“乳协”的标准中，介绍掺橡胶乳化沥青与高渗透性乳化沥青等各种性能乳化沥青的技术要求。

最近，世界上更加关注改性乳化沥青的发展，日本“乳协”这次也将改性乳化沥青在改性稀浆封层中的应用，纳入到“乳协”标准。这次修订的“乳协”规范标准，在今后的逐渐发展之中，必将使高功能化的乳化沥青不断发展；在保护环境的大前提下，乳化沥青技术必将不断提高与扩大。

日本乳化沥青协会标准(JEAAS)

姜云焕　译

1. 适用范围　本标准为JIS K 2208（乳化试验沥青）中未作为规定的乳化石油沥青（以下简称为乳化沥青）的标准，由法人社团日本乳化沥青协会予以制订。

（1）高渗透乳化沥青

（2）高浓度乳化沥青

（3）乳化稀释沥青

（4）橡胶改性乳化沥青（黏层油用）

（5）橡胶改性乳化沥青（温暖季节表面处治用）

（6）橡胶改性乳化沥青（寒冷季节表面处治用）

（7）改性稀浆封层用乳化沥青（改性稀浆封层用）

2. 引用的标准　下面列出的标准是本标准引用的标准，构成本标准的一部分。对于引用的这些标准，采用最新版本（包括追补的）。

JIS A 5001　道路用碎石

JIS B 7410　石油类试验用玻璃温度计

JIS B 7411　一般玻璃制棒状温度计

JIS K 2207　石油沥青

JIS K 2208　乳化石油沥青

JIS R 3503　化学分析用玻璃器具

JIS Z 8801－1　试验用筛子

3. 定义　本标准的主要用语定义如下：

（1）高渗透乳化沥青。透层油用的乳化沥青，因提高渗透性的渗透用乳化沥青。

（2）高浓度乳化沥青。蒸发残留物含量高的渗透用乳化沥青。

（3）乳化稀释沥青。掺入挥发油的拌和合用乳化沥青。

（4）乳化改性沥青。掺入高弹性聚合物的乳化沥青总称。

（5）乳化橡胶改性沥青。乳化天然橡胶或合成橡胶改性的沥青，作为贯入用的乳化沥青。

（6）改性稀浆封层用乳化沥青。改性稀浆封层用的快硬型改性乳化沥青，拌和用乳化沥青。

（7）恩格拉黏度计。按JIS K 2208中3的要求。

（8）赛波尔特黏度计。按JIS K 2208中3的要求，但要除去备注。

（9）筛上剩余量试验。按JIS K 2208中3的要求。

（10）黏附性。按JIS K 2208中3的要求。

（11）密集配骨料的拌和合性。按JIS K 2208中3的要求。

（12）沥青微粒电荷。按JIS K 2208中3的要求。

（13）蒸发残留物含量。按JIS K 2208中3的要求。

（14）蒸发残留物的黏韧性及韧性。将蒸发残留物用规定的测定器，在拉伸30cm时，由测绘的荷重与拉伸的曲线中，求出定义的工作量，用N·m表示。

（15）蒸出油量。按蒸馏而馏出油的数量。用馏出油量与乳化沥青的质量对比（比率）表示。

（16）蒸发残留物。由蒸馏乳化沥青所得残留物。用质量百分比表示。

（17）蒸发残留物的漂浮度。为了表示软质蒸发残留物的硬度，在规定的条件下，测定蒸发残留物层通过水所需要的时间，用秒表示。

4. 种类及符号　乳化沥青的种类及符号参见表1所示。

表1　种类及符号

种　类		符　号	用　途
高渗透性乳化沥青		PK－P	透层油
高浓度乳化沥青		PK－H	透层油及表面处治
稀释乳化沥青		MK－C	维修养护及常温混合料
改性乳化沥青	胶乳改性乳化沥青	PKR－T	黏层油
		PKR－S－1	温暖季节表面处治
		PKR－S－2	寒冷季节表面处治
	改性稀浆封层乳化沥青	MS－1	改性稀浆封层用

注：高渗透乳化沥青：High Penetrating Emulsified Asphalt；高浓度乳化沥青：Emulsified Asphalt of High Content；稀释乳化沥青：Emulsified Cutback Asphalt；改性乳化沥青：Emulsified Modified Asphalt；胶乳改性乳化沥青：Emulsified Rubberized Asphalt；改性稀浆封层：Emulsified Asphalt for Microsurfacing。

5. 质量与性能　乳化沥青质量与性能，按6中的试验方法进行试验时，必须达到表2和表3所列规定。

表2　乳化沥青的质量及性能（一）

项　目		乳化沥青种类及符号		
		PK－P	PK－H	MK－C
恩格拉黏度（25℃），s		1～6		
赛波尔特流值黏度，s	（50℃）	—	20～500	—
	（25℃）	—	—	30～500
筛上剩余量（1.18mm），质量%		0.3以下		
黏附性		2/3以上	2/3以上	—
渗透性，s		300以下	—	—
离子电荷		阳（＋）		
密级配骨料拌和性		—		拌和均匀
馏出油分（至360℃），质量%		15以下	5以下	3～20
蒸发残留量（至360℃），质量%		40以上	65以上	50以上
蒸发残留物	针入度（15℃），0.1mm①	100以上 300以下	80以上 300以下	—
	流值时间（60℃），s	—	—	20～170
贮存稳定性（24h），质量%		2以下	—	1以下

①PK－H在夏季使用时，蒸发残留物的针入度为25℃时的针入度。

表3 改性乳化沥青质量与性能（二）

<table>
<tr><th colspan="3" rowspan="2">项　　目</th><th colspan="4">乳化沥青种类及符号</th></tr>
<tr><th>PKR－T</th><th>PKR－S－1</th><th>PKR－S－2</th><th>MS－1</th></tr>
<tr><td colspan="3">恩格拉黏度（25℃），s</td><td>1～10</td><td colspan="2">3～30</td><td>3～60</td></tr>
<tr><td colspan="3">筛上剩余量（1.18mm），质量%</td><td colspan="4">0.3 以下</td></tr>
<tr><td colspan="3">黏 附 性</td><td colspan="3">2/3 以上</td><td>—</td></tr>
<tr><td colspan="3">离 子 电 荷</td><td colspan="4">阳（＋）</td></tr>
<tr><td colspan="3">蒸发残留量，质量%</td><td>50 以上</td><td colspan="2">57 以上</td><td>60 以上</td></tr>
<tr><td rowspan="6">蒸发残留物</td><td colspan="2">针入度（25℃），0.1mm</td><td>60 以上
150 以下</td><td>100 以上
200 以下</td><td>200 以上
300 以下</td><td>40 以上</td></tr>
<tr><td colspan="2">软化点，℃</td><td>42.0 以上</td><td>42.0 以上</td><td>36.0 以上</td><td>50 以上</td></tr>
<tr><td rowspan="2">黏韧性</td><td>（15℃），N·m</td><td>—</td><td>4.0 以上</td><td>3.0 以上</td><td>—</td></tr>
<tr><td>（25℃），N·m</td><td>3.0 以上</td><td>—</td><td>—</td><td>3.0 以上</td></tr>
<tr><td rowspan="2">韧性</td><td>（15℃），N·m</td><td>—</td><td>2.0 以上</td><td>1.5 以上</td><td>—</td></tr>
<tr><td>（25℃），N·m</td><td>1.5 以上</td><td>—</td><td>—</td><td>2.5 以上</td></tr>
<tr><td colspan="3">贮存稳定性（24h），质量%</td><td colspan="4">1 以下</td></tr>
<tr><td colspan="3">冻融稳定性（－5℃）</td><td>—</td><td>—</td><td>无粗颗粒与结块</td><td>—</td></tr>
</table>

注：关于乳化沥青的恩格拉黏度在 15 以下时，可按 6.3 求出，如果在 15 以上时，按 6.4 求出乳化沥青黏度。

6. 试验方法　在 JIS 中已有的列为该项目的标准。如果在 JIS 中查不到，则采用 JEAAS 的标准表示。

6.1　一般的试验仪器。按 JIS K 2208 的 6.1 所示。

6.2　试样的采取方法。按 JIS K 2208 的 6.2 所示。

6.3　恩格拉黏度试验方法，按 JIS K 2208 的 6.3 进行，但是，当恩格拉黏度超过 15 时，按 JIS K 2208 的 6.4 进行。

6.4　赛波尔特黏度试验方法。按 JIS K 2208 进行，但不换算恩格拉黏度。可是 PK－H 的测定温度为 50±1℃，因而恒温水浴的保持温度为 50±1℃，试验使用的试样温度计应满足图 1 与表 4 的要求。

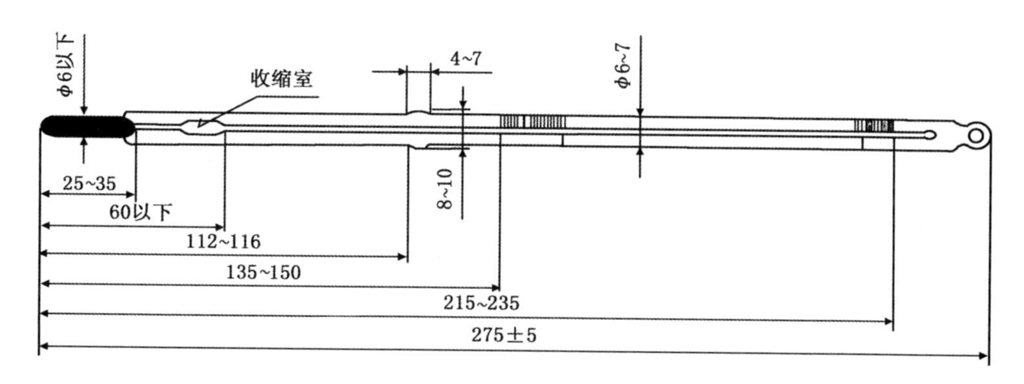

图 1　试样用温度计（单位，mm）

表4　试样用温度计

刻度范围	试验温度	刻度	长刻度	刻度数字	刻度误差	0℃时水银位置	容许加热温度
19～27℃	25℃	0.1℃	0.5℃	1℃	0.1℃	收缩室内	100℃
49～57℃	25℃	0.1℃	0.5℃	1℃	0.1℃	收缩室内	115℃

6.5 筛上剩余量试验方法。按 JIS K 2208 中的 6.5 进行，但是，对于 PK－H 要加温至必要的流动状态。

6.6 黏附性试验方法。按 JIS K 2208 中的 6.6 进行。但是，对于 PK－H 要加温至必要的流动状态。

6.7 渗透性试验方法。

6.7.1 试验方法概要。用马歇尔试验机，用击实标准砂制作试件，用喷雾器将定量的乳化沥青喷雾到试件上，检验其渗透性。

6.7.2 试验用仪器。

（1）马歇尔试验用模型。圆筒形内径 101.6mm，高 63.5 mm，用它可以击实试件。

（2）击实试件用锤。锤端为光滑圆形平面，锤高为 45.7cm，沿着导向杆在模型内自由落下，锤重 4.5kg。

（3）试件的击实台。为模型配装的击实台，用 30cm×30cm×2.3 cm 的钢板顶面上，放着 20cm×20cm×46cm 的圆柱，固定在由 4 个 型刚固定着混凝土板上。或者用能达到击实效果的台座。木柱用橡树木制作或者用干燥密度为 0.67～0.77g/cm^3 的木料制作。

（4）喷雾器。能将乳化沥青喷成雾状。

（5）秒表。准确度为 15min±0.05%，而且最小刻度为 0.1s 的跑表或电动计时器。

（6）标准砂。由山口县下关市丰浦町产的标准砂。

6.7.3 试样的准备。

（1）按 JIS K 2208 中的 6.3.3（1）和（3）的要求。

（2）将丰浦标准砂的含水量调整到 5%。

6.7.4 试验步骤。

（1）将调整好含水量的标准砂装入马歇尔试模中，两端各击实 50 次。这时为使砂的含水量没有变化，将锤用乙烯薄膜裹着。

（2）在秤上称重试件，在没有外包装物、不会污染周围环境、在能够喷洒规定量的情况下，将试模上面盖上与模型一样大的挖圆的纸片。

（3）将试样（PK－P）装入喷雾器中，在室温条件下迅速喷雾，洒布量按 2L/m^2（16.2g）。

（4）测定自喷雾终了时间至试样完全渗入砂中的时间。

（5）直至渗透完了的时间，用秒表示既为渗透时间。

6.8 密集配骨料拌和性试验方法。按 JIS K 2208 中 6.8 的规定。

6.9 沥青微粒的离子电荷试验方法。按 JIS K 2208 中 6.11 的规定。

6.10 蒸发残留量试验方法。按 JIS K 2208 中 6.12 的规定。

6.11 蒸发残留物针入度试验方法。按 JIS K2208 中 6.13 的规定。

6.12 蒸发残留物的软化点试验方法（环球法）。按 JIS K 2207（石油沥青）中 6.4 的规定。

6.13 蒸发残留物黏韧性、韧性的试验方法。

6.13.1 试验方法概要。为了测定掺有橡胶的乳化沥青蒸发残物的黏韧性与韧性，将试样装入规定的试验器中。按规定的速度张拉试样，测定拉伸 30 cm 的应力与应变的曲线，用 N·m 表示。

6.13.2 试验仪器。

（1）黏韧性与韧性试验器，如图 2 所示 a－d 所组成，图 2e 为该实验仪器的组装图。

①拉伸半圆球头，如图 2a 所示形状及尺寸，用金属材料制作，材质为不锈钢（SUS 304）或用钢材 S15C 镀铬 3 号予以防腐。拉伸头的研磨加工为 G6S。

②定位螺丝。如图 2b 所示形状及尺寸，材质与图 2a 相同。

③定位支架。如图 2c 所示形状与尺寸，材质如图 2a 或黄铜制作。

④试验容器。如图 2d 所示形状及尺寸的金属制平底圆筒。材料为不锈钢（SUS 304），厚度为

0.8 ~1.0mm。

（2）恒温水浴。可将黏韧性与韧性的试验仪器并列放入水浴，水浴保持恒温 ±0.1℃，加热器绝缘电阻达到 JIS K 2208 的 6.1 的要求。

（3）温度计。按 JIS B 7410 的规定，动黏度用温度计编号为 17（VIS)。

（4）张拉试验机。具有每分钟张拉速度 500mm 以上的能力。拉力检出器具有 0 ~980N（0 ~100kgf）的负荷检出能力，并具有记录出拉力与拉伸记录曲线的功能。

6.13.3 试样的准备。

（1）避免将试样做部分加热，试样在不断搅拌、且不生成气泡的情况下，加热至 160℃ ±10℃。

（2）将搅拌均匀的试样用预先加温 60 ~80℃的试样容器进行取样，试样称重为 50 ±1g。

（3）立即将预热 60 ~80℃的黏韧性及韧性试验仪器（图 2a、b、c）的试样容器进行组装。将拉伸头的半球面体预先用溶剂洗净。然后，调整定位螺丝（如图 2b)，使拉伸头的半球面（如图 2a)，调整至与试样表面相同高度。

（4）将组装后的试验器在 15 ~30℃室温下放置 15 ~30min，然后再调整拉伸头的表面。再于室

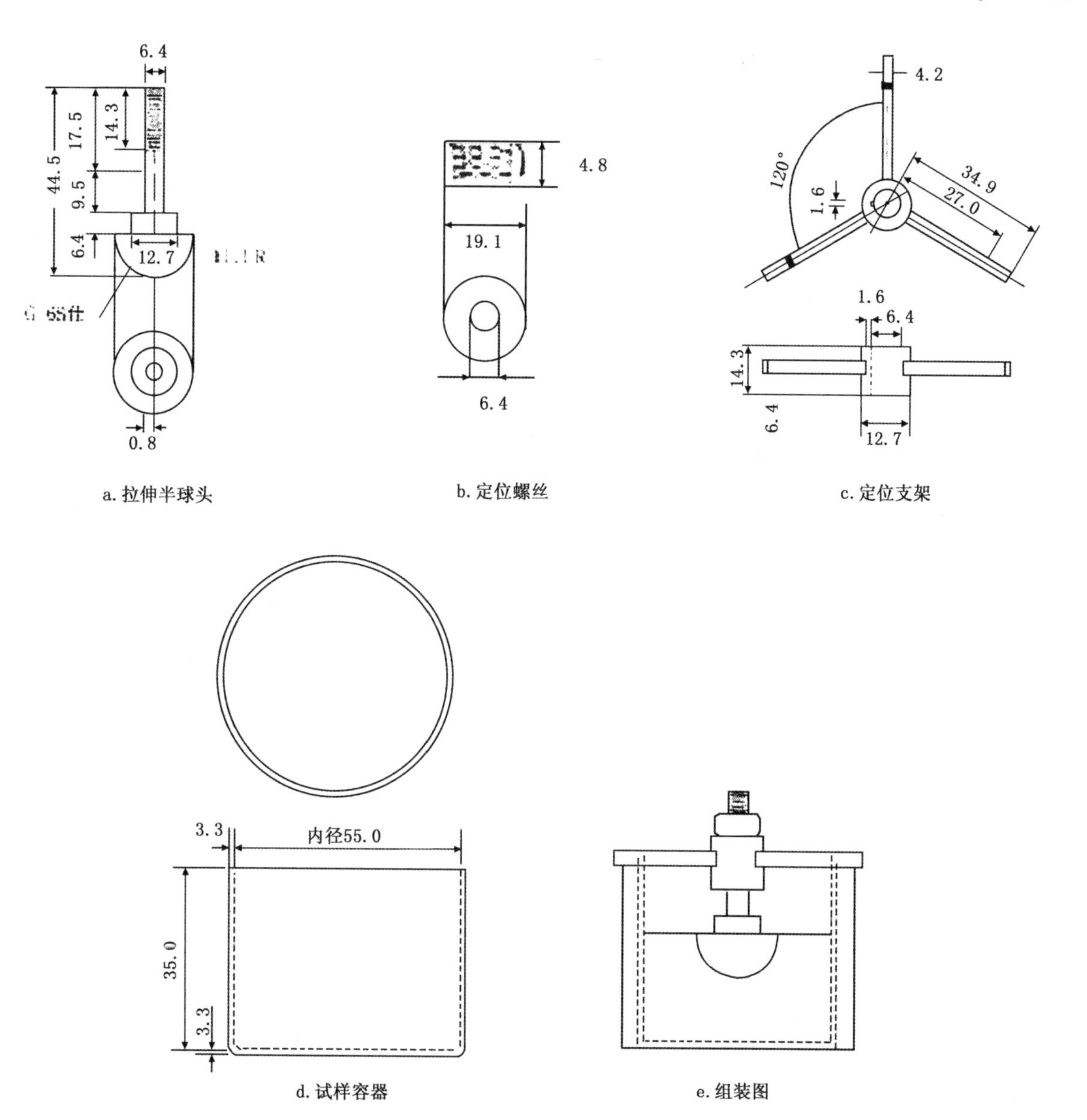

图 2　黏韧性与韧性试验仪器

温下放置1～1.5h，再在规定的水浴中的有孔架台上养生1～1.5h。

6.13.4 试验步骤

（1）将试验器从恒温水浴中取出，立即安装在张拉试验机上。

（2）以每分钟拉伸500mm的速度，将试样拉伸300mm以上。

（3）这时将记录速度调节至每分钟为500～1000mm，记录荷重与变位。

（4）由记录纸画出的荷重—变位曲线，按图3所示方法整理曲线。但是，变位量以试样的拉伸量到300mm为止。由图3的A、B、C、D、F、A所围面积为黏韧性，C、D、F、E、C所围部分面积（斜线部分）为韧性。以N·m为单位表示。

（5）采用图3的荷重—变位曲线求出黏韧性与韧性面积的方法，原则上采用下面（6）所述的质量法。还可以采用面积法，用求积仪测面积，测定两次以上求平均值。用计算机进行计算时，可与质量法的结果进行校对，经过确认后予以采用。

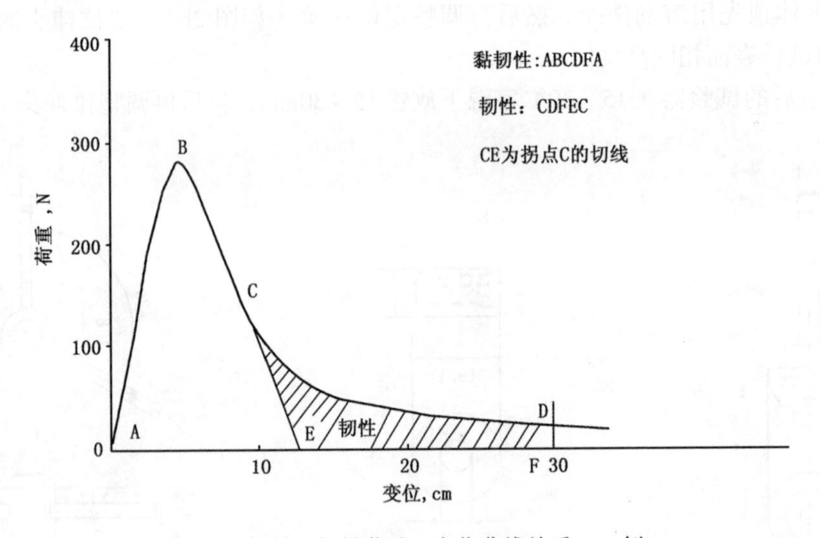

图3 黏韧性、韧性荷重—变位曲线关系（一例）

（6）将荷重—变位曲线所示的结果，将A、B、C、D、F、A与C、D、F、E、C所围部分面积的记录纸准确剪下，分别测定其质量准确至0.001g。

（7）由未使用部分的记录纸，剪切相当一定的荷重与变位的面积的记录纸，测定质量精确至0.001g。

（8）试样的黏韧性与韧性如下式求出。

$$A=\frac{W_1}{S}$$

$$B=\frac{W_2}{S}$$

式中 A——黏韧性，N·m；

B——韧性，N·m；

W_1——记录纸（A、B、C、D、F、A）的质量，g；

W_2——记录纸（C、D、F、E、C）的质量，g；

S——记录纸单位面积的质量，g/N·m。

（9）同一试样做两次试验，取其平均值，N·m的单位要求小数点后两位。

6.14 蒸馏试验方法。

6.14.1 试验方法概要。为检验乳化沥青中的油分及沥青的准确含量，可以采用定量乳化沥青检验其中馏出油分及残留沥青量（质量%）

6.14.2 试验仪器。

（1）试验容器。如图4d中⑥所示形状与尺寸，用铁或铝合金制成蒸馏罐。

（2）蒸馏装置。如图4和图4d中③，⑤所示，用白铁皮制的保护板玻璃制的连接管，带有金属外套的冷凝器以及量筒。

（3）加热装置，如图4d中⑦、⑧、⑨所示，由内径为102mm的环状喷灯与内径为13mm及前端为扇形的煤气灯组成。

（4）温度计。按JIS B 7410。

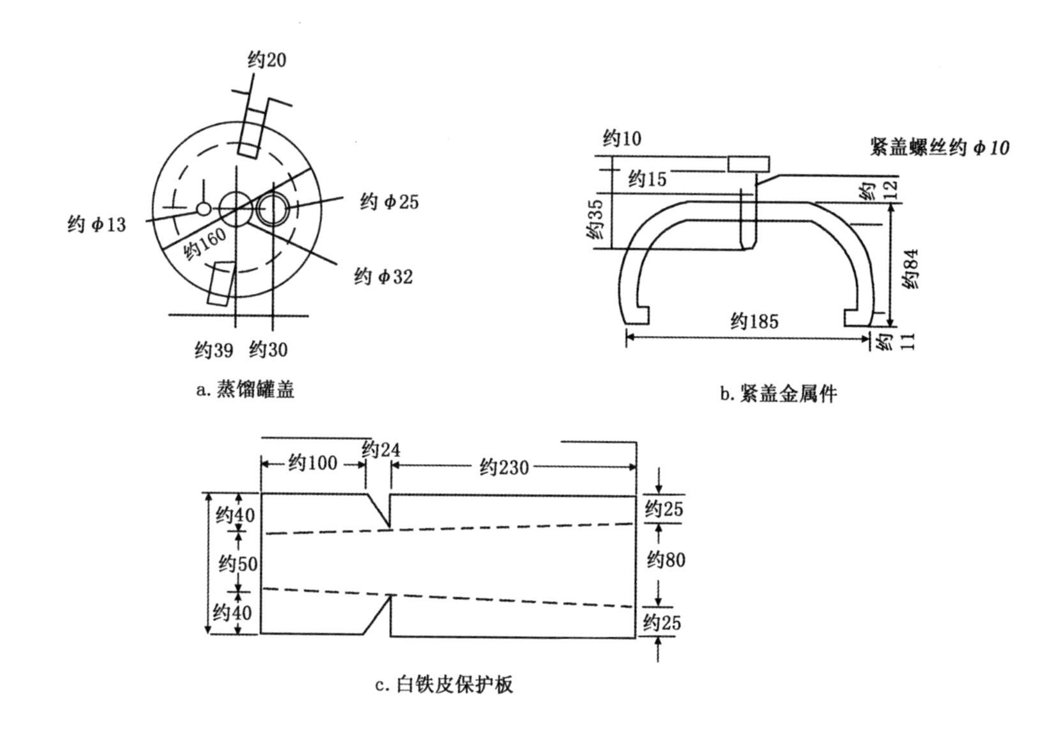

a. 蒸馏罐盖

b. 紧盖金属件

c. 白铁皮保护板

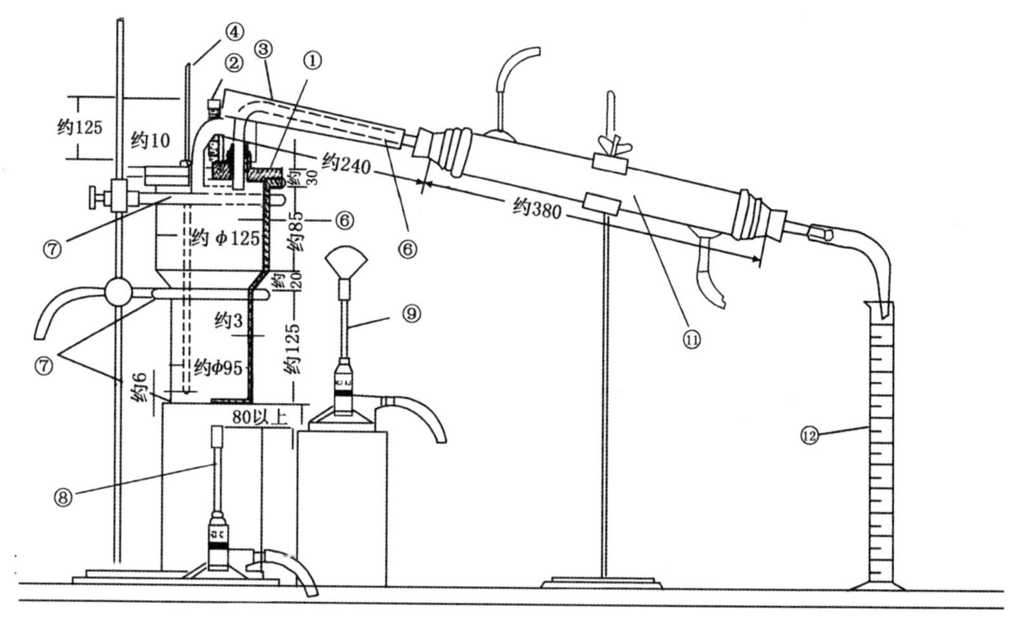

d. 蒸馏装置组装图

图4 蒸馏试验器

①蒸馏罐盖；②紧盖金属件；③白铁皮保护板；④温度计；⑤约 φ12 玻璃制连接管；⑥蒸馏罐；⑦环形喷灯；⑧煤气灯；⑨扇形煤气灯；⑩夹具架；⑪带外套冷凝器；⑫量筒

6.14.3 试样准备按 JIS K 2208 的 6.3.3（1）和（3）的要求，但是当先用 PK－H 试样时，首先应该准备将试样加温至必要的流动状态。

6.14.4 试验步骤。

（1）用蒸馏罐（包含盖、紧盖金属件、温度计、衬垫）准确称取 200±1g 的试样。

（2）将盖和衬垫与蒸馏罐充分拧紧，将温度计由盖上小孔通过软木栓插入，温度计的球部下端距罐底约 6mm 处固定。

（3）用环状喷灯均匀加热蒸馏罐正下方部分，将内径为 13mm 的煤气灯放置在距罐底部 50mm 处，用扇形煤气灯给玻璃制连接管加热，以防止管内水的凝结，如组装图 4d 所示。

（4）环状喷灯点火后开始蒸馏，当看到蒸馏停止时，要将底部的煤气灯火力减弱，因为这时由于火力过大，产生许多气泡，因而要注意使火力慢慢增加进行加热。

（5）如果重新开始蒸馏时，要将停止时的煤气灯增加火力。当读温度计的温度时，要将两种灯的火力加热至 360℃。

（6）蒸馏要进行 75～90min。

（7）加热完后冷却至室温时，将（1）中记述的蒸馏罐及所含的附属物一并称重。

（8）馏出油分及残留物含量，称出馏出油的容量（mL）及残留物的质量（g），用下面公式求出，求至整数位。

$$A=\frac{V}{W}\times 100$$

$$B=\frac{w}{W}\times 100$$

式中 A——溜出的油分；

B——残留沥青量，质量%；

W——试样质量，g；

V——馏出油容量，mL；

w——残留沥青量，g。

备注：如果在玻璃制连接管出现气泡，立即关闭环形喷灯，拿掉煤气灯，将蒸馏罐底部放入适当工具将水浸出，使气泡消失。严密观察连接管的同时，再行加热。如果需要可以反复这样操作。

6.15 蒸发残留物针入度试验方法，按 JIS K 2208 中 6.13 规定进行。

6.16 蒸发残留物漂浮度试验。

6.16.1 试验方法概要。这个试验用于测定软质的轻质沥青制造的乳化沥青，由于其蒸发残留物质软，用此方法取代针入度测定，将试样（蒸发残留物）放入规定水温中的规定容器中，测定试样软化至突破水温所需时间（s）。

6.16.2 试验仪器。

（1）浮碟。如图 5a 所示的形状与尺寸，材质为铝或铝合金。

（2）柱环。如图 5b 所示形状及尺寸材质为黄铜，它的顶部与浮碟下端用螺口拧紧齐平。

（3）温度计。按 JIS B 7410 的规定。

（4）恒温水浴。可以为圆形水浴，内径为 185mm 以上，水深为 185mm 以上。也可用长方形水浴，内部宽度为 150mm 以上，长度为 300mm 以上，水深为 110mm 以上，由水面至水浴上面高度为 40mm 以上，水温能保持在 60±0.5℃.

（5）5℃的水浴，具有适当的容量，用冰的溶解等方法保持在 5±1.0℃。

6.16.3 试样的准备。

（1）用硅酮润滑脂或甘油，与精糊、滑石粉、高岭土等混合、将混合物涂抹在黄铜质的板上，将黄铜环的小头朝下直放，加糊、滑石粉、高岭石等混合物，涂抹在黄铜制的柱环上，将柱环在浮

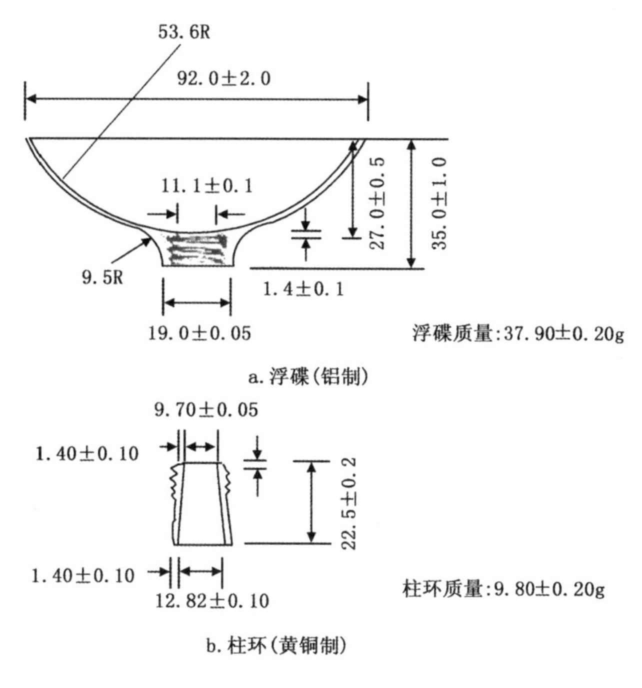

图5　漂浮度试验装置（单位，mm）

碟上。

（2）将试样加热至充分流动状态，搅拌质量均匀并且没有气泡，而后装入柱环中并稍高出环口，缓缓地注入。

（3）将试样置于室温存放冷却15～60min，放入5℃的水浴中冷却5min，用稍加热的刮勺或刀，将环上多余的试样削平（柱环顶平），而后再在5℃的水浴中存放15～30min。

6.16.4　试验步骤。

（1）向恒温水浴中注入规定水深以上的水，调整至进行试样的温度（60℃）。试验时必须保持规定温度±0.5℃，并且是在不搅动的情况下。此时温度计的球部下端距离水面下40±2mm深度。

（2）将试样填塞的柱环紧紧地拧紧在铝制的浮碟上端，组装后在5℃的水浴中浸放1min。然后将浮碟中的水除掉，并立即漂浮在恒温水浴中央。这时可以横向浮动，但是不能有意做旋转。由于柱环中塞满沥青，温度的流动与升高产生向上推力，使温水由柱环进入受迎面沉没。测定从浮在水面上的试验器到水突破沥青的时间（s），此为漂浮时间。

6.17　贮存稳定性试验方法。按JIS K 2208 6.15所示。

6.18　冻融稳定性试验方法。按JIS K 2208 6.16所示。

7. 解释

就本规范标准的事项以及相关的事情予以说明。

7.1　日本乳化沥青协会标准修改过程。

日本乳化沥青协会标准于昭和59年（1984年）6月制订现行标准，其后于平成5年（1993年），平成12年（2000年）进行修改。

这次日本乳化沥青协会技术委员会根据JIS K 2208:2000乳化石油沥青技术标准的整合调整，其中有的部分予以删除，有的予以修订，其具体内容如下所述。

7.2　将阴离子乳化沥青的标准，在日本乳化沥青协会标准中予以删除。

7.3　将橡胶改性乳化沥青PKR－T－1（温暖季节用黏层油）与PKR－T－2（寒冷季节用黏层油）的标准统一。

（1）在日本乳化沥青协会设定标准的目的，是为了反映乳化石油沥青标准（JIS K 2208）。

（2）虽然乳化石油沥青标准中已将黏层油的阳离子乳化沥青列为PK－4，但是，由于没有区分

“温暖季节黏层油”与“寒冷季节黏层油”，因而协会以 JIS 为依据的 PKR－T，用 PKR－T－1 和 PKR－T－2 使其完整成一体。

（3）关于 PKR－T 蒸发残留物针入度的试验项目。蒸发残留物针入度试验项目的标准规范，PKR－T－1 和 PKR－T－2 可以共同标准规范。

（4）关于“PKR－T”，蒸发残留物试验项目，PKR－T－1（温暖季节用黏层油）和 PKR－T－2（寒冷季节用黏层油）为能归为一体，蒸发残留物的黏韧性与韧性试验项目的温度统一为25℃。

（5）关于“PKR－T”蒸发残留物的灰分试验项目

①乳化石油沥青标准（JIS K 2208）黏层油阳离子乳化沥青（PK－4）为依据，蒸发残留物灰分试验项目予以取消。

②自昭和 59 年（1984 年），由协会将修订的每个标准归纳成小册子，由日本乳化沥青协会制订的标准，在乳化橡胶改性沥青的标准去掉“四氯化碳可溶分”，“灰分”的标准保留至今。

在 JIS K 2208（昭和 42 年版 1967 年）标准中规定的“四氯化碳可溶分”目的为测定石油沥青中有机物的含量，而“灰分”的测定为求出乳化橡胶改性沥青的蒸发残留物在 775±25℃燃烧的残留无机物的含量（质量%）。

③如今无论是石油沥青与乳化石油沥青的 JIS 标准中，基于对臭氧层的破坏的规定，将标准中“三氯乙烷可溶分”改为“甲苯可溶分”，溶剂予以改变。由于“甲苯可溶分”取消过去的项目，“灰分试验”项目没有继续保存的必要，因而这次修订将“灰分试验”予以取消。

（6）关于“PKR－T”冻融稳定性试验项目。依据乳化石油沥青（JIS K 2208）的阳离子乳化沥青（PK－4），冻融稳定性试验项目予以取消。

7.4　蒸发残留物及蒸发残留物延度试验项目予以取消。

（1）这里介绍的名称乳化沥青，关于延度的实用价值没有明确的意义。

（2）延度试验项目于昭和 31 年（1956 年）在 JIS 中规定，当时由于从各地购入的石油有所差别，现已局限规定范围，延度差别不大，可以取消。

（3）对于世界许多国家的乳化沥青标准进行调查结果，很少国家采用延度的指标。

（4）关于东京都土木材料规格明细书中记载的“410 乳化石油沥青”及“411 乳化橡胶改性乳化沥青”，在东京平成 12 年（2000 年）与平成 13 年（2001 年）受理的乳化沥青试样试验结果，延度的下限完全可以满足规定要求。

关于日本乳化沥青协会技术标准的修订

姜云焕　译

日本制订石油乳化沥青国家工业标准——JIS K 2208，自1941年以来，至今已经历65年的历程，经过多次修订（见表1）。

表1　JIS K 2208发展历程

年　份	内　　容
1941年（昭和16年）	石油乳化沥青制定临时JIS
1949年（昭和24年）	施行国家工业化法（JIS）
1957年（昭和32年） JIS K 2208（1957）	制定石油乳化沥青规范标准 JIS K 2208 PE－1～5　ME－1～3 共8种
1961年（昭和36年） JIS K 2208（1961）	第一次修订 各种乳化沥青的高浓度化 例如：PE－1（53%）→（55%）
1967年（昭和42年） JIS K2208（1967）	第二次修订，明确阴离子型与阳防子型分类 PK（PA）1～4　MK（MA）1～3　共14种 PK－4的蒸发残留物（53%→55%）
1980年（昭和55年） JIS K 2208（1980）	第三次修订 种类名称的变更 PK－1：普通洒布用→温暖季节洒布用 PK－2：冬季洒布用→寒冷季节洒布用 乳液性能的改正，例如：PK－1 恩氏黏度10以下
1993年（昭和16年） JIS K 2208（1993）	第四次修订 增加非离子型乳液（MN－1），规范化15种乳液 追加水泥拌和试验，贮存稳定性时间缩短，5日改为24h（按ASTM标准）
2000年（平成12年） JIS K 2208（2000）	第五次修订 取消道路用阴离子乳化沥青。阳高子型7种、非离子1种共计8种 蒸发残留物的试验项目的变更与取消 三氯乙烷→甲苯可溶分 取消延度试验

JIS的标准，反映着有关乳化沥青新技术的开发，记载着每个品种发展的曲折过程。然而2000年的修订将阴离子型乳化沥青全部取消，这是一个很大的变化。JIS只记载阳离子型乳化沥青7种与非离子型乳化沥青1种，总共为8种。

与此不同的是，新开发的乳液品种实际上在增多，用户迫切要求新品种乳液的标准规范化。为此，由日本乳化沥青协会单独制订了标准（JEAAS），其中有掺橡胶的乳化沥青与改性稀浆封层用的改性乳化沥青或高渗透乳化沥青与特殊使用的乳化沥青，这些品目的标准被记载在JEAAS之中。

自1962年制定JEAAS，随同JIS标准相适应的发展变化，如同表2所示，做过多次的修订。

表2　JEAAS 修订的历史过程

年　份	内　容
1962 年（昭和 37 年） JEAAS（1962）	制定阳离子型乳化沥青，加入抗剥落剂石油沥青乳液的协会标准
1969 年（昭和 44 年） JEAAS（1969）	追加两种稀释沥青乳液、高浓度沥青乳液
1971 年（昭和 46 年） JEAAS（1971）	追加胶乳改性乳化沥青
1980 年（昭和 55 年） JEAAS（1980）	随同 JIS 的修订，将 7 种阳离子石油乳化沥青并入
1984 年（昭和 59 年） JEAAS（1984）	追加掺水泥的拌和型乳化沥青
1993 年（平成 5 年） JEAAS（1993）	随同 JIS 的修订，加入非离子乳化沥青（MN－1）
2000 年（平成 12 年） JEAAS（2000）	随同 JIS 的修订，转移阴离子乳化沥青
2006 年（平成 18 年） JEAAS（2006）	另作详述

从表 2 的修订过程可以看出，JEAAS 是为新开发品种乳化沥青向 JIS 过渡的框架。乳液的现行标准中，也有在企业的产品说明书中记述，它也发挥了重要作用。

这次修正的 2000 年 JIS K 2208 达到调整的目的。对于记述在 JEAAS 的乳化沥青重新作评价，其中有的部分予以合并。对应这种情况，取消不必要的试验项目及试验条件的修改，直到 JEAAS 2006 的发行。

下面说明 JEAAS 2006 修改的内容。

（1）取消阴离子型乳化沥青的标准。

在 2000 年修订 JIS 标准时，已经取消阴离子型乳化沥青内容，但是，作为暂时过渡仍在 JEAAS 中予以记述。然而由于日本乳化沥青协会的会员中，没有制造和销售阴离子乳化沥青的会员厂家，所以在这次修订中，JEAAS 予以取消。

（2）品种的分类与重估。

在这次修订中，乳液的品种在“改性乳化沥青”设有分类，其中有“胶乳改性乳化沥青”与“改性稀浆封层乳化沥青”两种。

近来对于乳化沥青性能要求多样化，对应这种情况，在生产与销售中，逐渐增加各种各样改性乳化沥青。在新乳液的实际使用中，有必要增加新的标准，其中没有分类，以便于今后分类整理。

（3）PKR－T 的统一化。

掺胶乳乳化沥青作为排水路面的黏层油，有“温暖季节”的 PKR－T－1 和“寒冷季节”的 PKR－T－2 的区分，在使用者方面容易引起混淆。

在 JIS K 2208 中记载的 PK－4 的阳离子型黏层油，在温暖季节与寒冷季节没有什么区别。这次修改的目的，就是以 JIS 的调整为宗旨，使 PKR－T 的名称统一，将指标范围扩大，取消“温暖季节”与“寒冷季节”，达到统一化。

为调整 PKR－T 统一标准，协会成员厂家将制造的 PKR－T－1 与 PKR－T－2 共同进行试验，其结果按以下试验项目及试验条件确定其标准范围。

①蒸发残留物的针入度。

在 PKR－T－1 与 PKR－T－2 的共同试验结果中，蒸发残留物的针入度，以大于 60 小于 150 为宜。这个指标与物 PK－4 相同，在严寒季节洒布困难时，使用上限针入度的乳液也可进行施工。

②蒸发残留的软化点。

过去 PKR－T－2 蒸发残留物的针入度为 100（0.1mm）是认可的，软化点为 42℃以上。

③蒸发残留物的黏韧性与韧性。

过去 PKR－T－1 与 PRK－T－2 的黏韧性与韧性，在试验温度与标准范围上都有所不同。

这次将两者的标准统一化，试验温度与其他试验都是 25℃，在共同试验中，将 PKR－T－2 的蒸发残留物确定在 25℃条件下做黏韧性与韧性试验。

其结果是提高产品质量，达到 PKR－T－1 的标准范围。现在，PKR－T－1 的黏韧性标准为 3.0N·m，韧性标准为 1.5N·m。转换成 SI 单位，以前的 2.9N·m 黏韧性这次变为 3.0N·m。

④蒸发残留物的灰分。

灰分是将胶乳乳化沥青在 775±25℃的高温下燃烧，残留无机物量（质量%）为灰分（即为所求的数量）。

针对 JIS K 2208 中，关于石油沥青乳液的蒸发残留物中甲苯的可溶性试验列为标准化，这项试验可以测定石油沥青中有机质的含量。

胶乳沥青乳液，由于以 JIS 为标准，采用合格的石油沥青为原料，JIS 中现行的甲苯可溶分试验可以取代“灰分试验”，没有必要再继续作此规定，因此予以取消。

⑤冻融稳定性试验。

以 JIS K 2208 为依据，作为黏层油的 PK－4 阳离子乳化沥青，取消冻融稳定性试验。

（4）蒸发残留物与蒸发残留物延度试验。

延度试验是 JIS 于 1956 年制定的，当时主要针对原油是由各地自由购入的，现在原油的购入事先都有很多限制，因此对于蒸发残留物与蒸发残留物的延度的消除也影响很少。

对于国外乳化沥青标准做过考查，很少采用蒸发残留物与蒸发残留物延度限制标准。

根据上述理由，这次修订中将蒸发残留物与蒸发残留物的延度标准予以取消。

（5）试验项目与试验方法的消除。

这次随同道路用阴离子型乳化沥青标准的取消，原有在标准规范中记述的有关阴离子型乳化沥青的试验项目，如“骨料覆膜度”、“粗级配骨料的拌和性”、“砂石土拌和性”等试验项目也随同取消。

还有随同蒸发残留物与蒸发残留物延度标准规范的取消，相应的试验方法也取消。

JEAAS 2006 记载的乳化沥青的种类及代号参见表 3，质量与性能参见表 4 与表 5 所示。

表 3　乳化沥青的种类与代号

<table>
<tr><th colspan="2">种　类</th><th>代　号</th><th>用　途</th></tr>
<tr><td colspan="2">高渗透性乳化沥青</td><td>PK－P</td><td>透层油</td></tr>
<tr><td colspan="2">高浓度乳化沥青</td><td>PK－H</td><td>透层及表面处治</td></tr>
<tr><td colspan="2">稀释乳化沥青</td><td>MK－C</td><td>维修养护</td></tr>
<tr><td rowspan="4">改性乳化沥青</td><td rowspan="3">胶乳乳化沥青</td><td>PKR－T</td><td>黏层油</td></tr>
<tr><td>PKR－S－1</td><td>温暖季节表面处治</td></tr>
<tr><td>PKR－S－2</td><td>寒冷季节表面处治</td></tr>
<tr><td>改性稀浆封层</td><td>MS－1</td><td>改性稀浆封层</td></tr>
</table>

注：高渗透性乳化沥青：High Penetrating Emulsified Asphalt；高浓度乳化沥青：Emulsified Asphalt of High Content；稀释乳化沥青 Emulsified Cutback Asphalt；改性乳化沥青 Emulsified Modified Asphalt；胶乳乳化沥青 Emulsified Rubberized Asphalt；改性稀浆封层 Emulsified Asphalt for Microsurfacin。

表 4 质量与性能

项 目		乳化沥青的与代号		
		PK－9	PK－H	MK－C
恩氏黏度（25℃）		1～6	—	—
赛波尔特黏度，s	（50℃）	—	20～500	
	（25℃）	—	—	30～500
筛上剩余量（1.18mm），质量%		0.3 以下		
黏附性，s		2/3 以上	2/3 以上	—
渗透性		300 以下	—	—
离子电荷		阳（+）		
密级配骨料拌和性		—	—	均等
馏出油分（至 360℃）		15 以下	5 以下	3～20
蒸馏残留量（360℃），质量%		40 以上	65 以上	50 以上
蒸馏残留物	针对度（15℃），0.1mm	100 以上 300 以下	80 以上 300 以下	—
	流值（60℃），s	—	—	20～170
贮存稳定性（24h），质量%		2 以下		1 以下

表 5 改性乳化沥青的质量与性能

项 目			改性乳化沥青的种类与代号			
			PKR－T	PKR－S－1	PKR－S－2	MS－1
恩氏黏度（25℃）			1～10	3～30		3～60
筛上剩余（1.18mm），质量%			0.3 以下			
黏附性			2/3 以上			—
离子电荷			阳（+）			
蒸发残留物，质量%			50 以上	57 以上		60 以上
蒸发残留物	针入度（25℃），0.1mm		60 以上 150 以下	100 以上 200 以下	200 以上 300 以下	40 以上
	软化点，℃		42.0 以上	42.0 以上	36.0 以下	50.0 以上
	黏韧性，N·m	（15℃）	—	4.0 以下	3.0 以上	—
		（25℃）	3.0 以上	—	—	3.0 以上
	韧性，N·m	（15℃）	—	2.0 以上	1.5 以上	—
		（25℃）	1.5 以上	—	—	2.5 以上
贮存稳定性（25h），质量%			1 以下			
冻融稳定性（－5℃）			—	—	粗大颗粒	—

由日本乳化沥青协会制定的 JEAAS 的修订，本次是第 7 次。JEAAS 将 JIS 没有列入的产品予以补充，满足使用者的需要，至今已经发挥着重要的作用。同时反映出技术的发展与进步，因而不断增加新产品的内容。这次的修订在取消阴离子型乳化沥青的同时，按照 JIS 的要求，将 PKR－T 标准统一化。

近些年来，控制二氧化碳排放量、节约能源以及保护环境等呼声很高，在道路的修建与养护中，使用乳化沥青的施工方法越来越受到重视。面对现实情况，迫切需要不断开发各种各样功能的改性乳化沥青，并且已进入广泛的实用阶段。这样，对于乳化沥青的标准就提出了更高的要求。

以前乳化沥青标准是以洒布与拌和的不同用途来进行分类的，这次修订的特征则是以改性乳化沥青的性能进行分类。

另外，这次修订的 JEAAS，取消了阴离子型乳化沥青。回想乳化沥青的发展还是由阴离子型乳化沥青兴起的，但随着时代的发展和技术的进步，这种乳化沥青质量标准已经完全失去作用。

表面科学与沥青乳化剂

姜云焕　译

一、引言

所谓表面活性剂，开始是以天然油加工的产品——肥皂与碳化蓖麻油等形式出现，长久以来人们接触并使用着它们。如图1所示，从日常的肥皂、洗涤剂、食品直到水泥混凝土使用的减水剂，无论是家庭日常生活中，还是工业生产中，都大量广泛应用着。

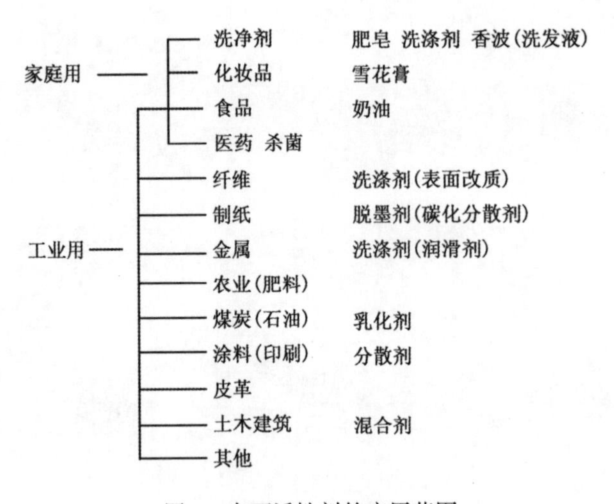

图1　表面活性剂的应用范围

如上所述的表面活性剂，在日常生活中经常接触，对它的作用功能也有初步的了解。为能更正确地了解和使用表面活性剂，本文就表面活性剂的种类、结构以及物性等问题予以介绍。

二、所谓表面活性剂

所谓表面活性剂是作用在两个性质显著不同的物质的界面上，在这两个不同物质界面上，可以由其单独的存在而起作用，也可由其与界面共同起作用。与表面活性剂的混合过程中，可以尽量降低这些界面的能量。可以制成乳状液，也可以制成水泥微粒的分散剂，这就是表面活性剂的作用功能，如同人身上的胆汁，有着可将体内的脂肪容易地消化分散的功能一样。

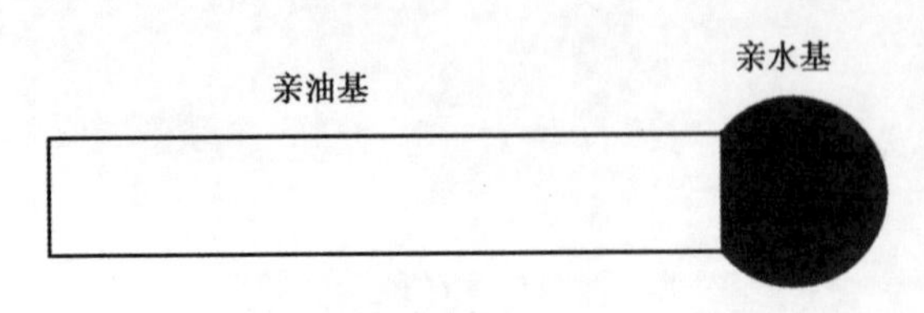

图2　表面活性剂的结构

表面活性剂的结构，如图2所示。

在表面活性剂的每个分子中，都有易溶于水中的亲水基，也有易溶于油中的亲油基，从图2中可以设想表面活性剂的分子结构如同一个火柴，火柴杆端为亲油基（憎水基），火柴头端为亲水基，这样设想对表面活性剂比较容易理解。

构成表面活性剂的亲油基与亲水基可有很多种类，代表性结构如图3所示。

在这些不同的亲油基与亲水基的功能团中可以互相组合，合成各种不同性质的表面活性剂。例如亲油基的 C_nH_{2n+1} 与亲水基的 $-COONa$ 相结合，就可以制成肥皂，可用亲油基的苯环与亲水基的

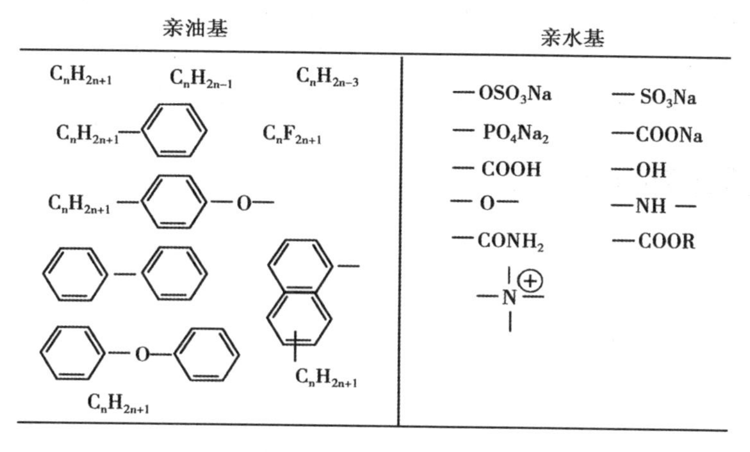

图3　表面活性剂的结构

$-SO_3Na$ 相结合，可以制成水泥混凝土的减水剂。再进一步了解表面活性剂的结构，其亲油基与亲水基平衡值的大小，影响着表面活性剂的性能，例如：当亲油基增大时，就容易与油质起作用。当亲油基小，亲水基大时，就容易与水质起作用。将这个亲油基与亲水基的平衡值用 HLB（Hydrophile－Lipophile Balance）表示。因此，有必要根据研究对象的属类性质及其用途，来选择最佳 HLB 表面活性剂，例如表1中所列。

表1　HLB 与用途

HLB	用途
15～18	可溶化剂
13～15	洗净剂
8～18	O/W 型乳化剂
7～9	湿润剂
4～6	W/O 型乳化剂
1～3	消泡剂

注：有关 HLB 值的选择计算，请参阅有关专业书籍。

三、表面活性剂的种类

根据表面活性剂的亲水基（火柴头端）的离子电荷特性，有如下四大分类。

（1）阴离子型表面活性剂：具有阴离子电荷亲水基，在水中带有负电荷。

（2）阳离子型表面活性剂：具有阳离子电荷的亲水基，在水中带有正电荷。

（3）非离子型表面活性剂：具有非离子型亲水基，在水中不产生离解。

（4）两性型表面活性剂：在水中同一个分子中既带有负电荷部位，又带有正电荷部位。

各种类型表面活性剂的模型如图4所示。

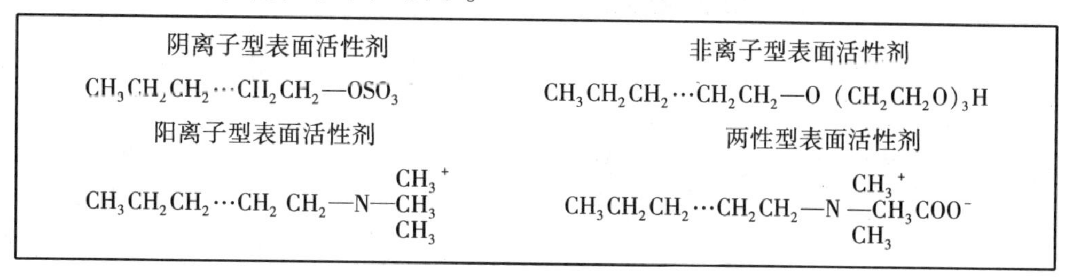

图4　表面活性剂的种类

上述各种类型的表面活性剂，可根据改性物质表面以及目的用途的需要，做适当选择。例如：洗发用的香波，由于头发上有钙与油脂的污染，可采用阴离子型，非离子型用于做洗净剂，采用阳离子型表面活性剂可做柔软剂，下面将详细叙述阳离子型表面活性剂用于乳化沥青。

四、表面活性剂的分子量

影响表面活性剂功能的另一个重要因素是分子量。表面活性剂的分子量取决于亲水基（火柴头端）连接的疏水基（火柴棒）长度和构象。

如图5所示，随着表面活性剂分子量的增大，产生新的特征与用途。

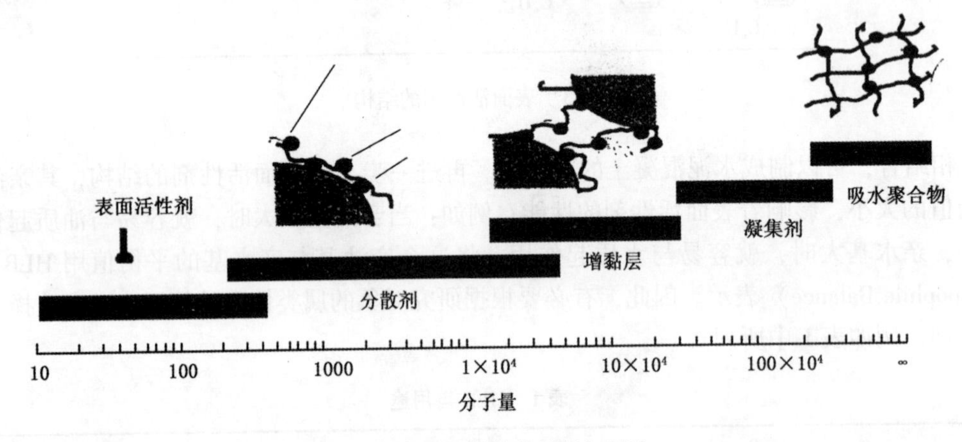

图5　表面活性剂的分子量与用途

表面活性剂的分子是纳米级，尺寸很小，例如：吸附在气—液相界面上稳定气泡的作用，或吸附在固—气相界面上改善固相表面湿润性等等。分别改善各种不同表面的性质。表面活性剂的分子长，在颗粒表面上吸附就长，就能发挥分散的作用。如果表面活性剂的分子进一步增大，达到颗粒间的间隔以上的长度时，将有几个颗粒吸附在一起，产生凝聚作用，如再进一步增大，将产生树脂化，如同吸水的聚合物那样，可以 吸收自身的水分。由此，根据分子的大小，可以预测到吸水聚合物，从表面活性剂的分子量延长线角度考虑，这种现象更易理解。

五、表面活性剂的作用

表面活性剂的作用可以概括分为发泡性、湿润性、分散性以及乳化性四类。表面活性剂的这些作用，常常与各种不同性质的界面互相组合，在其界面上稳定存在（如图6所示）。

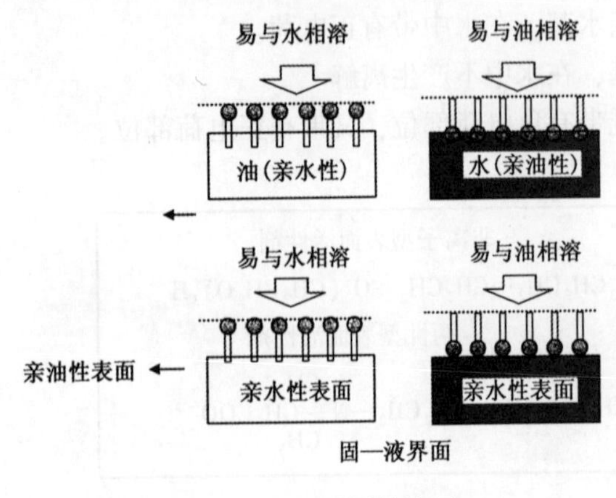

图6　表面活性剂的作用

（1）起泡性。在气—液界面上，由于表面活性剂覆盖在界面上，使气泡可以稳定地存在。人们熟悉的肥皂泡沫，是由肥皂与水膜相交的空气而成，形成两个分子膜裹覆着空气。在这个范畴用于起泡剂，气泡剂、发泡剂以及加气剂（AE剂）等。

（2）湿润剂。在亲水界面上表面活性剂与亲水基相吸附，表面向上为亲水基，使表面容易为水所湿润，这是湿润剂作用原理。例如：在蜡上面的水滴，加上表面活性剂的水溶液时，蜡就会为水所湿润。在这个范畴中使用的有湿润剂、浸透剂、防水剂以及改良表面美观的改良剂等。

（3）分散剂。在颗粒表面上吸附的表面活性剂，可使颗粒表面湿润，同时产生静电排斥力或熵效应，使颗粒间的相互胶解得到分散。例如：在水泥混凝土等水泥无机微粒的胶解，就用这种分散剂，也称为减水剂。

（4）乳化剂。在互不相溶两种液体的界面上，加入表面活性剂后可将一种液体以细小的微粒分散于另一种液体中，形成乳状液，这种现象称为乳化。在日常生活中可以接触很多乳化产品，例如：牛奶、奶油、乳化沥青等。

六、乳状液的稳定性理论

如将制成的乳状液存放，就会发现由于密度的不同，产生上升或沉没的分离，称这种现象为分离的乳油。一般乳状液必定会出现这种现象，进而会出现凝聚和聚合两个阶段，继而出现破乳。

为了提高乳状液的稳定性，防止乳化微粒的聚合，主要应提高乳化微粒相互之间的静电排斥力和立体排斥力，这两个因素控制乳状液的稳定性。

乳化稳定性的模型如图 7 所示。依靠静电排斥力的乳化稳定性，它是由于乳化微粒的周围吸附着乳化剂，赋予微粒正或负电荷，由其同性电荷的相互排斥力，成为乳化微粒稳定化的理论。另一方面，依靠立体排斥力的作用产生的稳定性，它是由于乳化微粒表面上形成很厚的乳化剂吸附层，当微粒之间互相接近时，由于很厚的乳化剂吸附层相互间产生排斥力，防止微粒间相互产生凝聚现象，这也是乳状液稳定的又一个理论。

乳化稳定性的理论如图 8 所示。可从微粒间势能作用，对其稳定化理论予以说明。整个体系同时存在微粒间的范德瓦耳斯引力 U_A（或称库仑引力）与排斥力 U_R 的作用，两者的总和决定势能 U 的大小，说明乳化的稳定性。当由排斥力的 U_R（如果是静电排斥力）决定稳定性时，是表面电位的电斥力势能；如果以立体的排斥力的立体保护决定时，则是其排斥力的势能。而势能的障壁 U_{max} 的高度，作为体系稳定性的指标。

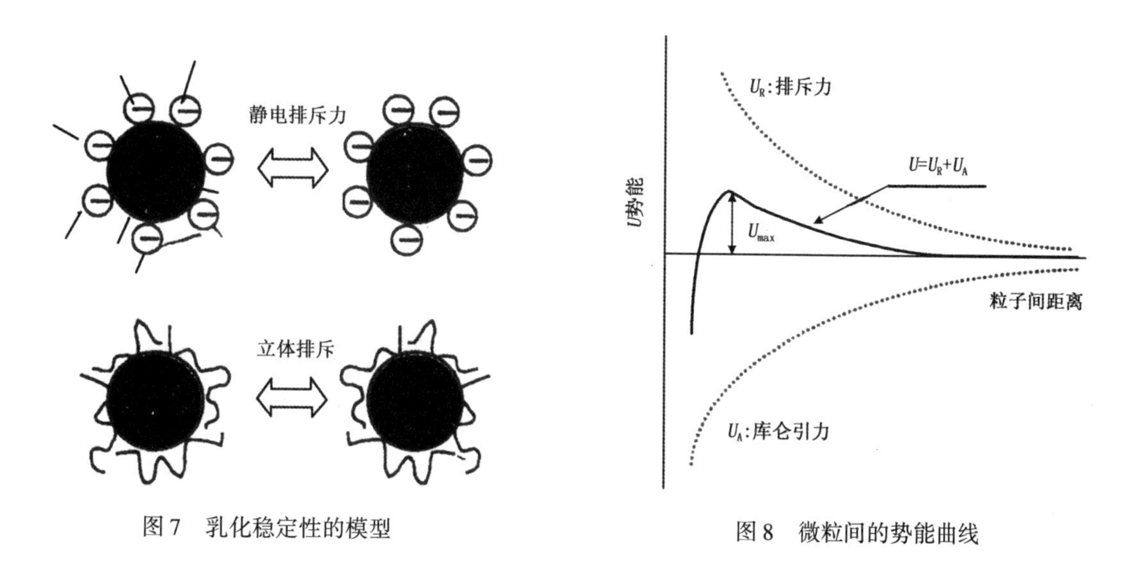

图 7　乳化稳定性的模型　　　　图 8　微粒间的势能曲线

七、沥青的乳化剂

目前日本道路铺装率约为 74%，已铺路面中 80% 为沥青路面，这些沥青路面是用沥青和骨料（砂、石、填料）的混合料，在铺筑路面时，或将沥青与骨料拌和，或将沥青喷洒贯入骨料之中。由于沥青在常温状态下呈固体或半固体，使用前必须将其液体化，方能便于施工操作。沥青液体化的方法：加热法、与水乳化法、加溶剂稀释法等。现在铺筑沥青路面 90% 为加热施工方法。乳化沥青多用于黏层油、透层油、改性稀浆封层等表面处理或再生底层。由于稀释沥青对于环境的污染，几乎已经不予以采用。

所谓乳化沥青就是将沥青用乳化剂制成稳定的乳状液，铺路中使用乳化沥青施工时，具有以下三个优点：

（1）乳化沥青具有常温下施工的流动性，减少沥青加热带来的臭味，减少其对于大气的污染。

（2）节省能源。不需要对骨料加热的大型设备。

（3）操作简单容易。避免引起火灾的危险性。

但是，与热沥青施工方法相比，乳化沥青具有路面强度与耐久性稍差，乳化沥青的破乳和固化时间长，强度发展时间慢等缺点。日本乳化沥青的使用量，在1970年为乳化沥青路面全盛时期，年产量约达70×10^4t，现在年产只有（30~40）$\times10^4$t。但是，由于地球的温暖化和CO_2排放增加等环保问题，尤其节省能源更加受到重视，因此对于常温路面施工的乳化沥青施工方法，又寄予更大的期望。

铺路用的乳化沥青，一般是将4μm微粒沥青分散于水中，制成为水包油（O/W型）的乳状液。

制造乳化沥青使用的乳化剂，有阳离子型、阴离子型、非离子型、两性型。生产乳化沥青代表性的表面活性剂（乳化剂）如图9所示。

阳离子型表面活性剂

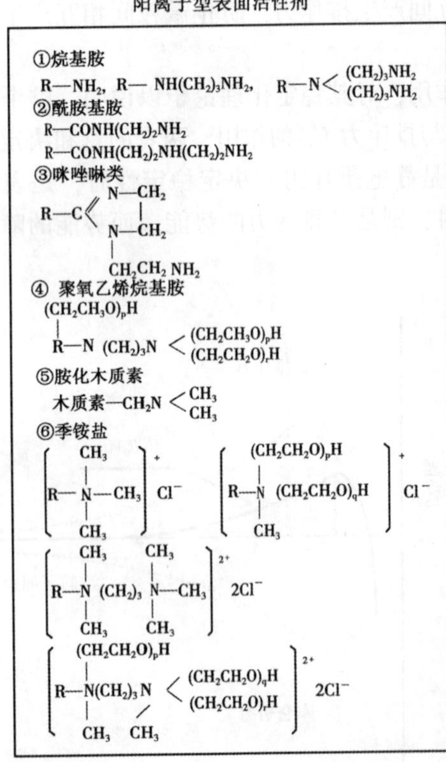

阴离子型表面活性剂

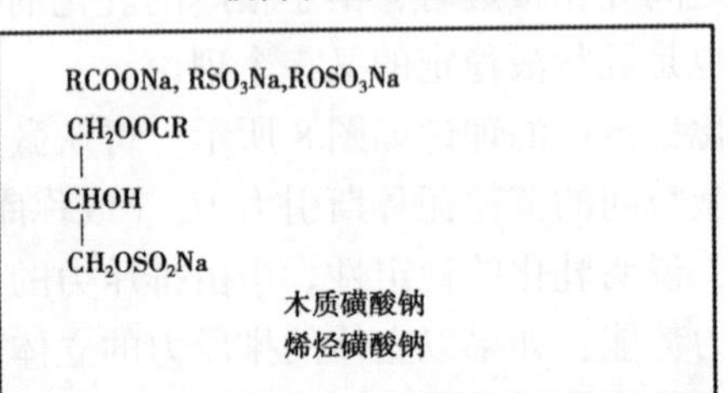

非离子型表面活性剂

CH_3

$RNHCH_2COOH, R—N^+(CH_3)_2—CH_2COO^-$

两性型表面活性剂

$RO—(CH_2CH_2O)_nH$, $R—C_6H_4—O(CH_2CH_2O)_nH$

$RCON<(CH_2CH_2O)_mH, (CH_2CH_2O)_nH$, $RCOO(CH_2CH_2O)_nH$

$RS(CH_2CH_2O)_nH$

图9 乳化沥青使用的乳化剂

将沥青加热至120°~150℃熔融，与溶解的乳化剂水溶液（40°~60℃），在胶体磨的强力分散作用下，达到乳化效果，制成乳化沥青。

1. 阳离子型乳化剂

阳离子乳化剂是在水溶液中，使沥青微粒表面带有阳离子电荷，从而使乳液达到稳定化。经常使用的阳离子乳化剂有胺类化合物的盐酸盐、醋酸盐、磷酸盐以及季铵盐。

一般铺筑路面用的骨料表面带有负电荷，使用阳离子型乳化剂的乳化沥青如图10所示。骨料表面迅速被带有正电荷的沥青微粒所吸附，骨料的负电荷与乳化沥青的正电荷相互中和，从而具有加快分解破乳速度的特征。

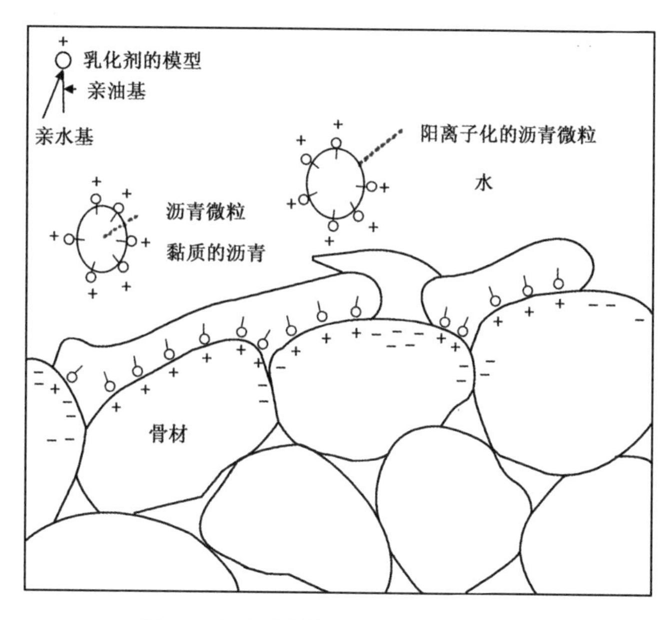

图 10　阳离子乳化沥青与骨料黏结机理

根据这样结果，可以使用沥青混合料加快固化速度，进而提高骨料的相互间黏结强度。

阳离子乳化沥青的种类和用途以及所用的乳化剂如表 2 所示。

表 2　阳离子乳化沥青种类与用途以及使用乳化剂的实例

种类		记号	用途	
渗透用	1 号	PK－1	温暖期渗透用及表面处理用	烷基胺 烷基二胺
	2 号	PK－2	寒冷期渗透用及表面处理用	
	3 号	PK－3	透层油及水泥稳定处理层的养护	
	4 号	PK－4	黏层油	
混合用	1 号	MK－1	粗粒度骨料混合用	烷基多胺
	2 号	MK－2	密粒度骨料混合用	烷基多胺 脱胺基胺 咪唑啉 聚氧乙烯烷基胺
	3 号	MK－3	土混、骨料混合用 砂、石、土混合料	
改性稀浆封层		MS－1	改性稀浆封层	烷基多胺 酰胺基胺 咪唑啉 胺化木质素

目前在日本多用乳化沥青做贯入式路面，沥青乳化剂主要是用阳离子型乳化剂。

阳离子型乳化剂的亲水基增加越多，乳化沥青的分解破乳速度越慢。单胺、双胺、三胺、四胺基，随着胺基的增多，呈现乳化沥青的稳定性越好，分解破乳速度越慢的倾向。

贯入喷洒用的乳化沥青最常使用的乳化剂是牛脂烷基丙烯二胺，但是，由于沥青品种与气候的变化，常常并用烷基胺或并用多胺类。

在生产拌和用乳化沥青时，需要有慢裂破乳速度，乳化剂多选用烷基多胺类，但是由于受骨料与气候的变化，对于乳化沥青拌和性黏结性具有较大的影响，因此经常与其他胺类复合使用。

2. 阴离子型乳化剂

在没有普及推广阳离子乳化沥青之前，都在使用阴离子乳化沥青。作为阴离子型乳化剂有妥尔油、松香，木质素等天然树脂的脂肪酸盐，还有其他如烷基羧酸，长链的烷基磺酸，长链的烷基硫酸盐等。一般阴离子型乳化剂价格便宜，但是与骨料拌和后，分解破乳速度缓慢，施工后难以尽快固化，这是它的缺点。

从国际上的发展形势来看，乳化沥青已经被阳离子乳化沥青所取代。

3. 非离子型乳化剂

用非离子型乳化剂制造的非离子乳化沥青，由于对骨料表面的吸附性很弱，分解破乳速度又缓慢的缺点，但它不需要调酸、调碱、调 pH 值，容易选择适宜于沥青性质的 HLB 值，对于水泥或碱性骨料拌和时，具有便于使用的特点。目前主要用于新干线高速铁路的整体道床下的水泥乳化沥青砂浆，也用于路上就地冷再生底层的施工方法。

经常用的非离子型乳化剂为聚氧乙烯壬基酚醚，但是，近年来对于环境保护问题要求严格，多使用聚氧乙烯高级醇、聚氧乙烯醚、聚氧乙烯长链的酰胺等。

4. 两性型乳化剂

两性型乳化剂主要是酰胺基酸型或甜菜碱型结构的物质，要用酸或碱调节 pH 值，使其能形成正电荷或负电荷，因此可以与碱性骨料或酸性骨料都能有很好的亲和性，它虽然具有这样特征，但因价格较高，几乎不能单独使用。

八、结束语

阅读本文的各位读者，望能更深刻地理解表面活性剂的作用，从而能更好地选择和利用表面活性剂（乳化剂）。

关于乳化沥青理论的探讨

姜云焕　译

一、引言

关于乳化沥青（以下简称乳液）的一般发展与生产制造，以及有关使用等问题，都是以实际经验为基础而进行探讨。

著者在以往实际经验基础上予以总结，为年轻的乳化沥青技术专业人员在理论探讨方面提供考虑方法。

二、关于乳化沥青理论的探讨

（一）乳化剂必要用量的计算

一般乳化剂的必要用量，都是依靠试验室试验求出生产乳化沥青的乳化剂用量。

但是若不依靠制造乳化沥青试验，如何估算乳化沥青的用量呢？在此，就沥青乳化时，必要的乳化剂用量的理论计算方法，予以叙述介绍。

各位是否用光学显微镜观察过乳化沥青的微粒？由老一辈专家教导用600～1000倍的显微镜，观测乳化沥青微粒，至今还留下生动的印象，乳化沥青微粒如同圆球颗粒，在逆光状态下呈金黄色闪烁，完全像个小生物在活动。

为了理论上的计算，可以考虑二维空间与三维空间并用的构想。

作为考虑的方法：

（1）在一定的温度条件下沥青的密度，换算出一定的质量沥青的体积。

（2）设定乳化沥青微粒的平均粒径，从计算出的沥青体积求出沥青微粒的平均粒径。

（3）求出全部沥青微粒的表面积。

（4）由乳化剂分子（单分子）所占吸附面积求出全部表面积所需乳化剂用量。

这就是在沥青乳化时，最低限度的乳化剂用量。

首先、乳化沥青微粒粒径与表面积及体积的关系如表1所示。

表1　乳化沥青微粒粒径与表面积与体积

粒子直径，μm	半径，μm	表面积，μm^2	体积，μm^3
1	0.5	3.1	0.5
2	1	12.6	4.2
4	2	50.3	33.5
8	4	201.1	268.1
16	8	804.2	2144.7
32	16	3127.0	17157.3
64	32	12868.0	137258.3

注：球的体积 $=4\pi r^3/3$；球的表面积 $=4\pi r^2$。

沥青在乳化机剪切力的作用下，成为微小的球状颗粒，乳化剂瞬时吸附在沥青微粒表面上成为乳化沥青微粒。

在乳化剂的各种特性中，最为突出的优点，是可在瞬时内将油与水的界面上形成乳化剂单分子薄膜。由于这种特性，只通过乳化机一次作用，就可以生产出大量的较稳定的乳化沥青。

1摩尔乳化剂（即乳化剂分子物质的量为1mol）的分子个数，如同阿伏加得罗常数所示那样，为6×10^{23}个。

由表1中看出，当微粒直径为4μm时，表面积为50.3μm^2，体积为33.5μm^3。当100g沥青，温度为140℃时（140℃的沥青密度为0.9537g/cm^3），假定所有微粒直径都为4μm时，此时沥青微粒的个数为：

$$(100/0.9537)\div33.5\times10^{12}=3.13\times10^{12}$$

结果是一个天文数字。这时全部沥青微粒的表面积为：

$$3.13\times10^{12}\times50.3=1.57\times10^{14}\mu m^2=1.57\times10^{6}cm^2=1.57\times10^{2}m^2$$

就是100g沥青分散成为4μm微粒粒径时，其总表面积为157m^2。

这里所用的乳化剂，假定是阳离子乳化剂中最有代表性的，以牛脂为原料的牛脂丙烯二胺。由于牛脂丙烯二胺1个分子的吸附面积为$2.05\times10^{-21}m^2$，结果前面所述的$157m^2\div(2.05\times10^{-21})m^2=7.66\times10^{20}$，最后吸附的分子个数为$7.66\times10^{20}$，相当于牛脂丙烯二胺的物质的量是$7.66\times10^{20}\div(6\times10^{23})=1.28\times10^{-3}$mol。1mol牛脂丙烯二胺的质量327g（即$1.28\times10^{-3}\times327=0.419$g）。

当用乳化沥青为PK－3、PK－4种类时，由于沥青含量为50%，相对使用的乳化剂水溶液也是50%，沥青用量为100g，乳化剂水溶液也为100g。对于水量来说，乳化剂水溶液中乳化剂的理论用量以0.42%为宜。但从实际情况要求性能考虑，在生产制造乳化沥青时乳化剂用量比理论用量要稍微多些。使用阴离子与非离子乳化剂时应作同样考虑。

乳化沥青颗粒越小，表面积就越大，乳化剂的使用量就要越多，相反，沥青颗粒越大，乳化剂的用量就可能越少。

还有，乳化沥青微粒表面吸附一个电荷的强度决定着乳化剂的吸附量的多少，因此如果配制同一种乳化剂水溶液时，粒径大的颗粒所带单位电荷的强度就大。一般粒径微细的小颗粒粒电荷弱，当由电中和而分解破乳时，分解破乳速度就快。

（二）沥青在乳化时有适宜黏度

沥青在常温状态下呈固体，为了乳化必须将其加热成为液体。沥青在乳化时加热的适宜黏度，相当于沥青拌和厂所用黏结料喷洒的黏度，按此标准沥青在乳化时必需加热，以此黏度为目标进行升温。

（三）乳化机适宜的剪切力

一般的乳化机，都是由高速旋转的转子与定子所构成，乳化机的剪切力以圆周速度40～50m/s为适宜。对于转子直径小的实验室用的小型乳化机，如果没有更高的旋转速度，就不可能达到大直径转子乳化机那样的圆周速度。

对于易乳化的材料可用低剪切力，对于难于乳化的材料，必须要用高剪切才能乳化。

关于乳化沥青粒径的大小，依靠乳化机剪切力的大小、转子与定子间的间隙量，乳化剂的用量，乳化剂的品种等诸多因素所控制而定。

近些年来，由于改性乳化沥青的发展而提高改性沥青的黏度，直馏沥青的加热温度也必须提高。在生产制造高浓度改性乳化沥青时，使用高温的改性沥青在增加，生产制造的乳化沥青的温度远远越过100℃，很需要如图1所示加压提高剪切力的胶体磨型乳化机。

（四）关于乳化沥青的浓度

所谓浓度，就是将水分蒸发后沥青的含量，从50%含量的透层油、黏层油到高浓度的65%的

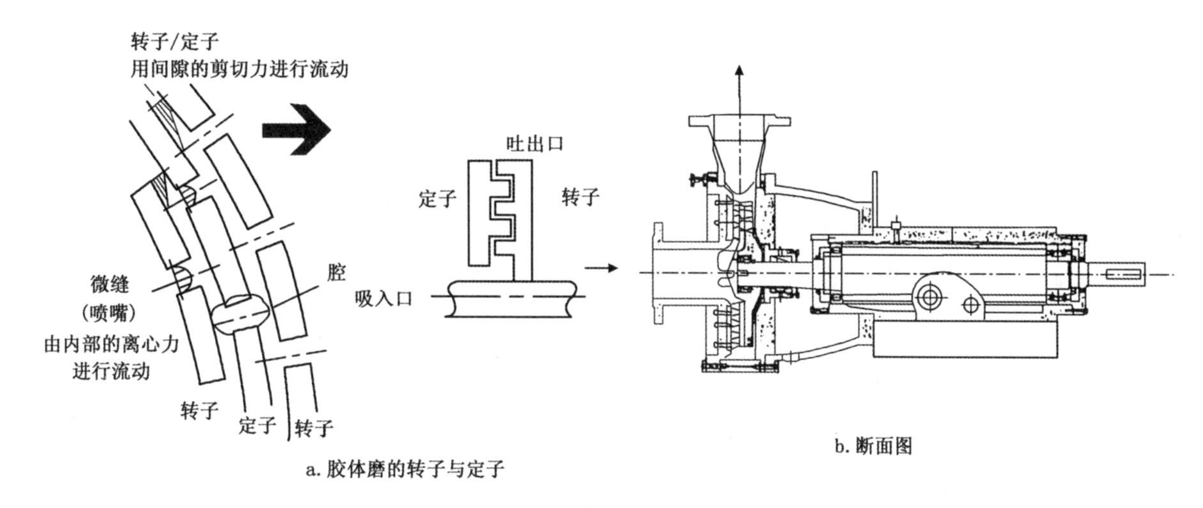

图1　胶体磨型乳化机

乳化沥青，市场上出售着多种多样浓度的乳化沥青产品。

假定沥青乳化后的粒径为一定，排列为最密实充填形式时，空隙率将为最小。如图2所示的最密实填充时，空隙率为25.95%，沥青的含量为74.05%。这是理论的临界浓度，实际由于要求有适宜的黏度。因而，在生产管理中以70%为高浓度界限。

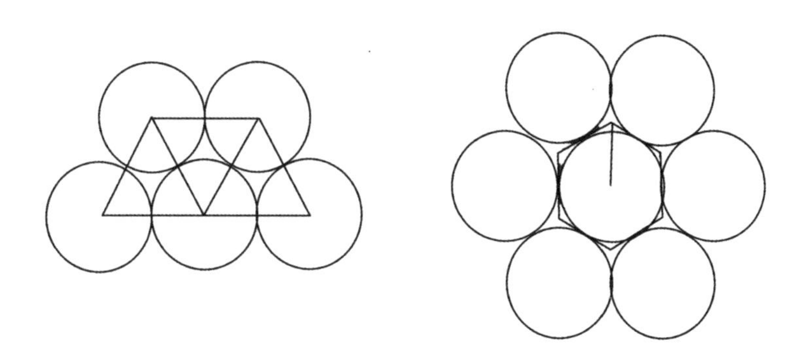

图2　最密实填充型模式

考虑到乳化沥青浓度时，要假定在单位沥青量中确定有多少乳化沥青颗粒的数量，根据乳化剂水溶液的数量多少，考虑确定其浓度。

当乳化剂水溶液浓度为100%时，乳化沥青的浓度为50%；当乳化剂水溶液浓度为43%，乳化沥青的浓度为70%。即乳化沥青的浓度差为20%时，乳化剂水溶液量的差为57%，从中可以理解，制造高浓度乳化沥青并不是那样简单容易。

（五）乳化沥青产生方法与乳化剂的中和反应

乳化沥青的生产制造方法有间歇式与连续式两种。间歇式是针对乳化设备单位时间乳化机的沥青用量，提供单位时间乳化剂水溶液量，这样一批批地生产乳化沥青的方式为间歇式。

另一方面如图3所示的连续式生产方式。将乳化剂、酸、添加剂等原材料、温水、水等用定量泵和静态送入混合器，并在其中进行拌和与中和。这样连续不断地调制与提供乳化剂水溶液。这种连续生产方式就不需要配备乳化剂水溶罐，原材料的供应量可以调整变化，比较容易地生产各种乳化沥青。由于这些优点，连续式生产设备适合品种较多、数量不是很大的乳化沥青厂家。近些年来，在欧美国家这种设备在增多。

(1) 阳离子乳化剂的情形。

一般的乳化剂，用酸或碱进行中和反应，生成水溶性盐从而发挥出表面活性性能（乳化能力）。

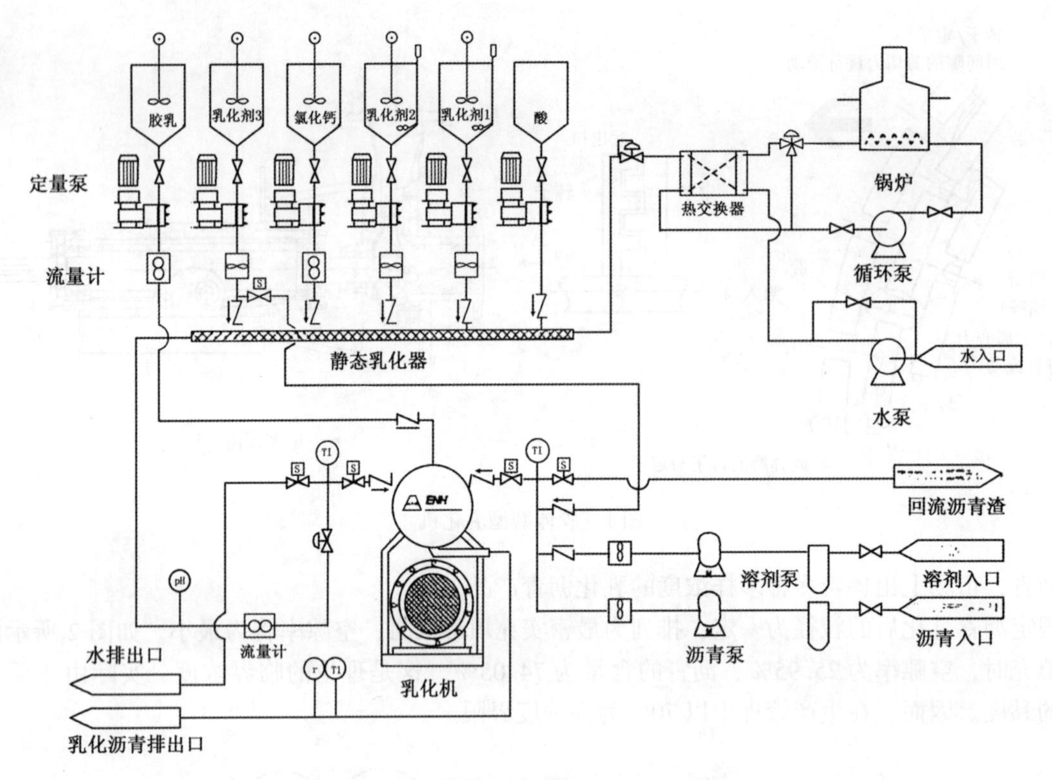

图3　连续式乳化沥青生产制造设备

就是说：阳离子乳化剂用盐酸、醋酸等，阴离子乳化剂用氢氧化钠等进行中和反应。

阳离子乳化剂的种类如表2所示。在阳离子乳化剂的种类中，具有代表性的是牛脂丙烯二胺。这种乳化剂的自身，虽然是不溶于水的碱性物质，但与酸进行中和反应时，产生阳离子电荷，成为水溶性的。就是说：烷基的牛脂部分显示出亲油性，阳离子乳化剂的胺部分呈现出亲水性，从而产生出乳化剂的表面活性的作用功能。

对于牛脂丙烯二胺的中和反应，1mol 牛脂丙烯二胺（327g），盐酸为2mol（$36.5\times2=73$g），即为$327:73=100:22.3$。因而盐酸的用量为乳化剂的22.3%，使用工业盐酸（浓度为35%）时，($22.3\div0.35=63.7$)，工业盐酸为乳化剂量约64%。实际中，由于游离胺的作用，盐酸的用量要比理论计算量还要多一些。

以盐酸添加量为横坐标，以pH值为纵坐标，制成中和反映曲线，求出自中性转向酸性pH值5以下加酸量，确定出乳化剂水溶液的加酸量。

中和时必需的理论盐酸量，以阳离子乳化剂单胺为当量的盐酸，那么三胺时就要添加3倍当量的盐酸为宜。

阳离子乳化剂中和反应所用的酸，可以用无机酸的盐酸，也可以用有机酸的醋酸，无论哪种酸都可以。一般的乳化剂的分解破乳速度，使用盐酸的要比使用醋酸的破乳速度要快些。

还有，当使用一元酸、二元酸、三元酸时，一元酸的分解破乳速度为快，二元酸、三元酸将按顺序有分解破乳速度变慢的倾向。也可以说，亲水基越多，分解破乳速度越慢。为了调整分解速度，可以将各种酸进行复合使用，据说这是一种行之有效的方法。

进一步，阳离子乳化剂的胺基增加越多，亲水性越增加，分解破乳速度就越慢。可以说，乳化剂的分解破乳速度，随着单胺、双胺、三胺、四胺、聚胺的顺序而变慢。将不同胺数的乳化剂进行组合，可能制出单胺不能制得的特性乳化剂。

在阳离子乳化剂中，显示具有特征的乳化剂为季铵盐。这种乳化剂将牛脂胺等与氯代甲烷进行反应，生成季铵盐，由于胺基与甲基的配位结合（Coordinate covalent bond），因此，没有破坏碱的稳定性，只做碱的置换。由于具有这样的特性，在与水泥拌和用的阳离子乳化沥青中，多用季铵盐作为主乳化剂。

在用不同烷基相比较中，一般用牛脂与合成烷基置换相比较，由于乳化性能与沥青的亲和力的不同，使用牛脂的乳化剂呈现出更好的性能。

表 2　阳离子乳化剂的分类

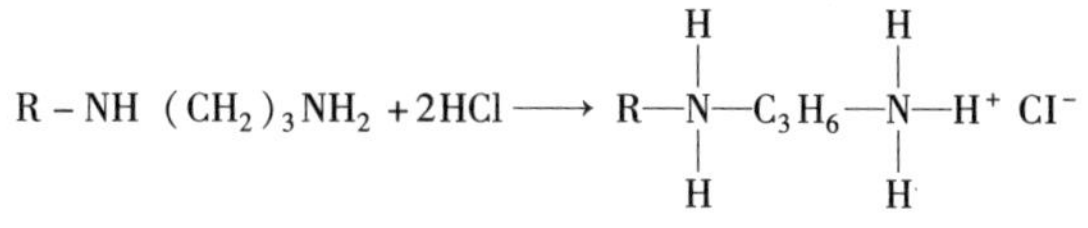

$$R-NH(CH_2)_3NH_2+2HCl \longrightarrow R-NH_2^+-C_3H_6-NH_2^+ \cdot H^+ Cl^-$$

①烷基胺类

$$R-NH_2,\ R-NH(CH_2)_3NH_2,\ R-N\begin{cases}(CH_2)_3NH_2\\(CH_2)_3NH_2\end{cases}$$

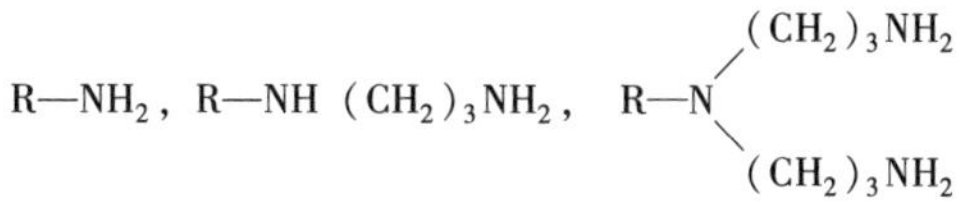

②酰胺类

$$R-CONH(CH_2)_2NH_2$$
$$R-CONH(CH_2)_2NH(CH_2)_2NH_2$$

③咪唑啉类

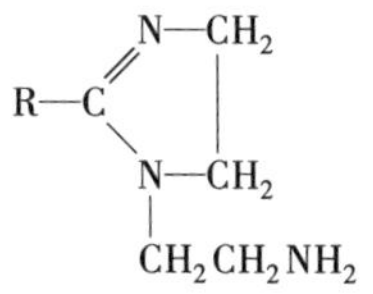

$$R-C\begin{cases}=N-CH_2\\-N(CH_2CH_2NH_2)-CH_2\end{cases}$$

④聚丙烯烷基胺

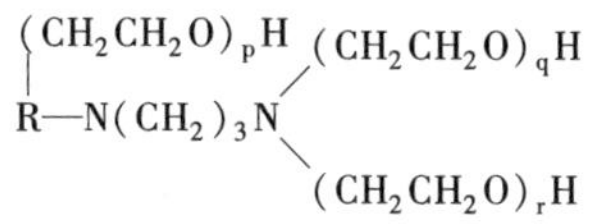

$$R-N[(CH_2CH_2O)_pH](CH_2)_3N\begin{cases}(CH_2CH_2O)_qH\\(CH_2CH_2O)_rH\end{cases}$$

⑤木质胺

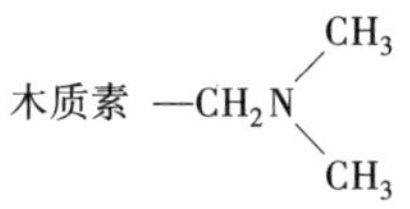

$$木质素-CH_2N\begin{cases}CH_3\\CH_3\end{cases}$$

⑥季铵盐类

$$\left[R-N(CH_3)_3\right]^+Cl^- \quad \left[R-N(CH_3)[(CH_2CH_2O)_pH](CH_2CH_2O)_qH\right]^+Cl^-$$

$$\left[R-N(CH_3)_2(CH_2)_3N(CH_3)_3\right]^{2+}2Cl^-$$

$$\left[R-N(CH_3)[(CH_2CH_2O)_pH](CH_2)_3N(CH_3)\begin{cases}(CH_2CH_2O)_qH\\(CH_2CH_2O)_rH\end{cases}\right]^{2+}2Cl^-$$

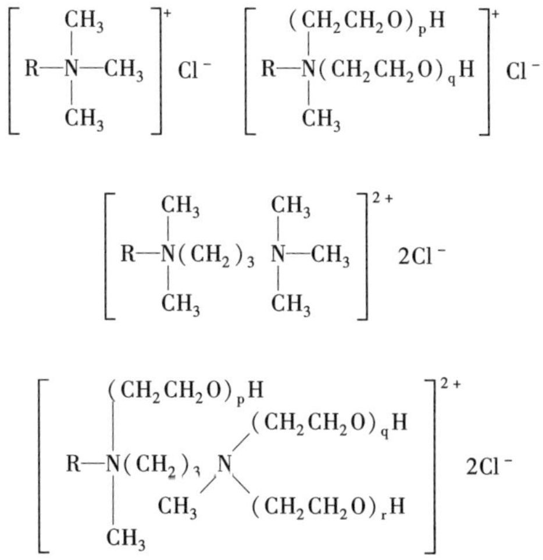

（2）阴离子乳化剂的情形。阴离子乳化剂如表 3 所示。

阴离子乳化剂在阳离子乳化剂生产制造与销售之前，在道路上被广泛应用。具有代表性的阴离子乳化剂，如十二烷基苯磺酸钠（DBS）。

表3　阴离子乳化剂的分类

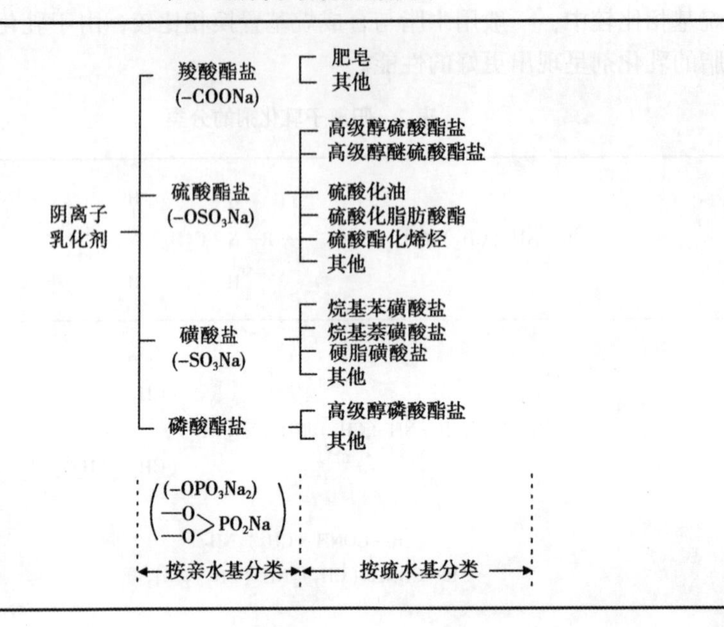

由于羧酸与磺酸等作为亲水基时，与水有较强的亲和力，因此与阳离子乳化剂相比较分解破乳速度较慢，也有呈现再乳化现象。

在美国沙漠地区，气温高、湿度低，这些地区仍在使用阴离子乳化沥青，但是，对于降雨多，湿度较大的地区，由于阴离子乳化沥青分解破乳速度较慢，在这些地区的道路工程中已经不予使用。

（3）非离子乳化沥青的情形。非离子乳化剂的种类如表4所示。

非离子乳化剂由于不带有离子电荷，因此在化学上是稳定的，是不需中和反应的乳化剂。

该种乳化沥青主要用于新干线铁路整体道床中的水泥沥青砂浆。非离子乳化剂是世界范围广为开发研究的，如废旧沥青路面材料再生做道路底层，也在应用非离子乳化沥青，目前日本是世界上应用非离子乳化沥青最多的国家。

表4　非离子乳化剂的分类

聚乙二醇	多价醇型
高级醇聚氧乙烯附加物 烷基酚聚氧乙烯附加物 脂肪酸聚氧乙烯附加物 多价醇脂肪酸聚氧乙烯附加物 高级烷基胺聚氧乙烯附加物 脂肪酸胺聚氧乙烯附加物 油脂的聚氧乙烯附加物 聚丙二醇聚氧乙烯附加物 其他	甘油的脂肪酸脂 四醇脂肪酸脂 山梨糖醇及山梨糖脂肪酸脂 蔗糖的脂肪酸脂 多价醇的烷基醚 脂肪族醇胺 其他

HLB值由亲油基的烷基与亲水基的乙烯氧化物（C_2H_2O）$_n$ 的附加克分子的平衡值决定，沥青乳化要求非离子乳化剂的HLB值范围为14～18。

三、结束语

这次就乳化沥青与乳化有关的理论问题予以概括总结。

乳化沥青作为道路铺筑材料之一的水系材料，可以在常温状态下使用。对于环境没有什么污染，因此引起各方的重视。

但是，从经济性与耐久性来看，对于乳化沥青还有许多问题有待研究。

CEA 混合料在道路底层的应用

姜云焕　译

一、引言

自 1993 年，日本根据国内外沥青路面的修筑与养护经验，修订了“沥青路面铺装纲要”，对第 4 章第 5 部分中的乳化沥青部分做了较大的修订，例如原有的 JIS K 2208 的规定，取消了有关阴离子乳化沥青的 PA－1～3，只保留阳离子乳化沥青 PK－1～4，MK－1～3 的各项规定，并增加 MN－1 与 PK－R 的质量规定。这一部分纲要的修订，必将引导日本的乳化沥青技术充分发挥其技术特长，从而更好地为道路建设服务。MN－1 型乳液用于综合加固道路底层，本文就此问题作重点介绍。

近十多年来，日本为了提高沥青路面使用寿命，减少由于底基层的收缩开裂而引起面层的反射性裂缝，用水泥 C、乳液 E、骨料 A（代号 CEA）的混合料，铺筑综合加固半刚、半柔性的底基层，从而提高铺装结构的水稳性与耐候性，在日本许多地区铺筑试验路段，取得了满意的技术经济效果。近些年来又开发废旧沥青的冷再生利用，它可以节省能源、节约资源、简化工艺、减少污染，显著降低工程造价，尤其使用铣刨机切削废旧沥青路面材料时，有利于 CEA 混合料冷再生技术的应用，如再配上路上灰土拌和机等就地拌和机械，更有利于就地拌和冷再生技术的发展与推广，1987 年，日本道路协会公布“路上再生底层施工法技术指南（草案）”，使 CEA 综合加固底层施工规范化，也使这种方法得到学术界的认可。1993 年在巴黎召开第一届乳剂世界大会时，日本乳化沥青协会向大会宣布这项多年的研究成果。

根据“指南”的要求，采集试验路段的 CEA 综合加固底层的材料，同时，对于现场施工的原路面的资料和在路上再生 CEA 底层混合料的设计、施工等资料，以及这些路段路用性能等数据进行调查及收集、分析、整理，由此而研究出 CEA 混合料的配合化计算方法和等值换算系数为 0.65 的妥善性。

二、调查方法

（一）调查项目与方法

对行车 4 年以上的道路根据上述资料数据，按照表 1 所列项目进行调查。

表 1　测定项目及方法

测定项目	测定方法	测定频率
车辙量	按铺装试验方法便览	各行车线每 20m 测一次
纵断凸凹量	按铺装试验方法（3m 验平尺）	各行车线测定 OWP（外轮迹带）
裂缝率	按铺装试验方法（按草图）	全面积测定
弯沉值	按日本道路公因法 KOPAN102（拖挂式）	各行车线外轮迹带各 20m 测定

（二）等值换算系数

等值换算系数可按 PSI 算出，也可按弯沉值或 MCI 算出（PSI 为现时服务能力指数，MCI 为养护管理系数）。

（1）由 PSI 计算等值换算系数 T_A。

$$T_A = F_1(n) + F_2(n) \times PSI \tag{1}$$

$$F_1(n) = n(0.0568 + 0.0327n)^{-1}$$

$$F_2(n) = 13.6799(n + 2.7667)^{-1}$$

式中 $F_1(n)$、$F_2(n)$——相当于换算 5t 累计轮数的常数；

n——CBR =5 时换算为 5t 累计轮数（轮/1 方向）。

（2）由弯沉值计算等值换算系数 T_A。

$$T_{AO} = -28.5331\lg W + 75.1 \tag{2}$$

$$T_A = T_{AO} \times (5/\text{CBRM})$$

式中 W——弯沉值（1/100mm）；

CBRM——测点的 VBR 值,%。

（3）由 MCI 计算等值换算系数 T_A。

$$T_A = 1 - \left[2 - \left(\frac{q - \text{MCI}}{65(\lg N - 5)^4 (2 - \lg\text{CBRM})^5}\right)^{1/8}\right] \tag{3}$$

$$\text{MCI} = 10 - 1.48C^{0.3} - 0.29D^{0.7} - 0.47\sigma^{-0.2}$$

式中 N——累计大型车交通量；

C——裂缝百分率,%；

D——车辙量 mm；

α——纵断凹凸量，mm。

三、调查路段状况

（一）调查路段的分布及时间

调查路段的分布和时间见图 1 及表 5。

（二）材料

再生底层所用的骨料，其质量都可以满足规范的要求，其中掺入废旧沥青混合料的数量为 0 ~ 59%。外加剂的水泥为普通水泥（JIS R 5210）、乳化沥青的质量符合 JIS K 2208 中对 MN -1 的规定要求。添加量：水泥用量为 2% ~3%，乳化沥青用量为 4.5% ~5%。

（三）施工状况

CEA 混合的压实度为 95% 以上，施工的结构状况，表层 + 基层为 5cm 只占全部的 50%，厚度为 10cm 占 30%，CAE 底层处理厚度为 10 ~ 27cm 范围，各种交通量处理厚度为：简易路面为 12.5cm，L 交通量为 12.5cm，B 交通量为 18.8cm，C 交通量为 23.5cm，全部平均厚度为 17.5cm。

四、跟踪调查结果

（一）车辙量

使用年限与车辙的相互关系如图 2。车辙量随着使用年限的增加而增长，就全部来说，增长得很少，按照行车 4 年的平均值来算，车辙仅为 0.56cm。

（二）裂缝率

图 3 为使用年限与裂缝率之间的关系。使用 4 年后路段平列裂缝率只为 2.4%，产生的平列裂缝都是发生在车轮行走近旁的纵向裂缝或构造物（井）的周围产生的裂缝，在 CEA 的底层上没有收缩造成的开裂。

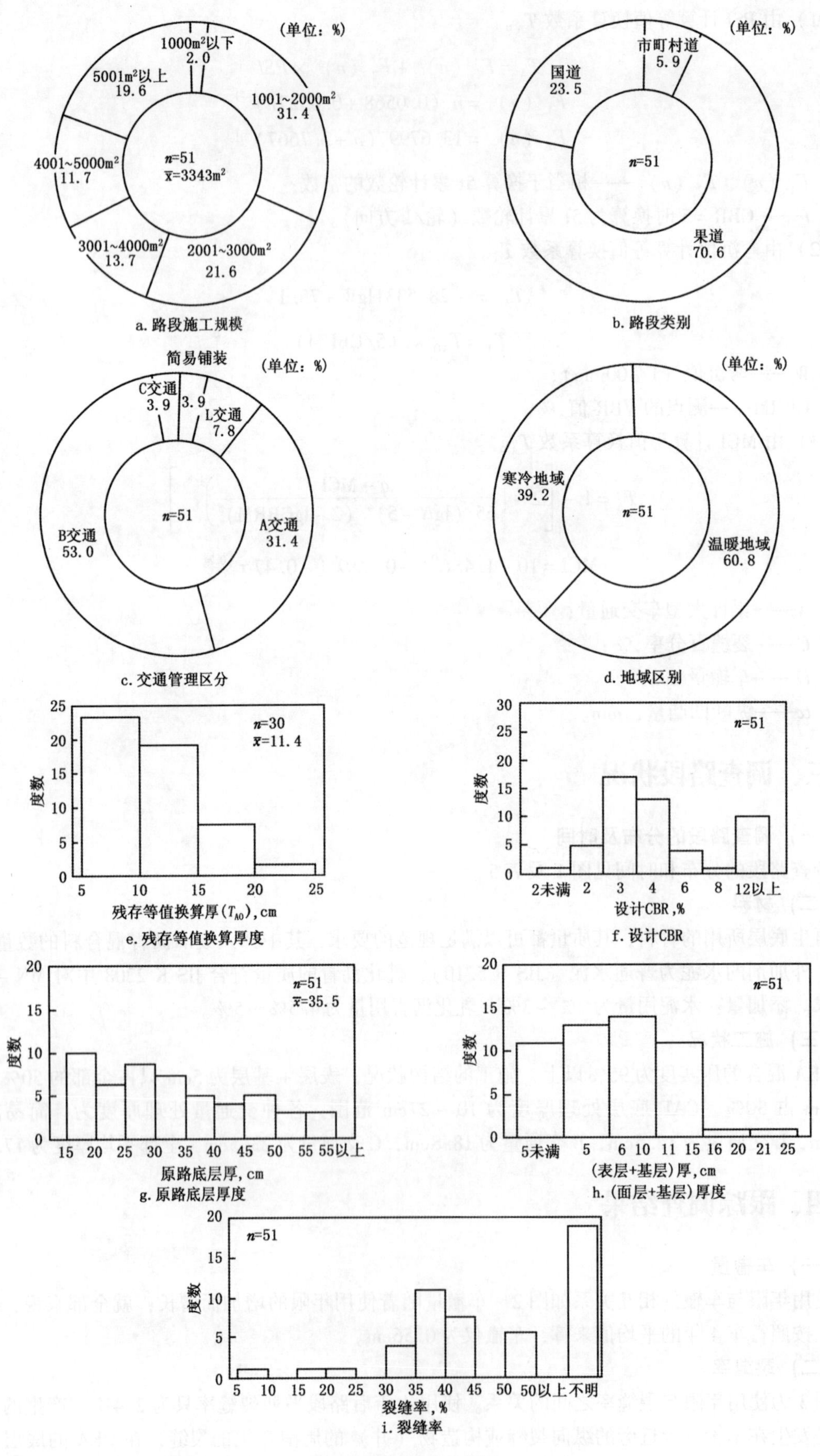
(单位：%)
1000m²以下
2.0
1001~2000m²
31.4
2001~3000m²
21.6
3001~4000m²
13.7
4001~5000m²
11.7
5001m²以上
19.6
n=51
x̄=3343m²
a. 路段施工规模
(单位：%)
市町村道
5.9
国道
23.5
果道
70.6
n=51
b. 路段类别
简易铺装
(单位：%)
C交通
3.9
3.9
L交通
7.8
A交通
31.4
B交通
53.0
n=51
c. 交通管理区分
(单位：%)
寒冷地域
39.2
温暖地域
60.8
n=51
d. 地域区别
n=30
x̄=11.4
度数
残存等值换算厚(T_A0), cm
e. 残存等值换算厚度
n=51
度数
2未满 2 3 4 6 8 12以上
设计CBR, %
f. 设计CBR
n=51
x̄=35.5
度数
15 20 25 30 35 40 45 50 55 55以上
原路底层厚, cm
g. 原路底层厚度
n=51
度数
5未满 5 6 10 11 15 16 20 21 25
(表层+基层)厚, cm
h. (面层+基层)厚度
n=51
度数
5 10 15 20 25 30 35 40 45 50 50以上 不明
裂缝率, %
i. 裂缝率

图1　调查路段状况图

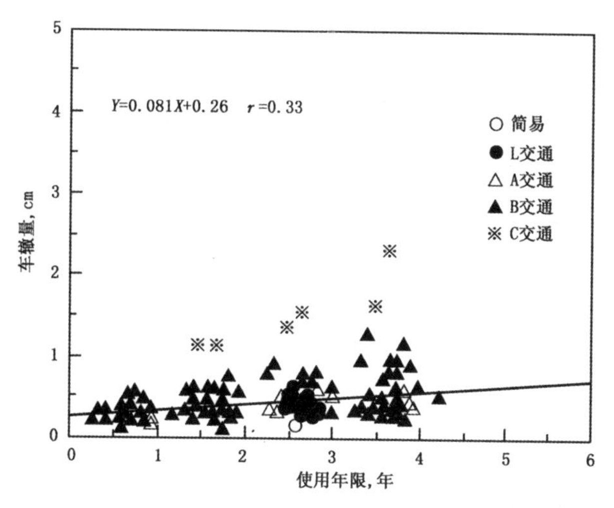

图 2　车辙量与使用年限的关系

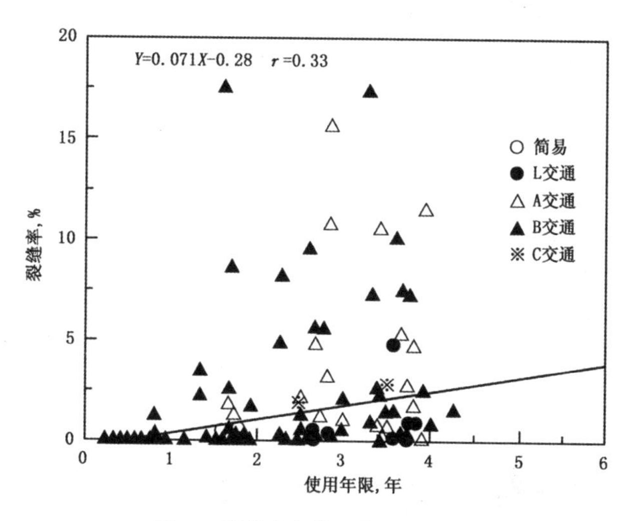

图 3　裂缝率与使用年限的关系

（三）纵断凸凹量

图 4 为纵断凸凹量与使用年限之间关系。在使用早期即出现波动偏离，随着使用年限的增长，凸凹量有所增加，使用 4 年时，约有 65% 的线段增长为 2mm 以下。

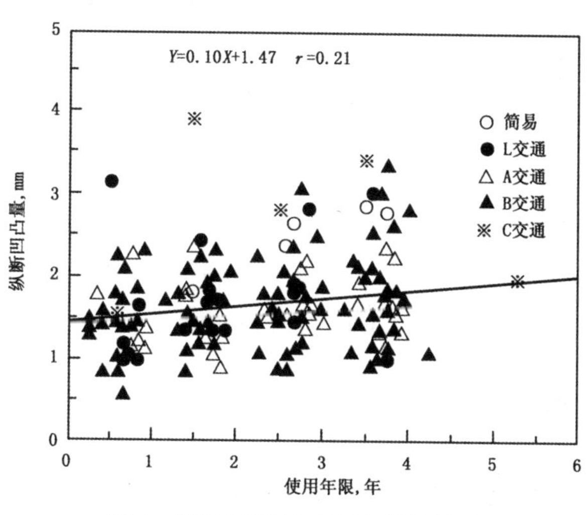

图 4　纵断凸凹量与使用年限的关系

（四）弯沉值

图5为使用年限与弯沉值的关系。随着使用年限增长，弯沉值没有什么变化。

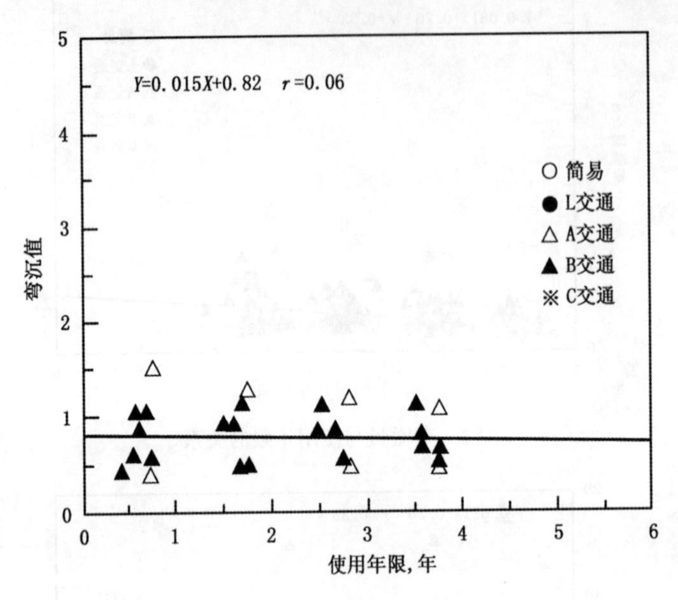

图5　弯沉值与使用年限的关系

（五）路用性能指数（PSI）

根据道路养护修补纲要记载的方法PSI值算出，路用性能与PSI的关系如图6所示，PSI值随着行车年限的增长而开始有波动，行车使用4年时，PSI值为3.91，其中有60%线段为4以上，约95%线段在3以上，行车10年后PSI值达3.2。

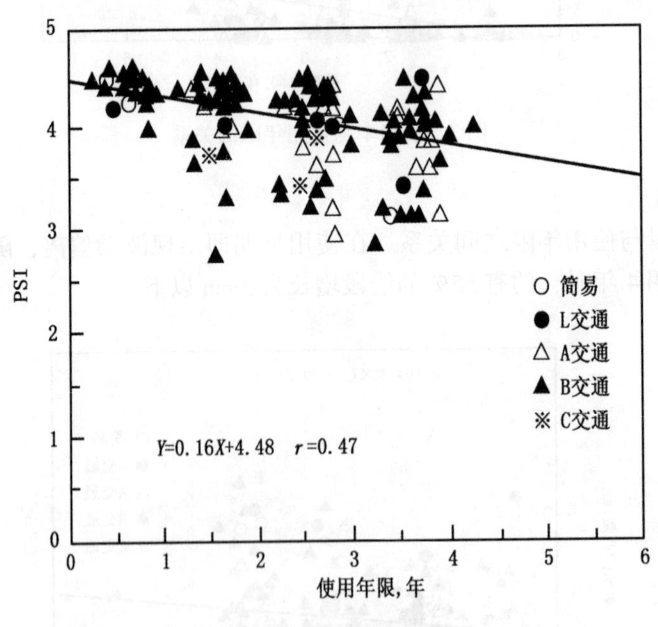

图6　PSI与使用年限的关系

五、等值换算系数

各试验段已进行4次追踪调查，根据收集到的路用性能数据，对于CEA混合料的等值换算系数予以研究（图7）。

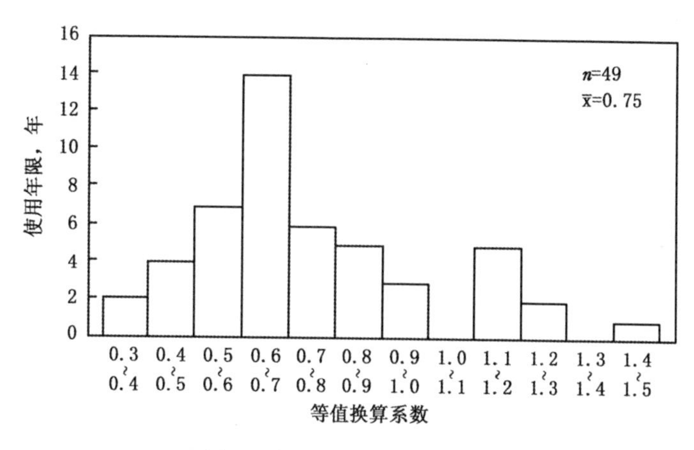

图7　由PSI求等值换算系数

（一）用DSI求等值换算系数

随着行车使用年限的增长，研究其等值换算系数的变化，如图7根据调查数据，得出等值换算系数与行车使用年限之间的关系。

从全部数据的回归式 $Y=-0.0006X+0.75$ 回归的结果倾向等于零，因而可以断定按使用年限判断等值换算系数的变化是很小的。

（二）用弯沉值确定等值换算系数

在调查的路段中，A交通量为2段，B交通量为6段，总共为8段进行弯沉值调查，每次测定的等值换算系数的平均值如表2所示。

表2　每次调查的等值换算系数

调查次数	第1次	第2次	第3次	第4次
等值换算系数	0.72	0.70	0.60	0.74
数据数量	8	7	7	8

各路段由弯沉值算出等值换算系数与行车年限之间的关系（图8）。

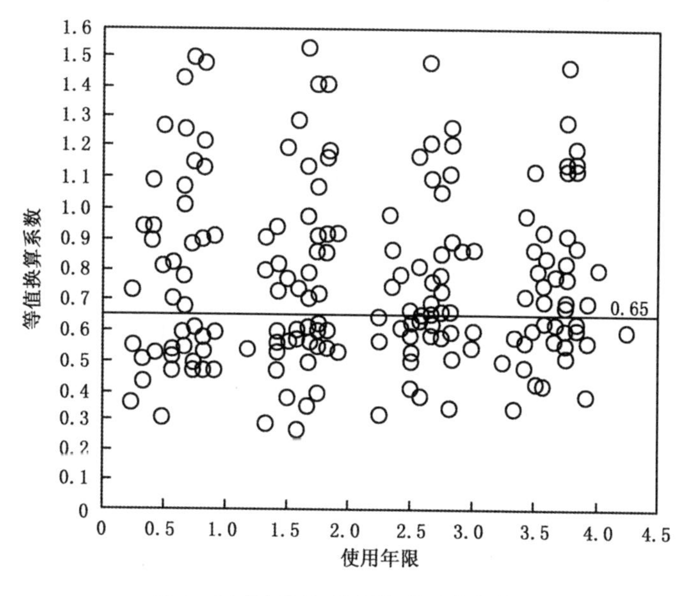

图8　行车年限与等值换算系数的关系

（三）由 MCI 求出等值换算系数

MCI 与 T_A 的关系式是在 B 交通以上的路段上调查结果得出来的，而且 CBR 值应设计在 4～12 的范围中，对应这种情况选择 15 条路段，用 4 次调查的结果计算出，算出大型车辆交通量如表 3，由 MCI 求出 T_A 如表 4。从而求出各交通量的等值换算系数，B 交通量为 0.81，C 交通为 0.80。

表 3　推算出大型车交通量

交通量区分	B 交通	C 交通
大型车交通量（辆/日·方向）	500	1732

表 4　不同交通量的等值换算系数

交通量区别	B 交通	C 交通
等值换算系数	0.81	0.80
数据数量（n）	14	1

（四）跟踪调查结果

对 51 条路段 4 次跟踪调查结果见表 5。经过 12 年的研究与长期的跟踪观测，证明只要能正确地掌握设计与施工技术，就可以铺筑成性能良好的底层，根据“上再生底层施工法技术指南”要求的 CEA 混合料的配合比设计方法，可以肯定等值换算系数为 0.65 以上。

路上再生 CEA 施工法，充分利用废旧沥青路面材料，并且就地直接利用，尽量减少废弃量，既可防止废料的污染，保护环境，又能有效地利用资源，变废为宝。这种施工法适应当前社会发展的需要，深受筑路、养路部门欢迎。

六、CEA 混合料路上再生配比设计

CEA 混合料综合加固底层，采取路上再生施工方法时，应按图 9 流程选择最佳配合比，首先应采集原路面底层粒料，原路面废旧沥青混合料以及补充粒料等样品，按流程图的程序进行最佳 CEA 混合料的配比设计。

（一）确定乳化沥青掺入量

（1）乳化沥青的掺入量是根据检测原有粒料级配及废旧沥青材料的掺入率而计算得出。

乳化沥青掺入首先是以保证粒料表面能均匀裹覆薄层为基点，计算公式如下：

$$P = 0.04a + 0.076b + 0.12c - 0.13d \tag{4}$$

式中　P——乳化沥青占全混合料百分比，%；

a——粒料中大于 2.36mm 占全部粒料质量百分比，%；

b——粒料中大于 0.074mm 小于 2.36mm 占全部粒料质量百分比，%；

c——小于 0.074mm 占全部粒料质量百分比，%；

d——废旧沥青混合料的掺入率，%。

（2）废旧沥青混合料的掺入率 d，按下面公式由废旧路面材料的原有厚度与设计厚度计算得出：

$$d = \frac{H_1 \times a}{H_1 \times a + H_2 \times b} \times 100\% \tag{5}$$

式中　H_1——原有废旧沥青混合料的厚度，cm；

H_2——处理原有粒料底层的厚度，cm；

a——废旧沥青混合料的密度，一般为 2.4g/cm³；

b——原有旧粒料底层材料密度，一般为 2.1g/cm³。

表 5　路上再生 CEA 底层施工法追踪调查结果

项　目 ＼ No.	1（主）沼田大间魔线				2（主）川西筱山线				3（主）今市矢板线				4（主）若柳岩个崎线			
测定次数	1 次	2 次	3 次	4 次	1 次	2 次	3 次	4 次	1 次	2 次	3 次	4 次	1 次	2 次	3 次	4 次
施工年月	S. 62. 09				S. 62. 08				S. 62. 11				S. 62. 08			
调查年月	s. 63. 06	H. 01. 06	H. 02. 07	H. 03. 06	s. 63. 06	H. 01. 06	H. 02. 07	H. 03. 06	s. 63. 06	H. 01. 06	H. 02. 07	H. 03. 06	s. 63. 06	H. 01. 06	H. 02. 07	H. 03. 06
供用年数	9 个月	21 个月	34 个月	45 个月	10 个月	22 个月	34 个月	46 个月	7 个月	19 个月	32 个月	43 个月	10 个月	22 个月	36 个月	46 个月
调查面积，m^2	2662				2674				2374				2400			
裂缝率，%	0	0	0. 1	0. 1	0	0. 1	0. 8	1. 7	0	0. 1	0	0. 3	0. 1	0. 4	1. 1	1. 2
车辙深度，cm	0. 33	0. 38	0. 40	0. 33	0. 25	0. 30	0. 37	0. 32	0. 23	0. 44	0. 54	0. 72	0. 24	0. 40	0. 51	0. 57
纵断凹凸量 σ，mm	1. 61	1. 68	1. 75	1. 71	1. 38	1. 54	2. 19	2. 25	1. 79	1. 34	2. 35	2. 11	1. 32	0. 89	1. 46	1. 58
PSI	4. 40	4. 39	4. 26	4. 27	4. 45	4. 30	4. 00	3. 85	4. 39	4. 31	4. 29	4. 07	4. 34	4. 29	4. 01	3. 96
MCI				8. 07				7. 06				7. 27				6. 94
弯沉值 d，mm	1. 51	1. 26	1. 19	1. 06					1. 01	0. 90	0. 86	0. 69				
大型车交通量，台/（日・方向）					92								124			
等值换算系数：由 PSI 求出 由弯沉值求出 由 MCI 求出	0. 88 0. 50	0. 91 0. 52	0. 89 0. 59	0. 91 0. 72	1. 48	1. 41	1. 26	1. 20	0. 51 0. 41	0. 57 0. 49	0. 62 0. 51	0. 62 0. 65	0. 90	0. 92	0. 86	0. 2

续表

项目 \ No.	5（一）木地山仓吉线				6（主）金尺美川小松线				7（一）丰后高田国东线				8（主）伊东西伊豆线			
测定次数	1次	2次	3次	4次	1次	2次	3次	4次	1次	2次	3次	4次	1次	2次	3次	4次
施工年月	S. 62. 10				S. 62. 10				S. 62. 11				S. 62. 10			
调查年月	S. 63. 06	H. 01. 06	H. 02. 06	H. 03. 07	S. 63. 06	H. 01. 06	H. 02. 06	H. 03. 06	S. 63. 06	H. 01. 05	H. 02. 06	H. 03. 06	S. 63. 08	H. 01. 06	H. 02. 06	H. 03. 06
供用年数	8个月	20个月	32个月	45个月	8个月	20个月	32个月	44个月	8个月	18个月	31个月	43个月	8个月	20个月	32个月	45个月
调查面积，m^2	962				3010				2444				2022			
裂缝率，%	0	0	0.6	1.0	0	2.5	5.6	7.4	0	0	0	0	0	0	0	0
车辙深度，cm	0.29	0.30	0.35	0.28	0.41	0.60	0.77	0.97	0.35	0.39	0.48	0.39	0.29	0.28	0.38	0.4
纵断凹凸量 σ，mm	1.38	1.64	1.80	1.56	1.19	1.75	1.97	3.03	1.61	2.36	1.54	1.45	3.45	1.74	2.67	2.8
PSI	4.44	4.40	4.09	4.04	4.46	3.75	3.40	3.11	4.40	4.31	4.39	4.42	4.24	4.39	4.28	4.2
MCI				7.40				5.29				8.74				8.6
弯沉值 d，mm																
大型车交通量，台/（日·方向）	143*				703								80*			
等值换算系数：由PSI求出 由弯沉值求出 由MCI求出	1.07	1.14	1.09	1.14	1.01	0.79	0.69	0.62 0.52	0.78	0.77	0.81	0.83	1.45	1.53	1.48	1.4

续表

项目 \ No.	9（一）香林西国定伊势崎线				10 一般国道 214 号				11（一）塔野濑十文字小郡线				12 市道下场口小尺 1 号线			
测定次数	1 次	2 次	3 次	4 次	1 次	2 次	3 次	4 次	1 次	2 次	3 次	4 次	1 次	2 次	3 次	4 次
施工年月	S. 62. 10				S. 62. 11				S. 62. 08				S. 62. 08			
调查年月	S. 63. 06	H. 01. 06	H. 02. 07	H. 03. 06	S. 63. 06	H. 01. 06	H. 02. 05	H. 03. 05	S. 63. 06	H. 01. 06	H. 02. 05	H. 03. 05	S. 63. 06	H. 01. 06	H. 02. 04	H. 03. 06
供用年限	8 个月	20 个月	32 个月	44 个月	8 个月	20 个月	30 个月	42 个月	10 个月	22 个月	33 个月	45 个月	10 个月	22 个月	32 个月	45 个月
调查面积，m^2	2600				2718				1045				1 050			
裂缝率，%	0	0	0	0. 3	0	0. 23	0. 62	1. 51	0	0. 53	1. 21	2. 71	0	0	0	0
车辙深度，cm	0. 24	0. 23	0. 27	0. 27	0. 33	0. 37	0. 38	0. 20	0. 26	0. 24	0. 24	0. 28	0. 24	0. 26	0. 3	
纵断凹凸量 σ，mm	1. 37	1. 42	1. 51	1. 37	1. 73	1. 76	1. 78	2. 00	1. 26	1. 27	1. 24	1. 20	1. 99	1. 37	1. 46	1. 0
PSI	4. 45	4. 44	4. 42	4. 24	4. 39	4. 21	4. 08	3. 89	4. 47	4. 19	4. 06	3. 87	4. 52	4. 45	4. 43	4. 5
MCI				7. 89				7. 05				6. 98				8. 8
弯沉值 d，mm					1. 01	1. 11	1. 12	1. 13								
大型车交通量，台/（日·方向）					346				130							
等值换算系数：由 PSI 求出 由弯沉值求出 由 MCI 求出	0. 55	0. 61	0. 66	0. 67	0. 54 0. 45	0. 57 0. 40	0. 59 0. 40	0. 60 0. 40	0. 91	0. 86	0. 85	0. 82	1. 13	1. 17	1. 21	1. 2

续表

项 目 \ No.	13（主）川西　山线				14（一）　濑荒岛线				15（主）鸣子岩个崎线				16（一）高田下馆线			
测定次数	1次	2次	3次	4次	1次	2次	3次	4次	1次	2次	3次	4次	1次	2次	3次	4次
施工年月	S. 62. 10				S. 62. 09				S. 62. 10				S. 62. 08			
调查年月	s. 63. 06	H. 01. 07	H. 02. 06	H. 03. 06	s. 63. 05	H. 01. 06	H. 02. 06	H. 03. 06	s. 63. 07	H. 01. 06	H. 02. 08	H. 03. 07	s. 63. 07	H. 01. 06	H. 02. 06	H. 03. 07
供用年限	8个月	21个月	32个月	44个月	8个月	21个月	33个月	45个月	9个月	20个月	34个月	45个月	11个月	22个月	34个月	47个月
调查面积，m^2	1150				1352				2700				552			
裂缝率，%	0	0	0	0	0	0	0	0.41	0	0.1	0.4	0.3	0.2	0.4	10.8	11.5
车辙深度，cm	0.26	0.33	0.31	0.35	0.50	0.60	0.70	0.95	0.38	0.43	0.59	0.65	0.16	0.24	0.29	0.38
纵断凹凸量 σ，mm	2.08	2.00	1.87	2.01	0.54	1.76	1.75	1.88	1.15	1.26	1.36	1.20	1.37	1.39	1.69	1.63
PSI	4.35	4.36	4.37	4.35	4.63	4.34	4.32	3.99	4.47	4.33	4.17	4.21	4.29	4.18	3.18	3.14
MCI				8.76				6.94				7.41				5.66
弯沉值 d，mm									0.38	0.47	0.46	0.44				
大型车交通量，台/（日·方向）					150				320*							
等值换算系数：由PSI求出 由弯沉值求出 由MCI求出	0.68	0.72	0.76	0.78 1.64	0.59	0.55	0.57	0.51 0.77	0.49 1.10	0.50 0.96	0.51 0.91	0.55 0.99	0.59	0.60*	0.34	0.38

续表

项目 \ No.	17（一）真冈岩濑线				18（一）西小塙真冈线				19 一般国道 373 号				20 町道水栖山线			
测定次数	1 次	2 次	3 次	4 次	1 次	2 次	3 次	4 次	1 次	2 次	3 次	4 次	1 次	2 次	3 次	4 次
施工年月	S. 62. 08				S. 62. 08				S. 62. 09				S. 62. 09			
调查年月	S. 63. 07	H. 01. 05	H. 02. 06	H. 03. 07	S. 63. 07	H. 01. 05	H. 02. 06	H. 03. 07	S. 63. 06	H. 01. 05	H. 02. 06	H. 03. 06	S. 63. 06	H. 01. 06	H. 02. 09	H. 03. 07
供用年限	11 个月	21 个月	34 个月	47 个月	11 个月	21 个月	34 个月	47 个月	9 个月	20 个月	33 个月	45 个月	9 个月	21 个月	36 个月	46 个月
调查面积，m^2	2662				672				5155				1076			
裂缝率，%	0	0	0	0	0	1. 3	15. 6	0. 1	0	0. 7	5. 5	7. 3	0. 1	0. 5	0. 6	1. 0
车辙深度，cm	0. 16	0. 25	0. 32	0. 43	0. 22	0. 34	0. 32	0. 43	0. 21	0. 32	0. 35	0. 48	0. 20	0. 10	0. 30	0. 20
纵断凹凸量 σ，mm	1. 12	1. 08	1. 38	1. 35	1. 39	1. 38	1. 57	0. 98	1. 37	1. 91	1. 86	1. 61	1. 05	1. 31	1. 64	1. 39
PSI	4. 50	4. 50	4. 44	4. 43	4. 45	4. 01	2. 95	4. 39	4. 45	4. 06	3. 50	3. 38	4. 40	4. 21	4. 11	4. 08
MCI				8. 70				7. 99				5. 93				7. 55
弯沉值 d，mm									0. 55	0. 46	0. 56	0. 52				
大型车交通量，台/（日·方向）																
等值换算系数：由 PSI 求出 由弯沉值求出 由 MCI 求出	0. 59*	0. 63*	0. 66*	0. 69*	0. 47*	0. 40*	0. 20*	0. 54* 补修后	1. 15 0. 90	0. 98 1. 06	0. 73 0. 87	0. 69 0. 96 0. 57	0. 61	0. 59	0. 60	0. 62 0. 78

续表

项目 \ No.	21 一般国道415号				22（主）粟野加冶木线				23 一般国道270号				24（一）粉河加太线			
测定次数	1次	2次	3次	4次	1次	2次	3次	4次	1次	2次	3次	4次	1次	2次	3次	4次
施工年月	S.62.09				S.62.09				S.62.02				S.62.01			
调查年月	s.63.06	H.01.06	H.02.06	H.03.06	s.63.07	H.01.05	H.02.06	H.03.07	s.63.07	H.01.06	H.02.05	H.03.05	s.63.06	H.01.06	H.02.08	H.03.08
供用年限	9个月	21个月	33个月	45个月	7个月	17个月	30个月	43个月	5个月	16个月	27个月	39个月	5个月	17个月	31个月	43个月
调查面积，m^2	2856				1736				1192				572			
裂缝率，%	0	0	0	0	0	0	0	0	0	2.25	8.22	17.3	0	0	0	0
车辙深度，cm	0.54	0.51	0.67	0.80	0.39	0.47	0.52	0.45	0.35	0.34	0.32	0.31	0.20	0.20	0.40	0.50
纵断凹凸量 σ，mm	1.43	1.32	1.86	3.35	0.81	1.11	0.91	0.94	1.39	1.37	1.46	1.64	0.84	0.85	0.90	1.18
PSI	4.40	4.42	4.31	4.15	4.55	4.47	4.50	4.51	4.43	3.88	3.36	2.86	4.56	4.56	4.53	4.45
MCI				8.16				8.70				5.35				8.62
弯沉值 d，mm																
大型车交通量，台/（日·方向）	517				485								308			
等值换算系数：由PSI求出 由弯沉值求出 由MCI求出	0.47	0.55	0.58	0.60	0.47	0.56	0.67	0.74	0.97	0.80	0.64	0.50 0.47	0.52	0.59	0.65	0.68

续表

项 目 \ No.	25（一）须崎仁野线				26（一）志布志福山线				27（一）端梅寺—池田线				28（主）国兄—云仙线			
测定次数	1 次	2 次	3 次	4 次	1 次	2 次	3 次	4 次	1 次	2 次	3 次	4 次	1 次	2 次	3 次	4 次
施工年月	S. 62. 12				S. 62. 10				S. 62. 10				S. 62. 11			
调查年月	S. 63. 08	H. 01. 06	H. 02. 07	H. 03. 06	S. 63. 08	H. 01. 05	H. 02. 06	H. 03. 06	S. 01. 05	H. 02. 06	H. 03. 06	H. 04. 06	S. 01. 05	H. 02. 06		H. 04. 06
供用年数	8 个月	18 个月	31 个月	42 个月	10 个月	19 个月	32 个月	44 个月	7 个月	20 个月	32 个月	44 个月	6 个月	19 个月		43 个月
调查面积，m^2	2309				506				1664				2240			
裂缝率，%	0	0. 1	0. 22	0. 61	1. 2	17. 5	50. 0	50 以上	0	1. 8	4. 8	5. 3	0	0		4. 9
车辙深度，cm	0. 40	0. 28	0. 16	0. 28	0. 33	0. 49	1. 17	2. 57	0. 13	0. 21	0. 23	0. 25	0. 51	0. 61	0. 44	
纵断凹凸量 σ，mm	1. 38	1. 83	2. 38	2. 89	1. 86	2. 23	3. 31	6. 36	1. 57	1. 38	1. 43	1. 32	3. 14	2. 44		3. 04
PSI	4. 43	4. 26	4. 16	3. 99	3. 97	2. 76	1. 40	-	4. 43	3. 95	3. 63	3. 60	4. 23	4. 26		3. 42
MCI				7. 55				—				6. 51				6. 21
弯沉值 d，mm								—								
大型车交通量，台/（日·方向）		40**						—								
等值换算系数：由 PSI 求出 由弯沉值求出 由 MCI 求出	1. 26	1. 10**	1. 17**	1. 12**	0. 58	0. 27	—	—	0. 82	0. 71	0. 65	0. 66	1. 27	1. 29		0. 92

续表

项目 \ No.	29 一般国道268号				30 一般国道268				31 一般国道432号				32（主）东广岛—白木线			
测定次数	1次	2次	3次	4次	1次	2次	3次	4次	1次	2次	3次	4次	1次	2次	3次	4次
施工年月	S. 62. 03				S. 62. 07				S. 62. 09				S. 62. 11			
调查年月	S. 01. 05	H. 02. 06	H. 03. 07	H. 04. 06	S. 01. 05	H. 02. 06	H. 03. 07	H. 04. 06	S. 01. 06	H. 02. 06	H. 03. 07	H. 04. 07	S. 01. 06	H. 02. 06	H. 03. 07	H. 04. 07
供用年限	14个月	27个月	40个月	51个月	10个月	23个月	36个月	47个月	9个月	21个月	34个月	46个月	7个月	19个月	32个月	44个月
调查面积，m^2	2128				1754				883				2836			
裂缝率，%	0	0. 3	0. 9	1. 5	0. 3	1. 7	2. 0	2. 5	0	0. 4	3. 2	4. 7	0	0. 1	0. 2	0. 3
车辙深度，cm	0. 26	0. 32	0. 37	0. 51	0. 24	0. 31	0. 60	0. 90	0. 19	0. 28	0. 30	0. 32	0. 27	0. 49	0. 68	0. 81
纵断凹凸量 σ，mm	1. 70	1. 09	1. 11	1. 11	1. 46	1. 36	1. 87	1. 74	2. 26	1. 70	1. 56	1. 67	2. 22	1. 17	1. 13	1. 08
PSI	4. 40	4. 29	4. 13	4. 01	4. 23	3. 96	3. 80	3. 68	4. 34	4. 16	3. 75	3. 59	4. 34	4. 34	4. 26	4. 20
MCI				6. 94				6. 18				6. 47				7. 24
弯沉值 d，mm																
大型车交通量，台/（日·方向）																
等值换算系数：由PSI求出 由弯沉值求出 由MCI求出	0. 54	0. 57	0. 58	0. 59 0. 75	0. 53	0. 53	0. 55	0. 56 0. 70	1. 50	1. 41	1. 21	1. 14	0. 70	0. 74	0. 76	0. 77 0. 84

续表

项目 \ No.	33 一般国道 117 号				34（主）今市矢板线				35（一）木滑釜清水线				36（一）冈田深谷线			
测定次数	1 次	2 次	3 次	4 次	1 次	2 次	3 次	4 次	1 次	2 次	3 次	4 次	1 次	2 次	3 次	4 次
施工年月	S. 63. 08				H. 01. 03				S. 63. 08				S. 63. 09			
调查年月	S. 01. 06	H. 02. 06	H. 03. 06	H. 04. 06	S. 01. 06	H. 02. 07	H. 03. 06	H. 04. 07	S. 01. 06	H. 02. 06	H. 03. 06	H. 04. 06	S. 01. 06	H. 02. 06	H. 03. 06	H. 04. 06
供用年限	10 个月	22 个月	34 个月	46 个月	3 个月	16 个月	27 个月	40 个月	10 个月	22 个月	34 个月	46 个月	9 个月	21 个月	33 个月	45 个月
调查面积，m^2	2560				2145				2673				2684			
裂缝率，%	0	0	0	0	0	3. 5	4. 8	7. 3	0. 1	0. 4	0. 5	0. 9	0	0. 1	0. 7	1. 0
车辙深度，cm	0. 45	0. 75	0. 81	1. 16	0. 22	0. 56	0. 78	0. 95	0. 20	0. 26	0. 26	0. 26	0. 21	0. 25	0. 28	0. 27
纵断凹凸量 σ，mm	1. 81	1. 72	1. 73	2. 64	1. 38	1. 77	2. 23	2. 20	1. 64	1. 36	2. 86	1. 86	1. 08	1. 19	2. 10	2. 36
PSI	4. 36	4. 31	4. 29	4. 08	4. 45	3. 65	3. 43	3. 20	4. 29	4. 21	4. 02	4. 03	4. 51	4. 36	4. 04	3. 95
MCI				7. 82				5. 36				7. 47				7. 38
弯沉值 d，mm																
大型车交通量，台/（日·方向）																
等值换算系数：由 PSI 求出 由弯沉值求出 由 MCI 求出	0. 47	0. 54	0. 59	0. 60	0. 36	0. 29	0. 32	0. 34	1. 22	1. 19	1. 11	1. 12	0. 89	0. 86	0. 78	0. 77

续表

项目 \ No.	37 一般国道 116 号				38（主）真冈高根尺线				39（主）宇都宫茂木线				40（市）1－15 号			
测定次数	1 次	2 次	3 次	4 次	1 次	2 次	3 次	4 次	1 次	2 次	3 次	4 次	1 次	2 次	3 次	4 次
施工年月	S. 63. 08				H. 01. 01				H. 01. 01				S. 63. 11			
调查年月	H. 01. 05	H. 02. 06	H. 03. 06	H. 04. 06	H. 01. 05	H. 02. 06	H. 03. 06	H. 04. 07	H. 01. 05	H. 02. 06	H. 03. 07	H. 04. 06	H. 01. 06	H. 02. 07	H. 03. 06	H. 04. 06
供用年限	7 个月	20 个月	32 个月	44 个月	4 个月	17 个月	30 个月	41 个月	4 个月	17 个月	30 个月	41 个月	7 个月	20 个月	31 个月	43 个月
调查面积，m^2	680				1560				1158				1230			
裂缝率，%	0	0	0	0	0	0. 1	0. 3	2. 6	0	0. 3	2. 1	10. 6	0	8. 6	9. 5	10. 1
车辙深度，cm	0. 62	1. 15	1. 58	2. 32	0. 32	0. 42	0. 53	0. 54	0. 32	0. 45	0. 53	0. 53	0. 26	0. 36	0. 48	0. 39
纵断凹凸量 σ，mm	1. 30	1. 70	2. 32	2. 52	1. 42	1. 36	1. 49	1. 45	1. 42	1. 76	1. 82	1. 94	1. 71	1. 80	2. 07	2. 53
PSI	4. 40	4. 18	3. 91	3. 39	4. 43	4. 31	4. 19	3. 80	4. 43	4. 16	3. 81	3. 12	4. 40	3. 29	3. 18	3. 12
MCI				6. 81				6. 58				5. 53				5. 72
弯沉值 d，mm													0. 57			0. 70
大型车交通量，台/（日·方向）					290				170							
等值换算系数：由 PSI 求出 由弯沉值求出 由 MCI 求出	0. 50	0. 56	0. 58	0. 56 0. 80	0. 43*	0. 47*	0. 50*	0. 48*	0. 50*	0. 53*	0. 53	0. 47*	0. 54 0. 78	0. 35	0. 38	0. 42 0. 61 0. 61

续表

项目 \ No.	41（主）冈山吉井线				42（一）团部能势线				43（一）塔野濑～+文字～小郡线				44　一般国道213号			
测定次数	1次	2次	3次	4次	1次	2次	3次	4次	1次	2次	3次	4次	1次	2次	3次	4次
施工年月	S. 63. 09				S. 63. 11				H. 01. 01				S. 63. 11			
调查年月	H. 01. 02	H. 02. 06	H. 03. 06	H. 04. 06	H. 01. 07	H. 02. 06	H. 03. 06	H. 04. 07	H. 01. 06	H. 02. 05	H. 03. 05	H. 04. 07	H. 01. 06	H. 02. 05	H. 03. 05	H. 04. 06
供用年限	5个月	21个月	33个月	45个月	8个月	19个月	31个月	44个月	5个月	16个月	28个月	42个月	7个月	18个月	30个月	43个月
调查面积，m^2	1400				1916				2599				1078			
裂缝率，%	0	0	0	0	0	0	0. 17	0. 26	0	0	0. 15	0. 31	0	0. 15	1. 32	1. 54
车辙深度，cm	0. 20	0. 30	0. 38	0. 50	0. 25	0. 28	0. 33	0. 35	0. 31	0. 31	0. 36	0. 41	0. 36	0. 35	0. 36	0. 31
纵断凹凸量 σ，mm	1. 58	2. 30	3. 06	1. 82	0. 98	1. 20	1. 08	1. 02	1. 56	1. 62	1. 60	1. 51	1. 41	1. 45	1. 54	1. 55
PSI	4. 42	4. 33	4. 25	4. 35	4. 52	4. 48	4. 34	4. 32	4. 41	4. 40	4. 26	4. 20	4. 43	4. 28	3. 98	3. 95
MCI				8. 58				7. 80				7. 68				7. 18
弯沉值 d，mm	0. 44	0. 48	0. 52	0. 64									0. 88	0. 93	0. 85	0. 81
大型车交通量，台/（日·方向）																
等值换算系数：由PSI求出 由弯沉值求出 由MCI求出	1. 09 1. 05	1. 07 0. 98	1. 05 0. 91	1. 12 0. 71 1. 37	0. 55	0. 60	0. 63	0. 67	0. 89	0. 90	0. 87	0. 86	0. 54 0. 53	0. 57 0. 50	0. 58 0. 55	0. 62 0. 57

续表

项目 \ No.	45（一）世知原～吉井线				46（一）三乡松伏线				47（一）粉河加太线				48　一般国道424号			
测定次数	1次	2次	3次	4次	1次	2次	3次	4次	1次	2次	3次	4次	1次	2次	3次	4次
施工年月	S. 63. 09				H. 01. 01				S. 63. 11				H. 01. 03			
调查年月	H. 01. 06	H. 02. 05	H. 03. 05	H. 04. 06	H. 01. 07	H. 02. 07	H. 03. 07	H. 04. 07	H. 01. 06	H. 02. 08	H. 03. 08	H. 04. 08	H. 01. 06	H. 02. 08	H. 03. 08	H. 04. 06
供用年限	6个月	17个月	29个月	42个月	6个月	18个月	30个月	42个月	7个月	21个月	33个月	45个月	3个月	17个月	29个月	41个月
调查面积，m^2	1139				2240				1148				2900			
裂缝率,%	0	0	0. 40	0. 67	0	0. 49	1. 89	2. 79	0	0	0	0. 04	0	0	0. 1	2. 2
车辙深度，cm	0. 40	0. 45	0. 48	0. 35	0. 53	1. 16	1. 40	1. 64	0. 10	0. 30	0. 50	0. 60	0. 20	0. 40	0. 40	0. 30
纵断凹凸量 σ，mm	1. 60	1. 52	1. 52	1. 44	2. 17	3. 90	2. 83	3. 44	1. 03	1. 15	1. 19	1. 15	1. 29	1. 54	1. 63	1. 47
PSI	4. 40	4. 40	4. 16	4. 12	4. 31	3. 73	3. 44	3. 16	4. 52	4. 48	4. 45	4. 36	4. 47	4. 41	4. 27	3. 88
MCI				7. 47				5. 33				8. 50				6. 99
弯沉值 d，mm																
大型车交通量，台/（日·方向）									308				305			
等值换算系数：由PSI求出 由弯沉值求出 由MCI求出	0. 81	0. 82	0. 78	0. 78	0. 31	0. 38	0. 41	0. 42	0. 52	0. 60	0. 65	0. 67	0. 55	0. 60	0. 61	0. 56 0. 72

续表

项目 \ No.	49（一）桃山下井阪线				50（一）市场津山线				51 一般国道 176 号			
测定次数	1 次	2 次	3 次	4 次	1 次	2 次	3 次	4 次	1 次	2 次	3 次	4 次
施工年月	H. 01. 03				H. 01. 03				S. 63. 07			
调查年月	H01. 06	H02. 08	H03. 07	H04. 08	H01. 07	H02. 08	H03. 07	H04. 08	H01. 06	H02. 06	H03. 06	H04. 07
供用年限	3 个月	17 个月	28 个月	41 个月	4 个月	17 个月	28 个月	41 个月	11 个月	23 个月	35 个月	48 个月
调查面积，m^3	907	762	2600									
裂缝率,%	0	0	0	0	0. 1	0. 2	0. 8	0	0	0. 2	0. 8	
车辙深度，cm	0. 20	0. 60	0. 90	1. 30	0. 20	0. 4	0. 30	0. 50	0. 35 0. 53	0. 52	0. 63	
纵断凹凸量 σ，mm	1. 44	2. 06	1. 78	2. 13	1. 75	1. 82	1. 74	1. 67	2. 29	2. 06	2. 50	2. 83
PSI	4. 44	4. 30	4. 26	4. 07	4. 40	4. 25	4. 22	4. 04	4. 32	4. 32	4. 11	3. 90
MCI				7. 71				7. 20				6. 99
弯沉值 d，mm												
大型车交通量，台/（日·方向）	287	284			203							
等值换算系数：由 PSI 求出 由弯沉值求出 由 MCI 求出	0. 73	0. 73	0. 74	0. 71 0. 93	0. 94	0. 94	0. 98	0. 97	0. 91	0. 92	0. 86	0. 80 0. 68

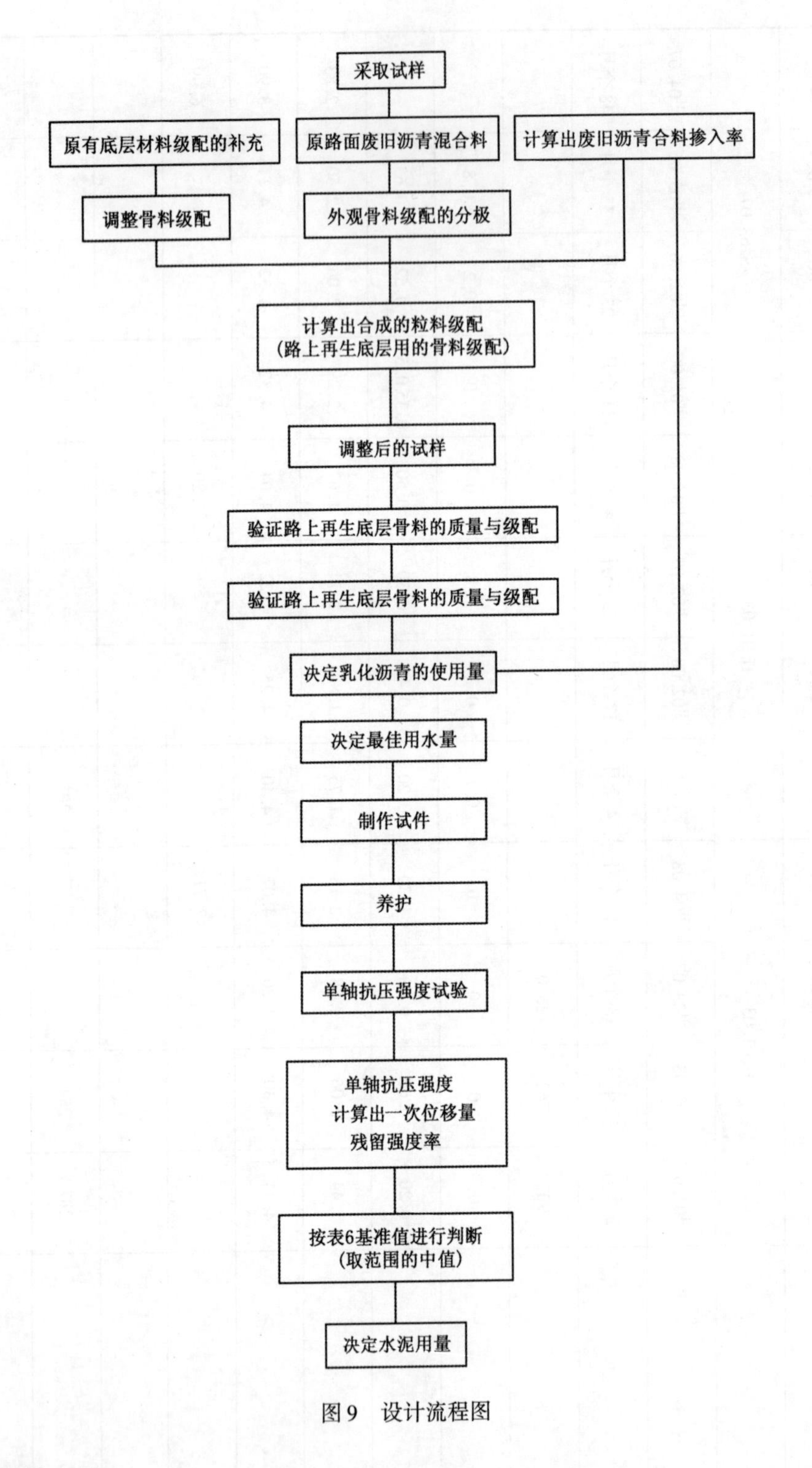

图9　设计流程图

(3) 水泥掺入量。

水泥用量是用再生 CEA 混合料的单轴抗压强度试验方法而确定。

这项单轴抗压强度试验，是用马歇尔试验的锤击面进行单轴抗压破坏试验，按抗压强度试验评定其强度与柔性。试验顺序是首先将路上再生底层材料加入乳化沥青与水泥进行拌和，拌匀的混合料装入马歇尔试验模型中，同时不断改变水泥用量（1%，3%，5%）进行比较试验，然后按图 10 进行单轴抗压强度试验，求出一次位移量与残留强度率，并应达到表 6 规定要求。

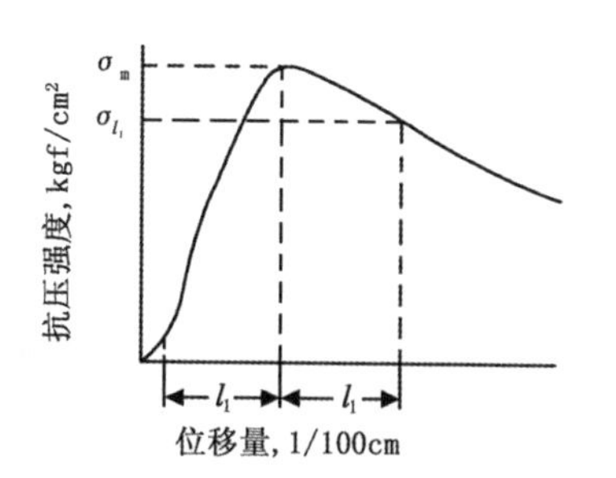

图 10　荷载强度与位移量曲线

表 6　单轴抗压试验标准值

特征	标准值
单轴抗压强度，kgf/cm²	15～30
一次位移量，1/100cm	5～30
残留强度率，%	65 以上

将这些试验数据，由不同水泥用量，按图 11 的要求，绘制单轴抗压强度、一次位移量，残留强度率、干容重、吸水率等曲线，并选其中共同适应范围的中间值，定为最佳水泥用量。

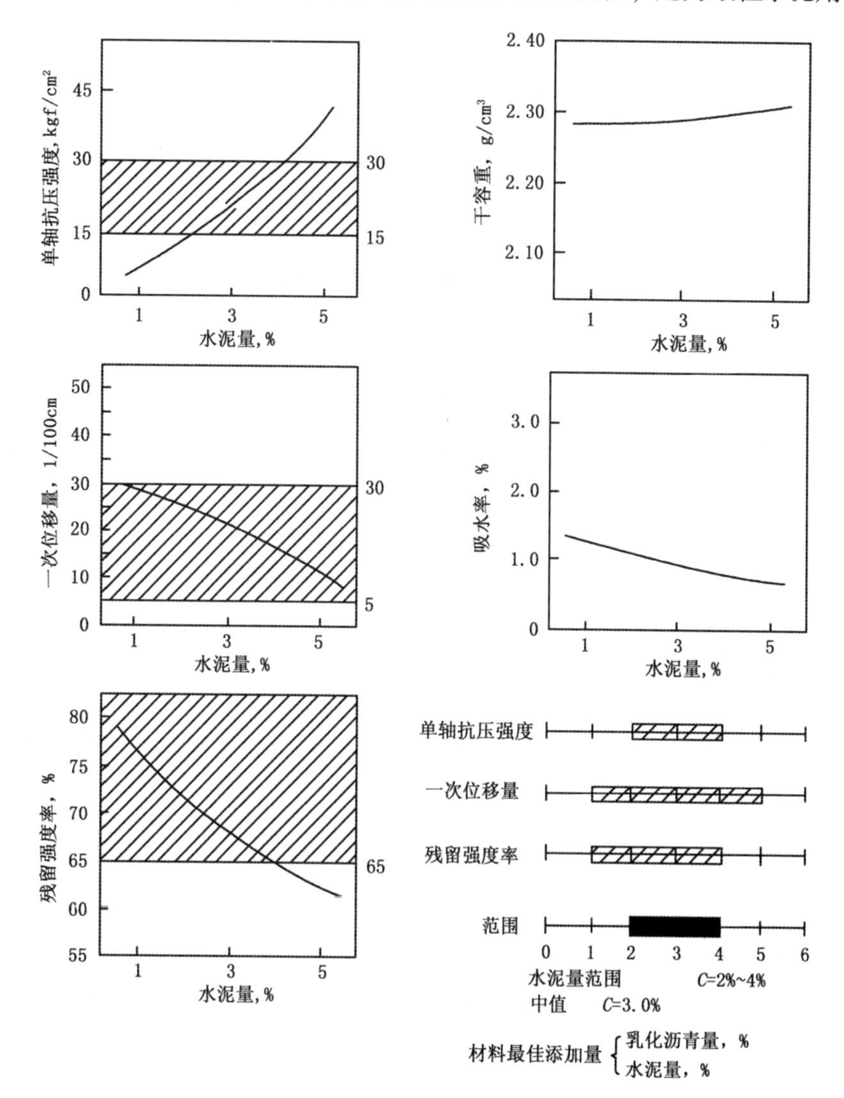

图 11　水泥量的决定

进行单轴抗压强度试验时，由于试件高度、成型的方法、加水量及养护温度及时间等因素，都将显著影响试验结果，因而在试验过程中应充分重视。

（二）补充说明

路上再生混合料的原材料的要求。

（1）骨料。

CEA混合料中的骨料，可用机轧碎石、级配碎石、天然砂砾石等，其理想的级配如表7和图12。

表7 骨料的理想级配范围

项目		级配范围
通过质量，%	50mm	100
	40mm	95~100
	20mm	50~100
	2.5cm	20~60
	0.074mm	0~15
	塑性指数	小于9

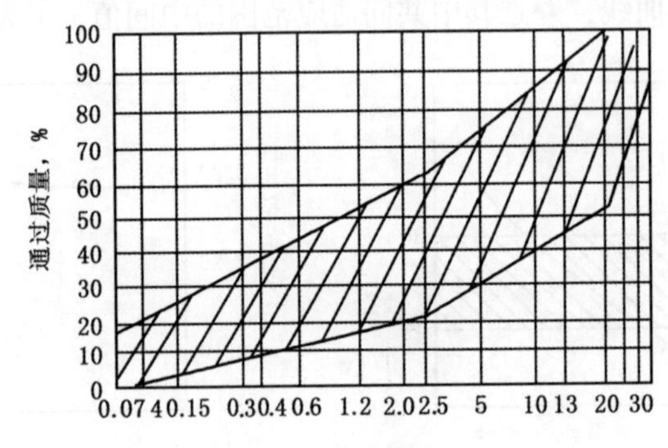

图12 骨料理想级配

（2）乳化沥青。

由于离子型乳化沥青与骨料和水泥接触时产生离子反应，促使乳化沥青急速破乳，以致沥青不能在混合料中均匀分布，采用非离子乳化沥青，沥青微粒不带电荷、与骨料及水泥等接触，不产生离子电荷反应，可以有充分拌和时间、沥青分布均匀，因而日本于1993年修订的沥青铺装纲要中，规定CEA综合加固处理的乳化沥青为MN-1型乳液。这种非离子乳化沥青除了能与水泥、骨料等分散均匀外，还可与橡胶胶乳、树脂乳液、矿粉（填料）等材料，均匀拌和使用，今后作为工业用的乳化沥青有着广阔的发展前景。MN-1乳液的技术标准见表8。

表8 CEA综合加固处理用乳液标准

项目 \ 分类及符号项目		非离子乳化沥青，MN-1
恩格拉黏度（25℃）		2~30
筛上剩余量（1.18mm），%		小于0.3
水泥拌和试验，%		小于1
蒸发残留物含量，%		大于57
蒸发残留物	针入度（25℃），0.1mm	60~300
	延度（15℃），cm	大于80
	三氯乙烯溶分，%	大于97
贮存稳定性（24h），%		小于1

（3）水泥。根据工程需要，可采用普通水泥、早强水泥、特殊水泥、中热水泥、黏煤灰水泥、高炉水泥等。水泥与乳液的合计量应为8%。

（4）加水量。

CEA综合加固混合的配合比 = 粒料 + 外掺剂 + 水

选择最佳加水量，先将粒料中掺入3%水泥，经过充分拌匀，用马歇尔试模，制成高为6.8cm，直径为10cm（两面各锤击50次）的试件，然后将含水量上下调整1%，分别制成不同加水量的5个试件。成型后立即脱模，称试件空气中质量，测量试体的高度。待试体于烘箱中烘干后，分别求出水泥稳定混合料的干容重与含水量之间关系曲线，从中可以找出水泥稳定混合料的最佳含水量。根据大量的试验结果，得出如下经验公式：

CEA综合稳定混合料的最佳含水量 = 水泥稳定混合料的最佳含水量 − 0.53 × 乳液量(%) + 0.6

阳离子乳化沥青及其路用性能的研究

交通部“阳离子乳化沥青及其路用性能的研究”
课题协作组，1984年7月

一、前言

路面铺装率，不仅是表明一个国家公路发展的技术水平，而且是这个国家国民经济发展的重要标志。在发达国家的道路发展中，一方面重视修建高级公路，另一方面努力发展地方道路与生活区道路，同时，十分重视已铺路面的经常性的维修养护，使路面经常地保持良好的路用性能与运输效率，减少车辆的磨损，降低油料的消耗，美化公路环境、防止环境的污染。尤其在世界性能源危机的影响下，在筑路工程中，节省能源，节约资源，降低造价，保护环境等的呼声越来越高。在这种形势下，如何改善沥青路面的施工问题，已经引起广泛地重视，许多国家在筑路及养路的实践中认识到：发展阳离子乳化沥青是达到上述要求的可取途径，因而引起国内、外公路部门的普遍重视。

所谓乳化沥青，就是将沥青在其热熔状态时，经过搅拌、离心、剪切、研磨等的机械作用，使其被分散成为细小微粒状态，并能稳定地、均匀地分散于含有乳化剂的水溶液之中，使它在常温状态下，成为水包油状的乳状液，这就是沥青乳液，简称为乳液。使用这种乳液不需加热，可以在常温状态下，进行贯入或拌和等各种路面的施工，也可用于建筑防水、植物养生、边坡保护等，从而使加热沥青的施工技术得到大大地改善。例如，施工现场不需支锅盘灶、加热熬油，避免对于沥青路面工人的烧伤、烫伤或沥青中毒，也避免因加热熬油引起火灾。因而改善了施工条件，减少环境污染，节省燃料，使乳化沥青长期以来得到不断地发展。

乳化沥青的发展至今已有六十年的历史，在其前四十年的过程中主要发展的是阴离子乳化沥青。这种乳液有如上述优点，但它使沥青微粒带有阴离子电荷，当这种乳液与骨料表面接触时，由于湿润骨料表面也带有阴电荷，若使沥青微粒能裹覆到骨料表面时，必须待乳液中水分的蒸发（见图1），而且这种裹覆只是单纯的黏附，沥青与骨料表面间黏附力低，若在施工中遇上阴湿或低温季节，乳液中水分蒸发缓慢，沥青裹覆骨料的时间拖长，影响路面早期成型和强度，推迟开放行车，另一方面，石蜡基与混合基原油的沥青增多，阴离子乳化剂难以对这些沥青进行乳化。因而这一段时期虽然乳化沥青技术在发展，但发展的速度并不快。

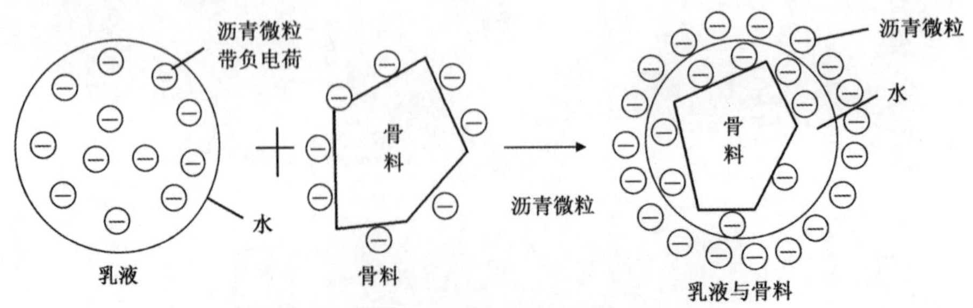

图1　阴离子乳化沥青与骨料的黏附

随着近代界面化学与胶体化学的发展，近十多年来，国外对于阳离子乳化沥青技术也有了迅速发展。

这种乳化沥青是在沥青微粒上带有阳离子电荷，它与骨料表面接触时，产生阴阳离子的吸附作用，而且即使骨料处于湿润或乳液中的水分没有蒸发的情况下，也较少地影响这种离子的吸附作用（图2）。

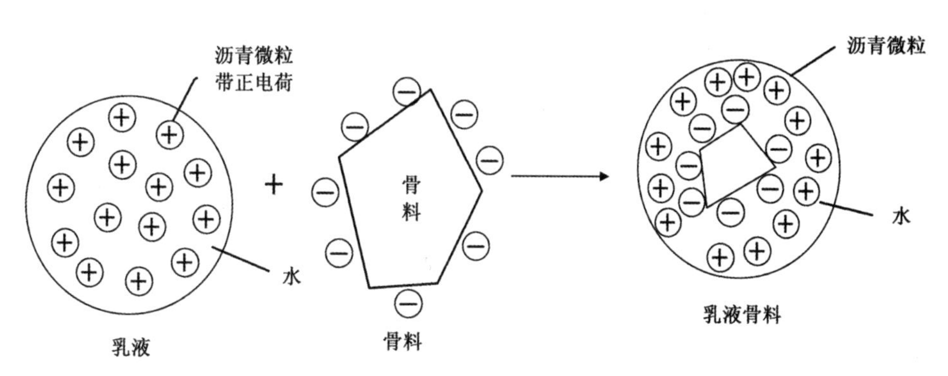

图2　阳离子乳化沥青与骨料的黏附

在阴湿和低温季节里，阳离子乳液几乎可以照常施工，它提高了沥青与骨料之间的黏结力，也提高了路面的早期强度，铺后可以尽早通车。由于阳离子沥青乳液的这些特点，可以说它发挥了阴离子乳化沥青的优点，弥补其缺欠与不足，从而将乳化沥青的发展推向一个新的历史阶段。目前无论在公路和城市道路的路面面层与基层，还是在低交通量的公路支线和大交通量的公路干线上，都在广泛应用，尤其对于旧路的维修养护，更能显示出其特有的长处，因此使阳离子沥青乳液的产量成倍增长（图3）。

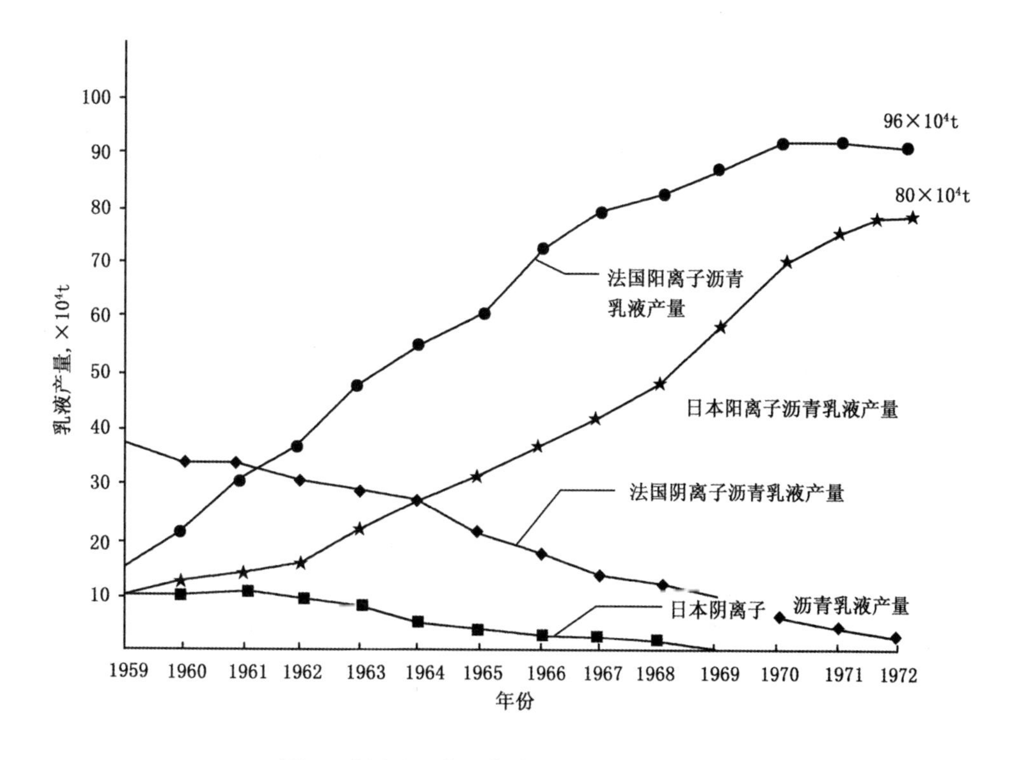

图3　法国及日本沥青乳液的产量的发展过程

法国于1955年阴离子沥青乳液年产量为44.5×10^4t，阳离子乳化沥青刚开始生产，18年后，到了1973年阴离子乳液的年产量降为5×10^4t，阳离子沥青乳液产量已达110×10^4t；日本于1959年阴离子与阳离子沥青乳液年产量都是10×10^4t，到了1973年阴离子乳液产量降为4×10^4t，阳离子乳液已上升到70×10^4t。在道路的维修养护中，法国年用石油沥青为10×10^4t，煤沥青为6×10^4t，乳化沥青已达到100×10^4t。其他国家如美国、西班牙、英国、苏联、加拿大、瑞士等国家也都在大量地应用，从而加速了这些国家沥青路面的发展，提高了路面的铺装率与好路率。

我国最初接触阳离子乳化沥青是在1973年的加拿大工业展览会上，我们当时见到土壤稳定剂（SOILCONSERVES）少量样品，在北京大学化学系协助下，终于基本搞清楚它就是阳离子乳化沥青，从此查阅专利了解到国外阳离子乳化沥青的迅速发展情况。1978年初，我国交通公路部门成立“阳离子乳化沥青在道路中应用的研究”课题协作组，1981年列为交通部重点研究项目，1993年列为国家节能应用研究项目。该课题开始由河南、辽宁、吉林省交科所，大连城建局、大连油脂化学厂、交通部公路科学研究所等单位组成协作组，以后又有北京市公路处科研设计所、黑龙江省交通科研所、湖南省交通厅，大庆市公路工程公司、天津市轻工化学研究所等单位参加。在该协作组分工作协作、共同努力下，对于阳离子乳化剂的选择及试制、乳化工艺及乳液配方的试验、乳化设备及乳化车间的设置、阳离子沥青乳液的检验标准及试验方法、沥青混凝土配合比设计试验方法、筑路及养路施工技术等等问题逐项进行研究解决。

目前，使用我国自制的阳离子乳化剂和乳化设备，已在河南、河北、辽宁、吉林、黑龙江、湖南、四川、甘肃、青海、山东、北京、大连等十四个省市开始应用。铺筑有贯入式、沥青碎石、沥青混凝土、表面处治等各种类型面层的试验路面近$37\times10^4m^2$（表1）。这些路面的施工，有用人工拌和与洒布，也有是用机械拌和与洒布；有的在寒冷的北方，也有的在湿热的南方；有的用胜利与茂名的沥青，也有的用大庆与高升的沥青。这些路面已经经受一年、两年，甚至五年以上的行车考验，路面仍然坚实、平整。经过检验证明，各项指标基本符合沥青路面规范要求。

随着我国阳离子乳化剂和乳化设备的研制成功，阳离子沥青乳液铺路的技术已逐渐被人们所掌握，而且在实践中进一步体会到它对节省能源，节省资源，改善施工条件，延长施工季节等优点，适合我国公路和城市道路发展的需要，深受筑路工人欢迎。乳化剂的试用量三年来急剧增长，1981年为5t，1982年为40t，1983年为150t。目前全国已有20个省市开展这项研究工作。而且除了公路与城市道路工程中应用外，铁道部门研究用阳离子乳化沥青铺筑填充道床和路基防水，建工部门用于洞库防水与屋面防水，水利电力部门研究改善水泥混凝土的抗渗性与抗裂性，冶金部门用于钢材的防腐和矿山公路，农业部门研究用于植物养生，中国科学院沙漠所研究用乳液进行固砂，化工部门研究乳化剂的系列化及降低造价，石油部门研究用于井壁加固……总之，阳离子乳化沥青的研究在我国公交战线已经引起广泛的重视。

由于我国幅员辽阔，沥青组分复杂，气候差异较大，还由于油脂化学工业基础薄弱，过去没有生产过乳化沥青用的阳离子乳化剂，也没有生产乳化沥青的设备，这就给我国发展阳离子乳化沥青带来一定的困难。一些外国厂商看到这一点，多次洽商，表示愿意为发展我国阳离子乳化沥青进行技术“资助”，并以技术投资合资经营乳化沥青工厂，其实他们对乳化技术与乳化剂绝对保密。课题协作组的成员深感发展我国阳离子乳化沥青技术的经济意义和政治意义，从一开始工作就发扬了社会主义大协作的精神，各单位有道路、化工、机械材料等各方面专业技术人员，共同学习，互相配合，在简陋的条件下进行着上千次试验，一定要把我国的阳离子乳化沥青搞上去。法国是从1935年至1953年用了18年时间，研究出阳离子乳化沥青。我国只用了五年的时间，基本上突破了乳化剂、乳化机、乳化工艺、铺路及养路技术等一系列的技术难关，使阳离子乳化沥青在我国今后可以得到迅速的发展和应用。目前虽然有些问题有待进一步深入研究，但它已显示出阳离子乳化沥青在我国有着广泛的发展前景，现介绍如下。

表1　阳离子乳化沥青试验路统计表

省别	地点	结构形式	数量		修筑日期
			长度，m	面积，m^2	
湖南省	湘潭县扩建	2cm 层铺表处	160	960	1982 年 7 月
		5cm 贯入式	234	1404	1982 年 7 月
		2cm 拌和表处	458	2748	1982 年 10 月
	岳阳县大修	2cm 拌和表处	150	1050	1982 年 9 月
		2cm 层铺表处	320	2240	1982 年 9 月
		贯入式	130	910	1982 年 9 月
		单层表处	100	560	1983 年 3 月
		双层表处	100	560	1983 年 3 月
		2cm 油灰砂拌和表处	230	1380	1982 年 7 月
	桃源县	表处	30	180	1982 年 7 月
	长湘线	3cm 人工拌和	1000	14000	
	合计			25992	
河南省	郑州市新建	2cm 表处	400	3600	1980 年 7 月
		3 ~ 4cm 贯入式	200	1800	1980 年 7 月
		4cm 黑色碎石	200	1800	1980 年 7 月
		4 ~ 5cm 黑色碎石	200	1800	1980 年 7 月
		2cm 表处	100	900	1981 年 3 月
		2cm 细粒式混凝土		40	1981 年 7 月
		4cm 中粒式混合料，2cm 石屑	200	1800	1981 年 10 月
		4cm 中粒式混合料	100	900	1981 年 10 月
		4cm 中粒式混凝土			1981 年 10 月
		2cm 细粒式混凝土	200	1800	1981 年 10 月
		4cm 中粒式混凝土	100	900	1981 年 10 月
		4cm 黑色碎石	300	2700	
	襄城县	2cm 表处（乳化渣油）	120	720	1982 年 8 月
	孟津县	渣油表处	1500	10500	1983 年 4 月
	信阳市	人工拌和	500	4500	
	洛阳市	简易表处	500	4500	
		简易表处		71000	
	合计			109260	
吉林省	盘石县	4cm 拌和沥青碎石	120	840	1979 年 9 月
		上拌 2cm、下贯 4cm	400	2800	1982 年 9 月
		封层	174	1218	1983 年 5 月
		上拌下贯：上拌 1.3cm，下贯 4cm	400	2600	1982 年 9 月
	双阳县新建	4cm 黑色碎石	80	480	1980 年 7 月
		4cm 贯入式	420	2520	1980 年 7 月
		3cm 表处	1000	6000	1982 年 7—10 月
		1 ~ 1.5cm 表处防尘	2000	1200	1982 年 8 月
	合计			17658	

续表

省别	地点	结构形式	数量		修筑日期
			长度，m	面积，m^2	
黑龙江省	呼兰县	2cm 层铺表处	100	700	1982 年 7 月
		2cm 拌和表处	100	700	1982 年 9 月
		4cm 机拌沥青混凝土	100	900	1982 年 9 月
	兰西县	4cm 贯入式	100	900	1982 年 8 月
		2cm 层铺表处	200	1800	1982 年 7 月
		3cm 沥青混凝土	230	1610	
	合计			6610	
大庆市	材料加工厂	8cm 乳化沥青贯入		660	1980 年 9 月
	东风路	4cm 中粒式混凝土	77	344	1982 年 9 月
	合计			1004	
甘肃省	兰州	表面处治		1580	1981 年
		人工拌和表处		680	1981 年
		人工拌和沥青碎石		900	1981 年
		人工拌和沥青碎石		970	1982 年 4 月
		铺面层		3640	1982 年 4 月
		人工拌和沥青碎石		27000	1982 年
		人工拌和表处（旧路再生）		10000	1983 年
	合计			44770	
北京市	密云县	A_{100}碱性骨料层铺	300	1800	1982 年 8 月
		A_{100}酸性骨料层铺	108	648	
		A_{101}碱性骨料层铺	292	1752	
		A_{101}酸性骨料层铺	160	960	
		A_{103}碱性骨料层铺	277	1662	
		A_{103}酸性骨料层铺	200	1200	
		NOT 碱性骨料层铺	172	1032	
		NOT 酸性骨料层铺	207	1242	
		NOT 厂拌沥青碎石土封层	203	1218	
		3cm 沥青混凝土	140	1680	
	合计			13194	
大连市城建局	黄河路泉勇街口	4cm 沥青混凝土		30	1979 年 10 月
	高尔基路长春路	4cm 沥青混凝土		14	1980 年 5 月
	高尔基路沈阳路	4cm 沥青混凝土		18	1980 年 6 月
	中山路拥警街	4cm 沥青混凝土		1357	1980 年 9 月
	中山路玉华街口	4cm 沥青混凝土		429	1981 年 8 月
	西安路	4cm 沥青混凝土		3302	1981 年 10 月
	中山路白云山路	4cm 沥青混凝土		626	1982 年 5 月
	盖平街	4cm 沥青混凝土		2811	1982 年 6 月
	联德街	4cm 沥青混凝土		730	1982 年 6 月

续表

省别	地点	结构形式	数量		修筑日期
			长度，m	面积，m^2	
大连市城建局	五中门前	4cm 沥青混凝土		3258	1980 年 6 月
	中山路（拥警街—马兰河乔）	8cm、6cm、4cm 贯入		25517	1982 年 5 ~ 7 月
	合计			38092	
辽宁省	金县	人工拌和沥青混凝土	200	1400	1982 年 7 月
		6cm 贯入	50	3500	1982 年 7 月
		4cm 贯入	500	3500	1982 年 7 月
		单层表处	400	2800	1982 年 7 月
		双层表处	2000	14000	1982 年 7 月
		封层	1500	10500	1982 年 7 月
		封层防尘	200	1400	1982 年 7 月
	旅顺	单层表处	1000	6000	1982 年 8 月
	合计			43100	
青海省					
		表处	170	2065	1980 年 12 月
	合计			2065	
河北省	沧州	人工拌和	86	256	1981 年 10 月
		层铺贯入	20	120	1981 年 10 月
		乳液封层、罩面	70	348	1981 年 10 月
		旧路再生	50	300	1981 年 10 月
		层铺贯入		10000	
		层铺贯入	250	3000	
		人工拌和	100	1200	
	合计			15224	
江苏省	镇江	人工拌和表处	200	1200	
		下贯上拌	200	1000	
	扬州	单层表处	100	900	
		双层表处	50	450	
		浅贯入	50	450	
		人工拌和	100	900	
		人工拌和、3cm 表处	70	315	
	合计			5215	

续表

省别	地点	结构形式	数量		修筑日期
			长度，m	面积，m^2	
四川省	凉山州	黑色煤石（煤沥青）		800	
		黑色混合料（煤沥青）		800	
		贯入层铺		800	
		表面处治		800	
		沥青混凝土		800	
		贯入		50000	
	合计			54000	
山东省	维坊	贯入、沥青混凝土		1125	
总计				375540	

试验路面型式	试验路面数量，m^2
沥青混凝土	23949
贯入式与层铺表处	22858
拌和混合料（表处）沥青碎石	73937
旧沥青路面再生	10670
合计	371414

二、乳化剂的选择及研制

乳化剂的结构是由亲油基与亲水基两个基团组成，但是，不是带有这两个基团的化合物都可用作沥青的乳化剂，必须根据沥青的品种型号及成分的不同，选择与其相适应的乳化剂。目前，在国外的阳离子沥青乳化剂已经系列化和商品化，可以根据沥青的品种、施工气候、施工方法和路面结构等条件的不同，选择相适应的乳化剂，制备不同破乳速度的贯入洒布或拌和型乳液，从而满足各种不同情况的施工要求。但是，如何制造各种类型的乳化剂，国外都是保密的。我国过去未曾研究和应用过阳离子乳化沥青，没有专为乳化沥青生产过阳离子乳化剂，因此在研究的开始阶段，只能从国内现有的阳离子表面活性剂中（用在纺织业、医药业、采矿、钻探等工作中），经过与沥青乳化试验后，选择其中用量少，乳化效果好，价格便宜，料源丰富的作为阳离子乳化沥青的乳化剂，之后，再改进其制造工艺，提高质量，降低造价，解决“三废”污染，保证乳化沥青筑路的需要。为此，由天津、上海、大连、辽阳、北京等地，收集17种阳离子表面活性剂，与胜利100号沥青，在相同的乳化条件下，进行乳化沥青试验。从制备的沥青乳液中，选择符合乳液标准要求的作为阳离子乳化剂，试验结果详见附表1。

从试验结果中证明，以生产季铵盐类的天津师院化工厂生产的1831（全称：十八烷基三甲基氯化铵，代号天津OT）与上海洗涤三厂生产的1631（全称：十六烷基三甲基溴化铵）乳化效果为好，辽阳的烷基丙烯二胺也可以达到要求的乳化效果。根据“筛选”的试验结果结合我国现有的生产条件，本着需要与可能的原则，逐步发展研究我国的阳离子乳化剂，从而达到扩大原料来源，增加品种，提高质量，降低成本的目的，现将已经研制并铺筑试验路的乳化剂介绍如下：

1. 季铵盐类 NOT 乳化剂

$$\left[\begin{array}{c} CH_2 \\ | \\ R-N-CH_3 \\ | \\ CH_3 \end{array}\right] Cl$$

因为天津 1831 与上海 1631 都是用动物油做原料，但在 1978 年我国动物油十分短缺，只能依靠进口动物油，因此乳化剂成本昂贵（25 元/kg 以上），影响推广使用。为此，探索用矿物油代替动物油做原料，即用石蜡合成的脂肪酸代替动物油的硬脂酸，再以合成脂肪酸为基本原料。在其甲基化的过程中，用甲醇代替甲酸与甲醛，将伯胺制成叔胺，这个新的工艺改进了甲醛在废液中造成的污染，不仅使“三废”得到处理，也降低了乳化剂的成本，其工艺流程如图 4。

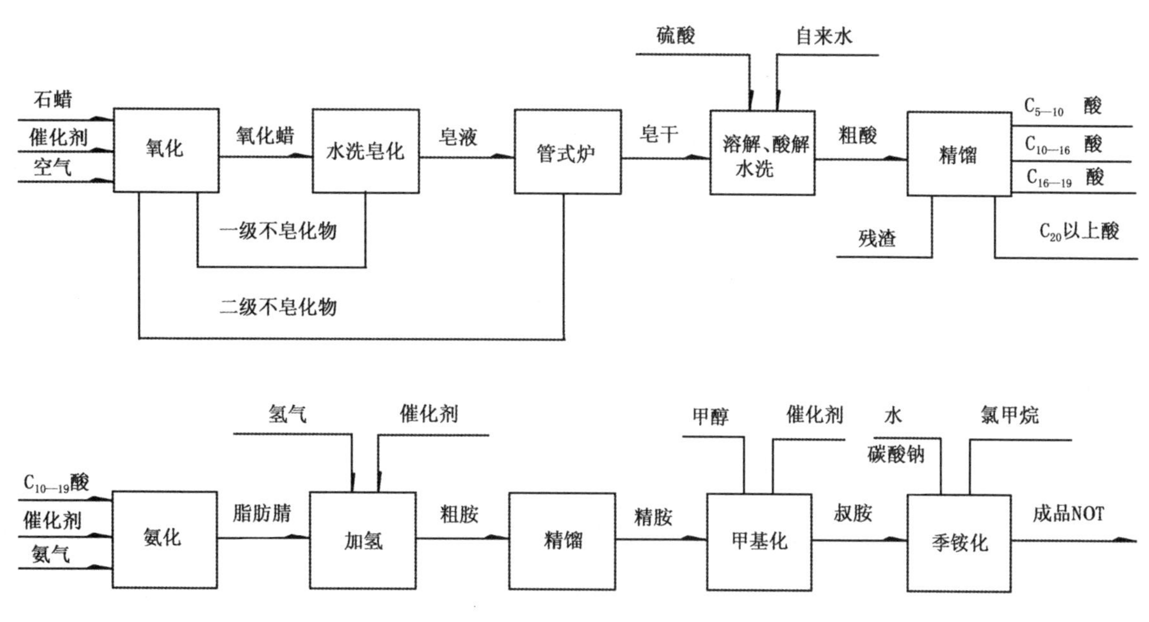

图 4　NOT 合成工艺路线图

由于这种新产品乳化剂是在原有 OT 生产工艺基础上有新的改进，因而取代号为 NOT。用这种乳化剂与胜利 100 号、200 号，高升 100 号、200 号，兰炼 100 号沥青与渣油，茂名的沥青与渣油，大庆丙烷脱 100 号，大庆氧化沥青与渣油，周李庄与羊三木沥青，攀钢煤沥青等都可取得较好的乳化效果（详见附表 2）。乳化剂用量为 0.3% ~0.5%。在全国十四个省市铺筑各种结构试验路 $20\times10^4m^2$，经过行车考验，路面密实平整，今年供应量已近 200t。

2. 烷基酰胺基多胺类乳化剂

$$RCONH\ (C_3H_6NH)_nC_3H_6NH_2$$

1980 年以后，随着国民经济好转，国内动物油由短缺变成过剩。为了增加乳化剂的品种，扩大料源，降低造价，研究用动物油和工业废料做原料，合成适于不同破乳速度的乳化沥青所需的烷基酰胺基多胺类乳化剂。它的工艺是用丙烯腈与氨水加成制出 - β - 腈乙基胺，再经催化加氢生成胺基多胺，然后与脂肪酸缩合成烷基酰胺基多胺，合成工艺路线如图 5。

烷基酰胺基多胺不溶于水，但加入 1 ~2 倍的浓盐酸可制成溶于水的烷基酰胺基多胺盐。为了减少盐酸的气味，可用强酸弱碱盐的三氯化铁（$FeCl_3\cdot6H_2O$）代替盐酸，而且可以提高乳液的稳定性。烷基酰胺基多胺类乳化剂有 JSA - 1、JSA - 2、JSA - 3 三种型号，其特点如表 2。

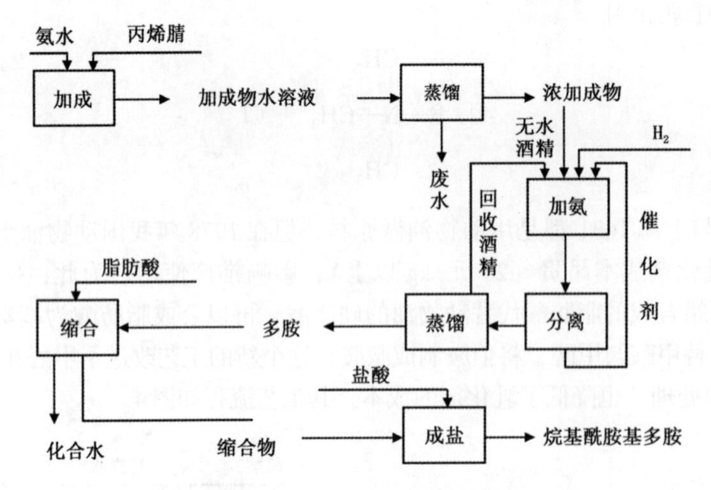

图5　烷基酰胺基多胺合成技术路线示意图

表2　烷基酰胺基多胺类乳化剂特点

乳化剂名称	代号	原材料	单价（含量100%）	用量	破乳速度	适用范围	外掺剂	
							名称	用量,%
烷基酰胺基多胺	JSA－1	猪油（刮皮油）	10元/kg	0.4～0.4	慢裂	拌和	HCl或$FeCl_3$	0.5～1
烷基酰胺基多胺	JSA－2	牛油	10元/kg	0.4～0.5	中裂	拌和、贯入、洒布	HCl或$FeCl_3$	0.5～1
烷基酰胺基多胺	JSA－3	蓖麻油下脚料工业废料	8元/kg	0.5	快裂	贯入、洒布	HCl或$FeCl_3$	0.5～1

以上三种乳化剂与沥青的乳化试验结果见附表3，并于1982年在吉林盘石县、1983年在河北河间县分别铺筑试验路，1984年7月吉林省通过鉴定，现在安排生产。

3. 1621季铵盐类乳化剂

$$\left[\mathrm{R{-}\overset{\displaystyle CH_3}{\underset{\displaystyle CH_3}{N}}{-}CH_2\ CH_2OH}\right]\ \mathrm{Cl}$$

天津助剂厂在生产的纺织助剂1227（十二烷基二甲基苄基氯化铵）的过程中，在其中间体叔胺的残渣中，含有多量的14—18碳叔胺类化合物。这些残渣年久堆积成灾，污染环境。利用这些残余物，通过重新减压蒸馏，在一定的温度与压力下，与氯乙醇反应制成1621（十六烷基二甲基羟乙基氯化铵）季铵盐类乳化剂，其反应原理及方程式为：

$$\mathrm{R{-}N\begin{matrix}\diagup CH_3\\ \diagdown CH_3\end{matrix}}\ +\mathrm{HOCH_2CH_2Cl}\quad\left[\mathrm{R{-}\overset{\displaystyle CH_2}{\underset{\displaystyle CH_3}{N}}{-}CH_2CH_2OH}\right]^+\mathrm{Cl^-}$$

R—C_{14-18}取其平均值C_{16}计。

用这种乳化剂对于胜利100号及周李庄、大港等沥青进行室内外试验，试验结果见附表3。用1621制备的阳离子沥青乳液除了乳液的贮存稳定性略差外，其他各项指标均符合规定需求。1983年8月，用这种乳液在河北省河间县京大线上，铺筑试验路面600m^2，经过日交通量3000辆行车考验，路面平整、密实，现正继续观测中。1621 乳化剂是利用 1227 的废料，降低乳化剂成本（按 100% 含量计，单价为 7.4 元/kg），同时也利用了积压的废料。用这种乳化剂制备的沥青乳液，初步试验表明其蒸发残留物（沥青）的物理性能没有下降的趋势，而且蒸发残留物延度略有增长。如果使这种乳液贮存时间延长，可以掺入稳定剂，或适当增加 1621 用量。

4. 烷基丙烯二胺类乳化剂

这种乳化剂又称为 N－烷基丙烯二胺乳化（$RNH(CH_3)_2NH_2$），辽阳有机化工厂作为硅砂浮选剂而研制的。经与沥青乳化初步取得良好的效果后，又做了改进，不但提高质量，而且减少用量（0.15%～0.5%之间降低成本）。这种乳化剂的原料可采用动物油的脂肪胺，石蜡合成脂肪胺或棉籽油脂肪胺，其含量为 100% 的单价为 10 元/kg。

1982 年，在金州至猴儿石路段铺筑试验路面 833m^2（其中沥青混凝土拌和式路面为 350m^2，贯入式路面为 233m^2），在日交通量为 3000 辆行车作用下，路面平整、密实，情况良好。

三、乳化工艺及配比选择

虽然制备沥青乳液有多种不同方式，但是乳化工艺流程基本是一致（图 6），主要由乳化剂水溶液的调制槽、热沥青贮存罐、油水比例的调整部分、乳化机械、沥青乳液贮存槽五部分组成。

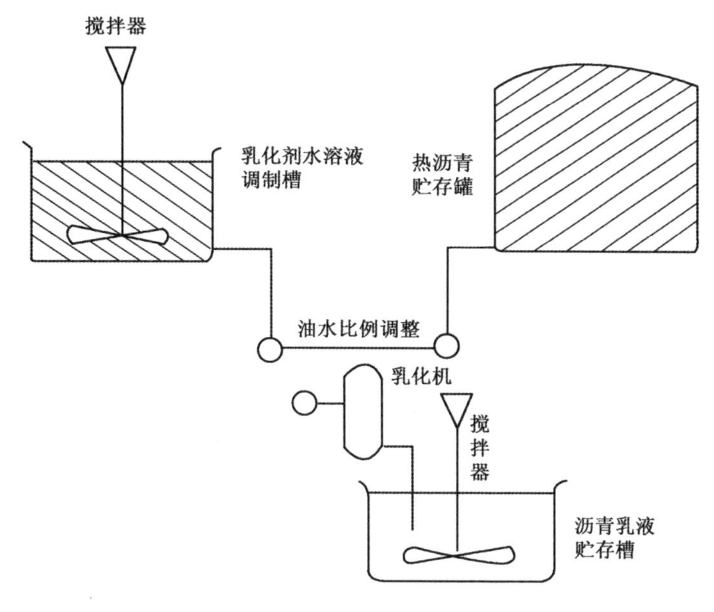

图 6　乳化沥青乳化工艺流程图

这五部分说明每个部分各自的调整因素很多，相互影响，形成错综复杂的选配关系。例如：沥青的品种、标号、温度、用量；乳化剂水溶液中，乳化剂的品种、用量、温度、pH 值、掺加方法；油水比例的调节；乳化机的性能……都是影响沥青乳化的重要因素。如何选择经济合理的乳化工艺条件，是十分复杂的工作。通过正交设计的反复试验，根据施工的具体情况，选配适宜的乳化工艺条件。

（1）沥青。根据乳液在道路中的用途，选择适宜型号的沥青，检验沥青的针入度、软化点、延度、溶解度，并应符合道路沥青要求的技术指标。

（2）油温。根据沥青的标号、乳化设备的性能、施工季节（气温）等条件，选择适宜的乳化时的油温。例如：60 号沥青 140～150℃；100～200 号沥青油温可保持在 120～140℃。当在高温季节或水温偏高时，沥青温度可选用低限；当在低温季节水温偏低时，沥青温度可选用高限；对于渣油温度可在 90～100℃情况下乳化；对于针入度低、软化点高的沥青，应适当调高油温，或调低油水比例；对于针入度高、软化点低的沥青可降低油温，增加油水比例。

（3）水温。在水中加入需要数量的乳化剂和稳定剂。根据乳化剂或稳定剂溶解时所需的水温，使它在水中充分溶解。铵盐类乳化剂可直接溶于水中，胺类乳化剂则需加酸调整适宜 pH 值，方可溶于水中。乳化剂水溶液温度一般应保持在 35 ~ 70℃。当油温和气温较高时水温可用低限，当油温和气温较低时，水温可用高限。在可以乳化的前提下，油温与水温不宜过高。油与水两者温度的和不应大于 200℃，过高的油水温度，将使乳化机中产生大量气泡，这种气体既影响乳化效果，也影响乳液的贮存稳定性。

（4）乳化剂。应根据沥青品种与标号，施工条件和工程需要，选择适宜品种的乳化剂适当的乳化剂及用量。当前国内的 NOT、JSA – 12 和烷基丙烯二胺类为中裂偏慢，适合沥青碎石混合料拌和用。天津 1621、OT（1831）、上海 1631、JSA – 3 为快裂适于贯入洒布。烷基丙烯二胺与 JSA – 1 为慢裂，乳化剂用量，可以根据施工需要选用 0.3% ~ 0.5%，当用于贯入洒布乳液或贮存时间要求不长时，乳化剂用量可选用低限；当用作拌和型乳液或贮存时间要求长时，可以选用高限，如需延长贮存时间或提高拌和性能时，也可适当增加乳化剂用量。

（5）油水比例。根据乳液的不同用途，选择适宜的油水比例，用于贯入洒布型乳液 G – 1 型，为使骨料表面裹覆足够的沥青，应适当提高乳液黏度，要求沥青用量为 60%，水量为 40%；用于拌和型乳液 B – 1 型，为使乳液能有良好的工作度并确保其与骨料拌和均匀，要求沥青用量为 55%，水量为 45%；用于透层油与黏层油的乳液 G – 2、G – 3 型，沥青用量为 50%，水量为 50%。根据施工需要，适当调整油水比例，改变沥青含量，调节乳液黏度，适于施工的需要。

（6）稳定剂。稳定剂的选择如同乳化剂，应根据沥青的品种与标号，乳化剂品种、乳液施工的需要等因素选择适宜品种的稳定剂。稳定剂的作用概括有三种情况。

①提高乳液的贮存稳定性，延长乳液使用时间；

②贯入洒布型乳液应有良好的渗透性，并使乳液在喷洒机械作用下，保证乳液的稳定性；

③拌和型乳液应在机械的拌和作用下，保证乳液的稳定性。

因此，稳定剂又称为胶体保护剂，概括分为无机与有机两类。

无机稳定剂：氯化铵、氯化钙、氯化镁、氯化铬，这些稳定剂可以提高乳液的贮存稳定性。

有机稳定剂：羧甲基纤维素钠、聚乙烯醇、糊精、聚丙烯酰胺、MF 废液等，它们可使乳液的沥青微粒周围产生黏度保护膜，在与骨料拌和情况下，提高乳液的拌和稳定性和贮存稳定性。

各种稳定剂多数是与乳化剂一同溶于乳化剂水溶液之中，但是也有的稳定剂需要后加入乳液中，否则不仅不起稳定作用，而且破坏了乳化作用（例如羧甲基纤维素钠）。因此选用稳定剂一定要事先进行选择性试验，不可能用一种稳定剂对各种乳液发挥作用。稳定剂的用量一般为乳液量的 0.1% ~1%。

（7）pH 值。当使用胺类乳化剂进行沥青乳化时，必须调节乳化剂水溶液的 pH 值，使胺变成胺盐才能溶解于水。一般认为 pH 值低时有利于沥青乳化或乳液的贮存稳定性，当乳液的 pH 值在 5 ~6 范围时，乳液与骨料的黏附性好。但是由于沥青或乳化剂品种的不同，乳液的性能各有不同的反应。

调节 pH 值的控制剂，无机的有盐酸、硫酸、硝酸等，有机的有醋酸，低碳脂肪酸等。用盐酸形成水溶盐乳化效果好，用碳酸与磷酸形成的盐水溶性较差，不宜使用。但是盐酸属于强酸，操作中有一定危险性，对于沥青容器或设备腐蚀较重，应采取防腐蚀等相应措施，方可使用。

（8）复合乳化剂。选择两种以上的乳化剂，调制复合乳化剂，常常可以取得单一乳化剂无法取得的乳化效果。例如：对于含蜡较多的沥青或煤沥青，都需采用复合乳化剂才能乳化。采用复合乳化剂有时还可以减少乳化剂用量，降低乳液制造成本。

四、乳化机械及设备

沥青与水的乳化，除在第二节中所述的乳化剂作用外，还有乳化机械的作用。热溶状态的沥青是依靠机械的作用，以细小微粒状态（2～5μm）分散于含有乳化剂的水溶液之中，如果乳化机械不能使热溶沥青分散成预期的细小微粒，即不能达到要求的乳化效果，因而必须针对这个特点进行合理的设计。国外普遍采用胶体磨与匀油机生产沥青乳液。由于我国过去没有生产制造沥青的乳化机，为了发展我国的阳离子乳化沥青，先后进行以下三种乳化机械的研究。

1. 齿轮泵加喷嘴

在课题开始研究阶段曾采用这种乳化设备（图7）制作乳液。因它加工容易，造价便宜，这种设备关键是喷嘴与齿轮泵，因此先后曾研究过螺旋式喷嘴、旋转式喷嘴、雾化式喷嘴、注塞式喷嘴等。其中以雾化式与注塞式喷嘴的乳化效果为好。配用的齿轮泵，由于经常处于高温、高压下工作，易发生故障需要提高其耐久性。

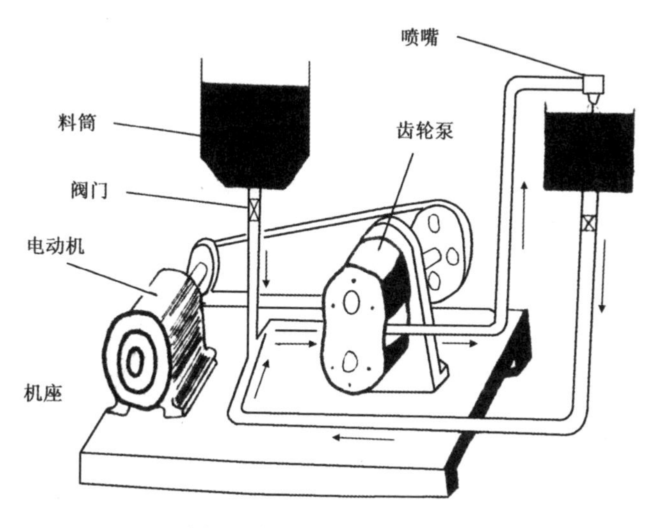

图7　齿轮泵喷嘴乳化装置

2. RHL 型乳化机

这种乳化机具有体积小、质量轻、加工容易、转移方便、耗电量低和乳化效果好等优点（图8）。它是在 RHL－1 型（现场生产用）与 RHL－2 型（室内试验用）乳化机的基础上改进制成的

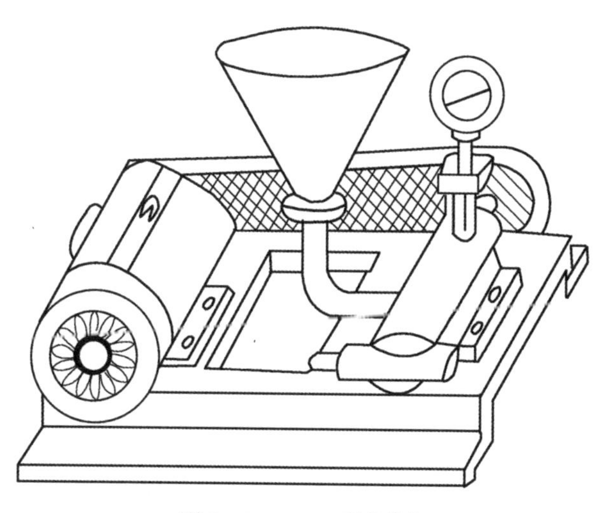

图8　RHL－35 型乳化机

RHL－35 型与 RHL－5 型（图 9），改进后的 RHL 型乳化机，结构紧凑，拆装容易，防止堵塞，密封可靠，配比较准确，基本满足了室内外生产的需要，为发展我国的阳离子乳化沥青起了一定的作用。

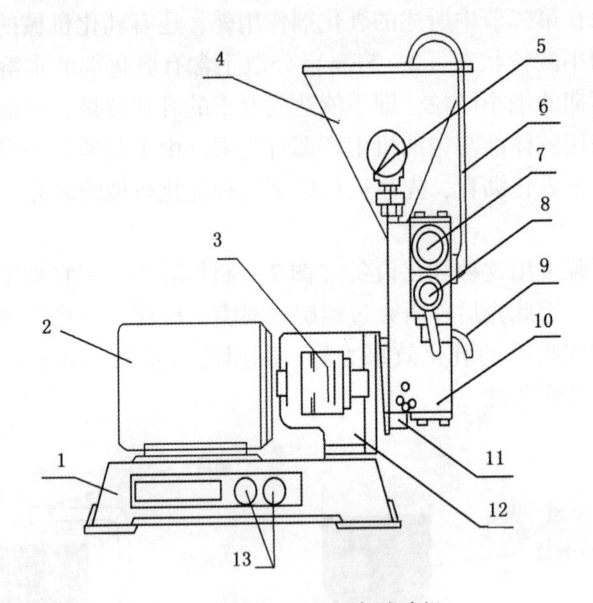

图 9　RHL－5 型室内试验机

1—底座；2—电机；3—联轴器；4—料斗；5—压力表；6—循环管；7—乳化器；8—二通阀门；9—出料嘴；10—连接板；11—齿轮泵；12—支座；13—按钮

3. RL－4000 型乳化剂

这是一种固定式的乳化机，它综合了胶体磨与匀油机两种机械的乳化作用原理，乳化能力较强，耐用性较好，动力为 7.5W，产量 4t/h，已生产使用 500h 以上。目前正在改进研制 RL－6000 型乳化机，动力为 1.7W，产量为 6t/h（图 10）。

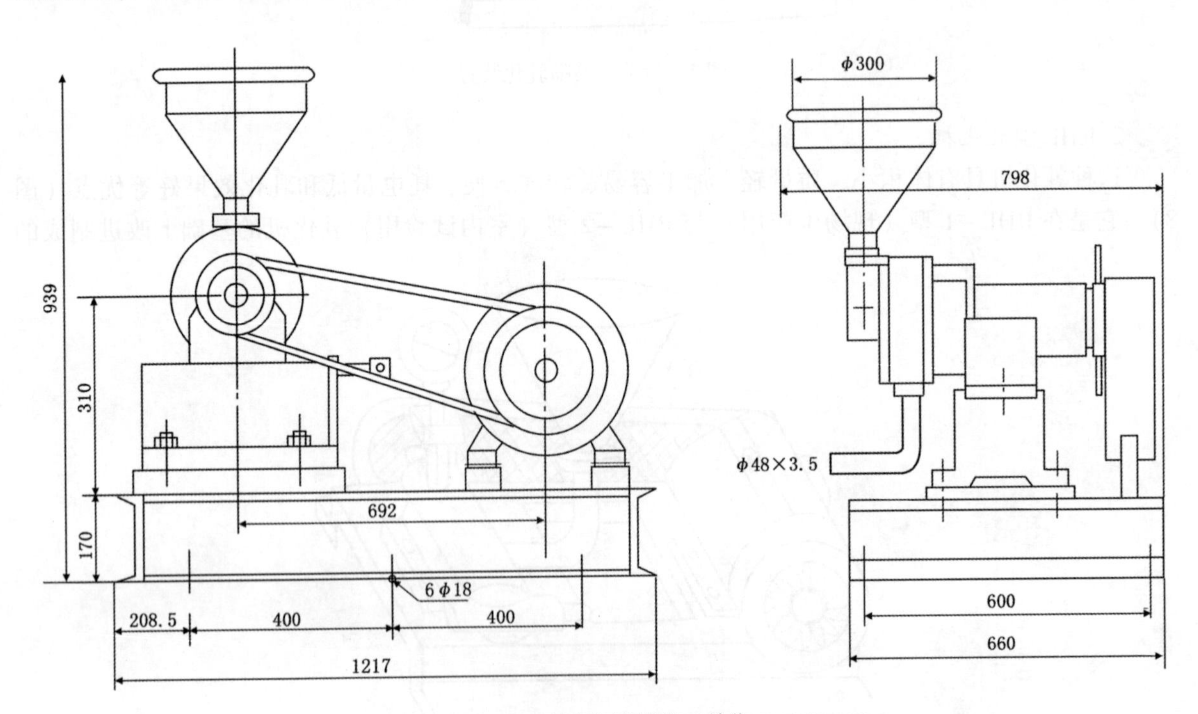

图 10　LR－6000 型乳化机外形（单位，mm）

除上述乳化机外，还有平摆式胶体磨与卧式胶体磨，正在改进与试用过程中。

4. 乳化沥青工厂（或车间）的设备

乳化沥青工厂（或车间）是生产沥青乳液的基地，对其合理地进行布置与设计，直接关系到乳液产品质量、生产效率、能源消耗、环境保护、乳液的贮运和工程的造价。因此对于乳化沥青厂的设计，必须结合现场的实际条件，根据乳化工艺及乳液使用的需要，力求适用、经济，保证乳化设备能够经常地、稳定地进行生产。

乳化机是乳化沥青厂的核心部分，为乳化机服务的一系列辅助设施同样是重要的，必须布置合理，才能保证生产的流畅，根据已建的乳化沥青厂的经验，概括有以下10个附属部分。

（1）沥青的储存、加热脱水与保温部分；

（2）油、水、气、电的供给系统；

（3）乳化剂水溶液的调制及供应系统；

（4）油、水的净化、供给比例调节设施；

（5）乳化设备：乳化机、电动机；

（6）操纵台（开关柜）：油水温度及定量控制系统；

（7）乳液质量检验：试验室，取样口；

（8）乳液的储存及输出设施；

（9）拌制混合料部分；

（10）安全保护及防火设施。

根据以上组成部分的需要，乳化沥青厂应尽可能设置在炼油厂或沥青厂（或油库）附近，可以利用炼油厂的出厂热沥青或沥青厂在卸车或卸船时的热沥青，直接进入乳化机进行乳化，同时利用厂方已有的水、电、气、油以及混合料搅拌和乳液储存等设施。可用较少的投资、较快的速度，建立起适用的乳化沥青厂。北京市密云县公路管理所就是按照这些原则建立起乳化沥青车间，投资为3万元（图11）。1982年、1983年两年共生产2000t乳液，这个车间的设置不仅可以满足本县生产的需要，而且可以供应周围几个县乳液的需要。

大连市政设施管理处沥青厂建立乳化车间的设置见图12。大连市公路管理处沥青厂，用辽河高升原油炼制燃料油及沥青，这个乳化车间就是在炼油厂内设置的，工艺流程如图13，动力为37W，产量为6t/h。这个车间的特点是利用炼油厂的热沥青，沥青温度为200℃以上，乳化时应使沥青降温，利用沥青降温的热能，使乳化剂水溶液达到要求温度，因而该乳化车间可以简化设备，显著地节省热能。

吉林省在延边与通化建立两个乳化车间并已投产，延边乳化车间与密云乳化车间相同，也是设置在沥青库（贮油池）院内，产量为5t/h，动力为25W，油水进入乳化机由自流式改为密闭泵送式，配有多路同步测温装置及自控液位装置，提高了乳化效率与乳液的质量。在贮存系统中，采用封闭贮存，罐内设有平衡呼吸阀控制罐内压力，罐内设有循环泵和加热排管，必要时调整乳液的均匀性与温度。

从以上四个乳化沥青厂的设置与生产使用中，积累了经验，吉林四平、河北沧州等地建立了较大规模的乳化沥青厂，以适应当前生产的需要。

五、阳离子沥青乳液的检验标准及试验方法

1. 检验标准

参考国外的乳化沥青的检验标准（见附表4）结合我国的实际情况，根据当前阳离子沥青乳液的生产与应用的需要，制定了阳离子沥青乳液的分类（表3）和检验项目及标准（表4）。

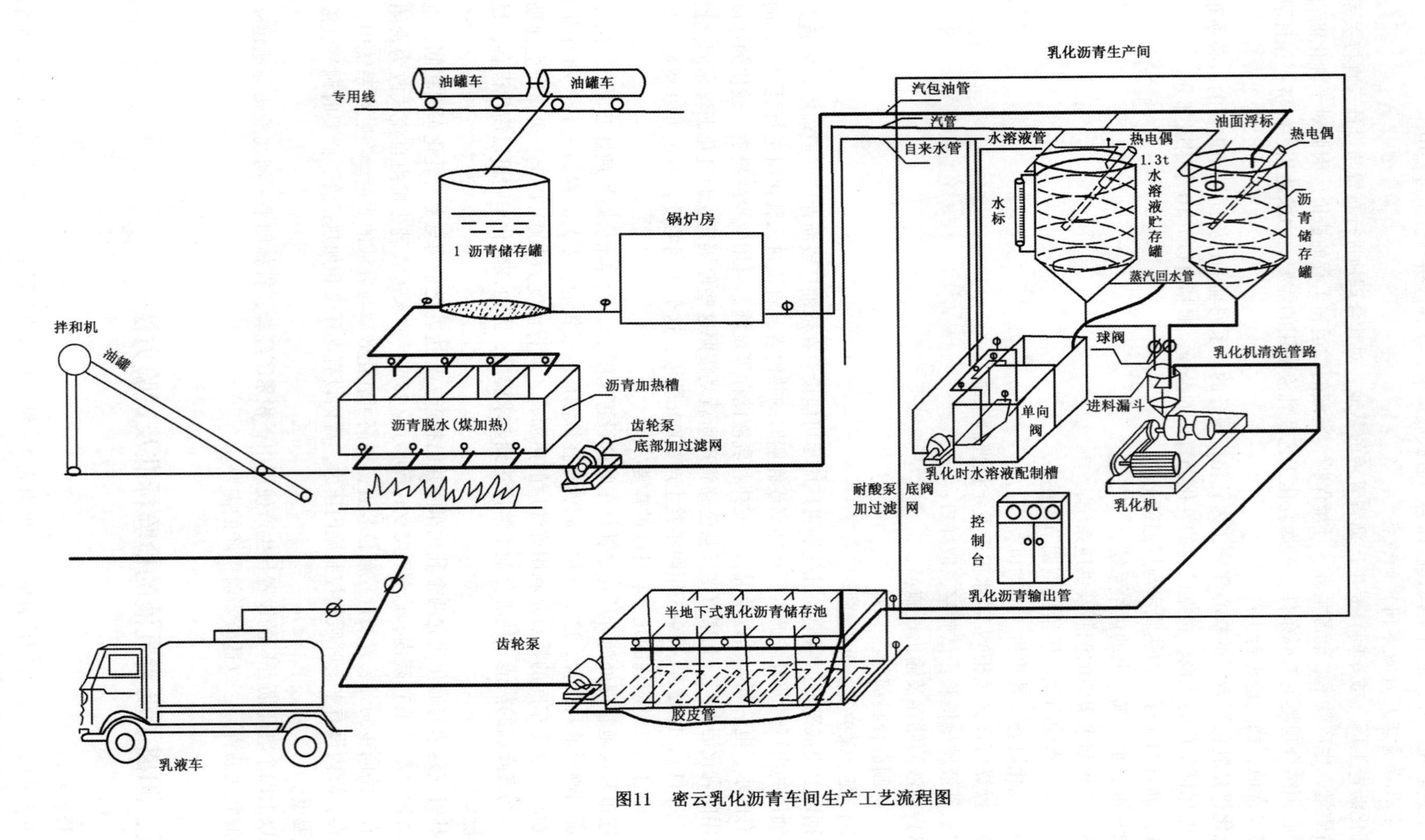

图11　密云乳化沥青车间生产工艺流程图

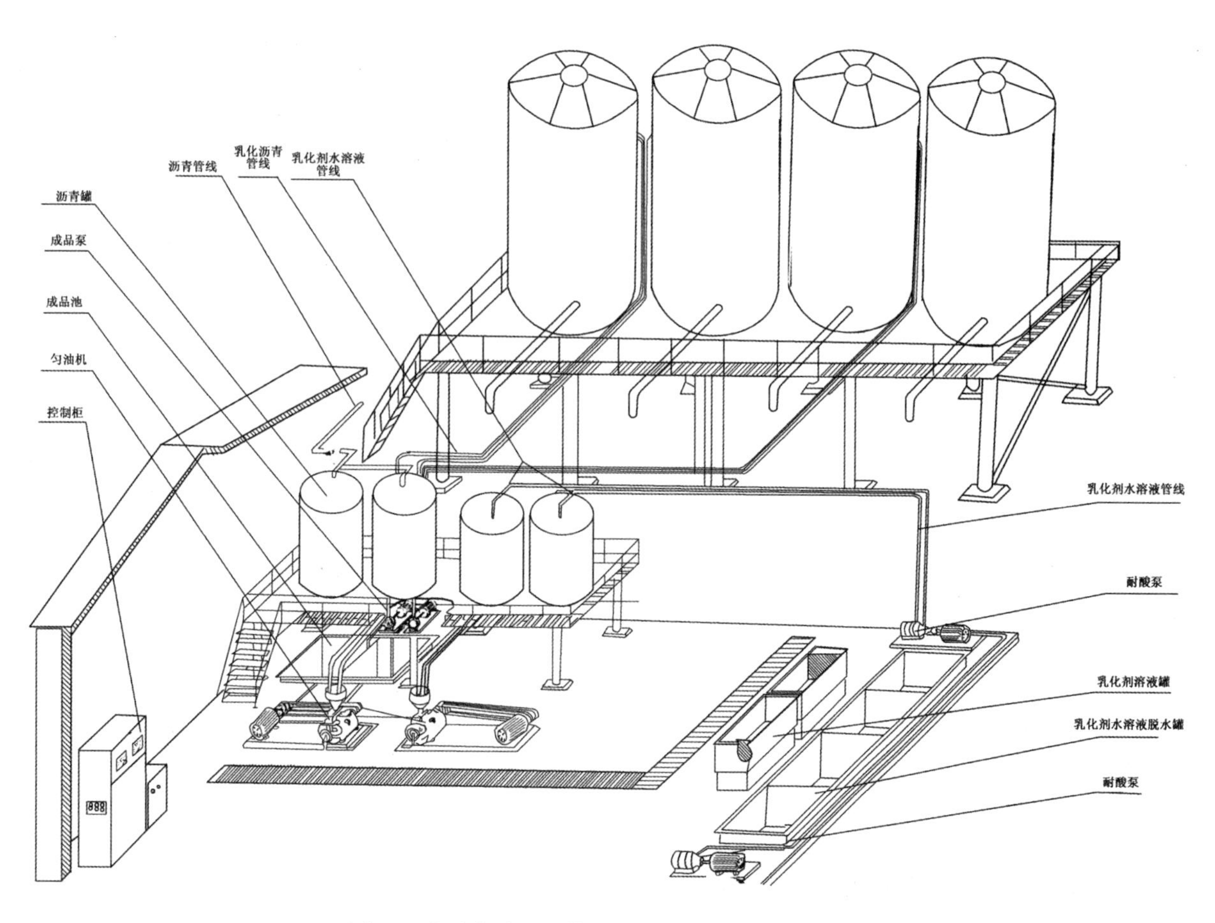

图 12　大连市政设施管理处沥青厂乳化车间示意图

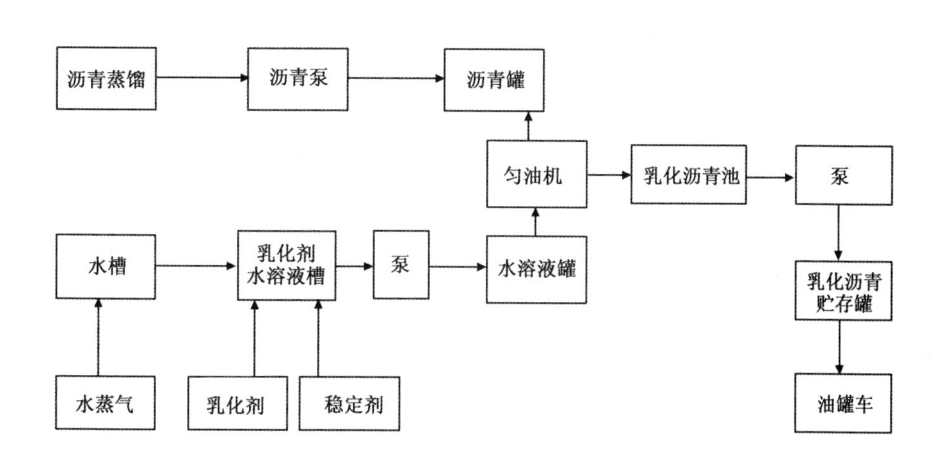

图 13　乳化工艺流程框图

表 3　阳离子沥青乳液的分类

种　类		用　途
贯入洒布用	G－1	表面处治，贯入式
	G－2	透层油，加固土的养护用
	G－3	黏层油
拌和用	B－1	拌制沥青碎石及沥青混凝土用
	B－2	拌和加固砂砾土混合料用

表 4　阳离子沥青乳液检验项目及标准

项目		种类 G-1	G-2	G-3	B-1	B-2	备注
筛上剩余量,%		<0.3					
电荷		+					
拌和稳定度试验		快裂或中裂			中裂或慢裂		
黏度	沥青标准黏度 C_{25}^{3}，s	12~40	8~20		12~100		
	恩格拉黏度 E_{25}	3~15	1~6		3~40		
蒸发残留物含量,%		<60	<50		<55		
蒸发残留物性质	针入度 $\frac{25℃，100g}{5s}$，0.1mm	100~200	100~300	60~160	60~200	60~300	
	延度（25℃），cm	>20					
	溶解度（三氯乙烯）,%	>97.5					
贮存稳定性,%	CH_5	<5					
	CH_1	<1					
黏附性试验		>2/3					
粗级配骨料拌和试验					均匀		
密级配骨料拌和试验					均匀		
水泥拌和试验,%						<5	
冻融稳定度（-5°）		无粗颗粒					

2. 检验内容及其意义

阳离子沥青乳液的质量检验，概括有如下 14 项检验内容

（1）筛上剩余量；

（2）贮存稳定性；

（3）黏度；

（4）黏附性试验；

（5）拌和稳定度试验；

（6）粗级配骨料拌和试验；

（7）密级配骨料拌和试验；

（8）砂石土稳定拌和试验；

（9）沥青微粒离子电荷试验；

（10）pH 值测定；

（11）蒸发残留物试验（针入度、软化点、延度、溶解度）；

（12）蒸发残留物含量；

（13）冻融稳定性试验；

（14）沥青微粒粒径分布。

以上各项检验的操作方法，详见“阳离子沥青乳液的检验标准及试验方法”，检验项目根据生产需要选择。在条件许可的情况下，应测定乳液中沥青微粒粒径的分布曲线。当乳化沥青厂生产正

常、质量稳定时，应每半个台班抽样检验一次，重点应检验蒸发残留物含量、筛上剩余量、贮存稳定性及黏度四个指标。

乳液的各项检验，在试验方法中已说明其检验的目的与意见。

由于各项指标之间互相关联，概括起来有控制乳液的黏度、检验乳化的均匀性、乳液与骨料的黏附性与拌和性、沥青乳化后其物理性能的变化、pH 值的影响五个方面。

（1）乳液的黏度。

在检验标准中已说明，不同类型的乳液，其黏度有着不同的要求。影响乳液黏度的因素有沥青的种类与标号、沥青的含量（油水比例）、外加剂的种类、乳化剂用量及种类等。但在同种乳化剂和沥青型号的情况下（稳定剂除外），乳液中的蒸发残留物含量（沥青含量）常常是影响乳液黏度的重要因素，从图 14 中可以看出两者之间的相互关系。

作为贯入洒布用乳液，既要求有良好的渗透性，又要与骨料表面有很好的黏附性。喷洒后，保证骨料表面有足够的沥青膜，同时防止乳液流失于底层和两侧；作为透层油用的乳液，要求具有良好的渗透性，乳液的黏度要求低。沥青含量可以少。作为拌和用乳液，要求与骨料拌和并裹覆均匀，乳液的破乳速度应慢。根据乳液的不同用途，在检验标准中对各种乳液的黏度与沥青含量做了相应的规定。

乳液黏度的测定方法，国外多采用恩格拉黏度计。我国交通公路部门普遍采用的是标准黏度计，而且是在 60℃条件下，由直径为 5mm 流孔中，流出 50mL 油的流出时间。由于乳液的黏度低，不宜采用上述方法，因此将其测定温度改为 25℃，流孔直径改为 3mm，乳液由孔中流出 50mL 所需的时间。经过这样测得的乳液黏度与恩格拉黏度计测定条件相近，（恩格拉黏度是在 25℃从 29mm 流孔中流出 50mL 与流出 50mL 蒸馏水的时间的比例）经过两种方法的对比，找出我国路用沥青乳液标准黏度 C_{25}^{3} 与恩格拉黏度 E_{25} 的换算关系（图 15）。

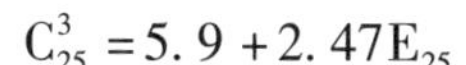

$$C_{25}^{3}=5.9+2.47E_{25}$$

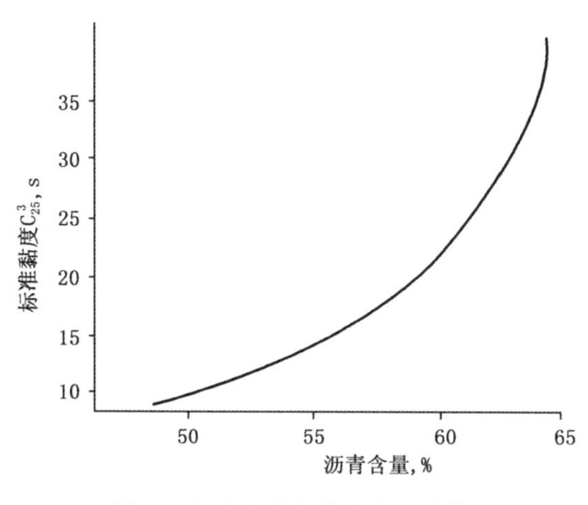

图 14　沥青含量与乳液黏度的关系

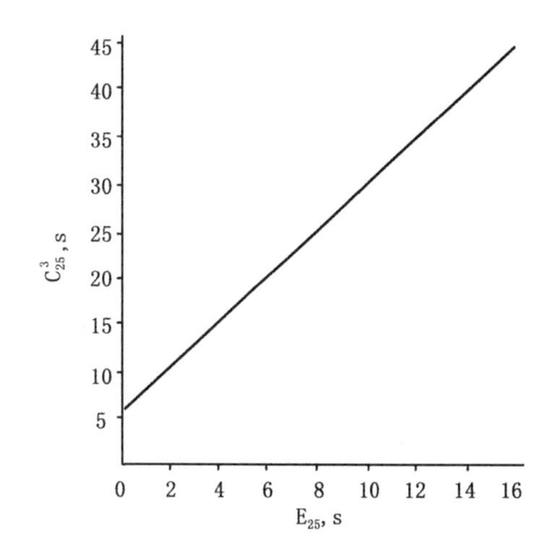

图 15　C_{25}^{3} 与 E_{25} 的关系

（2）乳化的均匀性。

乳液检验筛上剩余量、贮存稳定性、沥青微粒粒径分布等项，都是检验乳液乳化的均匀性。它也反映了乳化剂的品种及用量是否适宜，沥青的微粒粒径是否达到要求的细度，沥青微粒分布表明是否乳化完全。这几项的检验结果是相互影响的。图 16 给出沥青微粒粒径的大小与贮存稳定性的相互关系，一般是乳化沥青的微粒粒径越小贮存稳定性越好，微粒粒径越大，贮存稳定性越差。影响到乳化沥青微粒粒径的因素，除了乳化剂的作用外，还有乳化机与沥青品种等因素的影响。

乳液中沥青微粒粒径常常是由多种粒径微粒所组成（图 17 中曲线 1）随着贮存时间的增长微粒粒径逐渐增大（图 17 中曲线 2），乳液的稳定性下降。

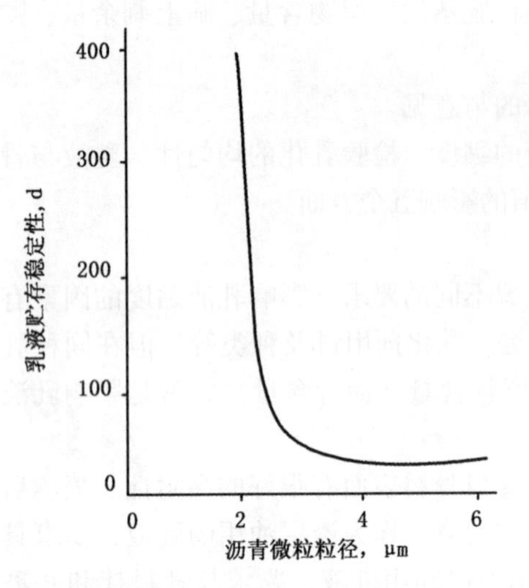

图 16　沥青微粒粒径与贮存稳定性的关系，μm

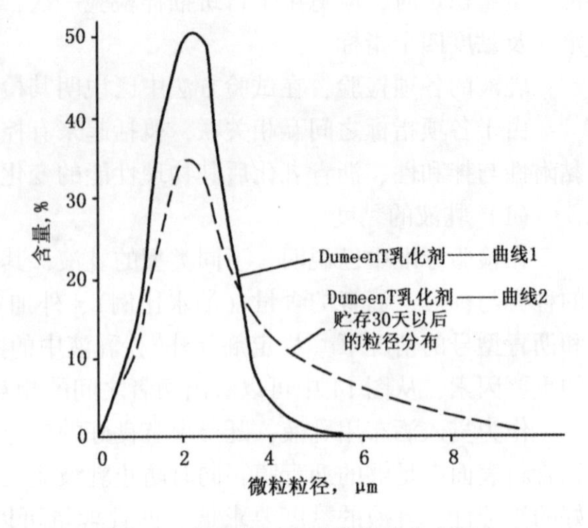

图 17　乳液中沥青微粒粒径分布图

目前，用胜利 100 号沥青，NOT 乳化剂，RHL－5 型乳化机生产的沥青乳液，存放半年未产生离析和沉淀。

（3）乳液与骨料的黏附性和拌和性。

乳液的黏附性试验、拌和试验、微粒离子电荷试验等项检验，主要是检验乳液与骨料的黏附性与拌和性。黏附试验的目的是鉴别乳液与湿润骨料表面（带阴离子电荷）的黏附性。离子电荷的测定是检验乳液的沥青微粒是否带有阳离子电荷，也关系到乳液与湿润骨料的黏附性。拌和试验是检验乳液与骨料拌和后裹覆的均匀性，不因相互拌和而使骨料表面的沥青膜脱落，保证乳液拌和的稳定性。

（4）蒸发残留物的试验。

为了检验乳化后沥青的物理性能是否有变化，例如在乳化过程中掺入的乳化剂，稳定剂、pH 值的调节剂等外加剂，是否影响沥青原有的针入度、延度、软化点、溶解度等性能。因此选用外加剂时既要注意各种外加剂应起的作用，又要注意对于沥青性能的影响。

（5）pH 值的影响。

pH 值对于沥青的乳化和乳液的性能常常产生重要的影响。不同种类的乳化剂，对于 pH 值产生的敏感程度各不相同。例如使用 OT 季铵盐类乳化剂时，不需要用酸调节 pH 值即可溶于水，而且沥青乳液 pH 经常保持在 6.5，当调节 OT 水溶液使其 pH 值由 3 增至 11 时，制得乳液的 pH 值仍在 5～6之中。从表5看出，当OT水溶液pH值大于10时，乳液的贮存稳定性不合格，pH值大于

表 5　OT 乳化剂用量 0.5%、沥青含量 50%

项目　　试验数值　　编号	1	2	3	4	5	6	7
乳化剂水溶液 pH 值	1.5	2.5	4.0	7.2	9.5	11.6	12.5
乳液 pH 值	1.8	4.0	5.5	5.6	5.6	6.6	8.5
筛上剩余量，%	0.05	0.02	0.03	0.02	0.07	1.30	未乳化
贮存稳定性，%	5.4	3.0	1.6	1.2	2.4	18.5	
微粒粒径含量（1～5μm），%	<95	>98	>98	>98	>98	<85	
黏附试验	合格						
拌和试验	中偏快						
黏度 C_{25}^{3}，s	10.0	10.1	10.2	10.1	9.3	12.0	

续表

项目 \ 编号 \ 试验数值	1	2	3	4	5	6	7
电势，mV	96	112	108	114	102	74	
蒸发残留物针入度	65	65	65	80	65	75	
蒸发残留物延度，cm	53	109	112	113	105	96	

注：OT—天津师院产品。

12 时即不乳化，当 OT 水溶液 pH 值为 6 时，乳液贮存稳定性为好，低于 2 时即不合格而且蒸发残留物的延度明显下降。图 18 给出了 OT 水溶液与乳液 pH 值的关系。

随着沥青品种与乳化剂品种的不同、随着油水比例与乳化剂用量的不同，配制的乳化剂水溶液的 pH 值，应有所不同。

测定乳化剂水溶液或乳液的 pH 值，应采用酸度计，不宜采用 pH 试纸测定（因乳液的色深），而且乳液的 pH 值只能代表其酸碱度，不能代表是哪种离子型的沥青乳液。

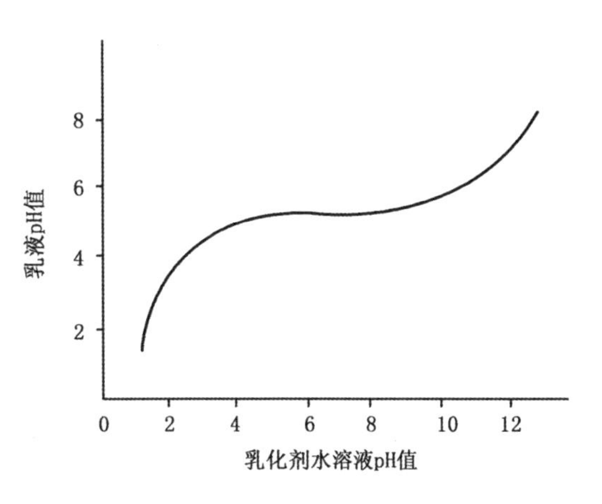

图 18　OT 水溶液与乳液 pH 值的关系

六、常温铺路及养路的施工技术

阳离子沥青乳液是一种含水的液体材料，用它铺路，具有良好的工作度，易于浇洒与拌和，与骨料表面产生黏附、破乳、析水、碾压成型等过程逐步形成坚实稳定的路面，根据这些特点，铺设了各种结构的试验路，并总结出《阳离子乳化沥青路面施工及养护技术暂行办法》。

然而，由于我国沥青品种及成分复杂，乳化剂品种不完备，施工设备不完善，气候变化悬殊等原因，施工中，除应遵守“暂行办法”中规定的技术要求进行精心施工外，还应重点强调以下三点：

（1）路面整体强度。重视路基与基层的强度与稳定性，在行车荷载作用下测试路基及基层各项指标达到设计规范的要求。即使在最不利的季节，也不应低于设计要求。因此基层与路基的施工质量，应保证其密实度、弯沉值、平整度、路拱、坡度等达到设计规范要求。

（2）面层与基层（或旧路面）的结合。根据基层表面的情况喷洒透层油或黏层油，保证面层与基层，新面与旧面，相互结合成整体，也保护基层表面的坚实平整。

（3）铺筑面层。可以铺筑贯入洒布式与拌和式两类面层，用于干线和支线公路或城市道路。河南郑—新线交通量 3500 辆/日，大连中山路交通量为 5800 辆/日，河北京—大线 3500 辆/日。这些试验路为新铺的干线公路，已行车三四年。吉林盘石吉—梅线交通量 1000 辆/日为支线路，已行车五年。就目前来说，适用于交通量 2000 辆/日的线路上，也可用于主干线的路面的维修养护，而且可在阴湿或低温（5℃）季节施工。

下面介绍各种结构面层的施工技术要点。

1. 贯入式面层

用沥青乳液铺筑贯入式路面，所用骨料的规格要求、分层铺洒及压实等工序与沥青贯入式面层基本相同，但又有以下不同之点：

（1）增加层次。由于乳液黏度低，洒布均匀流动性较好，为了防止洒布过量的乳液造成流失，每次洒布量不宜过多。同时，适当增加骨料摊铺层次使骨料黏附均匀，提高路面的密实性与强度（图 20）。

（2）做好封层。用乳液铺筑贯入式面层，由于乳液中水分蒸发造成空隙，影响路面早期的防水性与耐磨性，为此面层上应铺洒双封层或铺沥青砂浆封层。

（3）乳液用量的调整。从图19的各层乳液用量中，应根据施工季节的不同，将各层乳液用量做适量的调整。例如：在高温与干旱季节可适当增加下面层洒布量，减少表面层的洒布量，即“上少下多”。在低温阴湿季节，应适当减少下面层洒布量，增加面上层洒布量，即“上多下少”。从而保证路面的早期强度及稳定性。但调整后的每层洒布量应能均匀贯入，不得有流失（图19）。

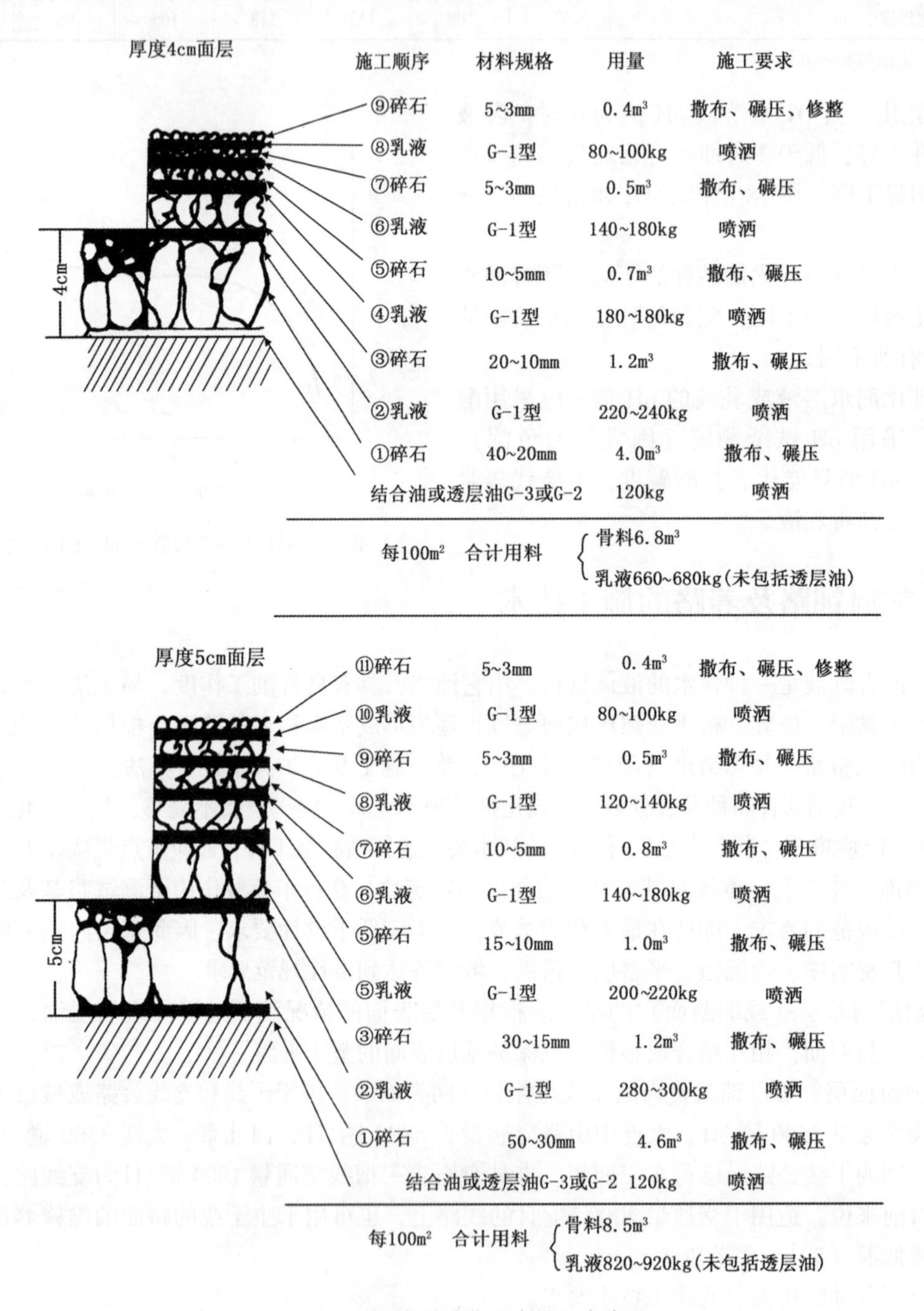

图19 阳离子乳化沥青贯入式路面

（4）加强早期养护。由于乳化沥青路面成型过程长，早期强度低，密实性差，因此必须做好早期养护。新铺路面应在2~3天内限制车速不超过20km/h，严禁兽力车或铁轮车行驶，如发现路面有局部病害，应立即进行修补，防止蔓延扩大。

2. *表面处治*

在旧沥青路面的维修与养护时，为提高路面的抗水性、抗滑性、耐磨性及平整度等，可以采用单层、双层或多层的表面处治，也可采用拌和式表面处治。这种表面处治对于路面的老化与开裂现象能起到返老还新的作用，沥青用量不多，效果显著。

至今，采用贯入式与表面处治已铺试验路面260000m²，经过2～4年行车考验，测定路面情况良好。

3. 防尘处理

在砂石路面上用阳离子沥青乳液进行防尘处理，晴天可以消除行车后的尘土飞扬，防止路面出现搓板和坑槽，雨天可以防止积水泥泞，提高运输效率，减轻养路负担，防止灰尘的污染。这种防尘措施用费不多，效果显著。防尘处理的方法应根据原有路面的具体情况、交通量大小、工程费用多少和要求防尘耐用年限等具体情况进行选择，一般有以下两种方式：

（1）原砂石土路面上喷洒乳液后撒砂，压实后行车可以防上扬尘与泥泞。

（2）在原砂石路面上做1cm厚的保护层保持行车平稳与畅通。

4. 拌和式路面

使用阳离子沥青乳液拌制混合料铺筑路面，有沥青碎石与沥青混凝土两类。拌制沥青乳液碎石，可与沥青碎石的要求相同，只是矿料不需晒干（湿润状态也可用）；而且酸性、碱性骨料都可使用。拌制沥青乳液混凝土混合料也有类似特点。由于用乳化沥青拌制混合料铺路时，因为沥青乳液必须经过乳液的破乳排水蒸干等过程后，才能恢复沥青的黏结性能。在行车的反复碾压作用下，残留沥青在矿料间也得到进一步均匀分布，路面的抗荷载能力不断增长。

图20表明，沥青乳液混合料15℃养生，早期强度低，随着养生时间的增加，强度增长。增长的速度与养生温度有关。沥青砂15℃养生2天强度可达沥青乳液砂15℃养生28天强度。除了温度因素之外，还与骨料级配与沥青品质有关。

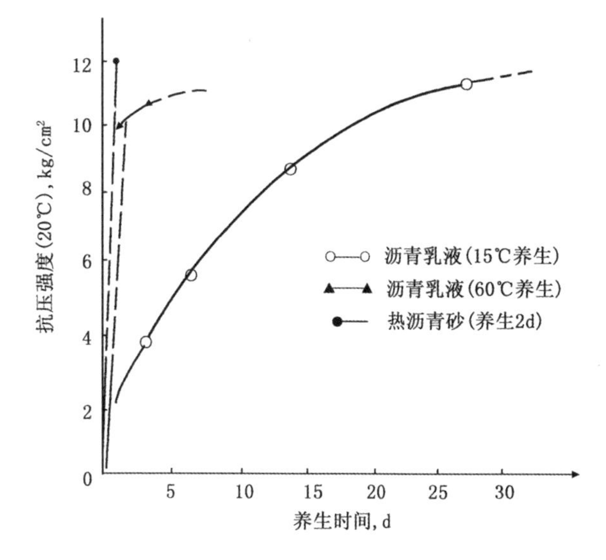

图20 乳化沥青砂强度随龄期的变化

沥青乳液混凝土混合料是在常温条件下进行拌和的，为使混合料能拌和均匀，摊铺平整，碾压密实，保证路面有足够的承载能力，要求注意以下四点：

（1）和易性。拌制混合料的和易性，关系到乳液的浓度、乳化剂与稳定剂的品种及用量、矿料的品种与级配、用水量、拌和温度与时间等。

（2）强度与稳定性。关系到矿料品种与级配，残留沥青的性质与用量，以及拌和、摊铺、压实等施工条件与质量和早期养护与气候条件等。

（3）变形能力。矿料级配、残留沥青的数量及性质。

（4）密实度。矿料级配、沥青乳液的品种与用量、混合料中含水量碾压功能、早期养护与气候条件。

以上四种因素，结合施工环境，采取适宜措施，保证沥青乳液混凝土的特点。结合室内外试验，探讨出阳离子沥青乳液混凝土混合料配合比设计方法。由于沥青混凝土国内外都普遍采用马歇尔稳定度作为指标，因此阳离子沥青乳液混凝土配合比设计方法也向该法靠拢，以便于在应用中使用现成仪器，有利于相互对照各种沥青材料的性能与技术指标。又由于沥青乳液混凝土混合料是用含水的阳离子沥青乳液拌制而成，其物理力学性能随着其中水分的分离与蒸干而变化。因此将马歇尔稳定度法作必要的修正。

（1）一组试件采用6个，其中三个在室温条件下养生（温度20±2℃，相对湿度50%～80%，模内模外各养生一天），然后在20℃空气条件下试验。另三个试件在110℃烘箱中在模内养生一天，脱模后在室内静置24h，然后在60℃浸水试压。

(2) 每个试件上下各击实50次，分两次击实。首先在混合料试件拌制入模时，上下两面各击25次；经规定条件养生24h后，再在上下两面各补击25次。

以上修正的原因是：常温20℃养生2天试件，两面补击25次，在20℃空气中测定的稳定度，相当于路面的早期强度；在110℃条件养生一天，两面补击25次，在60℃浸水后测定的稳定度，相当于路面的终期强度。

根据室内外对不同沥青与矿料所做试验结果（详见阳离子沥青乳液混凝土混合料配合比设计试验方法的研究）。建议阳离子沥青乳液混凝土混合料配合比设计方法以修正马歇尔稳定度为依据，根据建议的技术指标，已在全国八个省市镇筑阳离子沥青乳液混凝土路面20000m^2，将已铺路面经过几年行车后进行调查。调查结果详见表6。从中说明建议的配比设计方法和技术标准，基本上反映材料的特性及路面的设计要求。

还应说明，研究阳离子沥青乳液混凝土的目的，主要是探索阳离子沥青乳液作为高级路面材料使用的技术可能性，并不是用它取代沥青混凝土。通过室内外试验可以看出，这两种材料各有特色，在修筑路面工程中，可以因地制宜，适时选用。

七、经济效益

阳离子沥青乳液在常温条件下。由于黏度低，和易性较好，可以均匀地裹覆在矿料表面上。拌制混合料（或层铺贯入）时骨料不需烘干与加热，骨料表面即使处于湿润状态下，也可拌制混合料进行铺路，对于酸性骨料或碱性骨料都有良好的黏附效果。在低温（5℃）或阴湿季节可以进行施工，等等。阳离子沥青乳液的技术特点，使其在修路过程中能够产生良好的经济效益。现就有关省市在铺筑试验路过程中，对其经济效益有四点认识。

1. 节能效益

用热沥青修路时，当将1t温度为18℃沥青升温至180℃时，所需热能为：

$$(180-18) \times 0.5 \times 1000/0.8 = 101250\text{kcal}$$

式中：0.5为沥青比热；0.8为热效率。

产生这些热能需用柴油10kg（每千克柴油按100700kcal计）或煤20kg。但由于沥青修路过程中的种种原因，每吨沥青实际消耗燃料，大大超过上述用量。公路工程定额规定每吨沥青用208kg煤，据调查各地区公路部门每吨沥青消耗燃料量甘肃省为500kg、河南郑州为110kg煤加300kg木柴（折合320kg煤），河南信阳为1000kg木柴（折合700kg煤）、湖南岳阳为500kg木柴加50kg燃油（折合450kg煤）、辽宁省金县为580kg煤、青海西宁为1000kg煤、浙江杭州为800kg木柴（折合560kg煤），北京密云为200kg煤。以上各地区平均消耗燃煤538kg。热沥青修路每吨沥青所以消耗这样多的燃料，主要是由于沥青在储运过程中的重复加温（倒运一次加温一次），或者现场临时停工造成持续的保温（如气候不好、机械故障、工料不足等原因）；或者加热设备简陋，热效率低，等等，消耗大量热能。

采用阳离子乳化沥青修理时，可以避免这种重复加温与持续加温，只需在沥青乳化时加热，沥青加热温度只需从18℃加热到120～140℃，仅此就降低温度50℃，每吨沥青可以节省热能31250kcal。

考虑到乳化时水的加热所需热能（每吨沥青乳化时，加水量按800kg计），将水由18℃升温至70℃时所需热能为：

$$(70-18) \times 800 \times 1/0.8 = 52000\text{kcal}$$

式中：1为水的比热。

乳化时乳化机与泵所需电能，每吨沥青按4kW·h计，每kW·h按860kcal计：

表 6 阳离子沥青乳液混凝土试验路面调查情况

试验路面地址	现有日交通量 辆/日	试验路面铺筑时间 年月	结构类型	面积 (m^2)	检测指标 1983 年 4—5 月调查					备注
					弯沉值 0.01mm	摩擦系数 摆式值	纹理深度 mm	平整度 mm	渗水系数 mL/min	
河南郑—新线	>3000	1981.10	中粒式密级配厚 4cm	910	8 ~ 64	37.1	0.44	5.4	5	NOT 乳化剂，胜利 100 号沥青
河南郑—新线	>3000	1981.10	中粒式 4cm 细粒式 2cm	1800	12 ~ 64	36.9	0.35	5.2	2.7	NOT 乳化剂，胜利 100 号沥青
辽宁金县金—猴线	2700	1982.8	中粒式密级配 4cm	1050	8 ~ 88	58.5	0.25	5.7	0	NOT 乳化剂，高升 100 号沥青
辽宁金县金—猴线	2700	1982.8	中粒式密级配 4cm	350	34 ~ 60	61.6	0.41	5.4	0	烷基丙烯二胺乳化剂，高升 100 号沥青
大连市内中山路			中粒式粗级配							
拥警街口	>5000	1980.9	厚 4cm	1357	18 ~ 68	39.0	0.28	6.0	0.75	NOT 乳化剂
玉华街口	>5000	1981.8	厚 4cm	429	18 ~ 62	40.6	0.28	6.2	0.5	胜利 100 号沥青
中山路	>5000	1982.5	厚 4cm	626	16 ~ 46	42.5	0.22	6.4	0.25	NOT 乳化剂
西安路	>5000	1981.10	厚 4cm	3302	8 ~ 52	37.4	0.28	6.3	0.75	胜利 100 号沥青
五中门前	1000	1982.9	厚 4cm	3258	34 ~ 32	43.2	0.44	7.6	0.75	胜利 100 号沥青
黑龙江哈—黑线	1000	1982.9	中粒式密级配厚 4cm	900	61.5	48.2	0.30	8.8	2.0	NOT 乳化剂，胜利 140 号沥青
大庆市东风路	1000 ~ 2000	1982.10	中粒式密级配厚 4cm	340	20 ~ 42	43.0	0.85	6.3	4.0	NOT 乳化剂，胜利 100 号沥青，花岗岩碎石

$$860 \times 4 = 3440\text{kcal}$$

综合每吨沥青乳化时所需热能为：

$$70000 + 52000 + 3440 = 125440\text{kcal}$$

生产这些热能需煤 25kg（或柴油 12.5kg），考虑到沥青加热设备的热效率低等种种因素，将每吨沥青乳化时所需热能增加四倍，即按 100kg 计，就各地区每吨热沥青耗煤量计算，可以节省

$$538 - 100 = 438\text{kg}$$

制成沥青乳液后，可以随时使用，不需加热。无论是倒运还是现场停工，都不需要重复加温或持续加温。

如果在一个地区建立一个年产 2500t 沥青乳液（沥青 1500t）工厂（或车间），每年可省煤（为留有余地，每吨沥青节省煤按 100kg 计）：

$$1500 \times 0.1 = 150\text{t}$$

(如按 438 公斤计时，可节煤 657 吨)

另一方面的节能是用阳离子沥青乳液拌制砂石混合料修路时，大量的砂石料不需烘干与加热。用热沥青拌制混合料（沥青混凝土或沥青砂），每吨砂石料的烘干与加热，所需热能为：设砂石料原有温度 18℃，每吨砂石料烘干所需热能：

$$1000 \times 0.04 \times 540 = 21600\text{kcal}$$

式中：540 为每千克水蒸发所需热能（kcal）。

烘干后砂石料升温至 170℃时所需热能力：

$$0.2 \times (170 - 18) \times 1000 = 30400\text{kcal}$$

式中：0.2 为砂石料的比热。

每吨砂石料所需总热能力：

$(21600 + 30400)/0.8 = 65,000\text{kcal}$

生产这些热能需煤 13kg（燃油为 7kg）。

按上述情况用阳离子沥青乳液铺筑沥青混合料路面时，铺 7m 宽 3cm 厚，每千克约需用沥青 27t，混合料 483t（砂石料重 456t）。

从中可以节省燃煤　　$27 \times 0.1 = 2.7\text{t}$

　　　　　节省燃油　　$456 \times 0.007 = 3.2\text{t}$

2. 节约资源

由于阳离子沥青乳液可与骨料表面形成适宜的沥青膜、保证骨料之间有足够结构沥青，使其自由沥青保持到适宜程度（黏度低，流动性好），提高了路面的稳定性、耐磨性、抗滑性，节省了多余的自由沥青。从已铺的阳离子沥青乳液路面观察表明，高温季节里较少出现油包，推移、波浪，低温季节较少见到路面开裂（因沥青加热温度低、时间短、次数少）。

由于各种路面结构不同，施工方式不同，节约沥青的数量也不同，根据已铺各种试验路面的资料计算，其结果如表 7。

又根据各地区气候条件、施工方式、机械设备和技术水平等各种差别，节省沥青的数量不尽相同。

节省沥青既是节约资源也是节省能源。因为沥青也是一种能源材料，而且是筑路工程中重要的短缺材料。另一方面是沥青的单价越高采用阳离子乳化沥青修路的经济效益越好。

阳离子沥青乳液对于酸性骨料、碱性骨料都有良好的黏附效果，改变了沥青对于酸性骨料不做处理不宜使用的束缚，从而扩大了骨料来源，便于骨料就地取材。这样即节约资源，又降低工程造价，也节省为远路运输骨料而消耗的大量燃油。

表7　不同类型结构路面乳化沥青节省沥青用量

路面结构类型	热沥青路面中沥青用量	平均	乳化沥青			$(1-\frac{热沥}{乳沥})$,%
			用量	折合沥青	平均	
简易封层（<1cm）	1.0~1.2kg/m^3	1.1	1~1.4kg/m^2	0.6~0.84kg/m^2	0.72	35
表面处治（拌和2cm）	5%~5.5%	5.25	7%~8%	4.2~4.8kg/m^2	4.5	14
多层表处（3cm）	4.0~4.6kg/m^2	4.3	6.2~6.4kg/m	3.72~3.84kg/m^2	3.98	13
贯入式（4cm）	4.4~5kg/m^2	4.7	6.5~17kg/m^2	3.9~4.2kg/m^2	4.05	14
沥青碎石	4.5%~5.5%	5.0	7%~8%	4.2%~4.8%	4.5	10
中粒式混凝土	5.5%~6%	5.75	8%~9%	4.8%~5.4%	5.1	11
细粒式混凝土	6%~7%	6.5	9%~10%	5.4%~6.0%	5.7	12
黏层油、透层油	0.8~1.2kg/m^2	1.0	0.8~1.2kg/m^2	0.48~0.72kg/m^2	0.6	40
平均						18.6

3. 延长施工季节，及时进行养护

阴雨与低温季节，常常是沥青路面路况下降的不利季节，由于养护困难，致使病害迅速蔓延扩大，汽车运输效率降低，车辆油耗与磨损增加。采用阳离子沥青乳液修路，几乎可以不受低温与阴雨的影响，产生病害可以及时做到“补早补小”，从而延长沥青路面的使用寿命、改善路况。湖南省公路局两年来使用阳离子沥青乳液养路，经多方面努力，全省平均好路率已由10%（1981年），提高至55%，而且降低养路费用、提高运输效率、减少交通事故。各地区根据气候条件不同，延长天数不同(表8)。

表8　根据气候条件各地区延长时间表

施工地区	延长时间，d
湖南省	120
河南省	55
北京市	50
辽宁省	50
黑龙江省	25
平均	60

使用阳离子沥青乳液修路，可在降雨后立即施工，不需等待骨料与路面晒干，有的省一年内仅此项即可节省停工费与停机费20万元，并可提前完成养路计划。

近两年来，国内用阳离子沥青与旧沥青路面材料进行冷法再生发展很快。在河北、河南、甘肃等省铺筑试验路，在日行车3000辆路面上取得较好效果。这种施工方法由于充分利用旧沥青路面材料，节省骨料、节省沥青、节省燃料，改善了施工条件，提高了施工效率，取得良好的技术经济效益。今后必将得到重视与发展。

交通部目前每年各省需要的沥青（渣油）为80~100×10^{4}t，其中，有50×10^{4}t用于维修养护，如将其一半（即25×10^{4}t）采用阳离子乳化沥青，每年可省煤2.5×10^{4}t，节省沥青4.25×10^{4}t，如其中又有一半采用沥青乳液冷拌混合料又可节省燃油1.6×10^{4}t。如果节省的沥青修路时，可铺7m宽、3cm厚沥青混凝土路面1574kg。再加上城市道路中的推广与应用，必将产生更显著的节能效益、社会效益、环境效益及经济效益。

八、结束语

“阳离子乳化沥青及其路用性能的研究”课题，自1978年开展研究以来，在协作组的共同努力下，经过室内外的大量试验，研制成功阳离子乳化剂6种，乳化机3种，乳化车间6座，编制出

“阳离子乳化沥青检验标准及试验方法（草案）”，制定出“阳离子乳化沥青路面施工及养护技术暂行办法”，提出“阳离子乳化沥青混凝土配合比设计试验方法的研究”报告。总之，对于阳离子乳化沥青的生产、检验及其在道路中的应用已取得系统经验，对其节能效益、经济效益、社会效益已有基本的分析和认识。因此，大连市、河南省、湖南省、辽宁省、吉林省、黑龙江省等省市已先后进行“阳离子乳化沥青的研究与应用”的基层鉴定，并在本省推广应用。阳离子乳化沥青的优越性不仅引起交通与城建部门的重视，而且受到铁道，冶金、水电、石油、农业等各部委的关注。我国研究应用阳离子乳化沥青虽然起步晚，基础差（没有乳化剂和乳化机），但在各行各业的群策群力下，目前阳离子乳化沥青已在全国范围迅速发展。这是社会主义大协作的结果，也是社会主义制度优越性的重要标志。

为使我国今后能更好地发展与应用阳离子乳化沥青，一方面要继续发扬团结协作与艰苦奋斗的精神，另一方面必须努力做好以下五点工作：

(1) 进一步研制阳离子乳化剂的新产品，提高质量，增加品种，扩大料源，降低造价。

(2) 合理设置乳化沥青厂（车间)，提供必要的乳化设备，控制油水比例，保证质量，提高效率，促使沥青乳液生产的工厂化与基地化。

(3) 研制适宜于沥青乳液拌制混合料的拌和设备与摊铺设备，提高施工效率，保证铺路的质量。

(4) 已铺的各种结构试验路面，要坚持定期观测，总结经验，提高质量。

(5) 研制新品种的阳离子沥青乳液，满足防水、防尘、防锈、抗滑、耐磨、修补坑槽等不同用途的需要。

做好以上五点，才能进一步促进阳离子乳化沥青在道路工程中迅速推广，使其在我国交通运输事业中发挥更大的作用。

附表 1　国产乳化剂的试验结果

序号	乳化剂名称	代号	浓度含量 %	乳化剂结构式	制造厂商	单价 元/kg	乳化沥青型号	配合比例 油水乳化剂	乳化条件 乳化时原材料温度,℃	乳液的检验结果 微粒电荷	微粒直径 μm	筛上残留物 %	贮存稳定性	黏附试验	拌和试验	pH值	黏度 C_{25}^{3} s	含水量 %	备注
1	十二烷基三甲基溴化铵	DT或1231	50	$[C_{12}H_{25}-N(CH_3)_2-CH_3]^+Br^-$	上海合成洗涤三工厂	10.00	胜利100号	60 40 0.5	水 90~100℃ 油 130~140℃		未乳化								
2	十二烷基三甲基氯化铵	DT或1231	29.68	$[C_{12}H_{25}-N(CH_3)_2-CH_3]^+Cl^-$	天津师院化工厂	8.00	胜利100号	60 40 0.5	水 90~100℃ 油 130~140℃		未乳化								
3	十一—十二烷基二甲基苄基氯化铵	1227	82	$[C_{12}H_{25}-N(CH_3)_2-CH_2-C_6H_5]^+Cl^-$	大连油脂化学厂	19.00	胜利100号	60 40 0.5	水 90~100℃ 油 130~140℃		未乳化								
4	十七烷基二甲基苄基氯化铵	1727	50	$[C_{17}H_{25}-N(CH_3)_2-CH_2-C_6H_5]^+Cl^-$	上海合成洗涤三厂	5.00	胜利100号	60 40 0.5	水 90~100℃ 油 130~140℃	+	乳化不完全	不合格	不合格	合格	合格	6.5	25	42	
5	EM17两性乳化剂	EM17	46	$[C_{17}H_{35}-N(CH_3)_2-COOCH_2]^+Cl^-$	上海合成洗涤三厂	3.00	胜利100号	60 40 0.5	水 90~100℃ 油 130~140℃	+	未乳化								
6	十八叔铵二甲基苄基硝酸季铵盐	SN		$[C_{18}H_{37}-N(CH_3)_2-CH_2-CH_2OH]^+NO_3^-$	上海助剂厂	无正式产品	胜利渣油	60 40 0.5	水 90~100℃ 油 110℃	+	3~5	合格	合格	合格	中裂	6	23	45	

续表

序号	乳化剂名称	代号	浓度含量%	乳化剂结构式	制造厂商	单价元/kg	乳化沥青型号	配合比例 油水乳化剂	乳化条件 乳化时原材料温度,℃	乳液的检验结果 微粒电荷	微粒直径μm	筛上残留物%	贮存稳定性	黏附试验	拌和试验	pH值	黏度 C_{25}^{3} s	含水量%	备注
7	十八烷基三甲基氯化铵（天津）	DT或1831	40	$[C_{18}H_{37}-N(CH_3)_2-CH_3]^+Cl^-$	天津师院化工厂	7.80	胜利100号	60 40 0.5	水90～100℃ 油130～140℃	+	3～5	合格	合格	合格	中裂	6.8		38.7	以牛油为原料
8	$C_{16\sim19}$烷基三甲基氯化铵（大连）	NOT	35	$[R-N(CH_3)_2-CH_3]^+Cl^-$	大连油脂化学厂	4.00	胜利100号	60 40 0.5	水90～100℃ 油130～140℃	+	3～5	合格	合格	合格	中裂	7	22	40	以石蜡为原料
9	十六烷基三甲基溴化铵	1631	65	$[C_{16}H_{33}-N(CH_3)_2-CH_3]^+Cl^-$	上海合成洗涤三厂	14.00	胜利100号	60 40 0.5	水　78℃ 油　110℃	+	3～5	合格	合格	合格	快裂	5.5	38.8	38.6	以高级脂肪醇为原料
10	N—烷基丙烯二胺		100	$R-N(H)-(CH_2)_3-NH_3$	辽阳有机化工厂	10～20	胜利100号	60 40 0.5	水　70℃ 油　110℃	+	3～5	合格	不合格	合格	慢裂	3～4	13.6	41	以石蜡为原料
11	八—十烷基三甲基氯化铵		95	$[C_9H_{19}-N(CH_3)_2-CH_3]^+Cl^-$	大连油脂化工厂		胜利100号	60 40 0.5	水90～100℃ 油130～140℃	未乳化									
12	十八烷基二甲基苄基季铵盐	1827DC匀染剂	60	$[C_{18}H_{37}-N(CH_3)_2-C_6H_4-CH_2]^+Cl^-$	上海合成洗涤三厂	18.00	胜利100号	60 40 0.5	水　70℃ 油　110℃	+	4～6	不合格	合格	合格	快裂	6.5	11.8	50	

续表

序号	乳化剂名称	代号	浓度含量%	乳化剂结构式	制造厂商	单价元/kg	乳化沥青型号	配合比例	乳化条件	乳液的检验结果									备注
								油水乳化剂	乳化时原材料温度,℃	微粒电荷	微粒直径 μm	筛上残留物%	贮存稳定性	黏附试验	拌和试验	pH值	黏度 C_{25}^{3} s	含水量%	
13	16.12B	16.12B		$[C_{16}H_{33}-N(CH_3)_2-C_{12}H_{25}]^+Br^-$	上海合成洗涤三厂	10.00	胜利100号	60 40 0.5	水 70℃ 油 120℃			未乳化							
14	C_{14-15}烷基三甲基氯化铵	80–11–21	38.63	$[R-N(CH_3)(CH_2)-CH_3]^+Cl^-$	大连油脂化学厂		胜利100号	60 40 0.5	水 70℃ 油 120℃			未乳化							
15	C_{3-10}烷基三甲基氯化铵	30–11–23	31.82	$[R-N(CH_3)_2-CH_3]^+Cl^-$	大连油脂化学厂		胜利100号	60 40 0.5	水 70℃ 油 120℃			未乳化							
16	C_{11-12}烷基三甲基氯化铵	80–8–10	35.00	$[R-N(CH_3)_2-CH_3]^+Cl^-$	大连油脂化学厂		胜利100号	60 40 0.5	水 70℃ 油 120℃			未乳化							

附表 2　各种沥青与 NOT 的乳化效果比较表

序号	沥青品种	沥青性能			乳化剂	配合比例	乳化条件			乳液检验结果									蒸发残留物试验		
		针入度 0.1mm	软化点 ℃	延伸度 cm		油:水:乳化剂	油、水温度 ℃	乳化设备	乳化时间 min	pH 值	黏度 C_{25}^{3} s	筛上剩余量 %	黏附试验	拌和试验	稳定性 5 日贮存	微粒直径 μm	微粒电荷	含水量 %	针入度 0.1mm	软化点 ℃	延度 cm
1	胜利 100 号沥青	75	48.5	85	NOT	60:40:0.5	油 120～140 水 50～70	胶体磨	1	6	23	<0.3	合格	中裂	合格	3～5	+	42	77	48	70.8
2	胜利渣油 C_{60}^{5} 约 1.50mPa·s	200	55		NOT	60:40:0.5	油 90～100 水 50～70	胶体磨	1	6	22	<0.3	合格	中裂	合格	3～5		40			
3	胜利 200 号沥青	160	45		NOT	60:40:0.5	油 120～140 水 50～70	RHL 802	1	6	22	<0.3	合格	中裂	合格	3～5		41			
4	高升 100 号沥青	190	35.5	14～15	NOT	60:40:0.5	油 120～140 水 50～70	齿轮泵乳化机	1	7	25	<0.3	合格	中偏慢				43			
5	高升 200 号沥青	190	45	>100	NOT	60:40:0.4	油 120～140 水 50～70	齿轮泵乳化机	1	7	14	<0.3	合格	慢裂			+	48			
6	兰炼 100 号沥青 30%～35% 渣油 67%～70%		35.5	26.4	NOT	60:40:0.4	油 120～140 水 50～70	齿轮泵乳化机	1	6～7	17	0	合格	中裂			+	40			
7	茂名 60 号沥青 60%，长庆渣油 40%				NOT 上海 1631	60:40:0.4	油 120～140 水 50～70	齿轮泵乳化机	1		16	合格	合格	快裂		<5	+	39.3	145		15

续表

序号	沥青品种	沥青性能			乳化剂	配合比例	乳化条件			乳液检验结果									蒸发残留物试验		
		针入度 0.1mm	软化点 ℃	延伸度 cm		油:水:乳化剂	油、水温度 ℃	乳化设备	乳化时间 min	pH 值	黏度 C_{25}^{3} s	筛上剩余量 %	黏附试验	拌和试验	稳定性 5 日贮存	微粒直径 μm	微粒电荷	含水量 %	针入度 0.1mm	软化点 ℃	延度 cm
8	茂名 100 号				NOT	60:40:0.5	油 120～140 水 50～70	齿轮泵乳化机	1	6.7	2.5	合格	合格	中裂	合格	<5	+	40			
9	大庆氧化 55 号沥青 35% 大庆渣油 65%				NOT	60:40:0.3	油 120～140 水 50～70	齿轮泵乳化机	1	5～6		合格	合格		合格		+	40			
10	周李庄 200 号沥青 70% 羊三木 10 号沥青 30%	94	43	25	NOT	60:40:0.5	油 120～140 水 50～70	齿轮泵乳化机	1	6～7	40	合格	合格		合格	合格	+	39.3	130	43.5	28.5
11	北大港 180 号	203	37	80	NOT	60:40:0.5	油 120～140 水 50～70	齿轮泵乳化机	1	6	13.5	合格	合格				+	44.7	210	37.5	80
12	攀钢煤沥青 7		17	57.6	NOT 0.5 SOI%	60:40:0.5	油 120～140 水 50～70	齿轮泵乳化机	1	6	21	合格 0.07	合格				+				

附表 3 各种乳化剂乳化效果表

序号	乳化剂名称	代号	浓度 %	单价 元/kg	乳化剂结构式	沥青型号				配化	乳化	乳液检验结果										
						产地及标号	针入度 0.1mm	延伸度 cm	软化点 ℃	沥青水乳化剂	设备	微粒电荷	筛上	贮存	黏附	拌和	pH值	黏度 C_{25}^{3} s	含水量 %	针入度 0.1mm	延伸度 cm	软化点 ℃
1	C_{16-19} 烷基三甲基氯化铵	NOT	35	4.00	$[C_{16-19}H_{37}-N(CH_3)_2-CH_3]Cl$	胜利 100 号	104	78	44	60 40 0.5	RHL - 801 型	+	0.1	合格	合格	中裂	6.5	1.5	45			
2	烷基酰胺基多胺	JSA - 1	80	8.00	$RCONH(C_3H_6NH)C_3H_6NH_2 \cdot mHA$	胜利 100 号	104	78	44	60 40 0.5	RHL - 801 型	+	0.05	合格	合格	慢裂	4	11	45	91	87	
3	烷基酰胺基多胺	JBA - 2	80	8.00	$RCONH(C_3H_6NH)C_3H_6NH_2 \cdot mHA$	胜利 100 号	104	78	44	60 40 0.5	RHL - 801 型	+	0.2	合格	合格	中裂	3.9	71	38		70.9	
4	烷基酰胺基多胺	JSA - 3	80	7.00	$RCONH(C_3H_6NH)C_3H_6NH_2 \cdot mHA$	胜利 100 号	104	78	44	60 40 0.5	RHL - 801 型	+	0.2	>5	合格	快裂	3.5		36		71	
5	烷基酰胺基多胺	JSA - 2	80	8.00	$RCONH(C_3H_6NH)C_3H_6NH_2 \cdot mHA$	高升 100 号				60 40 0.5	胶体磨	+	0.3	<5	合格	中裂	5		40			
6	烷基酰胺基多胺	JSA - 2	80	800	$RCONH(C_3H_6NH)C_3H_6NH_2 \cdot mHA$	大庆丙烷脱蜡				60 40 0.5	胶体磨	+	<0.3	<5	合格	中裂	6		40			

续表

序号	乳化剂名称	代号	浓度 %	单价 元/kg	乳化剂结构式	沥青型号				配化	乳化	乳液检验结果										
						产地及标号	针入度 0.1mm	延伸度 cm	软化点 ℃	沥青、水、乳化剂	设备	微粒电荷	筛上	贮存	黏附	拌和	pH 值	黏度 C_{25}^{3} s	含水量 %	针入度 0.1mm	延伸度 cm	软化点 ℃
7	C_{14-18} 烷基二甲基羧乙基氯化铵	1621	45	3.50	$[R—N(CH_3)_2—CH_2CH_2OH]Cl$	胜利 100 号	104	78	44	60 40 0.5	RHL-801 型	+	0.05	5	合格	快裂		10.5	41	123	95	
8	C_{14-18} 烷基二甲基羧乙基氯化铵	1621	45	3.50	$[R—N(CH_3)_2—CH_2CH_2OH]Cl$	周李庄 200 号	254	13	44	60 40 0.4	RHL-801 型	+	<0.3	合格	合格	快裂			40	280	17.4	45
9	$C_{14\sim18}$ 烷基二甲基羧乙基氯化铵	1621	45	3.50	$[R—N(CH_3)_2—CH_2CH_2OH]Cl$	大港 200 号				60 40 0.4	RHL-801 型	+	<0.3	合格	合格	快裂			40			
10	烷基丙烯二胺		100	10.00	$RNH(CH_3)_2NH_2$	高升 100 号	180	>100	45	60 40 0.4	新光胶体磨	+	<0.3	合格		中裂	4	20	59			
11	烷基丙烯二胺		100	10.00	$RNH(CH_3)_2NH_2$	高升 200 号	180	>100	45	60 40 0.4	RHL-801 型	+	<0.3	合格		中裂	3	20	60			

附表 4　阳离子沥青乳液各种检验标准

项目		CRS－1		CRS－2						CMS－2		CMS－2h		CSS－1		CSS－1h		备　注
项目	日本 JIS K 2208	PK－1		PK－2		PK－3		PK－4		MK－1		MK－2		MK－3				
项目	中国暂定	G－1				G－2		G－3		B－1				B－2				
项目	要求	下限	上限	下限	上限	下限	上限	下限	上限	下限	上限	下限	上限	下限	上限	下限	上限	
主 要 用 途		温暖季节贯入及表面处治用		寒冷季节贯入及表面处治用		透层油及加固土表面养护用		黏层油		拌制粗级配混合料用		拌制密级配混合料用		拌制加固砂石土用				美国 ASTMD2379 代表符号 C：Cationie emuision 阳离子乳液
黏度	恩氏 50℃，s	5.6	28	28	112					14	126	14	126	3	4			RS：Rapd－Setting 快裂
黏度	恩氏 25℃，s	3	15	3	15	1	6	1	6	2	40	3	40	3	40	5.6	2.8	MS：Medium－Setting 中裂
黏度	标准 C_{25}^{3}，s	12 ~ 40				8	20	8	20	12 ~ 100				12	100			
蒸发残留物含量，%		60 60 60		65 60 60		 50 50		 50 50		55 57 55		65 57 55		57 57 55		57		SS：SLOW－Setting 快裂 日本 JIS K 2208 代表符号
筛上剩余量，%	筛孔 1190μm	小于 0.1																
筛上剩余量，%	筛孔 1190μm	小于 0.3																
筛上剩余量，%	筛孔 1.2mm	小于 0.2																
沥青微粒离子电荷		阳（+）																
黏附试验		2/3		2/3		2/3		2/3										P：penetrating emalsion
粗级配骨料拌和										均匀								
密级配骨料拌和												均匀						贯入用乳液
砂石土拌和														5				

续表

项目		CRS－1		CRS－2						CMS－2		CMS－2h		CSS－1		CSS－1h		备　注
项目	美国 ASTM D 2379	CRS－1		CRS－2						CMS－2		CMS－2h		CSS－1		CSS－1h		
	日本 JIS K 2208	PK－1		PK－2		PK－3		PK－4		MK－1		MK－2		MK－3				
	中国暂定	G－1				G－2		G－3		B－1				B－2				
	要求	下限	上限	下限	上限	下限	上限	下限	上限	下限	上限	下限	上限	下限	上限	下限	上限	
贮存稳定性	24h,%		1		1						1		1		1		1	M：Mixing emulsion 拌和用乳液
	5d,%		5		5						5		5		5		5	K：Kationic emulsion
	5d,%		5		0						5		5		5		5	中国分类代表符号
蒸发残留物试验	针入度（25℃），0.1mm	100	250	100	250					100	250	40	90	100	250	40	90	G：贯入洒布用乳液
		100	250	150	300	100	300	60	150	60	200	60	200	60	300			B：拌和用乳液
			80～120			140	200	60	140	80	200	60	200	80	200			
	延度（15℃），cm	40		40						40		40		40	40			
	（25℃），cm	100		100		100		100		80		80		80	80			
			不低于25															
	溶解度，% 氯乙烷烯	97.5		97.5						97.5		97.5		97.5			97.5	
	溶解度，% 三氯乙烷	98		98		98		98		97		97		97				
	溶解度，% 三氯乙烯			97.5		97.5		97.5				97.5		97.5				
冻融稳定性（－5℃）		无粗颗粒、结块																

阳离子沥青乳液检验标准及试验方法（试行）

交通部“阳离子沥青及其路用性能的研究”
课题协作组，1984 年 7 月

一、编制说明

（1）自 1978 年在我国开始研究路用阳离子乳化沥青以来，现在已有十多个省、市开展了研究工作，铺筑了多种结构类型的阳离子乳化沥青路面，并已试用这种材料进行沥青路面的养护。为了在全国范围内进一步推广应用阳离子乳化沥青，特暂行编制“阳离子沥青乳液检验标准及试验方法”（以下简称“标准”），供各地试用，以便于提高阳离子沥青乳液的使用质量和进行技术交流。

（2）阳离子乳化沥青亦称阳离子沥青乳液。本标准主要规定了沥青乳液的各项技术指标及测定方法，适用于路用阳离子乳化沥青的生产检验及使用品质评定。

（3）考虑到生产、施工和科研的实际情况，试验单位可按本标准的规定项目对沥青乳液样品作全面检验，也可根据需要，检验部分项目；当使用要求与本标准规定的试验条件不同时，还可采用相应条件的其他非常规试验方法。本标准已将某些非常规的试验方法刊于附录中，供各地参考使用。

（4）为了配合路用阳离子乳化沥青的应用研究工作，交通部公路科学研究所曾于 1980 年提出了“阳离子沥青乳液检验标准及试验方法（试行草案）”。几年来，有关省、市的交通和城建部门作了大量的试验研究，总结了许多有益的经验，对“试行草案”提出了修改意见，为编制本标准奠定了良好的基础。今后随着阳离子乳化沥青在祖国各地广为发展应用，其检验标准和试验方法将会不断得以充实和日臻完善。

二、阳离子沥青乳液的检验标准

阳离子沥青乳液的检验标准见表 2。其中 G－1、G－2、G－3 为贯入、洒布、施工类型的沥青乳液，B－1、B－2 为拌和施工类型的沥青乳液。它们的主要用途列于表 1，供选用乳化沥青时参考。

本标准对表 2 所列检验项目提出了相应技术要求。关于 pH 值暂未规定其数值范围。这是因为使用不同的乳化剂和稳定剂生产的沥青乳液，其 pH 值变化幅度较大。由于我国目前的阳离子沥青乳化剂正处于发展时期，乳化剂还未纳入规格化和系列化的标准，故本标准中对沥青乳液的 pH 值暂不作统一规定，其试验方法暂列于附录之中。

表 1　阳离子沥青乳液的主要用途

种　类		用　途
贯入、洒布用	G－1	贯入式路面表面处治及养护用
	G－2	透层油及稳定土基养护用
	G－3	黏结层用
拌和用	B－1	拌制沥青混凝土及沥青碎石用
	B－2	拌制加固土及砂石混合料用

表2　阳离子沥青乳液检验项目及标准

项目 \ 种类		G－1	G－2	G－3	B－1	B－2	备注
筛上剩余量,%		<0.3					
电　荷		+					
拌和稳定度试验		快裂或中裂			中裂或慢裂		
黏度	沥青标准黏度 C_{25}^{3}，s	12～40	8～20		12～100		
	恩格拉黏度 E_{25}	3～15	1～6		3～40		
蒸发残留物含量,%		≮60	≮50		≮55		
蒸发残留物性质	针入度 $^{25℃,\ 100g}_{5s}$，0.1mm	100～200	100～300	60～160	60～200	60～300	
	延度（25℃），cm	>20					
	溶解度（三氯乙烯）,%	>97.5					
贮存稳定性,%	CH_5	<5					
	CH_1	<1					
黏附性试验		$>\frac{2}{3}$					
粗级配骨料拌和试验					均匀		
密级配骨料拌和试验					均匀		
水泥拌和试验,%						<5	
冻融稳定度（－5℃）		无粗颗粒					

三、阳离子沥青乳液的试验方法

（一）沥青乳液试验的制取

1. 实验室制备阳离子乳化沥青试样

1）目的意义

在生产上采用一种新型乳化剂或使用不同品种规格的沥青时，常需对所用沥青和乳化剂先作小样试验，以确定合适的配方及乳化条件并为检验所得沥青乳液的性质提供样品。

2）仪器设备

（1）小型乳化机。乳化机或胶体磨。

（2）天平。称量1kg或2kg，感量0.5g或1g。

（3）电炉或其他加热装置。

（4）温度计。0～200℃两支；

　　　　　0～100℃两支。

（5）烧杯。2000mL、1000mL或500mL，用量根据需要确定。

（6）带柄铝锅。足够容量。

（7）筛网。孔径0.6～0.8mm。

（8）其他。量筒玻璃棒、长把镊子、塑料薄膜、棉纱及洗油等。

3）操作方法

（1）将试样沥青加热脱水后，用筛网过滤。根据制取乳液数量及沥青含量称取定量沥青（一般为600g）于带柄铝锅中，根据不同沥青稠度加热保持在120～150℃。

（2）按计算用量称取乳化剂于500mL或1000mL的烧杯中，加入配制所需数量的干净自来水或施工使用的水，在电炉上徐徐加热至乳化剂充分溶解（如需添加外掺剂时也一并加入），然后保持水溶液的温度为40～70℃。

（3）将乳化机料斗用洗油棉纱擦净并检查料斗中确无异物时，倒入70～100℃的热水，开机预热机器，按机器操作方法放尽预热水，立即加入预热好的乳化剂水溶液开机使其在机内循环，随后徐徐倒入达到预定温度的称样沥青，按机器操作方法循环1～5min。

（4）观察料斗中混合液的状态，待已充分乳化，液面无漂浮沥青时停机、将乳化物放入已称重的大烧杯中。当发现料斗中混合物出现结块等异常现象时，应及时停机排放，并立即倒入洗油，开机循环以冲洗机内油泵、管道或转子。

（5）将盛有沥青乳液的烧杯用塑料薄膜盖严，以备下步试验用。

（6）乳液制备完毕后，用洗油倒入料斗，并开机循环后再放出，如此2～3次，然后擦净料斗和机身，备下次用。

（7）给试样乳液编号，并注意记录表与盛样烧杯是否一致，记录乳液生产情况及室内温度、湿度。

2. 乳化沥青生产采样

1）目的意义

在乳化沥青的连续生产中，常因温度条件变化及管路、机器故障而使产品性质出现波动，为了检查产品质量或调试设备，常需定时对产品作采样检验。

2）采取试样应注意事项

（1）在正常生产情况下，在乳化机出口处取样，每个台班取两次样品，即每半个台班采一次样。如果生产中有异常现象或中途停止时，应随时增加取样次数。

（2）每生产一罐（或一池）沥青乳液，应在搅匀罐（池）中乳液之后，采取样品作为生产产品检验。

（3）每次取样数量根据试验内容确定，一般为500～2000g，盛样容器最好用透明材料制作，并能加盖密封。

（4）取样时应注明时间、地点或单位、样品编号、取样人姓名，并记录原料名称、气温及生产的简要情况。

（5）所取试样应密封保存并立即交实验室进行有关试验，在未得出明确的试验结果之前应妥善保留试样已备查核。

（6）取样人应注意安全。

（二）筛上剩余量试验

1. 目的意义

本试验是测定试液通过规定的筛孔而存留于筛上的沥青团粒质量，以其占试液质量的百分率表示。它反映乳液中沥青粗颗粒的成分及是否发生结块等现象。

以下各项试验所需样品，均需过1.2mm筛孔。

2. 试验仪具及材料

（1）烧杯2只，容积750mL或2000mL。

（2）小圆筛。筛内径75mm，高25mm孔径1.2mm的方孔筛。

（3）筛底。圆形，内径75mm、高15mm，须与小圆筛配套。

（4）天平2台。称量2000g，感量1g；称量100g，感量0.1g。

（5）干燥器。

（6）玻璃棒及镊子。

（7）棉纱，蒸馏水，洗油，去污粉等。

3. 试验方法

（1）将小圆筛、烧杯及筛底用洗油擦洗干净，并用去污粉、清水和蒸馏水冲洗后烘干并分别称重，准确至0.1g。

（2）用烧杯称取乳液500g，或将实验室制作的乳液小样称重，准确至1g。

（3）将小圆筛用蒸馏水润湿，然后支于另一只烧杯上。

（4）用玻璃棒搅匀试液，徐徐注入小圆筛而漏入其下的空烧杯中，留作后用。

（5）试液全部过滤后，取走盛接试液的烧杯，用蒸馏水冲洗第一只盛样烧杯、玻璃棒和小圆筛。操作时应先冲烧杯，使其中遗留的乳液荡洗干净并将洗液通过小圆筛，然后再用蒸馏水冲洗，至下漏之水完全洁净为止。

（6）将小圆筛置于筛底上，一同置于105～110℃烘箱中烘干1～3h至恒重。

（7）将筛底连同小圆筛放入干燥器中冷却后，用天平称取其合重，准确至0.1g。

4. 试验结果及准确度

试液的筛上剩余物质量百分率按下式计算：

$$P=\frac{G_1-G_2-G_3}{G_e}\times100\%$$

式中 P——1.2mm筛上剩余物质量百分率（准确至小数点后一位），%；

G_e——过滤前试液质量，g；

G_1——筛底、小圆筛及筛上剩余物的合重，g；

G_2——1.2mm小圆筛质量，g；

G_3——筛底质量，g。

对于产品检验同一种试液应平行试验两次，取其平均值作为试验结果。两次试验结果与平均值的误差不得大于±10%。

（三）微粒粒径测定

1. 目的意义

本试验是测定试液中悬浮的沥青微粒的大小，可用显微镜测读沥青微粒的直径及其大体分布，对于调试乳化机及选择乳液配方有重要意义。

2. 试验仪具及材料

（1）读数显微镜。放大倍数100～600，并带有刻度。

（2）表面皿。

（3）玻璃棒。

（4）蒸馏水及煤油。

3. 试验方法

（1）用稀释剂（水:甘油=1:1）将1g左右的试液（充分搅匀后取样）稀释10～20倍，盛于洁净的表面皿中。

（2）用洁净玻璃棒沾上一小滴稀释的乳液，涂上显微镜载片上刮成一薄层，立即合片观测。此时，对于细分散的试液，在显微镜下呈浅褐色或黄色，颗粒大小均匀；对于粗分散的试液，在显微镜下呈大小不均匀的颗粒分布，或有明显的黑色团块。

（3）用测微尺测读微粒直径。先测粗颗粒并估计其在目镜范围所占比例，再测读大小均匀数量较多的微粒直径，若计测得5μm以下的微粒约占80%以上，大于10μm者不多于5%，则认为该试液的微粒粒径合格。由于试样乳液破乳速度较快，最好采用显微拍照方法，由照片计数各种粒径所占百分数。

（4）同一试液至少观察两次（两个标本镜片）。若两次结果相差悬殊时，则应补做核对。

4. 注意事项

（1）观测时读数要迅速。如观测迟缓，镜片上乳液可能因微粒布朗运动使之合并结团，如发现结团时应重新取样制片。

（2）对于季铵盐型阳离子乳液，稀释剂也可采用 OP－10 的水溶液，浓度为0.5%～1.0%。

（四）沥青微粒电荷试验

1. 目的意义

沥青乳液的微粒离子电荷是指试液中分散的沥青微粒周围所带电荷的性质。试液中的沥青微粒由于乳化剂包膜的作用才能均匀而稳定地分散在水中，不同类型的乳化剂致使分散的沥青微粒周围带有不同性质的电荷。反之，通过对沥青乳液的电荷试验，则可确认乳液所用乳化剂的类型。

2. 试验仪具

（1）烧杯。容量200mL。

（2）电极板。尺寸为长10cm，宽1cm、厚0.1cm 的铜片2 块，将其固定在一个框架上，两电极板间距约3cm。

（3）电源。6V 直流电源。

（4）秒表。

3. 试验方法

（1）将经1.2mm 圆筛过滤的试液取150mL，注入洁净的烧杯中。

（2）将两电极板置于盛样烧杯中，浸入乳液至少3cm。

（3）将两电极板引线接于6V 直流电源的正负极上。

（4）接通开关，按动秒表，让电极板浸入试液3min。

（5）取出电极板观察，如在负极板上吸附大量沥青微粒，说明试液中沥青微粒聚向负极，沥青微粒带正电荷，该乳液为阳离子型。反之则为阴离子型（图1）。

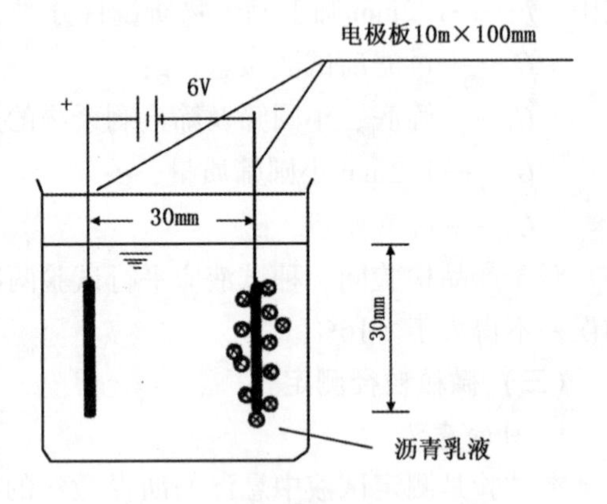

图1　沥青乳液电荷试验示意图

（五）黏度试验

1. 目的意义

沥青乳液的黏度是以规定的流孔型黏度计测得的标准黏度来表示的。国外一般规定采用恩格拉黏度计在25℃条件下测定，其结果用恩式黏度 E_{25} 表示。考虑到我国公路施工部门很少使用恩格拉黏度计，也可采用沥青标准黏度计在25℃从直径3 毫 mm 的流孔流出50mL 试液所需时间（s），以 C_{25}^{3} 来表示。试验时用筛上剩余量试验后的试液进行。

测定沥青乳液的黏度，可以掌握施工用孔液与石料作用的均匀性和分散性。

2. 沥青标准黏度计测定法

（1）试验仪具。同“沥青（渣油）黏度试验方法”。

（2）试验方法。取直径为3mm 的流出孔在25±0.2℃条件进行试验。其操作同“沥青（渣油）黏度试验方法”。

（3）注意事项。

①同一试液做两次平行试验，取其平均值作为试验结果。

②两次试验应连续进行，间隔时间不得超过15min。

3. 恩格拉黏度计试验方法

1）试验仪具与材料

（1）恩格拉黏度计构造简图如图2 所示。

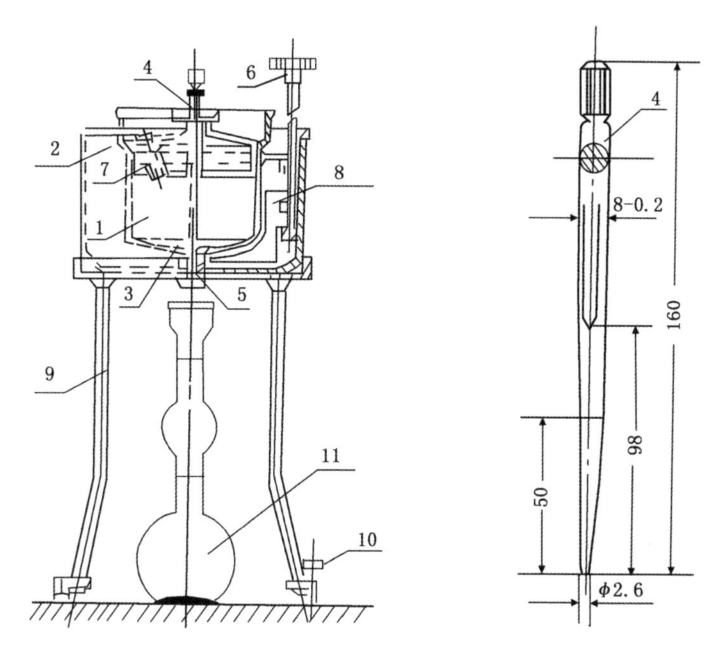

图2　恩格拉黏度计构造简图（单位，mm）

1—内容器；2—外容器；3—球形底；4—木塞；5—流出孔；6—小尖钉；

7—温度计插孔；8—搅拌器；9—三角支架；10—水平调节螺丝；11—接收瓶

（2）温度计两支。0～50℃，分度0.2℃。

（3）100mL接收量筒。

（4）5mL吸管。

（5）秒表。分度0.2s。

（6）洗油。

（7）蒸馏水。

（8）洗液。

2）试验方法

（1）安装恩格拉黏度计于水平台座上，先后用洗油及蒸馏水冲洗干净内容器流出孔和木塞，并将其吹干。

（2）于外容器中加水，并调节和保持水温25±0.2℃，水面至内容器的扩大部分。

（3）用木塞堵住流出孔，将加热至略高于25℃的蒸馏水注入内容器，使水面接近内容器壁的三个小尖钉尖端时，一边调整仪器的水平调节螺丝，一边用吸管缓慢加入蒸馏水，直至使内容器壁的三个小尖钉尖端与水面齐平为止。

（4）在流出孔下安放接收量筒。位置应使流出液刚好接触量筒内壁顺流而下，不致使量筒内液体产生气泡。

（5）盖上容器盖，插入内外温度计，并用搅拌器使外容器内各部分水的温度均匀一致；观察至内、外容器中的水温均达到25±0.2℃时，保持5min，提起木塞，开动秒表，待蒸馏水流满50mL时记录流出时间，这是第一次试水时间。

（6）按上述同样方法用蒸馏水再进行两次试验，当三次测试结果之间的误差小于0.5s时，用三次试水时间计算平均值，作为恩格拉黏度计的标准水值T_w（s）。

（7）取下容器盖，放尽内容器内的蒸馏水，待木塞和内容器表面吹干后，插上木塞；于内容器内注入经1.2mm小圆筛滤过并加热至略高于25℃的乳化沥青试液。使液面同时与三个小尖钉尖端齐平。

（8）盖上容器盖，插入温度计。接上接收量筒，调节内外容器中试液和水的温度，当两温度均达到25±0.2℃时，保持5min后，提起木塞，记录流入接收量筒满50mL的流出时间（s）。

（9）取下容器盖。放尽内容器内的试液，先后用洗油和蒸馏水冲洗干净内容器。流出孔、木塞和接收量筒；待木塞和内容器表面吹干后，按（7）、（8）两步骤重复测定一次，如两次结果之间的误差不大于0.2s时，取其平均值作为试液流出时间 T_s（s）。

（10）试液的恩氏黏度由下式计算：

$$E_{25}=\frac{T_s}{T_w}$$

式中　E_{25}——试液的恩氏黏度，mPa·s；

T_s——试液流出50mL所需时间，s；

T_w——蒸馏水流出50mL所需时间，s。

（11）E_{25} 与 C_{25}^3 的换算关系如下式

$$C_{25}^3=5.9+2.47E_{25}$$

式中　E_{25}——25℃下的恩格拉黏度。

（六）蒸发残留物含量试验

1. 目的意义

沥青乳液蒸发残留物含量是试液加热蒸干水分后残留沥青的质量占试液质量的百分率，亦即乳液中的沥青含量。是乳化沥青施工中确定用量配比的重要依据。有时为了了解残留沥青的性质，还需对残留沥青作技术性能试验。

2. 试验仪具及材料

（1）小铝锅式蒸发皿。容量300mL以上。

（2）天平。感量1g，称量1000g。

（3）加热器。带调压变压器的电炉或电热板。

（4）温度计。200℃。

（5）玻璃棒。

（6）洗油。

3. 试验方法

（1）将玻璃棒及小铝锅（或蒸发皿）、温度计用洗油洗净、烘干并称重。

（2）将筛上剩余试验后的试液称取200g，置于铝锅或蒸发皿中。

（3）加热试液。注意控制温度不超过160℃，并用玻璃棒勤搅拌，使试液中的水分逐渐蒸干。但不得使乳液溢出。

（4）待水分完全蒸发后，保持残留物温度160℃，一分钟后将盛有残留沥青的铝锅（或蒸发皿）及玻璃棒，置于室温条件下冷却，然后称其合重。

4. 试验结果及准确度

试液蒸发残留量（沥青含量）按下式计算：

$$C=\frac{P_1-P_2}{200}\cdot 100\%$$

式中　C——试液蒸发残留量,%；

P_1——铝锅（或蒸发皿）、温度计玻璃棒及蒸发残留沥青合重，g；

P_2——铝锅（或蒸发皿）、温度计及玻璃棒合重，g。

（七）蒸发残留物性质试验

1. 目的意义

沥青乳液蒸发残留物性质是指试液蒸发残留物含量试验后所得残留物沥青的技术性质。非经指明，常测定其针入度、延度及溶解度。测定残留沥青性质可以了解沥青在乳化前后的性质变化，亦可为该种乳液的路用选择提供参考。

2. 试验仪具及试验方法

（1）蒸发残留沥青的制备同“沥青乳液蒸发残留物含量试验”。

（2）蒸发残留物沥青的针入度、延度及溶解度试验方法，同石油沥青的“针入度”、“延度”和“溶解度”方法。

（3）由于苯、四氯化碳的毒性较大，故本试验溶剂可采用三氯乙烯。

（八）贮存稳定性试验

1. 目的意义

沥青乳液贮存稳定性，是在规定条件下和指定时间内（五昼夜）贮存容器竖直方向上试验浓度的变化。它反映沥青乳液在贮存过程中具有稳定不分离的性能。可供生产使用时确定沥青乳液存放时间的参考。

2. 试验仪具及材料

（1）稳定管。玻璃制，其形状及尺寸如图3。

（2）其他同“沥青乳液蒸发残留量试验”仪具。

3. 试验方法

（1）将稳定管先用洗油洗干净并烘干然后塞好上、下支管出口A、B。

（2）将经1.2mm圆筛过滤的沥青乳液试样用玻璃棒搅匀后缓慢注入稳定管。使液面达管壁上的刻线处，注意支管上不要有气泡，再用橡皮塞盖好管口。

（3）将盛样并封闭好的稳定管，置于20±5℃环境中，于试管架上静置五昼夜。静止过程中，定时观察乳液外观状态，有否分层、沉淀或变色等情况，并做好记录。

（4）五日后，开启A口橡皮塞。将A口上部约50g（准确至0.2g）试液接入一个200mL的蒸发皿内；再开启B口橡皮塞放走AB间的试液，然后将B口下部的约50g（准确至0.2克）试液接入另一蒸发皿内。

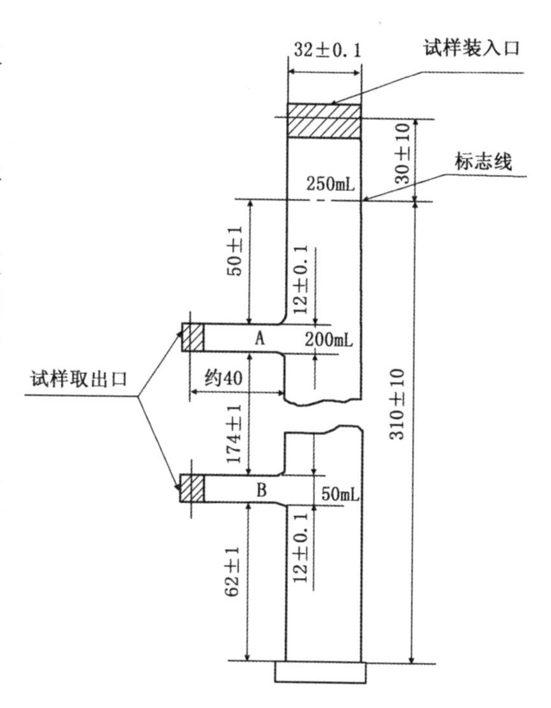

图3 贮存稳定度试验用量筒（单位，mm）

（5）分别将A上和B下的两份试液做蒸发残留量试验。

4. 试验结果及准确度

（1）以C_A表示A上试液的蒸发残留量（%），C_B表示B下试液的蒸发残留量（%）。

（2）贮存稳定性为$|C_A - C_B|$（%）。当$|C_A - C_B| < 5\%$时，即认为CH（贮存稳定性）合格。

5. 注意事项

当生产乳液在五天内即可计划用完时，可按本试验方法测定一天后的贮存稳定性。

一天后的贮存稳定性的测试方法与上述方法相同，只是把装好试液的稳定管置于试管架上静置24h后，即测定A、B口试液的蒸发残留物。当$|C_A - C_B| < 1\%$时认为CH_1贮存稳定性合格。

（九）黏附性试验

1. 目的意义

沥青乳液的黏附性试验是在规定条件下使乳液呈薄膜状黏附于石料表面的稳定程度，可间接评定沥青乳液与表面潮湿矿料的黏结能力。

2. 试验仪具及材料

(1) 标准筛。孔径 20mm 和 30mm。

(2) 烧杯。800 ~ 1000mL。

(3) 干湿球湿度计。

(4) 秒表。

(5) 蒸馏水。

(6) 细线或金属丝。捆系石料用。

(7) 其他。电炉、玻璃棒、铁支架等。

3. 试验方法

(1) 将花岗岩、石英石或石灰石之碎石筛取粒径为 20 ~ 30mm 之间的碎石（或砾石），洗净碎（砾）石表面后，将其在 105 ~ 110℃烘箱内烘干；在室温下冷却后，用细线或金属丝捆好，留出尾线作悬挂用。

(2) 取两个洁净烧杯，分别装入 400mL 蒸馏水及 300mL 经 1.2mm 筛过滤的试液。

(3) 将捆好的石料放进盛水烧杯中浸泡 1min，取出后置于盛试液的烧杯中浸泡 1min，再取出置于室温为 20 ~ 30℃、湿度为 50% ~ 80% 条件下悬挂 20min。

(4) 将晾后的试石放入 1000mL 的盛水烧杯中，上下摆洗，摆动速度为每分钟 30 次，摆动幅度为 50mm。

(5) 摆洗 3min 后，用纸片拨开浮在水面的沥青膜，提起试石，观察试石表面裹覆沥青膜的面积，当多于石料总表面积的 2/3 时为合格。

(6) 当室内气温低于 20℃和湿度大于 80% 时，也可将浸泡乳液的试石在室温下悬挂 24h，再于 60℃水中浸泡 5min，然后观察表面情况。裹附面积大于 2/3 即为合格。

(十) 粗级配骨料的拌和试验

1. 目的意义

本试验是用规定级配的骨料与规定数量的试液在 25 ± 5℃条件下拌和。以检验试液对于施工用粗级配矿料拌和时的均匀性及工作度。

2. 仪器及设备

(1) 拌和容器。容量约为 10000 毫升的金属球底锅。

(2) 拌匙。金属的圆形拌匙。

(3) 干燥箱。

3. 试验方法

(1) 将 5 ~ 2.5mm 碎石与 2.5 ~ 0.6mm 粗砂洗净后置于干燥箱中。在 105 ~ 110℃温度下烘干 3h，再于室温下摊开冷却 1h。

(2) 称取 5 ~ 2.5mm 碎石 335 ± 1g，2.5 ~ 0.6mm 粗砂 130 ± 1g，盛在球底拌锅中，再加水 10 ± 0.5g 与砂石料拌和均匀。

(3) 立即称取搅匀的乳液试样 35 ± 0.5g，倒入锅内的砂石料中，以每分钟 60 次拌和速度，用拌匙连续拌和 2min，乳液如能与砂石料裹覆均匀，并且没有沥青结块及粗团粒即为合格。

(十一) 密级配骨料的拌和试验

1. 目的意义

本试验是用规定级配的骨料和定量的矿粉与一定数量的试液在 25 ± 5℃条件下拌和，以检验试液对于施工用密级配矿料拌和时均匀性和工作度。

2. 仪器及设备

与上述第十条中的第 2 相同。

3. 试验方法

（1）将5~2.5mm碎石与0.6~0.15mm细砂洗净后置于105~110℃干燥箱烘干3h，然后于室温中摊开冷却1h。

（2）称取5~2.5mm碎石250±1g，细砂180±1g，小于0.074mm矿粉（石灰石）15±0.5g。装于球底锅中，再加入20±0.5g水予以拌和均匀。

（3）称取搅匀的乳液试样55±0.5g，倒入锅内砂石料中，以每分钟60次的拌和速度，用拌匙连续拌和2min，乳液能与砂石料裹覆均匀，并且没有沥青的结块与粗团粒即为合格。

（十二）水泥拌和试验

1. 目的意义

沥青乳液的水泥拌和性是试液与普通波特兰水泥和水在规定条件下拌和所得混合料的结块程度，用筛滤混合料后的残留物质量占水泥、沥青合重的百分率表示。本试验用于了解该种乳液用于稳定砂石土时的拌和性能。

2. 试验仪具及材料

（1）标准筛。0.15mm孔径。

（2）圆筛。筛内径75mm，筛框高20mm，筛孔径1.2mm。

（3）拌和容器。容量500mL，金属或磁制球底容器。

（4）搅棒。直径10mm左右的玻璃或金属棒。

（5）量筒：容量200mL。

（6）秒表。

（7）蒸馏水。

（8）烘箱。

（9）天平两台。感量0.2g，称量500g；感量0.1g，称量100g。

（10）烧杯。容量500mL。

（11）金属盘。方形边长100mL、高10mL。

（12）棉纱、镊子。

（13）洗油。

3. 试验方法

（1）将烧杯、金属盘及1.2mm圆筛用洗油及蒸馏水冲洗干净。烘干后分别称重，准确至0.1g。

（2）将普通波特兰水泥过0.15mm筛后，称取50g置于拌和容器内。

（3）制备沥青含量为55%的乳液（亦可用蒸馏水稀释高浓度的乳液）作为试液。

（4）称取试液100g加入到拌和容器的水泥中，以每秒钟1次的速度，用搅棒作圆周运动搅拌1min。

（5）1min后迅速加入150mL蒸馏水，继续搅拌3min。

（6）迅速用蒸馏水润湿1.2mm圆筛后，立即倒入搅拌过的混合料，并用蒸馏水仔细冲洗筛内混合料，同时用蒸馏水洗净拌和容器内和搅棒上黏附的混合物，一并过筛滤下。

（7）冲洗圆筛至滤出之洗液清洁时，将圆筛置于金属盘中，放在105~110℃烘箱中烘1h后，于室温下冷却。

（8）称取圆筛、金属盘及筛上残留物合重，准确至0.1g。

（9）注意事项。本试验要求在25±5℃条件下进行。

4. 试验结果及准确率

试验结果按下式计算：

$$C = \frac{P - P_1 - P_2}{P_3 + P_4} \times 100\%$$

式中　C——水泥拌和性试验筛上残留物质量百分率，%；

P——1.2mm 圆筛、金属盘及筛上残余物合重，g；

P_1——1.2mm 圆筛质量，g；

P_2——金属盘质量，g；

P_3——水泥用量，g；

P_4——100 克乳液中的沥青含量，g。

每个试液应作两次平行试验，取其平均值作为试验结果，小于 5% 为合格。两次平行试验结果的误差不得大于 ±10%。

（十三）冻融稳定性试验

1. 目的意义

沥青乳液冻融稳定性试验是试液在规定温度范围作两次冻融循环后发生状态变化的情况。它反映沥青乳液的低温贮存稳定性能。

2. 试验仪具及材料

（1）锥形烧瓶。

（2）冰箱。

（3）恒温水浴。2 孔或 4 孔。

（4）天平。感量 0.1g，称量 500g。

（5）圆筛。内径 75mm，高 25mm，孔径 1.2mm 的方孔筛。

（6）温度计。0～50℃一支，－10～＋10℃一支。

（7）玻璃棒。

（8）棉纱、镊子。

（9）蒸馏水、洗液。

3. 试验方法

（1）用洗油、洗液、水和蒸馏水将锥形烧瓶冲洗干净，烘干并称重，准确至 0.1g。

（2）将经 1.2mm 圆筛过滤的试液称取 100g，置于锥形烧瓶中，用软木塞塞好瓶口。

（3）将盛样锥形烧瓶置于温度为 25 ±0.5℃ 的恒温水浴中，使锥形瓶下端全部浸在水浴中，并保持 30min。

（4）将恒温过的盛样锥形烧瓶置于 －5 ±0.5℃ 的冰箱中，存放 30min。

（5）将冰冻后的锥形烧瓶自冰箱取出，置于 25 ±0.5℃ 的水浴中 10min。

（6）再重复一次第（4）、第（5）两步骤。

（7）最后取出锥形烧瓶，观察试液状态变化情况，并作筛上残留物试验（方法同沥青乳液筛上剩余量试验），无筛上剩余物时，即为合格乳液。

（十四）拌和稳定度试验

1. 目的意义

沥青乳液的拌和稳定度是在一定条件下，将试液与石料拌和一定时间形成混合料的均匀程度。它反映乳液与石料接触后的破乳速度及拌和效果，是快裂、中裂、慢裂型乳液的划分依据。

2. 试验仪具及材料

（1）拌和锅两口，容积为 1L 的球底锅。

（2）拌和小铲 2 把。

（3）天平。称量 100g，感量 0.1g；称量 500g，感量 0.2g。

（4）秒表。

（5）标准筛 5 只：孔径分别为 5mm、2mm、0.6mm、0.2mm、0.074mm。

（6）量筒。容量 50mL。

（7）烧杯。容量200mL。

（8）蒸馏水。

（9）试验石料。石灰石石屑，分粗、细两组，级配分别列于表2。

3. 试验方法

（1）将石料表面洗净，烘干后再破碎筛分。

（2）按表3中级配要求称取两组不同级配的粒料。

表3　拌和试验用矿料级配

粒料	Ⅰ组		Ⅱ组	
粒径，mm ＼ 数量	百分率 %	质量 g	百分率 %	质量 g
<0.074	3	6	10	20
0.074～0.2			30	60
0.2～0.6	5	10	30	60
0.6～2.0	7	4	30	60
2.0～5.0	85	170	—	—
合计	100	200	100	200

（3）将表2中第Ⅰ组粒料在拌和锅中混合均匀，注入5mL蒸馏水并拌和均匀后，再注入20g乳液试样，用拌和小铲以每秒一次的速度拌和半分钟，观察混合料的状况。

（4）将第Ⅱ组粒料在另一拌和锅中混合均匀，注入30mL蒸馏水并拌和均匀后，再注入50g试液。拌和小铲以每秒钟1次的速度拌和1min，观察混合料的状况。

（5）注意事项。此项试验要求在室温20～25℃、湿度<50%的条件下进行。

4. 试验结果

根据两组混合料的状况按表4确定乳液的稳定度。

表4　乳化沥青拌和试验评级表

粒料与乳液试样拌和状态	乳液稳定度
混合料呈松散状态，沥青分布不均匀，有些粒料上没有黏附沥青，有些凝聚成团块	快裂
混合料呈松散状态，粒料上沥青裹覆均匀，拌完时乳液已经破乳	中裂
乳液分布均匀，混合料呈糊状物，乳液尚未完全破乳	慢裂

附录：乳化沥青微粒电荷测定（ASTM designation D244－81）

这个试验用于识别阳离子乳液，带有正电荷的微粒就是阳离子乳液。

一、设备

（1）12V直流电源、毫安表和可变电阻（图4）。

（2）电极：两块4in（101.6mm）×1in（25.4mm）的不锈钢板，相互之间平行隔开1/2in（12.7mm）。

（3）150mL或250mL烧杯。

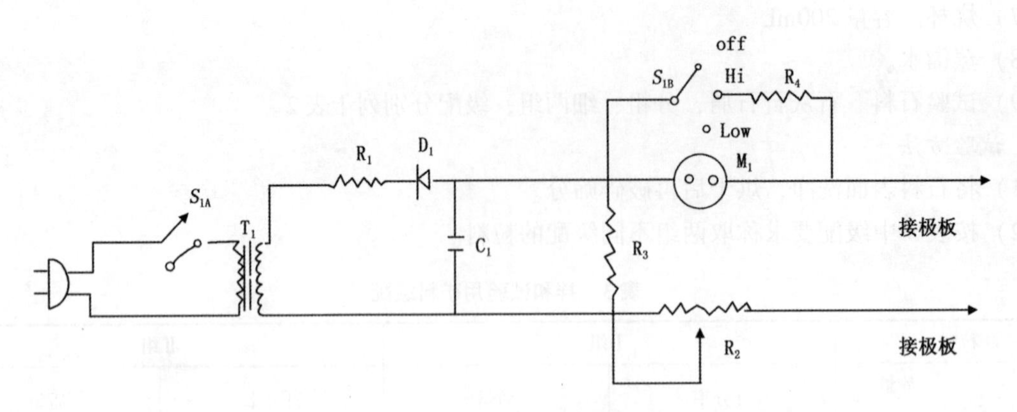

图 4　颗粒电荷试验线路图

C_1—500μF25V 电容器；D_1—硅二极管；R_1—47Ω1W 电阻；R_2—5000Ω 分压器；R_3—6800Ω¼W 电阻；R_4—电表分流器；S_1—2 相 3 点旋转开关；T_1—12.6V 变压器；M_1—0～10mA 毫安表

二、试验步骤

（1）把待试验的乳液倒入 150mL 或 250mL 的烧杯中，倒入的数量应能使电极浸入乳液 1in（25.4mm）。

（2）把擦干净并干燥的电极按图 4 连接好，并插入乳液，使电极浸入乳液 1in（25.4mm）。

（3）用可交电阻调节电流至少到 8mA，开始用合适的计时装置计时。

注：电流最小调到 8mA，如用较高的电流必须指明并记录下来。

（4）当电流降到 2mA 或时间到达 30min 时就断开电源，并用流动的水和缓地冲洗电极。

（5）观察电极上的沥青微粒沉积物，阳离子乳液将在阴极板上沉积有沥青微粒，而阳极板上将相对干净。

三、记录

记录试验结果。

（一）乳液的现场拌和试验

1. 目的及意义

本试验是用准备用于拌和施工的矿料与现场所用的沥青乳液，按设计用量在常温条件下拌和以检验乳液对于施工用矿料拌和时的均匀性和工作度。

2. 仪器及设备

（1）拌和容器。容量约为 1000mL 的金属球底锅。

（2）拌匙或拌铲。

（3）天平。称量 100g，感量 0.1g，称量 2000g，感量 1g。

（4）秒表。

（5）矿料。施工所用的石质及级配。

3. 试验方法

（1）将矿料称取 1000g 倒入拌锅中。

（2）量取 30mL 水倒入拌锅中，用拌铲拌匀。

（3）按设计油石比称取乳液倒入拌锅中，立即用拌铲搅拌，拌铲以每分钟 60 次的拌和速度连续拌和 2min，然后观察混合料。乳液能和砂石料裹附均匀，并且没有沥青结块和粗团粒即认为此乳液适用于现场施工。如果拌和裹覆不匀（裹覆面积少于70%），可掺入外掺剂 $CaCl_2$ 或 OP－10，再进行试拌。

（二）沥青乳液的pH值试验

1. 目的意义

沥青乳液的pH值反映乳液呈酸性或碱性的程度，可用酸度计测定。

由于所采用的乳化剂类型不同，所生产的稳定沥青乳液的pH值也不相同。因此，测定沥青乳液的pH值，既可更好地掌握乳化沥青的性质，又能为乳化沥青的生产工艺提供参考。

2. 试验仪具及材料

（1）烧杯。容量100～500mL。

（2）酸度计。

（3）玻璃棒。

（4）蒸馏水及洗油。

（5）圆筛。内径75mm，高25mm、孔径1.2mm方孔筛。

3. 试验方法

（1）将烧杯用洗液、水及蒸馏水冲洗干净并烘干。

（2）量取经1.2mm圆筛过滤的试液50～100mL，并用玻璃棒充分搅匀后供试验测定。

（3）根据不同型号的酸度计操作方法，测定过滤搅匀的试液的pH值（详见所用酸度计的使用说明书）。

（三）OT季铵盐乳化剂有效浓度的测定

1. 目的意义

乳化剂的浓度是乳化沥青生产配方的依据之一。准确测定乳化剂有效浓度，对保证沥青乳液生产质量及核算生产成本有重要意义。

本试验方法适用于季铵盐型的沥青乳化剂。

2. 试验原理

长链季铵盐类化合物与铁氰化钾按下式反应，生成的络合物呈黄色沉淀。

$$3\left(R-\underset{CH_3}{\overset{CH_3}{\underset{|}{\overset{|}{N}}}}-CH_3\right)Cl+K_3Fe(CN)_6 \longrightarrow \left(R-\underset{CH_3}{\overset{CH_3}{\underset{|}{\overset{|}{N}}}}-CH_3\right)[Fe(CN)_6]+3KCl$$

除去沉淀以外，过量的铁氰化钾用碘酸钾还原，游离的硫磺再用硫代硫酸钠滴定。

$$2I^-+2Fe(CN)_6^{3-} \rightarrow I_2+2Fe(CN)_6^{4-}$$

$$2Na_2S_2O_3+I_2 \rightarrow 2NaI+Na_2S_4O_6$$

$$0.1N\ Na_2S_2O_3\ (1mL)=0.05M\ K_3Fe(CN)_6\ (2mL)$$

这个方法只适合长链季铵盐和长链烷基吡啶盐，而对 C_3 以下碳链和水溶性很差的长链季铵盐都不适合。

3. 试验仪器

（1）量瓶：200mL、1000mL。

（2）玻璃过滤器及漏斗。

（3）滤瓶。

（4）吸量管50mL。

（5）三角瓶250mL。

（6）滴定管50mL。

4. 药品配制

（1）缓冲溶液。醋酸钠26g和醋酸22mL，用蒸馏水稀释至100mL。

（2）0.05mL 铁氰化钾溶液，铁氰化钾约 17g 溶于 1000mL 蒸馏水中（使用时配制）。

（3）碘化钾溶液 10%（使用时配制）。

（4）稀盐酸。盐酸: 蒸馏水 = 1:1

（5）10% 硫酸锌溶液（使用时配制）。

（6）淀粉溶液。1g 的淀粉调入 10mL 水中搅拌糊状，徐徐加入到 200mL 热水中去，煮沸到半透明状，冷却静放用上层清液（使用时配制）。

（7）0.1N 硫代硫酸钠溶液。硫代硫酸钠 25g 和无水碳酸铜 0.2g 用蒸馏水溶解至 1000mL，放置 24h 后标定。

5. 标定方法

将碘酸钾在 120～140℃干燥 1.5～2h，在硅胶中冷却，将其中约 0.1g 放入三角瓶中准确称量，然后加 25mL 水溶解，加入碘化钾 2g 和稀盐酸 10mL，盖严放置 10min，再加入 100mL 水，把游离的 I 用配制好的硫代硫酸钠溶液滴定，计算当量浓度。但在滴定终点时即成为淡黄色的时候，加入淀粉溶液 3mL 产生蓝色，继续滴加至蓝色消失。用同样的方法作空白试验校正。

$$0.1N\ Na_2S_2O_3\ \text{溶液}\ 1ml = 3.5667mgKIO_3$$

$$f = \frac{KIO_3\ \text{的量 (mg)}}{0.1N\ Na_2S_2O_3\ \text{的滴量 (mL)} - \text{空白试验滴量 (mL)} \times 3.5667}$$

注意此液要放在阴凉处保存，使用时直接标定再用。若保存 3 个月以上，可能出现沉淀，用时可过滤沉淀标定再用。

6. 操作方法

（1）精确称取 1g 左右待测季铵盐类乳化剂（取样时应搅均匀），在 50mL 小烧杯中加 15mL 蒸馏水微加热溶解，溶后冷却至室温移入 200mL 容量瓶中加蒸馏水 50mL，缓冲液 8mL，摇匀后加 0.05M 铁氰化钾溶液 50mL。（用吸量管加入），加水稀释至刻度，再摇匀放置 1h。

（2）用干燥滤纸和玻璃漏斗过滤，开始的 20mL 滤液弃去，然后取 100mL 此液放入 250mL 的三角瓶中，再加入 10% 碘化钾溶液 10mL 和稀盐酸（1:1）10mL 混匀放置 1min。

（3）再加 10% 硫酸锌溶液 10mL、混匀再放置 5min，然后加入指示剂淀粉溶液，将游离的碘用 0.1N 硫代硫酸钠溶液滴定。

（4）用蒸馏水和上面相同方法作一空白试验。

从空白和样品滴定的差数按下式计算出季铵盐活性物的浓度。

7. 计算

$$X' = \frac{3Mf\ (b-a)}{5S}$$

式中 X'——季铵盐活性物的含量，%；

M——季铵盐活性物的分子量；

a——0.1N 硫代硫酸钠溶液使用量，mL；

b——0.1N 硫代硫酸钠溶液在空白试验用量；

f——0.1N 硫代硫酸钠溶液的当量浓度。

s——试样质量，g。

（四）沥青乳液混合料的修正马歇尔稳定度试验方法

1. 目的意义

修正马歇尔稳定度试验方法是测定沥青乳液混合料物理力学性能的主要方法。由于沥青乳液含有一定水分，用其拌制的混合料需经历破乳、黏附、排水等过程才能充分发挥乳液中沥青的黏结作用。因此，用马歇尔稳定度试验方法测定沥青乳液混合料的力学性能时，必须加以适当修正方能适用。

2. 试验仪器及设备

（1）马歇尔稳定度仪（如图5所示）。

①加荷设备。最大加荷3t，垂直变形速度每分钟50±5mm。

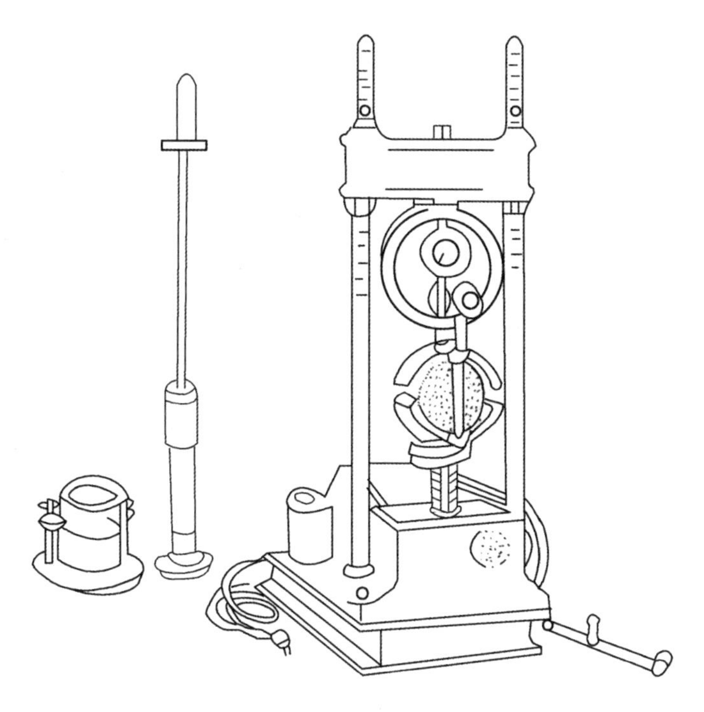

图5　马歇尔稳定度仪

②应力环。安装在加荷设备的框架与加荷压头之间，容量3t，精确度10kg，中间安有百分表。

③加荷压头。由上下两个圆弧形压头组成。压头内侧需仔细加工，曲度半径为50.8mm，并淬火硬化。下弧形压头固定在一圆形钢板上，并附有两根导棒，上弧形压头附有球座和两个导孔。当两个压头扣在一起时，下压头导棒恰好塞入上压头的导孔内，并能使上压头圆滑地上下移动。

④钢球一个，直径为16mm，试验时放置在球座上。

⑤流值计一个，由导向管和流值表组成，测量试件在最大荷载时的变形。试验时导向套管安装在下压头的棒上，流值表的分度为0.01cm。

（2）试模。内径101.6mm，高87mm的圆钢筒、套环和底板各一个，共三组。

（3）击实锤。锤重4.53kg，平圆形击实底座、导向棒各一个，锤后导向棒落下高度为45.7cm。

（4）击实台。用四根型钢把20cm×20cm×20cm的木墩固定在混凝土板上，木墩上面放置30cm×30cm×25cm的钢板。

（5）脱模器。

（6）电烘箱。大中型各一台附有温度调节器，其中大烘箱容积为45cm×45cm×45（±5）cm，并附有鼓风装置。

（7）拌和设备。拌盘。

（8）恒温水槽。最小可同时放置一组试件。

（9）其他。电炉或煤气炉，沥青熔化锅，台称（称量5kg），筛子，温度计（200℃），滤纸等。

3. 试验方法

1）制作试件

（1）将筛过、洗净的各级矿料、石粉置于105～110℃烘箱中，烘干至恒重。

（2）按照矿料的配合比例称出一组试件（6个）所需要的材料，置于拌盘中摊开。加入约为干矿料质量的2%～4%的水（粗级配2%、密级配4%）与矿料拌和均匀，将拌好的料摊好，立即加入需要的沥青乳液，迅速拌和均匀。

（3）将拌好的混合料按六分法取样，取约1200g倒入垫有滤纸内壁涂有薄层机油的试模中，用铁刀沿周边捣15次、中间10次。

（4）将试模放在击实台上，在上面垫上一张滤纸，再把击实锤插入试模的套筒内，提起击实锤从45.7cm的高度自由落下，上下两面各击实25次。注意导棒要垂直于底板，试件击实一面后，将试模倒置，再以同样次数击实另一面。

（5）将其中装有试件的试模放置在烘箱中，烘箱控制110±5℃恒温，连续养生24h。另三个在室温条件下（温度15~20℃，湿度50%~80%）静置24h（如试件中掺有水泥则不应高温养生而只在室温下静置24h）。

（6）24h后，取出装有试件的试模，再将上下两面各击实25次。

（7）经击实的热试模置于室温下冷却至微热时，一并脱模，编上试件号码，置于室内一昼夜后，测量试件高度，高度为6.35±0.13cm时为合格。若高度不符合要求，可按下式进行调整：

$$\text{调整后混合料质量}=\frac{6.35\times\text{所用混合料质量}}{\text{试件高度}}$$

2）试验

（1）量测试件高度。用卡尺量取试件高度，至少测量沿试件圆周等分四个点的高度，准确至0.01cm，然后取其平均值。

（2）测定试件密度。在天秤上称量试件在空气中的质量，然后称量试件在水中的质量（对于空隙率大的试件可采用蜡封法），准确至0.1g，按下式计算试件密度：

$$D_m=\frac{W}{W-W_1}$$

$$D_m=\frac{W}{W_1-W_3-\frac{W_2-W}{V_p}}V_w$$

式中 D_m——试件密度，g/cm³；

W——试件在空气中质量，g；

W_1——试件在水中质量，g；

W_2——蜡封后试件在空气中质量，g；

W_3——蜡封后试件在水中质量，g；

V_p——蜡的相对密度；

V_w——常温水的密度，约1g/cm³。

（3）测定试件的稳定度。

①将三个加热过的试件置于60℃±1℃的恒温水槽中浸泡30min。上下压头应同时浸泡30min，三个未加热的试件置于20℃烘箱中保温30min。

②擦净上下压头的内面，可在导棒上涂少许机油，使上压头能自由活动。取出保温过的试件立即置于下压头上，盖上上压头，安装在加荷设备上。

③将流值计安装在外侧导棒上，侧导向套管轻轻压住上压头。调整流值表调零。

④在上压头球座上放妥钢球，对准应力环下的压头，调整将应力环中的百分表调零。

⑤开始加荷，加荷速度为每分钟50±5mm，当达到最大荷载时，立即读取应力环中百分表读数，同时取下流值计，读记流值表的数值。

⑥从水槽中取出试件，至测定完毕的时间不能超过30s。

3）计算

（1）稳定度和流值。

①根据应力环标定曲线，将应力环中百分表内读数换算为荷载值，即为试件的稳定度，以公斤计。

②流值计中的读数，即为试件的流值，以0.01cm计。

③若试件高度与要求高度不符时，则稳定度可按表5进行修正。

表5　试件高度不符合要求时，稳定度的修正系数

试件体积，mL	试件高度范围，cm	修正系数
444～456	5.47～5.62	1.25
457～470	5.63～5.80	1.19
471～482	5.81～5.94	1.14
483～495	5.95～6.10	1.09
496～508	6.11～6.26	1.04
509～522	6.27～6.44	1.00
523～535	6.45～6.60	0.96
536～546	6.61～6.73	0.93
547～559	6.74～6.89	0.89
560～573	6.90～7.06	0.86
574～585	7.07～7.21	0.83
586～598	7.22～7.37	0.81

（2）试件理论相对密度。

$$D_t = \frac{100}{\frac{W_1}{C_1} + \frac{W_a}{C_a} + \cdots + \frac{W_n}{C_n} + \frac{W_a}{C_a}} \times V_w$$

式中　D_t——理论相对密度；

W_1，…，W_n——各种配料的配合比,%；

C_1，…，C_n——各种矿料的相对密度，g/cm^3；

W_a——沥青用量,%；

C_a——沥青的相对密度；

V_w——常温水的密度，约$1g/cm^3$。

（3）试件中沥青的体积百分率。

$$V_a = \frac{W_a \cdot D_m}{C_a}$$

式中　V_a——沥青体积百分率,%；

W_a——沥青用量,%；

C_a——沥青相对密度；

D_m——试件实测密度，g/cm^3；

（4）试件空隙率。

$$V_v = \left(1 - \frac{D_m}{D_t}\right) \times 100\%$$

式中 V_v——试件空隙率,%；

D_m——试件实测密度，g/cm^3；

D_t——试件理论密度，g/cm^3；

（5）试件中矿料的空隙率。

$$V_m = V_a + V_v$$

式中 V_m——试件中矿料的空隙率,%；

V_a——试件中沥青体积的百分率,%；

V_v——试件的空隙率,%。

（6）试件饱和度。

$$V_f = \frac{V_a}{V_a + V_v} \times 100$$

式中 V_f——试件饱和度,%；

V_a——试件中沥青体积的百分率,%；

V_v——试件的空隙率,%。

（7）试件劲度。

$$T = \frac{10S}{P}$$

式中 T——试件劲度，kg/mm；

S——试件稳定度，kg；

P——试件流值，1/10mm。

乳化沥青混合料稳定度试验记录

混合料种类　　　　沥青种类、标号　　　　试验日期：　　年　　月　　日　试验人员：

矿料用量　　　　沥青密度　　　　锤击次数：两面各　　次　　记录

矿料密度　　　　乳化剂种类、剂量　　　　计算

试验编号	乳液用量	沥青含量	试件厚度 cm	空气中质量 g	水中质量 g	饱和面干质量 g	体积，cm^3		密度，g/cm^3				沥青体积百分率 %	空隙率 %	粒料间空隙率 %	饱和度 %	稳定度，kg				流值 1/100cm	劲度	备 注
							3－4	5－6	实际 3/6	饱和面干质量 5/7	干体积 3/7	理论					读计数 1/100mm	折算稳定度	修正系数	稳定度			
		1	2（平均）	3	4	5	6	7	8	9	10	11	12	13	14	15	16	17	18	19	20	21	22

沥青乳液检验记录

试验人：________ 记录人：________

试样名称及编号			试验日期				
配合比例，%	油型		试样质量，g	油			
	水			水			
	乳化剂			乳化剂			
	稳定剂			稳定剂			
乳化时油温，℃			乳化时水温，℃				
乳化剂的性质及浓度							
乳化剂在水中溶解情况							
乳化剂溶液pH值	调前		调后				
乳化机械设备性能	压力 mg/cm^3		转速，转/min		乳化时间		
乳液外观描述							
乳液微粒电荷及直径，μm							
筛上剩余量，%	杯质量 g	杯＋乳液 g	乳液质量 g	杯（筛）质量，g	杯＋残留物，g	残留物质量 g	%
贮存稳定性	A 口			B 口			
	空杯质量，g	杯＋残留物，g	%	空杯，g	杯＋残留物，g	%	
	AB 口差值，%			外观描述			
低温贮存稳定性							

附着度试验		石灰石		花岗石		石英石
拌和试验						
乳液 pH						
乳液黏度 C_{25}^{3}，s		第一次		第二次		平均值
蒸发残留物含量		空杯，g	杯＋残留物，g	残留物，g		沥青，%
残留物性质试验	针入度（25℃），0.1cm	第一次	第二次	第三次		平均值
	延度（25℃），cm	第一个	第二个	第三次个		平均值
	软化点 ℃	第一个		第二个		平均值
	可溶分 %					
结　论						
其　它						

阳离子乳化沥青路面施工及养护技术暂行办法

交通部“阳离子乳化沥青及其路用性能的研究”
课题协作组，1984年7月

阳离子乳化沥青是一种含水的液体材料，应用于路面工程，需经过与石料的裹覆、破乳、析水、成型等过程，才能形成坚实稳定的路面，因此，铺筑路面的施工技术有其特殊要求。现根据研究课题协作组几年来在近十个省市铺筑各种结构试验路面的施工和用于沥青路面养护的经验，制定本暂行办法，供有关单位试用。

由于我国幅员辽阔，各地的自然条件差异很大，已经铺筑的试验路面使用时间尚短，本暂行办法的施工养护经验，还需在各地扩大试用中经受考验，如发现问题和不足之处，请提出意见，以便进行修改补充。

一、一般要求及适用范围

（1）本暂行办法主要为了保证阳离子沥青乳液（以下简称乳液），铺筑路面的质量，提出乳液在常温条件下铺筑面层的技术要求。为了保证面层质量，必须强调路面的整体强度，结构选择，面层以下各层的质量等应符合有关设计和施工规范要求。

（2）路面的基层及土基应符合设计技术规范要求。如面层铺筑在改建的旧路面上时，对于加宽的部分也必须达到规范要求。

（3）阳离子乳化沥青路面的横坡坡度一般以1%～2%为宜，对贯入式或潮湿多雨地区的路面，可采用2.5%。

（4）本暂行办法适宜气温在10℃以上应用，若在降温季节施工，需采取防范措施。如在矿料中掺入适量水泥，以提高路面的早期强度、加强初期养护、限制交通等办法。雨季施工时须特别注意，不得在过湿的基层上铺筑面层。

（5）本暂行办法适用于交通量大于2000辆/日的干线公路和地方道路，也适用于大交通量公路的维修养护工程。

二、乳液种类及质量检验标准

乳液种类如表1所示。乳液的质量检验标准如表2所示。

表1　乳液种类

种类		用途
贯入洒布	G－1	贯入式路面及表面处治养护用
	G－2	透层油及稳定土基养护用
	G－3	黏结层用
拌和	B－1	拌制沥青混凝土及沥青碎石用
	B－2	拌制加固土及砂石土混合料用

表 2　阳离子沥青乳液检验项目及标准

<table>
<tr><td colspan="2">种类
项目</td><td>G－1</td><td>G－2</td><td>G－3</td><td>B－1</td><td>B－2</td><td>备注</td></tr>
<tr><td colspan="2">筛上剩余量,%</td><td colspan="5"><0.3</td><td></td></tr>
<tr><td colspan="2">电　荷</td><td colspan="5">+</td><td></td></tr>
<tr><td colspan="2">拌和稳定度试验</td><td colspan="3">快裂或中裂</td><td colspan="2">中裂或慢裂</td><td></td></tr>
<tr><td rowspan="2">黏度</td><td>沥青标准黏度 C_{25}^{3}，s</td><td>12～40</td><td colspan="2">8～20</td><td colspan="2">12～100</td><td></td></tr>
<tr><td>恩格拉黏度 E_{25}</td><td>3～15</td><td colspan="2">1～6</td><td colspan="2">3～40</td><td></td></tr>
<tr><td colspan="2">蒸发残留物含量,%</td><td>≮60</td><td colspan="2">≮50</td><td colspan="2">≮55</td><td></td></tr>
<tr><td rowspan="3">蒸发残留物性质</td><td>针入度 $\frac{25℃，100g}{5s}$，0.1mm</td><td>100～200</td><td>100～300</td><td>60～160</td><td>60～200</td><td>60～300</td><td></td></tr>
<tr><td>延度（25℃），cm</td><td colspan="5">>20</td><td></td></tr>
<tr><td>溶解度（三氯乙烯）,%</td><td colspan="5">>97.5</td><td></td></tr>
<tr><td rowspan="2">贮存稳定性,%</td><td>CH_5</td><td colspan="5"><5</td><td></td></tr>
<tr><td>CH_1</td><td colspan="5"><1</td><td></td></tr>
<tr><td colspan="2">黏附性试验</td><td colspan="5">$>\frac{2}{3}$</td><td></td></tr>
<tr><td colspan="2">粗级配骨料拌和试验</td><td colspan="3"></td><td>均匀</td><td></td><td></td></tr>
<tr><td colspan="2">密级配骨料拌和试验</td><td colspan="3"></td><td>均匀</td><td></td><td></td></tr>
<tr><td colspan="2">水泥拌和试验,%</td><td colspan="4"></td><td><5</td><td></td></tr>
<tr><td colspan="2">冻融稳定度（－5℃）</td><td colspan="5">无粗颗粒</td><td></td></tr>
</table>

生产乳液所使用的沥青质量应符合道路沥青标准（SYB 1661－77）。当缺乏合格的沥青时，软化点小于50℃，延度大于25cm亦可使用。

三、对基层的要求

（一）基层是路面的主要承重层。铺筑阳离子乳化沥青路面的基层应符合下列要求

（1）具有足够的强度；

（2）具有良好的稳定性；

（3）表面必须平整密实，路拱与面层一致；

（4）须与路面结合良好。

（二）基层种类

1. 适用于乳化沥青路面的基层类型

（1）石灰、水泥（或掺粉煤灰）稳定土（砂砾）；

（2）碎（砾）石灰土；

（3）泥灰结碎（砾）石；

（4）二渣（石灰水淬渣）、二渣土；

（5）三渣（石灰水淬渣碎石）、三渣土；

（6）乳液稳定砂石土；

（7）乳液贯入式；

（8）碎石等。

对各种基层材料的要求和施工方法应遵守有关设计和施工规范规定。

2. 乳液稳定砂石土基层

（1）材料要求。

①砂石土材料级配范围见表3。

②乳液采用B－2型乳液。使用数量为矿料质量的6%～8%。

表3　级配材料要求粒径组成范围

筛孔	粒径范围，mm	0～40	0～30
通过筛孔的质量%	40	95～100	
	30	80～100	95～100
	25	70～95	80～95
	13	50～80	50～80
	2.5	20～50	20～50
	0.074	2～10	2～10

（2）施工操作程序。摊铺矿料—洒水拌和—洒乳液拌和—平整整型—碾压。

（3）施工注意事项。

①矿料拌和洒水量应控制到接近于最佳含水量（可通过试验定）。

②边拌和矿料，边在拌和矿料上洒布乳液，先洒乳液用量的一半，边洒边拌，待拌和均匀后再洒剩余的一半，仍应边洒边拌，直到拌和均匀为止。采用灰土拌和机拌和时，只需两遍即可完成作用。

③碾压。待所拌混合料按设计要求摊铺整平后，即用8～10t钢轮压路机碾压二遍，再用15～20t胶轮压路机压实。或用12～15t钢轮压路机压实。

④厚度大于15cm时应分层铺筑。

⑤在基层铺完后，如不能立即铺面层时，应用乳液砂（或石屑）做封层，以维持临时性交通和起到养护效果。

3. 乳液贯入式基层

（1）材料要求。使用材料规格及每100m^{2}材料用量见表4。

表4　贯入式碎石基层材料用量表

用量 材料 \ 铺筑厚度，cm	5	7
60～40mm碎石，m^3	5.0	5.0
G－1型沥青乳液，kg	240～260	240～260
30～15mm碎石，m^3	—	3.0
G－1型沥青乳液，kg	—	190～210
25～15mm碎石，m^3	1.5	1.5
G－1型沥青乳液，kg	190～210	190～210
10～5mm碎石，m^3	1.0	1.0
G－1型沥青乳液，kg	140～160	140～160
5～3mm碎石，m^3	0.5	0.5
骨料用量，m^3	8.0	11.0
沥青乳液用量	590～620	790～820

注：1. 当厚度超过7cm时，分两层铺筑；2. 表中材料未包括损耗量；3. 沥青乳液用量未包括透层油与黏层油。

（2）施工操作程序。

摊铺主骨料—碾压—洒布乳液—撒布一次嵌缝料—碾压—洒布乳液—撒布二次嵌缝料—碾压。

（3）施工注意事项。

①主骨料摊铺要求均匀平整，横坡亦要符合设计要求。

②摊完主骨料后，用钢轮压路机碾压，要求骨料达到互相嵌紧稳定。碾压过程中如发现露底的地方应及时补料压实。碾压不能过度，以免石料被压碎。

③洒布乳液要控制均匀，用量准确，并应注意先后施工路段的衔接部分，不应用量过多或漏洒。

④乳液洒布后应立即撒嵌缝料，要求撒嵌均匀，不应重叠或露底。

⑤嵌缝料撒好后，即用6～8t压路机压实。

⑥最后一层铺完后如不能立即铺筑面层时，应再用乳液砂（或石屑）做封层，以维持临时性交通和起到养护效果。

四、面层

乳液铺筑路面主要有洒布层铺与拌和混合料摊铺两种形式。可根据交通量，材料供应情况，机械设备及施工条件等，选择适宜的面层类型和厚度。

（一）洒布层铺路面

1. 单层表面处治

多用于基层的表面或旧路面层做封层，它可以防止地表水浸入基层，并能起到磨耗层与保护层的作用，适用于交通量300～500辆/d的支线道路，也可用于干线沥青路面的养护中。

（1）材料的要求及用量。

①乳液。基层表面洒布透层油，选用G－2型，用量为1.0～1.2kg/m^2，旧沥青路面上洒布黏层油，选用G－3型，用量为0.8～1.0kg/m^2，乳液的适宜用量，应根据基层及原路面具体情况进行调整。

②骨料。选用干燥无泥土的3～5mm粗砂或石屑，每1000m^2用量8m^3。

（2）施工。施工顺序及要求见图1。

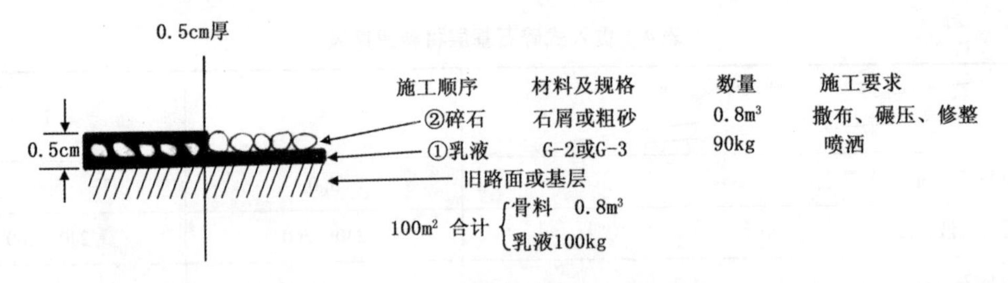

图1 单层表面处治施工顺序及要求

2. 双层及多层表面处治

双层表面处治的厚度约1cm的薄面层，适宜于交通量为500辆/d的路面上采用。也可用于高级路面的维修养护。其材料规格、用量及施工要求如图2。

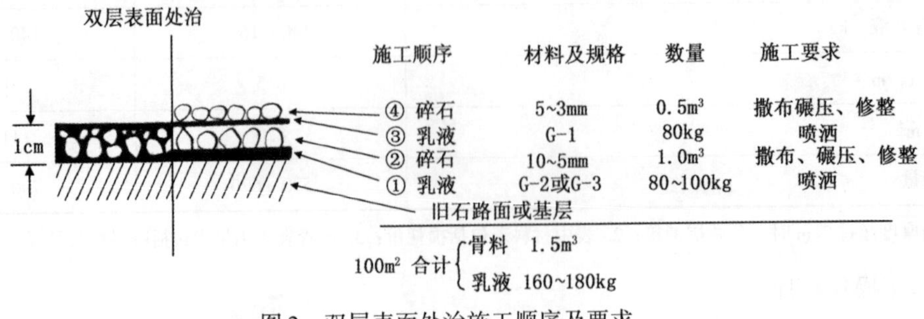

图2 双层表面处治施工顺序及要求

3. 多层表面处治

在基层有足够承载力与稳定性的情况下，采用多层式表面处治，即为贯入式面层，可用于交通量为1000辆/d的路面上，其材料规格、用量、施工要求等如图3。

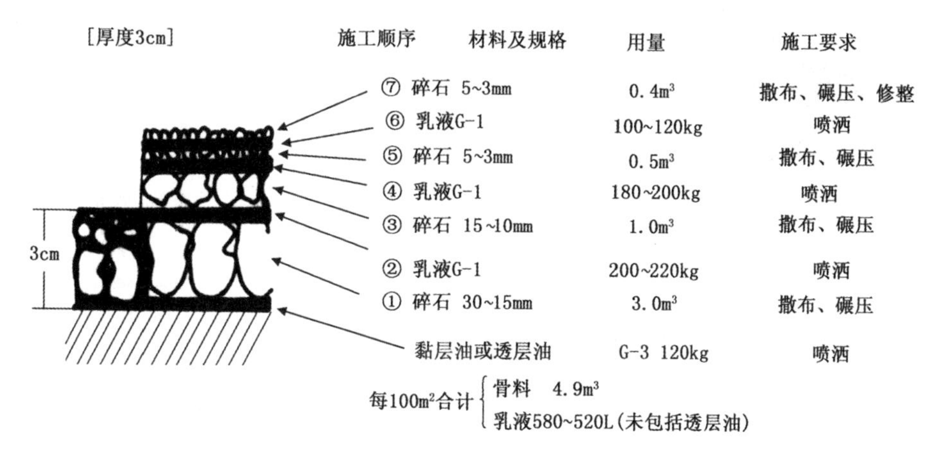

图3 多层表面处治施工顺序及要求

4. 贯入式面层

贯入式面层类似贯入式基层的铺筑方法，按石料颗粒尺寸，由下向上分层撒铺，粒径逐层减小相互嵌紧，每一层骨料撒铺碾压后，相应地洒布适量的乳液，最后撒布石屑（或粗砂）做封层，经每层碾压密实形成坚实的路面，适用于交通量为1000~2000辆/d的干线公路或地方道路。由于施工设备简单、施工效率高、造价低，所以广为采用。

（1）材料要求。

①骨料。石料的强度应符合《道路建筑用天然石料强度技术分级标准（JT1003-66）》中的Ⅲ级以上。各层骨料应选用单一尺寸的石料，各种规格石料中的扁平细长颗粒含量应少于15%，并须洁净，不含杂质泥土。

②乳液。选用G-1型乳液作贯入，透层油用G-2型、黏层油用G-3。

各种厚度贯入式路面的材料规格及用量见图4a厚度4cm面层。

（2）施工操作程序。

清理整修基层表面—浇洒透层油（或黏层油）—摊铺主骨料—碾压—浇洒乳液—撒铺嵌缝料—碾压—（重复洒乳液、撒嵌缝料、碾压工序直到做完封层）—初期成型养护。

（3）施工注意事项。

①在基层表面应浇洒透层油，使其渗入基层一定深度，起到表面稳定密实作用，并可使基层与面层间达到良好的结合，洒布量为1~1.2kg/m²。在原有沥青路面上铺面层时，应浇洒黏层油，洒布量为0.8~1.04kg/m²。

②摊铺主骨料。洒完透层油或黏层油后，即可摊铺主骨料，主骨料的粒径基本决定了面层厚度，摊铺要求均匀，仔细整平。

③主骨料摊匀后，先用6~8t压路机碾压二遍，使骨料基本稳定，然后用10~12t压路机碾压，发现露底的地方应即时补料碾压直到石料嵌紧稳定为止。但不要过多地碾压以免将石料压碎。

④乳液的洒布。可采用洒布机（手提式喷枪）或洒布车洒布。为了保证乳液洒布均匀，掌握好规定用量，应严格控制喷嘴距离地表的高度，喷洒压力及喷嘴移动的速度，用沥青洒布车时一次洒布宽度不宜大于3m。应根据要求洒布乳液数量选择洒布汽车的适宜排挡。在尚未取得乳液洒布准确经验前，应用40×40cm铁盘抽查乳液洒布量，若与要求量不符合就调整机械，改正洒布用量。正常生产后，应经常抽查，以便发现问题，随时处理。

乳液的破乳速度受气温高低和空气湿度的影响。温度高，湿度小则破乳较快，反之则破乳较

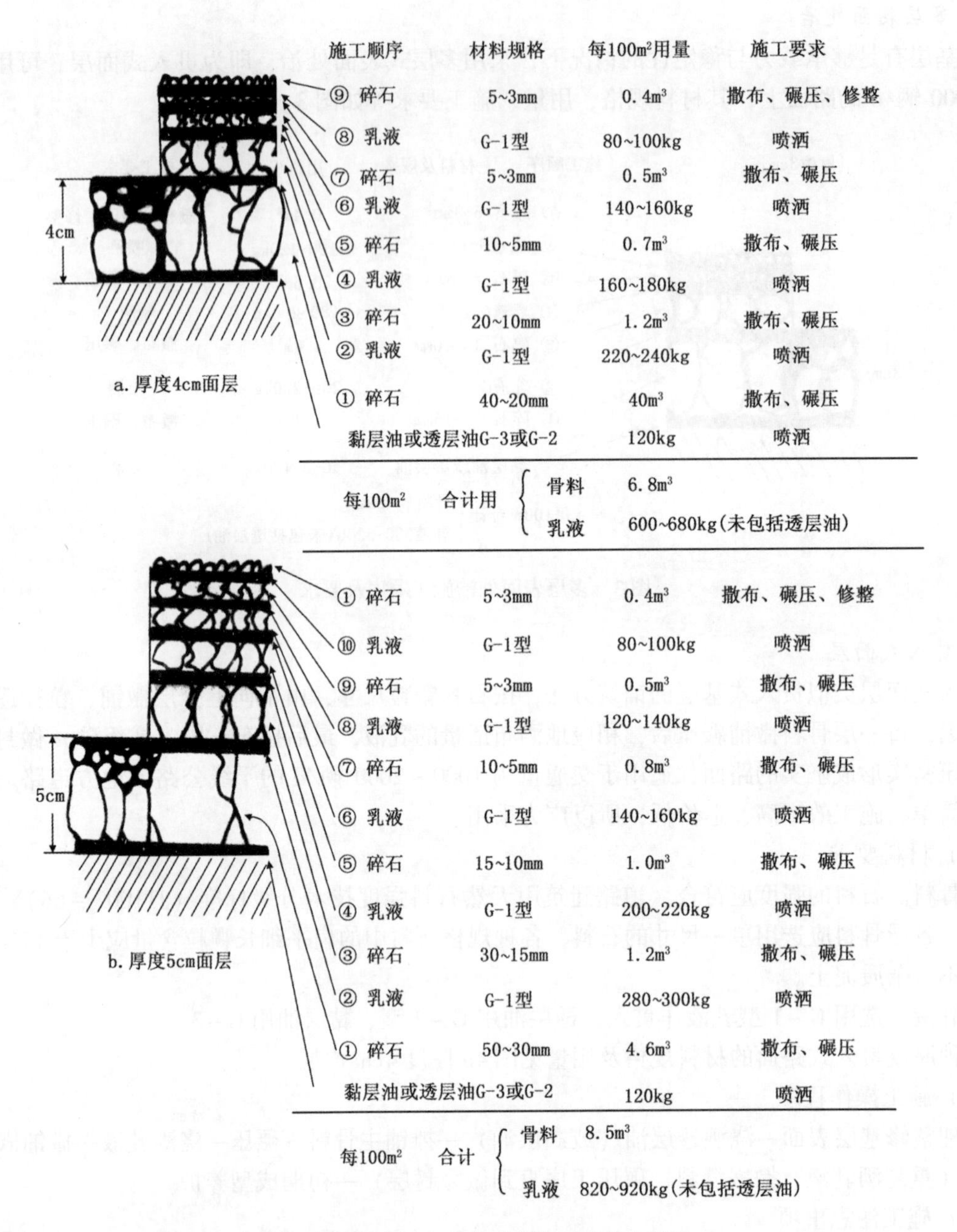

图4 各种厚度贯入式路面的材料规格及用量

慢。破乳速度也受乳液的黏度、骨料的黏附性和渗透性影响，因此洒布乳液要根据工程需要，选择适宜型号乳液，并要控制各层乳液的洒布量。

如在低温季节（10℃左右）施工时，面层乳液应增多按上多下少原则分层洒布乳液。为使乳液喷洒均匀，也可将乳液加温喷洒，但温度不得超过60℃。

如在高温季节施工时，应按上少下多的原则分层洒布乳液。

⑤嵌缝料的撒布及压实。

乳液洒完后，可以立即撒布下一层的嵌缝料，按规定数量均匀填充前层骨料空隙，必要时应用竹扫帚将重叠的石料扫匀。撒好嵌缝料后立即进行碾压，选用6～8t压路机压实为宜，一般碾压两遍。

⑥面层的封层及修整。

最上一层嵌缝料碾压牢固后，将松散的石料清除干净。为使路面坚固密实，并有良好的防水性与平整度，提高路面早期稳定性，应在面上再做一次封层。封层用乳液为G－1型，洒布量为0.8～1.2kg/m²。之后撒布3～5mm石屑（或砂），厚度不大于5mm，最后用6～8t压路机压实，从而使路面进一步平整。封层细粒料不得用潮湿的石屑或砂，因潮湿的细料无法撒布均匀。

⑦初期养护。

由于乳化沥青路面的早期强度低，稳定性差。尤其是在低温阴湿情况下，更为明显。因此，应根据路面的具体情况，做好初期养护工作。封层铺完1～2天内，应派人指挥车辆慢速（不超过20km/h）通过，严禁兽力车和铁轮车在未稳定成型路段上行驶。如发现路面有局部病害应即时进行修补，以免病害扩大。

（二）混合料拌和摊铺面层

拌和式面层是选用B－1型或B－2型乳液与各种级配的矿料进行拌和，摊铺碾压成型的面层。按路面结构可分为乳液碎石和乳液混凝土两类，根据路面设计要求铺筑成不同厚度的路面。适用于交通量小于2000辆/日的干线公路和支线道路。

1. 材料要求

（1）拌和混合料的乳液选用B－1型或B－2型，透层油用G－2型乳液，黏层油用G－3型乳液，封层用G－1型乳液。

（2）矿料。碎石的质量同上述四中对面层中骨料的要求。掺用的细粒料（砂或石屑）应质地坚硬，干净无杂质，粉料用石灰岩石粉或水泥。

（3）各种混合料矿料颗粒级配组成及乳液用量如表5所示。

（4）确定混合料中乳液用量。

表5　乳液混合料骨料级配组成

筛孔尺寸（mm）/通过率（%）/混合料类型	20	15	10	5	2.5	1.2	0.6	0.3	0.15	0.074
RH－20－Ⅰ	95～100	—	70～80	50～65	35～50	25～40	18～30	13～21	8～15	3～7
RH－20－Ⅱ	87～100	—	53～77	35～55	17～32	11～25	6～18	4～13	2～10	0～4
RH－10			95～100	55～70	40～50	30～40	20～30	16～21	10～15	5～9
RH－5				95～100	65～85	45～65	30～52	17～37	11～28	8～12

注：RL代表乳液混合料；数字代表骨料最大粒径（mm）；Ⅰ代表粗级配；Ⅱ代表密级配。

①初步计算需要的乳液用量，由下式计算出：

$$P = 0.06a + 0.12b + 0.2c$$

式中　P——乳液占矿料质量的百分比，%；

a——大于2.5mm矿料重的百分比，%；

b——2.5～0.074mm矿料重的百分比，%；

c——小于0.074mm矿料重的百分比，%。

计算出的P值仅供拌和试验的参考乳液用量，不是混合料的最佳乳液用量。

②将工程确定的矿料混合料，以计算得出的乳液用量进行试拌，检验乳液对矿料的分布及裹覆的均匀效果，必要时适当调整乳液的用量及质量。

③选择沥青乳液混凝土配合比时，将前面初步计算的乳液用量按1%差值，分别各递增减两个点（共做五组试件），进行马歇尔稳定性试验。试验方法详见《阳离子乳化沥青检验标准及试验方法（试行）》。试验结果应达到表6规定的技术指标要求，从而确定最佳乳液用量。

表6　乳化沥青混凝土混合料技术指标

试验项目	单位	密级配		粗级配		备注
		含水试件 20℃	干试件 60℃	含水试件 ℃	干试件 60℃	
击实次数	次	50	50	50	50	
稳定度	kg	200	350	250	300	
流值	0.1mm	20~45	20~40	20~45	20~40	
空隙率	%		3~8		6~12	
饱和度	%		60~75		50~70	
容量	cm^3	2.20		2.15		

注：含水试件是将击实后的试件在室内（温度15~25℃，相对湿度温度50%~80%）横向存放24h，在20±1℃条件下试压。干试件是将击实后的试件，在110±5℃烘箱内养生24h，然后再予每个试件上下两面补击25次，冷却后脱膜，将试件在室内静放24h，在60±1℃条件下试压。

2. 施工操作顺序

施工操作顺序如图5。

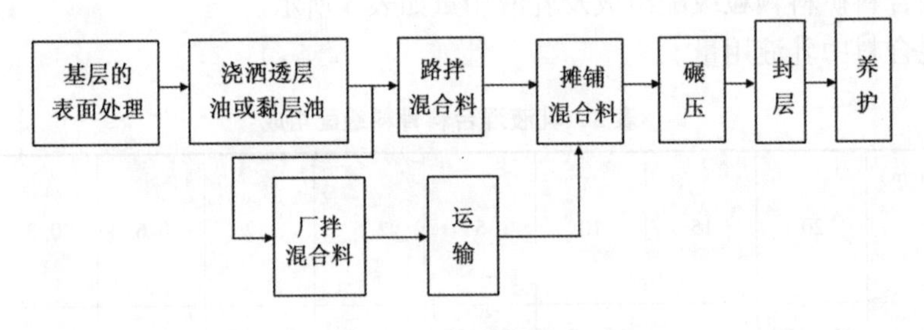

图5　施工操作顺序

3. 施工注意事项

(1) 拌和。

由于乳液的黏度低，与各种级配的矿料拌和都有良好的施工和易性。粗级配乳液碎石混合料可用人工或机械路拌、人工或机械场拌等方式。密级配乳液碎石混合料因含细料多且有粉料，人工拌和困难，宜采用机械拌和。拌和工艺应注意下列事项：

①拌和工作应在乳液破乳前完成，否则会因乳液破乳而失去施工和易性，产生大量沥青膜剥落，细料被沥青裹成油团而影响混合料质量。机械拌和作业时间（以加进乳液起算）不得超过20s，人工拌和作业时间（以加进乳液起算）不得超过1min。

②机械拌和应选择强制式拌和机，不宜用自落式拌和机。人工拌和时料堆应下衬钢板，以防乳液渗漏。

③乳液的破乳速度受施工温度和湿度的影响很大。温度高，湿度小时破乳速度快，反之则破乳速度慢。矿料在与乳液拌和前，应先用水湿润，水用量为矿料质量的3%~5%（随矿料级配及干湿情况选用）。低温（15℃左右）拌和时，矿料可不必润湿。若在高温条件下矿料用水润湿后与乳液拌和达不到良好效果时，则可选用下列措施之一使混合料拌匀为止。

a. 改用B-2型乳液；

b. 用浓度为1%~3%的氯化钙水溶液润湿矿料后再掺乳液拌和；

c. 将氯化钙水溶液中掺入0.1%~0.2%的OP-10或掺入0.2%~0.3%的OT，亦可另选外掺剂制成复合剂水溶液润湿矿料后再掺乳液拌和。

（2）混合料的摊铺。

摊铺混合料可用人工亦可用摊铺机进行。摊铺厚度可用压实系数控制。压实系数大致在 1.3～1.5，根据试验结果确定，或按摊铺长度控制混合料的质量。

按摊铺长度（L）控制混合料质量的计算公式为：

$$L=\frac{Q}{r\times H\times B}$$

式中 Q——摊铺混合料的实际质量，t；

r——马歇尔试验求得的混合料密度，t/m^3；

H——压实的路面厚度，m；

B——摊铺宽度，m。

人工摊铺时应注意以下事项：

①混合料须用扣锨摊铺，不得扬锨甩料，如混合料有粗细分离现象，应掺拌后再铺。

②扣锨摊铺时，应尽量使混合料均匀，随即用刮板刮平，整平工作不要过多地用刮板推料，以免大料浮于表面和使石料表面的沥青膜剥落。

③摊铺过程中应经常检查摊铺厚度和平整度，发现问题即时修整。

④在纵向接茬处，注意将碾压的塌头部位，切成直茬，并涂刷乳液后再行摊铺混合料。

机械摊铺时，亦应配备找平的辅助人员，以便随时处理机械不能解决的有关问题。

（3）碾压工作。

混合料摊铺整平后，可立即进行碾压。为防止初期碾压出现推移现象，应先用 6～8t 钢轮压路机压两遍，再用 10t 以上胶轮压路机充分压实，或用 12～15t 钢轮压路机压实。

应注意以下事项：

①多轮压路机的轮上应涂重柴油、废机油或经常洒水湿润，以免混合料黏轮。

②当碾压发现混合料有开裂或推移时，应停止碾压待晾晒一段时间后再压实。

③用 6～8t 压路机将混合料表面压平后，可在路表撒一薄层干砂或干石屑，然后进行碾压则不会发生混合料黏轮。

（4）表面封层及初期养护的要求同贯入式路面。

（三）下贯上拌式路面

这种结构下部类似贯入式面层，上部类似混合料拌和摊铺面层。由于上拌层一般采用细粒式黑色碎石或细粒式乳化沥青混凝土，这种路面比较密实稳定。下贯上拌的厚度可根据路面设计要求来定，适用于交通量小于 2000 辆/d 的干线公路和支线公路。

1. 材料要求

（1）拌和混合料的乳液选用 B－1 型或 B－2 型，下贯时乳液选用 G－1 型。

（2）矿料要求同贯入式面层和混合料拌和摊铺面层。

（3）下贯层一般采用二油三料，类似于贯入式面层去掉最上几层料。

（4）上拌层宜采用（表 5）中的 RH－10 或 RH－5，或者最大骨料尺寸为 5mm 的乳化沥青黑色碎石。

2. 施工操作顺序

基层表面处理—洒透层油或黏层油—底层主骨料—碾压—洒第一次乳液—嵌缝料—碾压—洒第二次乳液—第二层嵌缝料一路拌和厂拌上层混合料—摊铺混合料—碾压—养护。

3. 施工注意事项

（1）下贯层注意事项同贯入式面层。

（2）上拌层注意事项同混合料拌和摊铺面层。

（3）必须在下贯层基本成型后才能进行上拌层的施工。

（4）下贯层完工后可洒少量乳液作为黏层油，用量为0.8～1kg/m²，也可不用此黏层油，是否采用视实际情况而定。

五、旧沥青路面维修与养护

为了保持沥青路面达到良好的使用性能，必须经常对已铺路面出现的局部病害和缺陷及时进行维修养护。使用乳化沥青可以满足各种养护措施的需要，采取何种措施应根据原有路面情况及施工、设备、气候等具体条件选用。

（一）坑槽的修补

路面出现坑槽时，应立即进行修补。若拖延不补，则会因车轮撞击而使坑槽迅速扩大，此种现象尤其在雨季和低温条件下更应特别注意。修补坑槽的顺序如下：

（1）将坑槽挖成规则的形状，周边要求齐直，清除已破坏部分的松散材料，用与原基层相同的材料填补并夯实到与原基层表面平齐。

（2）坑槽内壁四周及底面涂刷透层油或黏层油，用贯入式或拌和混合料填补，小面积用锤击实，大面积可用小型压路机压实到与原路面平齐。

（3）补好的坑槽表面应做封层。

修补顺序见图6。

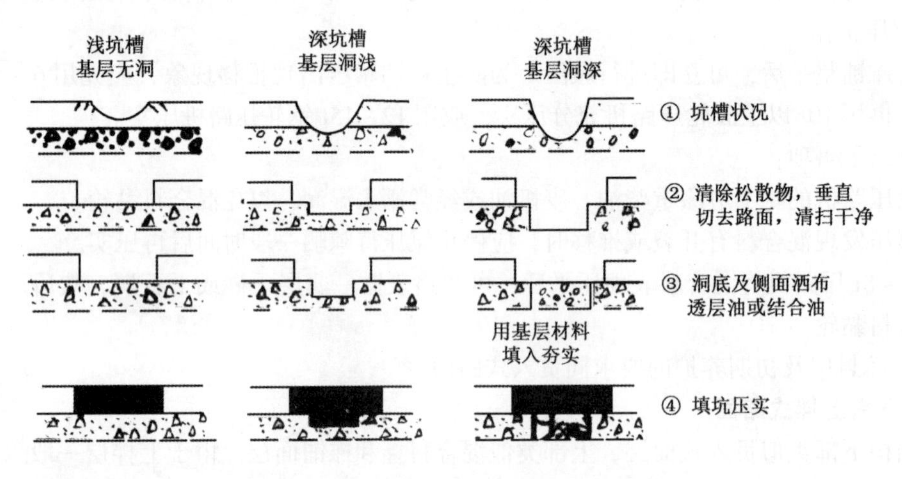

图6　坑槽的修补

（二）路面破坏后换补

路面破坏有以下三种情况，必须进行换补。

（1）如果基层情况良好，仅是面层本身的问题，则应将面层的破坏部分垂直挖除后，再用面层材料修补完整。

（2）如果因基层局部质量不好而引起面层破坏，则应挖去质量不好的基层材料，再填入质量合格的基层材料并进行压实（换填深度若大于15cm时应分层填实），再按换补面层的办法将面层修补完整。

（3）如果是因土基出现问题而引起路面破坏时，应挖除土基软弱部分予以更换，再行重补基层和面层，以免留下后患。

换补部分应挖掘宽度见图7。

（三）路面局部塌陷的处理

路面发现塌陷时，应尽快进行处理。首先将塌陷部分路表的浮土杂物等清扫干净，并于其上喷洒黏层油后用贯入式或拌和混合料填平压实，然后在上面做一封层。

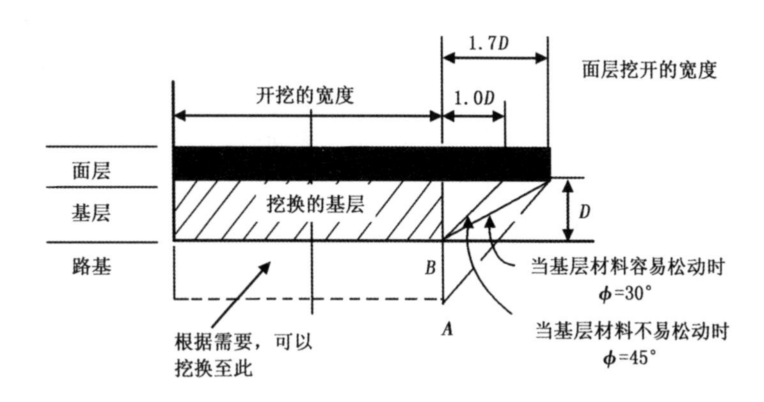

图7　换补部分的挖掘宽度

(四) 罩面

由于面层沥青老化产生裂缝，行车磨损而使路表光滑等情况的路段，可采用罩面补修。罩面可分薄雾封层、乳液砂（细石屑）封层、单层及双层表处沥青乳液砂浆封层等。养护部门可根据路段具体情况进行选用。

乳液砂（或石屑）封层、双层封层、多层封面的要求同上述面层的要求。下面只介绍薄雾封层和乳液砂浆封层的要求。

1. 薄雾封层

当沥青路面表面产生细小裂纹，为能填充细小缝隙，增加路面防水性可用G－1型、G－2型的稀释乳液，经压力喷洒成雾状渗入到路面的缝隙之中。根据路面裂缝情况确定乳液的洒布量，一般为0.5～0.8kg/m^2，喷洒后撒布一层干砂，用量为0.2～0.3$m^2/100m^2$，而后可以立即开放交通。

薄雾封层见图8。

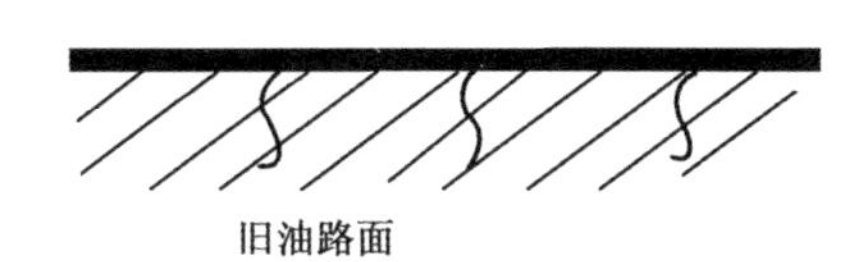

图8　薄雾封层

2. 乳液砂浆封层

乳液砂浆封层代替用砂或石屑做的二次封层，避免因用砂（石屑）封层而造成的扬尘，提高了路面的平整度、密实性、抗滑性，铺后很快即可通车（在20℃情况下，2～3h后即可通车）。

（1）材料要求。G－1型阳离子乳液，质地坚硬的中粗砂（或细石屑）。

（2）施工方法。

①清扫干净原有路面，洒布黏层油。旧沥青路面洒布量为0.3～0.5kg/m^3，新铺阳离子沥青混凝土路面洒布量为0.5～0.7kg/m^3。

②砂加水拌湿，含水量达6%～8%，再与质量为砂重8%～9%的乳液拌和均匀。

③摊铺厚度为0.4～0.6cm，表面平整均匀，用12～15t压路机碾压，压至无轮迹为止。

④一般2～3h即可放车通行。

(五) 防尘处理

为了防止砂石土路面晴天的扬尘和雨天的泥泞，使用阳离子沥青乳液进行防尘处理，既可消除晴天行车的尘土飞扬，又可防止出现坑槽、搓板等病害。提高了运输效率，减轻养路负担。这种防尘措施，费用不多，效果显著。

防尘的处理方法，应根据原路面的具体情况、交通量的多少、工程费用、要求耐用程度等具体情况进行选择，一般有如下两种方式。

Ⅰ型原砂石土路面上直接喷洒乳液并撒砂，防止行车扬尘及泥泞。

Ⅱ型在砂石路面上做1cm厚的保护层，使行车平稳通畅。

防尘处理一般厚度较薄，如图9中因底层不良引起表面破坏，应及时修补。这种防尘处理如能精心养护，可以延长1~3年之久。

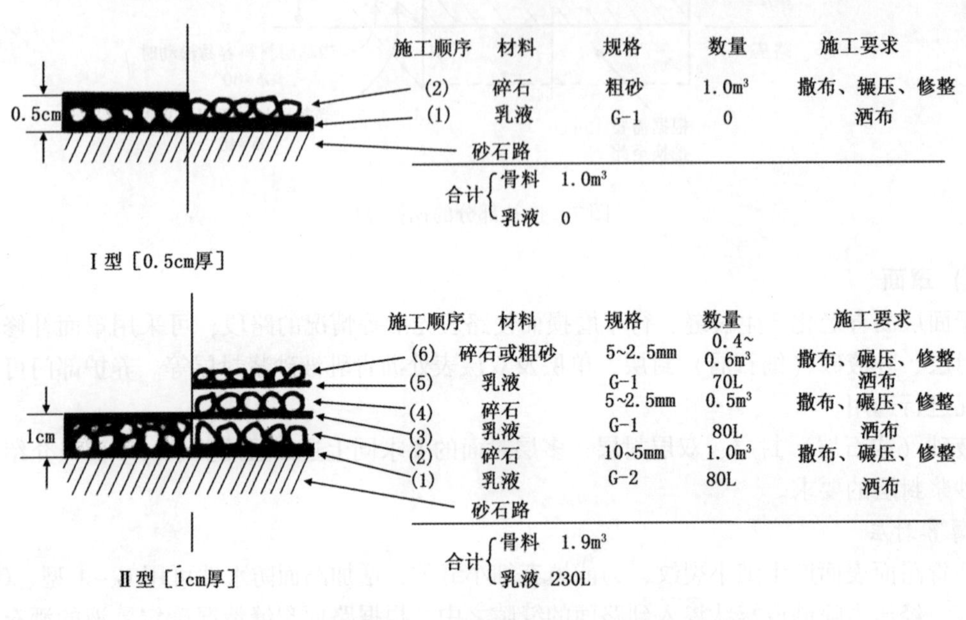

图9 防尘处理（每$100m^2$）

防尘处理前应做好准备工作，对于旧砂石路面应清扫干净，如有坑槽应按前述要求进行修补，同时调整好路拱及平整度，清除原路面上浮土及碎屑。按图9的要求进行防尘处理。

六、施工质量标准及检验方法

用阳离子沥青乳液铺筑的路面，一般应经过一个夏季行车后进行检验。

检验的项目，方法及质量标准如表7。

表7 乳化沥青路面施工质量检验标准

	检验项目	标准与允许误差	质量检验
基层	厚度	±10%	每$500m^2$为一段，每段在路中及两侧各测试一点
	宽度	±5cm	每段用皮尺抽查两处
	密实度		根据不同基层类型要求，每段至少抽查一处
	横坡度	±0.5%	用三角板或小线测量。每段至少三处
	纵向平整度	不大于10mm	用三米直尺测定。每段至少测10次

续表

	检验项目	标准与允许误差	质量检验
面层	厚度	±10%	同基层要求
	宽度	±5cm	同基层要求
	横坡度	±0.5%	同基层要求
	纵向平整度	不大于5~8mm	同基层要求（沥青混凝土≯5mm 其他面层≯8mm）
	油石比	±0.5%	每段至少一个
	纹理深度	0.3~0.5mm	用摊砂法测定，每段不少五处
	摩擦系数	用制动仪测定大于0.35	用五轮仪测定值乘以1.2，用摆式仪测值应大于4.5
	透水系数	不大于5mm/min	路面成型后，用60cm变水头渗水仪测定，每段至少两处
	弯沉值	不大于设计要求	用弯沉仪测定，每段为10m

阳离子乳化沥青试验路调查报告

交通部“阳离子乳化沥青及其路用性能的研究”
课题协作组，1984年7月

近几年来，课题协作组成员单位，在本地区铺筑了一定数量的阳离子乳化沥青试验路。为了详细了解这些试验路的使用情况，根据课题协作组商定的计划组成联合调查组，1983年4月至5月对各省市所铺试验路进行了两次普遍调查。调查内容如下：

（1）试验路段的基本情况。

调查试验路的原始资料，其中包括铺筑地点、桩号、现有交通量，路面结构及沥青性能检验等。

（2）路面外观观察。

观察试验路段路面外观是否有裂缝、坑槽、松散、油包、推移、车辙等病害。

（3）平整度测度。

用三米直尺在每一测点连续测10个数据（最大空隙），取平均值为其平整度指标。

（4）摩擦系数测定。

检验路面的抗滑阻力，用BM型摆式摩擦系数测定仪，测量路面的摩擦系数。

（5）透水系数的测定。

检验路面的防水性能，用变水头透水系数测定仪测量。

（6）纹理深度的测定。

检验路面的几何粗糙度，用25mL砂子（粒径为0.15～0.3mm）在路面表面上摊平成一定范围的圆，根据砂的体积与所覆盖表面的平均面积的比，用毫米表示路面的纹理深度。

（7）弯沉值的测定。

用弯沉值来体现整个试验路段的整体强度，测量时用解放牌标准车，后轴重为6t，轮胎对地面压力为$5kg/cm^2$。

表1至表4分别为湖南省交通厅在湘潭和岳阳试验路及其调查实测结果。表5和表6分别是河南省交通厅试验路及其调查实测结果。表7和表8分别是北京市公路处试验路及其调查实测结果。表9和表10分别是辽宁省交通科学研究所试验路及其调查实测结果。表11和表12分别是大连市政试验路及其调查实测结果。表13和表14吉林省交通科学研究所试验路及其调查实测结果。表15和表16分别是黑龙江省交通科学研究所试验路及其调查实测结果。表17和表18分别是大庆市公路工程公司试验路及其调查实测结果。表19是1982年和1983年两次调查实测结果对照表。

表 1　湖南省湘潭试验路情况表

路段		潭—宋线 17 +318—17 +425 （97m）	潭—宋线 17 +415—17 +478 （63m）	潭—宋线 17 +478—17 +562 （84m）	潭—宋线 17 +562—17 +712 （150m）	潭—宋线 17 +712—17 +853 （141m）	潭—宋线 17 +853—18 +1000 （117m）	七—韶线 4 +800—5 +1000 （200m）
铺筑日期 施工气温,℃ 交通量，辆/d		1982. 7. 13 30 ~ 35 2500 ~ 2800	1982. 7. 13 30 ~ 35 2500 ~ 2800	1982. 7. 11 30 ~ 35 2500 ~ 2800	1982. 7. 11 30 ~ 35 2500 ~ 2800	1982. 8. 25 28 ~ 33 2500 ~ 2800	1982. 7. 9 30 ~ 35 2500 ~ 2800	1982. 10 10 ~ 15
原路面情况	路基宽，m 路面宽，m 弯沉值，0. 01mm 路面 描述	6. 3 ~ 7. 6 5. 5 ~ 6. 0 86 ~ 142 局部网裂 有边	6. 5 ~ 7. 6 5. 5 ~ 6. 0 34 ~ 62 右侧较好 左侧宽度不足	6. 5 ~ 7. 0 5. 5 ~ 6. 4 36 ~ 50 右侧较好 左侧宽度不足	6. 9 ~ 7. 6 5. 5 ~ 6. 0 44 ~ 122 高路堤处局部开裂，两侧宽度不足	7. 5 6. 0 20 ~ 116 左右车道均有多块网裂面	7. 5 6. 0 50 ~ 74 零星裂块及少数横向粗裂缝	7. 0 ~ 7. 5 5. 5 局部网裂
原路面处理情况	处理措施及效果	路基加宽 全段路面填灰土 碎石补强层	左侧加宽，正好在水沟处填灰土，碎石厚度不足，压实不够	左侧加宽，正好在水沟处填灰土，碎石厚度不足，压实不够	铺路前三天做挖补，压实不够	铺路前一天挖补网裂路面，采用煤沥青砾石压实不够	铺路前三天挖补网裂路面，煤沥青用量大压实不够	开裂部分未作处理
	基层弯沉	30 ~ 70	70 ~ 100					
试验路面	结构类型 厚度，cm 施工方式	乳化沥青层铺表处 2. 0 汽车洒布	乳化沥青层铺表处 2. 0 汽车洒布	乳化沥青浅贯入 4. 5 汽车洒布	乳化沥青浅贯入 4. 5 汽车洒布	乳化沥青拌和表处 2. 0 人工拌和	乳化沥青拌和表处 2. 0 人工拌和	乳化沥青拌和表处 2. 0 人工拌和
	矿料	10 ~ 20mm 3 ~ 8mm 砾石 0 ~ 3mm 河砂	10 ~ 20mm 3 ~ 8mm 砾石 0 ~ 3mm 河砂	20 ~ 40mm 10 ~ 20mm 碎石 3 ~ 8mm 砾石 0 ~ 3mm 河砂	20 ~ 40mm 10 ~ 20mm 碎石 3 ~ 8mm 砾石 0 ~ 3mm 河砂	10 ~ 20mm 3 ~ 8mm 砾石 0 ~ 3mm 河砂	10 ~ 20mm 3 ~ 8mm 砾石 0 ~ 3mm 河砂	10 ~ 20mm 3 ~ 8mm 砾石 0 ~ 3mm 河砂
沥青乳液及用量	乳化剂 沥青品种 沥青针入度，0. 1mm 延度，cm 乳液用量，kg/m² 折合油石比，%	1631　OT 复配 茂名 180 号 167 5. 0 6. 26	1631　OT 复配 茂名 60 号渣油 312 5. 5 6. 0	1631 茂名 60 号渣油 312 7. 8 4. 4	1631 茂名 100 号 96 ~ 122 9. 0 5. 3	1631　OT 复配 茂名 104 号 134 5. 0 5. 8	1631　OT 复配 茂名 140 号 134 4. 8 5. 6	1631　OT 复配 茂名 180 号 5. 1 5. 9

表 2　湖南省湘潭试验路调查实测结果

铺筑地点	调查日期	桩号	结构类型	测定指标					外观描述
				摩擦系数（摆值）	平整度 mm	纹理深度 mm	渗透系数 mL/min	弯沉值 0.01mm	
湘潭 潭—宋线	1983.4.16	17 +318—17 +415	层铺表处	76	48	0.35	0.7	61.1	中间路面良好，弯道内侧由于加宽不够，局部有啃边现象
湘潭 潭—宋线	1983.4.16	17 +415—17 +478	层铺表处	69	5.2	0.68	0.7	113.6	路面较粗糙，加宽部分压实不够，左侧路边局部有裂缝、啃边
湘潭 潭—宋线	1983.4.16	17 +478—17 +562	浅贯入	66	4.8	0.99	2.5	68.1	路面粗糙无松散，加宽部分压实不够，路边局部有裂缝
湘潭 潭—宋线	1983.4.16	17 +562—17 +712	浅贯入	60	4.0	0.32	2.5	80.2	路面平整、完好，原挖补处压实不够，局部有裂缝、路边显粗
湘潭 潭—宋线	1983.4.16	17 +712—18 +1000	人工拌和表处	75	4.0	0.34	4.3	109.2	路面基本完好，个别处有麻面，原挖补处压实不够，局部有裂缝
湘潭 七—韶线	1983.4.16	4 +800—5 +1000	人工拌和表处	81.4		0.57		75.2	上午施工的右半幅路面平整、稳定，表面较粗糙。左半幅下午施工，乳液洒布不匀，局部少松散，大部分稳定、平整

表 3　湖南省岳阳试验路情况

路段		大鹿线 12+200—12+430	长—岳线 117+600—117+750	长—岳线 117+750—118+070	长—岳线 118+70—118+200	长—岳线 140+020—140+120	长—岳线 140+120—140+220
铺筑日期		1982.10	1982.9	1982.9	1982.9	1983.3	1983.3
施工气温,℃			25～30	25～30	25～30	10	雨，7～9
交通量，辆/d		300～500	1500	1500	1500	2500	2500
原路面情况	路基宽，m	7	10.5～12.0	10.5～12.0	10.5～12.0	8	8
	路面宽，m	6	7	7	7	6	6
	弯沉值		130～157	130～157	130～157	74～204	74～204
	路面描述		泥结碎石 15～30cm 厚	泥结碎石 15～30cm 厚	泥结碎石 15～30cm 厚	平整度差龟裂严重，需罩面养护	平整度差龟裂严重，需罩面养护
原路面处理情况	处理措施	用 10%～12% 剂量灰土压实厚度 18cm，补强	按灰量 10% 的（碎石: 灰土 = 7:3）石灰土碎石补强，厚度 21～23cm	按灰量 10% 的（碎石: 灰土 = 7:3）石灰土碎石补强，厚度 21～23cm	按灰量 10% 的（碎石: 灰土 = 7:3）石灰土碎石补强，厚度 21～23cm		
	基层弯沉	50～80	48～76	46～86	46～94		
试验路面	结构类型	油灰砂单层拌和表处	层铺表处	层铺表处	浅贯入式	单层表处	层铺表处
	厚度，cm	2.2	2.5	2.5	4	1.0	2.5
	施工方式	人工拌和	人工拌和	洒布车洒布	洒布车洒布	洒布车洒布	洒布车洒布
	矿料	乳液、石灰、砂	10～25mm 碎石 5～10mm 粗砂	10～25mm 5～15mm 碎石 石屑	20～40mm 10～20mm 碎石 5～10mm 粗砂	5～10mm 碎石 细砂	10～25mm 5～10mm 碎石 细砂
沥青乳液及用量	乳化剂	OT 和 1631 各 0.2% 复配	OT 和 1631 复配	OT 和 1631 复配	OT 和 1631 复配		
	沥青品种	茂合 60 号 85%，渣油 15%	阿油 60 号 85%，长炼渣油 15%	阿油 60 号 85%，长炼渣油 15%	阿油 60 号 85%，长炼渣油 15%	茂名 260 号	茂名 260 号
	沥青针入度，0.1mm	122	125	103	122	118	118
	延度，cm	57	87	92	57	24	24
	乳液用量，kg/m^2	9.59	9.7	471	7.3	2.93	4.5
	折合油石比,%	5.9	5.82	2.86	4.38	1.76	2.7

表 4　湖南省岳阳试验路调查实测结果

铺筑地点	调查日期	桩号	结构类型	测定指标					外观描述
				摩擦系数（摆值）	平整度 mm	纹理深度 mm	渗透系数 mL/min	弯沉值 0.1mm	
岳阳 大—鹿线	1983.4	12 +200—12 +430	油灰砂人工拌和表处	61.3	3.4	调查时下雨未做测定	下雨未做测定	5.7	路面平整、密实，个别地方基层强度不足，出现车辙
岳阳 长—岳线	1983.4	117 +600—117 +750	人工拌和表处	58	6.5	调查时下雨未做测定	下雨未做测定	85.5	路表面平整、较粗糙，少数地方透水，没出现裂缝
岳阳 长—岳线	1983.4	117 +750—118 +070	层铺表处	75.3	6.3	调查时下雨未做测定	下雨未做测定	63.5	嵌缝料不足，表面粗糙无病害（铺后即通车，车速快、小料带走）
岳阳 长—岳线	1983.4	118 +070—118 +200	浅贯入	6.0	6.7	调查时下雨未做测定	下雨未做测定	83.6	表面粗糙，无病害（铺后即通车、车速快、小料带走）

表 5　河南省试验路情况表

路段		郑—新线 11 +900—12 +300	郑—新线 12 +300—12 +500	郑—新线 12 +500—12 +700	郑—新线 12 +700—12 +900	郑—新线 12 +500—17 +700	郑—新线 17 +700—17 +800	郑—新线 17 +800—18 +1000	许—南昌 38 +024—38 +116
铺筑日期 施工气温,℃ 交通量，辆/d		1980.7 35 ~40 2000 以上	1980.7 35 ~40 2000 以上	1980.7 35 ~40 200 以上	1980.7 35 ~40 2000 以上	1981.10 2000 以上	1981.10 2000 以上	1981.10 2000 以上	1982.8
原路面情况	路基宽，m 路面宽，m 弯沉值	8.5 6.0	8.5 6.0	8.5 6.0	8.5 6.0	8.5 6.0	8.5 6.0	8.5 6.0	
	路面描述	渣油表处	渣油表处	渣油表处	渣油表处	渣油表处	渣油表处	渣油表处	原渣油表处
原路面处理情况	处理措施 基层弯沉	17cm 石灰土补强	17cm 石灰土补强	17cm 石灰土补强	17cm 石灰土补强	17cm 石灰土补强	17cm 石灰土补强	17cm 石灰土补强	
试验路面	结构形式 厚度，cm 施工方式	表面处治 2 人工分层，路拌	贯入式 3 机械洒布	黑色碎石 3 人工路拌	贯入式 4 机械洒布	双层混合料下为中粒式，上为细粒式 4 +2 水泥搅拌机，厂拌	中粒式混合料 4 水泥搅拌机，厂拌	下层中粒式混凝土 上层细粒式混凝土 6 水泥搅拌机，厂拌	混凝土　渣油表处 2 人工拌和
	矿料	10 ~20mm 10 ~5mm 碎石 2 ~5mm	10 ~30mm 5 ~15mm 碎石 2 ~5mm	10 ~30mm 5 ~15mm 碎石 2 ~5mm	20 ~30mm 5 ~15mm　酸性 0 ~10mm　碎石	1.0 ~25mm,5 ~10mm 5 ~10mm,0.5 ~5mm 0.5 ~5mm	10 ~25mm 5 ~10mm 0.5 ~5mm	LH -25 Ⅱ（下层） LH -10 Ⅱ（上层）	10 ~20mm 5 ~10mm 2 ~5mm
沥青乳液及用量	乳化剂 沥青品种 沥青针入度，0.1mm 延度，cm 乳液用量，kg/m² 折合油石比,%	大连 OTG80—中—3 胜利 200# 295 46 10 6	大连 OTG80—中—3 胜利 100# 84 90 5.8 3.48	大连 OTG80—中—3 胜利 200# 295 46 10 6	大连 OTG80—中—3 胜利 100#、200# 84　296 90　46 6 3.6	大连 OT 胜利 180 + 渣油 180 下层 8，上层 9 下层 4.8，上层 5.4	大连 OT 胜利 180 + 渣油 180 9 5.4	大连 OT 胜利 100 + 渣油 180 下层 9，上层 10 下层 5.4，上层 6	大连 OT 渣油 120

表6　河南省试验路调查实测结果

铺筑地点	调查日期	桩号	结构类型	测定指标					外观描述
				摩擦系数（摆值）	平整度 mm	纹理深度 mm	渗透系数 mL/min	弯沉值 0.01mm	
郑州—新乡线	1983.4	11+900—12+300	人工拌和，表处	43.5	4.5	0.37	23.7	51.6	表面粗糙，个别地方有泛油（原拌料垛底） 无松散等病害 因没做封层，故渗透系数较大
郑州—新乡线	1983.4	12+300—12+500	贯入法	49.4	4.3	0.65	6.0	38.3	表面较粗，有部分泛油区 有少量裂缝
郑州—新乡线	1983.4	12+500—12+700	人工拌和，黑色碎石	41.3	3.8	0.38	7.5	28.4	表面平整较密实 有少量横向裂缝（石灰土底层横向裂缝）
郑州—新乡线	1983.4	12+700—12+900	酸性骨料，贯入路面	41.3	5.3	0.36	6.8	32.3	未罩面段较粗糙，罩面后较密实 未罩面处局部有龟状裂缝，无松散（骨料摆度低，行车压碎）
郑州—新乡线	1983.4	17+500—17+700	双层混合	36.2	4.1	0.35	8.2	46.4	路面状况良好 表面较密实
郑州—新乡线	1983.4	17+700—17+800	中粒式混合料	37.1	5.4	0.44	5.0	24.6	表面平整无病害
郑州—新乡线	1983.4	17+800—18+1000	下层中粒式混凝土 上层细粒式混凝土	36.9	5.2	0.35	2.7	58.2	表面平整较密实 有少量啃边
郑州—南阳线	1983.4	38+024—38+116	渣油表处	58		0.27	4.6	35.5	表面较细密，无病害 该路段在慢车道上交通量较小

表 7　北京市密云试验路情况表

路段		顺—密线 28 + 100— 28 + 400	顺—密线 28 + 400— 28 + 508	顺—密线 28 + 508— 28 + 725	顺—密线 28 + 800— 28 + 960	顺—密线 28 + 960— 28 + 237	顺—密线 29 + 300— 29 + 500	顺—密线 29 + 925— 30 + 030	顺—密线 28 + 925— 30 + 030	顺—密线 30 + 030— 30 + 237	顺—密线 30 + 237— 30 + 440
铺筑日期 施工气温，℃ 交通量，辆/d		1982. 9 1000	1982. 9 1000	1982. 9 1000	1982. 10 1000	1982. 10 1000	1982. 10 1000	1982. 10 1000	1982. 10 1000	1982. 10 1000	1982. 10 1000
原路面情况	路基宽，m 路面宽，m 弯沉值	7. 0 ~ 8. 0 6. 0	7. 0 ~ 8. 0 6. 0	7. 0 ~ 8. 0 6. 0	7. 0 ~ 8. 0 6. 0	7. 0 ~ 8. 0 6. 0	7. 0 ~ 8. 0 6. 0	7. 0 ~ 8. 0 6. 0	7. 0 ~ 8. 0 6. 0	7. 0 ~ 8. 0 6. 0	7. 0 ~ 8. 0 6. 0
	路面 描述	1972 年所铺渣油表处已损坏	1972 年所铺渣油表处已损坏	1972 年所铺渣油表处已损坏	1972 年所铺渣油表处已损坏	1972 年所铺渣油表处已损坏	1972 年所铺渣油表处已损坏	1972 年所铺渣油表处已损坏	1972 年所铺渣油表处已损坏	1972 年所铺渣油表处已损坏	1972 年所铺渣油表处已损坏
原路面处理情况	处理 措施	7cm 无机结合料补强层	7cm 无机结合料补强层	7cm 无机结合料补强层	7cm 无机结合料补强层	7cm 无机结合料补强层	7cm 无机结合料补强层	7cm 无机结合料补强层	7cm 无机结合料补强层	7cm 无机结合料补强层	7cm 无机结合料补强层
	基层弯沉	40 ~ 146	40 ~ 146	34 ~ 132	34 ~ 132	30 ~ 112	30 ~ 112	24 ~ 104	24 ~ 104	24 ~ 104	24 ~ 104
试验路面	结构类型 厚度，cm 施工方式	层铺法 3 机械洒布	层铺法 3 机械洒布	层铺法 3 机械洒布	层铺法 3 机械洒布	层铺法 3 机械洒布	层铺法 3 机械洒布	层铺法 3 机械洒布	层铺法 3 机械洒布	层铺法 3 机械洒布	厂拌黑色碎石 3. 5 机械拌和
	矿料	20 ~ 30mm 碱性 5 ~ 13mm 碎石 2. 5 ~ 5mm	20 ~ 30mm 5 ~ 13mm 酸性 2. 5 ~ 5mm 碎石	20 ~ 30mm 5 ~ 13mm 酸性 2. 5 ~ 5mm 碎石	20 ~ 30mm 5 ~ 13mm 酸性 2. 5 ~ 5mm 碎石	20 ~ 30mm 5 ~ 13mm 酸性 2. 5 ~ 5mm 碎石	20 ~ 30mm 5 ~ 13mm 酸性 2. 5 ~ 5mm 碎石	20 ~ 30mm 5 ~ 13mm 酸性 2. 5 ~ 5mm 碎石	20 ~ 30mm 5 ~ 13mm 酸性 2. 5 ~ 5mm 碎石	20 ~ 30mm 5 ~ 13mm 碱性 2. 5 ~ 5mm 碎石	2. 5 ~ 5mm 5 ~ 13mm 碱性 2. 5 ~ 5m 碎石
沥青乳液及用量	乳化剂 沥青品种 沥青针入度，0. 1mm 延度，cm 乳液用量，kg/m 折合油石比，%	ASF IER100 胜利 100 号 104 93 5. 63 （55%） 3. 10	ASF IER100 胜利 100 号 104 93 5. 5 （55%） 3. 10	ASF IER101 胜利 100 号 104 93 4. 65 （55%） 2. 56	ASF IER10 胜利 100 号 104 93 4. 59 （55%） 2. 52	ASF IER103 胜利 100 号 104 93 4. 55 （55%） 2. 5	ASF IER103 胜利 100 号 104 93 5. 17 （55%） 2. 84	大连 OT 胜利 100 号 104 93 5. 20 （55%） 3. 12	大连 OT 胜利 100 号 104 93 5. 20 （60%） 3. 12	大连 OT 胜利 100 号 104 93 5. 28 （60%） 3. 17	大连 OT 胜利 100 号 104 93 8. 33 （60%） 5

表8 北京市密云试验路调查结果

铺筑地点	调查日期	桩号	结构类型	测定指标				外观描述
				摩擦系数（摆值）	平整度 mm	渗透系数 mL/min	弯沉值 0.01mm	
密云县 顺—密线	1983.4 1983.9	28+100—28+400	碱性骨料层铺	52.5 54.1	4.9	0 0.4	90.6 73.5	表面较密实，有局部泛油
密云县 顺—密线	1983.4 1983.9	28+400—28+508	酸性骨料层铺	55.4 59.5	5.3	0 0	97.4 78.4	封层有局部主骨料外露 表面粗糙
密云县 顺—密线	1983.4 1983.9	28+508—28+800	碱性骨料层铺	44.6 50.5	5.3	0 0	98.1 75.1	表面粗糙 封层有局部小骨料带走
密云县 顺—密线	1983.4 1983.9	28+800—28+960	酸性骨料层铺	39.2 50.7	5.2	0 0	93 43.3	表面粗糙 有个别地方小坑槽
密云县 顺—密线	1983.4 1983.9	28+960—29+300	碱性骨料层铺	43.6 50.9	5.4	2.5 0.3	90.4 58.9	表面有局部小骨料带走，主骨料外露
密云县 顺—密线	1983.4 1983.9	29+300—29+500	酸性骨料层铺	30.8 56.9	5.0	0 2	73.8 64.6	表面较粗糙 路边有少量啃边
密云县 顺—密线	1983.4 1983.9	29+500—29+567	酸性骨料层铺	42 40.6	5.3	0 0.5	82.7 48.2	表面平整稳定 路边有少量啃边
密云县 顺—密线	1983.4 1983.9	29+880—30+030	酸性骨料层铺	48.6 45	7.5	0 0	66.9 56	有局部小坑槽 路边少数松散，有啃边
密云县 顺—密线	1983.4 1983.9	30+030—30+237	碱性骨料层铺	45.8 49.6	4.6	0 0	71.3 69.1	表面较密实，实测油石比5.7% 边上有少量骨料外露
密云县 顺—密线	1983.4 1983.9	30+237—30+400	厂拌黑色碎石	44.1 44.5	5.9	2.5 0	64.1 74.3	表面平整粗糙，实测油石比4.6% 5.7%有个别地方露主层料

表 9　辽宁省金县试验路情况表

路段		金县—猴儿石 4 + 500—4 + 650	金—猴 4 + 650—4 + 700	金—猴 4 + 700—4 + 770	金—猴 4 + 769—4 + 850	金—猴 4 + 850—5 + 200	金—猴 5 + 200—5 + 700	金—猴 5 + 700—6 + 700	金—猴 6 + 100—6 + 610
铺筑日期 施工气温,℃ 交通量，辆/d		1982. 8 2700	1982. 9 2700	1982. 9 2700	1982. 9 2700	1982. 8 2700	1982. 8 2700	1982. 8 2700	1982. 8 2700
原路面情况	路基宽 路面宽 弯沉值	10 7. 0 32 ~ 60	10 7. 0 48 ~ 78	10 7. 0 49 ~ 79	10 7. 0 43 ~ 68	10 7. 0 29 ~ 80	10 7. 0 46 ~ 91	10 7. 0 30 ~ 67	10 7. 0 24 ~ 74
	路面 描述	局部裂纹	局部裂纹	龟裂	裂纹	局部裂纹松散 龟裂沉陷	局部网裂 龟裂	裂纹	局部裂纹沉陷 有拥包
原路面处理情况	处理措施	原路面	原路面	原路面	原路面	原路面	原路面		
	基层弯沉								
试验路面	结构形式厚度，cm 施工方式	中粒式沥青混凝土 4 人工拌和	中粒式沥青混凝土 4 人工拌和	沥青贯入 3 人工喷洒	沥青贯入 6 人工喷洒	沥青贯入 6 人工喷洒	沥青贯入 4 人工喷洒	单层表处 2 人工喷洒	双层表处 3 人工喷洒
	矿料	LH - 20I 10 ~ 20mm 5 ~ 10mm 石粉	LH - 20I 5 ~ 10mm	30 ~ 60mm 10 ~ 20mm 5 ~ 10mm 砂	30 ~ 60mm 10 ~ 20mm 5 ~ 10mm 砂	30 ~ 60mm 10 ~ 20mm 5 ~ 10mm 砂	20 ~ 40mm 10 ~ 20mm 5 ~ 10mm 砂	5 ~ 15mm 砂	10 ~ 20mm 5 ~ 10mm 砂
沥青乳液及用量	乳化剂 沥青品种 沥青针入度，0. 1mm 延度，cm 乳液用量，kg/m² 折合油石比,%	大连 OT 高升 100 号 110 35 8 4. 8	辽阳乳化剂 高升 100 号 110 85 8. 5 5. 1	辽阳乳化剂 高升 180 号 176 100 7. 79 4. 67	大连 OT 高升 180 号 176 100 6. 78 4. 07	大连 OT 高升 180 号 176 100 7. 83 4. 7	大连 OT 高升 180 号 176 100 7. 24 4. 34	大连 OT 高升 180 号 176 100 2. 38 1. 43	大连 OT 高升 180 号 176 100 4. 3 2. 58

表 10 辽宁金县试验路调查表

铺筑地点	调查日期	桩号	结构类型	测定指标					外观描述
				摩擦系数（摆值）	平整度 mm	纹理深度 mm	渗透系数 mL/min	弯沉值 0.01mm	
金县 金—猴	1983.5.6	4+500—4+650	中粒式沥青混凝土	58.5	5.7	0.25	0	53.3	表面较粗糙，外观较好
金县 金—猴	1983.5.6	4+650—4+700	中粒式沥青混凝土	61.6	5.4	0.41	0	54.9	表面粗糙，有少量网状裂缝
金县 金—猴	1983.5.6	4+700—4+770	乳化沥青贯入	68.8	5.7	0.40	0	65.2	表面较粗糙，有少量脱皮现象
金县 金—猴	1983.5.6	4+770—4+850	乳化沥青贯入	68.8	5.7	0.40	0.5	56.2	外观较好，有一小块脱皮
金县 金—猴	1983.5.6	4+850—5+200	乳化沥青贯入	60.7	54	0.54	2.5	49.1	表面较粗糙，外观较好
金县 金—猴	1983.5.6	5+200—5+700	乳化沥青贯入	59.4	5.7	0.56	2.5	51.5	表面较粗糙，外观较好
金县 金—猴	1983.5.6	5+700—6+100	单层表处	58.1	8.7	0.16	1.0	53.1	表面较细密，外观较好
金县 金—猴	1983.5.6	6+100—6+610	双层表处	53.6	7.1	0.35	0.5	46.5	表面比单层表处粗糙

表 11　大连市市政试验路情况表

<table>
<tr><td colspan="2">路段</td><td>中山路
拥井　街口</td><td>中山路
玉华　街口</td><td>西安路
五一路—黄河路</td><td>中山路
白山路口西</td><td>五中门前</td></tr>
<tr><td colspan="2">施工日期
施工气温,℃
交通量，辆/d</td><td>1980.9
26℃
5000</td><td>1981.8
21℃
5000</td><td>1981.10
平均 8℃最低 -3℃</td><td>1982.5
19℃
5000</td><td>1982.9
13 ~ 20℃</td></tr>
<tr><td rowspan="2">原路面情况</td><td>路面宽，m
路基宽，m
弯沉值</td><td></td><td></td><td></td><td></td><td></td></tr>
<tr><td>路面
描述</td><td></td><td></td><td></td><td></td><td></td></tr>
<tr><td rowspan="2">原路面处理情况</td><td>处理措施</td><td>原有基层加连接层共厚 27cm</td><td>新建块石基础碎石加连接层共厚 31cm</td><td>新建块石基础碎石加连接层共厚 31cm</td><td>新建块石基础碎石加连接层共厚 31cm</td><td>新建块石基础 15cm
连接层 8cm</td></tr>
<tr><td>基层弯沉</td><td></td><td></td><td></td><td></td><td></td></tr>
<tr><td rowspan="2">试验路面</td><td>结构形式
厚度，cm
施工方式</td><td>沥青混凝土
4
厂拌机铺</td><td>沥青混凝土
4
厂拌机铺</td><td>沥青混凝土
4
厂拌机铺</td><td>沥青混凝土
4
厂拌机铺</td><td>沥青混凝土沥青砂封层
4.5
厂拌机铺</td></tr>
<tr><td>矿料</td><td>15 ~ 25mm
3 ~ 15mm　碎石
石屑、砂、石粉</td><td>15 ~ 25mm
3 ~ 15mm　碎石
石屑、砂、石粉</td><td>15 ~ 25mm
3 ~ 15mm　碎石
石屑、砂、石粉</td><td>15 ~ 25mm
3 ~ 15mm　碎石
石屑、砂、石粉</td><td>15 ~ 25mm
3 ~ 15mm　碎石
石屑、砂、石粉</td></tr>
<tr><td>沥青乳液及用量</td><td>乳化剂
沥青品种
沥青针入度，0.1mm
延度，cm
乳液用量，g/cm²
油石比,%</td><td>大连 G—80—中—4
胜利 100 号
100
95

5</td><td>NOT
胜利 100 号
114
94

4.2 ~ 5</td><td>NOT
胜利 100 号

4.2 ~ 5</td><td>NOT
胜利 100 号

5</td><td>NOT
胜利 100 号</td></tr>
</table>

表 12　大连市市政试验路调查表

铺筑地点	调查日期	铺设面积 m^2	结构形式	测定指标					外观描述
				摩擦系数（摆值）	平整度 mm	纹理深度 H_3	渗透系数 mL/min	弯沉值（1/100mm）	
中山路 拥井街口	1983. 5. 4 1984. 4. 9	1357 1357	乳化沥青混凝土	39. 0 50	6. 0 5. 4	0. 28 0. 18	0. 75 0. 65	48. 2 39. 9	表面较平整密实 局部有少量细小裂缝
中山路 玉华街口	1983. 5. 4 1984. 4. 9	429 429	乳化沥青混凝土	40. 6 57	6. 2 5. 3	0. 28 0. 155	0. 5 3. 25	52. 6 33	表面较粗糙 局部有少量网状裂缝
西安路 五一路—黄河路	1983. 5. 4 1984. 4. 9	3302 3302	乳化沥青混凝土	42. 5 4. 9	6. 4 5. 6	0. 22 0. 156	0. 25 0. 5	49. 6 49	表面有少量泛油 局部有少量网状裂缝
中山路 白山路口西	1983. 5. 4 1984. 4. 9	626 626	乳化沥青混凝土	37. 4 52. 4	6. 3 4. 5	0. 28 0. 21	0. 75 0. 8	37. 2 39. 6	表面较密实有少量网状裂缝 局部泛油
五中门前	1983. 5. 4 1984. 4. 9	3258 3258	乳化沥青混凝土	43. 2 57	7. 6 4. 7	0. 44 0. 25	0. 75 1. 72	74 49	表面封层有局部脱落 表面较粗糙，有少量坑槽

表 13　吉林省试验路情况表

路段		双—伊线 7+000—7+080	双—伊线 7+080—7+180	双—伊线 8+180—8+350	双—伊线 8+350—8+400	双—伊线 8+500—8+600	双—伊线 8+600—9+000	双—伊线 9+500—9+700	双—伊线 11+700—12+000
施工日期 施工气温,℃ 交通量，辆/d		1980.7 17.9℃ 1500	1980.7 20.2℃ 1500	1980.7 17.5℃ 1500	1980.7 18.5℃ 1500	1980.7 17.7～21.4℃ 1500	1980.7 18.4℃～19.8℃ 1500	1980.10 9.4℃ 1500	1980.10 5℃ 1500
原路面情况	路面宽，m 路基宽，m 弯沉值	6.0 8.0	6.0 8.0	6.0 8.0	6.0 8.0	6.0 8.0	6.0 8.0	6.0 8.0	6.0 8.0
	路面描述								
原路面处理情况	处理措施	新路基 手摆块石 基层 21cm 调平层 4cm	新路基 手摆块石 基层 21cm 调平层 4cm	山砂 15cm 手摆块石 15cm 调平层 4cm	山砂 15cm 手摆块石 15cm 调平层 4cm	山砂 15cm 手摆块石 15cm 调平层 4cm	山砂 15cm 手摆块石 15cm 调平层 4cm	新路基 手摆块石 15cm 调平层 4cm	新路基 手摆块石 21cm 调平层 4cm
	基层弯沉								
试验路面	结构类型 厚度，cm 施工方法	黑色碎石 4	贯入 4	贯入 4	贯入 4	表处 3	表处 3	表处 3	表处 3
	矿料		10～40mm 5～15mm 3～8mm	10～40mm 5～15mm 3～8mm	10～40mm 5～15mm 3～8mm	10～30mm 5～15mm 3～8mm	10～30mm 5～15mm 3～8mm	10～30mm 5～15mm 3～8mm	10～30mm 5～15mm 3～8mm
乳液沥青及用量	乳化剂 沥青品种 沥青针入度,0.1mm 延度，cm 乳液用量，kg/m^2 油石比,%	天津 OT 大庆渣油中掺 30%～35% 大庆氧化沥青 5.8	天津 OT 大庆渣油中掺 30%～35% 大庆氧化沥青 7.6	天津 OT 大庆渣油中掺 30%～35% 大庆氧化沥青 7.6	G80—中—2 大庆渣油中掺 30%～35% 大庆氧化沥青 7.6	天津 OT 大庆渣油中掺 30%～35% 大庆氧化沥青 7.1	G80—中—2 大庆渣油中掺 30%～35% 大庆氧化沥青 7.1	天津 OT 大庆渣油中掺 30%～35% 大庆氧化沥青 7.1	天津 OT 大庆渣油中掺 30%～35% 大庆氧化沥青 7.1

表 14　吉林省试验路调查表

铺筑地点	调查日期	桩号	结构类型	测定指标					外观描述
				摩擦系数（摆值）	平整度 mm	纹理深度 mm	渗透系数 mL/min	弯沉值 0.01mm	
双阳县 双—伊线	1983.5.12	8+350—8+400	贯入	40.4	8.0	0.31	8.75	217.4	路边有脱皮啃边 主骨料外露 有龟裂
双阳县 双—伊线	1983.5.12	8+500—9+000	表处	40.7	8.3	0.34	17.5	117.6	表面较粗糙 有少量脱皮、啃边现象
双阳县 双—伊线	1983.5.12	9+500—9+700	表处	41	9.3	0.36	0.25	170.2	表面较密实 路边有少量脱皮现象
双阳县 双—伊线	1983.5.12	11+700—12+000	表处	46.6	8.2	0.37	0		路边有纵向裂缝 有部分脱皮、露主骨料
盘石县 沈—黑线	1983.5.11	66+680—66+800	分层拌和 黑色碎石	4.4	8.1	0.34	5.2	86.6	表面粗糙无松散拥包 有少量横向裂缝 与去年相比较变化不大

表 15　黑龙江省试验路情况

路段		哈—黑线 14 + 800—14 + 900	哈—黑线 14 + 900—15 + 000	哈—黑线 19 + 000—19 + 100	哈—黑线 64 + 340—64 + 440	哈—黑线 70 + 460—70 + 660
铺筑日期 施工气温，℃ 交通量，辆/d		1982. 7. 4 30 ~ 34 2000	1982. 7. 5 30 ~ 34 2000	1982. 9. 29 8 ~ 10 最低 2℃ 1000	1982. 8. 1 27 1000	1982. 7. 21 33 1000
原路面情况	路面宽，m 路基宽，m 弯沉值，0. 01mm	7 9 104	7 9 138	9 12 91	9 12 107	9 12 140
	路面描述	坑槽 油包	坑槽 油包	局部龟裂	翻浆路面破坏	局部龟裂、有坑槽、油包
原路面处理情况	处理措施	铲除油包、填补坑槽	铲除油包、填补坑槽	未做处理	8cm 乳化沥青贯入 26cm 石灰土	铲除油包、填补坑槽
试验路面	结构形式 厚度，cm 施工方法	表处 2 层铺、人工洒布	表处 2 人工拌和	乳化沥青混凝土 4 机械拌和	贯入 4 机械洒布	表处 2 层铺、人工洒布
	矿料	10 ~ 20mm 5 ~ 10mm 2. 5 ~ 5mm	10 ~ 20 5 ~ 10mm 2. 5 ~ 5mm	按“规范”（适用东北地区） 中粒式密级配	30 ~ 40mm 13 ~ 20mm 5 ~ 13mm 2. 5 ~ 5mm	10 ~ 20mm 5 ~ 10mm 2. 5 ~ 5mm
沥青乳液及用量	乳化剂 沥青品种 沥青针入度，0. 1mm 延度，cm 乳液用量，kg/m² 油石比，%	大连 NOT 胜利 100 号 95 大于 100 3. 1 1. 86	大连 NOT 胜利 100 号 95 大于 100 8. 7 4. 8	大连 NOT 胜利 140 号 123 86 9. 1 5. 5	大连 NOT 大庆丙脱 100 号 92 86 6. 5 3. 9	大连 NOT 胜利 100 号 95 大于 100 4. 0 2. 4

表 16　黑龙江省试验路调查表

铺筑地点	调查日期	桩号	结构类型	测定指标					外观描述
				摩擦系数（摆值）	平整度 mm	纹理深度 mm	渗透系数 mL/min	弯沉值 0.01mm	
呼兰县 哈—黑线	1983.5	14+800—14+900	层铺表处	34	8.6	0.352	7.17	81.3	路面较密实，右半幅泼油量过大有泛油现象，每隔10m有一横向裂缝（灰土横向裂纹）
呼兰县 哈—黑线	1983.5	14+900—15+000	人工拌和、表处	41.8	7.6	0.289	2.17	100.8	表面较密实，因路基强度不足，路边局部有裂缝
呼兰县 哈—黑线	1983.5	19+000—19+100	中粒式混凝土	48.2	8.8	0.302	2.0	72.3	左边半幅外观较好 右边半幅表面较粗糙
兰西县 哈—黑线	1983.5	64+430—64+440	层铺贯入	35.6	8.7	0.361	3.63	75.2	表面密实，有局部脱皮现象
兰西县 哈—黑线	1983.5	70+460—70+660	洒布、表处	42.7	9.5	0.300	1.75	102.6	因洒布喷嘴堵塞路面，个别地方成条状，因路基强度不足，路边局部有裂缝

表 17　大庆市试验路情况表

项目		大庆市 公路材料加工厂内	大庆市 东风路
施工日期 施工气温,℃ 交通量，辆/d		1980 年 9 月 8 ~ 16 高峰时 2000	1982 年 10 月 10（晚上最低 0℃） 5000
原路面情况	路面宽，m 路基宽，m 弯沉值，0.01mm	5.5	4.5
	路面 描述	大块石及土毛石作为路面	
原路面处理情况	处理措施	对旧路进行整平	6cm 沥青稳定碎石 31cm 泥灰结碎石 15cm 40% 碎石灰土 20cm 钢碴石灰土
	基层弯沉	180	
试验路面	结构类型 厚度，cm 施工方法	贯入式 8 机械洒布	沥青，混凝土 4 机械拌和
	矿料	40 ~ 70mm 15 ~ 25mm 10 ~ 15mm 5 ~ 10mm	15 ~ 25mm 5 ~ 15mm 砂 3 ~ 10mm 水泥
沥青乳液及用量	乳化剂 沥青品种 沥青针入度，0.1mm 延度，cm 乳液用量，kg/m^2 油石比,%	天津 OT 茂名和胜利混合 127 ~ 180 76 11 	大连 NOT 胜利 100# 104 90 5.5

表 18　大庆市试验路调查表

铺筑地点	调查日期	桩号	结构类型	测定指标					外观描述
				摩擦系数（摆值）	平整度	纹理深度 mm	渗透系数 mL/min	弯沉值 1/100mm	
大庆市公路材料加工厂内	1983.5.16 1984.5.7		贯入	50.9 49.7	8.1 10.7	0.59 0.53	 4.1	200.9 286.9	表面较粗糙，有细小裂缝，没松散
大庆市东风路	1983.5.16 1984.5.7		乳化沥青混凝土	43 29.8	6.3 6.9	0.85 0.83	4.0 3.9	38.4 24	表面粗糙，无病害

表19　1982年和1983年调查实测结果对照表

铺筑地点	铺筑日期	桩号	结构类型	厚度 cm	调查日期	测定指标					外观描述
						摩擦系数（摆值）	平整度 mm	纹理深度 mm	渗透系数 mL/min	弯沉值 0.01mm	
河南省 郑—新线	1980.7	11+900—12+300	人工拌和，黑色碎石，表处	2	1982.4 1983.4	43 43.5	6.08 4.5	0.286 0.37	 23.7	50 51.6	表面较粗糙，局部有泛油 同去年比较没有什么变化
河南省 郑—新线	1980.7	12+300—12+500	贯入式	3	1982.4 1983.4	36 49.4	8.2 4.3	0.282 0.65	 6	34 38.3	路面平整，路边有少量油包 局部有泛油同去年比出现少量裂缝
河南省 郑—新线	1980.7	12+500—12+700	人工拌和，黑色碎石	3	1982.4 1983.4	36 41.3	5.7 3.8	0.257 0.38	 7.5	38 28.4	表面粗糙，无病害 表面平整较密实有少量横向裂缝
河南省 郑—新线	1980.7	12+700—12+900	酸性骨料，贯入式	4	1982.4 1983.4	38 41.3	6 5.3	0.277 0.36	 6.8	31 32.3	未罩面处表面粗糙，罩面处路面较细密 未罩面处局部有龟裂
大连市	1980.9	中山路 拥井街	乳化沥青、混凝土	4	1982.4 1983.5	30 39.0	6.03 6.0	0.327 0.28	0 0.75	58 48.2	路面光滑，无病害 局部有少量细小裂缝
黑龙江省 哈—黑线	1982.7	14+800—14+900	层铺，表处	2	1982.9 1983.5	48.8 34	4.75 8.6	0.182 0.352	1.59 7.17	81.2 81.3	路面较密实，右半幅泼油量过大 有泛油现象 每隔10m有一横向裂缝
黑龙江省 哈—黑线	1982.7	14+900—15+000	人工拌和，表处	2	1982.9 1983.5	45.1 41.8	3.77 7.6	0.208 0.289	1.65 2.17	110.8 100.8	表面较密实 因路基强度不足，路边局部有裂缝
黑龙江省 哈—黑线	1982.8	64+340—64~440	贯入	4	1982.9 1982.5	45.3 35.6	4.7 8.7	0.276 0.361	2.36 3.6	73.2 75.2	表面密实，有局部脱皮现象
黑龙江省 哈—黑线	1982.7	70+460—70+660	层铺，表处	2	1982.9 1982.5	33.8 42.7	4.6 8.5	0.233 0.300	1.3 1.75	135.2 102.6	因洒布车喷嘴堵塞路面，个别地方成条状 路基强度不足，路边局部有裂缝

几点看法：

（1）从调查情况来看，河南省1980年7月在郑州—新乡线施工的各种不同结构类型的试验路（交通量3000辆/d），大连市1980年9月在中山路铺筑的乳化沥青混凝土路面（交通量5000辆/d），以及吉林省1979年9月在盘石县烟角山—永吉段修筑的沥青碎石路面（交通量1500辆/d），均经过4~5年的行车考验，至今路面完好（表19），说明阳离子乳化沥青对于各种不同路面结构类型如表面处治、层铺贯入、黑色碎石和乳化沥青混凝土，均可适用，从外观上来看，阳离子乳化沥青路面与热沥青路面相比没有什么不同。

（2）这次共调查了湖南、河南、北京、辽宁、吉林、黑龙江六个省市八个单位铺筑的阳离子乳化沥青试验路。这些试验路有的是在低温潮湿条件下施工，有的是在夏季高温、干燥条件下施工，有的是在雨季中施工。虽然气候差异很大（施工温度在10℃到40℃），但新铺筑出来的路面，基本还是令人满意的，因此阳离子乳化沥青的适应性还是很强的。

（3）从各省、市试验路测定的平整度数据来看，大多数超过了规定的指标。这是因为大部分试验已行车2~4年，在重复荷载作用下有的路面有所变形，同时乳化沥青与骨料结合时空隙率较大，路面有一个逐渐成型过程，这也是一个不利的因素。另外大多数试验路段是在旧路上铺筑的，原有路面技术状况不好，未做补强就在上面铺了路面，整体强度不够，这些都对路面的平整度有很大影响。

（4）有些试验路段的透水系数没有达到要求，这大多数是路面没有做封层的结果（见试验路实测结果表）。因此建议乳化沥青路面在施工完毕后，必须做封层处理，这样也能解决路面未做封层时，常出现的表面局部松散现象。

通过这次试验路的调查，使我们看到阳离子乳化沥青作为一种新型的筑路材料应用在道路工程中，一旦被人们所认识并被掌握，就会发挥其本身的优越性，更好地为公路建设服务。据不完全统计，近几年来全国已有十四个省、市共修筑了四十几万平方米的阳离子乳化沥青路面，有的省已在推广使用，这也说明了阳离子乳化沥青在道路工程中有很强的生命力并产生了深远的影响。相信不久的将来，阳离子乳化沥青技术在全国范围内会得到更进一步的发展。

阳离子乳化沥青筑路的节能效益

交通部公路科学研究所，1984年7月

我国国民经济的各个领域中，都在重视节能问题，在道路工程的铺筑与维修养护中，同样在重视节能问题。经过几年来的试验与总结，认识到阳离子乳化沥青在道路中的应用特别是在道路的维修养护中，可以取得显著的节能效益。尽管我们研究的时间还不算长，研究的范围还不够广，但从现有的资料中可以说明，在筑路及养路工程中的节能方面还是大有潜力可挖，同时也说明阳离子乳化沥青特有的优越性。

由于对于能源的计算方法是初次尝试，有些数据国内没有，只能借用国外资料，不当之处，请予以批评指正。

一、基本条件

文中所说的能源都以热能表示，各种燃料、机械、材料所产生的或所需要的能源，都以热能表示。

（1）各种燃料所产生的热值。

柴油：10700kcal/kg。

重油：10300kcal/kg。

煤油：11000kcal/kg。

渣油：9500kcal/kg。

标准煤：7000kcal/kg。

普通煤：5000kcal/kg。

1kg标准煤=29.27MJ。

1kg标准煤=0.7000kg标准油。

1kg标准油=1.4286kg标准气。

柴油与煤油密度为0.95g/cm^3。

渣油密度为0.97g/cm^3。

（2）机械能的产生。产生功率1马力，发动机每小时耗油量为0.23L汽油，或0.15L柴油。土木工程机械不是全部工作时间都处于满负荷，可作如下假定：

固定机械的最大效率为$\frac{2}{3}$，即67%。

自行机械的最大效率为$\frac{3}{4}$，即75%。

（3）各种物质的比热。即1kg物质升高1℃时所需热量。

水（液态的）：1kcal/kg。

沥青：0.5kcal/kg。

粒料（石料）：0.2kcal/kg。

汽化热（水温100℃，一个大气压力）：540kcal/kg。

二、筑路材料所需能源

（1）碎石、砂砾石料。生产碎石料时影响耗能的因素很多，例如，石料的品种及硬度、采用机械的性能。国外一般平均耗能为20kcal/kg。

（2）砂料。使用机械开采，装载运输等平均耗能5kcal/kg。

（3）碎砾石料。使用机械开采、筛选、破碎，平均耗能为11kcal/kg。

（4）沥青。

由于沥青是炼油的副产品，不考虑生产的耗能，只考虑其装载、储存等辅助耗能。如需使沥青从18℃升到150℃，需热能 $=\frac{(150-18)\times 0.5\times 1000}{0.8}=82500$kcal/t。

共耗能为 $82500\times 2=165000$kcal/t $=165$kcal/kg。

（5）乳化沥青。

生产乳化沥青耗能主要是沥青的储存与保温、乳化剂水溶液达到要求温度、乳化机、乳化沥青与水溶液所需能量等。这些能源1t乳液消耗柴油6kg；耗电量2.5kW/h。

$6\times 10500+2.5\times 860=63000+2150=65150$kcal/t。

重油与柴油平均热值为10500kcal/kg（重油热值为10300kcal/kg，柴油热值为10700kcal/kg），1kW/h =860kcal/h。

除了上述乳化消耗能源外，还应加上沥青本身的耗能：

$165000\times 0.6+65150=164150$kcal/t $=164.15$kcal/kg。

（6）轻质沥青。轻质沥青是沥青与石油轻馏分物（用煤油等）的混合物。这些轻馏分物就是燃料（11000kcal/kg），生产轻质沥青需要的能源认为与生产沥青所需的165kcal/kg相等。各种标号的轻质沥青，根据所加煤油的比例不同，其消耗能源为1265～4345kcal/kg。

（7）水泥。水泥是由石灰与黏土经过焙烧后磨成细粉末状材料，根据生产方法有干法与湿法两种，生产每吨水泥需要能量：

干法为1900kcal/kg。

湿法为2200kcal/kg。

两种方法平均为2050kcal/kg。

三、各种施工机械及工艺消耗能量

（一）热沥青混合料拌和厂

（1）由于沥青的储存温度与加热温度的不同，消耗热能也不同。如沥青从20℃升温至150℃，每吨沥青需热为

$$\frac{(150-20)\times 0.5\times 1000}{0.8}=81250\text{kcal/t}$$

每吨混合料按60kg沥青计，需热能4875kcal/t。如果进厂沥青温度为150℃即可不加热，因此取其平均2437.5kcal/t混合料。

（2）砂石料的干燥与加热。砂石料存放温度按18℃，含水量按5%计算，要求加热温度为180℃时所需热能：

$540\times 1000\times 0.89\times 0.05=24030$kcal/t。

式中：0.89为89%的砂石料，540为汽化热，则：

$$0.2\times (180-18)\times 1000\times 0.89=28836\text{kcal/t}$$

每吨砂石料需热能为：

24030 + 28836 = 52866kcal/t

以上理论数字应加上热损失、喷嘴的热效率，再乘以系数1.25，即总效率为80%，则每吨砂石料实际需热能为：

52866 × 1.25 = 66082.5kcal/t

（3）石料的装载。一般为989kcal/kg沥青混合料。

（4）机械作业。机械作业包括砂石料的开采、运输、通风、除尘、拌和，平均每吨砂石料为2500kcal/t。

根据以上热能消耗，热沥青拌和厂耗能为：

沥青储存及加热为2437.5kcal/t。

砂石料烘干与加热为66082.5kcal/t。

石料的装载为950kcal/t。

机械操作共需热能为71970kcal/t。

（二）水泥混凝土的拌和

生产1m³水泥混凝土300～350kg，水泥平均拌和耗能为1500kcal/t。

（三）乳化沥青砂石料拌和

这种拌和厂，由于砂石料与结合料都不需加热，只在砂石料的装载、运送及拌和中消耗能量，装载运送砂石料同样耗能为950kcal/t，拌制每吨料耗能为0.12L重油，因此总共耗能为

砂石料的装载 = 950kcal

拌和作业：

拌和料 = 10300 × 0.12 × 0.84 = 1040kcal/t

砂石料 = 1990kcal/t

（四）各种工艺所需的参考耗能

1. 材料生产

碎石	20000kcal/t
砂（天然的）	5000kcal/t
稀释碎砾石	11000kcal/t
沥青	165000kcal/t
稀释沥青	1265000～4345000kcal/t
乳化沥青	161150kcal/t
水泥	2100000kcal/t

2. 拌和（工厂机械拌和）

热沥青混合料	719970kcal/t
水泥混凝土	1500kcal/t
乳化沥青砂石料	2030kcal/t

3. 摊铺施工

热沥青混合料	4270kcal/t
水泥混凝土	770kcal/t
砂砾石料	2070kcal/t
乳化沥青砂石料	2300kcal/t

4. 结合料洒布

沥青洒布	31920kcal/t
稀释沥青洒布	22920kcal/t

乳化沥青洒布　　1650kcal/t

表面粒料的撒布　　22kcal/m²

表面处治的碾压　　20kcal/m²

5. 不同工艺综合能源消耗

热沥青混合料铺面　　3210kcal/（m²·cm 厚）。

热沥青砂砾石基层　　3020kcal/（m²·cm 厚）。

水泥混凝土铺面　　7585kcal/（m²·cm 厚）。

乳化沥青砂石料基层　　1413kcal/（m²·cm 厚）。

6. 双层表面处治分两类

稀释沥青的双层表处　　6342kcal/m²。

乳化沥青　　3421kcal/m²。

（五）不同结构路面参考耗能的对比

假定都采用工厂机械化拌制混合料，现场施工全部机械化铺筑，路面厚度都按 20cm，假定三种路面强度接近：

（1）水泥混凝土铺面耗能为

$$7585 \times 20 = 151700\text{kcal/m}^2$$

$$需用柴油 = \frac{151700}{10700 \times 0.84} = 16.9\text{kg/m}^2$$

（2）热沥青混合料基层耗能（按 14cm 为黑色砾石，6cm 热沥青混合料）：

$$(3020 \times 14) + (3210 \times 6) = 61540\text{kcal/m}^2。$$

$$需用柴油 = \frac{61540}{10700 \times 0.84} = 6.85\text{kg/m}^2$$

（3）乳化沥青砂石料基层（加双层拌和的表面处治）：

$$(1413 \times 20) + 3421 = 28260 + 3421 = 31681\text{kcal}$$

$$需用柴油 = \frac{31681}{10700 \times 0.84} = \frac{31681}{8988} = 3.52\text{kg/m}^2$$

参考国外资料计算，从中可以说明，铺筑同样厚度面层，用乳化沥青要比热沥青节能 94%，比水泥混凝土节能 380%。当然，我国道路的铺筑及养护的机械化水平还不高，乳化沥青生产的技术水平还不高，节能效果不能如上述那样显著，但从这些比较的数字可以说明乳化沥青的明显节能效果。

四、实际节能效果

使用热沥青修路时，将 1t 沥青从 18℃升温至 180℃，所需热能为：

$$(180 - 18) \times 0.5 \times 1000/0.8 = 101,250\text{kcal/t}$$

式中：0.5 为沥青的比热；0.8 为热效率。

这些热能需用柴油 10kg，需用普通煤为 20kg。但在修路过程中，由于倒运和贮存沥青要消耗大量热能，每吨沥青消耗的燃料，远远超过上述用量。按公路工程定额规定每吨沥青耗 208kg 煤，据调查各地区筑路部门每吨沥青消耗燃料的数量为：甘肃省用煤 500kg，河南郑州为 110kg 煤加 300kg 木柴（折合 320kg 煤），河南信阳为 1000kg 木柴（折合 700kg 煤），湖南岳阳为 500kg 木柴加 50kg 燃油（折合 450kg 煤），辽宁金县为 580kg 煤，青海西宁为 1000kg 木柴，浙江杭州为 800kg 木柴（折合 560kg 煤），北京密云为 200kg 煤，由以上各地平均每吨沥青耗煤为 538kg。每吨沥青所以消耗这样多的燃料，主要是由于沥青倒运过程中的重复加温（即每倒运一次，需要101160kcal，一般要倒远2~3次）。或因现场临时停工使沥青要持续保温（气候不佳、机械故障、工料不足等原因），或因加热设备简陋、热效率低等消耗大量热能。

采用阳离子乳化沥青修路时，可以避免上述的重复加温与持续加温，只需在沥青乳化时加热，沥青加热温度只需由18℃加热到120~140℃，仅此就可降温50℃，每吨沥青节省31250kcal（需热能70000kcal）。

乳化时水的加热所需热能（每吨沥青乳化时，加水量按800kg计），将水由18℃升温至70℃时所需热能为：

$$(70-18)\times 800\times 1/0.8=52.000\text{kcal}$$

式中：1为水的比热。

乳化时乳化机与泵所需电能，每吨沥青按4kW·h计，每千瓦小时按860kcal计

$$860\times 4=3440\text{kcal}$$

综合上述每吨沥青乳化时所需热能为：

$$70000+52000+3440=125400\text{kcal}$$

生产这些热能需煤25kg（或柴油12.5kg），考虑到加热设备热效率低等种种不利因素，将每吨沥青乳化时所需热能增加四倍即按100kg计，就各地平均每吨沥青耗煤量计量，可以节省

$$538-100=438\text{kg}$$

制成的沥青乳液，可以随时使用，不需加热。无论是倒运或现场停工，都不需重复加温与持续保温。

另一方面，使用阳离子沥青乳液拌制混合料修路时，大量的砂石料不需烘干与加热，用热沥青拌制混合料时（沥青混凝土或沥青砂），每吨砂石料的烘干与加热所需热能。

设砂石料原有温度为18℃，每吨砂石料烘干所需热能为：

$$1000\times 0.04\times 540=21600\text{kcal}$$

式中，540为每千克水蒸发时所需水化热。烘干后砂石料升温至170℃时所需热能为：

$$0.2\times(170-18)\times 1000=30.4000\text{kcal}$$

式中，0.2为砂石料的比热。

每吨砂石料总共所需热能为：

$$(21600+30400)/0.8=65000\text{kcal}$$

生产这些热能需煤13kg，油7L。

根据以上情况，密云县公路管理所铺筑7m宽，3cm厚沥青混凝土路面，每千米沥青混凝土量为：

$$1000\times 0.03\times 7=210\text{m}^3$$

沥青混凝土重为：

$$210\times 2.3=483\text{t}$$

每千米沥青混凝土中沥青量为：

$$483\times 0.055=26.56\text{t}$$

每吨沥青节煤按100kg计（实际为438kg）

$$26.56\times 0.1=2.656\text{t}$$

每千克煤按5000kcal计，节能为：

$$2656 \times 5000 = 13280000\text{kcal}$$

每千米沥青混凝土中砂石料重：

$$483 - 26.6 = 456.4\text{t}$$

每吨砂石料烘干与加热节省柴油7L，每公里路面节油量：

$$\frac{456.4 \times 7}{0.84} = 3803\text{kg}$$

式中，0.84为柴油密度。

折合节能为：

$$3803 \times 10700 = 40692100\text{kcal}$$

每千米沥青混凝土路面共节能为：

$$13280000 + 40692100 = 53972100\text{kcal}$$

每立方米沥青混凝土节省热能：

$$53972100/210 = 257010\text{kcal}$$

每平方米路面节省热能：

$$257010 \times 0.03 = 7710.3\text{kcal}$$

（1）大连市管处。机械拌和，铺100t阳离子沥青乳液混凝土混合液，节省燃油1200kg，换算成热能：

$$1200 \times 9500 = 11400000\text{kcal}$$

1t沥青混凝土节能为：

$11400000/100 = 114000\text{kcal/t}$，1t混凝土铺路

$$1/2.3/0.03 = 14.5\text{m}^2$$

每平方米节能：

$$\frac{114000}{14.5} = 7862\text{kcal/m}^2$$

（2）黑龙江省哈黑线。铺筑100m³阳离子沥青混凝土节省燃油（渣油）1750kg。

每立方米混凝土节省热能：

$$\frac{1750 \times 9500\text{kcal}}{100} = 166250\text{kcal/m}^3$$

沥青混凝土每平方米路面（按3cm厚）计

$$166250 \times 0.03 = 4987.5\text{kcal/m}^2$$

（3）吉林省交通科研所。铺筑2800m²机械拌和2cm厚混合料，节煤1960kg。

混合料体积 $= 2800 \times 0.02 = 56\text{m}^3$

节省热能 $= 1690 \times 5000 = 8450000\text{kcal}$

每立方米混合料节能 $= \dfrac{8450000}{56} = 150893\text{kcal/m}^3$

每平方米路面节能 $150893 \times 0.03 = 4527\text{kcal/m}^2$

各地阳离子乳化沥青混凝土的节能效果的综合情况见表1。

表1　各地阳离子乳化沥青混凝土节能效果

试验单位及地点	每平方米路面（3cm厚）节能效果，$kcal/m^2$
交通部公路科学研究所 北京市公路处科研设计所顺—密线 北京市密云公路管理所	7710
黑龙江省交通科研所哈—黑线	4986
大连市市管处中山路	7862
吉林省交通科研所盘石	4527
平均	6512

（4）甘肃省兰州市。阳离子乳化沥青与骨料人工拌和与热油人工拌和干骨料的节能比较。

①兰郎路9K+800。铺筑热沥青与乳化沥青各$900m^2$（5cm厚沥青混合料），热沥青混合料用煤1061kg，阳离子乳化沥青混合料用煤318kg，各用热能

热沥青混合料 $1061 \times 5000 = 5305000kcal$。

乳化沥青混合料 $318 \times 5000 = 1590000kcal$。

每立方米混合料用热能为：

$$热沥青 = \frac{5305000}{900 \times 0.05} = 117889kcal$$

$$乳化沥青 = \frac{1590000}{900 \times 0.05} = 35333kcal$$

每平方米热沥青混合料用热能：

$$117889 \times 0.03 = 3537kcal$$

每平方米乳化沥青混合料用热量

$$35333 \times 0.03 = 1060kcal$$

每平方米可节能 $3537 - 1060 = 2477kcal$

②兰州师专院内。铺筑热沥青及乳化沥青各$1000m^2$（4cm厚混合料），热沥青用煤813kg，乳化沥青用煤157kg，各用热能：

$$热沥青 = 813 \times 5000 = 4065000kcal$$

$$乳化沥青 = 157 \times 5000 = 785000kcal$$

每立方米混合料用热能：

$$热沥青 = \frac{4065000}{1000 \times 0.04} = 101625kcal/m^3$$

$$乳化沥青 = \frac{785000}{1000 \times 0.04} = 19625kcal/m^3$$

每平方米路面各用热能：

$$热沥青 = 101625 \times 0.03 = 3049kcal/m^2$$

$$乳化沥青 = 19625 \times 0.03 = 589kcal/m^2$$

每平方米路面节省热能：

$$3049 - 589 = 2460kcal$$

③兰郎线11K+185。热沥青及乳化沥青路面铺筑各$94m^2$（5cm厚），热沥青混合料用煤1108kg，乳化沥青混合料用煤295kg，各用热能：

$$热沥青 = 1108 \times 5000 = 5540000\text{kcal}$$

$$乳化沥青 = 295 \times 5000 = 1475000\text{kcal}$$

每立方米混合料用热能：

$$热沥青 = \frac{5540000}{942 \times 0.05} = 117622\text{kcal}$$

$$乳化沥青 = \frac{1475000}{942 \times 0.05} = 31316\text{kcal}$$

每平方米3cm厚路面耗能：

$$热沥青 = 117622 \times 0.03 = 3529\text{kcal/m}^2$$

$$乳化沥青 = 31316 \times 0.03 = 940\text{kcal/m}^2$$

乳化沥青路面每平方米节能热能：

$$3529 - 940 = 2589\text{kcal/m}^2$$

表2和表3分别为兰州市使用阳离子乳化沥青拌和混合料和再生旧沥青路面的节能效果。

表2 兰州阳离子乳化沥青拌和混合料的节能效果

试验单位及地点	热沥青拌和混合料，kcal/m²	乳化沥青拌和混合料，kcal/m²	每平方米3cm厚路面节能，kcal/m²
兰州公路段 甘肃省交科所 兰郎线9K+800	3537	1060	2477
兰州公路段 甘肃省交科所 兰州师专院内	3049	589	2460
兰州公路段 甘肃省交通科研所	3529	940	2589
平均	3372	863	2509

表3 兰州阳离子乳化沥青再生旧沥青路面的节能效果

试验单位及地点	热沥青拌和混合料 kcal/m²	乳化沥青再生旧沥青路面 kcal/m²	每平方米3cm厚路面节能 kcal/m²
兰州公路段甘肃省 交通科研所兰（州）— 三（角城）线	31650	7917	23733

甘肃省兰州市，用阳离子乳化沥青再生旧沥青路面与热沥青人工拌和干骨料的节能比较：

兰州公路段在兰州—三角城线段，铺筑热沥青与乳化沥青再生旧沥青路面各1000m²，厚为5cm，热沥青混合料用煤为10555kg，乳化沥青用煤为2639kg，各需热能：

$$热沥青混合料 = 10555 \times 5000 = 52775000\text{kcal}$$

$$乳化沥青混合料 = 2639 \times 5000 = 13195000\text{kcal}$$

每立方米混合料用热能：

$$热沥青 = \frac{52775000}{1000 \times 0.05} = 1055500\text{kcal}$$

$$乳化沥青 = \frac{13195000}{1000 \times 0.05} = 263900\text{kcal}$$

每平方米路面耗能：

热沥青 = 1055000 × 0.03 = 31650kcal

乳化沥青 = 263900 × 0.03 = 7917kcal

每平方米路面节能 = 31650 − 7917 = 23733kcal

根据以上初步试验结果计算证明，应用阳离子乳化沥青筑路，掌握好施工技术要求，使用得当，不仅可以保证路面质量，而且可以取得显著的节能效益，因此引起我国公交战线的关注。特别是对于缺少燃料和雨季较长的地区，能源十分紧张，因而更加迫切要求发展阳离子乳化沥青。文中计算的节能效益，主要是指沥青与砂石料加温中需要热能。如果将节省的沥青、提高工效、延长施工季节（阴湿与低温时，阳离子乳化沥青亦可施工）、及时维修、养护、消除病害、提高运输效率、减少车辆磨损、降低油料消耗……都换算成能量，那么其节能效益将是更为显著的。

第二部分　推广应用

阳离子乳化沥青筑路养路技术[1]

本技术是将沥青在其热熔状态时，经过离心搅拌、研磨、剪切等机械作用，使其被分散成为细小微粒状态，并稳定、均匀地分散于含有阳离子乳化剂的水溶液中（阳离子乳化剂有季铵盐类的NOT和1631、烷基酰胺基多胺类的JSA型等），使它在常温状态下成为水包油型的乳状液。乳液中沥青微粒带有阳电荷，砂石料表面带有阴电荷，两种材料混合后，由于阴阳离子电荷的吸附作用，提高了沥青与骨料的黏附力，即使在阴湿或低温季节里也可照常施工而不影响这种吸附作用，由于这种乳液在常温下呈液态，因此施工时操作容易，与骨料分布均匀，不需加热即可用于拌和或喷洒。用它修路可节省沥青10%～20%，节省热能50%，提高工效30%，且可延长施工季节，改善施工条件，减少环境污染。

本技术创造性地研制了NOT、JSA、1631等五种乳化剂；研制出RHL、LR、W等三种乳化机。用这些乳化剂与乳化设备生产的沥青乳液质量达到国际先进水平，现已制定出乳液的检验标准、试验方法，及筑路、养路的施工技术规范，为在我国大面积推广提供了条件。

我国现有沥青路面19.3万公里，每年养护用沥青50万吨。“七五”计划将新建沥青路面6万里公里。为此，“七五”期间将争取年产沥青乳液25～35万吨，争取1/3的路面采用阳离子乳化沥青。

实现上述计划总效益可达3亿元左右。

---

[1] 国家经济委员会、国家计划委员会《关于印发一九八六—一九九〇年国家重点新技术推广项目计划的通知》（经科［1986］402号），第23项；交通部《关于转发“七五”计划期间国家重点新技术推广项目阳离子乳化沥青筑路、养路技术的通知》（87）交科技字68号。

积极推广应用阳离子乳化沥青筑路养路技术

姜云焕

国家经委、计委将阳离子乳化沥青（简称“阳乳”）筑路、养路技术列为国家“七五”期间重点新技术推广项目之一，并提出至1990年使我国“阳乳”的年产量达25～35×10^4t。为了实现这一任务，交通部组织成立了“阳乳”联合推广小组。各省、市在科研与生产单位的密切配合下，根据各地区的特点，不断实践、不断总结，通过举办学习班与现场会的方式，逐步扩大推广。目前，“阳乳”技术正科学地、稳步地发展。1986年4月，在武汉市召开了全国“阳乳”技术推广会，进一步推动了这一技术的发展。

“阳乳”技术是交通公路部门经过多年努力研究成功的重要成果，具有节约能源、节省资源、改善施工条件、减少环境污染、延长施工季节等优点。目前，在我国推广“阳乳”已具备必要的物质基础与技术条件，表现在以下几方面：

（1）许多省市已兴建起一批较正规或现代化的乳化沥青车间，如河南、河北、山西、内蒙、辽宁、陕西、四川、北京、武汉等。辽宁省去年年产乳液万吨以上；山西省公路局举办了学习班，各个地区都在积极筹建乳化沥青基地；四川省公路部门在成都、万县、南充等地区证实了“阳乳”的优越性后，对今后的发展做了积极周密地安排。

（2）据统计，1980—1985年，全国用“阳乳”铺筑路面为292×10^4m^2，建立乳化沥青车间12座；1986年公路部门铺筑面积为537×10^4m^2，生产乳液达31474t，建立乳化车间119座；1987年计划铺筑面积为967×10^4m^2，生产乳液48900t。从已建的乳化沥青车间来看，不仅数量增加了，而且工艺流程更加合理，逐步实现自动化。例如自动控制油水温度，自动调整油水比例、油水压力。油水可在密封状态下压送进入乳化机内进行乳化，提高了乳液的产量与质量。阳离子乳化剂的生产品种，1986年正式产品只有大连NOT，山西RH—CO1，吉林JSA—1等三种；今年又有河南郾城的HJL—1型，开封HK—1型，济南AT型等新产品；温州、襄樊、淮安等地也有新型乳化剂产品。这些新产品，在质量上有所提高，价格上也有所下降。乳化机械的生产，除了新津与太仓的LR型及温州W型等乳化机以外，温州东海机械厂又研制出RY－20型半自控乳化机和W4－JY型密封稳压式乳化机，河南开封总段改善RHL型乳化机中齿轮泵的寿命，并研制出可自控调整油水比例的LRJ—50B型乳化机。这些新型乳化机械，操作简便，使用寿命长，提高了产品质量与数量，并且逐步由局部的、单体的机件，向配套的系列化与标准化方向发展。河南省交科所、温州东海机器厂、武汉市公路机械仪器厂、新津筑路机械厂等单位都在朝这个方向积极努力。

（3）为适应筑路、养路技术的需要，发展了适应“阳乳”特点的施工机械。河南研制的气压式洒布机、就地拌和摊铺机、多功能维修养护机、石屑撒布机；湖南研制的沥青路面挖补机等，大大提高了“阳乳”筑路、养路的施工质量与效率。

（4）在路面的铺筑及养护的施工技术中，1981年铺筑的郑（州）—新（乡）线，1982年铺筑的顺（义）—密（云）线，1983年铺筑的京（北京）—大（明）线，分别有各种不同结构的试验路面，经过4～6年行车（日交通量为3000～4000辆）考验，证实了“阳乳”铺筑的路面，可用于干线公路上。这种路面在冬季很少出现裂缝（因沥青热老化损失少），夏季里不出现油包和波浪（因沥青膜分布均匀），而且随着行车的压实，显示出越来越好的路用性能。在路面的养护中，用

“阳乳”做表面处治，进度快，质量好；做路面的下封层与上封层，节省沥青显著，并使路面有很好的防水效果。用“阳乳”进行旧沥青路面的冷再生，如再配合沥青路面铣刨机进行铣刨与拌和，效率高、质量好、大大降低工程造价。用“阳乳”做砂石路面的防尘处理，已取得显著的技术经济效益；处治沥青路面的网裂，效果显著。1983 年秋，在洛（阳）—龙（门）线新建的二级公路沥青路面上，九月份用热沥青铺筑，十月份即普遍出现网裂，路面透水量超过规定的 10 ~ 20 倍，气温急剧下降，冰雪即将来临，当时用热沥青已无法进行修补的情况下，用“阳乳”做了上封层处理后，再检验路面透水性，完全符合规定要求，不仅保证路面安全过冬，而且至今时隔四年，路面仍然很好，所需费用只是用热沥青养护的 1/15。去年冬天，开封总段在 - 2 ~ 5℃的低温季节里，在郑（州）—开（封）线的二级公路上，用“阳乳”成功地铺设 $1 \times 10^4 m^2$ 路面，保护了基层安全过冬；在尉（氏）—扶（沟）线上，用 HK—1 型与荆门沥青乳化后铺筑路面，显著地改善了荆门沥青性能，成功地铺筑了 23km 大修路面，节省沥青 46t，并提前两个月完成计划，被开封市评为优质工程和文明路段。湖南省的沥青路面因雨季长而使路况很差，自 1981 年开始应用“阳乳”进行维修养护，即使是在雨季发现病害与坑槽，也可及时进行修补，并可以做到“补早、补小、补彻底”，从而使好路率显著上升。公路部门将历年在旱季进行的公路大检查改在雨季进行，保证沥青路面在全年里经常处于良好状态。

上述的各种情况说明，近一年来我国的“阳乳”技术又有新的飞跃，无论是在干线公路和城乡道路中，还是在沥青路面的铺筑及养护中都有新的突破。特别是筑路工人们，对于“阳乳”深表欢迎，因为使用“阳乳”修路，现场不需支锅熬油，工人不受烟熏火烤及沥青蒸气的毒害，避免了烧伤、烫伤、火灾等事故的发生，有利于工人们的健康，筑路部门表示真挚的欢迎。

但是，目前就全国范围来说，“阳乳”技术发展是不平衡的。在全国范围推广一项新的研究成果，并不比研究这项成果容易，推广中遇到，应引起充分的重视，并要做艰苦细致的工作，使推广工作顺利进行。目前除了进一步落实组织领导和科技政策外，还有以下几个问题值得重视。

（1）生产管理的科学化。“阳乳”发展很快，用量急增，采用简陋的手工操作已经不能适应生产上的需要，必须用先进的技术、设备与科学的管理方法，培训固定的专业人员，保证产品的质量。使生产正规化、基地化、商品化，从而才能发挥出“阳乳”的经济效益、社会效益和环境效益。关于乳化车间的科学管理与经济效益，必须根据本地区的实践情况，总结出自己的管理经验，不能依靠别的地区为自己提供整套的、现成的经验。

（2）重视“阳乳”的施工技术。“阳乳”的筑路、养路技术，有其自身固有的特点，必须认真掌握其规律，切不可因其施工简便而掉以轻心，应严格按其施工技术规程进行操作。从原材料沥青、乳化剂、乳液品种、骨料选配以及各种施工方法等，每个环节都要按要求去做。在推广“阳乳”技术之前，一定要组织有关技术人员认真学习有关资料。为了配合推广这一技术的需要，人民交通出版社已出版了《阳离子乳化沥青路面》一书，以供各单位学习及培训之用。今后我们将经常介绍“阳乳”的生产及修路等技术经验，以供大家参考学习。

（3）结合生产加速推广。推广新技术需要学习费、推广费、设备费、试验仪器费、铺试验路费等等。这些费用单靠科研费和推广费是不能解决的，必须将推广新技术与生产相结合，将推广新技术纳入生产计划中，这样才能保证解决投资及资金不足，同时又可用新技术来指导生产任务的完成，使生产技术不断更新。

“阳乳”筑路、养路技术是“七五”期间国家重点推广 70 项新技术中交通部承担的一项任务，得到交通部和各省市交通部门领导的重视。中国道路学会成立了“乳化沥青专业委员会”以推动乳化沥青技术的发展。各地应乘当前大好形势之机，结合本地实际情况，制定措施，有计划、有步骤地积极推广应用，不断总结提高。

发表于《公路》，1987.8

阳离子乳化沥青的发展及应用

姜云焕

（交通部公路科学研究所）

人们为了改善加热沥青的施工条件，从本世纪初就开始探索研究乳化沥青，开始曾用黏土或牛血作为乳化剂，至1925年用肥皂作为乳化剂，并在欧洲开始沥青乳液的商品化生产。由于这种沥青乳液具有良好的流动性，在常温状态下，不需加热即可直接用于施工，可以均匀地分布在工程（或材料）的表面上，操作方便，节省沥青的用量，施工现场不需支锅熬油，工人们避免了烟熏火烤和沥青蒸气中毒，也防止因用热沥青而引起的烧伤、烫伤及火灾等事故的发生，因此乳化沥青技术得到普及与推广。该技术1928年传到日本，1930年传到美国，至1935年已广泛普及与推广，发展至今已有六十年的历史。

乳化沥青在其前四十年的发展过程中，主要是阴离子乳化沥青。这种沥青乳液有如上述优点，但它是使乳化沥青微粒周围带有阴离子电荷，这种乳液与其他矿料表面接触时，由于矿料表面普遍带有阴离子电荷，同性相斥，使相互间黏结力降低。如在施工中遇上阴湿或低温季节，乳液中水分蒸发缓慢，沥青微粒裹覆骨料的时间拖长，影响路面早期强度，不能尽早地通车。另外，近些年来，许多国家的石蜡基与混合基原油炼制的沥青增多，对于这些沥青用阴离子乳化剂常常难以进行乳化，因而影响着乳化沥青的向前发展。

自1936年，法国最早开始阳离子乳化沥青的研究，至1953年研究成功并开始商品化生产，1957年美国开始生产销售，两年后日本由美国引进阳离子乳化沥青的生产技术。这种乳化沥青技术是使乳化沥青的微粒上带有阳离子电荷，当这种乳液与矿料接触时，由于带有阳离子电荷的沥青微粒与带有阴离子电荷的矿料表面产生离子的吸附作用，即使矿料表面处于湿润状态下，也几乎不影响这种离子的吸附作用，因而提高了沥青微粒与矿料之间的黏结力。在阴湿与低温（水分蒸发缓慢）的季节里，阳离子沥青乳液仍可与矿料产生较好的黏附效果，并在这种不利季节，仍可继续进行路面的施工，而且可以提高路面的早期强度，铺后可以尽早通车。阳离子乳化沥青的特点，可以说是发挥了阴离子乳化沥青的长处，又改善其缺陷与不足，因而使乳化沥青的应用得以发展。

在经济发达国家的公路发展中，一方面努力提高高等公路路面的铺装率，另一方面努力发展地方道路与生活道路，同时，积极重视已铺路面的经常性的维修养护，使路面经常保持着良好的路用性能与运输状况。在筑路与养路工程中，如何改善加热沥青路面的施工条件，如何节省能源，节省资源，降低工程造价，减少循环污染等问题，越来越引起人们的重视。许多国家在筑路、养路的实践中认识到，发展阳离子乳化沥青的筑路、养路技术，是达到上述要求的可取途径。例如在经济发达的欧洲，许多国家国土面积不大，路面的铺装率却很高（80%～100%）。尽管沥青混合料搅拌厂十分普及，行车交通量很大，但是，这些国家的阳离子乳化沥青年用量仍然很高，并且得到广泛应用（见表1）。

以上各国生产沥青乳液有90%以上是阳离子乳液，这些乳液的用途如表2。

乳液的用途各国有所不同，以用量最多的法国为例，用于表面处治占40%，用于修补面层占25%，修补坑槽用常温拌和混合料15%，贯入式路面占20%，冷再生旧路面还处于试验阶段。从今后的发展趋势来看，在二级路面上过去所用的贯入式路面将由用开级配混合料所代替。路面的表面处治，由于价格便宜，节省能源，减少环境污染，以及良好的路用性能等优点，今后的用量将会增加。

表 1　欧洲各国沥青乳液的生产情况

国名	沥青乳液产量，t	$\frac{乳液量}{沥青量}$,%	主要生产厂家
西班牙	400000	47	composan SA，SCREG Routes
法国	1100000	46	SOCRte chimigue de la Route
联邦德国	122500	4	Raschig GmbH
瑞典	50000	10	Scan Roud Nynas Petroleum
挪威	12000	—	—
荷兰	30000	—	Smid &Hollander
比利时	22000	—	—
英国	141000	8	Sheu/colas

表 2　欧洲各国沥青乳液的用途

国　名	表面处治	稀浆封层	开级配混合料	密级配混合料	旧路面再生
西班牙	×	×	×	○	
葡萄牙			×		
法国	×	○	○	×	
联邦德国	×	○			
瑞典	×	×	×	×	×
挪威	×		×		
荷兰	×	○			
比利时	×	○			
英国	×	○			

注：×—表示大量采用；○—表示未大量采用。

各国沥青乳液的价格，以本国货币相比，一般都是略低于沥青的价格。

我国自1950年即开始乳化沥青的研究与应用，当时只能开展阴离子乳化沥青的研究，由于这种乳液自身所存在的缺点，以及阴离子乳化剂的来源不足，乳化沥青未能得到发展与推广。之后，又有过非离子乳化沥青的研究及应用等。

1978年，我国交通公路部门成立“阳离子乳化沥青及其路用性能研究”课题组，由11个单位组成课题协作组，集中了道路，化工、机械、材料等各方面的专业人员，在十分简陋的条件下，艰苦地进行了几千次试验。该课题1981年列为交通部重点研究项目，经过六年的奋斗，终于突破了阳离子沥青乳化剂的选择及研制、沥青乳化工艺及乳液配方的试验、乳化沥青机械及乳化车间设置、阳离子沥青乳液的检验标准及试验方法、沥青混凝土配合比设计试验方法、筑路及养路施工技术等等关键性技术问题，为我国阳离子乳化沥青在道路工程中的应用提供了整套技术经验。在我国各种典型地区铺筑的试验路，经过4～6年行车的考验，无论是在寒冷的北方和湿热的南方，无论是用胜利与茂名的沥青，或大庆与高升的沥青，都取得良好效果。路面坚实、平整，经检验各项指标符合沥青路面技术规范要求。

1985年3月，对该课题的研究成果通过交通部技术鉴定，同年该项成果荣获国家技术进步二等奖。1986年，国家经委、计委将其列为“七五”期间重点新技术推广项目。据统计，1980—1986年，我国共铺筑各种结构阳离子乳化沥青混合料路面$829\times10^4m^2$，建立乳化沥青车间13座。1987年，计划铺筑$967\times10^4m^2$路面。我国阳离子乳化沥青的生产和应用得到了发展，并取得良好效益。

发表于《公路》，1987.8

乳化剂的作用及选择

姜云焕

油与水是两种互不相溶的液体，但是在乳化剂与机械力的作用下，在适宜的温度与体积比例中，可以使油均匀稳定地分散于水溶液之中，成为乳状液，这种现象即称为乳化。根据乳化剂品种的不同，油与水可以乳化成为水包油状的乳状液，这种乳液具有水的特性，可以分散于水中，例如乳化沥青就是这种乳状液，另一种是油与水乳化成为油包水状的乳状液，这种乳液具有油的特性，例如奶油就是这种乳状液。

乳化剂之所以能产生这种乳化作用，是由于其结构由亲油基与亲水基两个基团所组成，这两个基团不仅具有防止油水两相相互排斥的功能，而且具有使这两相相互连接不使其分离的作用。乳化后的油滴，表面带有相同的离子电荷，使其能稳定地存在。沥青与水在乳化剂的作用下经过机械作用，使其成为稳定的沥青乳液。

但是，并不是所有带有亲油基和亲水基的物质都可以作为乳化剂，特别是作为沥青乳化剂，其必须有较强的乳化能力，评定这种乳化能力的标准是乳化剂 HLB 值（即亲水基、亲油基的平衡值）。

$$\text{HLB 值} = 7 + \sum(\text{亲水基数}) + \sum(\text{亲油基数})$$

由于沥青 HLB 值一般为 16～18，用于沥青乳化的乳化剂的 HLB 值也应接近在此范围为宜。如果制作乳化沥青的乳化剂亲水基数过大，亲油基数过小，只与水连接，与油脱离；如果乳化剂的亲油基数过大，亲水基数过小，只与油连接，与水脱离。只有亲水基与亲油基为最适宜时，乳化剂便将沥青和水两相连接起来。

这就是说有许多带有亲油基亲水基结构的表面活性剂不能作为乳化剂，尤其不能作为沥青乳化剂。因此，当沥青的标号与成分发生变化时，一定要重新选配乳化剂的品种及用量，绝不能设想用一种乳化剂适用于各种沥青的乳化。

乳化剂是发展乳化沥青的重要前提，阳离子沥青乳化剂也是发展阳离子乳化沥青的重要条件之一。目前国外的阳离子型沥青乳化剂主要有烷基胺类、酰胺类、咪唑啉类、环氧乙烷二胺类、胺化木质素类和季铵盐六大类，国内阳离子型沥青乳化剂也是按着这些类型发展的（表 1）。

表 1　我国目前研制的阳离子沥青乳化剂

分类	代号	乳化剂的化学名称	破乳速度	主要产地
季铵盐类	NOT	十六—十九烷基三甲基氯化铵	中裂	大连、温州、襄樊、河南
	1621	十四—十八烷基二甲基羟乙基氯化铵	快裂	天津
	1631	十六烷基三甲基溴化胺	快裂	上海
	HY	双季铵盐类	中裂	河南
烷基二胺类	ASF DDA	烷基丙烯二胺	快裂	大连
咪唑啉类	M－1	1－氨乙基－2－比烷基咪唑啉	快裂	西安
	M－2	1－氨乙基－2－比烷基咪唑啉盐酸盐	快裂	四川

续表

分类	代号	乳化剂的化学名称	破乳速度	主要产地
酰胺类	GP	N－氨乙基酰胺	快裂	四川
	JSA－1 JSA－2 JSA－3	烷基酰胺基多胺	慢裂 中裂 快裂	吉林
胺化木质素类	RH－CO1 RH－CO2	木质素胺类	慢裂 慢裂	山西

各种乳化剂制出的沥青乳液性能，检测其ξ电位值具有重要意义。因此ξ电位越大，乳化沥青微粒之间的反拨力越大，乳液的稳定性越好。而且沥青微粒上所带离子电荷也强，与骨料的黏附性也大。因此，乳液的ξ电位（mV）是检验乳化剂性能的重要指标之一。从国外资料可看到一些乳化剂的ξ电位的测定值如表2。

表2　乳化剂的ξ电位值

乳化剂名称	乳化剂用量，%	乳化剂水溶液 pH 值	ξ电位，mV
烷基二胺	0.25	3.0	+120
烷基季铵盐支链带环氧乙烷	0.80	4.0 10.0	+80 +50
胺上带有环氧乙烷的季铵盐	1.00	4.0 5.5	+30 +22
牛脂二胺	0.3	3.0	80～100
季铵盐	1.0	7.0	60～80
单胺带有环氧乙烷	1.0	4.0	40～60
妥尔油、石油磺酸盐	0.30	12.0	－80
妥尔油烷烃芳基磺酸盐	0.60	12.0	－70
木质素磺酸盐	1.50	12.0	－30

对各种阳离子沥青乳化剂的特性进行比较，重点对其乳化能力、破乳性、黏附性及价格比较，列于表3。

表3　各类阳离子沥青乳化剂特性的比较（G型）

乳化剂种类	乳化能力	破乳性能	黏附性	价格	备注
烷基二胺类	优	优	优	优	
环氧乙烷二胺类	良	可	可	良	
咪唑啉类	良	优	优	可	乳液的稳定性差
季铵盐类	优	可	良	良	
聚烯烃二胺类	良	良	可	良	
胺化木质素类	优	可	良	优	
酰胺类	可	优	优	可	

从表2和表3的比较中可以看出，烷基二胺类乳化剂制出的沥青乳液，在ξ电位、乳化能力、破乳性、稳定性、黏附性等各项性能中显示出突出的优越性。这种乳化剂目前我国已经试制，很有发展前途，大连油脂化学厂已有生产（代号为DDA）。但因使用这种乳化剂时必须用盐酸将水溶液pH值调低至2~3，否则不能发挥出好的乳化效果。有些使用部门缺乏必要的安全保护条件和容器的防酸腐蚀措施，而不愿使用这类乳化剂。如果根据这类乳化剂的特点，采取必要的相应对策，将可以减少乳化剂的用量（0.2%~0.85%），从而降低乳液的成本，提高乳液的路用性能。这是值得重视的一种发展趋向。

我国地域广阔，沥青等筑路材料及施工气候变化很大，不可能用一二种乳化剂满足全国各省市的需要，应根据各地区的原材料及化工条件，发展多品种的乳化剂。目前，大连、上海、山西、吉林、山东、河南开封、河南堰城、湖北襄樊、浙江温州、江苏淮安等地均生产商品化的乳化剂，应本着就地取材的原则选用适宜的乳化剂，减少乳化剂在运输及包装上的费用。另一方面，应更多地利用当地的材料和化工副产品制造乳化剂，从而降低乳化剂的价格，满足各地的需要。乳化剂是发展阳离子乳化沥青的重要条件之一，应从化工、轻化等多种渠道，特别是利用工业副产品研制解决多品种的乳化剂的生产问题，从而降低成本，保证供应。这是当前发展“阳乳”技术中急待解决的问题。

发表于《公路》，1987.9

阳离子乳化沥青的分类及质量要求

姜云焕

（交通部公路科学研究所）

阳离子沥青乳液的分类，许多国家各有不同的规定。某些沥青乳液的生产厂家也有自己的分类标准。但是，概括起来不外有两种分类方法，一是按乳液的破乳速度：分为快裂、中裂、慢裂三类；另一种按乳液的用途：分为喷洒、贯入或拌和摊铺等不同施工类别。尽管分类的方式各有不同，但是检验的内容（详见《阳离子乳化沥青路面》一书的第四章）几乎都是一样的。例如美国的 ASTM D 2397—79 是以乳液的破乳速度为分类标准的，但是又针对洒布与拌和的不同用途而相适应的，所以它与日本以用途分类标准的 JIS K 2208—1980 的分类又可以互相吻合，参见表 1。

在 JIS 中的 P 类乳液即为洒布类、M 类即为拌和类。作为洒布用的乳液应具有如下特点：乳液的贮存稳定性和冻融稳定性良好，洒布容易，乳液与骨料的黏结性良好，并于骨料表面形成沥青膜、洒布后很快即破乳。这种乳液主要用于透层油、黏层油、表面处治、贯入式面层。影响这类沥青乳液性质的主要因素有沥青的种类、标号及含量、乳化沥青微粒粒径的大小、乳化剂的类型、乳液的离子电荷的强弱以及化学外掺剂等。这些因素将影响这类乳液的性能。作为拌和用的沥青乳液，可以有路上拌和、集中厂拌以及稀浆封层三种形式，对于这种沥青乳液要求有如下特点：乳液的分解破乳速度慢，乳液与骨料的黏结性好，乳液的机械稳定性好（不因机械拌和而破乳，拌制的混合料容易摊铺，流动性好）。影响拌和用乳液性能的因素有空气的温度与湿度、乳化剂的种类及用量、拌和用的骨料种类及级配。

综合以上情况，各类沥青乳液的质量标准，对于路面的施工有如图 1 的相互关系。

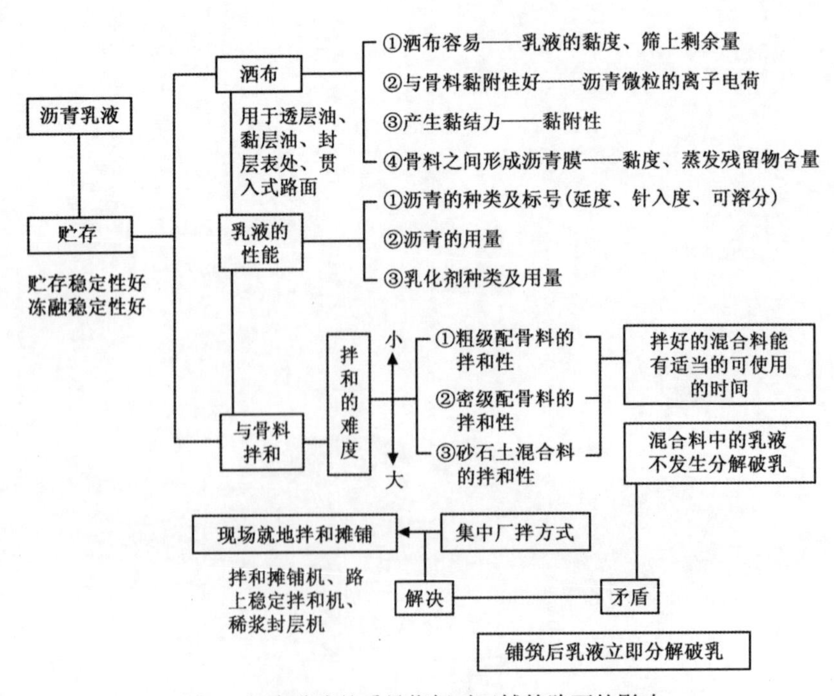

图 1　沥青乳液的质量指标对于铺筑路面的影响

表 1 阳离子沥青乳液各种检验标准

项目		CRS—1		CRS—2						CMS—2		CMS—2h		CSS—1		CSS—1h		备注
项目	要求 ASTM D 2379	CRS—1		CRS—2						CMS—2		CMS—2h		CSS—1		CSS—1h		备注
	日本 JIS K 2208	PK—1		PK—2		PK—3		PK—4		MK—1		MK—2		MK—3				
	中国暂定	G—1				G—2		G—3		B—1				B—2				
	要求	下限	上限	下限	上限	下限	上限	下限	上限	下限	上限	下限	上限	下限	上限	下限	上限	
主要用途		温暖季节贯入及表面处治用		寒冷季节贯入及表面处治用		透层油及加固土表面养护用		黏层油		拌制粗级配混合料用		拌制密级配混合料用		拌制加固砂石土用				美国 ASTM D 2379 代表符号 C：Cationic emulsion 阳离子乳液 RS：Rapid—Setting 快裂 MS：Mediunr—Setting 中裂 SS：Slow—Setting 慢裂 日本 JIS K 2208 代表符号 P：Penetrating emulsion 贯入用乳液 M：Mixing emulsion 拌和用乳液 K：Kationic emulsion 阳离子乳液 中国分类代表符号 G：贯入洒布用乳液 B：拌和用乳液
黏度，s	恩氏（50℃）	5.6	28	28	112					14	126	14	126	3	4			
	恩氏（25℃）	3	15	3	15	1	6	1	6	2	40	3	40	3	40	5.6	28	
	标准 C_{25}^{3}	12～40				8	20	8	20	12～100				12	100			
蒸发残留物含量，%		60		65						55		65		57		57		
		60		60		50		50		57		57		57				
		60		60		50		50		55		55		55				
筛上剩余量，%	筛孔 1190μm	小于 0.1																
	筛孔 1190μm	小于 0.3																
	筛孔 12mm	小于 0.3																
沥青微粒离子电荷		阳（+）																
黏附试验（大于） 粗级配骨料拌和 密级配骨料拌和 砂石土拌和		2/3		2/3	—	2/3		2/3		均匀		均匀		5				
贮存稳定性，%	24h		1		1						1		1		1		1	
	5d		5		5						5		5		5		5	
	5d		5		0						5		5		5		5	

续表

项目		CRS—1		CRS—2						CMS—2		CMS—2h		CSS—1		CSS—1h	
项目	日本 JIS K 2208	PK—1		PK—2		PK—3		PK—4		MK—1		MK—2		MK—3			
项目	中国暂定	G—1				G—2		G—3		B—1				B—2			
项目	要求	下限	上限	下限	上限	下限	上限	下限	上限	下限	上限	下限	上限	下限	上限	下限	上限
蒸发残留物试验	针入度（25℃），0.1mm	100	250	100	250					100	250	40	90	100	250	40	90
		100	250	150	300	100	300	60	150	60	200	60	200	60	300		
		100～200				100	300	60	160	60	200	60	200	60	300		
	延度（cm）15℃	40		40						40		40		40		40	
	延度（cm）25℃	100		100		100		100		80		80		80		80	
		不低于25															
	溶解度，% 氯乙烷烯	97.5		97.5						97.5		97.5		97.5			
	溶解度，% 三氯乙烷	98		98		98		98		97		97		97		97.5	
	溶解度，% 三氯乙烯			97.5		97.5		97.5				97.5		97.5			
冻融稳定性（－5℃）		无粗颗结块															

备注

美国 ASTM D 2379 代表符号

C：Cationic emulsion 阳离子乳液

RS：Rapid—Setting 快裂

MS：Mediunr—Setting 中裂

SS：Slow—Setting 慢裂

日本 JIS K 2208 代表符号

P：Penetrating emalsion 贯入用乳液

M：Mixing emulsion 拌和用乳液

K：Kationic emulsion 阳离子乳液

中国分类代表符号

G：贯入洒布用乳液

B：拌和用乳液

乳液质量的几个主要指标：

（1）乳液的贮存稳定性。

这是乳液质量的重要标志之一。影响乳液稳定性的重要因素是乳化沥青微粒的粒径，一般粒径越小贮存稳定性越好。影响乳液微粒粒径分布的重要因素是乳化剂、乳化机的影响。一般随着乳化剂用量的增加，乳液微小粒径含量的比例增加（图2），同时随着沥青微粒的电位也在增大（图3）。这些现象都能提高乳液稳定性。乳液的筛上剩余量也是乳液贮存稳定性的重要指标。

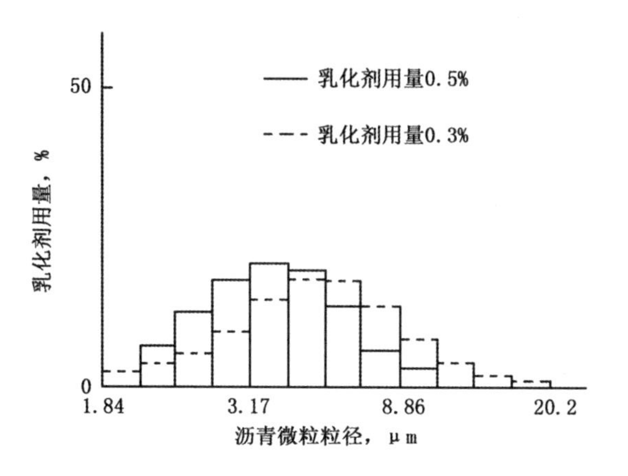

图2　乳化剂用量对于乳液粒径分布的影响

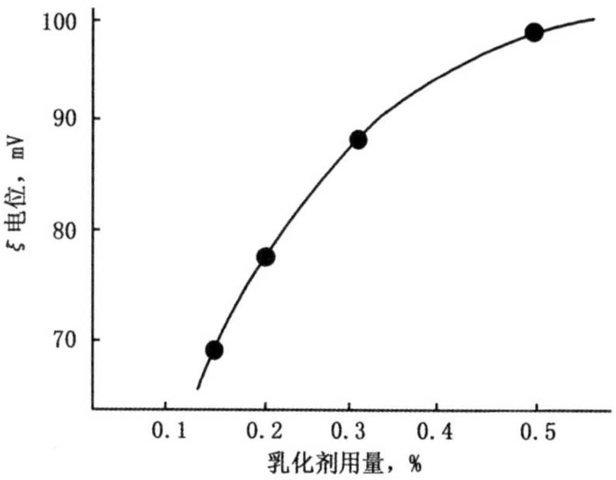

图3　乳化剂用量对于乳液ξ电位的影响

另一方面是乳化剂品种和用量的不同，也使乳液的贮存稳定性产生显著的差异（图4）。

（2）乳液的黏度。

乳液的黏度对于乳液的路用性能有着重要的影响，例如作为贯入式路面用的乳液，必须使骨料表面保持有足够厚度的沥青膜，从而不使乳液渗到路基上而流失。为此，这种乳液的沥青含量不少于60%，保证有必要的黏度。作为透层油、黏层油的乳液，要求洒布速度快、渗透性能好，因此要求沥青含量为50%，黏度要低些，沥青的标号选择适宜，同时应注意乳化剂品种的选择，因为乳化剂品种和用量以及盐酸用量的不同，都将对乳液的黏度产生重要影响（图5）。

（3）蒸发残留物的含量与性质

乳液中蒸发残留物的含量直接影响乳液的黏度及用途。蒸发残留物的性质（针入度、延度、溶解度）也直接影响乳液在路面中的作用。例如作为洒布用的乳液，用于贯入或透层油时，沥青的标号可以低些（针入度100～200），用于黏层油时，沥青标号应高些，提高黏结力，防止滑动。更为

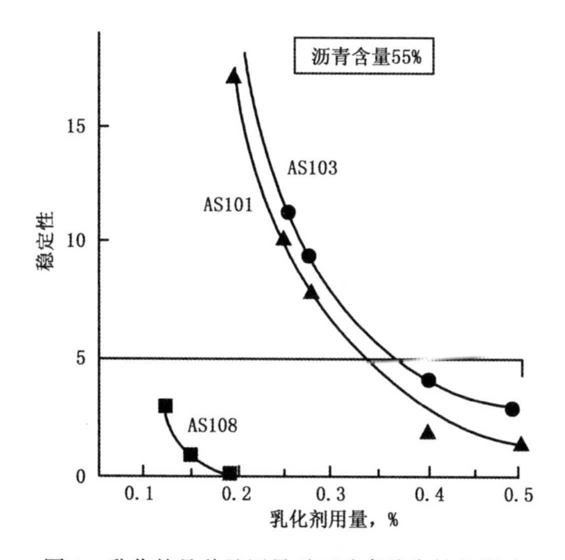

图4　乳化的品种及用量对于贮存稳定性的影响

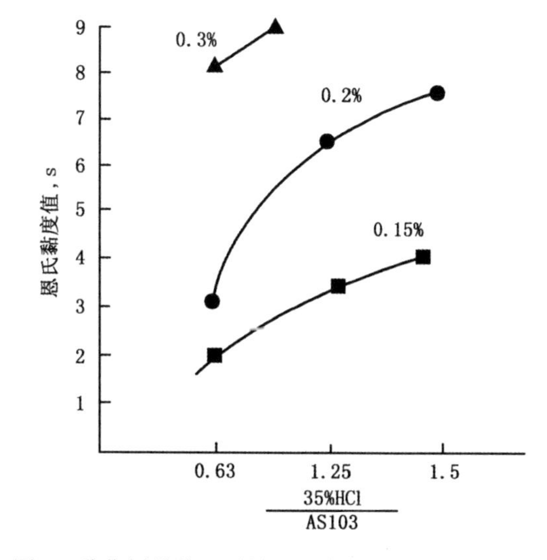

图5　乳化剂品种、用量及盐酸对于乳液黏度的影响

重要的应是根据各个地区的气候及交通条件选择适宜品种的沥青进行乳化。

为了保证沥青乳液生产质量的稳定，首先要保证所用的原材料（沥青、乳化剂、水、外掺剂）及乳化设备的稳定，同时应确保热能、电源的稳定供应。在乳化沥青的连续生产中，常因原材料的波动、温度的变化和机械的故障，而使乳液的产品质量发生变化。为此，需定时进行产品取样检验，发现问题及时调整配比，改善工艺和调试设备。

在正常生产情况下，取样应在乳化机出口处取样，每半个台班取样一次。如果发生异常现象或中途停止时，应随时增加取样次数。所取样品（一般为1000mL），应密封保存，完全冷却后（最好存放24h后）进行各项指标检验，在未得出明确的试验结果之前，应妥善保存以备查核。在乳液质量稳定的情况下，应着重检验乳液的贮存稳定性、筛上剩余量、黏度以及蒸发残留物等四项指标即可。

发表于《公路》，1987.10

乳化沥青的工艺及设备

姜云焕

(交通部公路科学研究所)

两种相互难以相溶的液体，在机械与乳化剂的作用下，将一种液体稳定地分散于另一种液体之中，这种现象称为“乳化”。由于各种液体内部的分子之间相互有吸引力存在，在两种液体的界面间有界面张力存在，将两种不相溶的液体使其机械地混合，一旦静止仍然分为两层。因为两种液体有各自尽量缩小其接触面积的作用，要想将一种液体以微小粒径分散于另一种液体之中，必将使其表面积扩大至若干倍，这样在外部必须要为克服两种液体的界面张力而做功，设 r 为扩大 $1cm^2$ 面积所需要的功，当分散后所增加的面积为 s 时，那么外界所需克服界面张力而做的功为：$W=r\times s$。

根据上式，当已知界面张力 r 和被分散液的表面积及分散微粒的直径时，就可以计算出外界所需做的功。外界所做的功转化成为分散体系的势能，乳化机械就是转化这种势能的设备。这种势能对于分散体系来说就是一个不稳定的因素，一旦停止做功即有缩小面积增大直径的趋势。若想保持分散体系（即沥青乳液）的稳定，必须加入适量的乳化剂。乳化剂不仅在微粒表面形成定向排列的保护膜、防止分散微粒的凝聚与聚合，同时，乳化剂降低了两种液体的界面张力，从而减少了乳化时所消耗的能量。

在前面的内容已讲述过，所谓乳化沥青，就是将沥青、水、乳化剂三者在一定的比例下，在适宜的温度中，在机械的作用下，使沥青以细小的微粒稳定地分散在含有乳化剂的水溶液之中。乳化机械所做的功，就是使沥青和水溶液产生很大剪切力，在这种剪切力作用下，沥青分散成为微粒。机械作用，直接关系到沥青分散的粒径以及乳化剂分散的均匀性，关系到生产沥青乳液的质量、效率以及乳化剂的用量。因此，乳化设备是发展乳化沥青技术十分重要的环节。

随着“阳乳”的研究与发展，我国乳化机械的设备不断有所更新，随着 HLR 型乳化机，RL－6000 型乳化机，W_1—W_4 型胶体磨问世以后，不仅有固定式生产车间的大型乳化机，也有供中小型及室内试验用的乳化机，RL 型乳化机的规格及性能参数参见表 1，W 型乳化机的规格及性能参数参见表 2。

表 1　RL 型乳化机的规格及性能参数

性能＼机型	RL－6000	RH－A	RH－B	RH－C
转速，r/min	3000	6000	8000	10000
电机功率，kW	17	5.5	3	1.5
电机转速，r/min	2860	2920	2880	2860
转定子间隙范围，mm	0.03～1.5	0.04～1.5	0.03～1.5	0.03～1.5
最大产量，L/h	6000	3000	1500	500
外形尺寸，mm	1217×660×939	740×526×770	610×455×820	600×400×625

表2 W型乳化机的规格及性能参数

性能 \ 机型	W_4－J	W_4－JZ	W_4－JD	W_1Y	LY－20
处理细度，μm	≤5	≤5	≤5	≤5	≤5
调节范围，mm	0.05～3	0.005～3	0.005～3	0.005～3	0.005～3
产量：自流，t/h 压送（大于$3kg/cm^2$），t/h	1～3 4	1～1.5 —	1～1.5 —	1～2 8	—
电机功率，kW	4	3	3	11	11
电机转速，r/min	2920	2920	2920	2960	
外形尺寸，mm	600×300×320	2200×1800×4020	1200×800×1600	680×380×360	4000×1500×1900
适用范围	室内试验用乳化机，每次乳化1kg	蒸汽预热沥青乳化机	远红外线电加热沥青乳化机	中型乳化沥青车间使用设备	大型车间半自动化控制设备

乳化机的研制中，一方面重视其乳化分散的能力，另一方面重视其经久耐用、控制油水配比、提高乳化压力、增大产量、降低耗电、大大简化乳化车间的设备。这样由局部的单体乳化机，向配套和系列化发展的乳化设备，例如温州东海机器厂研制的RY－20型半自控乳化机，W_4－JY型乳化机，都是用流量计控制油水比例，使油水在密封状态下压送进入乳化机，提高乳液的产量与质量。武汉市公路机械仪器厂与新津筑路机械厂也按类似模式提供油罐、水罐、油水比例控制仪、自动调温、密封压送等整套的乳化车间设备。这样可以有利于乳化车间的发展，降低工程造价。

在乳化的工艺过程中，除了要选择适宜的乳化剂和性能良好的乳化设备外，还要选择适宜的沥青材料和乳化条件。目前，国内所产的主要沥青：胜利、茂名、大庆、荆门、大港、羊三木、高升等厂家从60～200号的道路沥青以及煤沥青（煤－7），都可取得满意的乳化效果。当然有时不是只用一种，而是用两种以上的复合乳化剂可以取得更为满意的效果。

对于沥青与水的加热温度，应根据沥青的标号，水温为45～60℃，并根据气候与容器保温条件等影响，在能乳化的前提下，油水的温度以低些为好，这样避免乳化时产生的气体而给乳液带来的危害。在生产乳液时，一定避免用混杂不匀的沥青，一般乳化沥青的配方都是适应于某一种沥青，沥青成分变化时，配方也应有所变化。混杂的沥青无法控制其成分，也无法调整其配方。乳化时使用的沥青一定要过滤，严防泥砂混入沥青，否则将严重损坏乳化机械，并降低乳液的质量。

随着筑路养路的发展需要，有许多线长面广的工程，急需乳化沥青。需要移动容易、安装简便的成套乳化设备。为此，国内设备厂家非常重视这方面设备的研究制造。例如，江阴七星助剂公司在开发乳化剂的同时，成功研制出QEBW系列成套乳化设备、这套设备可生产乳化沥青和改性乳化沥青。该设备由于移动方便、安装容易、计量准确、生产效率高（10～12t/h）、造价便宜，深受广大用户欢迎。

发表于《公路》，1987.11

施工方法与机械

姜云焕
（交通部公路科学研究所）

一、“阳乳”特点与施工方法

人们都知道用“阳乳”筑路操作容易，施工简便，但是必须掌握“阳乳”施工的技术特性，如果违背这些特征，采取错误的做法，必将事与愿违，达不到预期的目的。“阳乳”与热沥青主要有如下的不同点：

（1）根据不同的用途，选择不同型号的“阳乳”。例如洒布型乳液中分有贯入用乳液、透层油、黏层油；拌和用乳液中有粗级配与密级配等乳液。施工时，应根据需要，有针对性地选择，保证乳液的黏度与破乳速度，切不可不加分类的盲目乱用。

（2）可在常温条件下施工。乳液、矿料不需要加热与保温，但是气温与湿度对于乳液的破乳速度与路面的成型产生一定的影响，应注意气候变化，做好早期养护。

（3）乳液与矿料表面可以产生离子的吸附作用，即使在骨料表层湿润状态下，也不影响这种吸附作用，而且无论与碱性骨料（石灰石）或酸性骨料（花岗岩），都有很好的黏附作用。但是必须保证骨料表面干净和有足够的强度。表面裹覆泥土或风化的骨料不能用于修路。

（4）乳液在常温下流动性好，洒布时渗透性好，用于上封层、下封层都可产生很好的防水效果。用于拌和混合料时，可以缩短拌和时间，减轻劳动强度。但是，铺筑这些面层的早期强度低，必须做好早期养护，应根据气候情况，控制车速，保证面层的成型。

（5）由于乳液在骨料之间分布均匀，自由沥青分布适宜，因此既可节省沥青用量，又在高温季节见不到波浪、油包和推移。但是，施工中每次乳液的用量要适宜，应采取“少吃多餐”方式不使乳液流失而造成浪费。

（6）沥青受热的温度低，热老化的损失小，铺筑的路面在低温季节很少出现开裂，而且，有的乳化剂与沥青乳化后，可以提高沥青的分子量，因而明显地改善沥青的路用性能，但是也应选择适宜的沥青来乳化。乳液最好乳化后立即使用，需要贮存、运输时，严防使用前出现破乳与结皮现象，否则将造成浪费。

（7）用拌和乳液在现场拌制混合料时，要注意气候的变化。高温、干燥、大风等气候将加速破乳时间；低温、潮湿将减缓破乳时间，施工时必须掌握适宜时机，保证拌和混合料的质量。

以上这些情况都是“阳乳”施工的技术特性，必须认真对待。

为能更好地发挥“阳乳”的特性，从实践中总结出几种适宜的施工方法。

1. 封层

可分为上封层与下封层，在沥青路面的面层下面即基层上面的封层称为下封层，在沥青路面的面层上面的封层称为上封层。我国沥青路面大部分为加固土和无机结合料基层，而且85%为表面处治，面层较薄，一般为2～4cm。由于面层的透水常常引起基层表面（1～2cm）变软，使路面强度降低。随着行车的荷载增加很快使路面开裂，有的沥青路面当年修，当年裂，严重影响路面的使用寿命。采用“阳乳”可以在基层表面做下封层，也可以在旧路面做上封层。这样可以大大提高面层与基层的防水能力，而且乳液的用量为0.8～1.2kg/cm^2，洒布均匀，渗透性好，比用热沥青做封层节省40%沥青用量。作为下封层对于基层的渗透性好，作为上封层对于表面裂纹的治愈性能强，因此它可取得热沥青无法取得的良好效果。

2. 洒布层铺

这种结构的路面在我国沥青路面中占很大比例，用热沥青施工时，由于沥青的渗透贯入性较差，难以分布均匀或贯透全层，因此路面透水，质量较差，效果不好。用“阳乳”进行层铺或贯入，由于乳液容易喷洒均匀，渗透性好，可以均匀贯透于面层，而且实际沥青的用量可以节省20%～30%。但是这种路面所用骨料应接近于单级配，如80～60mm、60～40mm、40～30mm、30～20mm、20～13mm、13～5mm、5～2.5mm。在各种规格中，应全部小于其最大粒径，有85%大于其最小粒径。两层之间嵌缝的骨料粒径应当首尾相接，用量适当。做好碾压，使其嵌锁稳定，再洒下层乳液，并使乳液贯透每层骨料，而后再洒下层嵌缝料。这样适当增加层次并采取“少吃多餐”的办法，可使这种面层坚固密实，尤其最上面的嵌缝料可用3～5mm粗砂或石屑。如果行车过多使早期养护有困难时，可在行车一周后再做一次封层。这样更能保证面层防水及其平整度。

3. 拌和摊铺

拌制混合料首先选用慢裂的B－1，B－2型沥青乳液，保证乳液与骨料拌和均匀，并有足够的操作时间。乳液拌制混合料，无论是机械或人工拌和，在能拌匀的前提下，以拌和时间短为好。对于含有矿粉（<0.074mm）的混合料应后加或少加乳液为宜。如果现场没有慢裂型乳化剂，可用中裂型乳化剂生产乳液，但乳化剂的用量应增加。在气温较高、风力较大时，应避开高温时间，在早晚气温低的时间进行拌和与摊铺。当然在骨料表面洒水并在水中掺入$CaCl_2$（1%～2%）或OP—10（0.1%～0.2%）也都可延缓乳液的破乳时间。各种措施应根据当地条件选用。如果采用人工拌和摊铺时，可以用人工一次拌和混合料，一次摊铺，也可以将骨料分为粗、中、细三种，分别拌和，分别摊铺。根据各地情况不同，选择适宜的方法。

摊铺混合料应防止混合料的离析，整平后立即进行碾压，如碾压与整平有黏工具现象时，可暂停，待矿料的油膜稳定后再整平或碾压。

碾压就按轻—重—轻的顺序进行碾压，碾压中有推移或裂纹时，应暂停碾压，过一段时间再碾压。

二、施工机械

1. 乳液洒布机

目前使用的洒布机有自行式洒布车、气压式洒布机、小型沥青洒布机。其中以气压式洒布机的效果最好。

这种洒布机有抽吸功能，只用5～8min即可抽满1m³的乳液罐。由于采用气动原理喷洒乳液，乳液不能与齿轮泵旋转件接触，以防止乳液的破乳与黏结现象。用后清洗方便，喷洒均匀，可以根据需要随意调整洒布量，喷嘴不易堵塞。该机可以手提单喷头，也可以多喷头，一次洒布两米宽，使用十分方便。河南省交通厅筑路机械厂可提供这种洒布机。

2. 拌和机

乳液拌制混合料曾用过自落式水泥混凝土拌和机，强制式水泥混凝土拌和机，双卧轴强制拌和机等，其中以双卧轴强制式拌和机的效果好。因为它拌和分散力强，出料快、出料彻底，可以控制拌和时间，山东济南建筑机械厂可提供这种拌和机。如将强制式水泥混凝土拌和机转数提高35～40转/min，并适当增加乳液洒布点，可以拌制理想的混合料。河南正在研制中型乳化机、沥青粒料拌和机。

3. 碾压机

铺筑的面层最好先用轻型压路机或者轮胎压路机进行碾压，待碾压初步稳定后，再用10～12t

的压路机进行碾压。现场多备几种，返复碾压可以提高路面早期强度。

4. 坑槽修补机

路面出现坑槽时，用这种机械配有风镐清底，备有乳液与骨料，根据坑槽容积拌制混合料。将坑底与四周涂刷黏层油乳液，再将混合料填补坑内，夯实后即可通车，简化了修补坑槽施工方法，提高了修补效率。

阳离子乳化沥青用于筑路养路具有节省能源、节约资源，能够改善施工条件，延长施工季节等优点，同时，由于沥青加热时间少，热老化损失少，加之沥青分布均匀，所铺路面低温季节很少出现裂纹，高温季节很少出现波浪、油包和推移等病害。从 1981—1982 年铺筑的试验路调查结果来看，路面外观平整密实，路用性能逐年渐好，路面寿命延长。因此，使用“阳乳”筑路、养路，虽然因增加乳化剂与乳化工艺而增加了费用，但综上所述，其仍具有十分明显的经济效益和社会效益。

发表于《公路》，1982. 12

阳离子乳化沥青在养路中的应用

一、概述

公路是国民经济的动脉，是国家繁荣经济实现现代化建设的重要基础设施，在行车的反复碾磨与大自然因素的侵蚀下，尤其在行车的交通量与重型车辆不断增加的情况下，我国有些公路已经是在超负荷与超期服役状态下行驶，公路自身的功能必然日趋衰退。特别是公路的路面部分，它是公路的最敏感的部分，因它直接承受交通荷载与车轮磨损，并且经常直接承受到气候变化的影响，路面必将随着使用时间的增长而逐渐老化和开裂。路面局部的、微小病害，可以迅速蔓延到基层和路基，从而引起更加严重和更大范围的病害，以致影响行车速度与安全。为此，必须采取有效的养护措施，做到以预防为主、防患于未然，出现病害做到补早、补小、补彻底。保证路面平整、坚实，延长公路使用寿命。保证行车安全、舒适，提高公路服务性能，降低运输成本，这是各级公路管理部门应尽的职责。我国公路里程迅速增长情况表 1。至 1993 年末，总里程已接近 110×10^4km。其中铺装率为 25%，绝大部分为黑色路面，而且黑色路面中还有大部分是渣油表处的路面。目前这些路面普遍处于大修或中修状态，维修与养护任务十分繁重，如何养护好这些旧有的与新修的路面，是摆在各级公路部门面前十分紧迫的任务。为此，国家每年向交通部计划拨给大量的道路沥青（包括渣油)，其中大部分沥青用于旧沥青路面的维修与养护。但是仍然不能满足路面养护的需要，常常造成一年修的路不如坏的多。因此必须研究采用先进的、有效的养路技术。做好旧沥青路面和新沥青路面的养护，消除路面上的各种病害，保持与提高路面的服务水平，这是公路运输中急待解决的重要技术问题。

表 1　1985—1992 年我国公路发展状况

年份	总长度 $\times10^4$km	汽车专用路			一般公路			等外公路 $\times10^4$km
		高速公路 km	一级公路 km	二级公路 km	二级公路 $\times10^4$km	三级公路 $\times10^4$km	四级公路 $\times10^4$km	
1985	84.24	0	422	0	2.12	12.85	45.63	33.60
1986	96.28	0	748	0	2.38	13.68	47.64	32.51
1987	98.22	0	1341	0	2.80	14.84	49.12	31.39
1988	99.96	147	1673	0	3.29	15.94	50.31	30.28
1989	101.43	271	2101	683	3.74	16.43	51.11	29.84
1990	102.83	522	2617	1119	4.20	17.00	52.50	28.70
1991	104.11	574	2897	1459	4.63	17.80	53.54	27.65
1992	105.07	625	3935	2084	5.27	18.49	54.29	26.98

10年来，我国在14个省市的反复实践中认识到：用阳离子乳化沥青进行修补与养护，具有显著的技术经济效果。阳离子沥青乳液在常温条件下，因为黏度低，所以洒布、贯入、渗透好，与骨料拌和和易性好，容易均匀裹覆在矿料表面上，矿料不需烘干与加热，而且即使处于湿润状态下仍可进行施工，对于酸性与碱性骨料都有较好的黏附效果，低温（5℃）阴湿季节可以照常进行维修养护。

实践证明，用阳离子乳化沥青维修养护旧路，可以提高路面的耐磨性、抗滑性、抗水性、平整度、路面强度；可用于面层，也可以用于底、基层；可用于低交通量支线道路，也可用于大交通量的干线道路，尤其维修路面的老化与开裂，施工操作简便，沥青用量节省，效果显著。目前，在国内已维修养护了260000m^2 的试验路面，至今有的已行车6～8年以上，仍保持良好状态。使用沥青乳液养路，由于操作简单，改善施工条件，减少环境污染，延长施工季节，节省沥青与能源，因此深受人们的欢迎。

二、沥青路面损坏的表状

路面的损坏主要分两种状况：第一，路面表状的破损，这种状况只需进行路面的修理；第二，整体结构的破损，这种状况需要整体结构的修理。这两种损坏现象互相影响，有时难以绝对分开。表面的损坏如不及时处理，很快影响到基层与路基。路基的病害，常常首先暴露在表面，因此，对于路面的损坏，应做仔细调查，进行全面分析，准确判断产生病害的根源。采取正确的修补措施。

沥青路面的破损及其产生的原因如表2。

沥青路面表面出现破损时，应及时修补，做好“早期发现、早期修补”。否则，由于雨、雪、冷、热、冻、融等自然因素的影响，不仅会使路面的破损面积扩大，而且会迅速蔓延到基层或路基，引起更大的病害；也有的是因下层的损坏引起表层的破损。为了防止基础病害的发展，必须经常及时掌握路面表状的变化、分析造成损坏的原因、适时地采取正确措施进行修补与养护，争取做到治早、治小、治彻底，使路面经常保持良好的路况。但是，由于气候等影响，例如南方雨季、北方的低温、高原的雨雪等条件所限，常常难以进行及时维修。

三、公路的养护与修补

根据公路养护的技术政策要求，应以“预防为主，防治结合”为方针。重视调查研究，准确掌握产生病害的原因，采取有效的、先进的、经济的技术措施，及时保证质量消除病害，提高公路的服务水平。同时注意保护环境、消除污染、减轻劳动强度、保护工人健康。根据上述要求，结合国内外养路的经验及阳离子乳化沥青特殊的适应性，整理出如下养护与修补的方法。

（一）阳离子乳化沥青旧沥青路面修补方法

1. 裂缝的处治（裂缝常常占沥青路面损坏面积1/2以上）

（1）基层灰土的冻缩与干缩引起纵横向裂缝。缝宽大于6mm时，应用扫管或压缩空气清除缝内杂物，用B_c—2型乳液拌制沥青乳液砂浆予以填充；缝宽小于6mm时，可用G_c—2型乳液予以灌充。裂缝填满后撒砂而后通车。

（2）一般裂缝（无变形）。将路面清扫干净或用压缩空气清除缝内杂质，喷洒G_c—2型乳液，洒布量按1kg/m^2，撒匀粗砂后即可通车。

（3）因基层或路基引起的裂缝，应先消除基层与路基的病害，再做面层修补。

（4）发裂与轻微网裂，可采用喷雾封层方法处治。首先清除路面及缝隙中杂质，用洒布器喷洒稀释乳液，乳液用量约为0.5kg/m^2。根据需要掺水稀释，喷洒后的路面，可用扫管将乳液扫匀，再撒布细砂（也可先撒细砂，后用扫管扫匀）。

表2 沥青路面损坏的原因

分类	沥青路面表状	主 要 原 因
路面表状的破损	裂缝：发裂、线状裂缝、纵向裂缝、横向裂缝、龟裂	基层施工碾压不实，或新旧接缝处理不当 面层以下含水量增高，不利季节引起路面强度下降 混合料质量差，碾压温度不当等引起裂缝 基层温度、湿度变化，引起路基与基层的胀缩裂缝 结合料老化，面层衰化
	松散麻面坑槽：矿料松动，跳石、麻坑、表面凹陷	嵌缝料粒径与用油量不当，初期养护不佳 低温季节施工、工序衔接不好，混合料结合不良，用油偏少 矿料潮湿，雨季施工、矿料散失，出现坑槽、麻面，基层强度不匀、不平，面层渗水、局部破损引起坑槽
	啃边、边缘碎裂破坏	未设路缘石（砖），边缘未经充分压实加固，边部行车过压而引起啃边；路面与路肩衔接不顺、路肩积水导致啃边
	泛油、高温时面上泛油 油包疙瘩状零散分布	用油过多或矿料不足，或低温施工用油偏大 初期养护处治泛油，用料过细辂成油包
	脱皮，表层成块剥落	面层与基层之间黏结不良或中间夹有浮土 上拌下贯两层之间或罩面与原路面之间结合不好
与结构有关的破损	沉陷：均匀沉陷、不均匀沉陷、局部沉陷	基层强度不足或水稳性不良引起沉陷 过大交通和超大型载重行走引起 土基压实度不够或路基隐患未处理好
	严重裂缝：反射裂缝、龟 裂	基层的胀缩裂缝反射到表层 基础的强度不够引起表层的龟裂
	严重拥包：推移、波浪、滑动、隆起	材料质量差、油石比不当（油多），面层高温气候下发软、行车碾成油包 基层水稳定性差，在含水量大时变软 面层与基层黏结不良，高温时推移成油包
	弹簧翻浆：呈弹簧状或冒泥浆等	基层结构不良，水稳性差，地下水未处理好，路基含水量增大，在聚水冻融情况下而翻浆 中湿或潮湿地带，未处理好地下水，边沟积水滞流 山丘的地下水潜流等引起弹簧翻浆

以上由阳离子沥青乳液处治裂缝，沥青用量较少，施工简便，效果显著。对于因衰老与老化的路面，可以及时修补并起到返老还新的作用。

2. 麻面与松散的处治

（1）大面积的麻面。在气温上升至10℃以上时，扫净路面，做单层封层，乳液用量为1kg/m²（G_c—1型），表面撒5～2.5mm的干粗砂或石屑（图1）。

（2）小面积的麻面。同上述方法做局部单层封层。

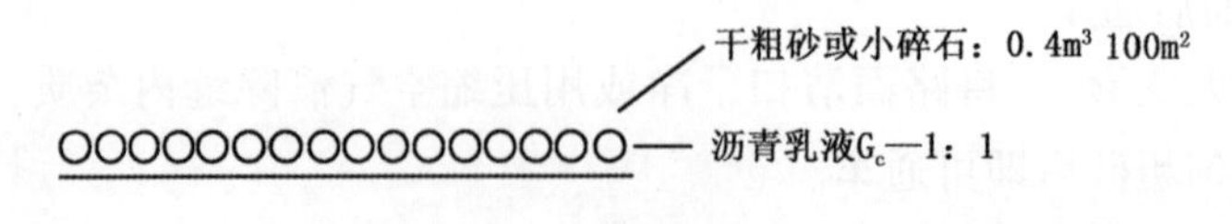

图1 单层封层

（3）松散。如因低温施工引起面层松散，可不予处理，待气温上升时，即可稳定；如因用油太少而引起面层松散，可做双层封层，松散严重时可做多层封层或罩面处治（图2）。

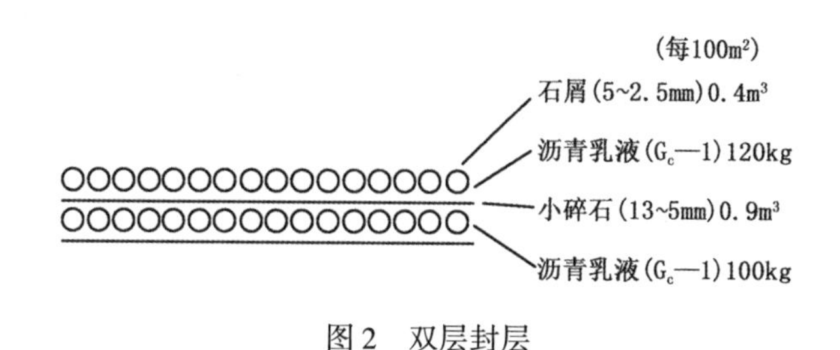

图2　双层封层

(4) 由基层、路基引起松散，就先处治基层与路基地病害，然后再做面层处治。

3. 坑槽的修补

(1) 基层完好、面层坑槽。划出坑槽范围与深度，槽壁垂直，槽底、槽壁清除干净，并均匀刷一层薄黏层油，再按原路面用料规格，以 B_c—1 型乳液拌制混合料，填补坑槽，整平压实（或夯实），并略高于原路面（图3a）。

(2) 坑槽发展到基层，但基层坑浅。同上述方法，将基层做适当处治（图3b）。

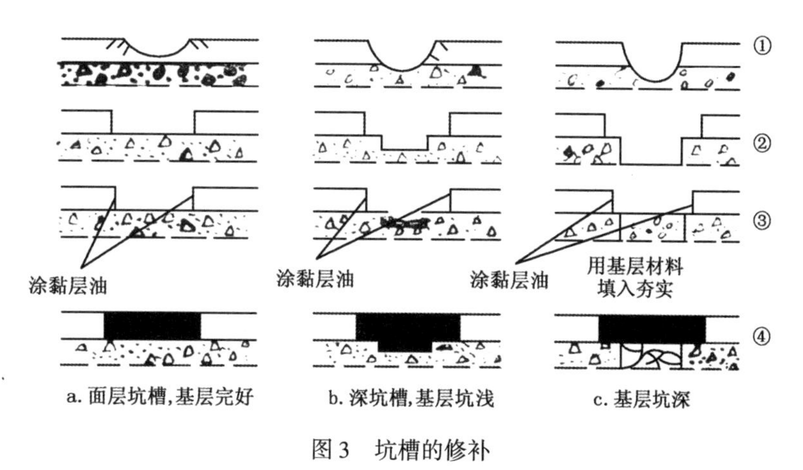

图3　坑槽的修补

①坑槽状况；②清除松散物，垂直切去路面，清扫干净；③坑底及侧面洒布透层油或黏层油；④填坑压实

4. 啃边的处治

(1) 挖除破损部分，做成规则断面，加设路缘石(砖)，充分压实，并指挥行车做好早期养护。

(2) 改善路肩，保持平整坚实，与路面衔接平顺，保持路肩的横向坡度，以利于排水。

5. 沉陷的处治

(1) 基层与路基密实稳定，不均匀沉陷引起裂缝和轻微下沉，可只修理面层，填补与原路面平齐。

(2) 基层与路基的破坏而引起沉陷，必须先处治好基层与路基，然后再修复面层。

6. 泛油的处治

高温季节发现泛沥青路面段应做及时处治，防止行车轮胎将路面黏掉。

(1) 严重泛沥青路面段，可先撒一层5~10mm矿料，用8t压路机碾压，稳定后再撒2~5mm干石屑，指挥行车易辙碾压。

(2) 轻度泛油，撒2~5mm干石屑或干粗砂，指挥行车易辙碾压。

7. 脱皮处治

由于面层与基层结合不良引起脱皮，应清除脱落与松动部分，清扫干净，于基层表面洒黏层油 G_c—3，而后再铺面层。

8. 弹簧翻浆处治

(1) 面层质量不好、防水性差、使雨、雪、水下渗到基层，引起基层表面轻度破坏形成翻浆，一般经过春融季节后，水分蒸发即可恢复成型。但应在表面加铺单层封层，提高面层防水。

(2) 晚秋季节石灰土基层施工，发生基层翻浆，应挖除到坚硬处，更换新料修补基层和重铺面层。

(3) 由于排水不良地下水位高造成翻浆，应排除积水，增设纵横盲沟，改换水稳性好的基层材料（沥青乳液稳定水泥砂砾石），重铺面层。

(二) 在公路的养护中经常采用的施工方法

1. 封层、罩面

路面在行车作用下，常因厚度的磨损、平整度、摩擦系数、透水性等指标下降，虽然尚未出现明显损坏现象，但是为了延长其耐用年限，必须及时进行封层与罩面，保护路面使用质量，延长使用寿命。如果路面强度已低于要求指标，应结合罩面进行必要的补强。

(1) 封层。沥青路面使用年限已久，出现裂缝、松散、过于光滑，尚未达到罩面周期，但路面强度尚符合要求，在全面修补各种破损后，应做全面封层。

封层可采用层铺表处或拌和摊铺，一般厚度不超过 10mm，层铺可如图 2 双层封层，拌和用开级配混合料，配比最大粒径不大于 10mm，2.5mm 筛通过量为 5% ~10%、0.075mm 筛通过量为 2% ~5%。

(2) 罩面。为了提高与恢复原路面的承载力和抗滑能力，可在原路面上进行罩面。曾有建议按使用年限规定周期性罩面，表 3 为沥青路面罩面周期表。

表 3　沥青路面罩面周期表

路面种类	罩面周期			备注
	使用期按单车道，累计一万车次通过的交通量，10^4 车次	使用间隔年限 年	罩面建议厚度 cm	
沥青混凝土	>650	7 ~9	2 ~4	
沥青碎石	>550	6 ~8		
沥青贯入式	>250	5 ~7	1 ~3	
沥青（渣油）表处	>200	4 ~6		

罩面分为单一罩面与补强罩面两种，补强罩面应按“柔性路面设计规范”的补强公式计算厚度，罩面层的最小厚度不小于 4cm（不包括整平层）。罩面前必须将原路面破损部分修补好，并洒黏层油，做好新旧路面的结合处理。

单一罩面可以采取二层或多层层铺贯入法，也可采用拌和摊铺法，厚度不超过 3cm，补强罩面可以采用下贯上拌结构，面层以中粒式沥青混凝土为宜。

2. 稀浆封层

稀浆封层适合于预防性路面的养护，可以提高路面的平整度、抗滑性、防水性、耐磨性，并可使老化开裂的路面起到返老还新的作用。因而得到广泛的应用。

稀浆封层选用 B_c—3 型阳离子乳液，应与矿料有良好的拌和性与流动性，摊铺后能在短时间内分解破乳。乳液蒸发残沥青的针入度为 60 ~150。各种材料的配制比例如表 4 所示。

稀浆封层用的填料为小于 0.074mm 的粉料。填料的用量影响稀浆混合料的流动性、稳定性、加水量以及稀浆封层的固化成型的时间，因而填料以及稀浆混合料各种材料的用量及配合比，必须通过室内的配合比设计试验合格后选定。可供选用的填料有石粉、碳酸钙粉、消石灰粉、波特兰水泥、粉煤灰等。选用填料还应根据施工季节的不同以及沥青乳液品种的不同。稀浆封层的厚度，根据最大骨料粒径确定，分为粗、中、细三类，各类骨料的要求级配如表 4 所示。这是按国际稀浆封层学会（ISSA）规定的标准给出的。关于稀浆封层的室内试验、现场施工的技术要求以及有关稀浆封层机等技术问题，详见《改性稀浆封层施工技术》一文。

表4　ISSA规定的稀浆封层三种骨料级配组成及材料用量表

筛号	筛孔尺寸 mm	过筛百分率,%		
		细封层（Ⅰ型）	一般封层（Ⅱ型）	粗封层（Ⅲ型）
1/2	12.700	100	100	100
3/8	9.520	100	100	100
4	4.760	100	85～100	70～90
8	2.380	100	65～90	45～70
16	1.190	65～90	45～70	28～50
30	0.595	40～60	30～50	19～34
50	0.297	25～42	18～30	15～25
100	0.149	15～30	10～21	7～18
200	0.074	10～20	5～15	5～15
经过养护的最大厚度，mm		3.2	6.4～8	9.5～11
干粒料用量，kg/m^2		2.2～5.4	5.4～8.1	9.1～13.6
沥青占骨料质量的百分比,%		10～16	7.5～13.5	6.5～12

注：表列资料适用于炉渣、压碎的面料及自然的石料，但不适用于质量轻的材料，如膨胀性土壤或页岩等。

3. 薄雾封层

当沥青路面出现早期病害的细小裂纹时，为了防止路面渗水，必须及早填充这些裂缝。一般可以选用G_c—1或G_c—2型乳液加水稀释，增加乳液渗透性。用空压机喷洒成为雾状，洒后用扫箒扫匀达到弥缝，可根据路面裂缝状况确定乳液的洒布量，一般为0.5～0.8kg/m^2，喷洒后撒布一层干砂，用量为0.2～0.3$m^3/100m^2$。

4. 修补用（袋装）混合料

由B_c—3型慢裂“阳乳”与矿料拌制的混合料，装入塑料密封袋中贮存，可存放2～3个月，适用于修补坑槽及罩面养护。冬季、夏天都可进行常温施工，施工方法简便，铺后不需养护可以立即开放交通。修补施工与坑槽的修补方法相同，也有用轻制沥青乳液的配制混合料，其配方见表5。

表5

组　　成	质量比,%	备　　注
油酸1%，煤油5%，沥青（150～200号）	55	
水	45	
ASFIER100（牛脂二胺）	0.45	（乳化剂）
$CaCl_2 \cdot H_2O$	0.15	
醋酸	0.25	乳化剂水溶液pH为5
石油（煤油）	4～8	加入乳液中的石油（煤油）应按季节增减

5. 旧沥青路面冷拌再生

将旧沥青路面材料经过粉碎筛分并测定含油量后，掺入适量的骨料及阳离子沥青乳液（约为4%）进行冷拌再生。这种方法可以充分利用废旧路面材料，降低工程造价，节省热能、减少污染。据甘肃兰州与甘南、河北沧州、河南信阳等地施工经验，这种再生路面可用于基层也可用于面层，现用于交通2000～3000辆/d路面行车两年情况良好。初步统计：可节煤70%，节省沥青50%，节省骨料40%～60%，降低工程造价50%，显示出良好的技术经济效果。

6. 防尘处理

我国大量的砂石路，晴天成为“扬灰”路，雨天成为“水泥”路，既影响运输效率又造成环境污染。为了消除晴天行车的尘土飞扬，防止雨天的泥泞，减轻养路负担，提高运输效率，采用阳离子乳化沥青是有效的防尘措施。

防尘处理的方法应根据原路面情况、交通量与工程费的多少、处理后要求的耐用程度等具体情况进行选择。在保证路基强度的前提下，一般有如下四种方式：

Ⅰ型。原砂石土路面上直接喷洒乳液并撒砂，防止行车扬尘与泥泞。

Ⅱ型。在原砂土石路面上做1cm厚的保护层，使行车平稳畅通。

Ⅲ型。铺筑简易路面，铺筑2~3cm厚的多层表面处治。

Ⅳ型。采用灰土拌和机，在原路面上就地拌铺5~10cm厚的高级防尘处理面层。

防尘处理一般厚度较薄，如因底层不良引起表面破坏，应及时修补底层。对于旧砂石路面应先清扫干净，如有坑槽应进行修补，同时修整平整度与路拱，清扫原路面上的浮土及碎屑，按图4要求进行Ⅰ型、Ⅱ型、Ⅲ型的防尘处理。

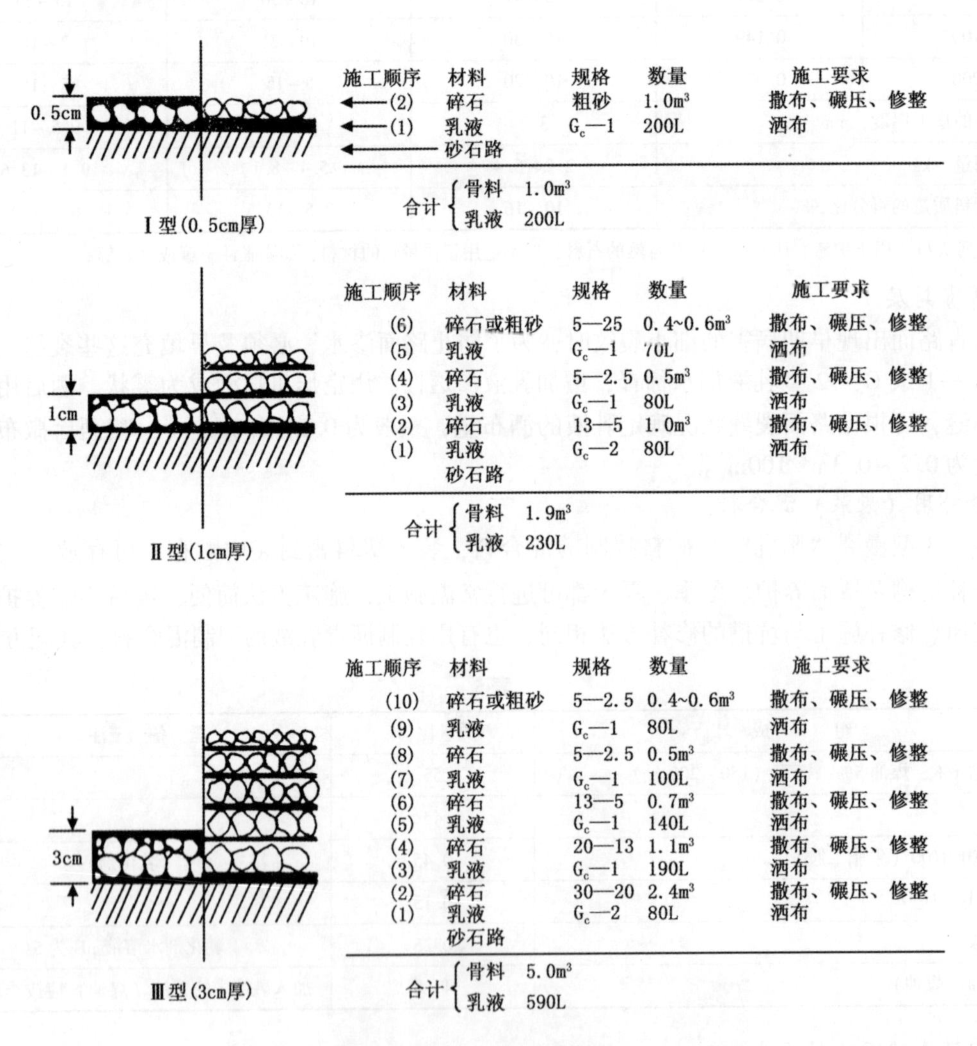

图4 防尘处理施工顺序（材料用量为100m² 的用量）

上述施工方法，除了要保证乳液与骨料的质量与用量之外，还要特别注意做好早期养护，促使路面尽快完好成型。

7. 垫层处理

如果是由于路面基层开裂而引起路面的反射性开裂，一般在旧路面上铺设垫层的处理方法是消除反射性裂缝的有效措施。无论是在沥青混凝土路面上，还是水泥混凝土路面上，都要加铺单级配骨料的双层表处做垫层。由于它空隙较大，对于原路面产生的开裂，可以起到吸收缓和作用，垫层的处理施工程序如图5所示。

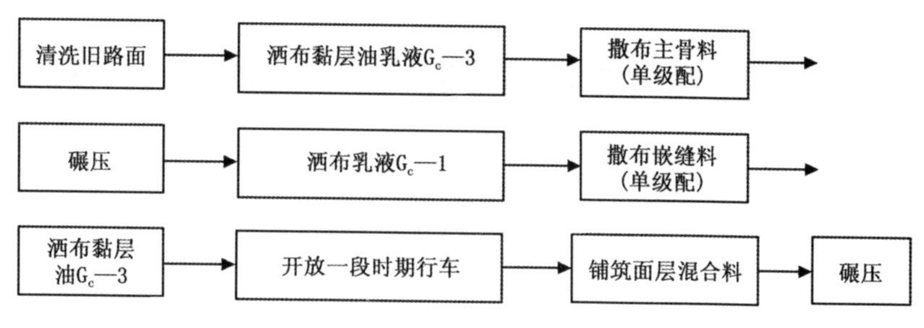

图5　垫层处理的施工程序

上述七种施工方法都要注意施工后的早期养护，限制行车速度在30km/h以内，待路面固化成型再放开车速。早期出现局部病害及时予以修补。

四、结束语

发展阳离子乳化沥青修路，并不是为了取代用热沥青修路，而是为了增加一种路面新材料。这两种材料各有特长，应该因地制宜，因时制宜，适当选用。在全国14个省市铺筑各种试验路面40多万平方米，经过多年行车考验，普遍取得满意的效果。实践证明它有热沥青无法达到的一些技术经济效果。使用阳离子乳化沥青养路，虽然在制造阳离子乳化沥青方面，增加工艺与乳化剂的费用，但是由于它可以节省50%热能、节省15%沥青、改善施工条件提高工效30%，特别是延长施工季节及时防治路面病害的扩大，因此国家在“七五”期间将推广“阳乳”筑路、养路技术列为国家重点新技术推广项目，“八五”期间又将稀浆封层技术列为国家重点推广项目。几年来在各有关部门密切配合下，使国产阳离子乳化剂品种不断增加，质量不断提高，价格不断下降。有关乳化沥青生产设备与稀浆封层机迅速发展与提高，为我国阳离子乳化沥青在养路中的应用，开创了广阔的发展前景，它不仅对交通公路部门，而且对城市道路、矿山公路、铁道、石油、冶金、水电等部门都将产生重要影响，为我国国民经济的发展做出了一定贡献。

阳离子乳化沥青修路的技术经济效益

姜云焕

为了改善热沥青修路的施工条件，人们从20世纪20年代起开始研究乳化沥青。所谓乳化沥青，就是将热塑性的沥青在其热熔状态时，经过机械的作用，使其以细小的微粒状态（3～5μm粒径），均匀稳定地分散于含有乳化剂的水溶液之中，成为胶态分散体。在常温状态下，一般成为水包油状的乳状液，这就是乳化沥青也称为沥青乳液。这种乳液在常温下具有良好的流动性与工作度，不需加热即可均匀地喷洒和裹覆在骨料表面，可用于喷洒贯入与拌和摊铺等路面，更便于用于沥青路面的维修与养护。比用热沥青修路大大改善了施工条件。例如，施工现场不需为加热沥青而支锅盘灶，避免热沥青给修路工人造成的烧伤、烫伤以及沥青蒸气中毒等危害，也避免因熬沥青而造成的烟熏火烤与火灾，减少污染、节省热能，因而使乳化沥青长期以来得到不断的发展。

乳化沥青的发展至今已有70年的历史。在其前五十年的发展过程中，主要发展的是阴离子乳化沥青。这种乳液虽也具有上述特点，但是由于它使沥青微粒带有阴离子电荷，而湿润骨料表面普遍也带有阴离子电荷（无论酸性还是碱性骨料表面），若使沥青微粒裹覆到骨料表面，需待乳液中水分蒸发后方能裹覆，遇上低温或阴湿季节水分蒸发缓慢时，路面难以固化成型，延误车辆通行。而且路面成型后沥青与骨料的裹覆只是单纯的黏附、黏附力低容易剥落。这种乳液无论在生产与贮存过程中不能接触硬水，因为硬水会立即破坏乳液的稳定性，所以，乳化沥青在前50年中虽然在发展，但是发展的速度不快。近20年来有了阳离子乳化沥青的研制与应用，它使沥青微粒带有阳离子电荷。当这种乳液与湿润骨料表面接触时，由于异性离子的相吸作用，使沥青的微粒容易地吸附在骨料表面。即使骨料表面湿润或乳液水分尚未完全蒸发的情况下，几乎不影响这种离子的吸附作用。无论是酸性或碱性骨料，都可以提高沥青与骨料之间的黏结力。无论是低温和阴湿季节，都不影响路面的成型与尽早通车。并且扩大了沥青品种的乳化范围（环烷、石蜡基、中间基的沥青都可乳化），能提高乳液的沥青含量与贮存稳定性，减少乳化剂与外加剂的用量，软水、硬水都可进行乳化或稀释……因此可以说，阳离子乳化沥青发挥了阴离子乳化沥青的优点，又改善其缺陷与不足，从而使乳化沥青的发展进入新的历史阶段，使阳离子乳化沥青的产量与用量急剧上升。例如法国于1955年时，阴离子乳化沥青最高年产量为44.5×10^4t，阳离子乳化沥青刚刚开始生产，至1973年时，阳离子乳化沥青年产量已为110×10^4t，而阴离子乳化沥青年产量降为5×10^4t。日本于1959年阳离子与阴离子乳液的年产量皆为10×10^4t。至1972年时，阳离子乳液年产量上升至70×10^4t，阴离子乳液降为4×10^4t。类似这种趋向，在世界各国都有相同反映。因此在国际上将阳离子乳化沥青称为继沥青和水泥之后的第三种路面新材料。

我国于20世纪50年代曾开展阴离子乳化沥青的研究。由于铺筑的试验路面不能经久耐用，很快跑散，因而使阴离子乳化沥青的生产中断。70年代初，在山西太原曾开展非离子乳化沥青的研究与应用，主要用于隧道内衬的防水层，当时施工效果还好，但经过2～3年后，用非离子乳化沥青做的防水层大面积剥落，证明它的防水效果及黏附性都很差。因此这个研制非离子乳化沥青的科研单位，从80年代开始搞起了阳离子乳化沥青的研究，不再搞非离子乳化沥青的研制了。

1973年，在北京召开加拿大工业展览会，展出两小瓶液体样品，外商介绍可用它喷洒在砂石上碾压后即可行车，不需加热，可加水稀释等。我们看后就向外商要样品，他不肯给，我们先后去要了四次都不肯给，展览会结束那天又去要，外商将样品包装纸皮给我们，两瓶样品带走了。之后，我们从包装纸皮上找到厂家的名称及地址，通过化工进出口公司先后给外商发了五封信，经过三年的时间，外商经过瑞士、西德，最后从香港的代销店那里转来两瓶样品。我们将样品送到北京大学化学系做剖析，终于搞清它就是阳离子乳化沥青，但是用什么材料做乳化剂？在什么条件才可以乳化？用什么设备（手段）去乳化？都一无所知。为了寻找乳化剂，我们到全国各地去查找阳离子表面活性剂，收集了三十多种阳离子表面活性剂。其中有医药上的杀菌剂，有纺织上用的抗静电剂和柔软剂，有洗涤剂。当时从30个样品中只有一种柔软剂可以与沥青进行乳化，那就是天津OT（十八烷基三甲基氯化铵），但由于它用的原料要进口，价格昂贵，因而不能选用，我国能否发展“阳乳”是有很多疑问，有人说我们是胡闹，我国“阴乳”都不能发展，怎能发展“阳乳”？

1978年3月，虽然成立阳离子乳化沥青及其路用性能课题组，但当时很困难，一无经费、二无人员、三无设备，我们称它为“空头课题”。就是在这种情况下自己动手搭起活动棚，抹了地坪，仍然积极开展工作。恰巧1979年于奥地利召开十六届国际道路会议，部、院、所三位领导在法国见到“阳乳”可修高速公路，回国对“阳乳”的研究十分重视，这个课题一跃为重点研究课题，党的十一届三中全会的改革开放政策，改变了自我封闭的现状，1983年列为交通部重点科研项目，成立由十一个单位联合攻关的协作组，1983年列为国家节能应用项目。1985年荣获国家技术进步二等奖，1986年列为国家“七五”期间重点新技术推广项目。上自国家计委、交通部、各省市领导的重视与支持，下至不同专业——化工、机械、材料、公路（包括各公路基层部门）的通力协作，为着一个共同目标——为发展我国“阳乳”技术而团结奋斗。各级公路部门将推广“阳乳”技术贯彻于公路的修建任务之中，交通部“阳乳”联合推广组与乳化沥青学组每年召开一次年会，会上落实推广计划、交流经验、沟通信息、加强协作。全国从黑龙江边到珠江三角洲，从东海之滨到西藏高原，到处都在积极、稳妥地推广“阳乳”的筑路与养路技术。目前已经在各省的地（市）级建立乳化沥青基地，全国已建乳化沥青车间280座，年产千吨以上的车间已达35座，乳液产量已超过33×10^4t，提前一年完成国家下达指标，“七五”期间交流学术论文325篇，评选优秀论文50篇，我国“阳乳”技术得到全面的发展与提高。

首先在乳化剂的研制与生产方面，1986年，只有大连生产NOT中裂乳化剂，处于独家经营与供不应求状态，如今全国已有25家生产供应快裂、中裂、慢裂不同类型乳化剂（见表1）。

除表中所列厂家外，还有唐山丰南、辽宁盘锦、福建邵武、山东章丘等地也在生产各种类型的乳化剂。由公路生产部门、科研单位、高等院校相结合，开发利用当地工业废料，就地取材研制的乳化剂，降低乳化剂成本、提高乳化剂的性能、增加乳化剂的品种。目前国内生产乳化剂的用量与价格，都比国际上同类产品降低30%，因而也降低了乳化沥青的成本。当前国际上应用的六大类的“阳乳”乳化剂，国内已经可以生产其中的五大类（见表2）。

表1　国产阳离子沥青乳化剂的价格、性能、产量一览表

产地及品种	厂　家	有效物含量 %	实物价 万元/t	折纯价 万元/t	一般用量范围 %	pH值调节范围	年产量 t	类型	备注
天津OT	杨柳青化工厂	40	1.00	2.5	0.3~0.4	不调	100	快裂	
大连NOT	大连油脂化学厂	35	0.7	2.0	0.3~0.5	不调	300	中裂	
开封HK—1	腾飞乳化剂厂	55	1.05	1.909	0.3~0.5	不调	300	中裂	
郑州HR—1	河南化工研究所	55	1.15	2.09	0.3~0.4	不调	100	中裂	
堰城HRL—1	堰城化工厂	50	1.10	2.20	0.3~0.5	不调	200	中裂	
大庆	公路工程公司	60	1.05	1.90	0.4	不调	100	中裂	
襄樊NOT	襄樊助剂厂	35	0.86	2.46	0.3~0.5	不调	100	中裂	
广州NOT	广州助剂厂	35	0.86	2.46	0.3~0.5	不调	50	中裂	

续表

产地及品种	厂　家	有效物含量 %	实物价 万元/t	折纯价 万元/t	一般用量范围 %	pH值调节范围	年产量 t	类型	备注
密云	密云沥青厂	55	1.20	2.18	0.4～0.5	不调	100	中裂	
榆次	榆次乳化剂厂	55	1.10	2.00	0.4～0.5	不调	100	中裂	
上海1631	上海洗涤剂三厂	65	1.80	2.76	0.3	不调	200	中裂	
运城RH—CO1	运城乳化剂厂	27	0.35	1.30	0.4～0.5	2～3	100	中裂	
沈阳LS—1	沈阳于洪区公路处	30	0.35	1.17	0.3～0.4	2～3	500	慢裂	
北镇LR—M1	北镇公路段	31	0.30	0.95	0.3～0.4	3～4	200	慢裂	
孟县RH—CO1	孟县公路段	30	0.35	1.17	0.3～0.4	不调	300	慢裂	
抚顺RH—CO1	抚顺石化研究所	50	0.7	1.40	0.6	2～3	200	慢裂	
扬中JY—2	杨中县乳化剂厂	55	1.20	2.18	0.4	不调	100	中裂	
济南AT—1	长清化工实验厂	85	1.00	1.17	0.5	3～5	100	中裂	
济南AT—2	长清化工实验厂	85	1.00	1.17	0.5	3～5	100	中裂	
济南AT—3	长清化工实验厂	55	0.80	1.46	0.6	3～5	100	中裂	
哈尔滨LJ—1	东北林业大学	0.25	0.2	0.90	0.3～0.4	3～4	200	慢裂	
漯河HLL—A	漯河沙北塑料化工厂	60	1.1	1.90	0.3～0.4		150	中裂	

注：1. 本表为1990年末调查数据。2. 随着原材料价格的波动，产品价格可能随着变动。

表2　目前国产阳离子沥青乳化剂的类型及其化学分子结构式

类别	代　号	化学名称	化学分子结构式	出产地名	备注
季铵盐	OT	十八烷基三甲基氯化铵	$\left[C_{18}H_{37}-\overset{CH_3}{\underset{CH_3}{N}}-CH_3\right]Cl$	天津杨柳青	快裂
	NOT 1831	十八烷基三甲基氯化铵	$\left[C_{18}H_{37}-\overset{CH_3}{\underset{CH_3}{N}}-CH_3\right]Cl$	大连广州襄樊	中裂
	1621	十六烷基二甲基羟乙基氯化铵	$\left[C_{16}H_{33}-\overset{CH_3}{\underset{CH_3}{N}}-CH_2-CH_2-OH\right]Cl$	天津日化所	中裂
	1631	十六烷基三甲基溴化铵	$\left[C_{16}H_{33}-\overset{CH_3}{\underset{CH_3}{N}}-CH_3\right]Br$	上海	快裂
	HK—1 HR—1 HRL—1	双（氮）季铵盐	$\left[CH_{18}H_{37}NH_2-CH_2-\underset{OH}{CH}-CH_2-\overset{CH_3}{\underset{CH_3}{N}}-CH_3\right]2Cl$	郑州、开封、堰城、榆次、密云、大庆、漯河	中裂
	JY—2	1，3—二季氨三甲基异丙醇基—2—仲铵十八烷基盐酸盐	$\left[C_{18}H_{37}-NH\begin{cases}CH_2-CH-CH_2-\overset{CH_3}{\underset{CH_3}{N}}-CH_3\\CH_2-CH-CH_2-\overset{CH_3}{\underset{CH_3}{N}}-CH_3\end{cases}\right]3Cl$	江苏杨中	中裂

续表

类别	代　号	化学名称	化学分子结构式	出产地名	备注
双胺	DDA	烷基丙烯二胺类	$RNH\ (CH_2)_2NH_2$	大连油化厂	快裂
咪唑啉	M—1	1—胺乙基—2—十七烷基咪唑啉	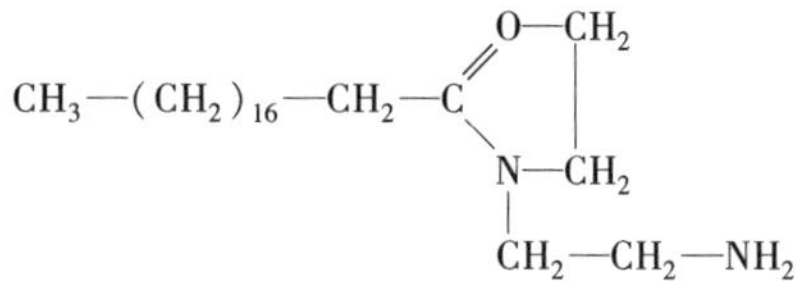 $O—CH_2$ $CH_3—(CH_2)_{16}—CH_2—C$ $N—CH_2$ $CH_2—CH_2—NH_2$	四川	快裂
	SM—Ⅱ	二氢化咪唑间二氮	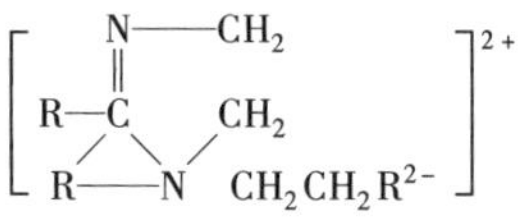 $[\ N—CH_2$ $R—C\quad CH_2$ $R—N\quad CH_2CH_2R^{2-}\ ]^{2+}$	西安	中裂
酰胺	GR	N—氨乙基酰胺	$R—CO—NH_3CH_2—CH_2—NH_2$	四川	中裂
	JSA—1	烷基酰胺基多胺	$RCONH\ (C_3H_6NH)\ nC_3H_6NH_2$	吉林	慢裂
	JSA—2				中裂
	JSA—3				快裂
木质胺	RH—CO1	木质胺	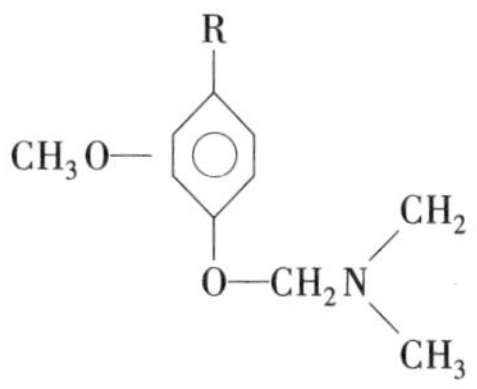 R $CH_3O—$(苯环) CH_2 $O—CH_2N$ CH_3	山西运城 辽宁沈阳 北镇 河南孟县 黑龙江 哈尔滨 西安	慢裂
	LS—1				
	LR—M1				
	RH—CO1				
	LJ—1				

注：本表为1990年末调查结果。

其次在乳化机械设备方面，已由单一的乳化机发展为成套乳化设备，改变凭经验手工控制油水比例以及油水开口自流进入乳化机的缺陷。研制出自动计量控制油水比例与油水温度，使油水在密封加压条件下进入乳化机进行乳化，提高了乳液的质量，并成倍地提高乳液的产量。可以根据工程需要生产不同类型的乳液，保证油水比例生产的准确、灵敏、稳定。目前湖南益阳研制用光电磁控制的乳化设备。唐山丰南、济南章丘、沈阳于洪、威海文登、朝阳用微机控制的乳液生产设备（见图1）。

这些乳化设备的自动化控制水平已接近国际先进水平，而其价格只是由国外引进的价格的十分之一。乳化沥青生产的加热方式，已由过去的明火烧煤加热改进为蒸汽加热，进而发展为导热油加热等多种加热方式，各地区可以因地制宜，择优选用。

在“阳乳”筑养路的施工方法上，除了一般的喷洒贯入和拌和摊铺中简化施工条件外，为了更充分发挥“阳乳”的技术特性，近几年又迅速开发稀浆封层，常温袋装混合料、废旧沥青材料冷法再生等施工技术，至今全国已有辽宁、吉林、陕西、湖南、河北、山东、河南、黑龙江等八个省制造稀浆封层机。全国已有14个省市铺筑稀浆封层2000km，它与热沥青单层表处相比，施工速度快、成本低、质量好，一般可节省沥青用量15%、降低造价30%，延长使用寿命一倍。因此，稀浆封层技术已经列为国家“八五”期间重点新技术推广项目。关于常温袋装混合料，便于贮存和运输，施工操作简便，有利于修补路面坑槽和旧沥青路面罩面。辽宁北镇、吉林四平、湖南益阳都已成功铺筑试验路并批量生产。关于旧沥青材料的冷法再生，在甘肃的兰州、山西的阴泉深受养路部门的欢迎。它改变了国外对废旧沥青材料热再生的框框，大大简化再生的工艺，并可节能80%，节省骨料70%，降低工程造价50%，减少环境污染。

在“阳乳”筑养路技术推广过程中，是在普及的基础上注意不断地提高，又在提高的情况下不

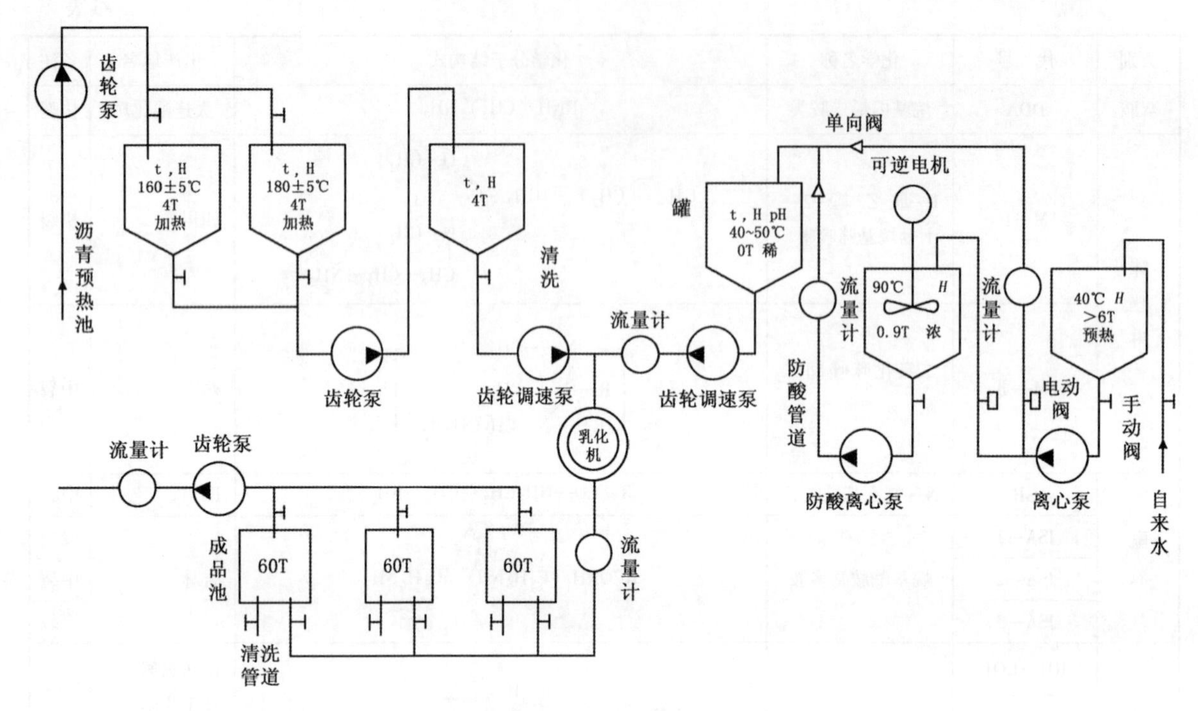

图1　乳化沥青工艺流程示意图

注：全部罐池采用蒸汽或导热油加热；t 为温度，H 为液位；
全部沥青管路采用气（油）套保温；成品贮存方式及成品池体积、结构可由用户自定

断地指导普及、循序渐进、不断深化技术上的每一步提高，又为推广普及注入新的活力与动力，使"阳乳"技术的推广工作向着新的深度与广度发展着。至今"阳乳"已在十六个方面得到广泛的应用（图2）。

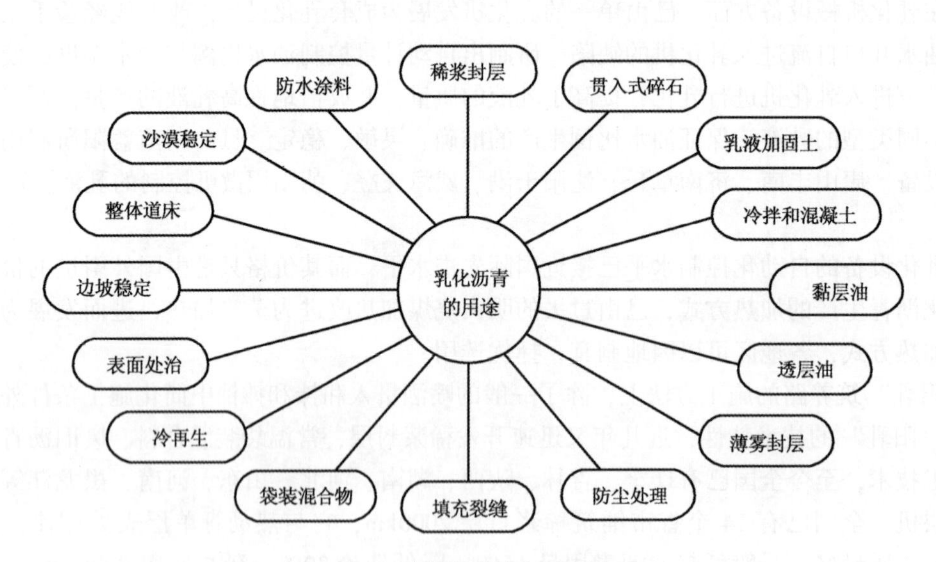

图2　乳化沥青的应用范围

据调查，当前国际上在大量生产使用阳离子乳化沥青的情况下，各国每吨"阳乳"的价格普遍略高于每吨石油沥青的价格（表3）。因为使用每吨"阳乳"的综合效益要高于每吨热沥青，因而国外虽然价格稍高仍得到广泛的应用。在我国由于乳化剂与乳化设备价格低廉，而且各种不同学科专业技术能够配合协作，因而"阳乳"的成本低于沥青的价格，从而为我国"阳乳"技术推广提供更为有利的条件（表3为1990年统计价格）。

表3　各国每吨石油沥青与“阳乳”价格表

国家名称	每吨石油沥青	每吨“阳乳”
瑞典	SEK　1200	SEK　1400
英国	88～95 英磅	90～120 英磅
以色列	US＄200	US＄250
南非	US＄170	US＄190
澳大利亚	澳元＄400	澳元＄460
新西兰	NZ＄450	NZ＄550
中国　陕西	RMB￥853.81	RMB￥592.84
中国　山东	RMB￥615	RMB￥510

前面重点叙述“阳乳”的技术特征，同时也联系到它的经济效益，下面着重对其效益进行分析。只有了解“阳乳”显著的效益，才能更主动地去推广。据各省几年来实践中总结的资料，就其在推广中所产生的节能效益、经济效益（含社会效益）、环境效益做如下分析。

（1）节能效益。

过去没有人重视用热沥青修路所消耗的热能，更没有人去准确计算它。随着能源危机的加剧，我们要注意并计算“阳乳”筑养路中节能的潜力。

在用热沥青修路过程中所消耗的热能，将18℃的沥青升温至180℃时，所需热能为：

$$(180-18)\times 0.5\times 1000/0.8=101250\text{kcal}$$

式中：0.5为沥青比热，0.8为热效率系数。

满足这些热能需柴油10kg（每千克柴油产生热能按10700kcal计），或用标准煤20kg（每千克煤按5000kcal计）。但是，由于热沥青修路过程中，每转运一次就要加温一次，如果施工现场出了故障，热沥青要持续保温，由于这种重复加热与持续加热的现象，常常每吨沥青消耗1t煤或1.1t柴（无煤地区烧柴）。

而采用“阳乳”修路时，只是在沥青乳化做一次加热，沥青从18℃加热到120～140℃，所需热能为（每吨乳液）：

$$(130-18)\times 0.5\times 600/0.8=42000\text{kcal}$$

乳化时，水的加热温度为60℃所需热能为（每吨乳液）：

$$(60-18)\times 400\times 1/0.8=21000\text{kcal}$$

式中：水的比热为1。

乳化时乳化机所需电能（每吨乳液按4kW计，每千瓦功率所需热能按2000kcal计）：

$$2000\times 4=8000\text{kcal}$$

综合每吨乳化沥青所需热能：

$$42000+21000+8000=71000\text{kcal}$$

生产1t“阳乳”所需热能为煤14.2kg，（或柴油7kg），考虑到沥青溶解热与热效率低于0.8等因素，每吨乳化沥青所需热能再增加7倍，即按100kg计。制成的沥青乳液可随时使用，不要加热，无论是几次倒运或现场停工待料（如气候不适或机料不齐等），都不需要对乳液进行重复加热和持续加温，因此每吨乳液比每吨热沥青节省0.9t煤。

如果建立一座年产2250t沥青乳液的工厂（用沥青1500t），每年可省煤：

$$1500\times 0.9=1350\text{t}$$

另外，用“阳乳”拌制砂石料修路时，大宗的砂石料不需烘干加热，而用热沥青拌制沥青混凝土时，每吨砂石料的烘干与加热，所需热能为：

设砂石料原有温度为18℃，含水量为4%，每吨砂石料烘干所需热能为：

$$1000 \times 0.04 \times 540 = 21600\text{kcal}$$

式中：540kcal为每千克水蒸发所需汽化热。

烘干后砂石料由18℃升温至170℃时所需热能：

$$(170-18) \times 0.2 \times 1000 = 30400\text{kcal}$$

式中：0.2为砂石料的比热。

每吨砂石料需热能：

$$(21600+30400) / 0.8 = 65000\text{kcal}$$

需煤13kg（燃油7kg）。

按上述情况，用"阳乳"修筑3cm厚，7m宽的沥青混凝土路面时，每千米需沥青27t，混合料483t，从中可节省热能：

$$煤 = 27 \times 0.9 = 24.3\text{t}$$
$$燃油 = 456 \times 0.007 = 3.2\text{t}$$

上述"阳乳"的节能效益也是经济效益。

(2) 经济效益。

由于"阳乳"在常温下具有良好的流动性和工作度，在骨料表面容易分布均匀，形成适宜的沥青膜，保证骨料之间有足够的结构沥青，使其间的自由沥青降低到适宜程度，这样就提高了路面的稳定性、耐磨性、防水性，节省了过多的自由沥青；同时，由于"阳乳"的沥青加热温度低、加热次数少，因此"阳乳"铺的路面，夏季高温季节不出现油包、波浪、推移等现象，冬季低温季节里，路面较少出现开裂、老化等病害。

用"阳乳"铺筑各种路面，因路面结构的不同、施工方式的不同，其所节省沥青用量也不同，根据已铺的各种试验路面资料统计，节省沥青用量如表4所示。

又根据各地区不同的机械设备、施工方式、技术水平的差别，节省沥青数量也有不同，如表5所示。

表4　不同结构路面"阳乳"节省沥青用量

路面结构类型	热沥青路面中沥青用量	平均	乳化沥青			节约沥青量(%)
			用量	折合沥青	平均	
简易封层(<1cm)	1.2~1.4kg/m²	1.3kg/m²	1~1.4kg/m²	0.6~0.84kg/m²	0.72kg/m²	45
表面处治(拌和 2cm)	5~5.5%	5.25%	7~8%	4.2~4.8%	4.5%	14
多层表处(3cm)	4.0~4.6kg/m²	4.3kg/m²	6.2~6.4kg/m²	3.72~3.84kg/m²	3.98kg/m²	13
贯入式(4cm)	4.4~5kg/m²	4.7kg/m²	6.5~7kg/m²	3.9~4.2kg/m²	4.05kg/m²	14
沥青碎石	4.5~5.5%	5.0%	7~8%	4.2~4.8%	4.5%	10
中粒式混凝土	5.5~6%	5.75%	8~9%	4.8~5.4%	5.1%	11
细粒式混凝土	6~7%	6.5%	9~10%	5.4~6.0%	5.7%	12
黏层油、透层油	0.8~1.2kg/m²	1.0kg/m²	0.8~1.2kg/m²	0.48~0.72kg/m²	0.6kg/m²	40

表5　不同地区用“阳乳”修路节省沥青用量

试验及施工单位	节省沥青数量,%
黑龙江省交通科研所 大庆市公路工程公司	19.14
大连市城建局及市管处	18.35
湖南省公路局及交通科研所	17
北京市公路处科研所、密云县公路管理所	25.35
辽宁省交通科研所、大连市公路处	20
甘肃省交通科研所、兰州公路总段	22.25
河南省交通厅科研所	18
平　均	20

沥青是修路的重要材料，它的价格越来越高。它的单价越高、采用“阳乳”修路的经济效益越显著，当每吨沥青为200元时，节省20%的沥青为40元，还不够乳化剂的费用（实为70~100元），现在每吨沥青1000~1400元，节省20%的沥青为200~280元，抵消乳化剂的费用富富有余。

另一方面，使用“阳乳”可以采用酸性、碱性两种骨料，两类骨料都有良好的黏附效果，解决了热沥青只适用于碱性不适于酸性骨料的限制的问题，从而扩大骨料来源，抵消只产酸性骨料地区，可以就地取材，降低工程造价，节省远距离骨料运输产生的费用。

表6为陕西省公路局应用“阳乳”修路所产生的工程直接效益（1987年统计）。

表6　陕西省公路局“阳乳”路用经济效益汇总表

项目 \ 数额 \ 结构与用途	罩面 1.5cm	拌和表处 3.0cm	修补裂缝 0.3cm	贯入式表处 5~8cm	补坑及其他	费用（元）
工程量，km	481.7	33.0	346.1	11.4	322.8	
矿料，m^3	34682	5940	6228	3100	8351	
乳液用量，t	7231	690	3044	570	2269.2	
节约沥青，t	635.8	59.4	706	45	660	+1474340
节约人工（工日）	39736	19879	83080	310	106909	+1249550
节约燃料费（元）	203581	13430	16284	16740	75497	+326072
二次运费节约（元）		4064				+4064
增加乳剂费（元）	542325	72075	156675	13400	231225	-1015700
增加乳化用水费(元)	4845	1644	1395	1040	1838	-10762
节约总计						+2027564

注：表面处治，简称表处，有拌和式和贯入式两种。

表中说明，一年使用乳液近14000t，带来工程直接效益为2027564元。至1990年底共用“阳乳”33983t，节省直接工程费370万元。更为重要的是，由于使用“阳乳”可以延长修路季节，即使是在阴湿与低温季节也可做到发现病害补早、补小、补彻底。因而路面坑槽的修补量每年可以减少40000m^2，好路率平均每年递增5%，车速平均提高2.5km/h。对全省20万辆的载重车，每天按6小时行车计，每年即可增加109500万车公里。相当于10万辆载重车1年的运输量，每辆车按6万元计，购车费为60亿元，每辆车寿命按5年计，每年可以节省购车费12亿元。每年可节省汽车燃油100×10^4t。

又如1987年于河南的郑（州）汴（开封）线的二线公路施工时，气温骤然下降至-3～-5℃，已经压实合格的15000m^2石灰土基层上，由于气温低无法铺筑沥青面层。为了保护基层安全过冬，不得不使行车绕行30km土路，在5000辆/日交通车辆绕行在路况很差乡村道路上，必须降低车速并造成堵车。为了解决这个难题，开封总段大胆地用“阳乳”在石灰土基层上做了多层表处，因为制作的“阳乳”在-8℃才结冰，所以在-3℃情况下仍可为基层做保护层，保证郑汴线顺畅通车，避免车辆绕行四个月，仅此一段路即可获社会效益1200万元。又如1990年在新乡107国道施工中，水泥混凝土路面虽已铺完，因气温在-5℃情况下路面两侧的沥青道肩无法施工，致使这段107国道不能按期通车。最后也是采用“阳乳”拌制混合料成功地铺筑道肩，保证日交通量8000辆的107国道提前三个月按时通车，仅此一项节省直接工程费用500万元，带来运营效益为3.75亿元。

类似上述的情况，在湖南、山东、北京、河北、黑龙江等地都因采用“阳乳”而取得显著的直接工程效益与社会效益。为此，山东省公路局按济南市的资料，根据《公路建设项目经济评价方法》计算，使用每吨“阳乳”可获得经济效益为11439元，至1991年底，山东推广“阳乳”获得经济效益为3.9869元，为全省“阳乳”的推广工作带来更大的促进。

（3）环境效益。

由于乳化沥青生产过程中，经过的管道都是密封的，沥青的加热温度低（120～140℃），加热时间短、污染小。热沥青车间由于沥青加热温度高（170～180℃），加热时间长，加热次数多，沥青蒸气中的有害物质对于环境污染严重。现就乳化沥青车间与热沥青车间周围监测结果进行比较，前者污染程度显著降低，乳化沥青厂和热沥青厂环境监测结果对比见表7。

按环境监测结果，严重危害工人健康的苯并（a）吡，乳化沥青车间已降低74倍。酚含量降低136倍，总烃含量降低9倍，这些有害物质的含量都已低于国际标准。热沥青的拌和厂还存在因砂石料的烘干、加热与拌和，产生的粉尘对环境污染十分严重的问题，乳化沥青的拌和厂由于可用湿砂石料拌和，因而没有粉尘污染。

表7　乳化沥青厂和热沥青厂环境监测结果对比

采样地 检测项目	乳化沥青厂	热沥青厂	降低倍数
苯并（a）吡	2.0×10^{-6}	1.49×10^{-4}	74
酚	0.023	3.14	136
总烃	2.5	22.27	9
苯	未检出	未检出	—
二甲苯	未检出	未检出	—

目前，我国的公路造成环境污染的重要问题是砂土路面的防尘问题，占全国公路里程75%的砂土路面，行车后常常是尘土飞扬，致使路两侧的庄稼减产，养路工人患矽肺病；而且路况不好，运输效益低，因而急待解决大量砂土路面防尘问题。经过山东、湖南、河北、辽宁等省研究成果表明，采用“阳乳”做砂土路面的防尘处理可以取得满意效果，而且每千米可节省养路费3600～4100元。

在现场修路施工时，由于“阳乳”的混合料是在常温条件下进行施工，不会因热沥青而引起的烧伤、烫伤，也不会因热沥青混合料中沥青蒸气的熏烤而中毒，同时可避免高温日晒而引起的中暑与感冒，因此修路工人对于“阳乳”十分欢迎。他们说：国家推广“阳乳”是对我们修路工人们的最大的关怀，用“阳乳”不仅可以延长路面的寿命，也能延长我们修路工人的寿命。筑路工人们对此有着切身的感受。

以上情况说明了用“阳乳”修路的技术经济效益，当国家计委将“阳乳”筑养路技术作为重点新技术推广的决策出台之后，各省市主管交通公路部门积极制定落实政策。例如，陕西省公路局在全面进行宣传、培训的基础上，又将每年例行的公路大检查由有利季节（7月和8月）改为不利季节（12月），从而促使养路基层部门在冻害来临之前，采用“阳乳”及时预防和消除病害（裂缝与坑槽等），保证路面安全过冬，为此全省已有80%的县建立乳化沥青车间。全省“阳乳”年产量超万吨，好路率逐年上升。又如山东、辽宁、广东、湖南、河南等省采取行政指令与经济手段相结合的办法，如提供乳化设备，调拨平价沥青，给予适当补贴。在技术考核、技术比武、年终评比时，都将“阳乳”技术推广作为一项重要内容，普遍采取培养典型，以点带面，成功一点带动一片，在稳妥基础上积极推广“阳乳”技术，使“阳乳”的用量与使用范围逐年上升扩大。随着“阳乳”的应用范围逐步扩大，人们对“阳乳”的技术经济效益得到更深刻的认识。

“阳乳”技术的成果是多种学科综合研究的结晶，“阳乳”技术的推广也是要在多方协作，多种专业密切配合下才能取得成功。就是在同一部门里，也需要工程部门与机料部门密切配合。就是说工程上需要的各种“阳乳”，机料部门能够保证生产供应。另一方面，材料部门生产出的乳液，在工程上能立即派上用场，产、供、销的每个环节都能紧密配合，乳液的应用量与生产量即可提高。当前山东、辽宁、陕西都配合得很好，因此年产量均超万吨，“阳乳”的技术经济效益已经得到工程部门的承认。推广“阳乳”技术已经不再需要行政指令，而成为群众的自发自愿要求采取应用。但是就全国范围来看，发展是不平衡的，有的省虽已建乳化基地，但年产量不足千吨，设备的利用率不高。全国目前年产“阳乳”总量仅有 10×10^4t，从表8中看出，与世界先进国家相比差距很大，从人均量来看就更为落后了。

表8　各国乳液年产量及人均量

国名	年产量，t	人均量，L	国名	年产量，t	人均量，L
瑞典	70000	6	法国	1100000	20
英国	150000	4.0	德国	122500	2
以色列	10000	3.7	挪威	12000	3
南非	105000	5.5	荷兰	30000	2.2
澳大利亚	29000	2.4	比利时	22000	2
新西兰	20000	7.3	日本	400000	3.4
美国	4500000	18.4	西班牙	450000	12
中国	100000	0.09			

当前应该充分发挥已建乳化车间的潜力，提高现有设备利用率，如果每个车间年产量近千吨、“阳乳”技术的推广就会发生重大变化。实践证明，科学技术为群众所掌握就会变成巨大的物质力量，就能转化为生产力，改变生产面貌，帮助人们向生产的深度与广度进军。新品种的乳化剂与乳化设备，新工艺的改性乳化沥青与改性稀浆封层一定会有发展与提高，技术进步必将迅速改变我国公路事业的面貌。

国际上乳化沥青的发展动向

姜云焕

国际上乳液技术发展的动向，主要表现在乳液用量逐年增长、乳化剂的类型、软件与硬件等方面的综合发展。特别是在硬件方面，推广电子计算机和微机处理，可以确保更高精度的计量，迅速发展起连续式的复合型乳化系统，从而研制出更新的乳化机构系列。在软件方面，从已往沥青乳液的生产中，研制出具有更高性能、高黏附性能的聚合物改性乳液。开发多种聚合物，使它们能与原材料和沥青有很好的相溶性。在乳化剂方面，发现多种的反应形态、多种类特长的乳化剂。在施工方面，因现场情况和气象条件等而受到限制的乳液，为了改善其黏附性与黏结性，采用的促进剂、缓破乳剂等外加剂的情况逐渐增多，使乳液的施工性显著地提高。

一、引言

近些年，随着交通量的增多，为了提高道路的质量，道路材料的制造厂家必须不断改进配方以提高材料质量。

由于乳化沥青有着广泛的用途，制造沥青乳液的厂家，为生产更好的产品而坚持不懈地开发研究。在国际上的沥青领域之中，乳化沥青被认为是最充满活力的材料。本文就国际上最近沥青乳液的发展情况予以介绍。

二、沥青乳液生产情况

沥青乳液的使用，可以减少环境的公害、节省能源，在铺筑路面中是最为经济的方法，这是众所周知的。

在沥青乳液中，将细小的沥青微粒分散在连续相的水相之中，在这个过程中：

(1) 为使沥青成为细小微粒需要剪切能。

(2) 乳化剂的物理性质与化学性质成为重要因素。

由此，在沥青乳液生产制造领域中，有以下新的情况展现出来：

为使沥青成为微细颗粒，可以使用匀油机和胶体磨等具有剪切能量的机械。现在已有取代这种机械的更为简单的制造设备，研制出了更高效的，更经济的乳化设备。

在研究出来的动力之中，有在化学工业中经常使用的超声波，这是有趣的设备。还有一种正在研究的乳化设备，它是将沥青与乳化剂水溶液，各经过精密的计量泵，如同经过乳化机那样经过管中的静态混合器达到连续生产乳液目的的装置。

在生产乳液过程中使用计算机和微处理机逐渐增多。这是值得重视的，据此可以更容易地迅速调整油水比例，因而也就更容易满足用户的需要。

三、新的乳化剂

关于乳化剂，必须努力超出以下范围：

（1）改善已有的二胺、多胺、咪唑琳，酰胺等乳化剂的性能，使其更适应现有的沥青性能。

（2）常温精细路面系统使用具有显著改良作用的新型乳化剂的外加剂，制出快裂并能尽早通车的精细沥青路面混合料，并且可以在正常施工季节以外也能进行施工。

（3）用于制造表面处治的开级配常温混合料的快裂型乳液和中裂型乳液，使用二胺的水溶液具有特殊的意义。这是脂肪族二胺和烷基氧化物之间缩合反应，由于化学反应的变化，使支链产生变化，利用这个变化可以生成多品种的乳化剂。这些乳化剂一般在常温是液体的，特别适用于连续生产乳液工厂的需要。

但是，这些乳化剂还存在乳化能力低，贮存稳定性、或与某种骨料的黏附性低等问题，必须予以研究解决。

（4）可以提高乳液黏度的新型乳化剂，这是为表面处治而使用，沥青含量约为60%的快裂型阳离子乳液，对此效果十分明显。

四、用外加剂调节乳液破乳速度

近年来，在研究领域中重要发展之一是用促凝剂、缓凝剂等外加剂调节乳液破乳速度。

1. 延缓剂

在许多国家中，根据骨料种类，气候条件以及工程种类等因素，在制造慢裂型稀浆封层用的沥青乳液中，为调节其破乳速度而使用延缓剂。

2. 促进剂

促进剂与表面处治用的快裂型乳液一样，具有重要革新价值。

由于这种乳液可以在湿润的气候情况下使用，与其他黏结料相比，在表面处理中可以在更广泛的条件下使用。

但是，过去在表面处理用的乳液中，由于骨料的化学特性和温度影响乳液破乳，为了在破乳过程中不受气候条件影响，因此引入新的洒布设备。即用两个喷嘴并行使用，将特殊的高浓度乳液与促进剂由两个喷嘴同时洒布。

促进剂就是破乳剂。破乳剂是在喷洒乳液的时候加入的，它可以使混合料迅速固化，且效果良好。

这种高浓度乳液，主要有如下优点：

（1）在3℃以上的温度可以良好的黏附在骨料表面上；

（2）与骨料有着很好的黏附力；

（3）即使在阴湿的天气下作业，也不会失败；

（4）在基层湿润情况下也影响不大；

（5）在加入了外加剂的系统中，可在早期使骨料与黏结料有较大黏附力；

（6）可以早期开放交通；

（7）对于难以控制气候的地方，可以减少失败，扩大施工的可能范围；

（8）没有污染和危险；

（9）这种特殊高浓度乳液，可以由室内试验进行以上性能的调整。

五、应用技术的发展

在欧洲的一些国家推广一种特殊的表面处治方法。这种方法被称为“夹层结构”的表面处治。

这种夹层结构的表面处治的名称，是由于两种以上的碎砾石骨料，在两层骨料之间洒布沥青乳液，这种类型的表面处治集中了各种表面处治的优点，就是说它：

（1）封层使用黏结料少。

（2）双层表面处治可以得到很快的稳定性。

作为双层的表面处理，由于骨料和碎石为两层，可以更好的防水，底层的透水性很少影响路面的交通的功能。

这种夹层结构的表面处治施工方法如下：

（1）第一层先铺粗骨料，进行轻度压实。

（2）进行洒布乳液。

（3）撒布第二层较细的骨料。

（4）进行原路面修正的压实。

对于难以进行有效压实的交通量少的路段，以及不均匀的底层等地区，适于采用夹层结构处治。

对于泛油的路面也可采用。这时先撒一层粗骨料，由它可将表面上多余的结合料予以吸收，形成缓冲层，使路面成为均质结构。这样的表面处治，由于黏结料的用量少，造价可以降低。

六、蒸发残留物的改性

将乳化沥青蒸发残留物予以改性，制得的乳液称为“高浮动乳液”。除了这种乳液以外，最近还有在乳液调制的前后或之中，在沥青中加入高分子物质的方法。根据这种方法而制得的乳液，称为聚合物改性沥青乳液。

（一）聚合物改性的沥青乳液

由于加入弹性材料或聚合物，使蒸发残留的沥青性质得到显著改善。用聚合物改性的沥青乳液，可在沥青乳液中加入胶乳，也可以在乳化时将胶乳加入水中，或者将胶乳直接加入沥青中而制得乳液。

第一种方法是最为简单的方法，也是早期采用的方法，但是，现在不推荐这种方法。第二种方法可容易地将聚合物的分子均匀地分散于沥青中，可以改善沥青的性质。最后一种方法是在沥青进入乳化机以前对沥青进行改性，这种方法需要有熟练的技术。

用聚合物制造改性的沥青乳液，可以使用多种聚合物，一般使用以下聚合物：

（1）天然的或者合成的橡胶胶乳；

（2）乙烯醋酸乙烯共聚体；

（3）SBS 热塑性聚合物。

1. 天然或合成橡胶胶乳

改性的沥青乳液，最初使用的是天然橡胶，然后是丁苯橡胶。氯丁橡胶的合成橡胶胶乳也被使用。

将制成的乳液加入胶乳中的方法不能达到改性的目的，因为这样的两种乳液不能均匀混合而产生分离状态，因此至今不能算是一种好的方法。

乳化剂水溶液加入胶乳而进行乳化，这是乳化工作的很大进步，这样可以防止聚合物质量的下降。

用阳离子乳液时，如果与阴离子的胶乳掺配，可以采用调整其 pH 值的特殊处理方法。

由此制得的乳液其蒸发残留物的主要性质如下：

（1）降低感温性。

（2）优良的弹性。

（3）显著的韧性与弹性。

上述这些改性的效果，经过一系列试验予以证明，特别是黏韧性/韧性的试验结果更值得重视。

其中尤以丁苯橡胶改性的乳液的蒸发残留物的韧性，与相同稠度的直馏沥青相比，显著增高，作为表面处治与精细路面使用的乳液，特别是黏韧性和韧性的提高，更有重要的意义。

2. 乙烯醋酸乙烯共聚物（EVA）

EVA 根据其醋酸乙烯的含有量不同，其黏度也会不同，黏度又与其分子量相依存。在沥青中加入 EVA 时，针入度将变小，软化点提高。其他方面的改性效果如下：

（1）温度的影响变小。

（2）塑性温度范围变广。

（3）黏聚力改善。

（4）黏附力改善。

对于这些情况，在弹性方面几乎无变化。

一般在制造乳液中，使用醋酸乙烯的含量最低（15% ~20%）的 EVA。它与其他聚合物相比较，与沥青有很好的相溶性，这是它的主要优点之一。

使用 EVA 对沥青乳液进行改性时，一般是事先分散在沥青中进行乳化。

不是使用良好的聚合物，就一定能作为沥青的改性剂，为此，不仅要选用与沥青改性要求相符的聚合物，并要解决沥青与聚合物的相溶性，而且要考虑用什么机械的方法使聚合物均匀地分散在沥青之中，每个过程都应符合要求。

一般，在没有外观变化的情况下，可以认为聚合物与沥青的相溶性是好的。

如果不相溶时，沥青质将产生沉淀，引起泛油现象。如果采用溶剂法对各种成分进行分离或用荧光反射显微镜法进行分离时，可以更为清楚地说明这些现象，采用后者对于热塑性橡胶（SBS，SBS 为苯烯—丁二烯—苯乙嵌段共聚物）更特别有效。荧光是指某种化学物质受光照射时，发出的可见光。

因此，在使用的 SBS 改性沥青层受到强光时，沥青与 SBS 相溶发出黄色荧光，不相溶发出绿色荧光。如果沥青没有改性，就发不出荧光。因而用显微镜观察荧光时，可以判断沥青与聚合物的分散是否良好。

沥青与聚合物的相溶性，依赖于其分子结构。聚合物分子量越小，越容易与沥青相溶。但是，如果分子量太小，且有可塑性，只能表现出很弱的黏聚力。

聚合物改性沥青时，沥青的组分也是很重要的，其中，沥青质和沥青烯的芳香族的含量是重要的因素。

对于沥青的改性，要求沥青中轻组分的含量和沥青烯的芳香族含量在一个适宜的范围。作为改性沥青要求有均匀的、良好的弹性，这是很必要的。

（1）如果沥青烯的芳香族含量过低时，就难以使聚合物均匀地溶解，改性后的沥青就缺少黏附力。

（2）如果沥青烯的芳香族含量过高时，聚合物就可以全部溶解。这时沥青就成为塑性的沥青，就没有弹性了。

（3）沥青中沥青质的含量越低，相溶性越好。

3. SBS 热塑性聚合物

SBS 用于沥青乳液和加热沥青混合料中，作为改性黏结料的聚合物，是最有前途的一种材料。SBS 的分子两端，具有坚固的苯乙烯基团，中间是柔软弹性的丁二烯基团的共聚合体。根据 SBS 结构和分子量作如下分类：

（1）带有直链结构的中分子量的 SBS；

（2）带有辐射状结构的高分子量的 SBS。

辐射状结构的 SBS 由于有乙烯基团的存在，保持着塑性性质，它可使黏结料受温度的影响减小，同时又有良好的机械性能。另一方面，在低温情况下，直链结构的 SBS 显示出良好的柔软性。

但是，由于辐射状结构的 SBS 分子量大，改性的沥青黏结料的黏度提高，使操作变得困难，这是必须要重视的问题。

制成的高黏度黏结料，如果用泵送时，必须采取高温。另一方面，泵送乳液时要防止乳液破乳。为此采用降低温度的装置。

用 SBS 改性的沥青与直馏沥青相比较，有下列优点：

（1）减小温度的影响；

（2）塑性指数有很大改善；

（3）费氏脆点降低；

（4）黏附力增大；

（5）低温下增加柔软性；

（6）弹性增大；

（7）韧性增大。

4. 应用范畴

改性沥青乳液大部分用于表面处治、稀浆封层和精细路面。

（1）表面处治。

直至今日，用聚合物改性乳液，主要用于交通量大的路面上解决防滑问题。在这种道路中，要求有抗滑耐久力和抗滑磨耗层，使用硬质骨料和改性沥青，具有如下的特点：

①改性沥青良好地黏附在骨料表面，具有良好的黏附性、高黏度，并且能迅速开放交通。

②无论在什么气候下，都会有电离子的吸附性，能够防止水的影响。

③抵抗交通的切线方向应力，特别是在高温情况下，具有高内黏附力。

④低温时柔软，由此可以减小与骨料黏结的脆性和引起开裂的危险性。

（2）稀浆封层与改性稀浆封层。

采用聚合物改性的乳液铺筑路面的方法，在西班牙使用极为广泛。每年有 $1250\times10^4m^2$ 干线公路上采用这种材料进行再铺筑，这种路面称为改性稀浆封层。

在二级道路和住宅区，采用普通的稀浆封层。但在交通量大的干线公路上，采用改性沥青乳液铺筑路面。从这种施工方法的特性来看，这种聚合物改性已属于沥青混凝土的范畴之中。

聚合物改性稀浆封层与过去的稀浆封层的不同之处如下：

①使用了更粗的骨料；

②使用了聚合物改性的沥青乳液；

③特殊的摊铺装置；

④每平方米的摊铺的混合料用量较多。

一般使用骨料的粒径为7mm、10mm 和13mm，骨料的洛杉矶磨耗值为20 以下，砂当量为75 以上。这种路面具有很好的防水性，很高的耐磨耗性。

在使用粗骨料时，要求精密地控制稀浆的稠度。它与一般的稀浆封层相比较，平均的乳液量减少20%～25%。双轴强制式拌和机确保每个断面的均匀拌和，在摊铺箱内，螺旋传送器准确控制摊铺厚度，摊铺装置必须确保这种功能。

⑤普遍采用能够控制破乳速度尽早开放交通的离子乳液。

乳液中的弹性材料，除了增大路面的耐久性以外，还可以大幅度改善混合料的机械性质（稳定度达 1700kg 以上），黏附力大大提高，而且耐磨耗和抗塑性变形也提高，它与稀浆封层相比，另一不同点是可以容易地铺筑 6～25mm 厚的面层。

改性稀浆封层主要用于以下情况：

①大交通量的抗滑磨耗层；

②填补由于老化而出现坑槽的磨耗层，填补车辙；

③局部路段的再铺面；

④在城市道路中取代热沥青混合料。

当差热分析在60000以上的改性稀浆封层行车5年后，在某个特定城市的街道上，用手提式摩擦系数测定仪测定，摩擦系数在0.63以上。在高速公路上，采用最大粒径为7mm骨料铺筑改性稀浆封层，当年测定纹理深度为1.2，行车使用两年后，测定纹理深度为1.1。这种路面耐久、耐磨，能确保行车安全，在欧洲的设计速度可达120km/h以上。

国外表面活性剂在乳化沥青中的应用

一、引言

随着公路事业的发展，乳化沥青的用量显著增加，乳化技术不断提高，乳化沥青的应用范围不断扩大，除了用于铺筑公路材料以外，如乳化沥青水泥砂、防蚀剂、防锈剂、防水剂、黏合剂，改造农业土壤等各方面都有所利用。又如将高分子材料和其他有机和无机等材料作为填充剂，开辟了具有特殊的高价值的新材料。

乳化沥青所具有的特性，是根据其中所加乳化剂的性质而决定的，因而在制造乳化沥青时加入作为乳化剂的表面活性剂决定乳液的基本性质，同时加入其他表面活性剂改善乳液的性能。本文介绍近些年来在乳化沥青方面发展的乳化剂，以及作为改善乳液性能所掺用的表面活性剂。

二、各种表面活性剂应用的介绍

作为乳化沥青的表面活性剂，一般有阴离子型和阳离子型两种表面活性剂。作为铺筑路面所用乳化沥青，近几年来主要是以阳离子表面活性剂作为乳化剂的阳离子乳化沥青，这方面的内容在许多报告和论文中已作了记述，这里不作介绍。关于非离子表面活性剂，由于自身乳化能力小，乳液的稳定性差，因而不单独使用，常常与其他离子型表面活性剂一并使用。作为阳离子型表面活性剂的乳化剂主要有：长链烷基胺、长链烷基丙烯二胺等无机酸和有机酸的水溶性盐，长链烷基三甲基铵盐等所代表的各种季铵盐。作为阴离子乳化剂有长链烷基碳酸，长链烷基磺酸，长链的烷基苯磺酸等碱性金属盐。表1中给出了近一年来发展的乳化剂。下面就以表1所列实例为依据，介绍这些表面活性剂。

表1　近十年来发展的乳化剂

编号	表面活性剂	表面活性剂离子型	专利号
1	长链烷基二丙烯三胺水溶盐	+	43—16549
2	长链烷基二丙烯三胺环氧乙烷加成物的季铵盐	+	43—16550
3	长链烷基聚环氧乙烷单季铵盐或双季胺盐	+	43—30075
4	曼尼希碱水溶盐	+	46—22479
5	长链烷基亚烃基环氧乙烷加成物的季铵盐	+	48—1818
6	芳香基置换长链烷基铵或烷基亚烃基二胺的季铵盐 芳香基置换长链烷基亚烃基二胺的水溶盐	+	48—19523
7	长链（烷）醚类丙基双丙烯多胺的水溶盐	+	49—972
8	长链烷基硫酸酚盐（钠盐） 长链烷基磺酸盐	-	47—24646
9	氨基酸型两性活性剂 咪唑啉型两性活性剂 咪唑啉型甜菜碱两性活性剂	+或- +或- +或-	45—37030

注：表中+为阳离子型，-为阴离子型；专利号为日本特许公报号。

1. 阳离子型乳化剂

表1的No.1至No.7为阳离子型乳化剂。

No.1，以长链的烷基二丙烯三胺的水溶盐作为乳化剂，这种乳化剂与一般所使用的长链烷基丙烯二胺的结构相类似，具有两个丙烯胺基。它的水溶盐具有亲水性，这种乳化剂尤其对于石灰岩具有更好的黏附性。

$$R\quad NH—CH_2\,CH_2\,CH_2\,NH_2$$

烷基丙烯二胺

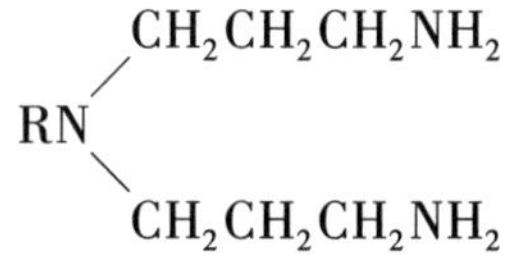

$$RN\begin{cases}CH_2CH_2CH_2NH_2\\CH_2CH_2CH_2NH_2\end{cases}$$

烷基丙烯三胺

No.2，在No.1的长链烷基三胺中加入4～40克分子的环氧乙烷加成物，再用金属氧化物、二甲基硫酸等制成季铵盐，用这种乳化剂制成的乳化沥青适用于作为拌和用乳化沥青。

一般在使用阳离子型乳化沥青时，对于含有较多微细颗粒（它带有负电荷）的骨料拌和时，乳化沥青中的沥青颗粒由于带有阳电荷，与骨料急速相吸时，使乳化沥青迅速产生分解破乳，致使混合料不能充分拌和均匀。为了克服这种现象，研究了各种防止阳离子乳化沥青急速分解破乳的措施，将长链烷基胺中N—H中的H变成了聚烷氧基，成为非离子型的阳离子乳化剂。

No.3，这种乳化剂是在长链的烷基或二（元）胺中分别各加入2～3个克分子环氧乙烷加成物后制成的季铵盐。这样配制的乳化沥青与微细骨料相拌和时可以改善其分解破乳速度。

No.4为曼尼西碱，如壬基酚、十二基酚等酚类与甲醛等相反应，再与二甲基胺等反应生成如下结构式的化合物，成为有机酸或无机酸的水溶盐。使用这种乳化剂制得的乳化沥青，适合作贯入铺装路面用，它与骨料有较好黏附性。

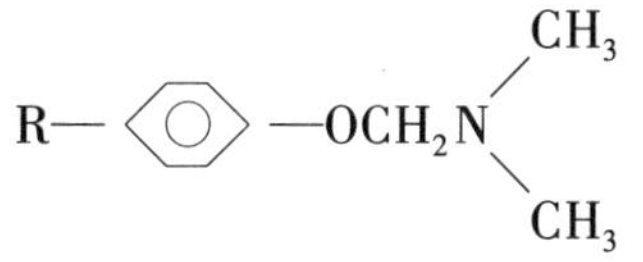

$$R—C_6H_4—OCH_2N\begin{cases}CH_3\\CH_3\end{cases}$$

No.5，用长链烷基亚烃基二胺的环氧乙烷加成物的季铵盐。它可以制成与水泥相拌和的乳化沥青。

No.6，这种乳化剂是在长链的烷基中间位置上带芳香基。如带有苯基、萘基等单季铵盐和双季铵盐或胺的水溶性盐。

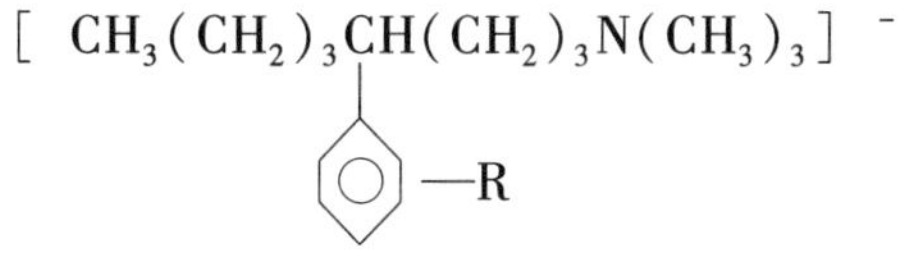

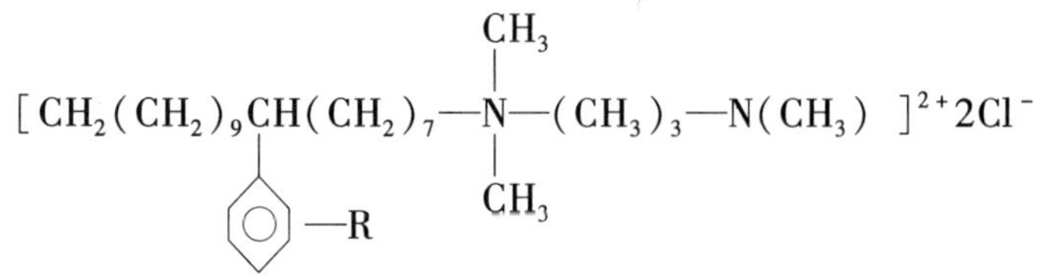

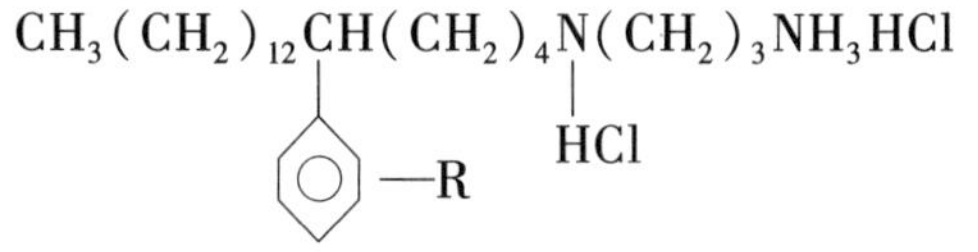

$$[\ CH_3(CH_2)_3\underset{\underset{C_6H_4—R}{|}}{CH}(CH_2)_3N(CH_3)_3\ ]^-$$

$$[CH_2(CH_2)_9\underset{\underset{C_6H_4—R}{|}}{CH}(CH_2)_7—\overset{\overset{CH_3}{|}}{\underset{\underset{CH_3}{|}}{N}}—(CH_3)_3—N(CH_3)\ ]^{2+}2Cl^-$$

$$CH_3(CH_2)_{12}\underset{\underset{C_6H_4—R}{|}}{CH}(CH_2)_4\underset{\underset{HCl}{|}}{N}(CH_2)_3NH_3HCl$$

这种乳化剂与一般常用的带有长链烷基胺和丙烯二胺等乳化剂相比较，所不同之处是在长链的烷基中带有芳基，使用这种乳化剂配制的乳液，与含有微细粉料的骨料相拌和或与含有填充剂的骨料相拌和时，乳液分解破乳时间长，可以有充分的操作时间，适用于做路面封层用。

No.7，这种乳化剂的结构如下：

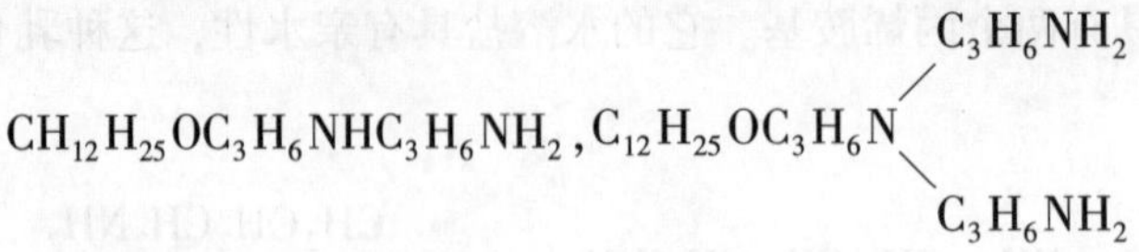

$$CH_{12}H_{25}OC_3H_6NHC_3H_6NH_2,\ C_{12}H_{25}OC_3H_6N\begin{matrix} \diagup C_3H_6NH_2 \\ \diagdown C_3H_6NH_2 \end{matrix}$$

它是在长链的烷基中与醚相结合，这种乳化剂的特征是，即使在用量很少的情况下（乳液浓度的0.1%），也能表示出良好的乳化稳定性。

2. 阴离子型乳化剂

阴离子型乳化剂用于铺筑路面上，现在已经很少使用，只举一例予以介绍。

No.8，阴离子型乳化剂采用，长链的烷基磺酸盐 RSO_3Na。这种乳化沥青可与一般的骨料拌和，也是稳定的。由于分解破乳缓慢，施工后不能尽快地硬化，加掺带有多价金属离子的石灰和氯化钙时，乳化沥青即可急速分解破乳。利用这个特点，可制成为铺筑路面用乳化沥青。其反应如下式：

$$2ROSO_3Na + Ca^{2+} \longrightarrow (ROSO_3)_2Ca + 2Na^+$$

3. 两性离子型乳化剂

两性离子型表面活性剂是在同一个分子内存在阳离了型基和阴离子型基两者兼有的活性剂，主要分为氨基酸型和甜菜碱型两类，也可按其结构的不同分为非环式或环式两种，后者为咪唑啉，它们的代表式为：

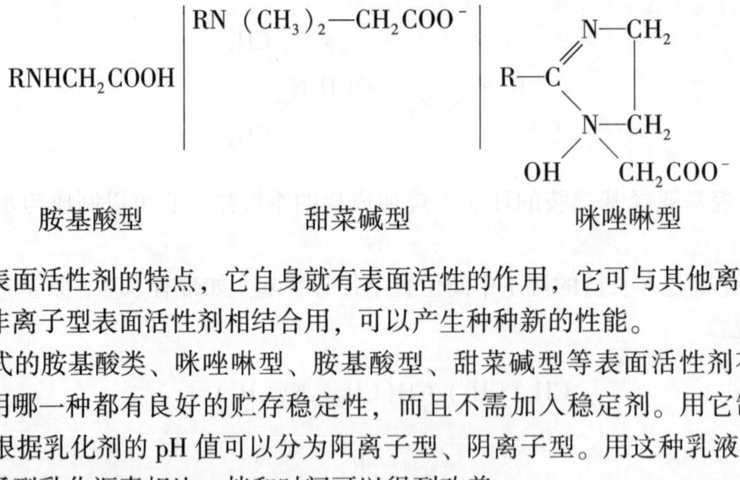

$RNHCH_2COOH$	$RN(CH_3)_2—CH_2COO^-$	R—C(=N—CH₂)(—N(OH)(CH₂COO⁻)—CH₂)
胺基酸型	甜菜碱型	咪唑啉型

两性离子型表面活性剂的特点，它自身就有表面活性的作用，它可与其他离子型，即与阳离子型、阴离子型、非离子型表面活性剂相结合用，可以产生种种新的性能。

No.9，非环式的胺基酸类、咪唑啉型、胺基酸型、甜菜碱型等表面活性剂有作为乳化剂的实践，无论单独使用哪一种都有良好的贮存稳定性，而且不需加入稳定剂。用它制成的乳化沥青的pH为2－11.5，根据乳化剂的pH值可以分为阳离子型、阴离子型。用这种乳液与骨料拌和时，与阳离子型和非离子型乳化沥青相比，拌和时间可以得到改善。

它还可以与阳离子型和阴离子型的乳化沥青混合使用，这与单独使用阳离子型乳化剂相比较，与水泥的拌和试验效果更好，与骨料的拌和时间得到改善，混合料呈良好的稀浆状态，而且乳化剂的用量可以减少。与非离子型乳化剂共同使用时，要比单独使用非离子型乳化剂的性能更好。

三、不同离子型表面活性剂的共用使用

表2介绍了三种为了改善乳化沥青性能而共同使用不同离子型的表面活性剂的实例。

表 2　表面活性剂实例

编号 No.	表面活性剂	表面活性剂的离子型	专利号
10	一般的阳离子型表面活性剂 （长链烷基）环氧乙烷环氧丙烷共聚的醚	+ ○	44—22200
11	长链烷基丙烯二胺或长链烷基季铵盐 环氧乙烷烷基酚醚 木质磺酸盐	+ ○ -	45—41227
12	长链烷基多丙烯多胺的水溶性盐成为长链 戍氨多丙烯多胺的水溶性盐戍多价乙醇脂肪酸部分酯	+ + ○	49—6174

注：表中 + 为阳离子型；- 为阴离子型；○为非离子型；专利号为日本特许公报号。

No. 10，这种阳离子乳化剂配制的乳化沥青，与硅酸质骨料相拌和后，具有缓硬的 O/W 型乳液的特性。这里使用的阳离子乳化剂，尤其是唑啉类 $R—C(=N—CH_2)(—N(CH_2CH_2NH_2)—CH_2)$ 水溶性盐，与其并用的非离子型乳化剂为 $R—O—(C_2H_4O)\bar{x}(CH_2O)\bar{y}(C_2H_4O)_2\bar{z}H$。阳离子型乳化制得的乳化沥青与带有阴电荷的硅酸质骨料拌和时，发生急剧分解破乳。将它与非离子型乳化剂并用时，制得的乳化沥青具有延长拌和时间的效果。尤其是使用环氧乙烷（EO）和环氧丙烷（PO）的共聚物更为有效，表 3 为其中一例。

表 3

乳化剂的成分	配　合　比		
	1	2	3
非离子型乳化剂 1 *	1	0. 3	0
非离子型乳化剂 2 * *	0	0	0. 3
阳离子型乳化剂 * * *	0. 3	0. 3	0. 3
羧甲基纤维素	0. 02	0. 02	0. 02
氯化钙	0. 1	0. 1	0. 1
水	35. 58	34. 28	34. 28
沥青（150/200 针入度）	65	65	65
pH	3. 0	3. 0	3. 0
拌和时间，s	3. 5	240 以上	250 以上

注：拌和试验方法与稀浆封层施工方法相类似。

* C_3H_{17}—⬡—$CO(CH_2H_4)_{78}—CH_2CH_2OH$；** $HO(C_2H_4O)_a(C_3H_6O)_b(C_2H_4O)_cH$，式中 $a+b=30$，$c=56$；

*** 辛基苯氧环氧乙基二甲基荃苄基氯化铵。

非离子型乳化剂的件能，随着 EO 和 PO 加成的克分子的不同，其效果也不相同。

No. 11，将一般的阳离子型乳化剂与非离子型乳化剂环氧乙烷烷基酚醚合用，再与阴离子型的木质磺酸盐共同使用，这样可以制出缓硬型的乳化沥青。

No. 12，阳离子型乳化剂采用脂肪族多胺。

$RNH(C_3H_6NH)nC_3H_6NH_2$ 或 $RCONH—(C_3H_6NH)nC_3H_6NH$（$n=0—3$）的磺酸盐或二甲基硫酸盐等，与非离子以多价醇脂肪酸 P 分酯共同使用的实例。以多乳质的氧化钙为主要成分，在水溶液呈强碱性的情况下，制得的乳液可以与铁矿渣骨料充分拌和，且与骨料产生良好的黏结性。

四、结束语

以上介绍的是最近国外专利中所介绍的几种表面活性剂，主要是阳离子型表面活性剂发展较快，除了在道路工程中作为乳化沥青的乳化剂以外，国际上正在进一步扩大乳化沥青的用途，发展乳化沥青的制造技术和新品种的表面活性剂。

稀浆封层技术的发展

姜云焕

交通部公路科学研究所（发表于1990年3月全国乳化沥青会议）

一、引　言

我国的公路运输在迅速地发展着，其中的沥青路面每年以万公里的速度在增长。至“七五”末期将达到24×10⁴km。这些沥青路面，无论是新建的还是旧有的，都在长年经受着风吹、雨淋、日晒、冻融等自然气候的侵蚀。使沥青与骨料不断地发生着物理的变化及化学的变化。并且逐渐地降低其适应气候变化的膨胀与收缩能力，又由于交通量不断增加与行车荷重的加大，引起路面不断地发生开裂。随着裂纹的出现，造成路面透水，又引起基层的变软和路面的坑洼，从而使路面急剧变坏，降低车辆的行速，增加车辆的磨损与油耗。因此及早防治沥青路面的裂缝与坑槽，是保护沥青路面质量、延长道路的使用寿命、提高运输效率、降低运输成本的重要环节。另一方面，由于养路工作线长、面广、零星、分散、施工繁琐、工效很低，以及沥青与经费的不足等原因，常常是一年里修补的路面不如坏的多。因此，使公路的维修养护不能形成良性循环，部分地区甚至处于积重难返的状态。

在这种形势下，我国迫切需要发展加快维修养护速度、提高养护质量、节省沥青与资金的养路施工方法。稀浆封层施工是理想的施工法，它无论是对旧沥青路面或新建的沥青路面，还是对于低等级公路和高级道路、城市道路和乡镇公路，都可用较少的沥青材料、较快的速度，改善路况。它可以使磨损、老化、裂缝、光滑、松散、坑洼等沥青路面的病害，迅速返老还新，显著提高路面的防水、抗滑、平整、耐磨等作用。稀浆封层用于砂土路面可以防尘，用于土道肩可以拓沥青路面宽度，在新建的沥青路面，例如贯入式、表面处治、粗粒式沥青砼、沥青碎石等路面，在其表面上做稀浆封层处理后，可以作为磨耗层和保护层，显著提高这些路面的质量。在水泥路的表面上用稀浆封层处理后，可以起到罩面作用，用料较少，效果良好。在桥面上使用，很少增加桥身的自重。因此，稀浆封层施工法，在道路工程中可以取得显著的经济效益、社会效益和环境效益，必将有其广阔的发展前景。

稀浆封层施工技术是经过长时期的实践逐步完善的。最早研究稀浆封层的主要目的，在于改善沥青路面的老化与开裂，延长路面的使用寿命，开发一种经济、快速，有效的表面封层方法。

自1928年以来，先后在法国和德国开展了这项技术的研究，重点是改善结合料、骨料和施工机械的性能，开始阶段研究解决骨料和水泥拌和成均匀的糊状，或者加入一定温度的热沥青材料。后来改进成加入乳化沥青，从而使沥青膜能够均匀地裹覆在骨料的表面上。为使骨料不离析，成为均匀的糊状，骨料中必须含有较多的细粒料和填料。

拌和机械开始阶段采用固定式拌和厂里的水泥混凝土拌和机进行拌和，再将拌和好的混合料运输到施工现场，进行人工摊铺。这种情况下，由于存在拌和厂至施工现场的运输，拌好的混合料在运输过程中就难免会由稀浆状态转变为团状，即使采用慢裂型乳液，拌制的混合料在现场也难以进行摊铺。60年代开始研制了稀浆封层机，它可以使稀浆混合料的的配制、拌和与摊铺融合于一体，从而使稀浆封层施工法有了显著的发展。

关于乳化沥青开始阶段选用阴离子乳化沥青，它与骨料的黏附是靠乳液中的水分蒸发，养护时间长，遇上阴湿或低温季节，水分蒸发缓慢，养护时间更长，影响开放交通行车，自1965年研究成功用阳离子乳化沥青拌制稀浆混合料。这种稀浆的破乳时间，不受气候的影响，而且由于离子的吸附作用，提高沥青与骨料的黏附作用，加速开放交通时间，因而扩大了稀浆封层的应用范围。

近十多年来，稀浆封层技术在欧美国家得到广泛的重视。例如西班牙的第二大城市——巴塞罗那，1964 年使用稀浆封层 30000m^2，1967 年使用稀浆封层 60000m^2，1969 年使用稀浆封层 85000m^2，现在已有稀浆封层路面 600000m^2。有 1/3 的热沥青路面用稀浆封层做防滑与耐磨处理，交通量为 18000 ~ 48000 辆/d。美国有类似的情况，用量是西班牙的 15 倍，高速公路上也用稀浆封层做了表面封层。随着美国稀浆封层摊铺机性能的完善与提高，美国沥青协会制定了《稀浆封层施工手册》，美国材料标准协会制定了《ASTMD—3910——稀浆封层试验及检验标准》。这一切为稀浆封层施工法的规范化提供了足够的依据和理想的施工设备，从而使稀浆封层施工技术得到了迅速发展。实践证实，这种施工法是经济、有效、快速、可靠的。随着阳离子乳化沥青与理想的乳化剂不断研制成功，更进一步发挥了稀浆封层施工技术的优点。

目前与稀浆封层协会有关的国际学术组织是沥青学会下属的国际稀浆封层协会（INTERNATIONAL SLURRY SEAL ASSOCIATION，简称 ISSA）和乳化沥青制造厂家协会（ASPHALT EMULTION MANUFACTORY ASSOCIATION，简称 SEMA）。这些国际学术组织，推动着当前世界上的乳化沥青与稀浆封层技术的不断发展。

关于稀浆封层的设计试验及检验标准详见 ASTMD—3910（乳化沥青参考资料第三辑）。稀浆混合料是用适当比例的骨料、矿粉、沥青乳液和水所组成，用于路面作为表面封层。由于稀浆混合料具有均匀的状态，可以填充路面裂缝，能够牢固地黏结在路面上，提供一个抗风雨、耐磨耗的表面封层。

二、稀浆封层施工流程及摊铺机介绍

1. 稀浆封层施工流程

稀浆封层的施工过程如图 1 所示。将适宜级配的骨料、矿粉（填料）、沥青乳液和水等四种原材料，按一定比例掺配、拌和，拌制成为均匀的稀浆混合料，并且能够立即摊铺在路面上，这种施工过程是在连续配料、拌和的情况下进行稀浆封层施工的，保证了摊铺厚度和施工效率。

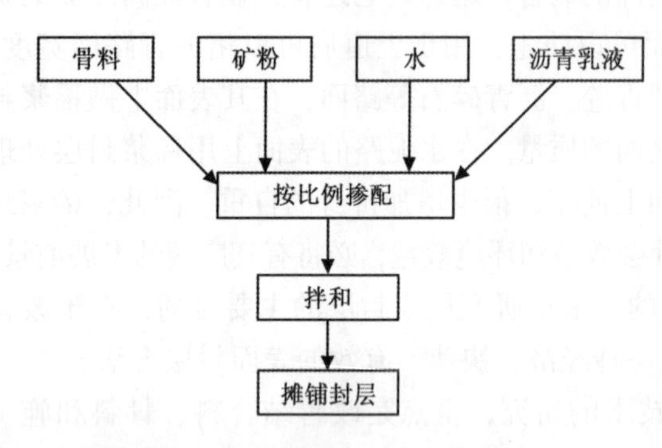

图 1　稀浆封层施工工艺流程图

稀浆的拌和早期是利用水泥混凝土拌和厂的拌和设备拌制稀浆混合料，再用箱子将混合料运到路上用人工摊铺成要求的厚度与宽度。这种施工方法效率很低，混合料中必须加入大量的水，稀浆铺在路上要封闭交通几天，直到稀浆干后才能通车。现在可将室内稀浆混合料按配合比设计后，采用装在一辆车上的计量、拌和及摊铺设备，各种材料可以自动按要求的配比在很短的时间内，拌制出稀浆混合料，自动按要求厚度摊铺在路面上，中断交通只要 1—3h。从图 2 上可以看出各种材料的计量、拌和与摊铺过程。

2. 稀浆封层摊铺机

（1）对各类稀浆封层机，其代号的含义为：

SC 代表设备安装在单轴载重汽车上（机轴 96—102）毛重 25000lb。

SB 代表设备安装在双轴载重汽车上（两轴中心为 102—108）毛重 42000lb。

504 代表容积为 5 立方码，4 缸气冷式发动机。

804 代表 8 储料斗容积立方码的容量储料斗，4 缸气冷式发动机。

1000A 代表储料斗容积为 10 立方码的自动计量封层机。

（2）SB—804A 型稀浆封层摊铺机的技术规格。

①骨料系统。6.19m³ 骨料斗，滚轮输送器，强制式喂料计量器。

②水系统。2271L 的水罐，配有入孔、计量阀、高压泵。

③矿粉系统。0.28m³ 跌落式料仓，液压传动螺旋给料器。

④乳液系统。2271L，配有入孔、保温泵、循环系统。

⑤箱形摊铺系统。摊铺宽度 2.44～4m，有三个可调滑块，由液压提升或下降。

⑥动力系统。风冷式柴油机，交流电机和83L 的柴油箱。

⑦电系统。备有 75AMP 蓄电池。

⑧计量系统。在各种转速下，保证计量的稳定。

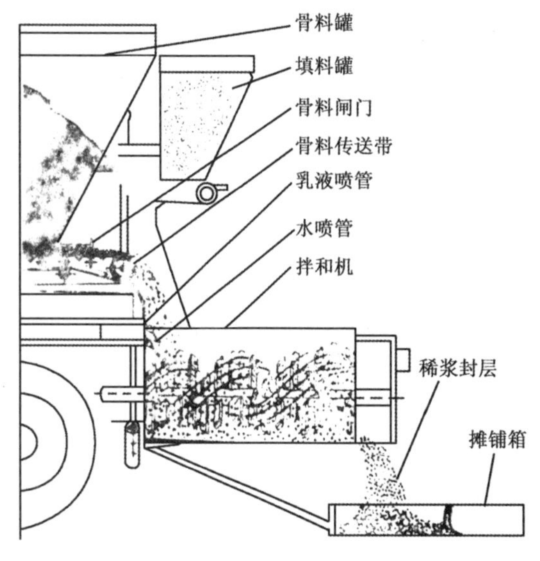

图 2　稀浆封层机原料流程图

⑨控制系统。所有控制系统操作简单，在正确程序控制下，一按电钮即可自动控制配料、拌和及摊铺的全过程，保证配比的准确。

每台机器由 4～5 人操作，约 15min 可铺完 1300m² 、厚 6mm 的路面。

SB 系列自动计量稀浆封层机的构造如图 3。

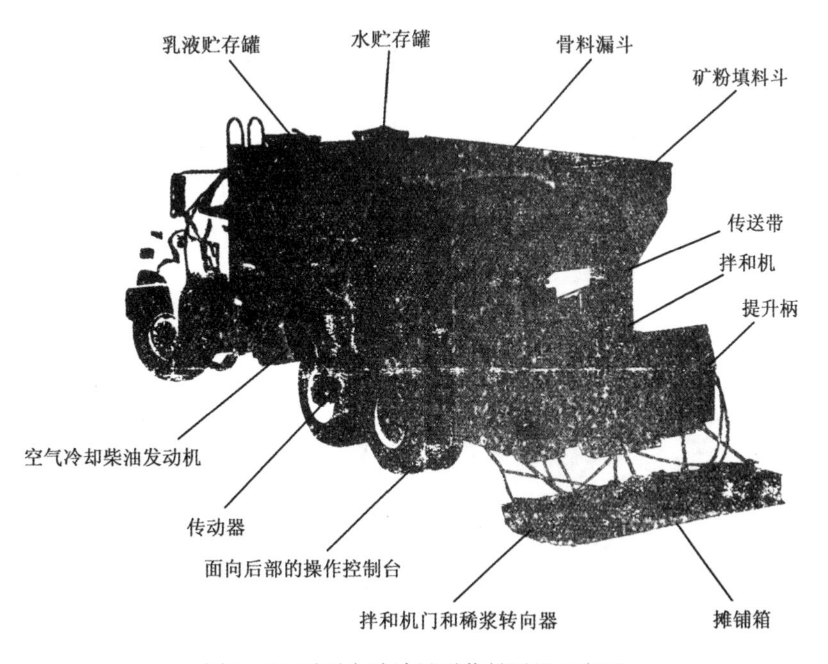

图 3　SB 系列自动计量稀浆封层机示意图

三、稀浆封层施工技术

应用稀浆封层可以对路面进行预防性养护和修补性养护。根据路面的情况，可以达到不同效果。

（1）铺筑路面的防风雨层（预防性）。

（2）提高路面的抗滑阻力（预防性）。

（3）填补路面的裂缝（修补性）。

（4）填补路面的空隙（修补性）。

(5) 增加路面的宽度(修补性)。

(6) 做出彩色路面的结构轮廓(修补性与预防性)。

应用稀浆封层技术之前，要预计路面的交通量，掌握气候变化范围，下一次稀浆封层的可能时间。根据各方面的情况评估，选择适宜的稀浆混合料的设计方法。

稀浆封层摊铺机的摊铺工作由摊铺箱完成。它由螺旋送料器将拌和机流出的稀浆混合料均匀快速地分送到两侧，由摊铺箱框架上的橡胶刮板将混合料按照要求的厚度摊铺在路面上。箱上的T型手柄可以调整摊铺箱前后的倾斜度，从而使橡胶刮板保持适宜的圆滑的倾斜角度。

稀浆在摊铺箱内是均匀一致的糊浆，没有游离水和分离的液体出现。

图4表示稀浆封层施工后路面的纹理，使用Ⅱ型级配骨料，最大骨料粒径为1/4in(6mm)，封层厚度为6mm。图5为封层后尚在养护未开放交通的表面，使用Ⅱ型级配骨料。这种骨料可用于网球场，也可用于路面，铺后的面层必定是粗糙耐磨。

图4　稀浆封层施工后路面的纹理

图5　稀浆封层后尚未开放交通的表面

图6为纹理清晰的表面，采用Ⅰ、Ⅱ、Ⅲ型稀浆混合料。三种类型的骨料，可以获得不同的表面粗糙度。

图6　采用Ⅰ、Ⅱ、Ⅲ型稀浆混合料铺成的路面

图7

住宅区的街道，由于这里交通量不大，更适宜采用稀浆的薄面封层，可以经济、快速没有污染地完成路面的铺筑。有的住宅区90%～95%都采用稀浆封层。

稀浆封层的承包单位，施工前做好以下准备工作：

将合格的骨料，堆放在施工现场的附近，用备用的装载机将骨料装入稀浆封层机的储料斗内，装入前用装载机将骨料推拌均匀，上下湿度一致后再将骨料装车(图7)。

供水可用供水栓或水罐车，水泥按袋装存放在料厂或工地，沥青乳液用乳液罐车供应，乳液不要加热。

施工时，为了减少封层的中断接头，最好用两台稀浆封层机，一台用于现场摊铺施工，另一台用于料场装料，形成连续的循环施工状态。

ISSA 规定三种基本的稀浆封层类型骨料级配见表 1。表 1 中列资料适用于炉滓、压碎的及自然的石料。不适用于质量轻的材料，如膨胀性土壤或页岩等。

表 1　ISSA 规定的稀浆封层三种骨料级配组成及材料用量

筛　号	筛孔 in	大小 μm	细封层	一般封层	粗封层
			过筛百分率,%		
			ISSA Ⅰ型	ISSA Ⅱ型	ISSA Ⅲ型
1/2	0.500	12700	100	100	100
3/8	0.375	9520	100	100	100
4 号	0.187	4760	100	85～100	70～90
8 号	0.0937	2380	100	65～90	45～70
16 号	0.0469	1190	65～90	45～70	28～50
30 号	0.0234	595	40～60	30～50	19～34
50 号	0.0117	297	25～42	18～30	15～25
100 号	0.0059	149	15～30	10～21	7～18
200 号	0.0029	74	10～20	5～15	5～15
经过养护的乳化沥青稀浆封层的最大厚度，cm			0.125 3.2	$\frac{1}{4}$～$\frac{5}{16}$ 6.4～8	$\frac{3}{8}$～$\frac{7}{16}$ 9.5～11
干粒料，磅/平方码 公斤/平方公尺			6～10 2.2～5.4	10～15 5.4～8.1	15～25 8.1～13.6
沥青（以干粒料质量百分率计）			10～16	7.5～13.5	6.5～12

这三种类型是国际稀浆封层协会认可的，其中：

第Ⅰ型。封层厚度为 3mm，细料式骨料，用量为 6～10 磅/平方码，适用于一般封层和机场道面，细料多，沥青用量大，油石比达 10%～16%。这种稀浆具有较好的渗透能力，有利于治愈裂缝，也可用于保护基层。作为磨耗层，它适用于温暖气候地区低交通量道路的保护层。在需要好看表面的地方，如停车场、飞机场，这种稀浆封层要比Ⅱ型的造价便宜。

第Ⅱ型。厚度为 6mm 中粒式骨料，用量 10～15 磅平方码。这类封层具有广泛的用途，含有足够细料，易于渗透裂缝，适于交通量较大的路段，油石比一般为 7.5%～12.5%。这种稀浆封层可以代替热拌粗级配基层上的热罩面，适用较大交通量公路及城市道路。

第Ⅲ型。厚度为 9mm 粗粒式骨料，用量为 15～25 磅/平方码。这类封层适用交通量大、温度变化较大的地区。适用于重交通道路的罩面，并有很好的粗糙度，油石比为 6.5%～12%。这种粗粒式如在上面再加一层中、细粒式封层，实施双层铺设，效果更好。

除上述三种外，还有第四种特粗型。适用于破坏严重但基层仍坚实的路面上，也可用于稳定化基层、砾石基层。但要先用透层油，以免基层侵蚀稀浆中的沥青。

另外还有特殊型封层，即在乳液中掺入非沥青的乳状液，或专用染料，铺设各种彩式路面。

在乳液中掺入橡胶乳液，改善沥青乳液性能，制成精细处治路面的方法，目前已广为应用。

西班牙稀浆封层的骨料级配及材料用量见表 2 和表 3。

表 2　西班牙的稀浆封层骨料的颗粒组成（PG—3/75）

筛孔尺寸	通过百分比				
in	AL—1	AL—2	AL—3	AL—4	AL—5
12. 5	100	—	—	—	—
10	85 ~ 100	100	100	—	—
5	60 ~ 85	70 ~ 90	85 ~ 100	100	100
2. 5	40 ~ 60	45 ~ 70	65 ~ 90	95 ~ 100	95 ~ 100
1. 25	28 ~ 45	28 ~ 50	45 ~ 70	65 ~ 90	85 ~ 98
0. 63	19 ~ 34	19 ~ 34	30 ~ 50	40 ~ 60	55 ~ 90
0. 32	12 ~ 25	12 ~ 25	18 ~ 30	24 ~ 42	35 ~ 55
0. 16	7 ~ 18	7 ~ 18	10 ~ 20	15 ~ 30	20 ~ 35
0. 08	4 ~ 8	5 ~ 15	5 ~ 15	10 ~ 20	15 ~ 25

表 3　西班牙不同稀浆封层厚度的配合比的设计

	LB5 型	LB4 型	LB3 型	LB2 型	LB1 型
最小厚度	2mm	3mm	4mm	6mm	9mm
骨料颗粒组成	AL – 5	AL – 4	AL – 3	AL – 2	AL – 1
平均用量，kg/m	2 ~ 6	2 ~ 6	7 ~ 12	10 ~ 15	15 ~ 25
剩余沥青（占骨料质量）,%	12 ~ 20	10 ~ 16	7. 5 ~ 13. 5	6. 5 ~ 12	5. 5 ~ 7. 5
总水量(占骨料质量),%	15 ~ 40	10 ~ 30	10 ~ 20	10 ~ 20	10 ~ 20

四、预防性养护的意义

图 8 为康德路路面使用年限与沥青延度关系图。这是美国宾夕法尼交通部门一位工程师研究的结果，它说明沥青路面在低温下沥青的质量变化，由沥青路面取岩心检验，从抽提的沥青延度的变化看出沥青是在明显地逐渐硬化。当沥青的延度降到 10cm 时（15℃），路面上，开始从沥青混合料中有微细粒料散失。沥青的延度如果降到 5cm 时，即可发现路面有开裂现象，这是沥青变硬的标志，也表明路面开始破坏了。

图 9 随着时间的推移，沥青性能与路面的服务性能都在不断地发生变化，适时地采取预防性养护，

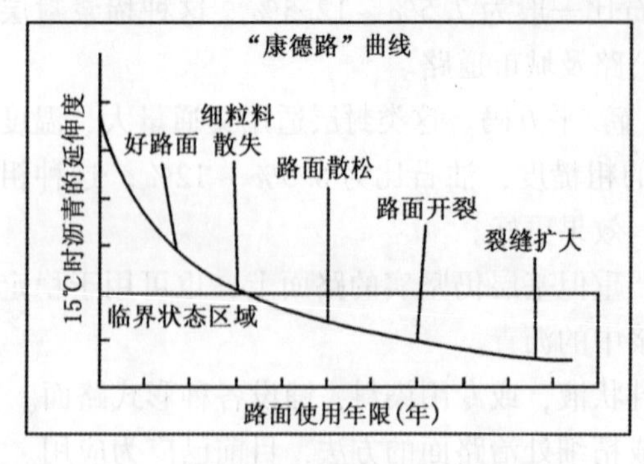

图 8　路面使用年限与沥青延度关系

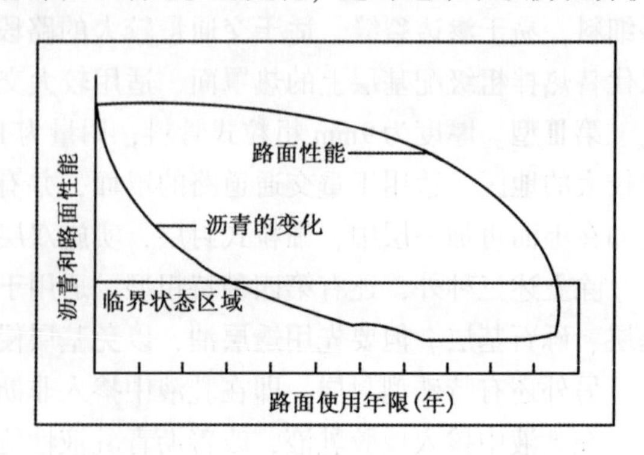

图 9　沥青和路面状态随时间的变化

在表面老化的路面上及时进行稀浆封层，可以防止沥青变硬，延长路面寿命，防止路面的破坏。

（1）预防性养护。可以提高路面完好性，延长使用寿命，用较少的代价取得较大的效果。稀浆封层是最好的方法。

（2）修补性养护。路面出现剥落坑槽，修补的代价高，进度慢，路面寿命受到了很大减损。

图10有四条线，它说明及时进行预防性养护，使路面发生的变化情况。从最上方的曲线看出，随着沥青的变化，使路面性能的变化情况，及时进行稀浆封层处理，可以使路面经常地保持良好状态。

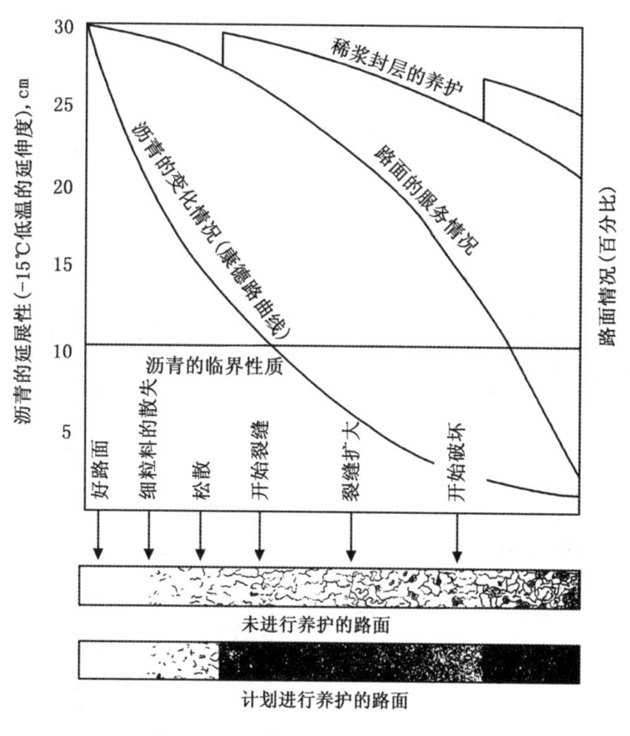

图10　路面性能变化图

沥青路面的维修与养护，应在路面发生变化的早期做预防性养护。这样的养护可以用较小的代价、较快的速度，取得事半功倍的效果。采取稀浆封层施工法有其特殊的适应性，无论是经济效益与社会效益都十分显著。如果等到路面发生较大的病害后，不得不进行大修大补时，常常要用很大的代价和很多的时间，在经济效益与社会效益方面，都将带来很大的损失。

五、稀浆封层使用的选择（适用与不适用）

重视沥青路面及时地维修养护，可以取得显著的经济效益。为了证实这种情况，在美国的亚利桑那州 Glendlale 做了研究比较，其中包括以下三种情况：

（1）铺好的沥青路面不进行养护，行车二十年后重新修建。

（2）行车十年后做一次热拌沥青混合料罩面。

（3）按照预防性养护计划进行路面养护。

从研究结果表明，有计划养护的路面的费用，比不保养使用二十年重修的费用要低63%，比十年罩面一次的费用要低55%。

事实上，目前有些公路技术人员把注意力集中在修建新路上，甚至连一些发展中的国家，在路况已经十分恶化的情况下，也是只重视新建道路，不重视已建沥青路面的维修保养。这种现象必须改变，因为近些年来公路发展已经通向各个角落，如此大量发展的情况下，必须重视已建道路的养护，使它继续发挥应有的作用。

常常由于某些因素的影响，当路面开裂后，在较晚的情况下进行稀浆封层时，这时的稀浆封层的作用是修补性养护，它可以使路面得到复原，使剥落松散情况得到改善，裂缝得到填补，从而延长路面的使用寿命。

但是，对于这种损坏的路面，必须预先填补裂缝，可以用稀浆修补裂缝或修补填平坑槽，然后进行全面的稀浆封层施工（图 11）。

稀浆封层可用于停车场，用Ⅰ型骨料的稀浆混合料，可以做出满意的面层（图 12）。

图 11

图 12　停车场上的稀浆封层

采用Ⅰ型、Ⅱ型骨料的稀浆混合料，还可用于飞机场，有很好的抗滑效果（图 13）。

采用Ⅱ型，Ⅲ型骨料的稀浆混合料，用于干线公路路面（图 14）。

图 13　飞机场路面上的稀浆封层

图 14　主干线的公路路面上的稀浆封层

稀浆封层有利于水泥路面的发展，因为水泥砼路面铺筑后，表面常常容易出现裂缝，缝隙的渗水与冻融，行车后容易引起表面的剥落，还有些水泥路面由于行车引起路面光滑，影响行车安全。对于这些表面的病害，水泥路要比沥青路更难进行表面养护，稀浆封层施工法就能容易地、经济地、快速地治愈水泥路面面层的这些病害，降低水泥路面行车的噪音，从而发挥水泥路面坚固耐久的长处，得到更为广泛的应用（图 15）。

在水泥砼桥面板上，采用稀浆封层，能提高面层的抗磨损能力，以提高路面的抗滑阻力，又很少增加桥面自重，保护桥面免受盐等化学的腐蚀（图 16）。

在土路肩上，采用稀浆封层，可以加宽沥青路面的宽度，减少中间路面车辆的拥挤，有利于快慢车分道行驶（图 17）。

在砂、土路面采用稀浆封层做防尘处理，效果很好。以上的处理方法用费少、效率高、效益大。

图 15　水泥砼路面上稀浆封层

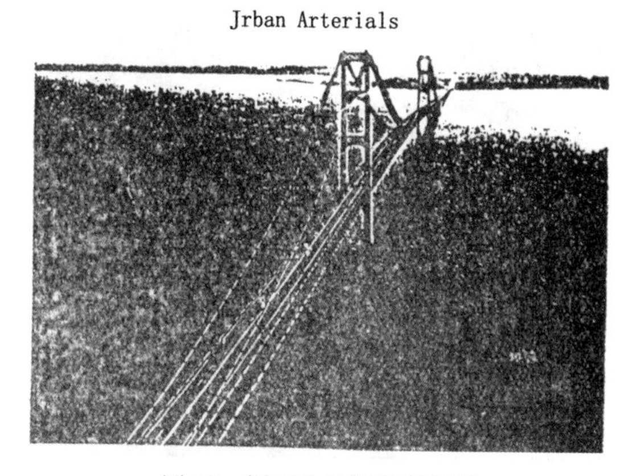

图 16　桥面上采用稀浆封层

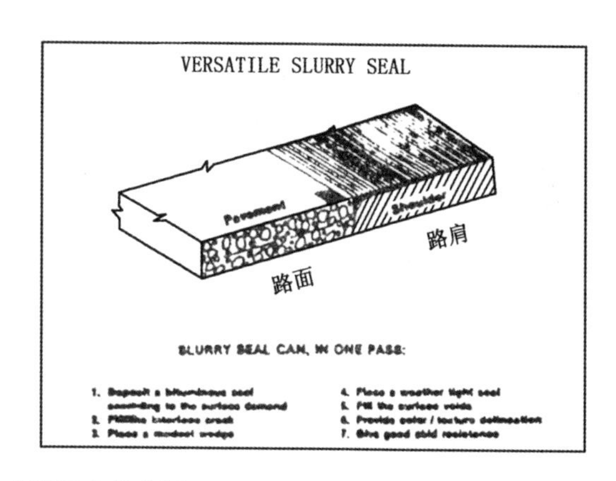

图 17　稀浆封层在土路肩上的应用

稀浆封层的作用为：

稀浆封层的作用为：

(1) 填充裂缝。

(2) 路面的加宽，铺筑土道肩，防止淤泥和散石。

(3) 做路面的抗风雨层。

(4) 填补路面缝隙。

(5) 彩色路面、标志的显示。

(6) 做防滑层。

(7) 防尘处理。

图 18 根据原有路面情况的需要，将有裂缝和坑洼的表面、太光滑的行车线，都应采用稀浆封层处理。画面上是一个路面的横断面，左部有深的开裂，右部路面太光滑且有开裂现象，如果按图 18 中 B、C 采用热沥青罩面时，就会有悬空现象。喷洒沥青会因坡度大而流失，因此采取图 18D 用稀浆封层的效果最好。

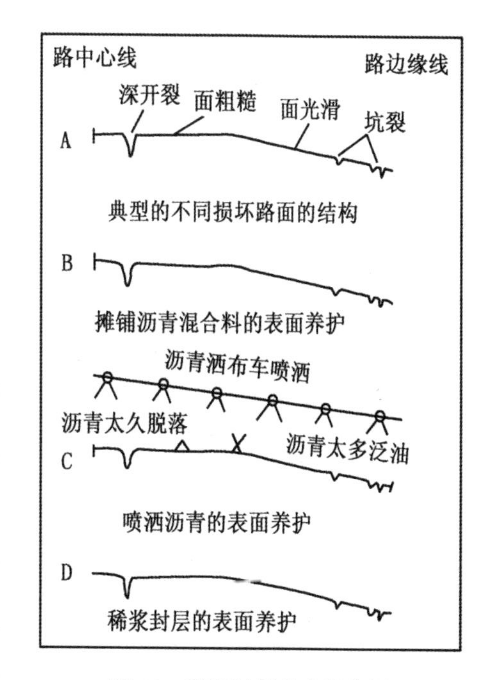

图 18　稀浆封层的多种作用

图 19 介绍了一个很好的实例。它说明采用稀浆封层，可以填补旧路面坑洼和裂缝，适宜作为路面磨耗层，也适用于罩面找平。

图 20 是热沥青路面，它是用比利时砌块做的面层，采用稀浆可以填充比利时砌块四周的缝隙，又可以在其上做出新的罩面。

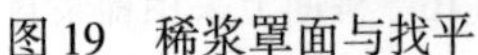

图 19　稀浆罩面与找平

图 20　热沥青路面

图 21 是三年半以前用热沥青罩面的停车场的照片。罩面后有一半路面的沥青材料没有及时碾压，变冷的混合料无法进行充分压实，画面的左半部分就是沥青罩面不理想的部分，经过稀浆封层处治后，明显地补救了左半部分的缺欠。

图 22 用放大的镜头表示，在三年半以后，用稀浆封层处理的左半部分，面层保护很好，而未经处理的右半部分，路面的确出现损坏现象。这就证明了稀浆封层可以保护沥青路面，延长其使用寿命（图 22）。

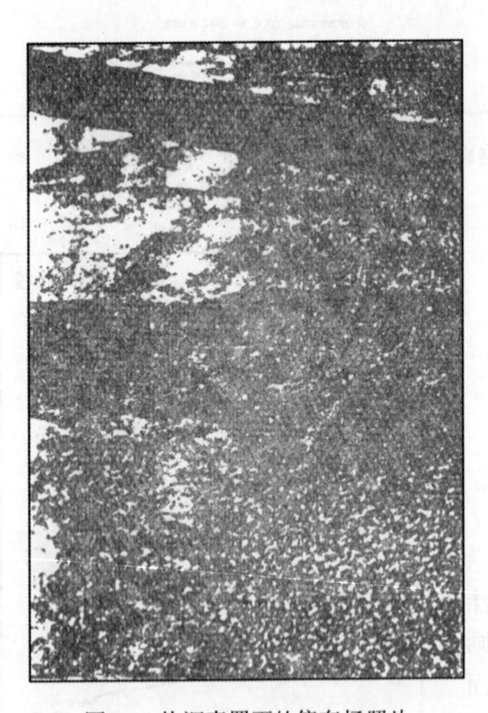

图 21　热沥青罩面的停车场照片

图 22　用放大镜显示的热沥青罩面情况

稀浆混合料可以用于缝隙的填充料，但是不能阻止路面反射性开裂的发生（图 23）。路面发生裂缝，应先用稀浆混合料填补裂缝，然后再做稀浆封层处理，这样做的主要效果是防止路面向基层渗水（画面上仍见裂缝的再现）。

当路面需要提高强度和稳定度时，不能采用稀浆封层、石屑封层和罩面（图 24）。

当采用碎石表面处治且路面上骨料跑掉后，出现油量过多的泛油现象时，采用稀浆封层不能补救这种泛油现象，不能解决路面上沥青过量的病害（图 25）。

图 23　稀浆封层不能控制路面的反射性开裂

图 24　稀浆封面罩面不能提高路面的强度和稳定度

六、试验室的设计与检验

要保证稀浆混合料的质量，必须做好试验室的设计工作，主要的检验标准如下：

ASTM　D3910　是稀浆封层设计试验的准则，其中主要有：

ASTM　C136　粗细骨料的筛分方法。

ASTM　D242　沥青混合料矿粉评述。

ASTM　D244　乳化沥青试验方法。

ASTM　D977　乳化沥青评述。

ASTM　D2397　阳离子乳化沥青评述。

图 25　不能补救的泛油现象

ASTM　D2419　土壤和细骨料的砂当量试验方法等标准所组成。

1. 试验室设计的一般准则，稀浆混合料的设计过程

（1）道路情况描述：行车条件，日平均交通量，气候条件。

（2）目的要求：要求的使用寿命，结构的选择。

（3）材料的选择。

①骨料的选择。

②乳液选择，乳化剂与外加剂选择。

③填料的选择。

（4）实验与配比设计（图 26 和图 27）：

①确定沥青的最佳用量。

②确定水和填料的适宜用量。

③稠度与黏聚力的测定。

④混合料的物理性能试验。

（5）将室内设计的混合料配合比作为现场质量的控制依据。

2. 骨料的筛分级配

骨料的耐用性与清洁度是规范中非常重要的要求，只有好的骨料和理想的级配才有可能做出好的稀浆封层。

各种不同规格与级配的骨料，从很细的矿粉到很粗的粒料，在碎石中都可以加工。孟县的试验路用骨料的筛分试验结果见表 4。

图 26

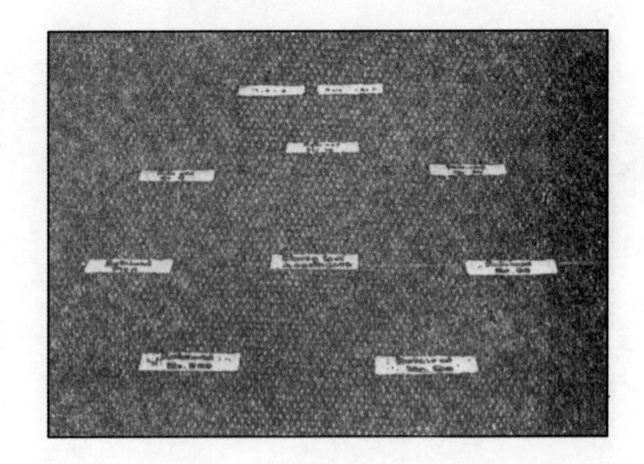

图 27

表 4　孟县稀浆封层用骨料（五号级配骨料加 2% 水泥）筛分试验记录

筛孔尺寸 mm	筛上积累剩余量 g	分筛上剩余量 %	累积筛上剩余量 %	通过量 %	标准通过量 %	合成骨料通过量 %
10	—	—	—	—		
5	70	2.0	2.0	98	85～100	97.98
2.5	118.5	23.7	25.7	74.3	65～90	83.78
1.2	97.7	19.5	45.2	54.8	45～70	54.8
0.6	87.9	17.6	62.8	37.2	30～50	37.2
0.3	66.0	13.2	76.0	24.0	18～30	24.0
0.15	31.1	6.2	82.2	17.8	10～21	17.8
0.074	25.7	5.1	87.3	12.7	5～15	12.7
<0.074	60.4	12.1	99.4	0		

从细粒料的用量到中粒料与粗粒料的用量的关系十分重要，级配的组成，必须符合规定要求，试验路面骨料级配符合标准要求。

3. 细骨料的砂当量试验

细骨料的砂当量试验应不低于 45。砂当量的检测是按照 ASTMD 2419—74 进行试验的，这是一种快速的现场测量骨料中泥土含量试验方法。它是将通过四号筛（筛孔为 4.75mm）的样品，装入带有刻度的塑料量筒容器之中，同时加少量絮凝剂后搅动，使试样中覆盖在骨料表面上的泥土颗粒脱落下来，然后灌注一定数量的絮凝剂，再经过一定时间的沉淀后，即可从量筒中读出泥土的高度与砂的高度，两者高度的比值乘以 100 即为砂当量（SE）

SE =（砂高度读数/泥土高度读数）×100

例如：读出泥土高度为 7.95，可以记为 8.0，砂的高度为 3.22，可以记为 3.3，砂当量 SE

$$SE = (3.3/8.0) \times 100 = 41.2$$

砂当量用整数表示，固 41.2 可用 42 表示。

如果需用一系列砂当量值的平均值，而平均值不是整数时，则可升高到下一个整数。

例如，(42 + 44 + 41) /3 = 42.3

可以采用平均砂当量为 43。

详细试验方法见 ASTMD2419—74（乳化沥青参考资料第 7 辑）。

4. 乳化沥青的要求

乳化沥青的要求按我国暂行标准应符合 B_c—3 的规定标准。

(1) 黏度　　　　　　　　　　标准黏度 40 ~ 100s
(2) 破乳速度的拌和试验　　　慢裂
(3) 贮存稳定性试验（5d）　　<5%
(4) 裹覆试验　　　　　　　　>2/3
(5) 水泥拌和试验　　　　　　<5.0%
(6) 微粒离子电荷试验　　　　+
(7) 筛上剩余量试验　　　　　<0.3%
(8) 蒸发物残留试验　　　　　（60% ~62%）
(9) 蒸发残留物的延度大于 40cm

抚顺乳化剂用量为 0.8%，pH 值为 3，含量为 50%，蒸发残留物含量为 60%。

利纳米纳（LILAMINA）pH 值为 3 ~5，用量为 0.6% ~0.8%，含量为 100%。

5. 稀浆混合料的配合比设计

(1) 稠度试验（图 28）。

混合料的稠度试验的目的是检验和易性，确定水、细粒料及乳液用量是否适宜，类似水泥砼的坍落度试验。当混合料中用水量太多时，坍落度超过规定直径。如果混合料太稠，坍落度就要小于规定直径，稀浆不流动，就达不到摊铺封层的要求，需要增加水量。

这项试验是在 25 ±1℃的室温下，用手或拌和器拌和稀浆混合料，拌和 1 ~3min，将混合料装入圆截锥体模型中，截锥筒的上部直径为 38mm，下部直径为 89mm，高为 76mm，取 228mm × 228mm 正方形金属板，厚为 3mm，中心刻有直径为 89mm 的圆圈，然后向外扩大六个圆圈，每个比前个直径大 1.3mm，将截锥体的小端朝下，置放在金属板的中部，将稀浆混合料装入其中，再将表面刮平，将有刻度的金属板盖在截锥筒的大端上，并对上中间的圆圈，然后将截锥体与铁板一同倒转过来，取掉截锥筒，直到混合料停止坍落。当坍落后的直径大于 2 ~3cm 时即为最佳稠度，如果小于 2cm 或大于 3cm 即为不合格，重新调整水和乳液用量。

(2) 湿轮磨耗试验（WTAT 试验）。

这项试验是检验稀浆混合料中沥青乳液的含量，也检验沥青与骨料裹覆后的耐磨强度。这种试验就是模拟汽车轮胎对于沥青路面磨损试验（图 29）。

图 28　稠度试验

图 29　湿轮磨耗试验

将用手工试拌并且稠度合格的稀浆混合料，装入直径为 297mm，厚度为 10mm 的，圆形塑料容器之中，底面铺一层油毡纸制成圆盘试件。

硬化后的试件放入 60℃的烘箱内烘干至恒重，而后将试件放在浴水中浸泡一小时。在这段试验过程中，试体下面始终应有平整的托盘，不使试件生翘曲变形。

将试件固定在画面上湿轮磨耗机的圆盘之中，圆盘直径约为 330mm，边缘高为 51mm，周围有卡具，将圆试体固定在圆盘之中，然后在圆盘中装水，使水面达到试件表面，至少为6mm(水温为25℃)。

把装好试件的金属平台，提升到与胶管磨头接触的高度，开动磨耗机，自转为144转/min，公转为61转/min。研磨五分钟即停磨，将试件从金属盘中取出并洗去石屑，再放入60℃烘箱中干燥至恒重。从烘箱中取出试件冷却至恒温并称重，取磨耗前后的差值（质量差）乘以3.06即为1ft的磨耗值。

3.06是将实际磨耗面积0.327ft^2换算成为1ft^2的磨损值，或则乘以32.9，即把0.327ft^2换算成为1m^2为基数的磨损值。

每次试验后都要换上新的橡胶管，也可将试验后的胶管转动半圈，获得一个新的磨损面，但是已用的面不能再用。

WTAT的磨耗值一般不应大于75g/ft^2（807.44g/m^2）。

WTAT的磨耗值随着沥青用量的增加而降低，但是沥青用量过多又将出现泛油现象，骨料质量一般控制在17%～19%，见试验表5。

表5　湿轮磨耗试验记录（孟县试验路选用配比）

样品号	乳液 %	乳液质量 g	乳液的含水量，g	总含水量 %	5号骨料占98%	水泥量占2%	总含水量 g	外加水 g	磨耗前试样质量，g	磨耗后试样质量，g	磨损值 g
A	18	202	80.8	16.2	1100	22	181.8	101	1411	1405	6
B	20	224.4	89.8	16.2	1100	22	181.8	92	1647	1640	7
C	17	190.7	76.3	16.2	1100	22	181.8	105.5	1587	1578	9

(3) 负荷车轮试验。简称为L、W、T试验（图30和图31）。

制成宽2in长40in的试件，完全干燥与硬化后，在车轮加载65kg，以44次/分速度碾压1000次，模拟车辆的行走、称重。然后放回到车轮试验机上，在稀浆试件表面上撒热砂，做1000次行车试验，再称重。拍掉松散的砂子，再称重。这样可以计算出黏附在车辙上的砂重，如果砂粒黏附量太多，说明稀浆中沥青含量过多。

图30

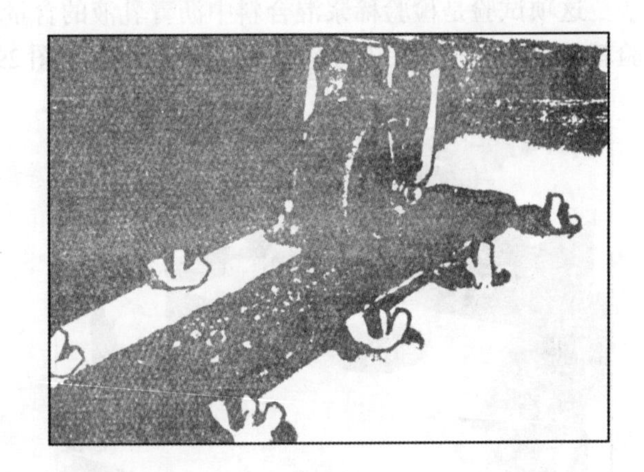

图31

乳液用量，%	砂吸收量，g
15	0.5
16	1.4
17	1.9
18	2.1
19	3.8

其中，以乳液用量18%为最佳。

据美国规定砂的黏附量的最大值，根据产量的不同而变化。

轻交通量 0～300 辆/天	70g/ft^2
中交通量 250～1500 辆/天	60g/ft^2
重交通量 1500～3000 辆/天	55g/ft^2
特重交通量 3000 辆/天以上	50g/ft^2

在寒冷地区的冰冻季节里，由于汽车轮上装有防滑铁链，行车时铁链不断地抽打路面，为了保证路面坚固耐用，需要进行车轮铁链的抽打试验。它类似车辙试验，只是在车轮上加上铁链。在日本的北海道地区的稀浆封层就进行这种试验。

（4）黏聚力试验，确定稀浆封层后的开放交通时间（图 32 和图 33）。

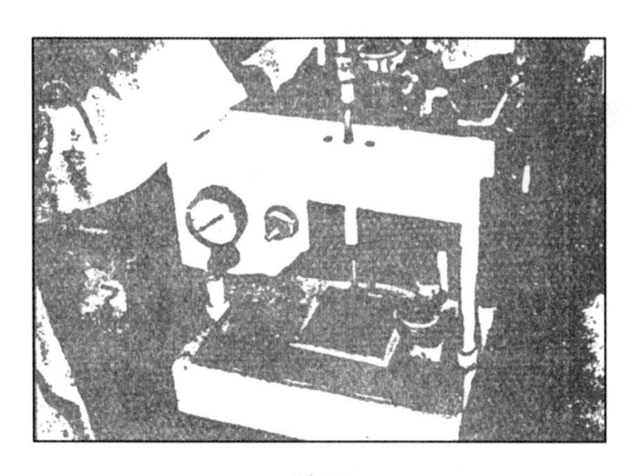

图 32

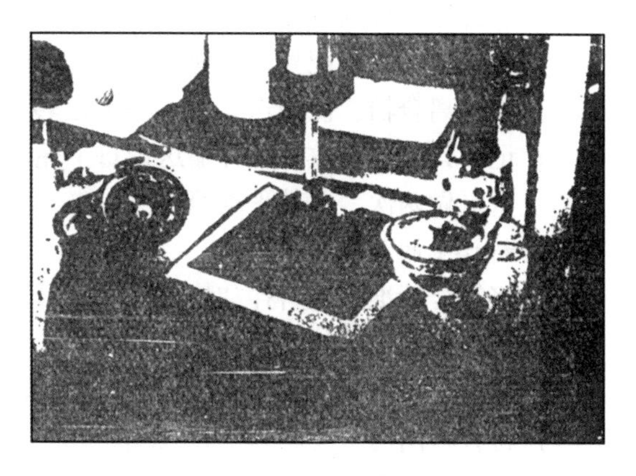

图 33

将初凝的稀浆混合料试验样品放在气动橡胶垫下面，橡胶直径为 25. 4mm。由汽车轮胎上切下橡胶垫，硬度以 50～70 为宜。普通汽车对于路面压力为 193kPa。由外部给予压力，使气动橡胶垫下面产生 193kPa 压力，借助上部手动扭矩仪使橡胶垫向稀浆试件施加扭力。这种试验每隔 15～30min 进行一次，直到读出最大的扭矩值为止。测得最大扭矩值即为该稀浆封层的最终养护时间。

（5）稀浆混合料的分类（图 34）。

对不同类型（不同破乳速度的乳液）稀浆的混合料做黏聚力测定，确定其最终的养护时间，从而确定其封层后开放交通的时间。影响这个时间的因素，除乳液性质外还有施工温度、材料的品种、级配以及水泥等粉料的影响。

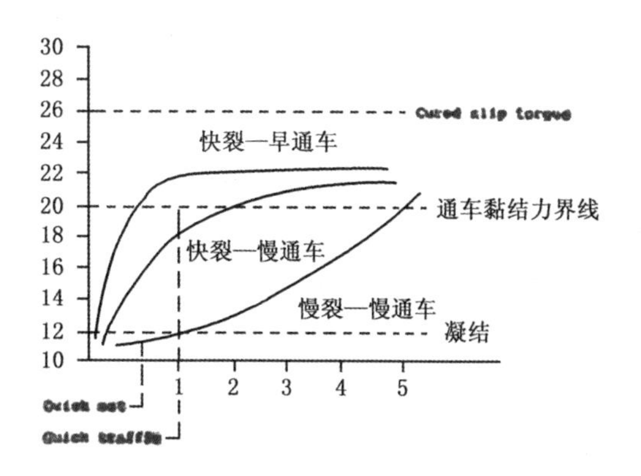

图 34　稀浆混合料的分类

从图中的曲线上列出稀浆混合料的分类：

曲线 1：快裂—早通车型。在 1h 内产生足够黏聚力，并可开放交通行车，主要是由化学作用的因素。因此骨料要选择适宜。

曲线 2：快裂—慢通车型。破乳时间虽短，但开放交通要 2～3h。

曲线 3：慢裂—慢通车型。这是最早期的稀浆封层混合料的类型，需要 4～6h 才能通车。

但是慢裂型乳液可以广泛地应用于各种类型的骨料。

（6）稀浆封层混合料的组成。

稀浆封层混合料由乳液、化学外加剂、水、矿粉、骨料等组成。其中最重要的是乳液和骨料，必须符合规定要求。用这些成分同时拌和成为稀浆封层的混合料。

七、计量设备的标定

现场对各项计量设备进行标定，保证施工时能够准确地控制各项材料的比例用量。铺筑孟县稀浆封层试验路采用SB—1000A型稀浆封层机，其标定工作按如下步骤进行。

计量的标定工作是在稀浆封层机初次使用前进行的，然后应每半年或一年进行一次复验标定。标定的内容及方法如下：

1. 骨料输送带打滑率的标定

(1) 开动发动机。

(2) 使传送带计数器复位零。

(3) 在传送带上做记号，以便查数输送带的循环次数。

(4) 连接离合器，使输送运输（一般运转三个循环）。

(5) 记下计数器读数，计算输送带每个循环的计数器读数。

(6) 重复做两次，取其平均值。

2. 骨料计量的标定

(1) 将符合标准的骨料拌和均匀（湿度）后装满料仓。

(2) 用地磅称整车的总重。

(3) 使输送带计数器复位为零，并在输送带上划一记号。

(4) 将骨料闸门开度调到“1”的位置。

(5) 开动发动机，连接离合器。

(6) 使输送带运转3个循环。

(7) 称量输出骨料后的整车重，计算每次输出骨料的质量。

(8) 记录输送计数器读数。

(9) 计算输送带每次循环输出骨料的体积，计算计数器每个读数的单位骨料的体积。

(10) 重复此操作再做一次，取其平均值。

(11) 改变骨料闸门的开度分别在2、3、4、5的位置上，并各重复以上动作两次，计算每两次的平均值，见表6。

(12) 用1L的容重筒，测定不同含水量骨料的容重，并用英制弹簧称量出每升骨料的磅重，见表7。

(13) 将测得的每个闸门开度值及输出骨料体积值标定曲线1（图35），以骨料体积值为X轴坐标，以闸门开度值为Y轴坐标，各开度值Y轴对应输出骨料体积的X轴的交点连成曲线，以这条标定曲线可按骨料输出的需要量查找出闸门的开度值。

表6 骨料标定表

输送：1989年9月18日　　　　稀浆封层机 SB－1000A

干骨料含量 1%

骨料门开度	质量 kg	计数器计数	皮带转数	质量 kg	计数器计数	平均值	平均值	每升现场湿骨料质量 kg	G	每升平均值 kg
2	640	316	3	2.025	213.3	2.053	216.7	1.338	1.534	161.96
2	660	317	3	2.082	220.0			1.338		
3	970	317	3	3.060	323.3	3.076	325.0	1.338	2.299	242.90
3	980	317	3	3.091	326.7			1.338		
4	1290	317	3	4.069	430.0	4.069	430.0	1.338	3.041	321.38
4	1290	317	3	4.069	430.0			1.338		

表 7

水占骨料百分数 $\frac{水}{干骨料} \times 100\%$	每升湿骨料质量 kg	每升湿骨料质量 g	lb/L	每升干骨科质量 kg
0	1.585	1585	3.43	1.585
1%	1.338	1338	2.87	1.325
2%	1.219	1219	2.61	1.195
3%	1.152	1152	2.45	1.117
4%	1.110	1110	2.39	1.066
5%	1.084	1084	2.30	1.030
6%	1.062	1062	2.29	0.998
7%	1.058	1058	2.27	0.984
8%	1.061	1061	2.28	0.976

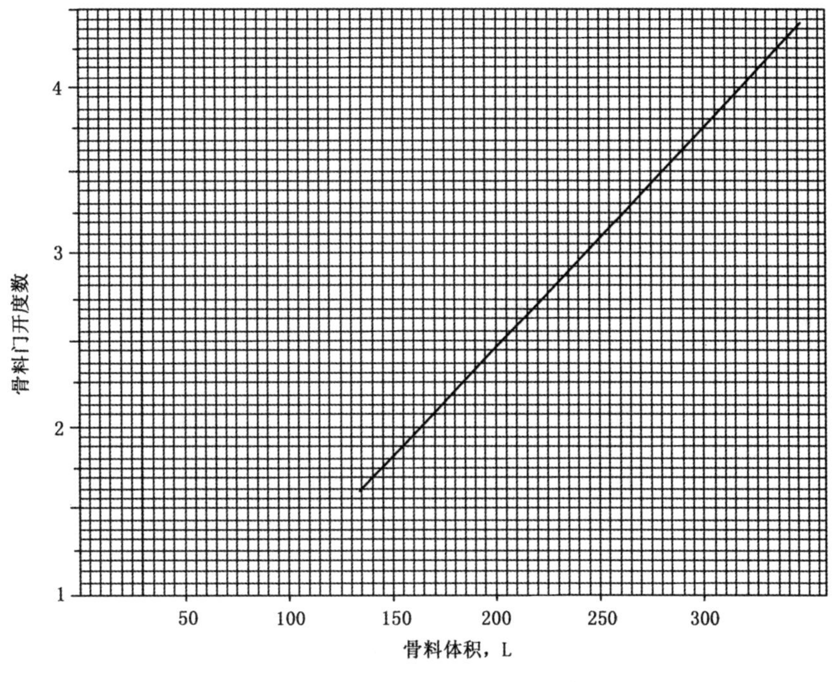

图 35　标定曲线 1

3. 矿粉填料的标定

（1）将输送带计数器、矿粉填料计数器复位到零。

（2）开动发动机。

（3）开启添料机的旋转阀，打开 2 圈。

（4）短时联结离合器，使填料从出口进拌和仓，分离离合器。

（5）在骨料输送带上做一记号。

（6）备用一个广口容量为 50L 的器皿，置放在填料出口处。

（7）连接总离合器，使输送带运转循环 3 次。

（8）记下输送带计数器读数、填料计数器读数。

（9）称量输出填料的质量。

（10）计算出每次输送带循环的填料输出量，计算填料计数器单位填料的质量。

（11）调节填料旋转阀在4圈、6圈、8圈、10圈等不同的旋开度时填料的输出量，每个旋开度各测两次，取其平均值（表8）。

表8　填料（水泥）计量标定表

发动机速度（全速）	压力 psi	JS SPEED SET	PUMP SET 旋开度	质量（kg）	NUMGER OF				质量/单位			平均值		
				E	水泥计数器 A	输送带计数器 B	皮带转速 C	A/B RRT10 FFTO CONVEY	FF COUNTS E/A	CONVEY CONUTS E/R	CONVEY REV E/C	FF COUNTS	CONVERY COUNTS	CONVEY REV
			2	4.7	173	315	3	0.55	0.027	0.015	1.567	0.0275	0.015	1.584
			2	4.8	172	316	3	0.54	0.028	0.015	1.600			
			4	9.6	354	315	3	1.12	0.027	0.030	3.20	0.027	0.030	3.20
			4	9.6	354	315	3	1.12	0.027	0.030	3.200			
			6	14.5	536	315	3	1.70	0.027	0.046	4.833	0.027	0.0465	4.867
			6	14.7	537	315	3	1.70	0.027	0.047	4.900			
			8	19.4	725	315	3	2.30	0.027	0.002	6.467	5.027	0.0025	6.517
			8	19.7	725	315	3	2.30	0.027	0.063	6.567			
			10	24.5	923	315	3	2.93	0.027	0.078	8.167	0.027	0.078	8.167
			10	24.5	920	315	3	2.92	0.027	0.078	8.167			

NUMBER OF COUNTS PER CONVEYOR REVOLUTION　105

RELIEF VALVE SETTING

MATERIAL　CEMENT　REGOLAR

（12）将每旋开度的平均值做出填料的标定曲线，以Y轴为旋转阀开启的转数的坐标，X轴为相应转数的填料的输出量，将各数值对应的交点连接成为标定曲线2。用此曲线可按填料的需用量查找出旋转控制阀所需要的转数（图36）。

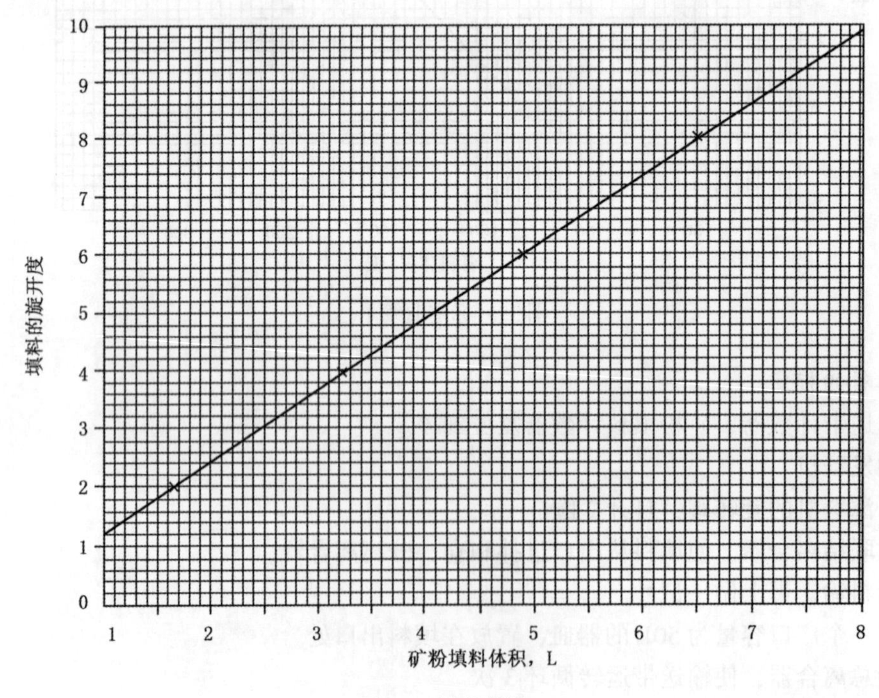

图36　标定曲线2

4. 乳液计量的标定

（1）将符合质量要求的乳液装满乳液罐。

（2）备一200L开口桶和相应的磅称。

（3）用ϕ40mm胶管连接在乳液泵的出处，使乳液流入开口内。

（4）将输送带计数器复位到零，在输送带上做记号。

（5）将乳液泵的流量控制阀调在60%位置。

（6）开动发动机连接离合器，使输送带运转循环3次。

（7）记录计数器读数，称量输出乳液的净重。

（8）调节乳液泵控制阀分别在80%、100%的位置，每个泵的旋开度各重复测定两次，取其平均值。

（9）计算输送带每个循环乳液的输出量，计算控制阀各开度时计数器单位乳液输出量(表9)。

（10）按表8结果，以Y轴为泵的旋开度，X轴为乳液质量，做出标定曲线3，由它可按乳液的需要量查出控制阀的开度（图37）。

表9 乳液计量标定表

乳化沥青计量的标定

OWNER：Highbuzy Bureuu of henan prcvnnce of P. R. C　　DATE：1989年9月19日

MODEL NUMBER：SB 1000A　　TYPE EMULSTON：辽宁抚顺LM－25

SERIAL NUMBER：SB 8814　　TYPE PUMP：VARIABLE displacement

旋开度	质量（kg）	计数器	输送带转数	质量/计数器(单位)	质量/转	平均/转	
100%	132.4	316	3	0.42	44.13	0.43	44.73
100%	136.0	315	3	0.43	45.33		
80%	111.8	315	3	0.35	37.27	0.36	38.0
80%	115.8	315	3	0.37	38.60		
80%	87.2	315	3	0.28	29.10	0.28	29.22
60%	88.0	315	3	0.28	29.33		

Revolution of conveyor Belt.

Number of counts per conveyor Belt Revelution = 105 .

5. 添加剂的计量标定

（1）将液体的添加剂加满添加剂容器。

（2）备30L器皿一个及相应的磅称。

（3）将输送带计数器、添加剂计数器复位到零，并在输送带上做一记号。

（4）将添加剂泵旋开4圈。

（5）开动发动机，接通离合器，使输送带运转3个循环，称量输出添加剂的质量。

（6）调节添加剂泵旋开8、12、16、20圈，每个开度测定两次添加剂的输出度，并取其平均值，制成表10。

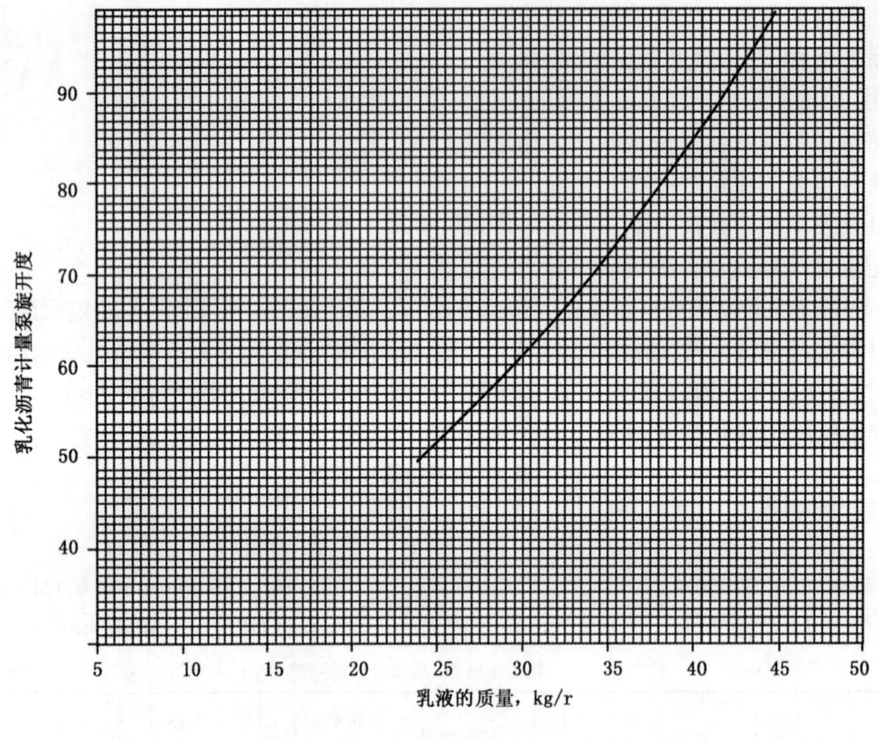

图 37　标定曲线 3

（7）按表 10 结果，以 X 轴为添加剂的输出量，Y 轴为添加剂泵的开度数，将各对应交点制成标定曲线 4，以此曲线可按添加剂需要量查出添加剂泵的旋开转数（图 38）。

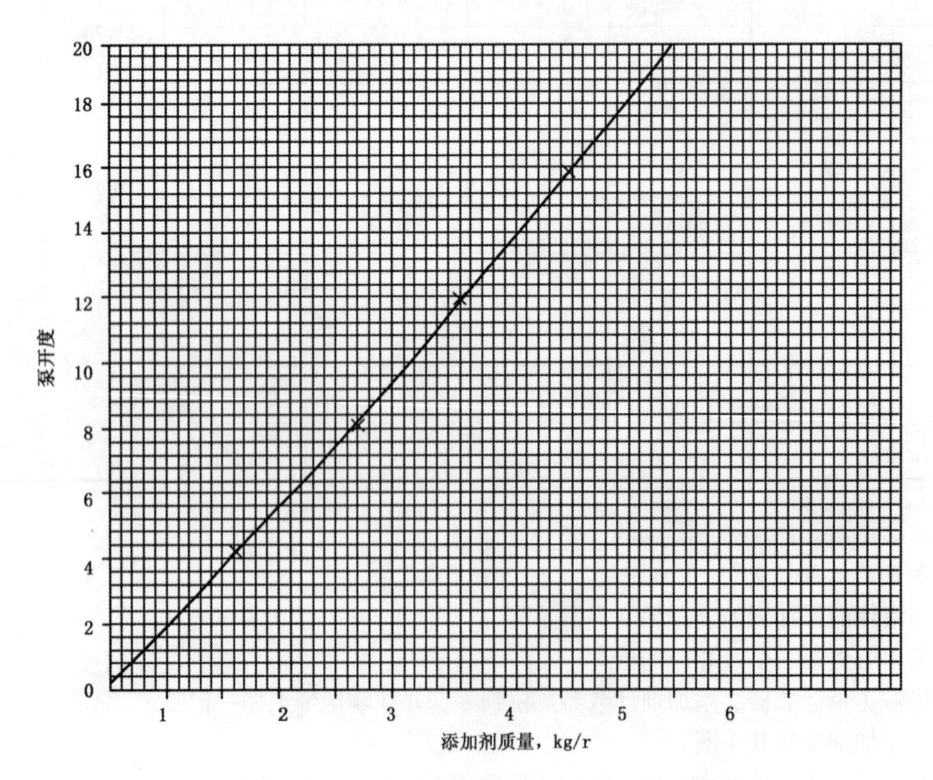

图 38　标定曲线 4

表10 添加剂（水）标定表

发动机速度（全速）	PRESS PSI	JS SPEEO SET	PUMP SET 旋开度	UT. 质量（kg）E	时间	FLOU GPM/LMP	计数器				质量			质量平均值		
							添加剂计数器 A	皮带计数器 B	A/B C	质量/计数器	FF COUNTS E/A	CONVEY CONUTS E/R	CONVEY REV E/C	FF COUNTS	CONVERY COUNTS	CONVEY REV
			4	3.4			585	315	3	1.89	0.0058	0.011	1.13	0.0053	0.011	1.13
			4	3.4			585	315	3	1.86	0.0058	0.011	1.13			
			8	6.5			1081	315	3	3.43	0.0060	0.021	2.17	0.0062	0.022	2.23
			8	6.9			1094	316	3	3.46	0.0063	0.022	2.30			
			12	9.3			1576	315	3	5.00	0.0059	0.030	3.10	0.0059	0.030	3.10
			12	9.3			1586	315	3	5.03	0.0059	0.030	3.10			
			16	12.2			2081	315	3	6.61	0.0059	0.039	4.07	0.0059	0.039	4.07
			16	12.2			2084	315	3	6.02	0.0059	0.039	4.07			
			20	14.7			2522	314	3	8.03	0.0058	0.047	4.90	0.0058	0.047	4.90
			20	14.7			2526	316	3	7.99	0.0058	0.047	4.90			

NUMBER COUNTS PER CONYEYOU REVOLUTION ____105____, UNIT WEIGHT OF WATERIAL ____1.0____,
RELIEF YRLYE SETTING ________.

水的计量与添加剂与乳液的标定基本相同，不另作说明。

6. 现场施工标定

以上标定的是以各单项原材料为基础进行标定的，为了在现场施工能快速、准确地调整稀浆混合料的配合比，还要利用这些单项的标定结果，进行综合性计算，并制成适用的图表，以利于随时进行调整。

表11为不同乳液用量时干骨料的质量（填料水泥质量+骨料质量）。按表9标定结果，当乳液开泵度为100%时，输出乳液量为44.73kg。如果这个乳液占骨料重的17%时，则骨料质量应为263.1kg；如占19%时，则骨料质量为235.4kg。依此得出表11，即不同乳液含量时，骨料应有的质量。

表11　不同乳液含量下的干骨料质量

（干骨料质量=水泥质量+骨料质量）

乳液干骨料含量	每转干骨料质量							
	14.0%	15.0%	16.0%	17.0%	18.0%	19.0%	20.0%	21.0%
44.73	319.5	298.2	279.6	263.1	248.5	235.4	223.7	213.0
38.0	271.4	253.3	237.5	223.5	211.1	200.0	190.0	181.0
29.22	208.7	194.8	182.6	172.0	162.3	153.8	145.1	139.1

示例：

基本公式：干骨料质量=表6中第二栏/乳液百分率

试验的已知条件：

开度为100%时需乳液17.0%

每转干骨料质量x，由表6的第四栏可求出每转乳液为44.73kg。

由公式知：$17.0\% \cdot x = 44.73$

$x = 44.73 \div 17.0\% = 263.1\text{kg}$

每转干骨料质量263.1kg。

表12骨料用量及闸门的开度数。根据实践的经验，稀浆混合料中乳液的用量一般为骨料质量的16%~18%，由表11得出其相应骨料质量为279.6kg、263.1kg、248.5kg。随着骨料的含水量及其容重的不同，可用标定曲线1得出各种骨料用量的开度值（表12的最后一栏）。

表12　骨料开度数

乳液百分率 A	由表11得出的干骨料质量，kg C	现场骨料含水量，% D	干骨料质量，kg E	骨料体积量，L F	骨料开度数 G
16%	279.6	0	1.585	176.4	$2\frac{1}{8}+$
	278.2	1	1.325	210.0	$2\frac{5}{8}$
	270.8	2	1.195	231.6	$2\frac{7}{8}$
	272.4	3	1.117	246.6	$3\frac{1}{8}-$
	274.0	4	1.066	257.0	$3\frac{2}{8}-$
	272.6	5	1.030	264.7	$3\frac{2}{8}+$
	271.2	6	0.998	271.7	$3\frac{3}{8}-$

续表

乳液百分率 A	由表11得出的干骨料质量，kg C	现场骨料含水量,% D	干骨料质量，kg E	骨料体积量，L F	骨料开度数 G
17%	263.1	0	1.585	166.0	2+
	261.8	1	1.325	197.6	$2\frac{3}{8}$+
	260.5	2	1.195	218.0	$2\frac{3}{4}$-
	259.2	3	1.117	232.1	$2\frac{7}{8}$
	257.9	4	1.066	242.0	3+
	256.0	5	1.030	249.1	$3\frac{1}{8}$
	255.2	6	0.998	255.7	$3\frac{2}{8}$-
18%	248.5	0	1.585	156.7	2-
	247.3	1	1.325	186.6	$2\frac{3}{8}$
	246.0	2	1.195	205.9	$2\frac{5}{8}$-
	244.8	3	1.117	219.2	$2\frac{3}{4}$
	243.5	4	1.066	228.4	$2\frac{7}{8}$
	242.3	5	1.030	235.2	$2\frac{7}{8}$+
	241.1	6	0.998	241.6	3

表13为填料与骨料的综合总表。当乳液用量基本确定的情况下，骨料的用量与填料的用量也可以确定，根据表6、表11和表12可以得出表13。当乳液与填料经过室内试验已经确定的前提下，可以用手提式弹簧称测定现场骨料的湿容重，由表13第五栏求出骨料的含水量及闸门开度，以及根据水泥用量的百分比，求出水泥的开度值。这样就可以保证现场稀浆混合料的配比。

表14为填料水泥开度标定表。

表13 矿粉填料与骨料的综合总表

MODEL NO SB 1000A　　　　TYPE FILLER REGULAR CEMEN +

SERIAL NO 8814　　　　TYPE ACCREGATE 2

乳液用量百分率,% A	水泥用量百分率,% B	水泥开度 C	现场湿骨料含水量			骨料开度 F
			%	kg/L	lb/L	
16	0	0	0	1.585	3.43	$2\frac{1}{8}$+
	0.5	1.80	1	1.338	2.87	$1\frac{5}{8}$
	1.0	3.50	2	1.21	2.61	$2\frac{7}{8}$
	1.5	5.20	3	1.152	2.45	$3\frac{1}{8}$-
	2.0	6.90	4	1.110	2.39	$3\frac{2}{8}$-
	2.5	8.60	5	1.084	2.30	$3\frac{2}{8}$+
	3.0	Not possible	6	1.062	2.29	$3\frac{3}{8}$-

续表

乳液用量百分率,% A	水泥用量百分率,% B	水泥开度 C	现场湿骨料含水量			骨料开度 F
			%	kg/L	lb/L	
17	0	0	0	1.586	3.43	2 +
	0.5	1.70	1	1.338	2.87	$2\frac{3}{8}$ +
	1.0	3.25	2	1.219	2.61	$2\frac{3}{4}$ −
	1.5	4.85	3	1.152	2.45	$2\frac{7}{8}$
	2.0	6.50	4	1.110	2.39	3 +
	2.5	8.10	5	1.084	2.30	$3\frac{1}{8}$
	3.0	9.75	6	1.062	2.29	$3\frac{2}{8}$ −
18	0	0	0	1.585	3.43	2 −
	0.5	1.65	1	1.338	2.87	$2\frac{3}{8}$
	1.0	3.10	2	1.219	2.61	$2\frac{5}{8}$
	1.5	4.60	3	1.152	2.45	$2\frac{3}{4}$
	2.0	1.95	4	1.110	2.39	$2\frac{7}{8}$
	2.5	7.65	5	1.082	2.30	$2\frac{7}{8}$ +
	3.0	9.05	6	1.062	2.29	3

表 14　填料水泥开度标定表

乳液用量百分率,% A	由表 8 所得干骨料质量，kg B	水泥用量百分率,% C	水泥用量，kg D	查图 33 得水泥开度数 E
16	279.6	0	0	0
		1.5	1.40	1.80
		1.0	2.80	3.50
		1.5	4.20	5.20
		2.0	5.59	6.90
		2.5	7.00	8.60
		3.0	8.39	No possibble
17	263.1	0	0	0
		0.5	1.31	1.70
		1.0	2.63	3.25
		1.5	3.94	4.85
		2.0	5.26	6.50
		2.5	6.57	8.15
		3.0	7.89	9.75
18	248.5	0	0	0
		0.5	1.24	1.65
		1.0	2.48	3.10
		1.5	3.72	4.60
		2.0	4.97	5.95
		2.5	6.21	7.65
		3.0	7.45	9.05

现代的稀浆封层机都配有仪表或转数计数器。由它可准确控制材料流量，并能记录和保持稳定控制材料的用量。

图 39 为现代稀浆封层机的控制盘。通过这些开关，可以全部自动控制各种原材料准确地连续地加入拌和机。

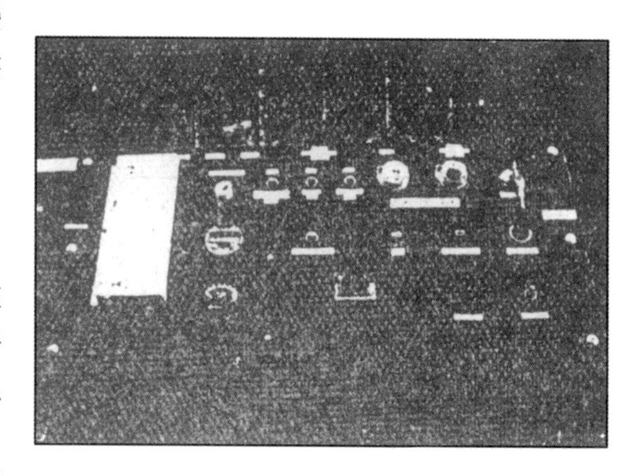
图 39

稀浆封层摊铺工作中四个主要因素如下：

（1）原材料。各种原材料必须符合要求。

（2）人员。必须配备训练有素的操作人员。

（3）设备。设备先进，并事先标定，做好准备工作。有了高素质的人，能使差的设备做出好产品。但是，素质差的人，即使有好的设备，也做不出好产品。

（4）检验制度。要做到上述三点，必须靠严格的检验制度。

7. 海角封层

稀浆封层的另一种应用方式为海角封层。它是在石屑罩面上做的稀浆封层，这种施工方法最早是在南非海角省开展的，所以又称它为海角封层。

图 40 为碎石层作为热拌沥青路面的承重层。图 41 为热沥青砼路面上的海角封层。

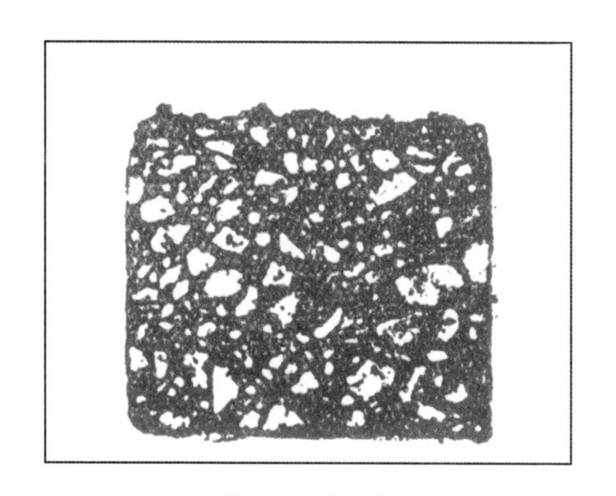
图 40　热拌沥青路面的承重层

图 41　热沥青砼路面上的海角封层

图 42　我国于 1973 年在援外工程中采用稀浆封层铺筑的路面

海角封层能提高路面的防水性、耐磨性和抗滑性，它是在新铺路面中使用稀浆封层。我国 1973 年在赞比亚的援外工程中就是在碎石贯入式路面上采用稀浆封层(图 42)，取得了很好的效果。

8. 改性稀浆封层

改性稀浆封层（Microsurface）是最近几年来发展起来的施工方法。因为稀浆封层施工时，需要有一定的养护时间后方能通车，一般要影响行车 2 ~ 3 小时。随着公路上交通量的增大，急需要一种施工后能够立即通车的表面养护方法，并且这种方法具有更高的防滑、防水、耐磨耗的路面性能，改性稀浆封层就是因为具有这些优点而迅速发展起来的。

改性稀浆封层的操作准则是ISSAA—143。它对使用聚合物改性稀浆封层表面养护施工方法的设计、试验、施工质量控制及测试方法等做了详细的说明和规定。其中规定用阳离子的聚合物改性沥青乳液，将骨料、矿粉和其他外加剂按要求配比拌和后摊铺在路面上。各种材料的要求如下：

（1）沥青乳液。

沥青乳液必须符合AASHTOM208和ASTM 2397规范要求的CSS—ln阳离子型乳液，贮存稳定性试验要合格。阳离子聚合物可以与沥青一同进入胶体磨进行乳化，也可在乳化前将沥青与聚合物进行混合。这种乳液可以不做水泥拌和试验，乳液中沥青的软化点大于60℃。

（2）骨料。

骨料可由花岗岩、矿渣、石灰岩、石屑或其他高质量石料轧制而成。骨料质量应符合AASHTOT11或T27的要求，或ASTMC 117或C136m要求。

对于Ⅰ、Ⅱ、Ⅲ型骨料中的泥土含量，按ASTM 2419试验砂当量应大于65%。

骨料的硬度，按AASHTOT 96或ASTMC131试验时，磨损值不得大于35%。

（3）矿粉填料。可用普通水泥，但水泥不得结块，所需矿粉量应根据室内试验确定。

（4）水。一般饮用水都可用，水中不可含有害的可溶盐类物质。

（5）聚合物。聚合物的用量不能低于沥青用量的2.5%，聚合物和乳化剂与沥青一起进行乳化。用这种乳液铺路时，气温应在24℃以上，湿度在50%，铺后一小时即可通车。

以上原材料的配合比一般为：

（1）沥青用量。占干骨料质量的6%～11.5%。

（2）矿粉填料。占干骨料质量的1.5%～3%。

（3）聚合物。占沥青质量的2.5%以上。

（4）外加剂。根据需要。

（5）水。根据混合料的稠度确定。

施工机械及计量设备与稀浆封层机基本相同，只是拌和机的结构及修补车辙用的摊铺设备等略有不同。这种改性的稀浆封层机具有比一般稀浆封层机产量大、拌和时间短、施工效率高等特点，既便于修补车辙、又可铺筑厚为50mm的封层，在高等级公路的养护中得到广泛应用。

图43为在加拿大的Aiberta铺筑的热沥青路面。采用改性稀浆封层，仅能改善路面磨损状态。如果现有的路面呈弹簧状态或在热天气下有推移和波浪，单纯填补车辙是不可能解决问题的。如果路面是由于行车磨损产生的行车的车辙，采用改性稀浆封层就很有效。

改性稀浆封层的摊铺机是将一切设备安装在卡车上进行施工，参见图44。

图43

图44

连续供料、连续拌和、连续摊铺的改性稀浆封层摊铺机，专门用于改性稀浆封层，特别适用于水泥砼路的车辙和表面封层（图45和图46）。

图 45

图 46

用聚合物改性乳液混合料的摊铺箱，专用于改性稀浆封层。摊铺箱根据路面情况，分为填补车辙和全面封层两种（图 47 和图 48）。

图 47

图 48

卡车牵引的摊铺箱是填补车辙用的三角形（或 V 形）的摊铺箱，改性的乳液混合料由两侧呈 V 形的刮板向前推刮，混合料靠呈 V 形的两个螺旋给料器，将混合料沿着车辙填补沟槽，外侧的刮板将混合料的外侧刮铺得很薄。如果有必要还可在车辙沟槽的中部撒布粗骨料（图 49 和图 50）。

图 49

图 50

在沥青混凝土路面上修补 6 尺宽的车辙。

一般在修补完路面的车辙以后，即在整个路面上，用改性的乳液混合料进行改性稀浆封层施工。从而保证整个路面和车道平整、均匀，这时的摊铺箱应用矩形，如图 50 所示的摊铺箱。

摊铺全车道的摊铺箱，并装有滑动垫木，它比一般滑动木更长，长木有利路面的校平，从而确保摊铺过程中混合料摊铺得均匀适宜（图51和图52）。

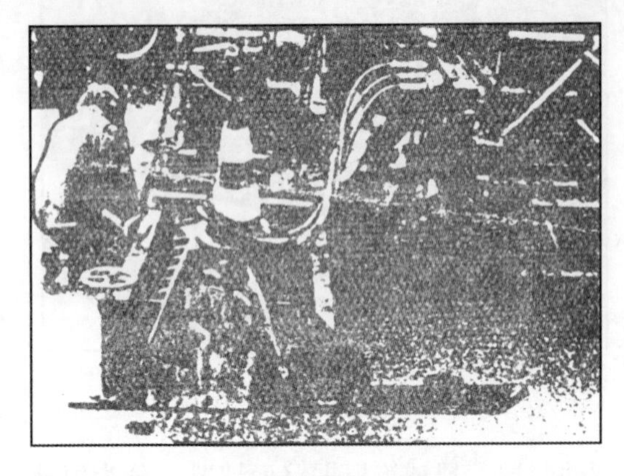

图51

图52

摊铺中要特别注意摊铺箱上较长的校平滑动的垫木，由它才能将混合料均匀地铺在路面上。

用12尺宽的金属刮板进行改性稀浆封层施工，刮板可使路面的断面校平，并使表面结构均匀（图53和图54）。

图53

图54

一般在慢车道上出现车辙，先将车辙填补整平后，再对整个车道进行改性稀浆封层，而在快车道（只在超车时行驶的车道）一般不容易形成车辙，只对整个车道宽度进行改性稀浆封层。

一般在路面上出现1/2in的车辙时，必须先填补车辙后，再做全车道的改性稀浆封层，双层处治可以保证路面的平整。

9. 施工前准备事项

（1）气候的选择。注意气象预报，防止稀浆封层后，尚未破乳之前降雨，防止气温过低影响成型，春季摊铺温度在7℃以上，冬季要在冻前施工，气温不低于13℃，稀浆硬化之前不出现负温。

（2）原路面清理。

①原路面出现凹凸、啃边、松散、剥落现象，要修补整平。

②原路面上的泥土、马粪要清除干净。

（3）挂线。摊铺前沿路面的边缘及准备摊铺宽度用石灰水或粉笔画线，并按此线进行摊铺，将稀浆封层摊铺机前面横杆前端铁链沿画线前进，保证铺后顺直。

（4）上料。准备好的骨料、乳液、水、水泥、外加剂等装到稀浆封层机上，骨料应用装载机将其推拌均匀，使其上下含水量均匀后再装车。

（5）标定稀浆封层机装料的计量设备。

(6) 检验各泵、管路、阀门是否运转正常，有无渗漏。如有不正常时，必须排除故障后，才能进行摊铺作业。

(7) 检验液压系统控制部分，乳液、水泥的给料系统，摊铺槽的升降，槽内的螺旋给料器等液压系统操作是否正常。

(8) 车前横杆铁链安装牢固，并对准挂线。

(9) 检验摊铺箱内四周橡胶板的封闭性能，特别是四角的封闭，以免稀浆外流或摊铺不匀。

(10) 维护交通。保证施工质量与安全，施工前要设好标志、路栏、信号等设施，派专人控制行车。

10. 结束语

(1) 稀浆封层的主要作用。

①防水作用。稀浆混合料能够均匀地、牢固地黏附在路面上。由于骨料细、级配好、密实、坚固，路面不再有渗水现象。

②抗滑作用。由于沥青能够适量、均匀分布在骨料表面，没有多余沥青，防止泛油和光滑的病害，抗滑性能很好，可用在汽车赛场跑道、飞机场跑道和高等级路面上使用。

③耐磨作用。可选用坚硬、优质骨料，无论酸性与碱性骨料都有良好的黏附效果，因而可铺强度较高的耐磨耗层。

④填充作用。由于稀浆有很好的流动性，可以灌入缝隙，也可以填补小坑，使老化干涩的路面起到返老还新的作用。

根据稀浆封层的上述作用，其主要用途如下：

(2) 稀浆封层的用途。

①旧沥青路面的表面处治。可以代替表面处治的养护罩面，能治愈裂缝、提高抗滑性能、防止老化。

②新铺沥青路面的封层。在贯入式或多层表处上用稀浆封层可以提高路面的防水、抗滑、耐磨作用。

③路面的下封层。在新铺基层上用稀浆封层作为防水层，防止路面水分侵入基层或土基。

④砂石路面的防尘处理。在整平压实的砂石路面上做稀浆封层，防止行车扬尘、泥泞，具有沥青路面特性。

⑤水泥砼桥面及水泥砼路面上做稀浆封层，改善行车的舒适感，延长路面的使用寿命。

⑥硬路肩上铺设稀浆封层，拓宽沥青路面，改善行车、养护条件，其他停车场、球场、广场、码头、库房等都可使用。

(3) 经济效益。

稀浆封层除了具有节省能源50%、节省沥青10%~20%、改善施工条件、提高工效30%、延长施工季节两个月以外，还可显著降低工程造价。据美国统计铺1m^{2}厚2.5cm的沥青混凝土路面要4.5美元，铺稀浆封层只要0.8美元。据辽宁省的经验，采用采石场的碎石筛下的石屑，可以用于稀浆封层的骨料，每立方米只要3~5元，铺1m^{2}稀浆封层（按5mm计）只要1.64元（见表15），单层表处要2.22元，每平方米节省0.58元，而且耐用性要比单层表处多一倍。

(4) 稀浆封层的特点：

①原材料价格低廉。

②施工简便、快速，　台SB—804每天可铺10000延米。

③沥青分布均匀适量，路面平整、耐用性好。铺一层可用4~7年（按交通量的不同）。

④一般不需洒透层油或黏层油。

⑤开放交通快。

实践证明，稀浆封层具有显著的经济效益与社会效益。我国“七五”国家攻关项目中，已将它

表 15　稀浆封层造价表

厚度 mm	材料用量			材料费（元/m^2）				人工费（200 元/班）元/m^2	机械费（1000 元/班）元/m^2	料、人工、机械合计 元/m^2	其他直接费 5%	直接费合计 元/m^2	间接费 15%	每平方米单价 元
	乳液 kg/m^2	石屑 m^2/1000m^2	水泥 kg/1000m^2	乳液 600 元/t	石屑 30 元/m^2	水泥 200 元/t	合计 元							
3	1. 0	4. 3	65	0. 60	0. 124	0. 013	0. 742	0. 022	0. 111	0. 875	0. 044	0. 919	0. 138	1. 06
4	1. 3	5. 7	85	0. 28	0. 121	0. 017	0. 768	0. 025	0. 125	1. 118	0. 059	1. 177	0. 172	1. 35
5	1. 6	7. 1	125	0. 96	0. 213	0. 021	1. 194	0. 024	0. 143	1. 357	0. 068	1. 425	0. 214	1. 64
7	2. 2	10. 0	150	1. 32	0. 30	0. 03	1. 650	0. 033	0. 167	1. 85	0. 022	1. 922	0. 288	2. 21
10	3. 2	14. 3	215	1. 92	0. 424	0. 043	2. 342	0. 040	0. 200	2. 632	0. 132	2. 264	0. 415	3. 18

列入攻关内容。目前，不仅河南、广东等省引进 SB—1000A 型与 HD—10 型稀浆封层机，而且辽宁省已经制造出 SB—804 型与 SB—504 型稀浆封层机，现在已在沈阳、庄河、铁岭、营口、辽阳、丹东等市铺筑四十余公里，河北沧州 10km，黑龙江呼兰 10km。稀浆封层路面节省工程费用 30% ~ 50%，深受公路部门的欢迎，凡是用过的单位，今后都在计划大量推广应用。随着我国今后的乳化剂与稀浆封层机的不断发展，稀浆封层施工法必将有着广阔的发展前途。

端正学风，提高学术水平

我国的乳化沥青科技成果，正在不断地迅速向前发展。它在普及的基础上不断提高，又在提高的指导下不断普及。它战胜许多困难，也不断纠正学术观念上的误解。目前，有一篇题为《日本的新乳化沥青标准及对我国的影响》的文章（以下简称为该文）。先后在《道路科技信息（2001 年第 3 期》）与《乳化沥青简讯》（2001 年第 4 期）上发表。并被迅速发送到全国各地及公路基层部门，引起广大读者及专业技术人员的关注。但将该文与日本新修订乳化沥青标准进行对照时，我们惊诧地发现其中不少原则性的失误。

例如，原文在开端的 1.3 小节中写道：“阴离子乳化沥青在日本的道路部门已经不予采用，也不再制造了，所以在新修订乳化沥青标准中予以删除”。但是，在该文的表 1 和表 2（即日本新修订的乳化沥青品种代号及质量标准）中，却将原文的非离子乳化沥青错误地译为阴离子乳化沥青，参见引自该文的表 1 和表 2。

表 1　乳化沥青的品种和代号

品　种			代　号	用　途
阳离子乳化沥青	喷洒用	1 号	PK－1	温暖时期喷洒及拌和使用
		2 号	PK－2	寒冷时期喷洒及拌和使用
		3 号	PK－3	透层油及水泥稳定处理层的养生使用
		4 号	PK－4	黏层油
	拌和用	1 号	MK－1	粗粒式拌和用
		2 号	MK－2	密级配拌和用
		3 号	MK－3	含土集料拌和用
阴离子乳化沥青	喷洒用	1 号	MN－1	水泥、沥青乳液稳定处理拌和使用

注：1. P 表示喷洒渗透，M 表示拌和，K 表示阳离子，N 表示非离子。

2. 表中阴影部分的阴离子乳化沥青，原文中为非离子乳化沥青。

表 2　日本新修订乳化沥青的质量与性能标准

项　目	品种及代号							
	阳离子乳化沥青							阴离子乳化沥青
	PK－1	PK－2	PK－3	PK－4	MK－1	MK－2	MK－4	MN－1
恩格拉黏度（25℃）	3－15		1－6		3－40			2－30
筛上残留物（1.18mm 筛），%	0.3 以下							0.3 以下
黏附性	2/3 以上				—			—
粗级配骨料拌和试验	—				均匀	—		—
密级配集料拌和试验	—					均匀	—	—
砂、石、土拌和试验，%	—						5 以下	—
水泥拌和试验，%	—							1.0 以下

续表

项　目		品种及代号							
		阳离子乳化沥青							非离子乳化沥青
		PK－1	PK－2	PK－3	PK－4	MK－1	MK－2	MK－4	MN－1
离子电荷		阳离子（＋）							阴离子(—)
蒸发残留分,%		60 以上		50 以上		57 以上			57 以上
蒸发残留物	100～200	150～300	100～300	60～150	60～200	60～200	60～300	60～300	
	三氯甲烷溶解度,%	98 以上				97 以上			97 以上
贮存稳定性（24h）,%		1 以下							1 以下
冰冻稳定性（－5℃）		—	没有粗颗粒不结块	—					—

注：1. 恩格拉黏度小于 15 的按 JIS K 2208 之 6.3 由恩格拉黏度计测定，大于 15 的按 6.4 由赛波特黏度计测定后换算为恩格拉黏度。

2. 同表 1 注 2 的内容。

这两张表翻译的内容，多处违背了日本新修订的乳化沥青的分类与质量标准，表中阴影的部分，都是背离原文（日文）的实际内容，一再将非离子乳化沥青错译为阴离子乳化沥青。原文中清楚地写着 MN－1（代表非离子拌和型乳化沥青的符号），为了防止意外，原文（日文）在 MN－1 的上方写有“ノニオン”日文字母，从而进一步注明它是非离子乳化沥青。

1993 年，日本出版了新修订的沥青铺装纲要，书中第 53 页公布了日本新修订的乳化沥青分类及质量标准。1995 年，我国曾有人发表《修订技术标准要推动乳化沥青技术进步》的文章。文中对日本新标准做过介绍，并着重指出日本已经取消阴离子乳化沥青，同时增加非离子乳化沥青这一事实。

众所周知，由于阴离子乳化沥青固有的缺点，除特殊需要外，在路面工程上一般不采用，多年来我国政府也一直推广阳子乳化沥青技术。

从 JTJ032－94 标准中道路用乳化石油沥青技术要求（参见表 3）可以看出，阴离子与阳离子乳化沥青代表的符号是不同，可是每种类型的阴、阳离子乳化沥青的检验项目、检验标准、检验内容都是一样。同时，不仅将这个阴、阳不分的错误标准编入 JTJ 032－94（公路沥青路面施工技术规范）中，还将它编入 JTJ 052－93（公路工程沥青及沥青混合料试验规程）、JTJ 073－96（公路养护技术规范）等三个部颁标准中。

表 3　JTJ 032－94　道路用乳化石油沥青技术要求

项目 \ 种类		PC－1 PA－1	PC－2 PA－2	PC－3 PA－3	BC－1 BA－1	BC－2 BA－2	BC－3 BA－3
筛上剩余量　不大于,%		0.3					
电荷		阳离子带正电（＋）、阴离子带负电（－）					
破乳速度试验		快裂	慢裂	快裂	中或慢裂		慢裂
黏度	沥青标准黏度计 C_{25}^{3}，s 恩格拉黏度 E_{25}	12～45 3～15	8～20 1～6		12～100 3～40		40～100 15～40
蒸发残留物含量（不小于）,%		60	50		55		60

续表

项目 \ 种类		PC－1 PA－1	PC－2 PA－2	PC－3 PA－3	BC－1 BA－1	BC－2 BA－2	BC－3 BA－3
蒸发残留物性质	针入度（100g，25℃，5s），0.1mm	80～200	80～300	60～160	60～200	60～300	80～200
	残留延度比（25℃）（不小于），%	80					
	溶解度（三氯乙烯）（不小于），%	97.5					
贮存稳定性（%）　不大于	5d	5					
	1d	1					
与矿料的黏附性，裹覆面积　不小于		2/3					
粗粒式集料拌和试验		—			均匀	—	
细粒式集料拌和试验		—				均匀	
水泥拌和试验，1.18mm筛上剩余量（不大于），%		—				5	
低温贮存稳定度（－25℃）		无粗颗粒或结块					
用　　途		表面处治及贯入式洒布用	透层油用	黏层油用	拌制粗粒式沥青混合料	拌制中粒式及细粒式沥青混合料	拌制砂粒式沥青混合料及稀浆封层

注：1. 乳液黏度可选沥青标准黏度计或恩格拉黏度计的一种测定。C_{25}^{3}表示测试温度25℃、黏度计孔径3mm；E_{25}表示在25℃时测定；

2. 贮存稳定性一般用5天的稳定性。如时间紧迫，也可用1天的稳定性；

3. PC、PA、BC、BA分别表示洒布型阳离子、洒布型阴离子、拌和型阳离子、拌和型阴离子乳化沥青；

4. 用于稀浆封层的阴离子乳化沥青BA－3型的蒸发残留物含量可放宽至55%。

这些部颁标准公布不久，云南曲靖地区试铺阴离子乳化沥青稀浆封层。由于当时是旱季，情况尚好，然而一进入雨季，路面就出现了大面积剥落和损坏，造成严重的经济损失。类似现象，在河南开封也发生过：在104国道上，采用阴离子乳化沥青混合料铺筑面层，铺后尚未通车即已坑槽连片，致使路面工程无法验收。

人们在实践中深切感受到：这个“阴阳不分”的错误标准带来无穷后患，它使我国乳化沥青技术的发展产生倒退作用，此现象至今仍存在。例如，某城市公路部门，2001年用阴离子乳化沥青铺筑30km稀浆封层，铺后不到一个月即出现病害，造成人力、物力、财力的极大损失。许多专家已经认识到这个错误标准应该修改，否则将产生更严重的后果。

实事求是应是每个科技人员起码的觉悟，有了错误改了就好。该文章最后三段谈到日本新标准对我国乳化沥青的影响，文中说：“我国的乳化沥青标准是20世纪80年代翻译日本的标准，使用中发现存在一系列问题，例如：（1）乳化沥青的标号是阳离子乳化沥青与阴离子乳化沥青采用同一标准”。事实上这两类乳化沥青的性能有许多重大的区别。实际上，在80年代我国全力发展的是阳离子乳化沥青技术，为此该项目荣获国家科技进步二等奖，并被列为国家重点推广项目，当时制订的标准中根本没有阴离子字样。

实践是检验真理的唯一标准，修正错误是科技人员一贯倡导的作风。

我们由衷欢迎我国有更多的专家和科学家，就像欢迎我国有更多的奥运会冠军一样，那是我们国家的光荣、民族的骄傲。有了杰出的专家，就有了学科的领路人，就会使我国少走弯路，尽快赶上世界先进水平。重视学术风尚，是当前我国学术发展的关键。

参考资料

1. ワスファアルト，1994 版
2. 乳化沥青简讯，2002 年第 4 期
3. 道路科技信息，2002 年第 3 期
4. あすふあゐとたゆうさい，N0141，2001 年 10 月
5. あすふあゐとたゆうさい，N0144，2001 年 7 月

发表于《筑养路机械》，2003. 7

稀浆封层施工技术

姜云焕
（交通部公路科学研究所）

一、稀浆封层的施工特性

稀浆封层是充分利用乳化沥青的特性，将骨料、乳液、填料、水等原材料，按一定比例拌制成糊状的流动均匀的稀浆混合料，并将其立即均匀摊铺在路面上，作为封层的厚度一般为3～9mm。铺后经过乳液与骨料的裹覆、破乳、分离、析水、蒸发、固化等过程，形成密实，坚固、耐磨的表面封层。稀浆封层适宜于沥青路面的预防性养护，也可用于粗粒式或贯入式路面的封层。这种封层能与底面结合牢固，可用于地方道路、也可用于主干线的高等级公路的表面层，可以提高路面的防水、抗滑、耐磨、平整等性能。但是稀浆封层不能提高路面的结构强度和稳定性。因而必须在保证原路面的整体强度和稳定性符合设计与施工规范要求的前提下，而且原路面的平整度、坡度、拱度等符合设计要求的条件下，方能进行稀浆封层施工。如果原路面已发生大裂隙、大坑槽、波浪、推移等病害，则必须事先做好修补，方可进行稀浆封层施工。

在砂土路面上用稀浆封层做防尘处理时，要求原路面平整、坚实、无软弹现象，无松散颗粒，保证稀浆封层后与原路面结合牢固。

稀浆封层施工只用一种施工机械即可完成施工作业，不需设立庞大规模的拌和厂，不污染环境，不会引起路面发生油包和波浪。可用较少的材料，较快的速度，较低的成本完成路面的封层。

但是，要想做好稀浆封层，必须严格控制原材料的质量，使其符合规定的要求；保证稀浆封层机的施工质量，准确控制各种材料用量的配合比例，使稀浆混合料能摊铺均匀；配备掌握稀浆封层施工技术的熟练操作工；建立从原材料、施工机械、施工操作一系列严格的检验制度。有了这些保证方能成功地进行稀浆封层的施工。

稀浆封层施工是进度快、效率高的施工方法。一般在10min即可完成1000～1500m^{2}面积的作业。如果忽视上述的要求，也有可能造成大面积的失败。

稀浆封层的施工温度，一般应在5℃以上，如果必须在低温和阴湿季节施工时，必须采取一定的措施，提高早期强度，加速路面的成型，做好早期养护。

二、原材料的要求

（一）沥青乳液

应符合B_c—3的要求，沥青应符合道路沥青标准（SYB 1771－77），如缺少符合标准的沥青，对于低等级路面可用软化点低于50℃、延度大于25cm的沥青。对于大交通量的高新级路面，应采用符合标准要求的优质道路沥青。目前在国际上越来越多地采用掺入橡胶胶乳等高分子聚合物的改性乳化沥青，掺入的橡胶胶乳有SBR（丁苯橡胶），SBS（苯乙烯—丁二烯—苯乙烯嵌段共聚物），CR（氯丁橡胶）等胶乳，掺量为乳液质量的2.5%以上。

（二）骨料

根据选定的稀浆封层结构的类型，骨料的级配应符合表1规定的要求。骨料质地坚硬、干燥、洁净、无泥土和有机杂质。砂当量应大于45%。

表1　稀浆封层三种结构骨料级配及用量表

筛　号	筛孔尺寸 mm	通　过　百　分　率		
		细封层	中封层	粗封层
1/2	13	100	100	100
3/8	10	100	100	70～90
4	5	100	95～100	45～70
8	2.5	100	65～90	28～50
16	1.2	65～90	45～70	19～34
30	0.6	40～60	30～50	12～25
50	0.3	25～42	18～30	7～18
100	0.15	15～30	10～21	8～10
200	0.074	10～20	5～15	8～10
养护后封层的厚度，cm		3.2	6.4～8	9.5～11
干骨料用量，kg/m^2		2.2～5.4	5.4～8.1	8.1～13.6
油石比（以干骨料为百分比计），%		10～16	7.5～13.5	6.5～12

注：表中所列骨料可用矿渣、碎石，但不适于用轻质材料、页岩和膨胀土壤等。施工中在粗封层上再加细封层的双封层的效果更好。

（三）填料

一般可用硅酸盐水泥、石灰粉、粉煤灰等粒径小于0.074mm的粉料作为填料。其质量要求干燥、松散、没有结块。稀浆混合料中的这种填料，已经不单是用于填充空隙的材料（不同于热沥青混合料中的填料）。这些粉料与乳液中的水相互作用，它既可以调整稀浆混合料的稠度与均匀性，又可以提高封层的强度与耐磨性。

（四）水

水是构成稀浆混合料的重要部分之一，它的用量是决定混合料质量的重要因素。水的来源有三种：①骨料的含水量；②乳液中的含水量；③拌和机内拌和时向骨料喷洒的水。加入的水应是饮用水。盐水、工业废水、含泥渣的水不适于使用。

一般较为理想的稀浆混合料的含水量，应是干骨料质量的6%～11%。当含水量低于6%时，混合料太稠，不便于摊铺；当含水量高于11%时，混合料太稀，骨料产生离析。因此慎重地控制用水量是保证稀浆混合料质量至关重要的因素，一般控制含水量在9%是较为适宜的。但也要根据骨料与拌和机等情况做适当的调整。

骨料的含水量影响骨料的容重，也影响传送带对骨料的供给速度，因而对骨料的供给量应做相应的调整。

综合以上情况，水在混合料中的作用及数量是不容忽视的，必须掌握骨料的含水量与其容积之间的关系。拌和机内适当控制加水量，保证混合料的稠度。这是使稀浆混合料摊铺均匀，并与原路面牢固结合的重要前提。

三、稀浆混合料的技术指标

按规定的试验内容及方法，各项检验指标应达到表2的要求。

表2　稀浆混合料的技术指标

项　　目	技术指标
稠度，mm	89 +20 ~ 30
初凝时间，h	<3
固化时间，h	<4
湿轮磨耗值，g/m^2	<800
荷载车轮磨耗值，g/ft^2	低于规定砂黏附量

四、施工技术

（一）施工前的准备工作

（1）检查与修整原路面与基层。如有裂缝、坑槽、松散、翻浆、波浪等病害，应在封层施工之前修补完毕；

（2）按施工机械和工程进度，制备足够所需的沥青乳液，并应取样检验，各项指标达到 B_c—3 的要求后，方可出厂。乳液的检验结果应随同乳液一同送至施工现场。

（3）骨料进场前，应对其规格、级配、砂当量进行检验，合格后方可进场，最好一次备足。对于不符合规格的骨料，应重新过筛，防止过大粒径及杂质混入。

（4）骨料装入稀浆封层机之前，应用装载机使上下层骨料翻拌均匀，使骨料湿度均匀一致。同时用专用工具测定骨料含水量与湿容重的关系。由此，可在骨料含水量发生变化时，调整骨料的供给量。

（5）检查、调试机械。

施工前检查稀浆封层机上的动力（发动机）、传动、油泵、水泵系统，油（乳液）水管道及阀门系统，如有故障和异常现象，立即修理。检验骨料给料器、皮带输送机、填料给料器、混合料拌和机、箱形摊铺槽、液压传动系统螺旋给料器等，都应保持良好的工作状态，否则不能开工。

（6）计量标定。

稀浆封层机施工前，应根据室内试验确定稀浆混合料的设计配合比，对于骨料、乳液、填料（水泥）、水等各种材料的用量，进行标定。

1. 骨料计量

骨料的供给量是随着给料器闸门的高度而改变的，而且与乳液的供给量形成一定的百分比，一般稀浆封层机的骨料传送带给料器与乳液泵的输出量是连锁的，形成固定的比例常数。因此，可根据稀浆封层机使用说明书给出的乳液泵的排出量，再根据乳液泵与输送带的转数比，从而标定骨料出口闸门不同高度的乳液用量的百分比（即乳石比）。

骨料闸门高度 H 应按下式计算：

$$H=\frac{\delta}{b\cdot L\cdot V\cdot K\cdot \lambda\cdot \varepsilon}$$

$$\lambda=\frac{湿容重}{干容重}$$

式中　δ——乳液泵每转排出量，kg；

b——料门宽度，cm；

L——相当于乳液泵一转时骨料输送带的位移量，cm；

V——骨料的容重；

K——皮带打滑系数；

ε——乳石比；

2. 乳液的计量

乳液的用量直接影响到混合料的油石比，由于乳液中沥青含量的不同，乳液需要的数量也不同，以乳液用量百分比为横坐标，沥青用量的百分比为纵坐标绘成乳液用量图。由图可查出稀浆混合料所需乳液的百分比。根据稀浆混合料配合比设计确定的乳液用量（或沥青用量）的百分比，由图可直接查得沥青用量（或乳液用量）。

3. 填料计量

在混合料中掺入水泥等填料时，应根据设计确定水泥量的百分比，按水泥容重及供料器的供给量，使水泥量达到级配骨料中水泥用量要求的百分比。

4. 核对

以上标定数据确定后，在施工摊铺时，乳液配比按下列步骤进行核对：

（1）测稀浆封层机身（不带骨料的）质量，并测出装满骨料时的质量（或以体积计算骨料质量）。

（2）准确测量乳液罐内装入乳液体积和使用后剩余乳液体积，并记录使用数量。

（3）以干骨料为基数，计算所用乳液百分比

$$C = \frac{V \cdot Y}{A\ (1-W)} \cdot 100$$

式中 C——油石比，%；

V——乳液体积，m^3；

Y——乳液密度，g/cm^3；

A——骨料质量，kg；

W——骨料的含水量。

（4）如果校核的乳石比高于设计值，应提高（开大）骨料闸门并重新校核。如果乳石比低于设计值，应降低骨料闸门（关小），调整后重新校核。

（二）交通管理

施工现场应设有专人管理交通，施工路段应设路栏及专人负责阻止行车，以保证稀浆封层的早期养护。

（三）专业施工队伍

稀浆封层施工应有固定的专业施工队伍。其中：包括司机、摊铺工、机修工、试验工、装料工等人员。施工前，应对施工人员进行技术培训，向施工人员进行施工要求、质量标准等技术讲座。施工人员应能系统掌握各部分的性能及要求，能熟练掌握技术并密切配合。

（四）施工程序

1. 清洁路面

封闭施工路段交通后，仔细清扫原路面上混入的土和杂物，对于黏结在路面上的杂物应用高压水冲洗干净。

（1）放样。

施工前，沿原路面两侧划出引导稀浆封层机定向控制前进的基准线，要求顺直、准确。

（2）上料。

将符合要求的骨料、乳液、水泥、水等，按要求数量装入机内各容器中，准备使用的骨料应使其颗粒级配与湿度均匀一致。

2. 摊铺

（1）将稀浆封层机驾驶到施工摊铺起点处，使机前导向链条对准走向控制线，机后的箱形摊铺槽调整好要求的宽度并挂在机后，使摊铺槽与机尾部分保持平行。

（2）摊铺槽四周的橡胶刮板，安装准确牢固，保证槽内混合料按要求摊铺不发生外漏。

(3) 开动发动机，调整油门使发动机达到要求工作速度，发动机正常运转后，接通离合器，启动离合器传动轴。

(4) 接通乳液泵。开动乳液泵，使罐内乳液循环。检验乳液泵、阀门及管路，运转正常后，接通拌和机离合器，检验拌和机运转正常。

(5) 接通输送带离合器，同时迅速打开水泵阀、乳液泵阀，使骨料、乳液、水、水泥等同时按比例进入拌和机。待拌和机筒内混合料达半筒时，打开稀浆混合料拌和机的出口，使混合料流入摊铺槽内。此时仔细观察稀浆混合料的稠度（可以用稠度检测仪检测），调节拌和机内给水管的供水量，使混合料达到要求的稠度。

(6) 流入摊铺槽内稀浆混合料的体积达到槽容积的2/3时，应开动稀浆封层机前进。保持在10~30m/min的缓慢速度，进行均匀摊铺。同时用封层机下部的喷水管喷水，在封层之前使路面保持湿润。但是喷水量不能过多，路面不能有积水。封层机摊铺前进速度应使摊铺槽内保存有一定数量的混合料，但不得有外溢现象。

(7) 混合料摊铺后，对于两侧或局部需由人工修整和找平，对于过厚或不平处，使用橡胶耙子找平，对于漏铺和稀浆不足之处，应及时用稀浆混合料进行修补，对于纵向和横向搭接处，应进行修整，保证搭接平整。

(8) 机上的各种材料，如有一种用完时，应使发动机立即脱开输送带离合器。关闭水泵、乳油泵及水泥等阀门，待拌和筒、摊铺槽内混合料全部摊铺后，即停止前进，将摊铺槽提起，使封层机移至路外，立即用高压水冲净拌和机和摊铺槽，然后再补充所缺的材料。

(9) 摊铺混合料出现问题的处理措施。

①稀浆封层后固化过慢时的处理措施：

a. 适当增加水泥用量；

b. 适当减少拌和用水量；

c. 选用破乳速度稍快的乳液；

d. 改变骨料配合比设计。

②稀浆固化后封层出现剥落时的处理措施：

a. 可适当增加乳液（沥青）的用量；

b. 适当减少拌和用水量；

c. 清洗干净原路面；

d. 改善骨料级配及配合比设计。

③发生泡沫和海绵状的稀浆封层时的处理措施：

a. 改善乳液性能，选用泡沫少的乳化剂；

b. 适当缩短稀浆混合料的拌和时间；

c. 适当减少水泥用量。

④稀浆混合料破乳太快（无法摊铺）时的处理措施：

a. 改善乳液性能（选用慢裂乳化剂）；

b. 增加1%~3%硫酸铝水溶液；

c. 改善骨料配合比设计；

d. 减少水泥等填料的用量。

3. *早期养护*

稀浆封层铺筑后，尚未固化成形前应禁止一切车辆和人的行驶，设专人负责看管。如因交通封闭不严或原路面清理不彻底等造成局部损坏时，应立即用稀浆修补，以免使病害扩大。

五、施工质量检验标准及方法

（一）基层（或原路面）质量标准

施工前应对基层（或原路面）的厚度、平整度、拱度、强度和稳定性等进行检验，在符合表3要求后，方可在其上铺筑稀浆封层。

表3　基层质量标准及检验方法

检验项目	标准及允许误差	检　验　方　法
厚度	±10%	每 $100m^2$ 为一段，每段在路中及两侧各测一处
宽度	不小于设计规定	每段用皮尺查三处
平整度	不大于10mm	用3m直尺每段至少10处
横坡度	±0.5%	用水准仪测量每段至少3处
压实度	根据不同基层类型要求	每 $1000m^2$ 为一段至少抽查一次
弯沉值	不大于设计要求	用弯沉仪测定每段10m

（二）面层（封层）施工质量标准

1. 稀浆封层的质量检验

稀浆封层一般应经过一个夏季的行车后进行质量检测，检测的项目及方法参见表4。

表4　稀浆封层路面施工质量检验标准

检验项目		规定值或允许偏差	检验方法
厚度		±2mm	每 $1000m^2$ 为一段，每段在路中及路两侧各测一处
宽度		不小于设计规定且不大于10cm	每100m用尺抽查三处
横坡度		±0.5%	每100m用水准仪测量三处
平整度		不大于5mm	每100m用3m直尺检查一处，每段连续量10尺，每尺检一点
油石比		±0.5%	每 $1000m^2$ 检查一处抽提试验
摩擦系数	高速公路 一级公路	52～55	用摆式仪测定摆值
	二级公路	47～50	
	三级和四级公路	≥45	
构造深度	高速公路 一级公路	0.6～0.8mm	每100m测5处，用推砂法测定
	二级公路	0.4～0.6mm	
	三级公路	0.2～0.4mm	

2. 稀浆封层路面外观要求

（1）表面平整、密实、坚固，不得有松散、轮迹、局部过多或过少等现象。

（2）纵向、横向接缝平顺、坚密，外观颜色均匀一致。

（3）路面与其他构造物衔接平顺，路肩上不可有流出的稀浆混合料。

3. 封层的耐用性检测

距离前一次检测一年后，应检测路面封层的耐用性，主要检测平整度、摩擦系数、透水系数、纹理深度等指标是否达到要求，是否有衰减现象，以此确定封层的耐用性。

发表于《公路》，1991.7

修订技术标准应推动乳化沥青技术进步

姜云焕
交通部公路科学研究所

乳化石油沥青（以下简称乳化沥青）的迅速发展，是与各国相应的有关技术规程的迅速发展密切相关的。例如：美国的 ASTM D 2397 与 ASTM D 977 日本的 JIS K 2208，等等，就曾起到技术指导与保证的作用。

乳化沥青的分类，欧美国家以乳液的破乳速度而分为快、中、慢三种类型。如分为 RS（Rapid Setting）、MS（Medium Setting）、SS（Slow Setting）。ASTM D2397 是阳离子乳化沥青的技术要求，ASTM D977 是阴离子乳化沥青的技术要求。它们虽然以破乳速度进行分类，也对各种乳化沥青注明其用途范围。而日本是以各种乳化沥青的用途方式进行分类的，主要分有洒布型与拌和型两大类，再根据其不同用途进行更细的分类，其各种分类与代号参见表1。

表1　日本乳化沥青的分类及代号（JIS K2208－1980）

种类			代号	用途
阳离子型乳化沥青	贯入用	1号	PK－1	在温暖季节做贯入式及表面处治用
		2号	PK－2	在寒冷季节做贯入式及表面处治用
		3号	PK－3	用于透层油及水泥土养护
		4号	PK－4	用于黏层油
	拌和用	1号	MK－1	拌和粗级配骨料用
		2号	MK－2	拌和细级配骨料用
		3号	MK－3	拌和砂石土用
阴离子型乳化沥青	贯入用	1号	PA－1	温暖季节做贯入式及表面处治用
		2号	PA－2	寒冷季节做贯入式及表面处治用
		3号	PA－3	用于透层油及水泥土养护
		4号	PA－4	用于黏层油
	拌和用	1号	MA－1	拌和粗级配骨料用
		2号	MA－2	拌和细级配骨料用
		3号	MA－3	拌和砂石土用

注：P—喷洒贯入用乳液 Penetrating Emulsion；M—拌和用乳液 Mixing Emulsion；K—阳离子乳化沥青 Cationic Emulsion；A—阴离子乳化沥青 Anionic Emulsion。

欧美与日本以及其他许多国家，在乳化沥青的分类方法上有所不同，但对于各种乳化沥青的技术要求有其相同之处。以美国 ASTM D 2397 与日本 JIS K 2208 的技术要求相比较，可以看出它们的共同之处，可以说是大同小异，JIS 与 ASTM 阳离子乳化沥青技术要求对比表见表2。

各国的阳离子与阴离子乳化沥青的性能标准，都分别列示于 ASTM D 2397、ASTM D 977、JIS K 2208－1980，参见表3、表4、表5。

我国乳化沥青的分类与代号，吸收日本的经验，按各种乳化沥青的用途进行分类，同时注意各种乳化沥青破乳速度的要求，具体分类与代号详见表6。

表 2　JIS 与 ASTM 阳离子乳化沥青技术要求对比表

表中上栏为 JIS K 2208，下栏为 ASTM D 2397

JIS K 2208		PK－1		PK－2		PK－3		PK－4		MK－1		MK－2		MK－3		NM－1	
ASTM D 2397		CRS－1		CRS－2						CMS－2		CMS－2h		CSS－1		CSS－1h	
项目		最小	最大	最小	最大	最小	最大	最小	最大	最小	最大	最小	最大	最小	最大	最小	最大
主要用途		温暖期间做贯入及表处用		寒冷期间做贯入及表处用		透层油及水泥土养护用		黏层油		拌和粗级配骨料用		拌和细级配骨料用		拌和砂石土用			
恩格拉黏度，s	25℃	3	15	3	15	1	6	1	6	3	40	3	40	3	40		
														5.6	28	5.6	28
	50℃																
		5.6	28	28	112					14	126	14	126				
蒸发残留物含量,%		60		60		50		50		57		57		57			
		60		65						65		65		57		57	
沥青微粒电荷		阳															
		阳															
黏附性		2/3		2/3		2/3		2/3									
粗级配骨料拌和性										均匀							
细级配骨料拌和性												均匀					
砂石土拌和性,%														2			
														2			

续表

JIS K 2208		PK－1		PK－2		PK－3		PK－4		MK－1		MK－2		MK－3		NM－1	
ASTM D 2397		CRS－1		CRS－2						CMS－2		CMS－2h		CSS－1		CSS－1h	
项目		最小	最大	最小	最大	最小	最大	最小	最大	最小	最大	最小	最大	最小	最大	最小	最大
贮存稳定性	5日,%		5		5		5		5		5		5		5		
	1日,%																
			1		1						1		1		1		1
针入度（25℃）, 0.1mm		100	200	150	300	100	300	60	150	60	200	60	200	60	300		
		100	250	100	250					100	250	40	90	100	250	40	90
延度（15℃）, cm		100		100		100		100		80		80		80			
		40		40						40		40		40		40	
三氯乙烯可溶分,%		98		98		98		98		97		97		97			
		97.5		97.5						97.5		97.5		97.5		97.5	
稳定性（－5℃）				无粗颗粒结块													
筛口剩余量,%		小于0.3															
		小于0.1															

表 3　ASTM D 2397 阳离子型沥青乳液标准及其代表用途

种类	快裂				中裂				慢裂			
型号	CRS－1		CRS－2		CMS－2		CMS－2n		CSS－1		CSS－1h	
	最小	最大	最小	最大	最小	最大	最小	最大	最小	最大	最小	最大
乳液试验												
赛波尔特黏度 25℃，s									20～100		20～100	
赛波尔特黏度 50℃，s	20～100		100～400		50～450		50～450					
贮存稳定性（a）5D（%）	5 以下		5 以下		5 以下		5 以下		5 以下		5 以下	
贮存稳定性（b）24h，%	1 以下		1 以下		1 以下		1 以下		1 以下		1 以下	
分类试验（c）或乳液破坏度 0.8%	合格		合格									
二辛基磺琥珀酸钠，%	40 以上		40 以上									
覆盖度，耐水性												
干骨料的裹覆					良好		良好					
洒喷后的裹覆					一般		一般					
湿骨料的裹覆					一般		一般					
洒喷后的裹覆					一般		一般					
颗粒电荷测定	+		+		+		+		+		+	
筛上剩余量试验，%	0.10 以下		0.10 以下		0.10 以下		0.10 以下		0.10 以下		0.10 以下	
水泥拌和试验，%									2.0 以下		2.0 以下	
蒸馏油分（占乳液体积，%）	3 以下		3 以下		12 以下		12 以下					
蒸发残留物含量，%	60 以上		65 以上		65 以上		65 以上		57 以上		57 以上	
蒸发残留物试验												
针入度（25℃，100g，5s），0.1mm	100～250		100～250		100～250		40～90		100～250		40～90	
延伸度（25℃ 5cm/5min），cm	40 以上		40 以上		40 以上		40 以上		40 以上		40 以上	
三氯乙烷可溶分，%	97.5 以上		97.5 以上		97.5 以上		97.5 以上		97.5 以上		97.5 以上	
代表性用途	表面处治、碎石贯入、砂封层、黏层油		表面处治、碎石贯入、封层、黏结层		常温工厂拌和、粗粒料封层（单层、双层）、裂缝修补、路上拌和、黏结层、砂封层		常温工厂拌和、加热工厂拌和、粗粒料封层（单层，双层）、修补裂缝、路上拌和、黏结层		常温工厂拌和、路上拌和、稀浆封层、黏结层、薄雾封层、防尘			

表4 ASTM D 977 阴离子型乳化沥青标准及其代表用途

种类	快裂				中裂						中裂						慢裂			
型号	RS－1		RS－2		MS－1		MS－2		MS－2h		HFMS－1		HFMS－2		HFMS－2h		SS－1		SS－1h	
	最小	最大	最小	最大	最小	最大	最小	最大	最小	最大	最小	最大	最小	最大	最小	最大	最小	最大	最小	最大
乳化沥青检验																				
赛波尔特黏度（25℃），s	20	100			20	100	100						100		100		20	100	20	100
赛波尔特黏度（50℃），s			75	400																
贮存稳定性（a）5D,%		5		5		5		5		5		5		5		5		5		5
贮存稳定性（b）24h,%		1		1		1		1		1		1		1		1		1		1
破乳试验 35mL 0.02N$CaCO_3$,%	60		60																	
覆盖度与湿骨料																				
干骨料的覆盖度					好		好		好		好		好		好					
湿骨料的覆盖度					损坏		损坏		损坏		损坏		损坏		损坏					
洒布后的覆盖度					损坏		损坏		损坏		损坏		损坏		损坏					
水泥拌和试验																	2.0		2.0	
筛上剩余量试验,%		0.1		0.1		0.1		0.1		0.1		0.1		0.1		0.1		0.1		0.1
蒸发残留量，%	55		63		55		65		55		65		57		57					
蒸发残留物试验																				
针入度(25℃，100g，5s)，0.1mm	100	200	100	200	100	200	100	200	40	90	100	200	100	200	40	90	100	200	40	90
延伸度(25℃,5cm/min),cm	40		40		40		40		40		40		40		40		40			
三氯乙烷可溶分,%	97.5		97.5		97.5		97.5		97.5		97.5		97.5		97.5		97.5			
用途	表面处治碎石贯入透层油、黏层油、封层		表面处治碎石贯入粗糙的碎石封层（单层或多层）		冷拌和厂、路上拌和、砂封层、修补裂缝、黏结层				冷拌和厂、粗骨料的封层（单层或双层）、裂缝的修补、结合层、砂封层		常温拌和厂、拌制混合料、用拌和式路面、砂封层、连续层、黏层油		冷拌混合料、粗骨料的透层油、黏层油（单层或双层）、修补裂缝的混合料、透层油、黏层油		冷拌混合料、热拌混合料、粗骨料的透层油（单层或双层）、裂缝的修补、混合料连续层					

表 5　日本乳化石油沥殖标准 JIS K2208－1983

种类与型号 / 型号	阳离子乳化沥青							阴离子乳化沥青						
	PK－1	PK－2	PK－3	PK－4	MK－1	MK－2	MK－3	PA－1	PA－2	PA－3	PA－4	MK－1	MK－2	MK－3
恩格拉黏度（25℃），s	3～15		1～6		3～40			3～15		1～5		3～40		
筛上剩余量（1190μm）	<0.3							<0.3%						
粘附性	>2/3		—		—			—						
骨料覆盖度（40℃）	—							2/3 以上				均匀	—	
粗级配骨料拌和性	—				均匀	—		—					均匀	
密级配骨料拌和性	—					均匀		—					均匀	
砂石土骨料拌合物，%	—						5 以下	—						
沥青微粒电荷	（＋）阳							（－）阴						
蒸发残留物含量，%	60 以上		50 以上		57 以上			60 以上		50 以上		57 以上		
蒸发残留物 针入度，（25℃）	大于 100	小于 150	大于 100	大于 60	大于 60	大于 60	大于 60	大于 100	大于 150	大于 100	大于 60	大于 60	大于 60	大于 60
	小于 200	小于 300	小于 300	小于 150	小于 200	小于 200	小于 300	小于 200	小于 300	小于 300	小于 150	小于 200	小于 200	小于 300
蒸发残留物 延度（15℃），cm	100 以上				97 以上			100 以上				80 以上		
蒸发残留物 三氯乙烷可溶分，%	98 以上				97 以上			98 以上				97 以上		
贮存稳定性（5D），%	5 以下							5 以下						
冻融稳定性（－5℃）	—	没有粗颗粒	—					—	没有粗颗粒	—				

表6 我国乳化沥青的分类及代号

种类		代号	用途
阳离子型乳化沥青	洒布、贯入用	PC-1	用于喷洒、贯入表面处治
		PC-2	用于透层油及水泥稳定土养护
		PC-3	用于黏层油
	拌和用	BC-1	拌和粗级配混合料及黑色碎石
		BC-2	拌和中级配混合料及黑色碎石
		BC-3	拌制稀浆封层及砂石土
阴离子型乳化沥青	洒布、贯入用	PA-1	用于喷洒、贯入及表面处治
		PA-2	用于透层油及水泥稳定土养护
		PA-3	用于黏层油
	拌和用	BA-1	拌和粗级配混合料及黑色碎石
		BA-2	拌和中级配混合料及黑色碎石
		BA-3	拌制稀浆封层及砂石土

注：P—喷洒、贯入；B—拌和；C—阳离子型；A—阴离子型。

使用乳化沥青修路，有设备简单、操作容易的一面。但是，每种类型的乳化沥青有其不同的技术要求，必须掌握这些固有的规律，严格按照其技术要求才能取得成功。否则，违背固有的规律和要求，就可能造成失败。如铺筑层铺贯入式路面时，一定要选用PC-1型乳化沥青，这种乳液除要求筛上剩余量、贮存稳定性、黏附性指标合格外，一定要求是快裂型且蒸发残留物含量不低于60%。

又如作为透层油时，要选用PC-2型乳化沥青，并且是慢裂型，蒸发留物不大于50%；拌制稀浆封层用的乳化沥青时，一定是慢裂BC-3型，蒸残留物含量不低于60%。这些是最基本的要求。各种乳化沥青的技术要求见表7。

表7 道路用乳化沥青技术要求

项目 \ 种类		PC-1 PA-1	PC-2 PA-2	PC-3 PA-3	BC-1 BA-1	BC-2 BA-2	BC-3 BA-3
筛上剩余量（不大于），%		0.3					
电荷		阳离子带正电（+）、阴离子带负电（-）					
破乳速度试验		快裂	慢裂	快裂	中裂或慢裂		慢裂
黏度，s	沥青标准黏度计 $C_{25.3}$	12~45	8~20		12~100		40~100
	恩格拉黏度 E_{25}	3~15	1~6		3~40		15~40
蒸发残留物含量（不小于），%		60	50		55		60
蒸发残留物性质	针入度（100g，25℃，5s），0.1mm	80~200	80~300	60~160	60~200	60~300	80~200
	残留延度比(25℃)(不小于)，%	80					
	溶解度(三氯乙烯)(不小于)，%	97.5					
贮存稳定性（不大于），%	5d	5					
	1d	1					

续表

项目＼种类	PC－1 PA－1	PC－2 PA－2	PC－3 PA－3	BC－1 BA－1	BC－2 BA－2	BC－3 BA－3
与矿料的黏附性，裹覆面积（不小于）	2/3					
粗粒式集料拌和试验	—			均匀	—	
细料式集料拌和试验	—				均匀	
水泥拌和试验，1.18mm 筛上剩余量（不大于），%	—				5	
低温贮存稳定度（－5℃）	无粗颗粒或结块					
用　　途	表面处治及贯入式洒布用	透层油用	黏层油用	拌制粗粒式沥青混合料	拌制中粒式及细粒式沥青混合料	拌制砂粒式沥青混合料及稀浆封层

注：①乳液黏度可选沥青标准黏度计或恩格拉黏度计的一种测定，C_{25}^{3}表示测试温度25℃、黏度计孔径3mm；E_{25}表示在25℃时测定；

②贮存稳定性一般用5天的稳定性，如时间紧迫，也可用1天的稳定性；

③PC、PA、BC、BA分别表示洒布型阳离子、洒布型阴离子、拌和型阳离子、拌和型阴离子乳化沥青；

④用于稀浆封层的阴离子乳化沥青BA－3型的蒸发残留物含量可放宽至55%。

参照部分资料，表7对我国各种乳化沥青的技术标准做了一些规定。但是，我国重新修订乳化沥青技术标准的目的与根据是什么？应该是近十年来国内外乳化沥青技术的进步与发展，通过新的标准使我国乳化沥青技术尽快地赶上世界先进水平。可是表7的内容与10年前JTJ 014－86《公路柔性路面设计规范》规定阴离子乳化沥青技术要求没有什么差别。所不同的是将阴离子与阳离子两种乳化沥青的技术要求“合二为一”。世界各国乳化沥青的技术标准都是将阴离子、阳离子分别做出规定。因为它是两个不同历史时代的产物，它代表着不同时代的乳化沥青的技术水平。50年代以前以发展阴离子乳化沥青为主，发展速度不快，应用数量不多。60年代以后有了阳离子乳化沥青的发展，它发挥了阴离子乳化沥青的长处，又弥补其缺欠与不足，从而使乳化沥青在国际上进入飞跃发展阶段。这一事实可以说是众所周知的。但在表7中表示出凡是阳离子能达到的技术要求，阴离子都可以达到，这个结论不符合事实，也是不科学的，单以黏附性这一项，阴离子乳化沥青绝对不如阳离子乳化沥青，尤其对于酸性骨料更为明显。至于碱性骨料，其中个别碳酸钙含量很高的石灰岩，可能对于阴离子乳化沥青黏附性尚好，但是这种石灰岩在我国只有在个别地区才有，切不可把局部经验不加分析在全国一概而论。这种阴阳不分，合二为一的标准，有可能造成误导。

乳化沥青技术与一切科学技术相同，总是要不断地向前发展，永远不会停止在一个水平上，不断地修订、补充各种规范与标准，正是为了适应这种发展的需要，跟上发展的形势，促进行业技术的进步。阳离子乳化沥青被列为国家重点推广新技术项目，《公路柔性路面设计规范》JTJ 014－86将阳离子乳化沥青标准编入，非常有利于这项新技术的推广。改革开放的国策，号召我们科学技术要面向世界、面向未来、面向现代化。今天只谈阴离子、阳离子乳化沥青技术已经落后于形势的发展，改性的阳离子乳化沥青与改性的阳离子乳化沥青稀浆封层已在迅速发展与广泛应用，尤其在高等级公路上的应用，引起国内、外广范关注。但新修订的标准与规范在这方面仍是一片空白，远不能满足“科技兴路”的需要。

参见日本新修订的沥青铺装纲要（1993年版），对于先进的技术表示积极支持，对于落后的技术则果断淘汰。例如，在第3章材料部分中，原有乳化沥青质量标准JIS K 2208－1983，其中阴离子、阳离子乳化沥青各占一半，但新的标准中只保留阳离子乳化沥青部分。因为阴离子乳化沥青性能差，很少使用，因而果断将阴离子部分取消。新增非离子乳化沥青的质量标准，因为它适用于水泥、乳液综合加固土，适用于铺筑底层。增加改性乳化沥青的技术性能标准……新修订的《铺装纲要》必将有利于促使日本的乳化沥青技术更快地赶上世界先进水平。外国的先进经验我们应该借鉴。

修订规范与规程，应该广泛征求有关工程技术与科研人员的意见，集思广益，防止因个人原因做出错误决定。例如，JTJ 032－94《公路沥青路面施工技术规范》与 JTJ 073－96《公路养护技术规范》，都列有“乳化沥青稀浆封层的矿料级配及沥青用量范围表”，在倒数第2行的内容应该是：经过养护后的最大厚度或固化成型后封层最大厚度为3.2mm（细）、6.4～8mm（中）、9.5～11mm（粗），而新规范写为适宜的稀浆封层平均厚度2～3mm（细）、3～5mm（中）、4～6mm（粗），不知这新标准的根据从何而来？又如倒数第一行应该是：干矿料或干粒料的用量 kg/m^2，细封层3.2～5.4、中封层5.4～8.1，粗封层8.1～13.6kg/m^2，而新规范将这一行写为稀浆混合料用量，细封层3～5.5、中封层5.5～8、粗封层>8。这个表中的数据原是根据国际稀浆封层协会（ISSA）的标准而来，而ISSA标准中没有一项是说明稀浆混合料的用量，也没有粗封层>8的数据，这个数据不知从何而来。

在此表的下面记有三条注解，其中有两条是欠妥的：“②ES－1型适用于较大裂缝的封层。ES－1型由于矿粒细、油石比大，这种稀浆混合料有很好的渗透性，适宜治愈路面细小裂缝，如有较大裂缝，应先将裂缝处治好不能靠ES－1的封层去处理；③ES－3型适用于高速公路，一级公路的表层抗滑处理，铺筑高粗糙度的磨耗层”。粗封层可以提高路面抗滑能力，适宜于多层或封层的底层或面层，但它还不能满足高速公路的高粗糙的磨耗层，必须用改性的稀浆封层才能满足高等级路面的需要。类似的问题还有，这里不一一列举 。

总之，修订规范与标准，在重视倾听各方面的不同意见，使我国的规范与标准更趋完备与先进，推动我国乳化沥青技术进步，更准确地指导施工与试验。

加强预防性养护　发展稀浆封层技术

随着公路的超负荷使用及多种因素的影响，无论是新建还是早建的公路，都出现了大大小小的问题。当前，在建公路必须重视养护工作，做到补早、补小、补彻底。否则，就会积重难返，高速路变成低速路。为此，交通部提出“建养并重”为“十五”公路管理的工作方针，要求克服“重建轻养”的错误倾向。

一、预防性养护的重要性

目前国际上普遍认为，用较少的费用取得较好的养路效果是个很重要的研究课题。实验表明，对路面做好早期的预防性养护，可以取得事半功倍的效果。美国的亚利桑那州公路部门，就不同的养护方式做过如下比较：

（1）铺完沥青混凝土路面后，行车 20 年，做大修养护。

（2）相同条件路段，铺完沥青混凝土路面后，行车 10 年，做一次修补性养护，然后做一次沥青混凝土罩面。

（3）按照预防性养护要求，对于铺好的沥青混凝土路面，根据路面检查结果，及时进行预防性养护，经常提高路面完好率。

从以上三种不同养护方式，对工程所用直接养护工程费作比较，将第三种预防性养护方式所需费用视为 100%，则第一种修补性大修养护费为 163%，多出 63%，第二种修补性养护费为 155%，多出 55%。由此可见，第三种预防性养护使路面由于经常保持良好的服务状态取得了更为显著的运营效益与社会效益。

二、选择预防性养护的最佳方式

目前，国际上有多种用于路面预防性养护的方式，其中以稀浆封层与改性稀浆封层效果最佳。近十多年来，这项技术在国际上迅速发展，除因直接节省工程费用外，还因它只用一种专用施工机械——改性稀浆封层机。用较少的劳力（5～7 人），只用 10min 即可铺 1000～1500m^2 的改性稀浆封层，而且只要在不降雨的常温条件下即可施工。没有环境污染，没有人员烧伤、烫伤情况，既改善了施工条件，又节约了资源。在国际上每年的铺筑量现已达到 $3\times10^8 m^2$ 以上。

我国的稀浆封层与改性稀浆封层技术近些年来发展同样很快。自 1987 年，交通部将阳离子乳化沥青筑养路技术列为“七五”重点推广课题（其中明确包含稀浆封层技术）以来，全国许多地市的公路部门已建立乳化沥青生产基地，引进国外的（欧美国家）改性稀浆封层机超过 60 台，国产的改性稀浆封层机也已达 40 余台，且国产机械的技术性能已经接近国际先进水平。这一大批的改性稀浆封层机械，将在公路上大显身手。它不仅在地方道路的面层应用普遍，而且在高速公路的上封层、下封层、修补车辙等方面也广为应用。如在京石线、京沈线、石安线、京张线、石黄线、宁通线、曹仪县、淮（阴）江（都）线等高速公路线段，无论是铺筑的面层还是修补的车辙，都经过行车与气候的考验，业主都非常满意。最近在黑龙江省大兴安岭区，用改性稀浆封层在严寒地区铺筑大量的林区公路路面，取得可喜成果，为寒冷地区的林区与地方道路的推广和应用开创了先河。

三、当前亟待解决的问题

（1）尽早制定相关技术标准或施工规范。

希望相关部门尽早制定“改性乳化沥青”与“改性稀浆封层”的技术标准或施工规范，使各基层施工单位做到有章可循，有据可依。

（2）“改性稀浆封层”与“微表处”的区别。

改性稀浆封层技术，在国外将这种改性稀浆封层称为精细的表面处理（Micro sufacing）众所周知它是发挥改性乳化沥青的特点，在稀浆封层技术的基础上发展起来的。从工程的实际意义来考虑，将它命名为改性稀浆封层顺理成章，可是在英文将它用 Micro Surfacing 表示，这在英文词典中是查不到的，外商推销员由于不懂公路专业技术，也不了解工程的实际情况，将它硬拼直译为“微表处”或“精细表处”。在道路工程中，“表处”是表面处治的简称，并且有“单层表处”、“双层表处”、“多层表处”之分。每层“表处”所用的骨料都是单级配的，每层的骨料之间是相互嵌紧的，骨料中不能含有细料与粉料。而稀浆封层与改性稀浆封层所用骨料的级配组成是相同的，不仅要有粗骨料，还必须用一定量的细骨料与粉料，骨料的级配组成是连续的。对于骨料的要求，与“表处”是截然不同的。至于改性稀浆封层的施工方法、施工工艺和施工机械等，更是与稀浆封层技术一脉相承，只是在乳化沥青、骨料及机械方面提出更好的要求，从而使稀浆封层技术得到进一步的提高。

（3）重视质量，扩大市场。

重视改性稀浆封层的施工质量，特别是干线与高速路的表面封层，一定要能经得起行车与气候变化的考验。在大交通量与高速的行车后，粗颗粒骨料不能有脱落现象，持续高温季节不能出现泛油与油包，持续低温季节不能出现开裂与坑槽。这些都必须根据工程现场的实际情况做好混合料的室内试验，严格控制混合料配合比选择，确保改性稀浆封层的工程质量。

发表于《中国公路》，2004. 2

为适应筑路、养路的技术需要提高稀浆封层和改性稀浆封层技术水平

姜云焕

交通部公路科学研究所

一、有利的形势与紧迫的任务

当前的有利形势，突出体现在今年9月在京召开的ISSA全球大会上，国内外专家在大会上宣讲18篇学术论文，其中有13篇是有关稀浆封层与改性稀浆封层施工技术方面的，这些报告深受与会代表的青睐。从会议的组织与接待方面，出席会议的有中国公路学会理事长（原交通部部长）李居昌、交通部总工程师凤懋润、道路学会理事长（原公路研究院院长）陈国靖、交通部公路司、国际司、科技司的相关领导，国际稀浆封层协会（ISSA）主席Randy Terry，公路研究院院长姚震中以及国内外专家共400多人出席了会议。会议上由李居昌致开幕词，部总工凤懋润作重要报告（“中国公路发展及养护需求”），姚震中院长代表公路研究院，以“好路、好心情”向与会的国内外来宾表示热烈欢迎。公路研究院作为该项研究领域的领头单位，与ISSA单位合作，推广应用稀浆封层与改性稀浆封层技术，加强国际与地区间的学术交流，开拓新的合作渠道，从而提高我国稀浆封层与改性稀浆封层施工技术水平。

这种空前未有的发展机遇与大好形势，鼓舞人们一定要抓住机会，再接再厉。因为这种有利形势与六年前相比，形成了鲜明的对比。

在这次大会上发表的许多重要论文中，绝大部分都是称赞稀浆封层与改性稀浆封层在筑养路中的重要作用，并提出如何改进施工技术的措施。国内外技术权威的发言，一致肯定了稀浆封层与改性稀浆封层技术在筑养路中的技术效益、经济效益、节能与环保效益，肯定了它在筑养路中广阔的发展前景。

在我国公路交通飞速发展的形势下，养路部门深切感到做好预防性养护迫在眉睫，稀浆封层与改性稀浆封层技术的发展势在必行，势不可挡。许多养路企业，无论是国营的或民营的，都自筹资金或贷款，引进与稀浆封层有关的机械设备。目前引进与国产的这种成套设备已超过百台。几年来，在长城内外，大江南北，莽莽草原，或是严寒的大兴安岭林区，到处开花结果。无论是在地方道路还是在高速公路上，都形成了一支庞大的施工队伍。据初步统计，几年来只在高速公路路面养护中，已铺改性稀浆封层$2000\times10^4m^2$，地方道路更是广泛应用。这种大好形势，令公路养护部门欢欣鼓舞，也是长期以来梦寐以求的。

但是，应以科学的发展观对待我国当前稀浆封层与改性稀浆封层施工技术，不能有盲目乐观情绪。在大好形势下，要看到我们与国际水平的差距，要居安思危，要有忧患意识，要清醒地看到目前存在的缺点与不足，我们必须重视并克服这些缺欠，才可能使这些新技术、新成果转换成为生产

编者的话：姜云焕研究员已经是80岁高龄的老人，本文是姜老对我国的乳化沥青稀浆封层技术发展提出了中肯的建议和学术观点，令人感动。《乳化沥青简讯》编辑部将鼓励和支持关心或从事乳化沥青稀浆封层业务的工程技术人员，积极发表有关这方面的学术观点和文章，促进乳化沥青稀浆封层技术在我国健康、稳定、持久地发展。本文局部进行了文字调整。

力，否则，很可能功亏一篑，半途而废，造成巨大的损失与浪费。

当前急需重视、改进的问题有以下四点：

1. 专用机械利用率低

一台稀浆封层机械，如果将原材料、辅助机构、人员等组织配合好，那么，无论是稀浆封层还是改性稀浆封层，一年内完成$100 \times 10^4 m^2$的路面养护是正常的。如有100台机器，一年可完成$1 \times 10^8 m^2$，如有120台，一年可完成$1.2 \times 10^8 m^2$。如今，我国十几省高速公路五年累计完成改性稀浆封层$2000 \times 10^4 m^2$，这说明目前稀浆封层机在我国的利用率不足20%，尚有80%的潜力有待发挥。关于利用率低的原因，我们将在下面几点中谈到。

2. 封层的工程质量差

有的企业不惜花巨资引进功能良好的稀浆封层机械设备，但是没有起码的乳化沥青、改性乳化沥青、稀浆封层和改性稀浆封层的技术规程知识，结果铺出的封层质量很差，厚薄不匀，沟痕累累。行车后封层的粗骨料脱落、路面光滑、摩擦系数降低，遇雨，则车祸不断；遇高温季节，则油包、波浪增多；遇低温季节，则开裂与坑槽相继发生，路面平整度急剧下降……由于存在这些隐患，有的路段铺筑封层后，第二年就出现病害，有的甚至当年铺当年就坏。由于封层的耐用性差，引起一些养路及设计部门的业主，对这项技术产生疑惧，也使一些设计部门与施工单位，不敢相信并不敢采用这项技术，从而使该技术的推广无形中受到很大挫折。

事实证明，单靠拥有好的机械设备并不能铺筑出优质封层。机械只是必要的硬件，还必须具备核心的软件与其配合，否则就不能造出优质的产品。有些单位不重视这些关键问题，只顾眼前的经济效益，不掌握各项技术标准与操作规程，结果导致工程质量低劣，产品信誉下降，市场迅速萎缩。

按交通部规定要求，铺筑的路面，不仅外观要平整，还要经得起行车与气候的考验，所以交通部有路三（年）桥五（年）的规定，即：道路要经过三年行车考验，桥梁要经过五年行车考验，然后才能认可验收。对于稀浆封层和改性稀浆封层的路面，也应这样进行验收。

3. 招标中的不利竞争

由于承包稀浆封层的企业，无论是国营或民营，大部分没有投标的资质，承包的工程只能做“二包”或“三包”，承包商之间又有着激烈的竞争，因而标价必然一压再压。另一方面，两种封层所用原材料：沥青、乳化剂、改性剂、外加剂、燃油等，价格一涨再涨，结果使承包单位难以达到预期的经济效益。为避免亏损，承包单位只有降低工程质量标准，甚至偷工减料，粗制滥造，自毁产品声誉，形成恶性循环，这就必然降低了设计单位与施工单位和业主的信任。若要改变这种不利局面，承包单位必须精心提高封层工程质量，加强诚信服务意识，以争取设计单位与施工单位和业主的信任。

4. 学术会议应有明确目标

召开各种学术会议，应以学术交流及提高学术水平为目标，切不可仅以经济创收或为自身创名为目的。近几年有“会议专业户”，就是打着专业会议的旗号，在风景名胜区举办名不符实的会议，劳民伤财，令与会代表非常失望。

今年9月在京召开的ISSA全球大会，有许多国内外专家参加交流，特别是介绍了国外改性稀浆封层在高速公路（或高等级公路）上应用的重要经验。例如，ISSA第二副主席Andrw Crow，IS-SA董事Tim Harrywood，法亚集团技术监督Jacques Benraller，法国Colas集团Didier Thouret等专家，都在会上做了学术报告。这些平时不易获得的关于国际上稀浆封层与改性稀浆封层发展动向的信息，可以使我们从中得到经验，加以借鉴，少走弯路。可惜，按国际惯例，任何学术会议都应将会上发表的全部论文收编成册，并发给与会代表，这次会议下发的论文集却没有上述论文，连部总工凤懋润的文章也未被收录，代表们对此深感遗憾。

此外，我认为论文集还应对国内施工单位的各种稀浆封层工程加以比较，交流和总结成功经验及失败教训，这样才能对该项技术的发展产生积极影响。作为这项技术的领头单位，必须格外重视这方面的引导。如果只看到眼前轰轰烈烈的发展形势，而忽视对该项成果的进一步研究和创新，最终将导致该技术未来的停滞和萧条。

二、稀浆封层与改性稀浆封层应齐头并进

实践证明，稀浆封层与改性稀浆封层功能不同，用途不同，两种封层应区别对待。这两种封层的用途分别是：

（1）稀浆封层用于：

①低等级路面或地方道路的维修养护；

②路面铺装层间的连接（下封层）；

③基层表面的防渗、防水的保护（下封层）；

④基层表面临时承担交通行车（下封层）。

（2）改性稀浆封层用于：

①高等级路面（含高速公路）的维修养护；

②水泥混凝土路面（含隧道内路面）的维修与养护；

③水泥混凝土桥面的防水与刚柔结合、整体结合；

④快速修补沥青路面车辙。

以上两种封层，虽然都为封层，但有其相同、也有不同之处，有各自不同的技术要求。因此ISSA将其分别制订为ISSA A－105与ISSA A－143两个技术指南，避免两种封层在施工技术上的混淆，这是非常必要的。如果把两种封层的技术要求简单地合二为一，就可能导致工程技术管理混乱，工程质量无法保证。

三、当务之急——提高技术与质量

在前所未有的大好形势下，如何扩大两种封层的市场，提高两种封层声望，尽快赶上国际水平，当务之急是要提高技术与质量。从国内外实践总结的经验来看，有四项措施必须予以重视、加以实现：

1. 完好的机械设备

目前，我国已引进大量的国际先进设备，并且国内已有五家大厂可生产所需设备，其部分产品还打入了国际市场。这说明国产设备已接近国际水平。现在急需熟悉稀浆封层与改性稀浆封层技术规程的驾驶与操作人员，需要他们能够按“技术指南”5.3.3条款要求，定期对稀浆封层机进行调试、标定、维修、养护，准确控制计量。

2. 合格的原材料

由于我国幅员辽阔，各地的原材料品种繁多，所以应通过室内试验做慎重选择。例如，骨料的品质与级配会直接影响到乳化沥青与改性乳化沥青类型，也直接影响到沥青的品种、乳化剂、改性剂、外加剂等原材料的选择与配比。通过室内试验，满足各种工程的需要。现场施工人员，必须按现场气候与材料的变化情况，及时调整各种原材料及配比。

3. 切实可行的技术规程

为使施工单位在稀浆封层与改性稀浆封层施工中，切实做到有章可循，有据可依，避免盲目施工，违章操作，渴望交通部早日颁布有关稀浆封层与改性稀浆封层的技术规程。由于这两种封层各有不同功能及用途，因此国际稀浆封层与国际稀浆罩面协会分别制订A105与A143两个技术指南，以防止二者混淆，也避免降低标准。据乳化沥青简讯2005年9月第159期报导：“‘微表处和稀浆封层技术指南’，已在京经交通部审查通过（作为交通部部颁标准），这个技术指南将于2005年底

由交通部正式颁布实施（此文由公路院报导）”。

2006年4月，由交通出版社发行的“技术指南”，对照2005年版本的ISSA A－105与ISSA A143的技术指南做了相应更改，但仍有欠妥之处。还望主编单位能借鉴国内外经验，再接再厉，使我国的稀浆封层与改性稀浆封层的施工技术水准，早日赶上国际水平。

4. 培养训练有素的施工队伍

稀浆封层与改性稀浆封层的施工，是使用多种材料、多项技术、协同合作、密切配合的快速连续施工。各种机械的运转、材料的配比、拌和与摊铺、驾驶与操作每个环节都需严加控制，稍有疏漏，就可能造成严重后果。因此，施工人员必须训练有素，应保持岗位的相对稳定，不轻易更换，不能依赖临时工。每位施工人员，必须掌握以下专业技术：

（1）掌握各种原材料的技术要求。首先应能掌握各种乳化沥青与骨料的技术要求，并能正确选用外加剂、填料及水等，保证骨料与乳化沥青拌和的互溶性。

（2）掌握因气候变化而随时调整混合料配合比的技术。根据气温的升降、湿度的增减、风力的强弱等气候变化因素，随时调整混合料配合比。

（3）操作与摊铺。应准确控制各种材料计量，密切注意混合料的稠度与质量，控制拌和、出料和摊铺的协调速度，保证封层的厚度、平整性、接缝平直，并及时清理机械和作业现场。

（4）养护与开放。做好安全施工的保护措施。改性稀浆封层要求1h开放交通，国内外多采用10t轮胎压路机，铺后稍停再碾压两遍，即可使封层加速凝固成型，特别是在低温或阴雨季节效果更好，通车后还能降低行车噪音。

（5）试验人员应是队伍的骨干。

各种稀浆封层的施工，有许多影响因素，其中最为敏感的是材料与气候两者互相影响，而且还会影响到乳化剂、改性剂、外加剂等品种的选择和用量。这些影响只有通过室内试验，才能找到其规律，因此室内试验人员应是队伍的骨干。遇到材料、气候等情况变化时，应通过室内试验及时调整，确保稀浆混合料能达到要求的拌和时间、黏聚力及有关技术指标。目前，有的企业自己没有试验人员，一切混合料的配比设计、材料选择等都依赖外商，遇到突变意外情况便束手无策，处于盲目与无知状态。这是非常不明智的，也无法保证施工质量。

以上数项措施，是提高施工技术水平与工程质量的重要因素，其中最为关键的是培养训练有素的施工队伍。因为单靠先进的设备、合格的材料、可行的操作规程是不能提高施工技术质量的，必须培养具备过硬技术和高素质的施工队伍，改变完全依赖临时工的施工状态，这是当前刻不容缓的任务。要杜绝各种违背ISSA规定的相关技术指南的施工现场制订的“技术指南”，一定要切实贯彻执行标准，切不可停留在纸面上。

四、结束语

过去的二十多年，是交通部的直接领导，使乳化沥青发展到改性乳化沥青，又使稀浆封层发展到改性稀浆封层，使这一学科在推广的基础上不断提高，又在提高的基础上不断推广，循序渐进，长盛不衰。是在诸如道路、材料、机械、化学、土木工程等多学科的密切配合下，使该学科突破一个又一个难点，不断发展进步的。

我国在此学科的迅速发展令外商惊叹。今年参加ISSA会议的有法国Colas公司的代表。该公司在20年前曾有四位经理四次从巴黎来京，试图说服我们购置他们的乳化沥青技术与设备。20年后再来中国，对我们在该技术领域取得的成果表示称赞和佩服。这一事实教育我们：科学技术上不能落后，落后就要挨打，落后就会挨宰。事实证明，依靠自己的努力，我们有志气、有能力赶上世界先进水平。

近年来，不断有外商前来洽谈，并愿意引进我国的这项技术。俄罗斯已经引进我国生产的稀浆封层机，但是不知怎样生产乳化沥青？不知什么是胶体磨？我向他们进行了详细的讲解介绍，他们高兴地说：20世纪50年代，中国人称苏联人为老大哥，而现在俄罗斯人应称中国人为老大哥。虽然是句玩笑话，但态度十分诚恳，因为在这方面我们的技术确实比他们的先进。但是，我们距离国际先进水平还有很大差距，只有在技术进步的情况下，我们才会有自豪感，俄罗斯才能称我们为老大哥。

记得1985年为修建京津高速路而去日本进行考察，看到日本已建成3500km高速路时，心中不无羡慕——当时我国1km还没有，何时能赶上日本？技术的落后让人产生自卑。但如今，我国已建成高速路40000km，超过日本10倍。多年后，当我带日本客人驰走在八达岭高速路上时，他们禁不住连声高呼："真了不起，真伟大！"那一刻，我们感到作为中国人的自豪。

技术的进步能让人克服自卑感，增加民族自豪感，能使我们挺起腰、抬起头。但是建起大量公路而不能进行良好的保养，则又必然会造成巨大的浪费。我们作为道路工作者，将有负于人民的重托，良心上会受到谴责。所以我们必须时刻奋发图强，与时俱进，以勇往直前的精神，让我国公路永远保持良好的行车状态，并赶超世界先进水平。

最后，关于"微表处"名称的问题，业内人士曾提过很多意见：它究竟应该归属于"表处"范畴，还是"稀浆封层"范畴？凡是熟悉道路工程的人员都可肯定它不属于"表处"而属于"稀浆封层"。因为二者在选用材料规格上，施工机械上，施工工艺上都是截然不同的。也许是译者未考虑到中国公路施工的实际情况，所以将每个单词直译。翻译外国文字，应结合国情，结合专业，做到"洋为中用"，千万不可望文生义。其实，该名词应保留课题来源名称——改性乳化沥青稀浆封层，简称改性稀浆封层，这样才符合情理。

再接再励、勇往直前

姜云焕
交通部公路科学研究院

当前，国家号召积极贯彻科学发展观，坚持不断改革创新，重视节能减排，努力推广乳化沥青与稀浆封层技术，这些都具有重要的现实意义。

经对过去的沥青筑路、养路工程方式进行核算，我们可以发现：平均1t热沥青需要消耗1t煤，无煤地区则需要耗费1.2t柴。拌制热沥青混合料必然造成沥青蒸气与粉尘污染环境，并且烧伤、烫伤及火灾等安全事故时有发生。北京安定门曾有过一个大型的沥青拌和厂（城建部门），内设整套进口的拌制热沥青的机械化自动设备，配有50辆自卸翻斗车及其他机械设备。一个庞然大物，昼夜不停地繁忙着，令人望而生畏。但进入20世纪90年代后，因其对环境的污染，被迫迁距离市区30km，当时的远郊区立水桥。然而随着城铁的架设与2008年奥运的来临，立水桥也日益变为繁华的市区。在提倡保护环境、争办绿色奥运的政策下，不知该厂还将迁往何处？与此同时，各地建立起来的乳化沥青拌和厂则使用乳化沥青常温筑路、养路技术，经过长期坚持不懈地努力，已在节能减排、降低污染等方面取得许多宝贵的经验。核算1t乳化沥青只用0.1t煤，可以显著节省热能，没有粉尘污染及安全事故。

推广阳离子乳化沥青的筑路、养路技术是从20年前开始的。当年，国家计委、经委、交通部都曾专门下发文件，将此列为国家重点新技术项目，这在公路行业是众所周知的。在交通部"十一五"科研计划中，又将改性乳化沥青稀浆封层技术列为西部交通建设科技项目。这些都与国家当前的节能减排的号召相一致。

另外还有一个新的情况，就是铁道部自今年起要大力发展高速铁路并投资3000亿元。这种铁路是在无渣轨道上行驶（时速350km/h）。它是在混凝土路基上铺设装有钢轨的预应力钢筋混凝土板、在钢筋混凝土板与路基之间，填充5cm厚的乳化沥青水泥砂浆（简称：CA砂浆），它可增加高速火车行驶的弹性，使行车舒适、平稳。这项技术在20世纪70—80年代在国外发展很快、见诸报端也较多。当年去日本考察时，曾去参观过填充道床（或称为：整体道库）的室内试验。2000年前后，我曾翻译过多篇相关文章，之后的几年，国外加大对乳化沥青水泥砂浆技术的权利保护力度，文献和报导较少。

为使我国尽快发展高速铁路，出资引进国外此项技术，但国外千方百计地想控制关键技术。

以上事实说明科学技术的竞争在国际上是非常激烈的，乳化沥青技术的发展，在国内、外均有着广阔的发展前景，必须不断地开拓创新，不能落后，不能停滞不前，否则就会陷于被动。

回想我国的乳化沥青技术与稀浆封层技术的发展，多年来，在道路、化工、机械、土木建筑、化学等多门学科、多种技术、多个厂家、多个地区的密切配合、相互协作下，依靠自己的努力，不断取得进步。

而依赖国外引进技术，交通系统却有着深刻的教训。课题开始时，在改革开放政策的指引下，交通部所属公路部门领导去国外参观乳化沥青技术，该技术不仅用于地方道路，而且用于高速公路。随后国外公司派来多位老板，说要帮助中国实现"四化"，每次都做学术交流并让我们提问题，还说问题提得好是项目实施的关键，但具体如何解决却要等合作以后。他们的合作条件又如何呢？

是要中方建好厂房等基础设施。购买他们的设备、乳化剂、外加剂、改性剂……每次学术报告，核心技术问题都避而不谈。化学反应式、分子符号等有关技术问题，幻灯片投到屏幕后，不经讲解立即撤下，休息时想借幻灯片胶膜看看均被拒绝。这样的学术交流实在令人憋气窝火。

1983 年，这些老板第四次来华，再一次推销他们的“阳乳”技术时，中方告诉他们，我们已经铺筑了“阳乳”试验路，他们惊讶地说：不可能！不可能！我们要带他们到密云看试验路，他们反问：你们的乳化剂是从哪里来的？乳化机是从哪来的？告诉他们是自己造的！他们要看乳化剂样品，说要帮我们检验是否合格。我方也立即提出请他们也提供他们的乳化剂样品，帮外方检验是否合格。当时课题组深感研究的成败关系到国家的尊严。

课题开始时，最难的问题之一是研制乳化剂。由于没有阳离子沥青乳化剂，就连阳离子表面活性剂也很少，所以当时从全国医药、纺织、印染、选矿等行业收集了 43 种阳离子表面活性剂，却只有一种天津产的季铵盐可以用于沥青乳化，但这种乳化剂必须用动物油做原料。那时每人每月只配给二两肉，动物油紧缺，原材料无法满足需求。日本厂商得知我们的需要，无偿赠送了一些样品，乳化效果也确实很好，但若大量购买，我们又无法承担巨额外汇。后来在化工部门的配合下，用石蜡合成脂肪酸取代三亚硬脂酸，生产的乳化剂可以做阳离子沥青乳化剂，且大大降低了成本。同时机械部门则协力解决乳化用机械设备；筑路与城建部门共同研究各种不同类型的路面与施工方法，总结出各种乳液的检验标准、路面的施工规程，为“阳乳”技术在我国的推广创造了一系列必要条件。

目前，我国不仅能生产出快裂、中裂、慢裂各种类型的乳化剂，还研制出性能优越，用途广泛的乳化沥青透层油、黏层油。改性稀浆封层发展很快，非常需要慢裂快凝乳化剂，特别是在高温的夏季。依靠外商进口这种乳化剂，单价从 30000 元/吨已涨至 50000 元/吨；国内助剂厂的生产技术急起直追，使国产的这种乳化剂产量迅速提高。成功铺筑高速公路的改性稀浆封层，在天津到塘沽的高速公路上成功使用，深受用户欢迎。

高速铁路填充道床所用乳化沥青水泥砂浆，将是乳化沥青一个广阔的新市场。

高速铁路的发展很快，目前京津线已完工，京沪线与武广线业已开工，哈大线也即将动工。各线由铁道部招标，中标单位再分段进行二招。各乳化沥青生产厂家应积极争取二招。例如京沪线开工后，已分段进行招标。在江苏仪征段，中标单位已经购置国产的移动式乳化沥青生产设备，因为它乳化能力强、效率高、转移方便、造价便宜。

漫长的铁路线与公路相同，既需要移动式、也需要固定式乳化设备。国内曾引进数套国外固定式乳化设备。使用三年后就发现，当有重要部件需要维修与更换时，与外商厂家联系较为不便。目前，国内生产厂家经长期探索，研制出成套的固定式乳化沥青生产设备。经过多年的生产实践证明，无论是对乳化沥青，还是改性乳化沥青（包括 SBS 改性乳化沥青）的制造使用，都取得了令人满意的效果。而其设备的造价仅是进口设备的 1/3，还具有进口产品所不具备的安装与维修的便利优势。

在高速铁路填充乳化沥青水泥砂浆过程中，还需要计量、拌和、贯入砂浆的机械设备。公路上使用的改性稀浆封层机，很适合这种施工的需要，只是它需要 9 种材料掺配、拌和、贯入，不需要摊铺。稀浆封层机材料计量（只有 5 种），工艺顺序、强制拌和等都可应用。因此只要稍做改进，就可应用到填充乳化沥青砂浆的施工。这需要厂家多与承包单位联系。

我国的改性稀浆封层机国产品牌，将以人为本的思想体现在操作手的计量控制与速度调控功能中，使国产改性稀浆封层机械的性能超过进口同类产品。国产的机械已打入国际市场，比如秦皇岛思嘉特专用汽车制造公司的设备就已销往俄罗斯，并先后向同一厂家售出三台。俄罗斯厂家的总经理很重视学习中国的技术经验，曾就有关乳化沥青与稀浆封层技术经验与我交流到深夜12 点。

我在 2000 年江苏镇江和 2006 年北京召开的 ISSA 大会上，再次遇到当年多次来华推销其技术的国外公司的老板，他也不得不称赞中国乳化沥青与稀浆封层技术的成就。

这些事例都常常教育了我们：在科学技术上不能落后，落后就要挨打，落后就要挨宰。我们一定要团结多学科、多专业、多厂家，分兵把口，共同努力，赶超国际先进水平。要集思广益，发扬学术民主，要谦虚谨慎、虚怀若谷、闻过则喜；反对唯我独尊，闻过则怒，要同心同德，团结协作，为我们国家和民族争光！

发表于《乳化沥青简讯》，2008 年 8 月第 8 期

乳化沥青技术的发展动向

姜云焕
（交通部公路科学研究所　北京 100088）

刘学仁　修相和　吕思新　刘承琪
（青岛市公路管理总段　青岛 266032）

近年来，乳化沥青技术发展很快，应用范围也很广，人们称它为一种新材料、新工艺、新技术，颇受关注。其发展可概括地分为硬件与软件两个方面，硬件主要在生产乳化沥青的机械设备及应用乳化沥青的施工机械方面。例如，优质、高产的成套乳化沥青车间（含胶体磨与匀油机）。又如，气压式乳化沥青洒布机、石屑撒布机、废旧沥青材料冷再生拌和机、稀浆封层机、改性稀浆封层机等，可以说由于这些施工机械的发展，促进了乳化沥青在道路工程中的广泛应用。

乳化沥青技术软件的发展，在于不断地开发出适用于各种用途的乳化沥青，使乳化沥青在各种领域中得到广泛应用。例如，高等级路面需要研制高性能、高黏附性的聚合物，并与沥青能有良好的互溶性，可制成各种改性的乳化沥青；研制多种乳化剂以适应各种改性沥青乳化的需要，为适应工程施工需要，开发出多种固化剂、缓破剂、促凝剂、稳定剂等外加剂。这些软件的发展，增加了各种特性的乳化沥青与改性乳化沥青，使乳化沥青无论在一般道路还是在高等级公路上都得到了广泛应用。

一、预防性养护与薄层路面

路面的破坏形态是多种多样的，针对路面的破坏规律，路面评价系统提出了科学的、有规划的养路方法即 PMS 方法。这种养路方法一般对路面不做大的翻修，只是在路面将要出现而尚未出现损坏（或严重损坏）时及早地进行预防性的维修养护，使其能经常地用最低的养护费，保持路面持续优质的服务状态，保证行走车辆能高速、低耗，达到较高的运营效益。

图 1 中的曲线说明路面养护越好，横坐标的 MCI(养护管理系数）越高，车辆行驶越快，纵坐标的车辆行驶费用越低。相反，MCI 值降低时，车辆行驶费用升高。从曲线中可以看出，经常做好预防性养护，保持路面 MCI 的高值，提高行车速度，可以降低车辆行驶费用，显示出很好的运营效益。

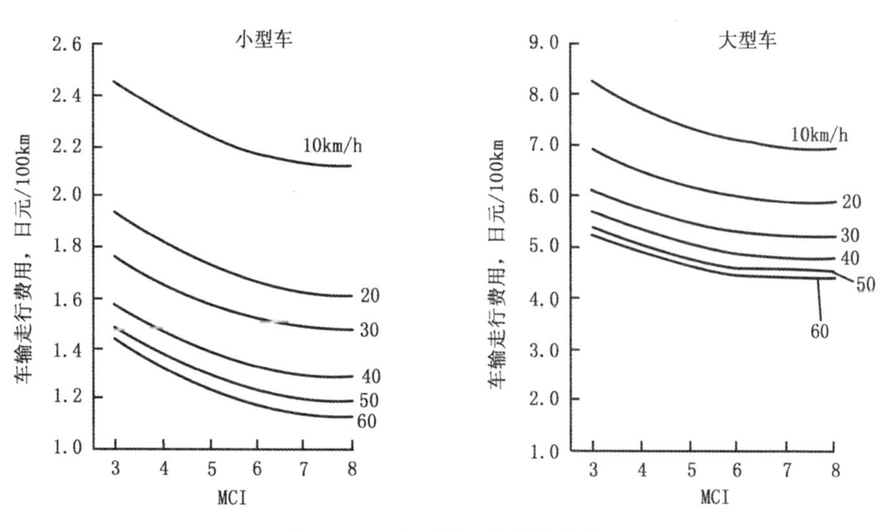

图 1　MCI 和车辆走费用的关系

在路面早期损坏的修补方面，有沥青混合路面和用乳化沥青等许多种薄层的修补方法。这些方法都是路面将要发生轻微损坏时及时修补，使老化的路面返老还新。薄层路面可以延长路面使用寿命，降低路面维修费，提高路面服务质量，因而在养路工作中广为采用。具有代表性的薄层路面如表1所示。

表1　代表性的薄层路面

施工方法	特　征
用热沥青混合料罩面	根据罩面厚度可以增加一定的结构强度，因控制温度，需要严格施工管理，造价高于其他薄层路面
石屑封层	喷洒乳液后，撒布单级配石屑，有时可再喷一层乳液，固定骨料，改善路面防滑性能
表面处治	可以做单层、双层、多层等表面处治，每层骨料为单级配，粒经相互嵌紧，施工方法简单，能提高路面使用寿命
稀浆封层	将骨料、乳液、填料、水按比例拌成稀浆混合料，摊铺路面4~6h后通车，路面平整、防水、防滑
改性稀浆封层	用聚合物改性乳化沥青拌制稀浆混合料，提高封层的耐磨与防滑性，铺后1h可通车，缩短了封闭交通时间

二、乳化沥青与改性乳化沥青

表1中后4种薄层路面，是利用阳离子乳化沥青特性，在常温条件下可以施工，骨料不要烘干与加热，即使在低温潮湿季节（未降雨），也能及时、快速地修复路面上的病害。这些薄层路面的施工方法与热沥青混合料罩面相比，可以显著地节约能源、节省资源、改善施工条件、减少环境污染、延长施工季节、降低工程造价。因此在各国养路工作中颇受欢迎。但是，由于用乳化沥青刚铺完的路面，必须有破乳、析水、蒸发、压实等逐步成形过程，因而路面的早期强度低，必须做好新铺路面的早期养护，如限制车速30km/h，严禁急刹车与调头等等。但这给现场施工造成很大的困难，为提高乳液的黏聚力，加速破乳与成形，提高早期强度，近些年来开发了改性乳化沥青，即用高分子聚合物改善乳化沥青性能，加快固化，提高强度。用这种改性乳化沥青在大交通量的路面上做薄层路面，可以使路面早期的修补率由5%降至1%以下。

国际上自20世纪60年代以来，积极发展应用阳离子乳化沥青，因为它发扬阴离子乳化沥青的优点，又弥补其缺欠与不足，从而使乳化沥青的发展进入新的历史阶段。欧洲以法国、亚洲以日本为典型，乳化沥青的用量成倍猛增，目前各国乳化沥青年产量见表2。

表2　各国乳化沥青年产量及人均量

国　名	年产量，$t\times10^3$	人均量，L	国　名	年产量，$t\times10^3$	人均量，L
法国	1100	20	日本	700	6~3.4
瑞典	70	6	南非	105	5.8
英国	150	4.0	澳大利亚	29	2.4
以色列	10	3.7	新西兰	20	7.3
德国	122	2	美国	4500	18.4
西班牙	450	12	比利时	22	2
挪威	12	3	中国	150	0.1
荷兰	30	2.2			

表2所列产量是阳离子乳化沥青产量，因为阴离子乳化沥青的技术性能差，已逐渐被淘汰。日本是乳化沥青开发较早（1929年）且技术先进的国家，我国乳化沥青技术发展从中吸收许多可借鉴的经验。1994年，日本道路协会公布新修订的《沥青路面铺装纲要》，在其第4章中公布修订后的道路乳化沥青的质量标准（见表3），此标准是在原有JIS K 2208－1980的基础上修订的，其修订的内容及理由：(1) 原标准中规定的阴离子乳化沥青部分，由于目前在日本道路工程施工中已不采用阴离子乳化沥青（因路用性能差），因而日本道路协会在新的标准中取消了有关阴离子乳化沥青的质量标准的规定；(2) 由于在底层稳定层中采用了非离子乳化沥青，因而增加了非离子乳化沥青标准（表3）；(3) 为适应大交通量路面及桥梁面层铺装的需要，列入掺高分子聚合物改性的乳化沥青质量标准（表4）。

表3　石油沥青乳液的质量标准（日本道路协会标准）

类别及代号 项目	阳离子沥青乳液（JIS K 2208－1993）							
	PK－1	PK－2	PK－3	PK－4	MK－1	MK－2	MK－3	NM－1
恩格拉黏度（25℃），s	3～15		1～6		3～40			2～30
筛上剩余量，%	<0.3						<0.3	
黏附性	>2/3							
粗级配骨料拌和性					拌和均匀			
细级配骨料拌和性						拌和均匀		
砂石土骨料拌和性，%								<5
微粒离子电荷	阳（+）							
水泥拌和性，%								
蒸发残留物含量，%	>60		>50		>57			>57
蒸发残留物性能 针入度(25℃)，0.1mm	100～200		150～300		50～200	60～200	60～300	60～300
蒸发残留物性能 延度（15℃），cm	>100				>80			>80
蒸发残留物性能 三氯乙烯可溶量，%	>98				>97			>97
贮存稳定性（24h），%	<1							<1
冻融稳定性（－5℃）	无冻结							
主要用途	温暖季节用于贯入式路面及表面处治	寒冷季节用于贯入路面及表面处治	透层油及水泥稳定处理表面养护	黏层油	粗级配骨料的拌和用	拌和密级配骨料	拌和砂砾用	用于水泥稳定处理底层

表4　掺聚合物改性沥青乳液质量标准（JEAAS）

类别及符号 项　目	PKR－L	
	1	2
恩格拉黏度（25℃），s	1～10	
筛上剩余量（1.18mm），%	<0.3	
黏附性	>2/3	
微粒离子电荷	阳（+）	
蒸发残留物含量，%	>60	

续表

<table>
<tr><td colspan="3" rowspan="2">类别及符号
项　目</td><td colspan="2">PKR－L</td></tr>
<tr><td>1</td><td>2</td></tr>
<tr><td rowspan="10">蒸发残留物的性能</td><td colspan="2">针入度（25℃），0.1mm</td><td>60～100</td><td>100～150</td></tr>
<tr><td rowspan="2">延度，cm</td><td>（7℃）</td><td>>100</td><td>—</td></tr>
<tr><td>（5℃）</td><td>—</td><td>>100</td></tr>
<tr><td colspan="2">软化点，℃</td><td>>48</td><td>>42</td></tr>
<tr><td rowspan="2">黏韧性，kgf·cm</td><td>（25℃）</td><td>>30</td><td></td></tr>
<tr><td>（15℃）</td><td>—</td><td>>40</td></tr>
<tr><td rowspan="2">韧性，kgf·cm</td><td>（25℃）</td><td></td><td>>40</td></tr>
<tr><td>（15℃）</td><td>—</td><td>>20</td></tr>
<tr><td colspan="2">灰分，%</td><td colspan="2"><1</td></tr>
<tr><td colspan="2"></td><td colspan="2"></td></tr>
<tr><td colspan="3">贮存稳定性（24h），%</td><td colspan="2"><1</td></tr>
<tr><td colspan="3">冻融稳定性（－5℃）</td><td colspan="2">无结块与粗颗粒</td></tr>
</table>

改性乳化沥青所掺入的高分子聚合物有很多种，目前使用较多的有4种：SBR丁苯橡胶；SBS苯乙烯—丁二烯—苯乙烯嵌段共聚物；CR氯丁橡胶；EVA乙烯—醋酸乙烯酯。

掺入这些聚合物主要作用是改善沥青的性能，提高沥青的黏聚力与温感性，增强沥青延性与韧性，形成沥青的高弹性骨架。

三、稀浆封层与改性稀浆封层

稀浆封层是近10多年来迅速发展的一种薄层路面，它充分利用乳化沥青特性，在常温条件下，用专用机械施工，可用较少的材料，较快的速度（10min即可完成1000～1500m^{2}的薄层路面），它的造价只是热沥青混凝土薄层路面的1/8～1/5。但是，摊铺后的封层也要做好早期养护，即在摊铺后固化前，严禁车辆通行。高温时间（中午）需封闭交通3～4h，低温时间（夜晚）需8～10h，否则封层将遭到破坏。近些年来，随着改性沥青与改性乳化沥青的发展，改性稀浆封层也在迅速发展。采用掺有高分子聚合物的快凝型改性乳化沥青，用特制的拌和机拌制改性的稀浆混合料，用这种混合料铺筑的稀浆封层称为改性稀浆封层。这种路面铺后一般1h即可通车，而且路面强度高、弹性好，耐磨、防滑，更适于高等级路面的需要。国外称之为Microsuface，发展很快，广泛应用于世界许多国家的高等级路面。

为了适应改性稀浆封层发展的需要，国际稀浆封层协会将过去制定的ISSA A 143－1983做了补充修订，于1992年公布改性稀浆封层的推荐操作准则，代号为ISSA A143－1991。此准则介绍了改性稀浆封层的设计、试验方法，质量控制、测试方法等。

（1）材料。骨料的级配只有Ⅱ型骨料与Ⅲ型骨料（见表5）。

表5　改性稀浆封层骨料级配要求

筛　孔	Ⅱ型骨料	Ⅲ型骨料	允许误差
3/8（5.6mm）	100	100	
4#（4.75mm）	90～100	70～90	+5
8#（2.36mm）	65～90	45～70	+5
6#（1.18mm）	45～70	28～50	+5
30#（60μm）	30～50	19～34	+5
50#（330μm）	18～30	12～25	+4
100#（150μm）	10～21	7～18	+3
200#（75μm）	5～15	5～15	+2

应取3个试样的筛分平均值，合格即可用，砂当量大于65%。

（2）经试验室选定，聚合物用量为沥青质量的3%。

（3）混合料配合比设计的选择指标。黏聚力在30min（破乳）之内大于12kg/cm，在60min（通车）之内大于20kg/cm；负荷车轮试验（LWT）小于50g/ft^2（538g/m^2）；湿轮磨耗试验（WTAT）浸泡1h小于50g/ft^2（538g/m^2），浸泡6d大于75g/ft^2（807g/m^2）。

（4）混合料配比材料的使用范围。

沥青占干骨料质量的5.5%~9.5%，填料（水泥）占骨料质量0~3%，聚合物占沥青质量的3%，外加剂根据需要选择。

日本的改性稀浆混合料的路用性能见表6。表中括号内是用直馏沥青（60#~80#）与13mm骨料拌制的密级配沥青混合料。从表6中可以看出，改性稀浆封层混合料的马歇尔稳定性及动稳定性，可以达到一般热沥青混合料同等以上的特性；在25℃时，弹性系数也可达到同等值，作为修补用的常温薄层混合料，具有良好的性能。

表6 改性稀浆混合料的路用性能

项　目	性　能	试验方法	备　注
稳定度，kgf/cm^2	1100 （1000）	马歇尔稳定度试验	将固化的混合料，在60℃烘干24h后，再加热与一般热沥青混合料一样制作试件
弹性系数（25℃），kgf/cm^2	4.5×10 4.4×10.4	间接抗拉试验 ASTMD4123	制作试件与马歇尔试验相同
耐流动性（动稳定度），回/mm	1420 （950）	用车轮试验方法	在（13）密级配混合料4cm+常温改性稀浆混合料1cm上层进行试验
耐磨耗性（磨耗断面），cm^2	0.9 （0.6）	研磨试验	用于链试体断面与车轮试验相同
骨料飞散抵抗性（磨耗值），g/m^2	180	湿轮磨耗试验，WTAT，ASTMD3910	标准≤810g/m^2

日本的改性稀浆封层于1994年5月正式施工，已完成20000m^{2}以上。表7列出3个施工实例及其路面性能的调查结果。从表中可见，在D交通量的情况下也显示出良好的状态。特别是抗滑性等可达到密级配沥青混凝土同等的性能，测定与旧路面的黏结强度达4.8kgf/cm^2（一般沥青混凝土为3~7kgf/cm^2），说明可用于薄层的修补。

四、稀浆封层机与改性稀浆封层

一般稀浆封层机与改性稀浆封层机的布局是一样的，都是将一切设备布置在一辆汽车的底盘上，并配有各种计量与控制系统，但在结构上有3点不同。

（1）拌和机的结构。

一般稀浆封层机的拌和机内为单轴螺旋叶片式拌和，拌和能力不强，生产效率不高。改性稀浆封层机的拌和机内为双轴叶片式强制拌和机，拌和与分散能力强，拌和效率高。加入的各种原材料只用几秒即可拌制出改性稀浆混合料。

（2）摊铺箱的结构。

一般稀浆封层机的摊铺箱内只有一排螺旋分料器，改性稀浆封层机摊铺箱内有2~3排螺旋分料器，能在很短的时间内将改性稀浆混合料摊铺在路面上。

表7　日本改性稀浆封层施工实例路面检测结果

地址			新泻县丰荣市（7号国道新复线）			福岛县伊达郡（4号国道）			富士县高岗市（县道）	
目的			修补车辙=10			修补车辙=10			老公路面反射裂缝	
交通量			D交通			D交通			B交通	
施工时间			1993年5月			1993年10月			1994年7月	
混合料类型			Ⅱ型（双层）			Ⅱ型（双层）			Ⅱ型（双层）	
施工面积			$450m^2$			$450m^2$			约$3000m^2$	
路面性能测定结果	测定时间		施工后	1993年10月	1994年7月	施工后	1994年3月	1994年7月	施工前	施工后
	平均最大车辙量 mm		4.4 [5.2]	6.5 [6.2]	5.9 [6.3]	4.6	8.7	9.8	10.2	2.1
	平整度（δ）		0.99 [0.95]	0.93 [1.01]	0.99 [0.99]	1.1	—	1.0	2.6	1.9
	抗滑值(20℃) BPN		68 [71]	61 [65]	26 [74]	65	66	62	75	78
	抗滑DF值	40km/h	0.53	0.59	0.61	—	—	—	0.58	0.67
		60km/h	0.51 [0.55] 0.50	0.55 [0.62] 0.57	0.59 [0.64] 0.60	— —	— —	— —	0.58 0.59	0.66 0.67
现在的评价			在寒冷地区，D交通量经1年行车考验不低于相临密级混凝土（B）性能，保持良好状态			与新新复线相同。在寒冷地区，D交通量经一个冬季行车，情况良好			施工后，经路面检查，其路面状况良好	

注：(1) 新泻县括号内是同一时间于相接处铺密级配混凝土（B）罩面测定结果；(2) 平整度、抗滑值（BPM、DF值）是在车辆行走时测定的；(3) 富士县高岗市施工前数据为旧沥青混凝土；(4) 新泻县、福岛县使用进口乳液（与国产乳液同等性能）。

以上说明由于改性稀浆混合料中掺有聚合物，黏稠性大，破乳速度快，因而在混合料的拌和过程中，可加大力度，缩短拌和与摊铺时间。

在摊铺箱结构上一般使用矩形摊铺箱，但为能修补路面的车辙，在改性稀浆封层机上配有V型摊铺箱，由箱内两侧的螺旋分料器将改性稀浆混合料填补到车辙内找平，采用这种设备及改性稀浆混合料可以补平50mm深的车辙，可适用高等级公路路面的维修与养护。

(3) 动力的增大。

一般稀浆封层机的车上动力为30马力，而改性稀浆封层机由于拌和机与摊铺箱结构的不同，车上的动力必须增大，目前已增大至80～110马力。

为了提高稀浆封层机的施工效率，减少装料的频率，增加每车料的铺筑面积，因而车体容量逐渐向大型化发展。例如，骨料罐的容积由5立方码增至10立方码及12立方码，汽车底盘载质量增大，车上的动力也相应增大，表8给出了当前新型稀浆封层机的特性及主要技术参数。

表8　新型稀浆封层机性能参数比较

规格参数 \ 国别型号	瑞典 Scanroad HD－10	美国 Valley M－12	日本 CAM
骨料储存罐，m^3	7.6	9.2	7.5
乳液储存罐，L	2271	3591	1590
水储存罐，L	2271	3118	2260
增加剂储存罐，L	93	567.8	240
拌和机结构	双轴叶片式	双轴叶片式	双轴叶片式
拌和机拌和效率，s	5～6	3	7

续表

规格参数 \ 国别型号	瑞典 Scanroad HD－10	美国 Valley M－12	日本 CAM
混合料拌制效率，t/min	2.5	4	1.3
机上动力，HP	88	90～110	80
传动形式	机械与液压	液压	机械与液压
稀浆封层类型	一般与改性	一般与改性	一般与改性
摊铺箱宽度，mm	2400～4000	2400～4200	2550～3750
机身长，mm	6604	6248	8825
机宽，mm	2440	2438	2490
载质量，kg	25000	30000	25000
卡车功率，HP	200	300	200

除表中所列机型外，瑞典斯堪道路有限公司还开发CRM500型稀浆封层机。该机不需经常返回料场装料，如同沥青混凝土摊铺机，由翻斗车将骨料不断卸入前料斗，由传送带将骨料送到车上骨料罐内，其他原料也可以现场边施工边供料。因此该机可以提高生产效率。

另外，美国Valley公司又开发小型稀浆封层机，只用1人便可铺筑一般稀浆封层与改性稀浆封层。适于修补线长、面广、零星、分散等路面病害。对于大型稀浆封层机不便于完成任务的停车场、车库、慢车道、厂区道路、居住区道路、高尔夫球场及公园道路都可用这种小型稀浆封层机完成。该机动力为110马力涡轮柴油机，拌和机为双轴叶片强制拌和机，每分钟可以拌铺1t混合料，全车能装6t料，装满料行速16km/h，爬坡能力为30%，转变半径7.8m，传动系统全部为液压。该机配有电脑程控，自动关闭系统及高压清洗系统。

五、常温路用再生机

近些年来，由于碎石供不应求，沥青价格明显上涨，废旧沥青材料的再生利用在欧洲很受重视。随着改性乳化沥青的发展及再生施工法的肯定，常温路用冷再生施工法得到迅速发展。它不需要用卡车将废旧沥青材料装运到沥青拌和厂，粉碎（切削）的旧沥青材料可以就地冷再生与摊铺，不受运输时间的限制。

就地常温再生施工机械，可以铣刨旧沥青路面，刨得平整。铣刨的材料要加入乳化沥青拌和均匀，然后摊铺于旧路面上，这样使再生处理作业大大简化，显著提高再生效率，摊铺后立即碾压，并可立即开放交通。碾压密实度一般为85%～90%，即使在大交通量的行车情况下，也未出现车辙。这种再生施工后，在开放交通前应做封层作为磨耗层，也可用热沥青再做罩面或表面处治，但对于中、低交通量只做封层即可通车。

以上介绍了国际上乳化沥青技术的发展动态。乳化沥青技术与其他各种技术一样，永远不会停止在一个水平上，并将不断地向前发展。

发表于《公路交通科技》，1996年6月，Vol. 13 NO. 2

乳化沥青修路技术在欧洲的发展与应用

姜云焕　译

一、引　言

1993 年 10 月 19—22 日，于巴黎召开第一次乳化沥青第一届世界大会。作为会议的主持者，以法国最大的乳化沥青制造厂家克拉斯公司为核心，为这个会议设立了 CME 团体。

去年初，接受了 CME 对本协会的邀请，研究结果以本协会名义参加会议，派三名代表出席会议。会议分为四个题目，各个课题对全体会议有研究会和宣传会，本协会就有关路上再生水泥、乳液稳定处理进行学术报告，这个会议报告全部内容，另有报告。

召开世界大会的前一天，由法国乳化沥青协会主持召开乳化沥青制造厂家会议，就各国乳液的市场状况、最近主要的用途、今后市场的开展等问题进行讨论。

在分发的法国乳化沥青协会的资料中，介绍了以法国为中心的近期乳化沥青技术，有许多问题是有参考价值的。因此，以这些资料为依据，就乳液修路及乳液技术动向予以概括总结。

本文是在本协会第 68 次沥青研讨会的发言材料基础上作部分修改而成。

二、乳化沥青与乳化沥青修路的现状

（一）乳化沥青与各国的现状

自 1921 年确定乳化沥青的工业化生产方式以后，立即作为表面处治与常温铺路而使用。1950 年作为路上拌和，1960 年开始用于乳液混合料或稀浆封层，1970 年用作冷拌和混合料，80 年代开发了用作常温冷再生或新的施工方法。

各国乳化沥青在道路中的使用量见表 1，在道路沥青中乳化沥青所占比例量见表 2。从表中看出法国乳液年产量仅次于美国，占第二，其乳化沥青的年使用量显著增高，说明乳化沥青在道路工程中担负重大的作用。

表 1　欧洲各国乳化沥青产量（1990 年）

国　别	售出量，t
法　国	1100000
西班牙	500000
英　国	200000
德　国	130000
意大利	100000
瑞　典	70000
荷　兰	60000
葡萄牙	50000
奥地利	30000
比利时	30000
挪　威	30000

表 2　各国乳化沥青使用的沥青数量占道路用沥青用量的比例（1990）

国　名	乳化沥青中沥青用量（T_1），t	道路中沥青用量（T_2），t	T_1/T_2
美国	1900000	26000000	0.70
法国	780000	2800000	0.28
西班牙	310000	1800000	0.17
日本	250000	5900000	0.04
德国	80000	2500000	0.03
意大利	70000	2400000	0.03
墨西哥	70000	1000000	0.07
波多黎哥	60000	1000000	0.06
澳大利亚	60000	600000	0.10
阿根廷	30000	500000	0.06

（二）小面积的养护修补工程

于 1980 年召开的法国道路养护会议上，决定采取预防性养护的政策，进行了表面处治的改进、技术人员的再教育，以及维修养护专用机械的开发，有力地推动了道路的养护技术。

1985 年，在法国的机械厂家开发了维修养护用自动修补机（PATA），从而进行标准样机的施工试验。经过成功的试验后，又经过三年，制造了 300 台这种机械用于高速公路或民间公司使用。

这种自动修补机（PATA）具有 3000～3500L 容量的沥青罐和 5～8m^3 容量的石屑容器，要装在卡车的底盘上。开动时，该机（PATA）向后方移动，操作人员作业台的位置设在后方的撒布板上，从操作人员的位置上可以清楚观看路面情况，因此可以根据路面需要修补的场所，进行有效的修补。

还因汽车的轮胎，设置在撒布骨料车厢背后底盘的下面，撒布的骨料可以立即进行碾压。

PATA 的高效率在于，人工手动机械一日只能洒布 1～1.5t 的沥青，而 PATA 一日可洒布 3～5t 的沥青，而且可以减少必要的作业人员 2 人，因而可以降低工程成本，减少预算，并可大大增加施工面积。

（三）表面处治施工方法

在欧洲，乳化沥青的主要用途是表面处治。长期以来采用单层与双层表面处治，可是从已有的经验中看出，由于交通量的增加，汽车轮胎的荷重不断地增大，下面两种结构可以得出满意的结果，因而将这两种结构予以介绍：

（1）嵌紧表面处治（MDG）。

（2）夹层表面处治（GLG）。

1. 嵌紧表面处治施工法（MDG）

用两种骨料做在单层嵌紧表面处治，从 1970 年以来就在法国广为使用，现就这种施工法作如下说明。

首先乳化沥青洒布在骨料上的面积应占骨料总面积的三分之二以上，用大的骨料做成网状结构骨架，然后填充小的石屑，并使骨料能露出头部。

根据这样操作可以保持良好的排水性能，再用小石屑将骨料压紧，制成很好的表面处治。

一般的骨料撒布量如表 3 所示。

表3　嵌紧表面处治骨料的撒布量

骨料粒径，mm	Ⅰ型，L/m²	Ⅱ型，L/m²
14～10	8～9	
10～6		6～7
6～4	4～5	
4～2		3～4

施工时要求按最佳量撒布，特别是第1层必须撒布均匀。第2层骨料必须在撒布完第1层骨料后立即撒布，这样做是使乳液必须在尚未成膜前进行施工。

2. 夹层表面处治（GLG）

最初进行这种新的施工方法是在20世纪80年代于法国开始的。这种施工方法是解决过去的表面处治与嵌紧表面处治的缺欠而开发的施工法。

乳化沥青适合于这种表面处治，这种施工方法的成功是将乳液的黏度进行必要调整（相对提高，乳液的浓度为69%洒布型阳离子沥青乳液，即ECR 69%为适宜）。

当进行夹层表面处治时，与通常的表面处治操作稍有不同，需要有特殊的装置设备。

首先要清扫表面，第一层撒布干骨料，撒布量要求准确，并要充分注意撒布的均匀性。交通车辆必须迂回绕行，如有可能最好使用自动石屑撒布机。

在旧沥青路面上撒布骨料时，由于路面上没有结合料，必须注意防止骨料撒布时的跳动，应根据实际施工时的试验与观察，主要应根据骨料的落高和石屑撒布机的速度做适当的调整，改善骨料的降落状况。

这种表面处治与一般表面处治不同之处在于，除了下述的特殊情况外，结合料的用量基本上不予以变动。

（1）当交通量在T_3级别时，凸凹不平和泛油的场所应该少于10%。

（2）旧路面有吸收性，多孔部分或裂缝部分多于10%。

各种夹层表面处治骨料的平均撒布量如表4所示。

表4　各种夹层表面处治骨料的平均撒布量

骨料粒径，mm	Ⅰ型，L/m²	Ⅱ型，L/m²	Ⅲ型，L/m²
10～14	—	—	8～10
6～10	—	6～8	—
4～6	5～6	—	5～7
2～4	4～5	5～4	—
乳液洒布量，kg/m²	1.2（ECR 69）	1.55（ECR 69）	1.75（ECR 69）

Ⅰ型配方适用T_4级别低交通量，于旧路面上做不均匀的表面处理或在旧沥青路面上治愈裂缝。

Ⅱ型配方适用于各种交通量的路面，尤其对于旧路面不均匀时，一般采用6～10mm做单层结构，适合于可能发生问题路面的表面处治。

此型配方适用于不均匀旧路面，修补裂缝、多孔吸收性强的旧路面上面做预备封层处理，再用4～6mm或2～4mm骨料做夹层结构表面处治时，可以取得好的效果。

Ⅲ型配方适用于各种交通量的路面，要求保持路面的粗糙表面，对于旧有的破坏或泛沥青路面必须进行罩面时，使用这种夹层表面处治。

关于夹层表面处治的优点列举如下：

（1）操作方法简单，铺筑后不需要修补人员进行修补。

（2）乳液的用量少，只需喷洒一次乳液。

（3）如果现场做妥善安排，使用简单的机械即可以提高工效（一般可提高20%）。

（4）撒布第一层骨料至喷洒乳液之前，应使骨料保持干燥。过去的施工方法由于骨料的过度湿润，当乳液尚未破乳之前即已流失。为使第一层骨料增大与乳液的接触面积，应使乳液的破乳速度加快。

（5）如同一般的双层表面处治那样，乳液破乳产生的水和液体不要留存。

（6）向低部位流淌的少。

（7）具有抗剪应力，尤其在弯道部分具有很好的抗剪性。

（四）拌和式施工法

1. 乳液混合料

（1）乳液混合料介绍。

乳液混合料是20世纪60年代后期由法国开始使用。

乳液混合料的特征之一，是用乳液制成塑性砂浆后进行使用。这种混合料可以对旧路面的变形做追随性的修补。其中骨料的级配，由于有大粒的骨料作为结构骨架，内部的摩擦阻力传递压缩应力，对于车辆的磨损可以有很好的抵抗性能。

在法国，一般使用慢硬性的阳离子乳液，在法国的NET 65011标准中规定有非常稳定的乳液。

（2）制造与摊铺。

乳液混合料是在常温状态下制造的，一般使用的是移动式拌和厂设备，只用4~5h即可组装完成。因而对于远离固定拌和厂的地方，用这种移动式拌和设备既便于道路的建设也便于维修养护。

乳液混合料可作为定期贮存的材料使用，可以为小面积的修补使用。根据配方可以贮存4~5个月。

乳液混合料由于具有这样的特长且摊铺也容易，如作为上底层使用时，可以用平地机或摊铺机进行摊铺，但是摊铺后必须进行充分地碾压。

乳液混合料在施工后，在数周内必须铺筑磨耗层，这种磨耗层是用表面处治还是铺筑热沥青路面，应根据交通量进行决定。

乳液混合料的特点是既不产生塑性变形，而且摊铺操作简便，可用移动式拌和设备，在法国每年生产并使用数百万吨的乳液混合料。

（3）用乳液混合料防止反射性的裂缝。

乳液混合料利用其塑性性质有另一种使用方法，即作为上底层使用，可以防止反射性裂缝。这种作用可在已经开裂的路面上作为修补使用，对于新铺道路也可在上底层上作为基层使用。为了防止裂缝的上升使用乳液混合料，最早在1965年已用于施工现场，后又做了改进。在重交通的道路上也使用了这种技术。

作为防止路面开裂加剧而使用的乳液混合料，在配方上必须特别予以注意，特别要注意的因素有：骨料的级配、碎石的比例、乳液的浓度、沥青的针入度等。

2. 作为磨耗层用的常温混合料

（1）制造。常温混合料的制造有如下两种方法。

①固定拌和厂制造。这样制造的常温混合料，大部分存放到使用的时候（可存放数小时至1个月）。

②于施工现场制造。由自行式拌和摊铺机制造混合料。

（2）常温混合料的种类。

①开级配混合料（OFD）。开级配混合料是从下列骨料中选其中一种骨料而使用制造的混合料，2~4mm，4~6mm，6~10mm，10~14mm，14~20mm。（也可选用其中数种骨料拌和使用）。这种常温混合料的空隙率在15%以上。

②半密级配混合料（SFD）。常温半密级配混合料是单独选用0～4mm，0～6mm，0～10mm，0～14mm其中的一种骨料而制作的。这种混合料的空隙率为10%～15%。

③密级配混合料（DFD）。常温密级配混合料与常温半密级配混合料采用的骨料级配相同，但是其中的填料的含量较多。这种混合料的空隙率在10%以下。因为使用的乳液没有掺入溶剂，这种混合料的贮存时间短。

（3）常温混合料的施工。

①开级配混合料的施工。施工采用如下两种方法。

第一，由固定式拌和厂制造混合料，用平地摊铺机铺筑。

第二，用自行式拌和摊铺机，于现场就地拌和制造并摊铺施工。

这种混合料用于可能具有较大变形的旧路面上。

由于这种混合料具有较大的空隙率，使渗透水能排出，因此必须将旧有路面做封层。为了加强路面的黏结性，防止其与行车轮胎黏附，应根据情况进行必要的表面处治措施。

使用的地点，应用于交通少的T_1地段。使用这种混合料施工的目的，用于道路外观的修整和改善行车的舒适感，有时也用于磨耗层的基层。

②半密级配的混合料。半密级配混合料与开级配混合料的施工方法相同，半密级配混合料具有耐久性，相对来说具有不透水性。因此对于降雨时施工具有保护作用，而且在将来于其表面做表面处治时不会吸收乳液。

但是施工厚度不能太厚，据说因为过厚会使其中的溶剂难以挥发出来。

③密级配混合料。密级配混合料的施工，由于乳液中未使用挥发性溶剂，因此混合料的固化比前几种混合料都要快，也可以铺筑厚面层。

3. 冷法改性沥青混凝土（冷法M. A. C），（也称改性稀浆封层）

作为一般的稀浆封层施工方法，于1963年开创于法国。这种施工方法在美国的得克萨斯发展应用，并称它为稀浆封层。稀浆封层使路面具有更好的耐久性与抗滑性。

自1975年生产改良的产品后，它被称为冷法M. A. C，在美国称它为改性稀浆封层。

改性稀浆封层与一般稀浆封层的主要差别如表5所示。

表5　一般稀浆封层与改性稀浆封层的差别

项　目	稀浆封层	改性稀浆封层
骨料最大粒径，mm	<4	>4
每次施工厚度，mm	<9	8～15
结合料	普通的乳液	改性的乳液

（1）生产设备。

①以前的机械。

这种设备是将所有的材料全部装入该设备上，施工时使用其中的材料，使用完后，再到材料存放场去装料，这种机械适用于小面积工程的施工。

②由前方装入骨料的机械。在前方具有接收设备的装置，这种机械是利用自行拌和摊铺机与拌和摊铺机的原理而进行设计的，可以连续地供给改性稀浆封层混合料。它适用于大面积路面的施工。

（2）摊铺设备。

这个设备与机械的型号无关，摊铺箱是独立的部分，可以根据路面的宽度进行调节。由拌和机制作的混合料经溜槽流入摊铺箱之中。

在摊铺箱内的刮板装有两排螺旋分料器，是为了保证混合料的质量及均匀地分布，可以调整螺旋分料器的速度和旋转的方向。根据摊铺箱四周安装的橡胶挡板，将流动的稀浆混合料均匀地摊铺在路面上。

（3）施工。

①修整断面。

关于路面断面的修整，对于改性稀浆封层有一定的限制，也可用前述的一些方法进行必要的修整。如果采用0~10mm骨料的改性稀浆封层时，可以修整2~4cm凸凹的表面。如果路面上有4cm以上的形变时，可用加热混合料进行修整，或者进行铣刨切削。

②平均摊铺量。根据原路面的状态决定。下面为一个摊铺量的实例。

改性稀浆封层0~6mm。12~16kg/m^2（骨料的用量）。

改性稀浆封层0~10mm。16~20kg/m^2（骨料的用量）。

③开放交通时间。开放交通时间，根据气候条件与原路面的状态，一般在15~30min范围。

④改性稀浆封层具有如下特点：

a. 可使原路面的耐久性提高。

b. 赋予路面不透水性能。

c. 如做双层施工时，可进行适当的表面修整。

d. 可以降低噪音，特别对于郊区的十字路口或市区路段，有明显的效果。

e. 具有优越的抗滑性。

对于重交通量的路面，采用0~8mm或0~10mm的改性稀浆封层，在行驶方向尤其在高速行驶时，其摩擦系数要求比各种配方都要高。

4. 路面冷再生施工方法

近些年，由于碎石供应明显不足，以及以沥青为代表的石油制品的价格明显上涨，从经济的角度来看，再生施工法的优点受到重视。随着改性乳化沥青和再生施工法的肯定，路面冷再生施工法得到迅速的发展。

使用乳化沥青做路面冷再生施工方法具有很多的优点。第一是不需要用卡车将旧沥青材料运到拌和厂。第二是粉碎的旧沥青材料立即进行再生与摊铺。因此，对于乳化沥青的破乳速度或再生后材料的作业性等，可以不受运输时间的影响。

这种施工方法因常温铣刨切削机械的大量生产而迅速发展。这种机械带有数百瓦至千瓦马力的动力，有很强的作业性能，可对旧路面做精细的铣刨并保证尽可能平整。为能切实地进行路面冷再生，一般在拌和摊铺机未进行摊铺之前，将其中加再生用的乳化沥青进行拌和。在市场中出售很多的机械中，是将铣刨切削、添加乳液与拌和等过程集一机之中，这些机械可以大大地提高修路效率，可以立即随后进行碾压，并可立即开放交通，因此使施工现场的总长度显著地缩短。

碾压后所达到的密实度一般为85%~90%，并且随后的自然碾压或在十字路口都没有出现不良现象，因此不会发生其他问题。尤其是这种材料在非常重的交通量情况下，它发生的车辙要比热沥青混合料要小。这种方法的道路修缮作业完毕后，在开放交通之前要做一次封层。

路面冷再生施工方法，一般用于基层或上底层。在其上做的磨耗层是按交通量的需要选用热沥青混合料的罩面或用乳化沥青进行表面处治。但是，对于轻交通量或中交通量的道路，根据情况有时只用乳化沥青进行封层即可完工。

三、乳化沥青发展的趋势

（一）可以控制破乳速度的乳化沥青

从1970年末开发出可以控制破乳速度的乳化沥青以来，至今已有5000×10^4m^2以上的工程实例。

调整破乳速度的使用方法，一般为制造厂家的专利。最经常使用的方法是在喷洒乳液的同时喷洒破乳剂，这是最为简便的方法。当乳液喷落到地面上的时候，破乳剂可充分均匀地分布在乳液之中。

破乳时间可以调节在20～30min至数小时，然后可使水分从中充分排除。这样可在很短的时间内，形成不含水的高黏附性的结合料，它不同于以前的阳离子乳化沥青破乳时所需要的时间。

使用这种乳化沥青进行表面处治在很短的时间可在雨或霜中对道路进行养护。因此可大大地延长路面表面处治的施工季节。在夏季即使气候将变坏的情况下，也可以按预定计划进行施工作业。

在法国有这样的实例，一般情况必须立即着手进行5%表面处治修补的路面，由于使用了可以控制破乳时间的乳化沥青进行表面处治，可使很多工程在恶劣的气候状态也可以进行施工，因而新铺路面损坏率可由5%减至1%。

由于这种乳化沥青的施工作业具有很大的可调节性，失败的危险性可以大大地减少。施工作业的季节延长，显示出表面处治施工法的经济效益。

可以控制破乳速度的乳化沥青，在很多的道路网中得到应用。对于部分大交通量的道路，要求使用掺入聚合物特别是高弹性聚合物改性的沥青乳液。如今将这两种制品的长处结合使用，因而有了掺聚合物改性与控制破乳时间的乳化沥青。

（二）掺聚合物的乳化沥青

1. 聚合物改性乳化沥青

用苯乙烯—丁二烯—苯乙稀嵌段共聚物（SBS styrenebutadine - styrene block copolymer）或乙烯—乙酸乙烯共聚物（EVA ethylene - vlnyl ocetate copolyment）改性的乳化沥青，于20世纪80年代初开始工业化生产。这种改性的乳化沥青与以前的一般乳化沥青相比较具有以下优点：

（1）由于带有这些活性物质，所以具有很好的黏结性。

（2）与热沥青相比较，不受气候的影响。

（3）因为溶剂的用量比例很少，可以很快固化且具有很强的黏结性。

（4）与稀释沥青相比，骨料可充分裹覆，还由于黏度低使喷洒容易。以前用乳化沥青还有因乳液破乳速度慢的缺点，现在可以选择合适的乳化剂与破乳剂来改善这一缺点，因而可以使用SBS改性乳化沥青用以进行质量更高的表面处治（单层嵌紧表面处治或夹层表面处治）施工，即使在重交通量道路上也可以使用。

2. 聚合物对于沥青的改性

沥青的改性，特别是对于感温性与黏度的改善，主要以改性材质的两个基本性质为基础。

（1）加入聚合物的沥青，形成高弹性聚合物骨架，它可以产生高收缩与延伸的塑性与弹性。

（2）SBS系的高弹聚合物或EVA共聚物，制造的改性沥青不会使黏度增加很大。据说这一类聚合物的这种现象是由于其中含有熔点低的乙烯或乙烯类结构所造成。但是改性沥青在冷却时，聚乙烯链或聚乙烯链在沥青中成为不溶状态。

道路用的沥青与防水沥青相比，使用聚合物的浓度低，由聚合物组成的骨架密度低，连续性也小，在沥青中聚合物的分子有些重叠成为立体结构。

改性乳化沥青中，如果聚合物的用量过多，反而会降低其使用性能：

喷洒乳液而使骨料黏结的界面，承受行车剪应力或斜向应力，在高速行车时，这个应力将变大并增多。而具有很强弹性的结合料，在常温状态下显示出脆弹性，可能造成骨料与结合料界面的破坏。

洒布的结合料中有过剩的聚合物时，结合料难以对骨料裹覆，其结果不能使骨料切实黏结，从试验施工或室内试验中看到许多这种结果，这个看法是可以肯定的。

如图1所示，为了对比用180/220沥青的曲线1，张力强度为20dyn以上，但是，与SBS改性乳化沥青的蒸发残留物曲线2相比，使用性能低，出现这种现象有很多理由：

（1）可见弹性层的变形系数过大。

（2）达到破坏点的延伸值过小。

（3）达到破坏点所需要的做功量与 SBS 改性乳化沥青残留物相比较，普通沥青要明显的少。

制作 SBS 乳化沥青时，用特殊沥青的处理方法和乳液的制造方法，在残留物中只有少量的溶剂，有时候不用溶剂也可以制造生产。如表 6 所示。蒸发残留物是将乳化沥青在 50℃ 的温度下，经 15 日的养护后，使残留物成为 1mm 厚的薄膜。

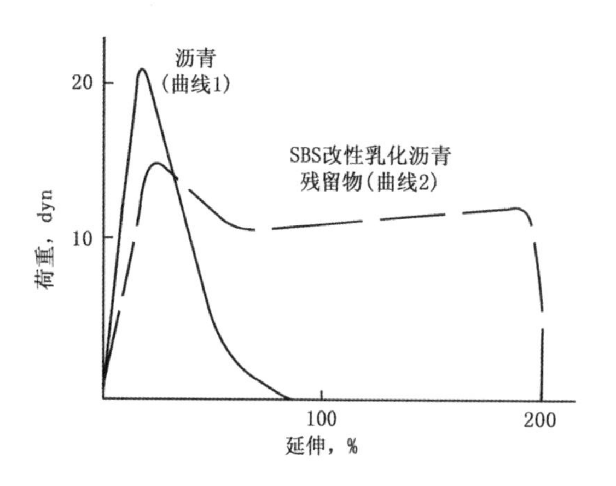

图 1　改性乳化沥青的特性

表 6　SBS 改性乳化沥青蒸发残留物结合料的性能

项　　目	性　能　值
费拉斯脆化点	-15 ~ -20℃
软化点（R&B）	55℃以上
塑性区间	70 以上
黏聚力	150 J/cm
拉力试验	
（-10 ~ 10 mm/min）	
出发点的应力	2MPa 以上
破坏点的应力	1MPa 以上
破坏点的延度，%	400 以上
黏韧性延伸（于 500mm/min 至 20mm 球的拉力）	
应力，dyn	20 以上
伸长，mm	150 以上

（三）精制乳化沥青

在制造乳液时，高的界面张力是产生粗微粒乳液的原因。由于沥青的操作温度要求高，如在沥青中加入低分子多胺并在酸性状态时，沥青中形成稳定的咪唑琳型的表面活性剂。

由于这种界面活性剂的存在，使沥青与酸溶液的界面张力显著下降。当 pH 值接近于 2 时，界面张力几乎是零。这样处理的沥青制造乳化沥青时形成微小颗粒，也就是说一般乳化沥青微粒直径的中间值为 3 ~ 5μm，而这种乳化沥青（精制的）的中间值为 1 ~ 2μm，可以说粒径的微细、沥青粒径分布在狭小的范围，粒径单一等看成为精制乳液的特点。

这两个特点（微细粒径与单一的粒径）直接影响着精制乳化沥青的实用性。

（1）贮存稳定性。由于沥青粒径的微细，使沥青有很好的贮存稳定性。分解指数（breaklngln-dex）可由 40（喷洒用精细乳液）至 200（乳液混合料用精制乳液）使它的应用范围很广泛。

（2）与骨料的黏结性。使用精制乳液时由于沥青的界面张力很低，在骨料上沥青膜黏结牢固，能抵抗水的剥离。使用精制乳化沥青制造拌和乳液和制造混合料，其对水的抵抗性比一般的乳化沥青制造的混合料要好。

（3）黏度。精制乳化沥青的黏度，在相等沥青含量的情况下要比一般乳化沥青的黏度大，这一特性有利于改善贮存性能。另一方面，当沥青含量在 65% 以上时，不可能制造精制乳液。

（4）经济性。作为拌和用的乳液，精制乳液的粒径非常微细，骨料上沥青膜的厚度很薄，可节省沥青用量。

根据室内试验与现场试验结果证明，可以显著节省沥青用量，或者说明同等用量的沥青可取得更好的结果。

自1970年以来，在现场使用的精制乳化沥青，品种从拌制混合料到表面处治不断增加，最近又有了掺入聚合物的精制乳液。

(四) 高浓度乳化沥青

在道路中使用的乳化沥青，最初是沥青含量为50%的阴离子乳化沥青，渐渐研制出55%和60%的乳化沥青，而阳离子乳化沥青最新技术可以制成沥青含量65%甚至69%的乳液。

自从几年前出现掺聚合物的乳化沥青以来，法国的乳化沥青制造厂家就开始制造沥青含量72%的乳液，掺入聚合物的乳化沥青的粒径分布较广，与一般的乳液相比可制出流动性更高的乳液。

最近已经开发了沥青含量浓度达80%的乳液，这种乳液有很好的喷洒效果，即使用于表面处治固化也不会慢。这种乳液有很好的贮存稳定性，与骨料有良好的黏附性，这是水包油型的阳离子乳化沥青。具有一般乳化沥青与骨料相同的裹覆性，并且在破乳后排除的水量大大减少。这种乳化沥青所具有的高融变性，对于急坡，这样的地段也可予以喷洒，使骨料快速黏结牢固。

洒布一般使用加压式的洒布机，使乳液的温度为70~80℃。在1.3~1.5Pa的压力下进行洒布。

四、结束语

欧洲铺筑乳化沥青路面是20年代开始的，而日本制造乳化沥青是大正年代末期开始的，铺筑乳化沥青的路面的历史，日本与欧洲几乎是同样的长。

但是日本自从昭和40年（1965）路上拌和稳定施工法全盛时代以后，热沥青混凝土作为路面材料成为主流。从那以后，乳化沥青与乳液施工法的开发与改进几乎停止不前。但是，在这一时期以法国为中心的欧洲，对于乳液施工方法、施工机械、乳化沥青的改良，着实进行了大量的研究工作，如今与日本相比已形成很大差距。

现在日本对于乳化沥青，着眼于节能效益，今后希望能在有关乳化沥青的铺路技术方面进行开发。为此，不仅是乳化沥青的制造厂家，还有工程的发包单位、施工单位、机械制造厂家等各方有必要相互配合，共同努力。

译后语：

该文是由日本乳化沥青协会技术委员会的委员植村正先生撰写的，因他于1993年10月代表日本乳化沥青协会赴法国参加世界乳化沥青会议，就会议中交流的乳化沥青筑路、养路的技术发展趋向、在欧洲近些年乳化沥青的主要用途、市场发展动向等问题做了调查与研究。特别是对于欧洲乳化沥青技术最发达的法国做了较多的调研与报道。这些报道不仅仅对日本而且对我国乳化沥青技术的发展也有启发意义，因而将它译成中文。该文中为介绍各种乳化沥青施工方法而开展的专用施工机械，在原文中插有有关机械的照片，但由于文中照片浅淡模糊不能复印，因而原译文无法再现，还望原谅。

发表于《陕西公路》，1995.2

改性稀浆封层技术

姜云焕　　　　　　　　徐会忱　董学勤
（交通部公路科学研究所　北京　100088）　（盘锦市公路工程公司）

提要　为适应高等级公路路面维修养护的需要，改性稀浆封层技术在国际上得到迅速发展，即使用改性的乳化沥青与相适应的施工机械摊铺稀浆封层。铺筑这种改性稀浆封层可以缩短施工时封闭交通的时间，提高路面封层的耐磨、抗滑、耐候及韧性等技术性能，从而使稀浆封层技术得到新的发展。本文就这项技术的发展与其技术要求做扼要介绍。

关键词　改性稀浆封层　双轴叶片拌和机　矩形摊铺箱　V形摊铺箱

稀浆封层技术是充分利用乳化沥青的特性，在常温条件下，用较少的沥青材料、较快的速度，处治路面的裂缝、光滑、老化、松散、坑洼等病害，使路面返旧还新，提高路面的防水、抗滑、平整、耐磨等性能。它对旧沥青路面或新铺路面、城市道路或乡镇道路、干线公路或地方公路等都能快速地维修与养护，也可对砂土路面做防尘处理。它是一种经济、快速、无污染的、有效的路面铺筑方法，受到筑路与养路部门的欢迎，被列为国家“八五”期间重点新技术推广项目。

可是，采用一般稀浆封层施工技术，由于多种因素的影响，稀浆封层施工后路面成型较慢，封闭交通时间较长（3.5～4.5h），这在主干线公路或地方道路，都会造成严重的后果。为此，急需解决缩短稀浆封层施工后的封闭交通时间的问题。

另一方面，随着交通量增多，汽车载质量加大和路上车辆的渠化行驶，沥青路面特别是高等级沥青路面，不断地发生裂缝、推移、车辙等。为了消除这些病害，需要提高结合料沥青的耐候性、黏韧性、韧性、耐磨与抗滑性，因此，在高等级公路路面上，用聚合物改性沥青的技术得到迅速的发展和应用。在国外随着聚合物改性乳化沥青材料的应用，稀浆封层机得到不断的改进，采用改性（聚合物）乳化沥青铺筑改性稀浆封层得到迅速的开发与应用。它可使稀浆封层后封闭交通的时间由4h缩短为1h，而且改善了沥青路面的耐候性、韧性与耐磨性。在国外将这种改性稀浆封层称为精细的表面处治（Micro suface）。从而使稀浆封层技术有了新的突破性的发展。

一、国际上改性稀浆封层发展的动态

由于改性稀浆封层特有的技术经济效益，近几年来，在国际上特别是经济发达国家，它的应用有着急剧地增长趋势。表1所列数字是根据国际稀浆封层协会（ISSA）主席保普·布洛文斯先生，在1992年国际稀浆封层协会年会的报告摘录的。

表1　一般稀浆封层年用量和改性稀浆封层年工程量一览表

国家名称	一般稀浆封层年工程量	改性稀浆封层年工程量	国家名称	一般稀浆封层年工程量	改性稀浆封层年工程量
美　国	150000000yd^2	450000t	西班牙	6000000m^2	10000000m^2
加拿大	2500000m^2	5000t	葡萄牙	1000000m^2	1000000m^2
南　非	23000000m^2	4340000m^2	意大利	—	1000000m^2
瑞　典	670000m^2	30000m^2	泰国	1200000m^2	30000m^2

续表

国家名称	一般稀浆封层 年工程量	改性稀浆封层 年工程量	国家名称	一般稀浆封层 年工程量	改性稀浆封层 年工程量
挪　威	80000m²	20000m²	泰国	1200000m²	30000m²
丹　麦	500000m²	1000000m²	印尼	—	150000m²
英　国	400000m²	2750000m²	韩国	防科工委 00000m²	15000m²
爱尔兰	30000m²	170000m²	中国	1000000m²	—
德　国	—	20000000m²	澳大利亚	500000m²	1600000m²
法　国	—	7000000m²	新西兰	150000m²	60000m²

二、改性稀浆封层的特征

改性稀浆封层技术的发展与改性稀浆封层机的发展密切相关，可以说是有了改性稀浆封层机才使改性稀浆封层技术能在道路上应用。目前在国际上研制与生产改性稀浆封层机的厂家主要有：①瑞典的斯堪道路公司（Scan Road Co）；②德国的威劳机械公司（Weiro Co）；③美国的伟莱稀浆封层公司（Volley Slurry Seal Co）。各厂家最大型改性稀浆封层机的规格见表2。除表中所列规格外，各厂家还有中型、小型等系列产品，都是以贮料箱的容积分类的。

表2　瑞典、德国、美国三国生产的大型改性稀浆封层机规格

容量及规格	瑞典	德国	美国
	HD-10 型	SOM 1000-3 型	12 型
骨料（石屑）贮存箱，m³	8	10	10
乳液（改性）贮存罐，m³	2.8	3.75	850gal
水贮存罐，m³	2.3	3.0	850gal
填料（水泥）贮存罐，L	283	600	600
外加剂贮存罐，L	189	600	150gal
长度（车身），mm	6604	8500	7000
宽度（车身），mm	2438	2500	2500
高度（车身），mm	1930	1820	1930
载质量，kg	25000	30000	30000

改性稀浆封层机与一般稀浆封层机虽然都是将一切设备装设在同一辆载重车上，但是两者的拌和机与摊铺箱的结构则有很大的不同。改性稀浆封层机具有可以取代一般稀浆封层机的功能，可是一般的稀浆封层机却不能代替改性的稀浆封层机。改性稀浆封层机的主要特点表现出具有更强的拌和能力与更快的摊铺效率。

图1（a）为一般稀浆封层机的拌和机。它采用单轴螺旋式叶片拌和机构，只适于拌制一般乳化沥青的稀浆混合料；图1（b）为改性稀浆封层机的拌和机。它采用双轴叶片强制式拌和机构，可以拌制聚合物改性乳液（黏稠的）稀浆混合料，拌和速度快、效率高、时间短，稀浆混合料的均匀性好。

图2为一般稀浆封层机与改性稀浆封层机摊铺箱的构造图。图2（a）为一般稀浆封层机摊铺箱内设置两个横向螺旋分料器，图2（b）为改性稀浆封层机摊铺箱内设有四个横向螺旋分料器。它可以用更快的速度将稀浆混合料摊铺均匀。

改性稀浆封层机除备有矩形摊铺箱外，还备有修补车辙用的V形摊铺箱（见图3）。

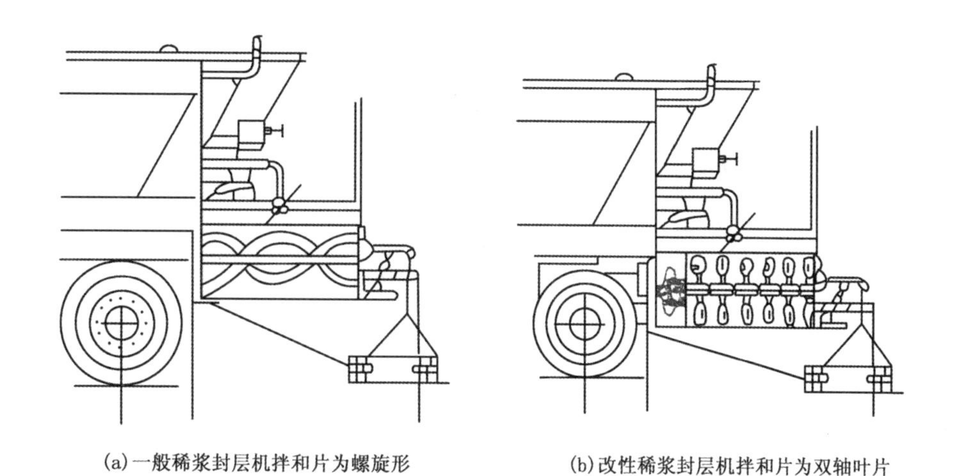

(a)一般稀浆封层机拌和片为螺旋形　　(b)改性稀浆封层机拌和片为双轴叶片

图1　一般稀浆封层机和改性稀浆封层机结构

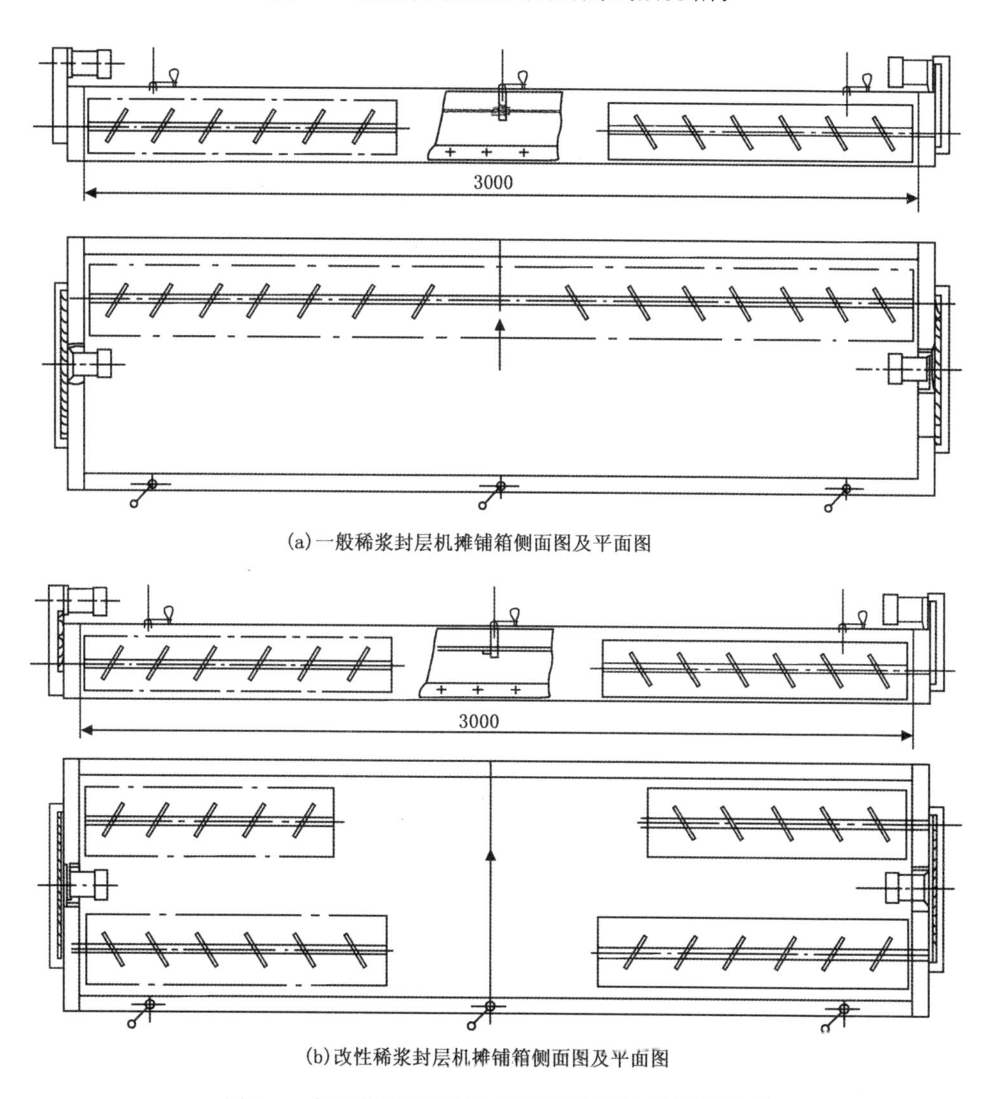

(a)一般稀浆封层机摊铺箱侧面图及平面图

(b)改性稀浆封层机摊铺箱侧面图及平面图

图2　一般稀浆封层机与改性稀浆封层机摊铺箱构造图

当沥青路面出现车辙，并且深度超过1/2in时，在做全面封层之前，必须先用V形摊铺箱将车辙补平。在V形摊铺箱中的改性稀浆混合料，沿着车辙方向靠两侧螺旋分料器将稀浆混合料填补于车辙沟槽之中。如果沟槽太深，可在沟槽底部先填粗骨料，如果原路面出现油包、坑槽、裂缝等病

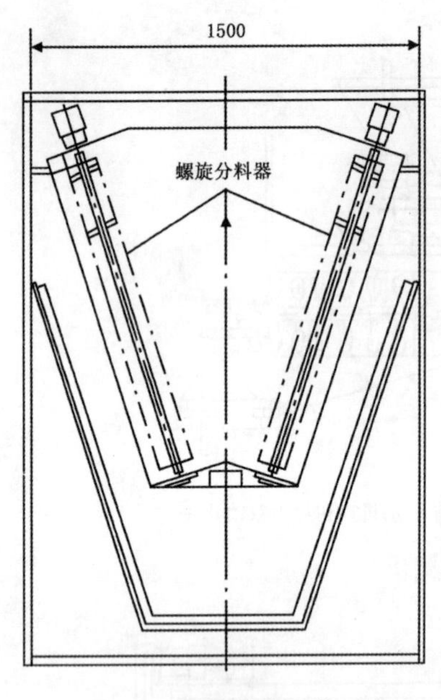

图3　V形摊铺箱示意图

害，应先消除病害后再做封层。改性稀浆封层的铺筑厚度，最大可达50mm，更适合高等级公路的维修与养护。

改性稀浆封层机的另一特征是机上的动力加大。为能满足双轴叶片式强制拌和改性稀浆混合料以及四个螺旋分料器摊铺的需要，机上的发动机由22.05kW增大至66.15kW。

三、改性稀浆封层的技术要求

国际稀浆封层协会制定的ISSA A 143为聚合物改性稀浆封层制定了详细的准则，对于原材料的质量要求、试验方法、质量控制、测试检验等过程做了详细说明。ISSA A 143的制定依据为AASHTO、ASTM、ISSA，有关的主要规定要求如下：

（1）乳化沥青必须符合ASTM D2397或AASHTO M208中的CSS-1的技术指标要求（阳离子慢裂型乳化沥青，相当于我国的Bc-3型沥青乳液）。

改性的阳离子乳化沥青的生产，有内掺法与外掺法两种。内掺法是将聚合物胶乳预先溶解于乳化剂水溶液之中，并将水溶液调到适宜的pH值和温度，再将此溶液与热沥青一同送入胶体磨（乳化机）中乳化，制备出改性阳离子乳化沥青。外掺法是先将沥青与乳化剂水溶液制成阳离子乳化沥青，然后再与聚合物胶乳混合。无论采用哪种方法生产的改性阳离子乳化沥青，其贮存稳定性与筛上剩余量都应符合要求。

改性用的聚合物胶乳主要有以下几种：

①SBRL（Styrene butadine rubber latex）——丁苯胶乳（苯乙烯、丁二烯胶乳）。

②SBSL（Styrene butadine-styrene block coplymer latex）——苯乙烯—丁二烯—苯乙烯嵌段共聚物胶乳。

③CRL（Chloroprene rubber latex）——氯丁橡胶胶乳、氯丁二烯橡胶胶乳。

④XSBRL（carboxv group chloroprene rubber lotex）——羧基丁苯橡胶胶乳。

除了上述四种合成胶乳外，还有再生橡胶胶乳，因其价格低廉，来源丰富，可以开发应用。

聚合物的用量一般不低于沥青用量的2.5%。用量太少不能改善沥青性能，用量太多将使成本增加。

（2）骨料。采用花岗石、矿渣、石灰石等石屑，或用其他高质量石料轧制而成的石屑。骨料质量应符合AASHTO 11或27，或ASTM C117或C136的规定。石屑的质量与级配，应根据封层厚度的需要，符合ASTM D3910的Ⅰ型、Ⅱ型、Ⅲ型的级配规格要求。对于石屑中小于5mm细料中的泥土含量，应按ASTM D2419的试验方法，砂当量值应大于65%，骨料的硬度按AASHTO 96或ASTM C131的试验方法，磨耗值小于35%骨料与乳液拌和时，有良好的互溶性。

（3）填料。填料采用425号水泥（普通水泥），其中不得有结块。水泥用量应根据WTAT及稠度等室内试验结果确定。

（4）水。可采用一般饮用水，其中不得含有可溶性盐等有害物质，不得使用工业废水。

（5）混合料的配合比。按ASTM D3910要求各项室内试验合格的配合比，并应符合ASTM 1559或AASHTO 2450马歇尔稳定度的试验要求，一般要求稳定度不低于400kg，流值为6~16。但是，室内选定的配合比必须结合现场的施工温度、湿度、风力等气候条件进行调整。

在一般的气候，气温为24℃，湿度为50%，铺筑后1h开放交通的稀浆混合料配合比，可参考如下范围选用；

沥青占骨料质量的6%~11.5%；加水量按稠度试验及现场气候确定；

填料占骨料质量的1.5% ~3%；外加剂根据气候及施工要求确定；

聚合物占沥青质量的2.5%以上。

四、结束语

稀浆封层技术已在我国公路路面上迅速地推广应用，截至1992年末，全国已铺稀浆封层超过1000km。制造稀浆封层机与慢裂乳化剂的工厂已各有7家，为我国今后发展改性稀浆封层打下了很好的技术与物质基础。广东省公路局与海南省公路局都已引进瑞典HD－10型改性稀浆封层机，建设部与青岛公路段也将引进这类机械。甘肃省交通科研所自1986年开始研究用丁苯胶乳（SBRL）制造改性的“阳乳”，先后于1987年在敦煌，1989年在金川镍矿厂铺筑试验路。在严酷气候条件下，经多年行车与观测，取得了理想的效果，为我国生产与应用改性的“阳乳”提供了宝贵经验。改性稀浆封层技术在我国已经引起许多公路部门的关注，今后只要科研与生产密切配合，这项新技术一定会在我国沥青路面养护中，特别是高等级路面的维修养护中，产生显著的技术经济效益，并能迅速推广与应用。

发表于《公路交通科技》，1993年，第10卷，第4期

阳离子乳化沥青筑路养路技术的推广工作总结

姜云焕
（交通部阳离子乳化沥青联合推广组）

根据国家计委、经委下达经科［1986］402号文及交通部（87）文科技字68号文指示，阳离子乳化沥青筑路、养路技术列为国家“七五”期间重点推广新技术项目。交通部成立“阳乳”联合推广小组，各省、市、厅、局成立了“阳乳”推广领导小组。自1986年以来，每年召开一次全国性推广会议，会上交流经验，落实计划，加强协作。1987年道路学会成立乳化沥青学组，加强学术交流，每年召开一次学组年会。评选出优秀论文20篇，编印成优秀论文选辑。有些地区的公路科技情报网会议，也以“阳乳”为主题召开，在各级领导的关怀与多方协助下，这项技术推广应用三年来取得可喜成绩，1988年在全国已铺筑路面4594km，节省工程费用4000余万元，除节约上述直接工程效益外，还有显著的社会效益与环境效益，因此深受公路部门欢迎。目前河南省信阳、开封，陕西省渭南、咸阳、西安，北京市公路处，江苏省徐州，河北省唐山，山东省济南，内蒙古巴彦淖尔盟等地、市的乳液年用量超千吨；济南市章丘县、开封市尉氏县、北京市密云县等沥青厂连续三年乳液产量超千吨，湖北省十堰市与安徽省宿州市市区道路，包括主干线道路全部采用“阳乳”修筑与养护。“阳乳”的应用范围越来越广，经验越来越多，效益越来越大。国家计委与交通部召集有关专家审查了“阳乳”筑路、养路技术1989—1991年推广实施方案，从而为今后三年的“阳乳”推广工作提出更高要求，也进入更高的层次。为了做好今后的推广工作，将前三年的经验简要总结如下：

一、领导重视，以典型带动各地区推广应用

公路部门各级领导都很重视“阳乳”的推广应用，有重点的培养典型地区，以点带面，逐步稳妥地推广。各省根据本省的典型地区经验来解决所碰到的问题。例如，河北、河南、陕西、黑龙江、广东、辽宁、四川、云南、广西、湖南等省，通过本省典型的地区带动各地区推广应用，有的制定适用于本省的检验标准与施工规程，从而能稳妥地指导本省工作。陕西省、山东省对全省乳化沥青基地做了全面规划，有步骤地发展，已提前两年完成了在每个地区建立一个乳化沥青基地的计划。有些省采取适当的行政措施，促进“阳乳”的推广，如在劳动竞赛与技术比武中，将“阳乳”列为重要评比条件之一；在公路大检查中将消除坑槽与裂缝作为重要内容；将公路大检查的时间安排在阴雨与低温不利季节，这样可以发挥“阳乳”的技术特长。不少地方提倡基层多应用“阳乳”，特别是在养路中应用。有许多同志在使用过“阳乳”以后，体会到它的优越性，从而积极主动推广应用。

总之，领导重视，组织落实，措施具体，专人负责，以典型经验，反复宣传，就一定能做好“阳乳”的推广。特别是领导积极宣传，更有号召力，推广进展更快。

二、善于总结

阳乳技术是成熟的，并经过考验是成功的。但是要在不同地区推广，必须靠本地的实践，总结

经验和解决遇到的问题。因为我国幅员辽阔，气候变化多端，沥青品种复杂，人员的素质也有差别，因此，各地的成功经验最终要靠自己的实践，而且推广任何新技术不可能一帆风顺，推广时要重视总结成功的经验，更要善于从失败中吸取教训。目前，有些省市推广工作进展顺利，但是，开始推广时也有过失败的教训，碰到许多挫折，承受过很大压力。可是由于领导善于总结，不怕挫折和失败，及时找出解决问题的办法，变压力为动力，变被动为主动，从而使推广的水平达到新的高度。例如，1981 年郑州铺的试验路，由于受气候影响，遭到意外的失败。有关领导从失败中总结教训，省厅强化领导，健全组织，成立技术咨询小组深入现场，指导生产，制定本省的检验标准与技术规程，在 1984—1986 年 3 年中多次组织现场会，反复宣传，积极推广。现在，他们在乳化设备、乳化剂、施工机械、施工方法等方面都走在全国的前列。又如，陕西省地处西北，乳化剂的供应困难，影响了“阳乳”的推广。省公路局抓住这一难点，迎难而上，1987 年与西北大学协作，利用工业废料研制出质量好价格低的新型乳化剂，有利于在西北地区和全国推广“阳乳”。又如，乳化设备中的油水比例与油水温度的自动控制，是急待解决的重要课题。河北省唐山市与丰南县交通局及有关高等院校协作，只用一年时间，采用自动控制这一难题就得到理想的解决，显著提高乳液的产量与质量。河南省新乡总段，湖南省的益阳总段及第二汽车厂二维处等单位领导都是在推广实践中善于总结，发现问题，知难而上，组织力量，及时攻克难点，从而使我国“阳乳”技术进入新的水平。

三、重视技术进步

公路要发展就要重视技术进步，新技术的推广就是为了技术进步，要靠领导的积极支持，又要做深入细致的思想工作和技术指导工作。特别是生产人员要在生产观念上重视技术的更新。推广“阳乳”必须要有熟悉“阳乳”技术和热心于推广的技术骨干队伍，这就要求科研人员积极努力，并与生产现场施工人员相结合，热情地指导现场操作，培训施工人员成为这项技术的骨干力量。目前，凡是重视这样密切配合的地区，技术进步就很快。这两年如陕西、辽宁、山东、广东、河北等省，在领导小组中厅、局长挂帅，遇到难点组织科研、设计、施工人员与高等院校共同攻关，使“阳乳”技术有了新的突破。事实证明，科学技术只有与生产结合才能转换为生产力，生产单位只有依靠科学技术才能提高产量、质量和降低成本，并使技术不断提高和完善。稀浆封层技术，自行式、拖挂式稀浆封层机的研制；常温拌和料，自制拌和设备；立式反射沥青脱水装置，橡胶乳化沥青等等都为“阳乳”的应用，开拓了广阔的前景。

四、重视效益分析

重视“阳乳”的全面效益分析，就是正确地掌握它的经济效益、社会效益和环境效益。这样就能更积极主动地掌握它和应用它，否则只看到因用乳化剂和乳化设备而增加的费用，看不到其他效益，就会错误认为推广“阳乳”是得不偿失，也就难以推广。

例如：陕西公路已承担全省 69% 的运输任务，但是养路所需的资金只能满足 60%，沥青只有 70%，类似这样的情况在其他省也普遍存在，致使公路的养护情况不能形成良性循环。广东、广西、湖南、湖北等省，除了上述困难外，还因雨季漫长，沥青路面出现病害，热沥青不能及时修补消除，造成不利后果。不仅病害加剧，而且降低运输效率，增加车损和油耗。实践证明，推广“阳乳”技术可以缓解公路上资金与材料的不足，降低工程费，延长施工季节；能够及时养护，不受雨、湿、冷的制约，减少路面损坏率达 50% ~70%。陕西省从 1984 年使用“阳乳”330t 至 1988 年达 6700t，每年节省工程费 200 万元。好路率逐年上升，车速每年以 2.5km/h 递增，每年可增运输能力 300 万车公里，节省购车费 2 亿元，节省燃油料 70 万吨，路面的寿命平均延长三年。河南省光山县在五六月阴雨季节，全区尚无法开工的情况下，采用“阳乳”修筑了7km沥青路面。在22.5km的干线公路上，利用当地酸性石料，节省各种费用22.4万元。据广东省的江门公路分局调查，热沥青施工每年有2%～5%的工人烧伤，高温季节施工，烟熏、火烤、日晒，施工人员经常发生中暑、感冒、中毒等，发病率达5%～10%。自采用“阳乳”以来，不再发生这些现象。工人说：推广“阳乳”不仅延长了沥青路面寿命，还保护了施工工人的健康。这些社会和环境效益是无法用金额折算出来的。

五、应解决的问题

(1) 发展不平衡。

目前，各省“阳乳”用量相差悬殊，造成这种现象的重要原因是宣传深入的程度不同，因此，领导重视的程度也不同。今后，应多向各级领导宣传，只有领导的重视，特别是公路局领导的重视，才能完成国家下达的任务。

(2) 解决行业标准。

目前，由于缺乏“阳乳”的行业标准和施工规程，因而影响“阳乳”的推广。特别是在国内外公路招标工程中，由于没有行业标准，无法在生产中推广应用。

(3) 乳化剂的造价问题。

在乳化剂的研制中，急待提高质量、降低成本、增加品种。乳化剂生产厂家要对本厂产品进行出厂检验，不合格的不能出厂，不能以伪劣产品坑害用户，未经鉴定的产品不要向外推销。

(4) 控制油水比例的乳化设备。

随着“阳乳”用量增多、应用范围不断扩大、乳液的品种增多，质量要求也越来越高。保证乳液生产的油水比例是保证乳液质量的前提。河北唐山、河南新乡在这方面已有很大突破，创造了很好的先例。

(5) 重视技术进步。

在筑路技术人员的思想上要重视技术进步，重视技术观念的不断更新。勇于改变陈旧的认识和习惯，促进新技术的扩大推广。

(6) 加强信息交流。

今后在公路科技情报网的片区活动中，尽量将“阳乳”推广列为重要内容，今后除了乳化沥青学组年会以外，各片区多组织学术活动，加强经验交流，沟通信息，加强协作。

(7) 重视效益。

已建成的乳化沥青基地，应充分发挥设备的生产能力。为此，不能单靠建厂的县段，而要靠全地区甚至几个地区的协作配合；不要单纯追求建厂数量，要重视建厂后的产量和效益，充分发挥已建乳化车间的作用。

六、实施方案

针对上述情况，今后三年的实施方案如下：

(1) 巩固提高乳化沥青车间100座，保证乳液质量与产量；

(2) 年产千吨以上的乳化车间30个；

(3) 年产乳液超过8×10^4t，1991年累计乳液产量25×10^4～30×10^4t。

以上是推广小组提出的任务指标，各省市当前急待解决的任务：

(1) 稀浆封层的施工技术与施工规模的确定，主要由辽宁、河南、广东三省承担；

(2) 常温拌和混合料的配料及操作规程主要由黑龙江、吉林、湖南三省承担；

（3）“阳乳”检验标准、试验方法及仪器设备的确定，由交通部公路科学研究所承担；
（4）经济效益分析，由陕西、山东省负责；
（5）旧沥青材料冷再生技术的确定，由甘肃、陕西省负责；
（6）慢裂型乳化剂的选定，由辽宁、河南、山西三省负责。

发表于《公路》，1990.6

关于橡胶乳化沥青的蒸发残留物黏韧性和韧性的试验研究

姜云焕　译

一、实施试验的计划

1. 制作橡胶乳化沥青的原料沥青

掺入橡胶的乳化沥青（以下称为橡胶乳化沥青），可用于处治沥青路面、简易路面、桥面的黏层油、防滑等。由于这种乳化沥青的蒸发残留物（以下为残留物）的针入度分布于60～300的范围内，特别是其中大部分超过100。这次试验用的橡胶乳化沥青是用表1中所列四种沥青制作的。

表1　制作橡胶乳化沥青的四种原料沥青

石油厂家	原料沥青的针入度，0.1mm	规格说明	制造乳液	蒸发残留量，%
日石（根崖）	60～80	两种沥青混合	QKR（黏层油）	51
	100～120	(60～80)：(150～200) =1∶1		
日石（横滨）	150～200	原油炼出沥青	PKR（表面处治用）	61
	200～300	(150～200) +B重油（5%）		

但是，由于针入度为100～120与200～300的沥青不可能从石油炼制中得到，因此这个等级的针入度沥青，需要由其他等级针入度的沥青调配或用重油稀释而制取，调整成针入度符合JIS K 2207的石油沥青。

2. 橡胶的种类及添加量

橡胶的种类一般用SBR类（丁苯橡胶类）、CR类（氯丁橡胶类）以及两者调和类三种，其添加量如表2所示。

表2　橡胶的种类与添加量

种　类	添加量，%
①SBR类（丁苯橡胶）	5
②CR类（氯丁橡胶）	3
③SBR+CR	4 {SBR2.5, CR1.5}
④未加橡胶（空白）	0

注：添加量为纯橡胶量相对于纯沥青量的百分比。

3. 试验温度

黏韧性、韧性的试验，橡胶沥青在25℃温度进行试验。但是，由于橡胶乳化沥青残留物的针入度大部分在100以上，在温度为25℃进行黏韧性、韧性试验时，所得值很低，难以确定掺入橡胶的改性效果，为此，对于针入度为100以上残留物的试验温度，如表3所示变换温度进行试验。

表 3　黏韧性及韧性的试验温度

残留物针入度，0.1mm	试验温度，℃
60～100	25　20　15
101～150	20　15　10
151～200	20　15　10
201～300	15　10

二、试验方法

1. 试验步骤

按橡胶乳化沥青蒸发残留试验得到残留物试样，加热至160℃溶解，将试样容器预先加热至120℃，称取试样50±1g，当试样温度约为120℃时，将拉力头埋入试样表面（约为1mm深），并存入干燥器30～45min后，调整拉力头的表面与试样表面相平，并在25℃的空气浴中存放60min，然后将试样放入要求试验温度的水槽中，经90min养生后，于张拉试验机（最大荷重100kg以上）上进行拉伸试验。

2. 试验条件

拉伸速度：500mm/min。

记录纸拉伸速度：1000mm/min。

记录纸拉伸长度：300mm。

三、试验结果及分析

1. 蒸发残留物针入度的相互关系

关于残留物的黏韧性、韧性按照规定温度进行试验，其试验结果如表4及图1和图2所示。没有掺橡胶乳化沥青的残留物（以下称为空白）与原料沥青，作参考予以列出。

根据这些试验结果，得出如下看法：

（1）当试验温度为25℃，残留物针入度为58～62时，测定其黏韧性为103～145kgf·cm，韧性为46～78kgf·cm。这个结果完全可以满足沥青铺装纲要橡胶沥青的标准性能（针入度60～80的黏韧性为60kgf·cm以上，韧性为30kgf·cm以上）。但是，当残留物的针入度为84～92时，黏韧性为15～33kgf·cm，韧性为7～14kgf·cm，其值急剧下降。这认为可能是原料沥青为调配沥青，也可能是由于乳化剂品种的不同等因素的影响。如果调整橡胶的用量，并且改变乳化剂的种类等，也可能会改变这种现象。

（2）当试验温度在20℃，残留物的针入度为84～92时，黏韧性为68～90kgf·cm，韧性为26～39kgf·cm。当针入度为152～170时，黏韧性为36～47kgf·cm，韧性为19～24kgf·cm，略有下降。

（3）当试验温度在15℃，残留物的针入度为84～92时，黏韧性为116～131kgf·cm，韧性为37～54kgf·cm。针入度为152～170时，用SBR与SBR+CR时两者的韧性与黏韧性略有增大。针入度增大，黏韧性与韧性下降，显示出一般倾向和相反的倾向，如上述因素的影响。

（4）当针入度进而增至194～211时，黏韧性为65～105kgf·cm，韧性为33～58kgf·cm，与针入度152～170相比，有所下降。

（5）试验温度为10℃，针入度增大时，黏韧性降低，而韧性波动较大，看不出明显的倾向。

还有，在各种试验温度下，橡胶乳化沥青残留物的黏韧性与韧性，比未加橡胶和原料沥青的测值要高。不同种类的橡胶测值的波动，其顺序是SBR为高值，其次为SBR与CR的调配物，最后为CR。

表 4　蒸发残留物的黏韧性、韧性试验结果

项目 \ 残留物（编号表2） \ 原料沥青		60~80					100~120					150~200					200~300				
		①	②	③	④	原料沥青	①	②	③	④	原料沥青	①	②	③	④	原料沥青	①	②	③	④	原料沥青
针入度（25℃）		58	60	62	57	61	84	92	85	93	111	152	170	162	173	170	194	210	211	253	301
软化点 ℃		57.0	56.5	55.0	53.0	50.0	58.5	50.5	52.5	46.0	45.0	50.4	45.8	47.8	42.7	40.7	42.0	36.9	37.9	38.4	33.6
黏韧性 kgf·cm	25℃	117	103	145	17	43	33	31	15	12	17	—	—	—	—	—	—	—	—	—	—
	20℃	—	—	—	—	—	90	68	83	58	59	47	36	41	24	23	—	—	—	—	—
	15℃	—	—	—	—	—	127	131	116	106	105	131	95	122	59	63	105	65	103	47	28
	10℃	—	—	—	—	—	—	—	—	—	—	189	156	186	94	92	183	126	95	68	63
韧性 kgf·cm	25℃	58	46	78	3	17	14	16	7	4	4	—	—	—	—	—	—	—	—	—	—
	20℃	—	—	—	—	—	38	26	39	12	12	24	19	22	7	7	—	—	—	—	—
	15℃	—	—	—	—	—	54	44	37	17	17	71	38	64	12	13	57	33	58	8	5
	10℃	—	—	—	—	—	—	—	—	—	—	39	41	71	16	28	75	35	27	3	6
最大荷重 kgf·cm	25℃	41	37	45	11	28	16	12	6	13	—	—	—	—	—	—	—	—	—	—	
	20℃	—	—	—	—	—	39	30	32	34	—	28	20	22	13	—	—	—	—	—	—
	15℃	—	—	—	—	—	78	16	75	78	—	51	40	44	44	—	37	22	35	33	19
	10℃	—	—	—	—	—	—	—	—	—	—	103	91	99	87	—	73	54	47	59	47
在黏韧性、韧性试验时的针入度	25℃	58	60	62	57	61	84	92	85	93	111	—	—	—	—	—	—	—	—	—	—
	20℃	—	—	—	—	—	48	56	52	57	—	77	87	87	103	—	—	—	—	—	—
	15℃	—	—	—	—	—	36	35	36	31	—	50	52	51	77	—	74	82	77	88	—
	10℃	—	—	—	—	—	—	—	—	—	—	33	32	33	41	—	50	53	52	53	—

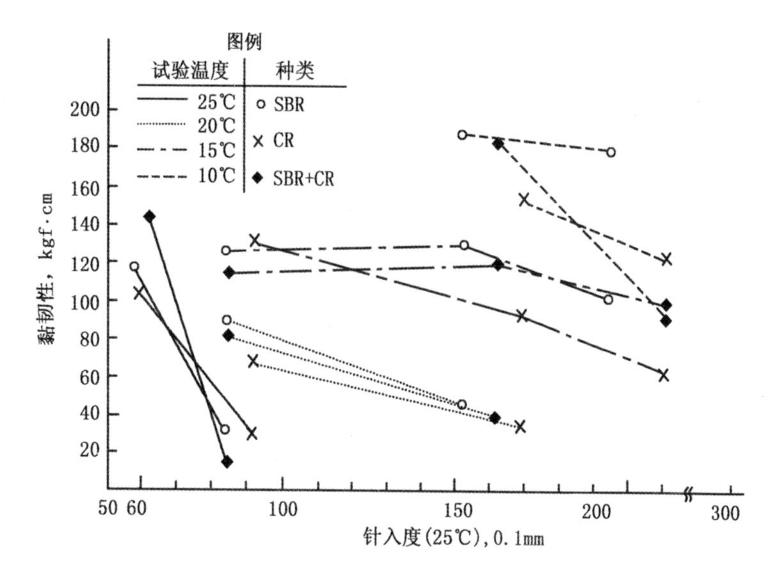

图1　黏韧性与针入度的关系

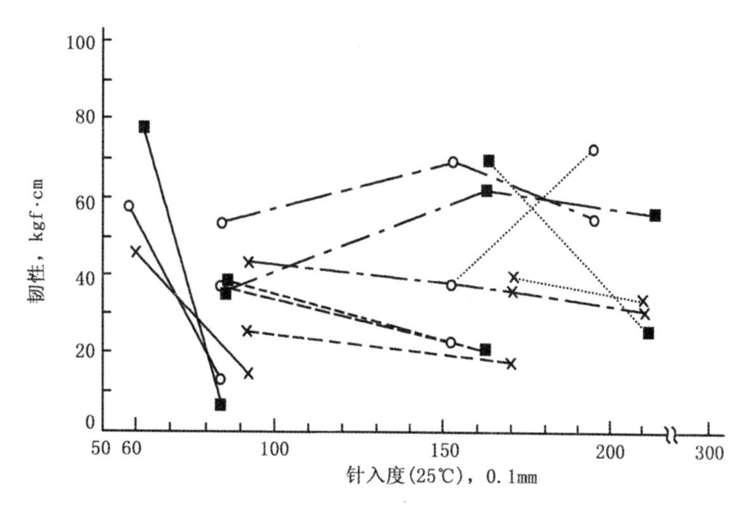

图2　韧性与针入度的关系

2. 试验温度的相互关系

黏韧性与残留物的针入度等级无关，随着试验温度的降低而增高。黏韧性与温度的倾向，几乎不受针入度的影响，显示出相同的倾向。由于韧性波动较大，它的倾向不像黏韧性那样明显。

又将不同级别的残留物针入度的黏韧性、韧性做比较，针入度为 58 ~ 62，在温度 25℃ 时测定的黏韧性与韧性，与针入度为 152 ~ 170 及 194 ~ 211，在 15℃ 时测定的黏韧性与韧性几乎相同。就是说针入度约为 60 时与针入度 150 以上时残留的黏韧性与韧性几乎相同，而与试验温度无关。

3. 黏韧性、韧性的试验温度与针入度的关系

残留物的黏韧性、韧性试验时，根据残留物的针入度，改变试验温度为 20℃、15℃、10℃ 进行试验，在此温度下为测定残留物的稠度而测定针入度，其结果如图 3 所示。

对于残留物的各级针入度，当针入度为 60 ~ 80 时，其温度可由图 3 推算出。不同残留物的针入度对应的温度分为：针入度为 84 ~ 92 时温度为 21 ~ 24℃，针入度为 152 ~ 170 时温度为16 ~ 19℃，残留物针入度为 150 以上时，温度为 15℃。就是说针入度为 150 以上的残留物，温度约为 15℃时，与温度为 25℃ 针入度为 60 ~ 80 可显示出几乎相同的稠度。

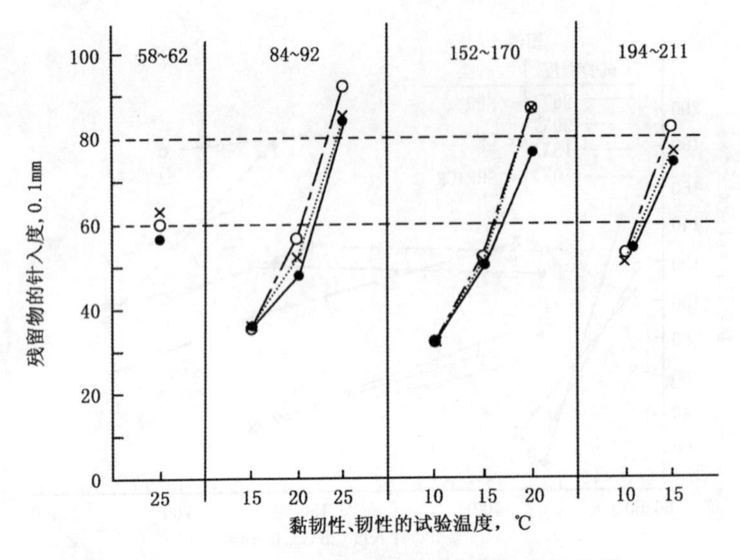

图3　黏韧性、韧性的试验温度与针入度的关系

四、关于标准值

橡胶乳化沥青的蒸发残留物，针入度分布在60~300的范围之中，尤其大于100的占多数，因而将针入度分为60~100，100~200，200~300三个级别，并分别做出规定。

关于针入度60~100级的蒸发残留物，针入度为58~69（平均60）时，在温度为25℃时黏韧性为100kgf·cm以上，韧性为40kgf·cm。但是，在当针入度为84~92（平均87）时，由于各种因素的影响，得出的结果很小。因此其标准值在考虑各种因素的同时，参考东京都土木技术研究所的试验成果（图4和图5）。为了安全起见，温度为25℃时黏韧性定为30kgf·cm以上，韧性为15kgf·cm以上。

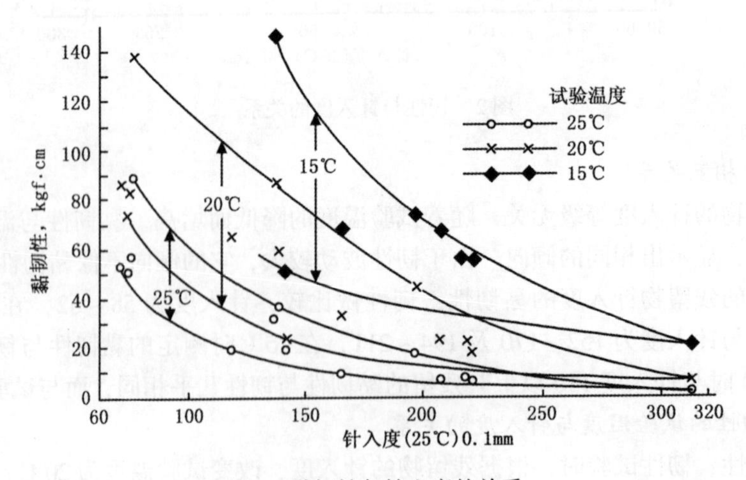

图4　黏韧性与针入度的关系

关于针入度为100~200及200~300等级时，试验温度要达到与针入度60~100相同的黏韧性与韧性值，而且达到同等稠度的试验温度采取15℃标准值，应考虑与60~100针入度相同的各种影响因素，参考图4和图5试验成果。针入度为100~200时黏韧性为40kgf·cm以上，韧性20kgf·cm以上，规定针入度200~300时黏韧性为30kgf·cm以上，韧性为15kgf·cm以上。

橡胶乳化沥青蒸发残留物的质量检验项目黏韧性、韧性，是为改性乳化沥青新设的检验项目，

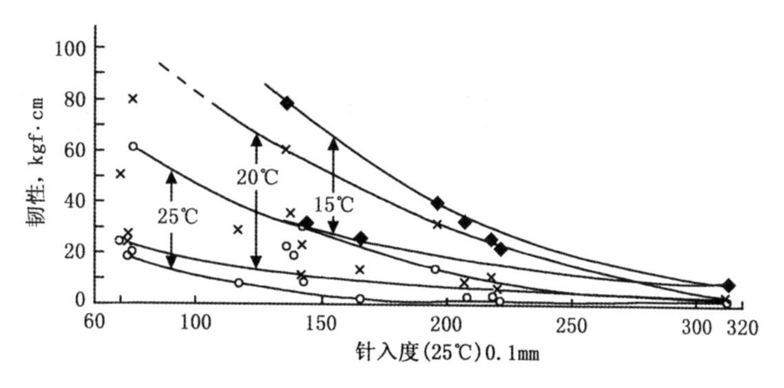

图5　韧性与针入度的关系

因而根据这项试验确认改性效果。对于该项试验条件、标准值，有待于今后继续进行室内试验与现场调查，根据不同用途，完善质量检验标准。

关于用改性乳化沥青养护路面的施工方法

姜云焕　译

一、引言

公路是国家拥有的巨大的财富，修建的公路里程不断地在增加、路面的铺装率不断地在增长，如何做好公路的养护与管理，是当前每个国家的重要课题。

一些国家与地方政府，为紧缩财政开支，压缩了公共事业与基础设施的支出。控制公共事业投资，使修路与养路事业受到严格限制，也使如何提高道路修建与养护的效益问题显得尤为重要。加之社会各方从保护生产与财产的角度出发，呼吁重视安全环保问题。在此背景下，以排水性路面为代表的多功能性路面脱颖而出，并将成为路面发展的主流。

根据上述情况及社会环境的巨大变化，当前急需总结开发具有安全、改善环境、多功能等特点的养护路面的施工方法。

这种施工方法的特点是：使用改性乳化沥青与预拌和（沥青）碎石，铺筑常温超薄层路面。用这种方法施工，可以达到上述预期效果。下面将简要介绍这种施工方法。

二、施工方法的概述

这种施工方法使用特殊浓度改性乳化沥青（以下简称乳化沥青）和预拌和的碎石，使用专用的施工机械可以同时进行喷洒乳化沥青，改善了以往的喷洒式表面处治施工方法，解决了泛油、碎石飞散、浮动碎石等病害，引进了新的材料和施工机械。该施工方法如图 1 所示。

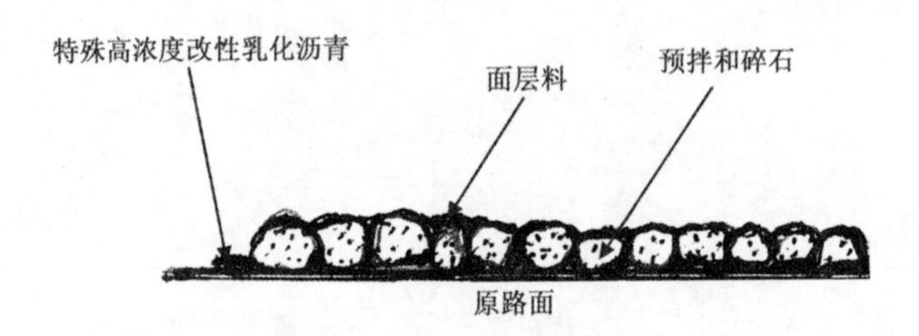

图 1　施工方法示意图

施工方法的优点：

（1）节能。使用乳化沥青可以在常温下施工，产生的 CO_2 很少，有利于地球环境的保护。

（2）超薄层。使用碎石粒径标准最大为 8mm，加工后的厚度不超过 1cm，不会出现超高现象。

（3）多功能。这种养护方法的面层具有抗滑性好、行车噪声低、提高视辨性等多种功能。

三、使用的原材料与施工机械

1. 特制的高浓度改性乳化沥青

新研制开发的改性乳化沥青，为了增加与旧路面的黏结性，提高与碎石的黏附性和裹覆性，在沥青中增加弹性聚合物的含量，再制成高浓度的乳化沥青。

针对这种改性乳化沥青，在操作没有困难的前提下，为了加速破乳速度，在乳化沥青的配合比和生产制造方面做了大量的研究工作。由于这种乳化沥青蒸发残留物含量为68%，施工使用时温度应控制在70℃左右。乳化沥青的性能如表1所示。

表1　特制改性乳化沥青性能指标

项　　目		本单位标准	性能（实例）
恩格拉黏度（25℃）		3~15	6
黏附性		2/3以上	2/3以上
微粒电荷		阳（+）	阳（+）
蒸发残留物含量,%		60以上	68
蒸发残留物性能	针入度（25℃），0.1mm	100~200	115
	软化点,℃	50~70	61
	黏韧性（25℃），N·m	9.8以上	14.5
	韧性（25℃），N·m	4.9以上	12.9
贮存稳定性（24h）,%		1以下	0.1

2. *预拌和的碎石*

预拌和碎石的级配，以8~5mm粒径为标准。

预拌和的碎石可以消除碎石的粉尘，并可提高与改性乳化沥青的黏结性。为达到这个目的，使用0.5%特制的改性乳化沥青制作预拌和碎石，它可以在现场施工时起到防尘的作用，也可使现场周围的环境得到有效的保护。预拌和碎石的情况如图2所示。

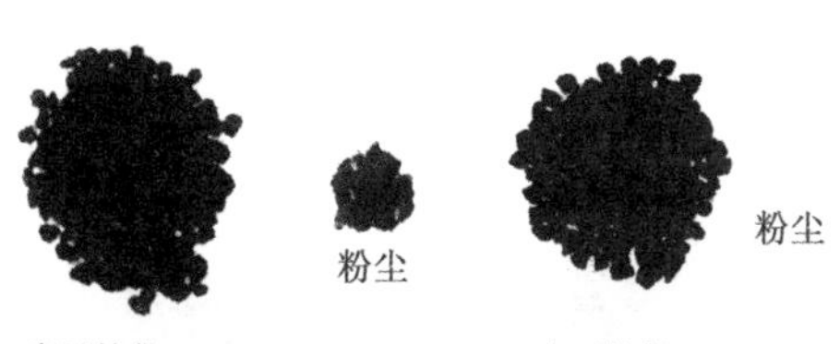

a. 预拌和前　　b. 预拌和后

图2　预拌和碎石加工前后碎石状况

3. *面层材料*

面层材料是为了提高路面早期稳定性，特别是为了提高磨耗性与耐久性而增加的。这种面层所用的乳化沥青是不同类型的特制改性乳化沥青。使用这种改性乳化沥青，由于其具有很强的黏韧性，可强有力地稳定住骨料。面层特制改性乳化沥青的性能如表2所示。

表2　面层特制改性乳化沥青的性能要求

项　　目		本单位标准	实测结果
恩格拉黏度（25℃）		3~15	6
微粒电荷		阳（+）	阳（+）
蒸发残留物含量,%		60以上	60
蒸发残留物性能	针入度（25℃），0.1mm	5~40	16
	软化点,℃	60以上	64
贮存稳定性（24h）,%		1以下	0.2

4. *施工机械*

开发这种施工机械的基本概念，是将乳化沥青与碎石集中在一起，在均匀撒布的同时，提高施工的安全性。

如果乳化沥青洒布不均匀，必将影响这种施工方法的耐久性。为了保证乳化沥青洒布的均匀性，应采用三重叠的喷洒方法。同时为了防止撒布碎石出现浮动碎石——浮石可能引起危险的滑车事故，因此将撒布碎石的设备与施工速度相连锁，采用旋转式滚筒，使铺在路面上的碎石如同被钳子一个个排布上去，可有效防止浮动碎石的发生。

施工机械的全貌如图3，机械的主要参数见表3。

表 3　施工机械的各种主要参数

<table>
<tr><th colspan="3">项　　目</th><th>标　准</th></tr>
<tr><td rowspan="3">参　数</td><td colspan="2">全长，mm</td><td>6300</td></tr>
<tr><td colspan="2">车宽，mm</td><td>2400</td></tr>
<tr><td colspan="2">质量，kg</td><td>10000</td></tr>
<tr><td rowspan="4">装载容量</td><td rowspan="3">碎石量，m^3</td><td>前装料斗</td><td>2.0</td></tr>
<tr><td>后装料斗（主体部）</td><td>1.0</td></tr>
<tr><td>后装料斗（伸缩部）</td><td>0.01</td></tr>
<tr><td colspan="2">乳化沥青罐容量，m^3</td><td>1000</td></tr>
<tr><td rowspan="2">性　能</td><td colspan="2">施工速度，m/min</td><td>5～20</td></tr>
<tr><td colspan="2">施工宽度，m</td><td>1.95～3.6</td></tr>
</table>

乳化沥青罐搭载在施工机械上，乳化沥青喷洒设备装置在后轮与碎石撒布设备之间，乳化沥青的喷洒宽度由两个喷射器用的滑板调整。

碎石是由前料斗供给、用皮带运输向后料斗传送的。乳化沥青的洒布由旋转滚筒按规定量进行喷洒。施工速度为 13～17m/min，每车供应材料可以铺设的面积为 700～800m^2（图 4）。

图 3　施工机械

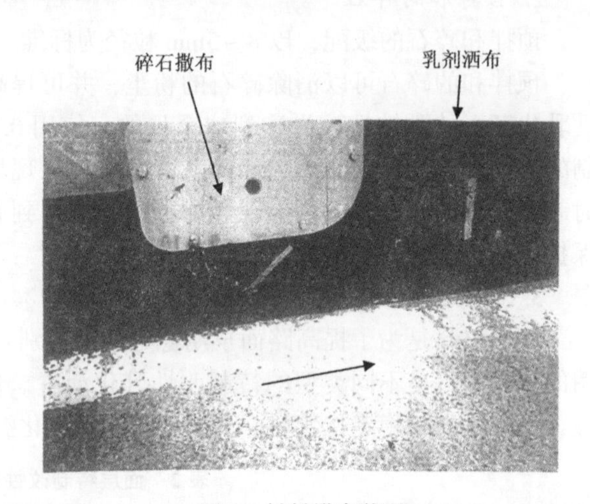

图 4　材料撒布状况

四、关于功能性

1. 抗滑性

路面铺装后，经过一个月行车碾压后，用摆式测定仪测定路面的抗滑性，其结果如表 4 所示，具有良好的抗滑性。

表 4　路面抗滑值测检结果

路　面　种　类	BPN 检测结果
该施工方法路面（碎石 8～5mm）	82
原有路面（密级配沥青渣）	59

注：BPN 为英国路面抗滑阻力检测值。

2. 低噪音性

采用噪音测定车，用特殊的轮胎测量（AP 值）。检测的情况与检测的结果，如图 5 与图 6 所示。从图 6 所示的结果可以肯定这种施工方法的低噪音效果。

图 5　检测路面噪音状况

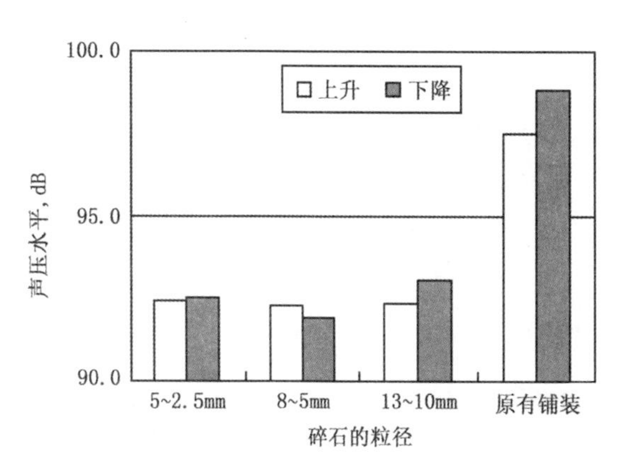

图 6　用特殊轮胎检测比较（AP 值）

3. 视辨性

为评价这种施工方法的辨认性能，在雨天使用车前大灯照射的路面，比较该施工方法的路面与旧有路面的反射效果。从图 7 和图 8 中可以看出，这种施工方法的路面提高了路面凹凸的视辨性。

图 7　该施工方法的路面状况

图 8　原有路面状况

五、施工

1. 施工的顺序

该施工方法的施工顺序如图 9 所示。

2. 施工状况

施工状况如图 10 和图 11 所示。

施工时，施工机械的周围几乎不需要操作人员，因此安全性很高，又由于乳化沥青与碎石的撒布精度很好，乳化沥青可以均匀地将碎石裹覆，几乎没有剩余和浮动的碎石。

3. 使用状况

行车六个月后的路面状况如图 12 和图 13 所示。路面上没有浮动的碎石飞散，保持着良好的视辨性与抗滑性。

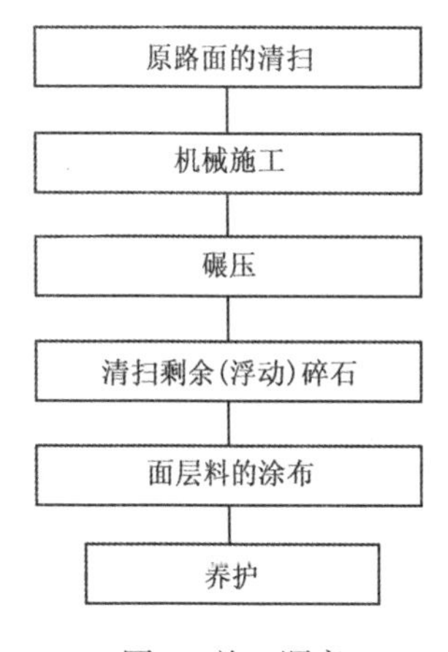

图 9　施工顺序

图 10　施工状况

图 11　提高路面密实度

图 12　行车 6 个月的状况

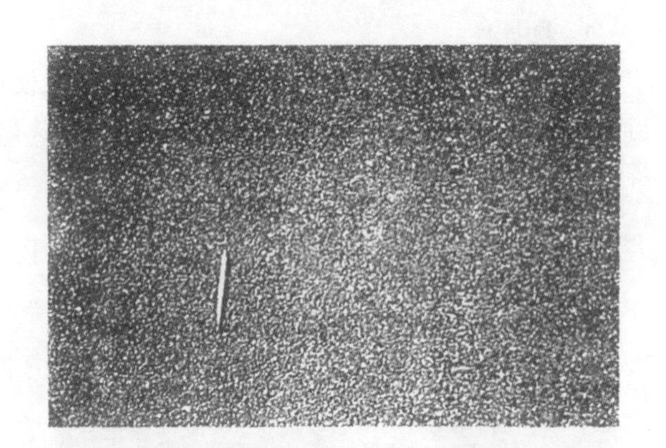

图 13　与图 12 相同的路面状况

六、结束语

至今已完成 19 个试验路段，约有 $3\times10^4 m^2$。目前这些试点都保持良好的使用状况。

该施工方法具有安全、环保、多功能和经济等方面的优点，是一种新的乳化沥青施工方法。对其路用性能今后要继续进行跟踪调查，并希望取得更好的效果。

关于乳化沥青的调查报告

姜云焕　译

2008年9月24—26日，由AEMA主办，在美国弗吉尼亚州阿林顿召开了乳化沥青技术国际研讨会（ISSA ET 2008）。会议发表了《关于乳化沥青的调查报告》，介绍了乳化沥青的使用情况和未来发展情况。

一、乳化沥青的产量

目前，各方面关于世界乳化沥青生产量的统计数据不能准确地反映现实情况，因为在多数国家收集准确数据不是轻而易举的，就是各国各自收集本国的产量也很不容易统计精确。比较值得依赖的数据是在2006年10月乳液世界会议上公布的，由SFERB调查的2005年生产量（见表1）。根据这些数据，推测出图1所示倾向。

表1　乳化沥青生产量发展的推移　　单位：1000t

1990年	1993年	1997年	2002年	2005年
5388	6967	5623	5800	7800

从图1的实线部分可知，在过去15年（1990—2005年），乳化沥青的产量以23%的比例在增长，今后可能会按照这个趋向继续增长。

乳化沥青生产量增加的主要原因是，发展中的国家乳化沥青需要量在增加，从总量上看，乳化沥青的总产量呈增长态势（见表2）。

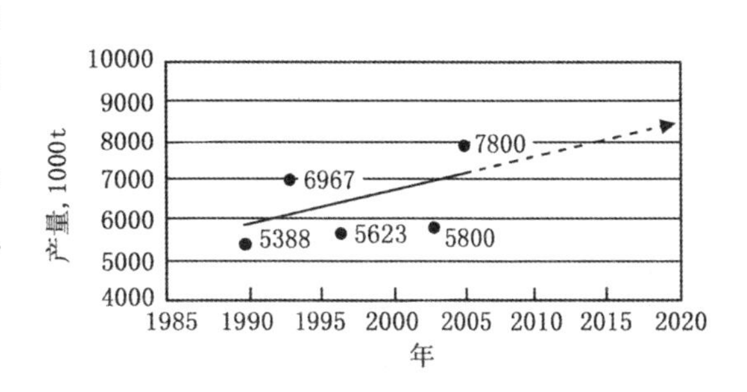

图1　乳化沥青生产量的趋向

表2　各国乳化沥青产量的比较　　单位：1000t

国家	1993年	2005年	增长率
美国	3200	2400	-25%
法国	1200	977	-19%
日本	335	205	-39%
中国	—	300	
印度	15	100	6.7倍
墨西哥	167	650	3.9倍
俄罗斯	—	200	

观察乳化沥青需要量的增减变化，不单纯是造价问题。例如，在日本，由于沥青总用量在减少，乳化沥青需求量也随沥青总量的减少而减少。

二、乳化沥青的优缺点

乳化沥青需要量的增加与减少，受着各种各样因素的影响，但各国所受影响因素有所不同，主要原因有沥青总需求量的变化，更为重要的因素是乳化沥青技术与其他技术相比较更有竞争力。

乳化沥青技术有各种各样的优点，但用户经常关注的是它的成本，即造价。在澳大利亚，建筑行业普遍关心乳化沥青的造价，是否选用乳化沥青需经过详细的分析比较，最终做出综合评价，评价结果一般的用户都可以理解，必须努力做好解释工作。

（一）缺点

乳化沥青的主要成分是沥青，近 10 年来其价格急剧上涨，面对热拌沥青混合料，乳化沥青的应用受到严峻挑战。

热拌沥青混合料是在密封的工厂车间通过生产线进行生产的。2006 年，在欧洲的沥青路面协会（EAPA）的报告中称，欧洲已建成热拌沥青工厂 4821 座，日本及其他国家也都是同样情况。与之相比，乳化沥青要在更严格的条件下进行生产。

关于适用范围，德国认为乳化沥青薄层路面是无法承受大交通量的，英国也认为不能用常温混合料代替热拌混合料。由于这些原因，一般认为乳化沥青路面只适用于中、轻交通量的道路。

在加热洒布施工中，乳化沥青面临的竞争也很严峻，荷兰、澳大利亚、南亚等国认为，乳化沥青与热沥青相比，由于热沥青黏结性好所以施工作业者喜欢用它，理由是做封层施工时可以进行大面积施工，这在报告中作了明确的说明。

但是，在气温低时或湿润的情况下，这种观点是不全面的。

（二）优点

在发展中国家，乳化沥青尚没有竞争对手，起初乳化沥青作为黏层油与透层油使用。而后在墨西哥等地，由熟练的操作人员驾驶机械进行乳化沥青表面处治施工，使得乳化沥青的使用量与市场占有率大量增长。

与乳化沥青有关的机械，比如制造乳化沥青的生产设备和喷洒用施工设备，为扩大乳化沥青的销售做出了贡献。乳化沥青的工业产品，随着其使用场合的不同而变化着。

对于乳化沥青在环保方面的优势，各国政府逐渐有了深刻的认识，但是这也要对照其场合的不同而有所区别。在澳大利亚使用乳化沥青的理由，主要是因为健康、安全、环保、能源的有效利用、消减 CO_2 的排放量、减少挥发性有机化合物等方面的原因。在英国，情况也是如此，在表面处治施工中已经禁止使用稀释沥青。日本已将地球温暖化作为重要问题对待。相反，在印度，对乳化沥青或改性沥青技术尚未引起足够重视。

三、今后需求预测

在过去的时间里，乳化沥青的生产量在增长，今后是否会继续增长，国际乳化沥青联盟（IBEF）以主要的会员以及生产量大的国家作为对象，实施征求意见的调查。调查内容为预测近期（2010 年）及中期（2020 年）乳化沥青的生产量，调查的结果如表 3 所示。

短期（近期）预测是按着现状情况预测的，发展中国家的需要量将继续增长，发达国家的近期需要量倾向于持平。中期预测，各国的乳化沥青需要量，75% 以上的国家认为是向上（增长）或持平（横向）的。

表 3　主要国家乳化沥青生产量的预测

	国家名称	2010 年	2020 年
IBEF 会员	墨西哥	↑	↑
	荷兰	↔	↓
	英国	↓	↑
	德国	↔	↔
	法国*	↔	↑
	日本	↓	↓
	美国	↑	↑
	南非	↑	↑
其他国家	印度	↑	↑
	澳大利亚	↑	↑
	中国	↑	↑
	摩洛哥	↑	↑
	泰国	↑	↑

对于中国，为建设 10×10^4km 的高速公路网需要，乳化沥青的需要量迅速增加。当这个建设高潮过后，乳化沥青的需要量可能会减少。但是，由于中国道路网的扩大，道路的维修养护工作量的增大，乳化沥青必将期待着更大的增加量，同时，高速铁路的发展也必然会增加乳化沥青的用量。

四、新的背景情况

时代的发展将会促进乳化沥青技术的发展，目前影响乳化沥青技术发展的主要因素有以下几个方面：

（一）维修养护

道面维修养护的概念没有新的发展，但是它的重要性在增加。

由于资金的不足，政府管理部门对于养护道路网的重要价值有所认识，已经认识到必要的维修养护的重要性。这种观点日本政府的认识是深刻的，所以做出了“每年要消减道路建设预算，将来也可能减少建筑工程量”的回答。其结果，政府主管部门通过强调维修养护的必要性，采用尽量少的费用保持道路的状况。

解决这个矛盾的关键，是在路面没有完全破损之前，做好适当的维修养护，即做好预防性养护。

（二）费用

1. 新的背景情况

10—20 年前，大家注重的乳化沥青技术及应用的效果，最为关注的是乳化沥青的费用与良好的使用效果。

关于健康、安全、环保等议题，在 1993 年召开第一次乳液世界会议时，有关这方面的论文几乎没有。但是，1997 年会议上有关安全及环保问题已发表两篇论文。至 2008 年，在哥本哈根召开的 E&E（降低能源/低温技术/技术转移）会议上，会议议长在会议开始时做了说明。在道路铺筑材料研究报告中，20 年前，只讲述对交通量、轴（载）重的问题就可以，现在还有强调节省能源、持久地保护良好的环境的要求。

这是同行业界协会现在共同考虑的第三背景情况。不能只考虑“费用与技术效果”一定要做到“费用与技术效果，还有健康、安全、环保”的平衡。

例如，有许多国家长年使用的煤焦油已经逐渐被禁止使用，对于稀释沥青也有相同的趋向。另一方面，在表面处治中使用乳化沥青，用菜籽油代替溶剂，在绿色环保的系统中积极使用改性乳化沥青。

2. 温室效应气体的排放

自1992年的京都会议以后，有172个国家同意消减温室效应气体的排放，同时要求工业发达国家在2008—2012年，温室效应气体排放水平消减至1990年的水平。这个议定书最后通过的工业国是澳大利亚（于2007年3月通过），美国至今仍未通过。

2008年6月，G8洞爷湖最高级首脑会议通过《关于环保与气候变动的宣言》。宣言要求“到2050年，温室效应气体排放量最少消减50%为目标，在联合国气候变动框架组条约（UNFCCC）之下交涉研究通过。有了这一长期发展目标，乳化沥青技术发展更加迅速，中长期的低碳素技术也将得到开发与发展”。

有了这样的提案，将有助于明确乳化沥青常温技术的发展。表4列出热拌沥青混合料与常温混合料在生产时CO_2的排放量与热能的消耗量，二者相比相差极大。

表4　制造混合料时CO_2排放量和热能消耗量

混合料的种类	CO_2排放量 kg/t	热能消耗量 MJ/t
热拌沥青混合料（160℃，含水量3%）	21	277
常温混合料（乳化沥青）	3	36

日本乳化沥青协会认为“生产常温混合料与生产热拌沥青混合料相比，生产常温混合料节省热能和减少CO_2气体的排放量”，尤其是对改性乳化沥青更为显著。

用陈旧的路面修补方法与用乳化沥青路面再生施工方法相比，CO_2排放与热能消耗见表5。

表5　不同维修方式CO_2排放量与热能消耗量

施工方法的种类	CO_2排放量 kg/t	热能消耗量 MJ/t
热沥青混凝土	46	683
钢筋混凝土	165	1586
路上再生施工法（乳化沥青）	8	138

3. BEACH规则

在欧洲，出于对健康、安全、环保的考虑，施行REACH规则（化学物质的登记、评价、认可以及限制等有关规则）。REACH规则于2007年6月发布并有效执行，这一规则使企业对于使用化学物质带来健康与环境保护的损害危险程度，在评价上与监管上负有重大责任，此规则也适用包含沥青与乳化剂等化学物质的道路建设。

REACH规则首先列举出实际限制的化学物质是制造者与进口者，对于乳化沥青生产与用户有直接影响。现在使用的一些乳化剂与添加剂，有的已在市场上消失。为适应乳化沥青生产的需要，制造厂家与用户要为揭示预测与测定损害人体健康的危险的评价做出贡献。

由于社会对于节省能源、安全性、环境保护等优良技术开发的愿望空前地高涨，确信乳化沥青已占据优越的地位。

（三）以优越性能为基础的稳定技术

近年来，为使筹措的资金得到最大限度地应用，以技术规范标准为基础，承包合同主要向重视技术性能标准要求进行转移。

根据这种情况，特别是在欧洲，要根据技术规范标准进行生产。欧洲的技术规范标准，是由各个行业及监理等有关人员参加制定的，根据这种动向，乳化沥青的生产与使用的实际，将使同行业之间更加容易沟通和了解。

这种趋向不仅在欧洲独有，在新西兰也以技术性能为基础，进行鉴定石屑封层施工方法的施工合同。这是自1930年以来对“汉森发明”［科学的］石屑封层分析与设计方法以来的重大改革。

五、总结及行动计划

通过这次调查，报告里有许多成功的事例。这些成功事例，必须是乳化沥青行业界作为全体利益而共有。从失败的事例中吸取今后学习与改进的源泉。

报告明确，对于同行必须要经常进行信息交流，并在信息交流的基础上进行必要的培训。

在英国，过去10年间，最受关注的部分是表面处治施工方法的进展。英国道路表面处治协会公布了改性乳化沥青（PR）路用性能的成功率，并通过培训研究达到良好的设计与施工效果，采用聚合物改性乳化沥青，为明显降低路面损坏率做出重要贡献。

除了顾客以外，科研人员也必须再受教育，AEMA的回答也是：“教师与教育者也必须再受教育”。

我们还必须面对的挑战，那就是大家最为关心——健康、安全、环保与资金的不足。面对这些困难，乳化沥青发展的技术问题全社会都要关注。

发挥乳化沥青的黏结特性，还必须解决乳化沥青混合料拌和设备的技术问题。对此问题已经做过许多的研究，但是，同行业还没有满意结果。乳化沥青使用者盼望着可靠的回答，期望将来能够得到解决。

在2010年10月召开第五届乳化沥青世界会议之际，召开的IBEF（国际乳化沥青联盟）会议，即将是获得世界乳化沥青最新动向的机遇。

发表于《北京公路》，2009年第5期

日本改性稀浆封层技术指南

姜云焕　译

引言

由于长年进行道路的修建，至今作为路面的储备材料十分繁多，今后由于社会上广泛要求保护地球环境，降低工程造价，同时也将有关合理、高效的维修养护要求，构成系统的研究课题。

在路面的维修养护管理上，为能使路面经常保持良好的路用性能，做好路面日常的维修养护是非常重要的，当路面出现病害必须进行修补常常耗费大量财力的同时，为修补工程需要时间和条件，因而常常引起交通堵塞等许多问题。

如今在欧美国家，为能达到保护路面功能的目的，在路面尚未发生显著病害的情况下，即着手进行养护，结果可以达到延长路面寿命的效果，人们将它称为进入“预防性养护施工方法”的时代，这种预防性养护施工方法大部分是采用乳化沥青表面处治或薄层面层的施工方法。

由于使用乳化沥青是常温状态下进行施工，不需加热，可以减少 CO_2 的排放量，可以节省能源和资源，可以改善施工条件与操作的安全，对于旧路面是有效的维修养护的施工方法。在这些施工方法中，以改性稀浆封层施工方法采用快硬型的改性乳化沥青，可在常温下很快形成薄层路面。因而将改性稀浆封层施工方法作为预防性养护的施工方法，它最适用老化路面产生的反射性裂缝，进而在高速公路与一般公路中广泛应用。

本协会基于以上情况，为适应与预防性养护施工方法的需要，将开创于欧美现向全球推广的“改性稀浆封层施工方法”在日本推广普及，现将其有关设计、施工、管理等各方面技术数据，归纳总结成本技术规程指南。

可是日本引进“改性稀浆封层”技术时间较短，有些问题有待进一步研究解决，本协会愿听取有关设计与施工等各方面意见，并希望能不断充实这个技术规程手册。

一、概述

关于该技术指南，是说明改性稀浆封层的设计、材料、施工、管理等问题。该技术指南表明改性稀浆层的基本方案与技术标准要求，因而必须在对该施工方法充分理解的基础上做相应的选择。

由于改性稀浆封层适用于道路路面、机场道路以及厂区道路，本手册就道路路面的标准施工方法予以说明。

（一）概要与特征

所谓的改性稀浆封层技术，选择使用骨料、快硬型改性乳化沥青、水、水泥，破乳调节剂等材料，拌制成稀浆混合料，采用专用的拌和摊铺机（改性稀浆封层机），拌和与摊铺成薄层路面的施工方法。

专用的拌和摊铺机（改性稀浆封层机）是将原材料的储存装置、拌和装置、摊铺装置，以及施工中所必需的设备，都集中到1台机械设备上。各种原材料的供应、计量、连续式强制拌和，拌制稀浆混合料，摊铺箱的拌和与摊铺，都集中在这台改性稀浆封层机上。图1为专用的拌和摊铺机的概念图，图 2 为拌和、摊铺的概况。

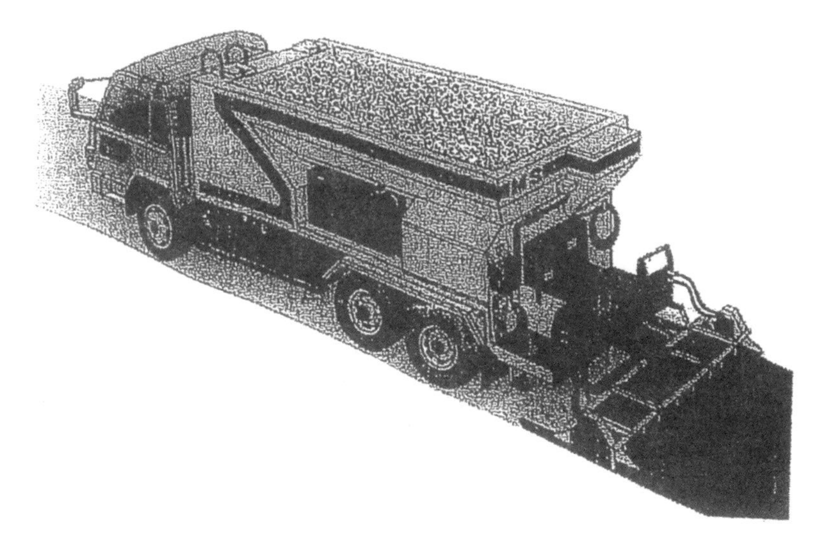

图 1　改性稀浆封层机（专用的拌和摊铺机）

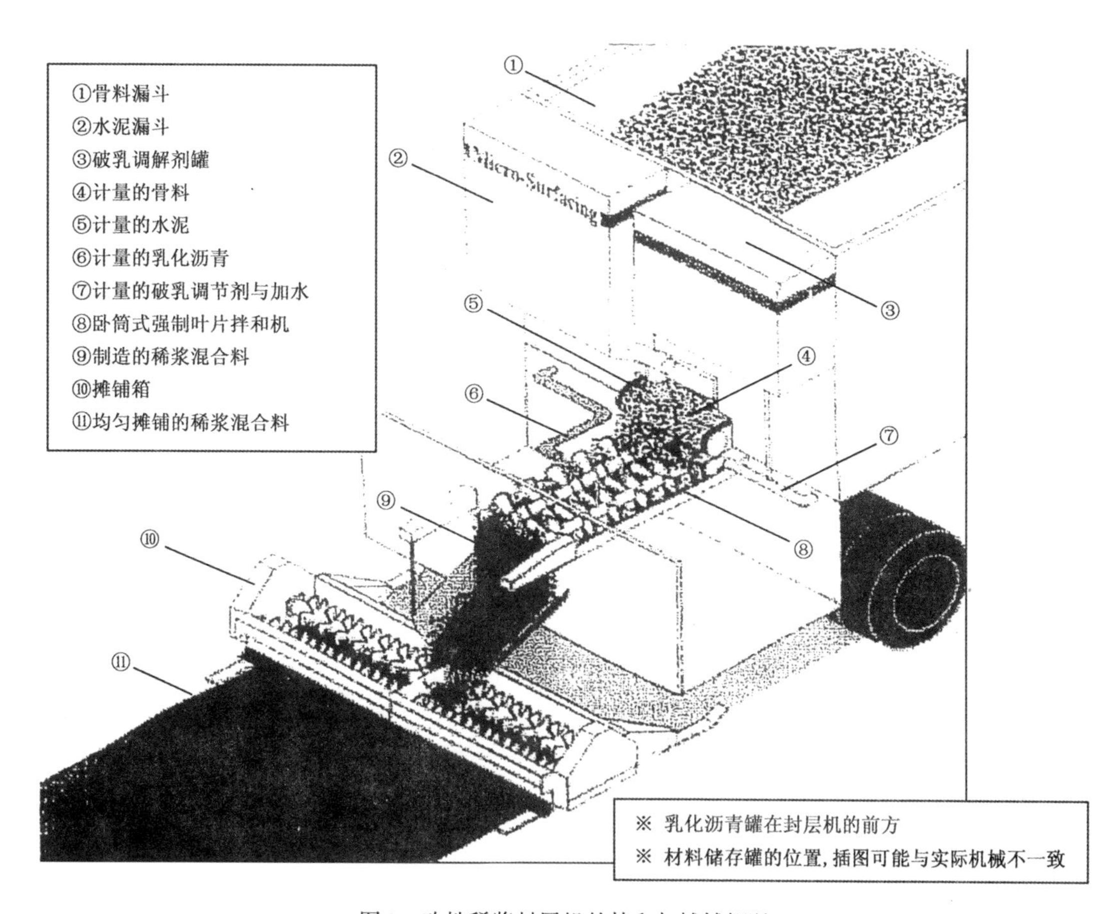

图 2　改性稀浆封层机的拌和与摊铺概况

由于这种施工方法在各种原材料与施工过程中不需加热，都是在常温条件下进行施工，可以显著节省能源或减少二氧化碳的排放量。由附录 1 看出建设省检测的结果，与加热沥青混合料相比较，采用改性稀浆封层施工技术，可以减少二氧化碳的排放量 50%、节省能量 50%。

还因这种施工方法不是在路面已经损坏的情况下进行修补，而最适宜于路面将要有轻微病害的情况下做预防性养护。这种预防性养护施工方法，可以减少面层修缮的次数，有效地降低养护工程的总造价。预防性养护概念如图3所示。

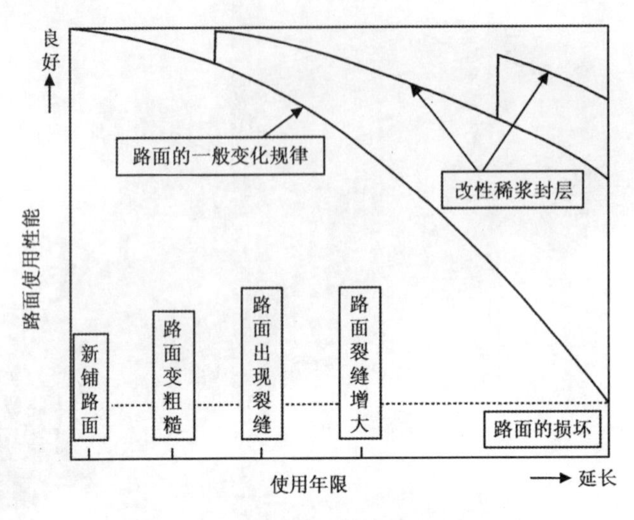

图3　预防性养护示意图

更进一步因为这种施工方法施工速度快（20m/min左右），是可以显著降低工程造价的施工方法。该施工方法还有如下特点：

（1）由于操作时用材料不需加热，因而不受高温的热浪与热风管的侵袭，可以显著改善作业环境。

（2）由于每层封层铺筑厚度很薄，影响路面高度很少，因而对于一些净空高度受限制的构造物或隧洞，适宜于用这种方法。

（3）当需要这种施工方法进行修补时，它不同于一般的热沥青路面，需要受铣刨的数量很少，可以叠加进行施工，因而铺筑用的材料量少，并可减少路面的再生材料数量。

（4）由于使用聚合物改性乳化沥青，路用性能优越，提高路面耐久性，可用于重交通道路与高速公路。

（5）由于采用快硬型聚合物改性乳化沥青，摊铺施工后1～2h即可开放交通。

（6）显著改善路面防滑性。

（7）在粗糙路面上进行铺筑改性稀浆封层施工时，可以降低行车噪音及振动。

（二）适宜的路段与场所

这种施工方法适宜于修复老化路面的反射性裂缝与车辙，改善路面的网裂及恢复路面功能，适用于预防性养护为目的场所，对以下路段是适宜的：

（1）从地方道路至高速公路都可使用。

（2）航空港的滑行道的道肩及港内管理道路。

（3）厂内道路停车场。

（三）应用上的注意事项

应用本施工方法的工程，必须注意以下几点：

（1）施工方法的特征考虑。施工时的气温最好在10～25℃。对于骨料的选定，应根据施工路段的道路线形、路面破坏状况、施工时期气候条件。对于沿线情况与现场条件，必须做充分调查与仔细研究，必须确保施工时不发生障碍。

（2）这种施工方法是在现场就地摊铺薄层封层的施工方法，不宜采用加热沥青路面的质量管理方法，必须采用适宜于本施工方法的管理方法。

（3）这种施工方法在日本引进时间尚短，这项技术又在不断有新的发展，从而在开发与推广这项技术的时候，必需合理、细微地选择现场条件进行设计与施工。

二、调查与设计

改性稀浆封层是主要适宜于路面表面性能下降时，进行的预防性养护的施工方法，它能使路面功能得到恢复，从而可以延长路面常规的维修养护时。

然而为能适应改性稀浆封层技术，必须事先对于道路结构及原有旧路面的破坏状况做仔细的调查，必须对于是否采用这种施工方法进行必要的研究。当进行设计工作时，既要考虑适应的目的，又要从适应原有旧路面状况的角度考虑，进行稀浆混合料种类的选定，而且还应选择适当的厚度，充分发挥其应有的效果，这是很必要的。

（一）调查

改性稀浆封层适用的先决条件是要对有关道路的结构、交通条件、原有旧路面的损坏情况，做适用性的评价，并对必要的设计项目进行调查。调查项目及具体内容如表1所示。

表1 调查项目及具体内容

调查项目	具体内容及注意点
道路的构成	线形，纵横断面坡度、宽度的变化，构造物等
交通条件	十字路口开放交通后是否有急刹车与扭绞的地点
原路面的状况	原路面的种类，车辙、坑槽、裂缝，有无结构的损坏
气象	气温、路面温度、降雨等
其他	有无公交车停放地点与出入口

（二）设计

当改性稀浆封层进行设计时，要参考原有旧路面的事先调查的结果，为适应要求目的选定混合料的种类及使用量，标准流程如图4所示。

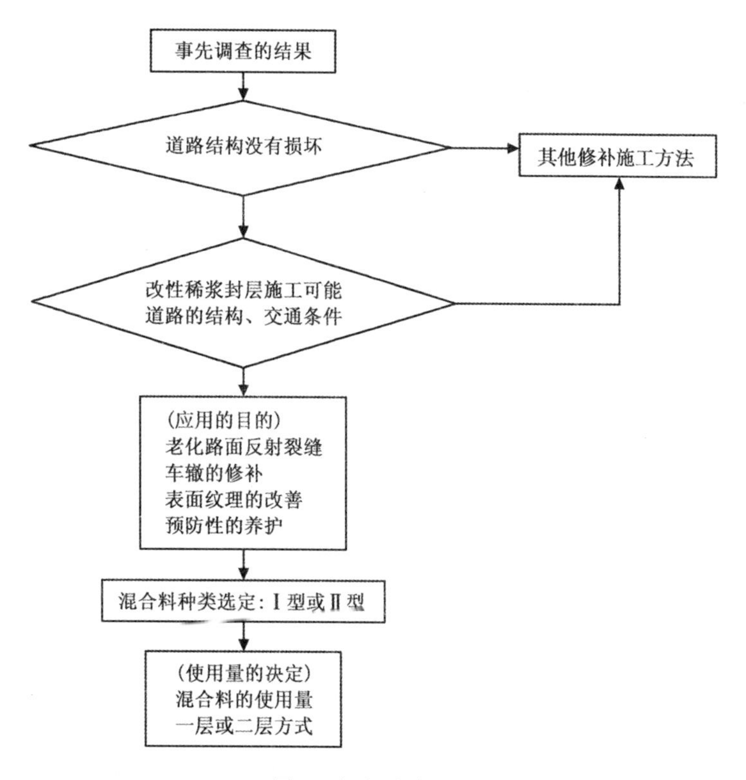

图4 标准设计流程

1. 原有旧路面的状况

根据事先调查的结果可以确定原有旧路面没有结构的损坏。对于显著的凹凸路面的地段或发展开裂的场所，应回避使用。

2. 道路的结构要求

改性稀浆封层适用于没有急变或急坡的路段，一般要求曲率半径在100m以内，坡度在6%以上时应避免使用。

3. 交通条件要求

改性稀浆封层适用各种交通量区分的路段。但是，应避免在刚开放交通后，产生紧急刹车或紧急启动等使路面产生强剪切的情况发生。

4. 封层混合料的种类

封层混合料的类型，应根据原有旧路面的情况，针对相应的目的进行选定。

改性稀浆封层混合料的种类与推荐的骨料标准级配范围如表2所示。

可是在实际施工时，进场的材料有不符合表2级配范围的骨料。在这种情况下，要特别注意混合料的性能与状况。

表2　混合料中骨料的标准级配范围

骨料类型	Ⅰ型	Ⅱ型
最大粒径，mm	2.5	5
筛孔的孔径	通过质量百分比,%	
9.5mm		100
4.75mm	100	90～100
2.36mm	90～100	65～90
600μm	40～65	30～50
300μm	25～30	18～30
150μm	15～30	10～21
75μm	10～20	5～15

混合料使用的标准区别如表3所示。

表3　混合料类型的标准

规定　骨料类型 / 路面情况	Ⅰ型	Ⅱ型
老化路面的反射裂缝	◎	◎
车辙凹槽的修补	△	◎
表面纹理的改善	○	◎
不可能增高的地方	◎	◎
预防性的养护	◎	◎

注：◎表示最适合；○表示适合；△表示可以。

5. 混合料摊铺的厚度

混合料摊铺的厚度，应随混合料的种类或原有旧路面的车辙深度而不同。作为标准的摊铺厚度：Ⅰ型为3～5mm，Ⅱ型为5～10mm。

混合料的摊铺方法，根据需要的目的或原有旧路面情况，可以铺筑一层也可以铺筑两层。铺筑两层时如图5所示。

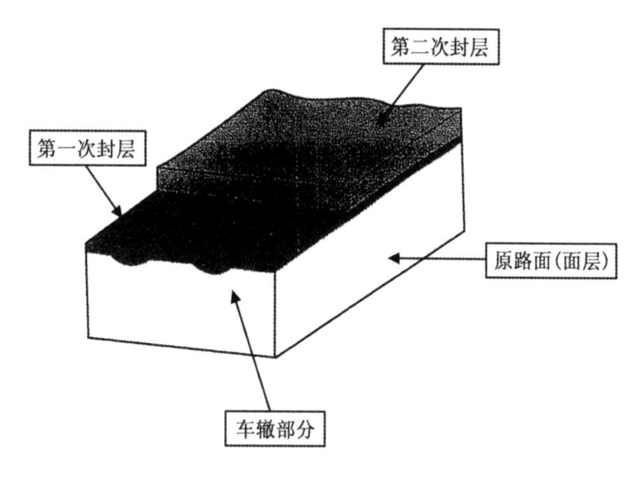

图5　混合料的摊铺示意图

6. 其他

改性稀浆封层施工的室外温度，以气候在10～25℃的季节施工为宜。如果不得不在低温或高温下进行施工时，则必须预先进行施工试验，确认其施工特性与混合料的固化情况。

三、原材料

改性稀浆封层稀浆混合料，是由骨料、快硬型改性乳化沥青、水泥、破乳调节剂、水等原材料所组成。

在稀浆混合料之中，由于经过严格挑选的骨料和专用的改性乳化沥青的化学反应，并产生固化和强度，从而对于原材料的选定要充分予以注意。

(一) 快硬型改性乳化沥青

本施工方法使用的乳化沥青，是改性稀浆封层专用的快硬型改性乳化沥青，应达到表4的质量标准要求，代号为MS乳化沥青。

表4　MS乳液的质量标准

检验项目		标准值	试验方法
恩格拉黏度（25℃），s		3～60	铺装试验方法便览
筛上剩余量（1.18mm）,%		0.3以下	
离子电荷		阳性（+）	
蒸发残留物含量,%		60以上	
蒸发残留物	针入度（25℃），0.1mm	40以上	
	软化点,℃	50以上	
	延度（15℃），cm	30以上	
	黏韧性，N·m（kgf·cm）	3.0（30）以上	
	韧性，N·m（kgf·cm）	2.5（25)℃	
储存稳定性（24h）		1.0以上	

注：恩格拉15以上的乳化沥青黏度，是由赛波尔特测定的秒试验，换算成的恩格拉黏度。

(二) 骨料

改性稀浆封层使用的骨料为碎石和筛屑。骨料对于该稀浆混合料的操作与供应都有很大的影响，特别是对改性乳化沥青的表面活性十分重要。因此在选定的时候，一定要经过试验进行决定。

1. *碎石*

选定的碎石与使用的改性乳化沥青之间的极性要好，拌和性、破乳固化性等适应于改性稀浆层的需要。骨料多棱角、质量均匀、清洁、坚硬有耐久性，不得含有黏土等有机物质。

碎石的质量标准指标如表5所示。

表5　碎石质量标准指标

项　　目	指标值	试验方法
面干密度，g/cm^3	2.45以上	铺装试验方法便览
吸水率,%	3.0以下	
磨耗量,%	30以下	
损失量,%	12以下	

特别是有害物质含量的指标值如表6所示。

表6　有害物质含量指标（碎石）

项　　目	指标值	试验方法
黏土、黏土块,%	0.25以下	铺装试验方法便览
软弱颗粒（石片）,%	5以下	
扁片细长颗粒,%	10以下	

2. *筛屑*

因为筛屑的使用量最多，它与改性乳化沥青的表面性等要高于碎石，要在充分调查中进行选定。同时，像碎石选定一样，注意对尘土或黏土等有害物质的检验。

（三）水泥

水泥是为促进稀浆混合料的破乳与固化为目的而使用的材料，原则上使用普通波特兰水泥，应该达到JIS R5210规定要求。

但是，根据稀浆混合料制造的条件，可以使用其他种类的水泥与无机填料。

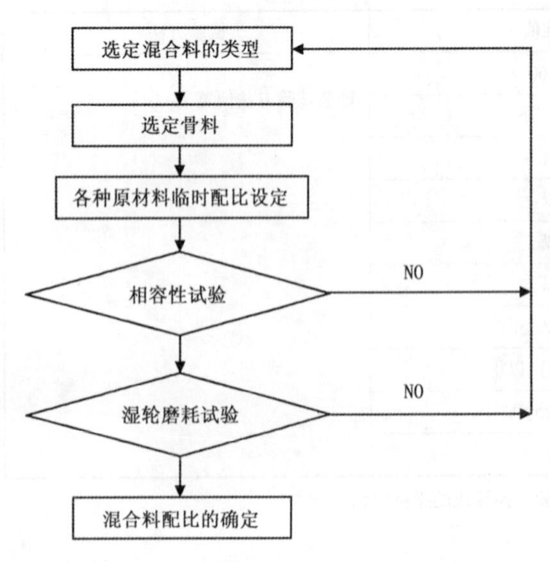

图6　稀浆混合料配合比设计的顺序

（四）水

希望能用自来水，但是如有干净的河川、沼泽湖的水也可以使用，但对硬水或海水不可以使用。

四、稀浆混合料的配合化设计

改性稀浆封层的稀浆混合料的配方比例的设计，选用符合质量要求的原材料，考虑混合料具有符合要求的操作性、固化性、早期的稳定性等要求进行设计。

（一）配合比设计的顺序

配合比设计的顺序如图6所示。

（二）各种原材料配合比例的设定

稀浆混合物使用的各种原材料有骨料、改性乳化沥青、水泥、破乳剂、水。这些原材料的选定，要求达到第3章所示标准。

各种原材料的大致配合比例如表7所示。

当进行配合比设计时，开始要首先确定骨料的类型，其次是当选定骨料为Ⅰ型时，可以单独使用筛屑，当选定骨料为Ⅱ型时，要将筛屑与7号碎石并用。（注：在改性稀浆封层施工中，骨料性能，特别是筛屑的石质、级配，对于稀浆混合物的施工操作使用时间和固化产生很大的影响，因此在选定时要注意。要收集工程地区的各种骨料样品，事先进行试验与选定，这是很重要的）。

其次要参考表7所示各种原材料的大致配合比例，确定各种原材料用量：改性乳化沥青用量、水泥用量、水用量。拌和各种原材料做相容性试验。

表7　各种原材料配合比指标（质量比）

混合料类型	Ⅰ型	Ⅱ型
骨　　料	100	100
快硬型改性乳化沥青（MS乳液）	12～15	11～14
水　　泥	0～3	0～3
水（含骨料里的水）	7～13	6～12

相容性试验是研究稀浆混合料的操作性与固化性能，要求混合料的可拌和时间为0.5～3min。固化时间为60～90min。

根据相容性试验的结果，确定各种原材料的临时配合比例，以此配比进行湿轮磨耗试验（WTAT），测定其磨耗量。磨耗量的标准值如表8所示。图7为湿轮磨耗机示意图。

表8　湿轮磨耗的指标值

检验项目	指标值	试验方法
湿轮磨耗试验（WTAT）值	①低于540g/m²	①在60℃干燥后，浸入25℃水中1h
	②低于810g/m²	②在60℃干燥后，浸入25℃水中6d

根据相容性试验与湿轮磨耗试验的结果中，可以确定稀浆混合物综合评价的配方。

当稀浆混合料进行现场施工时，由于施工时的季节与气候条件以及路面温度等的变化，对其施工操作产生影响。因此，在实际施工时的情况，对于水泥、水、破乳调节剂等原材料进行微量调整，这种施工条件变化进行现场配比的调整决定是很必要的。

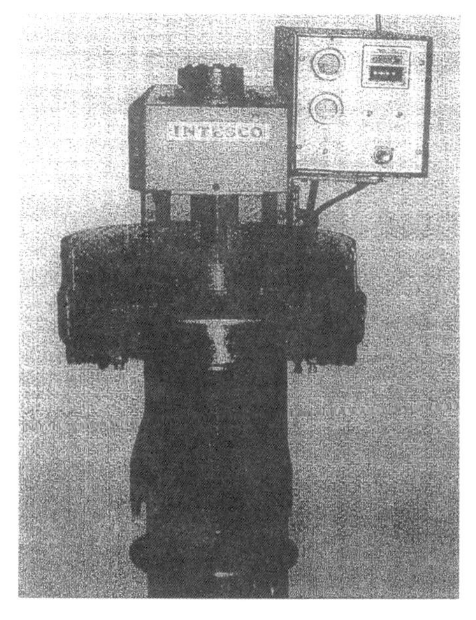

图7　WTAT湿轮磨耗试验机示意图

五、施工

改性稀浆封层的施工，必须使用专用的拌和摊铺机（改性稀浆封层机）进行。当进行摊铺施工时，要充分研究和制定作业标准，确保各项指标达到标准要求，以此为前提进行施工。

这里讲述的改性稀浆封层的有关施工标准，在实际施工时，要考察现场各种情况，必须灵活地采取适应措施。施工的顺序如图8所示。

（一）施工计划

为能满足合同书和设计图纸的摊铺与建造的要求，施工计划由承包商在施工前筹划设计，在对改性稀浆封层技术特征充分理解的基础上，制定有效的施工计划。

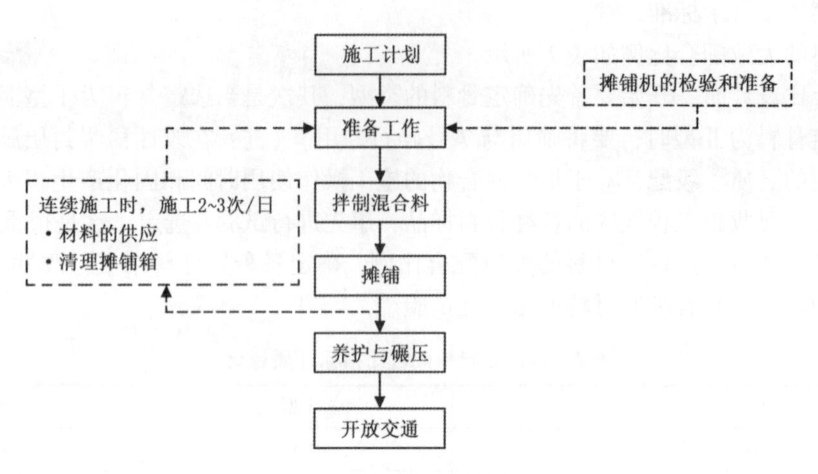

图 8　改性稀浆封层施工顺序

在筹划设计施工计划时，应该研讨事项与注意的要求。

1. 施工时间（时间范围）

改性稀浆封层不同于加热沥青路面，它是用快硬型改性乳化沥青、水泥、水等制造的稀浆混合料，利用它们破乳和固化的施工办法，因此，原则上在气温为 10～25℃（室外温度）为宜，希望在这个时间范围进行施工。

2. 原材料的供应场地

改性稀浆封层施工专用的拌和摊铺机（改性稀浆封层机）所供应的骨料、改性乳化沥青、水泥、水等原材料必须要有供应基地（原材料供应现场基地）。

由供应基地（原材料）至施工现场的运输距离与运输时间，在工程管理中必须予以考虑。

3. 作业标准

为了达到要求的检验施工和质量要求，改性稀浆封层铺筑施工顺序与施工方法等，工程进行的操作标准参照试验路段或过去成功施工的实例等经验而制定。

（二）准备工作

对于原有旧路面的准备工作以及专用的拌和摊铺机的准备工作，应按以下要求进行。

1. 对于原有路面的准备工作

准备工作应按事先调查确定的事项（路面种类「沥青路面还是水泥路面」、破坏的状况、检查有无原设的构造物及反射板等、有无妨碍施工需要临时拆除的设施）的同时，应与业主进行充分地协商，有必要事先修补的部分，应提前进行修补，同时做好施工前的准备工作。

（1）破损场所的修补。对于原有旧路面需要修补时，应在施工前做好修补工作。例如，填充裂缝、推移、车辙、油包的铣刨等。

（2）消除路面的标志。施工前如果路面有热溶性标志线，或有路面标志等时，应预先予以清除。

（3）路面的清扫。用清扫车清除原有路面上的泥土、浮石、砂、垃圾等杂质，使原有路面保持清洁，即使在路面湿润状态下也可以进行施工。（注：如果在清扫时使用洒水车后路面有积水，或在降雨后路面有积水时，在施工前必须予以清除）。

（4）对于原有构造物与路面的保护。对于原有构造物、施工的起点与终点，为了防止污浊，可使用胶合板、薄膜板、纸带等予以防护。

（5）喷洒黏层油。对于原有旧路面为水泥混凝土路面时，应喷洒黏层油（原路面为沥青路面时不需要喷洒黏层油）。

喷洒黏层油的乳化沥青用量为 PK－4 中 0.3kg/m^2 标准用量。

（6）专用摊铺机行驶的标志线。当改性稀浆封层机驾驶员行驶时，没有可驾驶行走目标的标志时，必须制作封层机行驶的标志线。

2. 专用拌和机摊铺的检验

专用拌和摊铺机（改性稀浆封层机），是可以装载各种原材料，又可以连续地进行拌制与摊铺的施工机械，它的操作大致可以分为拌制、摊铺、走行三个步骤。施工前必须检验拌和机，确保工程需要。专用拌和摊铺机的基本检验确认项目如表9所示。

表9　专用改性稀浆封层机的检验确认项目

行走项目的检验	有关生产项目的检验	有关摊铺项目检验
·运行前的检验 ·行走速度的确认	按现场要求的配合比例予以确认	·混合稀浆排出装置及摊铺箱各部分的运作状况 ·摊铺箱的摊铺宽度 ·摊铺箱的清理（连续施工的间歇必需清理）

（三）铺筑

1. 铺筑机械

改性稀浆封层所用的铺筑机械，是专用的拌和摊铺机，可以拌制稀浆混合料和摊铺。还包括其他的施工机械，如原材料的供应机械、清扫用机械，以及碾压用的轮胎压路机等。

铺筑机械如表10所示，供应原材料与清扫所必需的机械如表11所示。

表10　铺筑的机械

机械的名称	用　途
专用的改性稀浆封层机	拌制稀浆混合料与摊铺
轮胎压路机	碾压

表11　原材料供应与清扫的机械

机械的名称	用　途
牵引或铲斗装载机	改性稀浆封层机供应骨料专用
吊车（附在卡车上）	供应骨料、搬运摊铺箱用
洒水车	洒水与供水
路面清扫车	路面清扫

2. 混合料的拌制与摊铺

使用专用的拌和摊铺机（改性稀浆封层机）进行稀浆混合料的拌制与摊铺。按照确定的稀浆混合料的配合比进行拌制，按照确定的厚度进行摊铺。图9为专用拌和摊铺机必需的人员配置实例。

在进行拌制与摊铺的过程，应注意以下几点。

（1）稀浆混合料单位时间拌制的数量（kg/min）。应根据摊铺施工宽度、平均摊铺厚度及摊铺施工速度等进行设定。

（2）摊铺稀浆混合料时，由于混合料固化速度快，因而要尽可能地快速进行。

（3）摊铺双层时，第一层必须经过充分养护，确认其已达到凝固状态后，再摊铺第二层。

3. 养护与碾压

摊铺完毕后，为使稀浆混合料达到要求的固化状态，进行必要的养护与碾压。

（1）养护与开放交通。

养护时间的长短，受施工现场与气候条件等影响，固化速度有所差异。因此，对于混合料的固化程度，用目视观察与触感予以确认，同时做出决定。

开放交通的时间，要根据室内实验数据与当日的气温、湿度、风速以及供应状况，考虑混合料的固化状态予以确定。（注：改性稀浆封层施工后，1～2h有可能开放交通，但是在铺筑箱中的乳

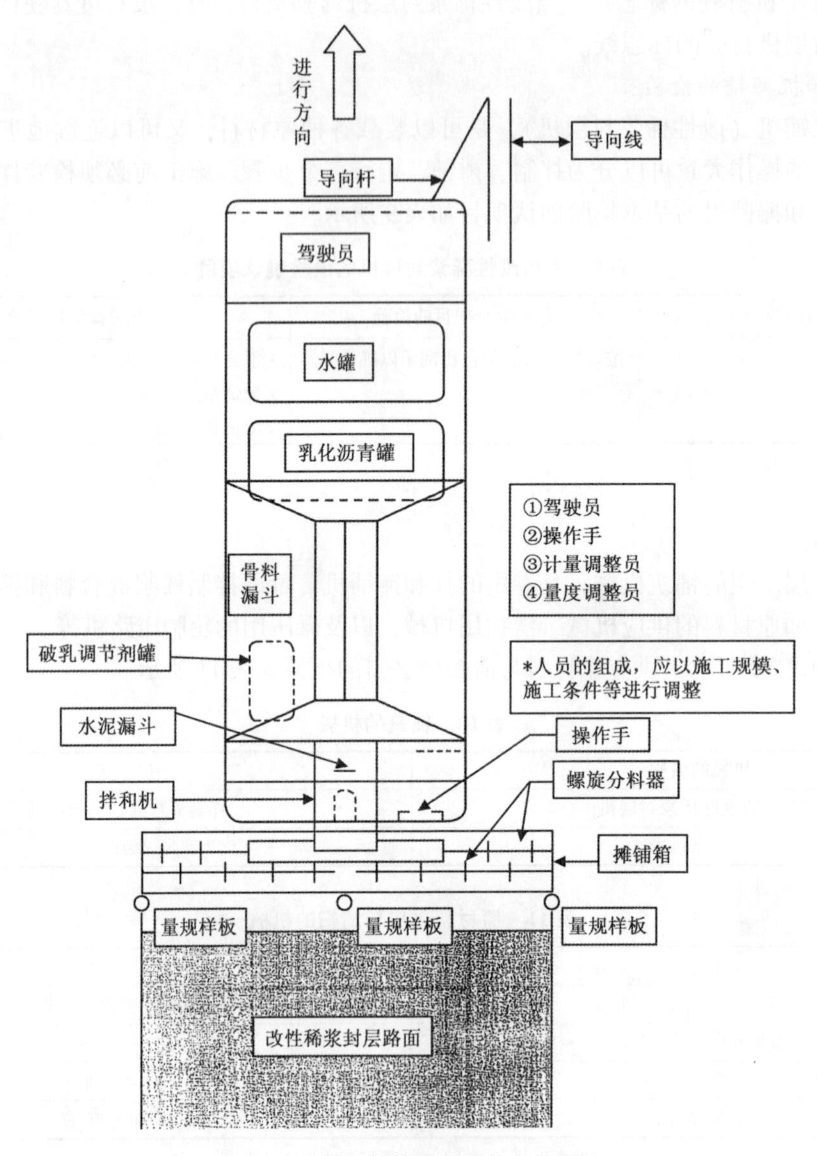

图 9　专用拌和摊铺机必要的人员配置

化沥青，要想使它完全破乳并达到稳定状态，因受交通条件和气候条件而有所不同，但是一般约需一周的时间）。

（2）碾压。

观察混合料在养护中的固化状态，使用轮胎压路机进行碾压作业。碾压与热沥青路面施工不同，它要将混合料中的水分排出，达到加速稳定的目的。

关于碾压的次数，应考虑摊铺层的厚度及开放后交通量等因素进行决定。一般用 10t 的轮胎压路机往复碾压 1 ~ 2 遍即可达到标准。

对于钢轮压路机（钢轮压路机或组合压路机等），担心对没有完全固化的混合料有破坏作用，因而不予以使用。

4. 接缝及过渡部分

在进行改性稀浆封层的横向接缝与过渡段的施工时，要精心操作，防止施工后混合料出现飞散现象。

（1）横向接缝。

横向接缝是在施工完结时或不得不中断施工时，在路面的横断方向设置横向接缝。这种接缝的加工好坏，直接影响行车的行走性与舒适感，因而要加工平整。

由于改性稀浆封层的稀浆混合料固化很快，当混合料尚呈稀浆状态时，就应迅速将接缝部分加工平整。

（2）纵向接缝。

纵向接缝是路面宽度有数车道进行纵向施工时，应以路面中心线相平行设置纵向接缝。纵向接缝施工时，在确认已施工的封层固化的状态下，充分清扫接缝，将摊铺箱做适当的重叠，并使其相互落实接触平整。

纵向接缝应避免在车轮直接行走的位置下面。

（3）过渡段。过渡段（起点、终点）的施工，应与横向接缝相同，在稀浆混合料尚未固化前应加工平整。

六、施工质量检验与品质的管理

改性稀浆封层不同于一般的沥青路面，稀浆混合料的拌制与施工的全部工程都是在现场内进行的。稀浆混合料的施工与固化时间受气候条件影响，施工时必须根据现场实际情况对原材料的配合比进行微调。还因它是一层铺筑厚度为 3～10mm 的薄层施工方法，封层的平整度受原有旧路面状态的影响。因此，改性稀浆封层的施工管理方法不同于通常的沥青路面管理方法，这种施工方法在管理上，应在充分理解设计图纸意图的基础上，适应这种施工方法的特征，进行必要的管理。

（一）施工质量检验

关于铺筑厚度，由于本施工方法是铺筑一层厚度为 3～10mm 的薄层施工，受原有旧路面平整度的影响，铺筑施工后又受行车荷重的压实，一般对封层厚度的管理是困难的。因此将厚度管理项目采用乳化沥青与骨料的使用进行管理，从而计算一日间全部原材料使用量与铺筑面积，由此求出平均铺筑厚度值。表 12 给出了检验施工质量管理项目的参考实例。

表 12　检验施工质量管理项目参考实例

检验项目	频　　度	标准管理界限	试验方法
改性乳化沥青用量	一日一次	±10%	求平均摊铺厚度
骨料用量	一日一次	±10%	求平均摊铺厚度
幅　　度	每 100m	-2.5cm 以上	路面试验方法便览

（二）品质管理

品质管理的项目如表 13 所示。作为品质管理项目，为确认混合料的配合比是否准确，要检验沥青含量与骨料的级配。对于混合料的性能，应由检验 WTAT 的磨耗量表示。

由于改性稀浆封层混合料是由改性乳化沥青、骨料、水泥、水组成的稀浆混合料，施工速度很快，因此，由于采用的试样或调整方法不同，试验结果数据容易产生波动。当进行试验时，必须在充分掌握操作顺序的基础上进行试验。

表 13　品质管理项目的参考实例

检验项目	频　　率	管理标准界限	试验方法
残留沥青量	1 次/日	±10% 以内	铺装试验方法便览
颗粒组成	1 次/日	2.36mm ±14 以内 75μm：±5% 以内	
WTAT 磨耗值	1 次/工程	①540g/m² 以下或 ②810g/m² 以下	附录 3：湿轮磨耗试验方法

附录

附录1　在改性稀浆封层工程中的能源的消耗量与 CO_2 排放量的计算实例

当采用改性稀浆封层施工方法时，其最大的特征是能源的消耗量与 CO_2 排放量的削减效果，现将其试算的实例介绍如下。

首先从各有关建设领域与道路部门获取能源消耗与 CO_2 排放量所占比例数据，再将改性稀浆封层与加热沥青路面的能源消耗和 CO_2 排放量进行比较，结果如下：

（1）有关建设领域各部门的能源消耗量与 CO_2 的排放量。

在日本，对于全部产业中有关建设领域的能源消耗量的比例，以及在土木行业中能源消耗量的细分如附图1.1和附图1.2所示。

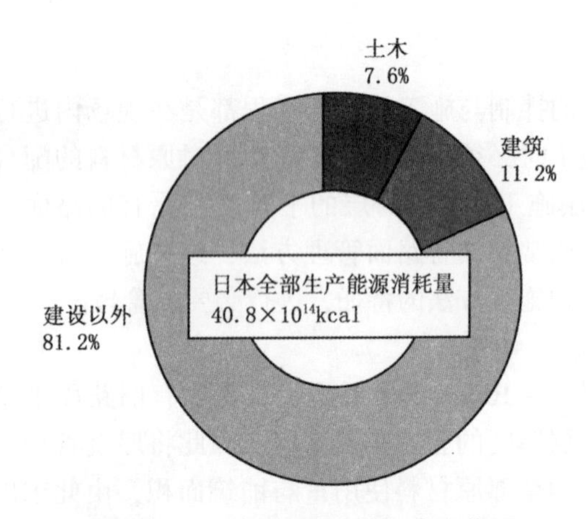

附图1.1　建设工程占全部产业能源消耗量的比率

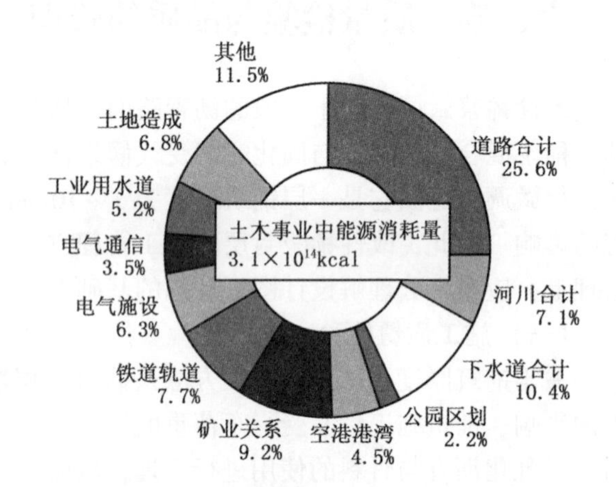

附图1.2　土木事业中能源消耗量的细分

由图中看出，国内全部产业能源消耗量，土木工程所占比例为7.6%，而土木工程中道路部门占25.6%，可看出所占比例最大。

全部产业中有关建设领域 CO_2 排放量的比例，以及土木工程中 CO_2 排放量的细分，在附图1.3附图1.4予以说明。

按比例计算结果，土木工程占全部产业的比例为9.7%，在土木工程中道路部门占25.7%，因而 CO_2 排放量，占有最大比例。

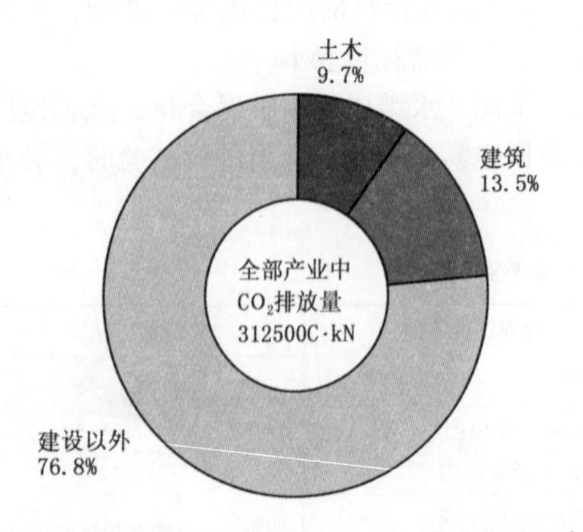

附图1.3　建设领域占全部产业 CO_2 排放量的比率

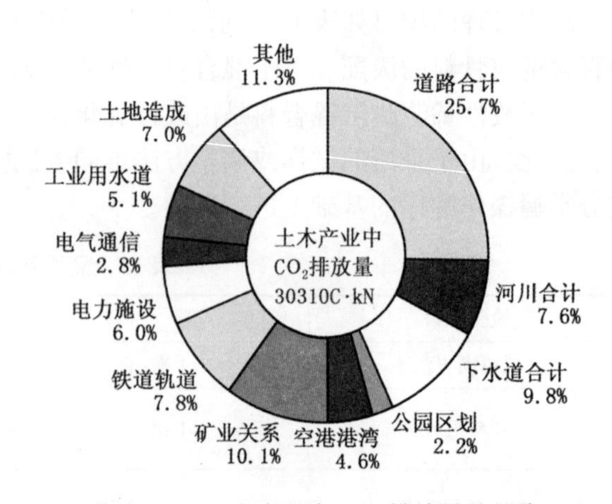

附图1.4　土木事业中 CO_2 排放量的细分

道路部门的能源消耗量与 CO_2 的排放量，在土木工程中都占有最大的比例，因而在地球的环境保护问题上，道路部门担负着非常重要的作用。

（2）在改性稀浆封层中的能源消耗量与 CO_2 的排放量。

日本建设省土木研究所土木研究中心与6个民间企业共同研究的结果：关于改性稀浆封层的常温混合料与加热沥青混合料的能源消耗量与 CO_2 的排放量，计算结果如附图1.5，图中的混合料A为改性稀浆封层，使用这种施工方法的能源消耗量减少50%以上；因此可以看出，改性稀浆封层是为节省能源和减少 CO_2 排放量做出重大贡献的施工方法。

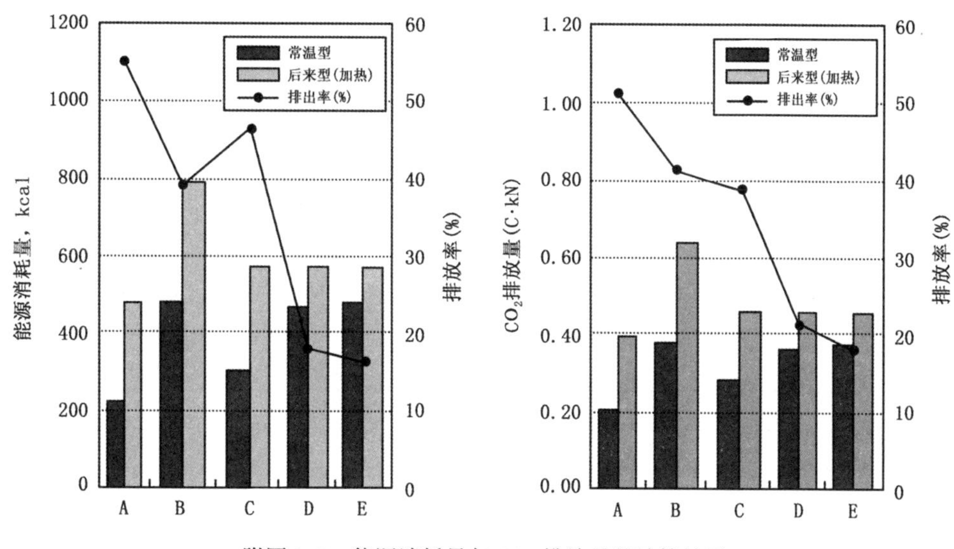

附图1.5 能源消耗量与 CO_2 排放量的计算结果

参考文献：建设省土木研究所（常温型路面开发利用技术共同研究报告）平成8年3月

附录2 改性稀浆封层在世界各地实际工程量

改性稀浆封层是作为常温沥青路面的施工方法向世界各地推广，世界各国改性稀浆封层实际工程量如附表2.1所示。

A：改性稀浆封层。骨料粒径（13），改性乳化沥青；

B：常温混合料路面。骨料开级配（13），高黏改性热沥青；

C－E：常温混合型路面。密级配骨料（13），改性热沥青Ⅱ型。

附表2.1 世界各国改性稀浆封层实绩工程

国　家	稀浆封层		改性稀浆封层		稀浆封层与改性稀浆封层	
	1992年	1996年	1992年	1996年	1992年	1996年
	m^2	m^2	m^2	m^2	m^2	m^2
北美洲						
美国与加拿大	120000000	95000000	28900000	37000000	148900000	132000000
欧洲						
奥地利	—	—	360000	500000	360000	500000
比利时	—	—	—	—	—	5000000
保加利亚	100000	—	—	—	100000	—
捷克		700000	700000		—	1400000

续表

国　家	稀浆封层		改性稀浆封层		稀浆封层与改性稀浆封层	
	1992 年	1996 年	1992 年	1996 年	1992 年	1996 年
	m^2	m^2	m^2	m^2	m^2	m^2
丹麦	—					600000
芬兰	—	75000		—	—	75000
法国	—	—	7000000	11000000	115000	180000
德国	—	—	12000000	6400000	12000000	64000000
英国	1500000	1200000	3300000	3500000	4800000	4700000
希腊	450000	—	—	450000	450000	450000
匈牙利	80000	—	600000	850000	680000	850000
意大利	—	—	3500000	3500000	3500000	3500000
葡萄牙	1500000	2500000	1500000	2500000	3000000	5000000
罗马尼亚	—	—	—	—	—	840000
斯洛伐克	150000	150000	350000	300000	500000	450000
西班牙	6000000	6250000	10000000	6250000	16000000	12500000
瑞典	—	—	300000	600000	300000	600000
荷兰	—	—	2000000	1500000	2000000	1500000
澳大利亚	—	8850000	—	29425000	—	38275000
太平洋区						
中国	—	—	—	—	—	10000000
日本	58000	3000	—	12000	58000	15000
泰国	14100000	—	—	—	—	14100000
非洲						
南非	77000000	55005000	5200000	6000000	12900000	11500000
相临国家	1750000	1600000	—	—	1750000	1600000
莫萨比克						
津巴布韦						
赞比亚						
马拉厄						
拉丁美洲						
阿根廷	2500000	3500000	—	3500000	2500000	7000000
巴西	10000000	6500000	—	—	10000000	6500000
智利	90000	300000	90000	300000	180000	600000
哥伦比亚	850000	1000000	—	—	4500000	2000000
墨西哥	4500000	2000000	—	—	4500000	2000000
秘鲁					—	—
厄瓜多尔					—	—
总计					225443000	269135000

参考文献：国际改性稀浆封层协会（ISSA 报告）May/June1997

附录3　湿轮磨耗试验方法（ASIM 3910）

1. 目的

为了设计乳化沥青的用量，在浸水状态下，将改性稀浆混合料做耐磨耗性的评价。

2. 适用范围

该项试验是在改性稀浆混合料的配合比设计中，确定乳化沥青用量、选定使用的骨料等基准试验，也在路面工程质量管理过程中进行质量检验。关于配合比设计的试件，由实验室进行制作；关于质量检验试件，由专用拌和摊铺机（改性稀浆封层机）排出的混合料制做试件。两者都在试验室进行试验。

3. 试验用器具

（1）制做试件的器具。

①模具。金属圆盘器皿，高 5mm（Ⅰ型：最大粒径 2.5mm）或高为 10mm（Ⅱ型：最大粒径 5mm），试件用金属模型，将要制做试件的个数做好混合料的准备，模型的实例如附图 3.1 所示。

②摊平用器具。为使装入模具中的混合料摊铺均匀，用橡胶板将其刮平。

（2）烘箱。烘箱可控制温度为 60 ±3℃。

（3）水槽。水温可控制 25 ±1℃。

（4）天称或台称。可称 1g 至 5000g。

（5）湿轮磨耗试验机。

①磨耗头。磨耗头如附图 3.2 所示。127mm 切断的耐压橡胶管，用螺栓固定，总重为 2.27kg，成为用于混合物磨耗试验的结构。由其自重对试件表面做运动，橡胶管的内径为 19mm，外径为 30mm 的硬质橡胶。

②主体。湿轮磨耗试验机的概况如附图 3.3 所示。磨耗头的转数：公转为 61rpm。

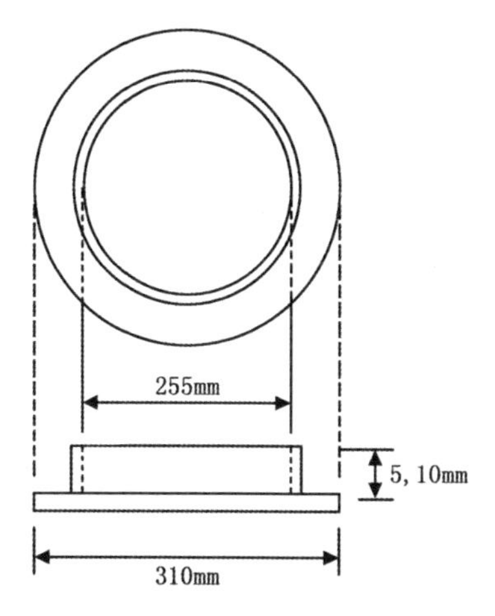

附图3.1　模具的实例

附图3.2　磨耗头示意图

附图3.3　湿轮磨耗试验机

4. 试验方法

（1）试件的制作。将充分拌和的改性稀浆混合料装入模具中，振动模具排除混合料的气泡，然后用橡胶板将试件表面刮平。

①将试件放入 60 ±3℃恒温箱中，烘至恒重，约需 15h 以上。

②将达到恒重的试件从恒温箱中取出，冷却至室温，称其质量（试验前的质量 A：混合料质量 + 模具质量）。

（2）湿轮磨耗试验。

①将制成的试件放入调节温度为 25 ±1℃的恒温水槽中，按所规定的时间进行养生。养生时间为 60 ~ 75min 或者 6 天两种。

②将养生后的试件固定在磨耗试验机的平台上，将试件表面与磨耗头相接触，调整并固定平台的高度，然后向平台内灌水。水位要高出试件表面6mm，调好水位高度后还要调整水温达25℃。

③将试件固定后，要进行5min的磨耗试验（但是，由于试验机种类的不同，磨耗试验的时间是有区别的）。

（3）磨耗量的测定。

①磨耗试验结束后，将试件取出，并用水将试件表面充分清洗干净。

②将试件放入调节温度为60±3℃的恒温箱（烘干箱）中，烘至恒重（约需15h以上）。

③将达到恒重的试件从恒温箱中取出，冷却至室温后，称其质量（试验后的质量B：混合料质量+模具质量）。

5. 试验结果的整理

（1）算出试验结果。湿轮磨耗试验结果用下式算出，换算成每克平方米的磨耗量。

磨耗量（g/m^2）=（试验前试件的质量A－试验后试件质量B）×32.9

式中：32.9为换算成$1m^2$磨耗量的换算系数。

（2）报告事项。

①混合料的种类（Ⅰ型、Ⅱ型）。

②乳化沥青用量（%）。

③水浸养生时间（1h、6d）

④磨耗试验机种类（C－100、A－120、N－50）。

⑤磨耗量（g/m^2）。

注意事项：

（1）制作改性稀浆封层混合料试件，一定要在混合料的可操作时间内做成，并且要求表面平整，不要出现材料分离现象。

（2）烘干时间虽然规定为15h，但是要确定其烘至恒重的时间，并用此时间为宜。

（3）在磨耗头上安装的橡胶管，每试验一次要变换新面。

（4）制做试件的模具有有缘型和无缘型，如圆盘形的或者薄板型的。

（5）不同种类的磨耗试验机磨耗量的换算系数、磨耗时间如附表3.1所示。

附表3.1　不同种类的磨耗试验机的试验条件

机械种类	磨耗时间	换算系数
C—100	5分00秒	32.9×1.00
A—120	6分45秒	29.9×1.17
N—50	5分15秒	37.5×0.78

说明：

（1）根据湿轮磨耗试验，可以求出设计的乳化沥青用量下限值。改变乳化沥青的用量与磨耗量的关系如附图3.4所示。

（2）磨耗量的基准值如附表3.2所示，它与ISSA（国际改性稀浆封层协会）规定的改性稀浆封层的基准值是一样的。

附表3.2　磨耗量的基准值

混合料种类	试验条件	基准数
Ⅰ型与Ⅱ型	25℃×1h水浸	540g/m^2以下
	25℃×6d水浸	810g/m^2以下

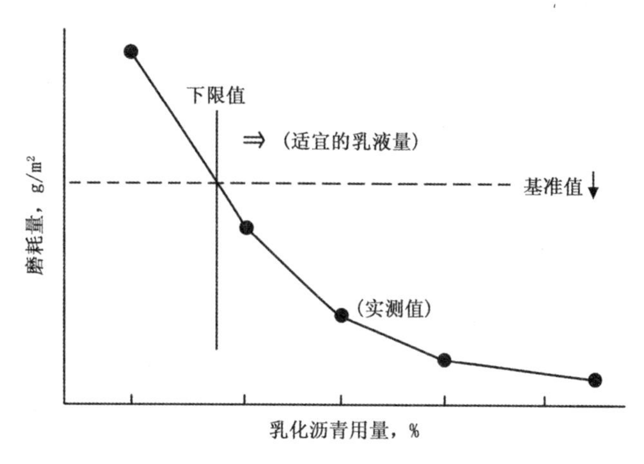

附图 3.4　乳化沥青用量与磨耗量（WTAT）

（3）选择骨料是改性稀浆封层中极为重要的因素，快硬型改性乳化沥青如果与骨料没有良好的极性，就难以调整好它的操作性，而且磨耗量必然增大，因此要避免使用这样的骨料(见附表 3.3)。

有关的标准

ISSATA 100

试验概况

附表 3.3　湿轮磨耗试验数据表记入实例

改性稀浆封层混合料湿轮磨耗试验	
工程名称：××工程 混合料种类：Ⅱ型（最大粒径 5mm） 试件制：室内试验制作的试样	试验年月日：年　月　日 试验场所：××研究所 试验者：×××

试验条件

模具高度：10mm 干燥养生条件：60℃×15 小时 水浸养生条件：25℃×天	磨耗试验机种类：C－100 型 磨耗试验时间：5 分钟 换算系数：32.9×1.00

试验结果

乳化沥青用量,%	14.0（外加）		
试件质量	1	2	3
磨损减量，g	12	14	15
WTAT 磨耗量，g/m²	394.8	460.06	453.5
平均磨耗量，g/m²	450		
备注			

附录 4　改性稀浆封层标准概算资料

1. 适用范围

本概算是由改性稀浆封层标准施工定出的，1 个批量的工程面积以 6000m² 为宜。主要使用专用的拌和摊铺机（改性稀浆封层机）每一次装载原材料的能力，每一天装载 3 次原材料，以此为对象的装料、运输、摊铺进行施工。

2. 概算价格的构成

本资料谨表示工程直接费用。

3. 适合的施工条件

改性稀浆封层对于地方道路、高速公路、场区道路、停车场、航空港等各种场所均适用。但是下面由（1）到（6）的场所，应从本概算资料中予以除外。

（1）十字路口的市区街道。

（2）行车引起大车辙的场所（$D=25$mm 以上）。

（3）曲率半径小的路段（$R=100$ 以下）。

（4）道路坡度陡的路段（$i=6\%$ 以上）。

（5）开放交通后有车辆快速急刹、猛起步，以及路面承受扭曲的场所。

（6）发现有结构性破坏（裂缝）的场所。

当气温在10℃以下或25℃以上时，应避免大量施工。在夏天高温时，可以在路面温度较底的夜晚进行施工。

4. 施工顺序

施工流程如附图 4.1。

5. 施工机械的种类与规格

施工机械的种类与规格，见附表 4.1。

附表 4.1　施工机械的种类与规格

机械种类	规　格	单　位	数　量
专用拌和摊铺机	装载容量 9 ~ 12t	台	1
牵引单斗摊铺机	车输式 1.2m^3	台	1
吊车	吊重 2.9t，装 4t	台	1
洒水车	3800L	台	1
路面清扫车	真空式 4.5m^3	台	1
轮胎压路机	8 ~ 20t	台	1
沥青洒布机		台	1

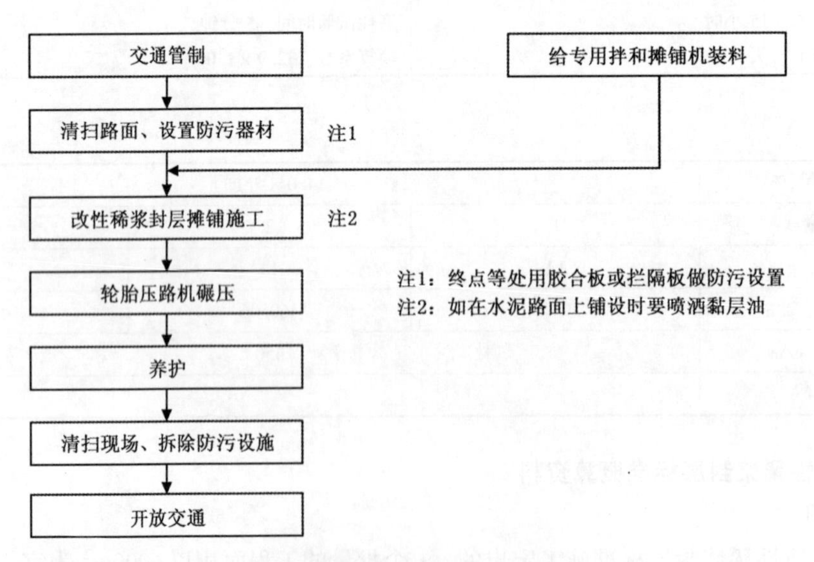

附图 4.1　标准的施工流程

6. 编制人员

铺筑施工作业时的编制人员见附表 4.2。

附表 4.2　编制人员（1 日 1 层）

名　　称	单　　位	数　　量
调解人	人	1
特殊作业人员	人	2
普通作业人员	人	4

7. 一天的施工量

一天的施工量可由附表 4.3 求出。

附表 4.3　一天的施工量

参　　数		单　　位	数量	备　　注
施工宽度	b	m		$L=1000Q$（$b\times t\times d$） $C=$（$H-H_1$）$H_2+L/60V$ $A=L\times B\times C$
施工厚度	t	mm		
设计密度	d	t/m^2		
1 日施工时间	H	h		
养生时间	H_1	h		
一次装载材料时间	H_2	h		
一次装载容量	Q	t		
施工速度	V	m/min		
一次施工延度	L	m		
1 日施工次数	C	次		
1 日施工量	A_1	m^2/d		

8. 标准的配合比

改性稀浆封层混合料的标准配合比见附表 4.4。

附表 4.4　改性稀浆封层混合料标准配合比（Ⅱ型）

材料名称	配合比例（质量比）	备　　注
特殊骨料	100	7 号碎石与筛屑
改性乳化沥青	11～14	
普通波特兰水泥	0～3	
水	8～9	

注：破乳调节剂不包括在标准配合比之中。

9. 沥青材料的洒布

在水泥路面上铺设改性稀浆封层时，按附表 4.5 的洒布量洒布沥青材料。

附表 4.5　沥青材料洒布量（每 $100m^2$）

类　　别	单　　位	数　　量
黏层油	kg	32

10. 材料的追加系数

材料的追加系数如附表 4.6 所示。

附表 4.6　材料的追加系数

材料名称	追加系数
改性稀浆封层混合料	+0.08
特殊骨料	+0.05
改性乳化沥青	+0.02
普通波特兰水泥	+0.02

11. 各种杂费

各种杂费为沥青材料的洒布与铺筑用工具费、加工劳务费与驾驶员的费用。上限如附表 4.7 所示。

附表 4.7　各种杂费比例

工程类别	各种杂费比例,%
黏层油	2 (3)

注：(1) 为洒布沥青时不要飞散到边界桩以外的洒布量；

(2) 如果不洒布沥青材料时不要计上述各种杂费。

12. 计算实例

概算条件

设计数量	$A=1000m^2$
施工宽度	$b=3.5m$
设计厚度	$t=8mm$
设计密度	$d=1.85t/m^3$
1 次载质量	$Q=9t$
1 天施工时间	$H=8h$
养生时间	$H_1=1.5h$
每次装料时间	$H_2=2h$
每次摊铺长度	$L=Q/(b\times t\times d)=173.7m$
1 日摊铺次数	$C=(H-H_1)/(H_2+L/60V)=3$ 次
1 日施工量	$A_1=L\times b\times c=1823.9m^2$

乳化沥青稀浆封层推荐施工指南

本指南并不推荐或指定为必须逐字逐句严格执行的规范，仅是一份帮助用户制定其本身施工规范的提纲。用户应当明白，各地所产的材料是不同的。因此，用户应当考虑混合料各种组成成分之间的配伍性和施工项目的具体要求，尽量选用那些最符合要求的材料。

一、应用范围

本指南旨在指导乳化沥青稀浆封层施工的设计、试验、质量控制及工作量的计算和付款办法。

二、说明

稀浆封层是国际上按照业主代表的要求，将符合要求的乳化沥青、矿物集料、水和其他添加剂，按适当的比例拌和成的混合料均匀摊铺到预先准备好的路面上的施工工艺。正确施工的稀浆封层可在准备好的原路面上加封一层牢固黏结的罩面层，而且在其表面结构的整个使用寿命期间内均具有良好的抗滑性能。

三、施工规范

附录 A 是本指南的一部分，列有试验方法和提出这些试验方法的机构的名称。

通常不要求每项工程都做完附录 A 所提出的全部试验。有些试验费用很高而且要花费大量的时间。如果工程项目所使用的材料过去一直有良好的性能记录，则对试验项目的要求可以减少。地方当局的工程部门通常对材料都较为熟悉，因此应该可以提供这方面的信息，以减少所要求的试验量。

四、材料

（一）乳化沥青

乳化沥青应符合 ASTM D977，ASTM D2397，AASHTO M140 和 AASHTO M208 中所规定的对 SS－1、SS－1h、CQS－1h，和快凝混合级乳化沥青的要求。混凝土拌和试验可不进行。

质量试验：

每份乳化沥青试样都必须有质量分析检验合格证书，以确保试样与混合料配合比设计中所使用的乳化沥青相同。

AASHTO 试验编号	ASTM 试验方法	质量	规范要求
乳化沥青试验			
AASHTO T 59	ASTM D244	蒸发残留物	最少 60%
乳化沥青残留物试验	ASTM D2397		
AASHTO T49	ASTM D2397	25℃时的针入度	40～90*

* 当确定其范围时，必须考虑气候条件。

（二）集料

1. 概述

使用的矿物集料必须符合每一项稀浆封层施工所具体要求的品种和级配。集料应采用由大理石、石灰岩、矿渣和石块等加工成的碎石或其他高质量的集料，或上述几种的组合。为了确保材料完全击碎，百分之百的集料原料都必须大于该项级配中集料的最大粒径。

2. 质量试验

集料应进行下列试验，试验结果应符合下表的要求。

AASHTO 试验编号	ASTM 试验方法	质量	规范要求
AASHTO T176	ASTM D2419	砂当量	最小 45
AASHTO T104	ASTM C88	坚固度	使用 Na_2SO_4 时最大 15% 使用 $MgSO_4$ 时最大 25%
AASHTO T96	ASTM C131	磨耗损失	最大 35%

磨耗损失试验应在破碎前的原材料上进行，集料应符合经施工实践检验合格的磨光值。

3. 级配

当进行 AASHTO T27（ASTM C136）和 AASHTO T11（ASTM C117）规定的各项试验时，目标级配（指混合比设计级配，包括矿物填料）应符合下表所列的三种类型中的一种（或地方当局当前认可的类型中的一种）。

筛孔尺寸	Ⅰ型通过率，%	Ⅱ型通过率，%	Ⅲ型通过率，%	容许误差，%
9.5mm	100	100	100	
4.75mm	100	90 ~ 100	70 ~ 90	±5
2.36mm	90 ~ 100	65 ~ 90	45 ~ 70	±5
1.18mm	65 ~ 90	45 ~ 70	28 ~ 50	±5
600μm	40 ~ 65	30 ~ 50	19 ~ 34	±5
330μm	25 ~ 42	18 ~ 30	12 ~ 25	±4
150μm	15 ~ 30	10 ~ 21	7 ~ 18	±3
75μm	10 ~ 20	5 ~ 15	5 ~ 15	±2

施工混合料集料（的目标）级配应在选定的级配类型所规定的通过率的范围内。当目标级配（该级配应为混合料设计的根据）确定后，各筛孔的通过率变动量不得超过上表所规定容许误差，并且仍保持在上表所规定级配范围内。

集料应在工地或料场验收。料场验收应以 AASHTO T2（ASTM D75）的五项级配试验为依据来判断集料是否合格。如果五项试验的平均值均在级配容许误差的范围内，则集料准予验收。如果试验表明集料不合格，施工单位要有以下两种选择：退料或者使用其他集料与料场材料混合，以达到规范的要求。混合用集料在混合前必须进行质量检验，而且混合后的集料与原级配必须保持一致。如果使用重新混合的集料，则必须重新进行混合料配合比设计。

如果在混合料中混有超尺寸的集料，必须在料场予以筛除。

（三）矿物填料

如果按混合料的设计，要添加填料，可使用硅酸盐水泥、熟石灰、石灰石粉料、粉煤灰或其他任一种经检验符合 ASTM D242 要求的填料。矿物填料应看作是干集料的一部分。

（四）水

水中不得含有害的盐类和杂质。

（五）添加剂

添加剂可用于加速或延缓稀浆封层混合料的破乳—凝固时间或改善其面层质量。稀浆混合料（或其某一成分）中添加剂的添加量应符合混合料配比设计中预先确定的数量。如有必要，经业主代表认可后可在施工现场进行必要的调整。

五、实验室鉴定

（一）概述

在开始鉴定前，施工单位应提交一份经签字的混合料设计书。设计书中应包括指定在工程中使用的各种材料。此项配合比设计应由具有乳化沥青稀浆封层表面处治设计经验的实验室完成。混合料设计一经批准，严禁替换其中的材料，除非经业主代表核准。

ISSA 可提供在稀浆封层混合料设计材料试验方面有经验的实验室名单。

（二）混合料设计

施工单位应向业主代表提交一份由实验室准备并经验证的一整套混合料设计书供审批。集料、乳化沥青、矿物填料和其他添加剂的配伍性应由混合料设计来加以检验。混合料设计所采用的集料级配应与施工单位施工时所提供的相同。

推荐的试验及数据如下：

ISSA 试验编号	说　明	规　范
ISSA TB—106	稀浆封层混合料的稠度	
ISSA TB—139 （用于快速开放交通系统）	湿态黏韧性试验 湿态黏韧性至少 30min（凝固） 湿态黏韧性至少 60min	12kgf·cm 20kgf·cm
ISSA TB—109 （仅用于重交通区域）	负荷车轮黏砂试验 测定沥青的最大用量	不大于 538g/m^2
ISSA TB—114	冲水剥离试验	通过（不少于 90%）
ISSA TB—100	湿轮磨耗试验 一小时浸泡	不大于 807g/m^2
ISSA TB—113	拌和时间*	至少可控制到 180s

*拌和时间试验和凝固时间试验应在预计的施工期内的最高温度下进行。

湿轮磨耗试验在实验室条件下进行，是混合料设计过程的一部分。该试验的目的是确定稀浆系统中沥青的最少用量。湿轮磨耗试验不推荐为现场质量控制或验收试验。

拌和试验用于预测破乳前材料在拌和箱内的可拌和时间有多长。这一试验可向施工单位提供更多的施工时间信息，而并不在于最终摊铺层的质量。这是检查材料（包括乳化沥青和集料）来源一致性的一项很好的现场试验方法。

试验室在其混合料设计书中要报告湿度对所使用的集料单位质量的定量影响（体积效应），同时还应清楚地说明在混合料中，集料、矿物填料（最大和最小）、水（最大和最小）、（各种）添加剂（如果使用），以及乳化剂沥青相对于集料干重的比例。

混合料设计中所使用的全部组成材料均应为施工单位建议在工程所使用的材料。

实验室提交的设计报告书中要说明每一种材料的百分比含量。在施工期间有时要根据现场情况进行调整。这些调整要得到业主代表的最终许可。

业主代表应在施工前批准混合料设计和稀浆封层施工中使用的所有材料和方法。混合料所有使用材料的用量应在下表所规定的范围内：

成分名称	极　限　值
残留沥青	Ⅰ型：10%～16% Ⅱ型：7.5%～13.5% Ⅲ型：6.5%～12% （按集料的干重计）
矿物填料	0.5%～2.0%（按集料的干重计）
添加剂	视需要而定
水	视生产适当稠度的混合料所需的水量而定 （整个稀浆混合料中不得呈现集料松动孔隙。应按 ISSA T 106 的规定检查稀浆的最佳状态）

（三）混合料的用量

稀浆封层混合料在整个施工期间应保持适当的稠度，以供给路面状况所要求的混合料用量，平均摊铺的用量（由业主代表检测）应符合下表的规定：

集料类型	摊铺位置	建议用量，kg/m^2
Ⅰ型	停车场、市区和居民区街道、机场跑道	4.3～6.5
Ⅱ型	市区和居民区街道、机场跑道	6.5～10.8
Ⅲ型	主要道路和州际道路	9.8～16.3

建议用量是以混合料中干集料的质量为依据的。集料的用量受集料的单位质量、集料的级配及施加稀浆封层原路面的需要量的影响。国际稀浆表面摊铺协会第 112 号技术公报给出了确定所要求的用量的方法。

（四）允许误差

稀浆混合料及其各种成分含量的允许误差如下：

（1）设计的残留沥青含量确定后，允许有 ±1% 的变动。

（2）集料通过每一种型号筛网的百分率应在本准则所规定允许误差范围内。

（3）相邻两筛网的通过率不应一个为最高值，而另一个为最低值。

（4）现场调整后，稀浆稠度相对于混合料设计规定值的变动，不得超过 ±0.5cm。

（5）用量经业主代表批准后，变动量不得超过 $\pm 1.1kg/m^2$，而且应保持在设计用量的范围内。

六、设备

（一）概述

所有施工中使用的设备、工具和机器在任何时候都应保持良好的技术状态，以保证高质量的施工。

（二）拌和设备

拌和设备应该是专门为稀浆封层而设计和制造的。混合料所使用的各种材料应由自行式车载型或连续运行式稀浆封层混合料拌和机进行拌和。连续运行式拌和机是指在连续摊铺稀浆封层的同时自动加料的拌和机。每一种拌和机都应能精确地按照规定的比例将集料、乳化沥青、矿物填料、控制凝固时间的添加剂和水送入旋转式搅拌器内，并搅拌成能连续不断输出的稀浆混合料，拌和机应有足够的集料、乳化沥青、矿物填料、控制凝固时间的添加剂和水的存储能力，以便向比例配料装置供应充足的混合料。

业主代表应决定使用哪一种拌和设备对其工程项目最为合适，以及这种设备在其施工区域是否容易得到和适用。通常，车载型拌和机或连续运行式拌和机都可在相同的工程项目中使用。但在许多情况下，车载型拌和机可能更为适用，如：死胡同、狭窄的车道及停车场等。当在主干线或十字路口等处施工时，由于连续运行式设备，可以连续拌和而减少起步接缝，可能是较好的选择。

如果使用连续运行式拌和机，则该拌和机应具备驾驶操作人员可在稀浆封层施工期间完全控制其前进和后退速度的功能，并应装有自动加料装置、后驾驶操作台、前进和倒车速度控制装置。

（三）比例配料装置

拌和机应装有可按比例控制并准确标示加入混合料的每一种材料（集料、矿物填料、乳化沥青、添加剂和水）的体积或质量的装置。

比例配料装置通常为旋转式计数器或类似的设备，用于材料标定计量和确定任一时间内材料的输出量。

（四）摊铺设备

混合料由装在拌和机后部的常规的表面摊铺用摊铺箱进行摊铺，摊铺箱内应备有搅动混合料并使混合料均匀分布于整个摊铺箱内的装置。摊铺箱的前密封装置可保证在与路面的接触点处无混合料漏失，后密封装置起后刮平器的作用，其位置可调。摊铺箱和刮平器的设计和运转应保证混合料稠度均匀且可自由地流向后刮平器。摊铺箱应具有可使箱体侧向移动，以补偿路面几何形状变化。

在摊铺箱的后端应装有粗麻布刮平帘或其他有效的刮平件，以保证摊铺层具有均匀和精细的面层。

（五）辅助设备

施工单位必须提供工程所需的各种适当的路面准备作业设备、交通管制设备、手工具及其他辅助和安全设备。

七、标定和检验

施工前，工程中用到的每一台拌和机都必须有业主代表在场的情况下进行标定。以往出具的包括所有要用到的确切材料的标定文件，只要其编制的时间是在该年内都可认定为有效。标定文件应包括每一种材料在拌和设备计量装置各种设定下的单独标定数据。在未完成全部标定和/或通过验收前，设备均不得在施工中使用。

每一台拌和机在标定后和施工前，都应制作试验路段。试验路段应为工程的一部分。从稀浆封层混合料中采样，检验其稠度和混合比，还应检验混合料的摊铺用量。如果上述任一项检验不合格，应再摊铺一条试验路段，直到每一台拌和摊铺机均检验合格、准予正式施工为止。对此，业主不承担费用。任一台拌和摊铺机经三次检验仍不合格，则不得在工程中使用。试验路段应在摊铺后24h内验收或报废。

八、气候限制

若路面温度或气温低于10℃，而且还在下降，则不得进行稀浆封层施工。但当气温和路面温度二者均高于7℃且还在继续上升时，仍可施工。若预测在稀浆封层摊铺后24h内，摊铺好的稀浆封层有冻结的危险，则不得施工。如果由于气候的原因使开放交通的时间延长，到超出合理的时间范围，也不能进行稀浆封层混合料的摊铺作业。

九、通告与交通管制

（一）通告

在施工的前一天应通告所有受工程影响的居民和单位。开工前应布置“前方施工，请绕行”之类的标志，若不能在原通告的日期开工，应发布新的通知。

通告应采用布告的形式，说明施工的时间和日期。

（二）交通管制

施工单位应采取适当的措施防止稀浆封层受到各种类型的车辆交通的破坏。开放交通并不表示工程已通过验收。施工单位为此采取的措施亦应通知业主代表。

在车辆急转弯率多的路段，需要延长一段时间开放交通，以便稀浆封层进一步完成养生，防止损坏。在这些路段开放交通后，可能会看到轻微的轮胎压痕，但随着交通碾压时间的推移，滑痕会逐步减少。只要在这些区域没有严重的车辙，便可认为该稀浆封层性能正常，应准予验收。

十、路面准备工作

（一）概述

稀浆封层临施工前，应清除路面上所有的松散材料、油污点、植物和其他妨碍施工的各种材料。任何一种标准的清洁方法都可采用。如果用水清洗，则应在裂缝完全干燥后，才可进行稀浆封层施工。施工时，路上的检查井口、各种阀门和开关的箱盒、下水道和其他服务设施的入口均应采取措施予以保护，防止稀浆流入。施工前路面的准备工作应得到业主代表的认可。

（二）黏层

一般情况下不需要铺设黏层，除非原路面极其干燥和严重剥落，或者原路面为水泥路面或砖铺路面。如果需要铺设黏层，则黏层混合料应由一分乳化沥青和三分水组成。乳化沥青应与稀浆混合料所使用的相同。洒布设备应能以 0.23～0.45L/m^2 的洒布量均匀洒布稀释沥青。必须在黏层完成养生后才能开始稀浆封层施工。

（三）裂缝

在稀浆封层施工前应使用合格的裂缝填补材料预先填补原路面上的裂缝。

十一、施工

（一）概述

根据当地的情况，如有必要，应采用在摊铺箱前喷洒水雾的方法使原路面预湿。

水雾的喷洒量应在当天调节，以适应温度、路面结构、湿度和路面干燥程度的要求。

稀浆封层混合料在由拌和机输出时应保持所要求的稠度。摊铺机的各有关部位在所有时刻都应有足够数量的混合料，这样才能获得完整的摊铺层。此外，应避免摊铺机过载。

不允许出现团块、结球或未混合的集料。

在摊铺好的稀浆封层表面上不得有诸如超尺寸的大粒料留下的刮痕。如果产生的刮痕超过规定的尺寸，应停止施工，直到施工单位向业主代表证实上述情况已得到纠正为止。有时，应在集料临装入由料场开往施工工地的拌和机或运料车之前再过筛一次。

（二）接缝

纵、横接缝处均不得有过高的凸包、未摊铺到的区域、或难看的外观。施工单位应使用适当宽度的摊铺设备，以便在整个工程中产生最小数量的纵向接缝。只要可能，应将纵向接缝置于车道线上。尽量减少半幅摊铺或不规则宽度的摊铺。任何摊铺区的最后一道摊铺作业施工决不能使用半幅摊铺。纵向车道线上接缝的搭接面最宽不得超过 152mm。

（三）混合料的稳定性

稀浆封层混合料必须具有足够的稳定性，以确保其乳化沥青材料不至于在摊铺箱内提前破乳。混合料在随后的拌和和摊铺期间应始终保持均匀，不得有过量的水和乳化沥青，也不应发生乳化沥青和细集料与粗集料离析的现象。不得将添加的水直接喷入摊铺箱内。

（四）手工作业

摊铺机不能达到的区域，应使用手工摊铺工具补摊，以保证稀浆封层完整和一致。在手工摊铺区，临摊铺混合料前应喷洒少许水分，使之保持湿润，然后立即进行摊铺作业。

摊铺时应精心操作，以免留下难看的手工作业外观。对于手工作业完成的摊铺层的质量要求应与对摊铺箱、摊铺层的要求相同。手工作业应在摊铺机作业期间完成。

（五）边界线

应认真测量，确保沿路缘石和路肩的稀浆封层边界线成直线。这些区域不允许有跑浆现象。十字路口处的边界线应成直线，以保持良好的外观。

（六）碾压

通常车道上的稀浆封层无须碾压。机场和停车场，则应由装有喷水系统的十吨级自行式轮胎压路机碾压，轮胎的压力应为 3.4 大气压。表面至少应由压路机全宽度覆盖碾压两次。

在稀浆混合料未充分养生到不致被压路机轮胎黏起之前，不应开始碾压。

（七）清理

所有区域，如人行道、（排水）明沟和十字路口，均应遵照业主代表的规定将稀浆封层混合料清除干净。施工单位每天都应清除施工留下的各种垃圾和杂物。

十二、质量控制

（一）检验

为了保证质量，指派的工程监理人员必须熟悉材料、设备和稀浆封层施工。

当确定现场检验参数时，应考虑施工地区的条件和工程项目的特殊要求。

（二）材料

施工单位应允许业主代表对工程所使用的集料和乳化沥青任意采样。应对集料进行级配和砂当量试验及对乳化沥青进行沥青残留量试验。试验结果与施工规范的要求进行对比。上述试验的费用由业主负担。

如果任一项试验的结果不符合施工规范的要求，业主应立即通知施工单位。

（三）稀浆封层混合料

稀浆封层混合料的试样应直接从稀浆拌和机上采取，至少每台拌和机每个工作日采样一次。用上述试样进行稠度和沥青残留量试验，并将试验结果与施工规范进行比较。上述试验的费用由业主承担。如果某项试验的结果不符合规范的要求，业主应立即通知施工单位。

业主代表可使用稀浆混合料拌和摊铺机的记录装置和测量装置确定其每次装载的混合料用量，以及其中乳化沥青的含量、矿物填料和添加剂的含量。

施工单位有责任测定料场的湿度并根据测定的结果调整混合料拌和机的设置，以控制散集料的用量。

（四）必须坚持的原则

如果料场材料连续两次检测试验均不合格，则施工应当停止。施工单位负责任地向业主代表证明问题已经得到解决后才允许继续施工，由此引起的费用由施工单位承担。如果从同一辆混合料拌和机上连续两次采样试验均不合格，该拌和机应暂停工作。施工单位负责任地向业主代表证明问题已经得到解决和该拌和机已能正常工作后才允许继续施工，由此引起的费用由施工单位承担。

十三、付款

稀浆封层应按单位面积或工程所用集料的质量和乳化沥青的质量计算工作量和付款，并须经业主认可。如果按集料和乳化沥青的质量计价付款，施工单位应向业主代表提交可说明每次发送至工地和工程使用的每种材料的数量，并且具有法律效力的证明文件和发货单。

价格应能足够补偿提供的全部材料，准备作业，材料的拌和和摊铺，所有的人工、设备、工具、试验设计、清洁工作，以及按本准则的要求完成全部工程所必需的各种杂活的费用。

附录 A　试验方法及其颁布机构

（一）机构名称

AASHTO：美国州公路与运输管理人员协会。

ASTM：美国试验与材料协会。

ISSA：国际稀浆表面摊铺协会。

（二）集料和矿物填料

AASHTO 试验编号	ASTM 试验编号	试　验
AASHTO T2	ASTM D75	矿物集料采样
AASHTO T27	ASTM C136	集料筛分
AASHTO T11	ASTM C117	矿物集料中小于 N0. 200 的细料
AASHTO 176	ASTM D2419	土和细集料的砂当量值
AASHTO T84	ASTM C128	细料的密度和吸收率
AASHTO T19	ASTM C29	集料的单位质量
AASHTO T96	ASTM C131	使用洛杉矶试验机测定小尺寸粗集料的抗磨耗能力
AASHTO T37	ASTM D546	矿物填料的筛分
AASHTO T104	ASTM C88	使用硫酸钠或硫酸镁测试集料的坚固度
……	ASTM D242	沥青摊铺混合料用矿物填料
AASHTO T127	ASTM C183	填料用水泥采样

（三）乳化沥青

AASHTO 试验编号	ASTM 试验编号	试　验
AASHTO T40	ASTM D140	沥青材料采样
AASHTO T59	ASTM 244	乳化沥青试验
AASTHTO M140	ASTM D977	乳化沥青规格
AASHTO M280	ASTM D2397	拌和、凝固和耐水性试验，以鉴定快凝乳化沥青

（四）乳化沥青残留物

AASHTO 试验编号	ASTM 试验编号	试　验
AASHTO T59	ASTM D244	蒸发残留物
AASHTO T49	ASTM C2397	25℃下5s内的针入度（100g）

（五）稀浆封层系统

AST 试验编号	ISSA 试验编号	试　验
	ISSA TB 101	萃取试验用稀浆混合料采样指南
	ISSA TB 106	稀浆封层混合料稠度测定
	ISSA TB 109	使用负荷轮试验仪测定沥青混合料中的沥青最大用量的试验方法
	ISSA TB 111	稀浆封层设计方法提纲
	ISSA TB 112	估算稀浆封层混合料摊铺量和测定路面宏观组织的方法
	ISSA TB 114	经养生后稀浆封层混合料湿剥落试验
	ISSA TB 115	确定稀浆封层混合料的配伍性
	ISSA TB 139	使用改良的黏韧性试验测定凝固和养生特性，对乳化沥青和集料混合料进行分级的方法
ASTM D3910	……	稀浆封层的设计、试验和结构
ASTM D2772	……	沥青摊铺混合料沥青的定量萃取

附录B　编写说明和技术说明

（一）编写说明

A. 本规范是作为一份指南编写的，使用时应注意：不应逐字逐句地照搬，而应该在仔细读完本指南后，确定哪些内容可用，哪些内容不适用。请与ISSA联系，ISSA将免费回答任何问题，也可以索取ISSA成员中可提供帮助的施工单位和公司的名单。

B. 本指南的编写仅包括常规的稀浆封层系统技术要点，不适用于改性稀浆封层。可向ISSA咨询改性稀浆封层等改进系统的信息。

（二）技术说明（摘录）

A. 乳化沥青（见4.1节）：水泥拌和试验可确定乳化沥青的可拌和性。但是，确定乳化沥青的可拌和性，最好用本项工程中实际使用的材料在实验室进行试验，而且许多专门为稀浆封层设计的乳化沥青虽然未能通过水泥拌和试验，在现场使用中却效果良好。

B. 概述（见4.2.1）：该节建议用于机场和主要道路的集料应100%地击碎。使用无棱角的天然砂，效果会很差。如果石料要混合，则施工单位应装备有合适的混合机具。湿集料难以混合。若石料单位质量相差过大，也很难混合。使用混合石料的工地，应增加料场的采样和试验次数。

C. 级配（见4.2.3）：设计时只应选用一种级配。经验表明，最好将每一型级配的头道筛（Ⅰ型的#8、Ⅱ型的#4、Ⅲ型的3/8）的通过率限制在98%～100%，以改善封层表面的外观。对上述三种集料补充说明如下：

Ⅰ型集料稀浆封层用于填补表面的孔隙和修复情况不太严重的表面。其用量约为4.3～6.5kg/m^2，理论沥青含量为干集料质量的10%～16%。Ⅰ型集料稀浆混合料由于它的细度，具有贯入裂缝的能力。这种稀浆封层的典型用例为只需要防止风雨侵蚀的区域。Ⅰ型级配若用于道路，建议其使用最高集料用量。

Ⅱ型集料稀浆封层用于填封表面孔隙，修复情况严重的表面，以及提供密封和磨耗面层，其用量约为6.5～10.8kg/m²，理论沥青含量为干集料质量的7.5%～13.5%。

其典型用例：要求这一级配的集料可填补裂缝和提供耐磨表面的中等级路面。另一项用例为在柔性基层、稳定基层或水泥稳定土基层上铺筑最后的面层之间，先摊铺一层稀浆混合料作为密封层。

Ⅲ型集料稀浆封层可提供具有最佳抗滑和耐磨性能的面层，其用量约为9.8kg/m²或9.8kg/m²以上，沥青的理论含量为干集料质量的6.5%～12.0%。其典型用例：在柔性基层、稳定基层或水泥稳定土基层上摊铺多层稀浆层时用作为第一层或第二层。其另一项用例为高等级道路填补孔隙和提供良好耐磨性的高等级路面。

D. 矿物填料（见4.3节）：大部分集料都要求使用矿物填料。填料应当作为集料的一部分，通常添加量为0.5%～2%。矿物填料主要用于提高稀浆封层的均匀度。

E. 添加剂（见4.5节）：目前有许多种添加剂正在试用或使用，加入稀浆封层混合料内控制其破乳和凝固时间。使用任何添加剂都必须经实验室检验，并作为混合料配合比设计的一部分。稀浆混合料拌和摊铺设备必须具有：（1）精确的计量装置，控制加入混合料的添加剂数量；（2）测量仪表，测定并显示在任一时刻加入混合料的添加剂数量。

F. 实验室报告（见5.2节）：

ISSA T 109 沥青最大用量负荷轮试验，大都在高交通量地区摊铺稀浆封层时使用。若在低交通量地区摊铺稀浆封层，可不作此项试验。

ISSA TB 136 说明进行湿轮磨耗试验时应注意的事项。

ISSA TB 139 说明使用黏韧性试验，测定的凝固和养生特性，对乳化沥青/集料混合料系统进行分类的方法。

ISSA OB（Operation Bulletin）128 说明确定集料体积效应的方法。

G. 稀浆封层混合料拌和设备（见6.2节）：一般拌和设备上最常使用的仪表有计数器、流量计或用量总表。这些仪表必须保持良好的技术状态。

H. 稀浆封层混合料摊铺设备（见6.4节）：某些摊铺箱内装有一套或一套以上的螺旋式搅动装置，以便改善稀浆混合料在摊铺箱内的分布。某些速凝稀浆封层系统，上述搅动装置还可阻止混合料破乳。必须使稀浆混合料在离开拌和机时保持宜当的稠度，而且以后不得再往混合料中加水。

I. 标定（见7章）：ISSA《检验员手册》中说明了拌和机的标定方法。ISSA的签约单位和（或）机械制造厂家可提供经证明有效的机械标定方法。

J. 检验（见7.1节）：有时，在施工现场很难评价混合料稠度试验，特别是速凝稀浆。如果要在现场进行此项试验，必须在采样后立即进行。这里推荐测定稠度的一种方法：用一根棍子紧跟在摊铺箱后面在稀浆表面画一条线。如果这条线能保持，说明稀浆稠度合适。如果这条线被其两侧的稀浆填平，说明混合料不合格。保持适当的稠度是检验员的一项重要工作。不合格的稀浆混合料会引起许多问题。如果混合料过干，摊铺层将出现条纹、团块或显得很粗糙。混合料过湿，会过度流失，而不能保持车道直线，并且会导致摊铺层富油而出现明显的离析现象。

K. 黏层（见10.2节）：当在砖、混凝土或其他高吸收率，或光滑的路面上摊铺稀浆封层时，建议用一份乳化沥青和三份水拌成的稀浆摊铺一层黏层。如果有可能，要使用与稀浆封层混合料中相同种类和等级的乳化沥青。可以用沥青洒布机实施洒布。上述稀释乳化沥青的正常用量为0.23～0.5L/m²。

L. 边线：在十字路口，许多施工单位使用6.8kg的黑色油毛毡盖住起点和终点。这样可以保证边线成直线并可用来接存溢出的稀浆，便于施工后清除。

姜云焕译自ISSA A105（修订版），2005年5月

改性稀浆封层推荐施工指南

本指南并不推荐或指定为必须逐字逐句严格执行的规范，仅用于帮助用户制定其本身施工规范的大纲。用户应该明白，各地所产的材料是不同的。因此，用户应当考虑混合料各种组成成分之间的配伍性和施工项目的具体要求，尽量选用那些最符合要求的材料。

一、应用范围

本指南旨在指导改性稀浆封层施工的设计、试验、质量控制及工作量的计算和付款办法。

二、说明

改性稀浆封层是按照一定的规范和业主代表的要求，将聚合物改性乳化沥青、矿物集料、矿物填料、水和其他添加剂，以适当的比例拌和并摊铺于筑面上的施工工艺。

改性稀浆封层混合料应能摊铺成各种变厚度的截面形状（楔形、车辙形、调平层，以及各种面层），经养生和初期交通碾压固结后，在沥青含量的整个设计允许误差范围内，各种变厚度的改性稀浆封层摊铺层，均应具有良好的抗压实性能，且在其整个使用寿命期间均应保持良好的抗滑表面（具有高的湿摩擦系数）。

改性稀浆封层混合料摊铺层是一种快速开放交通（在摊铺后短时间内便可开放交通）的系统。开放交通的时间随各工程而变。因此，应根据每一项工程来确定具体的交通开放时间。通常，在温度为24℃，湿度≤50%的条件下摊铺的厚12.7mm的改性稀浆封层面层能在施工后一小时内开放交通。

三、施工范围

附录A是本指南的一部分，列有试验方法和提出这些试验方法的机构的名称。

通常不要求每项工程都做完附录A所提出的全部试验。有些试验费用很高而且要花费大量的时间。如果工程项目所使用的材料以往一直有良好的性能记录，则试验的项目可以减少。地方当局的工程部门通常对材料都熟悉，因此应该可以提供这方面的信息，以减少所要求的试验量。

四、材料

（一）乳化沥青

1. 概论

乳化沥青应使用符合AASHTO M208或ASTM D2397对CSS—1h快速开放交通型聚合物改性乳化沥青所提出的要求。对于这一类乳化沥青，可不做水泥拌和试验。

聚合物原料应研成粉状，或与乳化剂一起加入沥青中拌和或在对沥青乳化加工之前加入乳化剂溶液内并与之混合。

聚合物改性剂的最小用量和品种，应由进行混合料配合比设计的试验室确定。其最小用量决于混合料中沥青的质量，并由乳化沥青供应单位确认。一般认为，固态聚合物改性剂的最小用量为沥青质量的3%。如果所存储的乳化沥青在发货后36h内使用，或使用前乳化沥青在存储期间不断地添加乳化剂拌和，则不必进行5天沉淀试验。

2. 质量试验

进行下列试验时，乳化沥青必须达到AASHTO M208或ASTM D2397对CSS—1h的要求以及下表中补充的各项要求。

AASHTO试验编号	ASTM试验编号	质量	规范要求
AASHTO T59	ASTM D244	蒸发残留物	最少62%

试验温度应低于138℃，高于138℃可能导致聚合物分解。

AASHTO试验编号	ASTM试验编号	蒸发残留物试验	规范要求
AASHTO T53	ASTM D36	软化点	最低57℃
AASHTO T49	ASTM 2397	25℃时的针入度	40~90*
	ASTM 2170	135℃时的运动黏度	650cst/s

*确定其范围时必须考虑气候条件。

每份乳化沥青试样都必须有质量分析检验合格证书，以确保试样与混合料配合比设计中所使用的乳化沥青相同。

（二）集料

1. 概述

使用的矿物集料必须符合每一项改性稀浆封层施工具体规定的品种和级配。集料应采用由大理石、石灰岩、矿渣和石块等加工成的碎石或其他高质量的集料，或上述几种的组合。为了确保材料完全击碎，百分之百原材料都必须小于所采用的级配中的最大粒径。

2. 质量试验

进行下列试验时，集料应符合其最低要求。

AASHTO试验编号	ASTM试验编号	质量	规范要求
AASHTO T176	ASTM D2419	砂当量	最小65
AASHTO T104	ASTM C88	坚固性	使用Na_2SO_4，最大15%， 使用$MgSO_4$，最大25%
AASHTO T96	ASTM C131	磨耗损失	最大30%

磨耗损失试验应在原材料上进行，集料应符合经施工实践证明合格的磨光值。某些集料可能通不过上述试验，但若经过施工实践证明其性能合格，亦可使用。

3. 级配

进行AASHTO T27（ASTM C136）和AASHTO T11（ASTM C117）规定的各项试验时，目标级配（指配合比设计级配。包括矿物填料）应在下表所列的两种类型中的一种（或地方当局当前认可的类型中的一种）所规定的范围内。

筛孔尺寸	Ⅱ型通过率,%	Ⅲ型通过率,%	容许误差,%
9.5mm	100	100	
4.75mm	90~100	70~90	±5
2.36mm	65~90	45~70	±5
1.18mm	45~70	28~50	±5
600μm	30~50	19~34	±5
330μm	18~30	12~25	±4
150μm	10~21	7~18	±3
75μm	5~15	5~15	±2

施工混合料集料的目标级配应在所选定类型的级配范围内。当目标级配（该级配应为混合料设计的根据）确定后，各筛孔的通过率变动量不得超过上表所规定容许误差范围，并且应保持在上表所规定级配范围内。建议任一对相邻的两个筛网的通过率不应一个为最高值而另一个为最低值。

集料应在工地的料场或装入摊铺机的供料装置前验收。料场验收应以AASHTO T2（ASTM D75）的五项级配试验为依据来判断集料是否合格。如果五项试验的平均值不在级配容许误差的范围内，则集料可予以验收。如果试验表明，集料不合格，施工单位可有以下两种选择：(1)退料。(2)使用其他集料与料场内的储料混合，以达到规范的要求。混合用集料在混合前必须进行质量检验，而且混合后集料的级配必须与原级配保持一致。如果重新混合集料，则必须重新进行混合料设计。

若混合料中混有超尺寸的集料，必须在料场将集料装入摊铺机前予以筛除。

(三) 矿物填料

如果混合料需要添加填料，可以使用任一种得到公认的品牌的无空气气泡的硅酸盐水泥或无结块的熟石灰，并可由目测验收。矿物填料的种类和数量由实验室混合料设计确定，应看作是集料配比设计的一部分。在改性稀浆封层施工时，如果发现有必要将混合料的稠度或凝固时间调节到施工所需的最佳值，可增加或减少矿物填料的添加量，但其增减量不得超过1%。

(四) 水

水应为可饮用的水，且不含有害的可溶性盐类，或活性化学物质和其他杂质。

(五) 添加剂

添加剂可加入乳化沥青混合料或混合料的任一成分中，用于控制快速开放交通的时间。添加剂必须作为混合料一部分，包括在其配合比的设计之中，而且应能与混合料中的其他成分配伍。

五、实验室鉴定

(一) 概述

在开始鉴定前，施工单位应提交一份经签字的混合料设计书。设计书中应包括工程中指定使用的各种材料。此项配合比设计由具有改性稀浆封层设计经验的实验室完成。混合料设计一经批准，严禁替换其中的材料，除非经业主代表核准。

ISSA可提供在改性稀浆封层设计上有经验的实验室的名单。

(二) 混合料设计

施工单位应向业主代表提交一份由实验室准备并经验证的一整套混合料设计书，供审批。集料、聚合物改性乳化沥青、矿物填料和其他添加剂的配伍性应由混合料设计来加以验证。混合料设计所采用的集料级配应与施工单位施工时所提供的相同。推荐的试验项目及试验数据如下：

ISSA 试验编号	说　明	规　范
ISSA TB—139	湿态黏聚力试验 30min 时（至少初凝成型） 60min 时（至少开放交通）	不小于 12kgf·cm 不小于 20kgf·cm 或接近打滑
ISSA TB—109	负荷车轮黏砂试验，测定沥青的最大用量	不大于 $538g/m^2$
ISSA TB—114	冲水剥离试验	通过（最少 90%）
ISSA TB—100	湿轮磨耗试验 1h 浸泡 6d 浸泡	不大于 $538g/m^2$ 不大于 $807g/m^2$

湿轮磨耗试验在实验室条件下进行，是混合料设计过程的一部分。该试验的目的是确定稀浆系统沥青的最少用量。湿轮磨耗试验不推荐为现场质量控制或验收试验。在某些系统中，沥青与集料的黏结，需要很长的时间。这些系统，要使用改良的马歇尔稳定度试验（ISSA TB—148）或维姆黏聚力仪试验（ASTMD—1560）来确定沥青的用量。

ISSA 试验编号	说　明	规　范
ISSA TB—147	横向位移 56.71kg，1000 次循次后的密度	最大 5% 最大 2.10
ISSA Tb—144	配伍性分级	最少 11 级（AAA，BAA）
ISSA TB—113	25℃时的拌和时间	可控制至最少 120s

拌和试验用于预测破乳前材料在搅拌箱内的可拌和时间有多长。这一试验可向施工单位提供更多的施工时间信息，而并不在于最终摊铺层的质量。

拌和试验和凝固时间试验应在预计的施工期间内可能遇到的最高温度下进行。

实验室在其混合料设计书中要说明湿度对集料单位质量的定量影响（体积效应），同时还应清楚地说明在混合料中，集料、矿物填料（最大和最小）、水（最大和最小）的比例，添加剂的使用，以及聚合物乳化沥青相对于集料干质量的比例。

混合料设计中所使用的全部组成材料均应为施工单位建议在工程中使用的材料。实验室提交的设计报告书中要说明每一种材料的百分比含量。在施工期间有时要根据现场情况进行调整。这些调整要得到业主代表的最终许可。

组成材料名称	极限值
残留沥青	集料干质量的 5.5%～10.5%（5）
矿物填料	集料干质量的 0.0～3%
聚合物改性剂	固态下最少为沥青质量的 3%
添加剂	视需要而定
水	视生产适当稠度的混合料所需的水量而定

（三）混合料的用量

改性稀浆封层混合料在施工期间应保持适当的稠度。施工时所要求的混合料的稠度和用量取决于路面的状况。平均单层摊铺的用量（由业主代表检测），应符合下表的规定：

集料类型	摊铺位置	建议用量
Ⅱ型	市区和居民区街道、机场跑道	$5.4 \sim 10.8kg/m^2$
Ⅲ型	主要道路和州际道路	$8.1 \sim 16.3kg/m^2$
	车辙	按需而定（见附录 B）

建议用量是以混合料中的干集料质量为依据的。因此，混合料的用量受集料单位质量的影响。

当车辙或路面变形不严重时，通常在要修补的车辙处，摊铺两层全宽度改性稀浆封层处置层即可。在路面需要找平时，其第一层摊铺层为找平层。此时，摊铺机摊铺箱的后方应安装金属或硬橡胶刮板。第二层摊铺层，混合料的用量为8.1～16.3kg/m^2。

六、设备

（一）概述

所有的施工设备、工具和机器在任何时候都应保持良好的技术状态，以保证高质量的施工。

（二）拌和设备

拌和设备应该是专门为改性稀浆封层设计和制造的。混合料所使用的各种材料应由自动程序控制的自行式改性稀浆封层混合料拌和机进行拌和，而且该拌和机应为连续供料式的搅拌装置，能精确地按照规定的比例将集料、乳化沥青、矿物填料、控制凝固时间的添加剂和水送入多叶片、双轴螺旋转式搅拌器内，搅拌成连续不断的稀浆混合料输出。该拌和机应有足够的集料、乳化沥青、矿物填料、控制凝固时间的添加剂和水的存储能力，以保证按照配合比的要求，供应充足的混合料。在主要公路上施工时，要求拌和机为可在连续地进行改性稀浆封层施工作业的同时，加添混合料所需的各种原料的自动加料式机械，以尽量减少接缝。如果使用这类自动加料式拌和机应加装速度控制系统，以便驾驶操作人员可以在摊铺改性稀浆封层混合料期间完全控制其前进和后退的速度，而且应装备有后端操作台，以协助驾驶员对准施工标线。自动加料装置，后端操作台和前进、后退速度控制系统均由原设备制造厂家设计、安装。

（三）比例配料装置

应提供能按混合料设计配比的要求控制并准确标示加入混合料的每种材料（集料、矿物填料、乳化沥青、添加剂和水）的体积或质量的装置。比例配料装置用于材料的标定计量和确定任一时间内材料的输出量。

（四）摊铺设备

混合料由一对固定在摊铺箱内的叶片式或螺旋式摊铺轴搅动并均匀分布于摊铺箱内。摊铺箱的前密封装置可保证在与路面的接触点处无混合料漏失，后密封装置起后刮平器的作用，其位置可调。摊铺箱和后刮平器的设计和运转应保证混合料稠度均匀并可自由地流向后刮平器。摊铺箱应具有适当的结构可使箱体侧向移动，以补偿路面几何形状的变化。

1. 第二刮平器

摊铺箱上应装有第二刮平器，以改善摊铺层的表面纹理。第二刮平器应具有与摊铺箱相同的调节功能。

2. 车辙摊铺箱

当按设计要求，在摊铺改性稀浆封层表面层前，要采用改性稀浆封层施工来填补原路面上的车辙、凹槽、坑洼等时，12.7mm或更深的车辙应使用1.5m或1.8m宽的车辙摊铺箱单独填补。深度小于12.7mm或形状不规则的浅车辙，只需在业主代表的监督下进行一次全宽度调平摊铺即可。当车辙的深度超过38.1mm时，应使用车辙填补摊铺箱多次摊铺，以恢复路面正确的横截面形状。所有的车辙填平修补材料层都应至少经24h的交通碾压养生，才能在填平层的顶面摊铺下一层。

（五）辅助设备

施工单位必须提供各种用于路面施工辅助设备、交通管制标志及其他辅助和安全设备，以供施工之需。

七、标定

施工前，工程中用到的每一件拌和设备都必须有业主代表在场的情况下进行标定。以往出具的、材料准确的标定文件，相隔时间只要不超过60天，都可认定为有效。标定文件应包括在拌和设备计量装置不同设定下每一种材料的单独标定数据。在未完成全部标定和/或通过验收前，设备均不得在施工中使用。

八、气候限制

若路面温度或气温低于10℃，而且还在下降，则不得进行改性稀浆封层施工，但当路面温度和气温二者均高于7℃且还在继续上升时，仍可施工。若预测在改性稀浆封层摊铺后24h内有可能发生霜冻，不得施工。如果由于气候的原因使开放交通的时间延长到超出合理的时间范围，也不能进行改性稀浆封层混合料的摊铺作业。

九、通告与交通管制

（一）通告

在施工的前一天应通告所有受工程影响的居民和单位。开工前应布置适当的施工标志。若不能在原通告的日期开工，应发布新的通告。通告应采用布告的形式，说明施工的时间和日期。

（二）交通管制

所有的交通管制设施都必须符合州或联邦的要求，而且还要符合《统一交通管制设施手册》的要求。施工单位应采取适当的措施防止改性稀浆封层摊铺层在施工过程中或交通开放前受到各种类型的车辆交通的破坏。开放交通并不表示工程已通过验收。施工单位为此采取的措施亦应通知业主代表。

十、路面准备工作

（一）概述

改性稀浆封层临施工前，应清除路面上所有的松散材料、污点、植物和其他妨碍施工的各种物料。任何符合标准的清洁方法均可使用。如果用水清洗，则应在裂缝完全干燥后，才可进行改性稀浆封层施工。施工时，路上的检查井、各种阀门和开关的箱盒、下水道和其他服务设施的入口均应采取合适的措施予以保护。施工前路面的准备工作应得到业主代表的认可。路面上不允许有从摊铺车上散落或存留的干集料。

（二）黏层

一般情况下不需要铺设黏层，除非原路面极其干燥和严重剥落，或者原路面为水泥路面或砖铺路面。如果需要铺设黏层，则黏层混合料应由一分乳化沥青和三分水组成，并使用标准的洒布设备铺设。乳化沥青应为SS或CSS级。洒布设备应能以0.23～0.45L/m² 的洒布量均匀洒布稀释沥青。必须在黏层完成养生后才能开始改性稀浆封层施工。如果需要铺设黏层，应在施工计划中注明。

（三）裂缝

在改性稀浆封层施工前应使用合格的裂缝填补材料预先填补原路面上的裂缝。

十一、施工

（一）概述

如果有必要，建议在工程前模拟施工期间可能遇到的环境，摊铺一条试验路段。

根据当地的情况，如有必要，应采用在摊铺箱前喷洒水雾的方法使原路面预湿。水雾的喷洒量应于当日调节，以适应温度、路面结构、湿度和路面干燥程度的要求。

改性稀浆封层混合料在由拌和机输出时应保持所要求的稠度。摊铺机的各有关部位在所有时刻都应有足够数量的混合料，这样才能获得完整的摊铺层。应避免摊铺机过载。不允许出现团块、结球或未混合的集料。

在摊铺好的改性稀浆封层表面上不得留有超尺寸的大粒料留下的刮痕。如果产生的刮痕过大，应停止施工，直到施工单位向业主代表证实上述情况已得到纠正为止。刮痕过大是指：在任一处25m^2 大的区域内，出现四条以上宽 12.7mm，长 101mm，或宽 25.4mm，长 76.2mm 的刮痕。在摊铺好的表面上用 3m 长的直尺测量时，不允许出现深 6.4mm 的横向凸凹波纹或纵向刮痕。

（二）接缝

纵、横接缝处均不得有过高的凸包、未摊铺到的区域或难看的外观。施工单位应使用适当宽度的摊铺设备，以便在整个工程中产生最小数量的纵向接缝。只要有可能，应将纵向接缝置于车道线上。尽量减少半幅摊铺或不规则宽度的摊铺。任何摊铺区的最后一道摊铺施工决不能使用半幅摊铺。纵向车道线上接缝的搭接面最宽不得超过 72.6mm。此外，当用 3m 长的直尺置于接缝处测量高低不平度时，其高度差不得超过 6.4mm。

（三）混合料的稳定性

改性稀浆封层混合料必须具有足够的稳定性，确保其乳化沥青材料不至于在摊铺箱内提前破乳。混合料在随后的拌和摊铺期间应始终保持均匀，不得有过量的水和乳化沥青，也不应发生乳化沥青和细集料与粗集料离析的现象。在改性稀浆封层摊铺过程中，任何情况下不得将水直接喷入摊铺箱内。

（四）手工作业

摊铺车不能达到的区域，应使用手工摊铺工具补摊，以保证改性稀浆封层完整和一致。如果必要，在手工摊铺区，摊铺混合料前应喷洒少许水分，使之保持湿润然后立即进行摊铺作业。以免留下难看的手工作业外观。对手工作业最终效果的要求与对摊铺箱作业的要求相同。

（五）边界线

注意保证沿路缘石和路肩成直线。这些区域不允许有跑浆现象。十字路口处的边界线应成直线，以保持良好的外观。如有必要，可使用适当的材料遮蔽道路的末端，以保证形成直线。

在边界线任一处 30m 的长度内，边界线的横向偏差（直线性变化）不得超过 ±50mm。

（六）清理

所有区域，如人行道、（排水）明沟和十字路口，均应遵照业主代表的规定，将改性稀浆封层混合料清除干净。施工单位每天都应清除改性稀浆封层施工留下的各种垃圾和杂物。

十二、测量方法

（一）面积

在小型工程中，工程量应根据以平方英尺、平方码、平方米为单位所测定的面积来计算。

（二）吨和公升

超过 41806m^2 的大型工程，工程量的计算和付款金额应以使用的集料的吨数和乳化沥青的公升数为依据。集料的用量由送至施工工地的实际质量或在施工工地使用经检验合格的称重工具直接称重来计算。送料单或称重时打印出的质量数据均可作为集料用量计算的依据。工程的乳化沥青用量以每次给工地送料时提交的检验单为依据，其中应扣除尚未使用的或退回给供应商的部分。

十三、付款

改性稀浆封层应按单位面积或工程所用集料的质量和乳化沥青的质量或体积（公升）付款并须

经业主代表认可。价格应能足以支付全部准备作业、材料的拌和和摊铺费用和所有的人工、设备、工具、试验设计、清洁工作，以及按本指南的要求完成全部工程所必需的各种杂活的费用。

附录A　试验方法及其颁布机构

（一）机构名称

AASHTO：美国州公路与运输管理人员协会。

ASTM：美国试验与材料协会。

ISSA：国际稀浆表面摊铺协会。

（二）集料和填料

AASHTO试验编号	ASTM试验编号	试　验
AASHTO T2	ASTM D75	矿物集料采样
AASHTO T27	ASTM C136	集料筛分
AASHTO T11	ASTM C117	矿物集料中小于NO.200的细料
AASHTO 176	ASTM D2419	细集料和黏土的砂当量值
AASHTO T96	ASTM C131	使用洛杉矶试验机测定小尺寸粗集料的抗磨耗能力（本试验使用制作细级配改性稀浆封层碎石料用的石料原料）
AASHTO T104	ASTM C88	使用硫酸钠或硫酸镁测试集料的坚固度

（三）乳化沥青

AASHTO试验编号	ASTM试验编号	试　验
AASHTO T40	ASTM D140	沥青材料采样
AASHTO T59	ASTM 244	乳化沥青试验
AASHTO M280	ASTM D2397	阳离子乳化沥青规格

（四）乳化沥青残留物

AASHTO试验编号	ASTM试验编号	试　验
AASHTO T59	ASTM D244	蒸发残留物（在较低的温度下进行试验时，本试验方法应作适当改变）
AASHTO T53	ASTM D36	用环球法测定软化点
ASHTO T49	ASTM C2397	25℃时5s内的针入度（100g）

（五）混合料配合比

ASTM试验编号	ISSA试验编号	试　验
ASTM D6372—99a	…	改性稀浆封层设计、试验和施工的标准方法
ASTM D6372—99a	ISSA TB 100	稀浆封层的湿轮磨耗试验法（这一试验用于确定混合料中沥青的最小用量,%）
ASTM D6372—99a	ISSA TB 109	负荷轮黏砂试验确定混合料中沥青的最大用量
ASTM D6372—99a	ISSA TB 113	拌和时间
ASTM D6372—99a	ISSA TB 114	稀浆混合料养生后的湿剥落试验
ASTM D6372—99a	ISSA TB 144	使用Schulze—Breuer仪测定分级配伍性
ASTM D6372—99a	ISSA TB 148	改进型马歇尔稳定性试验
ASTM D1560	…	Hveem黏韧性仪

附录 B　改性稀浆封层填补车辙

经验法

改性稀浆封层混合料摊铺层，每 25.4mm 增加 3.2 ~ 6.4mm 的摊铺厚度，形成拱形以补偿交通车辆的压实变形。

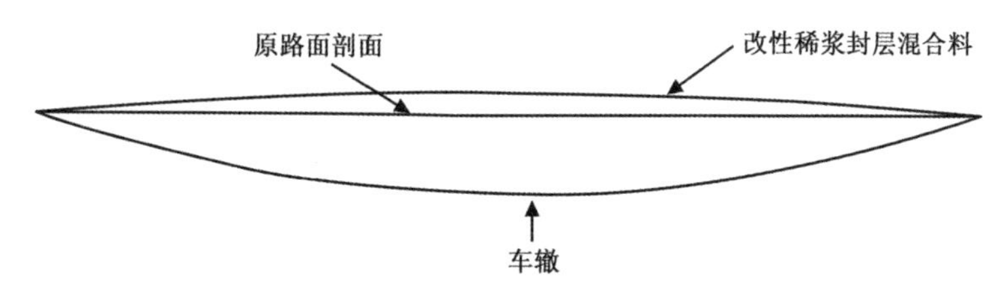

车辙深度，mm	所需的改性稀浆封层混合料用量，kg/m^2
12.7 ~ 19.1	10.8 ~ 16.3
19.1 ~ 25.4	13.6 ~ 19.0
25.4 ~ 31.75	15.2 ~ 20.6
31.75 ~ 38.1	17.4 ~ 21.7

姜云焕译自 ISSA A143 修订版，2005.5

保护环境的改性稀浆封层施工方法在维修养护中的应用

姜云焕　译

一、引言

改性稀浆封层施工方法（以下简称为MS施工方法），20世纪60—70年代在德国开发研究，其目的是为延长旧路面使用寿命，做预防性养护的维修方法（即表面处治的施工方法），80年代开始，在欧美国家，继而在澳洲、东南亚等广泛采用。

日本1990年开始引进，至今已有十年以上的历史，实际铺筑$60\times10^4m^2$以上。但是，在道路的维修中，没有彻底贯彻预防性养护的方案。与欧美国家相比，在交通条件、气候条件以及交通法规等有所不同，因而使改性稀浆封层施工方法的适用范围受到限制。由于未能肯定其耐用性能，不能明确其周期寿命的造价，因而未能尽快普及推广，近几年施工面积逐渐有所减少。

本文根据对MS施工方法的介绍与跟踪考察的结果，按推测的耐用年限与周期寿命的研究结果，进而对MS施工方法的常温薄层路面的特长、有效保护地球环境的评价、明显减少CO_2的排放量与能源消耗的检测结果，提出推广的建议。

二、MS施工方法

MS施工方法与稀浆封层施工方法极为相似，但前者是以改性乳化沥青为基础，采用高浓度的改性乳化沥青，在骨料中除有筛屑以外，还加入7号碎石粗骨料。后者骨料以筛屑为主，乳化沥青为一般用的拌和型乳化沥青。这是两种施工方法关键不同之处。

MS施工方法采用专用的改性稀浆封层摊铺机进行摊铺。施工时必须采用快裂型的改性乳化沥青，用选定的骨料、水泥、水、破乳调节剂等原材料。装载于专用的摊铺机上，在这机械的后部装有拌和机。它可以连续不断地制造稀浆混合料，投入到后部牵引的摊铺箱中，在前进中由摊铺箱进行摊铺。摊铺箱摊铺稀浆混合料的实际情况如图1所示，最后铺筑面如图2所示。

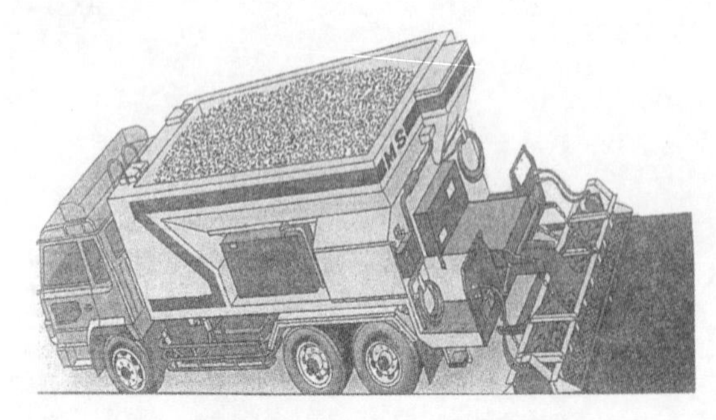

图1　摊铺箱摊铺稀浆混合料实际情况

图2　摊铺面实际照片

MS施工方法的优点，如下所述：

（1）最适宜于预防性养护的施工方法，能及时地保持与提高路面的服务水平。可以降低综合养路费用。

（2）MS 施工方法不同于热沥青路面养护，在重复进行维修养护时，几乎不用铣刨。因而材料用量少，可以减少路面产生的废旧材料，能节省资源。

（3）铺设一层封层的厚度为 3～10mm 的薄层，因此施工对于路面高度增长不大。对于受附属构造物或建筑限制路面不能加高的路段，适用于这种施工方法。另外，根据原有路面状况的需要，也可以加铺 2～3 层。

（4）施工速度很快。MS 施工速度为 10～20m/min，一天可以铺筑很大面积，而且，施工后几个小时即可开放交通行车，可以减少阻塞交通的发生。

（5）改善路面纹理，可以恢复路面防滑等性能。

（6）由于是在常温条件施工，不需要很多的热能，因此，不仅能保护环境，而且防止夏季施工产生的爆热（热沥青混合料产生的），显著改善施工条件。

（7）对于老化的旧路面可以返老还新。

（8）在粗糙的旧路面上做 MS 养护，可以减少行车的噪音与振动。

（9）由于使用改性乳化沥青，适应重交通线路的需要。

三、跟踪考察与耐用年数

根据对 MS 施工方法的 80 个月的跟踪考察结果，对于路面性能，MCI 的历时变化的评价，推定其耐用年数。

为了推定耐用年数进行跟踪考察的区段，为一般国道 180 号的实验路段。之所以选定这个实验段，是因为：（1）交通量比较高；（2）在此区段内，可以将开裂的区段与车辙区段分开进行；（3）没有铣刨罩面的区段，可以做路面性能的比较；（4）可以提供长时间使用等。

由下面的工程内容，表示跟踪调查与推定耐用年限的结果。

（一）工程内容

（1）工程名称：常温型快硬性薄层实验施工路段。

（2）路线名：一般国道 180 号（冈山县高粮市内）。

（3）施工时间：平成 9 年（1997 年）10 月。

（4）交通量：路面设计交通量 100 辆以上未满 3000 辆（辆/日・单向、旧 C 交通区分）。

（5）施工内容。

①工区：发生车辙的路段，将原路面隆起部分铣刨后，采用 MS 施工方法(8mm＋7mm 做两层铺筑)；

②工区：发生开裂的路段，将原路面的裂缝处理后，采用 MS 施工方法(5mm＋5mm 两层施工)；

③比较路段：如同 1 工区那样产生车辙区段，将原路面铣刨 5cm 后，用改性Ⅱ型沥青混合料铺筑 5cm 厚罩面。

（二）跟踪考察的结果与耐用年限的推定

根据各种路面性能的跟踪考察结果，推定使用年限如下：这里所说的耐用年限，适用于 MS 施工方法，如果用这种施工方法改善路面性能，可以再恢复到路面原有水平，再推定其耐用年限。这次考察包括已往对 MS 施工方法的考察结果。

1. 路面的裂缝

正在发生裂缝的 2 工区与比较工区发生裂缝的跟踪考察，其结果如图 3 所示。

将 2 工区与比较工区相对比，可以确定 2 工区早期产生的裂缝是由于原路面的反射性裂缝引起的。另外，在比较工区经 3 年行车后，裂缝急剧增加，再经 4 年行车后，裂缝比 2 工区多一倍。

根据跟踪考察结果看出，在 MS 施工之前原路面的开缝率为 9.6%。这种情况推定其耐用年数 6.5 年达到原路面水平。

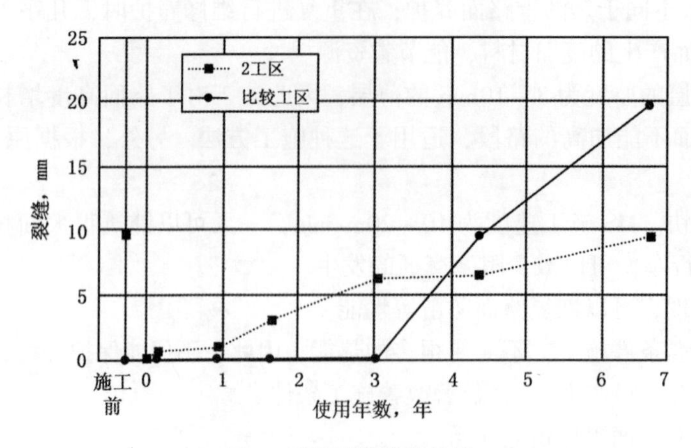

图3　裂缝跟踪考察结果

然而由于2工区行车线下部有下水管道的埋设工程，将原路面进行拆修，因而对它跟踪考察不可能是进行80个月行车的结果，因此，采用超车线路的考察结果，推定其开裂耐用年数。再有，关于比较工区，距离起点40m的区段，行车50个月后产生急剧的损坏，因而再次进行铣刨罩面，用比较工区自零点起的40～100m路段表示其开裂率。

2. 路面的车辙

原路面产生车辙的1工区与比较工区的车辙量进行跟踪考察，其考察结果如图4所示，而比较工区与路面的裂缝情况相同，采用40～100m路段的车辙量。

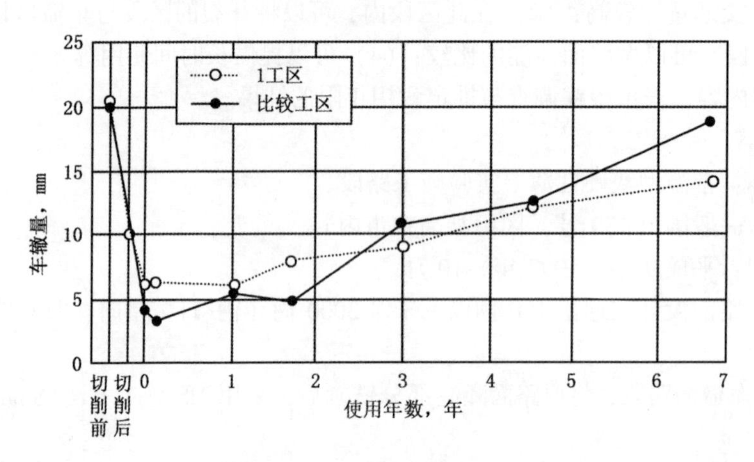

图4　车辙量跟踪考察结果

用MS施工方法将原路面的车辙完全消除是困难的，在初期阶段，1工区的车辙量比比较工区的车辙量大，但是以后的1工区车辙量增长的少，因此，数年后比较工区的车辙量比1工区增加的大。按跟踪考察结果，达到原路面车辙的时间（约1.0mm/年）约推定为15年。但是在该实验工程之前，已将原路面的鼓起部分多次做过铣刨，不能确定其准确的车辙量。因而按图4所示，推测过去实际耐用年限。

由过去的实践情况求出MS施工前后车辙量的关系如图5所示。如果假定原路面的车辙量为20mm时，采用MS施工方法后成为11mm可以减成9mm。按1工区跟踪考察结果，车辙量按1mm增长，因而推定耐用年限约9年。

3. 平整度

1工区、2工区以及比较工区的平整度的跟踪考察结果如图6所示。原路面的平整度σ = 3.05mm与大的1工区路段采用MS施工方法后，可以改善至1.49mm，但是与σ = 1.29mm良好的2

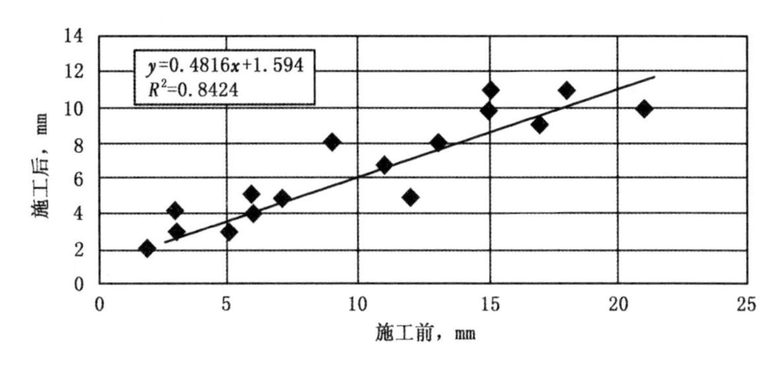

图 5　施工前后车辙量的关系

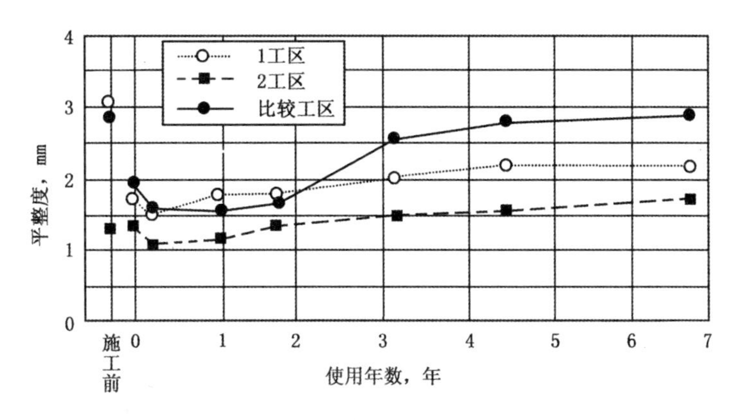

图 6　平整度跟踪调查结果

工区几乎没有改善。

1 工区和 2 工区施工时产生的小凹凸不平，在行走车辆的压实下，逐渐平整。这种平整的改善只是暂时的，经过 1 年后，逐渐每年将有约 0.1mm 的下降。在比较工区内也有同样的倾向，2 年后出现急剧下降。要比 1 工区和 2 工区更为严重，6 年后又恢复到修补前原路面相同的平整度。

已往采用 MS 施工方法施工前后平整度的实际情况如表 1 所示。当原路面在 $\sigma=3.0$mm 以上时，采用 MS 施工方法后，可以期望改善 1mm 左右，但是对于 $\sigma=2$mm 以下良好状态的路面，几乎没有改善。

表 1　施工前后路面平整度的关系　　单位：mm

施工前	施工后	差　值	平均差值
5.34	4.09	1.25	1.21
5.07	4.34	0.73	
3.81	2.81	1.00	
3.07	1.22	1.85	
3.01	1.77	1.24	
2.91	2.36	0.55	0.27
1.58	1.45	0.13	
1.43	1.17	0.26	
1.29	1.16	0.13	

1 工区与比较工区原路面的平整度为 $\sigma=3$mm，如用 MS 施工方法处理后，可改善 1mm，平整度为 2mm。按跟踪考察的结果，行车 1 年后，趋向下降约 0.1mm，如要达到原路面状态，推定其耐用年限为 10 年。

4. MCI（养护管理系数）

MS 施工方法（用 1 工区和 2 工区的平均值）与比较工区，随着 MCI 的推移，将路面的管理水平与维修养护施工方法的综合研究（以下称为综合研究）予以报告，将路上面层再生施工方法的表面处治的 MCI 列为预测试值如图 7 所示。MS 施工方法由于施工后难以完全修复车辙，还因为薄层在早期阶段原路面容易产生反射性裂缝，因此它的 MCI 值在早期阶段要比铣刨罩面的比较工区和表面处治的预测试要低。但是，以后其路用性能渐好，对于预测式要经过 3 年，对于铣刨罩面要经过 4 年，MS 施工方法产生逆转。要达到部分需要修补的 MCI =5 年的时间，与其他施工方法相比，MS 可以延续到 7 年。

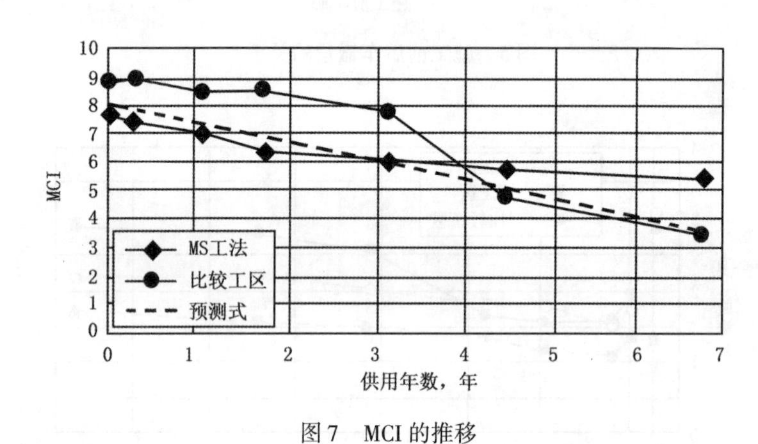

图 7　MCI 的推移

5. 耐用年数

前面将 MS 施工方法的各种路面性能与 MCI 的推移影响耐用年数的一览表见表 2 所示。从表中可推定，路面设计交通量在 1000 ~3000（辆/日 · 方向）的状态时，耐用年数为 6.5 年。

表 2　耐用年数一览表

项目	耐用年数，年	备注
裂缝	6.5	—
车辙	9	—
平整度	10	—
MCI	7	MCI =5

四、维修养护周期寿命的造价

对维修养护的周期寿命的造价的研究，采用 MS 施工方法（5mm +2mm 双层施工方法）以及路上面层再生施工方法（2mm +3mm）。两种方式路面性能情况采用 MCI 的推移如图 7 所示。设定各种施工面积为 2000m^2（3.5 × 车线 ×1000m）。

设定的条件如表 3 所示，研究的结果如表 4。

表 3　设定的条件

项　　目	设计条件
解析期间	建设后 30 年
大型交通量 （路面设计交通量）	2000 辆/（日 · 单向），大型车混入率 20% （1000 辆以上，3000 辆未满）
修补目标 MCI	5

续表

项目		设计条件	
MS 施工方法路用性能实际调查的结果	第 1 回	第 10 年	MS 施工方法（5mm + 5mm 双层施工）
	第 2 回	第 16.5 年	MS 施工方法（5mm + 5mm 双层施工）
	第 3 回	第 23 年	铣刨（铣刨原路面 MS 部分）（5mm + 5mm 双层施工）
路上面层再生施工方法（路用性能的变化，参考文献 3）的表面处治	第 1 回	第 10 年	路上面层再生施工（2cm + 3cm）
	第 2 回	第 14 年	原路面铣刨 2cm + 路上再生施工方法（2cm + 3cm）
	第 3 回	第 18 年	
	第 4 回	第 22 年	
	第 5 回	第 26 年	

表 4　周期寿命造价　　单位：万元/7000m²

施工方法	修补费	维护费	行车损失	合计
MS 施工方法	1670	970	1140	3700
路上面层再生施工方法	2050	970	1570	4590

MS 施工方法与路面层再生施工方法相比，从修补费、维护费到行车损失费，有关维护修补费在总造价上要减少 18%，修补次数更少，这就大量减少道路使用的负担。

五、抑制能源的消费与 CO_2 的排放量

关于能源的消耗量与 CO_2 排入量的计算，按各个工地适用的方法：MS 施工方法（10mm）、MS 施工方法（15mm）、铣刨罩面施工方法（5mm）以及综合研究表面处理施工方法提出的路上面层再生施工方法（2cm + 3cm）等方式进行。每施工一次的计算结果如图 8 和图 9 所示。

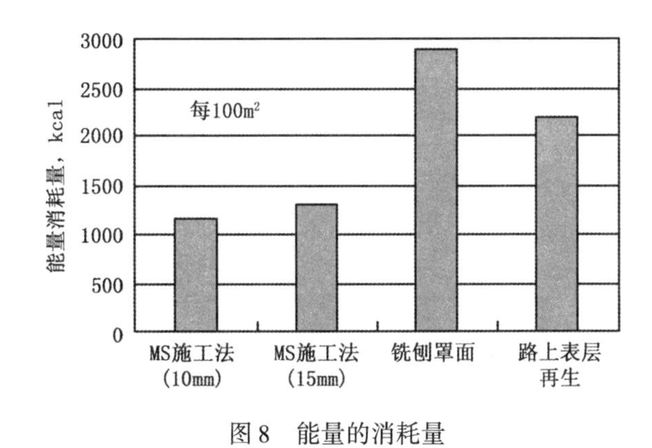

图 8　能量的消耗量

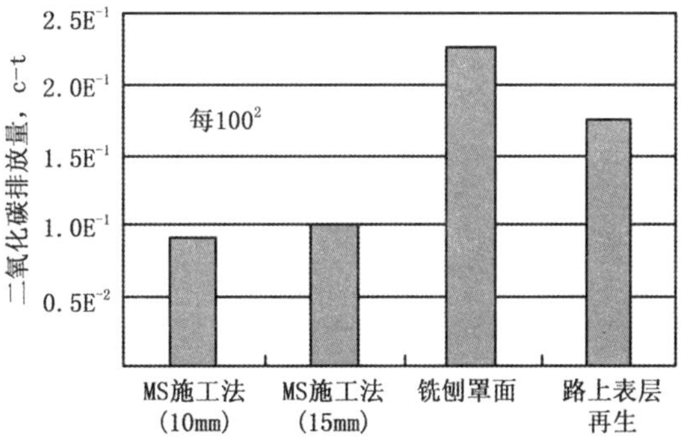

图 9　二氧化碳排放量

每次施工的能源消耗量与 CO_2 排放量，显示相同的趋向。与 5cm 铣刨罩面相比，MS 施工方法为 40% ~45%，路上面层再生施工方法约为 75%，如果考虑周期寿命时，MS 施工方法 CO_2 的排放量约为路上面层再生施工方法的 1/3。

自 1997 年于日本京都会议上强调防止地球温暖化为目的的协议以来，要求发达国家的 CO_2 排放量降低，作为已经批准这项协议的日本，有义务消减 CO_2 的排放量。MS 施工方法是在常温条件下进行施工，能有效降低 CO_2 的排放量，也是保护地球环境的有效办法。

六、结束语

MS施工方法是对路面有效的维修养护方法，归纳其优点：

（1）可以快速施工，缩短交通管制时间，减轻使用单位的负担。

（2）由于是在常温条件下铺筑薄层路面，可以节省资源和能源，有利于地球环境的保护。

（3）减少综合的维修养护费用。

但是，对于减轻修复车辙的困难以及抑制反射裂缝的措施，有必要做进一步研究。

改性乳化沥青稀浆封层[1]

一、背景

改性乳化沥青稀浆封层的摊铺性能取决于路面的结构和功能条件，同时结构条件取决于承载能力和路基，功能条件指路的好坏，即使用者从 A 地至 B 地的安全性、舒适性、容许速度和费用。预防性养护和路面修复技术可以维持并提高这些功能，以较低成本全面提高路面性能。当管理人员和工程技术人员选择符合施工预算和规范的养护策略时，应对此项技术加以考虑。

通常，防护性养护和路面修复技术不能或很少改善结构，因此，这种技术应该应用于那些尚保持着承载能力和强度的道路。通常几乎所有的高速公路均使用某种路面修复技术以维持并延长道路使用寿命。

一项很有前途的新技术——改性乳化沥青稀浆封层。自 1980 年已经作为沥青路面修复技术为美国采用。改性乳化沥青稀浆封层是一种摊铺系统，由高分子聚合物改性乳化沥青、100% 破碎的骨料、矿物细料、水和控制添加剂（如需要）组成。经正确配合比使用，无论高车流量或低车流量公路，均可增进路面抗滑阻力、填补车辙、降低路面不规则度。改性乳化沥青稀浆封层同时也作为一种稀浆封层，解决一些道路问题。如沥青泛油、氧化和剥落，效果同样很好。改性乳化沥青稀浆封层在水泥混凝土（PCC）路面和桥面上的应用尚相对有限，但是通常很成功。

二、目标

选择最经济有效的路面修复方式需要对各种有前景的修复方式的缺点、性能和相关成本有完全的理解。不幸的是，有关研究、应用的信息通常很分散，评估也不完全。因此，管理者和工程技术人员选择最适宜的路面修复技术时，需要的信息并不容易获得，尤其是改性乳化沥青稀浆封层，虽然已使用 10 年，但很少有技术人员、检测人员能完全理解系统的不同情况、材料要求和拌和配比。

本资料的目标就是提供改性乳化沥青的用途、配比、施工、性能、成本以及缺陷的综合信息。这本资料总结了几个州的高速公路养护部门改性乳化沥青稀浆封层的经验和信息。详细的文献资料记录了美国几个州正在进行和将要进行的项目。被选择的项目代表了不同的气候、路面条件和中、高交通流量道路。道路管理代表和技术应用代表讨论收集了改性乳化沥青稀浆封层的用途、性能、成本等信息。同时，还参观了材料实验室、设备生产商，以收集拌和配比和设备操作的信息。

三、定义

（一）高流量道路

这份资料中，高流量公路是指每天每车道车流量超过 5000 辆以上的高速公路和主干线。通行重型卡车的道路（每年单轴载荷相当于 80kN，500000 次以上）也被认定为高流量公路。低流量公路定义为平均日车流量每车道低于 500 辆的地方公路和收费道路。

---

[1] 路面修复技术。

（二）养护和路面修复技术

本文所讨论的养护和路面修复技术广义为在道路面层上完成的工作，以保持或延长面层服务能力，直至大型修复或重建，按照目的或功能这些技术可以被区分为修复和预防。

（1）修复技术。用以修整道路摊铺表面的缺陷，它包括临时和永久修复。车辙填补和改善面层摩擦力通常被认为是修复性养护。

（2）预防技术。主要用于预防和延缓路面的破坏，路面封层是其中一种预防性手段。

（三）破乳、凝固、乳化沥青硬化

（1）乳化沥青是以乳化剂为载体的膏体沥青水悬浊液，膏体沥青与水分离，附着于其他物质，如骨料或摊铺层，称为"破乳"。沥青颗粒同水相脱离的时间通常称为"破乳时间"。例如，未改性的快凝乳化沥青通常破乳时间在1～5min，而中凝乳化沥青通常需要30min或更长时间才能破乳。改性乳化沥青稀浆封层所用的改性乳化沥青破乳时间通常控制在2～4min。破乳的目的是包裹混合物中的骨料颗粒。矿物细料和添加剂（乳化剂）用于控制改性乳化沥青的破乳时间。破乳过程就是混合料颜色由棕色变为黑色的过程。

（2）凝固时间。指清洁的水同混合物分离的时间。这时，混合物防水且不能被再拌和。改性乳化沥青的凝固时间约20min。

（3）硬化过程。指由于蒸发、化学分离、压力或骨料吸收的原因，水同混合物完全离析的过程。虽然通常需要7～14天改性乳化沥青稀浆封层才能完全硬化，但是混合物中的大部分水（90%～97%）会于前24h内排出。

（四）骨料覆盖

骨料覆盖是一个完全的过程，从混合物破乳、凝固直至硬化。在硬化过程的最后阶段，沥青对骨料的覆盖过程才结束。

（五）开放交通时间

开放交通时间是指在不损坏新摊铺层的情况下容许开放交通的时间。改性乳化沥青稀浆封层，摊铺厚度13mm，应于1h内通车。

四、描述、用途和历史

改性乳化沥青稀浆封层是下列成分的混合物：高分子聚合物改性乳化沥青（快凝型），100%破碎的矿物骨料、矿物细料、水，如需要，加入破乳控制添加剂。矿物细料通常为一类偏硅酸盐水泥，但是大部分不加气类型均可使用。含水石灰有时也可使用，添加剂用于调整工作时的破乳时间。

改性乳化沥青稀浆封层是稀浆封层的一种，使用高分子聚合物改性沥青和更高质量的骨料。虽然稀浆封层的摊铺厚度仅可达到骨料最大颗粒粒径的1.5倍（因为高沥青含量），但是由于混合物稳定性的提高，改性乳化沥青稀浆也可铺出相对厚的面层。同热拌和（HMA）相比，热拌和需加热、冷却、硬化。改性乳化沥青稀浆封层在环境温度下拌和、摊铺，乳化沥青破乳通过电化学反应失去水分硬化。改性乳化沥青稀浆封层因此也被称作冷拌和。

改性乳化沥青的最大应用是在沥青混凝土路面上结构罩面封层和车辙填补。一些州同时也应用于其他方面，它们包括：

（1）剥落/泛油修补；

（2）水平作业；

（3）夹层；

（4）龟裂封层/填补；

（5）空洞填充；

（6）坑槽填补（小而窄的坑槽）。

虽然改性乳化沥青稀浆封层主要应用于沥青路面，但是一些州也应用于PCC路面和桥面，以保持防滑性能。至少有一个州使用改性乳化沥青稀浆封层填补PCC路面的坑槽。

（一）改性乳化沥青稀浆封层历史

改性乳化沥青稀浆封层最初由欧洲开发，称作微小沥青混凝土。在20世纪70年代中期，一家法国公司——SCREG ROUTE，设计出自己的产品SEAL－GUM。接着这项技术被德国RASCHIG公司发展。80年代早期，RASCHIG将他的产品卖到美国，商标是“RALUMAC”。80年代末期，西班牙ELSAMEX公司将他研制开发的产品MACROSEAL卖到美国。今天美国还有少数专利的或未注册的产品在使用。

（二）改性乳化沥青稀浆封层在美国

改性乳化沥青稀浆封层于1980年第一次被介绍到美国的堪萨斯州。从此，美国许多州和一些管理部门开始使用这种技术解决中、高流量道路养护问题。主要应用的州是：堪萨斯（KANSAS）俄亥俄（OHIO），俄克拉荷马（OKLAHOMA），宾夕法尼亚（PENNSYLVANIA），田纳西（TENNESSEE），得克萨斯（TEXAS）和弗吉尼亚（VIRGINIA）。同时，一些州在一些重型通行道路上也使用了这种技术，如新泽西（NEW JERSEY）、宾夕法尼亚（PENNSYLVANIA）。

（三）改性乳化沥青稀浆封层系统

各种改性乳化沥青稀浆封层系统的主要区别是使用的乳化剂和高分子聚合物的类型。虽然改性乳化沥青稀浆封层既可使用阳离子乳化沥青，也可使用阴离子乳化沥青，但是在美国全部使用阳离子乳化沥青。大部分改性乳化沥青稀浆封层均使用通用名称——改性乳化沥青稀浆封层，但也有一些系统使用乳化沥青的商标。例如，使用RALUMAC乳化沥青的系统称为RALUMAC。其他一些以商标命名的系统是POLYMAC、MACROSEAL、DURAPAVE。

（四）拌和设备

正如这份资料讨论的，配合比应参照原料性能和配合比实验。由于改性乳化沥青稀浆封层，同其他薄罩面方式一样，主要用于改善路面性能，无需进行结构设计。现行条件下，工程承包商被要求提交一份拌和配合比符合国家高速公路管理局（SHA）原料及拌和规格的报告。拌和配比通常由乳化沥青生产商研制，包括高分子改性乳化沥青、骨料、矿物细料的用量，以及水和添加剂的建议用量。工程承包商有责任根据现场情况确定水和添加剂的用量。这份资料中的拌和配合比信息来自国际稀浆封层协会（ISSA）的设计文件和其他出版物、材料实验室、国家标准，以及一些同用户、制造商的讨论结果。

改性乳化沥青稀浆封层配合比实验步骤如下：

（1）混合原料的选择和测试，以确定它们是否符合原料标准。

（2）拌和实验确定。

①两种主要原料（改性乳化沥青、骨料）的混合、应用性能、水量的影响，细料和添加剂的影响。

②最佳沥青用量。

（3）拌和标本性能相关实验，以确保长久高性能。

五、原料选择和测试

改性乳化沥青稀浆封层配合比实验的第一步是原料的选择和测试（主要是骨料和高分子聚合物改性乳化沥青），大部分原料测试是美国国家高速公路和运输局协会（AASHTO）及美国原料测试协会（ASTM）的标准实验。

（一）骨料

按质量计算，骨料（包括矿物细料）占改性乳化沥青稀浆封层的82%～90%，取决于骨料的级配和应用，同时对改性乳化沥青稀浆封层的性能有极强影响。为获得最好效果，骨料应100%破碎、清洁、坚硬、持久耐用，无吸收化学品颗粒、黏土，以及其他可影响黏结、拌和、摊铺的原料。建议破碎骨料应是多棱角的，很少细长或平整颗粒。各州对骨料级配和其他拌和成分的要求通常按照ISSA的建议，变化较小（表1）。

注意：

（1）一些州（如田纳西）改性乳化沥青稀浆封层通常做两层摊铺。

表1　改性乳化沥青稀浆封层原料组成

州名 类型	ISSA Ⅱ	ISSA Ⅲ	PA B	OK Ⅱ	OH —	TX GR－2	TN —	VA C	AZ Ⅲ
筛网规格，mm	通过率，%								
9.500	100	100	95～100	99～100	100	99～100	100	100	90～100
4.750	90～100	70～90	65～85	80～94	85～100	86～94	64～100	70～95	55～75
2.360	65～90	45～70	46～65		50～80	45～65	40～75	45～70	45～55
2.000				40～60					
1.180	45～70	28～50	28～45		40～65	25～46	25～60	32～54	25～40
0.600	30～50	19～34	19～34		25～45	15～35	16～39	23～38	19～34
0.400				12～30					
0.300	18～30	12～25	10～23		13～25	10～25	8～29	16～29	10～20
0.220				8～20					
0.150	10～21	7～18				7～18	5～20	9～20	7～18
0.075	5～15	5～15	4～10	5～15	5～15	5～15	2～14	5～15	5～15
沥青含量*	5.5～9.5	5.5～9.5	5.5～7.5	6～9	6～8	6～9	5～9	5～7.5	6～11.5
矿物细料*	0～3	0～3	0.5～2.5	1.5～3.0	0.5～2.5	0.5～3.0	0.5～3.0	0.25～3.0	0.1～1.0
高分子聚合物**	3min	3min	根据需要	3min	根据需要	根据需要	根据需要	2.8min	5min
应用率，kg/m²	5.4～0.6	8.1～16.2	13.3～21.3	13.3	11.7～16.2	13.3	10.6～16.2	10.6～18.7	
水和添加剂***									

*干骨料干质量，%；**沥青含量固体质量，%；***根据需要。

（2）宾夕法尼亚使用3种级配（A，B，RF）。A是较细的类型，RF较粗，用于车辙填补。改性材料只使用天然橡胶。

（3）俄克拉荷马州使用3种级配骨料（Ⅰ，Ⅱ，Ⅲ）。Ⅲ通常用于车辙填补。

（4）俄亥俄、田纳西州只规定一种级配。

（5）得克萨斯州规定两种级配1，2。

（6）弗吉尼亚州规定两种级配B，C。C也作为车辙填补，沥青含量略微降低（4.5%～6.5%）。

（7）北卡罗莱那州级配/应用率和混合料组成类似弗吉尼亚州，但高分子聚合物含量至少3%。

（二）选择

做改性乳化沥青稀浆封层的骨料应是高质量的。现行国家标准对各类骨料的识别可用作改性乳化沥青稀浆封层。工程承包商在拌和配合比实验室的建议下，选择类型和材质最适合的骨料，并将选择情况通知拌和实验室。若需要，提供实验室骨料样品。虽然国内许多地方都有高质量样品，但是在一些地方工程承包商还是要面对在合理运程内获得高质量骨料的困难。另一个问题是一些项目中质量相对较低，骨料供应商不愿提供改性乳化沥青级配骨料。在一些州不同类型的骨料已被成功使用，他们是：

州名	骨料类型
俄亥俄	石灰石、炉渣、硅酸盐
宾夕法尼亚	石灰石、硅酸盐
弗吉尼亚	花岗岩、辉绿岩、硅酸岩、玄武岩

田纳西	花岗岩、火山灰岩
俄克拉荷马	燧石、石灰石
得克萨斯	花岗岩、砂石、玄武岩（暗色岩）、流纹岩
堪萨斯	燧石、石灰石
内布拉斯加	燧石、花岗石、破碎卵石、石英岩
科罗拉多	花岗岩、硅酸盐卵石、玄武岩、辉绿岩

（三）测试

用户通常对采集地的骨料和堆放区的骨料做几项基本测试，以确定它们是否适用于路面作业。其他一些实验由实验室进行，重点考查骨料在配比、施工和改性乳化沥青混合物中的性能。表2是改性乳化沥青稀浆封层的一些骨料实验。改性乳化沥青稀浆封层骨料的其他相关实验见附录A。

表2　改性乳化沥青稀浆封层常用骨料实验

实验	标准			实验意义	改性乳化沥青稀浆封层常用值
	ASTM	AASHTO	ISSA		
可靠性	C88	T104		耐用性、抗气候影响能力	最大质量损失15%～20%
LA磨损	C131	T96		硬度、交通情况下抗磨损能力	最大质量损失30%
颗粒形状结构	D3398 D4791			工作性能、强度和防滑性能	100%粉碎，好的结构
级配	C136	T27		计算沥青含量、保持适当的空隙量、路面结构影响、工作性能	ISSA Ⅱ类、Ⅲ类骨料
砂等效实验	D2419	T176		确定黏土和塑性细料含量	60min
单位质量	C29	T19		确定单位质量骨料的变化引起的潮湿度的变化	—
密度	C127 C128	T84		确定沥青含量	—
甲基蓝			TB145	确定细料反应能力	最大15*

*代表实验通常使用甲基蓝的最大值。只有很少实验室做此实验。

改性乳化沥青稀浆封层质量控制非常重要，骨料采集地样本实验必须连续完成，因为很多矿坑、矿山的组成和化学性能可以迅速改变。很多热拌和和稀浆封层的通用骨料实验可以应用于改性乳化沥青稀浆封层。通常，改性乳化沥青稀浆封层的要求高于稀浆封层。

（四）矿物细料

矿物细料主要起两个作用：（1）骨料分离最小化；（2）加快或减慢破乳和凝固速度。对于大部分骨料，矿物细料缩短破乳时间。改性乳化沥青稀浆封层通常使用水泥或无水石灰作为矿物细料。矿物细料通常增大沥青强度。对于大部分骨料，混合料中需要矿物细料以完全凝固。矿物细料，尤其是水泥，还可以改善级配，但成本会较高。用量通常规定为骨料干重的3%以下的水泥（或0.25%～0.75%的无水石灰）。

矿物细料通常有生产商证明书即可被配比实验室接受，而无需做其他质量测试。很多实验室均有储存以备实验使用。有时工程承包商也会把不明来源的矿物细料交给实验室化验。细料筛分实验按照AASHTO T37（ASTM D546）进行。

（五）改性乳化沥青

美国改性乳化沥青稀浆封层现在使用阳离子高分子聚合物改性乳化沥青。改性乳化沥青稀浆封层的沥青含量通常在骨料干重的5.5%～9.5%间变化（表1）。

乳化沥青的性能主要取决于乳化剂。乳化剂决定了乳化沥青是阳性、阴性还是中性。乳化剂使沥青颗粒保持稳定悬浮并在适当时间破乳（即沥青还原）。因此乳化剂增加，破乳时间也就相应增长。

市场上有很多乳化剂。每种乳化剂和沥青的相容性必须评估。阳离子乳化剂大部分为脂肪胺(如双胺、咪唑啉、氨基胺)。胺通过与酸，通常为盐酸反应转化为脂肪酸盐，其他类型的乳化剂(即脂肪四元铵盐）也用以生产乳化沥青，它们不需要利用酸溶于水。每个乳化剂生产商使用自己的乳化剂生产乳化沥青且均有自己的生产过程。大部分情况下，乳化剂先溶于水再进入胶体磨。现在的规格没有对乳化剂的实验提出任何要求。

对于改性乳化沥青稀浆封层，乳化沥青供应商购买符合 SHA 标准的沥青。沥青生产商通常对沥青进行测试，如延伸度、黏度、透过性、薄膜炉热损失实验，以证明符合国家对特殊等级沥青的规定（即 AC－10，AC－20)。

（六）实验

乳化沥青生产商对乳化沥青和沥青做一些标准测试，确定适合用于改性乳化沥青稀浆封层，确认符合国家标准。

乳化沥青实验：

(1）黏稠度，赛氏厚油黏度计@25℃，（s）AASHTO T50（ASTM D244)。

(2）沉淀实验 AASHTO T59（ASTM D244)。

(3）筛分实验 AASHTO T59（ASTM D244)。

(4）颗粒电荷 AASHTO T59（ASTM D244)。

(5）常用沥青含量 AASHTO T50（ASTM D244)。

(6）pH 值（ISSA)

残留挥发实验：

(1）绝对黏度，60℃（mPa·s）ASTM2171。

(2）渗透性，100g@5s，25℃AASHTO T49（ASTM D2397)。

(3）软化点 AASHTO T49（ASTM D36)。

(4）延伸度，25℃，5CM/MIN. CM（ASTM D113)。

(5）沥青常用中高分子聚合物含量。

表3是一些州要求的乳化沥青、沥青实验，附录A是对这些实验的讨论。有很大的可能性一些现在使用的实验，如黏度、软化点、渗透性，可能会被战略高速公路研究计划（SHRP）沥青规格所代替。

表3　乳化沥青和残余物实验

州　　名	弗吉尼亚	亚利桑那	得克萨斯	俄克拉荷马
乳化沥青测试				
黏稠度@25℃，mPa·s	15～50	20～100	20～100	
储存稳定性（24h),%	最大0.1	0.01*～1	0～1	0～1
筛分,%		0.01～0.1	0～0.1	0～0.1
颗粒电荷	正	正	正	正
常用量,%	最少57	60～61.5*	最少62	最少62
残余物测试				
绝对黏稠度，60℃，Pa·s	最少8000	6621*～8000		8000
渗透性，100g，5s		40～100	55～90	40～90
软化点，℃	59	60～69*	最低57	最低57
延伸度，25℃，5cm/min		40～119	70	70
在三氯乙烯中的溶解性,%	97.5		97	97

*典型值。

（七）水

水是改性乳化沥青稀浆封层混合料的拌和媒质，是确定混合料黏稠度的主要因素。它存在于三种形式：骨料潮湿度、搅拌中加入水和乳化沥青的两个主要组成成分之一，所有可饮用水一般都可用于改性乳化沥青稀浆封层。通常，水的质量不像数量一样是一个需讨论的问题。

依照天气情况和骨料吸收率，高质量的改性乳化沥青稀浆封层混合料只能在限定的总湿度范围内获得，通常是骨料干重的4% ~12%。在寒冷气候条件下，拌和过程中加入水应较少；反之，热气候条件下，应略高。如果混合料潮湿度过低，将会太黏稠难以摊铺，而且和已有路面的黏合性较差，另外，混合物中水的含量过高（超过12%）混合料会很稀出现分层，通过骨料沉降、沥青漂浮证明。

实验室混合配比实验中没有水的实验，但是如果矿物质中水的含量过高（极少的区域），就有可能导致拌和和凝固困难，现行州规范没有限定现场加入的水量。

（八）高分子聚合物

添加高分子聚合物一般可增加沥青黏稠度，并且改善了较稀软膏体沥青的黏度和温度敏感性，使这类沥青得到应用，扩大了沥青应用的范围。提高黏度可改善在热气候条件下混合料的抗车辙性能，而且也可提供较好的低温性能。高分子聚合物可以加入到乳化剂溶液中，或者在炼油厂或乳化沥青生产车间，乳化前和膏体地沥青拌和，一些乳化沥青生产商利用前一种方法进行热条件下点阵分解。

改性乳化沥青稀浆封层混合料中，高分子聚合物的固体（蒸馏物余量）含量为沥青常用质量的3% ~4%，通常增加高分子聚合物将增加混合料黏稠度。实验室实验表明，混合物黏稠度对乳化沥青含量也很敏感。一些实验室研究表明，在乳化沥青含量为10% ~12%时，高分子聚合物的增加通常将导致最大黏稠度。

改性乳化沥青稀浆封层中使用的高分子聚合物和其他沥青混合料中一样，天然橡胶最常用。但是，其他高分子聚合物如SBR，SBS，EVA也可使用。一些膏体沥青不像SBR、SBS和EVA具有很好的改良性能。同样，一些高分子聚合物也不像SBR、SBS和EVA那样具有很好的改良性能，也不像SBR、SBS和EVA一样有很好工作性能。现有性能数据没有确定最适合的改性乳化沥青稀浆封层的高分子聚合物类型。高分子聚合物适应性和数量目前由膏体沥青黏稠度和软化点实验测定。如果一种高分子聚合物对混合物性能没有影响，这一现象将很快出现在沥青常用量和混合物实验中。

（九）现场控制添加剂

虽然添加剂可以用来促进和延长改性乳化沥青稀浆封层的破乳时间，但一般情况下添加剂用来延迟破乳时间，现行州规范没有说明现场可加入添加剂的数量和类型。一般来说，生产乳化沥青的乳化剂即是化学添加剂，因为它与混合物其他成分会有很好的相容性。添加剂的数量范围一般是乳化沥青的0 ~2%。施工中，添加剂使用量通常控制为最低。在气温较低的情况下，添加剂数量需要很少甚至不用。混合配比设计包括添加剂用量和使用建议。添加剂的成本范围在每升2. 60美元或5. 20美元。

六、拌和实验

像其他路面混合料一样，高质量的原料是影响改性乳化沥青稀浆封层混合料性能的重要因素。然而并不是只要有高质量原料就可以保证获得满意的改性乳化沥青稀浆封层混合料，因为一些高质量原材料可能在拌和中不相容，这也是改性乳化沥青稀浆封层评估中拌和实验非常重要的原因。

拌和实验用来测定（1）组成成分的拌和及应用性能；（2）最佳膏体地沥青含量。下文叙述的实验大多数在国际稀浆封层协会设计技术公告有阐述。

（一）拌和和应用性能

因为改性乳化沥青稀浆封层混合料是多种原料的混合物，改变一个成分可以改变系统的性能。因此，大量实验室样本的准备工作受经验测定的影响，这涉及准备不同含量的乳化沥青、水、矿物细料和添加剂的实验拌和物，以确定原料配比对拌和、破乳、凝固性能的影响，以确保获得施工最佳系统控制。拌和实验用来测定：(1) 主要成分骨料和乳化沥青是否相容（即两者之间是否有很好的黏聚力）；(2) 是否需要矿物细料和现场控制添加剂，如果需要，浓度是多少；(3) 均匀混合物中的水的含量范围。

当初始实验确定混合物黏稠度后，准备实验拌和以决定最优细料用量和潮湿亲和力数值，以确定矿物细料的影响。这些拌和物用固定乳化沥青含量准备，并分别以 0.25% 或 1% 增加含水石灰或水泥用量。一旦最佳矿物细料含量确定，再用恒定矿物细料逐步增加乳化沥青量准备样本。

一些实验在这一阶段还进行 pH 值测试。这一实验使用石蕊试纸测量样本渗出水的 pH 值。从完成的乳化沥青到立即凝固的拌和物，pH 值变化为 2 至 10 认为是合乎要求的改性乳化沥青稀浆封层拌和物。这个实验既是实验室实验又是现场试验，可确保化学反应、混合物破乳、凝固发生于期望的时间之内。合格样品进行黏聚力实验，以区别混合物多久可以产生足够的亲和力以开放交通，亲和力实验也可用于测定矿物最佳含量。

（二）黏聚力实验（ISSA TB—139）

图 1　黏聚力测量仪

黏聚力实验通过凝固时间和开放交通时间来区别改性乳化沥青稀浆封层系统。黏聚力测量仪（图 1）是一个动力驱动模拟装置，用来测量在直径为 32mm，压强为 200kPa 的橡胶压板作用下，撕裂 6 ~ 8mm 厚，直径为 60mm 的样本所需要的扭矩，扭矩测量应在样本做好后适合的间断时间进行如：20，30，60，90，150，210 以及 270min。

如果系统在 20 ~ 30min 内扭矩达到 1.2N · m，则被称为快凝型。快速开放交通系统是指 60min 内扭矩达到 1.96N · m，黏聚力扭矩值为 1.2N · m 时，混合物应凝固、防水并不能被再拌和。达到 1.96N · m 时，将产生足够的黏聚力以承受碾压式交通。国际稀浆封层协会将各种稀浆封层和改性乳化沥青稀浆封层系统分为 5 类（图 2）。所有改性乳化沥青稀浆封层混合物均属快凝、快速开放交通系统。

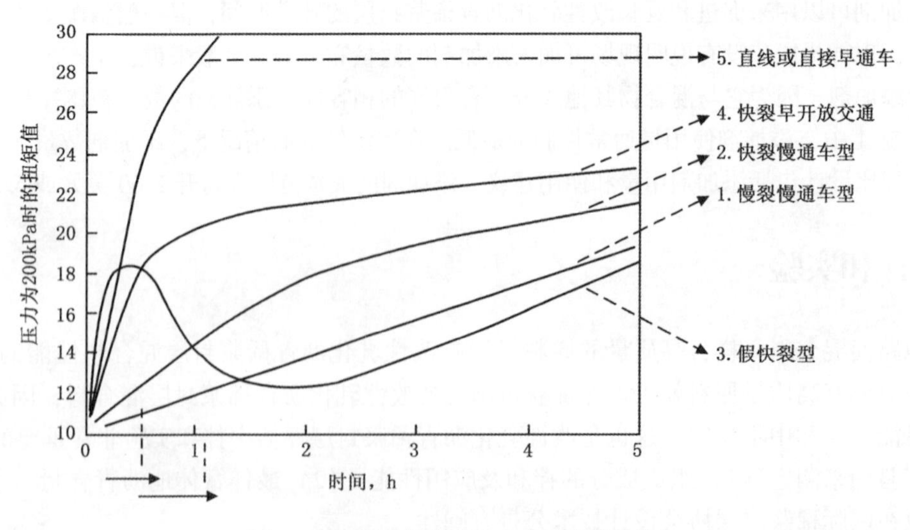

图 2　稀浆混合料按黏聚力实验分类曲线

一些实验室使用黏聚力实验结果。确定矿物细料用量如 Benedict 曲线（图 3），即绘制出不断增加的矿物细料的作用和亲和力的关系曲线图。最高亲和力数值时的细料用量应是细料最佳用量，曲

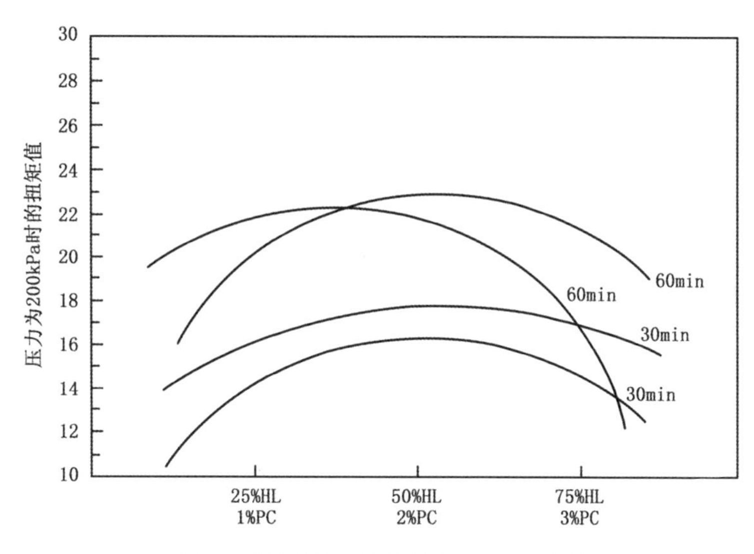

图3 选择最佳矿物填料的 Benedict 曲线

线轮廓反映出系统对矿物细料变化的敏感程度，这有助于确定合格实验室结果的矿物细料范围。

图片1，改进型 ASTM D39 - 10 - 80a 黏聚力测量仪，本仪器用来区分稀浆封层和改性乳化沥青稀浆封层系统及最优矿物细料含量。

（三）初试相容能力（骨料/沥青黏聚力）测试

作为混合实验的最后一步，一些实验室进行快速相容能力实验。实验包括两部分：湿状态下剥落实验（ISSA TB114）和沸腾实验（ISSA TB149）。湿状态下剥落实验将60℃下凝固的黏聚力标本置于水中沸腾3min以确定骨料和沥青的黏合程度，表层保留90%以上被认为合格，75%～90%勉强合格。沸腾实验同湿状态下剥落实验近似，两个实验均作为早期相容性表征实验。

另一个确定相容能力是潮湿状态下 Schulze - Brever 和 RUCK 实验（ISSA TB144）。然而这个实验通常用于性能最终检测。将在下述长期性能相关实验中讨论。

（四）确定最佳沥青用量

配合比实验常利用两类实验确定膏体沥青含量。一些实验室使用 ISSA 测试步骤，另一些使用改进型 Marshall 步骤，一些州也规定 Hveem 稳定性的要求。

1. ISSA 步骤

在 ISSA 步骤下，利用湿轮轨迹实验（WTAT）和负荷车轮实验（LWT）结果的综合曲线确定最佳沥青含量。图4给出了通过 WTAT 和 LWT 数据综合图表如何确定最佳沥青含量的允许范围。最小和最大沥青含量应在标准要求范围内，ISSA 建议沥青用量应在5.5%～9.5%内。下面将讨论 WTAT 和 LWT（见参考文献6）。

湿轮轨迹磨损实验 ISSA TB100。这个实验确定与沥青含量相关的改性乳化沥青稀浆封层混合物的耐磨性能。是 ISSA 确定最佳沥青含量的两个实验之一。这个实验模拟潮湿磨损情况如车辆转弯和制动。将一个在水中浸过1h或6d的厚6mm、直径为280mm的凝固样本，浸泡于25℃水盘中，使用旋转、质量为2.3kg的橡胶软管进行湿磨耗5min（图5），磨损样本60℃干燥并称重，最大允许质量损失分别为1h浸泡损失0.54kg/m^2，6d浸泡损失0.8kg/m^2。这个质量损失下的沥青含量被认为是最小沥青含量。

WTAT 通常不使用6d浸泡样本。然而由于6d浸泡严格性的增强，一些实验室和道路管理部门更愿意使用这种办法预测系统性能。

负荷轮车轮实验 ISSA TB109。这个实验用来确定沥青最大含量，以避免稀浆封层和改性乳化沥青稀浆封层系统中沥青泛油。这个实验通过确定和测量模拟负荷轮压状态下附着于样品上的细砂来

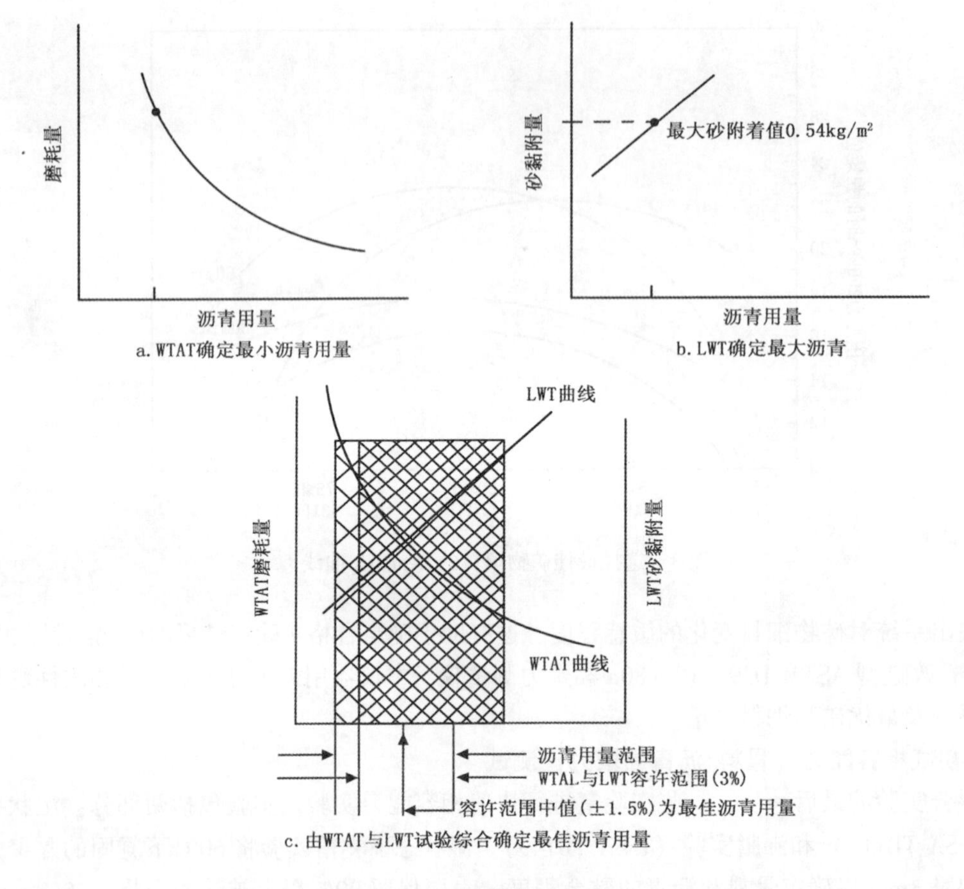

图4

完成。ISSA 建议重交通载荷下，最大砂附着值为 0.54kg/m^2。如果附着值低于这个最大值，混合物泛油不会发生。

实验中，将一个宽 50mm、长 375mm 的样本（厚度通常为粗糙颗粒的 1.25 倍）固定于固定平板上，25℃下，57kg 碾压 1000 次最后清洗碾压样本，干燥至 60℃称重。然后将定量砂撒在样本上，负荷轮压实验重复规定的次数（通常 100 次），然后移出样本称重，可发现由于砂黏合造成的质量增加。图 6 是负荷轮压测试仪。

图 5　Hobart 湿轮磨耗测试仪。圆形稀浆试件在水中，被连接于轴端的橡胶软管磨损

图 6　负荷车轮测试仪。实验中，负荷轮位于固定于平板的试件之上，碾压通过往复机械运动规定次数实现

2. ISSA 设计的局限性和建议

实验室测试表明，实验结果的精确性和可再现性受许多因素的影响，改性乳化沥青稀浆封层是一个水敏性系统。水含量1% ~2%的变化对实验室结果和应用质量会有很大影响。拌和配比使操作手能以最少量水和控制添加剂拌和各种成分，试样准备工作对实验结果会有很大影响。如果准备样本时没有进行极其细心的检查，骨料分层现象可能会发生。

实验室扭矩值是在特定条件下测量（不与路面性能建立任何关系），拌和和湿黏聚力实验应该在各种潮湿含量、相对湿度、温度下进行，以模仿现场条件。另外，有报告表明一些骨料虽然可以达到60min扭矩标准，却不能达到30min扭矩标准。一些实验室也使用主观分析法确定扭矩，施加扭矩后检验样本。如果失败，扭矩值可从样本直观确定，然而这种分析有时与黏聚力实验的方法相同。这表明：本行业应重新检查黏聚力实验步骤并考虑不同骨料测试结果的影响。

WTAT 只与6mm 厚度和0/4 级配现场性能相关。因此数值 0. 54kg/m^2 或 0. 8kg/m^2 可能不适于其他厚度和骨料级配。需做其他实验，以确定或建立新的数据，同样，一些石灰石可达到 WTAT 1h 浸泡标准，但对于6d 浸泡实验不能达到最大磨损损失标准，虽然 WTAT 6 天浸泡实验通常只作为信息，但本行业也将重新评估和调整现有设计标准。

负荷轮压实验的可再现性同样有问题。实验中，移动轮子的臂不能保持水平，上下移动，就改变样品的压力，应该改进为保持水平。目前施压质量采用沙袋或铅丸，这些袋子在实验中会移动而影响施加的压力。这些袋子应被可安装于仪器上的板条替代。

样品准备表明影响 LWT 结果的因素至少有两个。如果不仔细控制水量，实验样本就可能泛油，这种情况将影响砂黏合力。现有实验室样本准备步骤应当改进以便样品成为更加一致的模型。对一些骨料，LWT 显示如果沥青过量会导致不合格混合料，尤其是在高剪切变形地区的应用，如道路交叉口。性能数据表明这些骨料使用低沥青含量（超过 LWT 允许值）生产出的混合物在延长路面使用性能方面有很好的性能。

由于样本制作步骤中密度规定是非常主观的，全部 LWT 在潮湿和干燥条件下称重以获得密度。压实后同样的实验再次重复，问题是只有 50% 到 60% 的样本被压实，密度的变化同样可以歪曲 LWT 实验结果，本行业应通过指导不同骨料的附加实验，评估现存 LWT 步骤和标准。

3. Marshall 稳定性和泛油（改进型 ASTM D1559 AASHTO）

第二种确定/确认最佳沥青用量的普遍方法是热沥青拌和规范。因为这些是冷高分子聚合物改性乳化沥青系统，稳定性和泛油实验已被修改，以适应低温空气下干燥（至少 3 天空气凝固，135℃压实前，烤箱中 60℃，18 ~20h 烘干）。混合物通常每边冲击压实 50 次。

这个步骤中，准备了一些不同骨料和沥青含量组合的实验样本，选择的沥青含量可提供总体混合料孔隙（VTM）大约为4. 5%到5. 5%。压实后的实验标本做大体积密度（ASTM D2726 或 AASHTO T166）稳定性和泛油实验。最后，从这些实验中确定最佳膏体沥青含量。对于薄型改性乳化沥青稀浆封层确认最佳膏体沥青含量时，稳定性不作为主要因素考虑。对于一些骨料，泛油值由膏体沥青确定。一些州要求使用改进 Marshall 步骤以确定最佳沥青含量[7]。

4. Marshall 设计的局限性

此热拌和实验用于改性乳化沥青稀浆封层的适应性存在问题。Marshall 系列实验应用大量干燥的、不同沥青含量的样本，重新加热至 135℃，并压实以降低孔隙度。改性乳化沥青稀浆封层混合料既达不到这些温度也不能压实至低设计孔隙度。现场研究发现在 1 到 2 年的路面上空气孔隙度为10% 到 15%，需要将热拌和配比中测定的孔隙值和实际现场孔隙值结合起来。一个原料实验室开发出一种冷 Marshall 检测步骤估计现场孔隙。这种方法将现场孔隙值和利用改进型热拌和沥青过程获得的孔隙值联系起来。

热拌和沥青试件用模具压实准备，改性乳化沥青稀浆封层样本应该压实还是应该刮平为样本模型仍然是有待研究的问题。且为了获得可靠结果，试件必须凝固为均匀分布的一次生产、一致厚度的薄片。

七、长期性能相关实验

改性乳化沥青稀浆封层混合料配合比步骤的最后一步是现场模拟实验。这些实验是 ISSA 实验，不包含 AASHTO 和 ASTM 标准实验中，这些实验给本行业提供了一种测量混合物未来现场性能的手段。

（一）多层负荷轮压实验 LWT TSSA TB147B

图7 三轮装置用于测量垂直偏移和水平偏移及压实密度

LWT 用来研究多层沥青样本的压实率，样本用 0～5mm 或 0～8mm 骨料做成，并压成 13mm 或 19mm 厚 × 50mm 宽 × 380mm 长的测试条。这些样本在空气中凝固 24h 后，在 60℃ 烘干 18～20h，然后在室温下冷却 2h，最终这些样本被测量并在 21℃ 的外界温度下，用 57kg 的负荷压实 1000 次。在实验室最后测定垂直偏移百分率（车辙深度），水平偏移及压实密度。标准负荷轮压装置或三轮装置都可用于此测试（图7）。

合格的改性乳化沥青稀浆封层混合物显示出达到接近一个恒定密度状态，而不合格混合物密度不断增加。推荐压实密度极限为 2.10g/cm^3，密度和负荷轮压实验次数的综合关系曲线可用于这一目的的研究。本实验对于确定车辙填补应用的最大厚度和预计适合初始交通碾压的“拱形”轮廓用量。虽然一些设计实验室建议垂直偏移百分数极限为 10%～12%，水平偏移为 5%，但一些别的实验室很难达到垂直压实标准。

（二）Schule－Brever 和 Ruck 实验 ISSA TB144

（1）Schule－Brever 和 Ruck（S－B）实验是对 0～2mm（0#—10#）骨料和沥青含量的相容性（即黏聚力）做最后检查。在德国，应用此实验来检查流态沥青相容性已有很多年。在实验中，骨料和 8.2% 的膏体沥青拌和后压成 40g 的试件，直径大约为 30mm，厚 30mm，然后在水中浸泡 6 天。6 天后，称重样本测量吸水性，并在 S—B 设备以 20 转/min 速度旋转的往复式缸中湿状态翻转 3600 次（图8）。这个过程结束时称重磨耗损失。经磨耗后样本置于水中沸腾 30min，称重并记录最初浸透试验样本百分数。此百分数就是高温下的黏聚力值或者简单称为“完整性”。最后，在空气中干燥 24h 后，残余样本用于测量骨料细料中完全被沥青覆盖的颗粒百分数。此覆盖百分数记录为黏聚力。

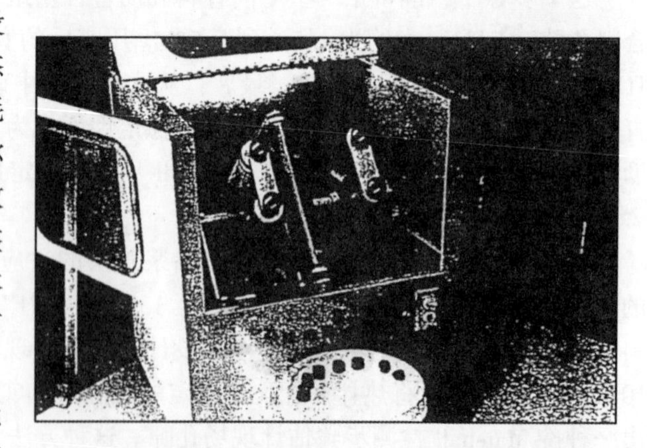

图8 改性乳化沥青稀浆封层试样在 Schule－Brever 装置的往复式缸中湿状态翻转 3h，本试验测定耐磨性能、吸水性能、黏合力以及混合料的完整性

每一种混合料性能（即吸水性、磨耗损失、完整性以及黏聚力）是已知骨料源的最佳沥青应用值。ISSA 推荐合格系统的最少总分为 11 分[6]。

（2）总体设计要点。

现在，所有配比实验的主要目的是测定各种原料的相容性。虽然还需做很多工作去证实和标准化 ISSA 混合料配比实验步骤。但现场经验表明，若混合料达到各种 ISSA 实验要求，改性乳化沥青稀浆封层一般都能达到各种预定性能。除配比外，适宜的质量控制对于达到满意的最终结果和系统长期性成功是必不可少的。表 4 提供了几个州混合料检测要求。

表 4　混合物测试的州规范

州　名	亚利桑那	宾夕法尼亚	弗吉尼亚	科罗拉多	得克萨斯	田纳西	俄亥俄
实验							
黏聚力，N·m							
@30 最少	1.2					1.4	
@60 最少	2.0					2.3	
附着力最少,%	90						
负荷车轮							
砂附着，kg/m^2	0.54					0.54	
压实，mm							
湿轮磨耗实验，kg/m^2							
一天							
六天	0.8					0.8	
Schule - Breuer							
总级配点							
磨耗损失,%				9			
附着力							
完整性							
吸水性,%				9			
甲基蓝（MB）最大（每克骨料中 MB 含量）			15				
MARSHALL							
1. 稳定性		1800	1800	1800			1800
2. 泛油		6 ~ 16	6 ~ 16	6 ~ 16			6 ~ 16
3. 空隙,%				4 ~ 16			
Hveem 稳定性（最低）				35	35		

注意：一些别的州（俄克拉荷马、内布拉斯加、堪萨斯、北达科他）具体指定了对混合物各成分要求，但没有指定对混合物的要求。Hveem 实验一般在应用厚度超过最大颗粒两倍时要求，得克萨斯州规范中评价各种 ISSA 配比实验的差别。

负荷车轮实验、湿轮磨耗实验、黏聚力实验最初用来研究稀浆封层。虽然 LWT 和 WTAT 对于改性乳化沥青稀浆封层也适应，但它们作为改性乳化沥青稀浆封层长期性能实验的有效性还不完全可靠。尽管如此，ISSA 相信，这些实验可作为改性乳化沥青稀浆封层现场性能的公正标准，并有助于确定改性沥青稀浆封层的风险因素。

目前，一些与拌和和长期性能有关实验没有完全定义，同时，并不是每个实验室都进行所有实验。本行业正试图形成一套统一的可重复、被所有成员均接受和使用的实验表纠正这些问题。本行业也希望同 ASTM/AASHTO 一起来使它们的实验标准化，联邦高速公路管理局将和州高速公路管理局以及本行业一起为这一目标而努力。尽管设计方式有很大差别，但大量工程的成功证明本行业整体设计工作的可信度。

（三）改性乳化沥青稀浆封层实验室和实验室测试设备生产商

在美国和加拿大，大约有11个实验室设计改性乳化沥青稀浆封层混合料。此外，美国有7家公司可以生产一类或几类用于设计和评价改性乳化沥青稀浆封层原料和混合料的实验室测试仪器而闻名，它们公司名称及地址可从ISSA获得。

（四）施工

一些州考察了1991—1992年施工季节中一些改性乳化沥青稀浆封层项目，以研究改性乳化沥青稀浆封层的施工和性能。被考察的州有得克萨斯、北卡罗来纳、田纳西、西弗吉尼亚、弗吉尼亚、俄亥俄、俄克拉荷马、堪萨斯、亚利桑那、麻萨诸塞、宾夕法尼亚和威斯康星。此外，对几个道路管理部门有关改性乳化沥青稀浆封层的施工和性能的经验报告也进行了评估。下面是研究成果和建议。

1. 气候条件

改性乳化沥青稀浆封层不应该在路面温度或气候低于10℃时摊铺。如果下雨或者预报在摊铺24h内环境温度低于0℃也不能应用[2]。一些工程在冷天气或湿环境下施工失败。假如在冷气候下摊铺，改性乳化沥青稀浆封层可能剥落、龟裂。若在炎热、干燥的气候条件下施工，封层可能很快破乳，引起水滞留并减缓内部凝固。天气炎热的情况下需要延长拌和时间以使改性乳化沥青稀浆封层能适合地应用。

2. 设备

（1）搅拌设备。

高车流量公路改性乳化沥青稀浆封层施工应用自行式前加料和连续装载拌和设备（图9）。这种设备具有在辅助卡车上接受原料，并同时拌和、摊铺的功能。设备前端另一侧具有驾驶室使摊铺过程中纵向接头最佳。此设备允许操作手（在机器后部）完全控制摊铺速度。在填补不同深度的车辙时，速度控制非常重要，因为它允许操作手通过简单的速度调整来调节原料供给。设备前端的司机只负责在摊铺过程中驾驶机器。

图9 自行式改性乳化沥青稀浆封层机

这种自行式连续设备自备骨料存储空间、矿物细料仓、独立的水、乳化沥青、添加剂箱。骨料由前料仓接收，进入存储区域，然后由前端装有防滑滚轮的输送皮带送入搅拌箱。在任何皮带速度下，骨料进入搅拌箱的数量可通过改变滚轮上方垂直仓门的开度控制。在大多数设备中，乳化沥青都是通过含有计量器的正向置换齿轮泵加压输送至搅拌器的。水通到离心泵加压输送至搅拌器，施工前打湿地面的喷水管，以及清洗搅拌箱和摊铺箱的软管。液体添加剂可储存容量为95～950L（取决于浓度），用正向置换泵或离心泵传送[8]。

自行式工作速度设计为1.0～4.0km/h，具有每天摊铺改性乳化沥青稀浆封层450t以上的能力。

除自行式连续摊铺设备外，一些高速公路管理部门允许车载式设备在低等级和/或低流量公路进行改性乳化沥青稀浆封层施工，一般一个车载式设备可生产0.4～0.5km车道所需要的混合料。

①比例部分。设备带有独立的容积或质量控制以实现对搅拌箱比例供料。乳化沥青、骨料和矿物细料的使用量摊铺前已确定，只有水和添加剂需要在摊铺中调整以达到合适的黏稠度，并控制拌和和破乳时间。

②标定。计量系统的标定对于获得期望的原料各个成功比例是非常重要的。通常至少每12个月进行一次设备标定以补偿磨损。如果原料源改变，计量系统也应标定和校验。

很多现行州规范要求标定。然而标定要求和一致性各州不同。一些管理部门要求标定必须由州工作人员见证，而另外一些要求工程承包商提供证明文件。为确保合适的原料比例，标定应被抽样检查或于每个工程开始前验证或持续操作中至少每一周使用计量控制和转数计量器。

③搅拌箱。

改性乳化沥青稀浆封层设备的搅拌箱长约1～1.3m，安装有双轴多叶片搅拌器，以将原料完全拌和为均匀一致的混合物。原料在搅拌器速度约为300r/min下拌和5～10s。拌和时间取决于乳化沥青—水—骨料系统性能，过长的拌和时间可引起沥青从骨料上剥落。改性乳化沥青稀浆封层设备搅拌器由90马力发动机驱动，而普通稀浆封层机搅拌器发动机只要求约30马力[9]。

矿物细料只在骨料进入搅拌箱前加入，水和添加剂组合在骨料进入搅拌箱时加入。乳化沥青加入前，拌和这些成分，通常位于搅拌箱的1/3处[8]。进入到摊铺箱的混合料数量由进入搅拌箱的骨料控制。混合物应足量进入移动摊铺箱，以保证全宽度刮平器具有足够原料供给。搅拌箱应于每次摊铺结束后清洗，以防止原料产生硬化。

（2）摊铺设备。

①摊铺箱。

对于结构、封层和水平校准应用，改性乳化沥青稀浆封层由安装有液压驱动螺旋布料器的全宽度摊铺箱拌和（10～15s），并经过摊铺箱将混合物摊铺为均匀一致的摊铺层。摊铺箱宽度为2.4～4.2m，可调。摊铺箱安装于改性乳化沥青稀浆封层机后部。摊铺箱两侧、前后部装有封条。前面和两侧封条的目的是使混合物保留在箱中，后封条作为刮平器（熨平板），通常由橡胶材料制成。钢质刮平器应用于水平校准系统，一些管理部门也在不规则表面结构中应用。图10为改性乳化沥青稀浆封层生产和摊铺图解。

为改善路面结构，一些工程承包商现在使用安装于摊铺箱后面的第二橡胶刮平器。

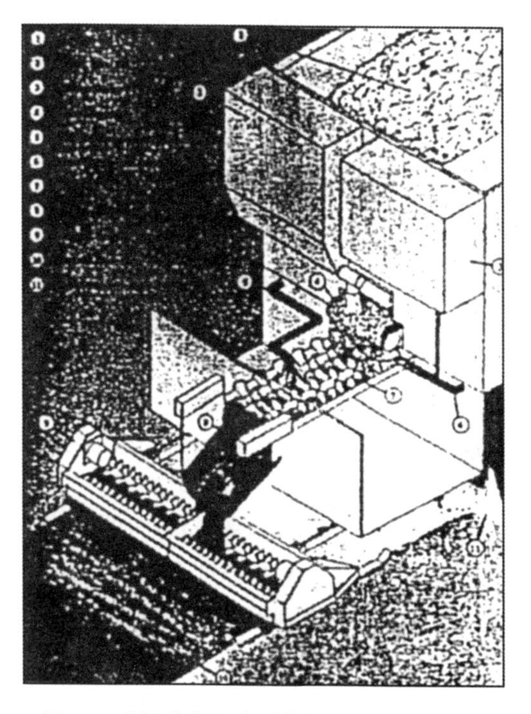

图10　改性乳化沥青稀浆封层生产过程图解

（ISSA提供）

②车辙填补摊铺箱。

对于车辙填补，应使用特殊的车辙填补摊铺箱。车辙填补摊铺箱通常有两个规格（1.5m和1.8m），有两个“V”形槽，“V”的顶点指向摊铺箱后部。箱中装有多叶片双轴以连续摊铺原料。摊铺箱设计为将大规格骨料填入车辙深层或中央部分。车辙填补摊铺箱装有1个或2个金属水平板和橡胶刮平器，车辙深于38mm可以一次填平（虽然并不建议）。车辙填补摊铺箱被调整为在道路表面留有轻微拱形以补偿交通的初始碾压。

每一车辙应单独填补（即每车道需两次填补）以恢复路面轮廓。目前，可同时填补两道车辙的设备尚未问世。

3. 路面准备工作

（1）路面龟裂/接缝处理方法。

所有路面接缝和龟裂大于6mm应于改性乳化沥青稀浆封层施工前修复和填补。为确保修复工作完全凝固，所有路面龟裂、接缝和坑槽的修复工作应于改性乳化沥青稀浆封层前1～6个月实施。

龟裂/接缝填补不允许实施于道路表面。否则，在进行改性乳化沥青稀浆封层时刮平器会将密封物撕裂留下刮痕或撕裂痕迹。密封物聚积于道路表面，在温暖天气和使用钢质刮平器更不方便。应将裂缝填充剂低于路面或持平。同样，所有旧的填充物应于改性乳化沥青稀浆封层施工前刮去。

（2）沥青黏结层。

除非道路相当干燥，剥落或用水泥建造，否则不需黏结层。如果需要，稀释乳化沥青黏结层应当在应用改性乳化沥青稀浆封层之前进行，国际稀浆封层协会建议黏结层应含有一份乳化沥青和一份水，并以0.16～0.32L/m^2比例使用。改性乳化沥青稀浆封层之前，黏结层必须完全凝固。否则，残余物可能会聚积在机器上，随后结块掉落。在较好条件下，最短的凝固时间通常为0.5～2h。

（3）水雾。

在高温条件下，路面通常事先湿润来控制乳化沥青过早破乳，以便改善已有路面的黏结性能。提前湿润应当让路面潮湿，但在摊铺箱之前没有流动水。

4. 应用

（1）施工队。

改性乳化沥青稀浆封层施工的成功很大程度取决于施工队操作行走式冷拌和设备的知识和技能。道路管理部门表明工程质量的改进取决于承包队员工积累的经验。基本施工队包括一个操作手/监督者，一个司机和3至5个工人。摊铺中，司机主要负责驾驶机器保证它沿着既定路线行使，机器后面的操作手控制速度和摊铺过程。操作手也负责调整水和添加剂用量。需要两人进行必需的手工作业，放置和挪动交通控制设施，协助装载和清洁工作。

（2）混合物黏稠度和使用率。

当改性乳化沥青稀浆封层混合料进入摊铺箱，它应该保持期望的稳定性和黏稠度。如果混合物过于黏稠，它会在摊铺箱内过早破乳或在刮平器下留下刮痕。如果过稀，混合物会分层或流入下水道，含有大量沥青的细料可能漂浮到表面，导致不均匀路面摩擦。这种不规则已在一些工程中引起注意。略微干燥的混合物普遍比潮湿混合物性能好。

混合物设计中，应先确定现场最佳水用量。在施工现场，混合物中水的应用量受骨料潮湿度、环境温度、风、湿度以及路面吸收潮湿度影响。条件变化，操作手必须改变水量以保持一致的黏稠度。现场调整应限于设计范围内。摊铺操作中，摊铺箱应调整以提供全面填补路面孔隙和一致面层的应用率。

高车流量公路结构封层原料应用率从8～20L/m^2，即与骨料单位质量（级配）、摊铺条件和根据交通流量选择平均封层厚度。通常，对于单次封层使用8～16L/m^2摊铺厚度为6～13mm，校准层应用率根据路面不规则而变化。对于车辙，应用率根据车辙深度变化。各州使用的骨料级别以及应用率见表1。

改性乳化沥青稀浆封层的摊铺厚度通常为10～15mm，基本原则是原料摊铺厚度至少是混合物中最大标称规格骨料的1.25倍。当现有路面剥落或粗糙多孔，需要更多原料填补路面孔隙。如果多孔路面摊铺的改性乳化沥青稀浆封层过少，个别骨料会被摊铺箱刮起在路面拖刮，形成很多刮痕，当路面光亮或泛油，则需要原料较少。当原有轮廓很好时，改性乳化沥青稀浆封层一次摊铺就足以达到期望目标。但是，如果路面是不规则的或有6～13mm深的车辙，应使用二次摊铺改性乳化沥青稀浆封层。第一层作为校准层改善横截面轮廓，第二层作为最终结构层。

（3）破乳时间和凝固时间。

预计和控制破乳过程对于正确的改性乳化沥青稀浆封层应用是非常重要的。温度和湿度影响改性乳化沥青稀浆封层的破乳、凝固和黏稠度。如果温度升高、湿度下降，乳化沥青破乳排出水分的时间减少。骨料类型、封层区域以及骨料的化学性能和吸附性能，对于破乳时间和覆盖骨料的沥青有影响。

①添加剂。摊铺中，添加剂用于乳化沥青的破乳—凝固时间。配比设计包括添加剂类型和数量的建议范围。操作手根据现场条件决定添加剂的使用和数量。添加剂的使用量随环境条件变化而改变。热气候条件下，添加剂用来增长破乳时间。如果添加剂不能控制破乳时间，乳化沥青需重新配方。寒冷气候条件下，添加剂一般不使用。通常使用较少量添加剂会导致较好摊铺效果。

②矿物细料。配比设计中确定矿物细料用量，工程承包商通常在施工中不需改变配比。然而，在极为寒冷条件下，改性乳化沥青稀浆封层可能不能在要求的时间内快速破乳、凝固和开放交通，甚至混合物不加入添加剂。在这种情况下，最好的办法是乳化沥青重新配方。

在寒冷条件下，如果需要非常快速的反应，可增加矿物细料用量以缩短破乳时间。操作手应小心增加矿物细料，因为过多细料会导致乳化沥青在搅拌箱或摊铺箱中过早破乳。在设计值基础上增加0.5%（水泥最大用量3%以上）应该足以达到期望结果。在应用值为0.5%～2.0%时，水泥通常是大部分骨料的破乳催化剂。

（4）乳化沥青控制和应用温度。

乳化沥青控制将影响最后产品的性能。过量泵入乳化沥青可以导致乳化沥青黏稠度降低或原料分层。已有报告表明，过热乳化沥青（65至82℃）运至工地会很快破乳或不能很好拌和，导致刮痕和划痕。因此，乳化沥青在使用前应存放一段时间以降低温度。同时，乳化沥青使用前应轻微搅拌以保证高分子聚合物、温度和沥青的均匀性。

俄克拉荷马报告显示了使用热乳化沥青造成的刮痕[10]。一些其他州也报告了类似的问题。为达到最佳结果，乳化沥青的应用温度应介于27～49℃之间。

（5）开放交通时间。

改性乳化沥青稀浆封层是施工后一小时可承受碾压交通的系统。这种情况下，乳化沥青必须破乳，混合物必须获得极强的剪切力，混合料也必须和原有路面黏结。这一点在用户中有同感。即很好配比施工的改性乳化沥青稀浆封层凝固快速，可于一小时内开放交通而没有任何损坏，例如车辙或者剥落。经过一些项目的观察发现施工结束后立即出现剥落、不黏合和（或）车辙，不适当的配比和（或）施工质量控制显示出是这些不规则性的主要原因。

一些项目报告转弯处有撕裂现象，甚至小时后。使用相对干燥的骨料然后撒布砂子可以解决这些区域的撕裂现象。考虑到这种情况的交通控制计划对成功地完成施工是非常重要的。目前没有现场实验确定施工后开放交通的准确时间。ISSA正在研制现场黏聚力测试仪。

（6）试验路段。

改性乳化沥青稀浆封层是一种快凝系统，试验室条件下的拌和、设计在现场条件下可能工作不佳，可能是拌和料非常快速地破乳、凝固或非常缓慢地破乳、凝固。为确保现场改性乳化沥青稀浆封层的正确配比和实施，应于实际应用前摊铺实验路段。

目前，只有俄亥俄、俄克拉荷马和宾夕法尼亚道路管理部门要求在现场条件下摊铺试验路段以演示混合料的工作性能。

（7）交通维持和保护。

现场观察中，发现一些改性乳化沥青稀浆封层项目施工中没有正常的交通控制计划。改性乳化沥青稀浆封层工程中，交通的维持和保护同其他类型的施工一样重要，应当受到同样的重视。交通控制计划应该按照统一交通设施手册（MUTCD）的建议或州要求的相应条款制定。

5. 施工质量

（1）结构/封层。

改性乳化沥青稀浆封层的最普遍应用之一是路面结构或封层。改性乳化沥青稀浆封层应是平滑、防滑表面，为达到这一目标，完成的路面应是没有划痕、撕裂、搓板或其他路面不规则形状。另外，高质量纵向、横向接头和边线增强车辆驾驶和道路美观。

虽然对于完整的路面，州规范没有足够定义或限定条款，但几个不同州的主要改性乳化沥青稀浆封层显示出良好的工艺水平。一些项目中发现的路面不规则性，主要由于工程承包商缺少经验，施工工艺水平低造成。下面阐明路面缺陷及原因。

①波浪。

波浪也称为搓板，是道路表面一种规则间隔横向波浪（即波峰、波谷交替变换）。

横向波浪。不同数量的横向波浪被从改性乳化沥青稀浆封层项目中发现。摊铺过薄和（或）混合料数量不足被认为是横向波浪的原因。摊铺速度也对结构有影响。得克萨斯州工程师发现过快的摊铺速度也可能在路面导致波浪产生。

使用橡胶刮平器比钢质刮平器的路面结构好。一些工程承包商现在利用第二橡胶刮平器减少波浪，改善路面结构。德州交通管理部门现在要求改性乳化沥青稀浆封层项目必须使用第二刮平器。一些工程承包商使用不同的技术——拖布。拖布对于较细稀浆封层是有问题的。问题之一是混合物附着于拖布上增加其质量留下凹痕，大颗粒也附着于拖布上引起刮痕。

为了控制工程中横向波浪，道路管理部门应限定波浪程度和深度（如5mm），可使用3m直规量波浪。

纵向波浪。一些工程中也发现了纵向波浪。原因是肮脏磨损刮平器或拖布。纵向波浪应保持在最低限度。横向波浪工程规范也适用于纵向波浪。

②撕裂、刮痕。

撕裂痕迹的原因包括：磨损和/或不清洁刮平器、超大骨料、原料不足、使用钢质刮平器撕破龟裂填充物、混合物过早破乳。以上因素必须避免以获得无刮痕表面。有时在摊铺过程中，原料开始聚积于刮平器，如果不处理这些材料将在摊铺箱后造成刮痕或成块脱落。操作手应注意观察以便在问题出现前清除这些材料。为避免刮痕，改性乳化沥青稀浆封层骨料应在使用前严格筛选。大部分州规范要求骨料在应用于设备之前通过粗筛。

刮痕的另一个原因是低应用率。低应用率应通过确保摊铺厚度至少是最大规格骨料的1.25倍(最好是1.5倍）来实现。同时，为防止撕裂，龟裂填补应略低于路面或与路面持平。为保证良好摊铺路面，希望针对特定摊铺路面制定刮痕限定（即宽度和长度）和数量限度规范。

③路面横截面。

使用钢质刮平器摊铺箱全宽度摊铺可以修正现有路面的局部不规则性。橡胶刮平器对路面轮廓不是十分有效，因为它按照现有路面不规则情况导致同量混合物摊铺于路面而忽略现有路面轮廓。

施工完成路面应用3m直规检测，以确定为合格路面截面。

④结构黏稠度。

在普通倾斜截面中，有时摊铺车道中央或一边比正常结构潮湿。过于潮湿的混合物通常是造成不均匀性的原因。在另一些项目中，尤其是超高部分，发现路面较低一侧较湿，造成这种不均匀的原因有拌和不好或摊铺箱出料不均匀、湿于正常拌和。

如前所述，不鼓励使用过湿混合物。乳化沥青的配比应使工程承包商在所有道路条件下，可应用相对较干燥、黏稠的混合物。现代化的摊铺箱允许工程承包商控制螺旋布料器的速度和方向，这个功能对于超高部分和曲线施工非常重要。摊铺箱不能均匀地布料是不允许的。本行业正在考虑进一步改进摊铺箱，一个可能性是使用螺旋支撑式布料器替代叶片式布料器以便改善摊铺箱混合物分布。另一个是摊铺箱全宽度摊铺时切除导流槽和门以便布料更加均匀。

⑤接缝施工。

现行州规范对横向或纵向接缝禁止过量叠加，使这些参数没有被很好地重视和执行，但没有规定横向接缝和纵向接缝最大允许叠加，导致存在漏铺和纵横向接缝而使一些项目施工不很令人满意。

在横向接缝中，隆起和补丁样表象应引起注意，因为改性乳化沥青稀浆封层是一种快凝原料，每次摊铺停止摊铺箱必须提升并清洁摊铺箱内已凝固的混合料。摊铺箱提升和重新定位可能留下多余原料隆起，并导致横向接缝产生补丁或隆起。

同样，纵向接头过量叠加也会导致隆起。大部分规范没有指明可应用于改性乳化沥青稀浆封层的纵向接头类型（即平接或搭接）。平接可以改善这种情况，但由于这是一种薄而湿的应用，因此通常难以施工。

为保证良好的接缝施工，州规范应加强包括测量手段，诸如：在相邻车道做纵向接缝使用平接或不少于50mm的搭接，使用3m直规测量叠加厚度不应超过6mm。如可能将叠加处放在较高一侧以防止被水淹没。横向接头严格限制为每6500m5个，用3m直规测量横向接头高差不超过3mm。横向接头施工时使用纸带或金属盖片。横向接头施工应平滑一致。

⑥边线

大部分现行规范没有指明边线施工。现场调查表明边线施工质量随工程承包商不同而不同。一些工程承包商用细线找平，而另一些承包商简单地试图通过目测跟踪现有边线。

为确保一致的结果，国家应规定规范以控制边线的一致性。例如规范可使用边线施工应平滑与现有车道、路肩、路缘石边线一致。边线施工任何30m水平误差不应超过正负50mm。

（2）车辙填补。

改性乳化沥青稀浆封层填补车辙是一种非常成功的办法（提供了长期的解决办法），如果车辙是由路面表面结构磨损或机械碾压造成和（或）如果现有路面稳定。根据路面厚度，车轮碾压深度通常为6～13mm。

如果车辙是由路基或不稳定路面摊铺层造成，根据车辙的起因和严重性，改性乳化沥青稀浆封层修复将只保持很短时间。很多沥青路面车辙是由于不稳定面层造成的。路面表层塑性变形可是双车轮车辙或上部重物间的凹陷。如果改性乳化沥青稀浆封层只作为临时手段，任何由于塑性变形造成的畸形隆起应于车辙填补前被铣刨，同时改性乳化沥青稀浆封层不能应用于伴随鱼皮式龟裂（表明路基不完全）的车辙路面。如果车辙深度是由于交通碾压以外的原因造成，则应进行路面结构分析以确定车辙起因。通常如果路面已经投入使用10年，车辙深度只为10～20mm，路面可认为是稳定的。

填补车辙时，尤其是深度变化的车辙，车辙填补箱内必须保持足够的原料供应。这通过控制设备速度来实现，较深车辙需要更多原料、较低速度。基于这一原因，自行式具有后部速度控制台的连续设备尤其适用填补车辙。

①填补深度车辙。

一些州在一次摊铺填补40mm或更深车辙时已有教训，粗糙骨料进入坑槽深部留下富含沥青的细料在表面，这导致低凹或不平整的路面结构，造成难看的“油点”。

为达到最好效果，深度超过25mm的应采用多次摊铺填补法，使用粗糙骨料和较干燥混合物，同时也有助于缓解填补深度车辙的泛油问题。通常这种情况很少见，因为国家要求深度达到15mm的车辙必须采取填补手段。多次摊铺间应有足够的凝固时间（交通情况下24h）。

施工结束前，横向轮廓不能有任何凹陷，规范应要求使用3m直规已确保不再有任何车辙。

②再压实/车辙再填补。

一些州对于路面开放交通后的直接碾压已有些经验，实验室结果和现场研究表明，改性乳化沥青稀浆封层在达到相对稳定状态前可以负重初始压实。ISSA建议对于每一个25mm改性乳化沥青车辙填补，增加3mm拱形摊铺以补偿初始压实。这有望防止车辙再填补，但会引起短期水分排出问题。因此不建议6mm以上拱形摊铺。各州应该规定可容许的过量填补，以防止水分排出问题。解决这一问题的其他方法包括：

第一，使用5~7t轮胎压路机碾压填补区域，然而这一方式需要较长时间交通关闭。

第二，重新处理初始再填补区域不合格部分，即6~13mm之间。这种选择将给行驶车辆带来不便，同时过量初始碾压表明配比设计较差，除非改性乳化沥青稀浆封层应用于塑性变形区域。

（3）校准层。

在路面不平整或有5~10mm车辙的地方，改性乳化沥青稀浆封层需要2次摊铺，第一次应用可作为校准层，以重新建立路面横向轮廓，然后进行路面封层。如果改性乳化沥青稀浆封层直接应用于不平整路面，封层后路面将同样不平整。如果车辙深度深于10mm，应于最后封层前，使用车辙填补摊铺箱填补车辙。如果使用标准摊铺箱填补深度车辙，车轮碾压部位将发生泛油现象。

校准层使用钢质刮平器，摊铺箱全宽度摊铺，施工中刮平器设定为与路面最高点接触，因此可填补低点。摊铺宽度通常设定为3m以避免覆盖车道线和边线。校准层施工过程中，由于较小原料存在于车轮之间的区域，因此这个区域可能会出现刮痕。为得到高防滑性能、平整一致的路面结构，建议应用表面封层覆盖车辙填补和校准层。

（4）建议和其他应用。

①应用于混凝土路面。

改性乳化沥青稀浆封层在水泥混凝土路面（PCC路面）上的应用还不十分广泛，然而它已用于PCC路面和桥面以改善防滑性能。改性乳化沥青稀浆封层直接应用于PCC路面在相对短的时期内就会不接合。一些州如俄亥俄、俄克拉荷马、宾夕法尼亚、田纳西在这方面已有经验。为保证和现有PCC路面有良好结合力，这些州现在要求改性乳化沥青稀浆封层施工前使用沥青黏结剂。

田纳西州在改性乳化沥青稀浆封层施工前，使用0.22至0.45L/m^{2}乳化沥青黏结剂。宾夕法尼亚，一个已将改性乳化沥青稀浆封层应用于PCC路面和桥面多年的州，在不使用沥青黏结剂或使用相对低成分沥青造成的剥落方面已有经验[11]。宾夕法尼亚要求沥青黏结剂应用率在沥青含量的0.07~0.3L/m^2。俄亥俄要求应用率为0.02L/m^2。

②改性乳化沥青稀浆封层摊铺于交通标记。

几个州的调查表明，改性乳化沥青稀浆封层摊铺于热塑材料将从标记上剥落。因此热塑标记和冷塑标记（尤其是油漆标记）应于改性乳化沥青稀浆封层施工前去除。

油漆标记可于改性乳化沥青稀浆封层施工后第二天复原，但是热塑标记应于改性乳化沥青稀浆封层完全凝固后恢复，一般需要7~14d。

③应用于多结构防滑路面和（或）剥落路面。

如果路面是疏松的（例如多结构防滑路面），在结构封层前应用稀释乳化沥青喷洒或用薄而湿的改性乳化沥青稀浆封层。如果底层没有封层，可能会发生剥落现象。田纳西州在这方面的应用中有相当多经验，这个州在进行改性乳化沥青稀浆封层前，以0.22~0.44L/m^{2}的比率进行高分子聚合物改性乳化沥青黏结层施工。田纳西州也建议在所有其他路面情况下使用沥青黏结剂以获得好的黏聚力，给原有路面封层。

④用于过度泛沥青路面。

改性乳化沥青稀浆封层被一些州，尤其是得克萨斯州[12]，来修补/降低碎石封层和水泥混凝土路面的泛油现象。改性乳化沥青稀浆封层应该有限地用于低至中等程度的泛沥青路面，否则泛油会重现。

对于泛沥青路面，改性乳化沥青稀浆封层应考虑2次摊铺。第一次应使用沥青含量低的混合物，第二次沥青含量可稍低或正常。

⑤用于氧化和不平整路面。

如果路面过于氧化或不平整，应考虑用改性乳化沥青稀浆封层或热拌和沥青摊铺水平层，或者使用铣刨或热翻松解决氧化和路面不平整问题。堪萨斯交通管理部门在进行改性乳化沥青稀浆封层前进行热翻松。

⑥应用于纤维织物。

改性乳化沥青稀浆封层直接摊铺于纤维织物尚未证明是有效的。有报告表明几个月内会发生剥落。俄克拉荷马道路管理部门在这个领域进行研究，报告表明改性乳化沥青稀浆封层应用于纤维织物上导致立即脱落[10]。

6. 其他设计方案和施工要点

（1）噪音水平。

改性乳化沥青稀浆封层通常比致密沥青混凝土路面噪音水平高。噪音可能与骨料级配、形状和类型、或者基于混合料黏稠度和应用比率（向前速度）的整体路面粗糙度有关。

在现场观察中，一些摊铺层（新的层和2~3年的层）发现了有害的噪音水平。然而尚未有任何现场测量过实际噪音水平，只有少数工程注意到了过高噪音水平。本行业需要考察骨料组成、全面混合料设计和施工实践，以便在更协调均匀基础上使防滑性能和平滑表面达到相对平衡。道路管理部门可能应考虑研制一些噪音水平指导条款。

（2）泛油。

引起改性乳化沥青稀浆封层泛油的原因可能包括：过早开放交通、混合料中过量沥青和水分以及炎热天气。另外较细混合料不应该用于高车流量道路上。在现场观察中也发现当一次填补较深车辙（超过30mm）时，路面很短时间后会泛油。如前所述，超过25mm深车辙应多次填补以防止泛油。

（3）面层剥落。

改性乳化沥青稀浆封层会因以下一个或几个原因造成面层剥落、沥青含量不足、不足量细骨料基体不能将粗糙颗粒骨料结合在一起、摊铺过薄、膏体质量太低、水分不足、应用后24h内冷气候条件。与道路管理部门讨论评述表明，改性乳化沥青稀浆封层面层剥落情况已经被限制。一些特殊情况下的改性乳化沥青稀浆封层面层剥落见第5部分。

（4）深层剥落。

深层剥落定义为在潮湿环境下，热摊铺或混合物的表面和膏体沥青间黏聚力减弱或完全丧失。

通常，改性乳化沥青稀浆封层显示很好的防深层剥落性能。除一些很差的设计施工外，改性乳化沥青稀浆封层项目中发现的脱落或坑槽通常是由路面底层剥落造成的。

7. 规范

国家使用改性乳化沥青稀浆封层规范。当涉及配比实验时，这个规范对两种成分——骨料和乳化沥青作出了规定。没有规定其他原料如水、矿物细料、添加剂。矿物细料的用量通常由级配控制。水和添加剂的使用和用量由工程承包商决定。只有少数一些州对拌和实验作出了全面规定。这些实验按照ISSA改性乳化沥青稀浆封层指导书和Marshall热沥青拌和测试步骤制定。现行ISSA拌和设计步骤不是ASTM或AASHTO标准实验，它们的重复能力尚未很好建立。同样，Marshall实验步骤也不适应于冷拌和。

施工规范通用条款指明了一些设备类型和摊铺操作。大部分质量控制由工程承包商和拌和实验室或乳化沥青生产商负责。成功的改性乳化沥青稀浆封层施工和最终性能因此受工程承包商经验水平的影响，它们不仅负责摊铺施工，同时负责混合料成分数量调整。

各州原料控制通常限于骨料抽样检测以及确保混合物符合规范。对混合物样品进行抽样实验以检查膏体沥青和骨料百分比。然而，抽样检查结果可能不很准确，因为乳化沥青中含有高分子聚合物，在一些实验中，混合物中膏体沥青抽样发现比原加入混合物中的膏体沥青大大减少（超过1.5%）。ISSA最近研究表明，Troxler（核仪表，ASTMD4125）和Soxhlet（得州215F改进型）是更适合改性乳化沥青稀浆封层系统沥青含量测试的手段。

（1）说明。

达到好的摊铺效果和长期性能取决于原料质量、良好配比和施工质量。同时，设计方面的改进需要大量的协调努力和一些时间，而施工方面的改善会立即显现出来。一种保证摊铺效果的方式就是通过利用最终规范加强现有施工标准。最终规范是施工结束时可用于鉴定的条款。通常这些条款很长时间不改变。

另一个保证摊铺效果和长期性能方式是担保书。担保书条款可以包括最终结果和规范性能。性能规范条款一段时间后会改变。现在 FHWA 正在和本行业以及几个州共同工作以研制担保书条款指导手册，一经完成，担保条款将于几个州的 FHWA No. 14 特殊实验项目检测。每一类型规格中，项目范例条款包括：

①最终结果条款。

· 完成路面；

· 横、纵接缝；

· 边线；

· 截面；

· 表面摩擦。

②性能条款。

· 泛油；

· 表面剥落和黏结力丧失；

· 表面摩擦；

· 车辙；

· 噪音水平。

施工规范的一些项目范例本文前面已做讨论。这些规范不应该作为推荐值而是一种建议。我们鼓励每一个州高速公路管理部门研究适应本州不同情况的最终结果规范。在研究规范时，条款的可执行性很重要，不应使用难以执行的条款，因为不能在现场测定它的符合性能。为了证实规范的适应能力，道路管理部门可研究试验工作计划，以确定条款的可执行性。

（2）性能。

改性乳化沥青稀浆封层性能取决于许多因素如气候条件、交通流量、现有路面情况、原料质量、混合料配比和施工质量。下文总结了改性乳化沥青稀浆封层两个主要应用性能车辙填补和提供粗糙结构以改善路面摩擦性能。然而应当注意的是其他应用信息还不完全，而且还需要更多长期性能信息资料。本文性能信息来源于广泛的现场考察、各州性能考察报告、其他文献，以及道路管理部门和本行业讨论资料。

①车辙。

车辙是沥青路面面层或底层在重复荷载作用下原料渐进位移造成的，可通过碾压和塑性变形发生。改性乳化沥青稀浆封层机具有楔形摊铺能力，可摊铺出不同厚度和薄边线以适合车辙填补。当合理配比、施工以及应用于结构完好的路面时，改性乳化沥青稀浆封层一般能在不同气候条件和交通情况下 4 ~ 7 年内抗车辙性能良好。这期间碾压一般不深于 10mm，尤其是原车辙深度小于等于 20mm 时。

堪萨斯交通管理部门最近 8 年已经在一些高交通流量道路上摊铺了 1300 车道公里的改性乳化沥青稀浆封层，并且获得良好性能。堪萨斯在大量 15mm 或更深车辙再现前获得 5 年以上服务期。

1982 年以来，宾夕法尼亚将改性乳化沥青稀浆封层用于沥青和 PPC 路面车辙填补。这个州研究了一些改性乳化沥青稀浆封层项目评估报告。在宾夕法尼亚，改性乳化沥青稀浆封层（Ralumac）相对其他薄层养护手段表现出良好地抗车辙再现性能，一些车辙填补工程被监测 3 ~ 5 年。结果表明，改性乳化沥青稀浆封层抵制车辙重新形成，尤其在车辙深度不超过 20mm 的区域。例如车辙深度为 25 ~ 50mm 的地方，3 年后再现车辙深度为 6 ~ 13mm，5 年后，再现深度为 16mm 和原来不超过 20mm 车辙相比深度减少 3mm。

宾夕法尼亚交通管理部门最近研究表明，1989—1991 年摊铺的改性乳化沥青稀浆封层，用于 PPC 路面或桥面填补 13mm 车辙，至今无明显机械撕裂和磨耗再现。宾夕法尼亚许多改性乳化沥青稀浆封层工程的 1993 年现场考察报告支持本州结论。

得州交通管理部门，一个从 1988 年开始的改性乳化沥青稀浆封层主要使用者（第一个改性乳化沥青稀浆封层工程施工于 1984 年），使用改性乳化沥青稀浆封层用于填补车辙，大多数得州工程时间不超过 5 年或更短。在广泛的各种不同气候、交通情况下获得无可置疑的良好效果，使得州交通管理部门对改性乳化沥青稀浆封层认可程度逐步提高。

得州一个 1984 年施工的车辙填补工程 6 年多来无明显车辙再现[14]，1991 年现场考察许多 3 年的工程揭示了没有明显车轮渗压，那些项目显示出有可能在持续多年良好性能。得州最近报告中[12]改性乳化沥青稀浆封层车辙填补性能在 0 ~5 年评分标准中得分为 3. 84，最高分为 5 分。

北卡罗莱那交通管理部门从 1988 年以来将改性乳化沥青稀浆封层用于州际和其他高车流量道路。施工中填补的车辙深度从 10mm 至 25mm 以上。通过对 1992 年一些项目的现场考察发现改性乳化沥青稀浆封层有很好的抗车辙再现能力。

西纳西道路管理部门从 1989 年开始应用改性乳化沥青稀将封填补高车流量公路车辙。虽然尚未有长期性能数据，但已获得良好的结构和车辙填补结果。田纳西希望改性乳化沥青稀浆封层可将道路寿命延长 5 年以上。对 1992 年项目的考察支持这种希望。

俄克拉荷马道路管理部门于 1983 年进行这个州的第一个改性乳化沥青稀浆封层，自此在各种交通条件下改性乳化沥青稀浆封层已超过 1930 车道公里。除一些例外，改性乳化沥青稀浆封层提供了 5 ~7 年的性能寿命。俄克拉荷马建议改性乳化沥青稀浆封层应用于车辙填补和路面截面轮廓恢复[10]。

俄亥俄道路管理部门自从 1987 年以来改性乳化沥青稀浆封层施工已超过 600 个（一些其他项目于 1984 至 1986 年间施工），以填补车辙和改善路面摩擦性能，很多项目应用于混凝土路基沥青路面。其中一些项目由于施工和设计原因，施工不令人满意，大部分项目非常成功。俄亥俄州改性乳化沥青稀浆封层工程根据交通、现有路面情况，设计或施工质量分别提供 4 ~7 年良好性能。不同项目的现场考察证实这个州的经验。

1989 年，阿肯色州关于 1985 年改性乳化沥青稀浆封层项目的报告显示 4 年来没有明显车辙再现现象[15]。

威斯康星州 1992 年现场考察了 1989 年在高车流量州际公路施工的两个改性乳化沥青稀浆封层项目。项目未发现明显车辙再现（即原有车辙 10 ~20mm，3 年车辙再现只为 5mm）。

②防滑性能。

路面摩擦性能同时取决于微观结构和宏观结构。微观性能涉及原料骨料的详细路面性能，适宜的微观结构在轮胎与路面骨料间建立有效的接触区域。宏观性能涉及路面原料的总体粗糙度，改善路面大量水的排放性能，给轮胎提供适宜的相互作用。一些道路管理部门认为，在 65km/h 速度下滑动系数等于或大于 40，对于正常气候条件下驾驶可提供足够的路面性能。

用户联合会对防滑性能反应良好。虽然实际滑动指数取决于骨料类型和级配，但初始数字范围从四十中段到五十高段对改性乳化沥青稀浆封层是普遍适宜的。各个州的调查表明改性乳化沥青稀浆封层在它寿命期内，提供良好、长久防滑性能。

俄克拉荷马州发现改性乳化沥青稀浆封层在日均交通流量超过 70000 次的道路上，提供足够路面摩擦至少 4 年。

宾夕法尼亚表示改性乳化沥青稀浆封层在沥青和水泥混凝土路面上，均可提供良好、长久防滑性能。

俄亥俄、弗吉尼亚、西弗吉尼亚、田纳西、得克萨斯等其他各州在这方面反映均良好。在防滑性能评分中，得州在 5 分制中给改性乳化沥青稀浆封层 4.52 分，5 分为最高分。

③面层剥落或黏结力丧失

面层剥落是骨料从混合物中分离。很多州应用改性乳化沥青稀浆封层解决面层剥落问题均获得良好结果。俄亥俄在一路面磨损的州际公路上用改性乳化沥青稀浆封层解决面层剥落问题，良好性能已持续 5 年以上[16]，俄亥俄其他项目情况也相似。

田纳西州自 1989 年起，将稀浆封层和改性乳化沥青稀浆封层应用于多种结构路面剥落情况，这些项目也表现出良好性能。

俄克拉荷马 3 年后，对 1990 年在严重剥落和车辙的多种结构路面上的施工进行了评估，发现没有剥落现象，车辙很小（小于 10mm）。

④龟裂封层或填补

龟裂可以被广义地分为两部分：负载相关或非负载相关。负载相关龟裂是疲劳龟裂，非负载龟裂是低温龟裂。龟裂也可按照它的轮廓进行描述，如纵向、横向、鱼纹或地图、块状。或根据机械成因分类，滑移、收缩和再现。

改性乳化沥青稀浆封层，像其他薄形处理方式和覆盖层一样，对龟裂再现不能提供长久性能。通过对几个州一些已结束项目的考察发现对于稳定龟裂（龟裂没有或很小水平或垂直位移，如随机空间缩小或块状龟裂或纵向龟裂）改性乳化沥青稀浆封层可延缓再现龟裂的发展。

俄克拉荷马报告指出在一些项目中改性乳化沥青稀浆封层实施 4 年后，龟裂才 100% 形成[17]。俄克拉荷马对几个项目中的考察表明，大部分龟裂在改性乳化沥青稀浆封层实施 3 年内再现，而且这些龟裂相对窄小并不再扩大。

一些研究表明增加改性乳化沥青稀浆封层厚度其延缓龟裂再现的能力没有帮助。俄克拉荷马的研究表明将改性乳化沥青稀浆封层的厚度从 13mm 增至 28mm，对于消除车辙再现没有作用[17]。宾夕法尼亚也评估应用率和厚度对龟裂延缓的作用，他们的评估没有显示增加应用率或摊铺厚度的任何益处[13]。

俄克拉荷马在用改性乳化沥青稀浆封层填补宽大龟裂和凹陷时获得良好性能。

田纳西，一个已经有 3 年改性乳化沥青稀浆封层经验的州，报告改性乳化沥青稀浆封层龟裂再现通常比薄热沥青摊铺层少。

⑤泛油。

一些州使用改性乳化沥青稀浆封层解决沥青路面泛油问题。得克萨斯频繁使用改性乳化沥青稀浆封层解决轻微至中等程度泛油，在 5 分评分标准中，得分为 3.74[12]。

⑥夹层。

宾夕法尼亚和俄克拉荷马使用改性乳化沥青稀浆封层作为夹层均获得良好性能。改性乳化沥青稀浆封层的使用不能防止接缝或龟裂从热沥青摊铺层中再现。然而夹层可延缓龟裂重新形成[10]。

（3）费用。

改性乳化沥青稀浆封层费用的变化取决于施工地点、原料质量可达性、工程承包商可达性、应用率、交通控制以及其他投标条款等多种因素。每个州的工程数量和规模也影响其施工费用。目前有几种方式用于改性乳化沥青的计算和付款。计算方法包括：计算骨料和高分子聚合物改性乳化沥青用量、计算混合物用量、计算封层面积。付款条款可按照合同原料成分和混合料单位价格或合同每平方码价格，表 5 是几个州改性乳化沥青稀浆封层项目计算方式和基本价格。

以质量计算，改性乳化沥青稀浆封层费用约是热拌和沥青混凝土的 2～3 倍，因为它的单位价格较高，改性乳化沥青稀浆封层性价比表现在其可应用薄型摊铺的概念。薄型摊铺可减少路缘石、路肩、排水孔、桥面、护栏的调整，当填补车辙，改性乳化沥青稀浆封层的性价比表现为不需通常的铣刨和摊铺组合操作。当同其他路面养护办法如稀浆封层和碎石封层相比较，选择合适的技术时应综合考虑工程评价、性能经验和寿命周期成本分析。

表5　测量方法和改性乳化沥青稀浆封层单位价格

州　　名	测量/付款基础					一般单位价格（美元）	
	骨料 t	改性乳化沥青 t	细料	混合物 t	封层面积	以质量为基础 t	以封层面积为基础 m^2
北卡罗莱那	√	√				90～100	1.13～1.25
俄亥俄					√		1.44～1.68
宾夕法尼亚	√	√		√		115～135	1.80～2.40
弗吉尼亚				√		90～102	
田纳西	√	√				75～90	
得克萨斯					√	80～85	
俄克拉荷马	√	√				80～85	
堪萨斯	√	√	√			83～88	

注意：1. 以上单位价格适合乡村高车流量道路应用，费用包括交通维持、动员以及其他少量偶然性工作。实验道路一般分开付款。市区应用费用很大程度上取决于交通维持要求。

2. 由于付款原因，宾夕法尼亚利用车辙填补用量及结构层表面面积方式计算。俄亥俄平均应用率为 11.9～16.3kg/m^2。

3. 得克萨斯、俄克拉荷马和堪萨斯结构层平均大约应用率为 11.9～13.5kg/m^2。

4. 北卡罗莱那的应用率范围从 9.7～19kg/m^2。若与政府办公室签订合同，北卡罗莱那以封层面积方式计算。

5. 田纳西在所有改性乳化沥青稀浆封层应用前，要求使用沥青黏结层，这样就增加了整体费用的1%～3%。

虽然有一些正式研究机构正在检验改性乳化沥青稀浆封层的性价比。但目前使用这项技术的州相信，对于高车流量公路结构养护、车辙填补，改性乳化沥青稀浆封层是一种成本—效果最好的技术。

八、总结

由于很多路面已达到它的寿命期，高速公路管理部门非常关心寻找一种性价比最好的、最适宜的路面修复技术以延长它的使用寿命。一项有希望的技术——改性乳化沥青稀浆封层，至 1980 年已经作为路面修复或养护技术应用于美国。经正确设计和应用，改性乳化沥青稀浆封层在不同交通和气候条件下在改善路面摩擦性能和车辙填补方面有良好性能。

虽然一些州经常使用改性乳化沥青稀浆封层技术，但也还有一些州对这项技术并不熟悉或只应用于少数几个项目，一个原因是改性乳化沥青稀浆封层的设计、施工和性能信息过于分散。虽然一些州已有改性乳化沥青稀浆封层的性能文献，但另外一些州对于这项技术还没有足够的评估或文献。不断增多的性能数据将使这项技术最终被高速公路管理部门接受。

另外一个与改性乳化沥青稀浆封层相关的工程原则需在这里阐明。这是现行拌和设计步骤。目前，拌和设计实验室使用两种步骤确定沥青最佳用量，一些实验室使用 ISSA 步骤，而另一些使用改进型 Marshall 步骤。不同的设计方式在实验步骤的可重复性和（或）应用性方面缺乏一致，虽然目前性能通常较好，但不能降低对可重复性拌和和设计步骤的要求。同时需要考察现有拌和标准，因为它们由相对较少原料组合研制，本行业已意识到这一问题并正在调整设计实验步骤和标准化方面取得进展。

应改善对道路管理部门和工程承包商的改性乳化沥青稀浆封层培训。一些由没有经验的工程承包商进行的、不令人满意的施工在过去使许多第一次应用的用户失去信心。

另一个需高度关注的方面是缺乏有效的规范和施工合格步骤，这方面已得到高速公路管理部门的高度重视。合适的施工验收技术或最终结果规范的研制可保证高质量的产品，这点也应被高速公路管理部门考虑。每一个尚未使用改性乳化沥青稀浆封层的高速公路管理部门应研制实验工作计划，以评估这项技术在其他州的可适用性。虽然已使用这项技术的州的经验是有价值的信息，但其他州的经验不一定适用于本地的原料和现场条件。

还有一些其他原因影响这项技术的使用。这包括缺乏高质量骨料源和（或）在有效运输距离内合适级配的提供能力。例如，得克萨斯州 1984 年完工的第一个改性乳化沥青稀浆封层，骨料来源于密苏里。虽然工程性能良好，但直至四年以后在得州发现骨料源才开始其他项目的施工，合适骨料源的发现可以扩大改性乳化沥青稀浆封层的应用。另一个问题是由于市场较小，骨料生产商勉强提供改性乳化沥青稀浆封层级配骨料。随着改性乳化沥青稀浆封层应用的增加，这种问题应减少。

最后，这项技术应用继续发展，应检验使用不同级配骨料和施工步骤以获得最佳路面摩擦力，同样减低噪音水平。使用纤维和多规格骨料级配在改性乳化沥青稀浆封层混合料中已开始显现。这一领域需要更多的研究和现场性能评估。

附录 A　骨料和乳化沥青测试

一、骨料实验

（一）坚固性实验 AASHTO T104（ASTM C88）

本实验测定骨料抵制风化分解的能力。在其他破坏中，风化作用可降低路面的摩擦性能。美国大约 90% 的区域被划分为恶劣气候区，因此改性乳化沥青稀浆封层受到冻结—消融破坏。这一实验一般由 SHAs 实施。改性乳化沥青稀浆封层允许骨料级配最大变化为 15% ~20% 。

本实验涉及将骨料在恒温下用硫酸钠或硫酸镁溶液浸泡 18h，然后将样本从溶液中取出，在 105 ~115°C 干燥至恒定质量，并冷却至室温。这一操作过程一般重复 5 次，然后清洁以去除盐分并干燥。通过筛分测量每一尺寸颗粒的损失质量，计算全体样本的平均损失质量。

（二）Los Angeles 磨损实验 AASHTO T96（ASTM C131）

本实验测定粗类型骨料的抗磨耗和抗磨损性，骨料必须足够坚硬以抵制施工和交通情况下的磨耗和破坏。这一实验一般由 SHAs 实施。改性乳化沥青稀浆封层允许最大磨耗为 30% 。

LA 磨损实验是骨料落入一旋转的钢制环型缸体，内有钢球对原料进行严酷碾压。旋转后称重其中粉料，原料破损百分比即确定。

（三）级配 AASHTO T27（ASTM C136）

本实验测定通过不同筛网孔径分离的骨料规格，确定和控制骨料的真正目的在于提供和维持骨料合适的空隙含量，级配对于计算理论沥青含量很重要。级配是改性乳化沥青稀浆封层表面结构的重要组成部分。

虽然完整的干燥筛分分析（有时是清洗实验）由行业实验室实施，但 SHAs 也对从料场运来的原料进行级配实验，作为它的符合性项目的一部分。ISSA 建议改性乳化沥青稀浆封层使用 9. 5mm，通过率 100% 两种类型级配。

级配通过做一套递减的不同尺寸筛网分析来测定，通常级配用不同筛网的通过百分数或残余百分数表示。

（四）砂等效实验 AASHTO T176（ASTM D2419）

本实验用来测定细骨料中黏土和粉尘含量。较低砂等效值可能导致过量乳化沥青消耗，同时引起拌和和凝固困难。本实验一般由行业实验室实施。道路管理部门一般要求最低砂等效值为 60。

本实验利用 4. 75mm 级别料。虽然水泥被认为是骨料级配的一部分，但它不应该包括在用于砂等效的测试骨料样本中，以便获得更具有代表性的结果。ASTM 提出了两个进行本实验的步骤。第一个步骤是骨料样本不需在恒温箱中干燥而直接测量，第二个步骤是骨料先在105°C 干燥，冷拌和。如改性乳化沥青稀浆封层，应当采用第一个步骤。

（五）甲基蓝实验 ISSA TB145（不是 AASHTO 设计方案）

一些实验室利用本实验测量骨料中黏土和其他有机物成分含量。黏土影响骨料表面活化性，实验利用不含矿物细料0.075mm 级别料。本实验确定骨料活性，并确定现场应用中添加剂用量。虽然国际稀浆封层协会技术公告中没有规定甲基蓝最终值（饱和值），但一些用户已经制定了饱和值超过某一数值要求骨料舍弃的标准。虽然本实验作为骨料活化性的指示剂，但若有较高甲基蓝数值出现，骨料舍弃标准尚未统一。

本实验利用不含矿物细料的0.075mm 级别料。实验中骨料细料在蒸馏水溶液中搅拌后，和甲基蓝染色溶液混合。确定使细料饱和的甲基蓝用量，一般高数值与高活化性及低砂等效值有关。

（六）密度 AASHTO T84（ASTM C128）

本实验测定骨料质量和水的关系。密度用来确定理论沥青含量。

（七）单位质量实验 AASHTO T19（ASTM C29）

在不同含量情况下测定骨料样本单位质量，以确定单位质量随潮湿含量变化而改变。当潮湿含量增加时，骨料单位质量减少（膨胀效应）。骨料单位质量的变化可能引起标定问题，因为乳化沥青是以恒定比率进料的（膨胀效应会引起沥青含量增加）。

其他通用骨料实验有：抗磨耗（ASTM D3319，E303，E660，D3042）、耐久性（ASTM D3744）、抗剥落性（ASTM D1664，D1075；AASHTO T283，T182 ）、沥青吸水性（ASTM D2041，D4469）、洁净度（ASTM C117 和 D422，C123，C142，D2419，D4318）。

二、乳化沥青实验

（一）黏稠度，Saybolt Furol@77°F sec AASHTO T50（ASTM D244）

黏稠度实验定义为液体抗流动性。本实验测定乳化沥青的可泵性。实验结果在 Saybolt Furol 副本中有记录。通常规定黏稠度范围为20～100，典型值范围为20～30。

（二）沉淀实验 AASHTO T59（ASTM D244）

本实验用于测定乳化沥青的储存稳定性。实验检测沥青液滴在储存中的沉淀趋势。本实验样本从上部和下部提取，然后测定两种样本沥青余重差别。这是一种测量沉淀的方法。一般小颗粒沥青将使乳化沥青稳定性更好。乳化沥青静止24h，表面应没有白色、乳色物质，只是均匀棕色。

当乳化沥青及时使用时，大多数道路管理部门认可储存稳定性实验（24h,%）AASHTO T59（ASTM D244）。规范通常允许沥青余量有0.01%～1%的差别。

一些州（例如弗吉尼亚、宾夕法尼亚）在他们沥青合格项目中不要求这些实验。改性乳化沥青稀浆封层中的乳化沥青包含不同密度成分，通常会发生一些沉淀。也许沉淀本身并不重要，重要的是拌和时，悬浮液是否均匀，是否有和刚生产的乳化沥青同样的性能。实验用于比较鉴定放置几天的乳化沥青同其刚刚生产出时的差别，结果可作为合格的标准。

（三）筛分实验 AASHTO T59（ASTM D244）

本实验补充储存稳定性实验，并有类似目的。它用于研究沥青含量中较大液滴，它可能在储存稳定性实验中没有被检测并将影响可泵性。最大值为0.1%，通常采用0.01%～0.05%。

（四）颗粒电荷 AASHTO T59（ASTM D244）

本实验用来说明乳化沥青类型。改性乳化沥青稀浆封层通常使用带正电荷（即阳性）的乳化沥青，然而阴性乳化沥青也可使用。

（五）常用沥青含量 AASHTO T50（ASTM D244）

本实验测定乳化沥青中高分子聚合物改性沥青含量。这个信息用来测定以乳化沥青设计要求为基础的配比沥青含量。通常规定最少常用量为60%～62%（注意：此实验应改为在较低温度下进行，因为高温可能导致一些高分子聚合物分解）。

（六）pH 实验（不是标准实验）

一些实验室将本实验作为乳化沥青对骨料活化性指示剂。通过研究，选择乳化剂和优化乳化剂剂量以及 pH 值，乳化沥青可根据骨料调整，以使系统拌和和凝固达到期望特性。乳化剂溶液 pH 值和最终乳化沥青 pH 值不同，同时最终乳化沥青和混合物 pH 值不同，乳化沥青的 pH 值略低于混合物 pH 值，改性乳化沥青 pH 值范围一般在 0.8～2.0。

（七）蒸发残余物实验

绝对黏度，60℃，Pa ASTM2171。

运动黏度，135℃，Pa ASTM2170

沥青的黏度可简单定义为它的抗流动性。60℃的沥青黏度对热拌和沥青系统以及炎热夏天中路面温度接近60℃时改性乳化沥青稀浆封层系统的性能有影响。低黏度沥青可能引起泛油和车辙。沥青黏度分级以60℃测量值为基础。另一种黏度测量方法是运动黏度实验，是在接近热拌和沥青施工使用的拌和及摊铺温度下测量的。

黏度实验用来确定规范的符合性和系统中高分子聚合物的改进程度。规定用于改性乳化沥青稀浆封层混合料的改性乳化沥青最少绝对黏度为8000Pa。

毛细试管型黏滞计装在恒温水或油槽中，保持60℃恒温。黏滞计试管通过较大一边装入沥青直至达到满刻度。达到60℃的平衡温度后，在黏滞计试管较小一边施加部分真空以促使沥青流动。膏体沥青开始流动后，在两个时间标记间流动所需的时间（s）就被测量出来。测量时间乘以标定因数即是黏度值。

（八）浸透性 100gm @5sec 25℃ AASHTO T49（ASTM D2397）

本实验说明沥青硬度并作为沥青对气候条件适应性的指示计。它保证避免使用不合要求的低或高浸透性沥青。实验中，沥青样本在标准温度（25℃）放在标准指示器下，指示器装载100g 载重，允许沥青样本浸透5s，浸透深度以 0.1mm 为单位测量，并作为浸透单位记录。例如如果指示器浸入5mm，沥青浸透值为50。

用于改性乳化沥青稀浆封层的沥青规范值范围从40～100，典型范围为50至90。通常改性沥青的浸透值比沥青低25～30。当选择范围时应考虑气候条件，最好在中等热气候条件下使用较硬（低浸透性）的沥青，在冬季严寒地区使用较软沥青。

（九）软化点 AASHTO T49（ASTM D36）

本实验用来估计改性乳化沥青稀浆封层在温暖环境下的抗车辙能力。软化点可被定义为沥青不能支持钢球质量并开始变形时的温度。通常规定改性乳化沥青稀浆封层最低软化点（温度）为57℃。

软化点实验是将小型沥青样本放入一悬浮于放满水的烧杯中的镍币大小的铜制环状物内，沥青温度较低时将一个小钢球放在样本上，然后以5℃/min 控制比率加热容器，当沥青变软时，钢球和膏体沥青样本向烧杯底部沉落，记录软化膏体沥青接触底部平面时的瞬间温度。

（十）延伸度，25℃，5cm/min. cm ASTM D113

沥青的延伸度被认为和路面性能有关。在一些行业问题中，本实验的重要性在于确定现场性能，延展性测量沥青残余物在纵轴上的延伸程度。然而路面很容易挠曲，它是上、下移位而不只是在纵轴上拉伸。规范值范围为40～120，值越高越好。

本实验中，膏体沥青样本被放在保持在25℃的水容器中，样本两端以5cm/min 比率分离直至拉断。沥青的延展性用块状样本两端在特定速度和温度拉开时，用拉断前的延伸距离来测量。

（十一）沥青常用量中高分子聚合物含量

几个州利用分析法测定乳化沥青中高分子聚合物含量。

参考文献

1. Asphalt Emulsin Manufactuers Association. *A Basic Asphalt Emulsion Manual 2nd Edition.*
2. International Slurry Sufacing Association. *Recommended Percommended Performace Guidelines for Micro - Surfacing* Leaflet A 143 (revised), January 1991.
3. Poceedings of the 29th Annual Convention International Slury Surfacing Association . *History and Development of Micro - surfacing in Western Europe*, February 1991.
4. Poceedings of the 29th Annual Conention International Surfacing Association. *Conventional Slury Surfacing and Micro - surfacing Mix Design and Evaluation*, February 1991.
5. Steven Stacy. *The Use of Micro - surfacing in Highway Pavemems.* Texas A&M University. 1992.
6. International Slurry Surfacing Association. . *Design Technical Bulletins*, 1990.
7. Proceedings of the 29th Annual Convention international Slurry Surfacing Association. *Marshall Method*, February 1991.
8. Asphalt Emulsion Manufacturers Association. *Recommended Performance Guidelines.* 2nd edition.
9. *Paving Technology.* Micro - surfacing : New Technology for Surface Maintenance, February. 1990.
10. Oklahoma Department of Transportation, *Microsurfacing in Oklahoma*, *Draft Report*, December 1991.
11. Pennsylvania Department of Transportation, *Evaluation of Ralumac as a Wearing Course*, *Final Report* - Research Project 89 - 061, March 1993.
12. Texas Department of Transportation, *Micro - surfacing in Texas. 2nd in - house Report* No. DHT - 25, January 1991.
13. Pennsylvania Department of Transportation, *Ralumac Latex - Modified Bituminous Emulsion Mixtures*: *A summary of Experience in pennsylvania*, Research Project 82 - 22. April 1987.
14. Kirby Pickett. *The Texas Microsurfacing Program.* ISSA Annual convention. February 1990.
15. Arkansas Highway and Transportation Department. *Ralumac Microsurfacing Evaluation. Final Report* October 1989.
16. R. L. ZooK. *Microsurfacing Treatments in Ohio.* AASHTO Mississippi Valley Confererce. July 1990.
17. Oklahoma Department of Transportation, *Microsurfacing with Latex Modified Emulsion.* October 1986.

译自美国公路局《路面修复技术》及有关专家技术资料

改性稀浆封层耐用年限跟踪调查

一、引言

改性稀浆封层（以下简称为MS施工方法）在欧美地区已有30年以上的历史，作为路面的预防性养护的施工方法，每年要做$1\times10^{8}m^{2}$的工程施工。

在日本已有10年以上的发展历史，但是至今作为预防养护的方案，尚未普及推广。由于日本与欧美的交通情况与气候条件的差异，对于MS施工方法的适用性、路用性及耐久性等尚未得到确认，因而至今尚未得到推广。

本文是在旧沥青路面基础上，采用MS施工方法做预防性养护，并对其进行跟踪调查与评估，同时对热沥青混合料施工方法也做跟踪调查，从而对其耐用年限研究比较，将其研究结果一并予以介绍。

二、路用性的评估

在旧沥青路面上，用MS施工方法铺筑的面层的施工情况，跟踪调查结果，对其路用性能的评估结果，在下面予以叙述。

1. 工程概况

作为预防性养护施工方法的改性稀浆封层施工（即MS施工方法），为了掌握MS施工方法的路用性能，为此选定有车辙与裂缝多的路段作为试验路段。试验段的工程概况如下所述。

（1）工程名称：改性稀浆封层路面试验路工程。

（2）招标单位：冈山高梁地方振兴路。

（3）路线名称：180号一般国道（交通量C级）。

（4）工程地点：高梁市段町—铁炮路（图1）。

（5）施工日期：1997年10月。

全部试验路段分为三个工区，各工区原有旧路面的状况如下所述（表1）。

表1 工程内容

工区	1工区	2工区	对比工区
工程内容	隆起部分铣刨+MS施工法	MS施工法	铣刨后加罩面
施工断面（mm）	MS表层 7 填补车辙 8 铣刨面 原有旧路面	MS表层 5 MS表层 5 原有的旧路面	密级配沥青混凝土（改性Ⅱ型） 50 原有的旧路面
施工面积，m^2	700	731.5	350
车线	行驶	行驶·超车	行驶

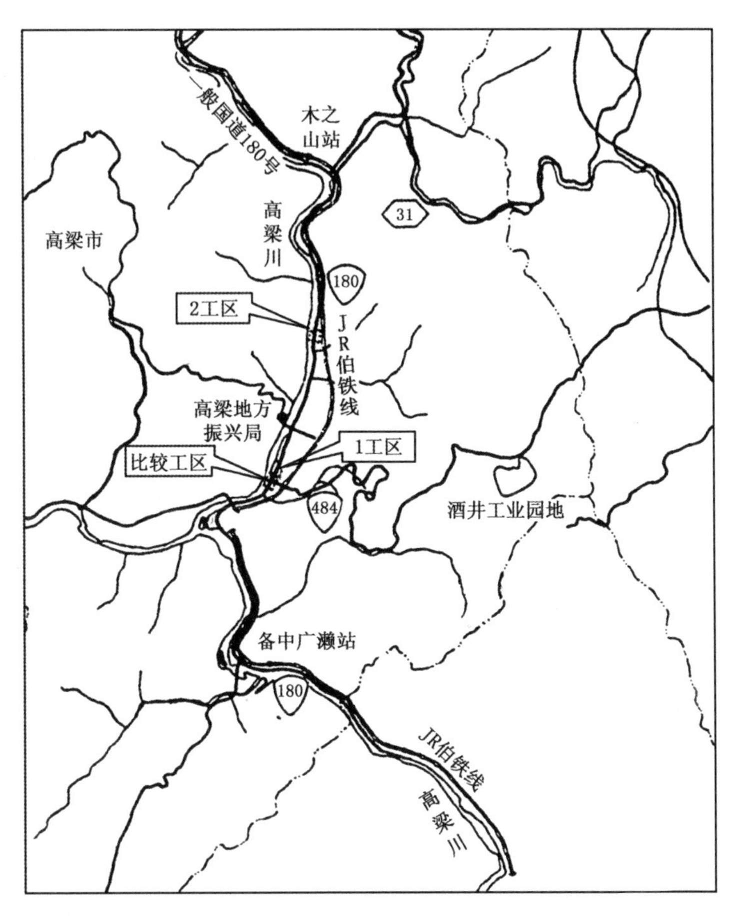

图1　工程现场平面草图

1）1 工区（行驶车道）

由于沥青混合料的塑性流变产生的车辙，在这个路段车辙两侧混合料鼓起 10～15mm。过去曾用路面铣刨机将路面全幅刨平，消除车辙的沟槽，以后行车又出现车辙，在外侧线尚有切削的痕迹。在工程进行前，路面车辙量达 10～50mm，实际累积的车辙量可推测为 40mm。这时的路面状况已经达到“道路养护修理纲要”的修补指标值。

2）2 工区（行驶、超车车道）

（1）行驶车道。全部产生严重的开裂，特别是靠边的外车道，开裂很集中，约占开裂率的 30%～40%，已经达到极限值。

（2）超车车道。路面开裂率达到 10% 左右。虽然尚未达到规定极限指标，但是已与行驶车道的修补工程形成台阶，担心在降雨时可能形成滞水，因此超车道也列为修补工程。

造成路面开裂的原因，部分是由于原路面的结构缺陷；另一方面是该路已使用 15 年，因而沥青混合料可能产生老化，裂缝宽度已达 2～3mm。

还有，路面的表面砂浆已经飞散，路面粗糙。关于车辙深度，行驶车道与超车车道都在 10mm 以下。

3）对比工区（行驶车道）

原有旧路面状况与 1 工区几乎完全相同。

2. 材料

1）MS 混合料

在 1 工区填补车辙与 1 工区和 2 工区用于面层的 MS 混合料，其中骨料的级配组成与混合料的配合比如表 2 和表 3 所示。

表 2　骨料的级配组成

筛孔尺寸，mm	13.2	4.75	2.36	1.18	0.6	0.3	0.15	0.075
骨料级配，%	100	97.7	75.2	52.2	37.1	22.1	15.1	11.8
颗料级配范围（ISSA 类型Ⅱ）	100	90～100	65～90	45～75	30～50	18～30	10～21	5～15

表 3　MS 混合料的配合比

材料名称	配合比例	标准的配合比例	备　注
特殊骨料	100	100	调整好级配
改性乳化沥青	12	10～13	慢裂快硬型
水　泥	0.3	0.3～1.0	普通硅酸盐水泥
水	10	8～10	自来水
添加剂	1.8	0～2.0	调整固化时间用

骨料的要求级配组成采用国际稀浆封层协会（ISSA）Ⅱ型标准。

2）密级配沥青混合料

在对比工区使用的热沥青罩面为密级配沥青混凝土合料，最大料径为 20mm，黏结料为改性沥青Ⅱ型耐流动性混合料。

3. 施工

1）施工顺序

各工区的施工顺序如图 2 所示。

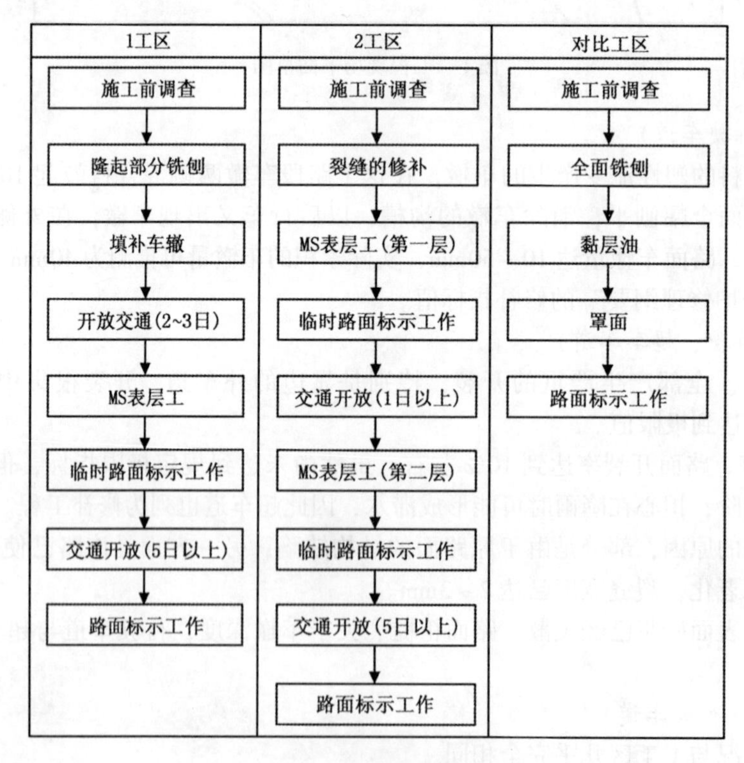

图 2　施工的顺序

2）施工方法

(1) 隆起部分的铣刨工作。

由于沥青混合料产生的流变，旧路面鼓起部分高度超过规定的要求时，要用路面铣刨机予以消除，然而由于严重车辙引起低于规定要求的低凹部分，铣刨机的刀具削不到的部分旧路面只好不处理。

（2）填补车辙。

用稀浆封层机的摊铺箱将 MS 混合料填补车辙，摊铺厚度为 8mm。摊铺后当混合料达到凝固（固化）状态后，用轮胎压路机进行碾压密实，使路面达到平整。

（3）改性稀浆封层面层的施工。

MS 混合料用稀浆封层机的摊铺箱按要求厚度，将全幅路面进行摊铺，当混合料达到凝固状态后，用轮胎压路机进行碾压密实，摊铺厚度在 1 工区面层平均厚度为 7mm 铺一层，2 工区平均为 5mm 铺两层。

4. 跟踪调查及路用性能的评估

跟踪调查及路用性能的评估的结果如下所述：

（1）纵向凹凸量（平整度）。调查结果如图 3 所示。原有旧路面平整度调查结果为 $\delta=3.05$mm，1 工区用改性稀浆封层后，平整度改善为 $\delta=1.56$mm，通过 1 年行车的影响，平整度陆续每年下降 $\delta=0.13$mm，说明要经过较长时间才能达到原路面的平整度。另一方面，原有旧路面平整度较好的 2 工区，$\delta=1.43$mm，采用 MS 施工后，平整度改善效果不大。可是，经过 53 个月行车使用后，仍可维护原有旧路面相同程度的平整度。

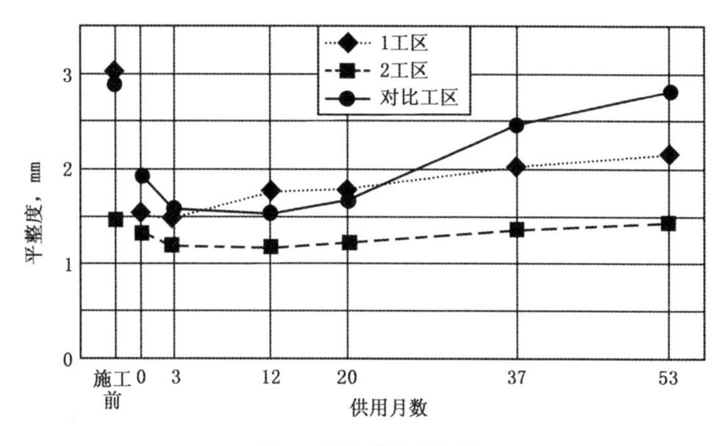

图 3　平整度调查结果

采用改性沥青混合料的对比工区的平整度，经过两年行车后，路面平整度急剧下降，经 53 个月后平整度 $\delta=2.8$mm。

（2）横断面的凹凸量（车辙量）。调查结果如图 4 所示。在原有旧路面上施工的 1、2 工区的车辙量，因为尚有残漏的车辙（因 MS 施工法不可能将原有旧路面车辙全部消除），在行车使用初期阶段，这两个工区与对比工区相比，车辙量较大。但是，行车使用后，车辙发展速度渐慢。其后，行车 3 年，对比工区车辙量大于 1 工区，由图 4 可推测，行车 6 年后，对比工区车辙量大于 2 工区。可以做这样的推测：车辙量的发展速度，采用 MS 施工方法，1 工区为 0.5mm/年，2 工区为 1.4mm/年，对比工区已达 2mm/年。

（3）抗滑性能（BPN）。调查的结果如图 5 所示。路面的抗滑性随着路面使用年数的增长，随着交通荷载的压密作用使道路表面变得密实，路面的防滑性能逐渐下降，BPN 值 1 工区、2 工区可达 65 ~ 68，对比工区可达 60 以上。从调查结果可看出各工区都可保持良好的抗滑性。

（4）粗糙度（纹理深度）。调查结果如图 6。路面的粗糙度同样受行车荷载作用影响。各工区随着使用年数增加，路面粗糙度逐步增大，由此对比工区测出的纹理深度为 0.4/mm，其中有 1/2 部分为 0.19 ~ 0.26mm，这就成为平滑表面。但是 MS 混合料的粗糙度，1 工区和 2 工区的抗滑值比对比工区要大。

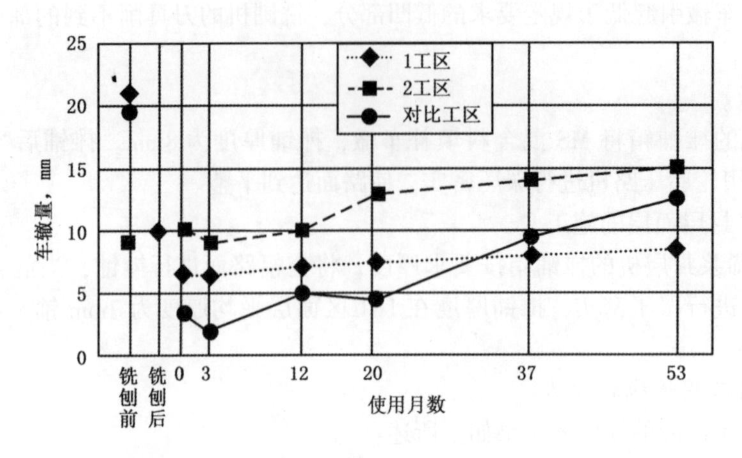

图4　车辙量调查结果

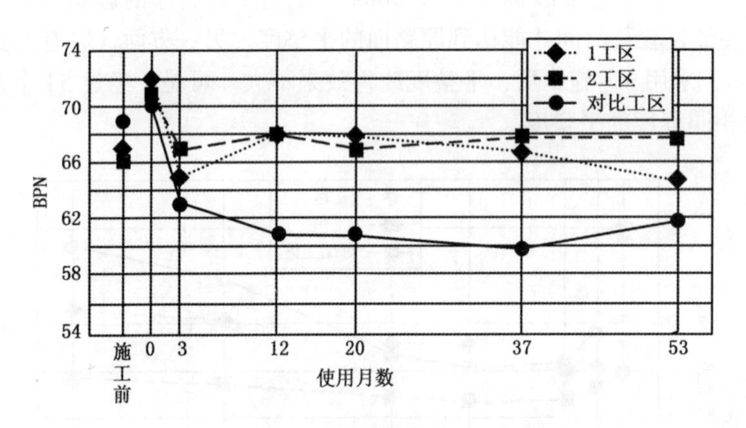

图5　抗滑性调查结果

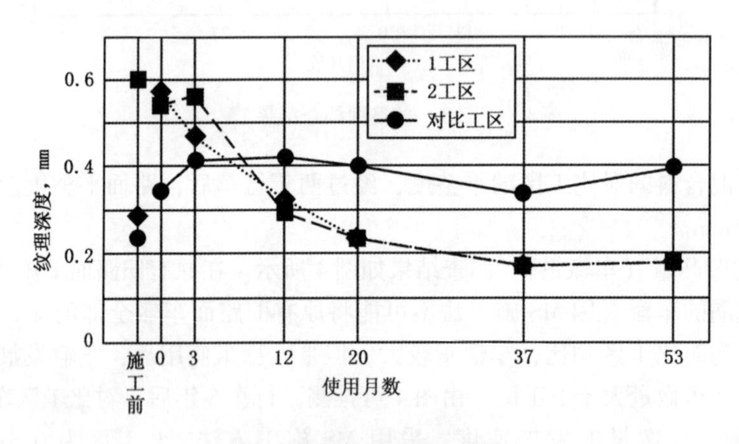

图6　路面粗糙度调查结果

路面虽然平整，但仍能长期地维持抗滑性能。

（5）开裂率。调查结果如图7所示。2工区与对比工区相比较，早期的开裂率较高，其原因是由原有旧路面反射裂缝所引起，裂缝的发展速度经过53个月的调查约为2.6%左右，但是逐渐向细小方向发展。

对比工区行车两年后，开裂急剧增加，经过53个月后，开裂率增至9.7%。在该工区的0～4m之间（占该工区的40%），发生明显开裂。当做37个月调查时，开裂率已达5.2%，因此当时不得不进行拆换，否则推测其53个月调查时，开裂率可达10%。

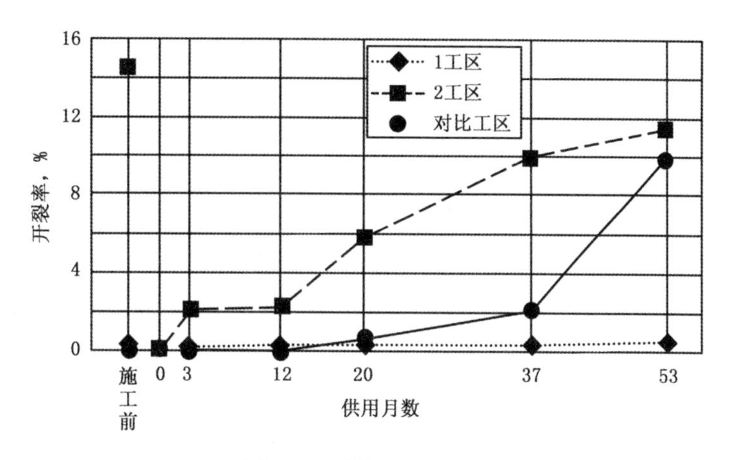

图7　开裂情况调查结果

（6）厚度的测定。从53个月厚度跟踪调查结果如表4所示。行车53个月后，由2工区测定MS混合料封层的厚度。测车辙部分为4.8mm，非车辙部分为6.7mm，相差接近2mm。在行车53个月以上的时间，由于长时间碾压，非车辙部分的混合料，可以认为已经充分压实，产生这个差值的原因，认为是由于交通车辆对于MS混合料的磨损与塑性流变造成的差值。

表4　厚度测定结果

车　　线	测定位置	厚度，mm	差值，mm
行驶路线	车辙部分	5.0	1.9
	非车辙部分	6.9	
超车路线	车辙部分	4.6	1.8
	非车辙部分	6.4	

还有计算摊铺量考虑厚度时，车辙部分减少2mm。由于这些原因的结果，推测MS混合料的塑性流变与磨损，1年推测为0.4~0.5mm。

（7）MCI（养护管理系数）。根据车辙量、平整度以及开裂率三要素，求出MCI的经时变化图，如图8所示。

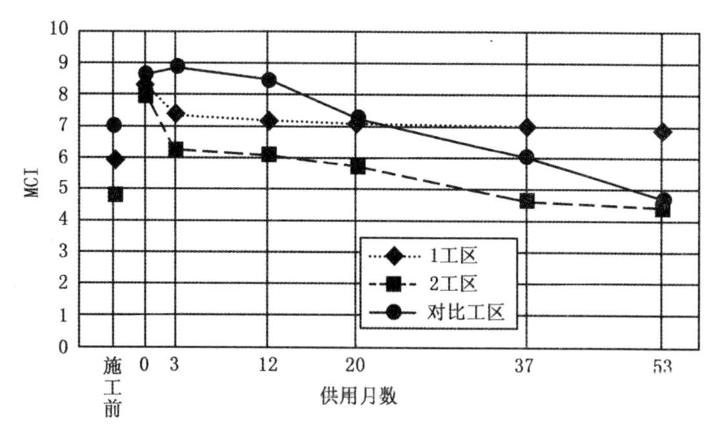

图8　MCI的经时变化

MCI值经过53个月的施工前后相比较，1工区和2工区可以保持在相同程度。但是对比工区趋向于变小，可是试验路的各工区的MCI都保持在4以上，路面虽然有些缺欠，但仍处于不需要修补的状态。

三、MS施工方法的耐用年限

MS施工方法是一种表面处理的方法，它施工后的路用性能，多受原有旧路面的影响，特别是原有旧路面是沥青路面时，影响就更为显著。因而，当研究原有旧路面上铺筑MS施工方法的耐用年限时，有必要将MS施工方法作为单独评估项目，与路面铺装体的评估分别进行。MS施工方法可以单项评估的项目有：（1）抗滑性；（2）耐磨耗性。作为路面铺装体的评估项目有：（1）平整度；（2）车辙量；（3）开裂率。研究MS施工方法的耐用年限，包括对本工程与其他工程的跟踪调查结果：

1. 单独评MS工程耐用年限时

1）抗滑性

MS封层的抗滑性，经过两年行车后，基本趋于稳定。经过53个月行车后，抗滑值可保持在65的高值。由于路面的粗糙影响着路面的抗滑性，在行车3年后，路面粗糙度也趋于稳定，封层混合料即使露出原有旧路面，抗滑值仍可以保持在60以上的高值。但在本工程中的原有旧路面测定BPN为66以上，即使露出原有旧路面，仍可以保持很高的防滑值。

2）耐磨性

MS混合料在行车的作用下产生磨损与塑性流变，封层变薄，最终将露出原有旧路面（主要露出粗骨料）。当路面交通量为C交通时，一年中有数日，防滑链车辆在路面行驶，MS混合料1年的磨耗量为0.4～0.5mm。

因而相同条件的道路作为预防性养护，一般摊铺厚度为5mm（压实后为3.5mm），采用这样的MS施工方法，耐用年限为：

$$3.5 \div 0.5\text{mm/年} = 7\text{年}$$

2. 铺装体评估的需用年限

1）平整度

往做过的工程平整度施工前后的关系如表5所示。表5是在原有旧路面平整度$\delta = 3.0$以上情况下，采用MS施工方法时，可以改善原路面平整度，约可提高1mm，可将原路面的δ值控制在2mm以下。

这次试验路段工程，就是在原路面为$\delta = 3$mm的道路上，采用MS施工法提高平整度，提高1mm时δ值达到2mm。根据跟踪调查结果，行车后观测，每年陆续下降0.13mm，若想达到原有旧路面的平整度（$\delta = 3.0$mm）。

表5　施工前、后路面平整度的关系

施工前（原有旧路面）mm	施工后（MS施工法）mm	差值 mm	差值的平均值 mm
5.34	4.09	1.25	1.21
5.07	4.34	0.73	
3.81	2.81	1.00	
3.07	1.22	1.85	
3.01	1.77	1.24	
2.91	2.36	0.55	0.27
1.58	1.45	0.13	
1.43	1.17	0.26	
1.29	1.16	0.13	

$$1\text{mm} \div 0.13\text{mm/年} = 7.7\text{年}$$

在这种原路面与C级交通量情况下，由这个平整度推定的耐用年限为7年。

如果改变条件，如在水泥混凝土路面上，为了磨损、防滑以及防止噪音为目的铺筑MS工程，原有旧路面影响很小，经过五年行车后，观测其平整度与施工前几乎没有变化，仍保持着良好的平整度。

2）车辙量

在以往的工程实践中，MS施工前后的车辙变化关系如图9所示。

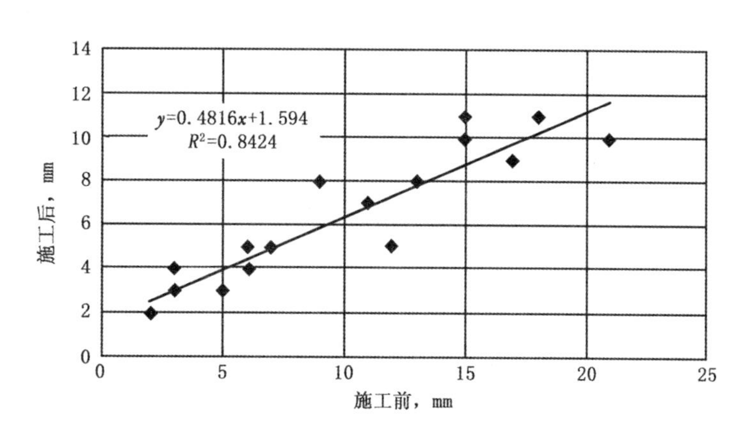

图9　施工前、后车辙量的关系

根据图9原有旧路面车辙量为20mm，经MS施工后，车辙量降至11mm，由于采用MS施工方法而使车辙量减少9mm。如果在原有旧沥青路面上采用MS施工方法时，在跟踪调查过程中，对于车辙量发展较快的2工区采用1.4mm/年时，若达到施工前的车辙量（20mm）的使用年限：

$$9mm \div 1.4mm = 6.4\text{年}$$

从而推定按车辙研究MS的耐用年限为6年。

再有前述的在水泥混凝土路面上采用MS施工方法时，由于车辙的变化，完全不受原有旧路面的影响，行车后路面发生的车辙量完全受MS混合料单独的影响，根据五年后的跟踪调查结果，其发展速度仅为0.54mm/年很小值。

3）开裂率

关于开裂率对于耐用数，从原有旧路面开裂率较大的2工区做跟踪调查，从而推定耐用年数。

从开裂率为14.3%的原有旧沥青路面上，做MS混合料的铺筑施工，铺后经过53个月的行车使用与观测，其表面开裂率的发展速度平均每年约为2.6%，从而可以推定要想达到原有旧路面的开裂率的使用年数：

$$14.3\% \div 2.6\% = 5.5\text{年}$$

但是，随着行车年限的增长，开裂发展速度具有逐渐变小的趋向。当裂缝宽度小于0.55mm（大部分在0.1mm）时，对于行车几乎毫无影响。由于施工前对于原有旧路面的裂缝，都要刮好修补，防止雨水的浸入，因此耐用年限可以确保在6年以上。

前面所述的耐用年限的研究结果如表6所示。

表6　耐用年限一览表

研究项目	耐用年数	备　　注
抗滑阻力	7年	铺设厚度为5mm时，磨露出原路面为止的时间
耐磨耗性	7年	铺设厚度为5mm时，磨露骨出原路面为止的时间
平整度	7年	达到原有旧路面状态所需要的时间
车　辙	6年	
开　裂	6年	

以上所述的研究耐用年限的结果与路用性能的评估MCI值，都可以说明MS施工方法的良好结果。为了对比效果，进而设立铣刨与罩面的工区，综合推断出良好的路用性能。在原有旧沥青路面在C级交通以下的道路，采用MS施工方法，其耐用年限可以设定在6年。

MS施工方法是用于预防性路面养护方法，如果在原有路面尚未发生较大的病害的情况下，采用MS施工法，可以期望得到更长的耐用年限。

再有，当旧路面为水泥混凝土路面时，MS施工方法几乎不受旧路面的影响，MS封层寿命可由MS混合料的耐用年数，即由其耐磨性决定。但是水泥混凝土路面的缺点是含有大量的伸缩缝。如果MS混合料厚度为5mm时，施工的耐用年限可以设定为7年。

四、结束语

欧美国家大力推广道路的预防性养护，在亚洲国家还在实行修补性养护，当路面出现大的严重的病害时，管理部门才考虑安排维修养护计划。此方法养护费用消耗增多，工期也拖长。MS施工方法从这次跟踪调查结果看出，它的耐用年限很高，可以达到5~7年。关键要大力推广预防性养路的技术，从而提高养路的效率，降低养路成本，改善施工条件，延长公路（特别是高速公路）的寿命。

使用水泥乳化沥青砂浆做路面的表面处治施工方法

姜云焕　译

一、引言

这些年来，为了降低道路的养护费用，通常是着重采用预防性养护，即尽量在路面进行罩面正规维修之前，延长原有路面的使用寿命。

沥青路面经过多年使用后，必然会产生脱落、磨损、开裂、车辙及损坏等病害。当路面在这些轻微病害状态时进行修补，则可明显延长路面的使用寿命。

在这种背景下，表面处治作为廉价、简便的施工方法，用于路面预防性养护措施，受到广泛的重视。

本文中提到的水泥（C）与乳化沥青（A）制成的CA砂浆，拌制成稀浆状混合料（以下称为新研发产品），可在损坏路面上做均匀摊铺。现将采用这种表面处治施工方法修补破损路面的工作实例予以介绍。

二、新研发产品的特征

关于表面处治的施工方法，以前有采用稀释的乳化沥青修补，喷洒在原路面上做雾状封层，可用单层骨料或双层骨料喷洒乳液，铺筑成石屑封层。但是这种喷洒乳液施工方法的石屑封层耐久性差，通车后，早期就出现飞散的砂石料。施工完通车后，周边常常出现许多砂粒与骨料。

新研发的施工方法，使用专用的改性乳化沥青，与水泥及砂组成，并按规定配合比例，拌制成适宜的砂浆，用橡胶耙子摊铺成具有耐久性与抗滑性的表面处治层。

从前也做过类似这样的表面处治层，但是硬化后的封层可挠性很差。

新研发的产品由于采用改性的乳化沥青，提高了砂浆的强度与适宜的可挠性，即使在高温季节，砂浆也不会出现发软及黏结等不利现象。

三、使用材料的配合比

改性乳化沥青如表1所示；研发产品的基本配合比如表2所示。

在高速铁路的无碴板式轨道中，水泥乳化沥青砂浆已被广泛应用。最近，日本乳化沥青杂志No. 171—2008. 4. 报道了水泥乳化沥青砂浆在道路养护中的应用实例。这两种乳化沥青砂浆只是在原材料的配比上有所不同。——译者注

表1 改性乳化沥青性能

试 验 项 目		代表性指标
恩格拉黏度（25℃）		5
筛上剩余量（1.18mm），质量%		0
蒸发残留物（25℃），质量%		51
蒸发残留物	针入度（25℃），1/10mm	35
	软化点，℃	55
	黏韧性，N·m	30
	韧性，N·m	14
	贮存稳定性（24h），质量%	0

表2 基本配合比

项 目	内 容	配合比例，%
乳化沥青	改性乳化沥青	26
砂	石英砂	60
水泥	超快硬水泥	10
其他	特殊外加剂	4

四、施工实例

施工地点：立体停车场。

施工时间：2007年12月（气温12℃）。

原路面：密级配沥青混合料（20）。

施工方法：用橡胶耙子摊铺。

施工面积：126m^2。

施工现场为立体停车场通向地下室的斜坡地段。原有路面如图1所示，沥青砂浆已经磨损，粗骨料已经浮出表面，车辆行走部分已出现1cm左右的车辙凹面。对于这些凹面，事先用常温的树脂类材料进行找平修补。

经过修补与整平后，用新研发的水泥乳化沥青砂浆进行覆盖、找平。根据原路面的凹面及损坏的情况，确定新研发产品做一次性摊铺，或者固化后再做第二次的摊铺。摊铺后的状况如图2所示。

图1 原有路面

图2 摊铺状况

新研发的产品按表 2 配合比计量，配合后用手动拌和机充分搅拌，用橡胶耙子在现场摊铺。拌制的混合料可用时间约为 35min，凝固时间约为 2h，混合料的用量为 2. 1kg/m^2。

五、施工后的状况

施工的路面状况如图 3 所示；开放交通后的使用状况如图 4 所示。

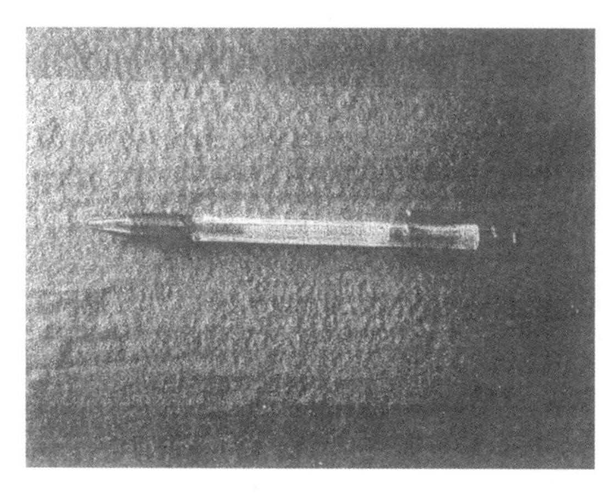

图 3　施工后路面状况

图 4　使用状况

施工后的路面状况，原路面坑凹部被整平，改善了路面的平整度，又由于砂粒的粗糙，改善了路面的防滑性，所以开放交通后，呈现出良好的行车状态。即使是在倾斜路段上施工，也没有流淌现象，呈现出良好的作业性。

开发研究高性能乳化沥青用于黏层油

姜云焕
交通部公路研究所

一、引言

使用黏层油（也称黏层油）的目的，就是要确保铺筑的沥青混合料与下层的沥青稳定处理层、中间层、基层、旧沥青路面等层间的黏附性与黏聚力。黏层油对于沥青路面的耐久性有着重要的影响。一般的黏层油可用 PK－4（或 BC－3）型乳化沥青，可是，作为透水路面的黏层油时，必须要求具有更高的层间黏聚力，因此要求采用橡胶改性乳化沥青 PKR－T。

为了提高行车的安全和降低车辆行驶的噪声，自 1993 年以来，施工中迅速扩大应用透水性路面，至 1995 年，日本道路协会颁发排水路面技术指南，其中对黏层油原则上明确规定必须采用橡胶改性乳化沥青，还因为针对当前社会上需要的高度化与多样化，排水路面要求薄层化（降低工程造价）或增加孔隙率（降低噪音、提高排水能力），在这些要求的情况下，黏层油必须有更高的黏聚力。

另一方面黏层油还必须解决一个重要问题，尤其在夏季高温季节里，黏层油出现黏附轮胎现象。在下层路面上洒布的黏层油，对于翻斗车与沥青混合料摊铺机的轮胎出现黏附现象，将洒布黏层油剥落下来。这不仅降低层间的黏结力，而且由于弄脏现场的出入口与周围环境，因而受到指责。为了改善这种黏附现象，在机械出入的地方，用洒布石粉的措施。但是，对于洒布与回收这些粉尘的作业，是很费工夫的，而且对于周围环境与施工效率都将受到影响。为了确保路面的耐久性，为了改善施工作业环境，提出了提高黏层油性能的课题。

1997 年，日本乳化沥青协会派遣欧洲常温路调查团的报告书中介绍了两例子，就是针对上述的新技术课题。其中之一是，在沥青混合料摊铺机自身装有乳化沥青（含黏层油）洒布机，在摊铺沥青混合料的同时可以洒布黏层油。另一个是针对乳化沥青自身材料，改善乳化沥青材料性能，即用改性乳化沥青抑制对轮胎的黏附效果。因此，自 1993 年以来，即开始开发研究高性能改性乳化沥青抑制轮胎的黏附效果。

二、高性能改性乳化沥青的开发研究

改性乳化沥青是用 EVA 或 SBS 等聚合物的改性沥青进行乳化的。这种改性的乳化沥青，无论硬件方面（生产设备），还是软件方面（乳化沥青的配合化），都与一般的乳化沥青有所不同。

作为沥青的改性剂有很多种，但是，用于抑制轮胎黏附效果的改性剂与配合比，重点放在针入度、软化点以及 60℃时黏度。用基质黏结料制作的试件进行研究，其结果可以判明，当针入度小、软化点与 60℃时黏度高的改性沥青，其抑制黏附效果比较明显。

开发研究目标的改性沥青性能，为了考虑黏层油在层间的黏结性，针入度（25℃）为 40（1/10mm）以下，软化点为 60℃以上，60℃黏度为 1000Pa·s 以上作为设定指标。

课题进一步研究的内容是乳化沥青的浓度（蒸发残留物含量）。浓度有利于分解破乳性质与成膜厚度，但是，浓度提高必然引起黏度增加，从而引起机械稳定性的降低。另外，黏层油都是由洒布机进行喷洒，因而乳化沥青的黏度与机械稳定性都是重要因素。

对乳化沥青的配比做了各种研究，其试验结果可以达到开发研究设定的指标。当乳化沥青的浓度在60%以上时，黏层油可以达到高性能改性乳化沥青的开发产品的技术性能。

三、开发研究产品的性能

开发研究产品的性能指标如表1所示。它是低针入度、高软化点的改性乳化沥青，蒸发残留物60℃时黏度为3500Pa·s。

表1 开发研究产品的性能指标

项目		公司的标准	试验结果
恩格拉黏度（25℃）		3~15	5
筛上剩余量（1.18mm）		0.3以下	0.0
黏附性		2/3以上	2/3以上
微粒电荷		阳（+）	阳（+）
蒸发残留物含量,%		60以上	60
蒸发残留物	针入度（25℃），0.1mm	5~40	15
	软化点,℃	60以上	63
储存稳定性（24h），质量%		1以下	0.3

1. 抑制轮胎的黏附效果

抑制轮胎的黏附效果试验，在密级配沥青混合料的表面涂布乳化沥青，分解破乳后进行车轮试验。用实心轮胎，让车轮在导线上行走，评价观察轮胎的黏附状况。在50℃的温度下，研究开发的产品几乎没有一点黏附现象，而在相同条件下，轮胎对橡胶乳化沥青产生显著轮胎黏附拉丝现象。研究开发的产品具有优越的抑制黏附效果。

2. 层间黏结性

评价层间黏结性使用的双层试件的制作条件如表2所示，试验方法如图1和图2所示。

表2 开发研究产品的性能的指标

乳化沥青的种类	研究开发产品	PKR-T-1	PK-4
面层混合料	排水性混合料*以及密级配混合料**		
乳化沥青洒布量	0.4L/m²		
底层混合料	密级配混合料		

面层混合料的种类：*空隙率为20%的高黏度改性沥青；**密级配混合料13（改性Ⅱ型）沥青。面层混合料的铺设：黏层油分解破乳后铺设。

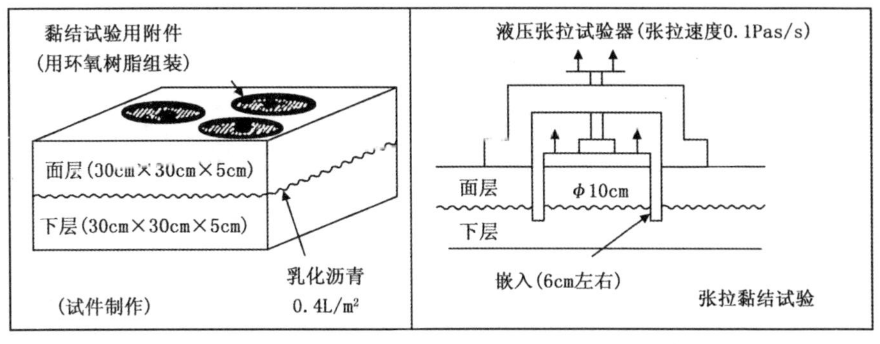

图1 黏结张拉强度试验方法

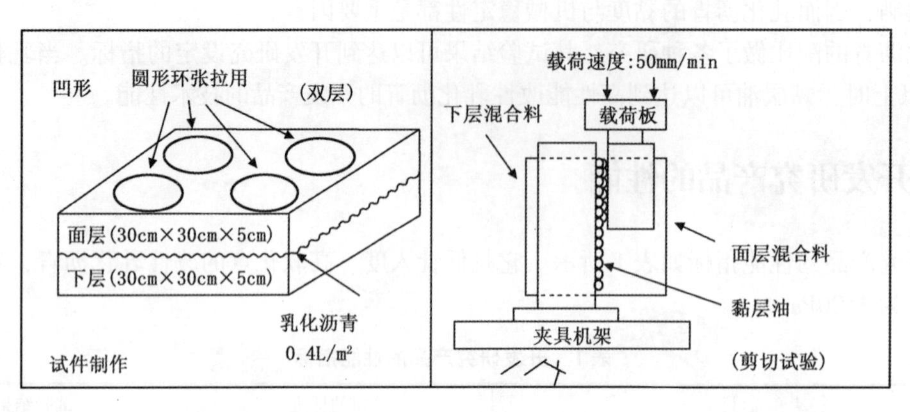

图2 剪切试验方法（圆柱形试体）

黏结强度张拉试验结果如图3和图4所示，剪切试验结果如图5所示。图2是在没有黏层油状态的条件，设想在轮胎与黏层油黏附的剥离状况。为了比较选用的PK－4与PK－T－1，乳化沥青的蒸发残留物含量为50%，蒸发残留物的针入度（0.1mm）分别为109与87。

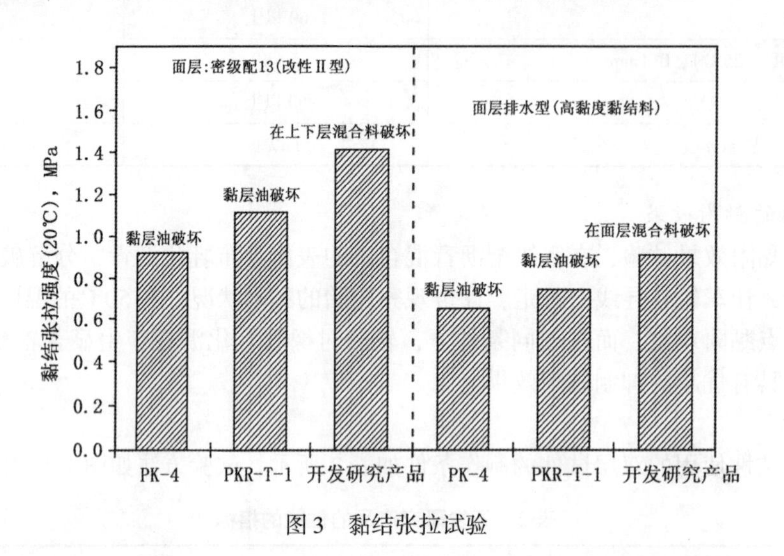

图3 黏结张拉试验

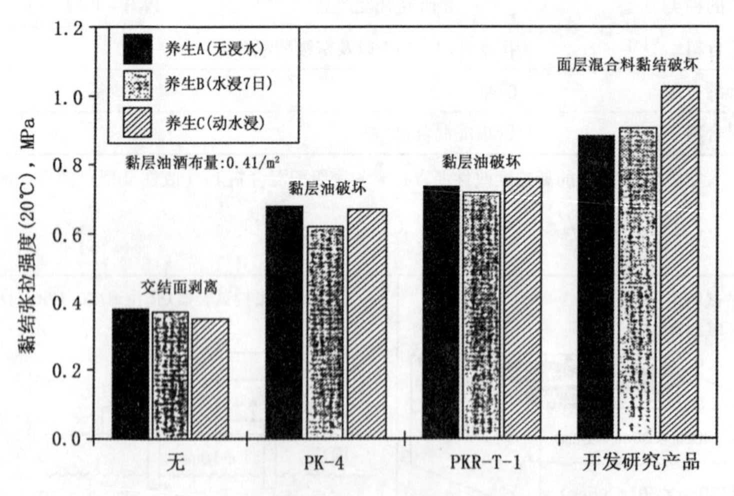

图4 浸水后黏结张拉强度（面层：排水性混合料）

开发研究产品的黏结张拉强度为PK－4的1.4～1.5倍、PKR－T－1的1.2～1.3倍，而且破坏是在混合料凝结部分（不在黏结缝），因而实际的黏结强度要比这个结果还要高。在水浸养护后，

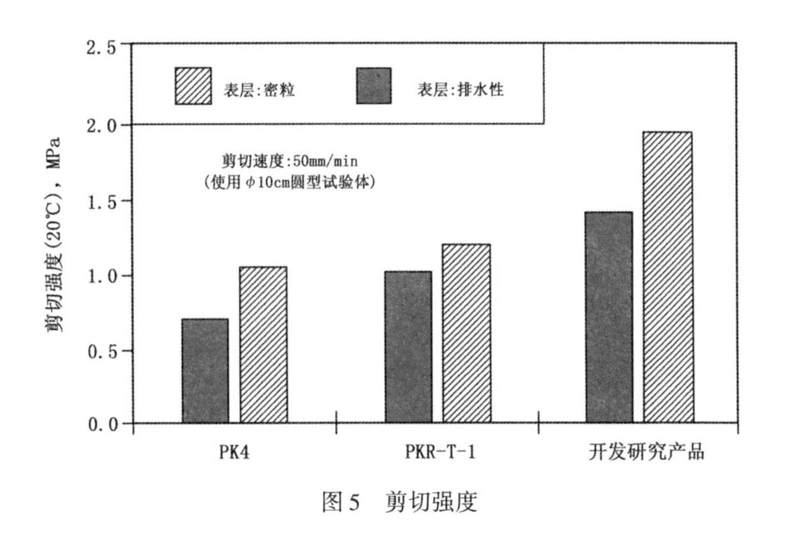

图5　剪切强度

黏结强度没有下降的趋势，开发研究的产品具有更好的耐水性。另一方面，对于没有黏层油的地方，黏结强度显著地降低，只能相当于 PKR－T－1 的一半，黏层油在面层施工前出现剥落现象时，说明黏聚力在降低。对于养生 B（浸水 7 日）是在 20℃水中浸没养生 7 日；养生（浸于动水中）是浸水中养生 2 周后，再在浸水车轮试验机中进行 6 小时浸水车轮导线行走（20～30℃）试验。

开发研究产品的剪切试验强度是 PK－4 的 1.8～2.0 倍、PKR－T－1 的 1.4～1.6 倍，特别是将排水性路面混合料与开发研究的产品结合后，要比过去的一般路面（密级配混合料＋PK－4）提高很多。

3. 分解破乳性

将开发研究产品涂刷在密级配沥青混合料的表面上，测定其完全变黑的分解破乳时间，PKR－T－1 约需 40min，而开发研究的产品只用其一半的时间即可分解破乳。

4. 机械的稳定性和加热的稳定性

机械的稳定性。用开发研究产品，在改变温度的情况下，用室内齿轮泵试验机（见图 6）进行循环后，测定其筛上剩余量。评价开发研究产品的机械稳定性如图 7 所示。由于使用了蒸发残留物的软化点（60～70℃）的乳化沥青，加热后筛上不会有残留物。

图6　室内齿轮泵试验机

还由于加热至 70～80℃，贮存或冷却，反复进行冷热，由于沥青微粒粒径没有变化，除用明火直接激烈升温外，可以肯定一般的加热都是稳定的。

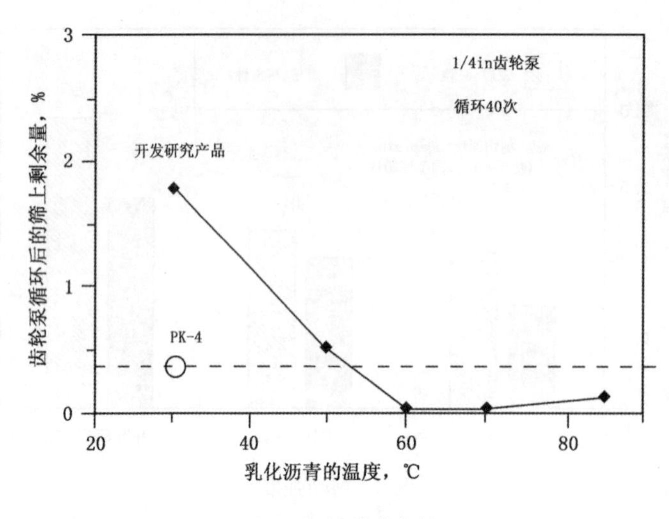

图7　机械的稳定性

四、试点的施工与现场的确认

为了确认开发研究产品的洒布性、抑制轮胎的黏附效果以及黏结性等，进行现场的试点施工，用洒布机洒布。从图8可以看出洒布质量良好，洒布后20min左右即可分解破乳。在路面温度为43℃，轮胎的温度为40～48℃的条件下进行施工，分解破乳后自卸卡车进入。从图9中看出，黏层油没有黏附轮胎现象，也没有从下层剥离现象。图10和图11是在乳化沥青分解破乳后，于其上洒布聚乙烯薄膜，观察比较揭开聚乙烯薄膜时，对于黏层油是否出现剥离现象。事实证明：在用开发研究产品的黏层油工段，完好无损，没有一点黏坏现象。但是，作为对比的PKR－T－1工段，确有许多被黏坏的面积，相比之下，这种差别是很明显的。

图8　喷洒状况

图9　自卸卡车进入状况

图10　评价黏附性（开发研究产品）

图11　评价（PKR－T－1）黏附性

至今在现场施工已铺设十几个试验段，可以肯定它对轮胎的抑制黏附效果，周边的污染防止等都有很好的作用。对于现场的黏结张拉强度试验很好，发挥了层间黏结效果，不存在黏层油对面层混合料的影响（图 12）。

图 12　现场黏结张拉强度试验后的状况

五、结束语

开发研究产品的黏层油的高性能改性乳化沥青，可以使用一般的施工机械进行施工，可以抑制对于轮胎的黏附作用，而且层间黏结力与破乳分解性能优于橡胶改性乳化沥青。经过在路上现场施工检验，行车后没有发生黏轮，也防止周边环境污染，该产品达到预期开发研究的目的。

耐油性的改性稀浆封层

姜云焕
交通公路科学研究院

一、引言

目前使用煤与沥青类型碳氢系的基本黏结料的路面，对煤油类溶剂具有低抵抗力（耐油性）。这些都是对人体极为有害的物质。

要开发研究新的耐油性改性稀浆封层，首先要考虑施工人员的健康，尤其黏结料对人不能产生不良影响。选定由石油提炼的黏结料，不得含有影响健康的外加剂，铺成沥青类的路面具有抵抗碳氢类溶剂的浸入性能。

从技术与经济两方面来看，沥青是最为适宜铺筑改性稀浆封层的素材，但是它极易与轻质油分（普通或高级汽油、柴油、燃料、煤油等）产生很好的互溶性。

因而这项研究工作，对于偶尔接触的轻质油分，开发具有抗耐路面破坏的改性黏结料。

二、乳液制造

改性稀浆封层使用各种各样的乳液，特别是生产改性的黏结料。由于改性稀浆封层表面有微细的空隙，极易受轻质油分侵蚀，这些材料容易侵入混合料中，引起路面很快产生破坏。因而，必须在黏结料中加入大量的改性剂，使沥青能有效改性。对于以往不能乳化高改性黏结料的乳化设备，要能够进行乳化。

在表1中，对耐油性乳液（RUGOSEAL L AK/1、RUGOSEAL L AK/2），与以前的黏结料制造的乳液（RUGOSEAL L）的主要性能进行了比较。

表1　耐油性乳液性能

特　　性	标准规格	单位	RUGOSEAL　L	RUGOSEAL　L　AK/1	RUGOSEAL　L　AK/2
含水量	NF－T66－023	%	37.7	38.1	38.4
均匀性					
微粒>500μm	NF－EN1429	%	0.00	0.00	0.00
0.16μm<微粒<0.50μm		%	0.00	0.00	0.00
储存稳定性			良	良	良
pH					
乳化液			1.5	1.5	1.4
乳液			2.1	2.2	2.0
分解指数	NF－T66－017		148	143	156
中位数粒径		mm	5	4.8	4.6
标准偏差			0.35	0.32	0.34

乳液 RUGOSEAL LAK1 与 LAK2，由于其中聚合物的含量不同而有所差别。AK 型乳液与以前黏结料乳化的性能极为相似，在大气压力下，使用普通乳化机制出的乳液不用冷却，可以直接制造。

三、生产制造改性稀浆封层

生产制造乳液后，为能评价生产乳液的性能与力学特性，如同过去的混合料一样制作改性稀浆封层的试件。为能评价混合料从最初的拌和与摊铺的不同阶段，评价混合料早期的一系列试验，确定混合料的配合设计后，评价路面的耐油性。

配合比设计要确保混合料良好的操作性。选择的最佳配合比，在摊铺中施工时，不能产生过早破乳现象。用 400g 干骨料拌制混合物，在容器内的拌和时间应确保不少于 50s，确定为在现场施工混合料能有良好性能，应该尽量少用缓凝剂，表 2 给出了将已往使用的乳液 RUGOSEAL L 与 RUGOSEAL LAK 乳液的力学性能与可操作性的试验结果进行比较的配合比设计实例。

表 2　RUGOSEAL L 与 RUGOSEAL LAK 配合比设计实例

		RUGOSEAL　L	RUGOSEAL　LAK
相对温度,%		50	50
乳液温度,℃		20	20
材料温度,℃		20	20
配合比例	骨料（中积层）,%	100	100
	外加剂，pph	1.5	1.5
	缓凝剂（2%溶液），pph	1	—
	添加水，pph	8	12
改性稀浆封层的评价	流动性	良	良
	黏聚力（5min 后）	良	良
	黏聚力（30min 后）	良	良
	排除分解水	有	有
可操作性，s		55	55
HCT（20℃，2h 后），s		45	50
SSCT（20℃，30min 后），g		85	80
SSCT（20℃，1h 后），g		75	75

用耐油性黏结料制作的乳液，可以作为改性稀浆封层使用，其路用性能与以往改性稀浆封层有相同的作用。引用参考文献的力学试验，有如下项目进行测定：

（1）HCT（Hilt Cohesion Test）检测混合料的拉力与扭力强度。

将混合料的试件固定在 HCT 试验器的上部，设置或加强配重的固定状态。一般情况下，试件由打开收集器到处于半支撑状态。当试件处于完全破坏状态时测定其需要的时间。这个计测时间越长，说明混合料的抗弯曲强度越大，黏聚力就越大。

（2）SSCT（Screg Snrfce Cohesion Test）测定混合料的早期黏聚力。

这个试验在 ISSA 的 100 中予以记述，由于它是在 Wet Trock Agrasion Test 基础上改良的，通常是换耐压的橡胶软管，用两个车轮代替。这个试验是在各种养护时间后，进行表面磨耗试验，通过试验的损失，评价改性稀浆封层的磨耗量。磨耗值越低，说明混合料的黏聚力越大。

四、耐油性的评价

1. 黏结料的特性化

改性黏结料与碳氢类溶剂（轻质油）进行接触试验时，与过去直馏沥青铺筑的改性稀浆封层相比，显示出抵抗性的改善。表3在24h室温条件下，用30g黏结料与20g各种溶剂（油）接触的试验结果。

表3 接触试验结果

溶出率,%	直馏沥青	AK沥青
汽油	38	9
柴油	11	3
煤油	18	6

对于煤油抵抗改性黏结料的效果是明显的。对于其他溶剂的溶出率，使用耐油黏结料可以控制在1/3~1/4。

2. 碳氢类溶剂对改性稀浆封层混合料力学性能的影响

（1）Touch的评价。

在改性稀浆封层混合料做直馏沥青的封层，为使混合料达到现场密度，用轮胎进行碾压。而后，放上改性稀浆封层的钢环，向其中注入各种油（溶剂），静置10min。而后进行黏聚力试验评价，结果如表4所示。用耐油黏结料与直馏沥青乳液制作的改性稀浆封层相比较，具有很明显的改善。

（2）HCT（Hilt Cohesion Test）的评价。

接触试验用易溶出的溶剂（汽油），在试件的中央加少量，而后进行HCT强度试验，试验结果如表5所示。

表4 Touch评价试验结果

黏聚力试验结果	RUGOSEAL L	RUGOSEAL LAK
汽油	无	微少
煤油	低	中
挥发性	中	高
柴油	中	高

改性稀浆封层混合料，试验前在35℃养护5天，再在20℃养生24小时，试验结果如表5所示。

表5 HCT试验结果

HCT试验结果，s		RUGOSEAL L	RUGOSEAL LAK
未接触汽油的混合料	范围	50~72	52~68
	平均值	61	60
接触汽油的混合料	范围	6~12	26~48
	平均值	9	40

用改性黏结料铺筑的改性稀浆封层，残留的黏聚力非常高（为相比较混合料的4倍）。由此可以确定与比较混合料相比具有很好的耐油性。

使用直馏沥青铺筑的改性稀浆封层，用其混合料做同样的试验，几乎全部破乳。

（3）采用SSCT（SCREG Surfac Cohsion Test）进行评价。

在改性稀浆封层混合料上设置塑料环。在进行磨耗实验之前，将所定时间，所需要各种油（溶剂）倒入杯中。为做相对比较，用直馏沥青制作的混合料（改性稀浆封层）进行同样的对比试验。

这些试验应在非常密封的情况下进行，混合料上的塑料环在现场应能密封接触，当轻质油（溶剂）装入后立即被混合料所吸收。

表6中显示了对比试验结果。即使在很短的养生时间（20℃，7日左右），RUGOSEAL L AK（改性黏结料）与已往的改性稀浆封层（未改性的黏结料）相比，显示出非常好的耐油性。

表中的试验结果为接近实际条件的试验结果，对于更高密度的试件与更长养护时间的试件，按照现场适应条件进行室内试验，从而可以取得具有代表意义的试验结果。

表6　SSCT 评价试验结果

SSCT 试验结果　试验时间，s	RUGOSEAL　L	RUGOSEAL　L　AK
汽油	500	350
柴油	340	250
煤油	280	180

根据本文的试验结果，今后应根据现场实际结合室内试验，继续进行有关的测试。

室内进行的耐油性评价试验条件，因是非常严格的（用短的时间，低密度的混合料），与现场自然条件下养生与重交通下的改性稀浆封层相比，期望能有更好的耐油性。

受到燃料油等溶剂影响的路面，需用具有耐油材料的耐油涂层乳液（耐油层）。

改性稀浆封层原本为改善路面的防滑作用而开发出耐油性的改性稀浆封层，对于机场跑道等都是有用的。

本文尝试的各种耐油性的评价试验，对于高功能路面的耐油性评价，都是有参考价值的。

参考文献

[1] RGRA N 800, novembre 2001. Des revetememts resistant aux hydrocarbures et préservant la santé des individus. Une nouvelle méthode du groupe Colas. Christine Deneuvil lers. Jean Francois Gal, Francis Letaudin.

[2] RGRA n 800, novembre 2001 Protection anti – kérosene des surfaces bitumineuses: Emulak AH. Christine Deneuvillers, Eric Turmel.

[3] ISSA Paris, march. 1997, assessment Of the cohesior of microsurfacing underkabiratirt cibdutuibsmGabrie Hilt. A Joly.

[4] ISSA Puerto Valarta Mexico, march 1999, Surface cohesion test for slurry systems, Christine Deneuvillers, Marcel Gallimard.

[5] ISSA Amelia Island Florida. March 2000, Methodohoge for studying and designing Microsurtacthg applications. ChristineDeneuvillers.

[6] RGRA n 781, février 2000, Méthodologie d étude et de formlations des enrobés coulés a froid. Christine Deneuvil lers, Marcel Galliimard, Jacques Samanos.

[7] RGRA n 782, mars 2000, Méthodologie détude et deformulations des enrobés coulés ā froid Applicatioms Christine Deneuvillers, Jacques Samanos.

美国圣地亚哥市石屑封层工程的质量管理与质量保证

——第二次世界乳状液发表的论文

姜云焕 译

一、引言

为了预防道路早期的损坏，延长道路的使用寿命，加利福尼亚州圣地亚哥市的公共事业部经过调查研究认为，石屑封层是最为经济有效的方法。

石屑封层是撒布骨料与乳化沥青的方法，利用封层作为道路面层。这种封层的目的是防止由于路面坑洞与车辙引起路面的破坏，进而引起路面下部的渗水。为此，选用的骨料在提高路面的抗滑能力同时，对于各种气候的情况下能形成良好的磨耗层。

圣地亚哥市养护管理3010km的公路。由于道路维修养护的预算所限，对于圣地亚哥市道路破坏情况与高昂的维修造价，在反复的进行修补路面过程中，选定了开展预防性养护管理的方案。

圣地亚哥市制定每年的招标合同，它是加利福尼亚州单独的最大的招标合同，合同金额为1.5~2.25万美元。

二、关于设计

1. 圣地亚哥市的地理位置

圣地亚哥市在美国本土，位于加利福尼亚州的西南部。从地理学上看，由海岸地区、内陆峡谷部，以及山峦地带与沙漠地带所组成，海拔1830m。

市界，南部为美国与墨西哥的国境交界，北部与弗赛德市为邻，西部面临太平洋，东部与英皮里尔市相连结。从南至北的市界有高速公路，行程可达2h（90km/h），由西至东的市区，情况基本相同，行程2h。

2. 预防性养护的必要性

该市管理的公路被分为主干线道路与一般道路。一般道路为住宅区域道路，断头路或环岛等。主干线道路为动脉道路，即主要干道，是交通量的发源地，将各个城镇互相连结的道路，交通量可达30000辆/d（市内的管理道路的限制车速为40~90km/h）。市内的预防性养护计划约3年进行一次，因此，该市的材料试验所为了评价道路的结构强度进行弯沉值测定。根据这种方法评价车道的“健全度”，确定必要的修补种类与厚度。需要进行每日的观察，决定是否需要做表面处理。为能进行预防性养护（石屑封层），必须保证道路断面结构强度完好。为了进行道路的预防性养护，一年内该市的石屑封层的合同是饱满的。圣地亚哥市1个合同的长度约为160~200km。这些招标合同工程在气候较适宜的夏季，必须经过努力才能完成。

圣地亚哥市的年度石屑封层合同是经过公开招标的，招标合同与投标者以最低价位交给中标的施工单位。

3. 质量管理与质量保证

为使石屑封层取得成功，最重要的因素是材料。如果乳化沥青与骨料的质量不合格，即使交通管理、路面下部的准备、面层摊铺、压实等各种工序再好，道路的质量也不能得到保证。

在招标的工程合同中，对于该工程必须使用材料提出标准要求，承包商要选择材料的供应商。事先进行配合设计。并且必须保证材料适合于用途要求的试验，承包商应该出示工程材料按标准进行检验的合格证，在适宜的气候季节才可以开始施工。

三、进行试验工作的独立部门

圣地亚哥市的材料试验所，可以进行所有必要的试验工作。但是，公共事业的招标合同常常有很多，试验人员及人数不可以随便确定。因而该市对承包商要求各自事先准备好自己的试验检验工作。

在招标合同中记载该工程用户的第二者也必须备有适宜的试验检验手段。例如这个试验部门必须认可承包商与材料供应单位。认可的试验部门所提供的试验检验报告，可以判定材料是否符合合同的标准要求。该市材料试验所经常进行抽样检查。确认检验认可的试验机构的试验精度。

1. 施工现场供应的材料

市里负责的技术官员应对供应现场的乳化沥青与骨料的质量进行监督。

施工现场配送的乳化沥青样品是从 37.855L（10.000gal）中分别抽取的。如果洒布车没有取样设施时，乳化沥青样品可从使用的喷嘴中取出，最重要的是不要将别的材料混入，一定要从喷嘴的流出口取样。

分别抽取代表样品各 4 个，其中有 2 个送至认可检验机构，1 个送至该市材料试验所，1 个给承包商确认。

关于骨料的取样，要每天在现场抽查，骨料样品从传送带上或从石屑撒布车的开口取样，分别取出 2 个样品，1 个送到该市材料试验所，1 个给承包商确认用。

2. 材料的目测检验

工程使用的材料，在工程开工前必须检验试样是否合格，但是，若想在材料进入现场之前，从每个乳化沥青罐或从每个石厂的骨料堆上，分别取样进行试验检验是不现实的。为此，在合同协议书上由市里提出，承包商在乳化沥青发货点，向市提交合格检验报告。同样，承包商要对每个载重车装运的骨料，要提交公共的计量机关的证明报告。

该市对进入现场的乳化沥青与骨料，为了验证是否符合合同中规定的标准要求，要进行取样验证。但是，工程材料没有进入工地之前，不可能得到现场试样的检验结果，因而市里的有关官员与承包商，对其材料性能如何，应从其他类似工程进行监视。

3. 乳化沥青的目测检验

封层时不能使乳化沥青流淌，不能有花白的洒布和重叠的洒布，不能出现乳化沥青过快或过慢的破乳。如果出现这些不良状况，将妨碍沥青与骨料的黏附，也妨害其与路面的黏结，流淌的乳化沥青说明洒布路面上的乳液分布不匀，黏结料的裹覆状态不佳，因而是造成路面飞石的原因。还有因为洒布不匀的乳液，可从路面纵断面看出乳化沥青的波动不均，造成这种现象的原因多是材料的质量问题，也可能是由于施工方法，引起路面的飞石或泛油现象。过快破乳的乳化沥青，在骨料与洒布乳液接触前已经出现油水分离；过慢破乳的乳化沥青，使沥青与骨料和路面过迟黏附，石屑封层施工后，清除过剩骨料控制时间也要推迟。

4. 骨料的目测观察

好的骨料其形状接近于立方体，使用时有良好的级配，并且要清洗干净。如果不用水冲洗，沥青不能与骨料很好地黏结，所以骨料表面一定要保证干净。

5. 试验检验报告的项目

如前所述，必须报送工程材料试验检验报告，根据现场采取的样品，按照合同要求记述的项目及性能，进行试验检验。

在乳化沥青的试验检验报告中，应该记录：乳化沥青破乳速度蒸发残留物的针入度、软化点、延度、蒸发残留物含量、黏度、贮存稳定性等各项试验指标，但是可以不记录乳化沥青的洒布量，也可不记录是否需要稀释剂。

在骨料的试验结果中，记录有骨料的级配和清洁度。所谓的清洁度是测定骨料中微细颗粒的含量，这是加利福尼亚洲的试验方法，骨料的试验检验报告不是施工时骨料含水量报告。如果所用材料不合格时，圣地亚哥市当局于近期公布有关的质量问题，用更严格的指标要求进场材料。

四、施工现场的质量管理

如前所述的材料是做好石屑封层的最重要的因素，但是，单靠材料不能得出良好的封层结果。下面所述施工操作的各个阶段的质量管理是更为重要的因素。

1. 交通管制

无论是对于操作人员或驾驶人员，必须确保安全作业，因此，要实行严格的交通管制。开放交通时的时速，最高为40km/h，为了防止损坏石屑封层的表面，防止飞起的碎石，必须将车速限制为最小。

2. 路面下的准备工作

石屑封层开始施工之前，承包工程人员清除旧路面上的标志，并且清扫干净，原路面上的碎料、泥土、灰尘等残留物影响沥青黏结料与路面的黏附性，应清扫干净。路面清扫后，将原路面旧有的标志与斑马线安全地带铺筑后，修描标志，将临时指定的通行路线做出标志，同时必须加设临时的反射式标志。

3. 材料的输送

1）骨料的运送

装骨料用的载重车在装车前，不能在车厢内残留有沥青混合料、土、砂或装运其他物料残留下的杂物。装运骨料于载重车上时，如果车厢上有残存的异物时，它不仅会污染骨料，而且在卸料时会使石屑撒布机的操作人员增加负担，影响封层质量。

2）乳化沥青的运送

在乳化沥青生产厂家与油罐车、洒布车等转移运送的软管中，不能允许对乳化沥青有污染的杂物混入在泵送过程中、在运送的管路内、在洒布车与油罐车装载与卸载过程中。在洒布车于路面上喷洒时的喷油管中，不能残存有各种各样的洗净剂。少量的异物混入乳化沥青中，可能对整个装运乳化沥青的车船产生不良影响。

4. 设备的性能

每当工程开始的时候，所有的设备必须保持正常运转、日常的维护管理和检验，保证设备处于良好状态，施工现场得以放心地进行使用，下面对石屑封层工程施工机械的主要问题予以叙述。

1）洒布机

洒布机在工程开工前与工程进行中间要进行标定，使其能准确地进行洒布。首先安装工程要求喷油管的喷嘴、清扫路面。喷嘴的角度调整准确，乳化沥青泵要有准确的循环量和洒布量，确保有良好的分散度和工作状态。为了防止齿轮泵的剪切而使乳化液过早破乳，尽量避免过多的机械循环。

2）石屑撒布机

事先周密的调整是保证骨料撒布均匀的重要前提，供水线、传送带必须经常维护保养。在装骨料的卡车与撒布机相连时，为了防止骨料的损失，根据需要及时调整后部橡胶板。

3）整平压路机

轮胎压路机（整平压路机）用于撒布一层石屑封层，在工程开始之前要检测车体质量，首先肯定将骨料填入所必需的容量，确保加水量与轮胎的空气压力。

4）施工

为使石屑撒布车的驾驶员能及时进行撒布，在洒布车驾驶员与骨料载重车驾驶员之间，应通过无线电话进行联系与调整。

石屑撒布车应该紧随洒布车后面行走撒布，这不仅是要在喷洒乳液后立即撒布骨料，更为重要的是不使行车与人在喷洒的乳化沥青表面横过，将乳化沥青曝晒于大气中。当撒布骨料之前出现破乳现象（由褐色转变为黑色），在现场出现这种现象时，将使骨料与沥青的黏合产生不良影响，应极力避免。

乳化沥青的洒布量是石屑封层成功的决定性因素。为了确保骨料的黏结适度，提高路面的抗滑能力，适量的喷洒乳液是非常必要的。

过多地喷洒乳化沥青要引起路面泛油，抗滑能力下降。但是，乳化沥青用量不足，也将造成早期骨料剥落和飞散。确定最佳乳化沥青的洒布量，必须考虑路面实际情况，新的平滑的沥青路面（铺筑后2~3年），比起多孔路面与氧化老化路面乳化沥青的洒布量应少一些，还应按骨料的规格调整乳化沥青的洒布量。

骨料不可撒布两层以上，最上层的过剩骨料将不利于骨料的黏合，其结果必然增加飞石现象。

5. 铺设石屑封层的表面整平

整平的压路机应紧随石屑撒布机的后面行走。由于石屑撒布机的宽度较大，为能封罩整个施工面，有必要保证备有多台的整平压路机（轮胎压路机）。整平压路机为将骨料固定在乳化沥青之中，骨料之间不留有残余空隙，因此每个线路最少要碾压3次。石屑封层的整平碾压后，大颗粒骨料必须保证约有30%~50%部分压入乳化沥青中。

6. 由路面上清除过剩骨料

乳化沥青破乳时已进入养生阶段。所谓进入养生阶段，即沥青与骨料中的水已经排出，即引起水的分离，沥青作为黏结料与骨料和路面相黏合。养生的时间根据乳化沥青配比和现场的条件确定，约需2~4h，进入养生阶段后，可以用扫帚从路面上将过剩的骨料清除。如果在没有充分养生之前进行清扫时，可使骨料剥落，也可能使刚黏固的骨料松动。

在干线道路上，为了尽量减少这样损伤，从洒布乳化沥青开始，直到清除过剩骨料完了为止，在这段时间实行施工交通管制。这样的交通封闭，在整个作业区范围内，可以确保一般行人与工作人员的安全，工作区域秩序井然，当道路清扫完毕后，即可开放交通恢复正常通行。

五、结束语

在加利福尼亚取得石屑封层的成功，是由于工程承包者与公共事业单位共同努力出主意、想办法，做好工程的质量管理与质量保证（QC/QA）。如果某个公共事业单位做石屑封层失败，并且今后决定不再做石屑封层，就会出现多米诺骨牌现象，其他公共事业单位追随其后。如果公共事业单位减少石屑封层的工程计划，或者全部不做，引起这样的多米诺骨牌的现象，长期下去将对工程承包者产生深刻的影响。

QC/QA计划可使工程成功，也提高了石屑封层的价值。QC/QA计划虽然不是保证石屑封层成功主要原因，但是，它是提高石屑封层施工水平的基本施工方法，沿着这个计划进行，可以提高成功率。

参与石屑封层的有关人员都肯定石屑封层的效果，如果QC/QA作为工程的一环得到支持，另一部是实现科技进步。应用QC/QA计划所取得的效益，分别与有关人员投入的多少而成比例。

道路的现时经营管理以最经济的方法进行养护保证安全作业，这是公共事业单位的责任，各方有关人员如果都能按看QC/QA的程序干企业，石屑封层的未来，一定会牢固地继续地成长。

适用路面磨耗层的彩色常温混合料与彩色改性稀浆封层

姜云焕　译

一、必须条件

在路面的承包工程项目中，彩色路面是被关注的高价路面之一。采用这种路面的目的，就是在行车区域或都市里，引起人们的视觉重视。由于采用明色黏结料，使道路的彩色化取得明显的进展。

目前在道路工作中使用的彩色材料品种不多，为使工程混合料的颜色均匀稳定，必须使加工制造与摊铺机械等设备经常保持清洁干净。对加工材料现场，必须严格管理，使用的乳液材料（黏结料）严格要求其适用性，在适应的条件下才能进行摊铺。

隧道内铺设彩色路面很受欢迎。第一它可以提高视辨性与安全性，第二它可以减少30%的照明设施。但是，由于现在采用热沥青混合料铺设面层，施工中产生大量的热气与烟雾，为能解决这些问题，施工现场必须增加复杂的设施。如果采用常温黏结料的乳液材料施工，这些污染问题都可以解决。开发彩色改性稀浆封层，就可使这些难题迎刃而解。

在上述情况考察的基础上，法国的克拉斯公司为能承受重交通行车引起的变形，对于已有的改性稀浆封层又做了新的研究与改进。

通过研究，认识到常温薄层混合料的开发可以具有薄层热沥青混合料相等的路用性能，在这篇论文中介绍这两种常温薄层路面的新产品。

二、骨料与颜料

骨料按法国标准选自（XP P－18－540），必须达到BHI级配的最低限度要求。PSV值也应在此标准范围内。路面要求的颜色，应依据选定骨料的颜色。因为路面铺设后，经过车辆行使的作用，覆盖骨料表面的薄膜将脱落，骨料的颜色将显现外露，因此在骨料周围的砂浆要用颜料进行着色，切实保证路面的色彩。但是，如果没有彩色骨料承担路面的颜色，彩色路面就不能改善其耐久性。

选用无机颜料，对于抵抗力学方面的影响是很稳定的，抵抗紫外线的能力也是很强的。因此采用无机颜料要比有机颜料效果更好，一般为骨料总质量的0.5%～2.0%。

当要确定混合料中黏结料的最佳用量时，必须将颜料作为骨料的一部分进行考虑。混合料中加入颜料后，必须确定其对常温薄层混合料或改性稀浆封层的操作性与黏聚力产生的影响，因此在室内的试验工作中，必须研究试验颜料与乳液（黏结料）的适宜性。采用的无机颜料为金属氧化物与金属盐，其概要如表1。

最终的色调，要根据颜料最终在混合料中分散的均匀性而定。

当骨料将要进入拌和机时，将选定的颜料加入其中，还可将颜料加入备好的乳液之中，但是，必须使颜料能在乳液中分散均匀。

由于颜料与黏结料一同加入，它们的添加比例，不能再分别进行改变，并最终将影响混合料分散的均匀性，着色的均匀性。因而在施工时，必须对混合料的材料配合比做出正确的评估。

表 1　无机颜料的种类

彩色	颜料
红、黄	氧化铁
明亮黄	铬盐酸
绿	氧化铬
白	二氧化钛
蓝	氧化钴或铝酸盐

三、乳液

这种乳液应含有60%明色黏结料，乳液属于慢裂型与半慢裂型的阳离子乳液。由于路面深受交通行车与气候的影响，使用黏结料的针入度应为70/100或50/70。如果路面交通量大于 T_2 时，建议采用改性乳液。

克拉斯公司提出明色黏结料的标准范围的建议。乳液的性能，必须满足改性稀浆封层与薄层常温混合料的操作性与黏聚力，提出乳液适宜配方的物性如表2所示。

表 2　彩色路面混合料使用乳液代表物性

试验项目	平均值	标准试验
固体物成分,%	59～61	NF EN1428
筛上剩余量 630μm 剩余量,% 160μm 剩余量,%	 <0.1 <0.1	NF　T66—016
STVPSeado—黏度（4mm，25℃）	≤10s	NF　12840

乳液对于骨料使用的比例，应根据混合料的种类而选定。

四、颜色的特性

观察人员的感受与物理现象双方关系的复杂过程被称为颜色的感受性，它受观察者对于色调的描述能力与文化素质的影响。

1. 骨料

经过某些试验，对于骨料的颜色进行评价，可以减少骨料供应来源的复杂性。在试验研究过程中，列举这些特性的具体技术条件，特别是白色骨料的时候，应以测定纸的白色度为基础进行研究。

2. 面层

法国政府在增加铺设彩色路面的同时，制定使用彩色立体结构的选用指标（SETRA—CSTR 1998）。但是在这个指标中，没有记述测定颜色的指示，其中唯一的测定项目是表面光度的测定，就是只测定表层表面的反射（SETRA—GNCSS 1997）

在我们的研究工作中，测定表明：明度赤—绿，黄—蓝的成分，根据它们的定义，参考使用CIELAB—1976系统色彩的依据。

根据老化试验与结合现场的观察，可以证明色彩的早期变化的原因。那时，我们将颜色早期的要素与法国平均日照3h后颜色要素的关系着手进行研究。同样，我们为了光的特性，按照国际照明委员会（CIE）定义的RI区分中的问题的明色路面，可能开发出混合比例。

五、改性稀浆封层

1. 改性稀浆封层的分类的定义

表3中介绍了改性稀浆封层的种类。

表3　改性稀浆封层的种类

<table>
<tr><td>种类</td><td>0/4</td><td>0/6</td><td>0/8</td><td>0/10</td></tr>
<tr><td>筛孔尺寸</td><td colspan="3">通过质量的百分率,%</td><td rowspan="2">95～100</td></tr>
<tr><td>10mm</td><td>100</td><td>100</td><td>100</td></tr>
<tr><td>8mm</td><td>100</td><td>100</td><td>95～100</td><td>85～95</td></tr>
<tr><td>6.3mm</td><td>100</td><td>95～100</td><td>85～95</td><td>80～95</td></tr>
<tr><td>2mm</td><td>35～45</td><td>35～45</td><td>40～50</td><td>40～50</td></tr>
<tr><td>0.08mm</td><td>6～10</td><td>6～10</td><td>6～10</td><td>6～10</td></tr>
<tr><td>模量</td><td>4.2</td><td>4.0</td><td>3.9</td><td>3.8</td></tr>
</table>

如果采用的砂中填料特别少时，可以适用在自行车道或非机动车道路面上，0/1粒径（表3中没有记载这种粒径砂料），可用这种混合料调整级配。铺筑改性稀浆封层不需要特殊的施工机械，但是为能取得预期的颜色，施工机械必须保持洁净。

2. 施工的实例

2000年，法国在鲁昂的塞纳河的堤坝上铺筑红色的改性稀浆封层，施工面积为11000m²，如图1所示。这个堤坝被称为“Armad du siede”。那里在修建大型帆船的集散地，也正为旱冰活动的人们而开放着。

图1　塞纳河堤坝上施工的红色改性稀浆封层（2000年）

2001年，在Reunion岛Saing Benoit的1号国道自行车道的硬道肩上，铺筑0/6粒径的白色改性稀浆封层路面，工程总量为6500m²，骨料选用白色的硅岩，颜料选二氧化钛，填料量为1%。同样采用改性稀浆封层在Reunion岛St Pierrc也做RN2的路面铺筑。按CIE的标准要求，按光度的测定，依此做出表面RI的分类。根据这次初步的成功，于2002年在RN1的非常用车道的自行车道上铺设3700m²施工状况如图2所示。

图2　Reunion 上的改性稀浆封层（2001 年）

六、薄层常温混合料

1. 混合料

开始于改性稀浆封层配合比设计的研究，使0/6 粒径的骨料能被薄膜裹覆，进而开发研究明色乳液，改善其操作性与黏聚力，提高混合料的路用性能。因此，运用这方面知识，开发应用摊铺机铺筑0/6 粒径的薄层常温混料。这种施工方法与热沥青混合料的施工过程极为相似。

骨料与乳液的特性，与前面介绍的相同。

采用过去用过的常温混合料拌和厂拌制混合料，为能适应现场施工特点（考虑运距与气候条件），保证混合料的操作性，必要时加入补加剂。拌好的混合料采用摊铺机进行摊铺，采用一般的压实方法进行压实。为能取得预期的颜色，必须再次强调机械设备的清洁干净。现场施工开始时，由克拉斯，SETRA 以及 Cofirout 一同在新制度合同中，明确由 Colas Centre Ouest 指导进行施工。具体施工情况如图3 所示，施工是在 ALO 高速公路的服务区进行的，黏层油是由快裂的乳液，洒布量为0.31/m^2，施工铺设厚度为2cm，摊铺设备为摊铺机与两种碾压机械，混合料中的黏聚力为6%，颜料为1.5%，混合料的特性如下所示：

图3　铺筑0/6 粒径的薄层常温混合料施工情况（白色黏层油）

根据现场的观察，一年时可以显现出如下重点，没有显示出光度特性的变化，因为具有高辉度的表面可以将光扩散到各个方向。平均反射光为0.42以下，平均辉度率Q可以高达约0.1。这些测定都在同一地方进行，测定的结果可以保证CIE的标准表面RI的必要条件。

这些薄层常温混合料的颜色特性，最少具有加热混合料相同的特性，影响路面的摩擦性和粗糙度，可以用添砂试验进行（摊铺机的平均值为0.6~1mm）评定。

2. 施工实例

混合料的设计按克拉斯的方案进行，按表4确定配合比例。

表4 ALO高速路服务区施工的薄层混合料配合比例

筛孔尺寸	通过质量百分比,%
10mm	100
6.3mm	96
4mm	45
2mm	31
0.08mm	6.3
二氧化钛颜料,%	1.5
残留黏结料量,%	6.1
模量	3.77

外加剂的用量。为确保混合料的操作性，在室内研究阶段固定为0.5%，现场施工铺筑时，可根据现场气候变化，外加剂用量采用0.3%~0.5%。

压实是用旋转试验机进行压实的，试验机旋转1次的压实度为80.7%，旋转25次后压实度为86.8%。经过压实试验确定密度的同时，水的蒸发也随着终结时是一致的。因此在现场将得到早期的最大密度。

在室温35℃、相对湿度在20%条件下，对养护的混合料测定其弹性系数如表5所示，密实度已达87%。

表5 弹性系数测定值（间接抗拉试验）

测定条件	弹性系数，MPa
10℃，20ms	5900
10℃，25Hz	6200
15℃，10Hz	4200

这些测定结果与加热沥青薄层混合料相比，约低20%。这是因为明色黏结料的弹性系数与比同样针入度的沥青低。

耐水性与抗压强度，根据Duriez试验结果如表6所示。

表6 Duriez试验结果

抗压强度（R）（18℃空气中），MPa	4.42
抗压强度（r）（18℃水中），MPa	4.00
r/R	0.90
密实度,%	87.6

从试验结果看出，明色黏结料的高湿润抗压强度很高。这是由于调好的明色黏结料的黏结性而产生的，说明这项试验必须进行。

七、试验结果与今后的展望

作为承包商，至今根据工程需要，热沥青混合料与常温的改性稀浆封层都做过施工，采用薄层路面要选用后面的施工方法。

对于隧道内的路面磨耗层，必须具备路面的性能。采用彩色改性稀浆封层，一定要确保其要求特性（路面色彩的均匀性，在重交通载荷下路面的耐久性，保证表面的平整度，表面对于机械洗净的耐用性等）。

改性稀浆封层施工方法是在常温条件下进行施工，因而节约能源，节省资源，降低 CO_2 的排放（环境保护）等等，是有利于保护环境的施工方法。自 1990 年由欧美引进到日本，至今在全球铺筑 $1200 \times 10^4 m^2$，在日本已完成 $70 \times 10^4 m^2$ 工程量。

法国开发了“耐油型改性稀浆封层”。这种施工方法不仅适用于预防性养护，也适用于更广阔工程范围。例如用于大型停车场和空港的道面。

这次介绍的改性稀浆封层，重点是彩色的常温混合料，在日本称它为明色的改性稀浆封层。在隧道内的水泥混凝土路面上，使用氧化钛做颜料改善路面的防滑性与修补坑槽等，目前已经受 5 年行车考验，已有 $7 \times 10^4 m^2$ 彩色改性稀浆封层保持良好的路用性能。

常温条件下改性稀浆封层施工方法，适用于环境保护的封层施工，今后必将得到广泛的推广。

参 考 文 献

Apville, J. M., Martin J. C, (2002) Caractéristiques et intérét économiques des chaussées claires et éclaircies. Guide Technique du Centre d'Etude Technique des Tunnels.

Ballié, M. Poirier, J. E. (2002) “Colasmac. de la couche de roulement épaisse ā trēs mince”, Revue Générale des Routes et Aérodromes No. 812 p 40—26.

Brosseaud, Y., Saint - Jacques, M. (2002) Les revétements bitumineux colorés en France, bilan dutilisation. Revue Générale des Routes et Aérodromes No. 807 pp 32—38.

Deneuvillers. C. et Meyer. V. (2000) “Evaluation de ta maniabilité des enrobés froid ālaide de mouveaux tests de laboratoires” Revue Générale des Route et Aérodromes No 788 Octobre 2000.

Poirier J. E., Deneuvillers, Ch., (2002) “Enrobés ā frond caractérisation et mairise de la qualité de Fenrobage” RGRA n 803 férier 2002.

Poirier, J E., Ballié. M, Clarac A. Thouret D (2002), Colas mac. Bilan aprés 5 ans dexplotaation.

RGRA No. 799 Octobre 2001.

Poirier. J. E., Carbonneau. X. Henrnt, J. P. (2002), Enturebe ā froid. Aptitude au compactage “RGRA No 804 mars. Serfass, J. P (2002) “Emulsion cold mixes for a new design method” Revme Générale des Routes et. Aérodreum. Juillet Aout 2002.

SETRA CSTR, 1998 “Coloration des revétements routirs et séurité routiēre”. Note dinformation n 112. Mars 1998.

SETRA GNCSS. 1997 “Caractéristiques photoniétriques des revétements de chaussées” Note dinformation n 92 de mars1997.

飞机场上使用耐油封层乳剂

姜云焕 译

空港的停机坪与夜航停留等区域，由于这些地方飞机使用航空燃油，燃油的溶解作用，容易将沥青道面软化与溶解破坏。因此，必须用耐油涂层保护路面，用这种保护层对沥青路面予以保护。

这种用于耐油涂层的乳液，在《日本运输省航空局与空港土木工程的共同说明书》中将它称为“耐油封层”，表 1 所示为耐油封层的质量标准。

表 1　耐油封层的质量标准

试验项目	标准值
水分,%	53 以下
固形物含量,%	47 以下
固形物中灰分,%	30 ~ 40
固形物中二硫化碳溶分,%	20 以下
密度，g/cm^3	1. 2 以下
干燥时间，h	8 以下
耐挥发性,%	10 以下
耐煤油性	没有软化与降低黏附性
耐水性	没有发泡与降低黏附性
耐热性	没有发泡松弛或打滑现象
挠曲性	没有剥离、龟裂或对金属黏附性下降现象
耐冲击性	受冲击周围 1/4in 以外没有碎片、剥离、龟裂及下降黏附性现象

一、用黏土型乳液做耐油涂层

黏土型乳液如图 1 所示，是使用黏土作为乳化剂进行乳化的。因此黏土型乳液与离子型乳液相比较，在化学方面有很好稳定性。对于骨料、填料以及水泥等材料的拌和，显示很好的稳定性。另外，黏土型乳液显示阴离子特性。对于碱性表示稳定，对于酸性表示不稳定。

黏土型乳液的特征，显示出摇落的黏性，在垂直表面上涂布不会产生流淌现象。又如做长时间（约 1 年）贮存时，不会产生完全的分离状态，搅拌可容易再分散均匀，可以恢复如同刚生产出来状态，这是黏土乳液的特征。

图 1　黏土乳液黏土吸附模型

黏土型乳液与表面活性剂乳化的乳液相比，泵送性能不好。因而在移送时要选用特殊的泵。

对于沥青系的黏土乳液，由于使用材料的不同，沥青系可分为石油沥青与煤沥青两大类别。

石油沥青系乳液很早就用，早在 1914 年美国就有乳化沥青密级配混合料使用的报告。这些年，改善早期乳液的缺点（再乳化），沥青系黏土乳液广泛用于建筑防水、桥面板以及彩色路面等。

煤沥青的黏土乳液，加入耐油性的煤焦油沥青以及氯板胶（高弹性胶）等调配制成的黏结料，用黏土做乳化剂乳化的乳液，主要用于要求耐油性的场所与路面。

二、耐油封层的特长

目前市场上销售的耐油涂层乳液只有两种。其特点列举如下：

（1）铺成耐油性封层，它可以牢固地黏附在沥青路面上，形成耐油的封层，可以使沥青路面防止石油系溶剂软和溶解。

（2）由耐油封层形成路面覆膜，使路面高温时不变软，低温时不脆裂，提高路面耐候性，尤其是在低温时提高路面的抗冲击性与黏附性。

（3）耐油封层可以填充路面裂缝，形成耐油性、耐候性、耐水性、耐腐蚀性以及耐磨耗性的保护层，可以防止表面老化及延长使用寿命。

三、耐油封层的性能与质量标准

（1）耐油封层的性能

耐油封层的外观呈灰黑褐色的半膏状物，具有较好的黏性，与细骨料拌和，用滚动毛刷，橡胶齿耙可以良好的操作。

（2）耐油封层的质量标准

执行《空港土木工事共通说明书》第4页至20页质量标准（表1）。

四、耐油封层的施工

1. 施工的准备

将预定施工的沥青路面清扫干净，如路面上有黏附油类等溶剂时，应用清洗液清洗干净。如果原路面有被油料软化的，没有承载能力的路面，应将其挖除修补。如果路面有裂缝，应用填缝料将裂缝填满。

2. 涂布透层油

耐油封层使用前要用搅拌机充分搅拌。作为透层油的耐油封层要加入10%的水进行稀释，涂布量为1m^{2}涂布0.3～0.4L。如果在小面积涂布时，可用橡胶耙子或滚动刷子由人力施工。如为大面积施工时，用专用机械刮浆式摊铺箱进行机械化施工。

3. 耐油封层的涂布

耐油封层的涂布分为两层，如表2涂布量进行涂布操作。第一层是在透层油破乳后，没有黏结性后再进行。同样，涂布第二层时第一层已硬化，干燥后再进行第二层。一层涂布完后当气温为15℃需要1～2h可以软化。

表2　耐油封层标准用量

层次	使用量，kg/m^2
透层油	0.3～0.4
第一层	0.7～0.9
第二层	0.7～0.9
合计	1.0～1.3

4. 养护

涂布完后24h禁止行车，做早期养护。

五、耐油封层的用途

（1）空港的停机坪、夜航停机区。

（2）停车场。

（3）公交车、卡车的总站。

（4）收费道路的收费站前后。

（5）加油站。

（6）其他需要耐油的场所。

六、结束语

日本空港的停机坪修成水泥混凝土路面，沥青路面逐年减少。老化的沥青路面的修补工作增多，希望能有经济的、新材料与施工方法，耐油封层有着优越的经济性及显著效果的材料。

由于气候条件与跑道的修建条件不同，在欧洲的机场跑道的防滑措施，很多采用耐油封层表面处治施工方法，荷兰的斯基堡尔国际机场滑行道就是采用这种施工方法铺设的防滑跑道，取得很好的效果。

对于要求耐油的路面，不仅可以用喷涂方法，今后还可以开发利用稀浆混合料与层铺贯入施工方法。

明色沥青乳液

姜云焕　译

一、引言

由于沥青路面的铺装率逐年在增多，与此同时，不仅要求提高路面的功能，而且要求提高路面的美观。面对这种情况，1970 年于大阪府千里召开万国博览会，以提高美观，提高道路性能，提高道路交通安全措施为目的，成为发展彩色路面材料与施工方法的重要契机。在这种形势下，明色沥青乳液（以下简称为明色乳液）在上述万国博览会同时得到大力开发。主要为着色的加热混合料的黏层油而使用。

从那以后，对于明色乳液的黏结性与耐久性做了进一步的改进。近几年，主要对于住宅区道路与人行道路系统提供明色黏结料铺筑路面。这种路面的优点有：

（1）由于是乳液类型材料，可在常温条件下施工。

（2）乳液破乳后呈透明状态，大自然与人工骨料可以形成和谐的自然环境。

（3）对面积狭小、不大的场所便于施工。

（4）不需要特殊的施工机械与施工技术。

（5）根据添加颜料的不同，可以铺筑不同彩色的彩色路面。

二、关于明色乳液

明色乳液是以石油树脂为原料，用作加热拌和型彩色路面的黏结料。这种石油树脂是在石油类的裂化中而生成的分解油分又聚合而成的物质。分子量在 2000 以下，呈黄色的碳氢系可塑性树脂。根据使用目的需要，填加软化剂，为了调节针入度和黏结性乳化成为明色乳液，颗粒直径为 2 ~ 6μm。

从图 1 看出，明色乳液与沥青乳液颜色的对比，明色乳液为乳白色，乳化沥青为褐色。将这些乳液破乳后，沥青乳液呈黑色，明色乳液为半透明的琥珀色（见罐盖内试样所示）。

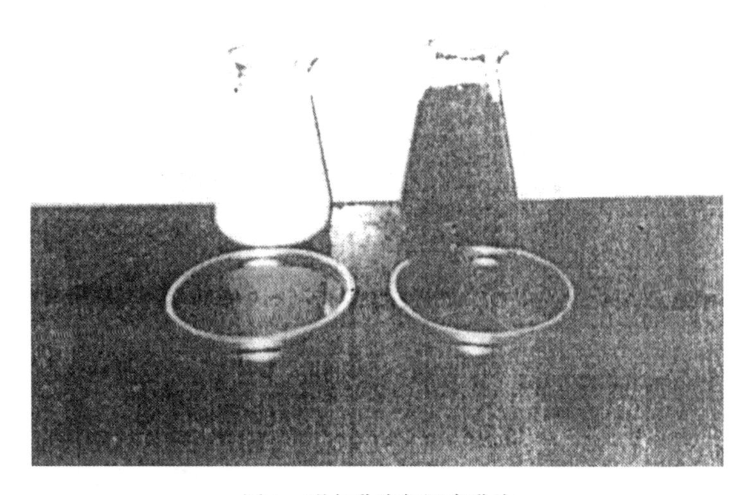

图 1　明色乳液与沥青乳液

在表面处治使用的代表型明色乳液的产品标准，如表1所示。作为施工用途的对象，如下面所述。

(1) 表面处治。

(2) 黏层油。

(3) 拌和粗级配密级配的骨料拌和。

(4) 掺土骨料的拌和。

上述情况使用明色乳液时，应与一般沥青乳液相同的方法进行施工。

表1　明色乳液产品标准

项　目		标　准
恩格拉黏度（25°）		3～30
筛上剩余量（1190μm），%		0.3以下
黏附性		2/3以上
蒸发残留物，%		60以上
微粒电荷		阳
残留物	针入度（25℃），0.1mm	60～300
	延度（15℃），cm	100以上
	三氧乙烷溶解度，%	97以上
贮存稳定性（5日），%		5以下
冻融稳定度（-5℃）		无结块

三、现场施工实例

以表面处治为目的的代表性施工实例如下所述。

[例1]

施工现场为1700m的长野县八个岳边峭村的道路铺面工程，为了保护环境不破坏大自然的目的，路面采用明色乳液做双层表面处治，路面的结构如图2所示。由于这个地区的冻结指数高，底层厚度采用40cm，但是由于边峭村的交通量主要是住人与来客的轻型车辆，主要是人行的步行道路。

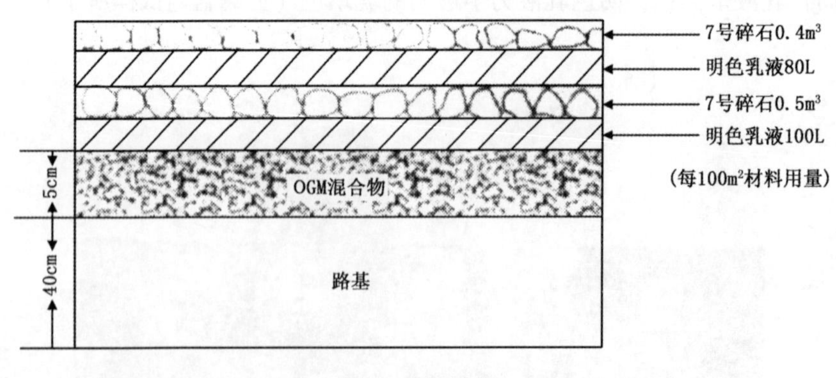

图2　路面结构

工程名称：富士县高原棒道路面面工程。

施工日期：1984年10月27日。

施工面积：2400m^2。

洒布机械：洒布车。

洒布量：第一层 1.0L/m²。

第二层 0.8L/m²。

施工结果。如图 3 用洒布车喷洒明色乳液的实况，乳液没有出现结块，显示出良好的洒布性。还有因为施工是在 10 月下旬凉寒季节，气温使乳液的破乳时延长，骨料撒布顺利，没有出现故障，而且与骨料的黏附性强。由图 4 显示出路面修整后的良好状态。

图 3　用洒布车喷洒明色乳液

图 4　施工实例（边峭村）

施工后一年进行跟踪调查，双层表处路面全部紧密地黏结成整路面状态。局部表面出有部分骨料飞散，露出明色乳液淡黄色表面。这种表面与以往的沥青乳液颜色相比，有很明快的感觉，与周围的自然环境和谐融洽。

[例 2]

施工现场为宫域县仙台市环顾周围高级住宅区内的公园内步行道与广场，采用明色豆粒状的砂砾石，铺设成天然石路面，路面的结构如图 5 所示。

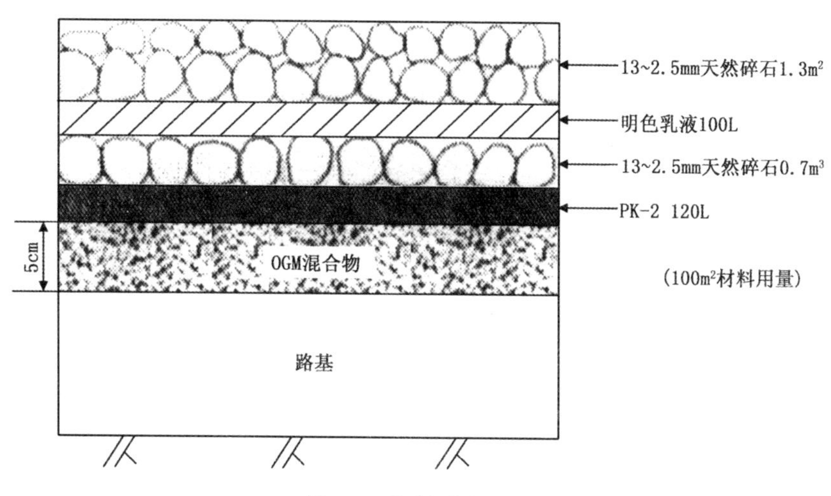

图 5　5 号公园设置工程

工程名称：5 号公园设置工程。

施工日期：1986 年 8 月。

施工面积：2000m²。

洒布机械第二层 1.2L/m²。

施工结果：由 4 个工区发包，因而有的地方是在严寒季节施工，但是撒布的骨料都能与明色乳

图6　施工例，住宅区公园内的步行道

液牢固地裹覆，没有任何问题，施工进行顺利。

施工后9个月做跟踪调查，如图6所示，可能由于路面多层天然石屑的关系，路面保持非常良好的状态。

四、结束语

明色乳液作为明色路面的黏结料，近年的用量在逐年增多。其施工结果普遍良好，得到工程发包者与使用者的好评。

本材料与本文适用场所为一般步行道、公园的人行道、广场、商业街的步行道以及轻型车道、停车场等。今后，随着人们对生活环境的美化，对于不宜使用沥青乳化液黑色的地方，可以推广使用明色乳液。

第三部分　发展前景

乳化沥青在道路以外的用途

姜云焕　译

乳化沥青首先从水泥开始，掺入各种聚合物乳液或加入各种添加剂后，使其具有许多独特的性能，广泛用于道路铺装之外的土木工程等领域。

（1）在铁路和空港应用中，利用它铺筑高速铁路的无渣轨道与空港的预应力混凝土道面。

（2）在土木工程应用中，主要利用乳化沥青的防水性与耐水性，用作土木防水工程及水利构造物的材料。在绿化和环境整治应用中，利用它与种子及肥料相拌和，作为植物生长的材料，利用它铺筑砌块铺面或网球场铺面、自行车竞技场的跑道，在废弃物处理场利用它防止有害物的溶出。另外，还有将乳化沥青与水泥、树脂、胶乳等混合起来，用作防水墙、隧道的内衬。乳化沥青在土木工程中的应用如图 1 所示。

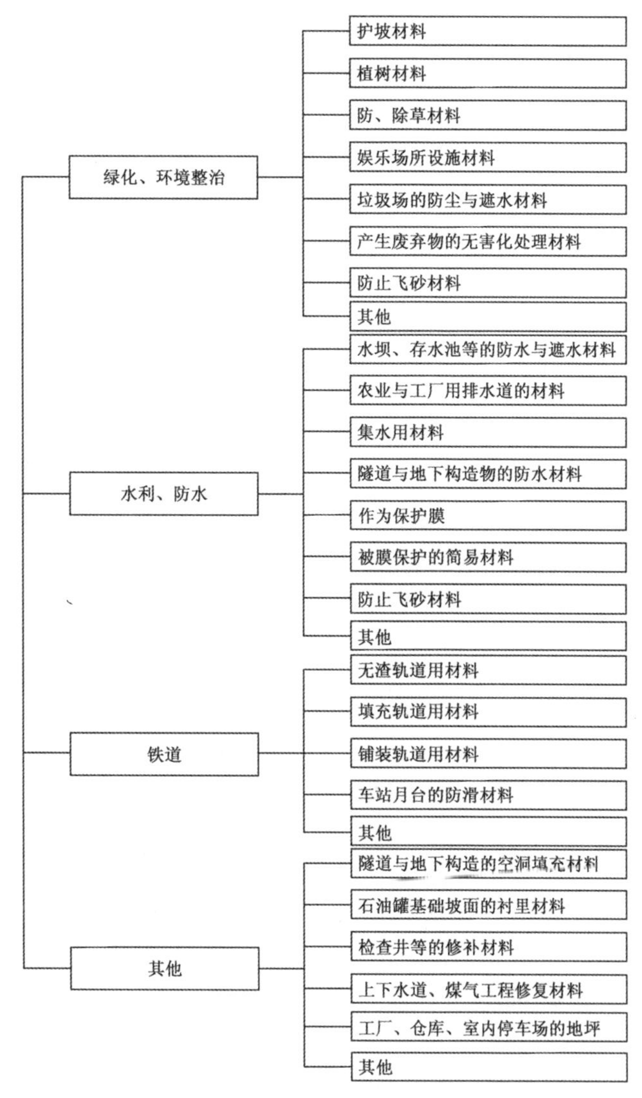

图 1　乳化沥青在土木工程中的用途（路面以外）

一、用作铁路无渣轨道和空港预应力道面的铺装材料

铁路上的无渣轨道（高速铁路）（图2），由东北、上越、北陆、山阳新干线开始，原有线路的一部分也使用着。

这种无渣轨道，用整体的钢筋混凝土板取代碎石道床，整体的钢筋混凝土板与钢筋混凝土路基之间，乳化沥青、水泥、砂等制成CA砂浆填充。这种无渣轨道的结构可以减少铁路的维修保养次数和费用，达到维修养护省力的目的。使用CA砂浆填充后，当列车高速通过时，可达到缓和冲击的目的。CA砂浆既有沥青柔性又有水泥的刚性，是具备这两者性能的复合材料。随着乳化沥青与水泥配合比的变化，可以获得从塑性领域至黏弹性领域的任何力学性能。另外，还可以容易地调整CA砂浆的流动性，使其具备能够在狭小的注入口灌入等特性。

在框架式无渣轨道用CA砂浆施工的状况如图3所示。

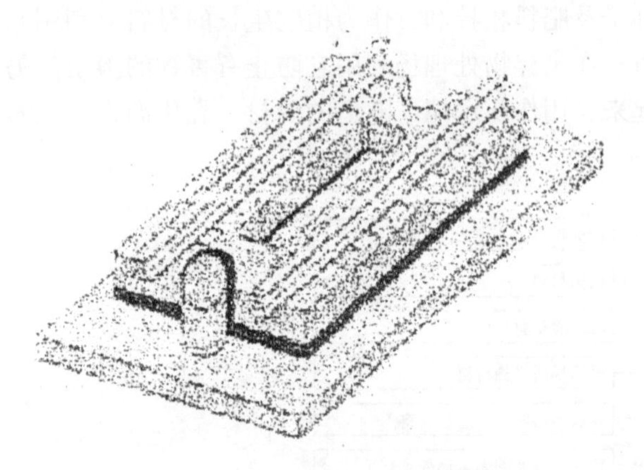

图2　框架型无渣轨道示意图

图3　无渣轨道用CA砂浆施工状况

在空港预应力道面铺装中，CA砂浆的使用十分活跃。在修补大型客机通行的滑行道时，预应力混凝土板与下面的沥青混凝土铣刨面之间，用CA砂浆作为背后灌浆材料（图4）。

a.预应力混凝土铺设状况

b.CA砂浆注入状况

图4　航空港预应力混凝土板背后灌浆材料的施工状况

二、用作游乐场所设施材料

1960年由美国引进全天候网球场技术时，当时所采取的方法是事先在工厂内将乳化沥青、细砂、石粉、颜料等拌和成稀浆状铺筑球场。在网球普及的同时，也逐渐开发应用了丙烯树脂、聚氨

酯树脂、人工草坪等材料。但是，采用乳化沥青类材料铺筑的网球场，与用其他材料铺筑的网球场相比，具有不易开裂的优点，至今仍很受欢迎。

另一方面，也在用乳化沥青系的稀浆混合料铺筑自行车竞赛场的跑道。

乳化沥青系材料虽然有着色困难（发黑）的缺点，但是由于路面柔软，当运动员摔倒时也不易受伤，因此自行车竞赛场几乎都用乳化沥青跑道（图5）

图5　自行车竞赛场（跑道内铺设网球场）

三、用作防水材料

乳化沥青用作防水材料时，要在乳化沥青中加入高浓度的胶乳(橡胶乳液)。它有两种工艺类型：

(1) 将加入橡胶胶乳的乳化剂与破乳剂同时喷涂到防水的表面上，可以瞬时固结成防水层；

(2) 掺入橡胶胶乳的乳化沥青与水泥拌和，用抹子加工或将它喷涂。

此外，石油罐的基础、坡面保护、水坝的衬里等也使用乳化沥青。

四、建筑材料与其他方面的应用

乳化沥青与其他有机材料相比价格低廉，广泛用作中间材料或基础材料，作为建筑材料或汽车的防音材料等，具有多种的用途与使用形态，针对各种各样的使用目的，要求其有不同的性能，以此为基准进行生产制造。

因此，在JIS、JEAAS没有对这些用途做特殊的规定。在建筑材料方面的不同用途参见表1。

表1　建筑材料及其他用途实例

用途	目的	实例
建筑材料	黏结	沥青块、油毡、磨耗层
	成型	纤维、木屑
	防水、防湿	屋面材料、各种板、嵌缝
	隔热、保温	各种板、模板、纸带
	防水、隔音、防振	各种板
涂料	防水、防蚀	金属、木材、石材、钢管
其他	防音、吸音、防振	车辆内装、声音机器
	筛分	造纸
	防蚁、防潮	地板下的封层
	隔热、保温	钢管
	防蚀	钢管的内衬
	混合料	橡胶、润滑剂

乳化沥青在建筑材料方面的用途与道路上的用途相比具有量小、品种多、专利也多等特点，对它的具体应用情况还不够了解。

关于整体道床CA砂浆配比的改进

姜云焕　译

一、前言

在日本铁道建设公团修建的高速铁路整体道床中，使用水泥、沥青、砂浆（以下简称为CA砂浆），其以前的配比标准如表1所示。

但是，以修建北越北线铁路的整体道床为契机，对CA砂浆构成主要成分的乳化沥青的性能进行了改进。在北陆新干线（高野—长野间），铁路长度为205.5km，铺筑整体道床时提供了大量的优质CA砂浆。由于必须降低新干线的建设成本，将以往使用CA砂浆配比做了重新评审。

对于CA砂浆重新评审的内容为：在寒冷地区对CA砂浆的常年状态的调查、混合料的改进与配合比例的研究、寒冷地区配合比例的研究、新配制CA砂浆耐久性的研究。

表1　CA砂浆的标准配合比例（每$1m^3$）

使用区域	配合比例								
	早强水泥 kg	混合料 kg	乳化沥青 kg	聚合物 kg	细骨料 kg	铝粉 kg	消泡剂 kg	AE剂 kg	水 kg
温暖区	263	49	496		620	0.041	0.152	7.6	93以下
寒冷区	266	47	440	63	628	0.042	0.154	7.7	79以下

二、寒冷地区在CA砂浆的常年状况的调查

调查地点选择框架式整体道床的铺设区段，考查其外露CA砂浆多年的耐久性问题。以鹰角线（现为秋田内陆纵贯铁路线）以及北越北线（现北越快车线，图1）调查工作，以现场目测调查与钻取岩心做物理性能试验的两种方式进行。

图1　北越北线十日町站台内框架整体道床

表2给出了钻取岩心测得物理性能试验结果。调查结果如下所述。

表2　采取岩心的物理性能试验结果

测试项目 \ 调查表		北越北线（北越快车线）	鹰角线（秋田内陆纵贯铁路）
中性化，mm		0	10.5
密度，g/cm^3		1.39	1.37
抗压强度 N/mm^2	表面50mm	5.7	3.4
	中50～100mm	5.2	3.7
	中100～150mm	5.4	
	平均	5.4	3.6

（一）鹰角线

为了防止积雪，这个区域的整体道床铺设在开床式高架桥上。注入的CA砂浆已有10年。注入方法有用框架设备方式与长管（用聚氯乙烯不织布袋）方式铺设的路段。该线段年平均冻融天数为89.3天。年平均室外气温未满零摄氏度的天数为109.3天。

目测的调查结果，在框架设置的方式中，外露部分加入玻璃纤维补强的CA砂浆，在表面部分由于水的浸入，又经冻融循环，确定其已经老化。但对于整体来说，状态良好，由表2所列岩心的物理性能试验结果，从中可以确定其强度仍在增长中。

（二）北越北线

这个线段用长管方式注入CA砂浆，施工后至今已经七年。

考察的地点，选择在纵断线上，其原因是注入的厚度超过100mm，取在高架桥上的框架型整体道床的区间。这个线段年平均冻融天数为90.2天，年平均室外气温低于零摄氏度的天气为94.8天。

根据观察的结果，长管与CA砂浆都很健全，肯定没有老化，采取的岩心进行物理性能检测如表2表示，而且可以肯定还在增长，而且应特别提出CA砂浆没有一点中性化现象。这说明长管方式施工的效果。

三、混合料的变动与配合比的研究

（一）试验概要

在CA砂浆中增加使用混合料，目的是在注入施工时，防止CA砂浆产生离析，提高砂浆的流动度，防止注入后产生收缩等。以前用的是$3CaO \cdot 3Al_2O_3 \cdot CaSO_4$系列矿物为主体，有微量的高分子系列分散剂和含有无机盐的膨胀水泥混材或石灰系列的膨胀水泥混合料，为CA砂浆所专用。

但是，为了研究降低CA砂浆的成本，对于市场上销售的廉价同类的水泥混凝土混合料，可否使用进行试验研究，采取这样组合的背景，可以提高乳化沥青的稳定性。

试验的配合比例，乳化沥青（2种），细骨料、铝粉、消泡剂、AE剂等用量与表1配比标准相同。早强水泥（C）与混合料（CAA）的配合比例：用以前的混合料（2种）与标准配比相同的CAA/（C+CAA）=0.15的2种配比，用市售的混合料（2种）时按0.10、0.15、0.20的6种配比，不加混合料的1个配比，总共9个配比。CA砂浆的质量标准如表3所示。

表3　CA砂浆的质量标准

使用区域	配合比例					固化后的物性		
	砂解温度	流动时间	空气量	膨胀率	收缩率	抗压强度，N/mm^2		
	℃	s	%	%	%	1日	7日	28日
温暖区	5～30	18～26	8～12	1～3	0	0.1以上	0.7以上	1.8以上
寒冷区	5～30	16～24	8～12	1～3	0	0.1以上	0.7以上	1.8以上

（二）试验结果

1. 未固化时的性能

（1）稠度。

本试验的温度为20℃，是拌和的流动值为8～26s时的加水量，由于所用混合料的种类不同而有所不同，全部掺配与标准值误差0.3。有关过程的变化，全部配合后，确定60min以上为可使用时间。

（2）空气量。

全部配合掺拌后。引入的空气量（标准值8%～12%），拌和时间为60min时空气量变化不大于3%。

（3）膨胀率、收缩率。

在本试验温度的情况下，如果铝粉的添加量适宜时，全部配合的膨胀率可以满足要求（标准值为1%～3%）。

收缩率也可达到0%，肯定不会有问题。

2. 固化后的物性

（1）材料分离度。

图1表示CA砂浆固化后的材料分离度。添加混合料配合时，材料分离度常常在0.1%～1%范围里，添加混合料可以使防止分离的效果得到认可。全部试验的配合比都在3%以下范围。

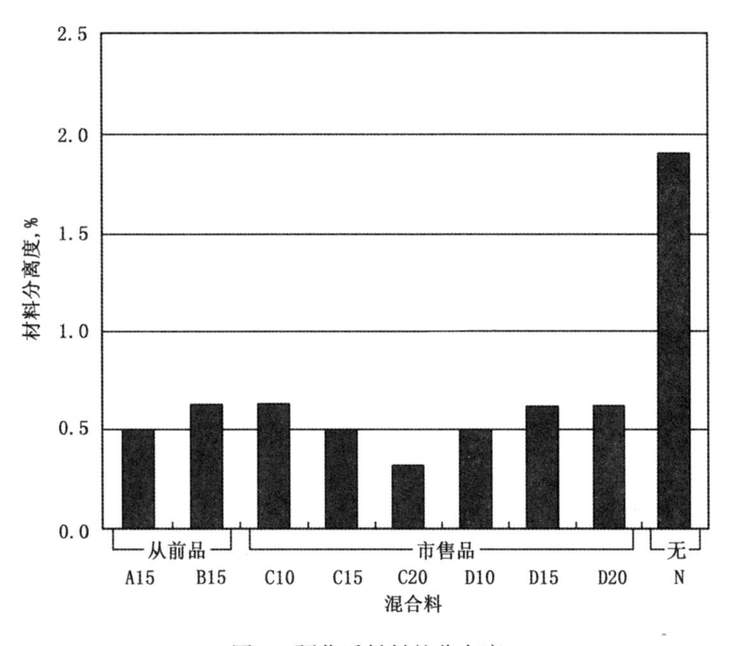

图1 硬化后材料的分离度

（2）力学特性。

图2显示材龄与抗压强度的关系。抗压强度，对于短期养生时间在强度上没有明显差别；对于长期养生时间在混合料加量过多时，强度降低；当混合料的添加量达到20%时，就不能保证标准的强度值。

养生时间28天的抗压强度、抗弯强度，剪切强度等强度的特性如图3所示。抗压强度当用市售混合料，添加量为10%时，与过去使用的混合料配比相同，抗压强度相同。当添加量为20%时，产生过剩的膨胀，并且强度出现下降的倾向。

3. 长度的变化

在空气中，养护试验的长度变化率随着混合料的加入具有改善的倾向。但是当市售混合料的添

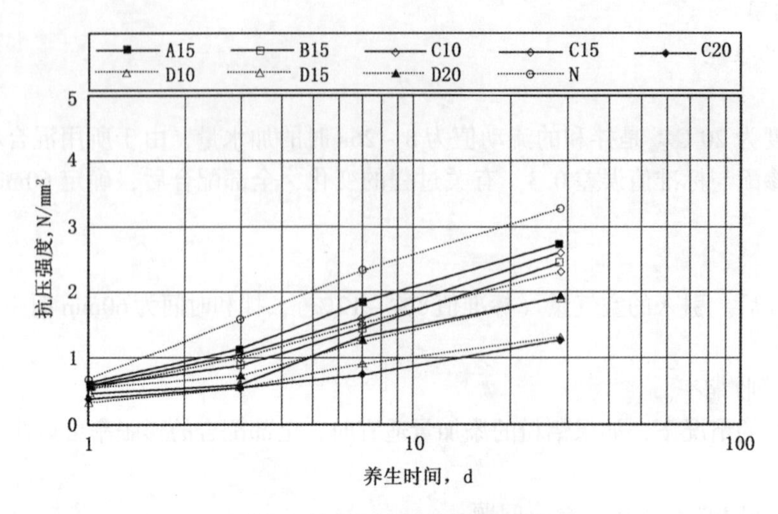

图2　材龄与抗压强度的关系

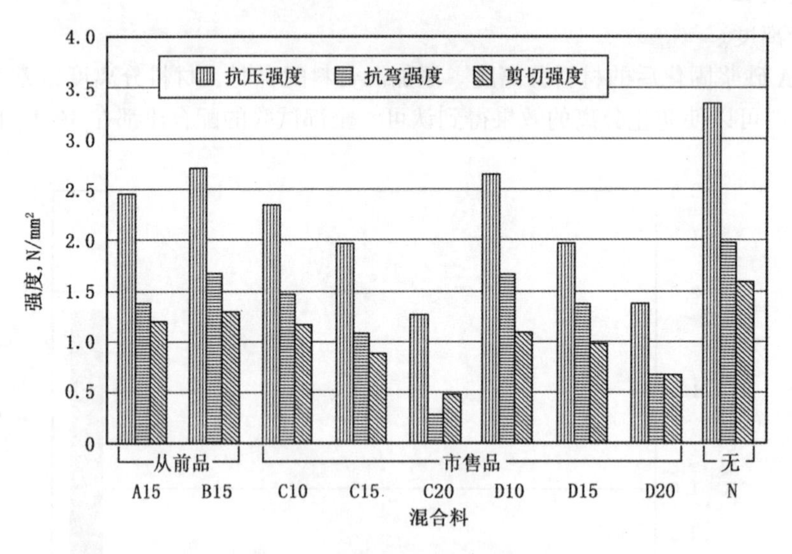

图3　强度特性（材龄28天）

加量达到15%～20%范围时，膨胀过大，以致黏结料产生破坏时，作为添加量的上限。当在水中进行养护试验时，过多的添加量显示出更严重的异常膨胀，而未加混合料的配比将出现更大的收缩。

观察水中养护的质量变化率，混合料用量多的配比，质量变化率将变大。

（三）试验结果分析研究

综合上述各项试验结果，使用市售混合料时，当CAA/（C＋CAA）＝0.1时配比的性能，可以肯定与从前用的混合料具有相同的性能。

四、寒冷地区适宜配比的研究

（一）试验概要

当确定混合料的配比为CAA/（C＋CAA）＝0.1的情况下，改变聚合物的添加量，研究解决寒冷地区CA砂浆适宜的配比。

配比试验，其中的细骨料、铝粉、消泡剂、AE剂等如表1所列标准配比相同，乳化沥青用量与聚合物（P）用量比例，采用以前混合料（2种）按1.4/0.20［此时的CAA/（C＋CAA）＝0.15］的2组配比。当用市售混合料（2种）时，按1.50/0.10、1.45/0.15、1.40/0.20（此时的

CAA/（C+CAA）=0.1 的 6 种配比。当没用混合料时，与用市售混合料相同，采用 1.50/0.10、1.45/0.15、1.40/0.20 的 3 种配比，总共进行 11 种配比试验。

（二）试验结果

1. 未固化前的性能

有关流动时间、含气量、收缩率、膨胀率等各项试验结果都能达到标准值要求范围，随着聚合物添加量的不同而有差异。

2. 固化后的物理性能

（1）材料的分离度。任何一个配比试验结果的波动小于 2%，说明没有材料的均质问题。

（2）抗压强度、破坏能。在 5℃、20℃、30℃的各种条件下检测抗压强度，在各种情况下，都能达到要求的强度指标。养护 28 天的抗压强度与抗压破坏能量，随着聚合物的增加，具有增大的倾向。

（3）静性率。各种配比具有与抗压强度基本相同的倾向。

（4）抗弯强度。破坏能养护 28 日的抗弯强度，与抗压强度具有相同的倾向。即使在低温条件下，增加聚合物的添加量，对于抵抗破坏能具有更好的效果。

（5）抗剪强度、破坏能多种配比试验结果显示出抗剪强度、破坏能与抗压强度具有相同的倾向。

（6）吸水率。由试验结果看出，吸水率与混合料的有无和种类无关。随着聚合物的越多，吸水率就越小，从中可以推断聚合物增多，固化后越是向致密的方向发展。

（三）结果的分析研究

在未固化前的性能，可以肯定各种配比没有什么差别，都具有稳定的拌和性能。

当固化后，各种配比试验结果证明，产生的强度都可以充分满足规定标准的要求。但在低温情况下，聚合物加量越多，效果越好。根据各种温度条件下试验结果，为使市售混合料用于 CA 砂浆并适用于寒冷地区，应与以前用的混合料的标准配比，聚合物用量 P/（C+CAA）=0.2 相同加量为适宜，这是可以肯定的。

五、CA 砂浆耐久性新配比的研究

根据前面市售混合料的试验结果，进行 CA 砂浆耐用久性的研究。

试验用的配比：乳化沥青（2 种），聚合物［添加量 P/（C+CAA）=0.2］、细骨粉、铝粉、消泡剂、AE 剂等与表 1 的标准配比相同，早强水泥与混合料的配合比，以前用的混合料（2 种）CAA/（C+CAA）=0.15 为 2 种配比，市售混合料（2 种）CAA/（C+CAA）=0.1 为 2 种配比，不加混合料 1 种，共计 5 种配比。

试验项目有用于冻融试验的二槽式冻融试验机，用于耐老化试验的紫外线灯或耐候性试验机，用接触式应变计等检测长度变化。

从试验结果得出，在 CA 砂浆中没有加入混合料时，在耐候性与长度变化检测中，看出强度下降与收缩增大倾向。无论是从前的配比还是新配比的 CA 砂浆，没有出现明显差别，都可获得充分的耐用效果。

六、结束语

整体道床在现有经营的新干线轨道铁路约占半数以上，还将计划进一步改进新干线整体道床的结构，进一步为高速化的新干线，为建设运行安全并省力的新干线轨道机器做出更多的贡献。

这次为了提高乳化沥青砂浆的质量，将一般市售混合料予以使用，进行一系列试验研究，结果可以确认。市售混合料与以前使用的混合料可以制成相同质量的CA砂浆，得出充分实用化的结论。表4给出了新CA砂浆的标准配比。

表4　新CA砂浆的标准配比（每$1m^3$）

使用区或	配合比例								
	早强水泥 kg	混合材 kg	乳化沥青 kg	聚合物 kg	细骨料 kg	铝粉 kg	消泡剂 kg	AE剂 kg	水 kg
温暖区	279	31	496		620	0.040	0.155	7.8	78以下
寒冷区	284	32	441	63	630	0.041	0.158	7.9	63以下

由此说明，在达到预期效果的情况下，CA砂浆的成本可以减低。

今后要继续关注整体道床结构构成材料及施工方法，使整体道床结构质量提高，造价低廉，并不断扩大其铺设范围。

整体轨道的现状与今后发展趋势

姜云焕　译

一、引言

在日本开发的整体轨道，以山阳新干线（冈山—博多间）大量铺设为契机，通过对其结构与施工方法的不断开发与改进，从而取代碎石轨道，解决高速列车行驶的稳定性以及维修保养的省力化。当前山阳、上越、东北、北陆（高崎—长野）各新干线中整体轨道长度所占比例如表1所示。最近开始的东北新干线（盛冈—八户）的轨道工程中，整体轨道计划要占全长97%。

表1　新干线轨道结构类别的比较（线路长度：km）

轨道结构＼线名	山阳		上越	东北	北陆
	新大阪—冈山	冈山—博多	大宫—亲朋	东京—盛冈	高崎—长野
碎石轨道	156（95%）	125（31%）	15（5%）	48（10%）	19（15%）
整体轨道	8（5%）	273（69%）	243（91%）	411（82%）	105（85%）
直结轨道	0	0	12（4%）	42（8%）	少

二、整体轨道的开发与现状

（一）开发过程

自1965年开始，在国铁内部，用整体轨道发展新的省力化轨道结构技术课题的研究。以前用的碎石轨道，随着列车行走，靠碎石之间的相互摩擦分散列车的荷重。由于列车通过次数越多，列车行驶速度越快，碎石的破损越厉害。从而碎石轨道的结构大部分产生损坏（由于磨损造成下沉和经常的拆换），必须进行维修保养。这些维修与拆换是繁重的劳动作业，如进行机械化作业，又产生很强噪音。为了节省劳力与保护环境，开始新的省力化轨道的研究。虽然曾提出各种新的轨道结构的提案，但是，由于目前以用预应力水泥混凝土板（整体轨道）制作精细，它与下部结构（钢筋混凝土路基）之间，设置可以调整的缓衡材（CA砂浆），以这样结构的整体轨道成为发展的主流。图1中给出了平板整体轨道和框架形整体轨道结构示意图。

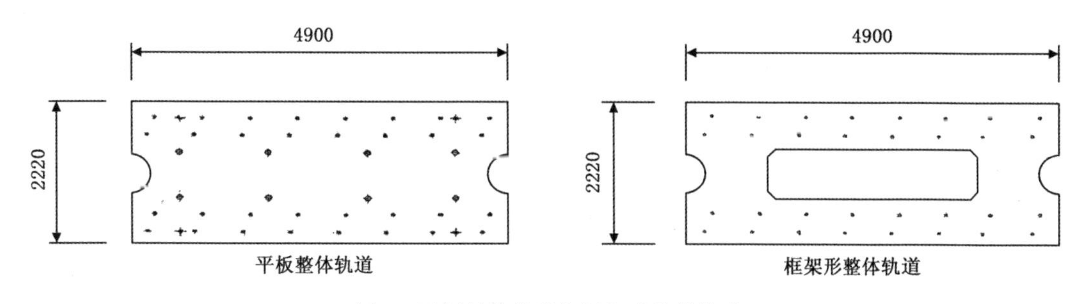

图1　平板整体轨道与框架形整体轨道

（二）开发时的前提条件与现状

在开发轨道新结构研究时，对其经济性与施工条件作为重要内容，提出以下两点要求。

（1）建设费用要低于碎石轨道的两倍以内。就此问题根据前年10月开工的北陆干线（高崎—长野）的实践情况看，整体轨道比碎石轨道的造价高。这是由于近些年来重视减少碎石轨道的维修量，在枕木的底部装有橡胶的结构（低弹性枕木），还有在积雪地区，防止高速列车将碎石分散而采取的措施。今后即要考虑低弹性枕木的应用，也要考虑轨道约高出15%产生的费用，按开发当初要求两倍的条件（开始开发按1.5倍）还是可以充分满足。

（2）施工速度达200m/d以上是比较简单的。

关于这个问题，该公团自上越新干线的建设以来，影响整体轨道工程主要是混凝土整体板的搬运与铺设，关于CA砂浆的灌注作业，研制了能装载200m材料的移动设备车（图2），每日可以稳定灌注CAM砂浆200m³。

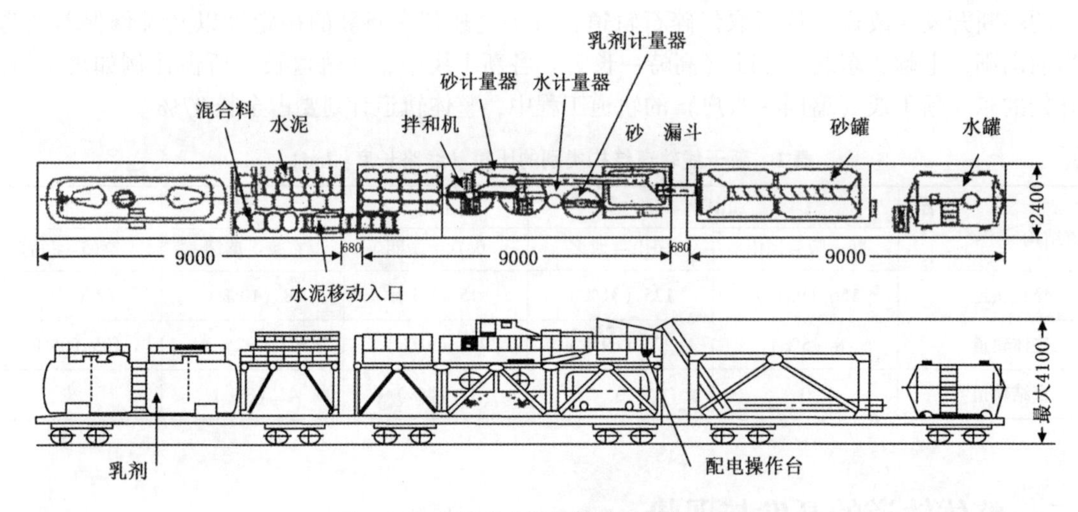

图2　CA砂浆注入作用用移动设备车组成

今后由于灌入量较少的框架整体轨道将大量扩大使用，相应的移动设备车的装载材料能力要增强，1日的施工能力应研究提高。

（三）整体轨道的结构与施工方法的开发与改进

当建设北陆新干线（高崎—长野）时，整体轨道即对下述的经济性与施工性进行开发与改进。

1. 框架形整体轨道的采用

从表2所示的情况可看出，早期的平板整体轨道是从平板框架形形状发展起来的。为了改善轨道的效果，积极采用框架形整体轨道。原有的北越北线（现在北越快车线）约占全长的80%的整体轨道区间内采用了这种结构，北陆新干线的隧道内也大部分采用这种结构（图3）。在北陆新干线框架整体轨道铺设区，轨道就有失常现象，从未有过称心如意的舒适感。

表2　框架形整体轨道的改善效果

现有整体轨道的问题	原因	框架形整体轨道的改善效果
与碎石轨道相比造价高	结构上有改良的余地	由于中部挖空，混凝土、钢材量可以减少。横向跨度减小
CA砂浆可见端缘部的破坏	由于是平板，端部中央因温差产生翘曲现象	减少温度传导距离，可以抑制翘曲现象
与碎石轨道相比噪音大	由于表面平滑不利于消音与吸音	因表面凸凹不平，中部挖空，便于设置消音的碎石或吸音材料
更换整体轨道施工困难性较大	因为一张平板一体化	可不拆除钢轨进行分割更换，减少了生产中的废物

图 3　北陆新干线隧道内框架整体轨道

2. 隧道内整体轨道，没有突起的钢筋混凝土

北越北线已经完成隧道内碎石轨道的整体轨道化，为了解除路线的不平，用路基钢筋混凝土与钢轨承受整体轨道的应力，因此必须设置突出钢筋的混凝土工程，从而引起工程费用增加与工期的延长。路基的不平可用开级配沥青混凝土对沥青路面找平，再将整体轨道的应力，传递到框架整体轨道内的 CA 砂浆之上，这样造价低廉又能缩短工期。

现在的北越北线的隧道内是明亮的区间框架形整体轨道，高速列车驶过，没有任何问题，只有稳定与舒适的感觉。

3. 用长管道做 CA 砂浆的灌注施工

以前向整体轨道下面灌注 CA 砂浆，如图 4 所示从整体轨道侧面 10mm 宽的空间，向与路基混凝土密切接触的框架内灌注，固化后将整体轨道侧面的 CA 砂浆削除（图 4）。

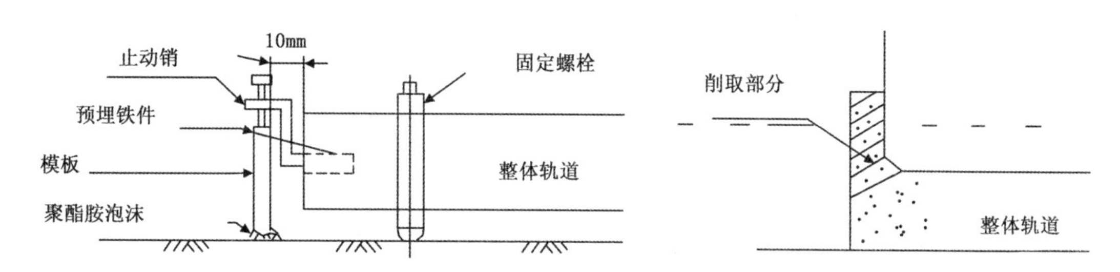

图 4　以前灌注 CA 砂浆的削取部分

对于这种设置框架，不用清除 CA 砂浆的操作方法是使用布织布或 PT 纤维制作的长管道灌注（图 5 和图 6）。

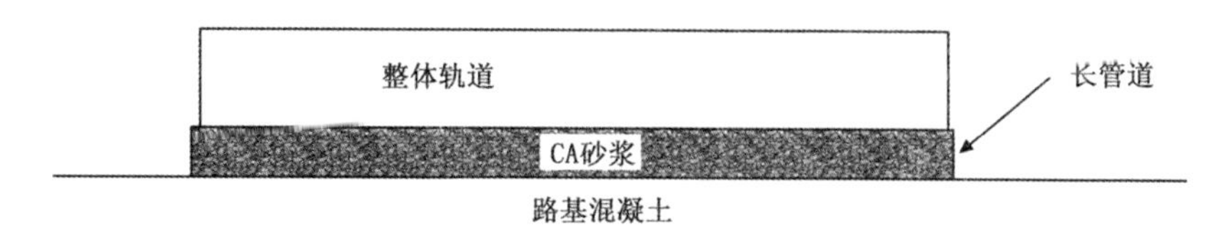

图 5　用长管道灌注的 CA 砂浆

由此，在灌注 CA 砂浆工作中，使整体轨道可以大幅节省作业时间、劳动力以及临时材料。

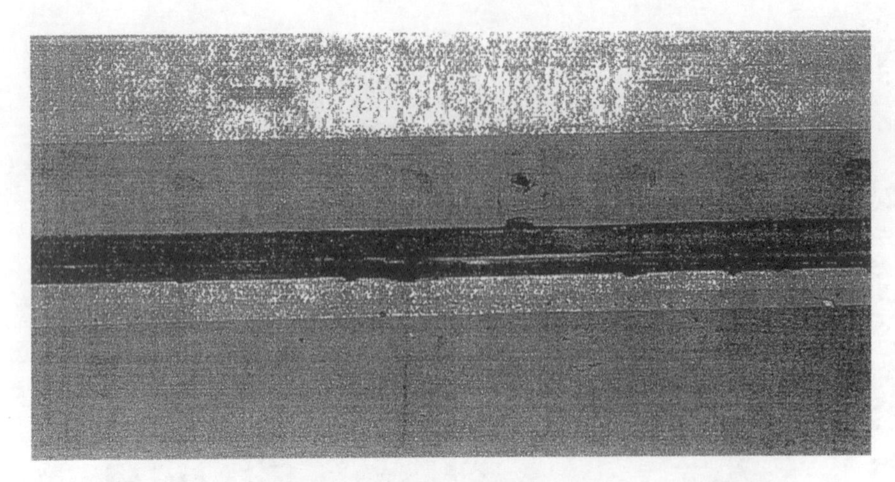

图6　用长管道灌注的整体轨道

4. 掺配聚合物 CA 砂浆标准化

采用框架型整体轨道，可以减少 CA 砂浆的注入量，但是 CA 砂浆的露出量增加两倍。在寒冷地域可以看出外露部分的 CA 砂浆，明显恶化。为了提高 CA 砂浆的耐候性与抗冷冻性，防止开裂及提高韧性，改善 CA 砂浆的强度，该公团在 CA 砂浆中掺配了聚合物。在北越北线与智头线的建设中采用了这种措施（表3）。

表3　寒冷地区 CA 砂浆的标准配合

CA 砂浆（每 $1m^3$）								
乳化沥青 km	聚合物 P 乳剂 km	水 km	细骨材 km	早强 km	混合料 km	铝粉末 g	消泡剂 g	AE 剂 km
440	63	79 以下	628	266	47	42	154	7.7

三、今后的改进与开发

整体轨道工程继北陆新干线（高崎—长野）后，最近又在东北新线（盛冈—八户）进行。在九州新干线（八代—西鹿儿岛之间）正进行详细的计划阶段。

为了扩大整体轨道铺设，铁道建设公团必将在今后对这种轨道的结构与施工方法进行改进，其重点是加强整体轨道的结构与降低建设费用。

（1）调整 CA 砂浆的材料与添加量。对混合材（CAA）的材质与添加量，以及聚合物的添加量等进行研究。

（2）长管道方式对于平板轨道边角部分的改善。在平板整体轨道用长管道灌注 CA 砂浆，由于长管道不能达到整体轨道的边角部分而出现空隙。在那里采取扩大长管道边角部的方法，或者研究将整体轨道的边角部分切割成曲线的方法。

（3）CA 砂浆灌入施工能力的增大化。考虑将 CA 砂浆灌注用移动设备车提高 20% 装载量，对于框架形整体轨道区域的灌注速度能够达到 400m/d。

铁路与乳化沥青——在省力化轨道上的应用

姜云焕 译

一、前言

要说铁路（土木工程领域的轨道）的现代化，应以混凝土板整体道床（以下简称为整体道床）为重要标志。正如众所周知的那样，在新建成的新干线或在原有的线段上，都可以提供安全、快速、舒适的行车线段。开发这种轨道的关键，必须强调指出取代碎石道床下面边缘支承力的水泥与乳化沥青的复合材料（以下简称为乳化沥青），即为水泥乳化沥青砂浆。首先开发研究的整体道床为山阳新干线，从此标志乳化沥青进入新干线。从表1可看出，自1962年从高架桥与隧道铺设的轨道，从那时正式采用整体道床，至今已建成总长2300km，在此过程中，铺设整体道床用的填充材料，使用水泥与乳化沥青砂浆约为$32\times10^4m^3$，使用A乳化沥青约16×10^4t。从发展形势来看，已开工的青函海底隧道与本（州）四（国）联络桥，都考虑供应用这种材料，这是在公路以外，铁路与乳化沥青紧密相关的工程材料。

本文介绍的是乳化沥青的内容，同时也提到在铁道工程如何努力应用沥青材料，特别是乳化沥青材料。作为轨道现代化的课题，回顾改良道床的发展历史，一方面是用乳化沥青实现“轨道的无需养护”；另一方面是整体轨道的填充材料。将其性能特征归纳成如下要点予以介绍。

二、道床趋向稳定化

铁路营业已有160余年历史，一说起轨道就固定在碎石道床与枕木的形式上。其特点是在无论怎样失常的线段，或者因填方与桥梁的下沉，只做简单的修整即可，这是它的优点。

近年来，由于人口大量集中于都市，引起人工费高涨与社会环境等变化。与此同时，列车的高速化，使运行线路增多，增多的运行线路使道床迅速破坏，损坏线路的养护失去应用的平衡。特别是养护工作重要组成内容的碎石道床的养护，以及与其下部相连接的路基的稳定性养护，从而显示出强烈要求省力化铁轨的趋向。从国内外情况看，采取了如表1和表2所示的措施。

表1　新干线的混凝土整体轨道

日期	线名		土路	桥梁、高架桥	隧道	合计
1964. 10. 1	东海道（东京—新大阪）	延长（km）	274（53）	173	69	516
		整轨延长（km）	0	0. 05	0	0. 05
		%	0	0. 03	0	0. 03
1972. 3. 15	山阳（新大阪—冈山）	延长（km）	12	94（56）	58	168
		整轨延长（km）	0	3	5	8
		%	0	3	9	5

续表

日期	线名		土路	桥梁、高架桥	隧道	合计
1975.3.10	山阳（冈山—博多）	延长（km）	58	117	223（56）	398
		整轨延长（km）	4	55	213	273
		%	7	47	2	69
1982.6	东北（大宫—盛冈）	延长（km）	26	332（71）	112	470
		整轨延长（km）	24	280	111	435
		%	92	84	99	93
1982.11	上越（大宫—新漏）	延长（km）	2	162（60）	106	270
		整轨延长（km）	2	140	106	248
		%	100	86	100	92
1986	青函（滨名—汤之里）	延长（km）	—	—	54	54
		整轨延长（km）	—	—	54	54
		%	—	—	100	100

注：新干线整体轨道总延长 = 1018km × 2 = 2036km；“（）”内的数字表示该种类的长度与总长度的百分比。

表 2　原有线整体轨道

线名	轨道延长，m	线名	轨道延长，m	
室兰本线	1870	土赞本线	1740	在国铁新建线路上，建造隧道与高架桥时，4 级线为 1km 以上，1 ~ 3 级线为 200m 以上，原则上要铺设整体轨道
奥羽本线	3640	石胜线	26400	
足尾线	4780	三陵铁道	25600	
武藏野线	58290	冈多线	4980	
总武本线	1018	福知山线	7900	
京世线	2299	播但线	5400	
东海道货物线	11970	内山线	8800	
东海道本线	15689	筑肥线	14430	
中央本线	6720	北总开登	5700	
湖西线	46555	千几线，东京	—	
山阳线	8150	湾岸线	—	
羽衣线	1027	—	—	
纪势本线	1270	总计 300km 以上		

三、沥青材料与铺路技术的应用

为了提高道床的稳定，引进了两种系列的沥青材料及其铺路施工方法。

（一）沥青道床

这是考虑列车对于道床损坏的加固，阻止列车对于道床的破坏作用。50 年前这种试验在国内外做过多次尝试。

作为道床结构的铺筑有：表面被覆型（A 型）、半贯入型（B 型）、复层型（C 型），全厚型（D 型）四种类型。主要是美国用稀释沥青裹覆每个碎石的表面，再进行碾压的 A 型，或者用热沥青将原有碎石从表面进行半贯入的 B 型。在欧洲是用沥青半贯入覆层碎石，再在其上铺置碎石的 C

型，或用热沥青做道床碎石的全贯入的 D 型。

随着 1926 年纽约铁路中心比郎车站表面复层型（美国）的成功铺设，同年，德国在斯库加特铺设的复层型首创性成功，法国在 1939 年，英国在 1946 年，荷兰在 1952 年，瑞士在 1960 年都做过各种施工方法的探索。另一方面，日本落后于欧美近 30 年，自 1959 年在总武干线新检见川车站铺设 A、B、C 型试验道床，1971 年于中央干线中野车站铺设 D 型道床。但是，由于试用的贯入材料的质量不高，出现施工操作以及高温时沥青的变软与变形等问题，将沥青材料原原本本地用于碎石道床，这种做法不能取得轨道需要的预期效果。

根据这些教训，日本近几年引进外国先进经验，研制出各种省力化的轨道模式。

（二）铺装轨道

这种轨道有运营线用与新建线用两类。前者如图 1 所示，由于枕木的大型化减轻动荷载，以及采用加热的改性沥青由道床的上部注入，从而阻止碎石的移动。采用常温混合料铺设表层，可以防止雨水渗入。由于采用这些措施，因此可以减少轨道的移动与变形，获得半贯入固结型轨道。1972 年于武藏野线三乡附近试用，并在东京和大阪的周围铺设 17km 的试验线段，眼看就要成功，但是，由于改性沥青的注入不稳定，以及建设造价的提高等原因，至今仍中断施工。

后者的新建线用铺装轨道，在碎石道床上铺设沥青路面与改性沥青贯入层，是在复层型道床上，用大形枕木承载着轨道。这种轨道在新干线或在原有线段的部分线段中进行试用，目前对其效果仍在研究中。

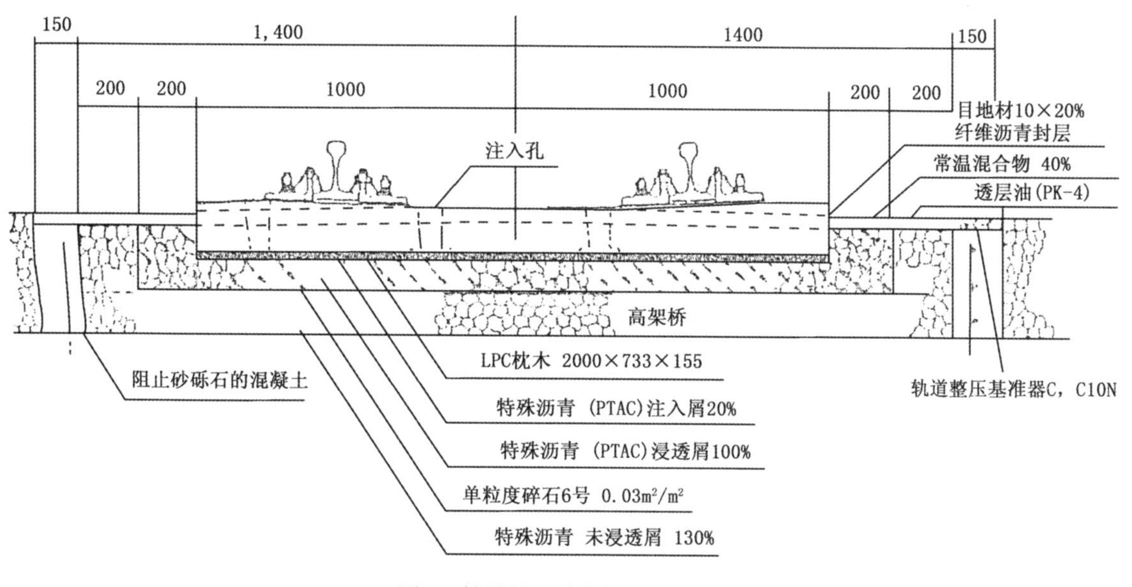

图 1 铺设的运营线轨道（B 型）

（三）加强路面基层

过去的轨道铺设在原有的土地上，碎石容易压入路基内，从而造成土路路面基层喷泥或下沉，造成轨道的多处病害。针对这种情况，最近在土路路面基层上铺设轨道，采用“沥青铺装纲要”的概念，在加固路面基层上铺设碎石道床和钢轨。这种铺设方法已正式使用。

1964 年，在大阪修建万国博览会泉北高速铁路时，用级配矿渣加固路基。以此为契机，对各种各样的置换工程、封闭的覆盖层工程、沥青混凝土的铺筑工程等进行了研究，得出的结论为：1978 年，国铁制订的《建筑物设计标准解说 土结构》（第 4 篇）公布确定的两种加强路面基层的方法为至今在全国已推广的施工方法。加固路面基层的结构如图 2 所示。图 2a 中的碎石路基上层为沥青混凝土，下层为级配碎石或级配高炉矿渣，为双层合成的路基；图 2b 为矿渣路基，是单层高炉矿渣路基。图 2a 中用乳化沥青 PK—3 做透层油，用粗粒式沥青混凝土，图 2b 中用改性乳化沥青做黏层油。铺装结构的设计，适宜于采用路面铺装纲要的计算方法，一般道路上使用的材料与技术可以在铁道领域应用。

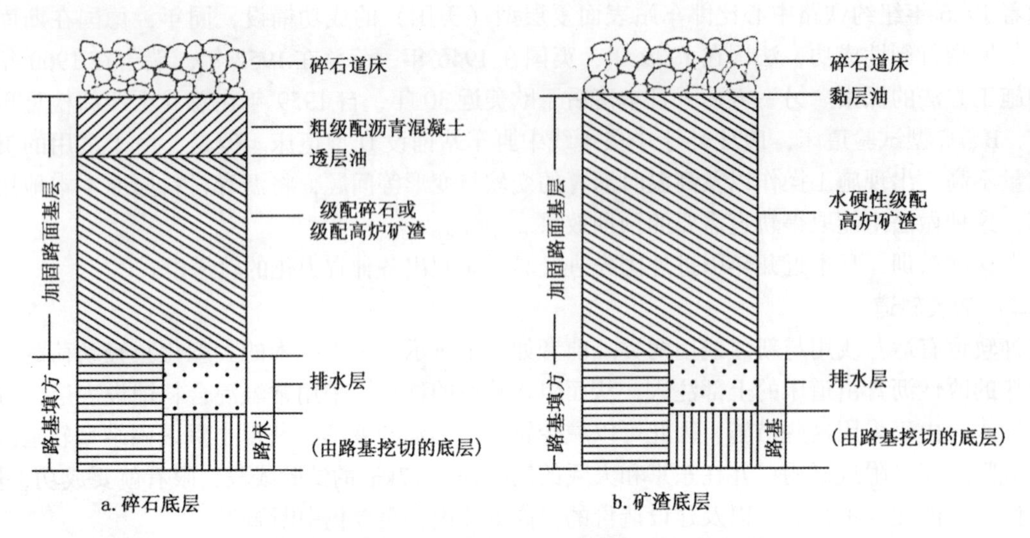

图2 加固路面基层的结构（建造物设计标准解说）

四、乳化沥青的应用

由于乳化沥青应用，使省力化轨道成为可能。目前，其代表性的轨道有新建路段的整体轨道与营业路段的填充道床两类，后者当时还处于探索阶段中。

（一）整体轨道

开发整体轨道的直接动机，由前表1中可以了解。于1964年开发的东海新干线，全长的53%为填方路堤。初期雨季时，产生土肩的崩坍，降雪时造成停运或缓行，引起人们的非议，至今仍记忆犹新。20年后的今日，为防止东海地震，采取的措施是加固填方路堤的稳定，仍在进行大量的投资。

由于受到这段线路的影响，以后建设的新干线，如山阳的隧道新干线，东北、北越桥梁新干线，总长的90%为刚性构造物，主要是希望轨道的结构“无需养护”。

整体轨道的发展，是以没有变形的混凝土板作为基础，道床上的碎石由水泥乳化沥青砂浆（以下简称为CAM）所取代，枕木由预应力混凝土制造的整体轨道取代，这样就保证了轨道养护的省力化。开发这种轨道的关键是CAM，它在强度与弹性方面都能保证，而且施工简便，效率高，耐久性与经济性都可满足要求。

这种轨道结构在新干线上与原有线路用的不同，形状与尺寸有几种，其标准的结构尺寸如图3和图4所示。在工厂中生产的混凝土板整体轨道（纵×横×厚=4590mm×2000mm×160mm），在这混凝土板上铺设钢轨并进行调整，混凝土板整体道床下部与路基混凝土的间隙约为50mm，灌入CAM砂浆固化，将钢轨固定在混凝土板整体道床之上。还有整体轨道两端，有半圆形缺口，它与路基混凝土的圆形凸起部分之间有间隙，从中灌入CAM砂浆，成为制止整体轨道产生移动的机构。

自从1966年试铺这种混凝土板整体轨道以来，至今已铺2300km。经过运行证实，它充分显示出快速行驶的稳定性与省力化的效果。最近在讨论新干线可达310km/h的营业运转高速化的可能性与附加效果。但是，将这种轨道与原有的碎石道床相比，有些地方增加噪音与振动。因此，限制在人口密集地区铺设，但是这种整体轨道可望在全国大力推广。

（二）填充道床

在日本的大城市及其近郊，由于营业线段列车行走过密，造成道床的维修困难，曾经向碎石道床内灌入快硬型CAM固化材料，从而达到“无需保养”的轨道，称此为填充道床。这种道床如在

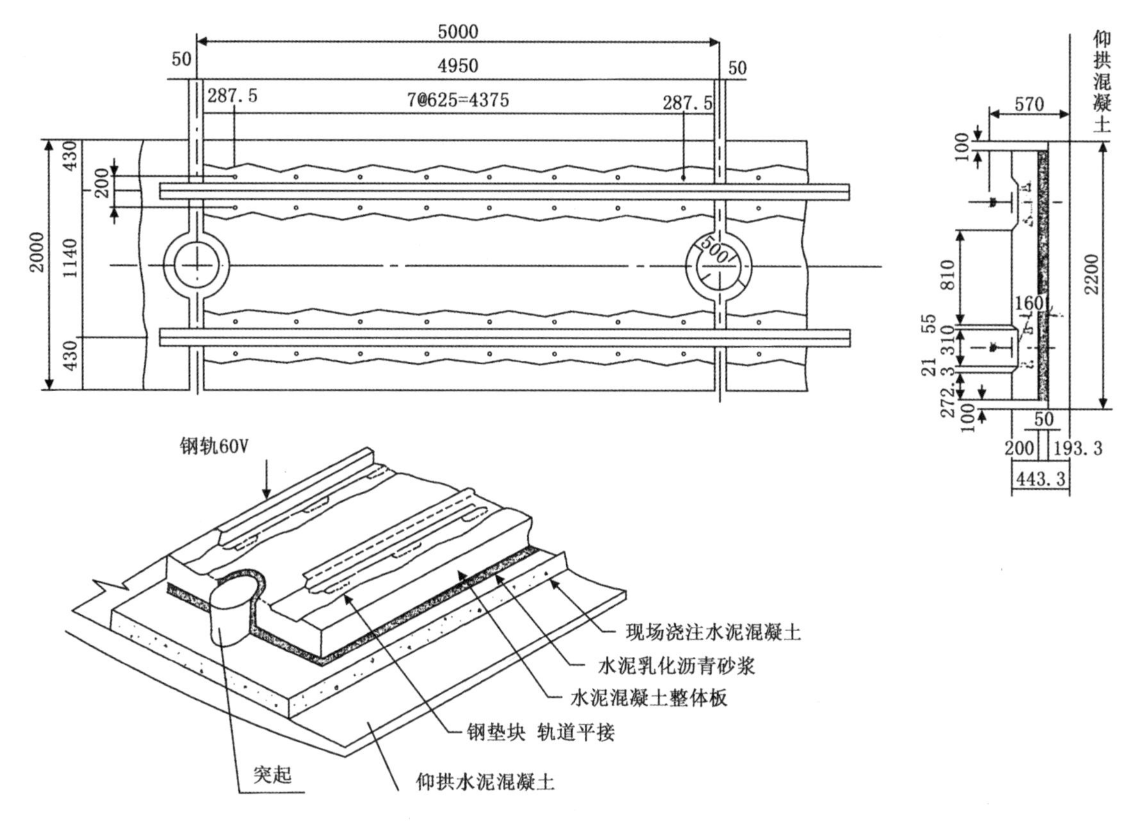

图3　整体道床 A 型

图4　新干线的整体道床

第三部分所述那样，从前曾灌入热沥青作为固体材料，结果造成失败，近些年采用技术先进的水泥与乳化沥青复合材料作为快硬型固化材料，迅速取得预期效果。道床的结构如图5所示，将流动性很好的 CAM 材料灌入到碎石道床空隙中去，形成全厚型面层。为能降低行车的噪音，也有在灌入 CAM 后立即在表面上撒布碎石等处理方式。

利用原有轨道进行施工，这种填充道床主要是由于乳化沥青产生缓冲作用的结果。1974 年，在大阪的环行线上森之宫车站附近试用以来，至 1977 年，在东京与大阪周围铺设了 3km 施工试验路段，但是由于固化后道床产生的噪音与振动等环保问题及国铁经营不善等原因，国铁在施工中互相

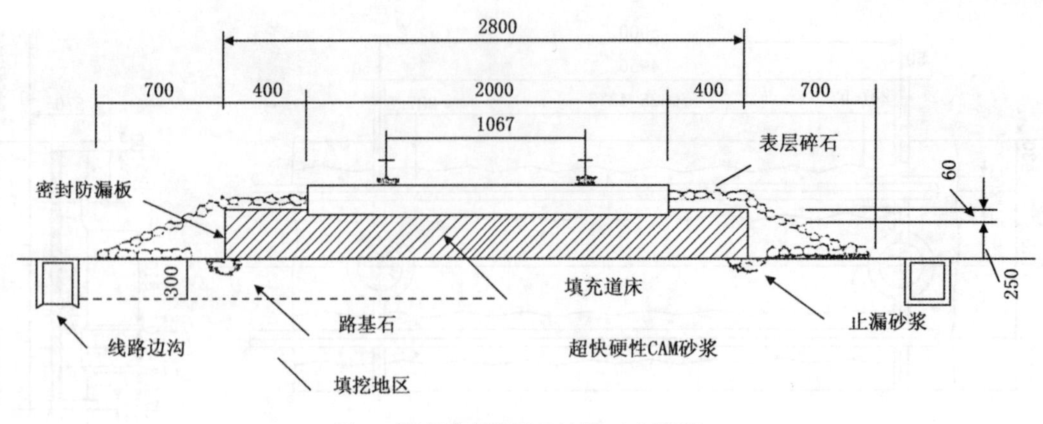

图5　填充道床轨道的结构（土路基）

观望。私铁虽有一部分在继续进行，但尚未全面展开。

五、水泥乳化沥青砂浆（CAM）

用廉价的水泥、乳化沥青与砂为主要材料的CAM，可以在常温条件进行施工，即安全又可以提高施工效率。调整水泥与乳化沥青配合比例，可以在更广范围内调整其强度与弹性。还可与各种水泥相掺配，适应各种各样工程的需要。例如，对于新铺设的整体轨道一般用早强水泥，对于耐用海水线段用中庸热水泥，对于寒冷中施工或修补工程，要用超快硬水泥。另一方面，对于营业线段的填充道床，采用普通水泥或者与超快硬水泥与急快硬水泥并用。

最近，在上述CAM中掺入聚合物技术得到迅速发展，这种复合材料今后将得到更广的应用。就此，将整体轨道用的填充材料的重点做如下概述。

（一）整体轨道用CAM

1. 要求性能

在整体轨道下面灌注的CAM，依其强度承担列车的荷载，依其弹性达到减震缓衡的作用，还要求其能长期使轨道保持设计的原精度，并且能在快速行车的情况下，使乘客能有舒适感。

一般要求CAM的性能能够完全填满整体道床与路基混凝土之间的空隙，具有足够的强度抵抗外力，能够代替碎石道床的弹性，具有长期的耐久性。下部结构产生变形时可以修补，可以进行大量的施工。原料来源充足并且价格便宜，一部分在使用或试用之中。

（1）温暖地区用。

对于不必担心冻害的比较温暖的地区，或者在寒冷地区的长大隧道中使用的CAM，也是CA复合材料开发的填充材料。1966年，随着这种CAM在津田沾土木实验所大型实物轨道研究以来，1967年于东海道新干线名古屋车站与岐阜羽岛车站站区内的试验铺设，1971年于山阳新干线帆板隧道等地的大量施工，经由这些过程直到现在，无论是新干线或原有线路的新铺设，在全国范围都在使用。在此过程中，虽然水泥与乳化沥青的配合比例有许多改变，但是CAM至今仍然是主流。关于它的主要特征与性能，在后面予以介绍。

（2）寒冷地区用。

当在东北与上越两条新干线修建时，因该地区寒冷，因此重点开发提高抗冻害的CAM。施工方法有温暖施工型与寒冷施工型两种。前者是在5℃温度以上的温暖季节使用，为了防止冻害，采取不加拌和用水，制作特殊的CA浆糊。曾经试用过这种方法，在这种特殊的CA浆糊中引进微细的独立气泡，它可以在冰冻时，缓解毛细管水的冰晶压力，由此，开发消泡剂与AE剂制成的CAM（图6）。1978年后，这种CAM在上述地区大量的施工中被采用。

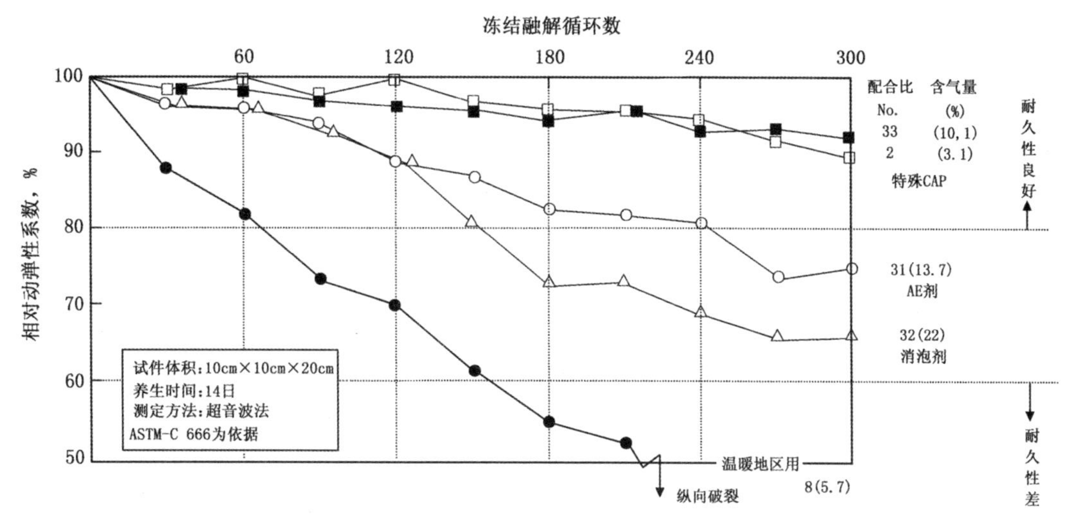

图 6　消泡剂与 AE 剂对于冻结融解抵抗性的改良（配合 No. 33 寒冷地用）

后者是在气温低于 5℃的寒冷季节中施工，或者在工期紧迫为尽快施工而使用，为了防止冻害而引入空气，为了简化供热养生，采用快硬性材料。有用快硬水泥系、普通水泥与快硬材料并用的两种，由于造价较高，只在部分工程使用。

（3）耐海水侵蚀用。

为能适应青函隧道海底部分的要求，要改善 CAM 的耐海水作用。在原有 CAM 的成分之中，由于海水的分化作用，使水泥产生混合膨胀料（CAS 系混合料）的特定矿物。即水泥中的铝酸钙与海水中的硫酸盐产生化学反应，生成硫铝酸钙（俗称为水泥针状结晶）。这种生成物的体积能为原有体积的 2.4 倍。由于这种膨胀力的压迫，使固化的 CAM 组织产生疏松的破坏作用。这就是由海水的侵蚀产生的破坏现象。对此采取的措施有：采用有害成分少的中庸热水泥与石灰石膏系混合料 AP；为减轻海水侵蚀，加入消泡剂与聚合物，改善水密性；掺入有机与无机的纤维，提高 CAM 的韧性等。目前以 No. 70 与 No. 73 的配合比为补充的配比，长期的试验还在继续中（图 7）。

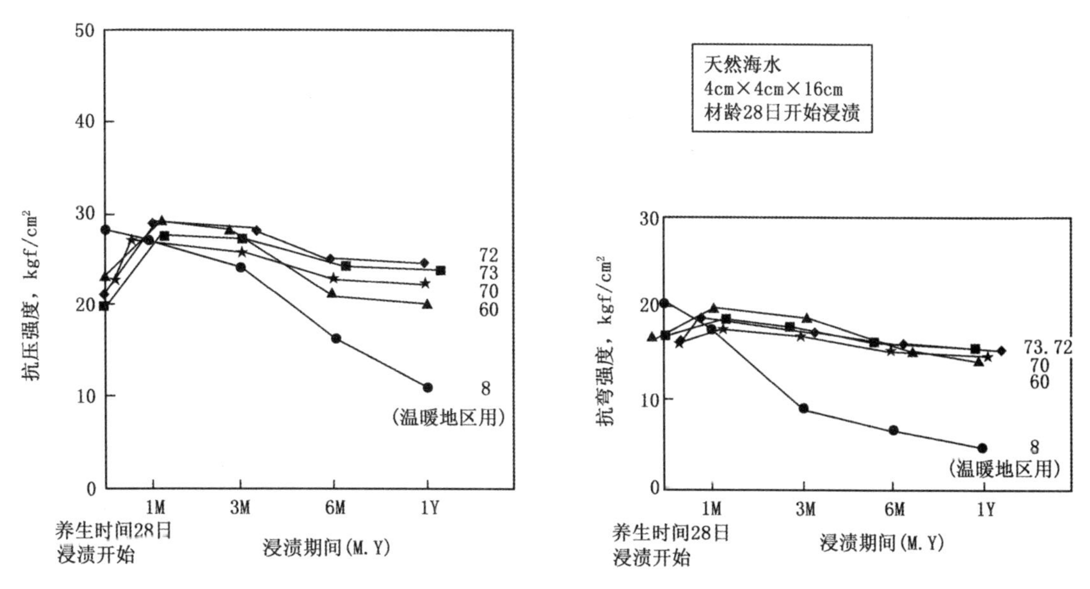

图 7　成熟 CAM 由海水浸渍引起抗压与抗弯强度的变化
（配合 No. 70，No. 73 耐海水性 CAM 的候铺）

（4）其他。

在严寒地区使用 CAM，如前面所述那样，寒冷地区用的配比，可将温暖季节施工型 CAM 加入聚合物或纤维等方法提高韧性。No. 53 型为改良纤维补强的配合比（图 8）作修补用的配合比，如前面提到的带有超快硬性的快硬纤维补强配比。已开发的 No. 23CAM 已经在部分地区使用。

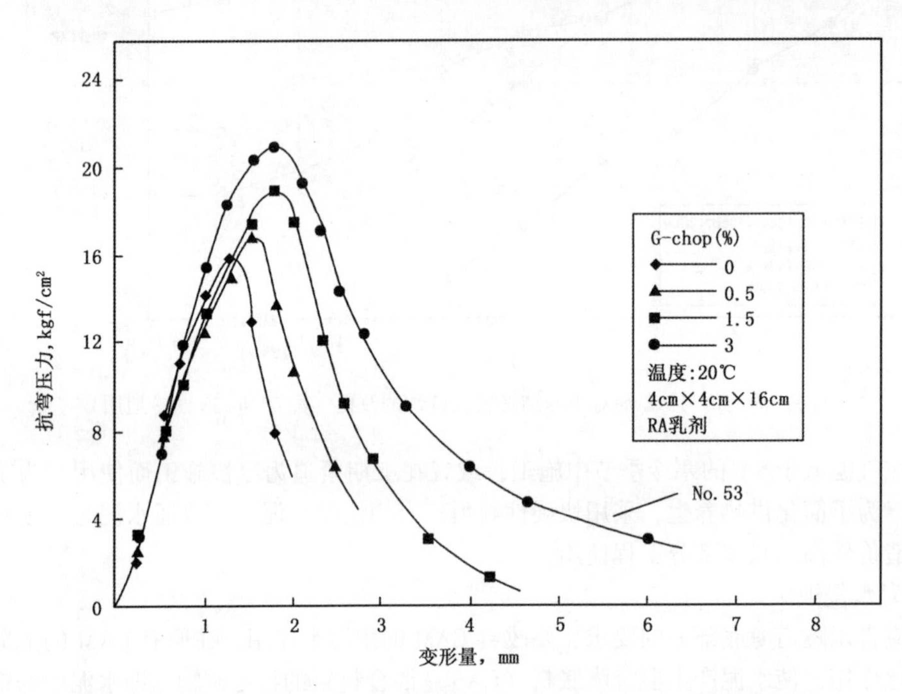

图 8　聚合物或纤维而使强度、韧性的改良（配合比 No. 53，广寒地区用）

2. 固化体的组织结构

由表 2 所示的标准配合比中可以推测出，CAM 固化体就是将水泥分散在沥青之中，呈现出黏弹性体系属性的材料。这种材料的组织结构，从宏观上看，为多孔质不均匀的多相材料；从微观上看，是以沥青膜裹覆在水泥水化物周围，形成复杂的三维的网状骨架，而且在空隙中与在连续层中的沥青成为一体化。

例如，在温暖地区最有代表性的 CAM 整体轨道中的固化体，由水泥凝胶、沥青、砂三相复合材料所组成，其各相体积所占比例约为：水泥凝胶 24%、沥青 31%、砂 25%、毛细管束缚水 14%、空隙占 6%。这样固化体沥青的体积可以大于水泥凝胶体体积的 1.3 倍，因此在力学性能上当然呈现黏弹性体，在耐热性能上，比起水泥更能显示出接近于沥青的性质。

3. 一般性能

这里仅就温暖地区 CAM 一般的性能予以说明。

（1）施工性。

轨道工程的施工速度，一般以 200m/d 速度进行着。施工中要求 CAM 具有良好的流动性便于施工，灌入的流下时间，可以用调节加量进行自由调整（图 9）

注：快硬性材料可以根据凝结调节剂的增减，调整其凝固时间。

（2）填充性。

CAM 灌注后，为在短时间内提高其填充性，可增加铝粉。由于铝粉与水泥水化物的反应，可以产生发泡效应。根据施工时的环境温度、发泡的反应速度与发泡数量的不同，适量铝粉的投入必须约在 10min 之前进行。

对于不利于填充性与均质性的凝固现象，在 CAM 的情况下，完全不能发生。

（3）强度。

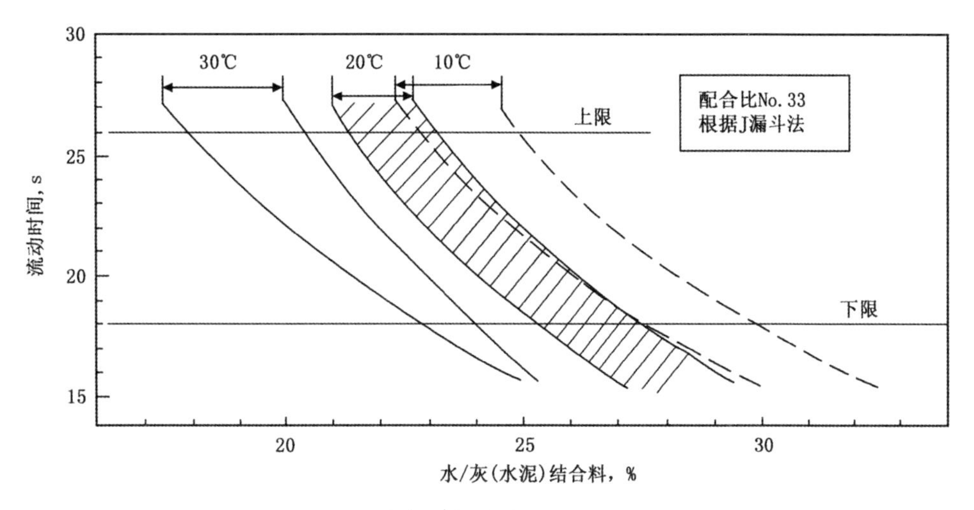

图9　水灰比与流动时间之间关系

CAM的水泥与乳化沥青的配合比对其强度产生很大变化，温度的影响也很显著（图10）。从水泥的强度发展看出，水泥的养生温度影响着水泥的水和反应，标准配合比的常温抗压强度约为20kgf/cm^2（图11）。

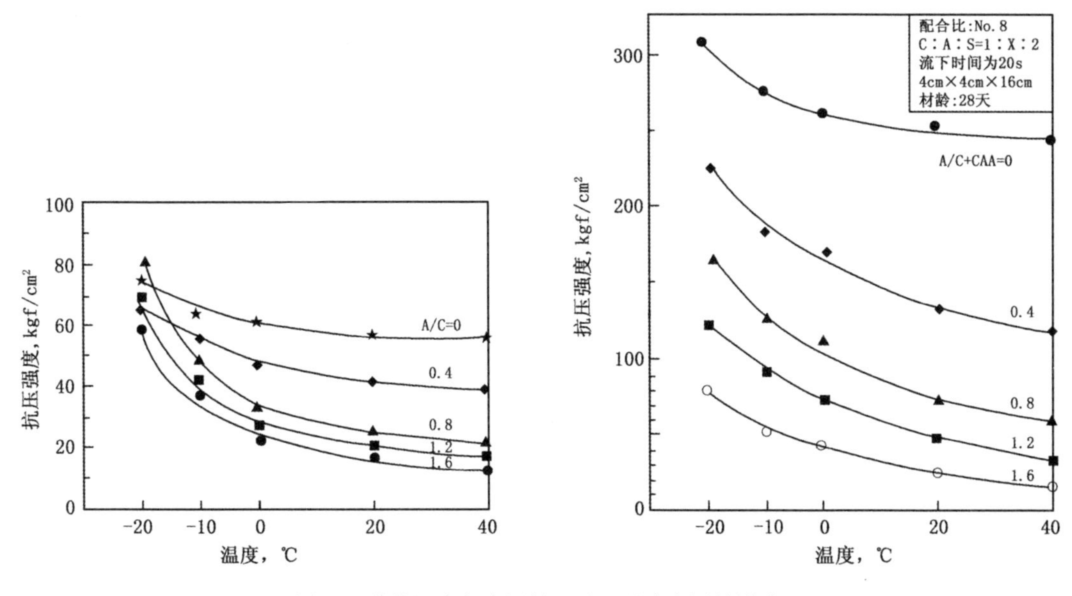

图10　乳化沥青与水泥的比对于强度发展的影响

这里特别值得注意的特征是CAM与一般水泥混凝土相比抗压强度与抗弯强度的比值为3.5倍（图12）。对于抗拉时破坏变形能力约为10倍（图13）。由此可见，CAM具有优越的韧性，而且具有丰富的应力缓和性。这些都是由于沥青引起的特性，与水泥系列材料相比，具有显著的优越性。

（4）弹性。应力与应变的曲线为S形不成为直线。荷重或温度对于强度的影响是相似的。其静弹性模量在常温时实测约为15000kg/cm^2。CAM实测如图14所示，约比一般水泥混凝土小1‰，具有很好的弹性。

（5）干燥收缩。将含有大量水的水泥灌注后，发生干燥收缩是不可避免的。但是，使用CAM时，由于其中含有膨胀性CSA混合料，它有补偿收缩的效应，还有沥青变形能力与应力的缓和性能，因此不会产生开裂。例如，对于CAM的收缩变形量约为800（μm）程度，而对于张拉的变形量可以大到1200（μm），这样就容易理解它可以防止开裂。

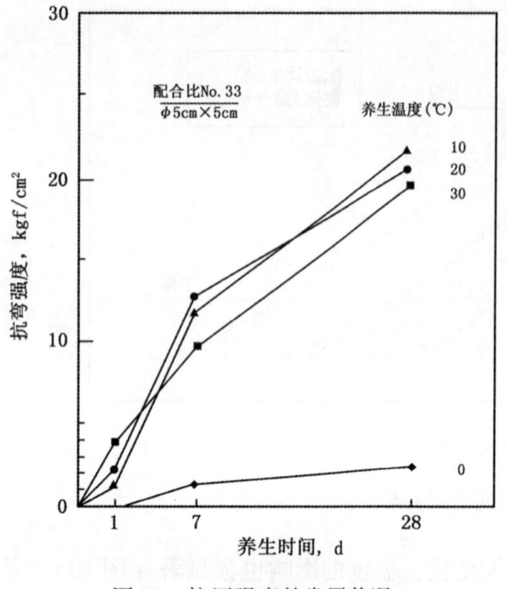

图 11　抗压强度的发展状况

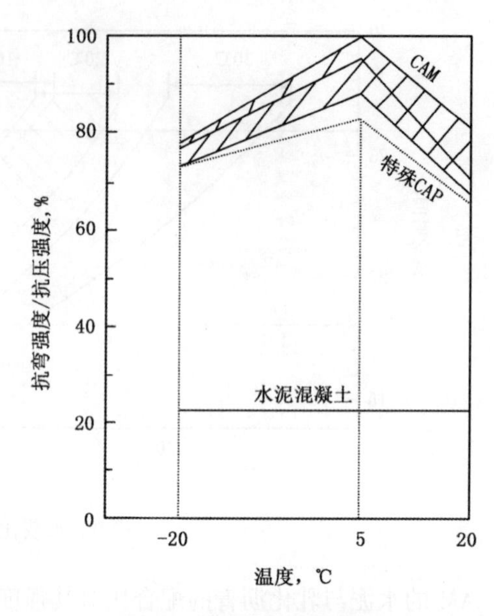

图 12　抗弯与抗压强度比

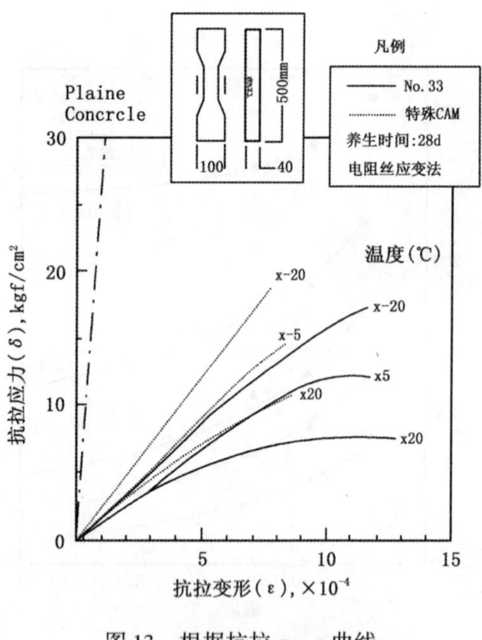

图 13　根据抗拉 $\sigma-\varepsilon$ 曲线

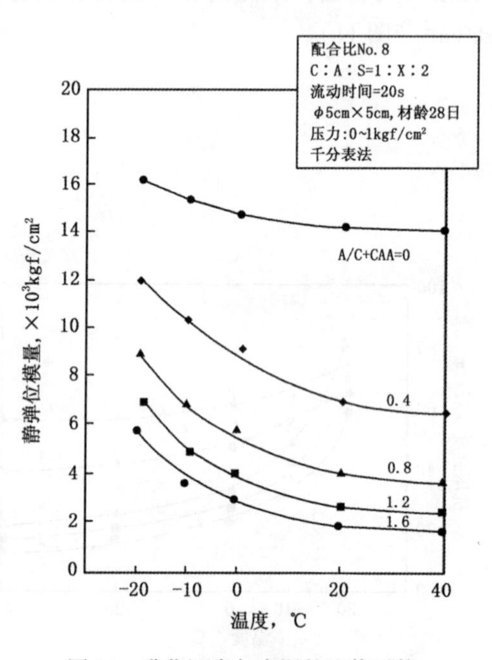

图 14　乳化沥青与水泥的比值对静弹性模量产生的影响

(6) 热的性质。比起水泥沥青的热性质表现更为强烈。CAM 的热特性值：比热约为 0.47kcal/kg·℃，热传导系数为 0.68kcal/（m·h·℃），热膨胀系数为 13×10^{-6}/℃。与一般水泥混凝土相比，分别约为其 2 倍，1/3，1.3 倍，各自接近于沥青性质。

(7) 其他。

对于紫外线与雨水，具有很好的耐候性，并且有长期的稳定性。

另一方面，关于经济性方面，由于使用的水泥、乳化沥青、砂等建筑材料，价格比较便宜，而且由于可以提高施工量，使工程造价低廉。

(二) 填充道床的 CAM

1. 性能要求

填充道床从开始到结束，由于在很短的时间内进行施工，注入的材料要求容易地流入道床碎石的空隙中，要求有很好的渗透性和流动性，并且注入后1h即能达到要求荷载强度等等，要有比整体轨道情况更加严格的要求，要求CAM的弹性、耐久性、经济性都要达到要求的条件。

2. 配合比与主要的性能

作为发挥超快硬性能的重点课题，在普通水泥中加快硬剂QT系（简称QCAM）与在快凝水泥中加快硬剂IS系（简称JCAM），开发有这样两种。双液法可采用泵压送。

这种CAM为能完全填充碎石空隙，用J漏斗测流动性约6s，可使用时间约为30min，注入后1h强度达到4kgf/cm² 以上，发挥超快硬填充材料的作用。强度发展的状态如图15所示，选定（C + QT）：A∶S = 1∶1∶1的配合比例可以充分满足上述要求条件，还有（JC + IS）系同样可以满足上述条件。

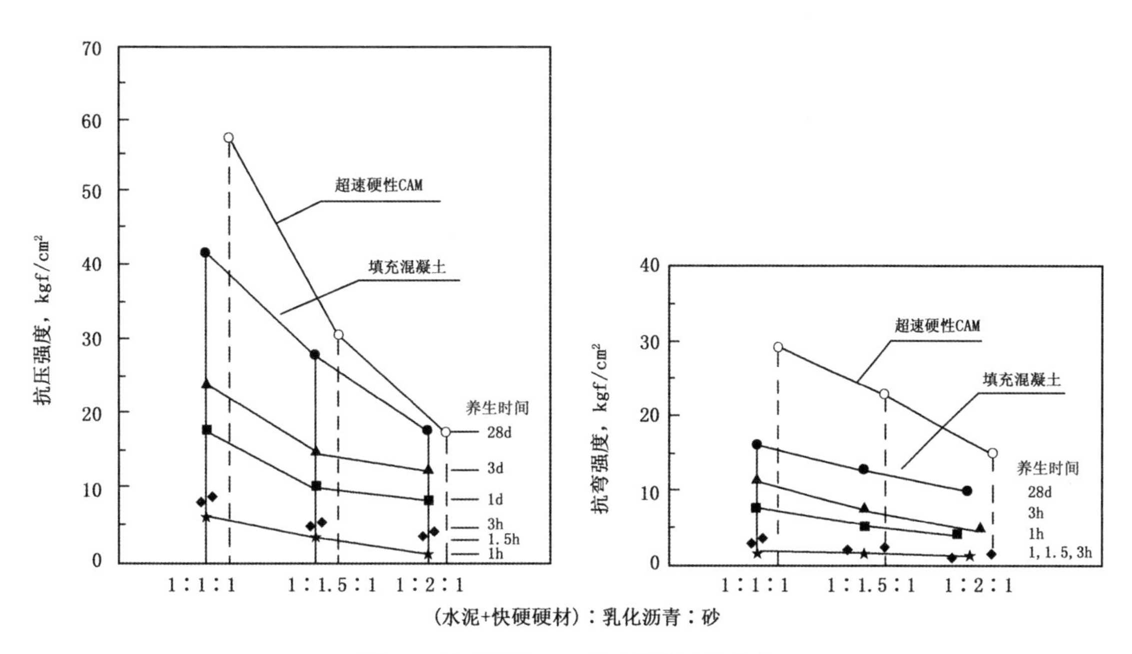

图15 超速硬性CAM填充混凝土的强度

关于固化后的组织结构，其物理性质、耐久性等性能，与整体轨道基本相同，这里不再阐述。

六、乳化沥青

近年，由于铁道的种种需要，使用着各种各样的乳化沥青，但是作为加固路基用乳化沥青不同于道路用透层油、黏层油与封层等。整体轨道与填充道床所用CAM的乳化沥青，都是新技术开发成果的产品。列举其中一例为整体轨道用A乳化沥青，其规格标准如表3所示。

表3 A乳化沥青的规格标准

试验项目		规格
	粒子的电荷	规定
	恩格拉黏度（25℃）	5～15
	筛上残留分（1190），%	0.3以下
	贮存稳定性（5d），%	5以下
	冻融稳定性（－5℃）	合格
	水泥拌和试验（20℃）	合格
	蒸发残留物，%	58～63
残留物	针入度（25℃），0.1mm	60～120
	延度（15℃），cm	100以上
	三氯乙烯可溶分，%	97以上

作为乳化沥青与水泥的复合材料，为能充分发挥其效果，经历过许许多多的困难。例如水泥的种类与生产厂家的不同。环境温度与拌和机的性能等不同，其拌和性、稠度、可用时间以及强度等都有显著的差别。水泥的粉状、短时间的胶凝化、表面水泥浆浮出混合料、强度不足等现象的发生，都使施工结果不理想。

针对上述情况，国铁在施工机械与需要的开拓方面，进行了有关试验。乳化沥青的生产厂家对乳化沥青的配方与制造的各种问题进行了改进。通过十多年不懈的努力，研制出现在的乳化沥青，可以提供 CAM 各种专用名牌产品。保证产品质量的稳定，可以不受环境温度影响，在夏、冬季节都可以通用。

为了铁道轨道的稳定性，如何使用沥青材料，特别是为实现“省力化轨道”，其中的关键是水泥与沥青砂浆（CAM）的用途与性能。从用户的角度予以评价，这种 CAM 材料是以乳化沥青为主而演变的材料。它是开拓乳化沥青新的用途，具有划时代意义的成果。在此向长年为开发、研究乳化沥青的先辈们表示谢意。

乳化沥青与聚合物复合使用的材料正在迅速发展，人们热切地期待着，它在不久的将来展现新的用途。

沥青支撑的北越北线的框架整体轨道

姜云焕 译

一、引言

自1989年以来，作为新泻县开发的铁路线和正在修建中的北越北线，为了达到国土的均衡发展，从东京首都圈与日本海沿海的中核都市相联结的干线路受到再关注，以最高速度为160km/h为目标，能够特快并安全、高效的运行，是增加高速化与高标准化的工程。

这条高速化与高标准化的北越北线在开工时的进展状况，取得用地率与路基的开工率达到9成。但是，由于与其相关的设备工程的轨道与有关电气工程尚未施工，因此，对于完成路基的宽度与高度等要做精细的检查。还因行车的高速化，必须提高列车运行时的稳定性，开始营业后，必须考虑轨道结构保养的省力化，因而决定尽可能地采用整体轨道结构。

从表1中可以看出，伴随着线路标准的高速化与高标准化的变动，不同铁路结构长度也在变动。

表1　线路的标准与轨道结构变动表

		以前标准	高速化与高标准
路线标准	最高速度	95km/h	160km/h
	车辆动力	内燃	电气
	列车编成	2辆	10辆
轨道结构类别	碎石道床	55.4km	11.1km
	整体轨道	3.4km	47.3km
	钢结构等	0.7km	1.1km

下面就在道路路面领域广为应用的沥青混合料为基层材料，还就日本独自开发的、用水泥与乳化沥青复合材料做缓冲用的填充料，在隧道内的框架整体轨道的设计与施工予以概略的介绍。

二、隧道内框架轨道结构的开发

北越北线是贯穿新泻县的鱼沼与颈城地方的山岳地带，隧道占有很大比例，全线长度为59.4km，隧道占7成，约为40.3km。

当初，隧道内的轨道结构曾用碎石道床结构，但是，由于高速列车行驶带来增加轨道的破坏，因而要使钢轨大型化（50~60kg/m），还要使枕木下面的碎石道床厚度增加（200~250mm），这就要比当初想定的轨道结构厚度多出95mm。在有限的隧道的空间排除出现的故障，以及从高速列车行驶的稳定性与维修保养的省力化等着想。根据这许多方面思考，从新干线的实践看，厚度要比碎石道床小，因而这个线段采用整体轨道结构。

但是，以前的整体轨道结构的下部，是整体轨道板与板之间灌入水泥与乳化沥青砂浆（以下称为CA砂浆）。为使厚度均匀保证轨道的稳定，对于基层的平整度要求精度高，要求灌注的钢筋混凝土平整度很平整。但是由于北越北线的隧道是按照碎石道床进行施工的，路基的平整度不够好，而且已经完成大部分隧道，这样要再按整体轨道重新进行施工，工程费用大量增加等问题。

解决这些问题的措施，着眼于上越新干线等已有的实践，即在土路基上与整体轨道下部结构铺筑沥青路面（图1），这样可使在整体轨道下面贯入的CA砂浆的厚度均匀一致。

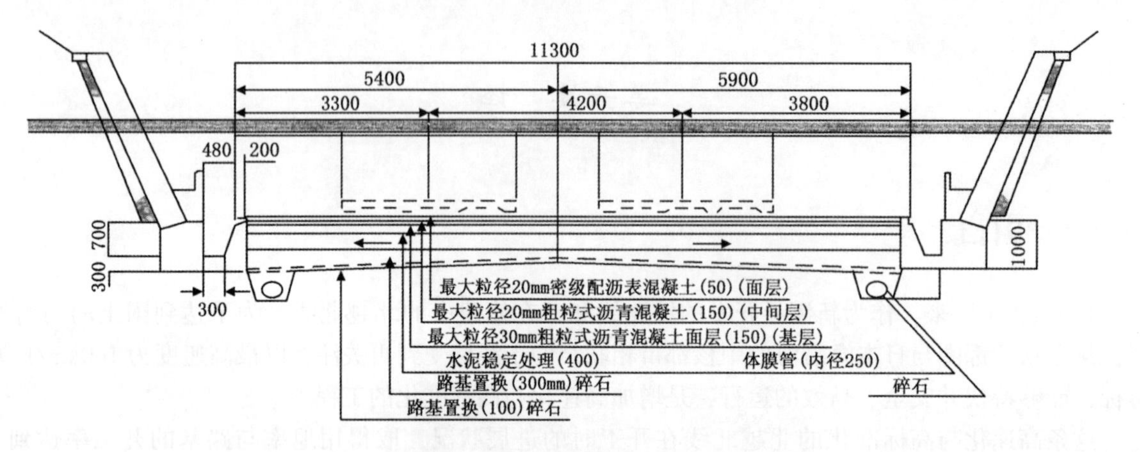

图1 土路基上整体轨道沥青铺面部分横断面图

还有，随着温度的变化，钢轨产生轴向力，整体轨道产生抵抗力，为此设置凸起钢筋混凝土很困难，因而在整体轨道内设框架，用强化的CA砂浆灌注，用其抗剪力相对应，这样隧道内的框架整体轨道结构的断面图如图2所示，铺设完成后如图3所示。

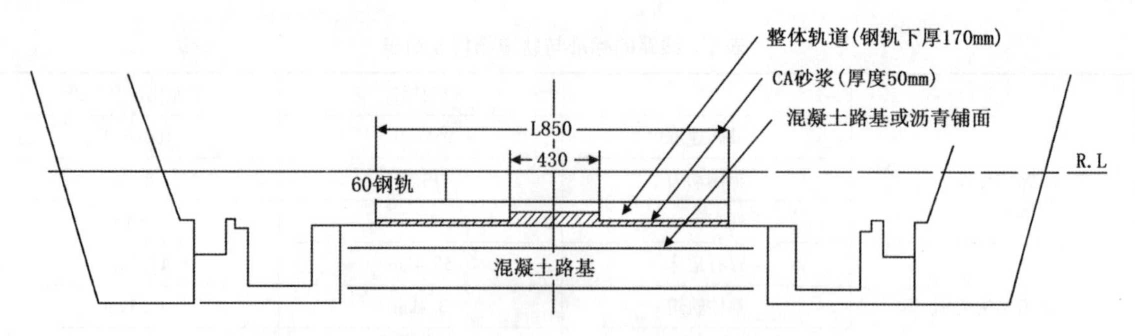

图2 隧道内框架形整体轨道结构断面概要图

1. CA砂浆厚度以下列数值为标准：混凝土路基时为50mm，沥青铺面时为40mm；2. 沥青铺面厚度为50～200mm

图3 隧道内框架整体轨道

所谓隧道内，是由隧道坑口向内200m以远的地方，由于隧道坑口200m以内区域，因为温度变化使钢轨产生伸缩移动的可能性，做明亮区间相等的处理。

三、研究、设计、实用化试验的概要

（一）框架整体轨道

过去对于整体轨道，有许多结构形式的方案，并已进行施工试验。但是经过大量施工实践研究后的山阳新干线建设以后，以A形整体轨道为主流，称为平板形状的整体轨道，由注入材料（CA砂浆）全面承担的形式。但是，这种A形整体轨道构成的平板形状，还发现有其改善的余地，检查其问题的原因，并研究其解决方法。对表2中所示的事项，将整体轨道的形状向框架整体轨道转变，可以达到减少问题的效果，因而决定采用框架整体轨道，图4所示为以前的隧道内整体轨道的形状，图5所示为新设计隧道内框架整体轨道的形状。

表2　框架整体轨道减少各种问题效果表

现有整体轨道存在问题	原　　因	采用框架整体轨道减少问题效果
①与碎石道床相比造价高	在结构上有改良的余地	中部挖空，减少钢材与混凝土的用量 横向跨度减小，改善结构体系
②能见到CA砂浆与端缘部损坏部分	因为是平板，端缘部中间部产生温差，因此产生翘曲现象	由于温度的传导距离减少，可以抑制翘曲现象
③与碎石道床相比，噪音较大	由于表面平滑不利于吸音与消音	因表面凸凹不平，中部可消音或者设置吸音材料
④整体轨道交换施工困难性很大	因为是1张一体化平板	不要拆除钢轨，可以分割交换，减少生产的废弃物

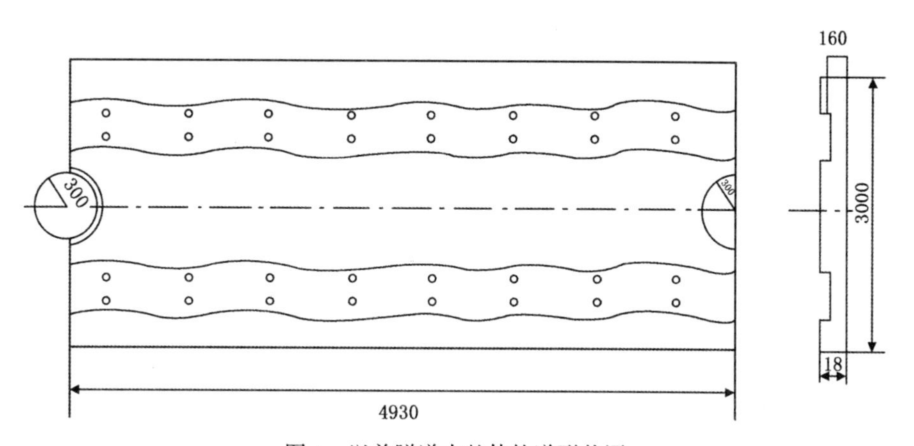

图4　以前隧道内整体轨道形状图

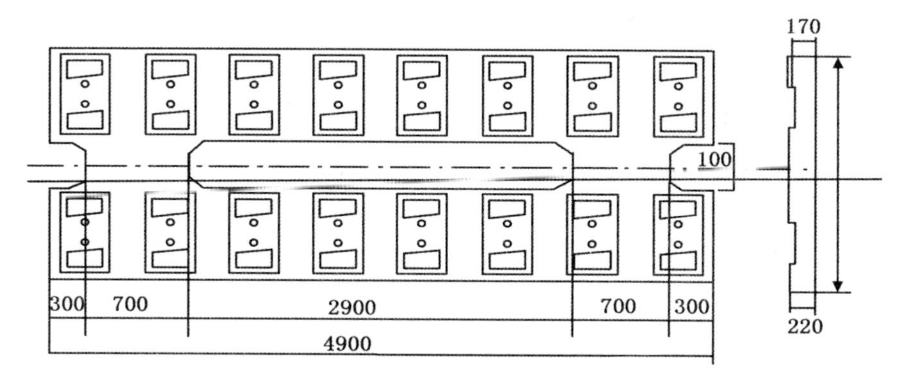

图5　新隧道内框架整体轨道形状图

对于设计来说，过去整体轨道的设计，基本采用《A 形整体轨道设计指南》。这个形状设计特别要考虑的两点为：（1）钢轨的箍紧装置部分使其各自分别独立，而且其部分高度只有 10mm；（2）线路的直角方向的宽度，将过去的 2000mm 改为 1850mm。

关于第一种情况，过去的整体轨道由沟槽相联结的形状，那里容易堆积尘土，造成联结钢轨信号电流泄漏，为了防止这种现象做相应的保护处理。关于第二种情况，在做设计应力解析时，由于钢轨中心向整体轨道两端端部左右相同距离情况下，只有很少的荷重载荷，可以抑制扭曲现象。

（二）没有凸起的钢筋混凝土结构（用 CA 砂浆做水平方向荷重的抵抗）

整体轨道结构对于水平方向荷重的抵抗，一般是由凸起的混凝土进行承担，但是，凸起设置困难的整体分支器和土路基上的整体轨道以及部分过去线路的铺设，在整体轨道下面设凹处（有在路基同一位置也设凹处），在那里注入 CA 砂浆或合成树脂，由它抵抗剪切力，从而固定整体轨道的结构，因而在新轨道的框架形整体轨道中间挖空框架注上 CA 砂浆，在设计上确定必要的抗剪强度。

从而在设计 CA 砂浆时，必须具有很好的抗剪强度与抗压强度。并且由于 CA 砂浆外露面积增大，要防止它的老化，要有很好的耐候性与抗冻性。10 余年前 CA 砂浆的施工，为了提高其受荷重与耐候性，防止发生开裂与韧性破坏，改善其诸强度等性能，开展了掺入聚合物的研究。其结果选择掺入［水泥 + 混合料］约为 20%（质量比）的聚合物。该工程采用的聚合物掺入的 CA 砂浆的配合比如表 3 所示。

表 3　隧道内框架形整体轨道用掺入聚合物的 CA 砂浆的标准配合比

A 乳化沥青 kg	水 kg	细骨料 kg	早强水泥 kg	水泥混合材 kg	聚合物 kg	铝粉 kg
291	164 以下	728	309	55	73	46

（三）用沥青混合料的设计取代钢筋混凝土路基

由于北越北线的隧道净空当初是针对碎石道床结构设计的，如要改为整体轨道结构，必须按钢筋混凝土结构铺设，路基的水平要重新进行调整。但是，因为隧道工程已经结束，如果进行新的修改，无论在经济上和工期上都不适宜的。因而决定用沥青混合料取代路基上的钢筋混凝土进行铺设。这种施工方式，可以使用已有的路面施工机械，这样有利于施工效率与路基的施工精度，还由于沥青可以产生减振效果等，不仅从施工方面，而且从经济方面，也可看出在该隧道内铺设整体轨道的长处。

沥青混合料（又称为沥青混凝土）的选定时，在土路基的整体轨道表面上，曾用密级配沥青混凝土，用有空隙的粗级配沥青混凝土以及半柔性路面用空隙多的开级配沥青混凝土灌入 CA 砂浆的种种试验。CA 砂浆厚度 20～30mm，贯入后两者结合成很好的整体，可以经济地、充分地支撑轨道的荷载，确认其很好的实用效果，决定该工程采用开级配沥青混凝土进行施工（图 6）。在混凝土

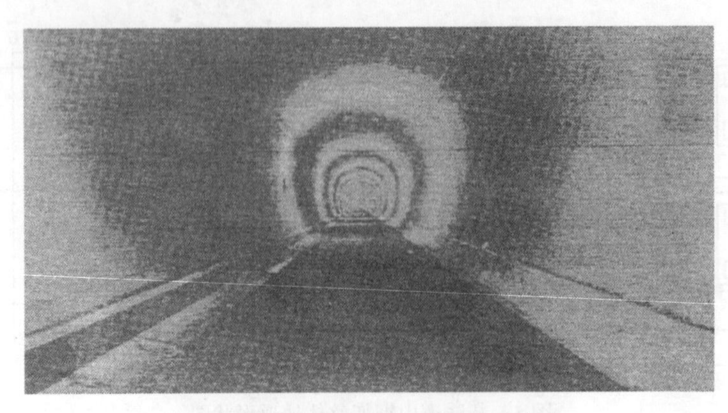

图 6　隧道内开级配沥青混凝土的铺设

路基上洒布乳化沥青透层油，使沥青混凝土能更牢固黏结。

（四）实用化确认试验的概要

根据前面获得的试验结果进行详细设计，用开级配沥青混凝土做基层，用强化质量的CA砂浆灌注整体轨道框架内，在室内进行这种隧道内整体轨道试验，最终，在该线的起点至六日町车辆基地铺设实物的整体轨道，进行各种试验，以期达到实用化的目的。

1. 开级配沥青混凝土的预备试验

（1）试件的制作。采用下述两种黏结料制作试件：

①直馏沥青（以下简称为沥青）：针入度60～80。

②改性沥青Ⅱ型（以下称为改性沥青）。

（2）荷载条件。

应力振幅0～1kgf/cm^2（相当设计荷载重约2倍应力的振幅），荷载速度10Hz（相当列车83km/h走行速度）以及19.3Hz（相当列车160km/h走行速度），反复进行300万次（相当新干线1年内通过量）的连续荷载。

试验结果如图7所示。图7表示连续荷载对于开级配沥青混凝土连续荷载试验结果。反复进行荷载次数为2万次时，出现初期沉陷；当反复进行荷载30万次时，有渐减状态的2次沉陷；以后到300万次，产生非常缓慢的沉陷而稳定；到19.3Hz时只有0.8mm弱的沉陷。这次试验是在实用基础上设定状态，在极严格条件进行试验的，取得没有问题的良好评价。以上试件为直馏沥青混合料的试验结果。如果与改性沥青混合料的试验结果相比较，300万次时最终沉陷量相差无几。在另一个30℃试验槽中，改性沥青的试验结果显示更好。但是由于在隧道内施工，在现实没有高温环境的情况下，从经济角度考虑采用直馏沥青系的混合料进行施工。

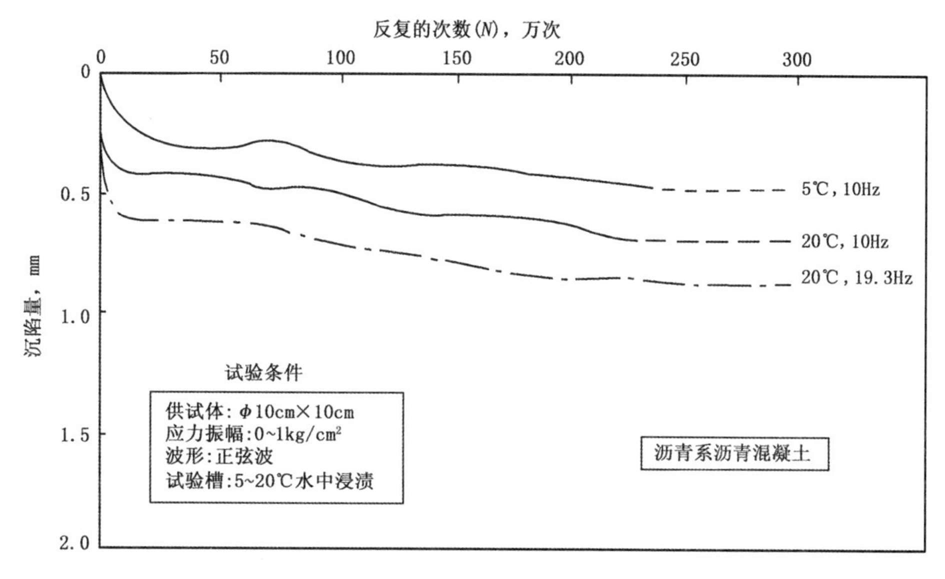

图7　开级配沥青混凝土连续荷载试验结果

2. 在六日町对于实物性能确认实验

实用化的先导试验是在六日町明亮区间的框架整体轨道或土路基上整体轨道等进行，包括施工性的确认等多种项目的试验研究。对在隧道有关框架形整体轨道的试验项目与结果概略如下。

（1）纵荷重的载荷试验。

试验如图8所示，由两台千斤顶连动，最大荷重可达9t（设计荷重为6.8t），测定其变位值。

反复进行3次试验的变位值约为0.07mm，可以确认水平方向纵荷重完全没有问题。再有观看整体轨道的移动状态，当变位量为0.2mm时，荷重为18t以上，可以确认在应用中是没有问题的。

（2）横荷重的载荷试验。

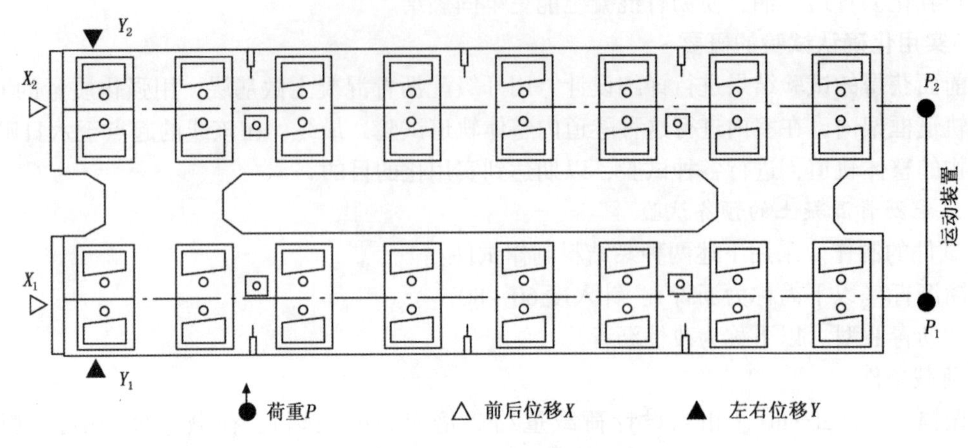

图 8　纵荷重载荷试验概要图

试验如图 9 所示。在 3 个地方分别各做一次最大荷重达 6t（设计荷重为 5t）的试验，测定那时的变位量。其结果是整体轨道端部的变位量的最大值为 0.19mm，中间部的最大值为 0.05mm。无论哪个水平方向的横荷重，都可以确认充分的耐力。

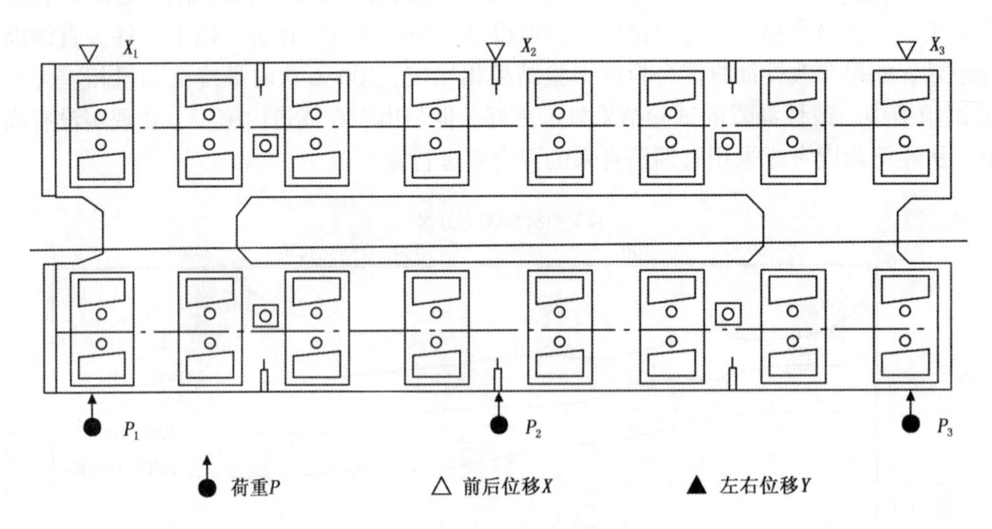

图 9　横荷重载荷试验概要图

（3）确认 CA 砂浆硬化后的强度。

掺入聚合物的 CA 砂浆，养生 28 日的抗压强度可达 $49kgf/cm^2$，抗剪强度为 $22kgf/cm^2$。设计要求的抗压强度为 $1.3kgf/cm^2$（凸起绕回的抗压强度为 $18kgf/cm^2$），抗剪强度为 $12.4kgf/cm^2$。这些可确认得到充分的保证。

四、隧道内框架形整体轨道的快速施工方法

（一）快速施工的必要性与基本条件

铁道建设中的轨道工程，最大的使命是推进施工的快速化。

由于轨道与电气等有关设备工程的开始建设，约占投资总额的 80%。早期开工建设费用强调早日得到回收，工期拖得越长，回收越困难。

由于铺设钢轨的轨道工程增长，需要用电车等电气设备工程配合进行，所以快速铺设轨道，是工程相关单位寄予的厚望。

考虑整体轨道工程快速化的基本条件，沉重又庞大物体（钢轨、整体轨道、CA 砂浆材料）等

的安全迅速的转移，要有适宜的设备保证才能迅速搬运。那就需要适应施工条件的机械设备，要研发这些机械设备，并利用这些设备达到预期的目的。

（二）单线隧道快速施工方法的确立

在北越北线整体轨道铺设长度约47km之中，可以利用高架桥的侧道，从任意地点铺设整体轨道扣除4km。剩余的43km，还有些在明区。由于是单线隧道，整体轨道的铺设与CA砂浆的灌入，必须在同一线上进行。因此在整体板铺设结束后，必须灌注CA砂浆。另一方面，对于复线的隧道，可以确保二线同时进行施工，在铺设整体轨道的同时，在另一线上同时进行CA砂浆的灌注，有利于施工速度的快速化。

作为单线隧道整体轨道的施工方法，过去铁道公团开发轨距为2650mm的整体轨道板用的机械群，由它做单线宽度的施工方法。轨道整体板的宽度内没有障碍，CA砂浆可以跨板灌注。但是这种施工方法对于轨道整体板与CA砂浆的供应，由轨道基地至施工现场，应在5km以内。每月的施工进度确保为1500m，只是轨道整体板的铺设与灌注CA砂浆，不包括钢轨焊接与轨面的调整。如果轨道基地与CA砂浆距离施工现场更远时，必然落后于施工进度。其轨距与一般的整体轨道不同，没有适用的机械工作，电气工程设备不能进行配合，因此期望北越北线的长大隧道开发新的施工方法。

对于新施工方法的开发，由于公团所有的上越新干线开发的机械将台车改变轨距（北越北线等原有线路轨间为1.067mm，新干线为1.435mm）进行使用。在该轨道上使用的钢轨，铺设轨道整体板与CA砂浆的灌注都予以使用，在新干线施工中用过的行走钢轨方式。整体板的铺设与CA砂浆的灌注，一系列施工配合。简易移动设备车（CA砂浆在现场拌和与灌注的机械）将所用材料装载在车上，并可满足铺设200m距离的需要。

具体的轨道整体板铺设用的整体板铺设车如图10所示，灌注CA砂浆用的简易移动设备车如图11所示。车辆的限界为在北越北线单线隧道内可以使用，可以原样使用（简易移动设备车的编成，与台车交换，改变轨距）。但为能使简易移动设备车将CA砂浆压注到200m以外的现场，采用干线侧道施工法将使用的CA砂浆压送装置架设到简易移动设备车上。

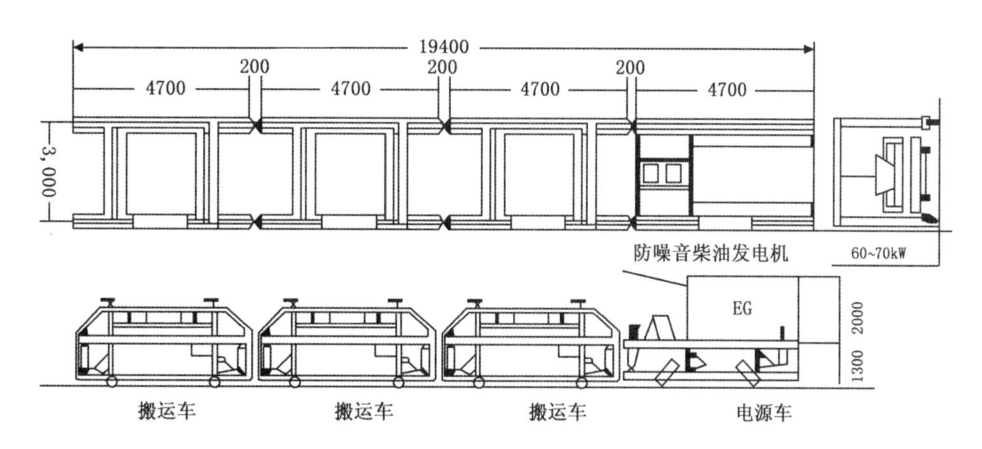

图10　整体轨道搬运铺设车（该工种由五辆小车组成）

这些机械群的施工顺序如图12所示，施工的概略如下所述。

1. 行走钢轨的铺设（临时轨道）

根据购入的钢轨，堆积在轨道基地，每根25m，4根焊接3个接点，连续成每根100m。用钢轨堆积场的临时门吊，用13辆小铁车装上6～8根（可根据小轨道车的能力以及铺设现场的坡度调整）。用轨道动力车，将钢轨运到临时轨道现场，事先铺设在开级配沥青混凝土路基上，每隔1m放置一块4cm厚板材（用一块L型角钢确保轨间距离，确保钢轨的底部落在基上）。板材与板材之间约为6m间隔设置低滚轴。在铁制小车上的100m钢轨，每一根用长轨运送装置送到滚轴上。用钢

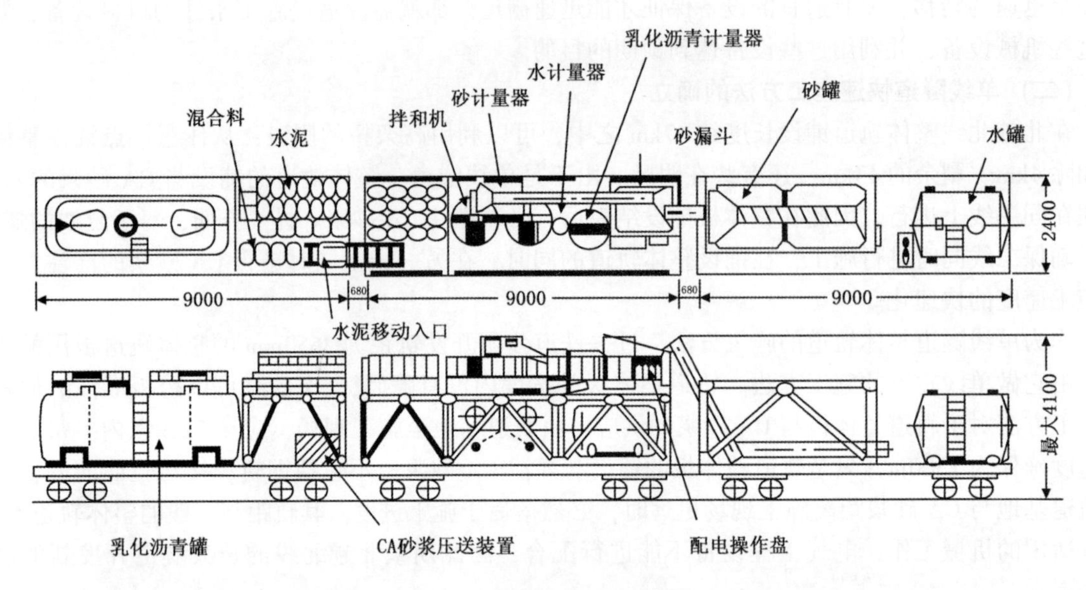

图 11　简易移动设备车编成

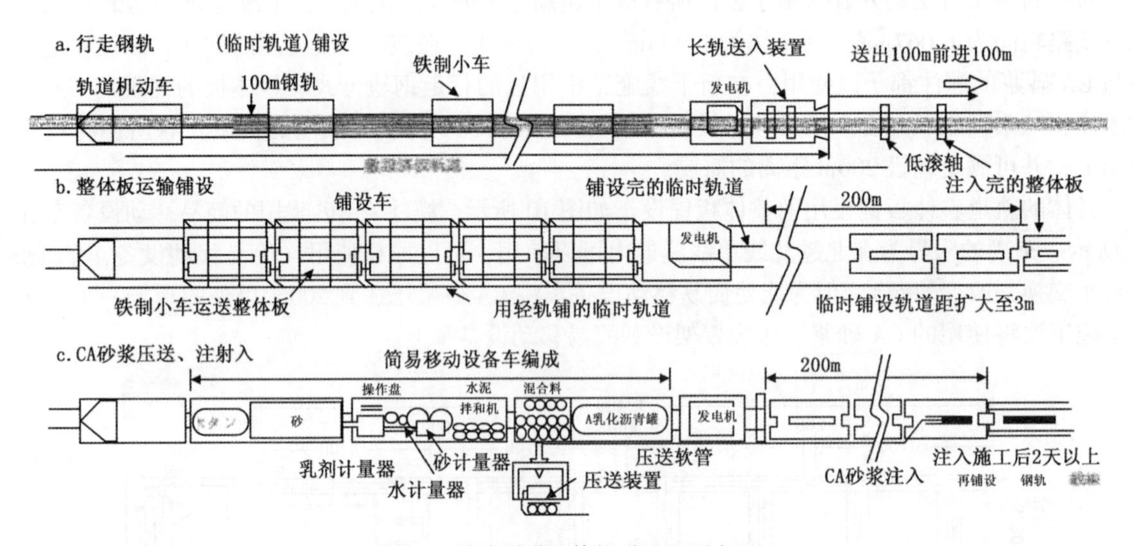

图 12　单线隧道整体轨道施工顺序图

丝将钢轨拉到低滚轴上。这时在钢轨的端部带上的舟形附件，缓慢地由低滚轴送上载线。

在低滚轴上将 100m 钢轨送出完后，用钢轨吊机将钢轨吊起，撤去低滚轴，钢轨落在板材的角钢载线上。图 13 为临时轨道图。

这一系列的作业，左右分别进行，完成后再移动 100m，再进行下面一系列的作业。

图 13　采用板材的临时轨道

2. 轨道整体板铺设的搬运

（1）轨道整体板的搬运工作，用轨道基地搬入的轨道整体板铺设完成。由于轨道基地内备有 10t 的自行式门形吊车，用卡车对每辆铁制小车装 2 张板，5 辆车可装 10 张板，用轨道机动车推送到铺设现场（轨道整体板与 CA 砂浆的灌注，一个施工批量为 200m）。在轨道整体板铺设现场，由于临时轨道轨距为 1067mm，而铺设整体轨道的轨距为 3000mm，因此要扩大轨距。另外，搬运轨道整体板的铁制小车，是用整体板铺设制成的，将小型钢轨与整体铺设用扩大的临时钢轨相连接，留下的铁制小车重复使用。

（2）轨道整体板的铺设。在整体板的铺设车上装载轨道整体板，由铺设车吊机自行吊至铺设现场，而后拆掉开级配沥青混凝土上放置的木制衬垫。

为了确保与开级配沥青混凝土的缝隙，在装卸整体板时，制作轨道整体板，在定位棒孔中埋入螺纹螺栓，用油压千斤顶与其他设置的基准器前后左右进行调整，设置框架整体板要确认 CA 砂浆要求注入的厚度。

3. CA 砂浆的压送与灌入

事先在轨道基地将 CA 砂浆制造必需的水泥、砂、乳化沥青等原料装入简易移动设备车，其组成和装载如图 14 所示，用轨道机动车将它推入施工现场（如同铺设整体板相同的区间）。

图 14　简易移动设备车的组成

到达现场后，先将软管将水注入最远端的轨道整体板的配管中，同时计算水泥、砂、乳化沥青等用量，按计算得到的用量放入拌和机拌和，确认材料的分离状态及流动时间。从拌和机自然流出和用压送装置进行压送，灌注现场压送配管末端的软管流出 CA 砂浆，一边注视 CA 砂浆的填充状况（图 15），一边依次用手摇动软管，从简易移动车侧旁进行施工。

图 15　CA 砂浆灌注状况

4. 主线钢轨的铺设

在确认 CA 砂浆达到初期基准强度后，依次铺设轨道整体板的钢轨。

北越北线包括最长的隧道为 10.5km，按此方法的施工速度，即使一侧灌进长度为 12km，整体板铺设与 CA 砂浆的灌注的速度可确保平均月进度为 1600m，达到了预期的目的。

五、结束语

本文介绍了整体轨道在单线隧道里，用新的整体轨道结构的设计原理与原有机械的驱动，快速进行整体轨道施工的方法。

如同标题所说的那样，在轨道的基层用开级配沥青混凝土，透层油用乳化沥青，填充层用 CA 砂浆，这些材料在轨道结构中都是未曾用过的。

在铁路轨道的维修省力化方面，都必须以经济性为目标。在结构与施工方法上，今后必须果断地进行技术革新、迎接挑战，不仅在自己的领域，而且必须重视其他领域的发展。

本设计与施工，借用了道路路面界的智慧与多方面的技术，在此向各有关人士表示谢意。

铁路高架桥上使用高浓度橡胶改性乳化沥青常温防水涂膜操作方法的施工实例

姜云焕

一、引言

都市型铁路的维修养护工作异常繁忙地进行着。都市里的“日铁”与“私铁”各自复杂的线路，都是为了绿化工程、高架化工程、立体交叉工程等建设的结果。当维修这些工程时，要求尽可能对正常运营线路产生最小影响。因此需要寻求高新技术，需要快速施工与安全施工的方法。

这些年来，为了提高桥面板等混凝土结构物的耐久性，人们认识到设置防水层的重要性。由防水层可以防止水渗透到混凝土桥面板的内部，防止酸性雨腐蚀混凝土中的钢材，提高混凝土结构抗震性和高架桥的耐久性。

本文介绍了高浓度橡胶改性乳化沥青系防水材料的现状，同时，也介绍了高架铁路桥上的施工实例。

二、橡胶改性乳化沥青防水材料概要

1. 橡胶改性乳化沥青防水材料

在橡胶改性乳化沥青之中，从与沥青相溶性以及添加效果来看，主要使用丁苯橡胶合成胶乳，也少量使用热塑性树脂的再乳化品。

这类防水材料，可以弥补水溶性乳化沥青的缺点，并突出显示其优点。根据改性乳化沥青中固形物含量的浓度与施工现场的环境，可以采用三种造膜法：即由自然干燥产生造膜、由于缓凝化产生强制造膜、瞬间硬化产生的强制造膜。

施工方法普遍采用手工涂抹法或机械喷涂法。最近，将橡胶改性乳化沥青防水材料与特制的橡胶沥青薄板在流动状态下粘贴，这种常温的复合施工方法得到广泛应用。

这种类型的防水材料分为普通型与高浓度型两大类。固形物浓度含量为50% ~60%时为普通型防水材料，固形物浓度含量为80% ~85%为高浓度型防水材料。在材料喷涂施工中的吸着率和施工速度方面，以固形物浓度含量越高越有利。

2. 高浓度橡胶改性乳化沥青防水材料的特点

高浓度橡胶改性乳化沥青防水材料的特点。固形物含量在80%以上，黏度低于2000mPa·s以下。这一类的防水材料，在沥青中含有大量的SBR合成橡胶，因而与防水工程中的沥青相比较，具有极好地耐高温与耐低温特性，其性能如表1至表3所示。

表1　高浓度橡胶改性乳化沥青的一般性能

项目 ＼ 种类	水化凝固型（黏贴层）	喷涂型（喷枪）
主要成分	改性沥青	改性沥青
固形物含量,%	85	82
密度（25℃），g/cm^3	约1.00	约1.00
外观	黑褐色	黑褐色

表2　耐高温特性

项目＼种类	高浓度橡胶改性乳化沥青	防水工程用沥青
软化点（R&H）	140℃以上	100℃以上
流淌的长度 （80℃放置5h） （100℃放置5h）	 0 0	 明显流淌 明显流淌

注：试验方法按 JIS K2207。

表3　耐低温特性

项目＼种类	高浓度橡胶改性乳化沥青	防水工程用沥青（3种）
弗氏脆点	-45℃以下	-15℃以下
低温抗折性 （10℃） （5℃） （0℃） （-20℃） （-30℃）	 无异常 无异常 无异常 无异常 无异常	 无异常 无异常 无异常 容易拆断 容易拆断

注：弗氏脆点试验按 JIS K 2207；

低温抗折试验。将试件（10×2.5×0.2cm）在测试温度养生，然后，在 ϕ8mm 圆棒卷绕180°做抗弯曲试验，测量其破裂产生时的温度。

作为防水材料，其物理性能有以下方面：

（1）提高耐高温特性（高温状态下不流淌）；

（2）提高耐低温脆点的特性（低温下有柔软性）；

（3）提高耐候性等需要改善的方面。

从实际使用方面必须具备：

（1）防水工程用沥青在更广泛的温度范围内保持稳定的防水功能；

（2）常温施工；

（3）施工可以省力化等。

三、橡胶改性乳化沥青与特殊橡胶沥青薄板相继使用的复合常温施工实例

1. 工程概要

工程名称：名铁濑户线高架桥防水工程。

结　　构：RC 桁高架钢架结构。

基　　底：混凝土用钢抹子抹平。

2. 防水工序说明（每 $1m^2$ 用量）

工程	材料名称	用量
1	专用的透层油（底漆）	0.3kg
2	高浓度橡胶改性乳化沥青（水化凝固型）	1.5kg
3	特制的橡胶沥青薄板	$1.1m^2$

3. 施工顺序

（1）基底的处理。施工首先要对基底进行检验，在确认防水没有问题的情况下，清除垃圾，没有凸起物，表面做平滑处理。

（2）透层油底漆的涂抹。底漆要涂抹均匀一致。

（3）高浓度橡胶改性乳化沥青与硬化材料的混合。水化型硬化材料不要有分散不良现象，要进行充分的拌和。

（4）特殊橡胶沥青薄板的粘贴。

①防水材料与硬化材料混合后，用毛刷做均匀的涂抹。同时，对特殊的橡胶薄板进行粘贴。

②粘贴特制橡胶薄板时，不要有悬空、折皱、窝气等现象，要用滚动刷子充分碾压。

③在特制橡胶搭接处，要多涂防水材料。

④对于拐角部分，要用堵缝的防水材料（用硬化材料与增黏剂配制）进行充填处理。

4. 施工中的注意事项

由于施工的时间分别为4—6月与12月至次年1月，气候差别较大，因此要采取如下措施：

（1）梅雨季节施工。粘贴橡胶沥青薄板，不要有浮动皱折，对重叠部分施工操作要谨慎，对于发生突然降雨的对策是：施工中确保密封防水。

（2）冬季现场的施工。由于防水材料为乳化沥青，在现场的保管中，要特别注意防止冻结。特制的橡胶沥青薄板具有卷材的缺点，所以施工中应注意薄板的浮动、皱折的产生，施工中要充分进行碾压。

图1至图3为施工时的照片。

图1　施工前的基底

图2　特制橡胶沥青薄板的粘贴

图 3　施工完成后的情况

四、高浓度橡胶改性乳化沥青采用喷涂施工实例

1995 年，阪神的大地震夺去了很多人的宝贵生命，而阪神间的日铁、私铁、各会社的铁路设施以及很多的高架桥坍落，损失惨重。

灾后抢修的铁路高架桥修复工程，采用了喷涂防水施工法。下面介绍该防水施工情况。

1. 工程概况

工程名称：神户高速铁路（神户中央新开地附近高架桥修复工程）。

2. 防水顺序说明（每 $1m^2$ 用量）

工程	材料名称	使用量，kg
1	专用的透层油（底漆）	0.2
2	高浓度橡胶改性乳化沥青（喷涂型）	5

3. 高浓度橡胶改性乳化沥青喷涂施工方法的组成

高浓度橡胶改性乳化沥青的喷涂施工方法是用真空型的喷涂机将高浓度橡胶改性乳化沥青与硬化剂水溶液，在 $200kg/cm^2$ 高压下将两种液体同时喷涂到混凝土的基底上，在瞬间形成防水层的施工方法。

这种施工方法的组成如图 4 所示，在喷涂罐的两侧喷涂硬化剂水溶液，在空中两种溶液混合均匀后喷射在混凝土基底上，迅速形成较厚、无缝的防水层。

图 5 至图 7 为施工中的实际照片。

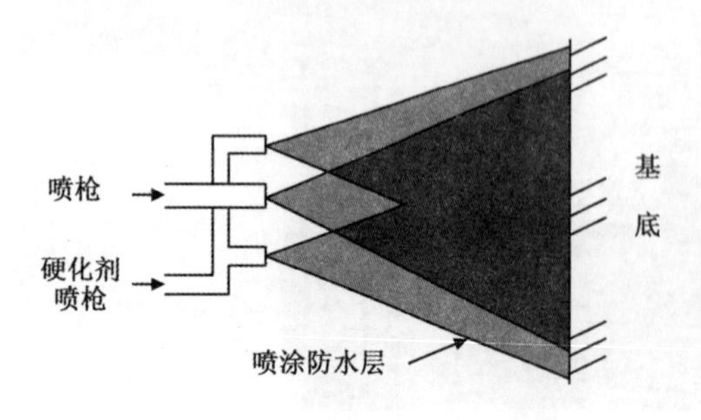

图 4　喷涂防水施工方法的组成

图 5　喷涂防水材料的实况

图 6　防水层涂膜的补强与保护材料的施工

图 7　枕木与钢轨的铺设

五、结束语

对于全球的环境问题，土木建筑行业都要认真考虑。因而对于防水工程也不能回避环境问题。

本文介绍的高浓度橡胶改性乳化沥青系喷涂防水施工方法，形成高密度橡胶改性乳化沥青高密度的防水层，这是为数不多的系统工程。

随着土木建筑业的技术进步，发展了安全性很高的常温施工方法。为了进一步发展技术：

(1) 防水层的厚度要比现行硬化系统开发的要厚；

(2) 采用轻的、补强的、防水效果优越的胶膜薄板等复合材料；

(3) 开发省力的施工方法，期望开发实用的自动化新技术。

乳化沥青的应用技术

姜云焕　译

近些年来，盛行开发使用乳化沥青新的施工方法。其背景是高性能改性乳化沥青的不断产生，开发其各种各样用途。

在这里，主要介绍改性乳化沥青的常温施工方法，同时，对今后的发展予以展望。

一、引言

以防止地球温暖化为前提的环保政策，是我们人类认真全力研究的课题。在日本，以防止温室效应控制二氧化碳气体为目的，采取各种政策措施推动这一工作。另一方面，在铺筑道路领域，尽量降低热沥青混合料的制造与施工温度。重视采用和关注中温化技术，这种技术与通常的混合料相比，可以减少骨料的加热燃料。

用乳化沥青（以下称之为乳液）的常温施工方法，就地拌和再生的CEA施工法，是具有代表性的节约能源和资源的施工方法，有利于人类的生存环境，是适应时代的施工方法。特别是近年来，研发出高性能改性乳化沥青后（以下称为改性乳液），开发出了新的常温施工方法。

二、乳液市场的现状

在乳化沥青技术国际研究会（ISAET2008）上，由国际乳化沥青联盟（IEBF）提供的资料如图1所示，世界乳液生产量1993年为697×10^4t，至2005年为780×10^4t，12年间约增加12%。从国别看，乳液先进的美国、法国为0.75%～0.81%在减少。而中国、印度、墨西哥、俄罗斯等国都在显著增加。另一方面，日本乳液的产量如图2所示。1970年曾达到71×10^4t的高峰，至2008年下降至20×10^4t，2008年下降至17×10^4t，而2009年拌和型用乳液产量大幅增加，乳液出厂量全面顺畅，预计年末可能回升超过20×10^4t。从中可以看到行业复兴的可能性。但是，业界依然存在严峻的形势，2010年以后，这种形势没有改变，利用乳液常温施工法，具有降低成本与保护环境等优点，必须予以大力呼吁宣传。

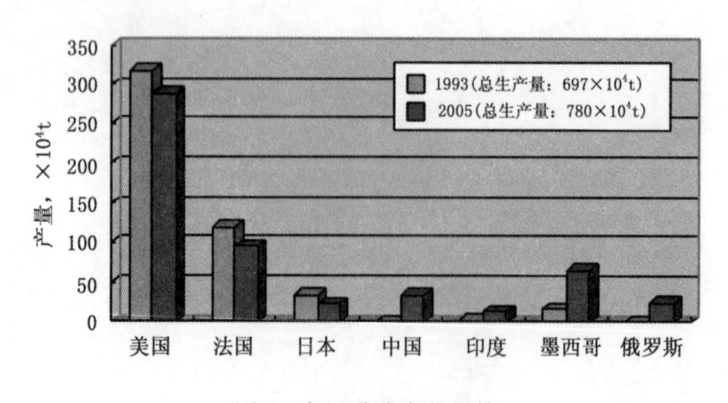

图1　各国乳液产量比较

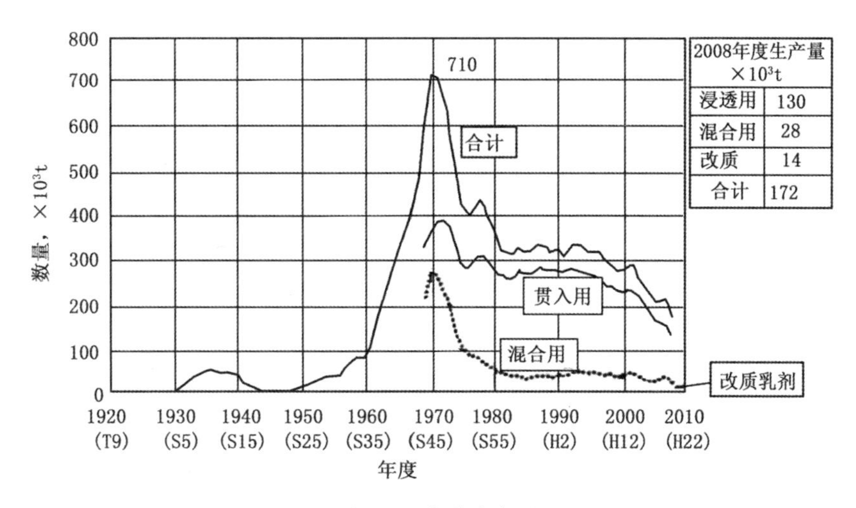

图2　日本乳液产量

三、改性乳液的概要

在贯入用或拌和用乳液大量减少的情况下，新开发的改性乳化沥青的数量实际是在增长。所占乳液的生产量，开始统计的六年计算，已经增长两倍。

由于改性乳液添加了聚合物（改性剂），其黏结性、防水性、强度等性能都提高了。它是一种高耐久性与高性能化的乳液，增加了过去普通乳液所没有的功能。近年来采用多种加工材料与施工方法。在改性乳液制造方法中，由于制造方法的不同，下面选择介绍3种。

（1）柱式掺和方式。这是最古老的混合方式。先生产乳液，后在乳液中加入聚合物胶乳进行拌和。

（2）预拌和方式。

所谓改性乳液就是指：将改性沥青进行乳化的方法、用改性的乳化剂水溶液进行乳化的方法、两者并用的方法。近年来，一般使用将改性沥青进行乳化的方法。

（3）预拌和与柱式掺和组合法。前述的两种方法的并用。

柱式掺和与预拌和并用方法如图3所示。

对于改性沥青的乳化方法，乳化时的温度多数要在100℃以上。这是由于改性的沥青的高温和高黏度所引起的。为能适应乳化的黏度，通常必须提高温度。由于改性乳液趋向于高浓度，但是在高温下，用大量的改性沥青和少量的乳化水溶液，在原有大气压难以进行沸腾与乳化。为防止因提

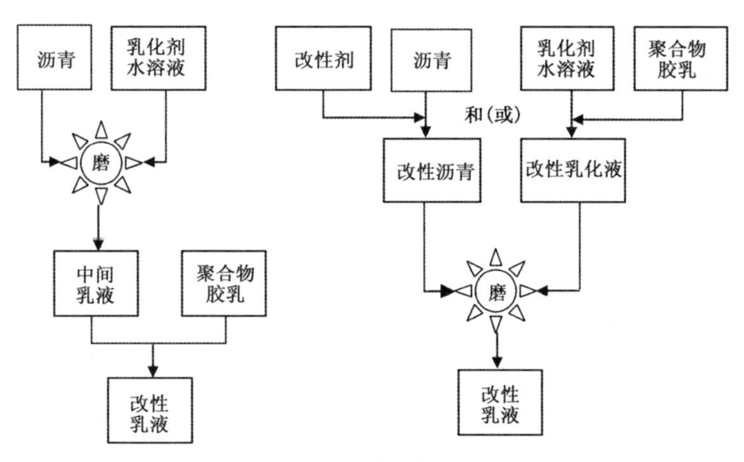

图3　改性乳液的制造方法

高温度而引起乳液的沸腾，必须加压，乳化后立即降低乳液的温度。这种能加压的乳化机的实例如图4所示，它具有高速剪切的胶体磨。

图4　胶体磨

四、使用改性乳液的常温施工方法

作为有关乳化沥青的新技术，重点介绍使用改性乳液的常温施工方法。

（一）多孔性沥青路面的基层保护

原日本道路公团试验研究所与本协会共同研究，为了防止基层剥离，有效的施工方法有改性稀浆封层施工法、石屑封层施工法（防水施工法）、防水型排水性路面施工法等。

1. 改性稀浆封层施工法

用由骨料、快硬性改性乳化沥青（MS－1）型、水、水泥、分解调节剂等在常温下组成一种常温混合料，进行薄层的表面处治，可使老化路面的反射性裂缝及车辙得到修补，改善路面的抗滑能力，达到预防养护的目的，它对基层有保护作用。不仅适用于一般的道路，对于桥面上的铺面或隧道内的路面（彩色路面）铺筑也有实用实例的报告。

2. 石屑封层施工法（防水施工法）

在欧美将该方法作为一般的维修养护施工方法，在采用改性稀浆封层施工的同时，通常也用各种不同机械洒布乳液和撒布石屑。但是，也开发出了用一种机械进行施工（图5），既能准确控制喷洒高浓度改性乳液的用量，又能控制骨料的撒布量，进行表面处治或SAMI施工，进而做防水施工，用于基层的保养。基层保护的效果与防水性能的试验结果如图6所示。

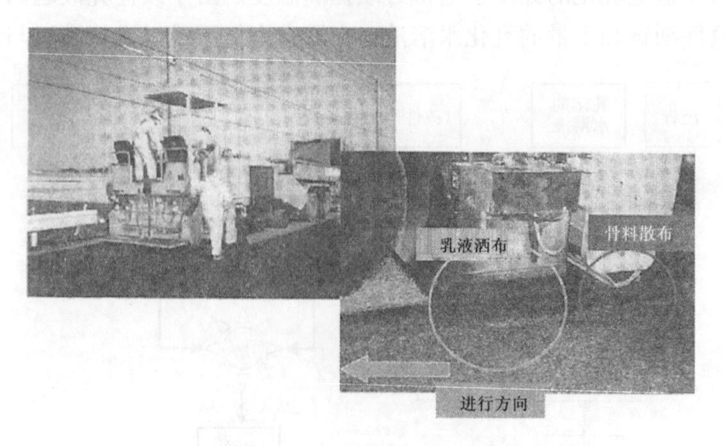

图5　洒布乳液与骨料撒布同时进行的机械

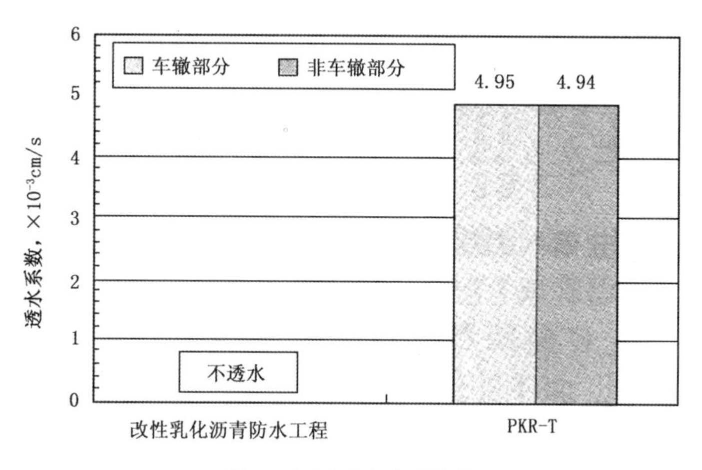

图6　加压透水试验结果

3. 防水型排水型路面施工法

采用附带有乳液与分散剂洒布装置的沥青路面摊铺机（AF），由于洒布高浓度的改性乳液（1.2L/m^2）与分解调节剂，是保护基层防止雨水浸入的施工方法。它的防水型排水路面的施工原理与施工状况如图7和图8所示。

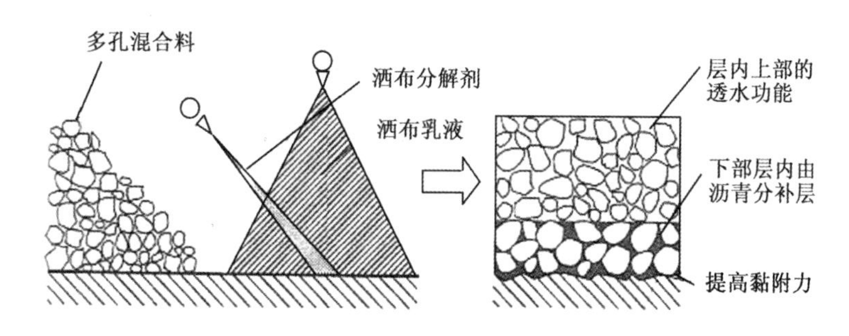

图7　防水型排水路面施工法的原理

图8　施工状况

（二）施工现场周边的环境措施

1. 控制黏层油的污染

（1）防止黏附轮胎型的乳液（PKM－T）。

当路面温度升高时，黏层油的表膜，被运料的翻斗车或AF轮胎黏附破坏，而且使铺设面的周围造成污染。为了防止这种污染，可以开发防止轮胎黏附的改性乳化沥青乳液（PKM－T），并予以标准化，乳液协会的标准（草案）如表1所示。

表1　PKM－T乳液的协会标准（草案）

项　目		规格范围
恩格拉黏度（25℃）		1～15
筛出剩余量（1.18mm），质量%		0.3 以下
黏附性		2/3 以上
微粒电荷		阳（＋）
蒸发残留量，质量%		50 以上
蒸发残留量	针入度（25℃），　1/10mm	5～30
	软化点，℃	55.0 以上
贮存稳定性（24h），质量%		1 以下
轮胎黏附率（60℃），质量%		10 以下

2. 采用乳液的顶层对付臭氧

为了提高多孔性路面的耐久性（如防止骨料的飞散或空隙堵塞），而使用双液固化型的 MMA 型树脂，但在高温时由于固化不良或未反应的单体产生臭氧成为难题。用乳液的顶层双液固化型的反应为乳液，与 MMA 树脂相比臭氧减少。据此，在湿润的表面或夏季的高温路面也适用。对于反应性乳液与 MMA 树脂的臭氧测定结果如图9所示。因此，用乳液型顶层时臭氧指数仅为 MMA 的一半。表2所示测定臭氧强度属于“微弱”的分类，不仅对黑色而且对彩色化或遮热材料都适用。

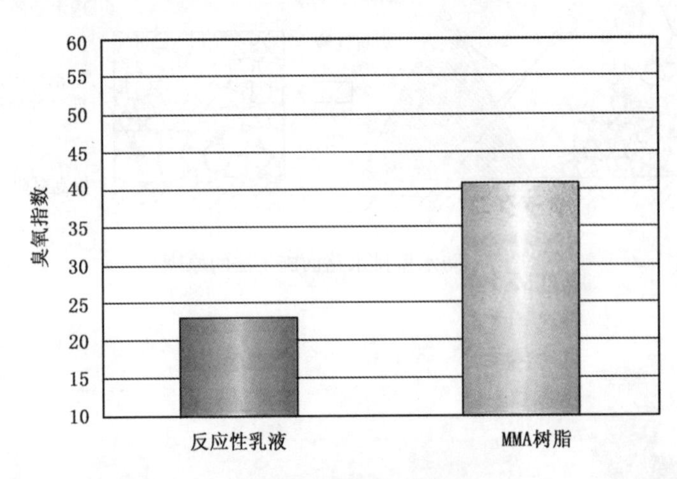

图9　臭氧测定结果

表2　臭氧指数与臭氧强度的关系

臭氧指数	10～19	20～29	30～39	40～49	50～60
臭氧强度	弱	微弱	普通	微强	强

（三）再生，其他

1. 木质型路面

砍伐森林、林材的加工会产生大量的木屑与树皮可以再生利用。使用专用的改性乳液，用作公园的路、人行道等步行的道路，可用作适当的垫层，起缓冲作用，可达到调节周围环境的作用。在青森县的三内丸山道的情况如图10所示。

2. 薄层路面洒布施工方法

将改性乳化沥青、砂、矿粉制成砂浆状混合料，由人工或专用洒布机械进行摊铺的施工方法，这种方法具有良好的柔软性、优良的黏附性与耐候性。可用于路面的保护、损坏路面的修整、提高路面抗滑能力等。采用专用施工机械的施工情况如图11所示。

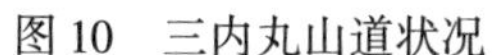

图 10　三内丸山道状况

图 11　采用专用施工机械的施工状况

3. 整体轨道使用的 CA 砂浆

乳液在道路工程外有广泛的用途，如 JR 东北新干线的整体轨道，用乳液、水泥、砂等制成的 CA 砂浆正在大量使用着。

五、乳化沥青技术展望

国外对于乳化沥青应用有了新的进展，中温化技术有了更大的发展，中温混合料（HWMA）更受关注。以前的中温化技术只对混合料要求降低 30℃，现在 HWMA 要求降低 70℃，要降至 100℃以下进行制造。一般加蜡或油、发泡剂等。作为在 100℃以下拌和技术之一，是利用乳液中水分进行发泡而试用的。

乳液中水分的存在，有最大的优点，也有最大的弱点。与水的斗争还是共存？是 HWMA 要解决的起点。

市场环境也很严峻，为使乳液取得胜利，以提供新技术控制黏附轮胎的乳液为代表，附加价值高，使用户欢迎至为重要。乳液技术为常温而且有利于健康、安全，适用于预防性养护工程、造价便宜、使用方便。改性乳液应用新施工方法，具有很多优点与特点。优越的经济性、良好环境的乳液施工法，有望它成为环境保护与安全的有力保障。

关于抑制黏附轮胎的乳化沥青的协会标准（草案）

姜云焕　译

一、引言

近年来，由于新开发的抑制黏附轮胎型乳液，其使用量持续增长。2006 年 4 月，为评价这种乳液性能，以及制定新的标准，在技术委员会的基础上设立了工作组（简称为 WG）。

本文是以 WG 的工作成果为基础，介绍了对于抑制黏附轮胎型乳液制品的标准（草案）及与其性能有关的评价。

二、WG 设置的宗旨及活动内容

（一）抑制黏附轮胎型乳液的概要

路面铺设黏层油是为切实增加各层之间的黏结力，使路面各层之间提高整体化程度，提高耐久性为目的而进行的。

以前使用黏层油乳液，即使用乳化沥青 PK－4，也是按 JIS K 2208 的规定而进行的。特别对于多孔型路面，为提高层间的黏结力，乳化沥青协会规定采用 JEAAS 的标准，定为使用橡胶改性乳化沥青（PKR－T）。

采用这样的乳液作为黏层油，当施工路面的现场温度上升，在进入洒布面内的车辆轮胎，可将覆膜的沥青黏附，使覆膜面剥落，这种不良现场受到指责。

发生这种现象的地方，通车后将发生车辙或凹槽，因此有损于黏层油使用效果，同时，由于工程车辆的轮胎黏附的沥青，从工程现场退出后，污染周围的路面、有损美观受到指责。

为防止这种现象的发生，进行抑制轮胎黏附型乳液的改性乳化沥青的研究。

（二）WG 活动目的与活动流程

抑制黏附轮胎的乳液自 2002 年开始正式开始使用，它优异的性能得到用户的广泛认可。为此，提高黏层油的可靠性，保护与美化周围环境，从设计工作中重视黏层油，在施工方面建议使用黏层油的情况也在增多。

近些年来，在高速公路和综合评估发包的工程中，明显增加黏层油，同时，也增加了许多生产黏层油乳液的厂家。但是，由于目前没有统一的质量标准及性能评价方法，在设计工作中无法得到明确反映。

以前关于乳液性能试验方法，很难显示出抑制黏附轮胎型乳液的特点，盼望能有测定这种性能的评价方法。

WG 的工作任务主要是收集、整理加盟于乳化沥青协会的厂家，由他们的厂家生产这种乳液产品，将各厂家的产品标准汇集、制定统一的性能标准。同时，将反映这种乳液的特殊性能，确定它的评价试验方法。WG 的活动程序如图 1 所示。

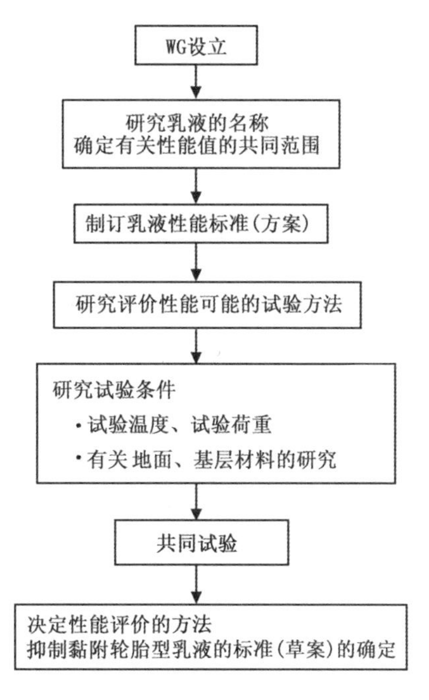

图1　WG的活动流程

三、WG 工作的成果

(一) 名称的选定

在本杂志中称为“抑制黏附轮胎型乳液”，这个名称是由 WG 选定的名称。

在初步设立 WG 时，曾由六个加盟协会成员厂家提供同种出售的产品，有的称为“抑制黏缠性”产品，有的称为“改善黏附性”等等。各个厂家名称不同。WG 从这些产品中比较，从参加各厂的调查结果中，选出“抑制黏附轮胎型乳液”作为统一名称。

在乳化沥青协会的标准中记载各种乳液，黏层油曾有 PKR－T 符号。现在用改性乳化沥青铺筑的黏层油的抑制黏附轮胎型乳液，它的符号为 PKM－T。

(二) 乳液性能标准的统一

由各厂家提出产品名称几乎相同，但是各厂家提出的乳液性能指标不同。WG 通过调查各厂的厂内标准与测定的数值，根据调查的结果，找出各厂有关试验项目的共同范围，制订出各项性能的标准。各厂家的标准与制订的性能标准（草案）如表 1 所示。

表 1　抑制黏附轮胎型乳液的各厂标准值与共同范围

制造厂家		A 厂	B 厂	C 厂	D 厂	E 厂	F 厂	范围(草案)
恩格拉黏度（25℃）		4	4	5	9	4	10	1～15
筛上剩余量（1.18mm），%		0.0	0.1	0.1	0.0	0.1	0.0	0.3 以下
黏附性		2/3 以上	4/5	2/3 以上	2/3 以上	2/3 以上	2/3 以上	2/3 以上
微粒电荷		阳（+）	阳（+）	阳（+）	阳（+）	阳（+）	阳（+）	阳（+）
蒸发残留量，%		51.0	50.2	50.0	60.0	60.5	62.0	50 以上
蒸发残留物	针入度(25℃)，0.1mm	18	28	10	8	30	11	5～30
	软化点，℃	62.0	59.1	75.0	67.0	71.0	62.0	55.0 以上
贮存稳定性（24h），%		0.4	0.1	0.1	0.2	0.0	0.4	1 以下

在以下各项的基础上，设定各项性能的标准范围。

如果是阳离子乳液，都按恩格拉黏度、筛上剩余量（1.18mm）、黏附性、微粒电荷、蒸发残留物含量、贮存稳定性（24h）等6个项目进行设定。

关于蒸发残留物的项目，规定做针入度（25℃）及软化点两项试验。

对于PKR－T或MS－1在JEAAS中记载的其他改性乳化沥青，设有蒸发残留物的黏韧性与韧性的检验标准。但是，对于抑制黏附轮胎型乳液的蒸发残留物，要求针入度小的改性沥青，很难测定它的黏韧性，因而没有设定这项标准。

（1）恩格拉黏度。各厂家乳液的恩格拉黏度（25℃）为4～10范围。作为一般的喷洒、贯入用，可用同样指标。对于贯入用的乳液，上限可采用15；作为洒布用下限可为1。

（2）筛上剩余量。各厂家规定0.0～0.1wt%。这与JIS和JEAAS记载的其他阳离子型乳液的标准是相同的。

（3）黏附性与微粒电荷。各厂家都采用阳离子型乳液，黏附性与一般的阳离子乳化沥青相同。微粒电荷都是阳（+）。

（4）蒸发残留物含量。厂家规定蒸发残留物含量在50%以上的有3家，蒸发残留物含量在60%以上的有3家。从着眼于黏层油的分解性与洒布性，综合各厂家的观点，采用蒸发残留物的含量在50 %以上。

（5）蒸发残留物的针入度。蒸发残留物的针入度分布在8～30（0.1mm），基本上为低针入度的改性沥青，可以说是这种乳液最独特的性能，因此在制订标准（草案）中定为5～30（0.1mm）。

（6）蒸发残留物的软化点。软化点分布在59℃～75℃的范围中，这是JEAAS中改性乳液中最高的软化点。在改性稀浆封层使用的MS－1型的标准值为50以上。因而对于这种乳液必须考虑有更大的改性措施，软化点为55℃以上。

（7）贮存稳定性。由于各厂家都采用与其他乳液相同的标准1%以下，这次标准（草案）也采用这一数值。

（三）关于抑制黏附轮胎性能评价方法的研究

过去制定乳化沥青的标准，从性能的项目与指标范围，从未在乳液性能项目考虑抑制黏附轮胎性能的特性。各个厂家在开发研究这种产品时，曾经做过抑制黏附轮胎的检验，但是采用各种各样的检验方法，有必要做统一的规定。

评价方法都是在轮胎乳液制造厂家，或在附近周围进行。可能使用简单的器械进行测试，测定的结果无法进行对比。因此，必须确定评价方法，才能使测定值可以准确比较。

1. 至今为止研究的实例

在开发阶段，各厂家进行黏附轮胎的评价方法的要求为：简便性、使用性、定量性以及现场的再现性。将这些做比较，结果如表2所示。

表2 抑制黏附轮胎效果的评价实例

评价方法	简便性	使用性	定量性	现场的再现性
A	黏聚力用试验机的方法	○	×	△
B	车辙试验用试验机方法	△	○	○
C	按试验施工的确认方法	×	×	×

（1）A法为采用黏聚力试验仪的方法。

采用ASTM D 3910所示的黏聚力试验仪，从黏附在橡胶底座上沥青质量，测定与轮胎的附着度。在水泥板上洒布定量检测的乳液，在规定的温度产生扭矩，检验试验前后橡胶底座上沥青的质量，评定沥青的黏附量。

由于试验少，试验时间短，温度管理较容易，做了很多试验，但因试验机没有普及，还缺乏通用性。

（2）B 法为采用车辙试验机的试验方法。

在铝板上，涂刷规定数量评价对象的乳液，用车辙试验机的轮胎行走碾压，测定其黏附量，主要的目的为求黏附轮胎的再现。但是，现行的方法是基于沥青混凝土，相互有所不同，必须予以改进。

（3）C 法为根据试验路段的施工，确定其效果的方法。

在评价对象的路面上，洒布规定数量的乳液，分解破乳实际形成的沥青膜面上，铺设塑料布。在塑料布上行走相对于翻斗车的荷载行走碾压，根据塑料布的黏附状况予以评价。

这种评价方法符合使用实际状况，但因试验规模较大，作为日常的管理难以使用。另外，试验温度与环境温度难以按要求控制。

据上述情况，WG 基本采用 B 法为基本，接近实际使用情况的评价方法，按要求条件进行试验研究。

2. 试验条件的研究

（1）试验温度与试验荷重的研究。

由于抑制黏附轮胎的效果受环境温度的影响，必须明确试验温度的差值。还有，试验时的轮胎荷重是影响黏附的重要因素。因而对有关试验温度与试验荷重进行研究。

设定的试验条件如表 3 所示。由于试验数据很多，这里只将 A 厂与 D 厂测定结果的代表值列于图 2 中。

表 3　试验温度与试验荷重的研究试验

项　　目	设　定　条　件
乳液的种类	抑制黏附轮胎型（各厂）
乳液洒布量	0.4L/m^2（换算沥青 200g/m^2） 0.6L/m^2（换算沥青 300g/m^2）
基层的种类	水泥板（JIS A 5430、强化纤维水泥板）
接地面的材质	无纺布（429g/m^2）
试验温度	60±1℃、55±1℃、50±1℃
养生时间	试验温度在 8h 以上
轮胎的荷重	624±10N、686±10N
轮胎行走次数	1 个往返

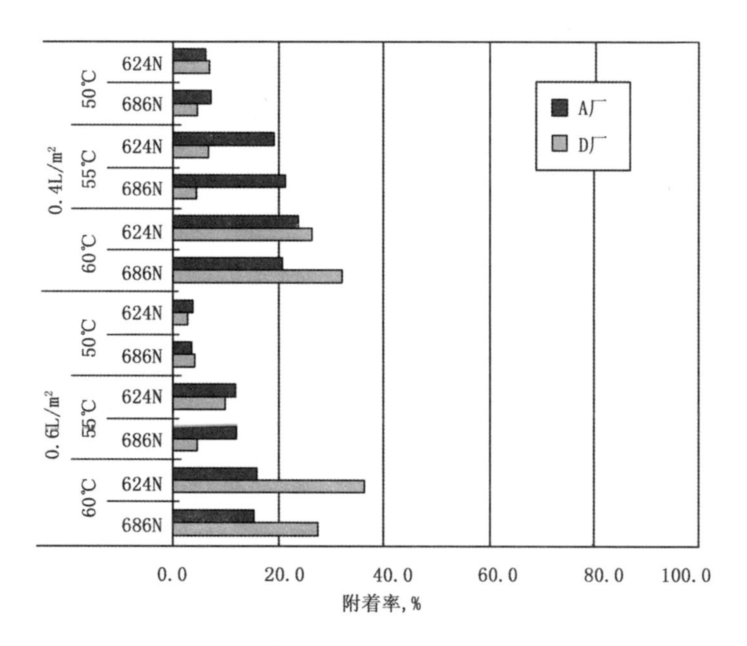

图 2　不同试验温度与试验荷重的黏附率

各个厂家乳液，随着温度的升高附着率产生增多的倾向。当试验温度低时，发现试验结果差别较小。还有，在洒布量不同时，在同样温度下，可以确定试验荷重的影响较小。

但是，当乳液的洒布量大时，无纺布可以从地面撕开。所以对于接地材料，必须研究更换新的接地材料。

如在乳液洒布后，立即按试验温度养生时，乳液由于很快分解破乳，形成沥青薄膜，产生气泡的不良现象，因而在后来的试验中对于养护方法做出新的规定。

（2）接地面材料的研究。

为了取代无纺布，取用塑料布（氯乙烯）以及与轮胎相同硬度的橡胶板进行研究。表4为使用的橡胶板及塑料布（氯乙烯）的情况。

表4　使用的橡胶板及塑料布

材质	记号	厚度，mm	橡胶硬度	材质	记号	厚度，mm
天然橡胶	NR－1	0.5	78	氯乙烯	VC－1	0.1
	NR－2	1			VC－2	0.3
	NR－3	3			VC－3	0.5

根据试验结果，设定表5试验条件，其中没有记载的试验项目与表3相同。

表5　研究接地面材质的试验条件

项　目	设　定　条　件
乳液种类	PKR－T 抑制黏附轮胎型乳液（AT）
乳液洒布量	0.4L/m^2（换算沥青量200g/m^2） 0.6L/m^2（换算沥青量300g/m^2）
接地面材质	参照表3
试验温度	60±1℃
养生时间	室内确定干燥后，试验温度在4h以上

试验结果如图3所示。对于接地材料的种类，厚度较薄的，在车轮行车碾压时不好用。采用厚度为1mm橡胶板为适宜的接地材料。

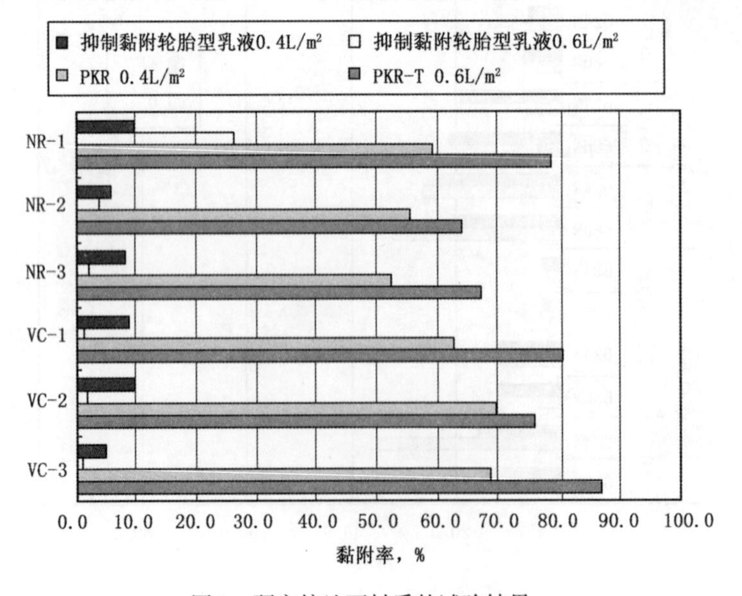

图3　研究接地面材质的试验结果

（3）洒布基层乳液的研究。

以前试验用洒入的基础材质为人造板材，实际应为沥青混凝土基层。这里用不同基层，研究黏附率的影响，试验条件如表6所示。

由这项试验可以得出各种乳液不同的洒布量，使各种乳液的蒸发残留量不同，由此对最终形成的沥青膜量做出规定。

表6　研究洒布基层乳液的试验条件

项　目	设　定　条　件
乳液种类	PKR－T抑制黏附轮胎型乳液（A厂）
乳液洒布量	0.4L/m²（换算沥青量200g/m²） 0.6L/m²（换算沥青量300g/m²）
基层种类	（水泥板）密级配沥青混凝土20（表面有铣刨，无铣刨）
接地面材料	橡胶板（厚1mm）

例如，固形成分量换算为300g/m²时，当乳液的蒸发残留物含量为50%的乳液，洒布量为0.6L/m²，如含量为60%时，涂布量为0.5L/m²。

试验结果如图4所示。当为沥青混凝土基层时，全部的黏附率变小，每个值的变动值变大。另一方面，如在人工水泥板上洒布乳液时，黏附率分别有变大的倾向，测定结果变动较小，试验结果趋于稳定状态。

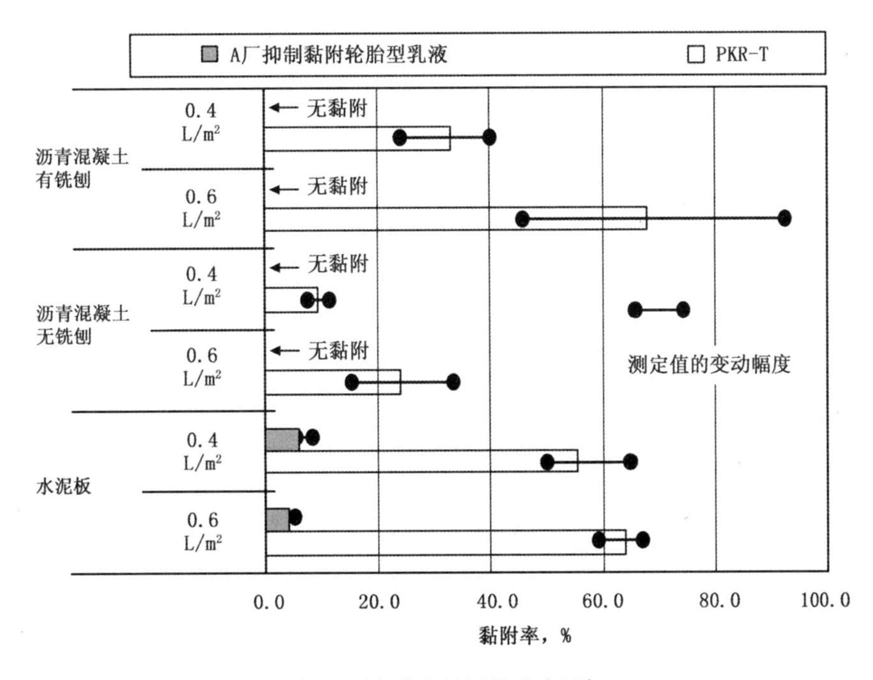

图4　洒布乳液基层的试验研究

由于人工水泥板含水量大，涂布乳液后水分迅速减少。因而使固相含量减少时，不能获得均一的沥青薄膜，因此规定固相含量300g/m²为适宜。

3. 按照统一试验条件，测定各种乳液与轮胎黏附率测定的结果

从现有的试验结果来看，最终按表7设定的试验条件，作为轮胎黏附率的试验（草案），就是按此实验所测定结果，即成为轮胎的黏附率。

表7　轮胎黏附率测定试验（草案）的试验条件

项　　目	设　定　条　件
乳液洒布量	300g/m^2
基层的种类	水泥板（JIS A 5430、水泥强化纤维板）
接地面的材质	橡胶板（60℃的橡胶硬度 78 ±2）
试验温度	60℃ ±1℃
养生时间	确认在室内干燥后，试验温度在 4h 以上
轮胎荷重	626 ±10N
轮胎行走次数	1 个往返

于表1中所示各厂的抑制轮胎黏附型乳液的 PK－4 与 PKR－T 的轮胎黏附试验结果如图5所示。

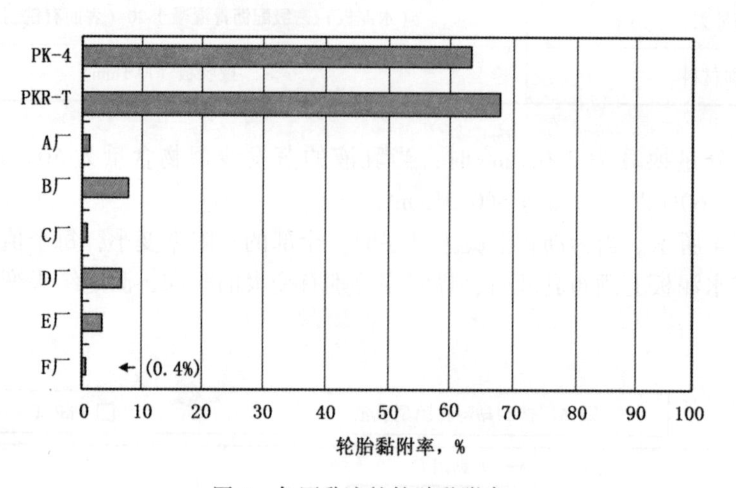

图5　各厂乳液的轮胎黏附率

从图5看出，PK－4 与 PKR－T 的轮胎黏附率在60%以上，而抑制轮胎黏附型乳液的黏附率为10%以下，试验方法可确定有明显的差别。

四、抑制轮胎黏附型乳液的协会标准（草案）

经过 WG 一系列的试验结果，筹划的抑制轮胎黏附性乳液的协会标准（草案）如表8所示。

表8　抑制轮胎黏附型乳液的协会标准（草案）

试　验　项　目		协会标准（草案）
恩格拉黏度（25℃）		1～15
筛上剩余量（1.18mm），%		0.3 以下
黏附性		2/3 以上
微粒电荷		阳（+）
蒸发残留量，%		50 以上
蒸发残留物	针入度（25℃），0.1mm	5～30
	软化点，℃	55.0 以上
贮存稳定性（24h），%		1 以下
轮胎黏附率（60℃），%		10 以下

五、后记

发表新制定的抑制黏附轮胎型乳液的协会标准。这个标准加上以往的乳液性能，以及上覆膜形成后的有关性能标准，成为这种乳液较完整的性能指标标准。

黏层油的功能及其评价方法研究

姜云焕　译

本文通过用黏层油制成的残留沥青覆膜，测定覆膜的强度，检验覆膜的剪切试验，介绍黏层油的种类和试验温度等试验条件的变化，并介绍黏层油各种试验。

一、残留沥青覆膜沥青剪切试验概要

这次 WG 的设计是残留沥青的覆膜的剪切试验。黏层油使用的乳化沥青（以下简称为乳液），将其蒸发残留物涂刷到选定的基板上，重合后，进行覆膜剪切试验，这就是覆膜的剪切强度的测定。

试验用试件的制作及试验的实例如图 1 和图 2 所示。

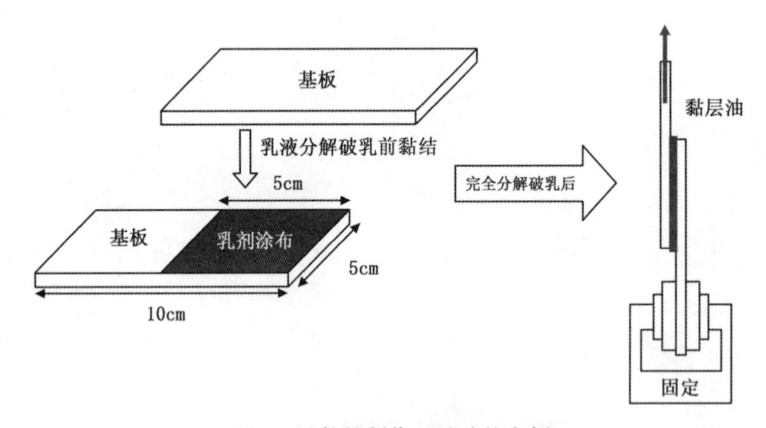

图 1　试件的制作、试验的实例

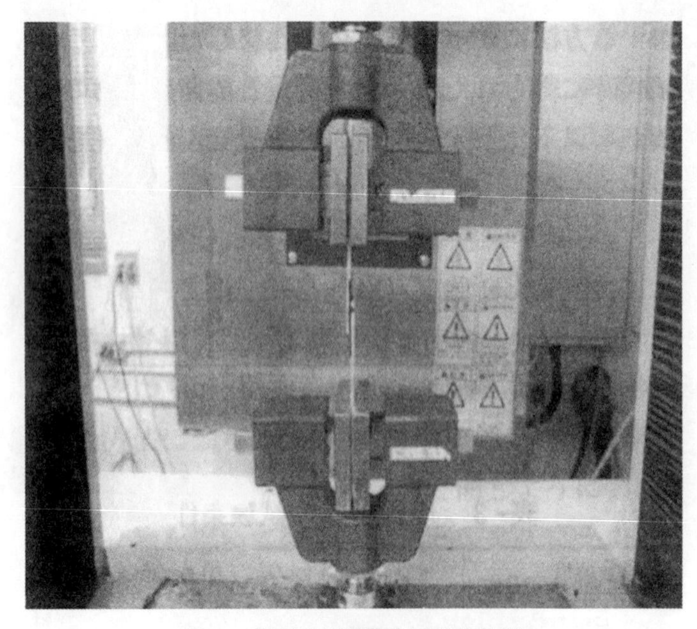

图 2　残留沥青覆膜剪切试验状况

二、准备试验

这项试验着眼于洒布后黏层油形成的沥青的覆膜。为此，在试验用的基板上必须形成均匀覆膜。

准备试验，准备好试验用的基板的种类、乳液（沥青的覆膜）的形成方法、剪切张拉的速度、试验温度等试验条件的变化。检验剪切覆膜强度的倾向。

（一）准备试验条件

准备试验用的基板种类如表1，乳液的种类如表2所示。

表1　准备试验用的试验用的基板

基板的种类	规格	尺寸（$L\times W\times h$），mm
人造石板	JIS A 5430	100×50×5
铝板	—	100×50×3

表2　准备试验用的乳液

乳液的种类	规格	蒸发残留物含量,%
PK－4	JIS K 2208	50
PKR－T	JEAAS	50
PKM－T	抑制黏附轮胎型乳液	50

使用表1中铝板为基板时，如图1所示方法制作试件，乳液重复涂布到基板上，由端部可能会有未破乳乳液漏出，或是形成覆膜不均匀等不良现象。

还有使用人造石板时，吸收乳液的水分，使石板中的碱性成分溶出等的原因，加速乳液的分解破乳，造成难以确保覆膜的均匀状态。

由于上述原因，在JIS K 2207基于石油沥青的弗氏脆点试验制作试件制作方法，将乳液中水分完全蒸发掉的蒸发残留物，涂布在铝板上，制作试件。

从试验中测得的最大张拉荷重与蒸发残留物涂布的面积，如下面所示公式，计算出覆膜的剪切强度。

覆膜的剪切强度（MPa）＝试验时的最大张拉荷重（N）$\times 10^{-6}$/黏结涂布面积（m^2）

准备试验的试验条件如表3所示。

表3　准备试验的试验条件

项目	条件
试验速度	1mm/min，10mm/min
试验温度	20℃，30℃，40℃
乳液洒布量	0.2kg/m^2

（二）准备试验结果

准备试验结果如图3所示。在设定的试验条件的试验结果中，当试验温度为40℃时，PK－4与PKR－T的强度很低，测不出试验结果。这认为是蒸发残留物的软化点太低的结果。

试验速度设定为10mm/min时，PKM－T的张拉荷重过大，试验片从试验夹具中被拉出不能进行测定。

相同的测定的条件下，由于测定值有波动，在使用铝板做基板的平均值中，剪切强度大致关系为PK－4≤PKR－T<PKM－T。

使用人造石板作基板与使用铝板作基板相比，形成覆膜易于均一，每个测定的数值波动也小。

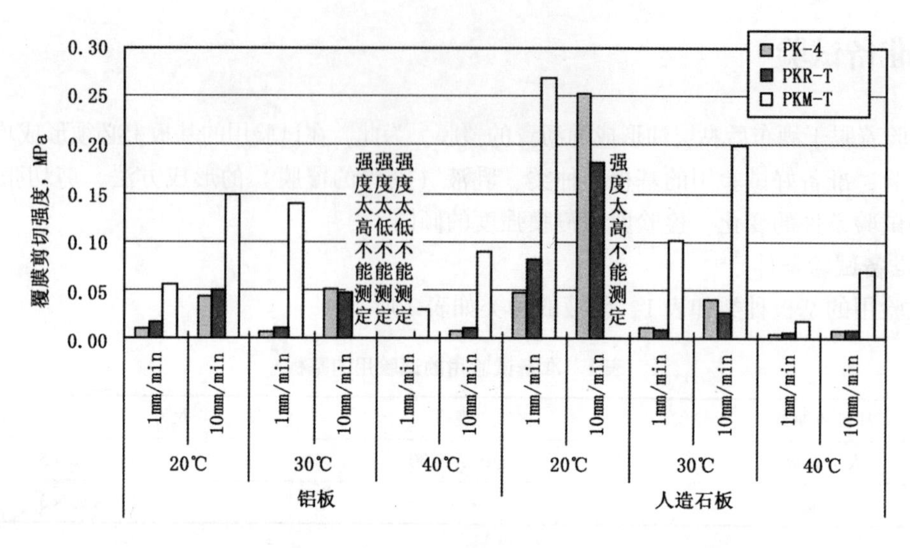

图3　准备试验结果

三、共同试验

（一）试验条件

准备试验的结果中，试验温度为30℃，拉申速度为10mm/min时，PKM－T的覆膜剪切强度过强，不能测出结果。进行再次准备试验，3种乳液的测定值的试验条件如表4所示，WG参加各厂家实施的共同试验。

表4　共同试验的试验条件

使用乳液	PK－4，PKR－T，PKM－T
乳液洒布量	0.2kg/m^2（蒸发残留物换算）
试样洒布面积	25mm×25mm＝625mm^2
拉拉速度	10mm/min
试验温度	25℃

（二）试验结果

覆膜的剪切强度的试验结果如图4所示，达到最大荷重的做功量如图5。以PK－4的覆膜剪切强度为基准，PKR－T及PKM－T的强度比如图6所示。试验后的试验条件的状况如图7所示。

在共同试验中，可以看出覆膜的剪切强度与做功量，有PK－4＜ PKR－T＜PKM－T的倾向。

这次的共同试验中，使用PKM－T时，覆膜的剪切强度值为最大，与PK－4相比要强3.4倍。另一方面，与PKR－T相比，要比PKM－T小1.4倍。

然而，从各个厂家实施的试验结果看出，各厂之间PK－4的试验结果没有大的波动，PKR－T、PKM－T波动有增大的倾向。

由PK－4直馏沥青为原料制造的乳化沥青，蒸发残留物性能没有多大的变化，各厂家覆膜的剪切强度没有大的波动。

另一方面，由于PKR－T与PKM－T采用改性沥青为原料，以及各厂家以自己的工艺方法在乳液中加入胶乳等改性剂，使蒸发残留物的性能达到了JEAAS的标准。这是波动增大的主要原因。

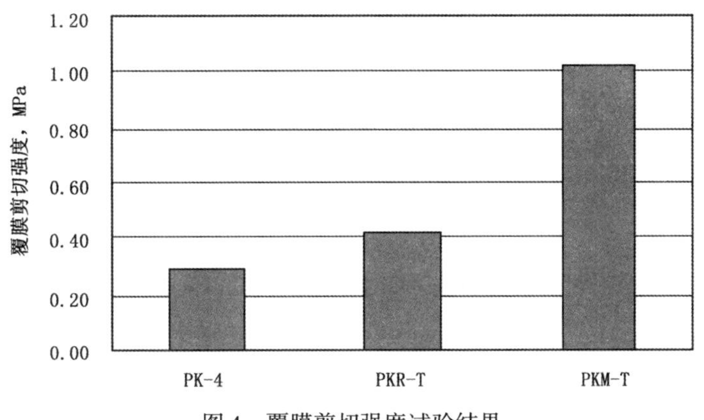

图 4　覆膜剪切强度试验结果

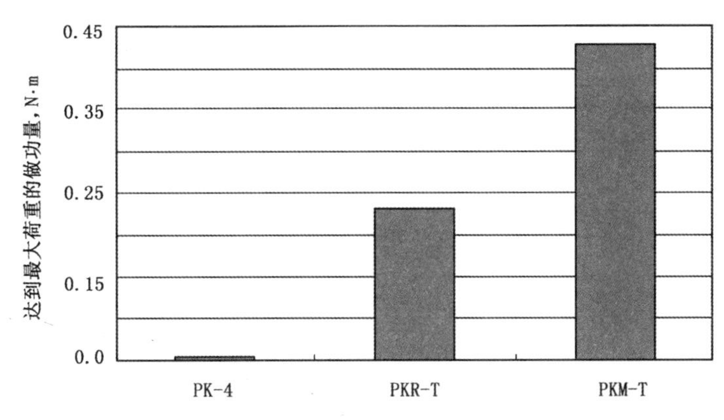

图 5　根据覆膜剪切强度试验求出做功量

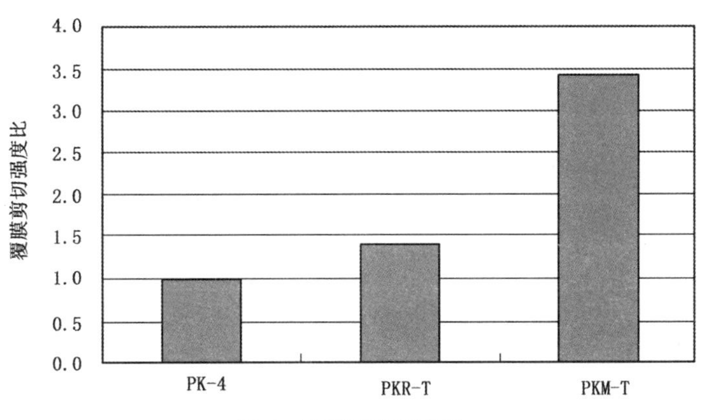

图 6　覆膜剪切强度比

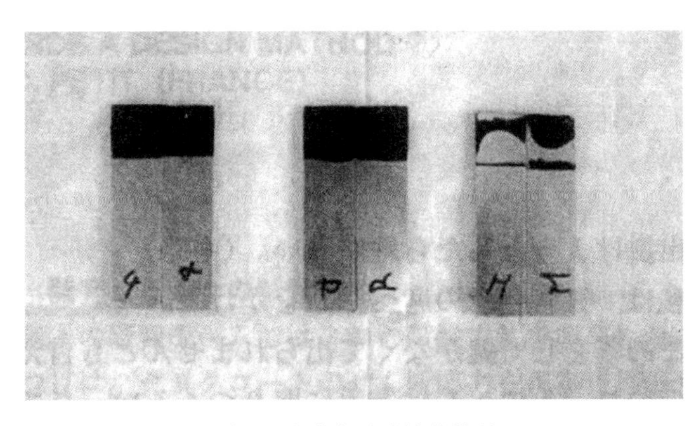

图 7　试验完后试件的状况

四、结束语

通过有关各种方法对黏层油的重要性能黏结性进行评价。

原来的使用方法与相同的沥青混合料进行评价时，沥青混合料的影响很大，但是对于黏层油的真实的性能不能做出适当准确的评价。由此得出，这次着重将实际形成的蒸发残留物覆膜进行试验，看出乳液之间的类别。

WG 的最终目的，为能确立黏层油自身功能的评价方法，准备继续进行研究。

乳化沥青技术疑难问题的解答（摘要）

姜云焕　译

一、乳化沥青的制造与储存

（一）乳化沥青的制造

问：请教乳化沥青是如何而组成的？

答：乳化沥青由石油沥青与水、表面活性剂以及其他稳定剂所组成。

乳化沥青的主要成分，一般用直馏石油沥青，约占乳化沥青的50%～60%。乳化沥青使用石油沥青，通常针入度用60～200，但是根据气候条件，有时可以使用更硬的或更软的石油沥青。近年来，也使用改性沥青在基质沥青加入橡胶或树脂。

乳化沥青的第二成分为水，占有40%～50%。乳化沥青性能受水的影响不小。水可以湿润物质，还是化学反应的介质。水中含有微量的无机物成分，影响乳化沥青的乳化性及稳定性。因而，最好用饮用水（自来水）。用井水时，要事先检验其硬度，必须检验确认其不含有影响乳化的不良物质。

为使石油沥青乳化还必须用表面活性剂（乳化剂），选择乳化剂（表面活性剂）是最为重要的。乳化沥青的性能，受表面活性剂很大的影响，根据使用表面活性剂种类的不同，造成阳离子型、阴离子型、非离子型等各种类型的乳化沥青。但是，在道路上阴离子乳化沥青现在已不生产使用。

问：据说乳化沥青是由水与石油沥青混合而成。而石油沥青是由石油制成的，它是一种油，为什么能与水混合呢？

答：一般的乳化石油沥青，是指在水中将石油沥青以1～3μm微粒分散的乳状液。石油沥青是在原油炼制过程的最终产品，是与汽油、煤油等同样的一种石油产品。但是，为何水与油（石油沥青）能搅拌而成乳液？

首先从反面来质问，为什么水与油不能相容。水与许多有机物（例如与砂糖等）、无机物（例如盐等）都可以融合，但与油确不能相溶的。对比，可以从菜汤里的油和醋现象联想出来，经过摇动立即呈乳化色均匀状态，少有停歇既分离出两层。这就是水与油相互之间存有反拨力（或称为自身的收缩力、回张力）的作用原因。

这里就表面张力稍做叙述。一般地说，当液体与气体接触时的界面张力称为表面张力，当与固体或其他液体相接触式时称为界面张力，总之，表面张力是界面张力的一种。水是表面张力较大的物质，表面张力特别大的物质为水银。

现将话归原题，为将界面张力相差较大的油与水（一般是油的表面张力要小）做稳定性的混合（即进行乳化），必须借助界面活性剂这种特殊物质的力量。如图1所示，靠近水部分称为亲水基，

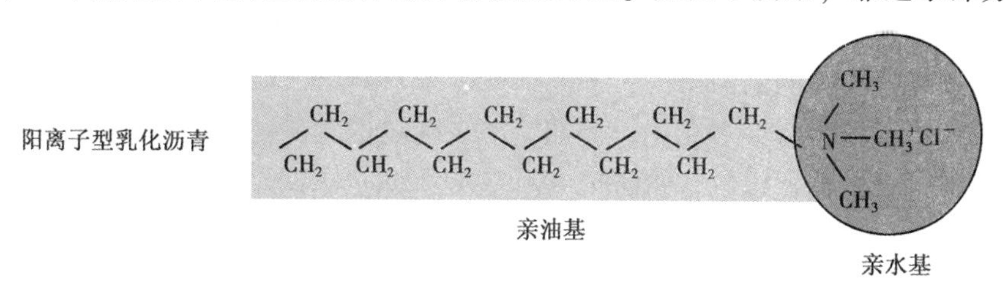

图1　界面活性剂的模式图

靠近油的部分为亲油基（或称疏水基），由这样两部分组成，它俩分别与水和油相结合。图2表示乳化沥青的乳化微粒的模型。

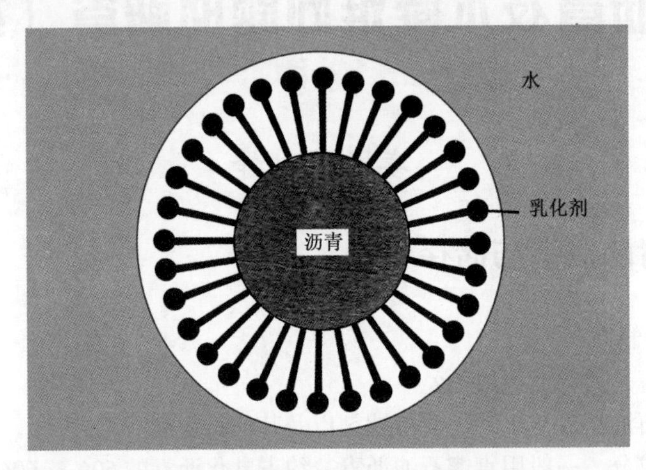

图2　乳化沥青的乳化微粒模型

如乳化沥青微粒模型所示那样，水与油（石油沥青）的界面上，由界面活性剂做定向排列，亲水基与水，亲油基向油相联结，两者（水与油）之间的界面张力大幅的下降，相互之间的反拨力也变为零。

这样水与油（沥青）由于界面活性剂联系结束的作用，可形成的使乳化沥青的乳液保持稳定地分散状态。

如若想更详细地了解乳化沥青的制造方法，敬请参照下列资料：

（1）乳化沥青基础与应用技术，日本乳化沥青协会，平成18年2月。

（2）日本乳化沥青协会技术委员会：用乳化沥青制作路面用材料的方法，《铺装》，Vo1，34，No. 8，1999. 8

（二）乳化沥青的主要原材料

问：作为乳化沥青的主要原材料的石油沥青，是怎样的一种物质？

答：石油沥青分为天然与人工制成两种。天然的石油沥青，自公元前3000—4000年至今已有5000~6000年的历史。人工的石油沥青是从本世纪初，随着汽车工业发展而成长发展起来的，它是以天然石油为原料，在精致石油的过程中，从其残渣油中制取的。

石油沥青的制造方法，有减压蒸馏与溶剂抽出等方法。

减压蒸馏法是将原油在常压下，做低点分馏。残渣油如在高沸点分馏会产生变质，采用减压下蒸馏方法，在残渣的油分加工后即为石油沥青。

溶剂抽出法是特殊润滑油的制造方法，使用丙烷等无极性的溶剂，使石油沥青沉淀，将润滑油分离，被称为丙烷脱沥青。采用这种方法制造石油沥青的方法，称为丙烷脱沥青法。

前面一种方法制造的石油沥青，在JIS K 2207中有规定，其成分以碳、氢为主，由复杂的高分子化合物所组成。

日本石油沥青是用中东附近的原油为原料制造的。原油分有环烷基、中间基、石蜡基等，由产出国分为各种各样不同性质的原油。

因此，石油沥青性质将有许多变化。例如，产自阿拉伯、科威特等中东国家的原油都有差异，那么各种原油在炼油厂的储存罐中，如何按比例装入，如何按不同的炼制方法进行提炼？在炼制过程中如何按不同比例提取不同种类的油分？来制造不同成分的石油沥青。由于这样的原料制出的石油沥青的性能在变动，制造出的乳化石油沥青性能也必然有变动，因此在制造时，质量管理是很重要的。

在使用石油沥青为原料时，必须注意防止沥青过度加热。再有石油沥青的酸（石油沥青中含有的高分子环烷酸的酸分）据说高为好。在制造乳化沥青时使用的石油沥青的针入度可用 60 ~ 300。但是，在最近有所不同，有采用针入度为 20 的硬质石油沥青的情况。

（三）乳化沥青的产量

问：请教乳化沥青产量有多少？今后乳化沥青的产量会增加么？

答：日本平成 20 年度乳化沥青的年产量（2008 年）如表 1 所示。

表 1　2008 年日本乳化沥青年产量　　单位：t

区　分	内　设			合计
	灌入用乳化沥青	拌和用乳化沥青	改性乳化沥青	
北海道	7960	641	818	9419
东　北	17298	7825	1183	26306
关　东	35559	4962	3698	44219
北　陵	8315	634	591	9540
中　部	17550	7332	2895	27777
近　畿	11124	1875	1843	14842
中　国	9557	1273	1007	11837
四　国	4141	232	179	4552
九　州	16742	2899	1783	21424
冲　绳	2028	0	134	2162
合　计	130274	27673	14131	172078

日本乳化沥青年产量，于 1970 年曾达到年产 70×10^4t 的高峰，现在只有年产 20×10^4t，逐年有下降的趋势，据说这是由于日本的公共事业与道路铺筑事业大幅削减所造成的。

那么，就看看世界各国乳化沥青生产量的情况，表 2 为 2003—2005 年三年间各国乳化沥青生产量的情况。

从表中看出，日本以每年 5% 产量在逐年减少，而全世界却以 10% 产量在逐年增加。

表 2　各国乳化沥青产量的发展　　单位：$\times 10^3$t

国　家	2003 年	2004 年	2005 年
美国	2300	2400	2400
法国	980	977	977
墨西哥	600	620	650
巴西	无数据	400	400
西班牙	395	347	362
加拿大	190	250	350
中国	无数据	无数据	300
日本	250	225	205
俄罗斯	无数据	无数据	200
泰国	110	150	153
英国	143	150	150
爱尔兰	140	130	120
马来西亚	110	110	110
其他	1282	1241	1423
合计	6500	7000	7800

其中，特别是巴西、俄罗斯、印度、中国和东南亚等经济迅速发展的国家的乳化沥青产量在增加。也因为环保问题及乳化沥青在常温操作使用的重新认识，还因近年来，沥青用合成橡胶或树脂等的改性，作为乳化沥青的改性乳化沥青得到开发，乳化沥青的使用范围有望扩展。

这里对将改性乳化沥青做些介绍。

（1）抑制黏附轮胎的乳化沥青。它是低针入度、高软点的改性乳化沥青。它的特点是撒布后破乳分解的沥青，不会黏附行走作业车辆的轮胎，这是在黏层油中存在的一个问题，行走作业车辆对于周边的污染得到改善。它与一般的黏层油相比，还有较高的黏结强度。

（2）中温拌和物用乳化沥青。这是用合成橡胶或树脂改性的沥青。这种改性乳化沥青在欧洲与北美用于中温拌混合料。使用这种改性乳化沥青铺筑中温化路面，这种路面施工与一般加热路面施工比较，是在低温下施工。从施工人员健康与安全方面，以及从降低 CO_2 的排放量来考虑，日本今后也应发展这种技术。

因而，增加改性乳化沥青产量，它将成为今后日本增加乳化沥青产量的关键。

（四）乳化沥青的储存期限

问：乳化沥青储存期限以多长时间为宜？如果超过储存期限，质量会发生什么变化吗？请教乳化沥青在储存上应注意的问题？

答：乳化沥青出厂的方式有用桶装和洒布车（或油罐车）等方法。

最近用桶装发货少了，几乎都用洒布车进行洒布。因此，用桶装乳化沥青，长期存放在工程公司或施工现场的情况已渐少。

根据质疑的问题认为，装入桶中的乳化沥青经过长期储存时的质量的变化，可否予以使用？

乳化沥青的储存期限（质量保证期限），在桶装上没有表示，都是以工地全部使用时间为前提。如该工程剩余的转运到另外工程使用时，就要考虑其储存的问题。

乳化沥青的规格标准（JIS K 2208）中，记载着（储存超过2个月以上时，要检验确认其是否符合标准）。这一要求并不适合所有地区。通常情况可作为2个月的指标，对于寒冷地区要另作表示。

下面就乳化沥青化学性质，对其保存的注意事项予以叙述。由于乳化沥青是石油沥青依靠表面活性剂的作用而制成的，在道路中都是水包油型，是石油沥青的微粒分散于水中的形态。其中石油沥青微粒的粒径为1～10μm。

保持乳化沥青储存中的稳定性、施工中作业的机械稳定性、施工后要求尽快地分解硬化，为使这些环节分别保持均衡，必须配合乳化剂、外加剂等的调整。

（1）储存中勿将水与异物混入。

如有不必要的水与异物混入，将破坏乳化沥青配合比例的平衡，使乳化沥青的稳定性受到破坏。特别是在露天户外保存的时候，一定勿使水与异物侵入。

混入的水和异物，破坏了乳化的配合比，乳化沥青就失去稳定性。特别存放在室外的时候，一定要拧紧螺帽，勿使水和异物混入。如为桶装时，由顶盖螺帽周围积存雨水，建议桶顶盖上薄膜。但是，如果存放在室内，将螺栓与顶盖打开时，由于水分的蒸发，使乳化沥青表皮产生沥青的覆膜，在进行喷洒作业时，会成为堵塞喷嘴的因素，一定要将顶盖螺帽拧紧。

（2）在长期存放时，为防止石油沥青微粒的沉降而聚合，要做适当的搅拌。

由于石油沥青微粒的比重比水大一些，静止存放时，石油沥青微粒具有沉降的性质，在较短的时间内，底部的浓度与黏度都有增加的趋向，予以搅拌可使其恢复原状（将此称为乳状液）。如再做长期的存放，石油沥青的微粒之间相互聚合，成为沥青的结块。在这种状态下，即使搅拌也不能恢复原状，也不能再使用。

从而，保存期长时，在适当间隔（2～3周）进行搅拌，防止沥青微粒的沉降和聚合。如前所述确认是否符合标准的要求，按照JIS K 2208的要求进行试验检验。

（3）在冬季储存时用护板保温，防止发生冻结。当温度在零摄氏度以下时，乳化沥青中的水分要冻结，冻结将引起乳化破坏，使水与沥青产生分离，以致无法使用。

冬季应尽可能在屋内存放，如不得已需存在室外（野外），须用护板保护，防止温度下降。

二、乳化沥青的检验标准及试验方法

（一）乳化沥青 JIS（工业标准）及其他的标准

问：于2000年修订的乳化沥青标准与修订的要点与变迁的过程，请给予指教。JIS 以外乳化沥青的制造检验标准，请指教还有哪些？

答：乳化沥青的 JIS 标准，于2000年（平成12年）8月20日做了修订。乳化沥青的 JIS 检验标准，是以1949年工业标准化法为基础，于1957年6月制定 JIS K 2208，其后经过1961年、1967年、1980年、1993年的修订，直到如今。在表1中乳化沥青分类及其代表符号，在表2中 JIS 标准说明其变迁的过程。修改有如下三点。

（1）对蒸发残留物可溶分试验溶剂的变更。

过去使用三氯乙烷做溶剂，它是大气臭氧层破坏的指定物质，于1996年由于禁止使用，日本乳化沥青协会根据试验结果，改用甲苯做溶剂。

（2）取消蒸发残留物延度试验。

关于蒸发残留物延度试验：①在 JIS 乳化沥青检验标准中，对其乳化沥青的实用性能没有明确规定。②现有原油输入地几乎都有规定，取消它不会有问题。③各国也很少采用这个指标，因此予以取消。

（3）取消阴离子型乳化沥青。

由于现在阴离子型乳化沥青在道路路面铺筑中，已没有厂家生产和使用，因而 JIS 将其取消。增加了非离子乳化沥青（表3和表4）。

表3　乳化沥青的种类及其符号（JIS K 2208）

种　类			记号	用　途
阳离子型	贯入用	1号	PK－1	温暖季节贯入及表面处治
		2号	PK－2	寒冷季期贯入及表面处治
		3号	PK－3	透层油及水泥稳定处理层养生
		4号	PK－4	黏层油
	拌和用	1号	MK－1	粗级配骨料混合料
		2号	MK－2	密集配骨料混合料
		3号	MK－3	砂石土拌和用
非离子型	拌和用	1号	MN－1	水泥乳化沥青稳定处理拌合用

表4　JIS K 2208 的变迁

	种类	主要修改内容
1975年制定	阴离子型乳化沥青 PE－1A，1B，2，3，4	
1961年改正	阴离子型乳化沥青 PE－1，2，3，4 ME－1，2，3	废止 PE－1的A，B 蒸发残留物量重新评价 残留物针入度重新评估 恩格拉黏度重新评估

续表

	种类	主要修改内容
1967 年改正	阳离子型乳化沥青 贯入型 PK－1，2，3，4 拌和型 MK－1，2，3 阴离子型乳化沥青 贯入型 PA－1，2，3，4 拌和型 MA，1，2，3	增加阳离子型
1980 年改正	种类没有改变	标准体系分类重新评估 恩格拉黏度重新评估 蒸发残留量重新评估 蒸发残留物针入度重新评估
1993 年改正	阳离子型阴离子型没有变化 非离子型拌和用	增加非离子型
2000 年改正	阳离子型 贯入用 PK－1，2，3，4 拌和用 MK－1，2，3 非离子型 拌和用 MN－1	残留物可溶分溶剂的变更 残留物延度的消除 取消阴离子型

除 JIS 以外，有关乳化沥青标准还有日本乳化沥青协会制定的行业标准（JEAAS）以及生产厂家独自规定的标准，此处就 JEAAS 规定的乳化沥青的标准予以介绍。

随着 JIS 的修订。JEAAS 也于 2006 年 2 月 1 日予以修订。在 JEAAS 中，有为各厂家生产的特种乳化沥青（表 5）的规定标准。这次的修改将取消阴离子型乳化沥青与橡胶改性沥青 PKR－T－1（用于温暖时期的黏层油）以及 PKR－T－2（用于寒冷时间的黏层油）。

2008 年新开发的、用量逐渐增多的抑制轮胎黏附的乳化沥青（PKM－T）的检验标准也予以增加（表 6）。

表 5　乳化沥青的种类及符号（JEAAS）

种　　类		符号	用　　途
高渗透性乳化沥青		PK—P	透层油用
高浓度乳化沥青		PK—H	渗入用及表面处治用
稀释乳化沥青		MK—C	维修养护的常温混合料用
改性乳化沥青	橡胶改性乳化沥青	PKR—T	黏层油用
	橡胶改性乳化沥青	PKR—S—1	温暖季节表面处治用
	橡胶改性乳化沥青	PKR—S—2	寒冷季节表面处治用
	改性稀浆封层	MS—1	改性稀浆封层

注：高渗透性乳化沥青；高浓度乳化沥青；稀释乳化沥青；改性乳化沥青；橡胶改性乳化沥青；改性稀浆封层。

表 6　抑制黏附轮胎型乳化沥青协会标准（草案）

试验项目	协会规格（草案）
恩格拉黏度（25℃）	1～15
筛上剩余量（1.18mm），质量%	0.3 以下
黏附性	2/3 以上
微粒电荷	阳（+）
蒸发残留量，质量%	50 以上

续表

试验项目		协会规格（草案）
蒸发残留物	针入度（25℃），0.1mm	5～30
	软化点，℃	55.0 以上
贮存稳定性（24h），质量%		1 以下
轮胎黏附量（60℃），质量%		10 以下

JIS 由日本标准协会发行，而 JEAAS 由日本乳化沥青协会发行。因而有关详细情况，请参照这些标准。

（二）日本乳化沥青协会的标准

问：日本乳化沥青协会是否有制订的检验标准？如有请告诉产品名称，标准数值等？

答：日本乳化沥青标准，除日本工业标准 JIS 外，还有日本乳化沥青协会（JEAAS）制定的标准。

在 JEAAS 中有：高渗透性的、高浓度性的、稀释轻质的、加橡胶的、改性稀浆封层的等。有六类 15 种特殊的乳化沥青。至于阴离子型乳化沥青，在 2000 年的 JIS 的修订中已被取消。可是在同年的日本乳化沥青协会标准 JEAAS 中却仍被保留，但在 2006 年的修订中，由于阴离子型乳化沥青在道路工程中几乎不需要，因而在 JEAAS 中予以取消。

乳化沥青协会标准 JEAAS，表 7 为种类及用途，表 8 及表 9 表示其质量及其性能。

表 7 种类及用途

种　　类		符号	用　　途
高渗透性乳化沥青		PK—P	透层油
高浓度乳化沥青		PK—H	渗入用及表面处治用
稀释乳化沥青		MK—C	维修养护的常温混合料
改性乳化沥青	橡胶改性乳化沥青	PKR—T	黏层油
	橡胶改性乳化沥青	PKR—S—1	温暖季节表面处治用
	橡胶改性乳化沥青	PKR—S—2	寒冷季节表面处治用
	改性稀浆封层	MS—1	改性稀浆封层

参考：高渗透性乳化沥青—High Penetrating Emulsified Asphalt;
高浓度乳化沥青—Emulsified Asphalt of High Content;
稀释乳化沥青—Emulsified Cutback Asphalt;
改性乳化沥青—Emulsified Modified Asphalt;
橡胶改性乳化沥青—Emulsified Rubberized Asphalt;
改性稀浆封层—Emulsified Asphalt for Microsurfacing。

表 8 质量及性能（之 1）

项　　目		乳化沥青的种类及符号		
		PK－P	PK－H	MK－C
恩格拉黏度（25℃）		1～6	—	—
赛波尔特流值，s	（50℃）	—	20～500	—
	（25℃）	—	—	30～500
筛上剩余量（1.18mm），质量%		0.3 以下		
黏附性		2/3 以上	2/3 以上	—
渗透性，s		300 以下	—	—
微粒电荷		阳（＋）		

续表

项目		乳化沥青的种类及符号		
		PK－P	PK－H	MK－C
密级配骨料混合料		—	—	呈均匀
馏出部分（360℃）		15 以下	5 以下	3～20
蒸发残留物		40 以上	65 以上	50 以上
蒸发残留物	针入度（25℃），0.1mm	100～300 以下	80～300	—
	流值时间（60℃），s	—	—	20～170
贮存稳定性（24 h）		2 以下	—	1 以下

注：关于 PH－H 在夏季使用时，蒸发残留物的针入度取25℃时的数据。

表9　质量与性能（之2）

项目			改性乳化沥青的种类与符号			
			PKR－T	PKR－S－1	PKR－S－2	MS－1
恩格拉黏度（25℃）			1～10	3～20		3～60
筛上剩余量（1.18mm），%			0.3 以下			
黏附性			2/3 以上			—
微粒电荷			阳（+）			
蒸发残留量			50 以上	57 以下		60 以上
蒸发残留物	针入度（25℃），0.1mm		60～150	100～200	200～300	40 以上
	软化点，℃		42.0 以上	42.0 以上	36.0 以上	50.0 以上
	黏韧性	（15℃），N·m	—	4.0 以上	3.0 以上	—
		（25℃），N·m	3.0 以上	—	—	3.0 以上
	韧性	（15℃），N·m	—	2.0 以上	1.5 以上	—
		（25℃），N·m	1.5 以上	—	—	2.5 以上
贮存稳定性（24h）			1 以下			
冻融稳定性（－5℃）			—	—	没有粗颗粒与结块	—

注：按 JIS K 22086.3 测乳液恩格拉黏度为15 以下，超过15 时乳液黏度按 JIS K 22086.4 测求，换算出恩格拉黏度。

如果想了解及参考阴离子型乳化沥青的旧标准，请向日本乳化沥青协会询问。

（三）关于乳化沥青蒸发残留物含量的厂家标准

问：最近，有使用目的相同，可是生产厂家对乳化沥青检验报告的蒸发残留物含量有的是50%，也有的是60%，请教这种数值的差别？

答：对于提出问题进行调查，所指的乳化沥青的种类，可能就是抑制轮胎黏附型的乳化沥青。

抑制黏附轮胎型乳化沥青，作为黏层油洒布于现场后，现场运输混合料车辆等轮胎抑制与石油沥青的黏附，做为新型的黏层油的改性乳化沥青受到广泛重视。

现在加盟日本乳化沥青协会的厂家中，有6个厂家生产制造抑制黏附轮胎型乳化沥青。各厂家代表性这种抑制黏附轮胎型乳化沥青实例，如表10 所示。

表10　抑制黏附轮胎型乳化沥青的性能

试验项目	PKM－T JEAAS 规格(草案)	A 社	B 社	C 社	D	E 社	F 社
恩格拉黏度（25℃）	1～15	4	4	5	9	4	10
筛上剩余量（1.18mm），%	0.3 以下	0	0.1	0.1	0	0.1	0

续表

试验项目		PKM－T JEAAS 规格(草案)	A 社	B 社	C 社	D	E 社	F 社
黏附性		2/3 以上	2/3 以上	4/5	2/3 以上	2/3 以上	2/3 以上	2/3 以上
微粒电荷		阳（+）	阳（+）	阳（+）	阳（+）	阳（+）	阳（+）	阳（+）
蒸发残留量		50 以上	51	50.2	50	60	60.5	62
蒸发残留物	针入度，0.1mm	5～30	18	28	10	8	30	11
	软化点，℃	55 以上	62.0	59.1	75.0	67.0	71.0	62.0
贮存稳定性		1 以下	0.4	0.1	0.1	0.2	0	0.4
轮胎黏附性		10 以下	1.3	7.7	0.9	6.6	3.3	0.4

（四）乳化沥青的试验方法

问：关于乳化沥青各项试验，请能否予以通俗易懂的说明。

答：乳化沥青在日本工业标准 JIS K 2208 中，就乳化沥青储存的稳定性，作业的适宜状态，以及分解破乳后的黏结料（石油沥青）的性能等，分别予以说明。

关于标准表内的数值，省略详细的说明，但在试验项目中，用括弧括定的数值表示试验条件，在右侧为表示试验结果的单位。

（1）恩格拉黏度试验。

为了表示乳化沥青的黏度，在同一条件下，用与水的黏度比值表示。总之，当恩格拉黏度为 3 时，即可认为乳化沥青的黏度是水的 3 倍。随着乳化沥青种类的不同，黏度有着不同的规定范围。例如 PK－3 时，要具有作业性外，还要有渗透性；还有 PK－4，既要易于洒布，又在设定黏度值上确保其避免流淌。

（2）筛上剩余量试验。为检验乳化沥青乳液中是否有结块而进行的检验。

在 JIS K 2208 中规定，乳化沥青乳液应通过 1.18mm 的圆形筛网，同时检验剩在筛网上石油沥青粗颗粒及结块的质量。

乳化沥青乳液由于是石油沥青的微粒分散于水中，石油沥青的微粒粒径 1～3μm 约占质量的 65% 左右。如果筛上剩余试验结果过大，意味着石油沥青的结块或颗粒过大。乳化沥青中的沥青颗粒随着存放时间增长，颗粒间有互相凝聚的性质外，在储存中因表面长期与空气接触，在乳化沥青乳液表面产生石油沥青薄膜，该结块与粗粒将影响洒布。

（3）黏附性试验。这是检验乳化沥青乳液与骨料是否具有良好的黏附性的检验。

乳化沥青乳液基本是将水分蒸发，将残留的沥青固着在骨料表面上。洒布后的乳液还残留有水分，但是，试验是将乳化沥青乳液洒布附着在骨料表面规定放置时间后，用水冲洗骨料，确定不会有石油沥青流出，目测骨料表面有 2/3 以上的面积黏附沥青即为合格。

（4）微粒离子电荷试验。检测乳化沥青中石油沥青的微粒带有哪种离子电荷的试验。

在乳化沥青中有石油沥青微粒带有正电荷的为阳离子乳液，带有负电荷的为阴离子，不带电荷为非离子乳液。在道路工程中几乎全用的是阳离子乳液。水泥与乳化沥青混合使用的，主要使用非离子乳化沥青。

阳离子型、阴离子型，由于乳化剂种类而带有不同的电荷。非离子乳化沥青，由于乳化剂的不带电荷，乳化沥青微粒也不带电荷。

一般使用的硬质砂岩的骨料，表面带有阴离子电荷，因此与阳离子电荷产生电的中和吸附作用，很快产生良好的黏附性，从这方面来说离子电荷试验是重要的。

非离子乳化沥青主要用于水泥拌和。这是因为阳离子型乳化沥青与水泥拌和时，立即产生分解破乳反应，不能进行拌和。

关于阴离子型乳化沥青的性能，由于多种原因，在道路工程中已经不予使用，因此在 JIS K 2208（2000）以及 JEAAS（日本乳化沥青协会标准）中予以消除。

（5）粗级配骨料的拌和性与细级配骨料的拌和性试验。对于规定用于拌和用的拌和乳化沥青，为检验其与骨料是否有良好拌和性试验。

当乳化沥青与骨料拌和时，有机械（剪切）作用与骨料吸收水分与蒸发，乳液产生分解破乳。针对这些作用，在拌和中必须保持充分的稳定性。按这项规定进行试验，拌和的混合料必须保持合格的均匀状态。根据骨料的颗粒组成分为粗级配与细级配。

（6）砂石土混合料试验。这项试验是检验含土多的骨料与乳化沥青拌和性合格的试验。一般用波特兰水泥代替土进行试验，水泥与乳化沥青的比例按 1:2 进行拌和试验，通过筛网后，按筛上土剩余量的质量的百分比，判断其拌和性是否合格。

（7）水泥拌和性试验。这是确定水泥与乳化沥青拌和性是否良好的试验。

用普通硅酸盐水泥与乳化沥青按 1:1 的比例拌和，在筛上用水冲洗后，筛上剩余量的质量百分比是否合格。

（8）蒸发残留量试验。

确定乳化沥青中石油沥青含量的试验。按规定量将乳化沥青加热，使水分蒸发，剩余的石油沥青的质量用% 表示。

（9）蒸发残留物针入度试验。

在第（8）项中取得的蒸发残留物（石油沥青）进行针入度试验。针入度是代表石油沥青硬度的指标，数字代表硬度，数字大代表软些。在 25℃ 的温度下，用加砝码为 100g 的钢针，在 5s 内，测定其贯入值，以 1/10mm 为单位表示（例如，针入度 100 = 10mm）。

（10）蒸发残留物于甲苯可溶分试验。检验石油沥青纯度试验。

由第（8）项中取得的蒸发残留物溶解于甲苯中，经过过滤器后，测定出不溶分的质量百分比。不溶分超过规定的，说明沥青中不纯物过多，不适合作为路面用的黏结料。

（11）储存稳定性试验。

检验储存中乳化沥青稳定性试验。由于乳化沥青中的石油沥青颗粒密度比水稍大些，因此在静置存放时，石油沥青颗粒就有沉淀的性质。测定试验用（特制的）量筒的上部与下部的浓度（蒸发残留物的含量）的差值进行判断。静置 24h 后，如果上下部浓度差在规定范围内即为合格。

（12）冻融稳定性试验。为检验乳化沥青在储存中冻结融化状态的试验。

乳化沥青乳液中的水分，在摄氏零度以下长时间存放时引起冻结。冻结的乳化沥青乳液，由于乳化被破坏就不能使用。

如在 -5℃ 的空气中，静置存放 30min，如用所定试验方法检验，没有异常现象即为合格。

（13）赛波特秒试验。

它与恩格拉黏度同样是表示乳化沥青黏度，使用于 PK - H 与 MK - C。在要求的温度条件下，乳化沥青从试样容器中流出，在接收器中流入定量（$60cm^3$）为止，计算所需要的时间，用赛波特秒（s）表示。

还有，在 PK - H 与 MK - C 以外，当恩格拉黏度超过 15 的高黏度乳化沥青时，可以求出赛波特秒黏度，用下面公式换算成恩格拉黏度

$$n = 0.280T_s$$

式中 n——恩格拉黏度；

0.280——换算系数，1/s；

T_s——由赛波特秒试验器测出试样流出的时间。

（14）渗透性试验。评价乳化沥青向底层等渗透性的试验，适用于 PK - P 乳液。

将标准砂 1000g（含水量调至 5%），在马歇尔试验机上击实 50 次制成试件。在试件表面上洒

布乳化沥青，按 2L/m² 洒布，测定出表面没有乳化沥青的时间，这就是它的渗透时间。

（15）流出油分及蒸馏残留量试验。

根据蒸馏试验可以测定乳化沥青中含有的轻质油分及沥青的含有量。适用于 PK－P、PK－H 以及 MK－C。

使用专用的蒸馏器将乳化沥青加热至 360℃，达到要求温度时，测出轻质油分的体积与残留物的质量，按试样的质量算出蒸发油分及蒸馏残留物的比例。

（16）浮动度时间试验。

将在规定温度的温水中，将浮动仪的规定容器中充填沥青试样，试样由温水中浮出的时间为浮动度时间。

（17）软化点试验。为了测定改性乳化沥青蒸发残留物的软化点，适用于 PKR－T、PKR－S－1、PKR－S－2 和 MS－1。

石油沥青加热后逐渐变软，随后变成流动。软化点试验就是确定其一定的流动状态，测定达到这一状态的温度为软化点。

（18）黏韧性、韧性试验。为检测改性乳化沥青蒸发残留物的黏韧性及韧性而进行的试验，适用于 PKR－T、PKR－S－1、PKR－S－2 和 MS－1。

将试样装入规定的试验器中，按规定的速度拉伸试样，测定拉伸至 30cm 的应力及拉伸量。由图 3 的 A，B，C，D，F，A 所围面积为黏韧性，由 C，D，F，E，C 所围面积(斜线部分)为韧性，单位用 N・m 表示。

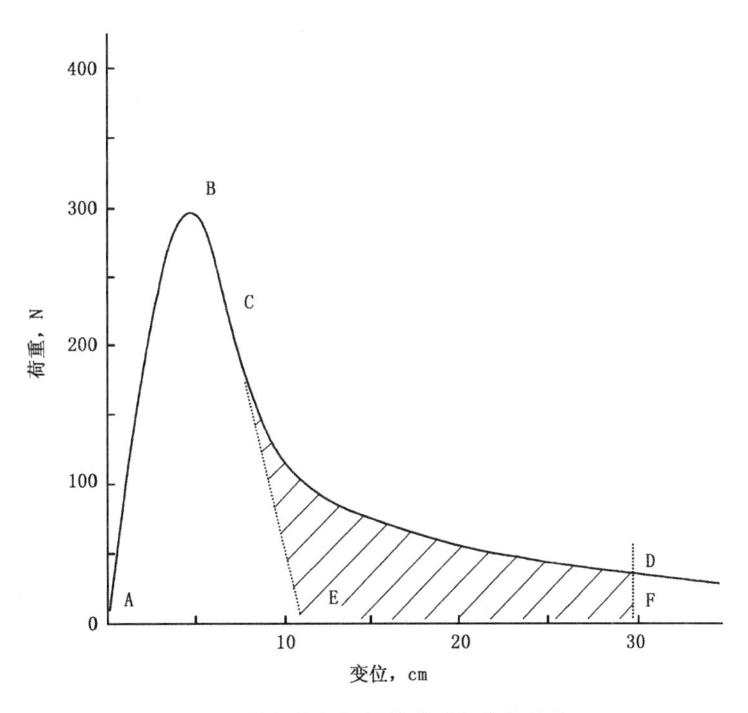

图 3　黏韧性与韧性的荷重与拉伸曲线

（五）乳化沥青的 JIS 标准与 JEAAS 标准

问：乳化沥青 JIS 标准与 JEAAS 标准有什么区别？除此之外还有别的标准么？

答：从结论来讲，在日本国内，乳化沥青的标准，有国家标准 JIS 及日本乳化沥青协会规定的 JEAAS 两种标准。至今，除此以外，没有别的公认的标准。

在 JIS K 2208(2000）的规定中，乳化沥青的种类为阳离子型乳化沥青与非离子型乳化沥青两类。

阳离子型乳化沥青中，有喷洒灌入型用的表面处治、透层油、黏层油等 4 种乳液（PK－1 至 PK－4）。有拌和型用的粗细级配骨料或砂土骨料等 3 种拌和用乳液（MK－1 至 MK－3）。

非离子型乳化沥青只有与水泥相拌和一种(MN－1)。这样在JIS标准中，共计规定8种乳化沥青。

JEAAS标准是将JIS K 2208（2000）中没有规定的乳化沥青，在日本乳化沥青协会的标准中予以规定。

JEAAS（2006）标准中乳化沥青有以下7种：

高渗透性乳化沥青（PK－P）；

高浓度乳化沥青（PK－H）；

稀释乳化沥青（MK－C）；

橡胶改性乳化沥青（PKR－T）；

橡胶改性掺化沥青（PKR－S－1）；

橡胶改性掺化沥青（PKR－S－2）；

改性稀浆封层用乳化沥青（MS－1）。

以上各种乳化沥青，是为适应各种乳化沥青施工的需要而开发。还有在铺设混合料时，为能抑制运送混合料车辆轮胎黏附的乳化沥青，已而开发研究的抑制黏附轮胎的乳化沥青（PKM－T），在协会标准立案。

三、乳化沥青的种类

（一）乳化沥青的电荷

问：乳化沥青的阳离子型、阴离子型、非离子型有什么区别?

答：乳化沥青大的分类有：阳离型、阴离子型、非离子型三类。它们分类是以沥青微粒所带电荷的不同而区分的。就是说乳化沥青中的石油沥青微粒所带电荷为阳（＋）时即为阳离子，为阴（－）时即为阴离子，如不带电荷即为非离子。

如图4所示为阳离子乳化沥青的模式图，石油沥青微粒分散于水中带有阳离子电荷，这是由于石油沥青微粒吸附着阳离子型表面活性剂所致。

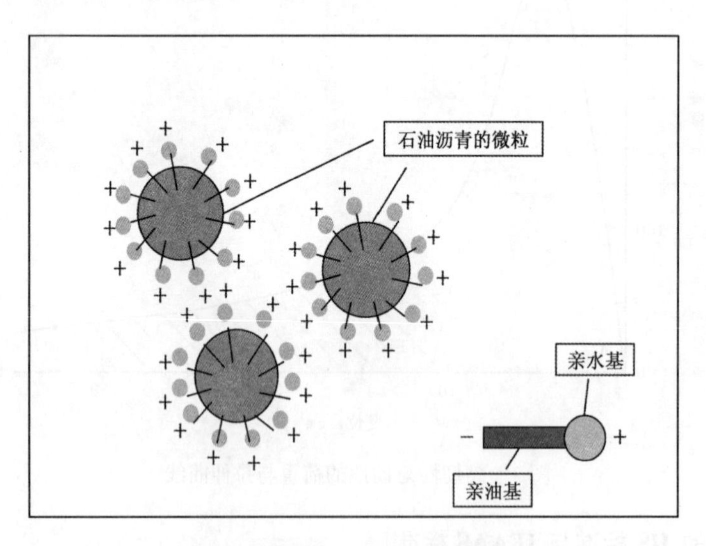

图4　阳离子型乳化沥青的模式图

在阳离子乳化沥青制造中，主要原材料为石油沥青与表面活性剂。使用表面活性剂（乳化剂）将石油沥青溶解于加酸（碱）、稳定剂的水中。

制造乳化沥青时先将不溶于水的石油沥青分散于水中，这必须费些工夫，将石油沥青滴入水中，短时间内，石油沥青的微粒即产生凝聚与沉淀。

石油沥青的自体，众所周知它是无离子型的不活性物质。因而石油沥青沉没在水中，测定pH

值没有变化，测定像水的 pH 值一样无意义。

在石油沥青乳化时乳化沥青属于哪种离子型（阳离子型、阴离子型、非离子型）是由所用表面活性剂（乳化剂）的性质（离子型）决定的。

表面活性剂概略分类如图 5 所示。

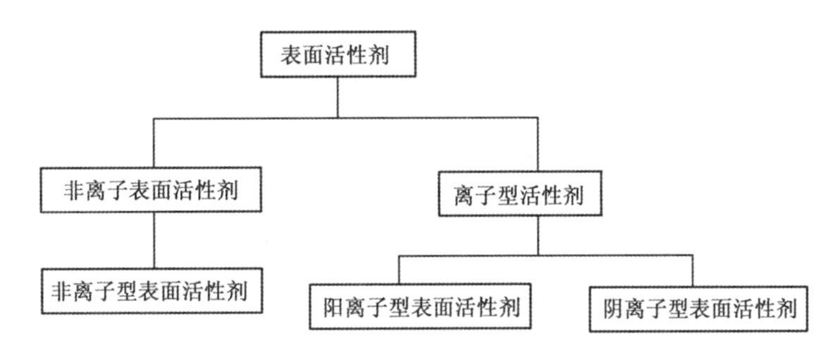

图 5　表面活性剂的分类

表面活性剂的作用，是将不溶于水的石油沥青使其溶于水中。就是说，表面活性剂中具有相同数量的亲水基部分与亲油基部分。

这里假设将亲水基部分称为“头”，亲油基部分称为“尾”。这样将表面活性剂（乳化剂）溶解成水溶液（乳化液）与加热的石油沥青相混合，乳化剂的头向水侧，乳化剂的尾向沥青侧，有规则地向沥青微粒表面配向（定向排列）（图 6）。

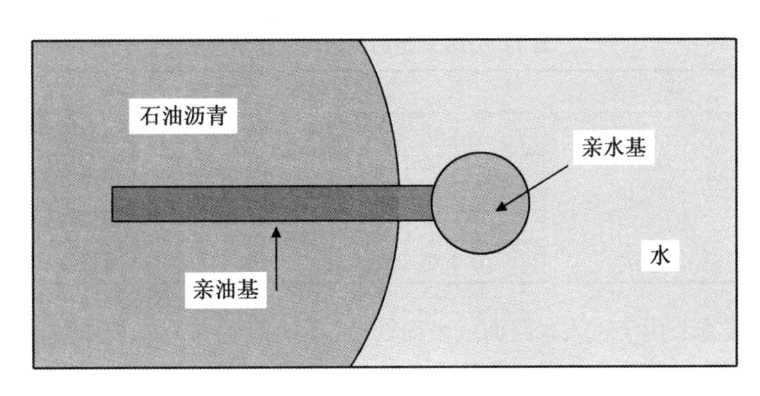

图 6　石油沥青颗粒上吸附界面活性剂的模式图

这时，石油沥青颗粒的表面由表面活性剂的亲水基的离子型所支配，由此电荷的状态决定是阳离子型、阴离子型、非离子型的乳化沥青的分类。

乳化沥青的制造，是将石油沥青（加热）与表面活性剂溶液（乳化剂水溶液）同时通过胶体磨（乳化机），通过胶体磨的强力剪切力将石油沥青粉碎成细小的微粒，即制成乳化沥青的乳液。石油沥青的粒径为 1 ~ 2μm 是很细的微粒。乳化沥青是茶褐色，就是由于这个原因。

下面就为何需要阳离子型、非离子型、阴离子型乳化沥青予以说明。

（1）阳离子型乳化沥青。在一般的道路工程中使用。它适用于道路工程的理由是比阴离子乳化沥青有良好的骨料黏附性、乳化沥青的分解破乳性、抗剥离等性能，这是选用的理由。

（2）阴离子型乳化沥青在过去的道路中使用，现在已不用了。但是，在骨料与填料做稀浆涂布混合料，用于人行道或网球场、自行车竞技场的跑道时，仍可作为涂布面层材料进行使用。

（3）非离子型乳化沥青，没有因带电荷而产生化学的稳定。可与水泥和矿粉相拌和使用，用于路上再生水泥乳化沥青稳定处理施工方法。水泥乳化沥青砂浆（CA 砂浆）等使用的乳化沥青。还有与各种材料拌和用于工业与农业中。

这样，乳化沥青由于类型不同（阳离子型、阴离子型、非离子型）其性能完全不同。根据使用的目的不同分别予以采用。

（二）贯入用与拌和用乳化沥青的区别

问：乳化沥青的标准中分为贯入用与拌和用型，究竟他们又怎样的区别？

答：乳化沥青如按用途分类，可以分为贯入（喷洒）用（Penetrating Emulsions）与拌和用（Mixing Emulsions）。

分别用于不同的用途，贯入用采用喷洒贯入做表面处治或提高层间黏聚力；拌和用是与骨料相拌和，使用于铺筑路面与底层结构等。

贯入用乳化沥青喷洒施工作业后，首先要求能尽快地分解破乳，迅速恢复石油沥青的性质。另一方面，拌和用乳化沥青与骨料相拌和时，乳化沥青与骨料之间要充分包裹，要求有拌和的稳定性。

（三）贯入用乳化沥青的种类

问：当乳化沥青用于道路路面，用于简易路面或防尘处理时，洒布使用的乳化沥青有哪些种类？

答：关于乳化沥青种类与质量，因在日本工业标准 JIS K 2208 以及日本乳化沥青协会（JEAAS）中予以介绍。就其内容予以说明。

乳化沥青有阳离子型乳化沥青、阴离子型乳化沥青以及非离子型乳化沥青等分类。

起初的乳化沥青，以容易乳化的阴离子乳化沥青为主流而发展着。但是，由于阴离子乳化沥青分解破乳速度慢且黏附性差，因此阳离子乳化沥青在道路中广为应用，阴离子已不再使用。

非离子乳化沥青，由于不带电荷，化学反应稳定，容易与水泥和矿粉填料拌和，因而就地再生水泥与乳化沥青稳定处理施工方法或水泥乳化沥青砂浆（CA 砂浆）等使用这种乳化沥青。

喷洒贯入阳离子型乳化沥青，JIS 规定有四种类（表 11）。

表 11　JIS 规定的贯入用乳化沥青

种　类			符号	用　途
阳离子型乳化沥青	贯入用	1 号	PK－1	温暖季节贯入及表面处治
		2 号	PK－2	寒冷季节贯入及表面处治
		3 号	PK－3	透层油及水泥稳定层养生
		4 号	PK－4	黏层油

PK－1 为在温暖季节用于贯入式路面或表面处治，适用于春、秋、夏季。

PK－2 适用于寒冷季节贯入式路面与表面处治用（适宜从寒冷的晚秋开始，到次年的暖春）。

PK－3 用于透层油与水泥稳定层的养护。在铺筑路面之前，在路基表面或底层表面喷洒透层油，使用的目的为向下部渗透。

PK－4 用作黏层油，特别在铺设上部面层增加荷重时，为使上层与下层之间紧密的结合，使用黏层油。

此外，在日本乳化沥青协会还规定了高渗透用乳化沥青（PK－P）、高浓度乳化沥青（PK－H），以及掺橡胶的乳化沥青等五种乳化沥青（表 12）。

表 12　日本乳化沥青协会规定喷洒贯入用乳化沥青

种　类		符号	用　途
高渗透性乳化沥青		PK－P	透层油
高浓度乳化沥青		PK－H	贯入及表面处治
改性乳化沥青	掺橡胶改性乳化沥青	PKR－T	黏层油
	掺橡胶改性乳化沥青	PKR－S－1	温暖季节表面处治
	掺橡胶改性乳化沥青	PKR－S－2	寒冷季节表面处治

表12中的乳化沥青，在使用方法上，没有像JIS标准中PK-1至PK-4那样的变化，但是在分解固化及黏结性等方面分别各有特长。

喷洒这些乳化沥青时，可以用洒布机（带有许多喷嘴的洒布机械）或自动沥青洒布机进行喷洒。

关于正确选用各种乳化沥青的标准值及使用方法与施工等，请参照由日本乳化沥青协会发布的《乳化沥青的基础与应用技术》。

四、特殊乳化沥青及施工方法

（一）稀释乳化沥青

问：什么是稀释乳化沥青？

答：所谓稀释沥青，即在直馏沥青中加入适当的溶剂（从石油沥青蒸馏出的煤油或重油）来降低石油沥青的黏度，成为流动性良好的石油沥青。

所谓的稀释石油乳化沥青，就是用这种稀释石油沥青制成的乳化沥青。但是，在制造方法上，可以用单纯的稀释石油沥青进行乳化，也有将直馏石油沥青与溶剂及乳化剂水溶液在适宜条件进行乳化。

稀释乳化石油沥青的符号为MK-C，使用它的目的是在维修养护中，拌制常温混合料用的乳液。它的质量与性能，在日本乳化沥青协会的标准予以规定。

这种乳化沥青，既有乳化沥青的可拌和性，又有稀释乳化沥青调节分解破乳时间的功能，两种特长兼备。从而用这种稀释乳化沥青制造常温混合料，可以延长混合料储存时间。还有，在日本乳化沥青协会标准中的高渗透性乳化沥青（PK-P）、高浓度乳化沥青（PK-H）为增加其特殊性能，也加入稀释乳化沥青范畴。

（二）掺橡胶的乳化沥青

问：在日本乳化沥青协会标准中，有掺橡胶乳化沥青，请就其标准与特长予以介绍。

答：掺橡胶乳化沥青（PKR-T）在日本乳化沥青协会标准中仅就黏层油做了规定。

它的性能如其名称，在JIS中的一般性黏结层用乳化沥青中，掺入天然橡胶或合成橡胶，改善乳化沥青原有黏结性或感温性，作为黏结层用改性乳化沥青。

这种类型的改性乳化沥青，有先将橡胶掺入石油沥青后进行乳化的方法，还有在制造乳化沥青过程中加入橡胶类的胶乳，任何一种都要将橡胶按规定均匀、稳定地分散于乳化沥青之中。

这样掺入的天然的或合成橡胶成分，都要达到要求的性能。橡胶成分的掺入量，以乳化沥青中石油沥青的残余量的3%为标准。但是，针对其种类及性能要求，有必要做相应的增减。

掺橡胶改性乳化沥青的日本乳化沥青协会的标准如表13所示。

表13　日本乳化沥青协会标准（2006）

项　　目	改性乳化沥青的种类与符号			
	PKR-T	PKR-S-1	PKR-S-2	MS-1
恩格拉黏度（25℃）	1～10	3～20		3～60
筛上剩余量（1.18mm），%	0.3以下			
黏附性	2/3以上			—
微粒电荷	阳（+）			
蒸发残留量，%	50以上	57以下		60以上

续表

项目			改性乳化沥青的种类与符号			
			PKR－T	PKR－S－1	PKR－S－2	MS－1
蒸发残留物	针入度（25℃），0.1mm		60～150	100～200	200～300	40以上
	软化点，℃		42.0以上	42.0以上	36.0以上	50.0以上
	黏韧性	（15℃），N·m	—	4.0以上	3.0以上	—
		（25℃），N·m	3.0以上	—	—	3.0以上
	韧性	（15℃），N·m	—	2.0以上	1.5以上	—
		（25℃），N·m	1.5以上	—	—	2.5以上
贮存稳定性（24h）			1以下			
冻融稳定性（－5℃）			—	—	没有粗颗粒与结块	—

掺橡胶乳化沥青的用途，为表面处治（路面封层、多层表处或排水性路面，薄层路面使用黏层油等）。

掺橡胶的乳化沥青，由于都是阳离子型乳化沥青，因而分解凝聚快，掺入橡胶的效果可以迅速发挥。残留在骨料中的掺橡胶沥青，具有优越的感温性，因而在高温时没有泛油，低温时石油沥青脆性小，而且有良好的抗冲击性，与骨料的黏聚力与黏附性都很大。

掺橡胶乳化沥青的黏度，与一般乳化沥青乳液的黏度几乎没有变化，可以在常温下使用，但在冬季使用时要加温。

（三）改性乳化沥青

问：常常听说改性乳化沥青这一词，它与过去的掺橡胶乳化沥青究竟有哪些不同？

答：所谓掺橡胶乳化沥青（PK－R），是指将天然橡胶或合成橡胶混入的乳化沥青，取其橡胶英文单词“Rubber”字首R为记号予以记载。

一般的，将掺橡胶沥青乳化，或是用胶乳型乳液的柏胶。在制造乳化沥青乳液过程中，将胶乳渗入的制造方法。

由这种方式制造的掺橡胶乳化沥青乳液在日本乳化沥青协会标准中，如表14所示规定的质量标准。

表14 质量与性能（JEAAS－2006）

项目			改性乳化沥青的种类与符号			
			PKR－T	PKR－S－1	PKR－S－2	MS－1
恩格拉黏度（25℃）			1～10	3～20		3～60
筛上剩余量（1.18mm）			0.3以下			
黏附性			2/3以上			—
微粒电荷			阳（＋）			
蒸发残留量			50以上	57以下		60以上
蒸发残留物	针入度（25℃），0.1mm		60～150	100～200	200～300	40以上
	软化点，℃		42.0以上	42.0以上	36.0以上	50.0以上
	黏韧性	（15℃），N·m	—	4.0以上	3.0以上	—
		（25℃），N·m	3.0以上	—	—	3.0以上
	韧性	（15℃），N·m	—	2.0以上	1.5以上	—
		（25℃），N·m	1.5以上	—	—	2.5以上
贮存稳定性（24h）			1以下			
冻融稳定性（－5℃）			—	—	没有粗颗粒与结块	—

如《路面设计施工指南》所记述的那样，在排水路面所用黏层油等，为提高混合料之间黏聚力，必须使用掺橡胶乳化沥青的乳液。

如表 14 所示，掺橡胶的乳液具有以往 PK 中所没有的性能指标，即蒸发残留物的黏韧性与韧性的规格标准，这个指标表明掺橡胶乳化沥青乳液优越的黏结性。

单说改性乳化沥青乳液，或是用什么方法将改性沥青进行乳化，或将各种胶乳加工的液状改性剂加入乳化沥青的过程中混入制造的方法，总称为改性乳化沥青。从而，前面说的掺橡胶乳化沥青乳液，可以扩大概括为改性乳化沥青乳液的分类。

掺橡胶乳液，掺入 SBR 或 IR、CR 等改性剂，限定所谓“橡胶”材料。对乳液而言，改性乳液是使用石油树脂或热可塑性弹性体等各种各样的高分子材料。

近年来，对乳化沥青乳液的使用方法做过各种各样的研究，其中任一种使用方法与过去乳化沥青乳液相比，都是以能提高其耐久性为课题。但是，在希望提高其耐久性的基础上，对于如何改善乳化沥青乳液（特别是蒸发残留物）必要的性能改善，根据使用的方法的不同而有区别。

举一实例说明，最近在黏层油中，为能抑制黏附施工车辆轮胎而开发新的改性乳化沥青乳液，使用这种类型乳液的性能如表 15 所示。

表 15　抑制轮胎黏附型乳液（PKM－T）的标准（草案）

试验项目		协会规格（草案）
恩格拉黏度（25℃）		1～15
筛上剩余量（1.18mm），质量%		0.3 以下
黏附性		2/3 以上
微粒电荷		阳（+）
蒸发残留量，质量%		50 以上
蒸发残留物	针入度（25℃），1/10mm	5～30
	软化点，℃	55.0 以上
贮存稳定性（24h），质量%		1 以下
轮胎黏附量（60℃），质量%		10 以下

其蒸发残留物特点是针入度高、软化点高。

在日本乳化沥青协会的标准中，改性稀浆封层使用的乳化沥青乳液，改性沥青乳液占有主要位置，掺橡胶的乳化沥青的标准另行制定。

近些年来，出现各种各样的改性沥青乳液，是乳液生产厂家积极开发推广的结果也是确定高度发展乳化技术更为重要原因。

（四）明色沥青乳液

问：在使用乳化沥青乳液施工时，有分散乳液污染周围的构造物的现象。这种情况下，为使污染不太明显，尽可能使用浅色的乳化沥青乳液，如果可能最好使用无色的乳液。但是，究竟是何种乳液？请予以介绍！

答：浅色乳液或无色乳液，用于铺设彩色路面的乳液，脱色乳液也成为明色沥青乳液。在市场上已有销售。这被称为脱色的黏结料，是由石油树脂制成的乳液，因而分解后呈无色，尚未分解呈淡黄色，如果将它与分解后呈黑色的乳化沥青乳液相比较，污染到周围结构物上，颜色不明显，几乎看不出沾污。

现在讲这样的乳液，发挥其明色性的特长，用于铺设景观路面，浅色的稀浆封层，人行路的路面等都在使用。再有，当铺筑加热型薄层彩色路面时，透层油与黏层油通常使用乳化沥青乳液，由于泛油等原因担心污染路面，偶尔也使用淡色乳液。但是，淡色乳液的造价要比沥青乳液高出很多。只为防止对构造物污染，使用浅色乳液就很值得考虑。

问：没有用无色乳液（做透层油与黏层油）的吧？价格是否相同？

答：一般的无色乳液被称为浅色乳液或脱色乳化沥青乳液，用于黑色石油沥青乳液（准确地说是茶褐色）不适宜使用的地方。主要的用途是与颜料混合用于透层油或黏层油，以及公园内自然颜色路面的结合料。

无色乳液不但使着色面不造成污染，而且使混合料表现其骨料的原有彩色，用它修筑的路面防止了飞沙的污染。所以，可用该乳液做施工场所的封层养护。

单从价格考虑，普通乳化沥青乳液按 JIS 产品价格为 78000 日元/t，而无色乳液为 350000 ~ 450000 日元/t，价格高出很多。

关于无色乳液的原材料，各个制造厂家都作为企业的秘密。但是，对于石油沥青脱色的乳液并不保密，基本上都是以石油树脂为基材而制造的。

作为道路的路面，不仅要考虑各种道路的功能要求，而且要考虑与附近的景观相协调，为满足这些要求，做材料的无色乳液可以发挥重要的作用。

问：是否有茶褐色以外的乳化沥青乳液？

答：除了一般使用的乳化沥青乳液以外，浅颜色乳液或无色乳液，用做彩色路面用的乳液、脱色乳液，或称明色乳液，这些乳液已在市场上出售。这种加热型彩色路面用的黏结料，都是以石油树脂为原材制作的。石油树脂是由石油类的裂解反应而分解出的油分聚合而生成的物质，是分子量在 2000 以下的碳氢类热可塑性树脂，呈淡黄色。根据使用的目的，可以添加软化剂，调整针入度与软化点，作为基本黏结料予以乳化，呈浅色的乳液，其微粒粒径为 2 ~ 6μm。这样将浅色乳液与乳化沥青乳液相比较，浅色乳液呈乳白色，而乳化沥青乳液呈现琥珀色。现在利用浅色乳液的特长，利用它的彩色性作为景观路面材料，铺彩色的稀浆封层，彩色的改性稀浆封层，人行道的自然铺面等。还有在加热型的彩色路面，施工厚度过薄时，或担心透层油渗出路面而污染路面时，都可使用浅色乳液。作为参考将制造浅色乳液的厂家标准于表 16 中予以介绍。

表 16　明色乳液厂家标准一例

试验项目		标　准
恩格拉黏度（25℃）		3 ~ 30
筛上剩余量（1.18mm），质量%		0.3 以下
黏附性		2/3 以上
微粒电荷		阳
蒸发残留量，质量%		60 以上
残留物	针入度（25℃），1/10mm	60 ~ 300
	甲苯可溶分，质量%	97 以上
贮存稳定性（1d），质量%		1 以下
冻融稳定性（-5%）		没有粗颗粒及结块

（五）抑制黏附轮胎的乳化沥青

问：夜晚拆修工程时，要受时间限制，在乳化沥青分解破乳之前，已有工程自卸车通过，它将引起沥青的剥落。在这种施工的情况下，如何防止沥青剥落的施工方法，或除了乳化沥青外是否有更好的材料，请予以指教。

答：作为喷洒贯入用的乳化沥青，对于颗粒状底层的稳定以及水泥稳定处理层的养护为目的，要喷洒透层油用的乳化沥青，或在铺设上层前为能与上层，更加牢固地结合，喷洒黏层油乳化沥青。

在 JIS K 2208 中规定有透层油 PK-3 及黏层油 PK-4，其质量与性能如表 17 所示。

表 17　质量与性能 JIS K 2008－2000

项目 \ 种类及符号		乳化沥青 PK－3	乳化沥青 PK－4
恩格拉黏度（25℃）		1～6	
筛上剩余量（1.18mm），质量%		0.3 以下	
黏附性		2/3 以上	
微粒电荷		阳（＋）	
蒸发残留量，质量%		50 以上	
残留物	针入度（25℃），1/10mm	100～300	60～150
	甲苯可溶分，质量%	98 以上	
贮存稳定性（1d），质量%		1 以下	

从表 17 中了解到，用作透层油与黏层油的乳化沥青，规定其蒸发残留物含量在 50% 以上，其余部分为水。乳化沥青是石油沥青在乳化剂的分散作用下，成为水包油型沥青乳化物。当乳化沥青洒布在路面上时，乳液中的水分被路面或骨料所吸收，并被蒸发排除，逐步地形成石油沥青薄膜。

要使乳化沥青乳液还原到石油沥青过程，如图 7 所示。

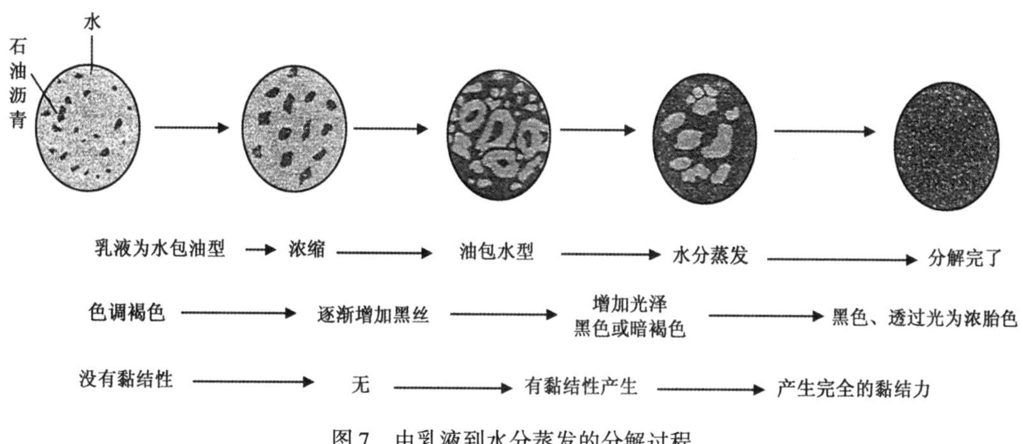

图 7　由乳液到水分蒸发的分解过程

乳化沥青经过图 7 所示转相过程后成为石油沥青。在奶油或黄油的油脂中，少加水形成油包水微粒状态的过程。在此乳化石油沥青阶段，由于石油沥青含有水分与骨料的黏附力不如石油沥青自身黏聚力大。因此如所质疑那样，限制夜间洒布黏层油和透层油通车时间，因为在乳化沥青没有充分分解固化时，作业车辆的进入，将造成透层油与黏层油洒布表面的破坏（剥落）。

由于乳化沥青乳液的分解破坏与水的存在关系重大，为了尽快分解破乳，必须采取尽快排水的手段，采用快速破乳的方法。以加热喷洒乳液方法为促进水分加快蒸发的方法之一。

近年来，广泛应用洒布车洒布乳化沥青乳液，其中也有增设加热装置，控制乳液的温度也变得容易。

与此不同的是，在白天施工的黏层油，很快分解破乳成沥青薄膜，常常有被工程车辆轮胎等黏起破坏现象，近年有抑制轮胎黏附型乳液在推广，得到很高的评价。

（六）水泥拌和用乳化沥青

问：所谓路上底层再生施工方法中使用的（水泥与乳化沥青稳定处理拌和用乳液），究竟是怎样的乳化沥青？有哪些特长？请指教！

答：如同已经知道那样，路底层再生施工方法是将路上原有的沥青混合料就地进行破碎，同时掺入水泥与乳化沥青共同进行拌和，制造出新的压实稳定的底层。用破碎的原有沥青混合料与原底层材料作为骨料。由于加入水泥与乳化沥青，构筑成具有石油沥青的柔性与水泥刚性两者兼备的底层。

在这里使用的乳化沥青，必须能满足水泥与骨料的拌和性、操作性、固化时间等各种条件要求，为此，作为水泥与乳化沥青稳定处理，采用非离子乳化沥青（MN－1）。

这种乳化沥青的标准，在1982年日本乳化沥青协会标准（JEAAS）中已有制订：制订了水泥拌和用乳化沥青ME－C，其后在日本工业标准JIS K 2208（2000）予以制定。如表18所示。

表18　水泥与乳化沥青稳定处理用乳液的标准（JIS K 2208）

项目 \ 种类及符号		非离子乳化沥青剂
恩格拉黏度（25℃），mPa·s		2～30
筛上剩余量（1.18mm），质量%		0.3以下
水泥拌和性，质量%		1.0以上
蒸发残留量，质量%		57以下
蒸发残留物	针入度（25℃），0.1mm	60～300
	甲苯可溶分，质量%	97以上
贮存稳定性（24h），质量%		1以下

下面就非离子乳化沥青予以说明。

乳化沥青是在乳化剂（表面活性剂）的作用下使它分散于水中，用机械力使其成为微粒状态。乳化沥青与乳化剂分子的原理图如图8和图9所示。

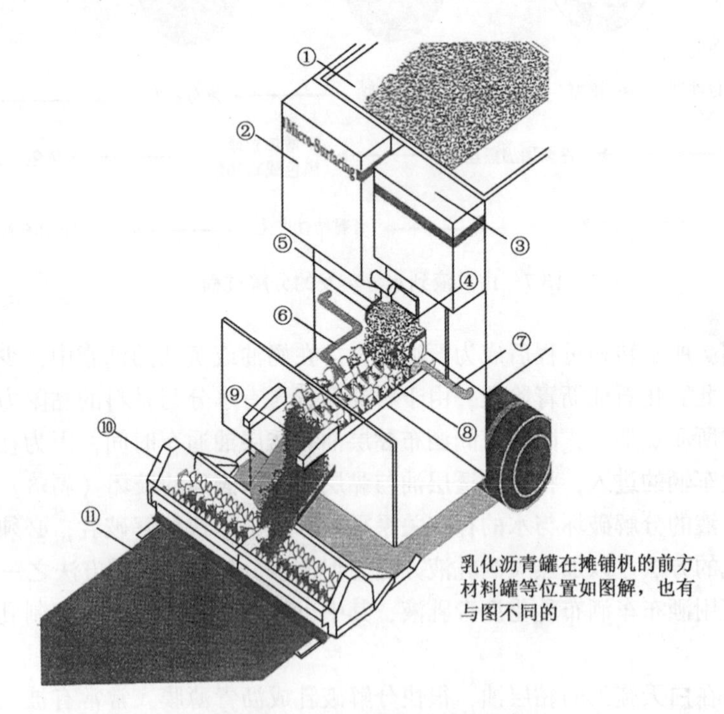

图8　MS拌和与摊铺机原理示意图

①骨料罐；②水泥罐；③破乳调节剂罐；④骨料计量器；⑤水泥计量器；⑥水泥计量器；⑦破乳调节剂及加水计量器；⑧双轴卧筒状强制拌和机；⑨制造出的稀浆混合料；⑩箱型摊铺机；⑪均匀摊铺的混合料

根据乳化剂的离子类型，将乳化沥青分为三大类：阳离子型乳化沥青、阴离子乳化沥青乳化剂、非离子型乳化沥青。

离子型乳化沥青带有阳（＋）或阴（－）电荷，由于电化学反应，具有分解与黏结的性质。

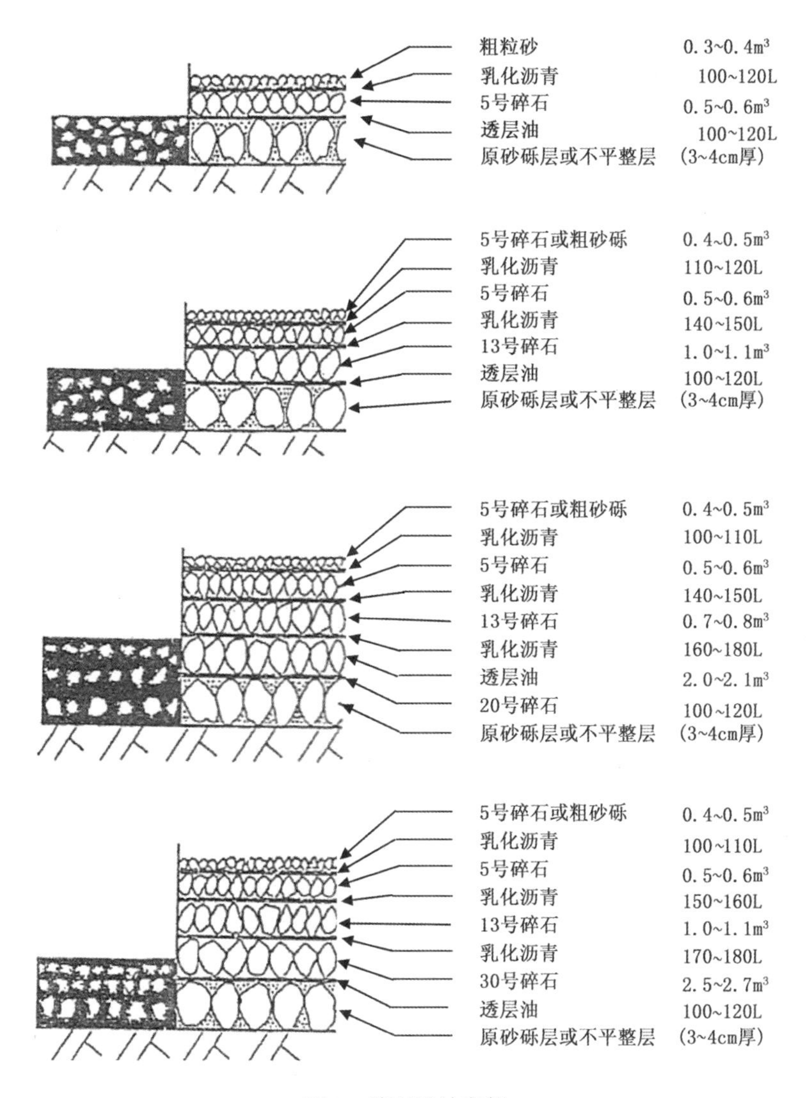

图9 路面设计实例

非离子型乳化沥青电荷呈中性，具有化学稳定性，添加其他物质能保持稳定状态。因此，适用于水泥与乳化沥青的稳定处理拌和用，或与骨料拌和确保长期作业用。还可与橡胶树脂乳胶，矿粉（填料）等拌和作为工业用乳化沥青。

非离子型乳化沥青的开发以及与水泥拌和等复合材料的利用技术，都由日本独自开发，在新干线铁路的整体轨道、石油罐的基础等得到使用，今后将有更广泛的应用。

（七）改性稀浆封层施工法

问：何为改性稀浆封层施工法？

答：改性稀浆封层施工法（以下简称为MS），从1970年开始，由德国开发的对旧路面延长寿命的预防性养护施工法（表面处治施工法）之一。

自1980年以来，从欧美开始、澳大利亚、东南亚等世界各地广为采用，日本自1990年开始引进，到现在（2008年）已实际完成$90\times10^4m^2$以上。

MS施工法是与稀浆封层极其相似的施工法。但是，以往的稀浆封层施工法的混合料，是由于乳化沥青的分解破乳而引起水分的蒸发，MS的混合料是由于化学的反应而引起乳化沥青分解。

MS施工法如图8所示由专用施工摊铺机进行施工。MS施工法必须用快硬型改性乳化沥青乳液，严格选用的骨料水泥、水、分解调节剂等材料装载在专用的摊铺机上。在车的后部装有拌和机，由拌和机连续拌制混合料投入到摊铺箱中，投入的混合料由前进的专用摊铺机进行摊铺。

MS施工法具有如下优点。

（1）作为预防性养护最为适宜的施工法，由于及时进行预防性养护，路面的修补次数可以减少，可能降低工程成本。

（2）采用MS施工法反复进行维修时，不同于加热铺筑，几乎不需要铣刨就可以再铺筑。因而，可以节省铺筑材料使用量，是一种可以抑制路面使用材料节省资源的施工法。

（3）施工厚度为3～10mm的薄层，施工后对路面高度影响较小，由于路侧建筑物等的制约，个别路面高低不平的也可以适用。

（4）施工速度为10～20mm/min，1天的施工效率是很大的。还因施工几小时可以开放交通，因此可最低限度减少交通堵塞。

（5）由于是常温施工，不需很多热能量，不仅具有保全地球环境的作用，还不会发生因加热产生的烟雾，可以改善施工作业环境。

（6）改善路面的平整度，恢复路面的抗滑功能。

（7）已经老化的旧路面可获再生。

（8）在损坏的旧路面上施工，可以减轻交通噪音与振动。

（9）由于使用改性乳化沥青，耐久性好，也适用于重交通路面。

（10）经济。

适合MS施工法的场所如下所述。

（1）从地方道路到高速公路。

（2）空港的跑道、管理道路。

（3）厂内道路、停车场。

（4）隧道内的路面。

（5）桥梁的铺面。

（八）使用乳化沥青就地路上再生施工法

问：听说最近施工用石油沥青进行就地底层再生施工法，它与用乳化沥青就地底层再生施工法有什么区别？请指教：

答：所提问的内容，可能是就地水泥与泡沫沥青稳定处理（以下简称为CFA施工法）。在本施工法也是多与水泥并用。

2005年2月，CFA施工法在日本道路协会发行的铺装再生便览中，作为就地再生水泥与沥青稳定处理施工法的分类。但是，它与使用乳化沥青用于路上再生水泥与乳化沥青的稳定处理施工法（以下简称为CAE施工法），在使用材料与施工机械上有很大的区别。

由于乳化沥青是水溶性材料，因此，作为底层材料与水泥能有很好的拌和性。但是，CFA施工法使用油溶性的石油沥青，因此作为底层材料，必须改善与水泥的拌和性。

CFA施工法使用的直馏沥青，作为底层材料与水泥相拌和，为能容易与水泥拌和均匀，使用发泡的泡沫沥青。

施工机械，备有制造发泡沥青的设备及使用就地拌和机。

关于泡沫沥青装置做简单说明，装置内在加热的直馏沥青中加入少量水、发泡剂和发泡稳定剂，直馏沥青立即有泡状的发泡（体积膨胀），因而似黏度下降。据此原理，将石油沥青加到底层时，就可以拌和均匀。

CAE施工法的施工步骤为：准备工作、撒布水泥、粉碎与拌和、整形与碾压、养生等，最后洒布封层油或透层油。

相比之下CAE施工法是新的施工法。在铺装再生便览中，CAE和CFA施工法对使用条件或使用材料、配合比设计、施工管理等都有记载。在配合比设计中，CFA施工法与CAE施工法中，对于沥青材料的添加量计算公式各不相同，必须予以注意。

五、乳化沥青的施工

（一）乳化沥青于寒冷季节施工注意要点

问：在冬季使用贯入（喷洒）用乳化沥青时，在施工上应特别注意哪些事项，请指教。

答：除了积雪寒冷地区，一年中乳化沥青在现场有各种各样的施工方法，可以说乳化沥青施工需要精心、细致。但是，以前使用乳化沥青铺筑的路面都成为简易路面，担心这会造成施工简单容易的错觉。常常由于不注意温暖季节或寒冷季节的施工注意事项而造成失败。

寒冷季节，特别开始寒冷的时期是必须注意的季节，这时使用乳化沥青铺路时，成功施工的关键要点如下：

（1）初秋后，气温多变，气温开始急剧下降，请提前改用适合寒冷季节的施工方法。

（2）施工的时间。晴天并且气温在5℃以上，不会有降雨和降雪，选择时间为自早晨8时至下午3时为适宜。

当没有日照的阴天时，要延长养护时间，对于个别有霜冻的地方，使它融化并予以干燥，或者切除后予以施工。

无论铺筑哪种路面其共同点是，在底层上不能使用结冻的材料，并经过充分压实具有足够的承载力。将底层表面浮土、尘屑清扫干净，之后在底层喷洒透层油。因为它有防水与防冻的作用，切勿忘记进行。

（3）骨料的使用。碾压易碎的软弱的颗粒、扁平与细长的以及圆球状颗粒、不能与石油沥青裹覆或易剥落的石料、压路机碾压压不紧的石料等应尽量避免使用。如果现场的石料湿润，使用前要暴晒，对已干的可按顺序先用，勿忘按现场情况分段取用。

上述情况是前提，另外还须注意使用乳化沥青的种类。有寒冷季节用喷洒贯入用乳化沥青（PK－2），高浓度喷洒贯入用乳化沥青（PK－H）或掺橡胶喷洒贯入用乳化沥青（PKR－S－2），请用这些乳化沥青进行施工。乳化沥青不要长久存放，到货后应立即使用。

如果到货后施工计划有变动，需要长时间存放时，要存入仓库，用薄膜或芦席包裹保温，绝不能产生冻结。

如果储存时间长久，在开工使用之前，要与生产厂家协商，在碎石上洒布1～2L乳液，观察乳化沥青分解破解状态或与碎石表面黏附的情况后，再予以使用。

乳化沥青原则是在常温状态下进行使用。但是，在寒冷季节，为了促进乳化沥青的分解固化，为使洒布机械与泵能更好地工作，采用60℃的乳液（PK－H时为80℃）进行洒布，适宜地将乳液加温，使洒布车与洒布机能按所定量进行洒布。

如有强风时，只在摊铺骨料的一侧洒上乳化沥青，骨料与骨料之间不能很好地黏结，施工后骨料间出现松散不固结状态，不能形成坚固的路面体，出现这种现象要停止施工。

洒布完乳化沥青后，在乳化沥青颜色未改变之前，均匀洒布石料，按石料的设计量不可过多洒布，之后用压路机碾压密实施工面，此时使用的碾压机械载质量应比修筑底层的碾压机械的质量轻些效果更好。

在简易路面的表面，做成密封不透水性可延长路面的寿命。如果做两次封层，可以取得更好的效果。

（二）乳化沥青分解破乳前铺设混合料时的质疑点

问：夜间的拆换工程（受时间限制）洒布乳化沥青后，在尚未分解破乳之前必须铺筑混合料时，施工后是否会出现问题？

答：所问的情况与场合，必须特别予以注意的是铺筑沥青混合料的种类，以及施工后出现问题的时间。

喷洒黏层油，目的是使新铺设的沥青混合料层与底层牢固黏结，并与接缝部或构造物之间黏结牢固。在乳化沥青的材料中，能够承担起黏结与附着作用的为石油沥青(掺橡胶乳化沥青还包含有胶乳)。

乳液中的水分没有黏结的作用，相反对于层间的黏结还有阻碍的作用。

例如，在乳液分解破乳之前，在黏层油上铺设多孔的沥青混合料等，具有连续空隙的级配型沥青混合料时，热料可使乳液残留水分蒸发并通过混合料孔隙蒸发，黏层油的功能不受影响。但是，如果铺筑SMA混合料时，铺筑的密集配混合料，蒸发残留水分可能残留在层间，施工后有时就出现坑洞等不良现象。

在任何情况下，一般都应在黏层油分解与固化后铺筑上层。如果受到时间等限制时，可将乳化沥青加热洒布等，缩短洒布乳液的分配及养护时间，这些措施应在施工前做好研究为宜。

(三) 防尘铺面、应急铺面和轻型铺面的施工方法

问：已经讲过简易路面的施工方法。除此之外，还有被称为防尘铺面、紧急铺面和轻型铺面等，他们的施工方法如何?

答：在解答之前予以说明，有关道路修筑的书籍有《沥青路面铺装纲要》与《简易路面纲要》等，在2002年发行的《有关路面结构的技术基础与术语》已作废。现以《纲要》为前提予以解答。

防尘路面（铺筑）未遵照（旧）《沥青路面纲要》与（旧）《简易铺装纲要》，可以说是简易结构的路面。因此，除在主要地方道路以外，一般的县道、市井街道、农村道等，在交通量比较少的地方采用。大部分主要是根据经验规划实施的。此外还有应急路面、轻型路面等，有各种各样称谓的施工方法。随着地区的不同有不同的称谓，但是施工方法大致是相似的。

实际施工方法之一是将不平的砂石层整平，在整平后的砂石层上做封层（一层式）或保护层(多层式）的施工方法。

在图9将各种设计实例予以说明。如用砂石层做底层时，要求条件要均匀一致。但是实际上那样是很少的，要在上述方法的砂石层上加铺碎石层或级配材料层（一般为10~15cm厚），也有构筑稳定处理的底层。稳定处理的底层的方法，一般多采用乳化沥青路上的灰土拌和机，在路上就地拌和，或用稳定土拌和设备进行常温拌和。

前者，为在不平整的沙砾上整平，将掺拌的碎石（碎石粒径为0~30mm或0~20mm）粒径分布均匀，并按所定的厚度进行摊铺，而后进行路上就地拌和。一般加工的厚度为5~8cm。

后者，用稳定土拌和机制造混合料，用翻斗车将混合料运至现场，用平路机的撑板或沥青摊铺机进行摊铺，根据条件的不同，铺设的厚度多种多样，但是，应与就地拌和方式情况相同。

如此用乳化沥青修筑稳定处理的底层时，希望能铺设面层，可以只铺设封层或者双层封层等表面处治即可满足交通的需要，这样的案例是很多的。

修筑防尘路面、应急路面、轻型路面时，要针对其以后交通条件的变化。如要做罩面，可以铺筑沥青路面，或利用旧的简易路面做底层。这被称为分阶段施工修建。

只做表面处治时，再做一次封层维修养护，可以延长使用数年，这就达到初期铺路的效果，被称之为经济路面。

六、乳化沥青的使用方法

(一) 乳化沥青适用的场所

问：乳化沥青用于何处?如何使用?

答：大部分乳化沥青被作为道路资材而使用。在道路中被称为透层油与黏层油及喷洒贯入用乳液约占8成，剩余的用于路上再生水泥与乳化沥青稳定处理底层拌和用乳液，其他部分为道路工程以外的用途。作为一般道路代表性的使用实例如表19所示。

表 19　各种乳化沥青的施工方法与其使用乳化沥青的种类

	国家标准（JIS）							乳化沥青协会标准（JEAAS）					
	PK－1 PK－2	PK －3	PK －4	MK －1	MK －2	MK －3	MN －1	PK －P	PK －H	PKR －T	PKR－S－1 PKR－S－2	MK －C	MS －1
透层油		○						○					
黏层油			○							○			
雾封层					○	○							
石屑封层	○								○		○		
SAMI 施工法	○								○		○		
稀浆封层													○
路上再生底层法				○	○	○							
就地拌和施工法							○						
厂拌和施工法				○	○	○							
OGEM 施工法				○	○	○							
贯入式施工法												○	
使用方法的区别	○										○		

作为道路上的使用除表 19 之外，如洞穴或台阶的修正等，在较小范围的修缮使用乳化沥青做常温混合料或填充裂缝用常温贯入材料等。

还有，用控制乳化沥青的沥青微粒所带电荷，与水泥等无机材料与各种聚合物胶乳，或与各种添加剂相混合产生各种特性，用于道路工程以外的土木工程或工业工程上。

表 20 表示在土木工程使用的实例。主要利用石油沥青的防水性、黏结性或柔韧性等，在一些特殊的场所使用。

表 20　乳化沥青的土木工程用途

绿化、环境整备	植被、植树材料
	防草、除草材料
	文娱场地设施材料
	垃圾厂的防尘防水材料
	生产废物的无害处理
	防止飞沙材料
水利、防水	水坝、储水池、游泳池等防水材料
	聚水用材料
	隧道与地下建筑物的防水材料
	沥青防护表面防老化材料
	覆膜与简易保护防水材料
铁　　道	整体轨道用材料
	填充道床用材料
	铺装轨道用材料
	车站台的防滑用材料

续表

其　他	隧道、地下构造物空洞填充料
	石油罐、基础表面防护材料
	检查井等修整材料
	上下水道、煤气工程的修复材料
	工厂仓库、室内停车场的地坪材料

使用乳化沥青进行常温操作时，对于喷涂或涂刷等加热沥青不能施工操作的，乳化沥青可以施工。

工业上的应用广为关注，乳化沥青具有种种特性，与其他有机材料相比价格低廉。作为中间材料与基础材料广为应用，作为建筑材料与汽车的防音材料等。其用途与使用形态向多方发展。

（二）沥青稳定处理底层用的乳化沥青

问：用于沥青稳定处理底层的乳化沥青 MK－3 与 MN－1 有何区别，给予指教。

答：在乳化沥青的标准（JIS K 2208）中，MK－3 为阳离子型乳化沥青（用于拌和砂石土骨料）。MN－1 为非离子型乳化沥青用于拌和水泥与乳化沥青稳定处理用。如同用途所示，对于土分或矿粉含量多的密集配骨料，用 MK－2 进行拌和困难，采用 MK－3。拌和厂一般用常温拌和乳化沥青混合料，拌制道路面层或基层用的混合料。对于道路底层稳定处理的混合料，采取就地（路上）拌和方式拌制混合料就地铺筑。

在这种情况下，为了有效利用现场已有的材料，有时候也用砂石土骨料。此时，使用 MK－3 的效果为最好。

另一方面，从全球的环境问题考虑，资源的利用成为重要课题。以循环利用法为基础，选择了有效利用原有底层粒状材料的路上底层材料再生施工法，至今已成功铺筑很多实际工程。采用 MN－1 作为路上再生施工法（水泥与乳化沥青稳定处理拌和用）。特别是水泥与阳离子型乳化沥青拌和困难，因此，使用不带电荷的、化学稳定的非离子乳化沥青更为适用。除此之外，在水泥乳化沥青的砂中加入化学药品作为添加剂用于建材或工业用途的材料。

然而，在 MK－3 的质量试验中，有砂砾土拌和试验项目，它能确定含土多的骨料与乳液拌和性是否良好。用普通水泥代替土进行试验，但是在实际用途中没有用于水泥拌和的，希望不要有误解。

（三）用乳化沥青做边坡保护

问：听说用乳化沥青做边坡绿化、边坡保护的方法，那究竟是怎样的情况？如果在边坡上使用乳化沥青做植物生长措施，它对植物生长有何影响，请给予指教？

答：首先就边坡保护工程予以简单说明。所谓边坡工程它是由填方或挖方人工形成的土坑或岩石坡面的总称。

边坡工程如果不做处理，由于受到侵蚀和风化的作用，容易造成砂土的流失或坡面的崩溃引发事故。

为使边坡的稳定，采取边坡保护工程，防止坡面的侵蚀与风化，因而采用植物保护坡面（草皮保护工程），或用水泥混凝土与石块等保护坡面（构造物的保护工程）两大分类。

在边坡的保护工程中，不仅为使边坡稳定化，而且是为了保护环境或增加良好景观的作用。

言归正题，利用乳化沥青的拌和性、覆膜性、黏结性，作为种植草皮工程的材料，一种使用如下方法：

（1）用乳化沥青作为黏结剂将种子与肥料拌和，用砂浆喷枪，喷涂到坡面上。

（2）将种子、肥料和土相拌和，将泥土状混合物用砂浆喷枪喷涂，再于其上喷涂乳化沥青予以覆盖。

(3) 洒布乳化沥青。在其上面洒布种子，再用乳化沥青覆盖。

开始使用乳化沥青做种植草皮保护工程，主要为了在山间偏僻地的材料运输或施工方法中减轻劳动量，采用了这种节省劳力的施工方法。

这些种植草皮工程的先驱们，从 1958 年开始在滋贺县比良山脉，为防止侵蚀而进行的，用飞机喷洒乳化沥青做绿化工程。在枥木县尾铅害荒地也有实际施工实例。

使用乳化沥青做边坡的种植草皮工程，施工造价低廉。根据跟踪调查表明，流失的砂土量与其他施工方法相比要少。

下面介绍使用乳化沥青做种植草皮工程的工程实例。

(1) 在海岸与沙漠中采取绿化措施，以防止飞沙。这些工程基本与边坡种植草皮工程相同，取得了预期优良的防沙效果。

(2) 在培育蔬菜时，洒布乳化沥青具有保温、保湿和除草作用。

(3) 就过去研究的报告中，关于乳化沥青对植物成长的影响已予以说明。

在报告中，使用乳化沥青种植草皮与其他种植植物工程相比较，使用乳化沥青种植的植物成长最快。在栽植后，洒布乳化沥青对植物的成长等没有明显的不良影响。

有人指责，喷洒乳化沥青后，由于其黏附性而延缓了种子的发芽。如果将乳化沥青稀释成两倍，就可以避免这种现象。

因此，使用乳化沥青于对于植物的生长不会有不良影响。

(四) 阴离子型乳化沥青的用途

问：阴离子型乳化沥青在路面工程已经不再使用，但是还可以在哪里使用?

答：乳化沥青发展的早期，还是以容易乳化的阴离子乳化沥青为主，但因阴离子乳化沥青分解破乳慢、黏附性差，因而有了阳离子乳化沥青后，阴离子型乳化沥青在道路工程中已经不再使用。可是，在用骨料或矿粉拌和玛蹄脂或稀浆时，由于阳离子型乳化沥青难以长时间保存，也有采用阴离子型乳化沥青的情况。

有的阴离子型乳化沥青带有多价的金属离子或其他的化学性质，容易分解破乳，也有利用这些特性做稀浆封层或防水。

用于路面特殊用途的，具体列举以下实例。

(1) 在水坝、储水池斜坡面的铺装，为防止表面的开裂涂布乳化沥青。在人行道、停车场的表面防止老化开裂采用乳化沥青（黏土型乳化沥青）。

(2) 体育设施用沥青型全天候铺面的找平材料以及顶层材料（轻油黏土型乳化沥青）。

(3) 飞机场停机坪的耐油性表面保护材料（轻油黏土型乳化沥青）。

道路以外的用途列举如下：

(1) 涂膜用防水材料；

(2) 防水用涂底乳化沥青；

(3) 铁板、钢筋用防锈材料；

(4) 存煤场防尘用。

最近这方面的用途已渐少。

(五) 乳化沥青道路以外的用途

问：乳化沥青是道路工程所不可缺少的材料。但是，在道路工程以外是否也有使用？如有使用请教其用途。

答：乳化沥青的用途，大部分用于道路铺装工程，这并没有错。但是，由于乳化沥青种类的不同，可以加入水泥或聚合物胶乳等各种添加剂拌和均匀，在道路工程以外的土木工程或工业工程中广泛使用。将乳化沥青的土木用途与建筑材料，以及其他用途归纳如表 21 所示。

使用量特别多的是铁路的整体轨道用的非离子型乳化沥青。铁路的整体路轨，在日本的山阳，东北、北陆（上越、长野）的新干线开始使用，在原有线路的一部分也适用。图10给出了某种整体路轨的示意图。

将乳化沥青与水泥及砂等组成的水泥乳化沥青砂浆（CA砂浆），填充到框架混凝土板与现场浇注混凝土之间（厚度为5cm）。由于整体路轨的夹层结构，能够缓和列车通过时的撞击，减少维修保养。

表21　乳化沥青的土木工程用途、建筑工程材料及其他用途

领域		用途
土木工程	绿化环境、整修	植被护坡材料。造林材料；防、除草材料；旅游设施材料；废橡胶厂的防尘、防水材料；生产废品后无害化处理材料；防止飞沙材料
	水利工程、防水	水坝、贮水池、积水池等的防水、截水材料；农业、工业用排水管路用材料；隧道、地下建筑物的防水材料；沥青衬里表面防老化材料；覆膜保护的简易防水材料
	铁路	整体轨道材料；填充道床用材料；铺装轨道用材料；站台防滑用材料
	其他	隧道、地下建筑物填空洞的填充材料；石油罐基础垂面的饰面材料；检查井台阶高差修正材料；上下水道、煤气工程的修旧材料；工厂、仓库、室内停车场的地坪材料
建筑工程	建筑材料	黏结材料（沥青块、油毡、毡层），成型材料（纤维木屑）；防水、防湿材料（屋顶材料）；各种板台、薄片、顶板；隔热、保湿材料（各种板、模板、带）；防水、隔音、防振材料（各种台板）
	涂料	防水、防腐蚀材料（金属、木材、石材、钢管）
	其他	隔音、吸音、防振材料（车辆的内装内衬、音响设备）；上胶材料（造纸）；防蚁、防潮材料（地板的嵌缝）；隔热、保湿材料（钢管）；防腐蚀材料（钢管等的内衬）；混合料（橡胶、润滑油）

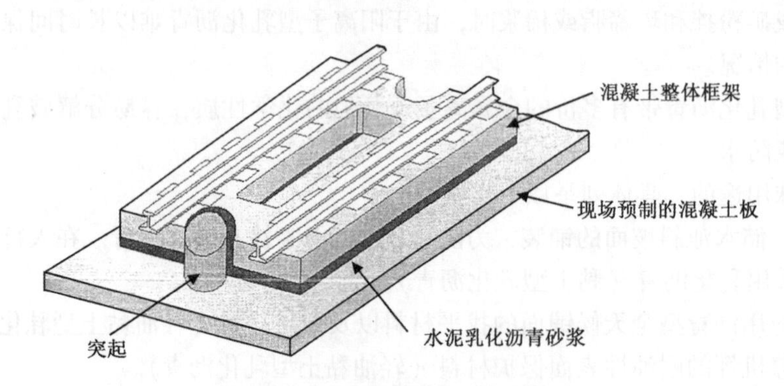

图10　框架型整体轨道的结构

旅游娱乐设施也在使用乳化沥青，有乳化沥青型的网球场和自行车竞技场的实例。后者使用的为乳化沥青型砂浆混合物，使场地较柔软，运动员跌倒不至于受伤。因此日本国内做自行车竞技场几乎都采用这种技术。

在此，只介绍了一部分乳化沥青在道路工程以外的利用。由于乳化沥青具有各种优越的特性，与其他有机材料相比较价格便宜，因此作为中间材料与基础材料被广泛使用着。

七、乳化沥青的安全与卫生

（一）乳化沥青适应于消防法

问：消防队曾经疑问过乳化沥青是否是危险品吗？

答：从结论来看，在JIS K 2208中做了规定的乳化沥青，不应属于危险品。

乳化沥青是石油沥青以微粒分散于以表面活性剂为介质的水中，就是说乳化沥青是石油沥青与水为主构成的材料。水当然不是危险品，表面活性剂的含量很少（约1%），因此这里的焦点是石油沥青是否是危险品。

消防法第2条第7项对危险品的定义及分类与特征如表22所示。

表22　危险品的分类与特征

分类	特　征	物　质
第1类	可燃物氧化，引起激烈燃烧爆炸的固体	
第2类	易燃的固体，低温下易燃的固体	硫化磷
第3类	与空气和水接触，产生易燃的煤气	钾、钠等
第4类	引火易燃液体	汽油、煤油、轻油等
第5类	加热或撞击易燃易爆的物质	有机过氧化物、硝酸酯
第6类	与其他可燃物反应，促其燃烧的液体	过氧化氢

作为乳化沥青原材料的石油沥青，是在原油炼制沸点以下粗汽油或汽油、煤油、轻油等提取后的残油（图11）。

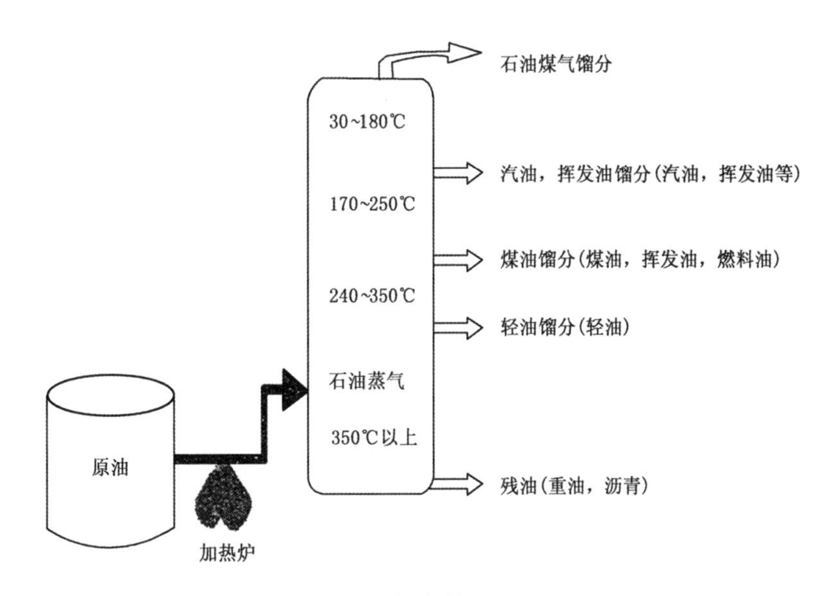

图11　原油的炼制工程

总之，石油沥青是从原油中除去第4类规定的危险物，也去除了低沸点的物质。因而，石油沥青在消防法中不是危险品。在水中以微粒状态分散的乳化沥青当然也不应是危险品。

在常温下为便于使用高黏稠的石油沥青，除用乳化沥青降低黏度外，还有以下使用方法。

（1）加热降低黏度。

（2）掺入溶剂降低黏度。

第（1）种方法是最为普通的方法，热拌沥青混合料就是用这种方法制造的。

第（2）种方法是在常温下稀释沥青，多为常温的液状，因而常常与乳化沥青混合使用。但是，两者都是与石油沥青不同状态的液体。具体说，乳化沥青的液体是石油沥青以微粒状态分散于水中。另一方面，稀释沥青的液相是用甲苯、二甲苯、煤油、柴油等危险品物质将石油沥青溶解。

乳化沥青应该不属于危险品，但是稀释沥青应按溶剂的种类及用量的不同，有时可能是危险品，必须予以注意。

（二）被乳化沥青污染的服装类的洗涤方法

问：道路工程公司人员的工作服被乳化沥青弄脏，由于洗衣店拒绝清洗，自己清洗怎样才能洗净，请指教清洗的方法。

答：衣服上一般的油污，可以用洗涤剂清洗干净，但是，用洗涤剂洗不掉被乳化沥青弄脏的污渍。

首先应想想洗涤剂为什么会去掉油污。洗涤剂与肥皂等相同，是以表面活性剂为主体的物质，一般表面活动剂分子的模式图如图 12 所示。

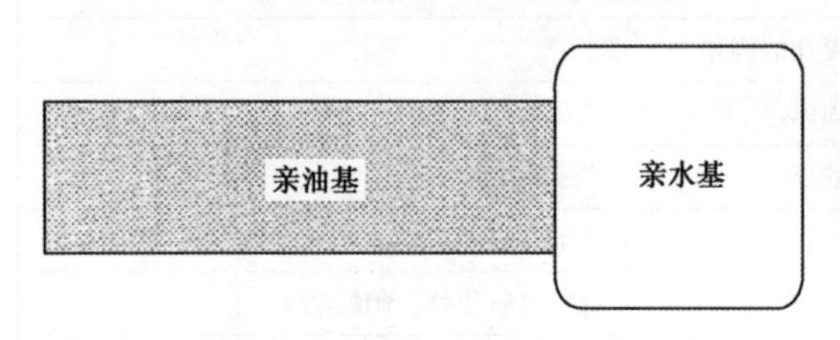

图 12　表面活性剂分子模式图

表面活性剂由溶于油的亲油基与溶于水的亲水基两个相反性质部分所组成。如图 13 那样，即使水与油相混合，水与油立即分离为两层，但是，如加入表面活动剂混合后，就如图 14 那样油以微粒状态分散于水中（这就是乳化现象，乳化沥青即与此相同原理制造）。因而，一般使用洗涤剂可将通常的油渍在水中成微粒而分散，被水冲洗脱落。

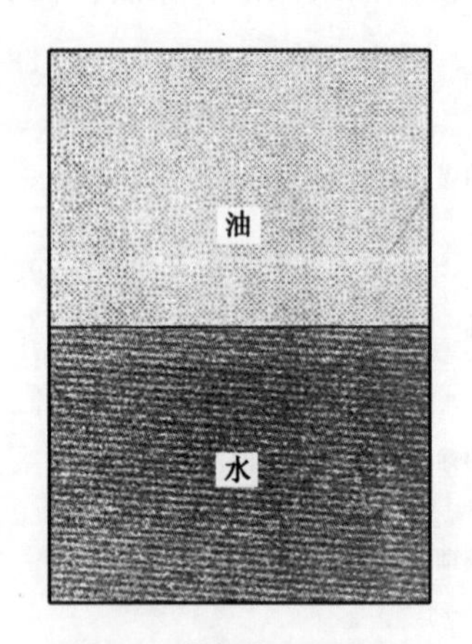

图 13　未加表面活性剂

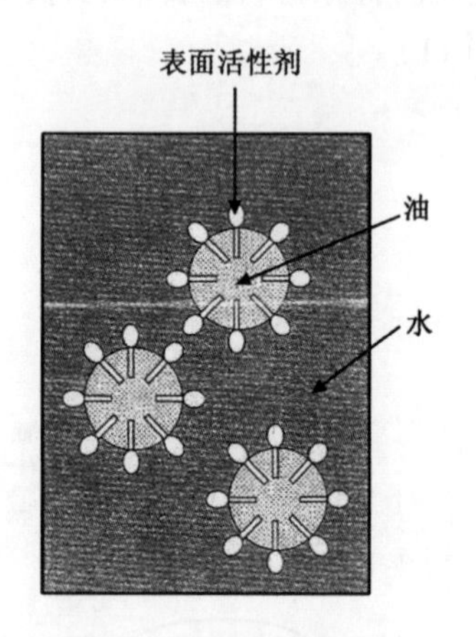

图 14　添加表面活性剂

那么，为什么由石油沥青产生的污渍就用洗涤剂清洗不掉呢？

如前面所述那样，洗涤剂的清洗作用，是由于表面活性剂发挥乳化与分散作用开始的。但是，由于石油沥青在常温下是黏稠性很大的油类，它的黏着力的作用使表面活性剂难以使其乳化与分散。因此，在常温状态下使用洗涤剂不能使石油沥青油渍脱落。在制造乳化沥青时，要将石油沥青加高温，使其黏度降低而进行乳化。

究竟用什么方法清除石油沥青污渍最好呢？

例如以干洗为例，因为不能用水洗的衣物，不用水而用有机溶剂洗涤油渍的方法。被石油沥青污渍用这种洗涤方法也是有效的。

我们身边最常有的有机溶剂是煤油或柴油，用它们将污渍的衣物浸泡 1h，由于沥青被稀释，再用洗涤剂清洗，这种方法可使石油沥青脱落。

但是，在纤维中由于煤油与柴油使衣物脱色与变形，并且担心稀释沥青有可能使沥青油渍扩大。

还因大量的煤油与柴油与水混合难以排除，必须用力将煤油或柴油扭绞出。因此，在用煤油与柴油清洗石油沥青污渍时，这些问题必须充分予以注意。

干洗法所用的溶剂，不是用后就丢掉，而是洗净—净化—洗净反复循环地使用。洗衣店拒绝洗涤沥青污渍的理由，是因为石油沥青严重污染干洗用的溶剂，洗衣店因为考虑溶剂难以再生利用。

（三）乳化沥青的安全性

问：关于乳化沥青的药理毒性，还有关于在池塘及水田中流入乳化沥青时对动植物的影响，请给予指教。

答：日本乳化沥青协会于2003—2004年，曾委托日本分析中心对乳化沥青的药理毒性做过考查。

详细情况刊载于No.155与No.159号上。试样是大量的乳化沥青中，选择具有代表性不同种类的样品，其中有PK-3，PK-4，PKR-T以及MN-1。

首先就其结论予以叙述。从雌雄小白鼠做急性口毒性试验观察，没有毒物反应。在急性口毒试验中，实际呈无毒的属类。还用土拨鼠做一次皮试性试验，用PK-3无刺激性，其他三种乳液呈现弱刺激性，因而，包括药品在内都属于安全性材料。

根据上述的试验结果，乳化沥青流入池塘后对鱼没有毒性。但是，如果流入大量的乳化沥青，分解出的石油沥青则会将鱼鳃黏住，鱼不能呼吸，这时会出现不良影响。

流入水田时，对水稻的生长不会有影响，但是，石油沥青黏附在稻粒上使稻粒污染，随着时间增长而变坏，并有脱落的倾向。但是进入收割期，应按情况做分别处理。如影响商品价格，必须考虑废弃它。再有土坑被石油沥青膜覆盖，可以回收。用石油沥青覆膜土地，利用它的保温性，种植草坪或其他植物，可以提前发芽。

八、使用乳化沥青施工法的设计

（一）改性稀浆封层混合料的配合比设计方法

问：请教改性稀浆封层混合料的配合比设计方法

答：改性稀浆封层（以下简称MS）混合料的配合比设计，首先选用合乎规定要求的原材料，要对混合料的作业性、早期稳定性、耐久性等进行设计。

1. 原材料的选定

MS混合料是由骨料、快硬型改性乳化沥青、水泥、破乳调节剂、水等所组成。

MS混合料是由严格筛选的骨料与专用的快硬型乳化沥青之间，经过化学反应而引起分解与硬化，并且产生强度。特别是其中的骨料对于混合料的性能与施工性影响极大，因此，对其选择必须充分重视。

（1）快硬型改性乳化沥青。

MS使用的乳化沥青，要用专用的快硬型改性乳化沥青（MS-1），要达到表23的质量标准方可使用。MS混合料中的骨料，要做碎石的筛分试验，合格方可使用。

（2）碎石。使用的碎石要与改性乳化沥青有良好的相融性、拌和性、分解硬化性等适于MS混合料的性质，石料棱角丰富、质量均匀，清洁、坚硬、耐久，不含有黏土等有害物。碎石的质量及有害物含量的标准如表24所示。

表23 快硬型改性乳化沥青（MS-1）的质量标准

项　　目		标准值	实验方法
恩格拉黏度（25℃）		3~60	铺装调查，实验法便览
筛上剩余量（1.18mm），质量%		0.3以下	
粒子电荷		阳（+）	
蒸发残留量，质量%		60以上	
蒸发残留物	针入度（25℃），1/10mm	40以上	
	软化点，℃	50.0以上	
	黏韧性（25℃）	3.0以上	
	韧性（25℃）	2.5以上	
贮存稳定性（1日），质量%		1以下	

注：当恩格拉黏度在15以上时，可用赛波尔特流值秒进行试验，然后换算为恩格拉黏度值。

表 24　碎石的质量与有害物含量的标准

项	目	标准值	实验方法
品质	表面饱和密度	2.45 以下	铺装调查，实验法便览
	吸水率	3.0 以下	
	磨耗减量	30 以下	
	损失量	12 以下	
有害物含油量	黏土 黏土块	0.25 以下	
	软弱石片	5.0 以下	
	细长扁平颗粒	10.0 以下	

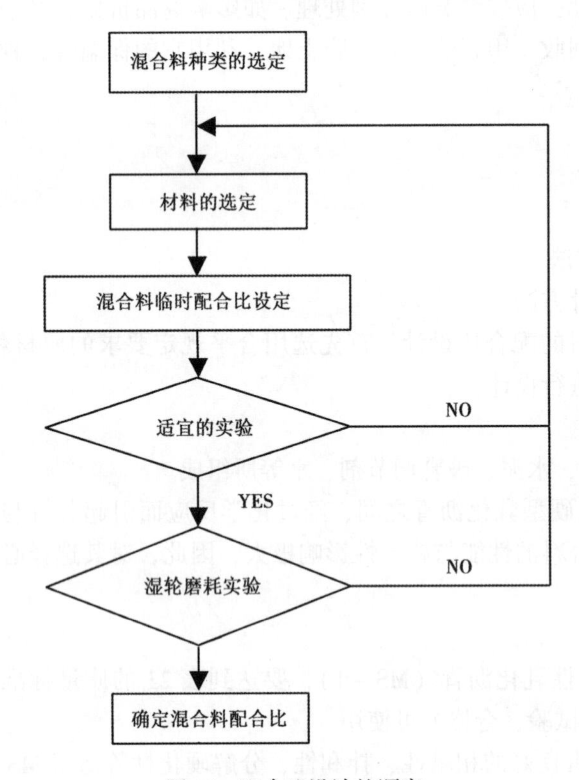

图 15　配合比设计的顺序

（3）筛分级配。由于碎石在 MS 混合料中用量最大，因此，对于快硬型改性乳化沥青的相融性等的试验，必须对石料做充分试验予以选定。

（4）水泥。水泥是以在 MS 混合料中调节分解、促进硬化为目的而添加的，原则上符合 JIS R5210 的标准，即满足波特兰水泥即可使用。

（5）分解调节剂。分解调节剂是以延缓混合料的破乳与固化为目的，使用外加剂、混合料选择适宜的调节剂。

（6）水。可使用自来水，但是清洁的河川及湖水也可以使用。

2. 配合比设计的顺序

配合比设计的顺序如图 15 所示。

3. 配合比设计

（1）混合料的种类选定。

混合料的种类，以骨料的最大粒径划分，分为两类，针对使用的目的与原有路面的状况选定类型。混合料的标准的级配范围与选定标准如表 25 所示。

表 25　标准的骨料级配与选定标准

混合料的种类			1 型	2 型
骨料级配范围	通过质量百分率，%	骨料最大粒径，μm	2.5	5
		9.5（mm）		100
		4.75	100	90 ~ 100
		2.36	90 ~ 100	65 ~ 90
		0.6	40 ~ 65	30 ~ 50
		0.3	25 ~ 42	18 ~ 30
		0.15	15 ~ 30	10 ~ 21
		0.075	10 ~ 20	5 ~ 15

续表

混合料的种类			1 型	2 型
选定标准	旧路面反射开裂		◎	◎
	车辙的维修		△	◎
	表面降解老化的改善		○	◎
	不可能加高的部分		◎	◎
	预防维修		◎	◎
	摊铺厚度	3～5mm	◎	○
		5～10mm	○	◎

注：◎—最适宜；○—适宜；△—可以。

混合料的种类选定后，按表25要求选定骨料的级配范围，1型骨料为单一级配，2型骨料级配一般要加7号碎石并用。

（2）混合料临时配合比的设定。MS混合料使用的原材料，必需使用经检验质量合格的原材料。

混合料的临时的配合比设定，大致参考表26所示混合料的临时配合比，按预想的快凝改性乳化沥青用量、水泥用量和水量等设定。

表26　混合料配合比的参考值

级配类型	1 型	2 型
骨料	100	100
快凝改性乳化沥青,%	12～15	11～14
水泥,%	0～3	0～3
水,%	7～13	6～12

（3）相应的试验。

将各种原材料拌和进行拌和料试验，从表27所示的试验指标中，选定合格的临时配合比。如果都达不到要求指标时，再对骨料做选定。

表27　临时配合比混合料的要求指标

项　　目		标准值	实验方法
可使时间		0.5～3min	混合试验
初期强度	30min	12kgf · cm	黏聚力试验
	60min	20kgf · cm	

湿轮磨耗试验，请参照日本乳化沥青协会发行的改性稀浆封层技术进行试验。

如果测出磨耗值达不到要求指标，应另选骨料进行配合比试验。

（4）配合比的确定。

根据适当的试验，达到湿轮磨耗试验的结果，再判断混合料综合性能，决定混合料配合比的配方。

（二）采用乳化沥青的表面处治与简易路面的区别

问：是否有关于表面处治的有关资料？请教表面处治与简易路面有何区别？

答：关于表面处治与简易路面的关系资料，作为设计时参考，在该文的末尾部的参考文献栏予以记载。

现将最初的表面处治与简易路面的区别分别予以说明。

1. 定义

（1）表面处治。对原有路面或未铺装路面的防尘处理或不平的修整，或曾一度铺装路面，由于易滑、开裂磨损产生变形的情况。为使路面再生，使用沥青材料铺筑2.5cm以下面层进行路面施工的方法（根据道路用语辞典）。

（2）简易路面。

未按旧沥青铺装纲要铺筑简易结构路面，一般只铺面层或在底层上铺面层，面层厚度一般为3～4cm。

然而旧沥青铺装纲要与旧简易铺装纲要已不作为铺筑道路的指南，为适应时代的发展，在路面结构与有关技术标准的有关技术发展中已将纲要类予以废除。但是为了维护其基本原则，在此引用此项旧简易路面铺装纲要。

2. 设计断面

表面处治与简易路面的设计断面如图16和图17所示。它们都是贯入施工法。图16被称为石屑封层，在石屑封层中只做1层称为路面封层。如果做两层（或两层以上），称为双层表处（或多层表处）。

图16和图17中，各种骨料粒径相重叠，实际以底层骨料为1粒径（或为2粒径），用小粒径骨料嵌入，再用更小粒径的骨料嵌进小缝中，使表面密实称为面层。其间，各层间洒布乳化沥青，再撒布骨料，按层进行反复碾压，使骨料之间嵌紧密实。

面层的厚度，是由最初摊铺骨料的最大粒径决定的，图16中表面处治为1～3cm，图17中简易路面为4cm。

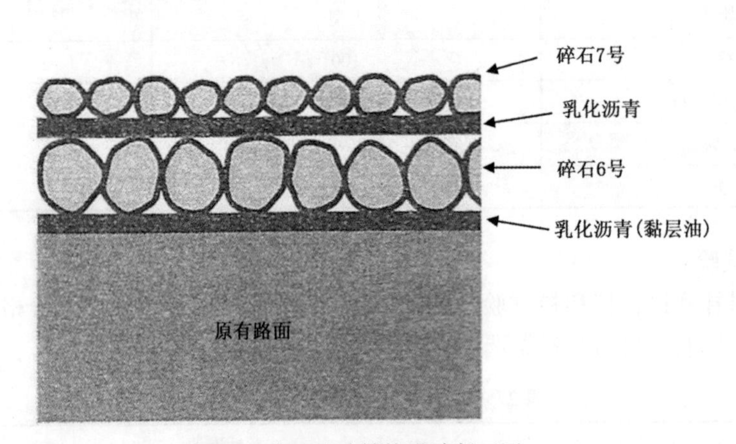

图16　表面处治结构设计断面图

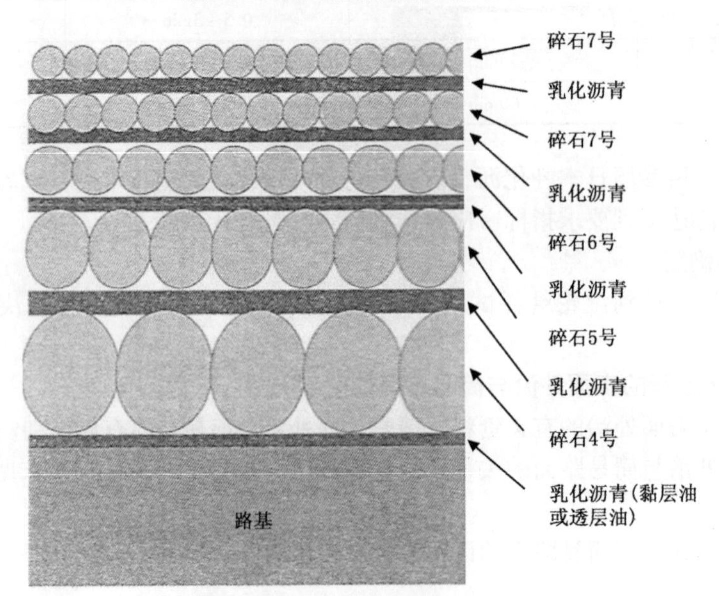

图17　简易路面结构设计断面图

3. 表面处治的种类

表面处治的种类，除了石屑封层外，还有薄雾封层、改性稀浆封层、稀浆封层、石屑封层等。定义为路面上做防尘处理的，指封层与双层封层，但与为防尘洒布氯化钙或乳化沥青的处理有所不同。关于各种表面处治的施工方法，由于篇幅有限，请参考有关文献。

4. 表面处治的有关资料

表面处治有关资料，请参考文献中的《旧简易铺装钢要》、《路面铺装施工便览》、《乳化沥青的基础与应用技术》、《砂砾石沥青路面处理指南》等。

（三）路上就地再生水泥。乳化沥青稳定处理中旧沥青混合料的掺入率

问：路上就地再生水泥与乳化沥青稳定处理施工方法中，旧沥青混合料的掺入率可以加入多少？如何提高其掺入率？采取什么措施？请予以指教。

答：路上就地再生水泥与乳化沥青稳定处理（以下称再生 CAE）施工法，于昭和 50 年（1975）发展，到平成 17 年（2006 年）累计生产 5500×10^4t 以上的实际工程。

这种施工方法的设计与施工标准，于昭和 62 年（1987）由（社）日本道路协会发行的《路上就地再生底层施工方法技术指南（草案）》（以下称为《指南》）予以说明。

上述《指南（草案）》虽然已经废刊，但是，技术内容相同的日本道路协会由平成 16 年 2 月发行的《路面再生便览》又予以收录。

但是，关于旧沥青混合率上限问题的提问，《指南（草案）》或《再生便览》中都没有说明。

在日本的乳化沥青协会里，自昭和 57 年（1982 年），在技术委员会下属设置水泥与乳化沥青配合比设计的分科会（以下简称水泥乳液分科会），进行碎的旧沥青混合料（以下简称为 R 材料）掺入 CAE 混合料配合比设计的有关研究。结果如实例所示，随着 R 材料掺入量的不同，水泥用量与马歇尔单轴强度的关系如图 18 所示。

从图 18 中看出，随着 R 材料掺入量的增加，CAE 混合料的马歇尔单轴强度有下降的倾向。为能达到同样强度，必须增加水泥用量。

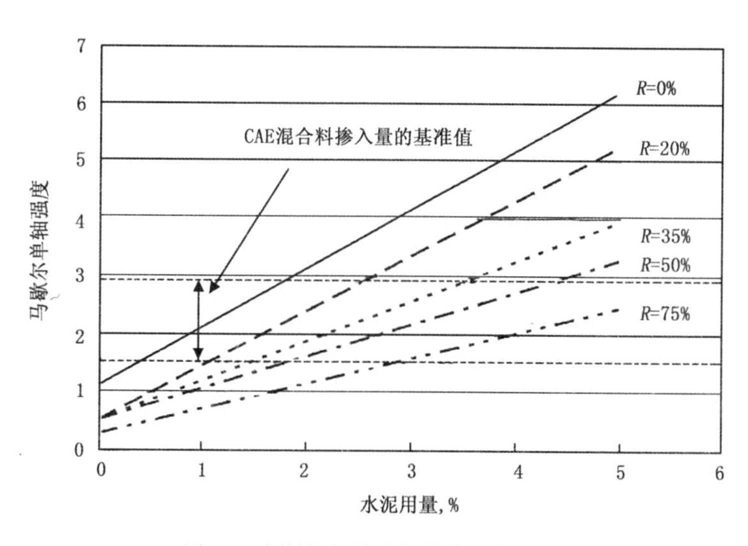

图 18　水泥量与马歇尔单轴强度关系

根据《指南（草案）》设计与施工的数据，由水泥与乳液分科会整理的资料，旧沥青混合料掺入率如图 19 所示分布，平均值为 34.6%。如果水泥用量过多，开裂的危险性将增大。在过去的实例中已经验证，因此对于 R 料的掺入量限制是极为重要的。

如果当 R 料的掺入量过高时，在路面设计阶段，采取相应的措施也是有效的。例如，如图 20 那样，在原有的颗粒状底层进行稳定处理的方式。

近年来，路面再生技术已迅速发展，对于旧沥青混凝土的再生利用率已经接近 100%。

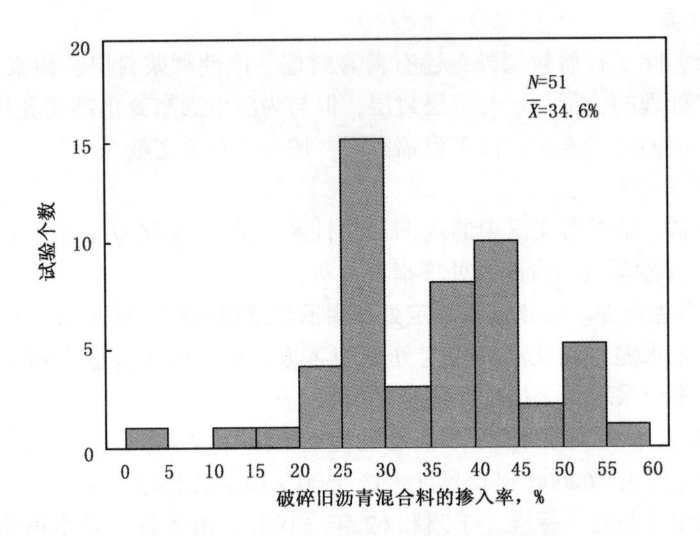

图 19　阳子乳化沥青混合料掺入量的实例

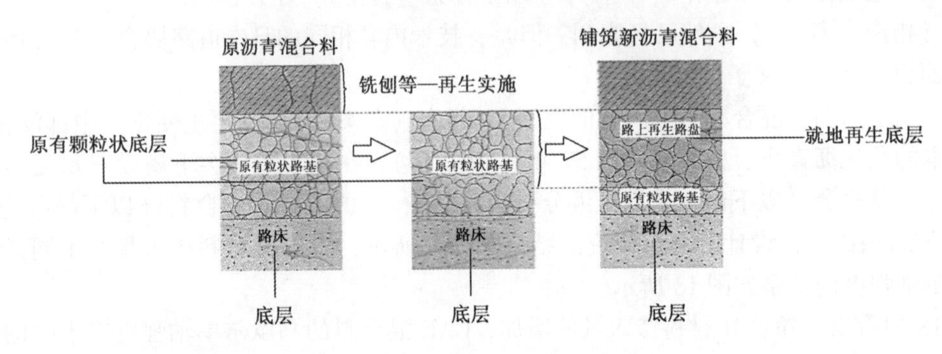

图 20　原颗粒状底层做稳定处理

(四) 用乳化沥青铺筑简易路面的结构设计与标准的配合比例

问：用乳化沥青铺筑简易路面时，面层上层底层的加工厚度多少为标准？请教标准的配合比与施工方法？

答：采用乳化沥青铺筑面层或上层底层时，请参照《旧简易铺装纲要》修订版（于昭和 46 年 12 月 20 日发行），就可以容易理解。面层的加工厚度为 3cm 或 4cm，上层底层的厚度应根据路基的承载力而区别。一般为 5 ~ 10cm 左右，设计上的加工厚度多以 7cm 为标准。

路面工程，多采用贯入式或拌和式。贯入式施工法的材料用量的标准如图 21 所示。

贯入式施工法也称喷洒贯入施工法（使用乳化沥青的品种为 PK－1 或 PK－2），要注意石料的湿度（水分）。有无粉末与灰尘，冬季施工时，乳化沥青要加温（60℃左右）以及施工后的养生。在这种情况下施工用的乳化沥青，有用高浓度的乳化沥青或掺入橡胶的改性乳化沥青。根据施工季节与目的的不同，采用各种特性的乳化沥青。

拌和式施工方法（采用乳化沥青 MK－1 型或 MK－2 型）于表 28 中给出混合料的级配要求与标准的乳化沥青用量。

使用乳化沥青原则上不用石粉，但在寒冷地区因有防滑链，有使用石粉的。乳化沥青用量可用下面公式计算：

$$P = 0.06a + 0.12b + 0.2c$$

式中　P——乳化沥青质量；

a—— 2.5mm 筛上骨料质量百分比，%；

b—— 2.5 ~ 0.074mm 骨料质量百分比，%；

c—— 通过 0.074mm 骨料质量百分比，%。

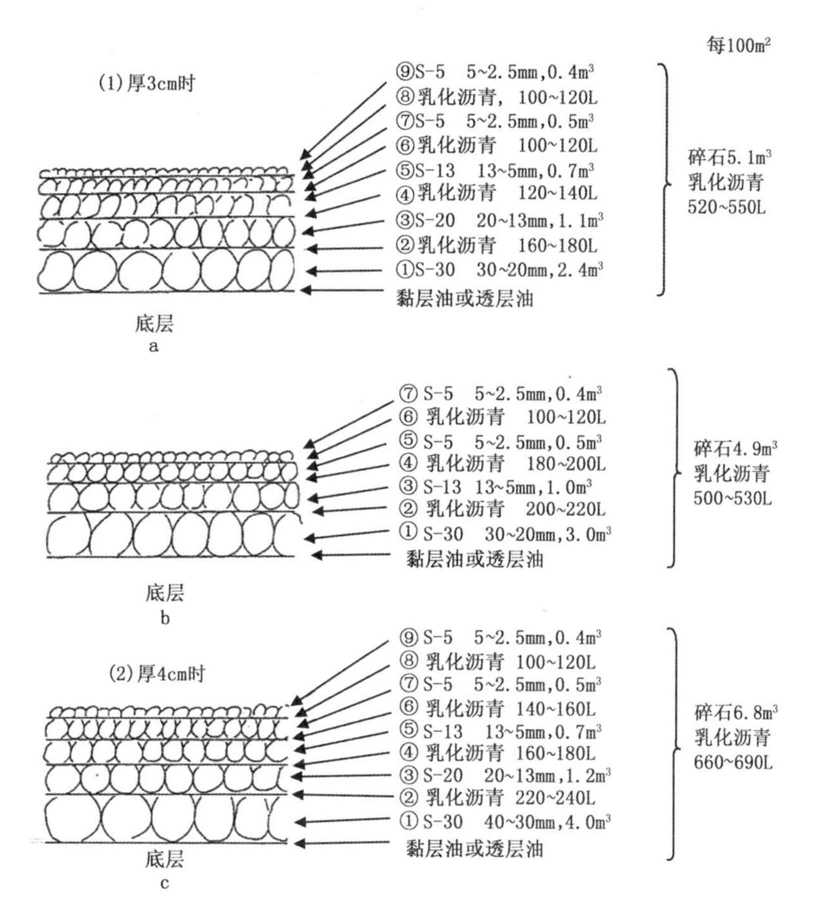

图21 贯入式施工方法的材料用量标准

表28 用乳化沥青拌制常温混合料的标准配合比

筛孔尺寸，mm	筛上通过量，质量%	
	粗级配型	密级配型
25	100	100
20	95～100	95～100
13	70～100	80～100
5	35～55	50～70
2.5	20～35	30～50
0.6	8.0～20	14～26
0.3	5～15	8～18
0.15	2～10	3～11
0.074	0～4	0～5
乳化沥青使用量，%	7.0～8.5	8.0～9.5

混合料装入卧筒状叶片强制式拌和机，进行拌和与制造，调整最佳含水量，向拌和机内投入适宜级配的骨料，加入乳化沥青拌和均匀（投入乳化沥青要拌和15～20s）。将混合料运到施工现场，用摊铺机或人工进行摊铺，随后碾压密实。

上层底层的铺筑，有贯入式与拌和式施工法。拌和式施工法有厂拌和与路上就地拌和两种。多数拌和采用路上就地拌和法。路上拌和铺筑厚度多为7cm以上，这种骨料的级配以表29的级配为标准。

乳化沥青的掺入量为6.0%～7.5%（质量%），应考虑以往的实际效果进行决定。稳定度确认在250kg以上。但是，如单用初扎碎石，可以不做马歇尔试验。

表29 用沥青做稳定处理材料时骨料的级配

筛孔尺寸，mm	筛通过量百分比，质量%		
	级配范围40～0	级配范围30～0	级配范围25～0
40	90～100	100	
30	—	95～100	100
25	60～90	60～90	95～100
13	30～75	30～75	30～75
2.5	20～60	20～60	20～60
0.074	0～10	0～10	0～10

注1：骨料粒径分布越平顺，施工性越好。希望骨料最大的粒径在铺层的1/2以上。最大粒径在30mm以下骨料，混合料很好，作业性良好（很少有骨料离析）。

注2：乳化沥青用量，骨料的级配以表中的下线用量范围为好。

采用这种施工方法进行施工时，要根据原有路面不平整度调整骨料的粒径与含水量。特别采用路上灰土拌和机做路上就地拌和时，这些管理就更为重要。

表30 根据贯入式施工法底层构筑材料的使用量的标准

材料 \ 使用量 \ 铺设厚度，cm	5	7
碎石S—60（60～40mm），m^3	5.0	5.0
乳化沥青，L	240～260	240～260
碎石S—30（30～20mm），m^3	—	3.0
乳化沥青，L	—	190～210
碎石S—20（20～13mm），m^3	1.5	1.5
乳化沥青，L	190～210	190～210
碎石S—13（13～5mm），m^3	1.0	1.0
乳化沥青，L	140～160	140～160
碎石S—5（5～2.5mm），m^3	0.5	0.5
碎石用量总计，m^3	8.0	11.0
乳化沥青用量总计，L	590～620	790～820

铺筑贯入式底层时，采用表30所示材料用量为标准。

这种施工方法，如同贯入式面层一样，同一种级配的骨料，避免做两层以上的铺筑，下层底盘未能调平的部分，铺设骨料时，要予以整平。

（五）采用乳化沥青做防尘处理时，对原路面的影响

问：铺筑路面前考虑做防尘处理时，在铺设该路面时有哪些影响因素防尘处理？

答：根据路面的现有状况而有所区别，基本上认为没有什么影响。这里所讲的防尘处理是以双层表面处治为前提的贯入式施工法。最近好像已不进行这种施工。但在30年前，为了尽早减少未铺路面的道路，采用道路稳定土拌和机铺筑没有路面的道路，于其上面铺筑双层贯入式表面处治，经过1～3年使用后，再用这种施工方法做路面防尘处理。

这种施工方法被称为分阶段修建。直到取到该路路面预算之前，采取该措施保证道路底层的稳定。该路段铺设路面之前，要修整不平整路段与洒布透层油等妥善处理该路段，再铺筑热沥青混合料的面层。

还有罩面工程，为了抑制反射裂缝的发生或延缓开裂为目的，也有设置应力缓和层或设计 SA-MI 施工法（垫层施工法）。其中之一是用乳化沥青做垫层施工法。垫层施工方法是在原有路面上先做罩面，再用乳化沥青与 6 号、7 号碎石做罩面进行施工，从而抑制面层的开裂。

上述防尘处理中使用的乳化沥青路面施工方法或垫层施工方法，已有很多工程实例，工程施工没有亏损。因而这种铺筑路面的方法是可行的。在对路面进行防尘处理时，要对原路面做详细调查。如有车辙或坑槽等，必须对局部进行处理。为使处理能与原路面很好结合，应先对原路进行清洗与碾压，这是十分重要的。

为适应筑路、养路技术的需要 提高稀浆封层与改性稀浆封层的技术水平

一、稀浆封层施工技术的由来与发展

（一）公路的现状

1949 年以前，全国通车里程为 8.07×10^4km，至 2010 年底，全国通车里程已达 398.4×10^4km，其中高速公路达 74000km，位居世界第二。特别是 2008 年以来，为应对国际金融危机，以高速公路为重点，建设步伐进一步加快，“十一五”末高速公路里程达到“十五”末的 1.78 倍。“十一五”期间全社会高速公路建设累计投资达 2 万亿元，直接拉动 GDP 增长约 3 万亿元，拉动相关行业产出累计约 7 万亿元。“十二五”末，我国高速公路网主骨架将基本建成，届时，中国高速公路通车总里程将达 10 万公里，超过美国而跃居世界第一。

从“八五”开始，用几个五年计划建成国道的主干线的长远规划，以高等级公路为主体组成国道主干线系统。“三主一支持”工程包括：公路主骨架，水运主航道和港站的主枢纽以及支持保障系统（通信系统、安全系统、行业管理手段、人才培养和科研工作等支持）。这是跨世纪的需要、由几代人努力完成的交通系统工程。这项宏伟的工程从 20 世纪 90 年代初开始实施，计划用 30 年时间完成。

由 12 条公路组成的公路主骨架（表 1），总里程 3.6×10^4km，计划用 30 年时间建成。经“八五”、“九五”的努力，我国公路事业进入持续、快速、健康发展时期，特别是 1998 年以来，把握住历史机遇，利用国债带动公路建设，公路设施呈现跨越式发展，拉动国民经济的增长。我国公路居世界第 4 位；高速公路居世界第 2 位。全国除西藏外，均通了高速公路。我国仅用不到 20 年时间，走过一般发达国家需要 40 年走过的路程。2007 年底，已提前完成“五纵七横”主干线系统。

表 1　五纵七横及里程

名　称	里程，km	名　称	里程，km
“五纵”	约 15590	“七横”	约 20300
1. 同江—三亚	约 5700	1. 绥芬河—满洲里	约 1280
2. 北京—福州	约 2540	2. 丹东—拉萨	约 4590
3. 北京—珠海	约 2310	3. 青岛—银川	约 1610
4. 二连浩特—河口	约 3610	4. 连云港—霍尔果斯	约 3980
5. 重庆—湛江	约 1430	5. 上海—成都	约 2770
		6. 上海—瑞丽	约 4090
		7. 衡阳—昆明	约 1980

"五纵七横"将全国重要城市、工业中心、交通枢纽和主要陆上口岸连接起来，形成由高速公路和一级公路组成的快速、高速、安全的国道主干线系统，以适应国民经济发展需要。主干线的建成，使车速提高、运输成本降低。1990 年前国道平均车速为 40km/h，现在已经提高一倍以上。运输成本降低 20% 以上。现在即使边远的城市，一年四季都有活蹦乱跳的海鲜和青翠欲滴的蔬菜，这是因为公路运输的方便。过去山东烟台的水果用火车运到北京得三装三卸，需要一个星期才能运到北京，现在从果园装车，不到一天就到北京了。

除了高等级公路，国家长期的坚持扶贫公路以及县乡公路建设，使农村面貌变化很大。沥青路、自来水、电灯、电话，已经列为建设农村小康的"四大指标"。"要想富、先修路"，"小路小富、大路大富、高速路快富"，"公路通、百业兴"，已经成为全国人民的共识。实践证明，发展市场经济必须依赖于便利的交通运输，没有便利的交通运输，就只能发展自然经济，不可能发展市场经济。交通运输是现代化市场经济的物质基础，也是市场经济体制建设的保障。

包括"五纵七横"12 条线路，它将贯通首都与各省会、自治区首府和直辖市，连接百万以上人口特大城市和 93%50 万以上人口的大城市，相距 400 ~ 500km 之间大城市，可以当日往返，相距 800 ~ 1000km 之间可以当日直达的现代化公路运输网络。

目前公路运输承担量是其他几种运输方式运量总和的 3 ~ 4 倍，而公路的通达深度和广度以及覆盖面上所起的作用，又是其他任何一种运输方式所不能代替的，目前公路承担客运量的 90.1%，货运量的 76.5%，在综合运输网中占有重要的地位。

2005 年 1 月 13 日，由国务院新闻办（新闻发布厅）新闻发布会公布"国家高速公路网规划"30 年内将建"7918 "高速公路网，总规模 8.5×10^4km。

7 条为首都放射线：北京—上海、北京—台北、北京—港澳、北京—昆明、北京—拉萨、北京—乌鲁木齐、北京—哈尔滨。

9 条为南北纵向线：沈阳—海口、长春—深圳、重庆—昆明等。

18 条为东西横向线：青岛—银川、连云港—霍尔果斯、上海—成都、广州—昆明等。

建成后将首都连接各省，各省彼此相通，连通 20 万以上人口的城市；保障西部地区、东北老工业基地；加强与主要港口 50 个铁路枢纽、公路枢纽、67 个重点机场，著名旅游区、公路哨的连接。总工程量为 8.5×10^4km，静态投资人民币 2 万亿元。

国家高速公路网是中国公路网中层次最主的骨干通道，是国家的政治稳定、经济发展、社会进步和国防现代化重要保证。

高速公路上奔跑的不仅仅是人流、物流，而且是商业流、金融流、信息流、文化流。据测算，高速路每亿元投资能带动社会 3 亿元的效益。京津塘高速路天津段已建成 9 个以上高档次新技术产业区。京津塘已经连成一片，逐渐消除城乡之间差别。京沈高速路带起近千个市场，今日的"丝绸之路"，往日许多难卖的农产品，如今正踏着新丝绸之路走向兄弟省市，走出国门。我国过去自东到西走 50 天，如今只需 50h，北京到上海只要 1 天。驾车出行将成为人们主要出行方式。随着高速路的发展，城乡之间的差别，脑力劳动与体力劳动的差别正逐渐缩小。据统计，投资高速路 2.2 万亿元可创造国内生产总值 6.6 万亿元，创造就业机会 4400 万个，对我国经济发展、国家安全都做出了重大贡献。

（二）公路要"建养并重"

随着公路事业的发展，公路里程增加、汽车行驶量增多、行车的载质量加大、行车的渠化行驶，等等因素，使公路更多地产生各种病害，在改革开放前修筑的公路大部分是表面处治的简易路面。这些路面都处于超负荷、超期服役状况，迫切需要大中修养护。就是近些年来新建成的高等公路，如沈大线、京石线、济青线、成渝线、宜黄线、合宁线、西宝线、西三线等高速公路。经过多年行车后，已经出现各种病害。因此无论是新建和早建的公路，必须重视养护工作，否则，积重难返，高速路变成低速路，无法发挥公路的应有效益。为此，交通部提出"建养并重"为我们的公路工作方针，防止“重建轻养”的倾向。从公路发展战略的高度考虑，必须提高整个公路网的技术状况，发挥现有公路网的功能上的效益。推行各种形式的经济承包责任制。加速发展公路养护工程市场，公路养护工程和养护工作必然要进入市场，目的是调动广大养路职工的积极性，提高生产效率和资金使用效率，积极推广路面的评价管理系统，开发实用的数据库，提高公路养护管理水平。与此同时，加强公路养护的新技术、新工艺、新材料、新设备的推广，特别是对于高等级公路养护技术研究与开发，提高专业化养路队伍的技术水平与装备水平，以适应社会主义市场经济的公路养护运行体制的需要。

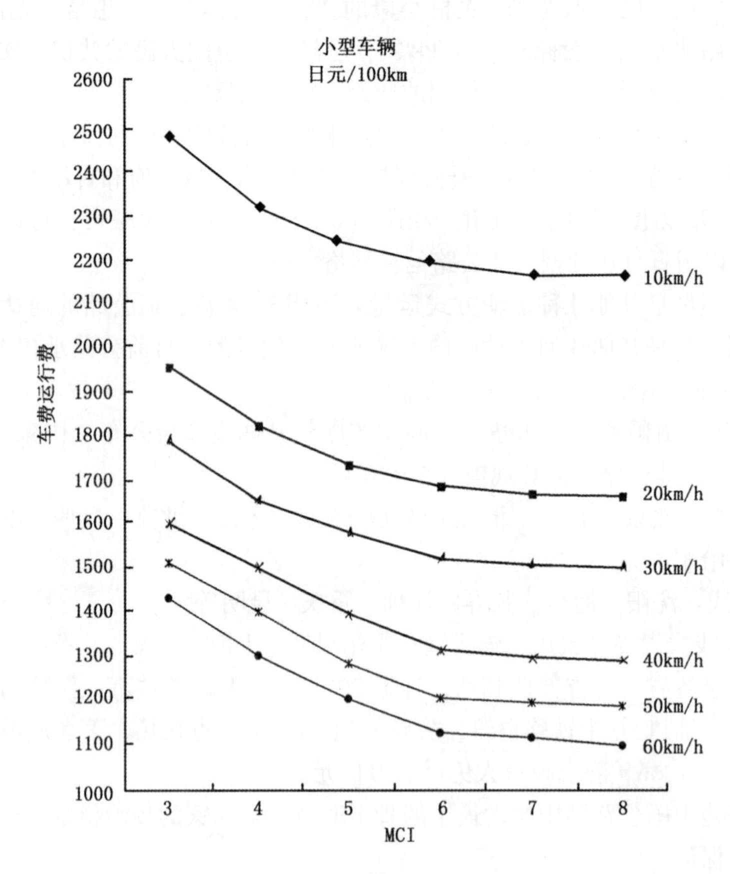

图1　MCI与车辆运行费用的关系

MCI为养护控制指数（Maintenamce Control Index）

（三）养路的技术政策

公路养护的总原则是以“预防为主、防治结合”，通过科学的调查与分析，努力做到防患于未然，积极推行路面评价系统的养路方法（PMS），做好预防性养护，即在路面将要出现轻度病害时，及时进行修补养护，避免大规模的工程拆修，这样可使公路的总养护费用降低，道路使用者的费用也降低。图1为路面养护控制指数（MCI）与道路使用者的车辆行走费之间的关系曲线。当MCl降低时，车辆行走费用增高，即增加道路使用者费用。因此在MCI尚未降低时，及时进行早期养护，保护路面应有的功能，作为社会财富的道路工程，应尽量减少其养护费。

对于路面早期出现或将出现的病害，最适宜于采用薄层路面的修补方法。它可以尽快地恢复路面功能，延长路面的使用寿命，降低路面总养护费用。越来越多的人认为薄层路面适宜于路面的早期预防性养护，它有利于道路使用者及附近居民，可以经常提供和保持高质量路面，在养路工作中深受重视。在多种薄层路面中（表2），尤以稀浆封层技术更为突出，因此在国内外，在一般公路与高等级公路上都有广泛的应用与发展。

表 2　预防性养护代表性的薄层路面

施工方法	特　征
热沥青混合料罩面	这种罩面按罩面厚度可以增加一定的结构强度，但因施工控制温度需要严格的施工管理，造价高、耗能多、污染重
石屑封层	喷洒乳液，撒布单级配石屑，也可以再喷洒一层乳液固定表面骨料，改善路面的防滑性能
表面处治	可以根据需要做单层、双层、多层等多种表面处治，每层骨料为单级配粒径，互相嵌紧，施工方法简单，提高路面使用寿命
稀浆封层	将骨料、乳液、填料、水等原材料按比例拌成稀浆混合料，摊铺路面上 4 ~ 6h 后通车，路面平整，防水、防滑，施工效率高
改性稀浆封层	由高分子聚合物改性乳化沥青拌制与摊铺稀浆混合料，提高封层的耐磨性与防滑性，铺后 0.5 ~ 1h 即可通车，缩短封闭交通时间，提高封层耐久性

第二次国际乳化沥青技术研讨会发表的论文中谈到在世界各国的高速公路的维修与养护中，需要大量资金。有许多因为资金不足与管理不善，迫使路面超期服役或失去资产价值，在这种情况下进行大修再建，将是重大的难题。这篇论文着眼于路面的富有成效的预防性养护管理，重点介绍以下问题：

（1）各国采用预防性养护施工方法的目的；

（2）各国预防性养护的控制时间；

（3）预防性养护产生的效果；

（4）有关预防性养护所包含的课题在国际上的考察。

根据对 15 个国家及 20 个部门的考察，结合美国的实例，对以上问题进行了总结性回答。

1. 预防性养护施工方法与采用的目的

在美国，预防性养护施工方法如表 3 所示。按照路面的损坏情况，选择适宜的施工方法。

表 3　关于美国预防性养护的应用实例

施工方法	路面状况
修补裂缝	路面早期裂纹
乳化沥青喷雾封层	一般水平的磨损与老化
石屑封层	以路面开裂为主要原因的一般水平的破损
稀浆封层	细小裂缝，一般水平的磨损与老化
改性稀浆封层	细小裂缝，一般水平的磨损与老化、车辙、不平整
薄层罩面	一般的损坏，小的不整齐

各国根据不同的养护目的采取不同的预防性养护施工方法（表 4），多数采用罩面、石屑封层、稀浆封层和改性稀浆封层。表 5 给出了世界各国稀浆封层与改性稀浆封层量调查情况。

表 4　各国根据不同目的所采用的预防性养护方法

施工方法	喷雾封层				修补裂缝			石屑封层			稀浆封层			改性稀浆封层			薄层罩面			
维修的目的	填充防水	返老还新	延长寿命	保护骨料资源	修补反射裂缝	裂缝防水	石屑封层前修补裂缝	改善表面	防水	改善防滑	改善表面与延长寿命	防水	提高防滑	改善表面与延长寿命	防水	改善防滑	改善表面与延长寿命	防水	改善防滑	降低噪音
英国						○		○	○		○	○	○	○	○	○	○	○	○	○
法国					○	○	○	○	○	○	○			○			○	○	○	○
德国						○			○					○			○			

续表

施工方法	喷雾封层				修补裂缝			石屑封层			稀浆封层			改性稀浆封层			薄层罩面			
维修的目的	填充防水	返老还新	延长寿命	保护骨料资源	修补反射裂缝	裂缝防水	石屑封层前修补裂缝	改善表面	防水	改善防滑	改善表面与延长寿命	防水	提高防滑	改善表面与延长寿命	防水	改善防滑	改善表面与延长寿命	防水	改善防滑	降低噪音
西班牙	○				○	○	○	○				○	○	○	○	○	○			○
瑞典			○						○		○			○			○			
南非		○			○			○		○							○	○		
新西兰	○					○		○	○	○	○						○		○	○
澳大利亚	○		○	○		○	○	○	○		○	○	○	○		○	○	○		
泰国		○				○			○	○			○						○	
韩国																	○			
日本						○										○	○			
墨西哥	○	○		○		○		○	○	○	○		○				○	○	○	
巴西																				
加拿大						○								○			○			
马来西亚									○											

表5 世界各国稀浆封层与改性稀浆封层施工数量统计调查表[1]（$\times 10^6 m^2$）

国家名称		1992年			1996年		
		稀浆封层	改性稀浆封层	合计	稀浆封层	改性稀浆封层	合计
北美	美国与加拿大	120.0	28.9	148.9	95.0	32.0	132.0
	小计			148.9			132.0
南美	阿根廷	2.5		2.5	3.2	3.2	7.0
	巴西	10.0		10.0	6.5		6.5
	墨西哥	4.5		4.5	2.0		2.0
	相邻两国[2]	0.1/0.9	0.1左右	0.2/0.9	0.3/0.1	0.3左右	0.6/0.1
	小计			18.0			17.1
欧洲	西班牙	6.0	10.0	16.0	6.25	6.25	12.5
	法国		7.0	7.0		11.0	11.0
	德国		12.0	12.0		6.4	6.4
	葡萄牙	1.5	1.5	3.0	2.5	2.5	5.0
	比利时						5.0
	英国	1.5	3.3	4.8	1.2	3.5	4.7
	意大利		3.5	3.5		3.5	3.5
	荷兰		2.0	2.0		1.5	1.5
	捷克		0.7		0.7		1.4
	邻近九国[3]	0.1/0.45	0.3/0.6	0.1/0.7	0.1左右		1.4
	小计			50.7			55.4

国家名称		1992 年			1996 年		
		稀浆封层	改性稀浆封层	合计	稀浆封层	改性稀浆封层	合计
大洋洲	澳大利亚	7.7			8.9	29.4	38.3
	小计						38.3
非洲	南非	7.7	5.2	12.9	5.5	6.0	11.5
	相邻五国[4]	1.75		1.75	1.6		1.6
	小计			14/7			13.1
亚洲	中国						10.0
	泰国	14.1		14.1			
	日本	0.2	0.01	0.21		0.02	
	小计			14.3			10.0
合计		171.5	75.9	246.6	135.1	113.6	265.9

①根据 ISSA 1997 年 5 - 6 月报告中的数据整理；

②南美洲相邻近两个国家为哥伦比亚与智利；

③非洲相邻近五国为赞比亚、津巴布韦、博茨兹瓦纳、马拉维、莫桑比克；

④欧洲相邻近九国为奥地利、希腊、瑞士、斯洛伐克、丹麦、匈牙利、芬兰、保加利亚、罗马尼亚。

2. 预防性养护的控制时间

在美国，预防性养护的时间控制在以降低路面循环周期的成本为前提。从各国调查的结果中可以看出，时间与循环周期都与美国的代表值接近，或者比其时间更长些也可以适用。表 6 是包含美国共 29 个部门调查的结果，反映了各国对于路面寿命时间的看法与路面结构的适用情况。

表 6　美国等国家 29 个部门关于预防性养护调查的结果

施工方法 控制时间 国别	喷雾封层		修补裂缝		石屑封层		稀浆封层		改性稀浆封层		薄层罩面	
	初次使用年限	最适宜频率	初次使用年限	最适宜频率	初次使用年限	最适宜频度	初次使用年限	最适宜频度	初次使用年限	最适宜频度	初次使用年限	最适宜频度
美国	3 ~ 5	1 ~ 2			5 ~ 7	4 ~ 7	5 ~ 7	4 ~ 7	5 ~ 10	5 ~ 10	6 ~ 12	8 ~ 10
英国	未用		随时 7 ~ 8	随时	5 ~ 8 8 ~ 10	5 ~ 8 –	5 ~ 8 10	5 ~ 8 –	10 ~ 15 10	10 ~ 15 –	按交通量决定 15 +	
法国	未用		4 ~ 6 3 ~ 4 8 ~ 10	随时 随时 随时	8 7 ~ 10 8 ~ 10	8 5 ~ 7 8 ~ 10	– 10 ~ 12 8 ~ 10	– 7 5	4 ~ 6 10 ~ 12 8 ~ 10	4 ~ 6 10 7 ~ 10	9 ~ 12 10 ~ 12 8 ~ 10	9 ~ 12 10 10 ~ 12
德国	未用		8 ~ 10	3	12 – 15	3	未用		10 ~ 12	8 ~ 10	10 ~ 15	8 ~ 10
西班牙		2 每年		3 随时		6 4		5 5		5 7		7 8
瑞典			随时		10		6 ~ 8		6 ~ 8		15	
南非	8 ~ 12 – 3 ~ 10	2 – 5	5 – 未用	5 –	10 – 12 7 ~ 14 5 ~ 12	7 ~ 10 8 ~ 10 8	7 – 5 ~ 12	5 – 8	8 – 未用	7 –	12 ~ 20 – 10 ~ 15	10 ~ 15 14 ~ 15 12
新西兰	10 10	2 3	10 ~ 15 10	5 5	2 1	7 ~ 12 10	10 10	7 ~ 10 10	未用 未用		1 ~ 2 10	10 10

续表

施工方法 控制时间 国别	喷雾封层		修补裂缝		石屑封层		稀浆封层		改性稀浆封层		薄层罩面	
	初次使用年限	最适宜频率	初次使用年限	最适宜频率	初次使用年限	最适宜频度	初次使用年限	最适宜频度	初次使用年限	最适宜频度	初次使用年限	最适宜频度
澳大利亚	5~10 8 8~12	5~8 5 3~5	12~15 随时 随时	随时 随时 随时	10~18 8~12 –	8~12 7~12 10~15	15~18 15~25 –	10~15 8~12 –	15~18 12~25 –	10~15 12~15 –	12~18 10~20 –	10~15 10~15 15~20
泰国		每年1次		4		4		5	未用		6	
韩国	未用 – –	 – –	4~5 5	1~2 3 5	未用 –	 –	2~3 – 5	– –	– –	2~3 – –	5 5	3 5 5
日本												
墨西哥	4~7	每年1次 未用	4~7 4~10	1~2 3	0~1 4~10	1~3 3	0~1 –	3~5 –	未用 40~10	 1	0~5 1~10	3~5 5
巴西	4	2	–	–	4~6	3	4~6	3~4	4~6	3~4	7	4
加拿大	未用		3~5 3~5	3~4 3~5	6~10 6~10	6~8 6~8	未用 未用		2~10 2~10	6~8 6~8	5~8 5~8	8~10 8~10
马来西亚	未用		未用				3~4		3~4		4~5	5

3. 预防性养护的效果

有关公路的预防性养护的效果，在美国一般认为：

(1) 延长路面的寿命、增长路面服务性能、降低运输成本；

(2) 降低循环周期养护的成本；

(3) 改善路面行车的安全性、提高舒适性。

二、路面的预防性养护与稀浆封层技术

(一) 路面的预防性养护与改性稀浆封层的养护

建成的干线公路与公路网，如何保持道路持久的完好率，养护技术与养护成本是至关重要的。常常由于养护工作不及时，使建好的公路迅速毁坏，使路网的功能迅速下降。从而使年度养护预算与实际养护需要差距增大。结果修补的道路不如坏的多，形成恶性循环。

因此，在国际上提出预防性养护，即养扩工作应该以“预防为主、防治结合”为原则。这也是我国的公路养护的技术政策（JTJ 073－96）。什么是预防性养护？通过大量的调查认为，公路的寿命在75%的时间内，性能下降40%。在这个阶段的养护工作，可以取得事半功倍的效果。这就是预防性养护阶段，如果错过这个养护阶段，再推后12%的寿命时间，公路的性能可能又迅速下降40%，这个时期的养护成本将比预防性阶段增加3~10倍（图2）。这一阶段被称为矫正性养护阶段（也称修补性阶段），也是事倍功半的阶段。康达路曲线说明，沥青路面性能下降时，经常及时做预防性养护（稀浆封层），可以随时提高路面技术服务性能。

以沥青路面为例，一条沥青路面在使用几年后，由于其表面受交通、气候、日照等因素影响，开始氧化并出现轻微的车辙、疲劳裂缝、骨料剥落等路面病害。这些病害经过雨季或冰冻后会加速发展。病害增多并逐步进入下层，造成整个沥青面层结构、甚至基层及路基的损害。水泥混凝土路面病害与沥青路面不同，但具有加速损坏的规律。

为了降低道路养护成本、提高道路的经济效益，很多国家大力发展预防性养护技术。稀浆封层

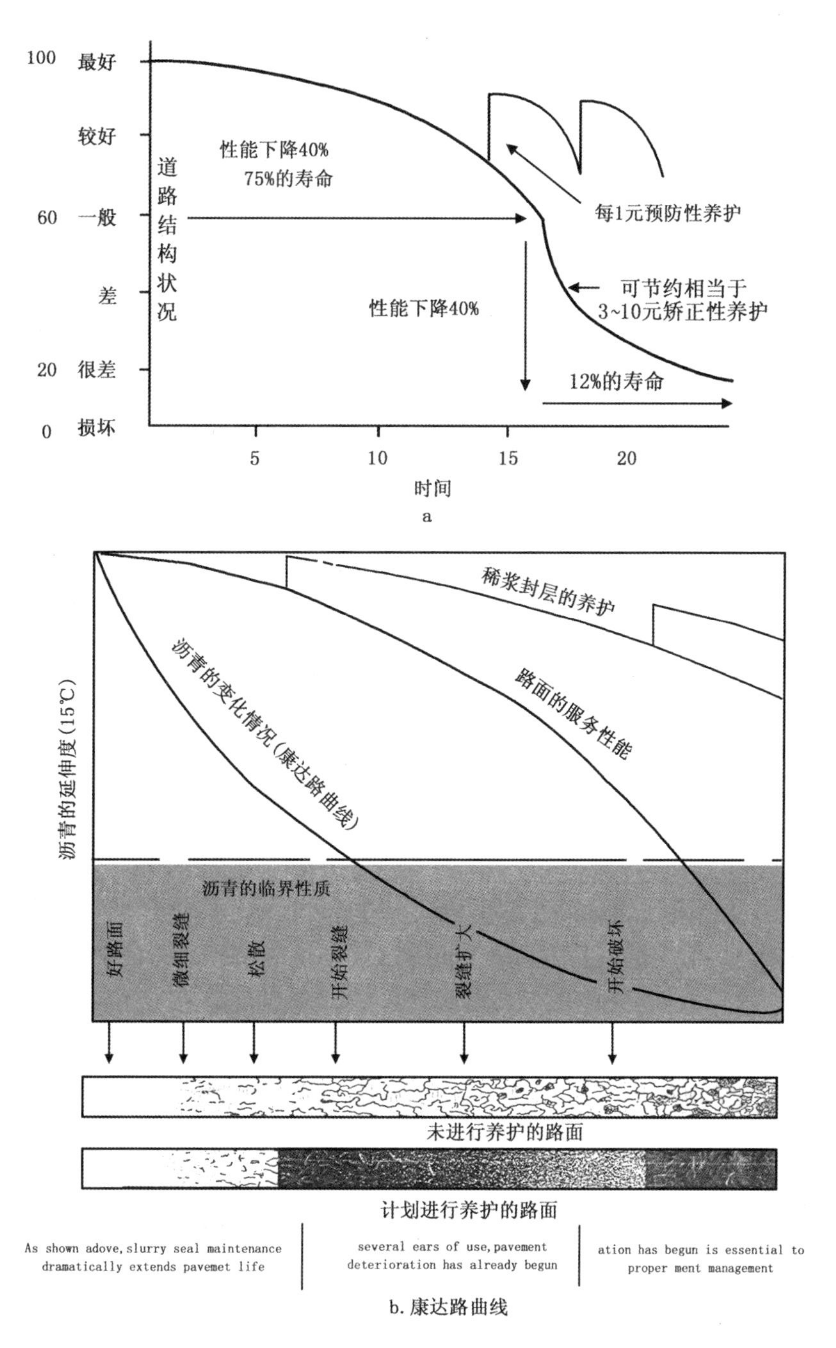

图2　道路结构状况及时间曲线图

与改性稀浆封层适宜于不同交通条件、自然环境和路面结构，便于大规模推广，因此在预防性养护技术方面得到很大成功。这项技术的应用降低了养护成本，并能在固定预算运行方式的条件下，提高整个公路网的质量，加快养护速度，深受公路部门的欢迎。

稀浆封层适用于低等级或地方道路的维修养护。改性稀浆封层适用于高速公路、城市干线、机场跑道等高等级公路的预防性养护。

改性稀浆封层的成功，取决于施工地区的气候、道路交通载质量、材料的质量和性能、改性乳化沥青、施工工艺等的系统设计与施工条件，其特点有：

(1) 使路面均匀黑色、平坦、耐用、低噪音、返老还新，并恢复路面原有性能；

(2) 具有耐磨、防滑的优点，适合于大交通量、重车多、车速快的要求；

(3) 比一般稀浆封层固化快、封层厚，可完成网裂密封、车辙填充等多种修复功能；

(4) 比热沥青罩面有更好的封层效果，能更好地防止水下渗，从而更好地保护路面结构强度；

(5) 在基层稳定的前提下，改性稀浆封层一般可用6～9年，在使用寿命和使用效果等方面与4cm热沥青罩面相近；

(6) 使用慢裂快凝的改性乳化沥青，可在施工后1h内恢复交通，比热沥青施工开放交通速度更快，并能减少施工对交通的影响，提高收费道路的收入；

(7) 可用于沥青与水泥两种不同性质的路面；

(8) 建设成本与环境污染明显低于热沥青罩面，提高了道路的经济效益与环境效益。

(二) 稀浆封层与改性稀浆封层类型选择的依据

在做稀浆封层和改性稀浆封层前，应详细了解以下情况：

(1) 详细了解原路面的性能及结构情况；

(2) 调查该路段的交通量及行车类型；

(3) 调查该区域的气候条件及施工季节的气象情况；

(4) 该地区的骨料类型及级配规格，为稀浆封层施工可能供应的骨料规格、质量及价格；

(5) 可能保证的工程资金及机械设备，按以上条件，选择合理、经济的封层类型并保证封层的使用寿命。

一般细封层适于做保护层，一般封层广泛用于面层，粗封层适于温差大、交通量大的面层。稀浆封层与改性稀浆封层的功能不同，用途不同，两种封层应区别对待。

图3给出了稀浆封层施工工艺流程。稀浆封层用于：

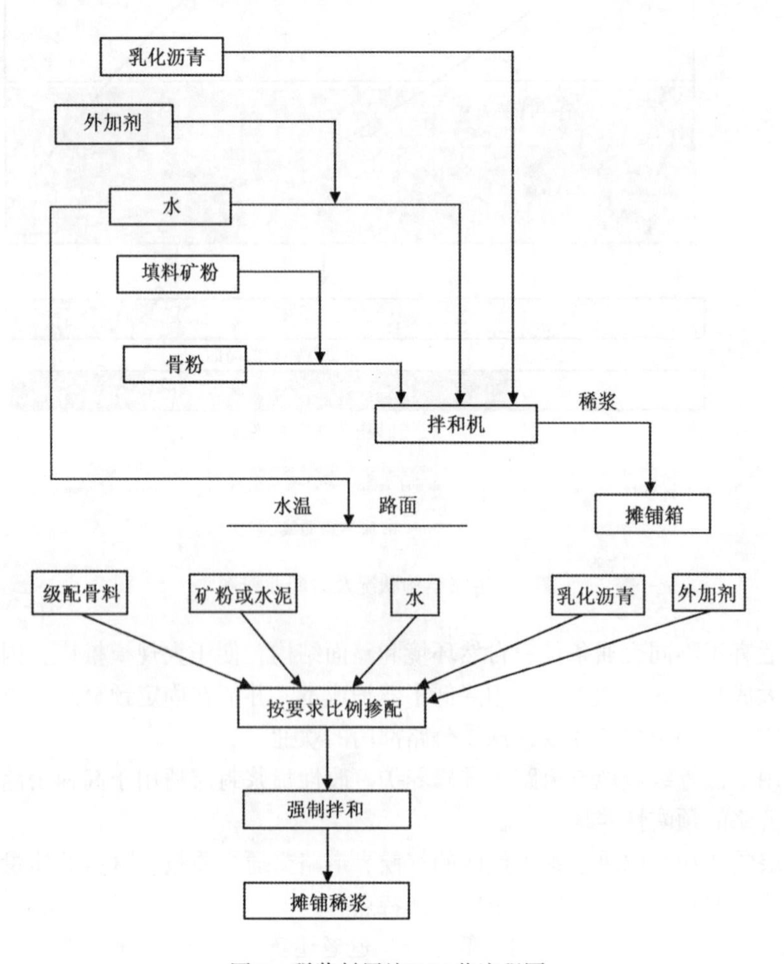

图3 稀浆封层施工工艺流程图

（1）低等级或地方道路的维修养护；
（2）路面铺装层面的连接层；
（3）基层表面的防渗（下封层）；
（4）基层表面临时承担交通行车（下封层）。
改性稀浆封层用于：
（1）高等级路面（含高速公路）的维修养护；
（2）水泥混凝土路面（含隧道内路面）的维修与养护；
（3）水泥混凝土桥面的防水与刚柔结合；
（4）快速修补沥青路面车辙。
以上两种封层有相同与不同之处，因此，ISSA（国际稀浆封层协会）分别做出 ISSA－105 与 ISSA－143 两种不同的技术要求，避免混淆，防止合二为一。

（三）稀浆封层与改性稀浆封层的施工与机械

稀浆封层与改性稀浆封层适用于路面的早期维修养护。图 4 给出了稀浆封层与改性稀浆封层混合料配比选择流程。

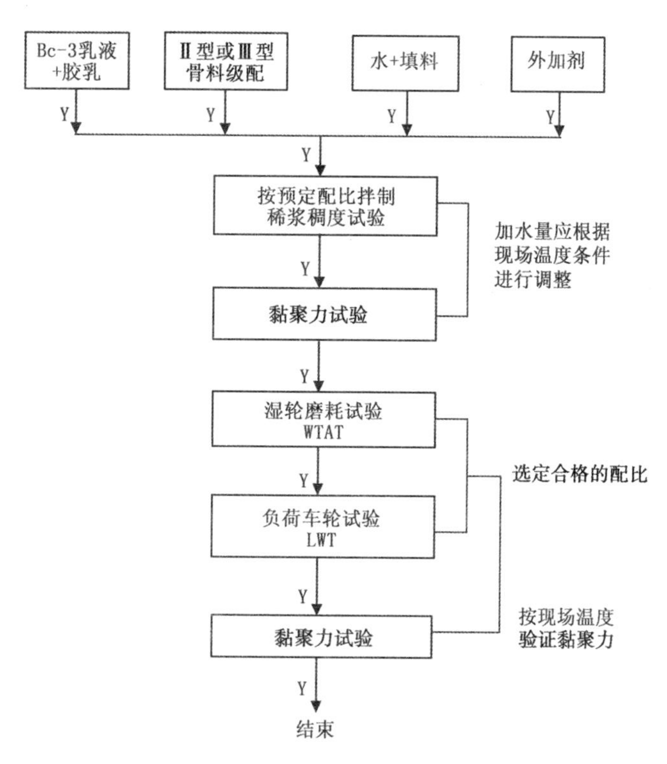

图 4　稀浆封层与改性稀浆封层混合料配比选择

1. 适用地段

（1）尽快修复防止堵车的路段。例如：高速公路或收费公路（含出入口等）、主要地方道路等。
（2）老化的路面（含坑槽开裂）的开裂。例如：高速公路或收费公路（含出入口等）、地方道路、厂区路、空港、居住区内道路等。
（3）改善剥落的混凝土路面的纹理与平整度。例如：高速公路或收费公路（含出入口等）、地方道路、厂区道路等。

2. 施工中注意事项

为能更好地发挥改性稀浆封层的性能，施工中应注意以下几点：
（1）将原路面彻底清扫干净。
（2）原路面没有结构性破坏。如有结构性破坏应予先拆换。

（3）修补车辙最大深度为23mm（大于25mm表面难平整）。如修补开裂时应事先灌缝，如有坑槽和台阶应事先修补。

（4）混合料固化前与固化中不要降雨。

（5）气温不要过高但水分蒸发前要防冻，严格注意气候变化。

（6）施工地段纵坡不大于10%，横向断面没有曲面。

3. 混合料技术指标

稀浆封层与改性稀浆封层混合料的技术指标如表7所示。图5给出了混合料中沥青含量的确定。

表7　稀浆封层与改性稀浆封层混合料技术指标

检测项目	技术指标
稠度，mm	89+20~30
初凝时间，h	抗压强度>12kgf·cm时为0.5h
固化时间，h	抗压强度>20kgf·cm时为1h
湿轮磨耗，g/m^2	>$540g/m^2$
负荷车轮磨耗值，g/m^2	低于规定黏砂量

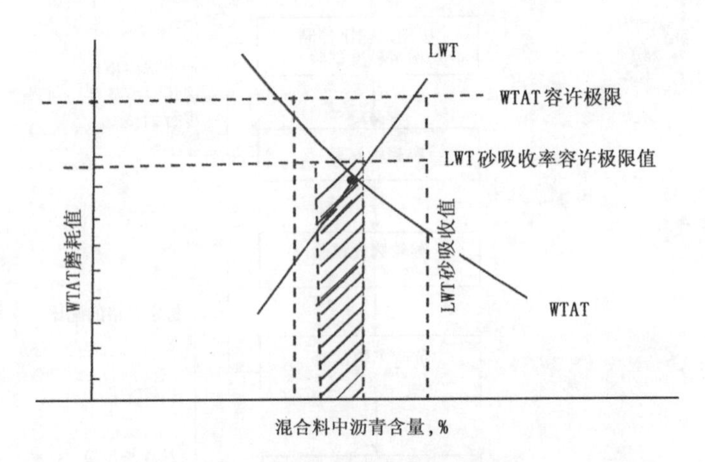

图5　混合料中沥青含量的确定

（1）轻交通量（0~300辆/日），黏砂量小于$750g/m^2$；

（2）中交通量（250~500辆/日），黏砂量小于$645g/m^2$；

（3）重交通量（1500~3000辆/日），黏砂小于$590g/m^2$；

（4）特重交通量（3000辆/日以上），黏砂量小于$540g/m^2$；

（5）拌和时间大于120s。

三、稀浆封层与改性稀浆封层专用设备——稀浆封层机

（一）进口稀浆封层机

1990年以前，我国主要依靠进口的稀浆封层机，用于高等级路面的维修养护，主要有瑞典、德国、美国等厂商制造的设备。其中瑞典的阿克苏·诺贝尔公司曾在美国生产制造稀浆封层设备，下面简要介绍其特点。

1. 瑞典阿克苏·诺贝尔公司改性稀浆封层机

SB 系列稀浆封层机性能参数

容量及规格	SB－54A	SB－804A	SB－1000A
骨料贮存箱，m^3	3.8	6.1	7.6
乳液贮存箱，m^3	1.7	2.3	2.8
水贮存箱，m^3	1.7	2.3	2.3
细填料贮存箱，L	198	283	283
外加剂贮存箱，L	76	76	76
长度（车身），mm	4801	5639	6187
宽度（车身），mm	2438	2468	2438
高度（车身），mm	1647	1798	1798
载质量，kg	10.000	10.000	20.000
摊铺宽度，mm	2440	2440	2440
	约 4000	约 4000	约 4000

SB－804A 型稀浆封层机

阿克苏的稀浆封层机修补车辙与坡面的摊铺箱如下。

坡面摊铺箱

V型摊铺箱

V型摊铺箱

V型摊铺箱

修补车辙与坡面的摊铺箱

HD 型双轴强制搅拌机的内部结构

2. 德国百灵公司生产的稀浆封层机

百灵公司稀浆封层机型号性能一览表

产品一览表				
	S-Hy 8000	(不包括底盘) 7.6~8.5	M 8 m³ E 2300 W 1900 Z 500 F 500	1200 m² 每车
	S-Hy 10.000	(不包括底盘) 8.6~9.5	M 10 m³ E 2750 W 2300 Z 500 F 500	1500 m² 每车
	S-Hy 10.000 S-Hy 12.000	12.5~13.5 12.6~13.6	M 10/12 m³ E 5000 W 4200 Z 750 F 750	1500~1800 m² 每车
	BABY	5.0	M 2 m³ E 650 W 400 Z 100 F 100	300 m² 每车
	EL	19.5	M 5 m³ E 5500 W 4000 Z 750 F 1000	连续摊铺 每天40000m²

M—集料，E—乳化沥青，W—水，Z—填料，F—添加剂。

3. 美国威莱公司改性稀浆封层机

美国威莱公司 VSS M－12 稀浆封层机

美国威莱公司 VSS 微型稀浆封层机

4. 美国博坎公司稀浆封层车

美国博坎公司（Bergkamp Inc.）M210 微表处、稀浆封层车

骨料容积	平装 8.1m³　最大 10m³	摊铺厚度	5～15mm
乳化沥青容积	600gal（2270L）	摊铺宽度	2.4～4.3m
水箱容积	600gal（2270L）	每车摊铺面积	约 1200m²
细石粉（水泥）	750lb（0.31m²）	发动机品牌型号	美国康明斯 4BT 4.5L
添加剂罐	不锈钢，55gal（200L）	发动机功率	100 HP（75kW）
生产率	4000lb（1800kg）/min	每车排空时间	约 10～12min

美国博坎公司HSB814液压摊铺箱
摊铺宽度2.4~4.3m

美国博坎公司车辙摊铺箱
车辙填补宽度1.5m、1.8m两种

（二）国产稀浆封层机

近几年，随着我国乳化沥青与稀浆封层技术的迅猛发展，进口的乳化设备及稀浆封层机，由于价格昂贵，且部分厂家更换配件等技术服务不能及时满足用户要求，因此，促进了国产稀浆封层机的质量与技术性能迅速提高，受到国内用户欢迎，并有产品初步打入国际市场，下面就其产品情况做简要介绍。

1. 秦皇岛思嘉特专用汽车公司制造的稀浆封层机

（1）HRF－100型全智能改性稀浆封层车

①设备简介：

HRF－100 型乳化沥青稀浆封层车是国内首台真正意义的全自动智能化、电脑触摸屏操作系统，全部操作菜单化，操作简单。该设备采用先进的电液比例控制技术，保证了控制的集成性和先进性，同时确保了稀浆混合料的配比准确，为用户提供准确的材料消耗参数，确保了用户对施工成本的准确掌握。

②主要技术特点。

电脑触摸屏操作，一键开启。

闭环控制，实时监控。

打印功能，便于核算成本。

电液比例阀集成控制执行系统。

故障检测报警功能。

缺料停机功能（如：断油、水、骨料等）。

自动提升矿物细料功能。

添加剂气压式抽取。

前后洒水装置。

采用进口电磁式沥青流量计，保证了流量的正确监控。

停机清洗命令，使得操作设备清洁更方便，并有独立的柴油清洗系统。

根据不同施工的配比用户在工地无须多次标定，可以直接按实验室配比或用户已经有的配方设定后即可作业。

③主要技术参数。

底盘型号：北方奔驰 ND1252B34J（标配）

车辆公告号：SJT5254TYL

辅助动力：74kW

满载质量：25000kg

骨料箱容积：$10m^3$

辅料箱容积：$2 \times 0.24m^3$

乳液箱容积：2700L

水箱容积：2700L

封层厚度：3 ~ 15mm

封层宽度：2. 8 ~ 4. 2mm

（2）HRF－100A 型全液压改性稀浆封层车

①设备简介。

HRF－100A 型稀浆封层机是我公司在吸收消化国外先进技术的基础上，自行开发设计、制造的具有国际先进水平的新一代改性稀浆封层车。控制可靠，操作方便。

②技术特点。

PLC 编程控制、液压同轴驱动。

后置油门控制汽车作业速度

电子计量数字显示，配比更准确；

大容量搅拌箱、精密铸造耐磨材料的搅拌叶片

摊铺箱液压伸缩机械加宽，最大摊铺宽度：4200mm；

美国进口变量转子活塞沥青泵（加热套式泵体性能更稳定）：

设有搅拌缸水平调节装置，范围 ±6°

独有的柴油循环清洗系统。

③主要技术参数。

底盘型号：北方奔驰 ND1252B34J（标配）福田欧曼 BJ3257DLPJB－S（选配）

车辆公告号：SJT5254TYL　　　　　　SJT5252TYL

辅助动力：德国原装道依茨发动机：（BF4L913　74kW 风冷）

满载质量：25000kg

骨料箱容积：$10m^3$

辅料箱容积：$2 \times 0.24m^3$

乳液箱容积：2700L

水箱容积：2700L

沥青泵最大流量：300L/min

封层厚度：3 ~ 15mm

封层宽度：2. 8 ~ 4. 2m

（3）HRF－100B 型全液压改性稀浆封层车

①主要技术参数。

底盘：北汽福田欧曼 BJ3257DLPJB－S

最大满载质量：25000kg

上装规格：

骨料仓容量（m^3）：10

乳化沥青箱容量（L）：2700

水箱容量（L）：2700

矿物细料箱容量（m^3）：0.35

纤维箱容量（m^3）：0.35

添加剂罐容量（L）：300

发动机型号：东风康明斯 4BT－3.9C，水冷柴油机 74kW

搅拌箱生产能力（kg/min）：≤2500

摊铺速度（km/h）：＞1.6

②HRF－100A 和 HRF－100B 技术不同点

项目 Items	HRF－100A	HRF－100B
发动机 Engine	道依茨 BF4L913，风次 74kW DEUTZ BF4L913，air cooled 74kW	康明斯 4BT3.9C，水冷 74kW Cummins4BT3.9C，water，cooled 74kW
流量计 Flow meters	全部为电子感应式流量计 INLINE－Flow sensor for continuous flow measurement for water，emulsion and additive	水和添加剂为玻璃管式 Variable－area Flowmeter with glass tube for water and additive
液压系统 Hydraulic system	主要件全部进口 Most components from import	经济型配置 Component for economical

（4）思嘉特稀浆封层车摊铺箱系列

①SNT4200 机械加宽液压伸缩摊铺箱

该型摊铺箱专门设计用于快凝稀浆封层的施工，液压伸缩宽度 2.8～4.2m，按 15cm 的加长块机械加宽，一次刮平和二次刮平的刮板离地高度三个位置可调，带状螺旋直径250mm，液压驱动。螺旋轴承为聚乙烯材料，经济实用好保养。

②CZT110－180车辙摊铺箱

该系列摊铺箱专门为填补车辙而设计，两个呈V形设计的螺旋保证了大骨料拌和后填到车辙深处，螺旋独立可调，宽度为1.1～1.8m可任选。

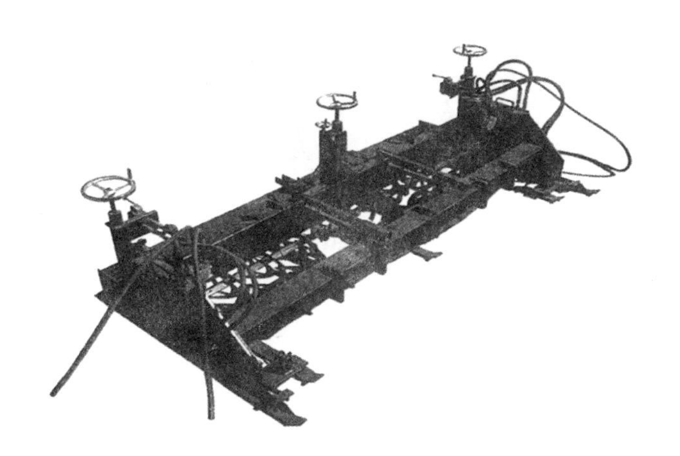

③SST3800摊铺过程中变宽度伸缩摊铺箱

该型摊铺箱用于稀浆封层施工的摊铺箱。摊铺宽度可以通过位于摊铺箱上的液压阀控制伸缩框架中的油缸来实现。带状螺旋也可以实现伸缩，一次刮平和二次刮平器在专门的轨道槽内滑动同时伸缩，摊铺宽度为2.5～3.8米。

2. 中交西安筑路机械有限公司（原西安筑路机械厂）生产的稀浆封层机

西安筑路机械有限公司 MS9 型改性乳化沥青稀浆封层机

(1) MS9 型改性乳化沥青稀浆封层机

①配套底盘。

推荐采用北方—奔驰底盘（西筑专用），也可选配国产斯太尔 1491 底盘和太脱拉底盘。驾驶室可配单排座或双排座，整机性能稳定。

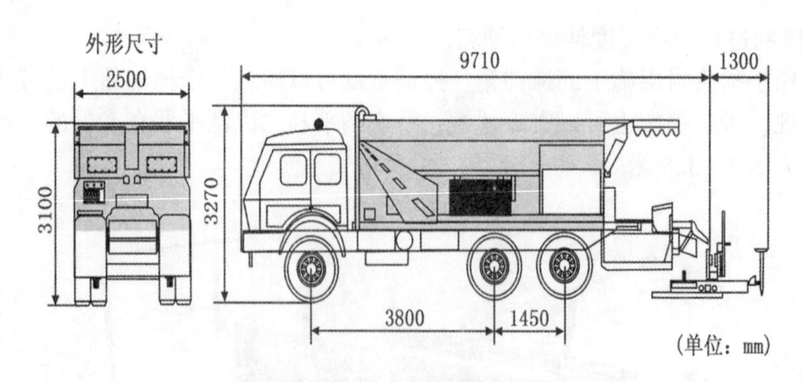

MS9 型改性乳化沥青稀浆封层机

②主要技术参数及规格。

骨料仓容量：8.6m^3。

乳化沥青箱容量：2730L。

水箱容量：2270L。

细料仓容量：0.35m^3。

纤维仓容量：0.35m^3。

添加剂罐容量：230L。

发动机功率 BF4L913：74kW。

驱动形式：全液压。

搅拌箱形式：双轴叶片。

摊铺箱 3800 型：改性乳化沥青稀浆封层（液压无级伸缩 2.5～3.8m）。

摊铺箱 4000 型：改性乳化沥青稀浆封层（液压无级伸缩 2.6～4m）。

生产能力：<2800kg/min。

3. 沈阳北方交通重工集团（原沈阳北方交通工程公司）

沈阳北方交通工程公司 PM 系列稀浆封层机

沈阳北方 PM 稀浆封层机技术规格

序号	项　目	PM12	PM10	PM8	PM7
1	骨料仓，m^3	11.8	9.5	7.6	6.8
2	沥青罐，L	3200	2470	2370	1970
3	水罐，L	2270	2000	1960	1700
4	添加剂罐，L	353	353	353	353
5	水泥仓，L	500	500	—	—
6	辅机发动机功率，kW	75（2800rpm）	66	60	60
7	摊铺箱宽度调整范围，mm	2400～3800	2400～3800	2400～3800	2400～3800
8	摊铺速度，km/h	1～3	1～3	1～3	1～3

四、乳化沥青与改性乳化沥青的制备机理

（一）胶体的种类

（1）胶体。以微粒状态均匀弥散在介质中组成的物质。

①分散。溶液中固体微粒悬浮。

②乳化。互不相溶的两种液体将其一种分散于另一种之中。

分散项＼分散介质	气体	液体	固体
气体	—	泡沫、泡沫灭火器	焦炭、木炭、浮石、泡沫塑料
液体	雾	乳化沥青、乳化液、牛奶、原油	珍珠、宝石、涂料
固体	烟尘	墨汁、油漆、泥浆、悬浮液	各种合金、有色玻璃

（2）几种液体的表面张力。

序号	液体名称	与液体表面接触的气体	测定温度,℃	表面张力，N/m
1	水银	空气	20	0.475
2	水	空气	20	0.073
3	水	空气	25	0.072
4	乙醇	空气	0	0.024
5	乙醇	空气	20	0.022
6	沥青	空气	>100	0.024
7	苯	空气	20	0.029
8	橄榄油	空气	18	0.033

（3）几种常见液体的表面张力及其与水的界面张力（20℃）。

液体	表面张力 N/m	界面张力 N/m	液体	表面张力 N/m	界面张力 N/m
水	0.073	—	乙醇	0.022	混溶
苯	0.029	0.035	正辛醇	0.028	0.085
四氯化碳	0.027	0.045	正乙烷	0.018	0.051
乙酸	0.028	（混溶）	正辛烷	0.022	0.050
丙酮	0.024	（混溶）	汞	0.485	0.375

(4) 由水中溶度估计 HLB 值。

乳化剂加入水中后的性质	HLB 值
不分散	1～4
分散不好	3～6
激烈振荡后成乳色分散体	6～8
稳定的乳色分散体	8～10
半透明至透明分散体	10～13
透明溶液	>13

(5) 界面张力。

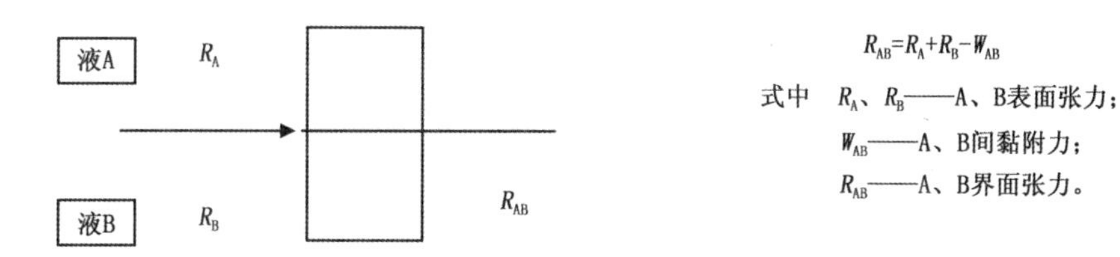

$$R_{AB}=R_A+R_B-W_{AB}$$

式中 R_A、R_B——A、B表面张力；

W_{AB}——A、B间黏附力；

R_{AB}——A、B界面张力。

一些有机物与水之间的黏附功

物质	烷烃类	醇类	乙基硫醇	甲基酮类	酯类	腈类
W_{AB}，mg/m^2	36～48	91～97	68.5	85～90	90～100	约 90

(6) 基本性质和最终用途相互关系。

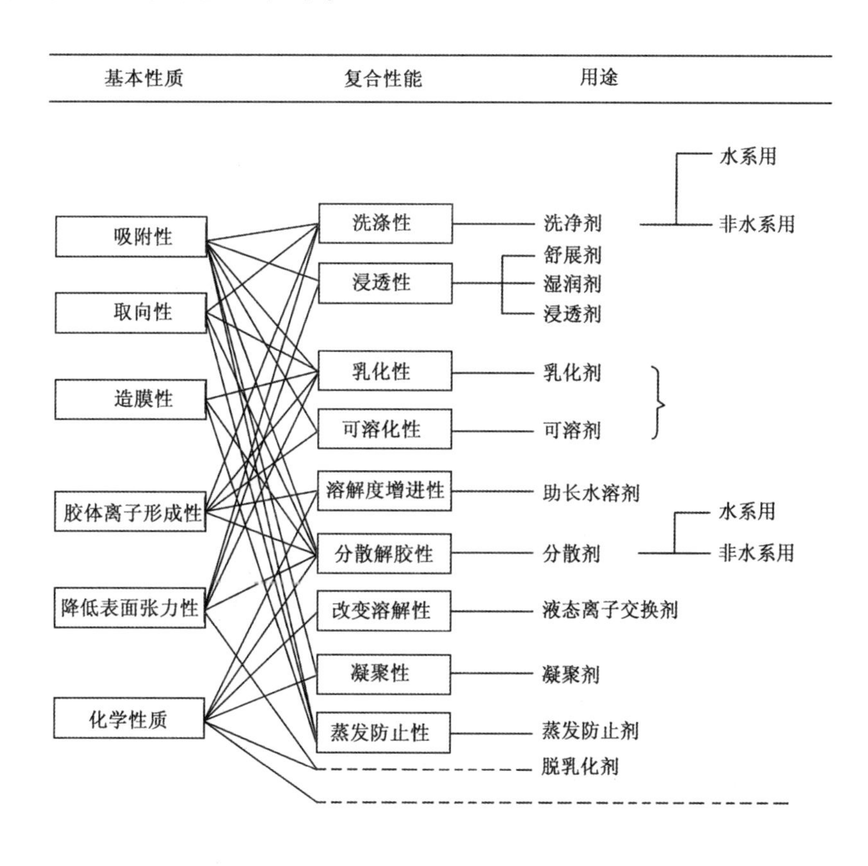

（7）表面活性剂的基本性质表面活性剂的种类。

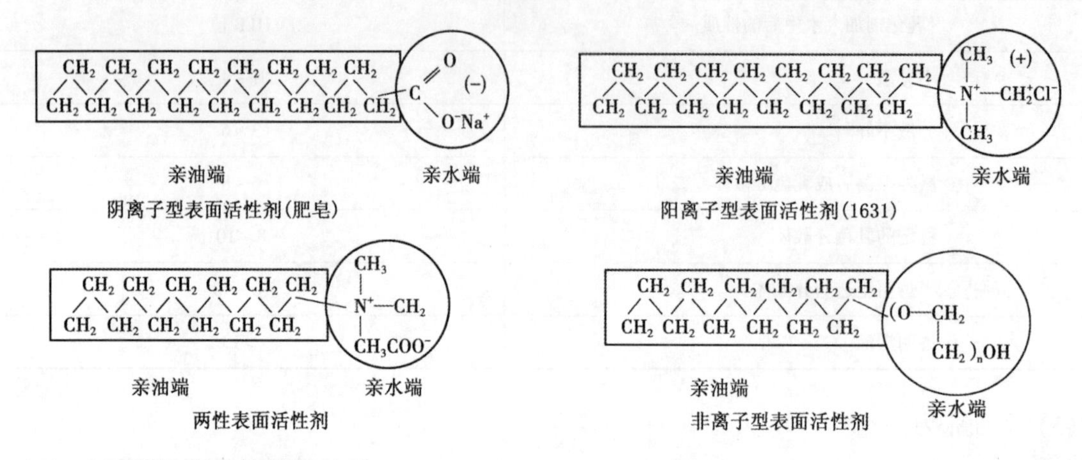

（8）表面活性剂水溶液的性质。

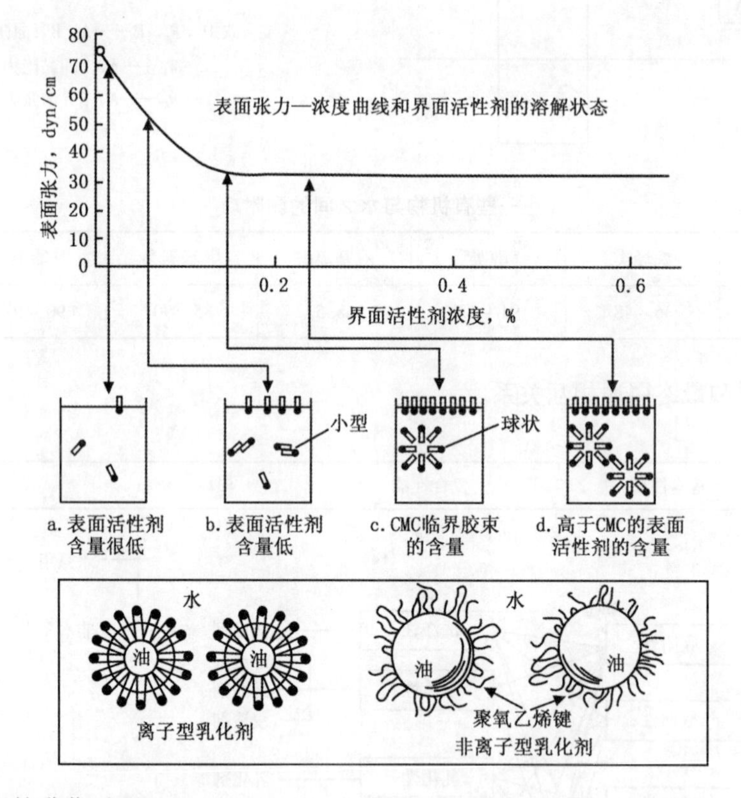

（9）石油沥青的乳化过程。

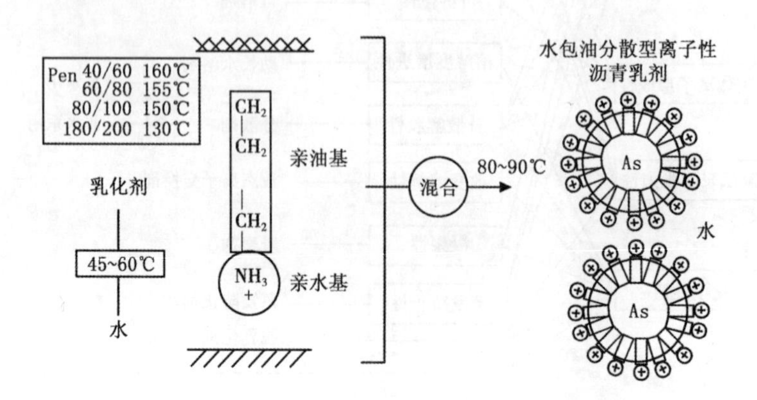

（10）HLB（HYOROPHILIC LIPOPHILIC BALANCE 亲水性—亲油性平衡）。

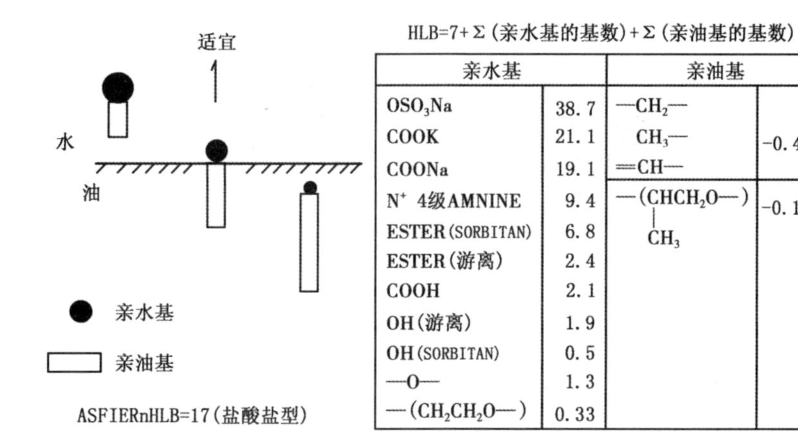

HLB=7+Σ(亲水基的基数)+Σ(亲油基的基数)

亲水基		亲油基	
OSO_3Na	38.7	$—CH_2—$	-0.475
COOK	21.1	$CH_3—$	
COONa	19.1	$=CH—$	
N^+ 4级AMNINE	9.4	$—(CH(CH_3)CH_2O—)$	-0.15
ESTER(SORBITAN)	6.8		
ESTER(游离)	2.4		
COOH	2.1		
OH(游离)	1.9		
OH(SORBITAN)	0.5		
—O—	1.3		
$—(CH_2CH_2O—)$	0.33		

（11）乳液类型。

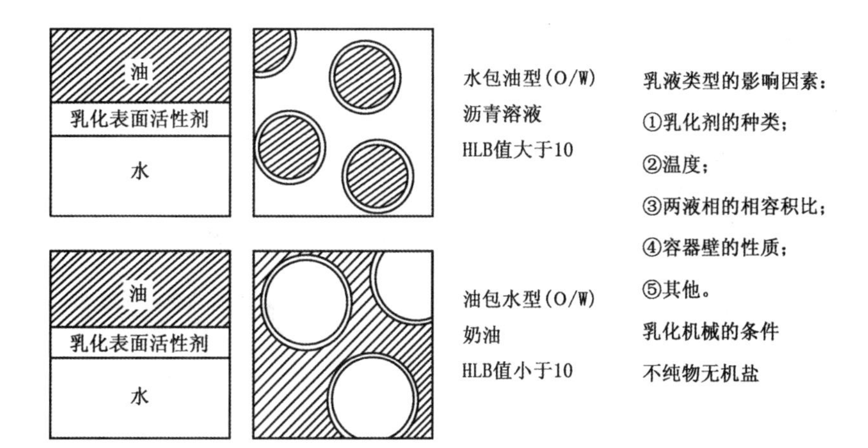

（二）乳液稳定性

（1）影响乳液稳定性的主要因素。stokes 的法则：

$$V=\frac{2gr^2\ (\rho-\rho')^2}{9\eta}$$

①粒径大小；

②油与水的密度差；

③黏度；

④保存条件；

⑤粒子间的距离和其界面电位 ODLVO 理论；

⑥乳化剂及其使用浓度。

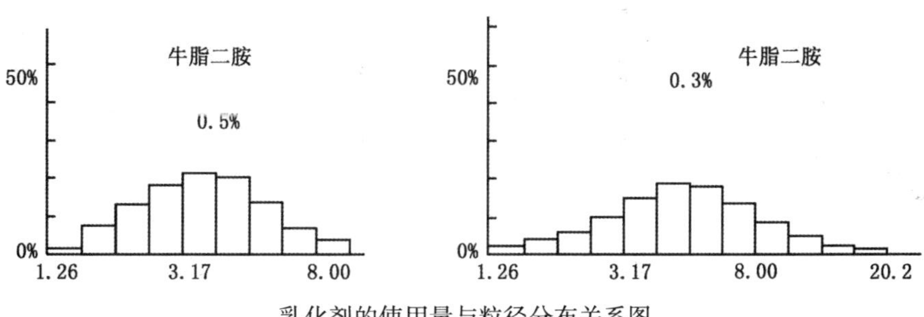

乳化剂的使用量与粒径分布关系图

25℃沥青针入度为 50～200

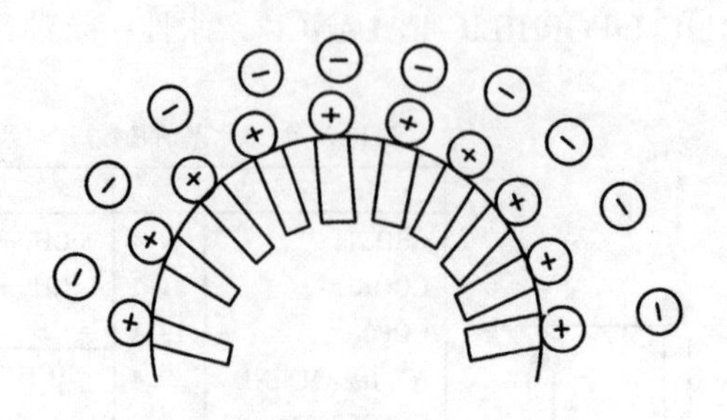

双层电荷的沥青微粒示意图

各种乳化剂的ζ电位

乳化剂	乳化剂浓度,%	乳化，pH	ζ电位，mV
牛脂二胺	0.3	3.0	80～100
季铵盐	1.0	7.0	60～80
单胺带有EO附加物	1.0	4.0	40～60

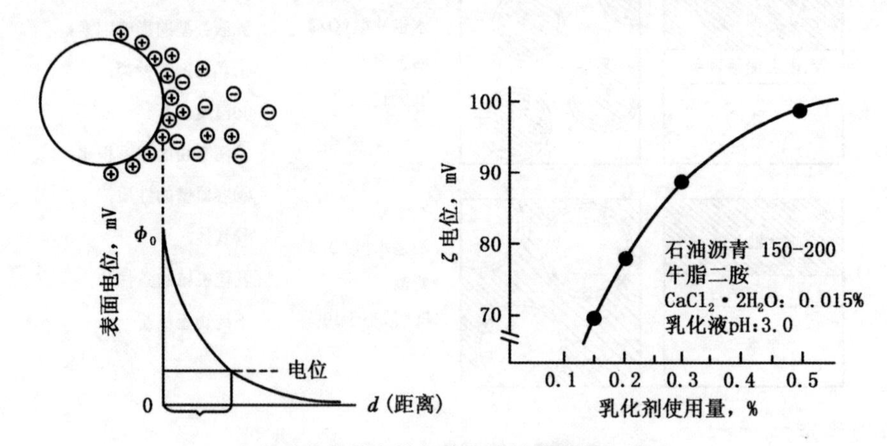

生产过程各种变量与乳化液性能的相互关系

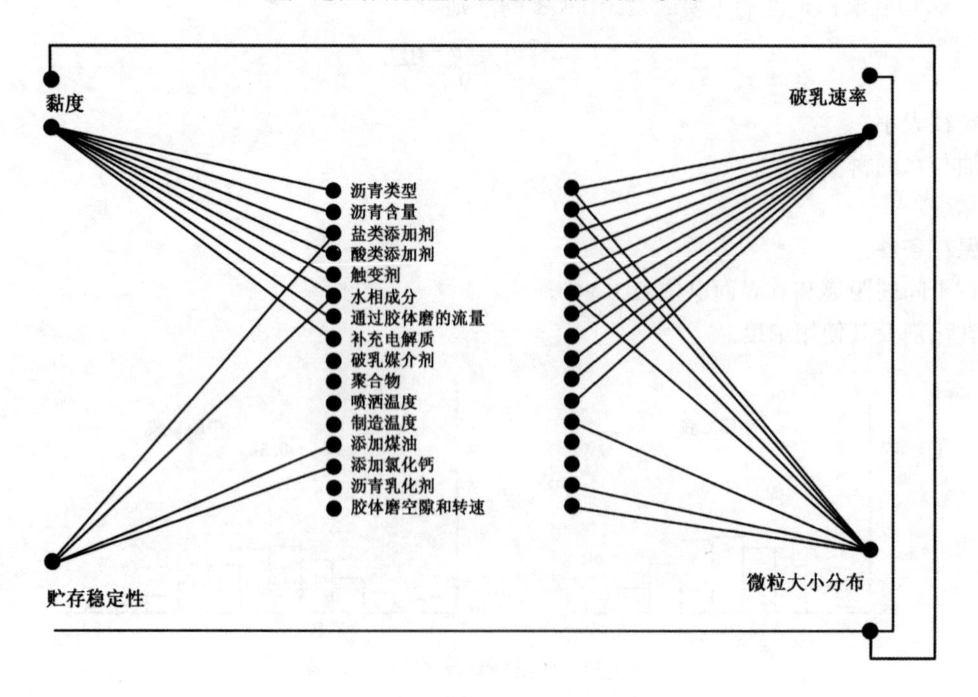

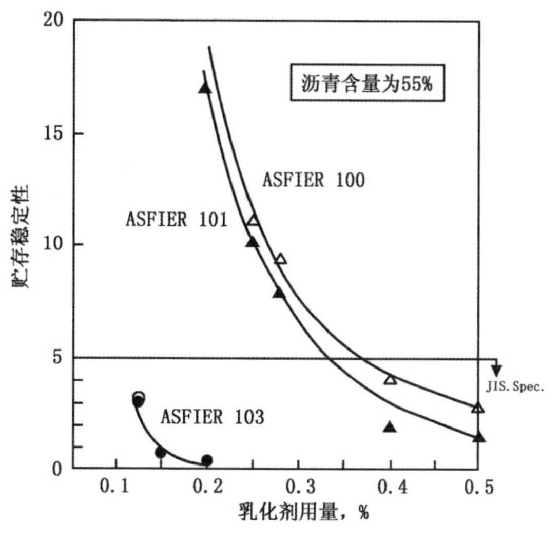

ASFIER 的使用量与贮存稳定性关系

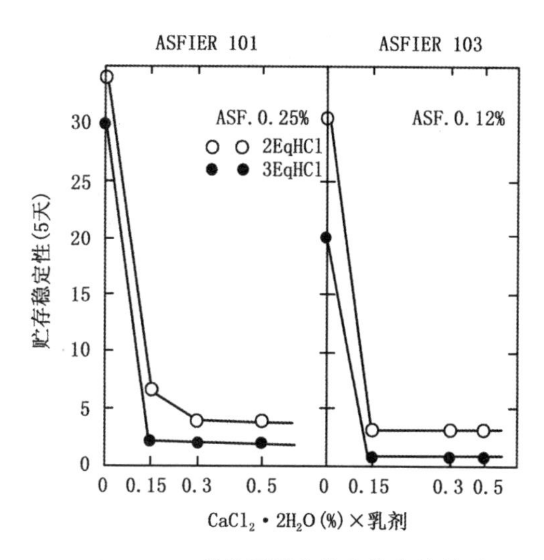

$CaCl_2 \cdot 2H_2O$ 的使用量和贮存稳定性关系

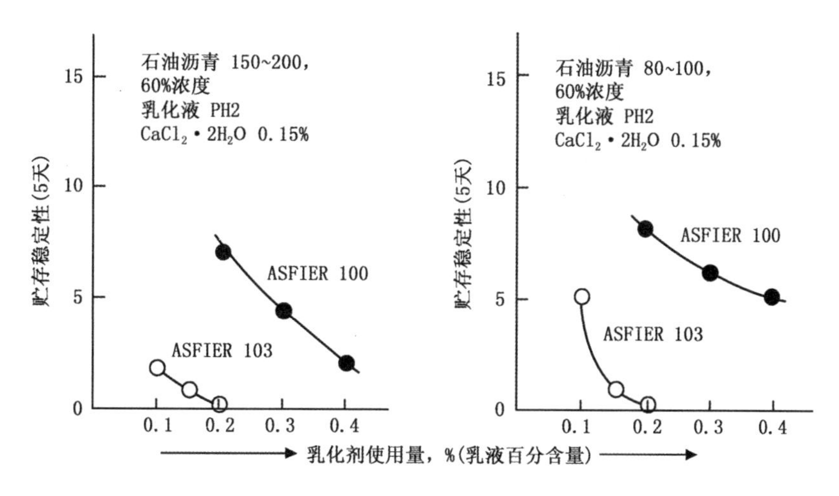

ASFIER 的使用量与贮存稳定性关系

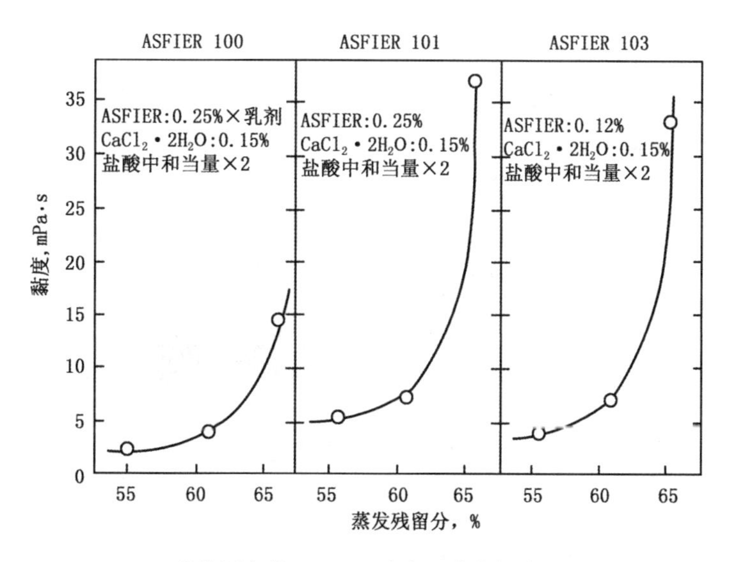

乳化沥青的 ASFIER 浓度和黏度的关系

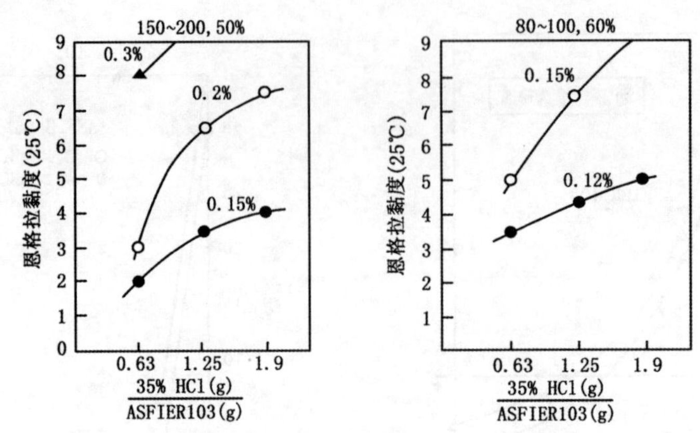

ASFIER 中盐酸的使用量对乳液黏度的影响

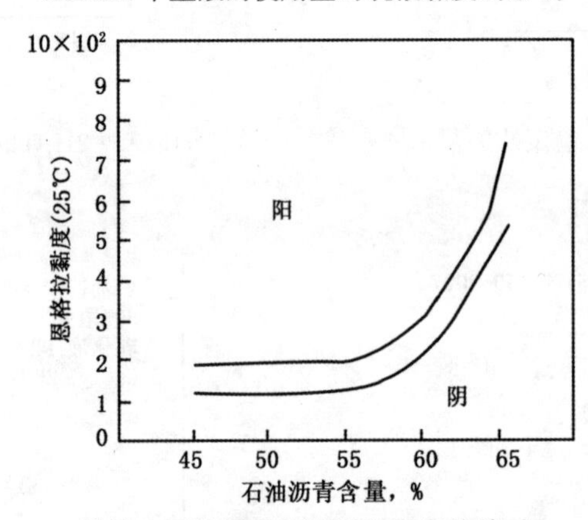

乳液中石油沥青的浓度和黏度的关系

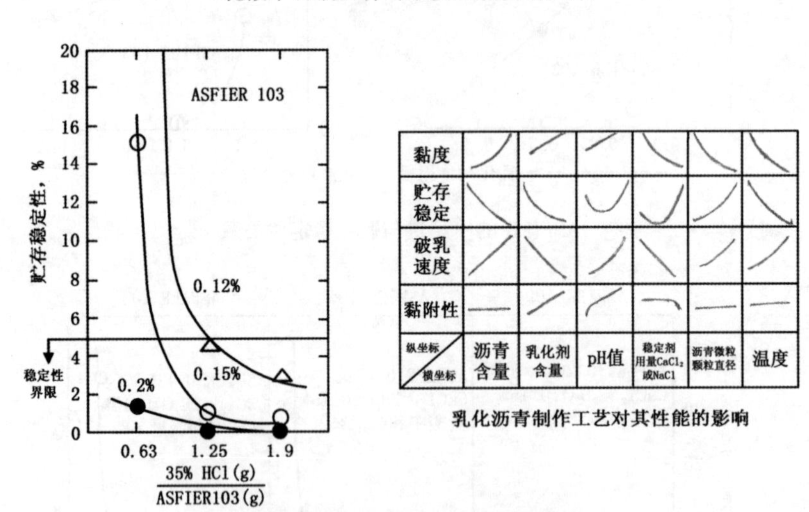

乳化沥青制作工艺对其性能的影响

盐酸用量对沥青乳液贮存稳定性的影响

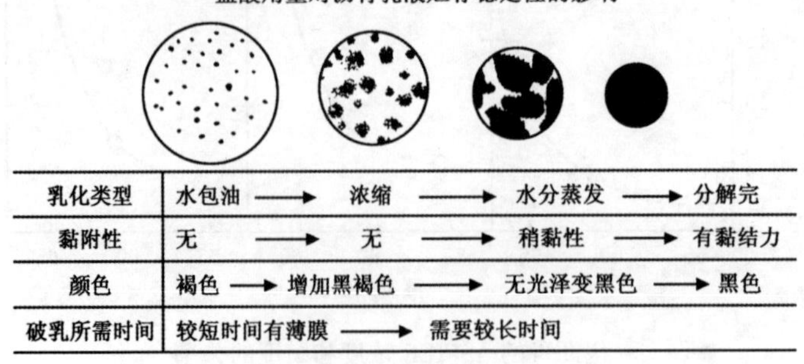

乳化类型	水包油 → 浓缩 → 水分蒸发 → 分解完
黏附性	无 → 无 → 稍黏性 → 有黏结力
颜色	褐色 → 增加黑褐色 → 无光泽变黑色 → 黑色
破乳所需时间	较短时间有薄膜 → 需要较长时间

乳化沥青破乳过程

ASFIER103 乳化剂的盐酸用量对乳液稳定性的影响

（2）选择乳化剂应考虑的因素。

①沥青的种类（环烷基、石蜡基、中间基等）与型号；

②乳液要求的类型（Bc 或 Gc）（BC 或 PC）；

③乳化剂的类型（胺类、盐类，快、中、慢型）；

④乳化剂的实物价格（元/kg）折纯价格元/t；

⑤乳化剂中有效物含量（浓度%）；

⑥制造每吨乳液的乳化剂用量（折纯用量%）；

⑦外加剂水溶液的 pH 值要求；

⑧外加剂的选用（酸、碱、盐）；

⑨乳液贮存稳定性的要求；

⑩施工用矿料及气候情况的了解；

⑪复合乳化剂的应用；

⑫施工前的室内小试及施工中抽样检验的四项重要指标。

（3）目前，部分国产阳离子沥青乳化剂的类型及其化学分子结构。

类别	代号	全名称	结构式（或分子式）	出产地点
季铵盐	OT	十八烷基三甲基氯化铵	$[C_{18}H_{37}-N(CH_3)_2-CH_3]Cl$	天津杨柳青
	NOT	C_{16-19}烷基三甲基氯化铵	$[C_{16-19}H_{37}-N(CH_3)_2-CH_3]Cl$	大连、广州、襄樊
	1621	十六烷基二甲基羟乙基氯化铵	$[C_{16}H_{33}-N(CH_3)_2-CH_2-CH_2-OH]Cl$	天津
	1631	十六烷基三甲基溴化铵	$[C_{16}H_{33}-N(CH_3)_2-CH_3]Br$	上海
	HK-1 Hr-1 HRL-1	双（氮）季铵盐	$[C_{18}H_{37}NH_2-CH_2-CH-CH_2-N(CH_3)_2-CH_3]Cl_2$	
二胺	DDA	烷基丙烯二胺类	$RNH(CH_2)_3NH_2$	大连

当前，国内乳化剂生产水平发展很快，江苏省江阴七星助剂公司与河南省漯河天龙化工公司等单位能够提供黏层油和透层油系列、稀浆封层与改性稀浆封层系列等各种型号的乳化剂，可以满足施工的需求。

五、乳化沥青与改性乳化沥青的生产与检验

（一）乳化沥青生产工艺流程

（1）乳化沥青生产工艺如图 6 所示。

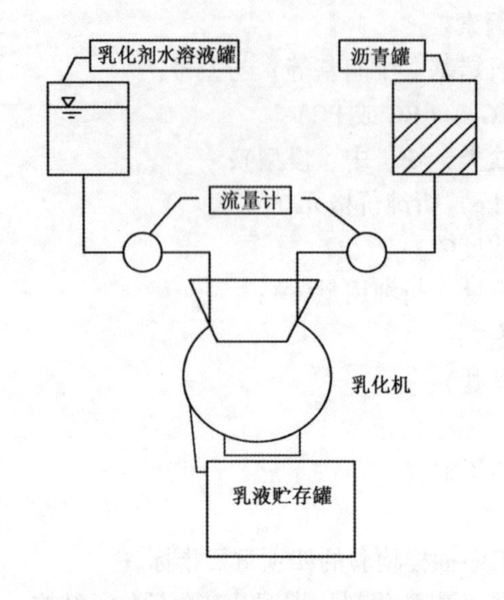

图 6　乳化沥青生产工艺示意图

（2）连续式乳化沥青生产流程如图 7 所示。

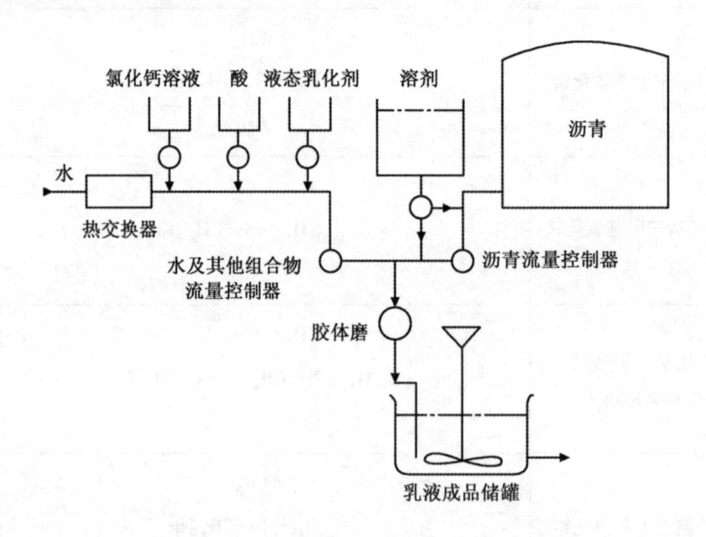

图 7　连续式乳化沥青生产流程示意图

（3）间歇式乳化沥青生产流程如图 8 所示。

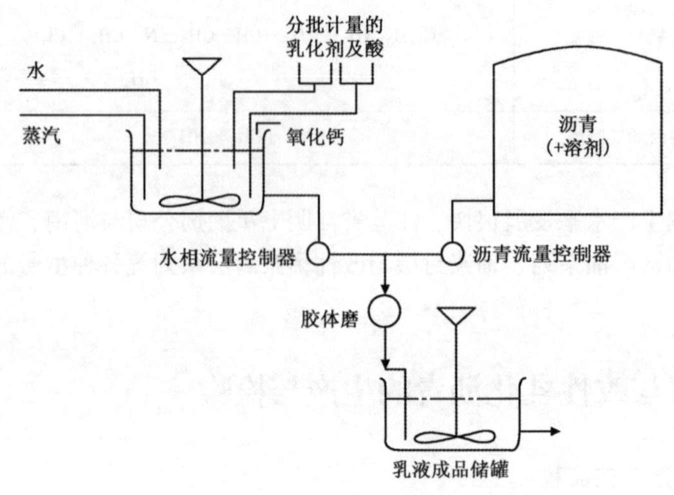

图 8　间歇式乳化沥青生产流程示意图

（4）百灵公司乳化沥青生产流程如图 9 所示。

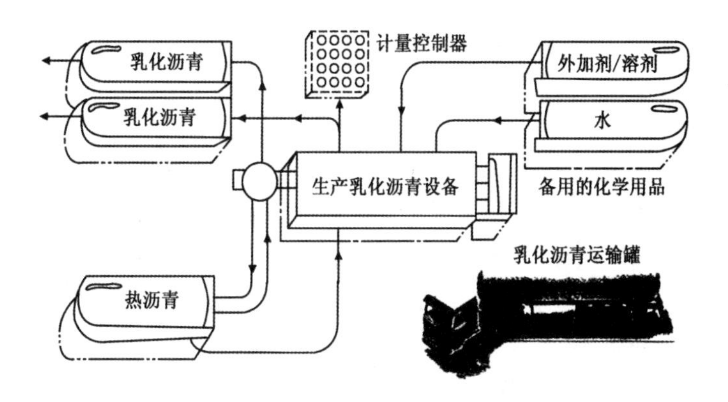

图 9　百灵公司乳化沥青生产流程示意图

（5）美国乳化沥青生产车间如图 10 所示。

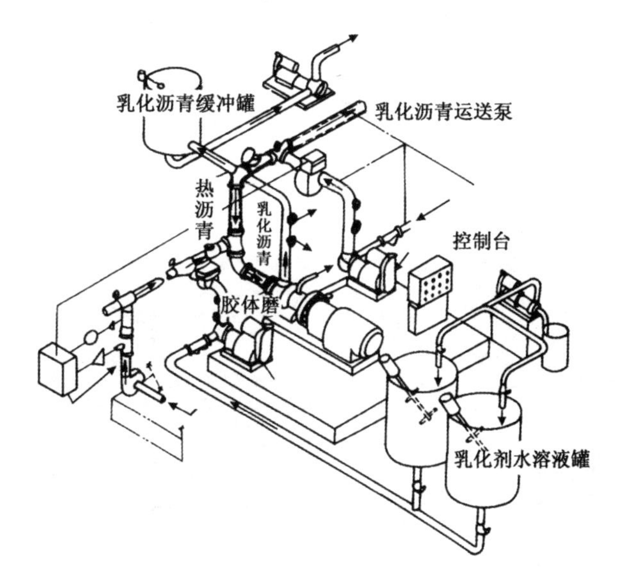

图 10　美国乳化沥青生产车间示意图

（6）日本乳化沥青生产车间如图 11 所示。

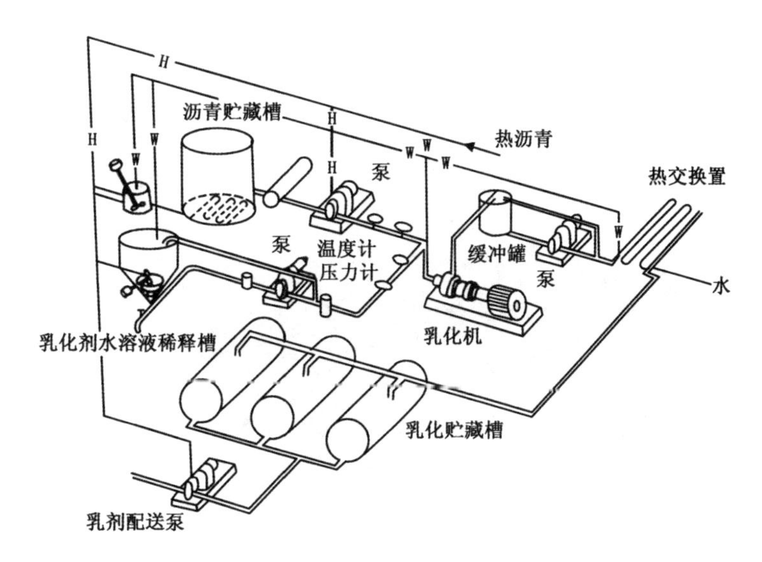

图 11　日本乳化沥青生产车间示意图

（7）引进瑞典的连续式乳化沥青生产设备如图 12 所示。

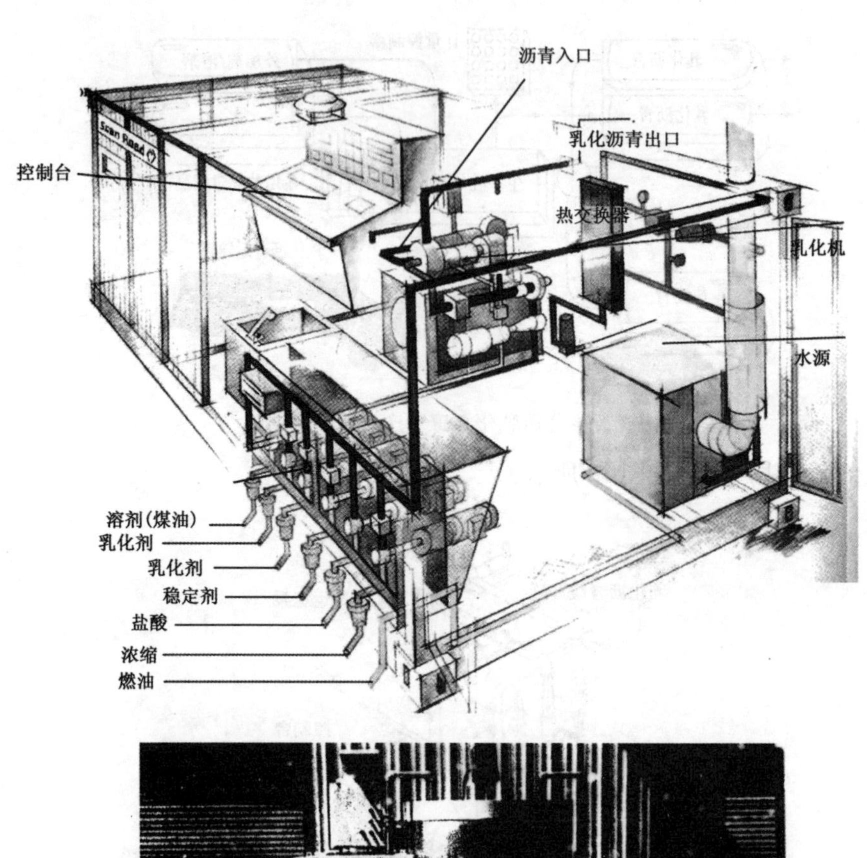

图 12　引进瑞典的连续式乳化沥青生产设备示意图

（设备生产厂家为丹麦的 Denimo Tech 公司）

（二）乳化沥青车间的验收

乳化沥青生产车间的验收条件如下：

(1) 连续生产一月以上；

(2) 检测油水比例、油水温度、灵敏、准确、稳定（计量系统）；

(3) 保证质量（高浓度），降低成本；

(4) 生产安全、没有污染；

(5) 配有固定的生产及检验人员；

(6) 完好的设备、优质的原料、训练有素的工作人员、严格的检验制度；

(7) 乳液生产与工程施工密切配合，提高设备利用率（产供销密切配合）。

乳化沥青与改性乳化沥青车间（或工厂）设置应注意的问题：

(1) 厂址的选择考虑水、电、气、沥（沥青等）路等条件，充分利用原有设施；

(2) 乳化剂水溶液（皂液）调配罐（防腐、调温、搅拌、排风、容量匹配）等条件；

(3) 控制流量、净化设备（沥青、皂液、外加剂）和改性剂等的过滤设施；

(4) 沥青或改性沥青的脱水与加热（应与乳化机产量相匹配）；

(5) 密封加压乳化（防止空气进入，乳化压力可达0.2～0.25MPa，提高乳化的产量与质量）；

(6) 沥青管线(含改性沥青)的热套(阀门、弯头、泵、乳化机等热套—套到底，不得有死角)；

(7) 计量控制系统达到灵敏、准确、稳定，流量计为瞬间的用酸度计，随时检测皂液pH值；

(8) 生产安全、高度适宜，便于清洗、避免污染，制订并严守有关操作规程；

(9) 便于生产的产品（乳化或改性乳化沥青）抽样检验（每个台班检测蒸发残留物含量、贮存稳定性、筛上剩余量，黏度等四项指标），指标合格后再出厂；

(10) 密封贮存、分类存放、便于装运（贮存罐口高度与泵适宜）；

(11) 车间净空要高，排风、采光好，布局合理，温度（室温）控制适宜，便于生产与检修；

(12) 验收乳化机加工精度，特别是同心度、间隙量、轴头密封及噪音等必须合格后再安装；

(13) 配有经过培训的、固定的生产及检验人员，并具有刻苦钻研、锐意进取勇于攀登、无私奉献的工作作风；

(14) 乳化沥青的生产与工程施工密切配合，了解各种乳液的检验标准及施工要求，发现质量问题及时采取措施解决。

改性乳化沥青生产工艺可概括为以下四类方式。

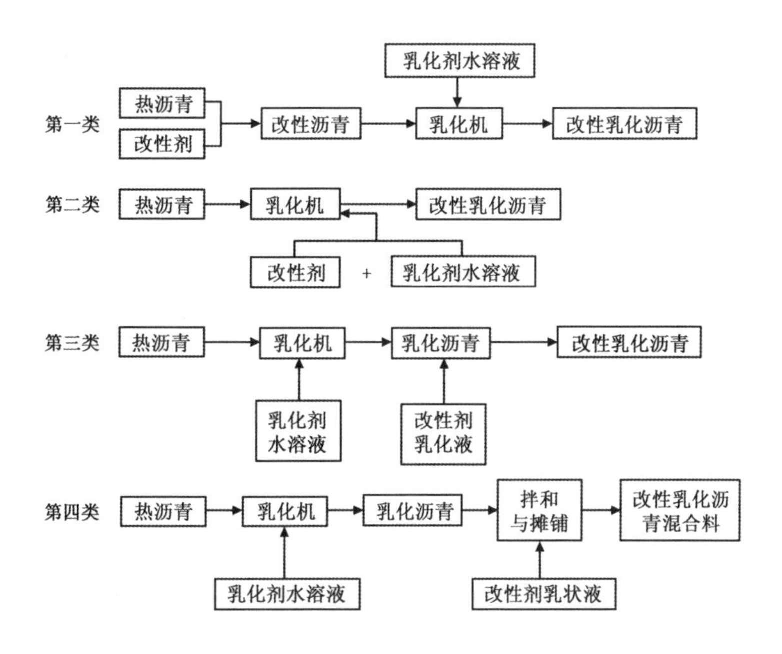

（三）检验

1. 改性乳化沥青的检验标准

表 8 中给出了改性乳化沥青的质量标准。乳化沥青的检验标准可参考日本修订后的标准。稀浆封层和改性稀浆封层混合料技术指标见表 9。

表 8　乳化沥青与改性乳化沥青（用于改性稀浆封层）检验标准

检验项目		技术标准值	
		乳化沥青	改性乳化沥青
恩格拉黏度（25℃）		3～60	3～60
筛上剩余量（1.18mm），%		0.3 以下	0.3 以下
离子电荷		阳性（+）	阳性（+）
蒸发残留物含量，%		大于 57	大于 57
贮存稳定性（24h），%		1 以下	1 以下
拌和试验		大于 120s	大于 120s（慢裂快凝）
黏附性试验		大于 2/3	大于 2/3
蒸发残留物	针入度（25℃），1/10mm	100～200	60～200
	软化点，℃	40～60	45～70
	溶解度（15℃），cm	97.5 以上	97.5 以上
	黏韧性（25℃），N·m	—	3.0 以上
	韧 性（25℃），N·m	—	2.5 以上

表 9　稀浆封层与改性稀浆封层混合料技术指标

检测项目		技术指标
骨料		Ⅱ型、Ⅲ型级配，砂当量 >75%
乳化沥青与改性乳化沥青		Ⅳ型乳液，慢裂快凝
聚合物		经试验选定，占沥青重 3%
拌和试验		>2min
稠度试验		89+20～30
固化时间		24℃，湿度 50% 时，<1.0h（ct）
黏聚力	初凝时间	<30min 时，>12kgf·cm
	通车	<60min 时，>20kgf·cm
负荷车轮（LWT）		<50g/ft^2（538g/m^2）
湿轮磨耗（WTAT）	1h 浸泡	<50g/ft^2（538g/m^2）
	6d 浸泡	<75g/ft^2（807g/m^2）

注：混合料沥青占骨料质量的 5.5%～9.5%；聚合物占沥青质量的 3%；填料（水泥）占骨料质量的 1%～3%。

2. 日本道路协会沥青质量标准

日本乳化沥青质量标准如表10。其品种和代如表11所示。表12为掺橡胶改性乳化沥青质量检验标准。

表10　日本道路协会乳化沥青的质量检验标准（修订）

项目 \ 类别及代号	阳离子乳化沥青（JISKJ2208－1993）							非离子乳化沥青
	PK－1	PK－2	PK－3	PK－4	MK－1	MK－2	MK－3	MN－1
恩格拉黏度（25℃）	3～15		1～6		3～40			2～30
筛上剩余量（1.18mm），%	<0.3							<0.3
黏附性	>2/3				–			–
粗级配骨料拌和性	–				均匀	–		–
密级配骨料拌和性	–					均匀	–	–
砂石土拌和性	–						<5	–
微粒离子电荷	阳（+）							非离子
水泥拌和性，%	–							<1
蒸发残留物含量，%	>60		>50			>57		>57
蒸残物性能：针入度（25℃），$\frac{1}{10}$mm	100～200	150～300	100～300	60～150		60～200　60～200	60～300	60～300
蒸残物性能：100	>80					>80		
蒸残物性能：三氯乙烯溶解度	>98					>97		>97
贮存稳定性	<1							<1
冻结稳定性	–	无结块	–					–
主要用途	温暖期用于贯入式路面或表处	寒冷期用于贯入式路面或表处	用于透层油或养护水泥土	用于黏层油	粗级配骨料拌和用	细级配骨料拌和用	用于拌和砂石土	用于乳液水泥稳定底层

表11　乳化沥青的品种和代号

品　种			代号	用　途
阳离子乳化沥青	喷洒用	1号	PK－1	温暖时期喷洒及拌和使用
		2号	PK－2	寒冷时期喷洒及拌和使用
		3号	PK－3	黏层油及水泥稳定处理层的养生使用
		4号	PK－4	黏层油
	拌和用	1号	MK－1	粗粒式拌和用
		2号	MK－2	密级配拌和用
		3号	MK－3	含土集料拌和用
非离子乳化沥青	拌和用	1号	MN－1	水泥、沥青乳液稳定处理拌和使用

注：P—喷配渗透，M—拌和，K—阳离子，N—非离子。

表 12　掺橡胶改性乳化沥青质量检验标准及性能（JEAAS）

<table>
<tr><td colspan="3" rowspan="2">类别及代号
项目</td><td colspan="2">PKR－T</td></tr>
<tr><td>1</td><td>2</td></tr>
<tr><td colspan="3">恩格拉黏度（25℃）</td><td>1～10</td><td></td></tr>
<tr><td colspan="3">筛上剩余量（1.18mm），%</td><td>＜0.3</td><td></td></tr>
<tr><td colspan="3">黏附性</td><td>＞2/3</td><td></td></tr>
<tr><td colspan="3">微粒离子电荷</td><td>阳（＋）</td><td></td></tr>
<tr><td colspan="3">蒸发残留物含量，%</td><td>＞50</td><td></td></tr>
<tr><td rowspan="8">蒸发残留物的性质</td><td colspan="2">针入度（25℃），$\frac{1}{10}$mm</td><td>60～100</td><td>100～150</td></tr>
<tr><td rowspan="2">延度，cm</td><td>7℃</td><td>＞100</td><td>—</td></tr>
<tr><td>5℃</td><td>—</td><td>＞100</td></tr>
<tr><td colspan="2">软化点，℃</td><td>＞48</td><td>＞42</td></tr>
<tr><td rowspan="2">黏韧性</td><td>（25℃），N·m</td><td>＞30</td><td>—</td></tr>
<tr><td>（15℃），N·m</td><td>—</td><td>＞40</td></tr>
<tr><td rowspan="2">韧性</td><td>（25℃），N·m</td><td>＞15</td><td>—</td></tr>
<tr><td>（15℃），N·m</td><td>—</td><td>＞20</td></tr>
<tr><td></td><td colspan="2">灰分，%</td><td colspan="2">＜1</td></tr>
<tr><td colspan="3">贮存稳定性（24h），%</td><td colspan="2">＜1</td></tr>
<tr><td colspan="3">冰结稳定性（－5℃）</td><td colspan="2">无结块与粗颗粒</td></tr>
</table>

3. 石料中细料的评估——甲基蓝测试法

（1）目的。测量石料的化学活性。

（2）工具。50mL 的滴定管、1L 烧杯、10g/L 的甲基蓝指示剂溶液、秒表、普通滤纸、搅棒、滴管、蒸馏水。

（3）准备工作。

①取骨料试样，使其通过 2mm 的筛子，并取过筛后的细骨料 200g。

②配制 10g/L 的甲基蓝指示剂溶液。先取少量甲基蓝粉末，加入约 6 成的 40℃的蒸馏水中，待充分溶解后再加足水。

（4）实验步骤。

①取细骨料 200g 放入 1L 的容器中（约为 200g 即可，并记录下准确质量）。

②取 500g 蒸馏水缓缓倒入容器中，并用搅棒搅拌 5min。

③将配制好的甲基蓝溶液倒入 50mL 的滴定管中（注意：使用前应将甲基蓝溶液摇匀），并置于容器的上方。

④打开滴定管旋钮，注入 5mL 的甲基蓝溶液。

⑤同时打开秒表，迅速用搅棒均匀搅动 1min。

⑥用滴管取一滴混合液，滴在滤纸上，观察在滤纸上的液滴痕迹周围是否会出现宽度为 1mL 的蓝色晕圈。

⑦如未出现蓝色晕圈，则重复步骤④、⑤、⑥，直至出现宽度约为 1mm 的蓝色晕圈。

⑧此时，停止加入甲基蓝溶液，继续搅动 1min，并重复步骤⑤、⑥，如果晕圈没有再次出现，则继续加入 5mL 甲基蓝溶液，并重复步骤④、⑤、⑥。

⑨ 如果晕圈能够在不断重复步骤⑤、⑥之后连续出现4次，但却在第⑤次时没有再次出现，则再加入2mL甲基蓝溶液，并重复步骤⑤、⑥直至晕圈能够连续出现5次。

(5) 记录。

①准确记录下细料质量（M），g。

②记录下共加入多少甲基蓝溶液（V），mL。

(6) 计算。甲基蓝值：$MB = V/M \times 10$

(7) 规格。如果MB值小于1.2，则认为该石料化学活性较为稳定。如果MB值大于1.2，则认为该石料化学活性较大，施工中会非常不稳定。

六、稀浆封层与改性稀浆封层混合料配比选择及施工要求

稀浆封层与改性稀浆封层混合料配合比的设计与试验，直接影响到施工工艺、工程进度、工程成本、封层的质量、封层的寿命等。因此，可以说它是工程的关键组成部分，必须根据现场的各种实际情况，结合工程的要求，科学地、严格地、逐步地进行实验与选择，以确定最佳的配合比。

（一）保证封层质量，首先确保封层用原材料的质量

1. 骨料

改性稀浆封层多用于高等级公路的面层，因此要求骨料必须坚硬、耐久、耐磨、与沥青黏附性好等。一般要求压碎值小于28%，洛杉矶磨耗值小于30%，吸水率小于2%。与沥青的黏附性大于4级。根据封层厚度要求，骨料的颗粒组成符合Ⅰ型、Ⅱ型、Ⅲ型、Ⅳ型级配要求（表13）。

表13 ISSA规定的稀浆封层骨料级配及材料用量表①

筛号 国际筛号	筛孔尺寸		细封层	一般封层	粗封层	特粗层	允许 误差
	in	μm	ISSA 第Ⅰ型	ISSA 第Ⅱ型	ISSA 第Ⅲ型	ISSA 第Ⅳ型	
			过筛百分率，%				
1/2	0.500	127000	100	100	100	100	
3/8	0.375	9520	100	100	100	85～100	
4号	0.187	4760	100	85～100	70～90	60～87	±5%
8号	0.0937	2380	100	65～90	45～70	40～60	±5%
16号	0.0469	1190	85～90	45～70	28～50	28～45	±5%
30号	0.0234	595	40～60	30～50	19～34	19～34	±5%
50号	0.0117	297	25～42	18～30	15～25	14～25	±4%
100号	0.0059	149	15～30	10～21	7～18	8～17	±3%
200号	0.0029	74	10～20	5～15	5～15	4～8	±2%
经过养护的最大厚度，in			0.125	1/4～5/16	3/8～7/16		
经过养护的最大厚度，mm			3.2	6.4～8	9.5～11		
干粒料，lb/yd^2			4～10	10～15	15～25		
干粒料，kg/m^2			3.2～5.4	5.4～8.1	8.1～13.6		
沥青（占骨料质量），%			10～16	7.5～13.5	6.5～12		

① 表列资料适用于矿渣、压碎的天然石料，但不适用于质量轻的材料，如膨胀土和页岩等。

2. 乳化沥青与改性乳化沥青

乳化沥青与改性乳化沥青是封层中的黏结料，必须与骨料有牢固的黏结强度，保证封层的路用性能。因此乳化沥青与改性乳化沥青必须根据当地施工季节与气候特征，选择适宜的品种与数量的乳化剂、外加剂等，制备出质量标准符合表14要求的改性乳化沥青。

表 14　改性乳化沥青的质量要求

<table>
<tr><th colspan="2">检验项目</th><th>技术标准值</th></tr>
<tr><td colspan="2">恩格拉黏度（25℃）</td><td>3 ~ 60</td></tr>
<tr><td colspan="2">筛上剩余量（1.18mm）,%</td><td>0.3 以下</td></tr>
<tr><td colspan="2">离子电荷</td><td>阳性（+）</td></tr>
<tr><td colspan="2">蒸发残留物含量,%</td><td>62 以上</td></tr>
<tr><td rowspan="6">蒸发
残留物</td><td>针入度（25℃），0.1mm</td><td>40 以上</td></tr>
<tr><td>软化点,℃</td><td>57 以上，大于施工地点地面温度</td></tr>
<tr><td>延度（15℃），cm</td><td>30 以上</td></tr>
<tr><td>溶解度,%</td><td>97 以上</td></tr>
<tr><td>黏韧性（25℃），N · m</td><td>3.0 以上</td></tr>
<tr><td>韧性（25℃），N · m</td><td>2.5 以上</td></tr>
<tr><td colspan="2">贮存稳定性（24h）,%</td><td>1.0 以下</td></tr>
<tr><td colspan="2">拌和试验，s</td><td>120 以上</td></tr>
<tr><td colspan="2">黏附试验</td><td>2/3 以上</td></tr>
</table>

稀浆封层用乳化沥青，改性稀浆封层用改性乳化沥青，要保证施工的可操作性，保证有足够的拌和、摊铺、整平的时间。另一方面，摊铺后必须尽快固化，保证尽快开放交通时间，要求改性乳化沥青具有慢裂快凝特性，在路面上铺筑封层后 1h 即可通车。

由于各个地区一年四季与早晚气候变化较大，改性稀浆封层施工用的改性乳化沥青的性能，必须因地制宜地做相应的调整。对于持续高温的湿热地区，保证低温季节封层不裂。保证封层的经久耐用，主要取决于改性乳化沥青的质量。

3. 填料

可用水泥、粉煤灰等粉料为填料，填料必须干燥、松散，无结块，不含泥土杂质。并通过 0.074mm 筛孔，一般掺量为 1% ~2%。填料可以改善稀浆封层的工作度，缩短混合料的破乳时间，提高混合料黏聚力 CT 值。缩短开放交通时间。但是填料不能对各种稀浆混合料都有相同的效果，因此选用填料不可轻易搬用，哪种改性乳化沥青选用哪种填料？用多少？必须通过室内试验选择。

4. 水

水是改行稀浆混合料拌和中的润滑剂，有利于将骨料、填料、改性乳化沥青、外加剂等原材料在很短的时间内拌和均匀，可用饮用水。注意周围的污水与海水浸入，特别是在雨季，洪水泛滥季节或地震等，引起水源的污染，必将影响改性乳化沥青与改性稀浆封层的施工质量。

5. 外加剂

一般常用的外加剂有氯化钙、氯化铵、氯化钠、硫酸铝、OP—10、氢氯化铝、聚乙烯醇、抗剥落剂等。这些外加剂各有不同用途，有做稳定剂、促凝剂、缓凝剂的，有做增稠剂、增黏剂……选择哪种外加剂，用量多少，应根据各种不同情况，通过试验确定。

（二）稀浆封层与改性稀浆封层混合料配合比设计

1. 配合比设计的原则

（1）考虑该路段的交通量、行车类型、行车载重情况，以及行车对于路面造成的影响。

（2）该路段的气候变化情况，施工季节的气温、湿度、风力；该路段常年持续高温的地面温度及时间，持续的低温地面温度及时间，常年的降雨量、风力、湿度、冻融等情况。

（3）封层的要求。针对路面的情况，选择改性乳化沥青的技术要求，确定改性稀浆封层预期达到的技术效果。例如解决防裂、防滑、防水、耐磨、耐久等问题。

（4）根据路面的需要，选择适宜的骨料类型、规格，并确定封层的厚度。

（5）将搅拌好的混合料仔细地装入预湿的截锥筒中，并轻轻夯实，将其表面抹平（图13）。

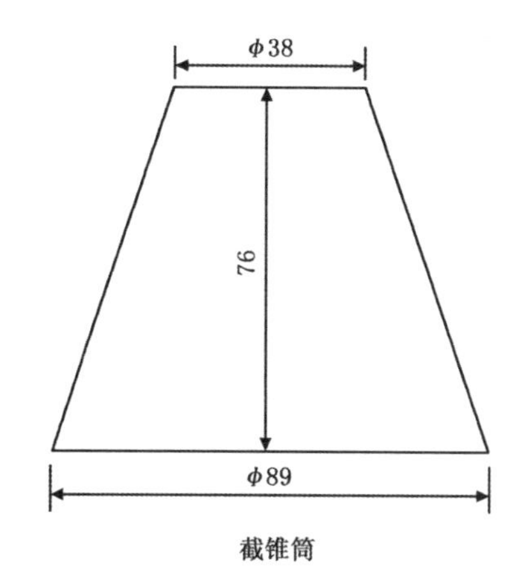

截锥筒

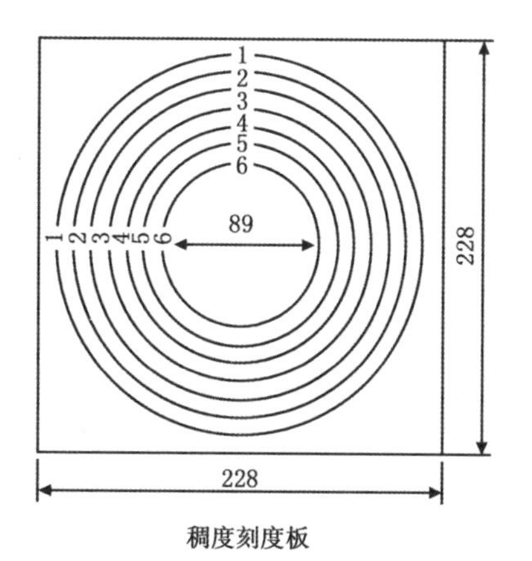

稠度刻度板

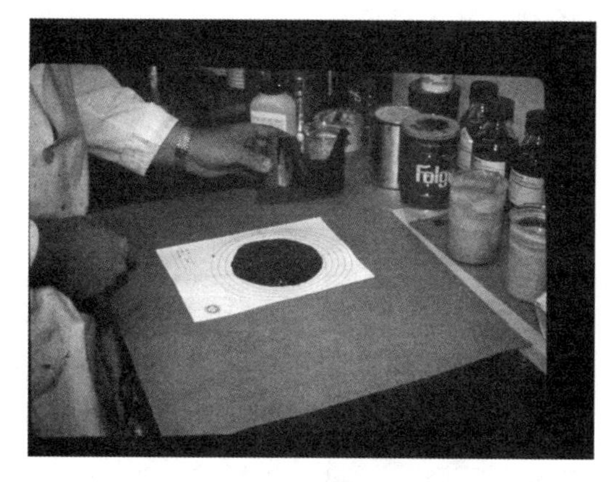

图13　稀浆混合料坍落直径检测

（6）平稳、竖直地提起锥筒，观测稀浆混合料在底盘上的坍落直径。

（7）坍落直径为89mm+20~30mm时，既为适宜的加水量。如果坍落值大于或小于该直径，说明混合料的加水量过多或过少，需要再行调整。

2. 拌和试验

该项试验是检验稀浆封层与改性稀浆封层混合料的破乳时间，以此确定其混合料的可拌性与可操作性，是混合料性能的重要依据。由它可反映出混合料的黏附性、拌和性、凝固性，可以确定施工后开放交通的时间，确定乳化剂、外加剂选择的品种与用量是否适宜。

（1）按稠度试验初定的配合比，称取骨料（含填料）100g为佳。加入适量的水、改性乳化沥青及外加剂等原材料，装入各自的容器中。

（2）先将骨料与填料倒入容器中，用拌匙拌和均匀，再将水及外加剂倒入容器中拌和。拌和均匀后，将乳化沥青与改性乳化沥青倒入进行拌和，并开始记录拌和时间。

（3）乳化沥青与改性乳化沥青加入后，前5秒钟用较快速度拌和，5s后用拌匙沿容器壁整齐均匀拌和，以每分钟拌和60~70次为宜。

（4）当拌和混合料的手感到加力时，混合料的颜色加深，表明稀浆混合料已经开始破乳。记录下这个时间即为可拌和时间。当气温为25±5℃的条件下，改性稀浆封层混合料的拌和时间不小于120s，如果施工现场的气温、湿度、风力超过上述范围，拌和时间做相应调整。

（5）当拌和混合料超过120s尚无变化时即进行下列实验：

①当为Ⅱ型骨料的混合料时，选用直径60mm、高为6mm圆环试模；当为Ⅲ型骨料的混合料时，选用直径60mm、高为10mm圆环试模。并将剪好的油毡纸垫在试环下面，将混合料装入试模中，并利用刮刀将表面刮平。

②将圆环连同试件一同置于25±1℃，相对湿度50±5%的环境中，存放15min。

③用吸水纸（或滤纸）轻轻压在混合料表面上，如在纸上见不到褐色斑点，表明混合料已经破乳，一般为15min。

④如发现有褐色斑点，则每隔15min测定一次，直到没有褐色斑点为止。这时测定时间为破乳时间。

3. 黏聚力试验（简称CT试验）

这项试验英文为Cohesion Test，直译为黏聚力试验。实际上这项试验不是检验稀浆混合料对另一种物质的黏聚力的试验，而是检验稀浆混合料自身黏聚力的试验，所以将它译为黏聚力试验更为贴切。具体地说，就是确定改性稀浆封层铺筑后凝聚时间，确定封层后可以开放交通的时间。这项检测说明改性乳化沥青已经牢固裹覆在骨料的表面，并聚结成一定的强度。说明这时的封层可以承受车辆的行驶、刹车、启动，封层可以可以开放交通，封层的铺筑已经完成早期养护。黏聚力试验操作如下：

（1）将拌和试验合格的混合料，装入直径60mm、高为10mm（Ⅲ型骨料）的圆环中，环下铺垫着152mm×152mm油毡纸，环内装满混合料后，用刮尺刮平。

（2）待稀浆混合料达到初凝破乳后，将试样与油毡纸一同置于黏聚力试验仪的橡胶垫的下面（图14和图15），橡胶垫可用汽车轮胎外胎切下（直径25.4mm，硬度为50~70），此垫即模拟汽车轮胎对于路面的压力（193KPa）。

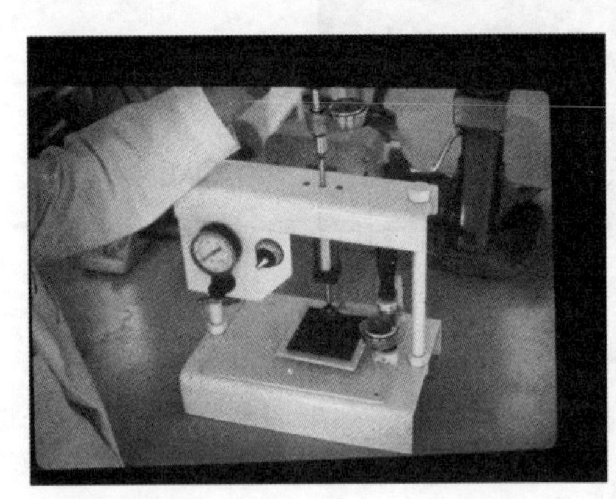

图14　黏聚力试验照片

（3）借助上部手动扭矩仪，使橡胶垫向试样产生拖动的压力，每隔15~30min测定一次，直到读出最大扭矩值为止。每次测定要变换位置。当橡胶垫转动时，试样表面没有骨料剥落，当扭矩值大于20kgf·cm时，即为可以开放交通的时间。

按混合料黏聚力试验结果，可以得出如图16几种混合料的曲线。

曲线①为快裂早开放交通的封层，铺后1h内产生足够的黏聚力。封层1h后可以开放交通行车，主要是由于乳化沥青与改性剂的化学作用，骨料选择适宜。

曲线②为快裂慢通车型的封层。虽然破乳时间快，但要达到通车的要求，混合料黏聚力还需要等3h。

曲线③为慢裂慢通车型的封层。这是早期稀浆封层的类型，铺路后混合料要4~6h才能开放交通。

曲线④达到黏聚力的临界限度（CT>20kgf·cm）。

曲线⑤为假快裂型，黏聚力增长缓慢，开放交通时间拖长。

曲线⑥不凝固，不能通车，没有足够黏聚力，封层不能接受行车碾压。

封层后，影响凝聚力因素很多，除化学因素外，还有施工温度、湿度、风力以及骨料与填料等因素。因此施工中，要密切注意周围情况的变化，争取曲线①型的封层。

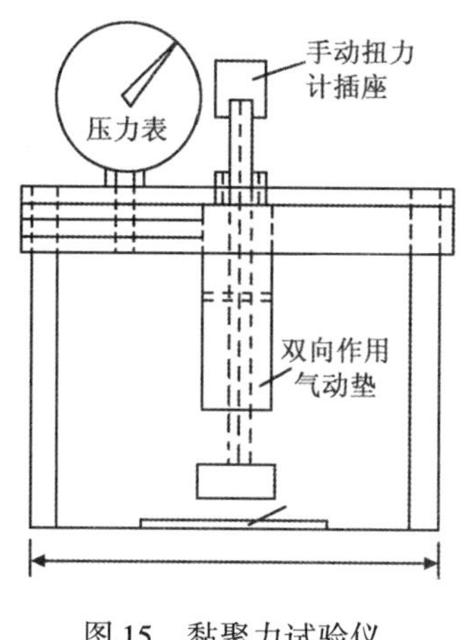

图 15　黏聚力试验仪

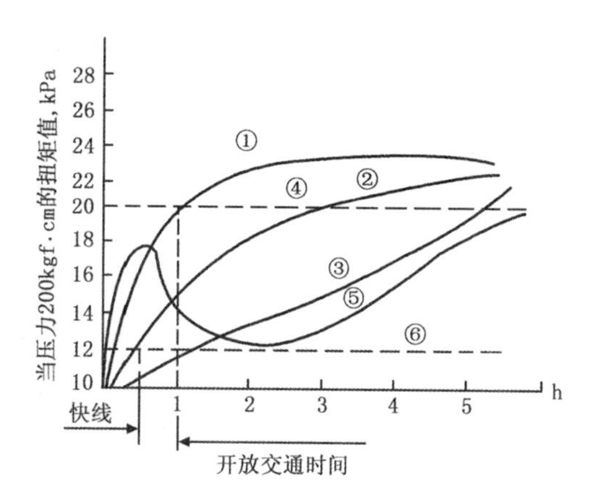

图 16　稀浆混合料分类

4. 湿轮磨耗试验（简称 WTAT 试验）（图 17）

该项试验是模拟汽车轮胎在路面有水的状态下对封层的磨耗状况，重点检验改性乳化沥青的性能及用量、混合料的黏结性及配合比设计的合理性。

（1）由前面拌和与黏聚力试验中，选择合格的混合料配合比，并以此为基准，将改性乳化沥青用量取中间值，每隔 1% 上下变动乳化沥青用量，至少做五点，确定湿轮磨耗试验乳化沥青混合料量各种原材料的配合比。

（2）湿轮磨耗试验仪如图 17 所示，磨头重 2.27kg，磨头自转速度 144r/min，磨头公转速度 61r/min，每次磨头研磨 5min。

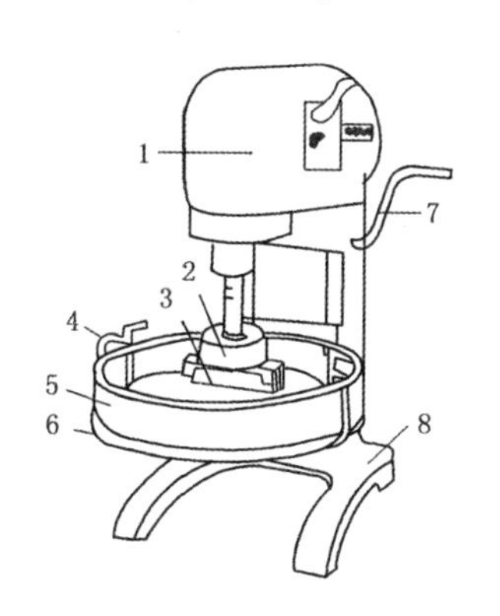

图 17　湿轮磨耗试验仪

1—电机；2—磨耗头；3—橡胶磨耗管；4—试件夹具；5—圆盘；6—平台；7—提升手柄；8—底座

（3）制备试件用骨料，烘干后过 4.75（或 5）mm 筛孔，每组试件至少要 800g 以上的骨料。

（4）称取 800g 干骨料，装入拌锅中，掺入填料并拌和均匀（干拌 1min）。再加入水，外加剂等，拌和不少于 1min。直至骨料均匀拌湿，最后加入改性乳化沥青，拌和不少于 1min，不超过 3min。

（5）将拌好的改性稀浆混合料装入直径 279mm 的试模中。试模厚度有 6.9mm 和 9.5mm 两种，试模放在直径 300mm 钢板上（钢板厚度 3mm），钢板上铺一层油毡纸，装入的混合料用刮尺将表面刮平。

（6）脱模后，将试件连同钢板置于 60 ± 3℃ 烘箱至恒重，至少要 18h。

（7）从烘箱中取出恒重试件，冷却至室温，称重为 G_1，再置于 25 ± 1℃ 水浴中存放 60 ~ 70min（图 6）。

（8）从水浴中取出试件，固定于半径为 330mm 的磨耗仪圆盘中。

图 18

（9）将磨头固定在主轴上，提升平台，使磨头橡胶管接触试件表面，保证磨头自重作用于试件表面上，并使平台固定。参见图 18。

（10）将试件浸入水中，水面超过试件 6mm，水温保持 25 ± 1℃，启动磨头，磨耗 5min ± 2s

（11）取出试件，冲洗后，再置于 60 ± 3℃ 烘箱中烘至恒重，冷却至常温称重 G_2，则

$$\mathrm{WTAT} = \frac{G_1 - G_2}{A}$$

式中　WTAT——湿轮磨耗值，g/0.327ft²。

实际磨耗面积为 0.327ft²，乘以 3.6 为每平方英寸的磨耗值，再乘以 10.76 为每平方米的磨耗值，实测的 WTAT 值 ×3.06 ×10.76 = WTAT 值 × 32.9 = 磨耗值（g/m²）。

ISSA A143 规定改性稀浆封层的 WTAT 应小于 540g/m²。

改变不同乳化沥青与改性乳化沥青用量，混合料用量可得到如图 19 的磨耗值试验曲线。从该曲线可以看出，随着改性乳化沥青用量的增加，WTAT 磨耗值逐步下降，说明混合料中改性乳化沥青含量的增加，在一定范围内，WTAT 呈下降趋势。

从图 20 中可以看出影响磨耗值的另一个因素。在采用同样坚硬的骨料、相同改性乳化沥青用量的情况下，粗粒径级配骨料比细粒径级配骨料混合料的磨耗值少。例如当骨料类型相同、改性乳化沥青用量同为 15% 时，粗级配混合料的磨耗值为 400g/m²，而细级配混合料的磨耗值已达 1400g/m²。

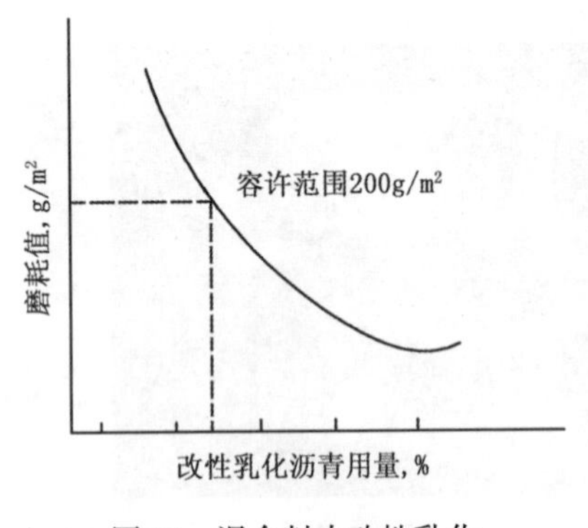

图 19　混合料中改性乳化沥青含量与磨耗值

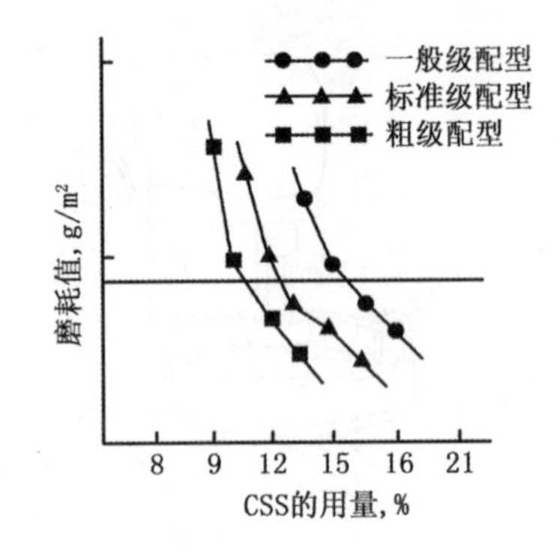

图 20　改性阳离子乳液（CSS）用量与磨耗值之间的关系

5. 负荷车轮实验仪（简称 LWT）

WTAT 实验说明，随着改性乳化沥青用量的增加，磨耗值呈现逐步下降的趋势。但是，改性乳化沥青用量过多时，路面在高温季节，尤其在持续高温季节，出现泛油、油包、波浪、车辙等病害。特别是在高速公路上，一定要防止泛油现象，因此对改性稀浆封层混合料，通过负荷车轮试验（图 21）控制混合料中改性乳化沥青用量范围。

（1）以前面的稠度、拌和、黏聚力（CT）、湿轮磨耗（WTAT）试验为基础，将此改性乳化沥青用量作为中值，上下增减 1% 用量，共做 5 组，决定相应的骨料、填料、外加剂、水等配合比。每组需骨料量如表 15 所示。

表 15　干骨料用量表

试模厚度，mm	3.2	4.8	6.4	8.0	9.5
干骨料准备量，g	190 ~ 200	280 ~ 300	375 ~ 400	470 ~ 500	560 ~ 600

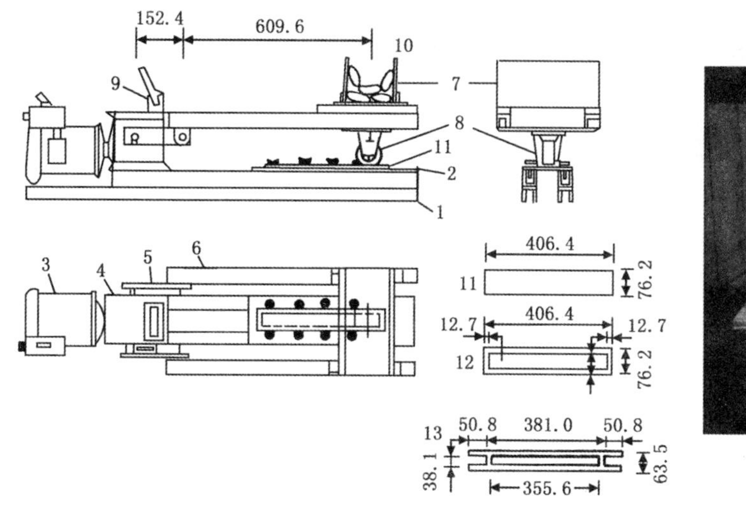

图 21　负荷轮试验仪（单位：mm）

1—槽形钢底架；2—试件承板；3—电机；4—齿轮减速器；5—曲柄

选择试模厚度，一般比最大骨料粒径大 25%。

(2) 准确称量骨料、填料倒入拌和均匀，再加入外加剂拌和均匀。将改性乳化沥青加入后迅速拌和，时间不超过 35s。

(3) 将拌和均匀混合料倒入选定的试模中，再将试模表面刮平。当混合料不发生流动时，撤去试模，将试样放入 60±3℃烘箱中，烘至恒重，至少 12h。取出试样，冷却至室温。

(4) 将试样安装在试模底板上，调整负荷车轮试验仪的荷重 56.7kg。

(5) 将胶轮擦洗干净，并安装在试样表面上。保持试验温度在 25±6℃，计数器复位到 0，调整碾压频率为 44 次/min。

(6) 开动仪器，车轮在试样表面上反复碾压 1000 次后，停机。冲洗并烘干试样，称重为 G_1。

(7) 将砂框放在试样中央，并用橡胶带垫好，防热砂流失，将 300g 温度为 82±1℃的标准砂均匀撒布在框架内，并立即将负荷车轮加于试样之上，用相同的频率与负荷碾压 100 次。

(8) 停机、卸载、取出试样，拍掉松散的浮砂，用吸尘器将浮砂吸净称取重为 G_2。

负荷车轮实验结果，用单位面积砂附量表示。

$$\mathrm{LWT}=\frac{G_1-G_2}{A}$$

式中　LWT——负荷车轮砂黏附量，g/ m^2；

　　A——试样负荷碾压面积，m^2。

在重交通量情况下，LWT 砂黏附量应该小于 590g/ m^2；在特重交通量情况下，LWT 砂黏附量应该小于 540g/m^2。

根据稀浆封层采用各种不同改性乳化沥青用量，测定其各自的 LWT 试验结果，绘制出如图 22 的关系曲线。从曲线中可以看出，随着改性乳化沥青用量的增加，LWT 砂黏附量增加。这项试验与图 23 的 WTAT 磨耗值曲线呈相反的结果。

6. 最佳配合比的选定

从图 23 中 WTAT 曲线与图 22 中 LWT 曲线可以看出，对于改性稀浆封层混合料的配合比，可以起到相互保证与相互制约的作用。即在能满足这两种指标的前提下，选择其中的最佳用量确定其最佳配合比。从图 11 将两条曲线（WTAT－LWT）叠加后看出：曲线①是满足 WTAT 磨耗的曲线；曲线②是满足 LWT 砂黏附量的曲线。两条曲线的交点的横坐标，即为最佳改性乳化沥青的用量。但实际工作中，为了保证质量与安全，在此用量的基础上，再做±1.5%范围内的调整。

以上取得室内试验改性稀浆封层混合料初步的最佳配合比，以此为基础进行施工试验。由于现场的情况要比试验室内试验情况复杂得多，可变可调的因素多。例如施工时的气温、湿度、风力、骨料的质量与湿度，操作人员的经验与熟练程度等。许多因素影响混合料配合比，必须根据必要的程序，反复试验确定最佳混合料的配合比。但随着环境、气候、原材料的变化，配合比应做相应调整，不可能也不应该一成不变。

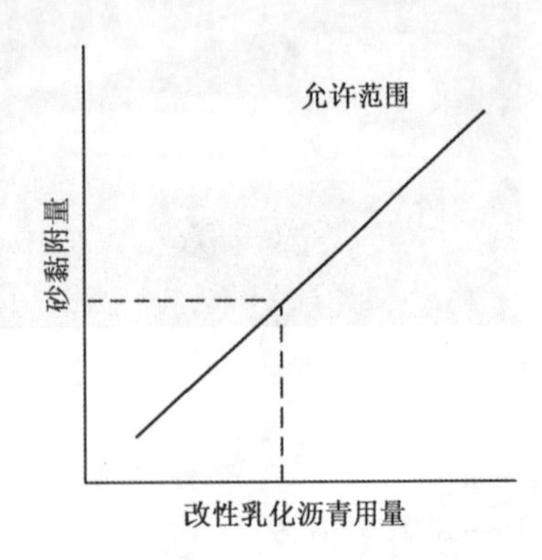

图22　荷载车轮试验中沥青含量与砂黏附量的关系曲线

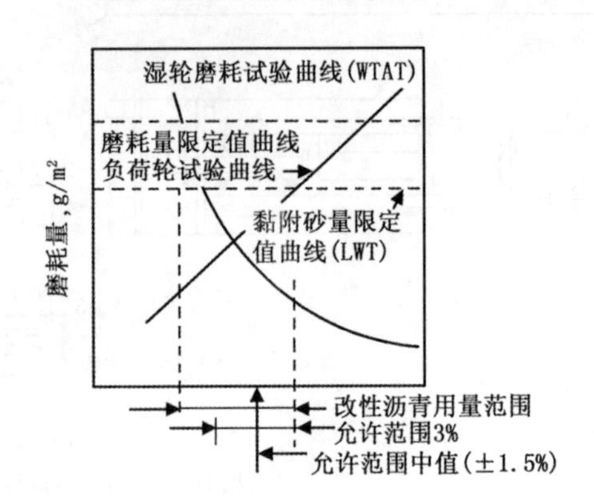

图23　图解法确定最佳沥青用量

（三）稀浆封层与改性稀浆封层施工要求

1. 现场准备工作

（1）原路面的修补。如有油包、车辙、坑槽、开裂等病害，封层前要做好修补，保持原路面坚实、平整。

（2）清洁原路面。原路面应冲洗干净，不得有泥巴、马粪、浮土。可用空压机风吹清理，也可用高压水冲洗。

（3）施样画线。按每次设定施工铺筑宽度，用白灰画线，为车前导向做出导向标志。

（4）交通管制。为保证施工安全，设置封闭交通信号标志。

（5）机械调试与检修。计量供应系统的标定与传动系统的检修，保证施工正常进行。

（6）临时原材料的供应基地。为保证现场的施工，必须在离现场不远的地方（或道班）设置原材料临时供应基地，以保证现场各种原材料及时供应。同时，将石场运来的骨料在此筛分，保证骨料级配组成。

2. 调整混合料的配合比

经过室内配合比选择试验，虽已做好施工前的准备工作，但由于现场施工时的气温、湿度、风力及骨料等因素变化多端，影响混合料的破乳与凝固速度，因此室内选完的配合比，必须结合现场实际情况，做及时的调整。现场操作人员必须熟悉气候变化情况，熟练地掌握变化规律。

3. 施工作业检测

一般在施工后行车三个月以上，路面经过充分压实后，做路面的平整度、透水系数、摩擦系数、构造深度等检测。

4. 施工中注意的几个问题

（1）改性稀浆封层用于高等级路面（含高速路），交通量大、重车多、速度快，要求路面摩擦系数高耐磨耗，应采用Ⅲ型粗级配坚硬耐磨骨料。

（2）封层后，在尚未达到通车黏聚力之前，突然降雨冲刷封层表面时，应在雨停后立即上路检查。有局部损坏时，应及时进行修补；有普通损坏时，应将雨前摊铺的封层铲掉，重新摊铺封层。

（3）改性稀浆封层只能消除路面原有的细微裂缝。对于原有较宽、较深的裂缝，应事先清理做好灌缝处理，然后再做封层，效果更好。

（4）改性稀浆封层要求 1h 后可开放行车，当摊铺后，0.5h 黏聚力达 15kgf·cm 时，可用 10t 轮胎压路机碾压，将封层中的析水挤出，可以提高封层密实度，增加早期强度，有利路面平整度，加快开放交通时间，消除接缝的不平。

（5）铺完的改性稀浆封层要经过时间、气候、行车的考验，之后才能对其质量做出肯定评估，而不应铺后立即做出肯定结论。

5. 稀浆封层与改性稀浆封层路面施工检验标准

检验项目		规定值或允许偏差	检验方法
厚度		±1mm	每 $1000m^3$ 为一段，每段在路中及路两侧各测一处
宽度		不小于设计规定且不大于 10cm	每 100m 用尺抽查三处
横坡度		±0.5	每 1000m 用水准仪测量三处
平整度		不大于 3mm	每 1000m 用 3m 尺检查一处，每处连续量 10 尺，每尺检一点
油石比		±0.5	每 $1000m^3$ 检查一处抽提试验
透水系数		不大于 5mL/min	每 300m 两处，用 60cm 变水头渗透仪测定
摩擦系数	高速公路 一级公路 二级公路 三四公路	52～55 47～50 >45	用摆式仪测定摆值
构造深度	高速公路 一级公路 二级公路 三级公路	0.6～0.8mm 0.4～0.6mm 0.2～0.4mm	每 500m 测 5 处，用摊砂法确定

6. Micro Surfacing 应译成什么？

在道路工程专业中，将“表面处治施工法”简称为“表处”，并分有“单层表处”、“双层表处”或“多层表处”。这种施工方法中所用的骨料都是单一级配，每层表处之间的骨料粒径是互相嵌紧的，所用骨料的粒径组成没有细料与填料，所以“表处”所用骨料与稀浆封层所用骨料的颗粒组成是不同的。稀浆封层所用骨料的颗粒组成是连续级配，并且其中必须含有一定量的细料与填料。

ISSA·A143－2000 Micro Surface 是由国际稀浆封层协会颁布的标准。它属于稀浆封层技术范畴，是在稀浆封层技术基础上不断完善和提高的，它用的骨料级配是稀浆封层连续级配。它的原材料标准与配合比设计方法虽然与稀浆封层有所不同，但都是在稀浆封层技术的基础上发展起来的更高、更严格的要求，从而使稀浆封层技术能在高等级公路与高速公路上得到更广泛的应用。这些特质与表处技术要求都是毫无关联的。

在施工机械设备方面，Micro surfacing 更是与稀浆封层机一脉相承，它必须有更大的功率，更强的拌和与摊铺能力的稀浆封层机方可施工，使用表处施工机械是无法进行施工的。它的施工特点是要用聚合物改性的乳化沥青，铺后 1h 内通车，这种封层可以承受大交通量与气候变化的考验，具有良好的路用性能，可以满足高速公路路面行车的需要。

因此，根据以上工程技术内容，结合我国道路工程的实际情况，Micro surfacing 应该译成“改性乳化沥青稀浆封层”或“改性稀浆封层”，而不应译为“微表处”。

七、有利的形势与效益分析

（一）有利的形势

有利的形势突出体现在2006年9月，在北京召开的ISSA全球大会上，有400多位国内外专家出席了会议。姚院长代表公路研究院，以“好路好心情”向与会的国内外来宾表示热烈欢迎。能与ISSA合作，推广应用稀浆封层与改性稀浆封层，加强国际与地区间的学术交流，将开拓新的合作渠道，从而提高我国的稀浆封层与改性稀浆封层施工技术水平。

这种空前的大好形势，鼓舞人们抓住机遇、再接再厉，努力提高乳化沥青及稀浆封层技术的水平。但在大好形势下，我们应看到与国际水平的差距，必须重视克服缺欠，否则将功亏一篑，并造成巨大的损失与浪费。

（二）效益分析

乳化沥青在筑路、养路中节能减排的效益十分显著，是经过理论计算与实际施工检验的。热沥青与乳化沥青的热能消耗对比如下。

1. 热沥青消耗的热能

沥青加热一般自18℃加热至180 ℃，每吨需热能：

$$(180-18)\times 0.5\times 1000/0.8=101,250\ (\text{kcal})$$

式中：0.5为沥青比热；0.8为热效率系数。

每吨热沥青需热能101250kcal（不含脱水用热能）。

拌制热沥青混合料需热能。每吨砂石料烘干（按含水量2%计）需热能：

$$1000\times 0.02\times 540=10800\text{kcal}$$

式中：540为水的汽化热（每公斤水）。

每吨砂石料加热由18℃加热至170℃需热能：

$$(170-18)\times 2\times 1000/0.8=380000\text{kcal}$$

用每吨热沥青拌制混合料需热能：

$$101250+(10800+380000)\times 17=6744850\text{kcal}$$

每公斤标准煤按5000kcal计需煤1350kg，实际由于热沥青的重复加温与持续加温，每吨沥青消耗1t煤，无煤地区消耗1.1t柴（湿热地区）。1t乳化沥青耗能

$$(140-18)\times 0.5\times 1000/0.8=45780\text{kcal}$$

加上水、电，耗能不到100000kcal

实际1t沥青1t煤，1t乳化沥青用0.1t煤

2. 乳化沥青消耗的热能

沥青加热由18℃加热至140℃，每吨乳液需热能：

$$(140-18)\times 0.5\times 600/0.8=45750\text{kcal}$$

式中：0.5为沥青比热，0.8为热效率系数。

水加热，温度由18℃加热至70℃，需热能

$$(70-18)\times 1\times 400/0.8=26000\text{kcal}$$

制备每吨乳化沥青耗电能4kW，每千瓦为热能2000kcal，则

$$4 \times 2000 = 8000\text{kcal}$$

制备1t乳化沥青共需热能：

$$45750 + 26000 + 8000 = 79750\text{kcal}$$

拌制乳化沥青混合料,沙石料不要烘干、不要加热。拌制每吨乳化沥青混合料只需热能79750kcal，用煤10kg。相当每吨热沥青的1/12。

3. 环境监测结果比较

表16为乳化沥青与热沥青环境监测结果，表17为国际上车间空气中有害物质最高允许含量，表18为国际上居住区大气中有害物质的最高允许含量。从表16中可以看出，乳化沥青厂有害物质含量检测结果低于国际环保标准。

表16　乳化沥青厂与热沥青环境监测结果

采样点 / 检测项目	乳化沥青厂	热沥青厂	结果比较（降低倍数）
苯并（A）吡	2.0×10^{-6}	1.49×10^{-4}	74
酚	0.023	3.14	316
总烃	2.5	22.7	9
苯	未检出	未检出	—
二甲苯	未检出	未检出	—

表17　国际上车间空气中有害物质最高允许含量

名称	苯并（α）吡	总烃	酚	苯	二甲苯
标准，mg/m^3	0.00015	1.00	5.0	40.0	100.0

表18　居住区大气中有害物质的提高允许含量

名称	苯并（α）吡	总烃	酚	苯	二甲苯
标准，mg/m^3	0.0001	0.16	0.02	2.40	0.30

改造后乳化沥青车间各种污染物含量小于热沥青车间，乳化沥青车间的苯并（α）吡、酚、总烃比热沥青车间分别降低74倍、136倍、9倍；热沥青车间的总烃含量超过标准1.5倍，未改造车间超过21.3倍。从监测结果看出：在沥青热炼过程中，没有苯系物污染。

工程实际用热沥青与乳化沥青筑路、养路比较：平均用1t热沥青消耗1t煤，无煤地区消耗1.1~1.2t柴。拌制热沥青混合料必然造成沥青蒸气、二氧化碳、粉尘等环境污染，一个拌和厂就是一个污染源，烧伤、烫伤、火灾、职业病时有发生。北京安定门外有座现代化大型沥青拌和厂（城建系统），装有整套自动化进口的先进设备，配有50辆大型翻斗车及其他机械设备，昼夜不停地忙碌着。这个庞然大物令人望而生畏。但进入20世纪90年代后，由于严重的环境污染，热沥青拌和厂都被要求搬迁至远离市区的地方。类似的厂家，在北京和全国各地有很多，因环保原因，不得不搬迁。而使用乳化沥青的拌和厂，就可以避免这种重大损失。因此乳化沥青与稀浆封层在城建系统被广为应用。近些年，特别是在高速铁路的无渣轨道中，也全部填充CA乳化沥青砂浆。

但是，我国的乳化沥青总产量与人均产量与国际相比差距很大（表19）。这说明我国乳化沥青的发展水平还落后于国际水平，我们必须再接再厉，发扬团结协助、勇攀高峰的精神。

表19　世界各国乳化沥青产量及人均产量一览表

国名	生产量，t	人均量，L	备注
瑞典	70.000	8.6	
英国	150.000	4.0	
以色列	10.000	3.7	
南非	105.000	5.5	
澳大利亚	29.000	2.4	
新西兰	20.000	7.3	
美国	4500.000	18.4	
西班牙	450.000	12	
法国	1100.000	20	
联邦德国	122.500	2	
挪威	12.000	3	
荷兰	30.000	2.2	
比利时	22.000	2	
日本	400.000	3.4	
中国	100.00	0.09	

近年来我国制造稀浆封层机的水平已有很大提高，如西安筑路机械厂制造的稀浆封层机，提高了计量控制与调速功能，在这方面超过了进口同类产品。又如秦皇岛市思嘉特专用汽车制造有限汽车的稀浆封层机，在计量、传递、拌和、摊铺及容量等方面都超过国际水平，目前不仅受国内筑养路部门的欢迎，而且还打入了国际市场。

在2000年和2006年，我两次遇见四次来华推销乳化沥青技术的法国克拉斯集团老板，他已不再有初来中国时那种盛气凌人的傲气，而是不断称赞中国的乳化沥青与稀浆封层技术的成就。

这些事实深深教育了我们：在科学技术上不能落后，落后就要挨打，落后就要挨宰；发展科技，需要多学科、多专业、多厂家分兵把口，共同努力，赶超国际水平。要集思广益、发扬学术民主、谦虚谨慎、闻过则喜；要同心同德、团结协作，为我们国家和民族争光。我国乳化沥青筑路养路技术的发展，今后仍要以科学发展观为指导，创先争优，与时俱进，创造更加辉煌的未来！

TO WHOM IT MAY CONCERN

We, Denimo Tech A/S, hereby formally state, that since December 2003, we started to carry out our global sales on our products of the bitumen emulsion plant series in the name of "Denimo Tech" instead of "Akzo Nobel".

DenimoTech
the road ahead
Haandvaerkervangen 12,
5792 Aarslev, Fyn - Denmark
Phone:(+45) 63 90 50 00
Fax :(+45) 63 90 50 19

Mailing address	Telephone	Telefax
Denimo Tech A/S	Nat.6390 5000	Nat.6390 5019
Haandvaerkervangen 12	Int+45 6390 5000	Int+45 6390 5019
DK-5792 Aarslev Fyn Denmark	e-mail: sales@denimotech.com	Web: www.denimotech.com

10年7月27日，周二，Mike Krissoff *<Krissoff@krissoff.org>* 写道:

发件人: Mike Krissoff <Krissoff@krissoff.org>
主题: RE: General Contact Form - Slurry
收件人: gladjf@yahoo.com.cn
抄送: "David Wu" <delong.wu@vip.163.com>, "Andrew Crow" <andrew.crow@mwv.com>
日期: 2010年7月27日,周二,下午8:16

Dear Mr. Jiang,

On behalf of the members of the International Slurry Surfacing Association, we hereby grant you permission to translate and publish ISSA A-105 and A-143. I have attached the two most recent versions. We would be pleased to have copies of the Chinese versions when your work is complete.

We appreciate your interest in our performance guidelines and wish you much success in your efforts.

Best regards,

Mike

Michael R. Krissoff
Executive Director
International Slurry Surfacing Association
#3 Church Circle - PMB 250
Annapolis, MD 21401
Office 410-267-0023
Fax 410-267-7546
krissoff@slurry.org
www.slurry.org

-----Original Message-----
From: info@vansantcreations.com [mailto:info@vansantcreations.com]
Sent: Monday, July 26, 2010 10:20 PM
To: Mike Krissoff
Subject: General Contact Form - Slurry

Email: gladjf@yahoo.com.cn

Contact: Yunhuan

Last Name: Jiang

Company: retired from "Research Institute of Highway Ministry Transport"

Comments: Dear Sir or Madam,

This is Yunhuan JIANG from Beijing, China.

I've ever worked in the "Research Institute of Highway Ministry Transport" before my retirement. And my name is still on it's "Introduction of Retired Experts" web page which you could refer to this link: http://www.rioh.cn/Stencil/001/KYDW_show.asp?dtid=3&id=13&pag=1.

Some of my friends and students are now helping me to publish a collection of my articles, papers and translated treatises on road construction which I wrote or translated during the past decades. (The compilation is for non-profit purpose.) And There are 2 translated treatises were derived from your Association. One treatise named "Recommended Performance Guidelines for Micro-Surfacing A143 (Revised) (Jan. 2001)", and the other named "Recommended Performance Guidelines for Slurry Seal A105 (Revised) (May 2005)".

I wonder, whether could I acquire your authorization of royalty of translate and publish these 2 treatises into Chinese?
Looking forward to hearing from you !

Yunhuan JIANG
July 27, 2010

Status: New Subscriber

Submitted: Monday, July 26, 2010 at 10:20pm

Host Name:

Host Address: 124.126.167.4

声　明

本人的《走向辉煌——中国乳化沥青技术研发与创新》一书即将出版，其中有些文章译自日本公开发表的科技资料、日本乳化沥青杂志上的文章以及日本的乳化沥青标准。因这些译文涉及多位作者、单位，本人及家人、学生多次通过邮件、电话与日本乳化沥青协会沟通均无果，对此，本人深表遗憾。本书不以盈利为目的，只为了将乳化沥青的发展历程介绍给中国读者。在此，对原文的作者和单位在促进中日间技术交流、推动中国乳化沥青事业的发展所起的积极作用表示诚挚的感谢！

姜云焕

2011 年 6 月 7 日